图解建筑施工手册

[日本] 建筑知识　编
王　丹　胡佳林　徐　丹　译
丁朝辉　辛　明　校订

江苏凤凰科学技术出版社 · 南京

图书在版编目（CIP）数据

图解建筑施工手册 / 日本建筑知识编；王丹，胡佳林，徐丹译. -- 南京：江苏凤凰科学技术出版社，2025. 8. -- ISBN 978-7-5713-5248-6
Ⅰ. TU7-64
中国国家版本馆CIP数据核字第20258WK232号

图解建筑施工手册

编　　者	[日本]建筑知识
译　　者	王　丹　胡佳林　徐　丹
校　　订	丁朝辉　辛　明
项目策划	凤凰空间/陈　景
责任编辑	赵　研
责任设计编辑	蒋佳佳
特约编辑	金茗柯 贾戍晨 杨亚男
出版发行	江苏凤凰科学技术出版社
出版社地址	南京市湖南路1号A楼，邮编：210009
出版社网址	http://www.pspress.cn
总 经 销	天津凤凰空间文化传媒有限公司
总经销网址	http://www.ifengspace.cn
印　　刷	北京博海升彩色印刷有限公司
开　　本	787mm×1 092mm 1/16
印　　张	21
字　　数	805 000
版　　次	2025年8月第1版
印　　次	2025年8月第1次印刷
标准书号	ISBN 978-7-5713-5248-6
定　　价	158.00元

目录

地基、基础

主体结构

性能

饰面

门窗、家具

设备

1 地基、基础

1.1 地基勘察

进行建筑设计前，分析地基的优劣时，不仅需要地基勘察数据，而且需结合非数据化的定性资料（如地形、作为住宅用地前的用途、周边环境等），进而得出有关地基的特性。

地基、土质、地形

地基

承受建筑物等结构体荷载、外力的土体或岩体。地基的强度与建筑的结构设计有关，因此需在建筑设计前进行地基勘察。地基分为三类（表1-1-1），木结构住宅若是盖在第三类地基上，地震时会使地基产生极大的晃动，结构柱或承重墙数量应为第一类地基的1.5倍。简易的地基勘察可以通过地名判定。由于日本大多数地名表现了地形，所以可查看地图做参考。

人工造地

以人工方式改变地形的土地。例如将丘陵地、台地、坡地等平整的土地，或将湖泊沼泽、河川、港湾等填平的土地，以及道路、铁路等工程施工后形成的土地。

住宅用地管制规则法

为防止因住宅用地开发建设发生崩塌、滑坡、泥石流所制定的法律。施工前须经日本地方主管部门核准的建筑基地整地类型有：

①移除土高度超过2 m而造成的断崖情况。

②填充土高度超过1 m而造成的断崖情况。

③移除土与填充土高度合计超过2 m而造成的断崖情况。

④除上述①~③项情况外，地块内的施工面积超过500 m^2的情形（图1-1-1）。

天然地基

未经人工挖掘、回填或填土，保持自然形成状态的地基。

填土地基

借由填新土而形成的地基。进行填土作业时，要分层填土，每次填土后夯实。另外，若所填部分下方的土层为软弱地基，则要注意避免新填部分自重（砂质土为18 kN/m^3）引发沉降。

移土

与新填土相反，将土移出场地外。

土的工程性质

即土的特性。土质种类依照土的粒径级配及性质，分成砂土、黏性土等（图1-1-2）。

地质

土地地层的性质和状态。

地层构成

建筑下方的地基地层。需确认地层地质是否为水平向堆积、是否有地层倾斜、软弱地层分布于哪个深度、是否存在新填土等。地基岩土的分类见表1-1-2，地形类别见表1-1-3。

地形图

由日本国土交通省国土地理院发行的基本地形图，可以作为鉴别地基优劣的参考（表1-1-4）。

工程废渣

工业废物及建筑废弃材料的总称。非法使用工程废渣填平谷地和洼地作为地基，或将已拆除建筑的基础未经处理直接掩埋作为地基，均会导致地基的不均匀沉降或凹陷。

表1-1-1　地基分类

第一类地基	以岩层、硬质砂砾层为主，包括依第三纪前地层所构成的地基，以及以地基周期勘察、研究结果为依据，被认定为具有相同地基周期的地基
第二类地基	第一类地基以及第三类地基以外的地基
第三类地基	大部分由与腐殖土、泥土等类似的土质构成的冲积层（填土的情形也属于此种地基），深度30 m以上，沼泽、泥塘等填埋地基深度3 m以上，并且自填埋以来未超过30年，以及以地基周期勘察、研究结果为依据，被认定为具有相同地基周期的地基

图1-1-1　断崖的定义

硬岩以外的土层呈30° 以上的倾斜坡面，称作断崖。坡面若出现断崖，则按下图（3）处理。

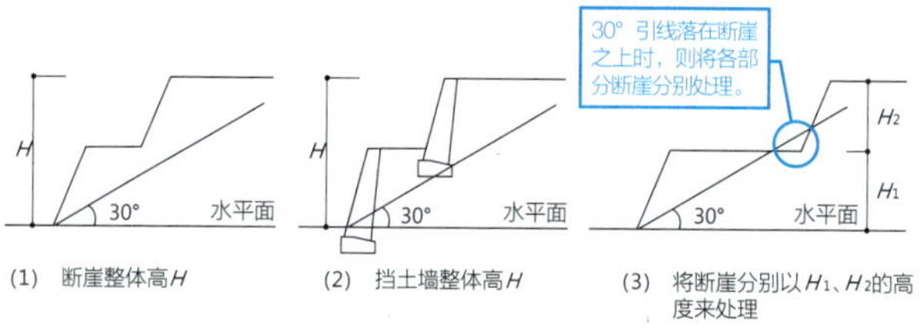

图1-1-2　土质种类

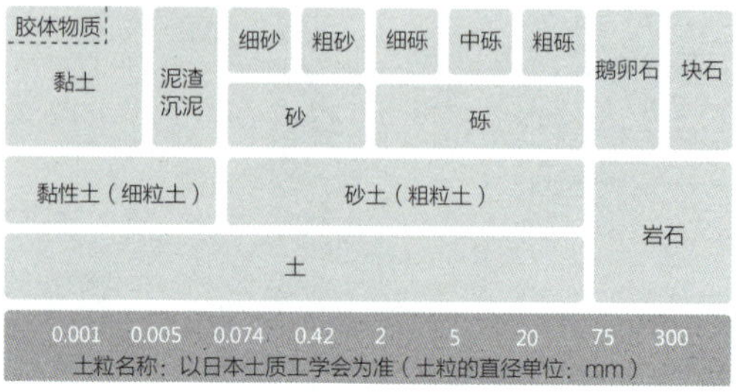

表1-1-2 岩土分类

冲积层	于末次冰盛期（约1.8万～2万年前）之后堆积而成的地层。由于还没有像洪积层一样存在足够长的时间得以凝固变硬，因此大多为软弱地基
洪积层	约260万年之前的第四纪（更新世）形成的地层。主要形成丘陵地、台地、阶地的地层，因为历经长时间的凝固，可视为良好的住宅地基
泥渣、沉泥	土粒大小介于砂质土与黏性土之间，多属软弱地基，在分类上大致属于黏性土
砂土	砂土因砂石之间的摩擦力而产生土质强度。土粒间相互接触开始滑动的角度，称作内摩擦角，是用来判定砂土强度的指标。自然堆积砂土的表面与水平面所形成的角度，称作安息角，可用来当作断崖区域的施工规定中坡面斜度设定的依据
砂砾土	砂石与砾石混合而成的土质，在分类上大致属于砂质土
壤土层	壤土是火山灰质黏性土的总称。壤土层是火山喷发活动降下的灰石堆积于丘陵地或台地之上所形成的呈现赤褐色的地层。若直接当作住宅地基，可发挥相当好的地基承载力，但若经过再堆积或是人工翻土，强度会明显降低
关东壤土层	红褐色的富士山火山灰石落于日本关东地区的丘陵地或台地之上堆积而成的地层，分类上属于火山灰质黏性土。由于拥有黏性土和砂土的强度特性，故在自然状态下强度很大，但若是土壤层经过再堆积，强度会极度降低
腐殖层	植物腐化分解的过程中，因浸水而发酵作用停止，在纤维质没有溶解的状态下所堆积出的地层。呈黑褐色，发出独特臭气。疏松多孔的土质中含大量的水分，具有高压缩性，故对于低的荷载也会产生沉降现象

表1-1-3 地形类别

丘陵地	以洪积层之前的古老地层为主体，表面多以关东壤土层覆盖的火山灰土高台为主。因具有起伏，若作为住宅地，会造成阶梯状地势。虽然排水良好，以干硬地基分布，但若遇到地层倾斜或移土、填土混合的情形，会变成不稳定的地基
台地	由几乎水平的地层所形成的平坦地形。因为是高台，所以地势高，地基强度高。火山喷发活动降下的灰石不会被雨水冲刷流出，而在原地堆积，形成地基强度相当高的基层，可作为独栋住宅的地基。日本武藏野台地、大宫台地、上町台地等因此特性而以台地命名
冲积扇	流经山区的急行河流遇平坦地形，在外围流速减慢，由河流携带的砾石和泥沙堆积出呈放射状的宽广区域。来自上游山区地下河的水有时会在冲积扇的边缘部涌出，形成质量良好的紧实砂砾层
泛滥平原	洪水时期水流自河道溢流、泛滥所至范围，形成地形平坦的低地。自上游搬运而下的泥土，经过沉淀成为软弱地基。广为发生在河川的中游至下游间，沿着泛滥低地的河道，散布着泥土以及砂砾混合堆积而成的“天然堤防”，以及因排水不佳导致的腐殖土堆积成的“区域”
谷地	台地或丘陵地的凹陷处，降雨集中形成的细沟渠因侵蚀作用形成河谷，进化成谷底低地。从上游带来的细粒土，经过堆积，形成软弱地基。过去普遍开垦为水田，近年填土改造成住宅地的情形明显增加
天然堤	因河川泛滥搬运的土砂，冲打上河岸而形成的微高地。沿着河川形成的带状堤坝，虽然只比泛滥平原的低地高出1～2 m，但因为发生洪水时进水慢、排水快，自古就是聚落形成的地方
填海造地	以堤防分隔浅滩和海湾，将其内侧的水抽出形成的陆地。因为排水性不佳，故属软弱地基
海岸沙丘	海岸的砂被风吹到离岸不远处堆积形成的沙丘。以瑞典式测重试验做测试，测出地表下紧密砂质地基达数米的情形居多
沙洲	土粒因沿岸海流或波浪搬运而堆积的地区。与沙丘相同，以瑞典式测重试验做测试，测出地表数米才达到紧密砂质地基的情况很多，在地震时也容易液态化
河滩	位于天然堤防或沙洲等高地背后的低地。因泛洪时没有完全排入河川，水经长时间停滞而形成的湿地，有可能分布着土壤腐殖质

表1-1-4 地形勘察使用地图

土地条件图	日本国土交通省国土地理院发行，以都市为中心的特殊地形图，比例尺为1：25 000。高台或谷地以颜色和记号标示，特别是可获知容易发生沉降的河滩或隐埋谷地的相关地基资料
地形图	日本国土交通省国土地理院发行，网罗日本国土资料的基本图纸。因为地基优劣多受到地形影响，故了解开发地区的所属地形有助于建筑地基勘察
整地计划图	记录多方持有的大规模住宅土地，以现况测量图为基准，包含道路、排水系统、构筑物的类别、区划分割等资料的整地计划图。若将此图用来比较整地前后的地基高度差，可以判读出特定住宅土地的地基是填土还是移土

地基勘察

地基勘察

地基勘察主要测量土的承载力（表1-1-5）。

地基勘察种类有瑞典式测重试验及标准贯入试验等。

钻探试验

钻探试验是在地表钻孔，以确认土的种类、地基性质的试验。用于地下水水位测量、土质试验采样。通常采用旋转钻探的方式，即通过旋转装有钻头的钢管钻探（图1-1-3）。

表1-1-5 主要地基勘察试验的种类

勘察类别	勘察方式、步骤、使用机具	勘察位置、时间、费用、结果、诊断所需时间	勘察方式的优缺点
瑞典式测重试验（SWS）	· 将最前端安装螺杆头的钻杆竖立于地面，分次分级地增加钢锤重量，观察钻杆杆身沉降状态； · 若增加荷载至1 kN（100 kg）也没有发生钻杆杆身沉降的情况，则需要由两位工作人员旋转钻杆顶端的把手，进行强制钻掘，记录钻掘深度25 cm所需的旋转数（旋转半圈以数值1来计数）； · 在分析时需要考虑自动化器具与手工记录的误差； · 使用器具：钻杆（长度1 m×管径19 mm×10根）、重锤（0.10 kN×2个、0.25 kN×3个）、螺杆头（管径33 mm、长度200 mm的纺锤锥形）、装载用夹钳	· 勘察位置：建筑四角与中央共计5个位置； · 勘察时间：每一块住宅用地约两小时； · 费用：每一块住宅用地费用为4万～5万日元（合2 360～2 950元人民币），追加勘察费用每个百分点约5 000日元（合295元人民币）； · 试验数据资料最快于勘察日次日提供，报告书约于勘察日起算一周内交出	· 因为在数个位置测得的数据可相互比较，所以可判断地基的平衡度与土质，也可得到深度方向的连续探测数值（可探测深度大约10 m）； · 可以换算出N值； · 多适用于独栋住宅，也适用于已有住宅的狭小建设用地； · 手工作业不需电和水； · 若遇岩石或硬质土层等贯入试验障碍，则钻探试验无法进行（无法确认桩基础的承载层）； · 适用：2～3层的独栋住宅或集合住宅、高度不满2m的构筑物； · 作为钻探试验、标准贯入试验的补充勘察方式
瑞利波法（Rayleigh wave method）	· 运用波在介质中传播的原理，人为对地基施加振动，在地下每1 m放置两个检测器，测定由振动机产生的波（Rayleigh wave）通过地的速度； · 使用机具：振动机（间歇性地在地面垂直打击的装置）、检测器（可接收瑞利波的探测器、两个为一组）、计测器（波形图绘制装置）、SWS探测仪	· 勘察位置、时间：建筑物四角※，每一住宅用地耗时约两小时； · 费用：每一块住宅用地为4万～5万日元（合2 360～2 950元人民币）； · 试验解析需时数天，报告书约需一周	· 因为是非破坏性的试验，即使勘察的基地被混凝土或岩石覆盖，也可以取得探测数据； · 当厚的软弱层从地表开始分布时，因为振动无法到达底层，所以无法取得数值； · 当近距离内有结构体或是因交通发生振动时，会有信号干扰； · 适用：最多两层建筑的独栋住宅（软弱层薄的情形）
机械钻探法	· 安装前端附有金属螺杆头（钻掘进入地下的尖刃）的转头连接器，通过机械的钻探，一边挖土或岩质地基，一边钻掘入地下； · 可与标准贯入试验兼用钻掘孔； · 使用机具：钻掘钻杆、金属螺杆头、转头连接器、钻掘机械、钻塔（高度约6 m的三脚架）、压力泵	· 勘察位置、时间：约每500 m²一个测点，每天钻掘10 m； · 费用：一天20万日元（合11 780元人民币）； · 土质柱状图可于次日提供，报告书约需一周	· 坚固的地层，也可进行钻掘。确认支撑层位置时，N值在50以上的地层厚度为5m时，即可结束测量； · 可以用标准贯入试验实际探测得到的N值来推测地基强度； · 可以测得地下水水位； · 在办理需要结构计算书的建筑确认申请时，地基承载力必须参考地基勘察的成果
标准贯入试验（SPT）	· 钻具钻至实验土层上15cm处。穿心锤自高度76 cm±1 cm以自由下落的方式敲击贯入器顶端，来测量地基对贯入试验的抵抗力； · 计算贯入器打入土层30 cm深度所需的敲击次数，并以采样器取土的样本，作为土质试验材料； · 使用机具：穿心锤、触探杆、标准贯入器	· 勘察位置：沿深度方向，以每1 m来施行试验	· 勘察位置若只有一处，可能会无法判断地层倾斜度
平板荷载试验	· 在结构体的试坑，设置水平荷载板，分次分级增加荷载，测量每次增加的沉降量来求得地基承载力； · 每次加荷约30分钟，进行8个梯次以上的加荷试验；达到目标荷载时，再分次分级地将荷载移除； · 使用机具：荷载板（厚度25 mm以上、直径300 mm的钢板）、千斤顶、反力装置、测量指针仪（沉降量变位计）	· 勘察位置、时间：一个试坑，半天至一天时间 · 费用：一个试坑约20万日元（约合11 780元人民币）； · 数据分析图需时数天，报告书约需一周	· 勘察位置若只有一处，可能会无法判读地层倾斜度； · 因为荷载板面积小，荷载产生的应力只到达浅层，容易得到比实际建筑沉降量小的误差数值； · 以钻探试验、标准贯入试验的结果为准

※：与SWS试验并用。

照片1-1-1
标准贯入试验现场

照片1-1-2
瑞典式测重试验现场

图1-1-3 钻探试验

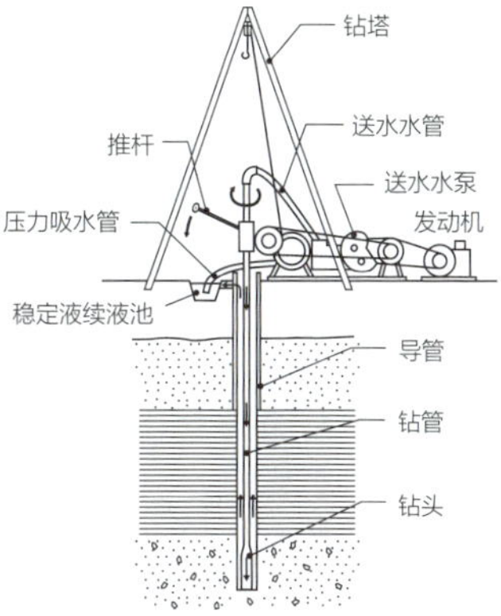

图1-1-4 标准贯入试验

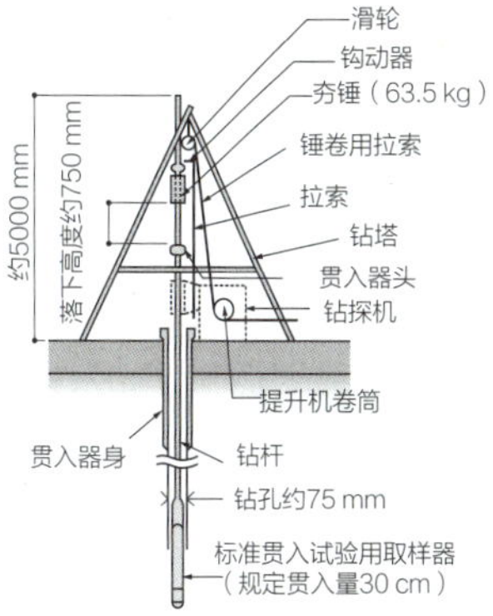

图1-1-5 瑞典式测重试验

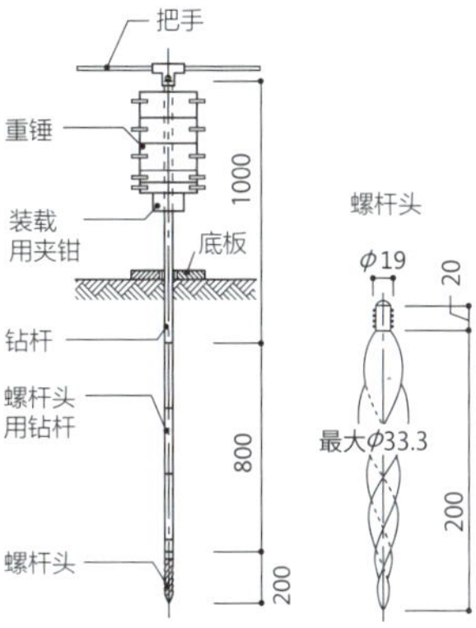

标准贯入试验

为了解地基的承载力状态N值所施行的原位试验。在钻探试验用的钢管前端安装标准贯入试验用的取样器，将重量635 N（63.5 kg）±5 N（0.5 kg）的重锤，从76 cm±1 cm的高处，以自由落体方式向下打击，穿入地下深30 cm处所需的打击次数，即为标准贯入试验的N值。同时还可以进行土质试验采样（图1-1-4、照片1-1-1）。

瑞典式测重试验

以铅锤重量下陷程度测定，多用于2～3层木造房屋的地基勘察（图1-1-5、照片1-1-2）。

瑞利波法

通过振动机所产生的表面波传送至地层，再接收从地层回传的反射波，计算出地基承载力的地基勘察方法。

土质试验

对土质样本进行物理、力学和其他工程性质的勘察试验（表1-1-6）。针对物理性质中的含水率、土粒密度、干密度、湿密度等进行勘察。

表1-1-6 土质分类及名称

名称	粒径	特性	
卵石	20 cm以上	肉眼可视的一个一个颗粒物质。以指尖搓揉的粗糙程度，大致分为粗砂、中砂、细砂	
砾石	0.2～20 cm		
砂 粗砂	0.5～2 mm		
砂 中砂	0.2～0.5 mm		
砂 细砂	0.05～0.2 mm		
泥渣沉泥	0.005～0.05 mm	肉眼看不出颗粒，像黏土但是没有黏性，手感有点像砂子	
黏土	0.005 mm以下	具有高黏度、低透水性	
砂盘	—	砂产生固结作用后转变为岩质土状态	介于土与岩盘之间的土质
硬质黏土	—	泥渣沉泥、黏土发生固结作用后成为有黏土性质的岩质土状态	
腐殖土	—	含有大量植物成分的土壤	
泥炭	—	腐殖土发生碳化作用形成的土质	
壤土	砂、泥渣沉泥、黏土的混合物	火山灰发生堆积作用形成的土质。广泛分布在日本关东一带的土质，又称作关东壤土质。土的性质与黏土接近，但也有有独特的性质	

孔内水位

即钻探勘察时筒中的水位，与地下水位不同。

手动挖掘

使用铲子等工具以人力方式进行挖掘，依照挖掘时的抵抗力来判断地基的强度。

手动旋转钻孔

钢管的尖端安装螺旋锥，再以人力用旋转方式钻入土中。特别适用于倾斜地形，借由地表层下方的地层深度来了解倾斜度，是有效的地基勘察方法之一，但不适用于砂质地基或是软弱地基的勘察（表1-1-7）。

地基承载力

地基所能承受荷载的能力。地基出现破坏现象的荷载与出现体积收缩的荷载相比较，数值较小的为地基承载力。使用扩大基础（译注：基础的底面直接坐落于土层之上）时，地基承载力为重要的参考数值。

土质检测取样

为了试验土质分类或特性而进行的检测取样工作。以标准贯入试验为例，打击的穿心锤本身便是采样装置，可将填塞于内部的土取出，进行观察。

单轴压缩试验

在试验装置中加入圆柱形的黏土试料，在轴向加载荷重，直至试料发生破坏的试验。

三轴压缩试验

剪力试验的一种。用不透水膜包裹的，先向其周围施加压力，再施加竖向力直至剪切破坏，以测试土质的强度。

*N*值

在钻探试验的钻掘孔内施行标准贯入试验，以取得实际测量值。将重量635 N（63.5 kg）±5 N（0.5 kg）的重锤，从高76 cm±1 cm处以自由落体方式向下打击孔底，到达贯入深度30 cm所需的打击次数，作为地基强度的指标值。

换算*N*值

瑞典式测重试验中，将钻杆打入土中所产生的旋击数换算成*N*值的计算方式。换算公式适用于砂土和黏性土这两类。

土质柱状图

采取钻孔试验或标准贯入试验等进行地基勘察时，以测量到的数值为依据，来记录地基的构成方式。土质柱状图报告书设定记录区间为1 m，显示钻孔内水位、土质变化、色调、强度、标准贯入试验锤击数、*N*值等。

自重沉降

在标准贯入试验中，不使用重量635 N（63.5 kg）±5N（0.5 kg）重锤打击的方式，而是靠钻杆自重使采样装置在钻孔底部沉降，测得数值。也意指瑞典式测重试验中，以自重荷载沉降的情况。

软弱地基

软弱地基多出现在谷地、河漫滩、三角洲等水容易聚积的低地。即使是新填充出来的土地，在评量地基时，也不能单以计算出的固定数值为标准，需考虑相关的地基承载力及建筑荷载等数值。软弱地基对于独栋住宅来说，是指无法承载连续基础、地基承载力未达30 kPa的地基。

表1-1-7 钻探试验的简易地层判别法

地层硬度		手动挖掘	手动旋转钻孔	估算*N*值	估算地基容许承载力（kN/m^2）
黏性土	极软	可轻松将钢筋压入土中	钻孔孔壁易崩塌，钻掘不容易进行	2以下	20以下※1
	软	可轻松用铲子挖掘	可轻易钻掘	2～4	30※1
	中等	用铲子用力挖掘	需施力进行钻掘	4～8	50
	硬	用脚踏铲子的方式进行挖掘	需花很大力气旋转才可以进行钻掘	8～15	100
	极硬	需要使用锄头	无法钻掘	15以上	200
地下水位上的砂质土	非常松	挖掘孔的孔壁易崩塌，可留下深足迹	钻孔孔壁易崩塌，采样土容易掉落	5以下	30以下※2
	松	可轻松用铲子挖掘	可轻易钻掘	5～10	50※2
	中等	用铲子用力挖掘	需施力进行钻掘	10～20	100
		用脚踏铲子的方式进行挖掘	需花很大力气旋转才可以进行钻掘	20～30	200
	密	需要使用锄头	无法钻掘	30以上	300

※1　需要留意沉降量过大的情形。

※2　需要留意地震时的土壤液态化（《小规模建筑物基础设计指导》，日本建筑学会出版）。

表1-1-8 地基容许承载力强度

地基容许承载力强度（kPa）	基础的结构
小于20	使用独立基础的结构
大于20且小于30	使用独立基础的结构或筏基础
大于30	使用桩基础的结构、筏板基础或连续基础

注：若地基容许承载力强度在70kPa以上，可以不设置人工地基，以柱子与基础紧密连接；或是没有地基的平房，以固定柱础的方式将柱子的下方部位连为一体；或是采取地基上敷设基础石，将柱子竖立于基础石上方等方式。

地基性能

承载力

地基不被破坏，能承受的最大荷载。

持力层

直接承受基础或基础桩传达荷载的地层。依照结构物的荷载或桩基上端承载力，所需要的持力层强度也不相同。通常，对于小型建筑而言，持力层的*N*值需大于15。

地基容许承载力强度

与“容许承载力”一词同义。依建筑基础形式，地基所容许的承载力强度划分见表1-1-8。

容许沉降量

不会使地基开裂对建筑造成危害的最大沉降量。

地基的不良状况

地基沉降

地基沉降可分为固结沉降和瞬时沉降。固结沉降是指在垂直应力作用下孔隙水被不断挤出导致的沉降现象，沉降量较大，且至沉降结束时间较长。瞬时沉降则是由于垂直荷载的增加导致土层被过度压实，为短时间

图1-1-6 不均匀沉降的起因

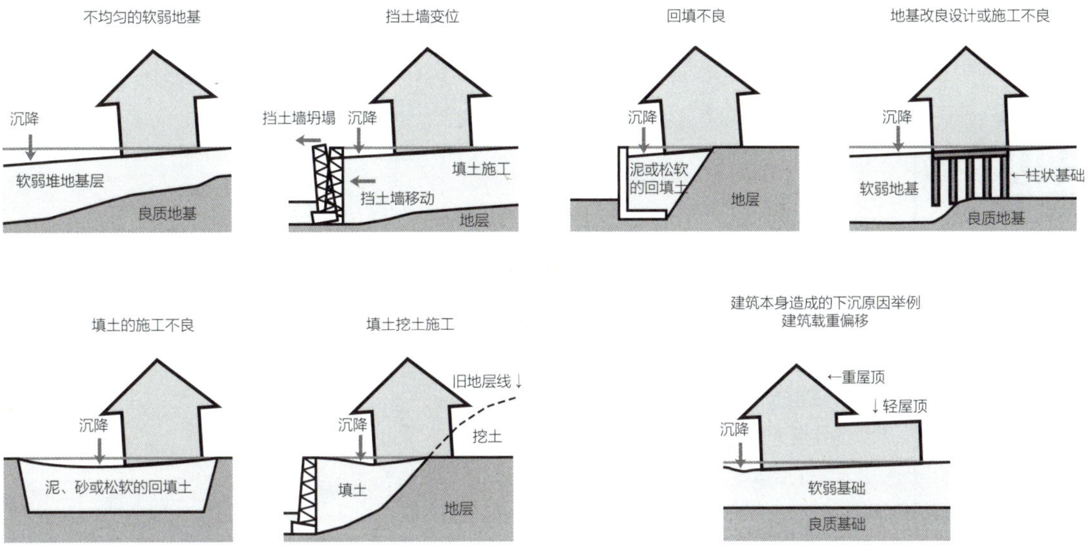

图1-1-7 不均匀沉降的原理

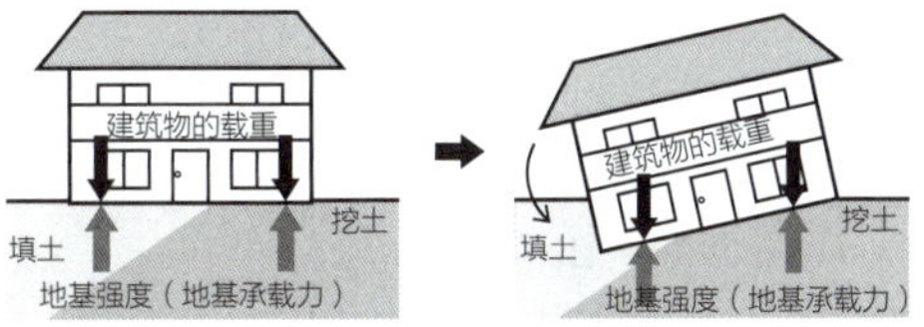

建筑的重量与从下方支承的地基承载力，两力相平衡的状态

填土部分的地基承载力较弱，无法支承建筑重量而发生建筑不均匀沉降的情形

图1-1-8 固结沉降的原理

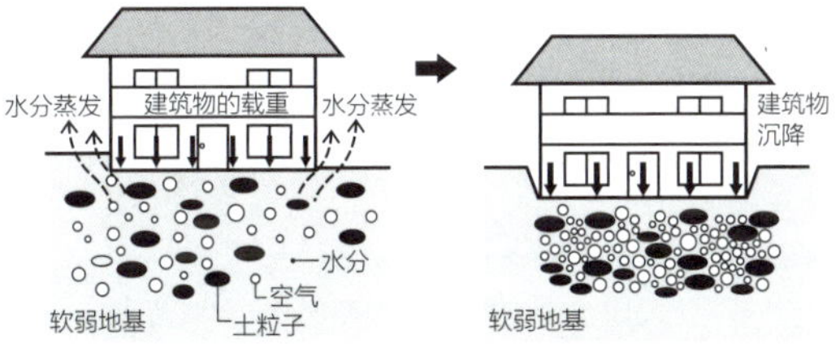

建筑重量施加于软弱地基之上，排出孔隙水的现象

因地基孔隙水排出之后体积收缩，发生建筑与地基一起沉降的现象

沉降，且沉降量较小。

另外，当地基沉降发生时，若地基整体沉降，则不产生结构问题。然而，若导致冲积层的厚度不均，则会发生不均匀沉降。

广域的地层沉降

因为过度抽取地下水，造成较大范围的地层体积收缩，导致地层沉降。在急速进行开发以及使用地下水地区最为明显。

不均匀沉降

不均匀沉降是指建筑物整体不均匀地沉降，发生单侧倾斜、建筑物的一部分明显沉降的现象。原因是地基承载力不足、地基不均匀、偏心荷载、地基形式不适宜等（图1-1-6、图1-1-7）。

塌陷

造成不均匀沉降的原因之一。由于遭非法丢弃的废弃物缝隙间的土被雨水抽空、掩埋的植物或垃圾等腐蚀产生空洞孔隙，而产生地表局部的沉降。

瞬时沉降

地基支承荷载时，约从荷载产生的同时间开始，到加载结束为止所发生的沉降。可在短时间内排出土中的孔隙水。

固结沉降

建筑荷载对地基造成影响，使黏土中的孔隙水慢慢地流失，造成体积减小、密度增加的现象，而发生地基沉降的沉降（图1-1-8）。

次固结沉降

压密沉降的现象并未停止，而有持续沉降的可能性。

土壤液化现象

因地震受剪力作用而发生变形，水或砂从地表喷出产生建筑沉降的现象。容易发生这种情形的是由颗粒状的中砂（粒径0.01 mm左右）构成、深度10 m以下、*N*值15以下、较为松散的砂质地基或地下水位高的地方。

流砂现象

因向上的水流让砂粒受到大于自重的浮力，呈现在水中浮游的状态，地基成为水与砂混合的液态性状的现象。液化的砂层自地表喷出的现象，称作涌砂现象。

1.2 工地现场通用语

本节收录了放样与收边相关的重要术语。

放样

墨线
墨线是以墨针固定拉出的线。

墨线放样
放样或打样。安装构件或饰面施工时，在底层表面以中心墨线、退缩墨线打印做记号（图1-2-1）。

中心轴线
以最底层为基准，做建筑物的纵轴线及横轴线基准的中心直线。

基准墨线
作为轴线基准的墨线，以中心轴线表示或称元墨（主要墨线）。

中心墨线
表示构件中心线的墨线，也称作正中心墨线，或是指柱中心线、墙中心线等。

中心线放样
柱或墙中心线放样，或称作中心样。

退缩墨线放样
若是无法打绘墨线的情形，则多是在与中心墨线平行之处，保持一定的距离，进行墨线放样。用来标示中心线位置时，称为回归墨线。用来标示装修完成面位置时，称作偏移墨线。

水平基准墨线
以水平方向标示高度基准的墨线，也称作腰墨线、水平墨线。

上方墨线、下方墨线
前者是水平基准以上的墨线，后者是水平基准以下的墨线。

图1-2-1 墨线示意方式

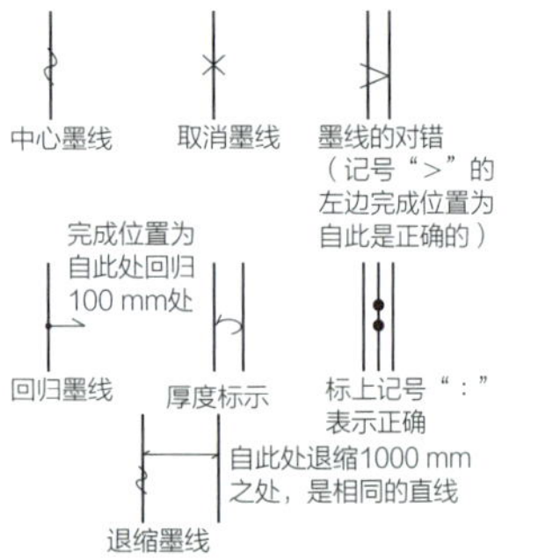

图1-2-2 中心线与中心线间的距离

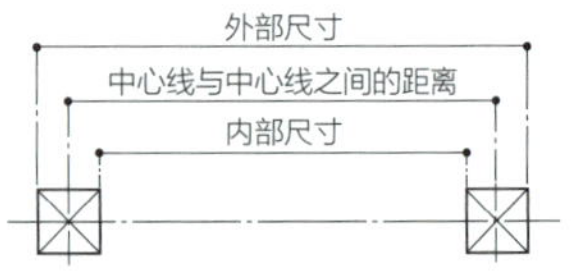

图1-2-3 墨斗

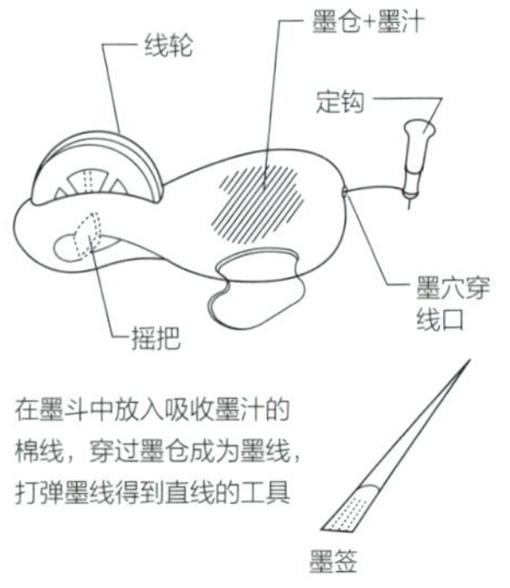

地墨线
在地板等水平面上打绘的墨线。

垂直墨线
打绘在立面上以标示垂直方向的墨线总称。

主要基准墨线
墨线放样作业的基准，也称作元墨（主要墨线）。不是贯穿各楼层的基准墨线，而是为了要与各层专用基准墨线作区别而产生的用语。子墨（次要墨线）是以基准墨线为基准推算出的墨线。

回归墨线
从偏移墨线、退缩墨线回推计算出中心轴线的位置。

装修完工墨线
从中心轴线或偏移墨线开始推算装修完工墨线的位置尺寸。

圆径放样
圆或半径的放样工作。

中心线到中心线距离
从建筑物的中心轴线或构件的中心线到其他工作物的中心线之间的距离（图1-2-2）。

直角放线
拉出直角的墨线放样。

木工放样
在木造构件上，将配件或加工样式等的尺寸，以墨斗、墨签或直角标尺拉线放样的工作。

墨斗
墨线放样使用的工具（图1-2-3）。

墨签
木工拉直线、标示记号等所使用的工具。

直角规
墨线放样时用来测量长度或直角的工具，又称作角尺。

直线程度
墨线应呈直线状态，若有弯曲则称作“直线程度不佳”。“直线检查”即为确认是否为直线的工作。

收边、状态

收边
多用于指房间或是构件之间的拼接、交接、外露面和饰面等位置进行的精细化工艺处理，其施工的质量影响建筑的美观度和功能性。

图1-2-4 表面

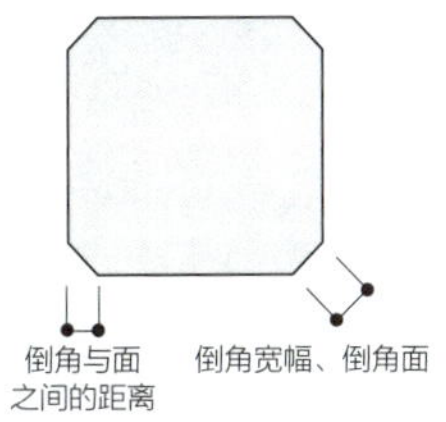

外露构件

肉眼能够看到的建筑构件。

隐藏构件

与外露构件相反，肉眼看不到的建筑物构件。

外露构件的正向立面

外露构件的可视部分。

面

意指表面。也指从剖面上看，木造建筑物的柱子等构件四角加以施工过的表面（图1-2-4）。

表面平接

或称表面拼接。对互相拼接在一起的表面进行整平的工作。

误差值

为吸收材料加工误差或现场安装的误差值，预先留的尺寸。

陆

日文的“陆”在放样工程中是水平的意思。如“陆屋顶”是指水平屋顶。

水

日文的“水”在放样工程中是水平墨线的意思，也有水平面、水平线之意。

收齐整平

使收边材料的端部或是交接部收边整齐的工作。

接合状态

复数构件之间相互紧密接合的状态。“接合”好或不好表示构件之间接合状态的好坏。

背衬基材

施工上为了使收边整齐所使用的材料，如混凝土找平层。

筏板

日文中是全面整体的意思。例如筏板基础、涂装作业上的全面涂装等。

胜负关系

构件与构件接合处的相互关系。比如，木造建筑柱子与木地基的连接方式，若柱子向下超过木地基直达混凝土基础，则称为柱胜；若基础上承载着木地基，柱子没有直达混凝土基础，则称为基胜。

预留面层厚度

为了保证收边平整，在施工中预留出装饰面层的厚度。另外，混凝土造的建筑也有因为要预留厚度而多浇筑混凝土的情形。

不平整

在收边作业中是指表面凹凸不平的状态。

不均匀

在收边作业中是指收边饰面或应该保持平滑的底衬呈不均匀状态。

接面交错

板互相接合时，接合面不在同一平面上的情形。

斜倾

应该直立却呈现倾倒的状态。

预留尺寸

超过必要的尺寸，或是过剩的状态。如“任意开口”表示稍有开口的状态。

重新施工

已完成的工程拆除后重新施工。

部分修正

在施工完成之后，对与设计图纸相异的部分或施工不良的部分，重新施工或修正。

瑕疵

建筑工程在几乎已完工阶段，残留一小部分尚未施工饰面作业的部分，或仍有部分需要修正的部分。检查是否有这些未完成的部分，或在现场巡视检查的工作称作瑕疵巡视，将瑕疵部位加以施工完成的工作称为瑕疵正。

直角

90° 角。角度大于直角的称钝角。

小于45° 角倾斜度部分

小于45° 角的倾斜度的部分。

大于45° 角倾斜度部分

大于45° 角的倾斜度时，将45° 角扣除的部分。

转向角

从一定的位置或方向转到另一位置或方向的角度。

倾斜度

柱或壁的构件呈现倾斜的角度。

长度

标示高度或材料的尺寸。

凹状

凹状表示上方呈现凹陷的线或曲面。例如凹状屋顶。也表示板材等因干燥收缩呈现凹状（图1-2-5）。

凸状

表示上方凸出膨起的状态。如凸状屋顶。

间距

也称Pitch。意指将材料按照一定间距排列或者将钉子按照一定间距打入时，材料之间的间隔距离。在图面多以符号“@”标示。

图1-2-5 凹状、凸状

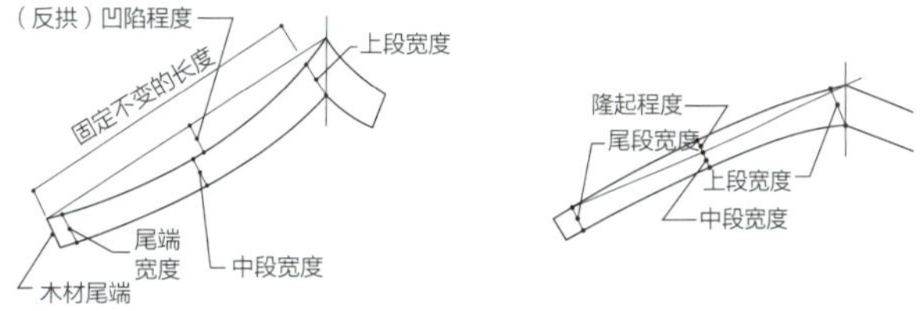

1.3 前置作业

在基础工程开挖之前，为了决定柱或墙的中心线进行定位放样，以水平线标示高度基准的水平放样工程（图1-3-1、图1-3-2）。这项作业是为了确定建筑是否在用地内位于正确的设计位置，以及建筑是否符合法规要求等。

前置作业

定位放样

在基础工程之前，为了设定柱、墙等的中心线或水平线，在必要的各个地点设置临时定位桩（照片1-3-1、图1-3-3、图1-3-4）的定位工作。定位放样在基准墨线移至不会变动的基准物（混凝土基础或混凝土地基等）之后，因不再需要可进行拆除。

若施工所在地在闹市区或进行地下工程，根据实际情况会在道路或混凝土围墙等不会变动的地方弹打墨线，有时也会用钉子来定位放样。

规模大的建筑物则不使用人工定位放样，多是使用测量仪器，借由某地标点、固定物或新打设的桩体为基准点，进行标高、基准墨线打样。

地面拉绳放样

为了确定建筑物位置，在建筑物的外围及内部的主要中心线之上，张拉拉绳，将建筑物的位置标示在地面上的工作。以此确认建筑物在基地内部的位置，以及挡土墙施工放样工作的位置，又称拉线放样。在转角处设定位桩，用于将拉绳固定于地面上。定位桩为较细的桩体，所以通常使用木桩或钢筋桩。

此外，住宅类建筑的施工现场，使用专用的长尺取得直角，在规模更大的建筑工地现场，则用光学经纬仪（照片1-3-5）。

定位桩

为了在地面拉绳放样，在建筑物的转角处打设可以固定绳线的桩。定位放样施工时打设的桩又称作放样桩、水平桩、地桩等。

基准标识

表示基地内高程的高低差或高度放样的基准点，也可写成BM（Benchmark）。以工程中固定的场所打设的定位桩作为基准，或在基地周围的屏壁等构筑物上做印记作为基准（表1-3-1）。另外，临时采用的基准标识通常标记为KBM。

水平放样

进行土木工程项目的开挖或填土、砌筑筑石挡土墙的饰面工程时，使用桩、绳或窄板等标示位置。

角落定位放样

依定位放样的位置来命名。设置在建筑物的四个角、阳角或阴角等位置的放样工程。

图1-3-1 定位放样工程（木结构建筑）

①在地面上拉绳
拉出水平放样线
↓
设定基准边线
↓
检视对角
↓
设定基准标识
↓
设定地基面
↓
设定地面高程 GL
↓
检查在地面上的拉绳
↓
②施工定位放样

②施工定位放样
打设水平桩
↓
绘制水平墨线
↓
安装水平板
↓
张拉水平放样线
↓
绘制中心墨线
↓
确认对角
↓
绘制基础中心墨线
↓
放样面完成

图1-3-2 定位放样工程的名称（钢筋混凝土建筑、钢结构建筑）

在基准中心放样线的交会点上打设定位桩
↓
在建筑的四个角的中心放样线交会点上打设定位桩
↓
确认建筑各边的长度
↓
确认建筑转角的角度
↓
拉出水平放样线
↓
依中心放样线设定后退定位桩
↓
控制点定位桩的养护
↓
完成

照片1-3-1 木造住宅定位放样的现场实例

角落之间放样

标示建筑物转角以外的墙体或柱中心的位置，在角落间设置的定位放样。

防止水平放样线下垂

放样间距在7 m以上时，要防止绳子下垂。

图1-3-3 定位放样桩工程的名称

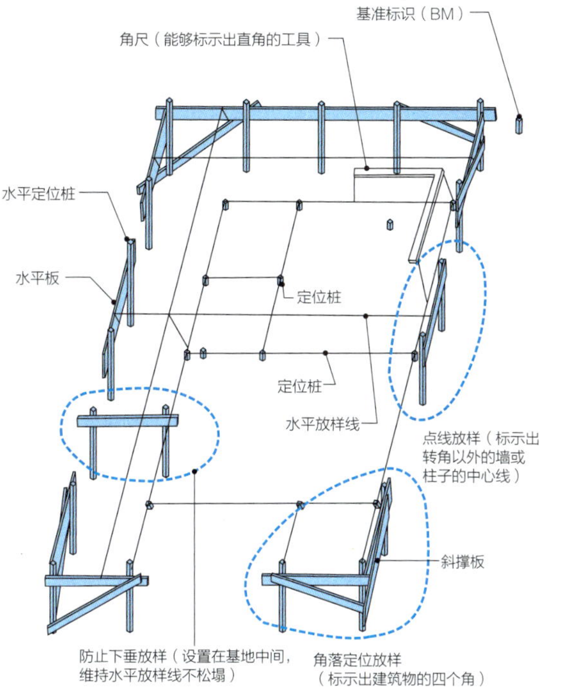

图1-3-4 水平面设定放样

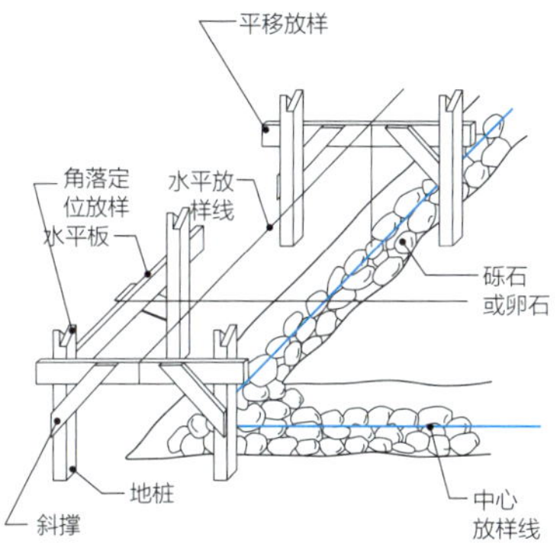

图1-3-5 平V形桩头、交叉V形桩头

表1-3-1 基准标识（BM）的相关记号

名称、简称	代表意义
TBM	从BM基准标识移设的暂时标识点，英文Temporary BM的缩写
GL	英文Ground Level的缩写。表示地面标高
FL	英文 Floor Line（Level）的缩写。以GL为基准来设定
T.P	东京湾的平均海平面高程（基本设置位置和高度的数值，记载于日本地理院发行的1：50000的地图）
A.P	荒川、多摩川、中川的平均水平面高程
Y.P	江户川、利根川的平均水平面高程
O.P	淀川、大阪湾的平均水平面高程

定位桩

在建筑物的边界打设木桩，也称作水平桩、假设桩。敲入之后，在桩体的顶部打入空心钉，穿入塑胶绳将四周围起，以便于混凝土的浇筑与养护。

平V形桩头、交叉V形桩头

定位桩桩头部位的一种切割方式，作为禁止移动定位桩的警示标记（图1-3-5）。保持定位桩的水平很重要，如果人手触碰定位桩，可能发生水平错位，因此通过此桩头的加工方式来防止移动。

退缩墨线

放样中心线会因柱或墙搭建后而无法辨识，因此在与放样中心线保持一定距离处设置放样墨线，也称作等距偏移墨线。

水平板

在定位桩上标示基准墨线，顺着窄板的上端，依序安装的水平板。水平板的上端是从基础顶板退缩一定的距离来设定的基准高度，并在水平板面上标示中心墨线、退缩墨线。购买水平板的时候，若不指定“水平板专用”，可能会与普通的板（上端没有刨平的）混淆，因此要留意。

水平放样线

定位放样时，与对面水平板之间拉出水平的放样线，成为中心放样线的基准，使用尼龙绳、塑料绳、琴弦线等。以中心为基准拉水平放样线，将放样线落到地面作为开挖的基准，依工程种类不同，也可作为混凝土找平层或混凝土基础的中心放样线位置。此外，也会使用圆锥形铅垂（照片1-3-2），将水平放样线位置垂直落印于地面。

后退定位桩

也称作后退基准点。放样中心线会因为柱或墙壁搭建之后而无法辨识，通常会在建筑内侧后退500～1 000 mm的地方，作为后退中心放样线，并打入定位桩。

水平面设定

设立作为建筑施工基准的水平面，又称水平标高设定，使用水平仪测定。也称作水平放样，是定位放样的表现方式之一（图1-3-4）。

放样线交会点

各个中心放样线的交会点，也指水平标高的基准标识。

工具

圆锥形铅锤

在线的一端装有圆锥形重物，检测对象是否垂直的工具。在建筑工程中用来确定测量仪器的装设位置的垂直精准度，或在地墨线打样时使用（照片1-3-2）。

需要注意在室外使用时，若重物的重量不足，可能发生受风吹动导致摇晃而无法使用的情形。

水平仪

测量高度、取得水平放样线（水平墨线）时所使用的望远镜及管水准器组合出来的测量仪器。目前大部分都使用可以自动取得水平标高的自动水平仪，水平基线的放样称作水平标高放样，也可利用水平仪的激光光线进行测量。该仪器可用于绘制垂直放样线，或检测垂直构件和水平构件的精度等。

照片1-3-6 便携式卷尺

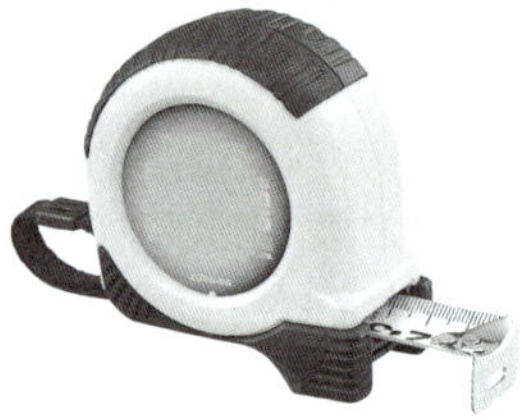

照片1-3-2 圆锥形铅锤

照片1-3-3 激光水平仪

照片1-3-4 自动水平仪

照片1-3-5 光学经纬仪

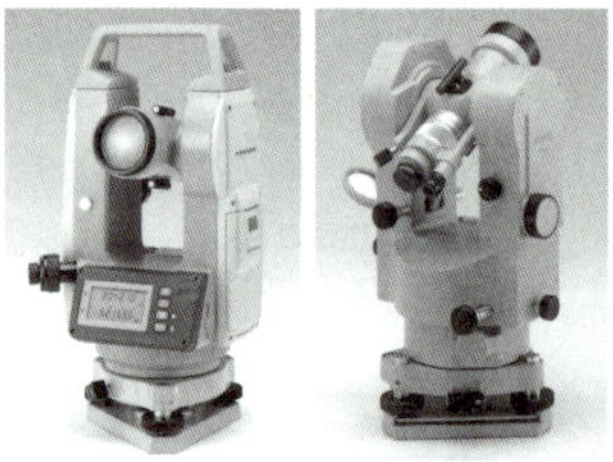

图1-3-6 直角用长卷尺

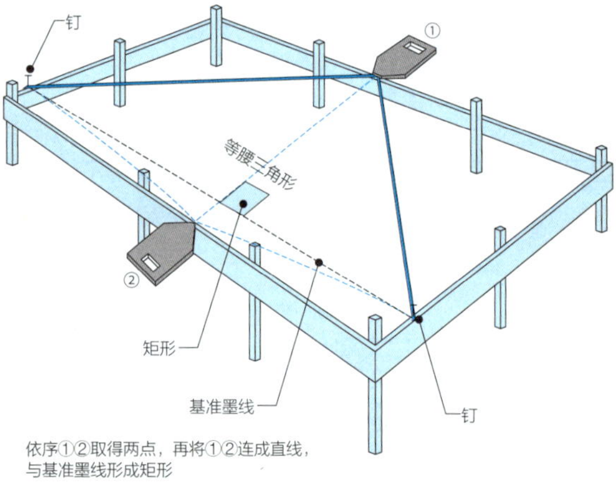

激光水准仪

可射出激光以测量水平基准的仪器（照片1-3-3）。

自动水准仪

与激光水准仪类似，是可射出激光以测量水平基准的仪器。产生交会点时会发出声音，即使一个人也可进行放样（照片1-3-4）。

光学经纬仪

测量垂直方向与地面基准放样线、角度的仪器。利用望远镜，测定出水平及垂直角度，将机器设置的基准点与水平面设定为基准，将望远镜的内视基线设定于目标上，在刻度盘上读取方向角度与高度。目前内置电子芯片的款式为主流（照片1-3-5）。

激光经纬仪

以激光光线测量垂直放样线的仪器，也兼具高程放样功能。

基准标高标尺

将基准高度移至水平定位桩时所使用的标尺。将板材的底端与水平板的顶端相接，在中央位置标出高程基线位置，再依次按顺序将高程基线移到各个水平定位桩上，也称作基准高度棒。

便携式卷尺

便携式的小型不锈钢制卷尺。进行墨线打样时，为提高精准度，有时会以10 cm刻度处作为基准点。这种情况下测量长度时，需注意不要多算10 cm（照片1-3-6）。

角尺

在现场利用窄板制作出的直角三角标尺。三边各为3尺、4尺、5尺，称作三四五角尺，三边各为6尺、8尺、10尺，称作六八十角尺，因直角用长卷尺等便利工具的普及，现在较少被使用。也称作大尺。

直角长卷尺

从孔穴中以齿轮拉出长度永远一致的两条线的卷尺。以基准墨线为底边，在基准墨线的两侧，各拉出等腰三角形的顶点，做上记号，连接两顶点，取得直角（图1-3-6）。

在进行建筑基础或是地下构筑物施工时，挖掘地基的工程称作开挖工程。需先处理开挖所产生的残土或是地下水，再进行地基的整理工作。

图1-4-1 土方开挖工程

开挖打样
↓
移入施工重型机器
↓
开挖
↓
安装横板
↓
土方处理（暂置基地内或移出基地外）
↓
排水处理
↓
底面平整工程
↓
回填

图1-4-2 开挖类别

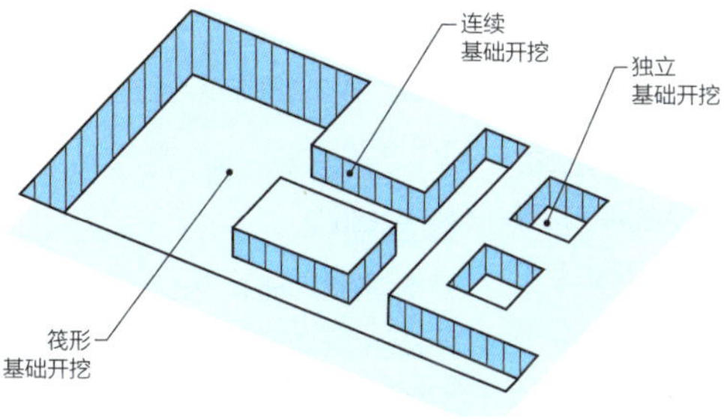

图1-4-3 直接开挖的安全地基

开挖面高度	岩石、坚硬的黏土	其他的地基	砂质地基	容易受破坏崩塌的地基
小于2m	90° 以下	90° 以下	35° 以下	45° 以下 开挖面高度小于2m
大于2m且小于5m		75° 以下		
大于5m	75° 以下	60° 以下		

土方开挖

土方开挖

在进行建筑基础或是地下结构物施工时，对地基表面下的土进行的开挖作业（图1-4-1）。若开挖的基坑壁有可能坍塌，需另外设置支护。依据开挖形状，分成适合独立基础的开挖方式、适合地梁或连续基础而采用的连续开挖方式、以及地下室适合的筏形基础开挖方式（图1-4-2）。在开挖之前，需要掌握地基的地层、地基承载力（N值）、地下水的状况，评估对于近邻道路、建筑物的影响，掌握施工现场以及周边地下埋设物的状况等基础资料。开挖形成的底面称作开挖面。

直接开挖

不设置支护的开挖作业。适合地基良好、没有塌方可能以及开挖深度较浅的情形。或称明挖、明挖边坡工法。见图1-4-3。

额外开挖

因结构工程、防水工程所需，开挖额外的作业空间。深度在1.5 m以内时，额外开挖所需作业空间的宽度为0.4 ~ 0.6 m；若有地下室，额外开挖所需作业空间的宽度为1 m。

铲平整地

将地基或开挖面地基表面超出预定高度的部位铲平。在底面平整工程之前施工，目的是将地基或开挖面初步整平。

底面平整

在挖掘到接近设计深度后，将底面施工至设计深度并进行平整的工程。底面平整要求达到包含垫层、混凝土找平层的设计深度，且需将底面整体施工至平滑。若建筑物采用直接基础，由于底面成为建筑物的支持地基，需要尤其注重底面的平整性。当地基状况极为良好时，也可直接在底面上设混凝土垫层找平。

阶梯式开挖

开挖较深时，以阶梯状向下挖掘，并将开挖土置于阶梯状地平，按照顺序阶段式向上搬移、排除的开挖作业。依照阶段数量，有两段阶梯式开挖、三段阶梯式开挖等类型（图1-4-4）。

坡面

意指倾斜面（图1-4-5），或简称“坡”，具有斜度的开挖面。依照日本安全卫生规则，对斜坡式开挖面的高度或斜度有上限规定。另外，为防止因雨水等所造成的泥石流，在坡面涂抹水泥砂浆或披挂帆布，称作坡面防护作业。

拍打整平坡面

在开挖坡面上以图1-4-6所示的整坡板（附有手把的厚板），将坡面拍打压实、整平的施工方式。这是为了防止坡面因风雨、震动等发生坡面表面崩坏而进行的工作。

图1-4-4 阶梯式开挖

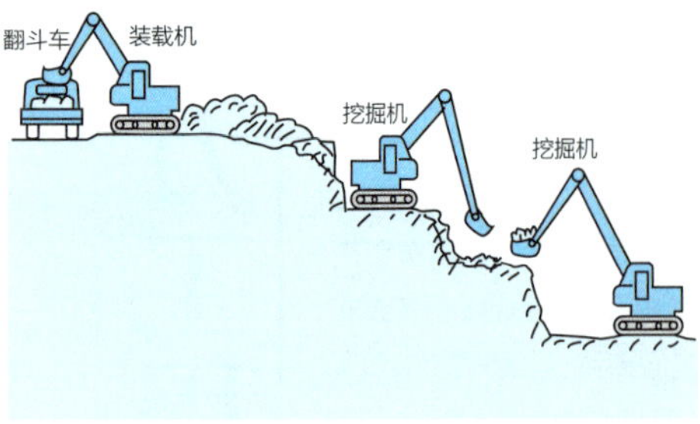

图1-4-5 坡面

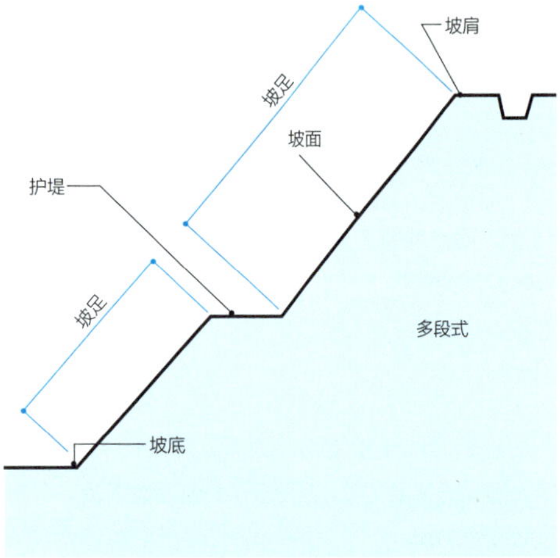

图1-4-6 整坡板

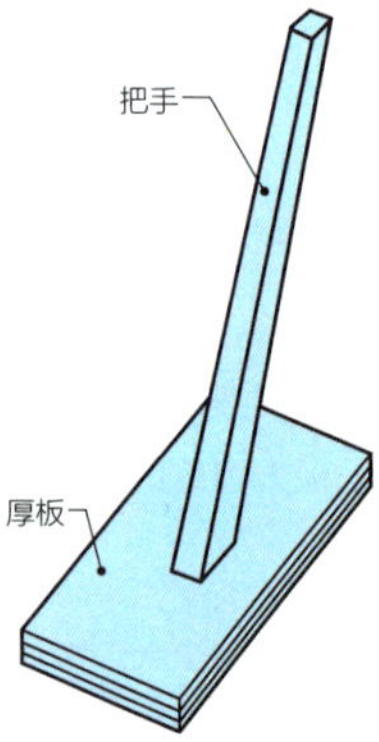

图1-4-7 安全支撑工程

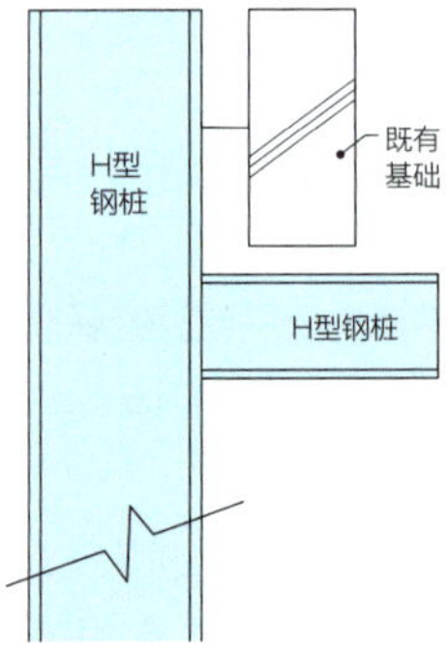

图1-4-8 排水工程（点井工法）

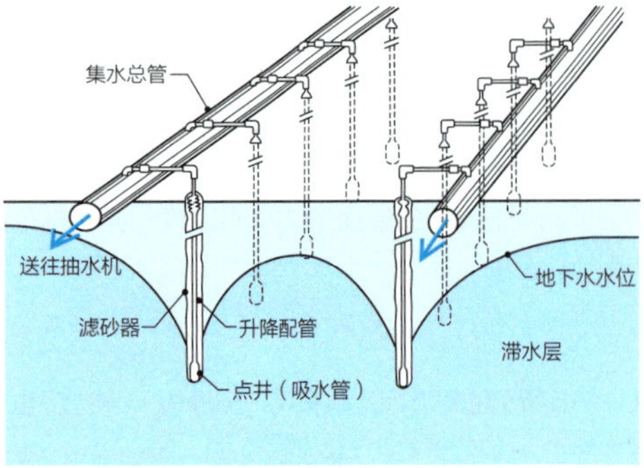

原生地基

回填土、填充土之外的自然原生地基，即表土之下的地层。

土方坍塌

地基、挡土墙的崩塌，或是挡土墙因侧向压力过大而导致变位、破坏的情形。此种情形常造成现场重大的事故。

土方处理

开挖工程的土方处理有以下三种方式：

①场内处理：将土方留在基地上，作为基地内回填土或填充土。这种做法仅限于开挖土是良质土的情况。

②场外自由处理：无指定的场外废土处理地点。

③场外指定处理：有指定的场外土方处理地点，搬运至回填土指定地点、填海土指定地点、有害土指定地点等。公共工程大多需在土方清运处理时，进行土质成分的检查。

现场试验

以该基地为试验对象，直接在现场进行的试验。

清点工作

卡车的辆数、人数，原木材、木桩等的数量清点工作。也指进出施工现场的泥砂搬运车的清点工作。

确认数量

进行土方工程时，进出施工现场的土方搬运车辆数或是土方工程施工人数的清点工作，以确认是否与计划时的数字相符。也指其他的工程数量确认工作。

安全支护工程

挡土、开挖工程进行时，为使相邻的既有建筑物或构筑物不受施工影响产生下沉，而打设桩基以补强基础。

例如，在既有建筑物的邻近处，安插熔接H型钢的补强方式（图1-4-7）。

隆起回弹

开挖基础较深时，因少了开挖时所移除土石的重量，原本被压的土膨胀，部分地基产生上方隆起的现象。

排水

明排水法

将积存于开挖面的水以集水井或抽水机的方式排出（图1-4-8）。

开挖土中的地下水

开挖土中所含的地下水。虽在开挖过程中地下水涌出，但排水一次之后不会再出现。

水井排水法

为了将积存于开挖面的水排出，挖设置有抽水泵的坑穴（图1-4-9）。

井点降水排水法

大约以1m的间距，将吸水管埋设于土中，再用设置于地面上的真空吸水泵将地下水强制排出的施工方式。

深井井点排水法

以管径500～600mm的钢管做成的井，在底部装设潜水泵将水排出的施工方式。多用于地下水量大的情形（图1-4-10）。

桩体清洁

基础面平整时，将施工的桩体之间的土挖除清洁的作业。

图1-4-9 集水井排水法

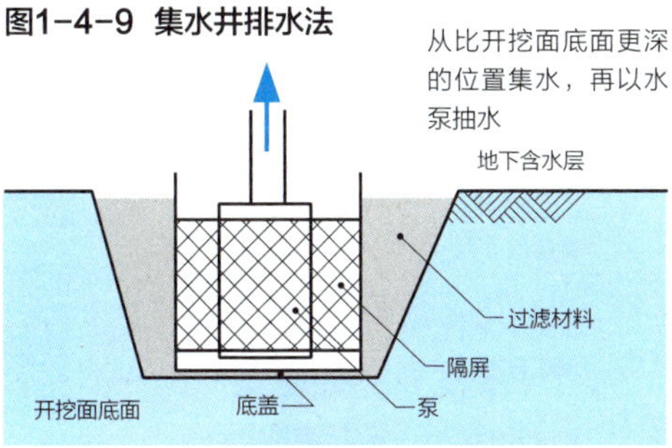

图1-4-10 深井井点排水法

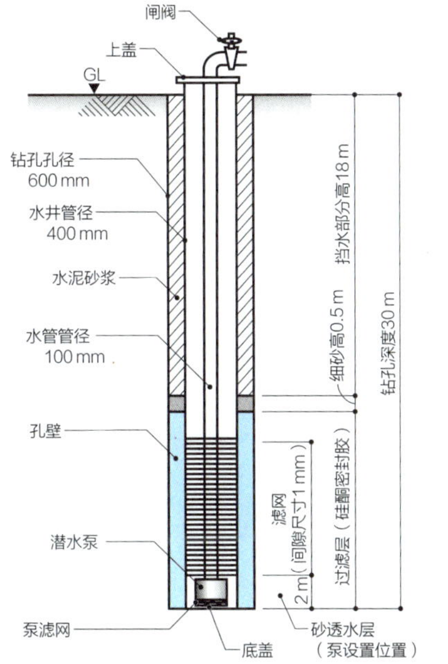

图1-4-11 复水井法

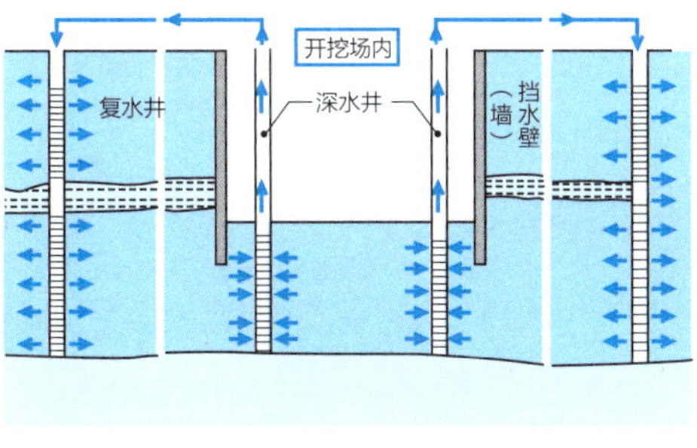

支护楔子

为了防止板桩、挡土板、厚板因干燥伸缩而掉落，在开挖中以具有支护作用的楔子固定。

复水井工法

使用深井排水工法将基地内的水排出，导向在远处设置的复水井，继而对地下水含水层再补给水分的工法（图1-4-11）。适用于地基占地面积大、附近水井干枯、有基础下沉风险的情况。又称作复水工法。

沉砂槽

将聚集于开挖面底处※的水或雨水中的泥砂等微粒子沉淀，仅将上方的水排出，为了不让泥水流到下方地下水的设施。使用双联金属罐（图1-4-12）或缺口罐（图1-4-13）。

回填

土方回填

地基等地下工程完成后，在在基坑内回填土至地面层下方。使用施工现场内暂时放置的土方或是从场外搬运来的砂石。

为了完工后不发生下沉的现象，需将回填土充分压实。含砂成分高的是优良回填土。

分层回填

从填充土堆积之处或废土处理场搬回来的土，分层压实铺设。这一方法增加了土的密实度，让填充土的安定度增高，以防止发生崩坏的情况。

回填土找平

在回填土或填充土上，将土均匀平整分布的施工作业。目的是为了下一个工程步骤的地面整平或是防止破坏。

压实

用滚轮碾压或平板压实使回填土密实的方法。在回填作业完成后，土的体积收缩会造成地基下沉，因此要将回填土充分压实。

夯实

为了增加砂石或砂质地基的密实度及安定度，而进行的振动、碾压、固实等夯实作业（图1-4-14、表1-4-1）。

混合回填

将原基础土方与回填土或填充土混合。回填土或填充土层厚超过15 cm时，会与原基础分离，容易产生干燥、收缩、龟裂的情况。为了预防该情况，需将地基挖出大约30 cm厚的土方土，并与回填土或填充土充分混合后再进行回填。

碾压

使用滚轮碾压机等机器将土夯实的作业。此外，也有以夯实机将砾石或砂砾等土质夯实的小型机器。

图1-4-12 双连金属罐

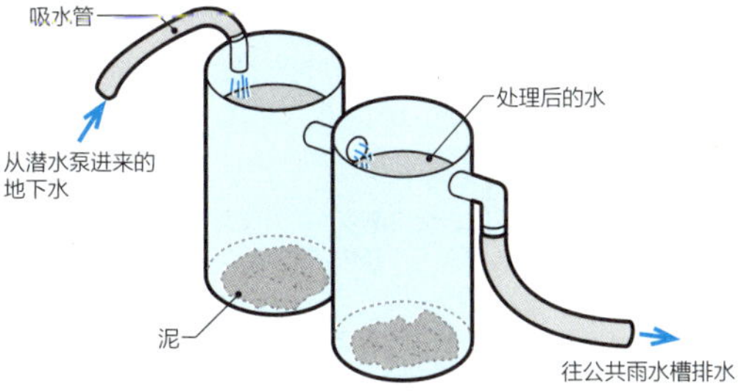

图1-4-13 缺口罐

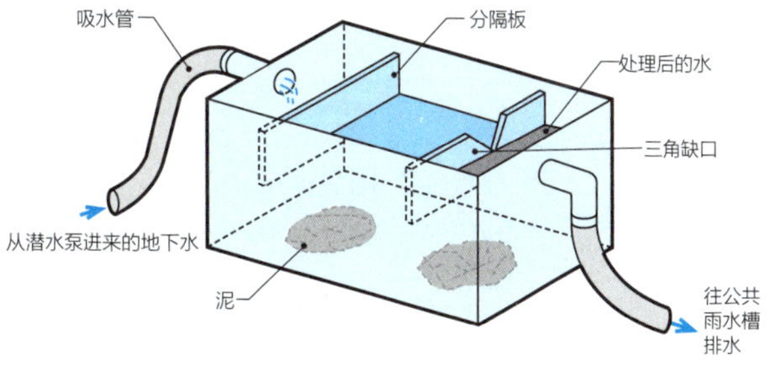

※ 将土方工程中涌出的地下水集中到一个集水坑。

图1-4-14 压实地基用的机器

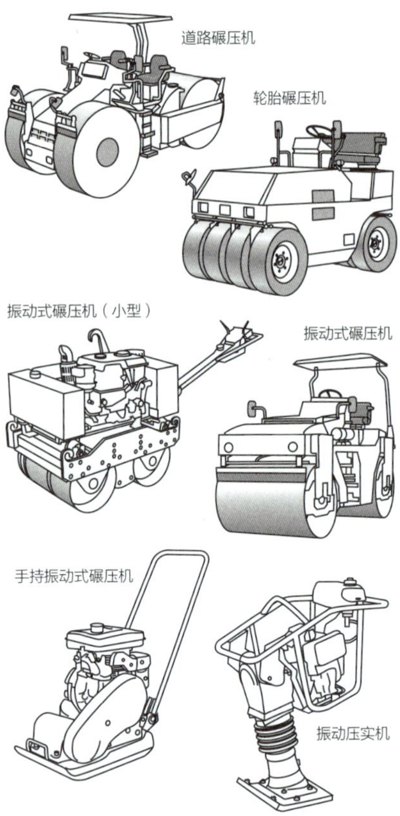

表1-4-1 顺应土质选用压实机具

土质	最有效的机器	可使用的机器	可根据施工现场选用	顺应交通条件不得已的时候
砾（G）砂（S）	振动式碾压机	轮胎碾压机、道路碾压机	手持振动式碾压机、振动压实机	—
砂质土（SF）	轮胎碾压机	振动式碾压机、填料碾压机	同上	堆土机（普通型）
细粒土（F）	填料碾压机（自牵引式）	轮胎碾压机	振动压实机	堆土机（普通型、履带型）

图1-4-15 基坑支护构件名称

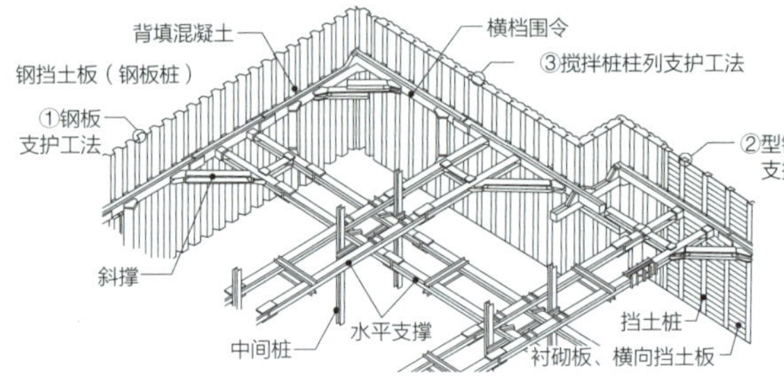

①钢板支护工法
适用于地基柔软稳定的浅开挖情形，因为需要考虑水压，故需要较大的支撑架。敲入挡土板时发生的震动与噪声大。

②型钢钢板支撑工法
敲入挡土H型钢桩，在桩体之间嵌夹木制挡土板。可以在坚固地基上施工，支撑架应力较好。但也因为不具备抵抗水压的功能，不适用于涌水多的基地。

③搅拌桩柱列支护工法
搅拌桩以柱列方式灌筑，震动与噪声较少，其刚性、止水性好，但需较高成本和较长工期。

表1-4-2 挡土工法的分类

分类	工法	形式	特征
无支撑	挡土墙工法		受限于土质与阶梯间的高度差。依土质选择适合的支护工法，可减少水侵蚀的影响，不会有支撑架等方面的问题，施工效率高，开挖土量及回填土量多
以挡土的形式划分	H型钢桩支护整体工法	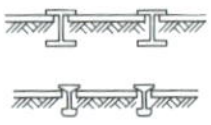	即使比较坚硬的地基或是卵石地层，也可以进行施工。虽有出现管涌的风险，但因为不会产生水压，故对支撑施工有利。可与螺旋锥钻掘方式并用来减小施工时发生的震动、噪声问题
	钢板桩支护工法		有可能因为场地的限制而无法施工。另外，施工时会有震动、噪声问题。需注意咬合部位的强度，若发生脱离，会产生止水问题。因为要承受水压，故支撑架的应力比H型钢桩挡土墙整体工法的支撑架大
	现场打设连续排桩工法：搅拌桩柱列支护工法		震动、噪声问题比H型钢钢板支撑工法、钢板桩挡土工法小。支护的刚性可以很大。为了保护桩孔孔壁而使用泥浆时，会发生泥浆处理的问题。支撑架的应力比H型钢钢板支撑工法大
	现场打设连续排桩工法：预铸桩柱列支护工法		
	现场打设连续排桩工法：水泥砂浆桩柱列支护工法		
	现场打设连续排桩工法：钢筋混凝土连续支护工法		水泥砂浆桩柱列支护工法（或现场施工钢筋混凝土桩柱列连续墙挡土工法），因为止水效果相对较差，故需在挡土墙背面灌入化学溶液。而钢筋混凝土支护工法的止水效果好，依照工法不同，可与结构墙、桩兼用
以支撑的形式划分	水平切梁工法		广泛使用的支撑工法。因为支撑架的架设，某种程度上会影响其他工程进行的效率
	岛式工法	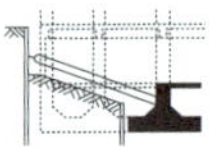	比起水平切梁工法，在切梁材料与所需施工手续上较为节省。大部分可以机械挖掘，但对于周边残土的挖掘会有问题。适用于广域浅层的地基开挖
	逆作工法	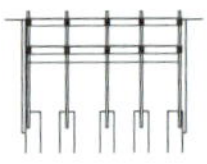	遇到地下室又深又广的情形，此工法可发挥很好的效果。结构本体可暂时作为地下室的临时支撑。但会因为情况不同而有需要加强的情形。因为混凝土反打，所以在接头部位会产生问题
	土钉墙工法		因为增加土射钉的垂直分力，所以所需的支撑力较大。土射钉设置在基地范围以外时，需要先了解邻地的状况。根据基地情况，可能需要在地下工程结束后拆除。施工效率高

山砂

从陆地上取得的砂，主要使用在既有基桩拔除后的回填，其价格低廉、颗粒分布良好、固化效率高。不要使用其他种类的砂代替，这样比较稳妥。

加水固化

在当作回填土使用的山砂中加入适量的水，使之固化。加水固化法比振动碾压固化法更为简单。

图1-4-16 H型钢桩挡土墙整体工法

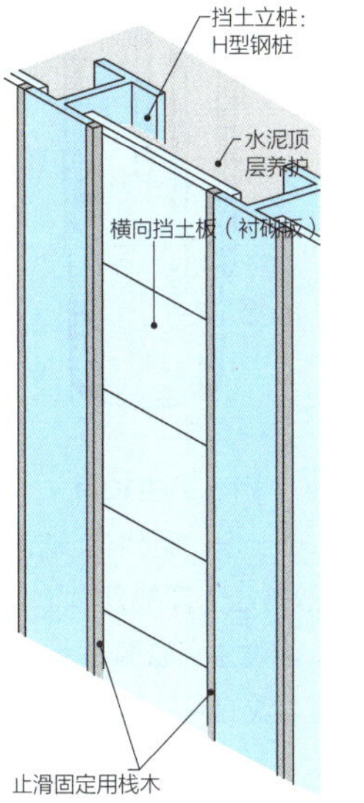

图1-4-17 简易挡土墙

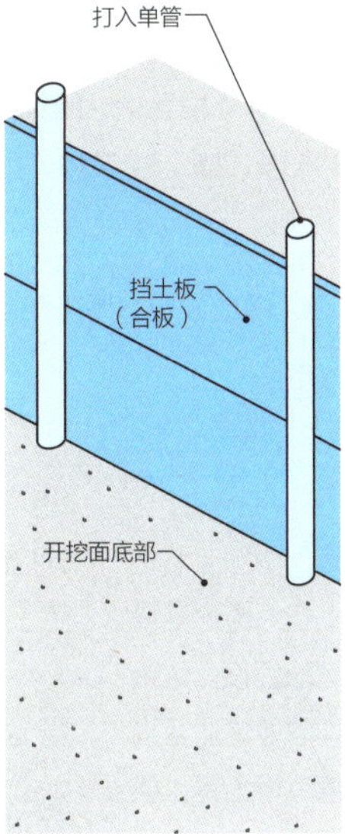

图1-4-18 预压荷载工法

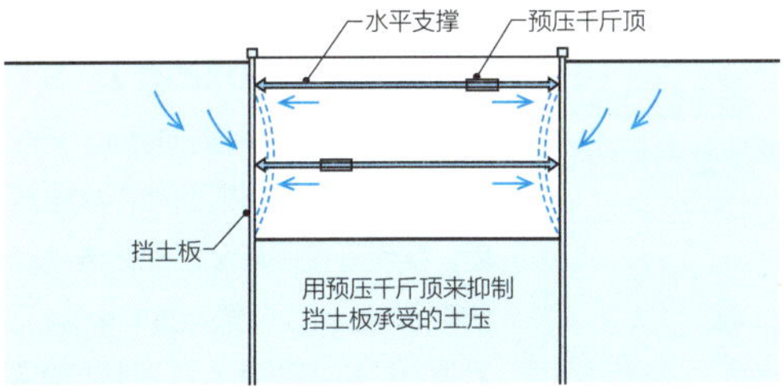

图1-4-19 垂直固定开挖

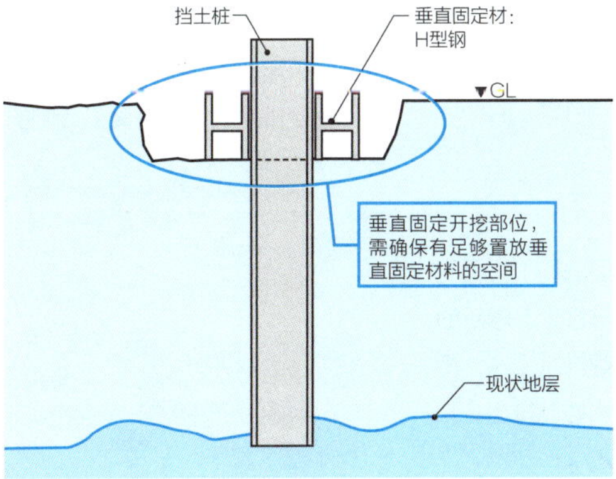

支护

基坑支护

开挖时，在可能崩塌的开挖壁面上，使用挡土板压持的施工方式，有分段式支撑墙工法、H型钢钢板支撑工法等（图1-4-15、表1-4-2）。

水平支撑工法

以水平配置的支撑（横梁）来支承挡土板侧向压力的工法，是最常使用的工法之一，又称作井型梁工法。适用于规律平整的建筑物。要考虑水平支撑与平台（临时作业平台）之间的位置关系、是否可让钢筋搬入等问题，采用最为合理的布置方式。此外，需先确定挡土板主体高度与结构工程的相互关系，再决定水平支撑的高度。此支撑工法的构件几乎都使用预制的租借构件，优点在于既可降低成本，又不会受到地基优劣、软弱与否的影响，施工上也容易。但不适用于平面不规整及支撑跨度较大的情况。

锚拉支撑工法

借由定着于背面良好地层的柱桩来支撑挡土的工法。相较于常用的挡土板，除抗拉强度可保障之外，因为没有横梁，所以施工效率高。此外，所有地基锚桩的耐力除可事先确认之外，锚杆也可施加预应力，强度足以抑制挡土板变形。也有使用过后可拆除式的锚桩。

自立挡土板工法

不使用横梁，仅以挡土板支撑的工法。虽因为不使用水平支撑以带来较高的施工效率，但因为属于不稳定的结构，在安全方面，需要确保挡土墙打入地下深度是足够的。一般适用于基础良好或是浅开挖的情形。

型钢钢板支撑工法

H型钢柱（垂直固定于地基之上的主要立桩），以1～2m的间隔打入地底，开挖同时在板立桩之间插入横向的挡土板，构成整体挡土板的工法（图1-4-16）。由于不具有防水性、底部不连续等原因，不适合地下水位高的基础或软弱基础。

短桩横隔板支撑工法

以单管或木桩打入地底，在其中设置挡土板作为开挖面的支护。适合在良好地基、开挖深度浅的情形下进行（图1-4-17）。

基槽支护工法

为了抑制挡土墙变位，抵抗侧向压力，在下一个开挖工程之前，使用油压千斤顶导入横梁，将挡土板往背面地基方向施压的工法（图1-4-18），称作预压荷载工法。为了促进软弱黏土层的固结沉降作用，也有使用回填土来增加荷载的预压荷载工法。

垂直固定开挖

使用H型钢或角钢等作为固定直角模具的挡土支撑材料，进行管沟开挖作业（图1-4-19）。

挡土板

为挡土使用的支撑构件。软弱地基开挖时，为了防止开挖后发生的砂石倾泻，在开挖范围的周边连续架设挡土板。挡土板材质有木制或钢制等。

钢制挡土板

钢制挡土板的两端呈沟状，可相互咬合。又称钢板桩（Sheet pile）。

支撑横梁

支撑挡土板或主桩的水平结构构件。

横梁

支撑挡土板的水平结构构件。

螺旋千斤顶

利用螺旋扭转产生的推力进行加压的工具。可以用来调节横梁的长度。

滞水层

暂时性饱和的土壤水层。

小型钢板桩

小规模工程使用的钢板桩。相互重叠接合，但无上述钢板桩的防水性。

锄镰

用来铲土的工具。在约1m长手柄的端部，附上宽型如刀刃的薄片（图1-4-20）。

章鱼锤

用来将土、砂石夯实的木制工具。在短且粗壮的圆柱状木块上附加2～4根手柄，因其形状类似章鱼，故而得此称呼（图1-4-21）。

稻草席袋

将草席对折缝制的袋。做成砂包，用来防止水从挡土板之间流失。

图1-4-20 锄镰

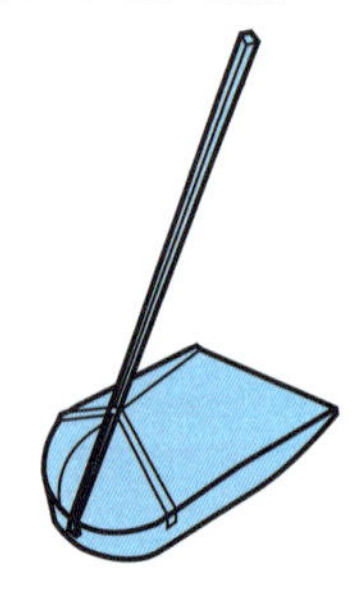

图1-4-21 章鱼锤

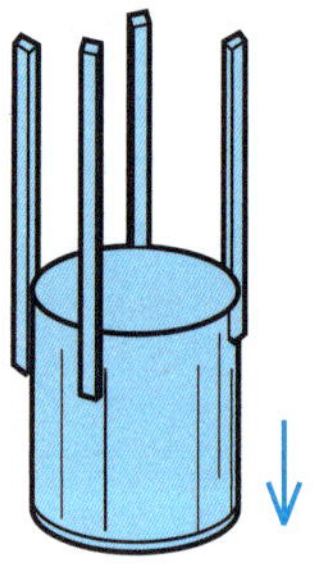

图1-4-22 基础隆起

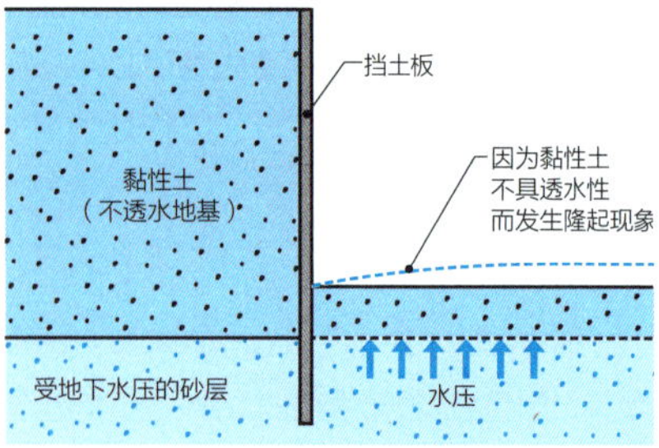

图1-4-23 基础上浮

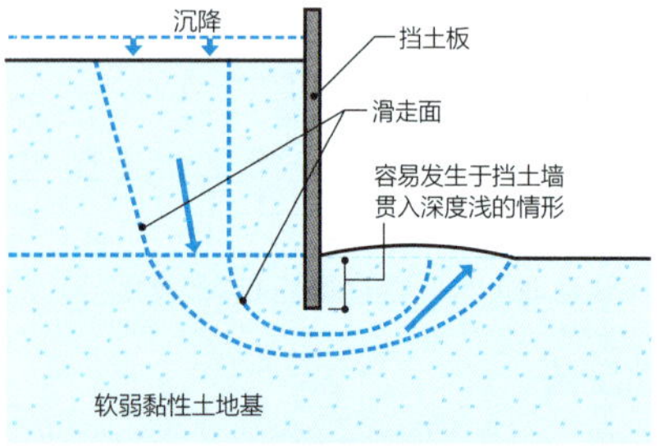

图1-4-24 涌砂现象

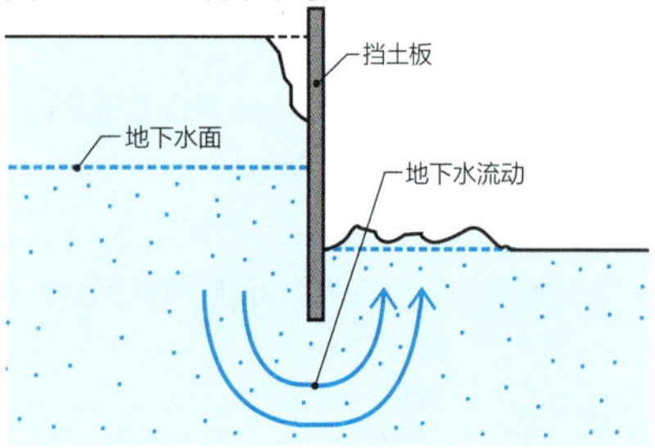

背衬

在挡土板与横挡板（与挡土板相接，水平设置，将土压力传达至横梁的H型钢）之间缝隙埋设。这是将挡土板侧向压力均匀地传达至横梁的重要构件。开挖时将土置入横挡板与基础之间的缝隙，称作背填。

挡土设施埋深

从开挖底部到挡土桩顶端所埋设贯入的长度。又称作开挖长度。特别是自立挡土工法，因为埋设深度过短易于变形，因此确认埋设的深度很重要。

顶面养护

在挡土板背面的地表面，浇筑混凝土、水泥砂浆的防雨养护作业。特别是挡土板整体工程，遇到大雨时，背面地基的土砂被雨水冲到开挖面底部，会造成挡土板内空洞化，而引发相邻基础沉降，因此顶面养护十分重要。

地基隆起

滞水层地下水水压带来开挖面底部的不透水地基（黏性土）隆起的现象。以凿井作业等排水工法，将开挖面底部的地下水强制排出、减低水压（图1-4-22）。

地基上浮（Heaving）

开挖面底部的土壤，受到挡土墙背面土壤重量挤压上浮的现象（图1-4-23）。易发生在软弱黏土层、挡土墙深度过浅的情况下。

管涌（Piping）

挡土墙缝隙间的砂与地下水一起涌出，形成管状的水道，管涌扩大的话，可能导致基础沉降。

涌砂现象（Boiling）

在地下水位的浅砂层开挖时，开挖面底部和周围地基面间的水位高差，会使开挖面底部出现砂沸腾般地喷涌上来的现象（图1-4-24）。另外，砂粒间的摩擦力消失土壤液化称为流砂现象。

为了解决涌砂现象，若有不透水层，可将挡土板贯入不透水层开挖；若采用型钢钢板支撑工法，可利用强制排水的方式来降低周围的地下水位。

建筑物建于地基上，若无法借由基础板将上方建筑荷载正常地传达至地基，会发生建筑物倾斜的情形。依据建筑物的结构、基础形状以及地基性能有各种不同形式的垫层工法。

垫层工程

基础垫层

为了支撑基础，在其下方设置的结构层。在开挖完成后，为了固实开挖面底部地基，铺上砾石或填缝砂粒，用夯实机压实，并浇筑混凝土的作业工程。进行夯实作业时，依照砂、砂粒、碎石、砾石等材料种类的不同，可分为砂垫层、砂粒垫层、碎石垫层、砾石垫层等。

图1-5-1 砂质垫层

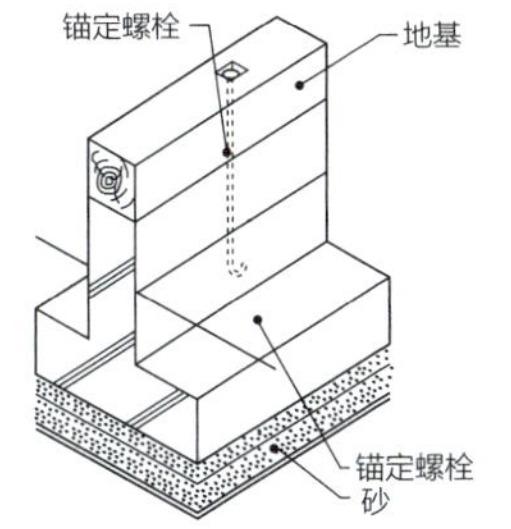

图1-5-2 砂质垫层顺序

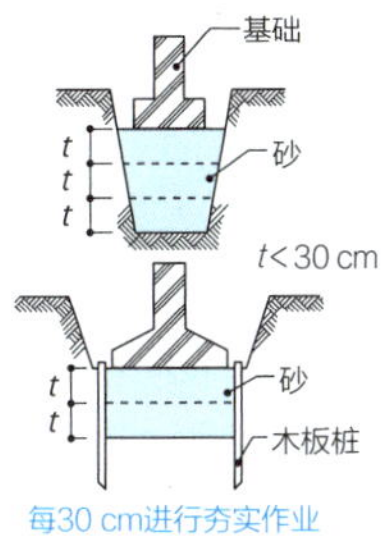

图1-5-3 砂砾垫层

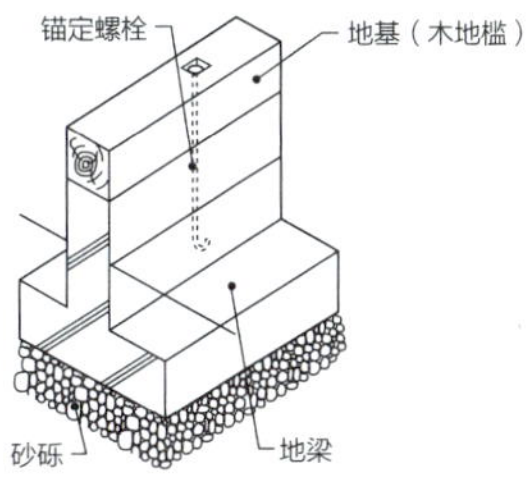

图1-5-4 砾石垫层

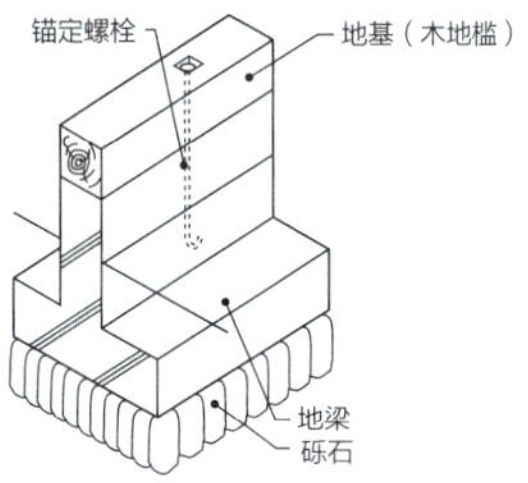

砂石垫层

利用密实砂质地层的支承力，将软弱地基转换成砂质地基的一种地基改良工法，用来支承直接基础或桩基础板、地梁、混凝土基础等。

为了让砂层紧密扎实，在其每30 cm处进行排水、夯实、振动等作业。适用于不均匀土层或地基支撑力与设计要求相差不大的情况，或是地中埋有古井的情形。根据材料的不同，分为砂垫层（图1-5-1、图1-5-2）、砾砂垫层（图1-5-3）、碎石垫层、砾石垫层（图1-5-4、图1-5-5）。

碎石垫层

将岩石或卵石击碎而成的碎石铺撒于开挖底部，施以滚碾压实的垫层。需使用不含草木根、木片等的硬质材料，铺设一定的厚度之后，充分地夯实。

砾石垫层

开挖底部经过夯实之后，将砾石以尖端竖立的方式紧密排列，并取砾石量三分之一以上的砂石，将缝隙填平，再用机器加以夯实，用于不需要更换土层的基础工程。厚度多为15～30 cm，相对于砂质垫层，能构成比较紧密的铺面。通常用于水分多的黏土地基，不适用于会让砾石下陷的软弱地基。

图1-5-5 砾石垫层的施工步骤

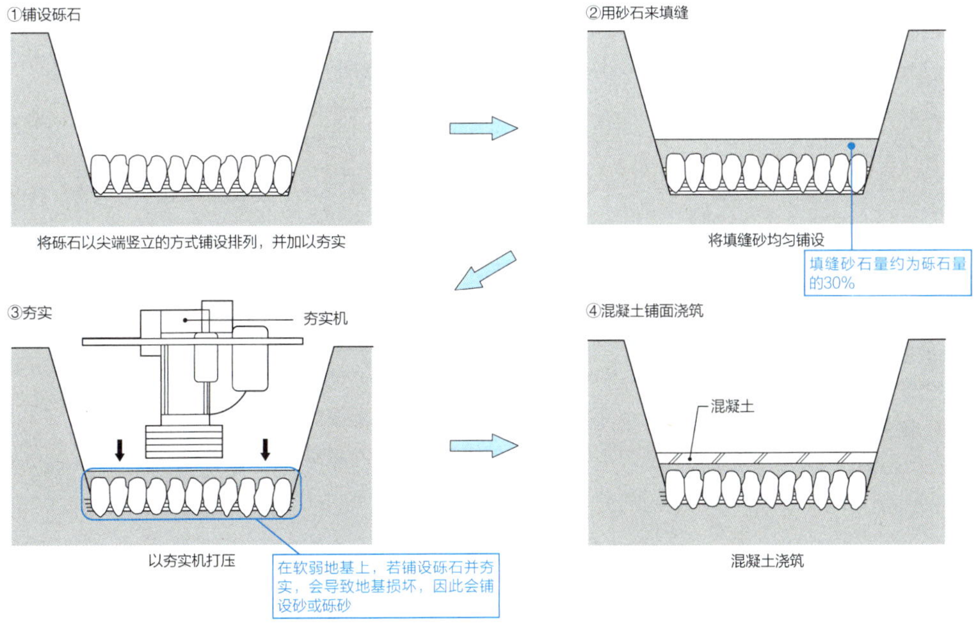

砾石

在建筑物或道路等的基础工程中，选择高度20～30cm、厚度7～10cm岩石敲打击碎，作为垫层的材料。

填缝砂

铺设砾石之后，将其缝隙填平所使用的砂。基础工程中将细缝填补成平面时使用。

颗粒粒径筛选

主要是指碎石的粒径选择，即击碎后筛选出符合特定粒径需求的碎石。粒径在0～40mm之间的砂石称作40zero。在建筑的基础工程中需要使用颗粒尺径筛选过的碎石，一般都会使用粒径40zero的砂石。

压舱石（Ballast）

此处指碎石。

夯实工法

适用于较为松散的砂质地基的地基改良工法。工法有以下几种：

①滚压夯实工法：以滚筒、夯实机等机具，直接在地基上施加压力。若属填土地基，每回填30cm需夯实一次。

②加水夯实工法：在砂质地基加水夯实的工法。

③打桩夯实工法：将大量的混凝土桩打入地基的夯实工法。

混凝土找平层

以砾石或砂粒将表面压实之后，在基础底部以上浇筑3~5cm厚的混凝土找平层。虽无结构支撑上的意义，但有助于打样，使基础底面平坦，也可防止基础混凝土的流失与脱水现象。若属优良的基础地基，可直接在地基上浇筑混凝土。因属基础工法的一种，也称作混凝土基础。

毛石混凝土

毛石混凝土（Rubble Concrete）是将基础下方到承载地基之间所浇筑的砾石，作为混凝土的大骨料的普通混凝土。若是地基厚度较小、正下方为硬质地基的情况，则施工效果好。若连续基础的下方腐殖土范围比基础更大，需开挖至硬质地基，需先铺设碎石再浇筑混凝土。理想做法是以30cm厚作为一层，分层进行混凝土浇筑工程。

桩工程

桩

以受力形式划分基桩，可分为端承桩与摩擦桩（图1-5-6）。桩的种类如图1-5-7、表1-5-1所示。一般在荷载轻的建筑物或是承载地基较浅时，主要使用PHC桩（预应力混凝土桩），少数使用木桩、PC桩、RC桩。若地基持力层较深的时，则使用灌注混凝土桩或PHC桩。若是更深的承载地基，则使用扩底桩、钢桩等。

PC桩

预应力混凝土桩，现多用PHC桩。

端承桩

将桩的前端打入地基承载力大的地层，可以将建筑物的荷载传达到坚实地层的桩。大部分的承载力依靠桩体前端的承载力。若持力层上方有比较硬的地层（中间层），则需要充分探讨施工的可行性。

摩擦桩（Friction pile）

可从桩的表面与地基的摩擦力得到大部分的承载力，适用于持力层较深或建筑比较轻的情形。因为摩擦桩单支的支撑力较端承桩小，相比之下相同承载力所需的桩数量较多，也可充当改善地基的工法。

现场混凝土灌注桩

开挖地基时，在桩位上形成桩孔，在孔内放置钢筋笼，使用特密管（Tremie Pipe），将混凝土注入制成的桩，又称钢筋混凝土桩。

因开挖或孔壁保护方法等不同，有钻孔灌注法（Earth Drill method）等工法。依据不同的工法而设置不同的套管（开挖孔的保护钢管），开挖桩孔，并在桩孔插入已在地面组装完成的钢筋笼。钢筋笼设置好之后，再使用特密管灌入混凝土，见图1-5-7、图1-5-8。

预制混凝土桩

在工厂制作的混凝土桩。因为在工厂制作生产，可以确保质量。可依据需要改变强度，如在桩前端改变桩的桩径，或者在外围卷覆钢管来增加单支混凝土桩的支承力，即钢管混凝土桩（SC桩），其制作至交货较为耗时，需要留意。预制混凝土桩和钢管基础桩统称为预制桩。

钢桩

钢制的基桩，有钢管与H型钢两种。搬运和打桩都非常方便，以焊接方式可增加长度，耐力大，但容易锈蚀。

顶端开放桩

预制混凝土桩的一种。打桩时产生的噪声低、震动小支撑力较小。

锤击法

以打桩锤打击基桩顶端的工法（图1-5-9）。一般桩径小于800cm的基桩可使用该工法施工。依据打桩锤的打击落下的高度、打击次数以及贯入深度、回弹量数值确认承载力，对基桩工程来说是比较可靠的工法。

但因为打击所带来的震动、噪声会对所在街区造成影响，因此会使用覆有隔声防烟遮罩的打桩机具，或是油压式打桩锤。

桩锤

作为打桩机械的柴油打桩锤或液压打桩锤的打击锤。

预掘工法

使用螺旋钻（在地下钻孔的机器）等机具先行钻孔，在孔内设基桩的工法。也有先使用重锤将基桩打击进入地下，再注入稳定液。此工法可减小震动与噪声（图1-5-10）。

挖掘机

大口径挖掘机械。很重的打击锤前端装上抓斗，靠自重落下将抓斗深入挖掘面，将土抓起，也有液压挖掘机。

沉管灌注工法

在中空的圆柱状桩护壁中，使用螺旋钻掘机具挖掘桩体前端的土（图1-5-11），一边排出钻掘产生的土，一边将桩体垂直沉入地下的工法。

另外，因为桩套管具有保护钻孔的作用，不会发生钻孔崩塌的状况。使用螺旋钻掘机具来钻孔所产生的噪声、震动也相对较小。

全套管桩工法

一边将套管以振动方式插入至基桩底部，一边以冲抓锤进行开挖排土，也就是将套管回转压入地下，再以冲抓锤或是钻掘机具在套管中进行开挖的工法（图1-5-12）。之后再将预先在地面组装好的钢筋笼插入套管，插入特密管，一边灌入混凝土一边将套管抽取出来的工法，也称作振动式全套管工法。一般来说，这种工法因为不使用稳定液，桩侧摩擦力强，可信赖度高。

压入法

用液压千斤顶或多轮履带车将预制的钢桩或混凝土桩压入的方法。震动和噪声较小，不会产生剩余土。

压桩机

利用液压的静压力将桩压入的机械。将机械自身的自重作为反力或将已打桩顶部产生的抵抗力作为反力。

图1-5-6 摩擦桩与端承桩

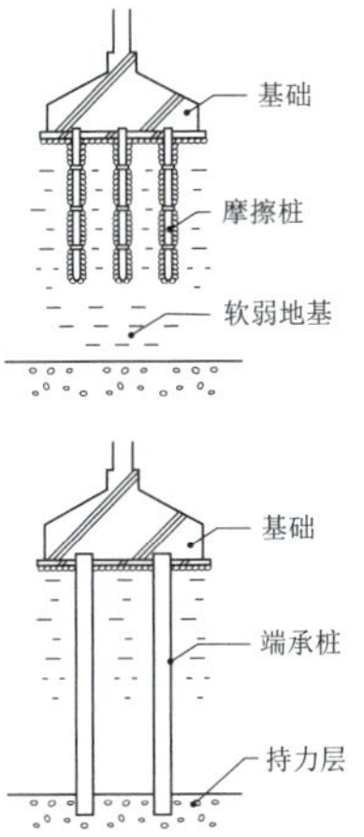

图1-5-7 桩的种类

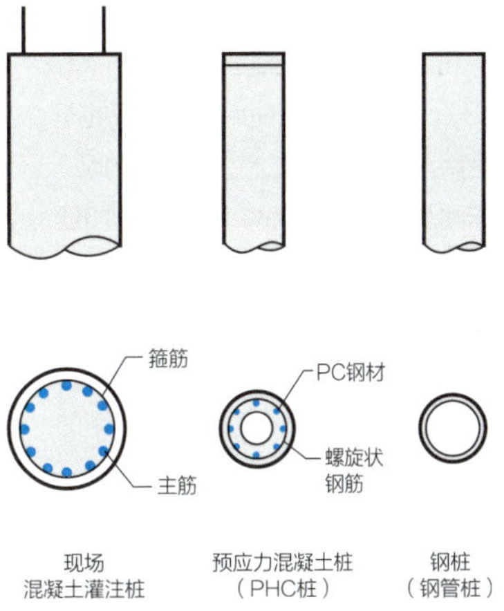

表1-5-1 桩的种类

预制钢筋混凝土桩	预应力混凝土桩	预应力钢筋混凝土桩（RC桩）
		高强度预制混凝土桩（PHC桩）
		加大桩径的高强度预制混凝土桩（ST桩）
		钢管混凝土桩（SC桩）
		内置钢筋或扁钢的混凝土桩（PRC桩）
	振动压实钢筋混凝土桩	
钢桩	钢管桩	
	H型钢桩	
现场混凝土灌注桩	开挖全长使用管套	全套管工法（重锤开挖）使用套管
	仅在地表层使用套管	反循环机桩工法（泥浆循环开挖）
		钻掘工法（稳定液非循环开挖）

图1-5-8 混凝土灌注桩的施工工程

基桩中心放样及确认 ↓	从定位桩中心拉出定位放样线，将间隔器打入土中，并在间隔器上系尼龙绳做记号
移入基桩相关重型机械 ↓	桩工程施工之前，在重型机具下方铺设钢板。通常使用1500 mm×6000 mm（25 mm或30 mm厚），有时使用1500 mm×3000 mm
钢筋笼制作 ↓	搬运到现场的钢筋，不是直接置放在地上，而是排列在临时角钢上。因钢筋焊接的钢筋笼会出现断面损坏，所以也有不需要焊接的工法。为确保水泥包覆钢筋的厚度，会安装定距装置
试桩 ↓	确认地基持力层，以及确认设计图的桩工法是否可行
开挖（使用螺旋钻） ↓	使用螺旋状的钻掘机钻孔，并搬移钻掘排出的土及液体
垂直的确认 ↓	使用经纬仪、铅锤器确认垂直度
土质的确认 ↓	每1 m采样一次土样，参照钻掘试验数值进行开挖
灌入稳定液 ↓	为了防止桩孔壁的崩塌，一边灌入稳定液，一边进行钻掘
地基持力层的确认 ↓	利用承载地基的土质采样来判定
桩孔底部清扫 ↓	去除桩孔底部因钻掘产生的土
置入钢筋笼 ↓	吊装钢筋笼置入基桩底部
插入特密管 ↓	使用特密管不让混凝土与骨料分离
橡皮栓塞 ↓	混凝土浇筑前，先将橡皮栓塞（Plunger）置入特密管内，用来防止混凝土急速落下
预拌混凝土 ↓	拔出特密管，重复混凝土浇筑作业
确认桩顶部的高度 ↓	考量桩的预留长度
完成	灌注桩完成后铺上钢板，以确保桩头养护及现场安全

钻孔灌注工法

将冲抓锤旋转钻孔，以抓斗锄土，并将土排出钻孔的工法（图1-5-13）。通常在表层使用套管，深处不使用，主要以膨泣土※（Bentonite）作为稳定液，以抓斗或用空气加压清理钻孔底部，为了让钻孔孔壁稳定，在上方以钢制套管保护。开挖完成之后，插入钢筋并灌入混凝土。依据工地周边环境或是施工费用的不同，也有扩底钻掘工法、微型桩钻孔工法等其他种类。依据荷载，另有基桩外覆钢管的方式，称作钢筋混凝土灌注桩。

图1-5-9 锤击法

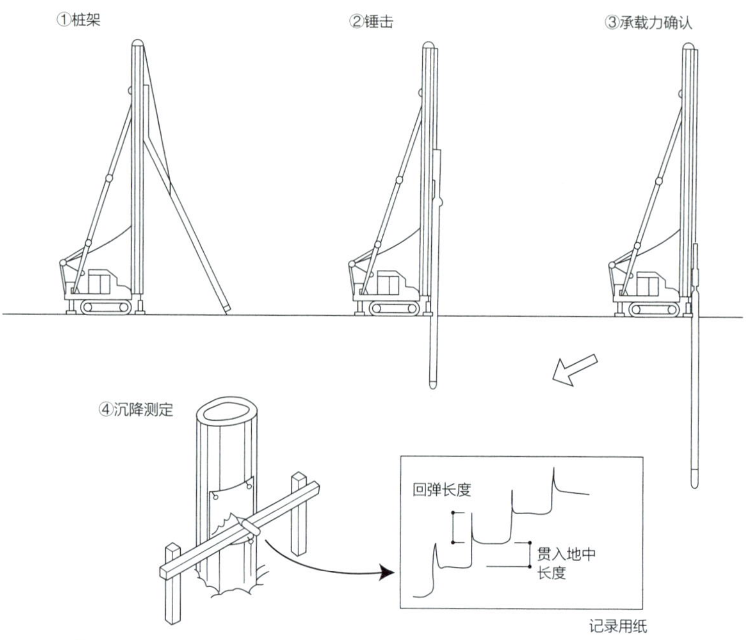

图1-5-10 预掘工法

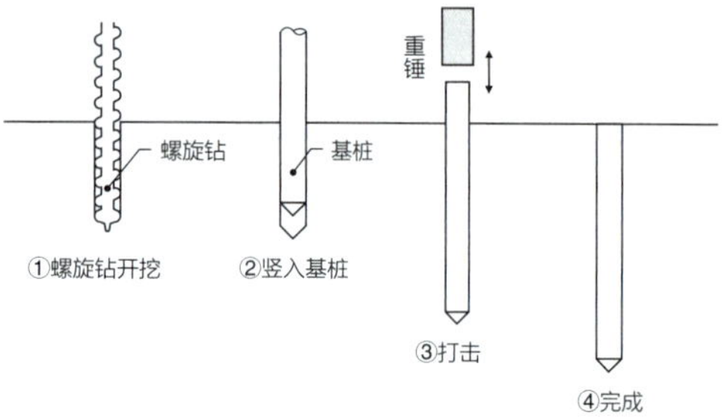

图1-5-12 全套管桩工法

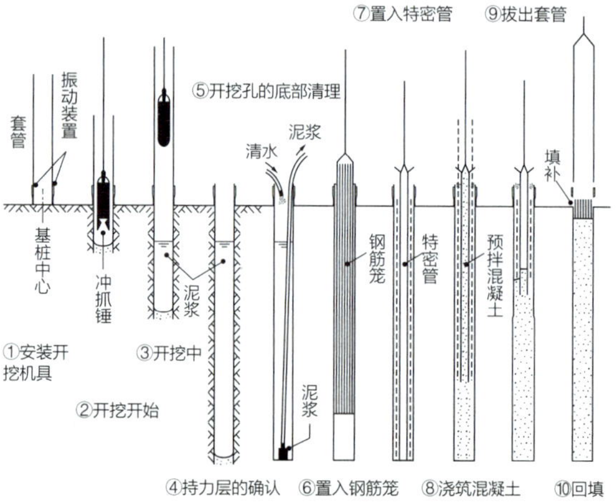

图1-5-11 中掘工法

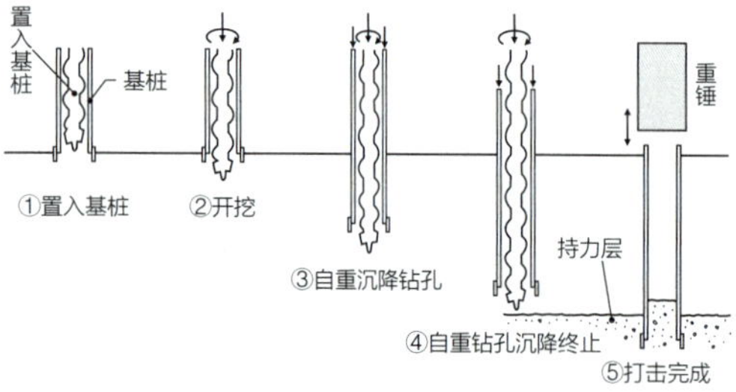

图1-5-13 钻掘工法

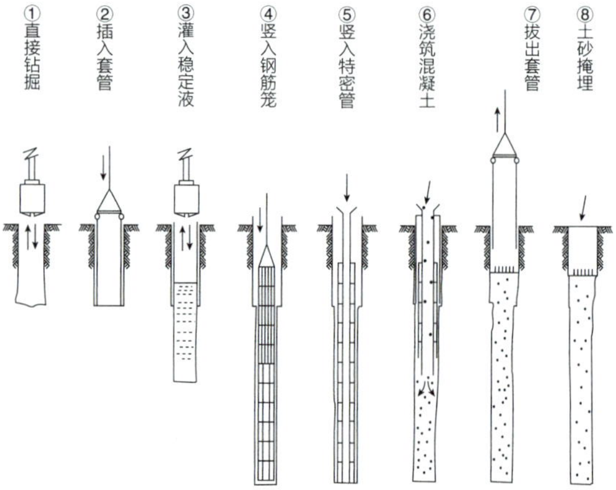

※：黏土的一种，吸收水分之后体积变成原来的10倍以上，具有膨胀特性，将皂土溶解于水，即为皂土溶液。

反循环钻孔灌注桩工法

利用钻掘头将钻掘出的土砂铲出并与泥浆一起吸至地面上排出的工法（图1-5-14）。在基桩内插入钢筋笼，插入特密管，灌入混凝土。适用于各种地基条件。

旋挖钻机（Boring Hole）工法

使用强力的钻掘机具，将安装于钻杆前端的钻头旋转，不使用套管的钻掘工法。钻掘过程使用稳定液，以泵送至钻头前端，钻掘出的土砂被向上的水流带到钻孔顶部，再被的泵排出（正循环方式）。因机具体型较小，常用于狭小的工地。与反循环基桩工法相反，是将膨胀土泥水从钻头处喷射出，依照压力与密度，将土砂沿着钻孔孔壁往地面挤压排出的工法（正循环方式、图1-5-15）。

地下连续墙工法

原来是作为基坑支护工法被发明的，连续墙直抵持力层的施工法，可使用现场混凝土灌注的方式。可将柱、纵梁或地梁置于墙体内，并可连接墙内直角方向的主梁、次梁、楼板等构件，使其具备结构作用（图1-5-16）。

图1-5-14 反循环基桩工法（泥水循环开挖）

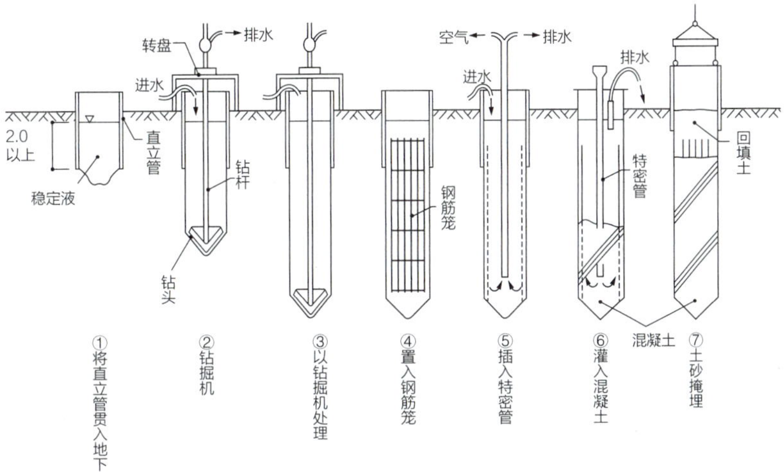

图1-5-15 旋挖钻机工法

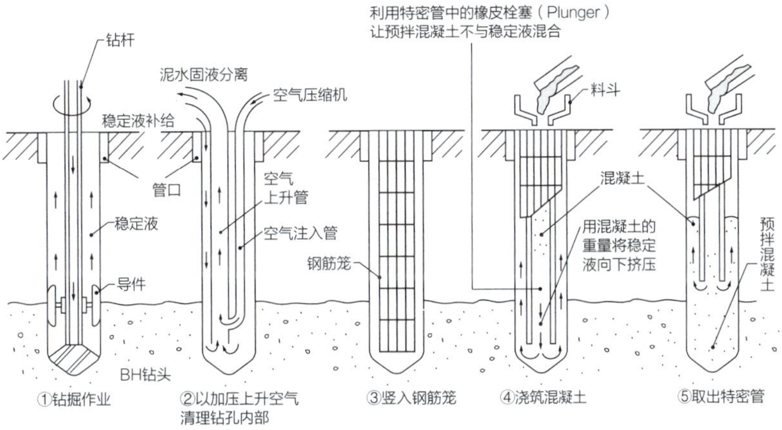

图1-5-16 地下连续墙工法

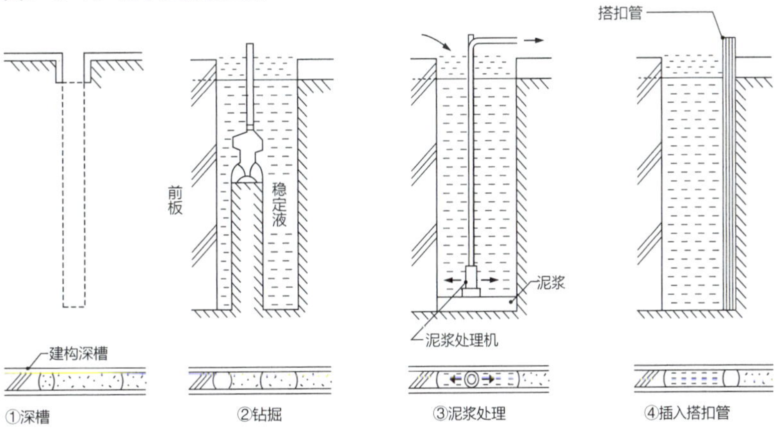

人工挖孔灌注桩工法

在基坑底部以人力挖掘基桩孔的施工工法（图1-5-17）。以波形钢板和护壁加固，持续进行挖掘工作。在基桩底部竖立钢筋，一边浇筑混凝土，一边将护壁移除。若是以机器挖掘基桩孔，则依照全套管桩工法进行钻掘，底部以人力挖掘。此工法可用于需人力施工的狭小基地、倾斜地，也可以用于大口径的基桩施工，但若施工现场地下水多，则无法施行钻掘作业。这项工法具有一定的危险性，须谨慎论证基桩基坑内的作业环境。

螺旋桩工法

将旋转桩以螺旋旋转方式打压进入地基的一种工法。又称旋转贯入工法（图1-5-18）。

水泥砂浆基桩工法

将水泥砂浆注入基桩孔里，垂直插入预制混凝土基桩，由水泥砂浆的硬化作用，将基桩与承载地基结合为一体的基桩工法。事先以钻掘工法将基桩穴挖掘完成。挖掘基桩孔的顶部部位，使其大于基桩管径，并以基桩管径300～600mm、施工深度30m为限。

稳定液

进行钻孔灌注工法或BH工法挖掘时，使用膨胀土溶液来防止钻掘孔的孔壁破坏及淤泥下沉。

膨胀土吸收水分之后，细质黏土明显膨胀成液状，流灌于钻掘孔内，防止孔壁破塌。稳定液的密度、浓度、砂成分、pH值等对现场混凝土灌注桩的品质有较大影响，需妥善管理。

泥浆比重计（Mud Balance）

测量稳定液单位体积重量的计测器（图1-5-19）。依钻掘地基不同，稳定液也要随之调整，若采用钻掘工法，则单位体积重量为1.03～1.20。

增打作业

在原本预计的桩数量之外，再追加的作业。

扩底作业

为了增加现场混凝土灌注桩的承载力，而进行桩头扩大的作业。

桩侧阻

在软弱地基等地区，因地基下陷侧桩产生的向下摩擦力。可在表面涂覆沥青，以减少与土壤的摩擦力。

漏斗式黏度计

用来计测稳定液黏度的计测器（图1-5-20）。测量从漏斗状黏度计流下500 ml稳定液所需的时间来表示其黏度。所需稳定液黏度因开挖的地基而异。

图1-5-20 漏斗式黏度计

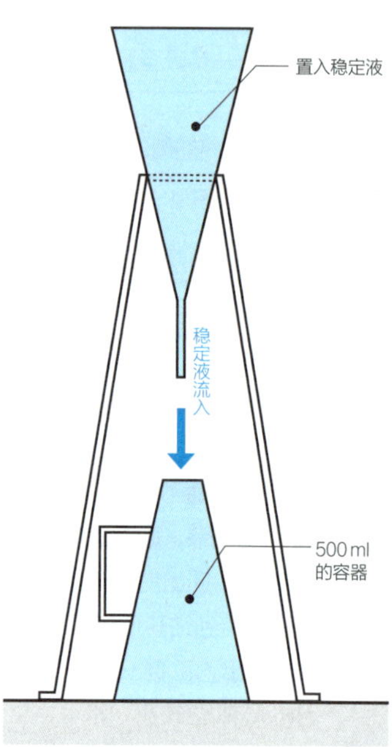

淤泥

悬浮于泥水中的土砂或膨胀土的细粒，随着时间沉淀在钻掘孔穴里的挖掘残留物（图1-5-21）。为确保承载力与混凝土的品质，除去淤泥的必要作业，称为清孔处理，在置入钢筋笼之前进行第一次清孔处理，在置入钢筋笼之后再进行第二次清孔处理。

气举清孔法

于第二次清孔处理时使用的工法（图1-5-22）。使用空气管在钻掘孔底部上方约2 m处送入压缩空气，因为气泡往上产生的上升水流，可用来去除淤泥清理钻孔。如果第二次清孔处理作业进行过度，可能会造成钻掘孔底部松弛的现象。

上浮现象

现场混凝土灌注桩施工作业中，随着混凝土上升，产生钢筋笼浮起的现象。容易发生在混凝土打设作业的初期阶段，所以在钢筋笼的底端附加井字钢筋支撑架（图1-5-23）来应对。

图1-5-17 人工挖孔灌注桩工法

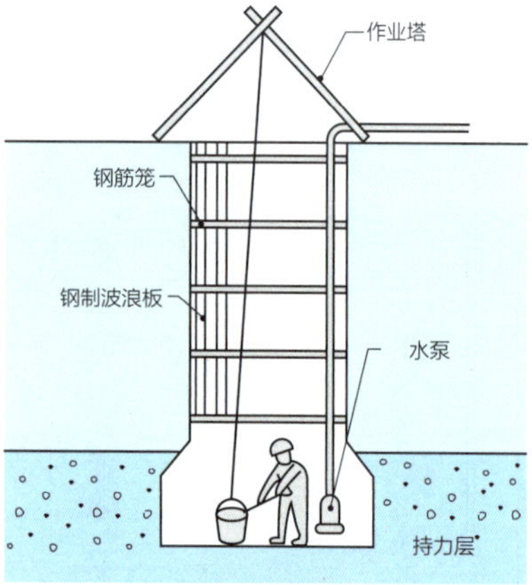

图1-5-18 EAZET工法

图1-5-19 泥浆比重计

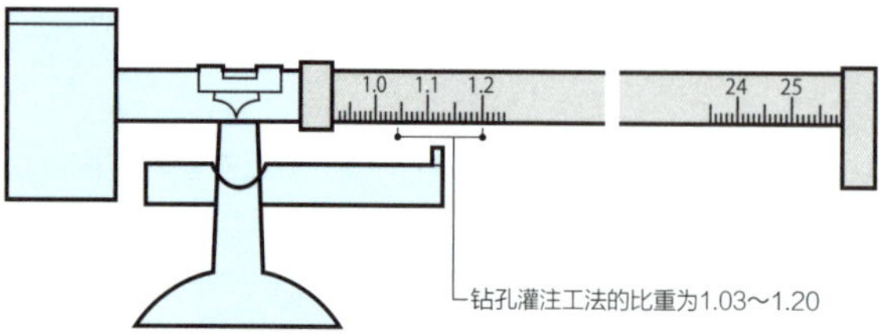

图1-5-21 淤泥

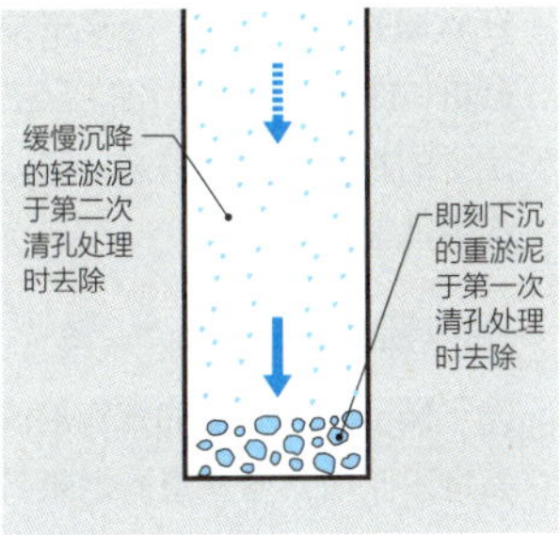

图1-5-22 气举清孔法

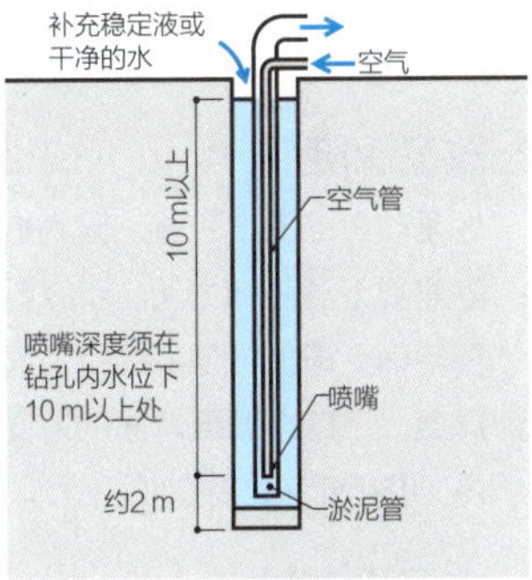

图1-5-23 井字钢筋支撑架

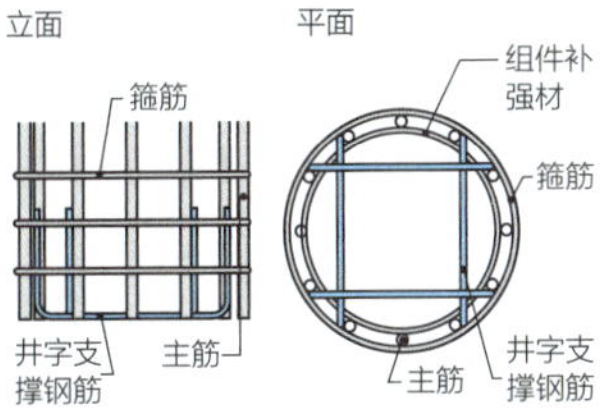

超灌

现场施工混凝土灌注桩（一般使用水中混凝土）时，为了不让淤泥或劣化的混凝土残留于桩头，在桩顶多浇筑一些混凝土，称为超灌。通常设定在500～1000 cm，开挖时将其去除。

桩头处理

现场混凝土灌注桩施工时，在钻孔内浇筑的混凝土桩上方部位发生泌水（Bleeding）现象（拌合混凝土中的一部分水向上浮起）或是泥水混入，则将没有达到所需强度的桩头削除约50 cm，并整理钢筋的作业处理，对于基础是否能达到足够的支承力，是很重要的工作。各种桩头处理作业中，大多会使用膨胀性拆除剂，以降低工程噪声。

桩体间整地

将桩周围多出来的土或是打桩的废弃物去除，将地平整，铺设碎砾石并压实之后，浇灌混凝土找平层。

加深预打桩

预制混凝土桩或是钢桩的施工中，为了让桩体可以打进地下一定深度所使用的预打桩。将预打桩置于桩的上方，一起打击进入地底。

未达持力层

预铸混凝土桩或是钢桩的施工时发生障碍，使得桩体在比预定打桩深度高的地方停止。容易发生在起伏不一的持力层，或是容易崩坏的地层。

桩锤

打桩时，用于打击桩体的重铁锤。也称作落锤。

桩锤附与桩架上，用提升吊钩吊升，再自由落下将桩体打击进入地下，其重量与桩重量有关，是桩体每1 m长度重量的10倍。为防止桩头损坏，原则上自由下落的高度设定在2 m以内。

桩垫

打设预制混凝土桩时，因为直接打设桩体的冲击力会造成桩体开裂，因而在桩头安置桩垫，以作为缓冲。一般使用约5 cm厚的硬木。

特密管（混凝土导管）

制作桩体用来浇筑混凝土、水中混凝土使用的输送管，管径15～30 cm，上方附有接收混凝土的漏斗，管子前端附有防止水逆流的特殊装置。使用时将特密管的前端置放于混凝土中。

地基改良工程

地基改良

以增强软弱地基的承载力、抑制沉降为目的，对地基土层进行夯实、排水、固结、置换等的处理工作。

地基改良工法有桩基础、固实、强制压密、脱水、固结、置换等。独栋建筑住宅大多采用表层地基改良、柱状地基改良的地基改良工法。其他也有小管径钢管压入工法等（表1-5-2、图1-5-24）。

表层地基改良工法

以从地表开始往下2 m范围内的地基为改良对象，使用挖土机，将水泥系固化剂与土混合、搅拌、碾压的固化工法（图1-5-25、照片1-5-1）。表层地基改良的施工范围比基础大一圈。若持力层倾斜导致处理困难，地下水位高于地基改良范围，则无法进行施工。

拌合改良工法

以螺旋钻一边将土体与固化剂搅拌，一边向下钻孔，凝固后形成柱状体，再借由它们把建筑的荷载传达到稳定的地基中（图1-5-26）。土体与固化剂搅拌时，依据是否使用水有干式与湿式两种。时时确认固化剂的添加量以及搅拌状况，是相当重要的步骤。与桩不同，因为柱体前端不需要到达坚硬的持力层，可依据瑞典式测重试验取得的资料进行设计。

小管径钢管压入工法

为了承载建筑，将小管径的钢管以回旋方式下压至持力层的工法总称（图1-5-27、照片1-5-2）。在独栋住宅建造时，考虑到施工机械的能力，可使用管径较小的结构用碳素钢管（管径为139.8mm左右）。

置换工法

若地基的一部分或全部为软弱地基，或是有地基冻结隆起等问题※，使用优良地基材料来替换的工法。若地基改良施工的深度较深，支护等的成本也随之提高，因此一般使用于地基改良深度较浅的情形。

※：地下水冻结形成霜柱，使地表隆起的现象。

表1-5-2 地基改良的分类和特征

强化类别	表层地基改良工法	拌合改良工法	小管径钢管压入工法
强化方式的原理	· 将水泥固化剂与软弱地层混合搅拌，来提升地基承载力、防止建筑沉降的一种工法； · 适用于软弱层深度较浅的情况，需用建筑物下方的整个面来进行支撑	· 将水泥固化剂与软弱地层的混合搅拌，来提升地基承载力、防止建筑沉降的工法； · 软弱层分布较深的情形，使用柱状体支承建筑底部	· 通过钢管将建筑的荷载传达到持力层，用钢管的承载力来防止建筑沉降
基础方法（步骤）	· 将基坑面以上的土层挖出，暂时置放于地表改良范围之外； · 将改良深度以上的挖掘土，与添加对应的水泥固化剂混合搅拌； · 使用粉末状的固化剂，吸收土中的水分并产生硬化反应； · 改良深度超过1m时，分次添加，搅拌和碾压需交替进行	· 沿地面拉绳放样标识出的基础，在打设的位置做记号； · 依照规定添加量，将水泥固化剂溶于水中，制成水泥砂浆，以施工钻杆机具压送； · 中空的钻杆压入地下之后，从钻杆前端吐出水泥浆； · 钻杆的前端为螺旋翼状，钻杆旋转的同时，将吐出的水泥浆与地下土层混合； · 将钻杆上下移动，形成圆柱状的改良体； · 改良体在数小时内开始硬化，将改良体的顶部削除至基础底部	· 沿地面拉绳放样标识，在打入的位置做记号； · 无须锤击钢管，以旋转方式压入地下； · 到达规定的地层深度时，使用计测器来确认是否为持力层； · 实施地基隆起试验来确认承载力； · 连接数根钢管抵达持力层的情况，接头处要进行焊接； · 配合基础底部的高度，将钢管顶端部位切除
使用机具、材料	· 抓斗挖土机； · 振动碾压机； · 自动水平装置； · 水泥固化剂	· 施工机器； · 水泥搅拌机； · 水槽； · 发电机； · 压送水泥砂浆用的泵； · 搬运施工机器的大型卡车； · 水泥固化剂	· 施工机器（在住宅密集区狭窄供搬运用道路中也可使用的施工机具，使用配合施工机具可压入地下作业的钢管管径）； · 一般结构使用的碳素钢管； · 使用直径114.3mm、139.8mm、169.2mm的钢管； · 电焊所需的发电机； · 搬运施工机具的大型卡车
工期	独户住宅，1~2日	—	—
适用土壤	· 砂土、黏性土。黏着力高的土层的混合搅拌较为耗时； · 高有机质土属酸性，对水泥的反应迟钝，需选择适合土质的固化剂种类	· 砂质土、黏性土； · 高有机质土属酸性，对水泥的反应迟钝，需选择适合土质的种类	· 持力层深度约为钢管管径的100倍
造价	· 改良范围配合改良深度，固化剂使用量，所需施工时间也会不同； · 例：改良厚度1m，改良范围100 m²的情形，约需70万日元（约合41 299元人民币）	· 拌合柱的数量、改良深度、固化剂使用量，所需施工日数也会不同； · 施工例：柱径600mm×4m×40根的情形，约需80万日元（约合47 198元人民币）	· 类似拌合改良工法
强化方式的优缺点	· 因改良后的地基全面均匀地支承建物，地盘改良设计无需考量基础梁刚性； · 可根据实际情况以目测确认混合搅拌的情形来进行施工； · 施工日期短； · 施工之后数日内可着手进行开挖工程； · 改良深度较厚时，抓斗挖土机的机械手臂较难到达，无法确保施工品质； · 改良深度较厚的情况，混合搅拌使用的固化剂用量骤增，较不经济	· 依据瑞典式测重试验的数值，决定柱体的长度（柱体前端的换算N值若达4的话可以满足需求）； · 施工日期短； · 施工之后数日内可着手进行开挖工程； · 即使地下水位浅，改良品质也不会劣化； · 若地层倾斜，改良的范围可依现场状况调整； · 若地下出现废材等障碍物，需在施工前先行拆除； · 较难抵抗地层滑动、地震等横向力的	· 材料品质稳定； · 受土质影响较小； · 产生剩余的土较少； · 瑞典式测重试验虽测定了贯入极限，仍需要确定钢管是否有足够的承载力、持力层的强度是否足够等； · 若基础梁强度小，钢管头部有可能会向上将基础顶起； · 大范围的地层沉降地带，建筑物可能会向上浮起； · 因为钢管直径小，故被认定为非承载桩基础工程，与拌合改良一样，无法抵抗横向力
适用的结构与规模	· 2层以内的独户住宅； · 确认申请建筑物需附加结构计算书的情况，需事先与相关政府部门协调		

排水砂桩工法

在软弱黏土地基内，压实形成砂桩，提高地基承载力的工法。土中的水分浸渗至砂桩，可以促进排水。

垂直排水工法

为了便于软弱地基的夯实的改良地基工法。沿垂直向地基打入多个管道（排水管），确保涌上来的水横向排出，通过上面填土加压等方式将地下的水排出来。

改良深度

地基改良的深度范围。因为桩基需要下达至持力层，所以需要明确支撑独栋住宅的持力层深度，在持力层至地面的范围内，进行地基改良作业。

水泥固化剂

地基改良专用的水泥，又称水泥土。普通水泥只可将砂、石材等材料胶结在一起，所以开发出与土混合搅拌会硬化的特种水泥，适用于地基改良工程。

水泥砂浆

由水泥、砂和水配置而成的砂浆，用于拌合改良工法。

结构用碳素钢管

小管径钢管基础工程中，所使用的一般结构用碳素钢管，大多选用直径较小的小管径钢管（管直径114.3mm、139.8mm、165.2mm等）。

排水材料

能形成排水路径以促使缝隙间水分流出的材料。

图1-5-24 选择适合于地基的工法

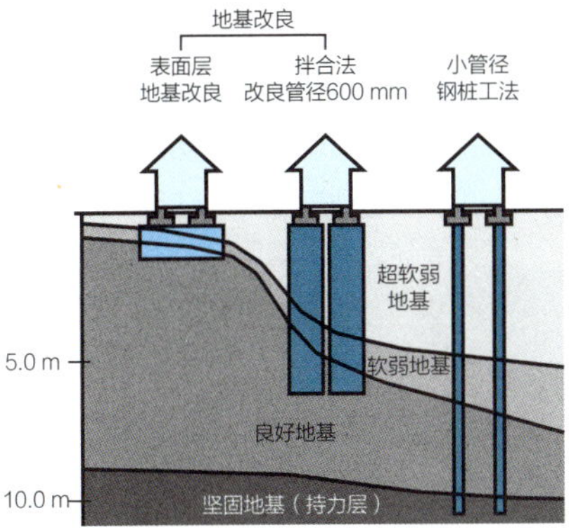

表面层地基改良工法，适用于深达2 m的软弱地基
拌合改良工法与小管径钢桩工法，适用于深达8 m的软弱地基，以及下方为坚固地基的情形，以体支承建筑

图1-5-25 表层地基改良

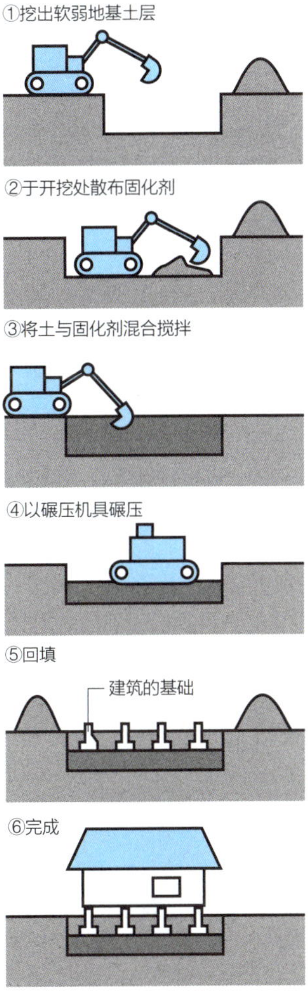

于软弱地基散布、混合、搅拌水泥系固化剂，于建筑基础下设置地基承载力高的稳定持力层

照片1-5-1 表层地质改良工法中固化材散布施工

图1-5-26 拌合改良工法

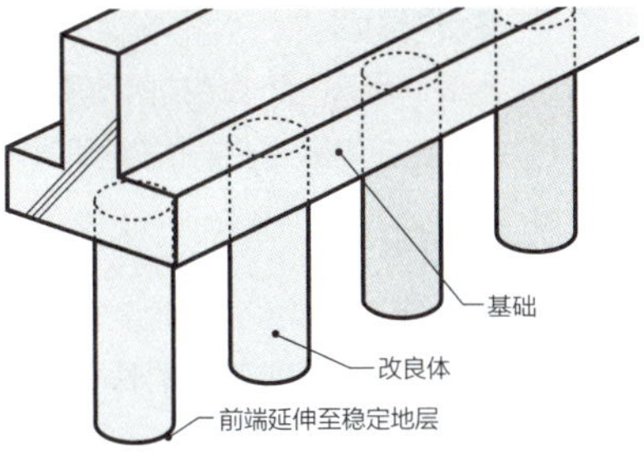

图1-5-27 小管径钢管压入工法

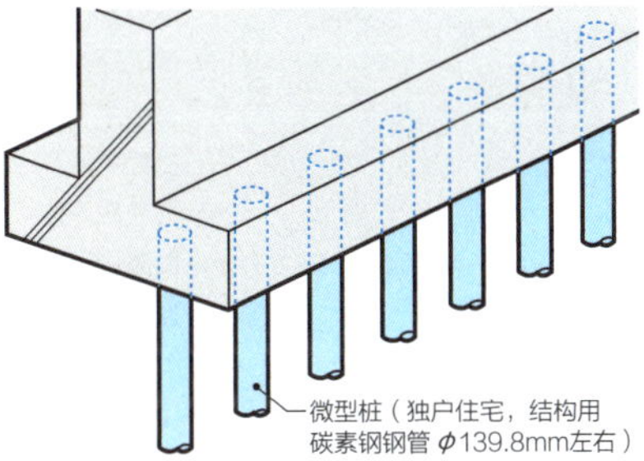

碾压

通过碾压机将不平整的地基压实的工作。利用碾压机本身的重量，以往返加压压密与振动的方式来施工。

有以动态方式反复以重量加压的碾压机（Roller）、夯实机（Rammer）等，具有较好碾压效果，但其有效的深度范围大约为30 cm（照片1-5-3）。

碾压机

用来碾压压实的机器。以机器本身重量进行压实的有压路机（Road roller）或轮胎压路机（Tire roller）。以机器振动方式进行压实的手持机器有振动压路机（起振力15～20 kN）或是夯实机等。

六价铬溶出试验

2000年3月日本建设省发出通告“鉴于使用水泥及水泥系固化剂的改良土条件，有超过土壤环境标准浓度的六价铬溶出的疑虑，因此需在施工前后施行六价铬溶出试验”。现在需要确认的是硬化后混凝土中所溶出的六价铬量是否低于环境基准，以及水泥中溶出的六价铬以外的含铅量是否符合地下水标准。

照片1-5-2 小管径钢管基础工程的钢管压入施工

照片1-5-3 碾压机转压（照片为手持夯实机具）

基础

基础

基础大致分为直接基础与桩基础。直接基础又分为地梁基础与筏板基础。地梁基础有独立基础、联合基础、条形基础等形式（图1-5-28）。

直接基础

基础是将上部结构的荷载传达到地基的结构组成部分。基础的结构形式大致可分类为桩基础和直接将荷载传达到地基的基础。

直接基础有独立基础、条形基础、筏板基础三种。

连续基础需要保持承载力30kPa以上。20kPa以上、不到30kPa使用筏板基础，不到20kPa使用独立基础。但若是以地基改良工法确保地基承载力保持30kPa以上的情形，则有使用筏基等直接基础的可能（图1-5-29）。

地梁基础

在柱下设置的基础（称作独立基脚），可以将上方结构物的荷载传达到地基。

独立基础

在支承建筑荷载的柱子下方，各自独立设置的地梁基础。

条形基础

木造或是RC壁式结构所使用的基础，一般是使用倒立丁字形的地梁基础。

筏板基础

将建筑荷载传达到由地梁支撑的筏板整体再传达到地基的的基础形式。因筏板基础整体刚性强，可抵抗不均匀沉降，保持均匀沉降。

筏板基础与地面接触面积大，具有分散荷载的效果，但筏板基础本身重量也大，能减少的接地压力有限。由于应力会传达到地基深处，软弱地层深度若较深，筏式基础反而会促使沉降作用的发生。

桩基础

建筑荷载借由桩传达到持力层的基础形式。用于软弱地基这类无法使用直接基础的建筑基地，桩基础的施工，要事先将混凝土灌注桩、木桩、预制混凝土桩或钢管桩打入地下（或是钻掘埋设于地下）。

图1-5-28　基础的种类

- 垫层
  - → 直接基础（浅垫层）
    - → 地梁基础
      - → 独立基础
      - → 联合基础
      - → 条形基础
    - → 筏板基础
  - → 桩基础（深垫层）
    - → 打击桩基础
    - → 钻掘桩基础
    - → 现场灌注混凝土桩基础

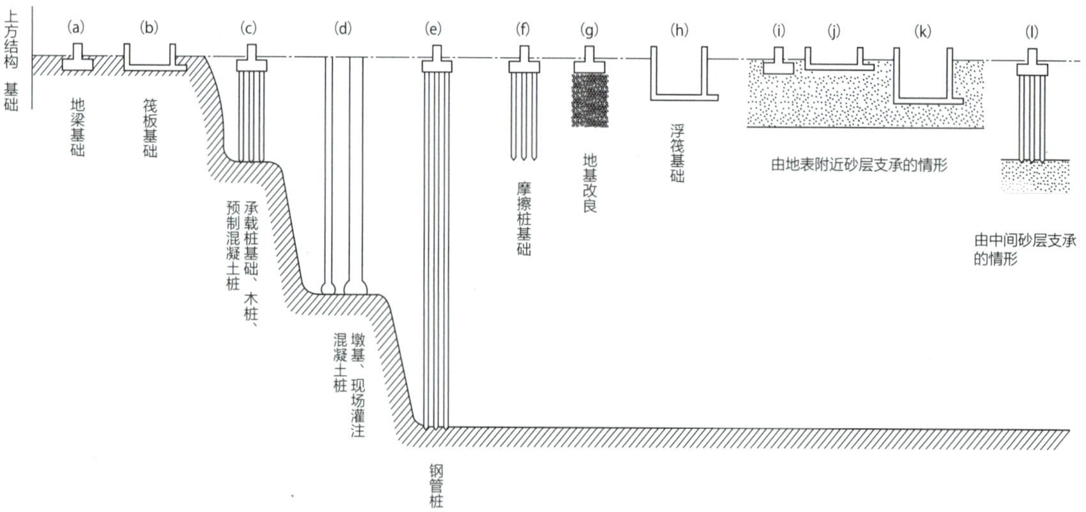

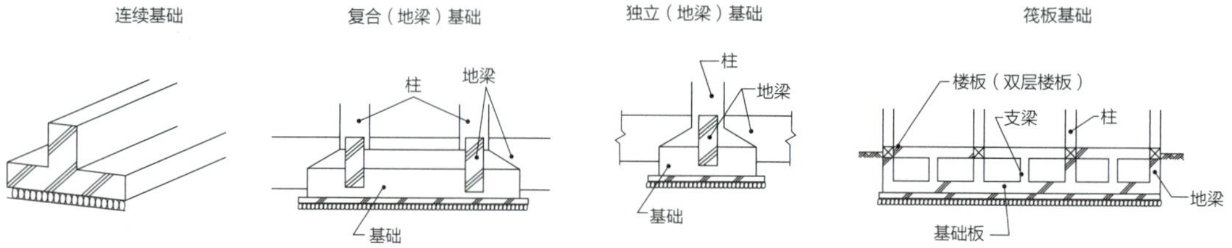

图1-5-29 连续基础与筏板基础（单位：mm）

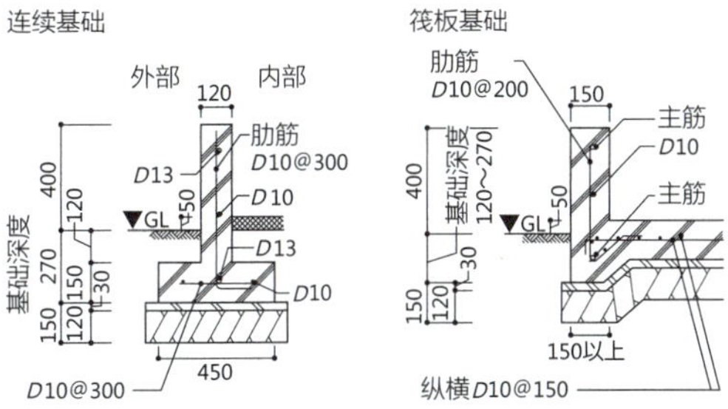

图1-5-30 联合基础

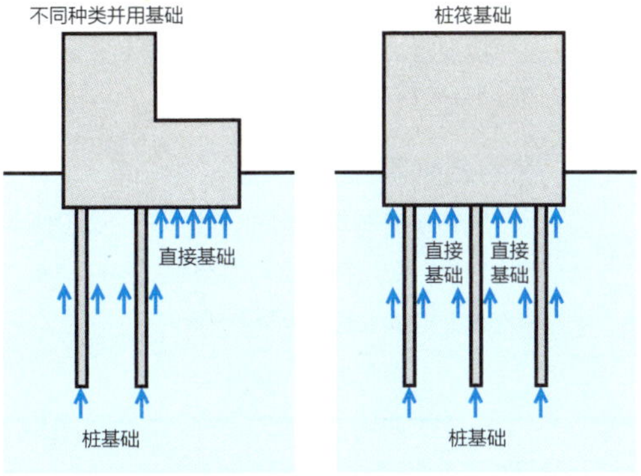

表1-5-3 不同种类基础并用的例子

- 直接基础与桩并用；
- 箱型板基础与桩基础并用；
- 端承桩与摩擦桩并用；
- 不同长度的桩并用；
- 现场灌注桩与打击桩的并用；
- 不同持力层的桩的使用；
- 钢管桩与混凝土桩的并用等

图1-5-31 地工织物基础

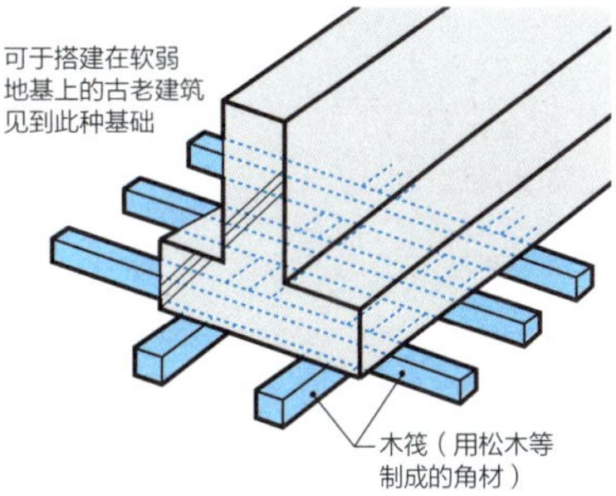

联合基础

同时使用两种以上不同种类的基础形式称作联合基础。其中若部分是单独的基础形式，也可称作不同种类并用的基础，必须要特别留意并防止不均匀沉降情形的发生。

直接基础适合和桩基础并用，共同抵抗荷载，称桩筏基础（图1-5-30）。

不同种类并用的基础

同时将直接基础和桩基础的不同种类基础并用，若水平耐力及沉降量上有差异的话，原则上不宜采用（表1-5-3）。

墩基

于荷载大的柱子下方，下达持力层的深基础。木造住宅的基础多为连续基础，但当持力层较深，以致连续基础达到持力层有难度时，采用墩基。

木筏基础

筏板基础的一种，使用于泥炭地、围垦滩涂等软弱地基堆积得较深的情况。为了分散荷载，在水面下将圆柱状松木交叉制作成筏板，在其上方承载条形基础。松木材料的密度是0.5kg/m^3，可产生0.5t/m^{2}的支撑力，虽然可以增加地基的支撑力，但可支承的重量是有限度的（图1-5-31）。有时会在建在软弱地基上的老建筑的拆除工程中见到。

基础板

为了将上方结构体的应力传达到地基所设置的结构构件。在地梁基础中指柱下条基的梁，在筏板基础中指筏板。

冻结深度

冬季的寒冷地带，从地表往下一定的深度之间发生的冻结现象，此指冻结的深度。依地域不同，冻结深度亦有不同。

冻结现象造成地下水体积膨胀，而使地表隆起，因此需将建筑的基础底板或主要管道的水平给水管设置在比冻结深度更深的地方。

永久地锚

支护工程时使用地锚，用来提高建筑结构体的耐久性、安全性（图1-5-32）。目的在于防止高塔状建筑（高度/短边长度比例高的建筑）发生倾倒，或是防止盖建于倾斜地上的建筑发生倾滑现象。

图1-5-32 永久地锚

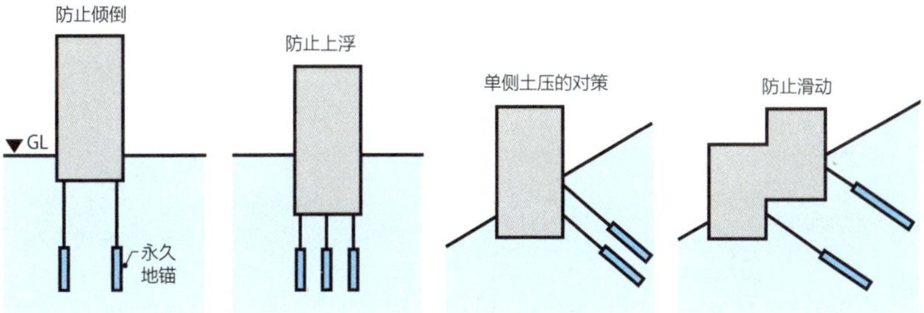

耐震基础

在基础部位安装免震装置，在地基与基础之间作为缓冲，在地震时抵抗建筑水平应力的工法。与相邻建筑之间需保持一定程度的宽裕空间。免震装置的安装时，需特别留意并确保保持水平度。

1.6 脚手架、临时工程

进行临时工程时，在现场架设所需的作业平台与工作人员的通道，称作脚手架工程。依用途、结构方式的不同，有各种脚手架形式，见表1-6-1的分类。

脚手架

单管式脚手架

过去一般是使用木制脚手架，现在已普遍被钢管为主要材料的脚手架取代。由立杆、横杆、横架组件、水平踏板、大剪力撑、金属连接器、单管接头、金属底座、金属接壁器等组件构成，使用于脚手架主体、棚架式脚手架、单侧脚手架等。脚手架上用于行走的平台厚板，称作脚手板（踏板），有木制或钢制。

组合式脚手架

组合、拆解容易，满足安全、经济、施工面的需求，适用于建筑工程、土木工程等的脚手架，也是现在最常使用的脚手架类型（图1-6-1、照片1-6-1）。

吊架式脚手架

高层建筑的钢筋工程，包括钢材的螺栓固定、焊接作业、钢筋绑扎等，所设置的脚手架种类。在钢梁上直接悬挂预制的吊架式脚手架，并从钢梁以悬挂式吊钩，将脚手架钢管、角钢、圆柱等构件组成井字桁架，再搭上水平踏板作为施工平台，称作吊架式脚手架。

单侧三角支撑式脚手架

在脚手架单侧安装支撑托框，在上面搭设作业平台的脚手架。由立杆、横杆、支撑托框、水平踏板、剪力撑、单管接头、金属固定底座、金属接壁器、手扶栏杆等组件构成（图1-6-2、照片1-6-2）。

悬吊式脚手架

用于既有建筑与基地相邻，或是无法架设脚手架的场合，使用锚定螺栓将悬吊式挂件安装在建筑的结构体上的脚手架形式。

表1-6-1　脚手架的用途、构造种类

用途区分		构造区分					
		支柱式脚手架			吊架式脚手架	机械式脚手架	其他
		脚手架主体	单排脚手架	棚架脚手架			
工程区分	外立面工程	组合式脚手架 单管式脚手架 悬吊式脚手架 柱状木脚手架 手扶栏杆式脚手架 低层施工简易组合式脚手架	单管式脚手架 单侧三角支撑式脚手架 单侧水平组板脚手架 柱状木脚手架 小规模工程用脚手架	—	—	擦窗机	—
	内部装修工程	—	—	组合式脚手架 单管式脚手架 柱状木制脚手架 手扶栏杆式脚手架	—	—	梯形脚手架 马凳式脚手架 移动式脚手架 移动式室内脚手架
	建筑结构工程	组合式脚手架 单管式脚手架 柱状木脚手架 手扶栏杆式脚手架	单管式脚手架 柱状木脚手架	—	吊装框架式脚手架 吊装棚架式脚手架	—	钢架焊接脚手架
	修复工程	组合式脚手架 手扶栏杆式脚手架	单管式脚手架 单侧三角支撑式脚手架 单侧水平组板脚手架 柱状木脚手架 小规模工程用脚手架	组合式脚手架 单管式脚手架 柱状木制脚手架 手扶栏杆式脚手架	吊装框架式脚手架 吊装棚架式脚手架	擦窗机	梯形脚手架 马凳式脚手架 移动式脚手架 移动式室内脚手架
结构区分	钢结构	组合式脚手架 单管式脚手架 悬吊式脚手架 手扶栏杆式脚手架 低层施工简易组合式脚手架	单管式脚手架 单侧三角支撑式脚手架 小规模工程用脚手架	组合式脚手架 单管式脚手架 手扶栏杆式脚手架	吊装框架式脚手架 吊装棚架式脚手架	擦窗机	梯形脚手架 移动式马凳脚手架 移动式室内脚手架 钢架焊接脚手架
	钢筋混凝土结构	组合式脚手架 单管式脚手架 悬吊式脚手架 手扶栏杆式脚手架 柱状木脚手架 低层施工简易组合式脚手架	单管式脚手架 单侧三角支撑式脚手架 柱状木脚手架 小规模工程用脚手架	组合式脚手架 单管式脚手架 柱状木制脚手架 手扶栏杆式脚手架	—	擦窗机	梯形脚手架 马凳式脚手架 移动式室内脚手架
	钢结构	单管式脚手架 柱状木脚手架 低层施工简易组合式脚手架	单管式脚手架 柱状木脚手架 小规模工程用脚手架	—	—	—	梯形脚手架 马凳式脚手架

可移动式脚手架

安装在高塔状结构最上层的作业平台，并在支撑柱脚下方装有底轮的脚手架形式，又称作移动式鹰架。由骨架、作业平台、底轮、升降设备、扶手栏杆等组构而成，脚手架的高度可以调整，也方便以人力移动，因此常使用于天花板或墙壁等的装修施工。

棚架式脚手架

由骨架、单管、柱状木等支承，脚手板较大的脚手架形式。

合梯脚手架

由顶板、铰链、梯脚、止滑踏板、开关固定系杆等构件组构成的合梯当作支柱的脚手架类型。有的是在两组以上的合梯之间搭设水平踏板，也有的是在多行列配置的合梯之间架设横梁、搁栅，再在横梁、搁栅上方铺设水平踏板，搭设出棚架式的脚手架。

手扶栏杆式脚手架

相对于由剪力撑构成的组合式脚手架，将剪力撑改为框架式手扶栏杆，以确保在组合、拆除作业进行时都有手扶栏杆的一种脚手架形式。

钢架焊接脚手架

钢构建筑的钢构搭建作业中，常用于梁或柱的螺栓铆接、焊接施工的脚手架形式。为了安装在钢柱或钢梁的指定位置，需预先在工厂将专用构件焊接完成，只有在需要作业平台的特定位置才架设脚手架。

围笼式脚手架

用在基础工程等地下建筑工程中架设的脚手架。

地下脚手架

用在基础工程等地下的建筑工程中架设的脚手架。

图1-6-1　组合式脚手架

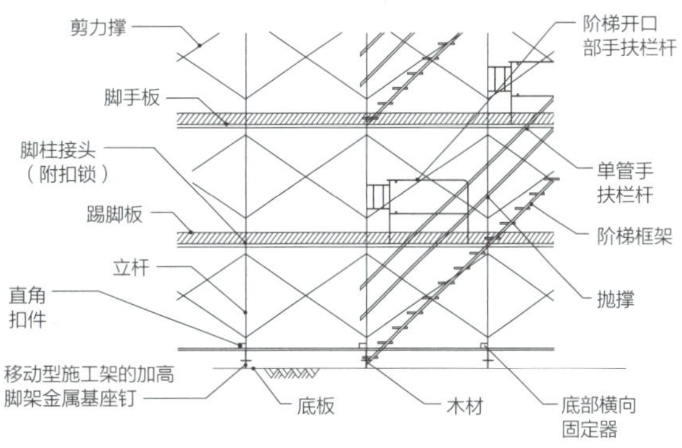

图1-6-2　单侧三角托座式脚手架

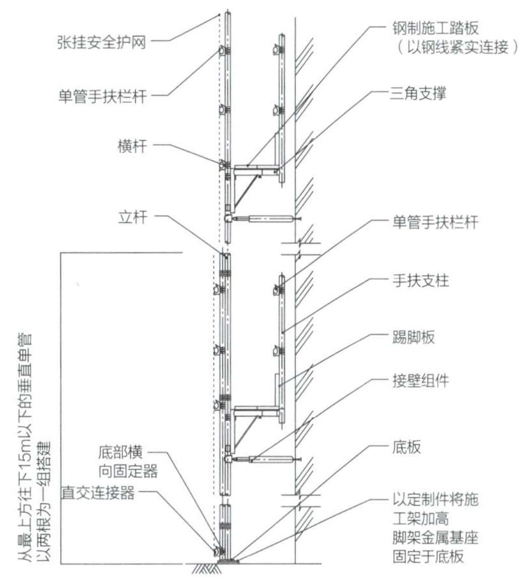

工程临时构件

垂直框架

日本劳动安全卫生法施行令第13条第22号之2所规定的钢管脚手架中使用的组件之一。

水平系杆

将横杆及横架组件相互焊接，在水平横板两端以焊接、铆接方式安装金属制的衔接固定器。

水平系杆式横板

将踏板、横杆、梁相互以焊接方式弯折加工成为一体的组件。又称作钢制水平横板。

支撑托框

在组合式脚手架或单管脚手架的垂直组件上，用金属零件安装的支撑式框架。一般称三角托架。

照片1-6-1　组合式脚手架

照片1-6-2　单侧三角托座式脚手架

剪力撑

钢管脚手架的垂直框架在斜向方向连接时所使用的组件，又称作交叉拉杆。

爬梯架

在组合式脚手架或其他脚手架中，在各层水平踏板之间，供上下移动所使用的阶梯。

金属连接器

又称夹具，包括连接器本身、盖、螺栓、螺帽及引线，将钢管之间紧密连接的金属配件。

直角连接器

金属连接器的一种，用于连接相互交叉的钢管，保持其交叉呈90° 直角的组合件。

自由连接器

金属连接器的一种，用于连接相互交叉的钢管，可自由变换其交叉角度的组合件。

立杆

组合式脚手架或单管脚手架等中，承载垂直方向的力的垂直组件。

横杆

脚手架长边方向的水平构件。指组合式脚手架或其他脚手架的水平系杆、水平系杆式横板（钢制水平板）等。

横架组件

脚手架构件中，在垂直组件之间的横向联结组件。又称小梁。

照片1-6-3 施工防护布

作业平台

以单管或垂直组件、悬吊链等组件，构成的施工踏板平台，其上可载人进行施工。

连接件

为了确保脚手架的稳定性，将建筑物与脚手架连接固定的构件。

斜道

在脚手架上搭设的供上下移动的临时倾斜通路。

防护支柱

通道、作业平台等的边缘以及开口处，在可能有高空坠落的位置，设置临时的防护构件，又称作安全防护栏（有金属连接器的支柱）。

单管接头

脚手架钢管在长边方向连接时使用的金属构件。又称五金接头。

安全防护网

在开口处或作业平台边缘，为防止工作人员发生坠落意外，在水平方向拉起的防护措施。也称水平维护网。

施工防护布

在建筑工程施工现场中，防止向周边坠落杂物所使用的防护布（照片1-6-3）。

防护网

施工防护的一种。与帆布制的防护布不同，具有透气性和减少风压的效果。

隔声布

使用有隔声效果材料制成的工地用布幕。通常设置在临时脚手架的周围。近年来在市面上也有很多兼有遮阳效果的品种。

照片1-6-4 临时围挡

底座

安装于立杆的底部，用来防止立杆的下陷，将上方脚手架荷载分散传至地基或楼板的金属零件。

防护斜撑

建筑工程中，为了防止上方物体飞落发生意外，从脚手架的外侧面，设置向上倾斜伸展、突出呈屋檐状的防护构件。

梁架

在组合式脚手架开口的部分设置的加固构件，其上方可以搭设脚手架。

钢构用连接器

主要使用在H型钢上，安装单管脚手架时所使用的连接五金零件。

底部横向固定器

将脚手架的立杆或框架组件的支撑管连接，或将底部固定的横向组件。

临时工程

与建筑物没有直接关系，在施工区域的周边，装设临时使用设备的施工工程。在基地内有多栋建筑的场合，为了施工需要将其暂时连通所搭设的临时工程；或是被多个工程子项同时使用，无法分解的临时工程，称作共同临时工程。虽然存在不能严格区分的情况，但是也存在服务于单项工程的专用临时工程，称作直接临时工程。

临时围挡

为避免交通阻塞或危险情况的发生、限制无关人员进出，在施工现场与周围土地、道路间搭设的临时围挡（照片1-6-4）。

主体结构 2

2.1 木结构工程

使用预制木材逐渐成为现今木结构的主流趋势，但在构件、现场施工方面，木工师傅的墨线打样、对接凹槽加工后进行搭建等的施工方式，几乎没有什么改变。

基本用语

构架

使用地基、柱、梁、斜撑等木构架构件的组合，用来支撑屋顶、楼板等荷载，以及抵抗地震力或将水平侧向力传达到基础的结构组合方式（图2-1-1、图2-1-2）。近年来也有不使用斜向支撑的承重墙面板，或是在轴组构件的结合处使用金属构件的施工方式。

搭建

结构构件的搭接、组合作业。将尺寸、接头结合处已加工完成的柱梁木材，以机械或人力组合，并进行水平角撑、楼板支架、桁条、脊梁等结构定位作业。使用圆锥形铅锤或水平仪确认垂直精准度，再以临时斜撑固定（图2-1-1、图2-1-2）。柱梁接合等结构构件的结合处，以金属羽子板状拉力扣件（照片2-1-41） 和扒钉紧密相连，从搭建构架到屋顶椽木、屋顶基材完成约耗时一日。搭建工程1～2天可完成，但具体耗时视建筑规格而定。将主要骨架组合完成称为上梁，上梁之后会举行上梁仪式。随着预制木构件的普及，装载及编号方式根据不同工厂而有差异，为确保搭建作业顺利进行，务必提前确认。

对接

两个以上的构件在长边方向相互接合的部位（图2-1-3）。对接的主要形式有蛇尾对接、鸠尾对接、追挂对接（斜口嵌合）等，用于梁、桁架、圈梁等的接合部位。若使用预先裁切的结构材料，必须事先确定接合位置及接合方式。

搭接

两个以上的构件以切角方式接合的部位（图2-1-3、照片2-1-4），有鸠尾接合、斜口嵌合等常见的形式，多用于预先裁切的木材。须留意金属羽子板状拉力扣件等金属接合锁件的安装，材料的接合部位容易出现问题，需根据用途或部位的不同，采取适合的做法。

图2-1-1 木结构的主要构件

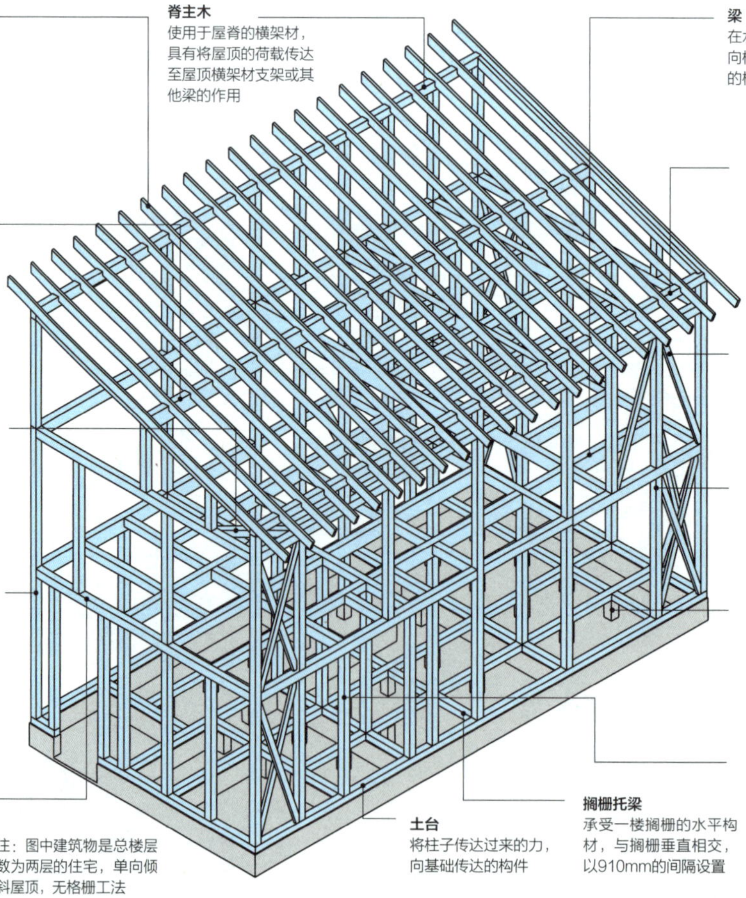

照片2-1-1 木结构搭建

照片2-1-2 临时斜撑

照片2-1-3 上梁

照片2-1-4 梁的对接、搭接接头

梁与梁之间的接头部位，以大木槌敲击至完全嵌入后即可安装短型金属固定锁件

图2-1-3 对接、搭接

藏纳入榫

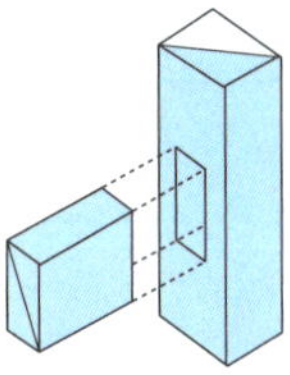

大多使用在木作，抗扭曲力强，长边方向的伸缩现象不明显

榫头接合

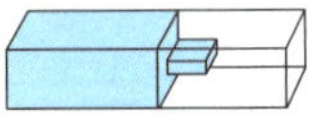

榫头、嵌栓并用，发挥接合的功效

双缺口搭接

简洁的楔形结合方式，施工便利，为木造工法中基本的接合方式

鸠尾对接

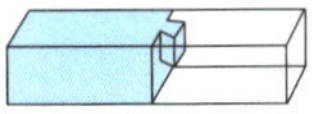

常用来抵抗脱离、拉伸现象发生的接合方式。使用在主要结构部位，需对剪力、弯矩方面作补强

刀口搭接

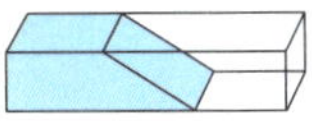

加工简易，若加上榫头会是更优良的接合方式。适用于木作、外露构件

蛇尾对接

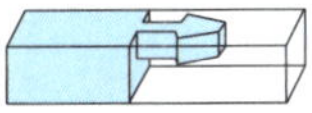

基本的接头形式，抵抗各种应力的能力佳

凳形搭接

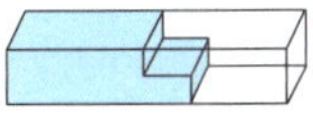

若与其他的接合方式并用，载重力强

斜口嵌合

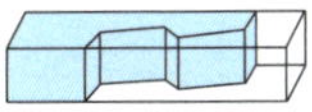

若与栓、五金等补助零件并用，可发挥极大功效，使用于主要大梁等的接合部位

隐形对接

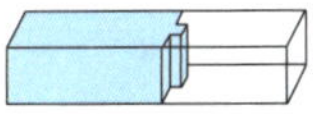

可解决木材不能抵抗扭曲力的缺陷，常当作补强使用

图2-1-4 一楼楼板组合

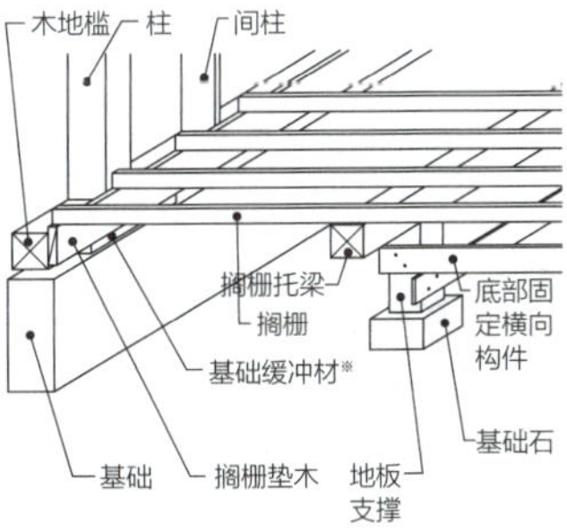

图2-1-2 木结构梁柱工法的施工程序

基础工程完成
↓
基础混凝土上墨线打样
↓
铺设地基
↓
结构搭建工程开始
↓
跃层柱、层间柱、圈梁、梁的建造
↓
临时斜撑（安装羽子板状金属制拉力扣件）
↓
二楼层间柱、桁、梁的建造
↓
屋架系统（安装扒钉）
↓
屋顶梁、脊梁（安装扒钉、屋架斜撑）
↓
安装屋脊椽木（安装扭曲型联结金属配件）
↓
铺设屋顶基材
↓
上梁
↓
斜撑、斜撑固定金属板的安装
↓
间柱、柱底固定金属座的安装
↓
外部合板的铺设
↓
屋顶防水（屋顶铺设）、屋顶工程
↓
首层地面搁栅
↓
首层地面地板铺设
↓
二层楼面搁栅
↓
二层楼面地板铺设

※：置于基础与木地槛之间的缓冲垫。

楼板系统

构成楼板的构件总称。在一楼是指搁栅、搁栅托梁、地板支撑，在二楼是指梁、搁栅等（图2-1-4）。如今省略搁栅的地板施工工法逐渐普及，若是采取有搁栅的方式施工，会以两根钉子固定搁栅。

屋架系统

支承屋顶的骨架，由屋脊主梁木、屋脊椽木、桁条、桁条支架等构成。分成日本和式屋顶和欧式屋顶两种（图2-1-5、图2-1-6）。屋顶荷载借由屋脊椽木、桁条，再经由屋架系统、柱子等传达到基础，结构设计需考虑到力的传递，确认承受屋顶荷载的柱子位置楼上与楼下是否一致（图2-1-7、图2-1-8）。为了防止雨水进入，通常设计成斜屋顶（图2-1-9）。

承重墙

有着与柱、梁紧密连接的斜撑、结构板等所构成的墙壁，用来抵抗地震或风的水平力，以及支承建筑自重等，承担结构耐力的墙。在木构架中，是指内含斜撑或结构胶合板的墙（图2-1-10、图2-1-11）。承重墙的配置不足或偏移，若遇地震或暴风，力会集中于承重墙较少的部分，不仅容易倾倒毁坏，经年累月下来也会导致房屋形变。日本建筑基准法依据墙壁的材料或样式，制定了不同的壁倍率（图2-1-12、表2-1-1）。承重墙材料要留意壁倍率及固定钉的间隔与尺寸。

图2-1-5 屋架系统

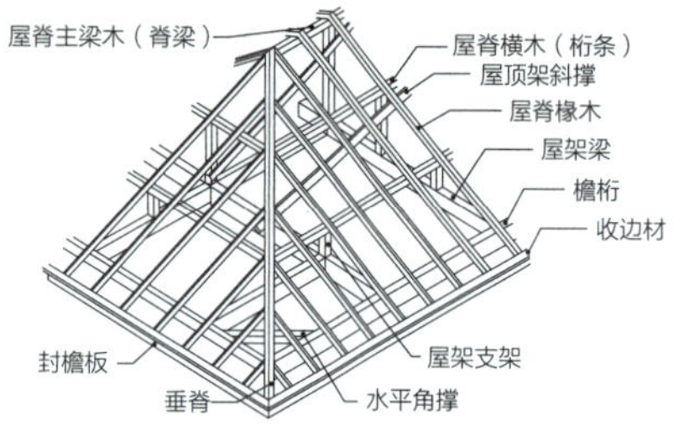

图2-1-7 抗地震力强的屋架系统

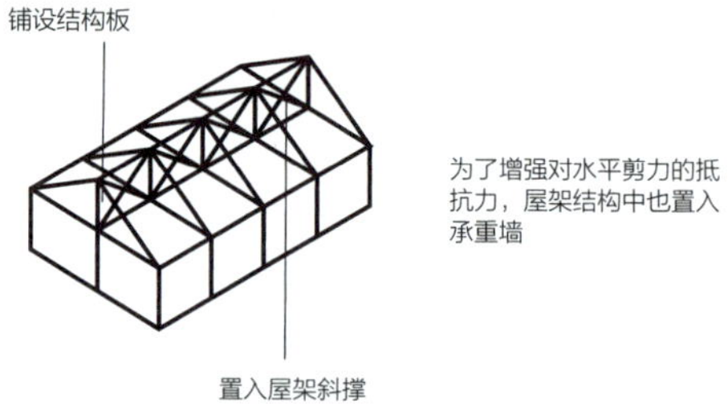

图2-1-6 屋架系统的种类

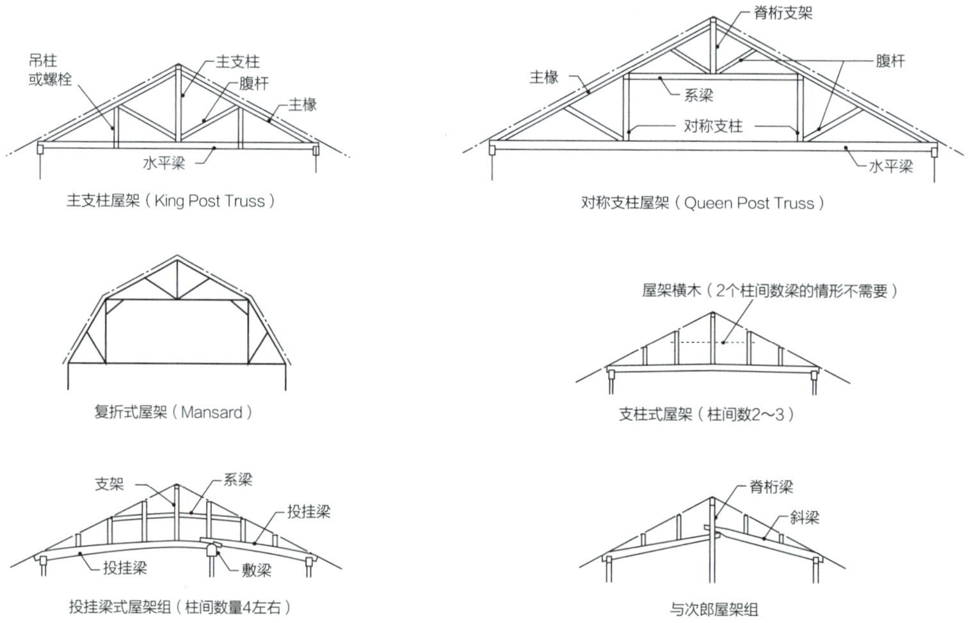

图2-1-8 屋脊椽木结构

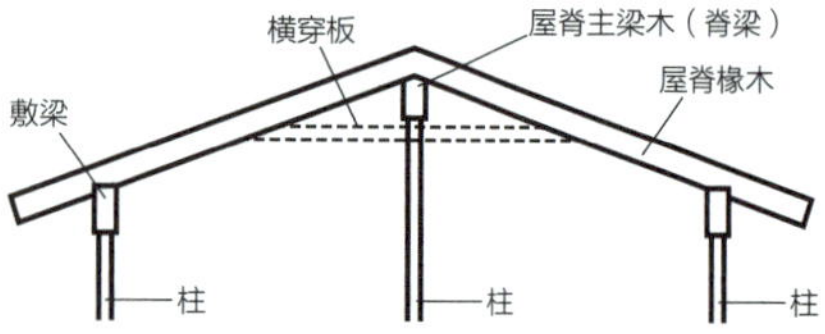

屋脊椽木厚度加厚，不使用屋脊横木（桁条）或梁的屋架组结构

图2-1-9 斜梁结构

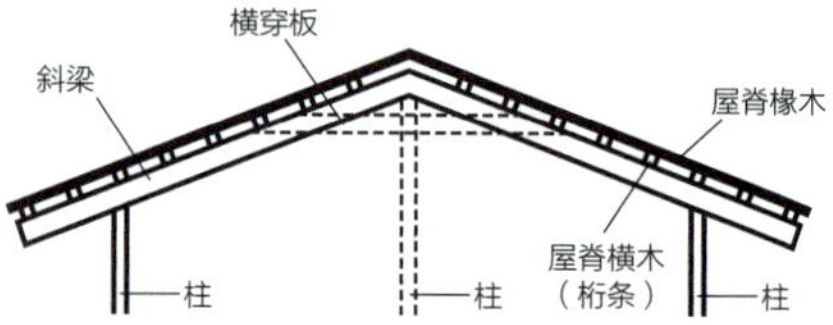

以斜梁搭建出的倾斜屋顶结构

图2-1-10 木造住宅与承重墙的关系

楼板面积、正向立面面积变大，或是楼层数增加，所需承重墙（必要墙量）也会增加

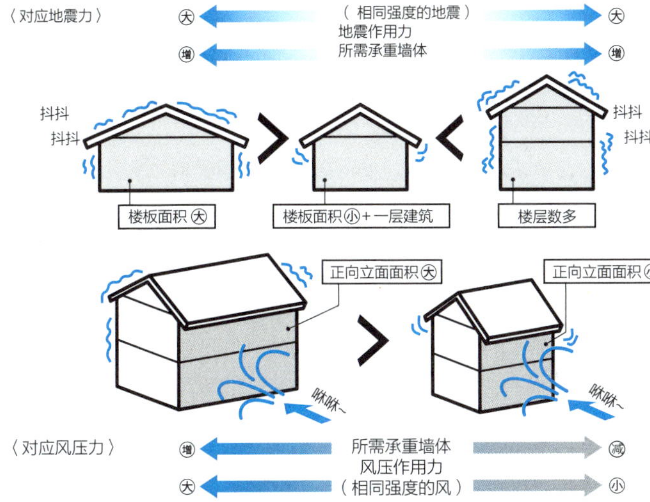

图2-1-11 抵抗水平力的承重墙

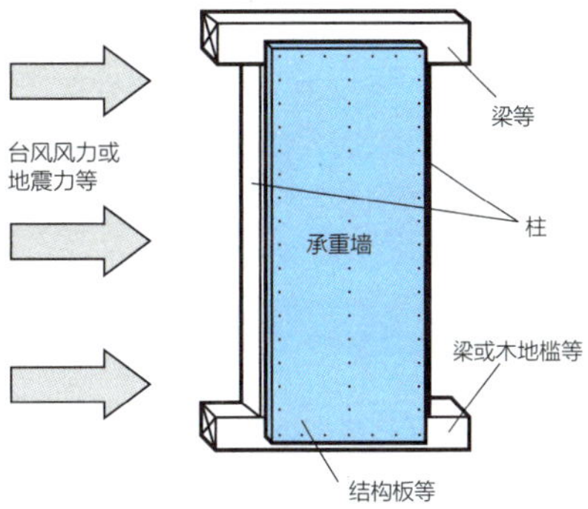

①承重墙是由紧实固定在梁、木地槛与柱上的面材或斜撑所构成
②承重墙所能承受的水平力强度以倍率来表示（壁倍率）
③壁倍率1是指可以承受1.96 kN的耐力，无论是单一墙体或是组合墙体，最大不超过5倍

表2-1-1 承重墙的种类

承重墙	壁倍率
石膏板（厚度12 mm以上）	0.9
土墙（将泥土填涂于墙的双面）	1
斜撑（30 mm×90 mm以上）	1.5
硬质纤维板（厚度5 mm）	2
斜撑（45 mm×90 mm以上）	
结构用合板（厚度7.5 mm）	2.5
结构用板材料 （厚度7.5 mm）	
斜撑（90 mm×90 mm以上）	3
斜撑（45 mm×90 mm以上）	4
斜撑（90 mm×90 mm以上）	5

图2-1-12 壁倍率1倍的定义

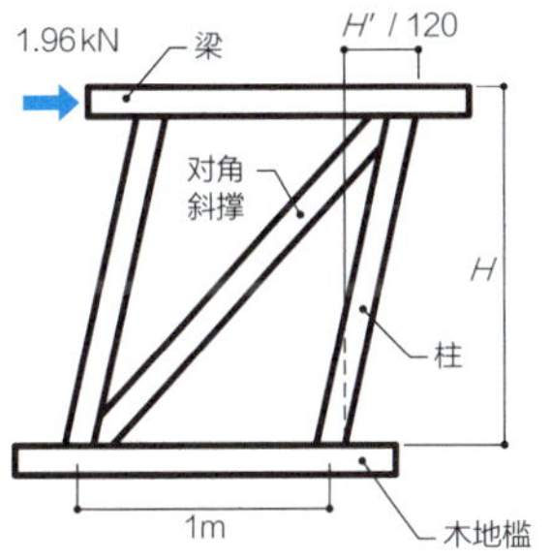

壁倍率1倍
→ P =1.96 kN、H' = 1/120H
（P=水平力、H= 变形量）

壁倍率1，如图示中长度1 m的墙壁承受水平力1.96 kN时，层间变位角度可以容许变形量到1/120 H 的强度。倍率越大，接合部位所需承受的力也大，因此金属接合构件扮演重要的角色

图2-1-13 楼板的承重力大小

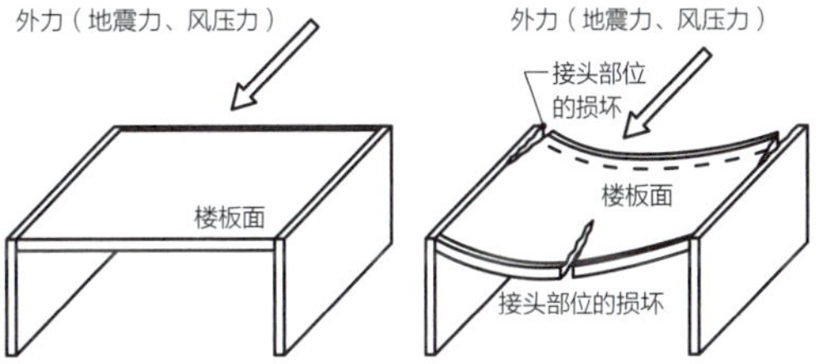

若楼板耐力强，楼板变形程度微乎其微

若楼板耐力弱，楼板先行大幅变形并发生损坏，楼板载重无法传达至承重墙

图2-1-14 承重墙与建筑物的变形

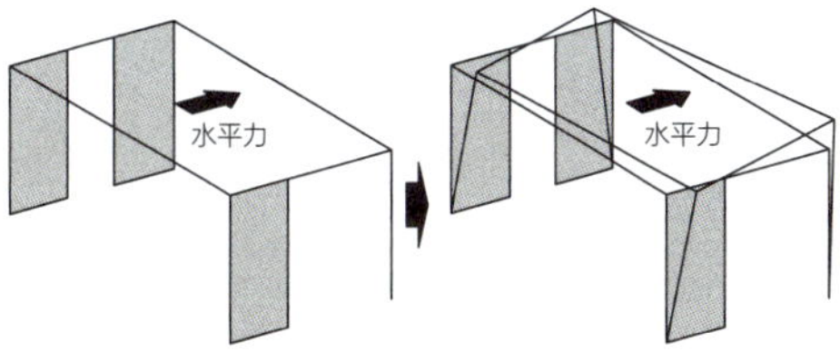

承重墙偏向一边的建筑物，若施以水平力，会发生扭转弯曲的变形现象

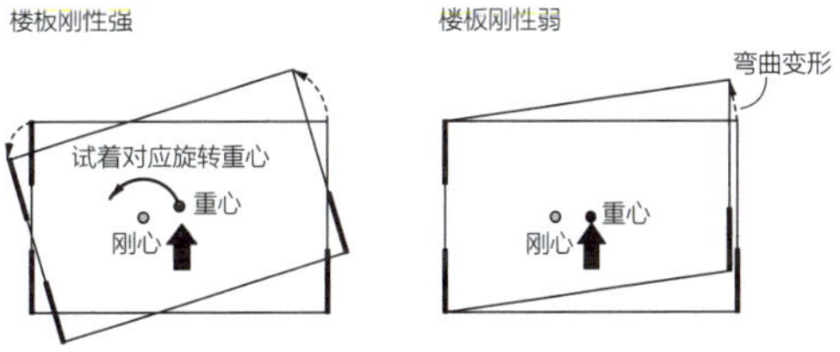

水平构面的刚性若高，会以刚心为中心点试着对应旋转

水平构面的刚性若低，水平构面本身发生变形

水平构面

用来抵抗外来水平力的平面骨架。适用楼板系统或屋架系统，借由水平角撑或结构板来提高刚性，不让变形发生。在垂直构面上，水平构面与承重墙有密切相连的关系。为让承重墙发挥效力，水平构面担任重要的角色（图2-1-13、图2-1-14）。此外，水平构面若与楼板、屋顶使用同种材料，可省略水平角撑。

刚性楼板

利用楼板的刚性，抵抗地震力或风压力，抑制建筑发生水平变形的楼板组。若属两层的木造建筑，则二楼楼板需为刚性楼板。在讨论抗震性时，刚性楼板如同承重墙一般，是重要的考虑因素。

图2-1-15 无搁栅楼板工法

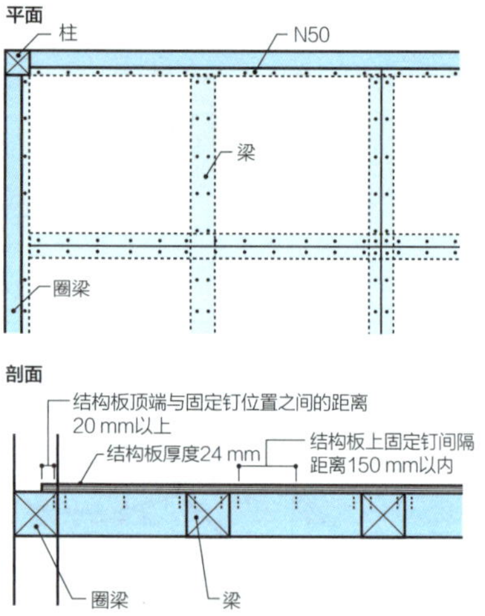

图2-1-16 门型框架

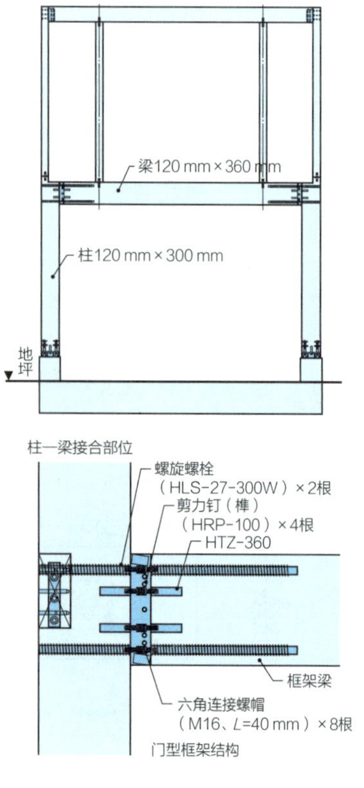

无搁栅楼板工法

将厚度24 mm或28 mm的结构板直接搭于梁上，省略搁栅的楼板工法（图2-1-15）。比起搁栅型楼板工法，能同时提高施工效率、提升刚性，因而成为楼板工法的主流。若使用外露工法，会导致隔声不良及增加配线的施工难度，需充分讨论楼地板完工饰面装修或与使用双层天花板等各种施工法。

板材

以提高工程效率为主要考虑，将墙壁或屋顶等的基材单元模数化的材料。壁板包括结构胶合板、保温隔热材料；屋顶板包括屋顶基材胶合板、屋脊椽木、保温隔热材料等。其中被加工为工厂预制产品的较多，特别是屋顶板。屋面工程对一般施工来说较费时费力，若能将板状材料单元化，更能提高效率。在木结构搭建工程施工时，屋顶、墙壁底部材料使用预制完成的单元板材，可缩短搭建工期或是之后的作业时间。以效率、省力为目标，将保温隔热材料与胶合板结合的板材开始普及。

门型框架

不使用斜撑，而是以柱、梁的接合强度确保承重力的结构（图2-1-16、图2-1-17）。试验结果得到的承重力作为基准，转换成壁倍率作为参考。依各制造厂商制作工法不同，门型框架构件的剖面、跨距、接合五金也有所不同，承重力亦不相同。在大开口、狭小基地建成建筑物车库时，不需用到钢结构，以木造就能完成的结构工法。

图2-1-17 门型框架的接合种类

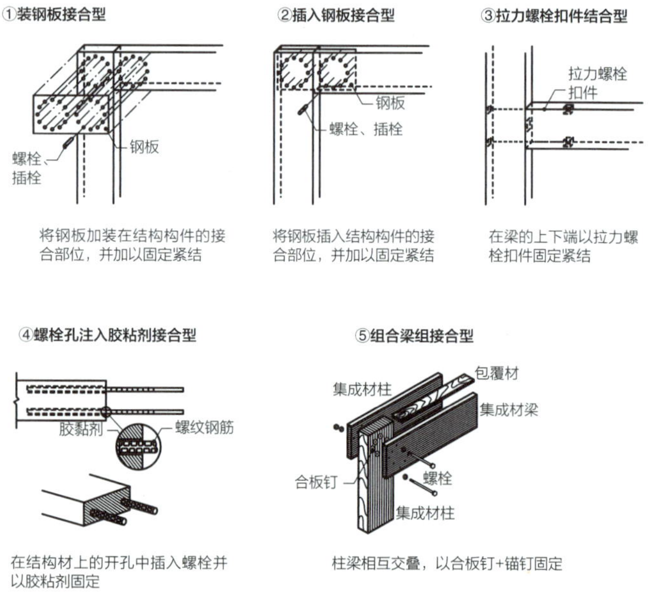

④、⑥、⑦：参考来源《图说——木造建筑事典（基础篇）》
⑤：参考来源《大断面木造建筑物接合部设计手册》

木材

针叶树、阔叶树

从细胞构成看来看，导管的有无是针叶树和阔叶树的巨大差别。针叶树的特征是没有导管，年轮清晰。阔叶树有导管，依照导管的排列，阔叶树木材可分为环孔材、散孔材、半散孔材三种样式，木纹依树种而有多种样貌（照片2-1-5、照片2-1-6、图2-1-18）。用于日本木造住宅结构材料的树种，针叶树占多数，另外阔叶树的环孔材树种（如栗木、榉木等）使用也较多。一般来说针叶树的树干笔直，阔叶树的分枝多，且枝干不易区分的树种也较多，较难作为柱子等笔直结构构件的材料，因此阔叶树常当作室内装修用木材来使用。针叶树材的年轮宽幅越狭窄密集，越是密度高的晚材（跨过夏天到秋天而形成的年轮部位），强度也越高。反之，榉木等阔叶树材，木纹越是密集，强度越低。

杉木

属松柏科杉亚科常绿针叶乔木。生长于日本各地，作为建筑用装饰材料，纹理细密美观的秋田杉和吉野杉等尤为出名。也广泛应用于结构材料和基材。

桧木

只分布于日本和中国台湾的常绿针叶乔木。有独特的芳香且自古作为寺庙神社的建筑材料被使用，是高品质的木材。

日本松

广泛分布于北半球的针叶乔木。特别是花旗松广泛应用于木结构建筑的横梁。南半球产的辐射松也大规模地被种植，近年常作为地板材料和集成材料。

铁杉

分布于日本关东以南的常绿针叶乔木，属松科。近年产量迅速减少，除作为装饰材料以外很少使用。一般说到铁杉多指花旗铁杉和加拿大铁杉。

扁柏

松柏科罗汉柏属常绿乔木。防腐和防蚁的特性优越。北美产的花旗扁柏因为木纹细腻，广泛用于装饰材料和结构材料。

云杉

松科云杉属常绿针叶树。纹理细密均匀，用途广泛。常作为室内装饰和家具材料等使用。也用于日式推拉门等门窗类等建筑材料。

红木

杉科红杉属针叶树，分布在北美太平洋沿岸。树木巨大。心材的深红色部分含大量丹宁，耐腐蚀性极强，因此也适用于室外。

松木（Pine）

日本以外地区出产的松木的总称。常用作做建筑材料用的有北美产黄松、白松（SPF）和欧洲红松等，用于各种构件。因木材种类多，产地和名称需要同时标注。

枫木

枫科落叶阔叶乔木。指北美产的能产枫糖浆的糖槭。特别是被称作“鸟眼枫木”的带有小斑点的枫木是贵重的装修材料。和日本产的枫树不同。

图2-1-18 阔叶树横截面

环孔材料

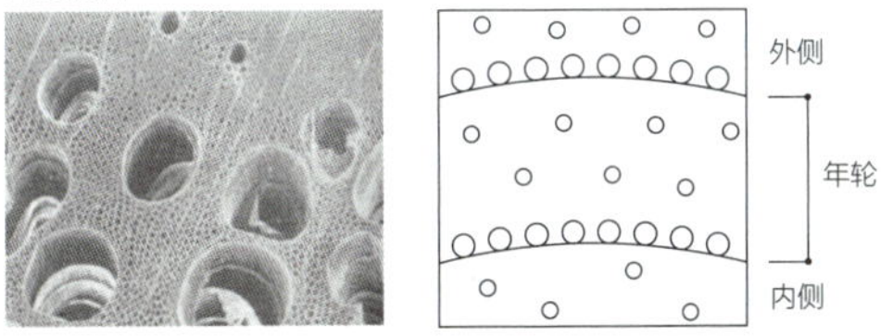

代表树种：
榉木、栗木、水楢、水曲柳

散孔材料

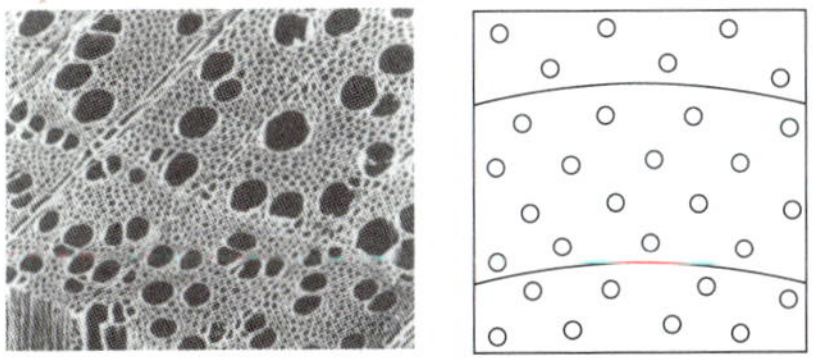

代表树种：
山樱花、色木槭、日本七叶树

半散孔材料

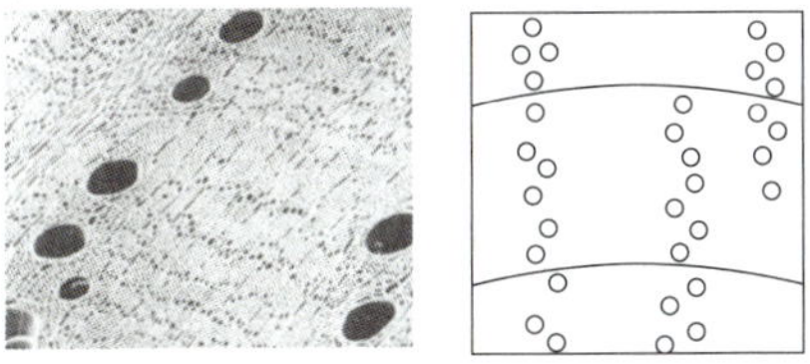

代表树种：
黑栎、青刚栎

照片2-1-5 针叶树横截面

照片2-1-6 阔叶树横截面

栎木

山毛榉科落叶阔叶乔木。橡木。亚种繁多。白橡、红橡、水楢等是主流。水楢中北海道产的质量最佳。

日产木材、进口木材

与日产木材相对，进口木材也被称为外材。日产木材虽与日本自然风土相吻合，可因地制宜地使用，然而现在因为在价格、品质、供应量方面都不够理想，日产木材的普及率不到20%。木结构住宅的结构用材料使用进口木材为主流，除了北美产的进口木材之外，欧洲产的集成木材也广为流通。只要木材使用适当，日产木材和进口木材在质量方面并无优劣之分。然而，近年来为了促使森林成长，常常呼吁人们使用日产木材，尤其有了推荐使用当地木材的动向。

树龄

树木随着树龄增加，内部强度尚未达到成熟的部位比例减少，高耐久性的心材比例提高。因此，树龄较轻的树木（30年以下）在强度及耐久性上相较树龄高的树木低，作为结构材时需特别留意。但以木结构住宅的构件来说，木材的性能并非取决于树龄，而是木材取得部位，并与木材的应用方式密切相关。

心材（红肉）、边材（白肉）

靠近树心颜色较深的部位称作心材，靠近外侧颜色较浅的部位称作边材（图2-1-19）。心材的颜色呈现该树种特有的颜色，例如杉木，有时候虽属同种树种却有色调上的差别，也有像椴松、虾夷松等完全没有色调差异的情形。因心材细胞死去后变质呈红褐色，也称作红肉。适合用在要求耐腐、耐久的部位。

边材是树木生长的部位，心材则支撑树体，具有结构功能。树木直径到达一定程度以上时，内部细胞或组织产生变化，边材变成心材。心材与边材在耐久性上有很大差异，因为心材蓄积着特别的化学成分，耐久性因而提高。边材无论哪一种树种，其耐久性均较差，作为结构材的价值也较低。以日本有机农业标准（Japanese Agriculture Standard，缩写为JAS）的耐久性来区分，危险等级也是以心材的耐久性作为基准比较。

混色

杉木材的红肉（心材）、白肉（边材）之间的色差大，同时出现红肉、白肉的木材，或红白相混的木材（照片2-1-7）。

幼龄材树木材、成热材

圆木桩的中心（髓）周边的木材，是由未成熟的年轻细胞构成，因此称作未成熟材，在收缩率上较不安定，材料力学杨氏模量（Young's modulus）较小。若生长成为成熟材，以针叶树林来说约需15年。含心木材因大多含有未成熟材的部位，因此强度较低。若从结构材的性能平衡（强度、尺寸安定性、耐久性）来看，成熟材与心材的成分比例很重要。

图2-1-19　木材的构成

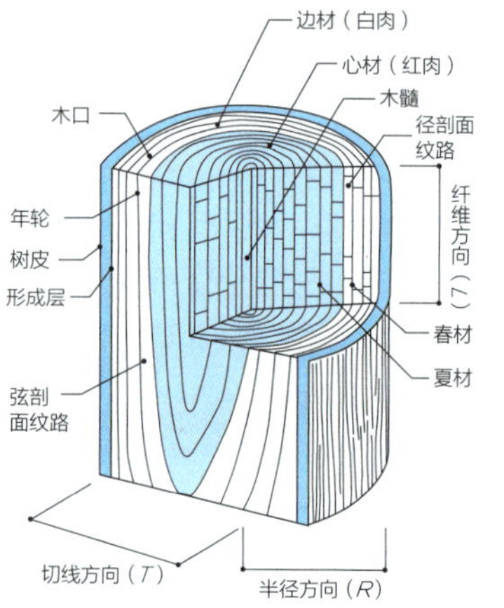

树龄越年轻，心材（红肉）的可使用率越低。木材性能与木材撷取部位有很大的关系，不局限于这一标准

照片2-1-7　混色

图2-1-21　原木的分段方式

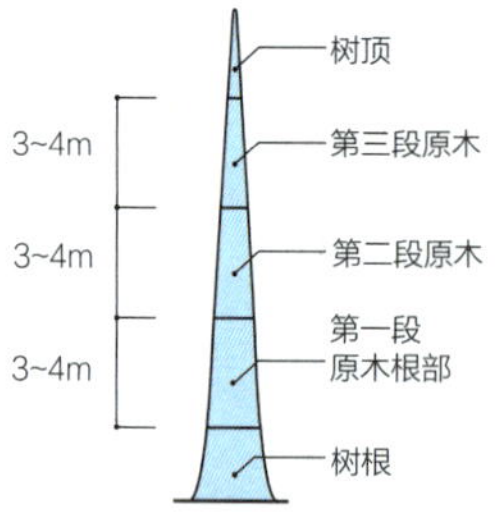

图2-1-22　树的构成

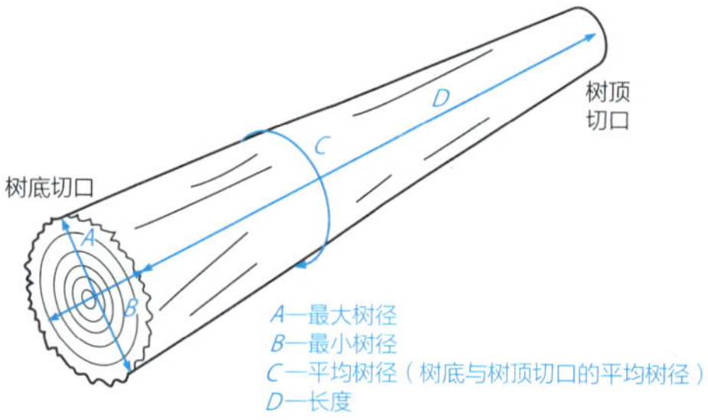

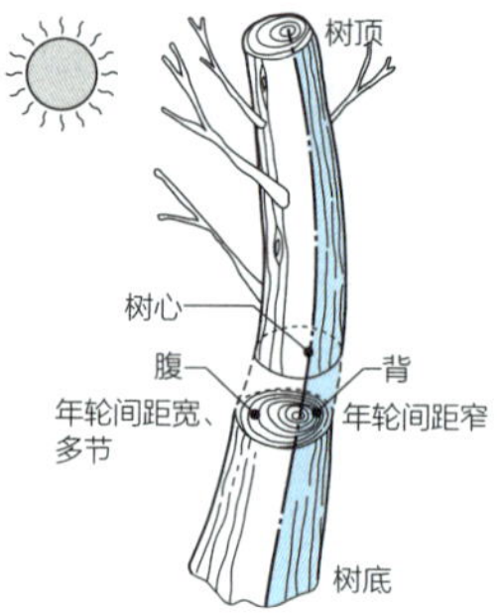

图2-1-20　表示木材各向异性的三方向

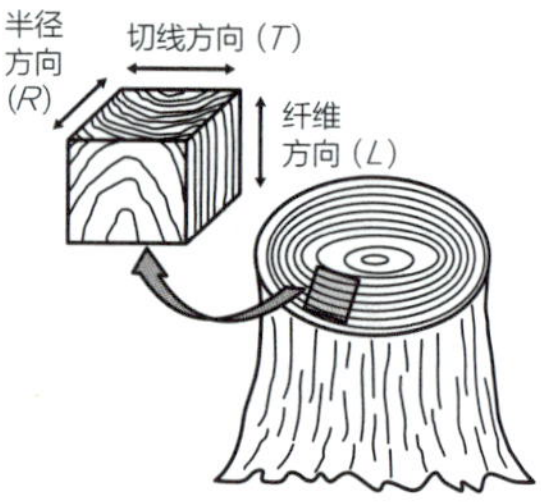

照片2-1-8　太鼓梁的梁材

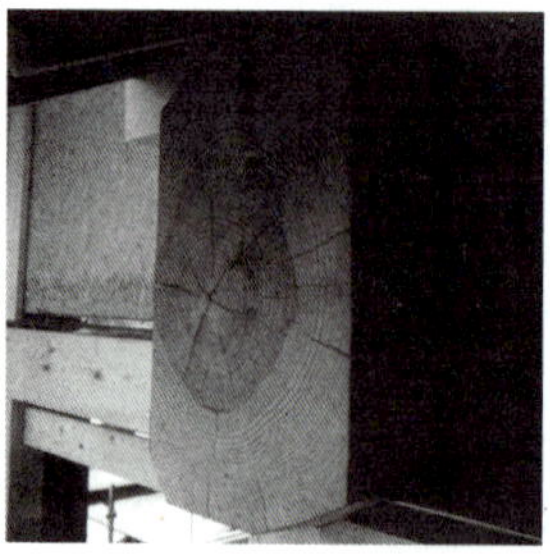

各向异性

方向不同，木材在收缩或强度上的性质相异。木材依照构成细胞或组织的排列方式，分为三个方向（纤维方向*L*、切线方向*T*、半径方向*R*），*LR*面为径切面，*LT*面为弦切面，*RT*面为横切面（图2-1-20）。

这三个面的性质大大不同，各方向的收缩率比大约是*T*：*R*：*L*=10：5：0.5～1，收缩率又依照树种不同而有差异。圆木桩或是带芯材发生干燥龟裂，或是弦剖面材的隆起现象，皆是因为各方向收缩率不平衡所引起。

另外，有关强度上的各向异性，三方向的强度比例为*T*：*R*：*L*=0.5：1：10，与收缩率相反，需留意木结构在纤维方向上的力。

采伐期

采伐树木的时期以冬季最为合适。因为此时期树木的生长活动渐缓，边材部位的糖分减少，虫害或霉变降低。从初春到夏天采伐的木材，大多会因为虫害或霉变而大大降低木材品质。此外，目前日本全年均可采伐，已无采伐期的限制。

第一段、第二段原木

采伐树木时依照圆木桩体所需的长度进行切割，在最接近底部所切出的木材称作“元玉”（第一段原木），再依序往上为第二段、第三段。因第一段原木多为粗壮无木节的优良木材，常用作辅助构材或装饰柱（装饰材）。虽然会受到原树木大小及树龄的影响，第二段所含的未成熟材部分比例较少，通常可视为较优良等级的层间柱材料（图2-1-21）。

砂磨原木团桩

将杉或桧木的树皮削除，并以磨砂方式磨出的圆木桩体。

太鼓梁材

将圆木桩体的两侧面削除，断面做成太鼓※的形状。此种磨平方式称作太鼓形磨削法（照片2-1-8）。

树底切口、树顶切口

接近树干的底部称作树底切口（元口），相反的另一侧接近树干的顶部称作树顶切口（末口）（图2-1-22）。圆柱桩体的尺寸大小通常会在树顶切口标示。

木材制作完成后，区分树底、树顶是很重要的，柱子或支架与树木直立状态相同，将树底切口朝下直立，横向构材的接头部位原则上凹部为树底切口，凸部为树顶切口，若为颠倒的状态，在日本是相当忌讳的。

美国喀斯喀特山脉木材

横跨美国西北部喀斯喀特山脉（Cascade Range）的高地出产的细年轮圆柱桩体木材原木，称作喀斯喀特木材。从喀斯喀特山脉的西侧开始，往海岸广布的低地，属于海岸地形，相对于喀斯喀特木材，此处生产的木材称作海岸木材。

图2-1-23 木材裁锯与木纹的外观

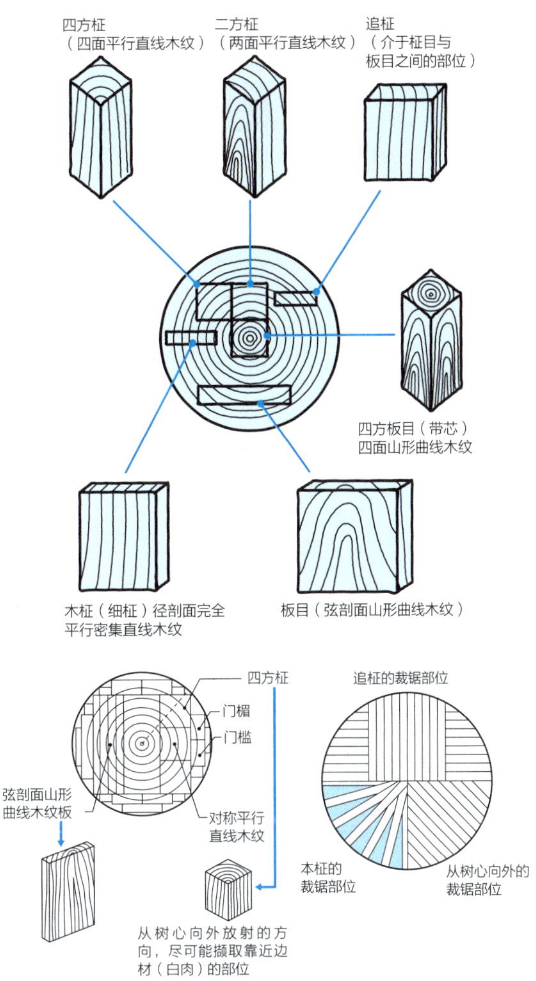

海岸木材是植树林，年轮宽，目前超过半数都是使用海岸木材。

立方米单价

原木或是厂制木材单价的标示单位，以材积（体积，单位为m^3）为基准，是专业的木材交易单价标示方法。厂制木材一根的价位是该木材的体积乘上立方米单价所得来的。

木材分割

圆柱桩体或是大型的厂制木材，从外观特征来判断，并依照柱子用途，对厂制木材进行加工，使其成为适合的形状。因为制材锯法的不同，就算是同一块圆柱桩体也会得到不同的有效裁木量（有效制材数量）或是裁木价值（制材价值）（图2-1-23）。若为了尺寸或隐藏木节而贸然进行分割的话，会大大降低木材品质。虽然需要专业人员的经验与技巧，依照每根木材不同的特性来进行分割，但在生产单一制材的工厂，因为圆柱桩体的特征较为相似，可用电脑控制机器进行分割，又称作制材锯法。

※日本的代表性乐器，形状类似啤酒桶。

图2-1-24 带芯材、去芯材

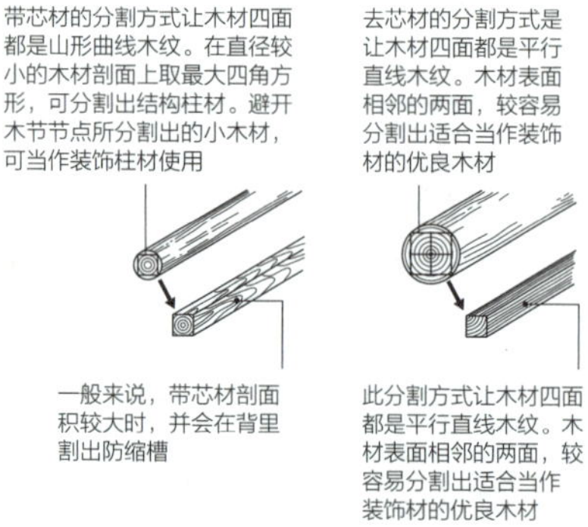

图2-1-25 零星木材与木表、木里

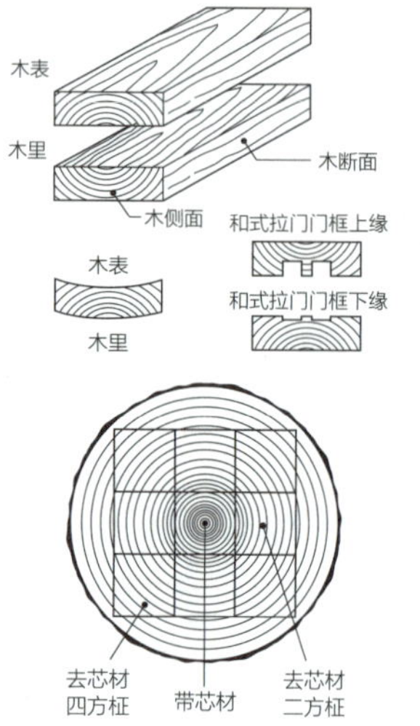

图2-1-26 防缩背沟槽

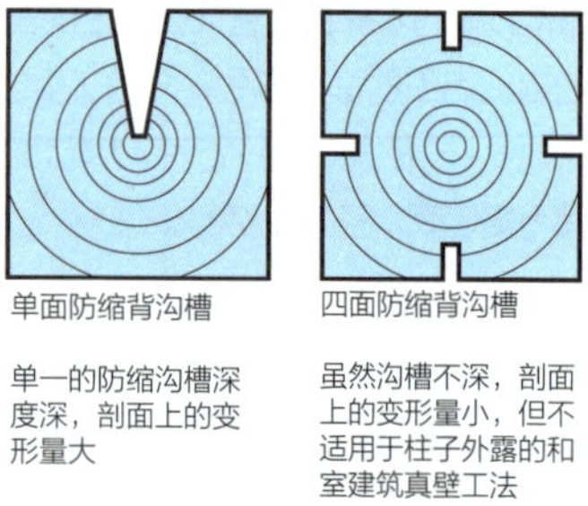

照片2-1-9 带芯材

带芯材、去芯材

带芯材是从一根原木圆柱桩体分割出一根柱子的木材，带有原木的木心（髓）。去芯材是将原木圆柱桩体的木心去除后所得到的木材，因此需要较粗的圆柱桩体（图2-1-24、照片2-1-9）。带芯材的最大缺点在于会因干燥而产生裂痕，表面裂痕虽不至于降低强度，但不美观，大多会事先在背里割出防缩槽。结构材基本上都使用带芯材，但要注意横剖面上木心偏离中心的带芯材，或是木心仅偏离一点的去芯材，都容易因纵轴方向的收缩不平衡发生弯曲反翘的状况。另外，带芯材内含较多的未成熟材，品质容易不稳定，强度变低。去芯材的表面较不易产生裂痕，价格较高。

原木面

指没有经过涂装修饰过的木材表面，也称作素木。经过修饰处理的原木表面，是将木材本来的木节节点、色调、纹理善加利用，并加以修饰的状态，一般是表面加工（如将表面凸起木节削平），或做擦漆、涂油、上清漆等饰面处理。涂装饰面的过程中，将手印及木材污垢去除也是重要的一环。

木断面

木材纤维断面（年轮）的剖面（图2-1-25）。设计较难兼顾美观，多半隐藏不外露。分割在木材纤维方向的面称作木端。

木表、木里

将弦剖面纹路木材竖立时，树心侧称木里，树皮侧称木表。干燥时在宽度及长度方向会发生反翘，在木表侧也会发生凹状翘曲。虽然是缺点，也有善用这项特点的安装方式，例如在和式门窗上方横挡处将木里朝上安装，比较不容易下垂（图2-1-25），下方横挡则用相反的那一面安装。

防缩槽

带芯材因为干燥，会在年轮的切线方向明显收缩，木材表面发生裂痕是必然的现象，因此，事先在判定较不优良的木材面，割一条深达树心的沟槽，用来吸收收缩幅度，预防其他三面发生裂痕（图2-1-26）。在木材背面刻一条深沟，用来预防木材干燥引起收缩现象是经验法则，对于装饰柱是必要的工作，若为隐藏在墙壁内的层间柱则大多不需要。用在室内可将防缩沟槽刻于木材背面，在室内侧则看不到。需注意防缩背沟槽内若安装金属锁件，防缩效果就会受到严重影响。另外，近年来因为人工干燥材的干燥技术发展较快，隐藏在墙壁内层间柱的表面裂纹变少，没有背沟槽的木柱制品越来越多。刻有背沟槽的木材面上，会产生不易安装五金配件等问题。

照片2-1-10 活节

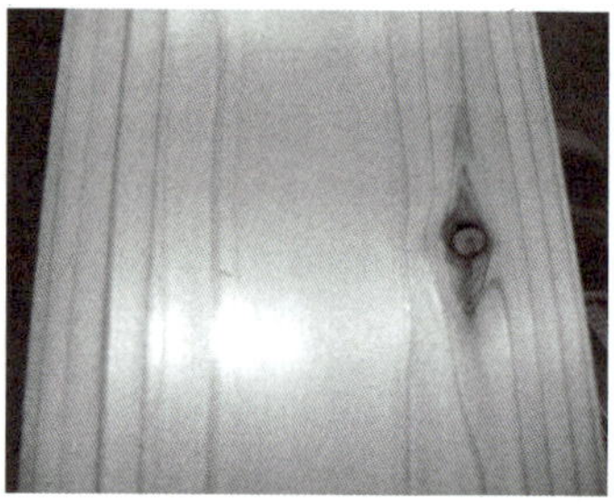

照片2-1-11 死节

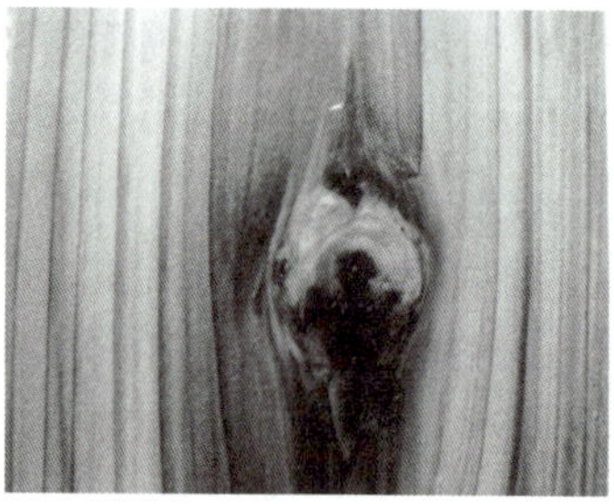

照片2-1-12 填补过的木节穴

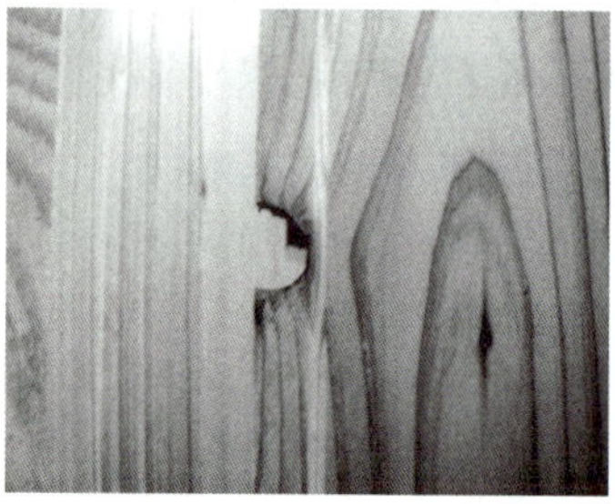

木纹

木材纹路。在木材的表面可见到年轮样貌。

木节

树干内与树枝相接的部位。木节部位会因干燥而产生裂痕或切痕，因此带有木节的木材在加工处理和强度上有缺陷。

活节

在树枝的木质部显现出生长组织的节（照片2-1-10），尚未干枯的树枝连接树干的部位。木节纤维与周围树干组织相连接，不易拔取。虽不构成强度上的缺点，但会影响木板、辅助构材制品的品质。

死节

连接树干的枯枝形成的木节（照片2-1-11）。与活节相反，死节的纤维和树干周围组织不相连接，可以拔取。死节在木材制品加工上被视为缺点，不适合作为室内装修用木材，当作结构材则没有问题。

木节穴

木节被拔取所留下的凹穴，在木材制品加工或强度上视为缺点（照片2-1-12）。也有用填补材等补修木节穴的，例如楼板材等，结构材上的木节穴是没问题的。

填补材

在木材损痕或木节处用凿刀挖掘后嵌入的木片，也称填充木片。

屈曲断裂

木材的缺陷之一，树木直立时因风雪等外力或是木材生长时的内部应力（成长应力），木材纤维局部屈曲而发生断裂的情形，该部位在组织包覆状态下生长，被制成木材之后才会被发现。遇到台风不会倾倒，在外观上也没有异常，树木内部却有屈曲断裂，在木材市场上称作风倒木。发生屈曲断裂的木材的强度降低，若不是在制材厂分割成木材，不会发现这个严重缺陷。

径剖面纹路

以穿原木轴心的半径为法线分割出的木材面呈现纵向笔直木纹理（照片2-1-13）。相较于平行线分割的木材的优势在于不容易变形。

照片2-1-13 弦剖面纹路（左）与径剖面纹路（右）

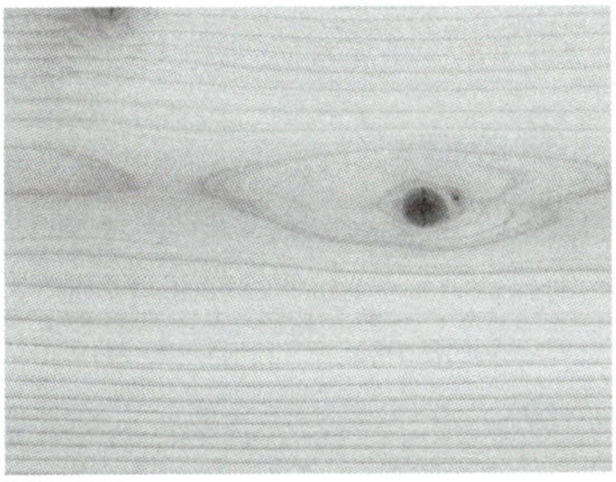

照片2-1-14 木材强度测定器

弦剖面纹路

在原木切线方向平行分割出的木材面呈现山状曲线木纹理（照片2-1-13）。因容易发生反翘等不易控制的状况，大多使用经过完善干燥处理的木材，施工时在背面贴上防止反翘变形的木板条。

有效裁木量比例

从原始材料中可生产成为木材制品的比例。依照圆柱桩的口径或缺陷（损伤、腐坏、弯曲等）程度，以使用目的区分成方木或木板，有效运用原始材料，以提高有效裁木量比例，尤其尽量不要浪费木材长边方向。

制材厂

依照工厂的规模、使用的原木、生产的品项、生产量而不同，有单一生产柱材的工厂或是接受特殊小口径木材制品订单的客制生产工厂等，种类多样。如今不仅有常规的木材生产工厂，利用人工干燥机的饰面加工（自动四面刨盘）、强度推测器（Grading Machine）来增加附加价值的生产工厂也开始增加（照片2-1-14）。各家制材工厂在生产品质与性能上各不相同，为确保材料的需求品质，有必要指定可信赖的制材厂。

制作尺寸

结构木材的剖面尺寸受原木影响很大，一般木材的基准宽幅是120 mm，或是105 mm。另外，木材的高度（木材剖面的高度）一般约达360 mm。以日本国产的结构材来说，若有原木则可能提供上述以外的尺寸，但若属干燥材的话则需要定制。需先预测制材因干燥过程收缩变形的程度，预留比完工尺寸大的余裕量，再进行制作生产（图2-1-27）。

规格尺寸、定制尺寸

一般市售流通的制作尺寸基准，称作规格尺寸，如柱子，规格尺寸为3 m、6 m，屋脊横木（桁条）或木地槛是4 m，梁或桁是4 m、5 m、6 m。但是日本东北地方的木材规格尺寸有3 m或3.65 m。杉木制的梁超过4 m，不是规格尺寸，一般来说价格依照尺寸比例增加。为了降低成本，讨论接头位置、种类的同时，如何有效使用规格尺寸木材，是制作木材的重点。

天然实木

直接以树木的原始状态来使用。

中型木材

依日本农林规格（JAS），原木直径在24 cm左右的称作中型木材。

结构材料

支承屋顶、楼地板重量或是结构荷载等的柱、梁等结构构件。

辅助构材

主要结构材以外的如和式拉门门槛（敷居）或门楣（鸭居），墙壁基材的横围板等木作施工上使用的木材。

饰面材料

和式建筑的柱间横材（长押）或是拉门门槛（敷居）或门楣（鸭居），以及柱子外露的和式建筑（真壁造）的柱子等，在可见位置所使用的木材，需经刨面处理，也称作外露饰面材。相对于一般的普通材（并材），装饰材意指木节少的木材，使用不会发生缝隙或裂痕的干燥木材。

集成材

将薄削面处理过的单元集成板（Laminar）相互以树脂胶粘剂接合并加压制成的木材（图2-1-28）。依照用途，分为结构用合成材以及辅助构材用合成材。对于金属构件工法或是门型框架工法来说，结构用合成材是不可或缺的材料。基本处理方式与天然实木相同，一般来说结构用合成材料的成本较同树种的天然原木高。

隐藏材

收纳在屋架内、墙中的间柱或横围板，隐藏在完成面内，看不到的材料。也称隐形材。

小断面木材

原本没有明确定义，近年来因预制木板条普及，逐渐成为搁栅或屋脊椽木等结构与基材兼用的小断面木材的代名词。与结构材相同，使用经过干燥处理，在室内完工面上不会发生龟裂、劣化现象的木材。

一般材、特殊材

有木节的木材制品，或是会在制材上出现木节的原木材料称作一般材。没有木节或木节非常少的木材制品，或是不会在制材上出现木节，或是只出现非常少木节的原木材料，称作特殊材。特殊材通常以木匠所需的完工尺寸为前提，预制成比完工尺寸大的木材，通常不再刨平，直接将未加工面当作制材完成品以热收缩膜包装，通常多预留尺寸5～10 mm。和式建筑中隐藏在墙壁中的层间柱使用一般材，外露在墙壁外的装饰柱使用特殊材。但现在将一般材用在装饰柱的案例逐渐增多。

图2-1-27 制作尺寸

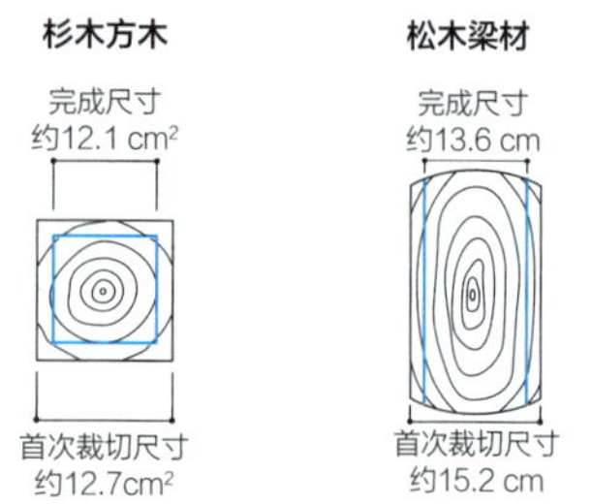

图2-1-28 集成材

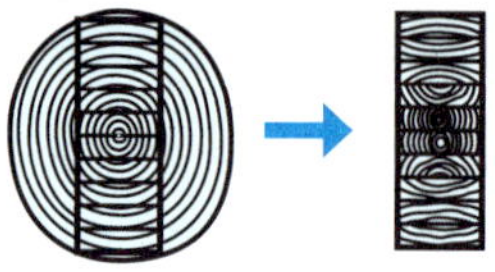

本图图示为单一树种制成的集成材，也有由不同树种组合制成的集成材

种类	质量、用途
结构用集成材	使用在结构体上的柱、梁、拱等，可做出剖面积大或弯曲的制材
装饰梁结构用集成材	表面铺上薄木片，在强度与耐水性上与结构用集成材相同，主要使用在柱、梁等的垂直或水平直线材
辅助构材用集成材	展现集成材层叠面的独特美感，可用在梁、楼梯扶手、柜台等
装饰梁辅助构材用集成材	室内辅助构材，和式建筑的柱间横材（长押）或是门槛（敷居）或门楣（鸭居）等

图2-1-29 JAS标示的举例

结构用制材

树种名称　杉木

JAS

登记认定机关名称

等级	★★
性能区分	K 3
药剂名称	CUAZ
结构材的种类	乙
尺寸	105 mm × 105 mm × 3 m
干燥处理	SD20
木材材面的美观	二方无节（木材材面中的两面外观没有木节）

制造厂商名称

××制材厂

图2-1-30 木节等级

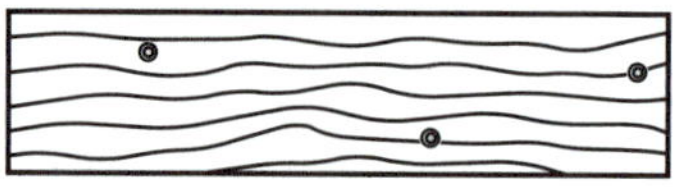

○小节
包括大面积材一面以上，木节直径20mm以下（活木节以外的木节是直径10mm以下），长度未达2m的木材是5个木节以内（木剖面长边210mm以上的木材是8个木节以内）

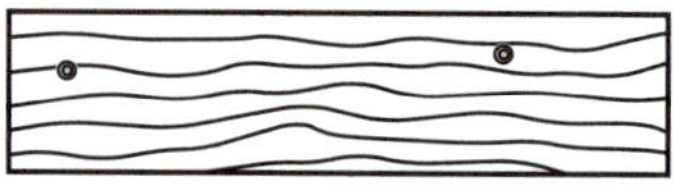

○小上节
包括大面积材一面以上，木节直径10mm以下（活木节以外的木节是直径5mm以下），长度未达2m的木材是4个木节以内（木剖面长边210mm以上的木材是6个木节以内）

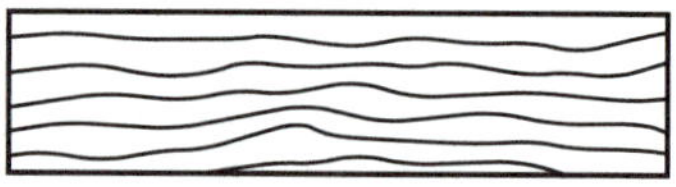

○无节
包括大面积材一面以上，没有木节的木材

图2-1-31 二次裁切

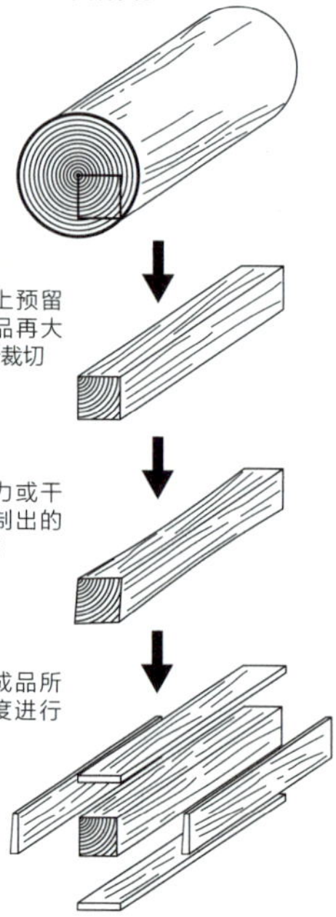

在原木桩体上预留比制材完成品再大的尺寸，进行裁切

因为内部应力或干燥现象，裁制出的木材发生变形

依照制材完成品所需尺寸，再度进行裁切

表2-1-2 针叶树结构用木材、基材用木材含水率及尺寸容许差值

①含水率

区分		标示	含水率
结构用木材	完成材	SD15	15%以下
		SD20	20%以下
	未完成材	D15	15%以下
		D20	20%以下
		D25	25%以下
基材用木材	完成材	SD15	15%以下
		SD20	20%以下
	未完成材	D15	15%以下
		D20	20%以下

②尺寸误差容许

区分		标示	尺寸容许差值（mm）
结构用木材	完成材	未满75 mm	+1.0 —0
		75 mm以上	+1.5 —0
	未完成材	未满75 mm	+1.0 —0
		75 mm以上	+1.5 —0
基材用木材	完成材	未满75 mm	+1.0 —0
		75 mm以上	+1.5 —0
	未完成材	未满75 mm	+2.0 —0
		75 mm以上	+3.0 —0

注：JAS规格的定义，结构用制材经过干燥处理之后，将木材表面加工调整至完成尺寸的制材称作“完成材”。尚未将材面修正调整至完成尺寸的制材称作“未完成材”。

等级

特殊材在外观上的等级区分。JAS规格中，是以木材上的木节、腐朽、割痕程度为判断基准（图2-1-29）。依据木节出现在角材四面上的程度，分成小节（1～4面）、上小节（1～4面）及无节（1～4面）（图2-1-30）。木节很少，或是出现木节的面较少的木材价格也较高。例如“二无一上小”代表两面无木节，一面有小节。

长方形剖面材及正方形剖面材，是依据四面、三面、两面、一面可作为完工面的面数，作为等级判定的标准。木节的评定基准会依木材制造厂而各有些许不同。除了木节，也会依照原木桩的品质以及割痕、变色等程度来评定。目前JAS的等级规格标示已变更为“级”，但现在一般仍使用“等”来区分一等、特一等以及特等三种等级。

上小节

依JAS规格中的针叶树制材品质评定标准，介于无节与小节之间的等级。板材的木节直径在20 mm以下。

二次裁切

木材因为干燥而发生收缩，或内部释放应力而造成的尺寸不稳定，为了制作出固定尺寸的木材制品，需事先预测收缩程度并预留较多尺寸进行首次裁切，在变形现象停止之后，再度裁切至所需的尺寸（图2-1-31），也称作八面裁切。首次裁切之后的尺寸称作首次裁切尺寸，完工之后的尺寸称作完工尺寸。从裁木量比例看，虽不是最有效的裁切方式，但对提升制品品质来说是很重要的工作。

无干燥处理木材

尚未经过天然或人工干燥处理的未干燥木材，也称绿材。比干燥木材容易发生尺寸不稳定或是裂痕的状况，也是梁发生挠曲、墙面出现龟裂等现象的主要原因。将木材搬入施工现场以及搭建之后，需要留一段干燥期并适度调整误差。若把生材当结构材用，是不合常规的。木材依采伐期树种、芯材或是边材有不同的含水率，无干燥处理木材通常是指所有含水率在25%以上的木材材料（JAS规格）。绿材原本是北美木材的说法，是指含水率19%以上的木材，如今日本国产材也用相同的名称方式。若使用生材，容易因为后来的干燥作用发生收缩、弯曲、反翘、割痕等现象，虽因价格便宜而广为流通，但近年因品质方面的考虑，使用频率开始降低。

干燥材

含水率降低到规定数值的木材（表2-1-2）。一般来说，结构材和辅助构材的含水率介于15%～20%之间，数值越低代表含水量越少。含水率不只对结构材有影响，对基材等也有影响，为了避免完工面出现割痕，应尽量都使用经过干燥处理的木材。

自然干燥

为了提高木材尺寸的稳定性，不使用机器，而是利用室内或室外等自然气候条件逐渐干燥的方式。经过天然干燥过程的木材称作“AD材”。虽然与人工干燥相比不需要考虑材质变化，但天然干燥时间以及干燥情形极大地受限于气象条件。无论经过多长的时间，天然干燥材的含水率仅能降到与气候相符的平衡含水率。然市面上达到平衡含水率的天然干燥材较为少见，且干燥程度参差不齐。天然干燥的方式，有砍伐后以原木桩带叶状态直接在树林放置干燥的方式，以及在制材之后以堆积状态放置干燥的方式。

原木圆桩带叶状态的放置干燥方式

天然干燥方式的一种。山中砍伐后的木材，以保留树枝树叶的状态放置，木材水分借由叶面散发，进行天然干燥。不像人工干燥方式需要用到燃料、电力，不会造成环境的负担，也不会造成木材负担，是可以保持木材色泽的干燥方式。因为无法像人工干燥方式一样有效降低含水率，处理费时费力。因此将此种干燥方式视为初步干燥为宜。

人工干燥

以人工方式调节温度、湿度、风速，来降低木材含水率的干燥方式，经过人工干燥处理的木材称作“KD材”。若干燥方式运用得当，可依木材制品的材质或用途进行合适的干燥处理，并且也可能在较短时间达到比平衡含水率更低的干燥程度。有以蒸汽处理的蒸汽式干燥方式（照片2-1-15），有以提高室内温度以缩短干燥时间的高温干燥方式，有以降低室内湿度来进行干燥的除湿干燥方式（图2-1-32），有以降低室内气压来促进干燥的低压（真空）干燥方式，还有以利用太阳热能装置的太阳光热干燥方式。一般来说无所谓哪一种干燥方式更好，但若导致木材产生极大的材质变化，就失去了使用该树种的意义，因此建议谨慎选择合适的干燥方式。

堆栈干燥

木材制成之后以堆栈放置方式进行天然干燥的方式（照片2-1-16）。

照片2-1-15 蒸汽加热式木材干燥装置

照片2-1-16 杉板材的堆叠放置干燥方式

图2-1-32 人工干燥

除湿式干燥法的机制

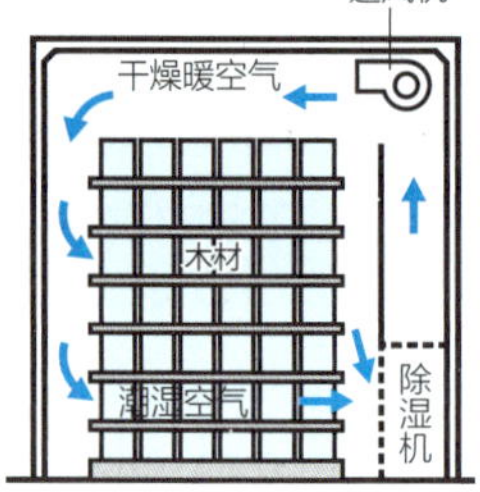

照片2-1-17 砍伐后原木桩带叶状态放置干燥

天然干燥材（Air Dried）

经过天然干燥处理的木材。

带叶原木圆桩材

砍伐后的原木桩，以保留树枝树叶的状态放置数个月，木材枝干的水分借由叶面蒸散，含水率得以降低的木材（照片2-1-17）。是日本自古以来的原木干燥方式，虽然木材的肌理色泽好，但只经过这样的干燥处理仍无法算是干燥木材，因此木材裁切之后仍需要一段干燥的过程。

人工干燥材（Kiln Dried）

以人工干燥处理方式，依结构材、辅助构材等不同使用部位，而有不同的含水率比例设定。如“KD20”是指含水率设定20%，经人工干燥处理的木材。

木料表面均匀割痕加工（Incising）

在木材表面注入防腐防虫药剂之前，事先用刀刃在木材表面刻出人造纤维痕纹的加工方式。对耐久性差需要注入药剂的树种，此为提高药剂吸收量及渗透率的有效方法。

含水率、含水率检测计

木材含水率是木材含水重量占木材完全干燥时重量的比率（图2-1-33）。即使含水率相同，若木材的密度不同，所含水分也会不同。木材含水率降低至25%、35%左右时会开始产生各种物理变化，因此含水率是非常重要的性能判断指标。施工现场使用手持式高频含水率检测仪确认木材含水率，即取得正确的数值，所得的含水率数值也只是木材表面10 ~ 20 mm深的含水率估计值，木材内部与表面的含水率可能存在极大差异，因此含水率不应局限于测定数值，也要根据其重量及制作过程综合判定。若为结构材，建议含水量至少应在25%以下（表2-1-3）。

平衡含水率

在一定的湿度和温度条件下，木材中的水分与空气中的水分不再进行交换而达到稳定状态时的含水率。

平衡含水率会因木材使用地点或是否有冷暖气机而大不同，日本的室外平均值15%，室内则稍低（图2-1-34）。对于结构材来说，理想的含水率为15% ~ 20%。不仅是结构材，还有其他一般部位的木材，使用比平衡含水率低1% ~ 2%并经过干燥处理的木材较理想，尺寸稳定性较好（图2-1-35）。

干燥裂痕

木材因干燥处理所产生的裂痕。干燥处理时，若木材表面与内部同时进行，整体收缩不会产生裂痕；但截面面积大的结构材受到干燥处理时，因木材表面与内部的含水率与干燥过程不同，含水量比例存有差异（含水率的差别），干燥作用产生各种应力，而使表面出现裂痕。依据木材裂痕的出现位置、深度、长度、受力方式，会造成木材强度上的变化。但例如柱子是利用与纤维方向一致的作用力，较浅短的干燥裂痕几乎不会对木材强度产生影响。

工程木材（Engineered Wood）

简写为EW，为强度受到认证的结构材。具体而言，是限定了最低杨氏模量或容许应力的结构木材。“工程木材”与“集成木材”或“木质材料”并非同义词，如结构用的木材虽为EW材，辅助构材集成材却不是EW工程木材，天然实木若能确保每一根的强度，则可纳入工程木材的范畴。JAS规格的机械等级区分材可算是工程木材，但JAS规格的目测等级区分材则不算是工程木材。

图2-1-33 木材含水率计算方式

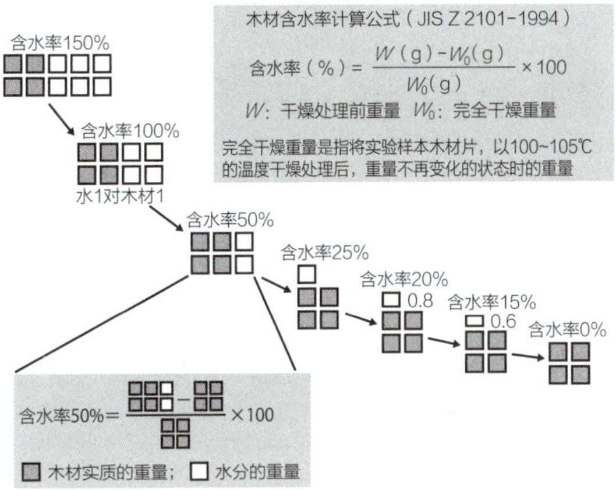

表2-1-3 各种建筑规格书认可的木材含水率

规格书	材料名称	含水率规格	
日本建筑学会 建筑工程标准规格书 （2005） （JAS S 11 木工事）	结构材 辅助构材 修饰面材	20%以下 15%以下 13%以下	
日本国土交通省大臣官房 官厅营缮部 公共建筑工程标准规格书 （2007）	 结构材 基材 辅助构材	A种 20%以下 15%以下 15%以下	B种 25%以下 20%以下 18%以下
住宅金融支援机构 木造住宅工程规格书 （2007）	结构材	依JAS规格，针叶树的结构用制材含水率分为15%以下、20%以下、25%以下三个类别	
住宅金融支援机构 框组壁工法住宅工程规格书（2007）	结构材 斜撑材等	结构材使用含水率19%以下的干燥材，或是含水率25%以下的未干燥材。结构材以外的构材也需要使用充分干燥处理过的制材	
日本建筑学会 木质构造设计标准 （2006）	结构材	若为施工后要直接支承很大荷载力的构材，推荐使用含水率20%以下的制材	

图2-1-34 各种建筑规格书认可的木材含水率

本图参考“自动气象材料收集数据”（Expanded AMEDAS Weather Data）中的平衡含水率制成

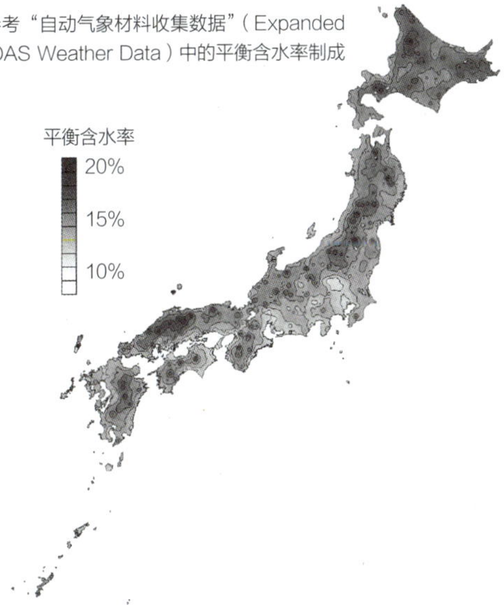

图2-1-35 干燥状态

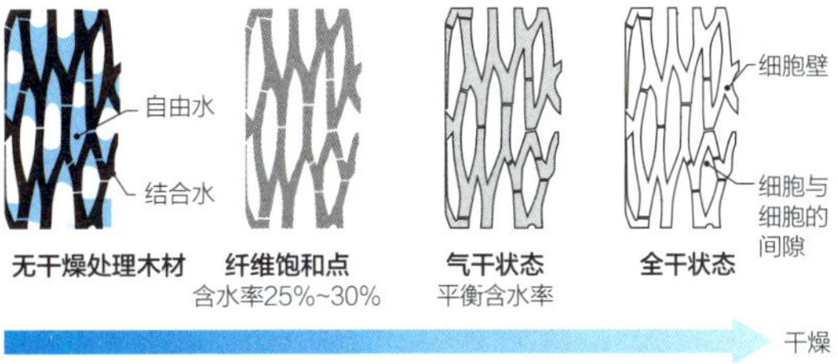

无等级木材

结构材料的强度是由JAS规格所制定的结构材料强度等级区分法（包括目测等级区分、机械等级区分）来划分等级，部分结构材没有被区分等级，称为无等级材。虽无等级材在结构设计上可提供容许应力，但因强度并未充分受到审核，作为结构材使用是较冒险的做法。

杨氏模量

因材料而异，用来表示抗拒变形能力的系数。数字越大表示越不容易变形，统计上发现弯曲强度与杨氏模量有相当高的关联性。一般常使用于依照弯曲程度来判定弯曲杨氏模量。在木材制作工厂，以木材强度测定器对木材一根一根地进行非破坏性弯曲杨氏模量测试的情形也逐渐增多。

另外，结构用木材，有用JAS规格的机械等级区分法，也有依杨氏模量来详细测定基准强度的方式，对结构计算中主要的梁桁等横向结构材，是很重要的数值依据。

质量认证

AQ认证（Approval Quality）是日本住宅木材技术中心制定的JAS认证以外的木材认证制度（图2-1-36），可说是让JAS认证更完整的补充认证制度，用来判定“高耐久性机械预制构材”“干燥处理机械预裁构材”“保存处理材”“防腐防蚁处理结构用集成材”（表2-1-4）。

图2-1-36 认证标识

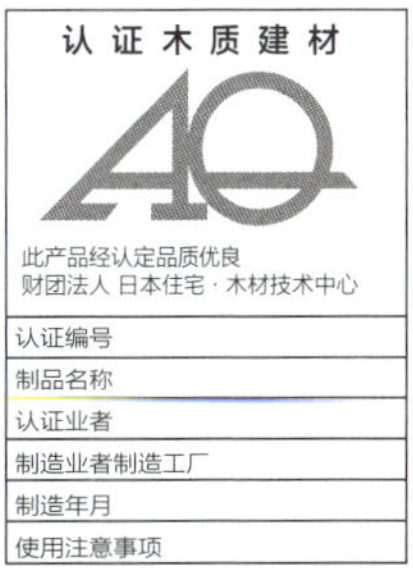

表2-1-4 认证项目的性能区分

认证项目	性能区分	JAS保存处理性能区分
保存处理	1种	K4相当
	2种	K3相当
	3种	K2相当
高耐久性机械预裁构材	2种	K3相当
	3种	K2相当
防腐防蚁处理结构用集成材	2种	K3相当
	3种	K2相当
防腐防蚁处理的结构用合成板（加压注入、单板处理）	2种	K3相当
	3种	K2相当
防腐防蚁处理结构用单板积层材（加压注入、单板处理）	2种	K3相当
	3种	K2相当

四面自动刨盘饰面加工

干燥木材表面的最终修饰加工，是量产工厂常使用的表面修饰加工方法。以四面自动刨盘加工到所需的完工尺寸，在进口木材中称作S4S（Surfaced Four Side）。无须木匠加工或是预制工厂的再加工，大部分的干燥木材都经过四面自动刨盘饰面加工处理。表面未经修饰处理的干燥木材，称为粗糙木材。另外，JAS制品中含水率20%以下有干燥及表面修饰处理的木材标示为SD20，有干燥处理没有表面修饰处理的木材标示为D20。

预先裁切

木造住宅的结构材或辅助构材等，在工厂中以机械加工、制造的生产系统（照片2-1-18）。一般是以CAD、CAM来控制的自动化系统。优点为速度快及准确性好，有利于缩短施工周期、提升尺寸精准度，或解决木工匠人手不足的问题。在日本，尤其是对于找寻木工匠人不易的东京首都圈地区来说，预先裁切木材的使用普及率高达八成。为求尺寸精准，预先裁切应选用优良的干燥材，否则加工的木材会发生变形，导致施工无法顺利进行。应用预先裁切的，对于机器无法加工的木材细部及表面修饰。很多制材厂以木工匠人的技术予以弥补和完善。

复合板

集合不同材料组合而成的高强度的板材。 内置钢材强度会更高。

白蚁

对木材等危害性极大的一种害虫。为了防御喜欢潮湿木材的白蚁，木材一般要保持距离地面有一定的高度并使用防蚁材料。白蚁会危害干燥的木材，因白蚁善于飞行，也会危害屋顶。预防的方法是通风或选择防蚁性能较好的木材（图2-1-37、图2-1-38）。

防蚁材料

用针对白蚁的药剂加工后的建筑材料，能够从物理层面上防止虫害入侵。

照片2-1-18 加工结构梁柱木材使用的机具

图2-1-37 白蚁和蚂蚁的区别

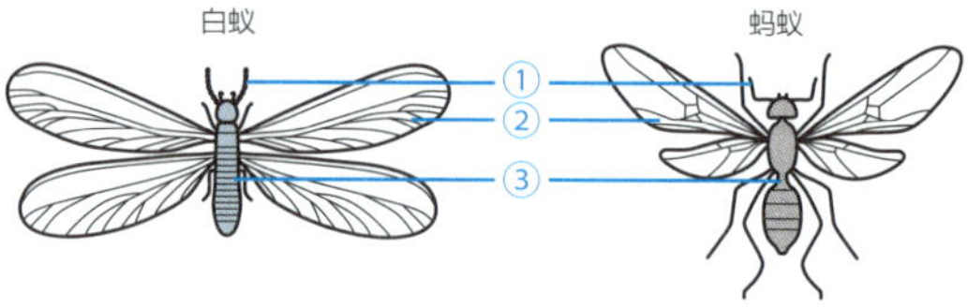

①触角 蚂蚁的触角呈曲折状，而白蚁的触角像珍珠项链一样呈念珠状。

②翅膀 蚂蚁的翅膀，前翅比后翅大，而白蚁的四个翅膀的大小和形状几乎相同。

③腰 蚂蚁的腰部很细，而白蚁身体上下一样粗细。

防蚁处理木材

用防蚁药剂加压处理过的木材。也有像丝柏等本身就具有防蚁和防腐性能的树种。

白蚁驱除剂

用于驱除白蚁的药剂。改善配方后，仍然对人体具有一定的危害，应妥善使用。

防蚁用隔热材料

掺入对去除白蚁有效的药剂后成形的板状隔热材料，有烟碱类和硼酸类等。用于基础的外隔热，预防来自地面的白蚁的侵入。

喷洒工法

将白蚁驱除剂喷洒在地基的内外，直接渗透到木材或土壤里的工法。

发泡施工法

将白蚁驱除剂混合到发泡材料里，喷雾填充在地板下基础层内的工法。泡沫在几个小时后消失，药剂渗透到与之接触的地板下面的土壤或木材内。

卷材工法

将混合了防蚁药剂的卷材铺在地板的下面，用物理的方法防止白蚁入侵的工法。同时起到防潮作用。

毒饵法

把被称作药台的容器每隔2～3 m埋起来，将浸满药剂的白蚁喜欢的诱饵放到容器里，让白蚁食用从而消灭白蚁的一种方法。白蚁食用后会唤来同伴，将带毒的食物带给蚁后和兵蚁，从而消灭全巢。因为药剂使用了阻止幼虫蜕皮的成分，所以对人体或栽培的植物没有影响。但初期投放、定期监控和每年换饵都需要花费一定的费用。

蚁道

白蚁不喜干燥和光，为了在土壤和木地槛等木材之间移动，利用土或粪便而造的隧道。

防腐剂

延迟木材腐朽的药剂。有油性（表面处理）和水性（加压注入）之分。油性是油状防腐剂（木馏油），水性是水溶性防腐剂。

防腐木材

加压注入防腐剂的木材。大多数使用了兼具防蚁效果的药物，因此作为防腐防蚁木材在市面上销售。

腐蚀木材细菌

主要指被腐蚀木材中能将难分解的成分分解的细菌。当温度、湿度、氧气和提供营养的木材都具备条件后开始活跃。浴室、厨房等经常用水或漏水的地方容易繁殖。相同条件下白蚁侵蚀木材的情况也会出现，需加以注意。

木材腐朽检测仪

检查木材腐朽程度的机器的名称。将作为实验器材的针状部分钉入木材，通过钉入的量来测定腐朽的程度。住宅中也有用螺丝刀插进去进行检测的简易方法。

部位

基础垫片

为了让楼板下方透气，混凝土基础与木地槛之间嵌夹厚约20 mm的金属预制构件（图2-1-38、图2-1-39、照片2-1-19）。也有以水泥砂浆、砾石等材料作垫片的方式。过去为了让楼板下方通风，在基础混凝土上开孔作为“楼板下通风口”，由于开孔使墙体周围有裂痕，因此近年来更常用基础垫片来通风。

地板支架

楼地板下方用来支撑搁栅托梁的短构件（图2-1-40），由地基上的础石承载。地板支架之间，使用底座固定横向构件来稳固。地板支架使用的树种有桧木、铁杉、日本柳杉等构材，断面尺寸为边长85 mm或90 mm的正方形，长度以40 mm的最为合适，但因耐久性、防蚁性不佳，现在以塑胶制支架、钢制支架为主流，不仅能调整长度，也可以修正施工后因木材收缩而发生的楼板声响及楼板不齐的情形。地板支架与搁栅托梁的接合处，用钉子斜钉，并再加打扒钉固定。在地板支架之间安装底座固定横向构件，用来防止倾倒，固定构件设置的间隔以910 mm为标准值。

钢制支架

钢制的地板支架（照片2-1-20）。虽价格比塑胶支架稍高但强度佳。

架空地板

以地板支架支撑起的楼板。

础石

设置在支架底部的石头或混凝土。

搁栅托梁

支撑一楼楼板搁栅的水平构材，在上方搭架搁栅。使用木材的断面尺寸为90 mm左右正方形，设置间隔标准910 mm，设置方向与地板搁栅呈直角。

搁栅垫木

搁栅托梁无法放置于木地槛上时使用的构件，依附柱子的横木。

木地槛

设置在基础混凝土上木构架结构最底部的水平构材。利用从基础向上伸出的锚定螺栓，与基础紧密连接（照片2-1-21）。断面尺寸与层间柱相同，或是比层间柱大一号。与基础紧密结合时，有的时候会在中间加入垫片。因为是最接近地面的结构材，需要选择像桧木等防腐、防蚁性能高的木材。木地槛的木材种类、尺寸需考虑从柱子轴力往下传递的承重力（图2-1-41）。

图2-1-38 基础垫片

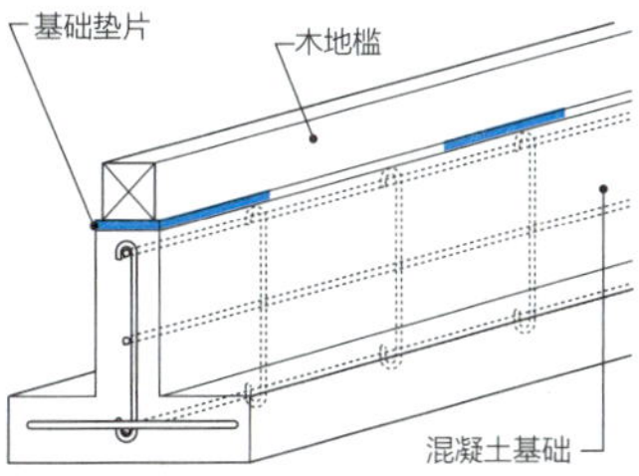

照片2-1-19 施工完成的基础垫片

图2-1-39 地板下通风口

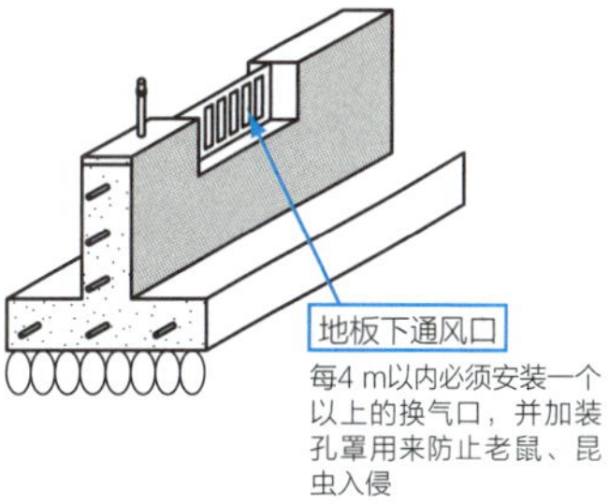

图2-1-40 高架地板

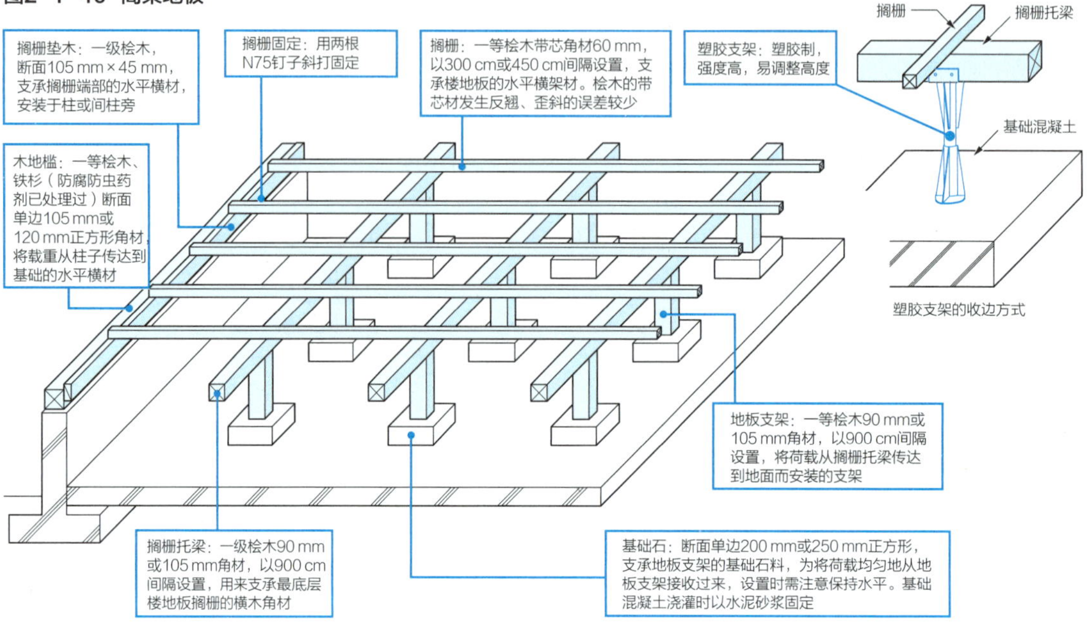

照片2-1-20 钢制地板支架

照片2-1-21 木地槛施工景象

图2-1-41 柱与木地槛之间的搭接接头

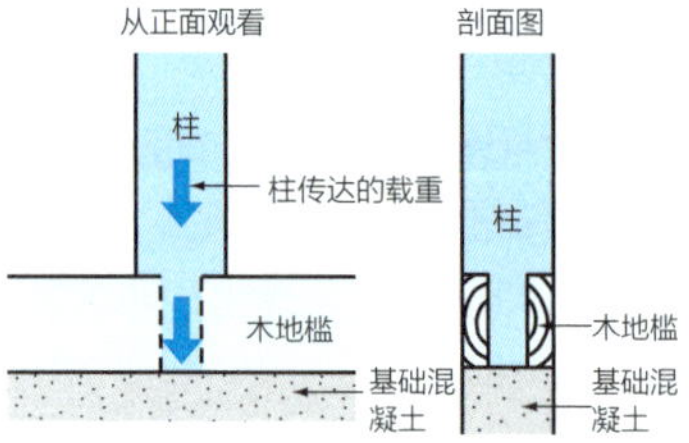

搭接榫穴若贯通至基础混凝土，容易将柱子的载重传达到基础，也防止木地槛受到压缩

木地槛水平角撑

在木地槛的角落部位以45°角置入的水平构件，用来防止木地槛在水平方向的变形。使用木材的截面尺寸为45 mm×90 mm左右。

边框木地槛

建筑外四周设置的木地槛，选用耐候性强的树种。

隔断木地槛

与外部木地槛相对，室内一侧设置的木地槛。

搁栅

铺设在地板下方的基材，在搁栅托梁或搁栅垫木的上方，以与之垂直的方向排列设置。大多使用截面尺寸36 mm×45 mm、45 mm×45 mm左右的美杉、美松。在西式住宅中，设置间隔以303 mm为标准，若为置放重如钢琴等物的部位，设置间隔较窄。在日式住宅中，设置间隔为455 mm。也有在地板搁栅之间，配置地暖系统等设备管线、保温隔热材料的情况。接头部位是在构件上以N90钉平打，与搁栅托梁的接合则以N75钉2根斜打。二楼、三楼的地板施工时，直接在梁上铺设厚度24 mm、28 mm的结构用胶合板等，可省去地板搁栅的工法称作无搁栅型地板工法，此种工法逐渐推广。一楼的地板搁栅，安装在木地槛上，二楼的地板搁栅，安装在一楼墙板上，用来支承二楼楼板重量。为了与边框搁栅、侧边搁栅作区分，可称作地板搁栅，总称搁栅地板系统。使用木材尺寸以204材、206材、210材、212材为主。

侧边搁栅

靠近墙端缘设置的第一根搁栅，一楼设置在木地槛的侧面，二楼设置在圈梁的侧面或并行设置。也有先设置墙板或承重墙面板，再设置楼板基材的施工方式。

搁栅垫木

与搁栅托梁平行设置，用来支承搁栅端部的构材。主要设置在靠近墙的位置。使用的木材截面尺寸约30 mm×105 mm。

底座固定横向构件

安装在地板支架之间的横向构件，用来防止地板支架倾倒、摇晃，使用木材的截面尺寸约15 mm×90 mm。

二楼地板搁栅

铺设二楼地板所使用的构件，在搁栅托梁上以与之垂直的方向设置。使用木材的截面大多约45 mm×105 mm，间隔以303 mm为准。

搁栅空铺工法

直接在搁栅托梁上方叠放搁栅，加以钉作固定的楼板铺设工法（图2-1-42）。除此之外是在搁栅托梁侧面刻出凹槽，让搁栅搭接于上的楼板铺设工法（图2-1-43）。

搁栅空铺工法，无须在搁栅托梁上刻出搭接凹槽，虽较省力，但结构性能较弱，此种施工方式如今比较少见。预制构件逐渐成为主流，带有搭接凹槽的搁栅托梁已开始规格标准化量产。

防倒板

搁栅空铺工法中，为了不让搁栅倾倒，在搁栅之间置入的横板材。除了可以补强楼板、墙壁、屋顶的框架结构性能，设置在隔间墙接合部位上方的防倒板也称作挡火板（Fire Stop）。

搁栅接合五金配件

在木构架结构工法中，搁栅无法架设在墙板时所使用的五金接合组件，依照接合部位的截面形状分有不同种类。

跃层柱

贯通一楼到二楼的单支立柱（图2-1-44）。跃层柱通常使用比层间柱截面面积大的木材，竖立在基础上，与梁、桁接合，支撑屋顶。跃层柱的合适树种为桧木、日本柳杉、铁杉、美国松、赤松等。层间柱的截面尺寸若为105 mm正方形，跃层柱则使用截面尺寸为120 mm正方形的木材。在平面图上跃层柱的位置会以圆圈标示出来。

层间柱

与跃层柱不同，受到桁等横向构材分隔，设置在各楼层的柱子。一楼的层间柱承受二楼楼地板荷载（包括活荷载），二楼楼地板承受二楼柱子传递来的屋顶、支承屋顶结构物以及梁、桁、圈梁的荷载。二楼的跃层柱具有将屋顶荷载传达到下层的功用。木构架梁柱工法使用断面105 mm正方形或是120 mm正方形，长度3000 mm的桧木、杉木、铁杉、桧木集成材等制材。壁面框架工法主要使用204材，用来支承楼板及屋顶荷载，另也有使用206材的情形。另外，承重的结构部位所使用的木材，是在现场将204材与206材合并制作出来的。

圈梁

在二楼楼板位置外墙周围设置的构材，与一楼和二楼的柱子紧密结合，具有支承梁的作用。圈梁使用的木材断面尺寸与层间柱相同，或是稍大，高度需考量下方柱间间隔或二楼楼板、柱的动静荷载，再以结构计算来决定。主要使用树种为杉木、铁杉、松木、美国松，木材截面为105 mm正方形或是120 mm正方形，长度为4000 mm。

角撑

在柱子和横梁之间安装水平角撑从而辅助墙壁刚性的构造材料。

梁、地梁

支承地板荷载、地板搁栅的构材。以两个以上的支承点，用来承受荷载的横向水平或倾斜构材的总称。依照使用部位或形状的不同，有大梁、小梁、檐梁等。在木构架梁柱工法中，大多使用松木、集成材，断面尺寸为105 mm×210 mm、105 mm× 240 mm、105 mm×300 mm、105 mm ×360 mm，或宽度115 mm、120 mm等各种木材。在壁面框架工法中，将2～3块208、210、212的材料合并制作成木构件来使用，大多以集成材为主。此构件与搁栅作为地板结构体系。梁与梁的配置间隔距离设定为1820 mm以下，再于上方设置搁栅，构成二楼的楼板。

梁截面取决于依照楼板所承受的活荷载与配置状况，以及是否有二楼柱子，以结构计算决定尺寸。

屋架梁

屋架系统下方的梁，用来支承屋架荷载的构材。大多使用抗变形能力较高的松木，也有将自然弯曲的实木直接当作屋架梁使用的太鼓梁（实木梁）。

水平角撑

在二楼圈梁或是檐桁条高度的角落，以45°角设置水平构材（照片2-1-22），用来防止地震或风压力造成建筑物水平方向变形，水平角撑是用来防止二楼楼板系统或屋架系统的水平构件变形而设置的斜向构件。使用木材树种为杉木、铁杉，尺寸30 mm×90 mm以上，与柱子尺寸相同或是使用1/2的板材。也有使用钢制水平角撑的情形（照片2-1-23）。若可以确保地板的刚性倍率※，水平角撑则可以省略。

系梁

为建筑侧面架设面向外部的梁。

斜梁

顺着屋顶倾斜角度，斜向架设的梁。

图2-1-42 搁栅空铺工法

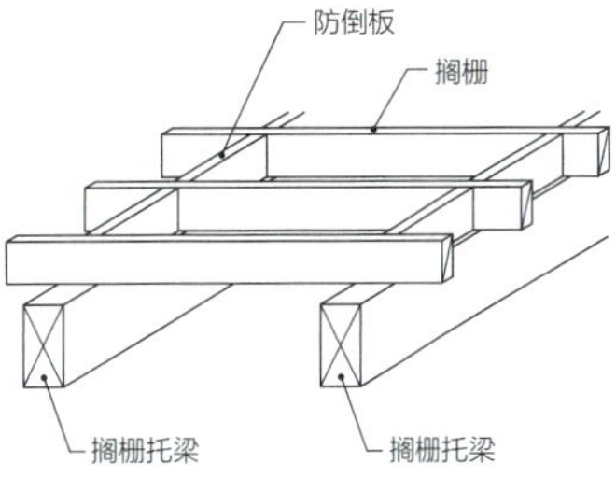

图2-1-43 搁栅托梁凹槽搭接工法

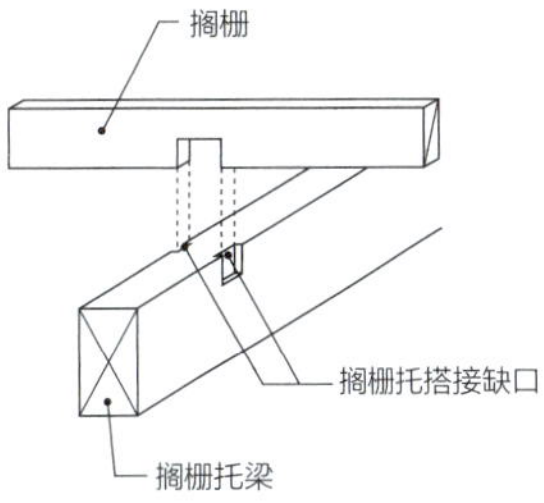

搁栅托梁凹槽搭接工法无需使用防倒板

图2-1-44 跃层柱

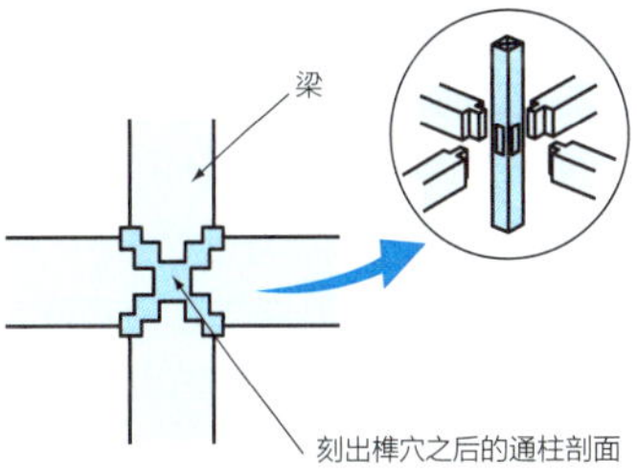

※：与壁倍率相同，用来表示楼板水平刚性的系数，另外还规定性能评价基准，用来确保水平结构面的承载力。

梁高

梁的上缘至下缘的高度。

和式门楣结构材

在和式拉门门框上缘部位安插的横向构材，具有结构作用，通常需与和式拉门门框上缘做出区别。

板连接构件

将板与板连接的构件。

屋脊横梁

在木构架梁柱工法中，用来支撑屋脊椽木、屋顶铺基材的截面90 mm×90 mm木构件，杉木或铁杉制，以910 mm间距设置。壁面框架工法中，为了不让屋顶荷载（积雪、屋顶铺基材、椽木）造成屋顶椽木变形而设置的结构，依照屋脊椽木、屋顶铺基材的不同，使用集成材或208材、210材、212材，依据现场情况进行加工。

桁、檐桁

横跨二楼柱或最上层柱的结构，并与梁垂直相交，功能是将屋架梁或屋脊椽木等的屋顶荷载传递到柱子。在现场需确认屋脊椽木是否有缺陷或是倾斜度是否正确等。为了不让屋脊椽木与桁条被风吹起，会用扭曲型连接五金配件（图2-1-45）固定。在木构架梁柱工法中，桁被用来命名与二楼柱上方及屋脊椽木相接的横向构件，与圈梁使用相同树种木材。在壁面框架工法中则无此构件。

加强柱

若设置角撑的情况，为了避免主柱因荷载发生纵向弯曲，需要在角撑的反对侧安装加强柱。

斜撑

为防止地震或风压的水平力造成梁柱变形，以对角线方向在柱与柱之间置入的构件，在建筑中的位置或方向、数量等，由结构计算结果决定。木材的截面尺寸因为设置位置而改变，大多用宽45 mm，长90 ~ 105 mm的木材（图2-1-46）。斜撑的端部，斜撑金属固定配件和柱底固定金属座之间容易互相干扰，需留意接头的高度或斜撑金属固定配件的种类。依照所承受的力，分为受压斜撑与受拉斜撑（图2-1-47）。

水平墙筋

柱子外露的和式空间中，嵌插于柱中心的板状构材，为墙基材的一部分。在传统工法的建筑中，有些会使用粗的贯穿式水平墙筋使其成为结构体的一部分。

中间柱

在柱和柱之间设置，属于支撑墙壁的构件。原本对中间柱自身的结构承载力并无要求，如今逐渐作为承重墙等结构构件使用，开始指定中间柱的柱距以及钉子的尺寸，在结构上更加重要。在墙壁内安装中间柱的情况，其宽度需与层间柱等同，厚度大约为30mm。中间柱设置外露于墙壁的情况，需使用截面为45 mm×45 mm的方木，标准柱距为455 mm。

照片2-1-22 水平角撑

照片2-1-23 金属水平角撑

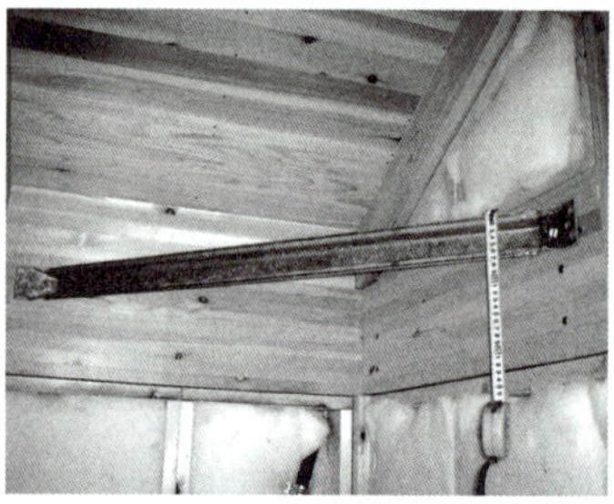

图2-1-45 屋脊椽木与桁条的接合

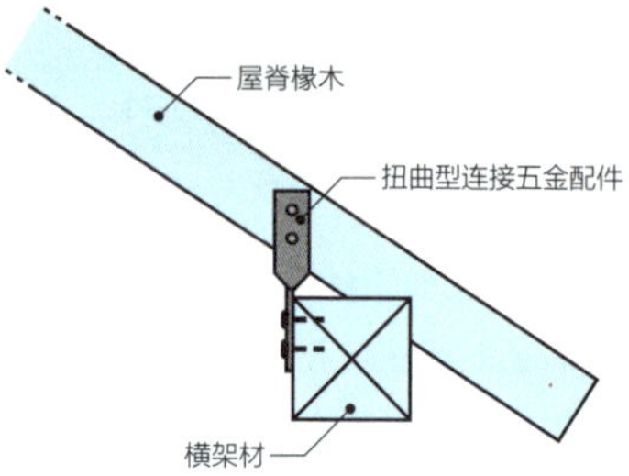

图2-1-46 斜撑的种类与接合方式

壁倍率	木材的断面	接合方法
1	厚度15 mm以上、宽幅90 mm以上	钉N65（10根）
1.5	厚度30 mm以上、宽幅90 mm以上	斜撑固定金属板BP 粗圆铁钉ZN65（10根） 螺栓M12（1根） M12（1本）
2	厚度45 mm以上、宽幅90 mm以上	斜撑固定金属板BP2 螺纹钉ZS50（17根） 螺栓M12（1根）
3	厚度90 mm以上、宽幅90 mm以上	螺栓M12（1根）

图2-1-47 受压斜撑与受拉斜撑

虽然是相同的一根斜撑，会因结构上抗力行为不同，区分为“受压斜撑”与“受拉斜撑”

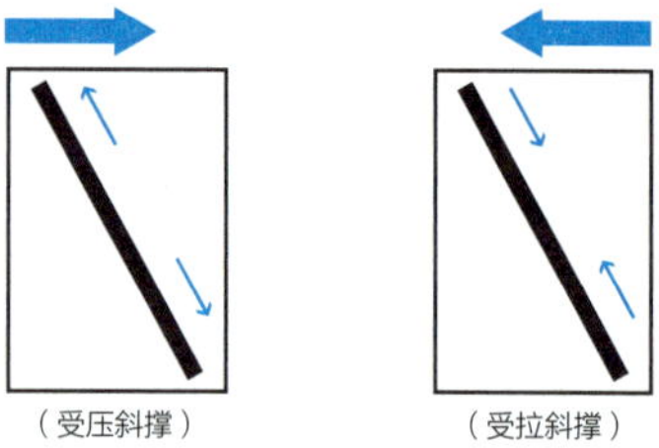

斜撑的抵抗形式会依照水平力的方向而有不同

围板

用来安装墙的基材，依照墙构材的铺设方向，分为纵向围板及横向围板。

窗台

安装在外部窗等开口部位的下方横向构材。

楣梁过梁

在木构架梁柱工法中，横跨于窗或开口部位的柱间，并支承墙重的结构材，在壁面框架工法中，用来支承开口部位上方荷载的结构材。若需安装布窗帘或窗板，要事先置入所需的基材。楣梁的材料有集成材及现场加工材，并依照开口部位的大小来讨论材料的宽度与高度。

挡板

立在横向相连的窗户衔接处的挡板。或者是室内门闭合处的挡板。

屋脊椽木

从屋脊主梁木（脊梁）跨越至屋脊横木（桁条）、檐梁的构件，用来支承屋顶基材或屋顶材。使用木材的截面尺寸，依据屋脊横木的间隔距离，或是出檐长度来决定，一般间距为455 mm。如今屋脊横木间距变宽，使用2×6（38 mm×140 mm）、2×8（38 mm×184mm）等二乘工法材使用量开始增大。

屋脊横木（桁条）

支承屋脊椽木的构件，设置方向与椽木垂直相交。大多使用截面尺寸约90 mm的方木，标准设置间距为910 mm。

屋脊横木支架

支撑屋脊横木（桁条）的构件，尺寸与桁条相同。

屋架支架

竖立在屋脊主梁木或屋脊横木（桁条）下方的垂直构件，截面尺寸多与屋脊主梁木或屋脊横木相同。

屋脊主梁木（脊梁）

使用在木构架梁柱工法中最上端的构件（照片2-1-24）。安装屋脊主梁木的时间点称作上栋或上梁，代表架构搭建工程的完工。结构上具有将屋顶荷载传递至斜屋顶支架或梁的功用。若斜屋顶跨距较大，屋脊主梁木的材料宽度也会较大。屋脊主梁木大多使用截面尺寸90 mm见方或105 mm见方的方木。

垂脊

用于庑殿屋顶，意指与屋顶倾斜度相同，和檐桁、屋脊横木（桁条）呈45°安装的构件。

屋檐收边材

安装在屋檐前端的板状构件。

屋顶底板

为了在屋脊椽木上铺设屋面材料所铺设的底板（照片2-1-25）。大多使用厚度约12 mm的杉板材或是胶合板。若打钉的间距符合基准，不仅可以确保构成面的水平度，也可以省略水平角撑的施工。

屋顶斜角撑

为防止屋架歪斜倾倒，在屋架结构的桁方向，倾斜地配置与屋架结构紧密连接的构件，与斜撑相同，可有效抵抗横向作用力。依据屋顶形状设置，假如屋顶倾斜度变大，变形量也会变大，就会在两个方向都设置斜撑，也称“屋架斜角撑”。

照片2-1-24 屋脊主梁木（脊梁）

照片2-1-25 屋顶基材（结构用合板）

二乘工法材、集成材

2×4工法

木材架构工法。该名称源于主要材料截面尺寸为2英寸×4英寸※（加工后为38 mm ×89 mm）。主要有6种（2×4、2×6、2×8、2×10、2×12、4×4），此外还有厚度为1英寸（加工后为25.4mm）的材料。

构架

2×4工法中，将2×4材和胶合板组合制成地板、墙板和屋顶板三种，将这些板材从地基向上作为结构体依次组装，将此总称为构架。

有效开口

安装在建筑物上的窗户或门等实际开启部分的宽和高等尺寸。

门窗洞口

指略大于窗框或门框的开口。门窗洞口的高度为地板基材或窗台上端至门窗过梁下端的高度。门窗洞口的宽度根据开口部的竖向构件间距各异而不同，需要确认。

二乘工法材

壁面框架工法中使用的结构用木材。剖面上统一规格，称作2×4、2×6。使用树种除了松木系列的白木材类“SPF”之外，也使用花旗松（Douglas Fir）、铁杉（Hem-Fir）。因可用便宜的价格买到断面面积大的木材材料，从木构架梁柱工法的屋脊横木（桁条）到基材都可使用，适用范围广。

规格制材

壁面框架工法中使用的结构用木材。有一般制材与JAS规格制材。制材的截面统一规格，在北美地区大多以2×4、2×6称呼（表2-1-5）。有干燥材与未干燥材两种，未干燥材因干燥而发生剧烈收缩，通常不被采用。树种包括花旗松、铁杉、SPF集合材（Spruce、Pine、Fir）等。此外也有在木构架梁柱工法中使用的结构用集成材、结构用单板积层材（LVL）、MSR木材、壁面框架工法中结构使用连续材。

※:当板材初次被切割时，是以按“2英寸×4英寸”的标准来加工，但经过后续干燥等工序后，其实际尺寸为缩减至38 mm×89 mm。

D Fir木材

指从北美进口的针叶树，主要是北美花旗松。此树种的木材抗变形能力较强，有极强的抗剪断力、压缩强度，将钉子敲打进花旗松，会发生钉子前端部分断裂的情形。此外，若经过长时间放置，常会发生扭曲而无法使用的情形。

Hem-Fir木材

北美杉和枫树类的总称。强度没有花旗松好，但加工容易。现在干燥木材的进口较少，多为未干燥木材。

SPF木材

云杉（Spruce）类、松木（Pine）类和冷杉（Fir）的总称。强度比Hem-Fir材稍弱，因是稳定的木材而常被使用。

结构用集成材

结构上用来承重的集成材。在长边方向以斜接、指接连接，或接合能力上具有同等级以上的续接材，由单元集成板（Laminar）五层以上叠积制成的集成材。依截面尺寸分成结构用的大截面材、结构用的中截面材、结构用的小截面材三种（表2-1-6）。也有结构用集成材的表面张贴饰面板材，兼顾美观，因此又称“结构用装饰集成材”。

单元集成板

集成材其中一层的单元材。完整的裁切板材，或将相同或不同的裁切板材纵向相接，固定宽幅相互连接后再行裁切的板材。

斜接

纵向续接的一种。接合面以斜切取得较大接合面积（图2-1-48）。

指接

纵向续接的一种（图2-1-48）。强度差异较小，产品良品率也比斜接好。

LVL木材

Laminated Veneer Lamber，英文缩写为LVL，在几乎与纤维平行的方向，将3 mm左右的薄材相互接合的木材，以北美杉、唐松、铁杉、放射松（Pinus radiata）等树种作为原料，其中放射松在日本较多。LVL木材在尺寸上有极高的精准度，但因容易吸收水分、湿气，在施工现场需加强木材养护的工作（照片2-1-26）。

PSL木材

单板条平行成材（Parallel Strand Lumber，俗称PSL材），将细长的木条以胶粘剂固定，用来取代单片木板（照片2-1-27）。强度与LVL材相同，材料本身性能稳定，但加工不易，需要经常替换刀片来提高加工品质。

MSR木材

机械应力分级锯材（Machine Stress Rated Lumber，俗称MSR材）经过强度测定与分类，确认木材强度在容许范围的规格化制材。

表2-1-5　木构架梁柱工法的木材种类、尺寸、用途（干燥材）

加工前尺寸形式（单位：英寸）	干燥材加工后：厚度×宽幅（单位：mm）	主要用途
204（2 × 4）	38×89	柱材
204（2 × 4）	38×140	地板搁栅、屋脊椽木、柱材
204（2 × 4）	38×184	地板搁栅、楣梁、梁、屋脊主梁木
210（2 × 10）	38×235	地板搁栅、楣梁、梁、屋脊主梁木
212（2 × 12）	38×286	地板搁栅、楣梁、梁、屋脊主梁木
406（4 ×6）	89×140（集成材）	楣梁
408（4 × 8）	89×184（集成材）	楣梁、梁
410（4 × 10）	89×235（集成材）	楣梁、梁
412（4 × 12）	89×286（集成材）	楣梁、梁

材料的固定长度（规格以英尺单位区分）

尺寸形式	长度	尺寸形式	长度
8 ft	2440 mm	16 ft	4880 mm
10 ft	3050 mm	18 ft	5490 mm
12 ft	3660 mm	20 ft	6100 mm
14 ft	4270 mm	—	—

※:当板材初次被切割时，是以按“尺寸形式”的标准来加工，但经过后续干燥等工序后，其实际尺寸会缩减至“干燥材”的尺寸

表2-1-6　结构用集成材的区分

区分	定义
大截面集成材	短边长度15 cm以上、剖面积300 cm²以上的集成材
中截面集成材	短边长度7.5 cm以上、长边15 cm以上的非大剖面集成材
小截面集成材	短边长度未达7.5 cm、长边未达15 cm的集成材

照片2-1-26　结构用单板积层材

图2-1-48　接头形式

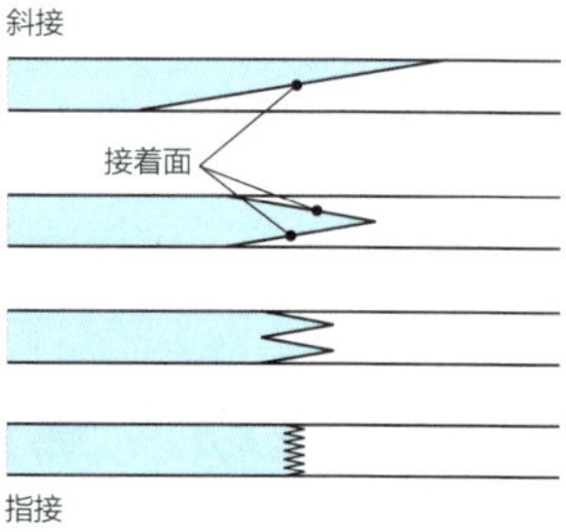

照片2-1-27　PSL

照片2-1-28　I形梁

I形复合梁

像工字钢的形状，在上下的包边材（LVL材、MSR材）中夹住补强板（胶合板、OSB）并胶粘而成的轻量搁栅材（照片2-1-28）。重量轻，尺寸稳定性好，可轻易地利用电动机具开孔。施工前若水平置放，要留意可能会发生弯曲的情形。

胶合板、板材

胶合板

也称作薄板（Veneer）或多层板（Plywood）。像是将卷纸摊平一样，将原木桩薄薄地削成单片薄板，并将奇数（3片、5片、7片及7片以上）的薄板涂上接着剂，在原木纤维方向上相互垂直交叠所制成的木板材。需依照JAS制定的规格，控制集成材释放出脱氢酶（Dehydrogenase）的量（表2-1-7）。集成材厚度在5.5 mm以上，有6.0 mm、7.5 mm、9.0 mm、12 mm、15 mm、18 mm、21 mm、24 mm等常见厚度，宽度与长度为910 mm× 1820 mm的板材尺寸最为普遍。

结构用胶合板

又称作K板。支承结构体的重量，当作结构材的胶合板。结构用胶合板的结构强度一般分为1级和2级，若是作为在承重墙等支承结构主要荷载的合板，只限定使用特级合板。一楼从木地槛开始到圈梁，二楼从圈梁开始到桁架，在柱与柱之间嵌入一片板作为承重墙的胶合板。若柱或是横向构材上打入指定数量的钉子，可以作为取代斜撑的工艺。

胶合板最初是在美国开发成结构木材商品，普遍使用在壁面框架工法（2×4工法）。依材料种类，分为北美衫胶合板、针叶树胶合板、柳桉胶合板、山茶木胶合板等种类。无搁栅楼板工法的刚性楼板，使用厚度20 mm以上的结构用胶合板。

表2-1-7 JAS规格的胶合板种类及效能区分

种类		品种分类			标准尺寸（mm）			含水率（%）
					厚度	宽度	长度	
普通胶合板		1类 2类 3类	1等 2等	柳桉	2.7、3、4、5.5、6、9、12、15、18、21	910	1820	14%以下
					2.7、3	1000	2000	
					3、4、5.5	910	2130	
					4、5.5	1220	2430	
				日本国产树种	3.5	910	910	
					4、6、9、12	610	1820	
					4、6	760	1820	
					3、3.5、4、6、9、12、15、18、19、21、24	910	1820	
					4、6、9、12	1220	1820	
					4	850	2000	
					4、6	1000	2000	
					4、6、9、12	910	2,130	
					4、6、12、15、18、19、21、24	1220	2430	
特殊胶合板	天然木装饰合板	1类 2类	板面品质合格基准		3.2、4.2、6	910	1820、2130	12%以下
					4.2、6	610、1220	2430	13%以下
	特殊加工装饰合板	1类 2类 3类	F型 FW型 W型 SW型		2.7、3、3.2、4.2、5、6	910	1820	
					3、3.2、4	1220	1820	
					4、4.2、4.8、5.5、6	610、1220	2430	
混凝土模板用合板（混凝土模板用夹板）		1类	板面品质合格基准		12、15、18、21、24	500	2000	14%以下
						600	1800、2400	
							900、1800	
						1000	2000	
						1200	2400	
结构用胶合板		特类 1类	1级（弯曲试验1级合格品）		5、6、7.5、9、12、15、18、21、24	910	1820、2130、2440、2730	
						955	1820	
						1000	2000	
						1220	2440、2730	
			2级（弯曲试验2级合格品）		—	900	1800、1818	
						910	1820、2130、2440、2730	
						955	1820	
						1000	2000	
						1220	2440、2730	
难燃胶合板		1类 2类	板面品质		5.5以上	—	—	
防火胶合板		2类	合格基准		未达5.5	—	—	

耐水夹板

为保证胶合板的接合程度，依照耐水性能以JAS规格分成四个阶段（表2-1-8）。

积层材

将薄板材堆叠，无论几层都保持与纤维方向相异的方向堆叠，再以胶粘剂接合成一片木板材。因薄板材在纤维方向相互垂直，强度比实木强，也不容易变形。

北美衫胶合板

粘贴北美衫饰面材的胶合板。北美衫胶合板和针叶树胶合板是进口木材，属于三层的积层材。因为单板厚度较厚，耐水性不佳。

柳桉胶合板

粘贴南洋木材面材的胶合板。胶合板是五层的积层材，因为抗水性较佳，适用于楼板或屋顶的基材，但如今市场流通量减少。

山茶木夹板、白木板

普通胶合板的一种，基本上使用柳桉系的木材，表面粘贴山茶木面材。以热压胶粘方式接合，所以含水率低，因温度改变而产生膨胀收缩的程度也相对较小。此外，木材接口面打钉的固定效果不佳。木纹理美观，常当作收纳家具或室内家具的材料使用。胶合板的芯材与面材都使用山茶木的话，称作山茶木同芯胶合板。

针叶树胶合板

使用俄罗斯或中国出产的落叶松、云杉木制成的胶合板。

夹心板

将山茶木、柳桉等薄板、小型方木聚集一起作为芯材，并在芯材的两面各粘贴边材的三层胶合板，表面看起来和胶合板一样，但从木材横切面可看出不同之处。使用在门、家具或隔间墙板。因为芯材部位缝隙较多，木材横切面看起来不美观整齐，强度也较胶合板低，因此价格较胶合板便宜。

装饰胶合板

表面上贴上单板或塑料胶合板的木板。

定向纤维板（Oriented Strand Board）

从原木上削下的长方形薄木片，依纤维方向垂直排列，涂上液体胶粘剂，再以高温压缩而成的一种结构用木质板。因为是交叉堆叠而成的木质合板，具有与胶合板相同的强度与刚性。有结构用和经过刨平处理的装饰用两种，重量较重是定向纤维板的缺点，优点是价格便宜。

碎料板（Particle Board）

在木材的刨片、碎片中加入胶粘剂，以热压成型的板材，种类有单层到三层以上等多层。作为结构用面材的话，厚度需要12 mm以上。尺寸稳定性强，木材的边端部位也可以有效利用，成本低廉。现今也有善用废材作为制作原料而被评定为环保木材的情况。另一方面，木板的边缘粗糙，锁钉或螺钉的持久力较弱，不防水、不防湿，是其缺点。

硬质纤维板（Hard Board）

纤维板的一种，质硬，密度在0.8以上，制造时几乎不使用胶粘剂。因耐水性佳，常使用在外墙或湿气较重的部位，但若厚度小于7 mm，需要在施工前1～2日，在木板内侧充分均匀泼水，将木板表面与内侧相互接合平放堆叠，铺上防护布，用来防止因为吸收湿气而产生膨胀变形的现象。通常不使用在建筑上，常当作防护材来使用。

硬质木片水泥板

木片水泥板中的一种。表面较光滑，属耐热的难燃材料。强度较木毛水泥板强，厚度在12 mm以上的硬质木片水泥板，可作为用在壁面框架工法的结构板材。

石棉水泥板

强化纤维水泥板的一种。以水泥作为强化纤维的原料，经过高压压制的轻质不燃建材。具有与木材相同的加工特性，因为尺寸较为稳定，不易发生隆起、变形现象。

护套板（Sheathing Board）

在绝缘板Insulation Board上以沥青处理，以降低吸水性。使用型号为SN40的铁钉进行施工。

纤维板（Fiber Board）

用合成树脂胶粘剂粘结木纤维（照片2-1-29）所合成的木板的总称。纤维板依照密度，分为硬质纤维板、MDF、绝缘板等类别。

绝缘板（Insulation Board）

软质纤维板，属于纤维板的一种，使用在日式榻榻米地板，也可当作保温隔热材料使用。近年来以杉木的树皮为主要的原料，并商品化成为Forest Board（日本秋田县杉木）的环保保温材料。

在绝缘板上涂刷沥青，增加耐水性，作为护套板（Sheathing Board），使用在外墙或用作屋顶基材。

照片2-1-29 纤维元素

照片2-1-30 MDF作为承重墙的案例

表2-1-8 胶合板分类

特殊胶合板	建筑物的结构用耐力构材，也可使用在长时间潮湿状态的场所
1类胶合板（第一型）	可以使用在室外以及长时间潮湿状态的场所
2类胶合板（第二型）	主要使用在室内，也可使用在偶尔会碰到一些水或是湿度高的场所
3类胶合板（第三型）	使用在没有湿气的室内

MDF

中密度纤维板（Medium Desity Fiber-board）。纤维板的一种，也称作中质纤维板。用合成树脂胶粘剂将木材细碎片固定成型，应用范围广，从家具的芯材到结构板材或是辅助构材皆可使用（照片2-1-30）。

火山玻璃质复层板

也称作VS板（照片2-1-31）。火山玻璃质堆积物和人造矿物纤维保温材为主要原料，制作成建材板材，质量轻、强度高，不易燃烧，具有防蚁性，具有低甲醛逸散的特性。各品牌中以大建工业较为知名。

石膏板

也称作Plaster Board，在图面上以PB表示（照片2-1-32）。在芯材内加入石膏，并在芯材两面与侧面以专用纸包覆。具耐火、防火、防声性能，施工、尺寸上保有稳定的特性，可节省成本。石膏板是常使用在室内装修的基材，回收再利用是今后要探讨的课题。

板条板（Lath Board）

也称作石膏板条板（Gypsum Lath Board）。在夹板专用纸之间嵌夹石膏，并打挂钩孔防止相互剥离。通常用作室内装修的基材。

混凝土模板用夹板

Concrete Panel，混凝土模板所使用的夹板，耐水性佳，成本便宜，表面粗糙，弯曲隆起程度大。尺寸稍小于900 mm×1800 mm与990 mm×1980 mm等建材常用尺寸。

木丝水泥板

将木材削成缎带状，与水泥混合搅拌，压缩成型的板材。常应用在有耐火要求的屋顶基材。

木片水泥板

与木丝水泥板相同，以短木片与水泥混合搅拌，压缩成型的板材。因为此种板材的密度高，硬质木片水泥板以商品“Century Board”（三井木材工业）闻名。硬质木片水泥板常应用在房屋的外墙。

照片2-1-31 火山玻璃制复层板

照片2-1-32 石膏板

硅酸钙板

以石灰质和硅藻土为主要原料制成的不燃材料。常被当作防火保护材料使用，也常作为住宅的外部装修建材。

五金配件、五金配件工法

钉

用来固定接合部位的五金配件。依照使用部位、负荷耐力等的不同，钉的种类、施工方式以及间距亦有不同，需特别注意。

螺钉（VIS）

VIS是法语，建筑使用的钉子总称，螺钉分为全螺栓与半螺栓。大半部分螺钉的螺纹较深，一般来说螺纹间的沟槽比木螺栓粗。比起钉子，具有较优良的抗拉拔力，再加上手持电钻机的普及，施工便利，现在螺钉取代了钉子，使用范围广。拧紧螺钉时，可能让螺钉陷入构材中，但有时扭转螺钉的力道强度可能让螺头损坏，这些都会降低螺钉的抗拉拔力，因此施工时要留意。

N 钉

以英文Nail的首个字母而称，指铁制的圆形钉子（照片2-1-33上）。一般用在木构架梁柱工法的接合部或面材承重墙。钉头有尺寸的分别。在安装结构用胶合板作为承重墙，并以空气枪射钉时，容易发生钉子凹陷的情形，因此需要留意并调整空气枪的压力。

CN钉

英文Common Nail的缩写，壁面框架工法中使用的钉子（照片2-1-33中）。特征是比N钉粗，强度较好，在木构架梁柱工法（木造轴组构法）中常特别指定要使用CN钉。名称相似的NC钉（照片2-1-33下）是属于N钉，与CN钉比较，NC钉身口径较细，强度也较低。用颜色（绿色、黄色、红色）来区分钉身直径尺寸。

BN钉

细铁圆头钉。用颜色（绿色、黄色、红色）来区分钉身直径尺寸。

GN钉

用于石膏板的钉子。

SN钉

用于护套板（Sheathing Board）上的钉子。

SFN钉

不锈钢钉。

ZN钉

镀锌钉。木构架梁柱工法中用来紧固接合五金配件的钉子。

WSN钉

有十字开孔的木钉。

DTSN钉

钻掘打击进入的深螺纹钉子。

全螺钉（全牙）

钉身整体附有螺纹（照片2-1-34）。将薄木材固定在木底座时使用。紧固力没有半螺钉好。

半螺钉（半牙）

螺钉钉身一半有螺纹（照片2-1-35）。钉身没有螺纹的长度最好就是被固定建材的厚度。因为钉身上没有螺纹，紧固力好，可使用在围板或有厚度的基材、辅助构材等。木结构外保温工法中，固定透气围板与保温隔热材料的保温隔热材料专用钉子也是半螺钉的一种。

U形五金配件

将柱子和地基紧密连接起来的U形带状五金配件。特别用于连接木桁架的系梁和短柱。

扭转型五金固定件

2×4工法中为了提高抗风能力将墙壁和屋顶紧密连接的五金配件。在日本传统工法中也常用于将层高不同的内外墙面固定在一个平面上。

Z标五金配件

受到日本住宅、木材技术中心认定，木构架梁柱工法中指定使用的五金配件。有柱底固定金属座、斜撑固定金属板、羽子板状金属制拉力扣件等。C标五金配件是经由同中心认定，在壁面框架工法中指定使用的五金配件（表2-1-9）。

C标五金配件

在壁面框架工法中，用来接合、补强的五金配件。与Z标五金配件一样，经由日本住宅、木材技术中心评定出的合适五金配件（照片2-1-36、表2-1-10）。

锚定螺栓

使用在木造建筑的木地槛与基础紧密结合的螺栓，依据日本2000年建筑告示1460号，使用位置靠近承重墙两侧端的柱子、木地槛的侧端或是接续部位等。锚定螺栓位置的高度取决于木地槛使用的紧固五金配件，依据木地槛的尺寸、基础垫片、紧固五金配件（螺栓等），来决定锚定螺栓的长度与高度。

柱底紧固金属件

一般用来固定结构主体和基础，将柱子与木地槛紧密接合的五金配件（照片2-1-37）。依据日本2000年建筑告示1460号，发生1.0t以上水浮力的柱子上需施加为基础抗浮服务的五金配件。

柱底紧固五金配件的加强钉

柱底紧固专用的四角沉头加强钉（照片2-1-38）。不需螺栓或垫圈，施工方便。此外，能够最大程度地抑制柱子缺损程度，耐拔取度高，此种钉如今逐渐成为主流。依照抗拉强度的不同，锚定螺栓的埋设尺寸亦有不同。

可调整式柱底紧固五金配件

当锚定螺栓与柱底固定金属座的钻孔位置不相吻合，错位范围从柱算起在70 mm以内的话，此种配件仍适用。也可用于锚定螺栓发生精准度不良的情形，或是适用在斜撑五金紧固配件、柱底固定五金配件发生错位的情形。

平头螺母

作为锚定螺栓等安装时使用的垫材（照片2-1-39）。以手持电钻机（Impact Wrench）来紧固，钉作完成面可与构材面齐平，因此现在常用于下地槛顶面直接铺设胶合板的施工上。过去的安装方法是在下地槛上刻出凹槽，再将锚定螺栓收在下地槛中。依据承重墙的强度及平衡度的不同，平头螺母的抗拉拔力也不同。因为较容易与斜撑等的斜向构件相互干扰，需要特别注意平头螺母高度以及安装位置。

照片2-1-33 N钉、CN钉、NC钉

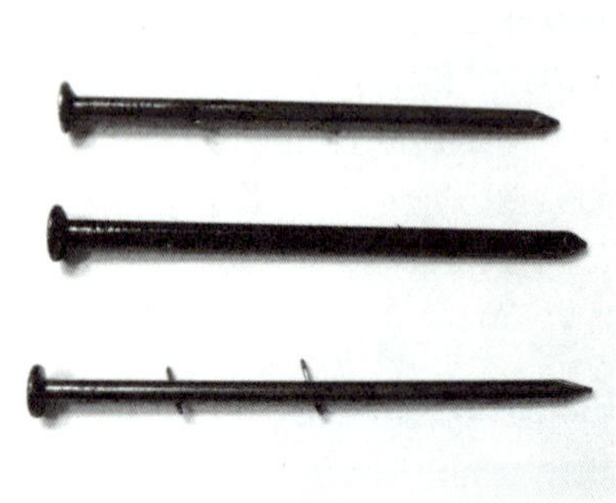

照片2-1-34 全螺钉（全牙）

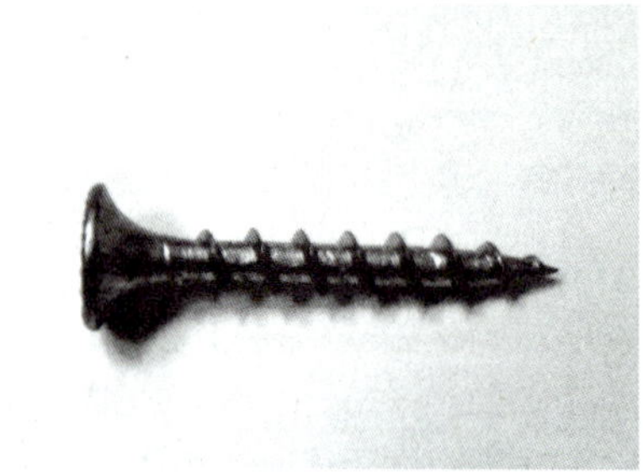

照片2-1-35 半螺钉（半牙）

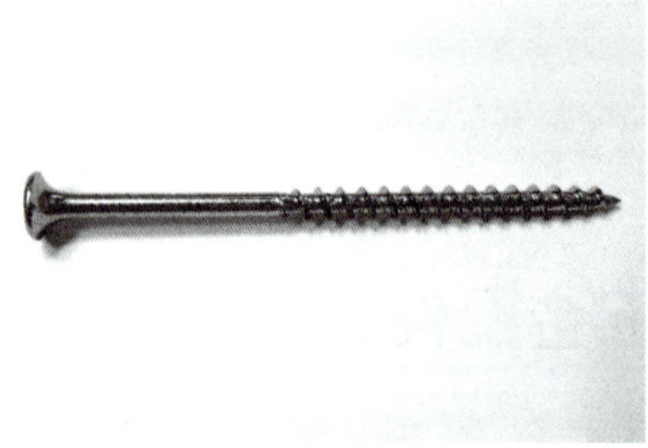

照片2-1-36 搁栅用五金配件

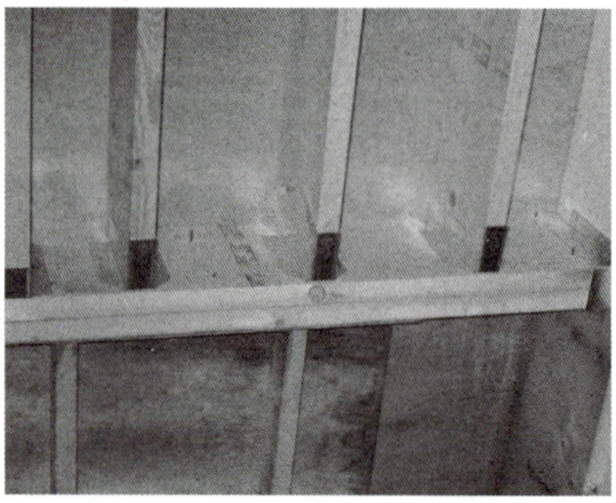

照片-137 柱底紧固金属件

表2-1-9 木结构梁柱工法中使用的五金配件

五金配件种类	固定件	使用部位
短型五金配件S	六角螺栓M12、六角螺母、正方垫圈W4.5×40、螺钉ZS50	一、二楼层间柱、围梁之间的连接
平型五金配件SM-12、SM-40	粗钉ZN65	使用方式与扒钉相同，主要是层间柱的连接
转角专用五金配件SA	六角螺栓M12、六角螺母M12、垫圈W4.5×40、螺钉Z550	跃层柱与围梁之间的连接
螺旋型五金配件ZS50	跃层柱与围梁的接合	—
扭转型五金配件ST-9、ST-12、ST-15	粗钉ZN40	屋脊椽木与檐桁的接合
转折型五金配件SF	—	屋脊椽木与檐桁的接合
跨鞍型五金配件SS	—	屋脊椽木与檐桁的接合
平面直角型五金配件CP-L、CP-T	粗钉ZN65	柱与木地槛、围梁等接合部位
山形固定金属板VP	粗钉ZN90	柱与木地槛、围梁等接合部位
羽子板螺栓SB-F、SB-E	六角螺栓M12、六角螺母M12、垫圈W4.5×40、螺钉ZS50	屋架梁与檐桁、梁与柱 围梁与跃层柱的连接
水平角撑五金配件HB	六角螺栓M12、六角螺母M12、垫圈W4.5×40、或小型垫圈W2.3×30	地板、屋架的角部
斜撑固定金属板BP、BP-2	平头半牙螺栓M12、六角螺母M12、垫圈W2.3×30、或粗钉ZN65	木地槛及围梁、桁与斜撑的接合
柱底固定金属座HD-B10、HD-B15、HD-B20、HD-B25、HD-N5、HD-N10、HD-N15、HD-N20、HD-N25、S-HD10、S-HD15、S-HD20、S-HD25	HD-B、S-HD系列的六角螺栓M12、HD-N系列的粗钉ZN90	柱与木地槛、层间柱相互之间的紧固连接

表2-1-10 墙框架工法中使用的五金配件

五金配件种类	固定件	使用部位
带状五金配件S50	粗钉ZN65	地板搁栅204、404施工时，与木地槛、地板搁栅、墙相互紧固连接。可抗风压力、地震力
带状五金配件S65	粗钉ZN65	搁栅、框架上方部位及上方连接材的紧固连接可抗地震力
带状五金配件S90	带状五金配件S90	地板搁栅的角落部位的相互紧固连接、屋脊主梁木（脊梁）部位的相互紧固连接。可抗风压力、地震力
带状五金配件SW67	粗钉ZN 65	角落位置两侧有开口时的紧固连接
吊钩五金配件 TS · TE-23 · TW30	粗钉ZN 40	屋脊椽木与上框架的紧固连接。可抗风压力
搁栅固定件 JH-S、JH204、206	粗钉ZN40 JH2-204.206 粗钉ZN 65 JH208.210、JH212 粗钉ZN65.ZN40 BH2-212 粗钉ZN90.ZN65 BH3-208、210、212 粗钉ZN90	梁的接合部位没有支承点时使用，梁无法搭建在下方壁体上时使用
梁用固定件	BH2-208、BH2-210	梁的接合部位无法搭建在下方壁体上时使用
柱底金属固定件	HD-B10、HD-B15、HD-B20、 HD-B25、HD-N5、HD-N10、HD-N15、HD-N20、HD-N25	框架垂直部位与基础及框架垂直部位之间的相互紧固连接。可抗地震力、风压力。使用螺栓与五金配件与木构架梁柱工法相同

照片2-1-38 柱底固定金属加强钉

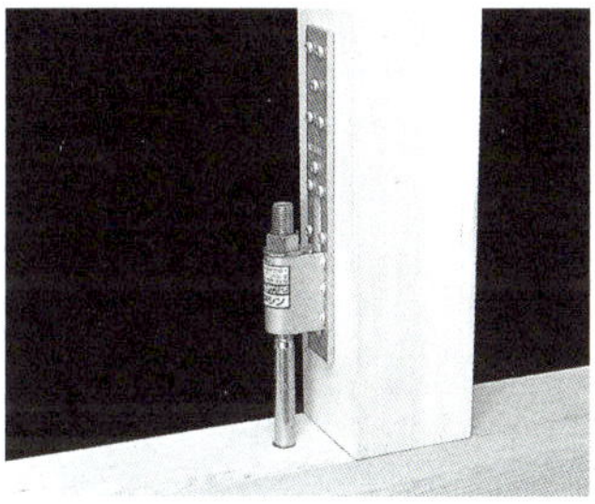

照片2-1-39 平头螺母（实物与施工后的样子）

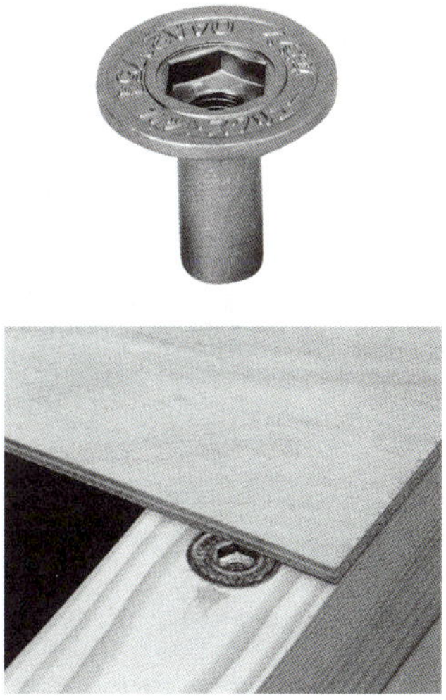

山形固定金属板

安装在柱子和木地槛或围梁等接合部位，用来紧固连接的五金配件（照片2-1-40）。

斜撑固定金属板

用来将斜撑与柱子、梁等紧固连接的结构用五金配件。依斜撑的倍率或强度来决定适用的斜撑固定金属板。因为容易与柱底固定五金配件相互干扰，需要事先确认螺栓高度。如今市场上出现了可以避免与柱底固定五金配件相互干扰的斜撑固定金属板制品。

D螺栓（预埋螺栓）

具有抗震效果的接合五金配件（图2-1-49），现在称为锤螺母（Hammer Nut）。用途与羽子板状金属制拉力扣件相同。由于该五金配件安装在结构体的内部，D螺栓的完工成果仅在结构材表面留下螺栓孔，适合结构外露的建筑外观。

垫圈

固定螺母时，夹在螺母与结构材之间的五金配件。

螺母

用来旋紧螺栓的五金配件。

螺栓

为安装羽子板状金属制拉力扣件等五金固定件所使用的锁件。

羽子板状金属制拉力扣件

安装在梁的端部，防止梁脱落的固定件（照片2-1-41）。

照片2-1-40 山形固定金属板的安装

照片2-1-41 羽子板状金属制拉力扣件

图2-1-49 D螺栓

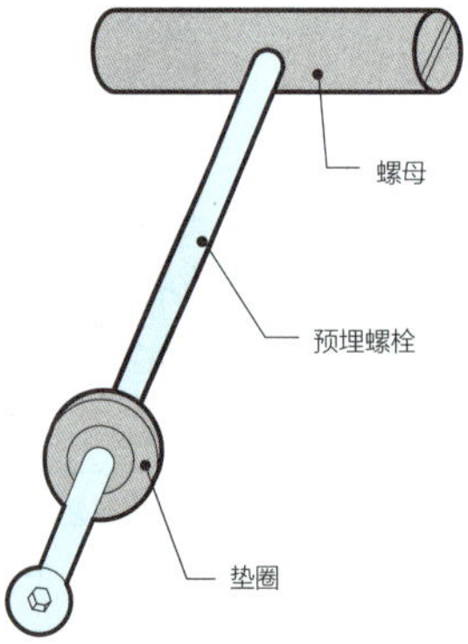

照片2-1-42 扒钉

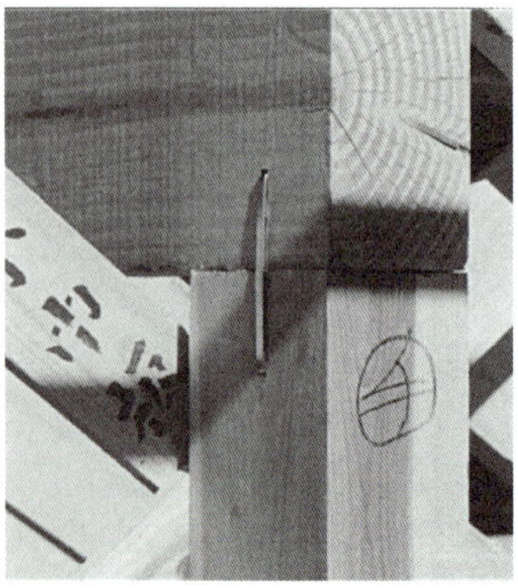

照片2-1-43 屋架系统的扭转型五金固定件

扒钉

为使搁栅托梁与地板支架、屋脊横木（桁条）与屋架系统等结构材相互紧密接合而使用的门形五金配件（照片2-1-42）。

木作螺钉

木用螺丝钉，头部是螺帽形式的五金补强组件。用来栓紧柱底紧固金属件等五金配件。

屋脊椽木固定钉

也称作扭转型五金固定件，为斜打用长型固定螺钉。将屋脊椽木与檐桁、屋脊横木（桁条）相互紧密连接所使用的五金配件（照片2-1-43）。

直角固定件

接合柱子与木地槛、柱子与横梁的五金配件。因安装在木地槛的侧面，随着结构用胶合板等承重面材普及，市场上开始出现功能相同。

长螺母

全螺栓之间接合时使用的五金配件。一般常见M6 ~ M16左右的产品。依抗拉拔力或产品规格的不同，也可用来调整柱底紧固金属件的高度（照片2-1-44）。

五金配件加强工法

在构件的接合部位，以专用接合五金配件紧固的工法。不使用续接、搭接等接合方式，而是以五金配件接合，因此与木构架梁柱工法中使用的加强五金配件有很大的不同。特别是用来支承梁的梁用五金配件的差异最为显著，其优点在于构件截面有效面积缺损较少，也不需要另外再安装羽子板状金属制拉力扣件。

Kure-Tec五金配件工法

日本厂商Tatsumi开发出可提高施工效率的结构工法之一。在柱脚位置或柱梁接合等部位，使用金属制万向榫管、金属制榫头（Drift Pin）、Kure-Tec五金配件的螺栓与金属制插销，让木结构得以外露的工法（图2-1-50）。施工省力且耐用持久性好，结构材需特别指定KD材或集成材。

HS五金配件

大型工程使用的五金配件工法（图2-1-51）。在柱头、柱脚使用金属制万向榫管，在柱梁位置使用梁用接合五金配件。梁用接合五金配件下方附有榫头，可抑制木材上五金配件向下脱落的情况。

五金配件采用阳离子电泳涂装（Electrophoretic Deposition），可防止材料长年使用发生的劣化现象。另外，比起其他五金结构工法，此种工法的特色为造成木材截面有效面积缺损的情形较少，可考虑使用在壁面框架工法中。

SE五金配件工法

为住宅工程系统化受到认定的结构工法之一，用来提高施工效能。使用专门为集成材开发制成的SE五金配件，用来强化木结构接合部位的五金加强工法，可应用于三层楼的木造建筑。

Presetor五金配件工法

此种工法最大的特征在于梁用接合五金配件的主体与固定板可分隔开来，因此有效控制五金配件的尺寸与落在梁上的尺寸。结构材上预安装五金配件，于现场挂设组装与钉入金属制插销，工作流程简单，简化使用工具并减少工作量。Presetor五金配件可在预制厂先行加工，因此这种工法迅速普及。

HOWTEC五金配件

由日本住宅、木材技术中心（HOWTEC）开发的梁用固定件（图2-1-53）。作为Z标五金配件的规格化产品，期望实现五金结构工法的标准化、简明化。

照片2-1-44 长螺母（实物与施工）

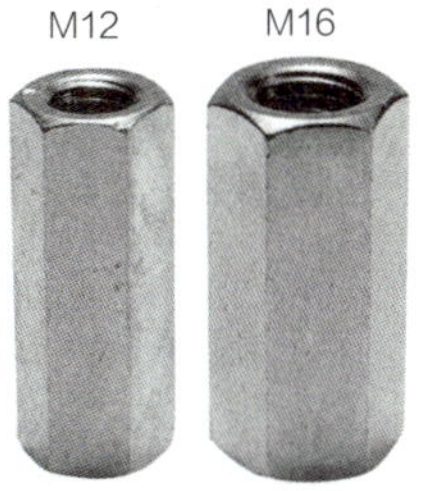

图2-1-50 Kure-Tec五金配件工法

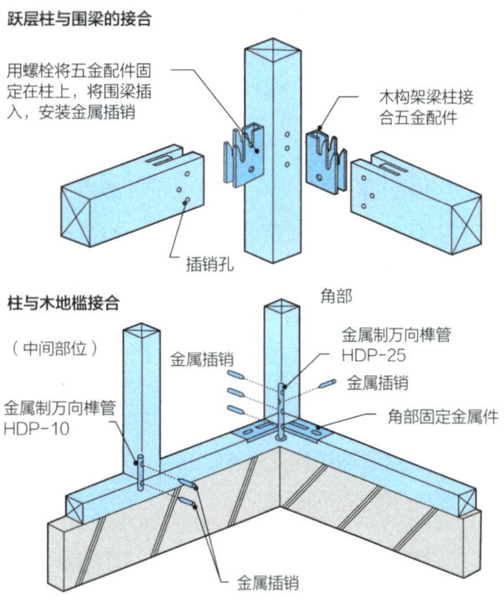

图2-1-51 HS五金配件

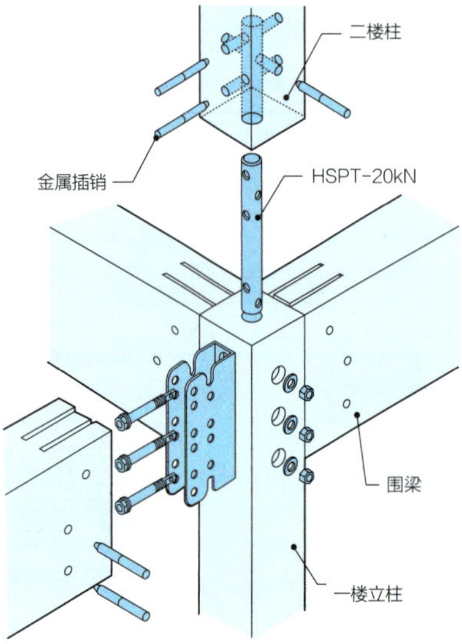

图2-1-52 Presetor五金配件工法

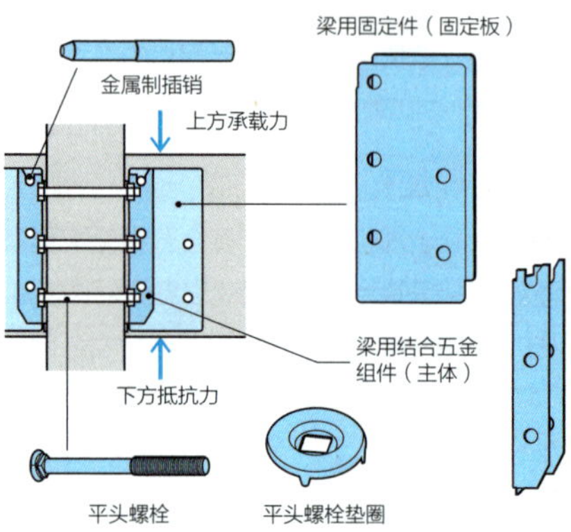

备料、发包、加工

木材选定

将设计图上木造建筑工程中所需要的结构构材、辅助构材等挑选出来，并记录使用的树种、尺寸、等级、数量等信息，作为木材选定清单。

对接凹槽加工

在已打样的木材上安装搭接、榫接等所需的凹槽加工（照片2-1-45）。包括在安装凹槽加工的预制材，也有木匠手工加工凹槽。

号码编列

搭建木造建筑的结构工程前，在柱、梁、桁等构材编码做记号。

打样图板

编号表，或称作手绘打样图板。木匠进行打样前，以设计平面图、顶视图的资料为基准，在胶合板或其他板材上绘制打样图（照片2-1-46）。

预制木板条

考量如何使用小截面木板条及其收边，在三维度方向预先裁制的产品。

CAD、CAM

或称CAM。将CAD资料作为加工依据，进行预先分割的生产流程系统。

桁向

若是悬山式斜屋顶，与斜屋顶的梁（梁与梁之间的方向）成直角的方向为桁向（图2-1-54），桁向与屋脊椽木、屋脊横木（桁条）的方向相同。

临时斜撑

木造建筑的结构搭建工程进行时，为了不让建筑整体发生歪斜现象，用钉子临时固定的斜撑。

结构定位

将现场组装完成的梁柱构架，在预定的位置搭建组立的作业。

垂直确认

确认组装或搭建完成构架的垂直精准度，也称结构垂直组立（图2-1-55）。

垂直修正

在水平垂直方向，矫正倾倒或歪斜的柱子。

图2-1-53 HOWTEC五金配件

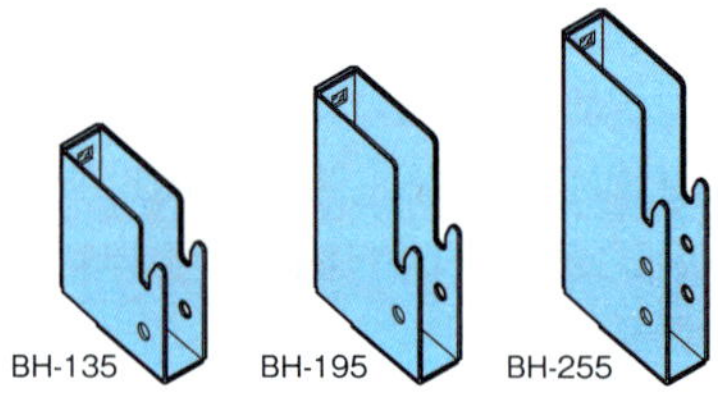

金轮榫头对接

材料对接方式的一种。左右两边形状相同，在左右切口相嵌位置的中央置入榫头，让两方材料紧密结合。 用于木地槛或梁、柱的对接位置上，强度、耐力方面优良。因加工需时费力，属于较复杂的工法，一般民用住宅不常使用。

追挂榫头对接

材料对接方式的一种。分上木与下木，在中央部位以斜切相对。上木顺着与下木的对接面滑动，借由相接面的斜沟与下木固定结合为一体，并在侧面嵌入榫头，让上下两方材料无法拔离。使用在围梁或桁上。

十字形搭接

两构件上留下互补的缺口，使其在平面上正交的搭接方式（图2-1-56）。

藏纳搭接

需有梁或搁栅等材料的深度，在一个搭接的构件侧面刻出凹槽，将另一构件包容藏纳其中的接合工法（图2-1-56）。

楔子

为了固定搭接榫头或水平墙筋等的接合位置而插入的楔形硬木片（照片2-1-47、照片2-1-48）。

榫头

为了让两构材相互接合，其中一构材做成凸状，另一构材上开凹孔，利用凹凸处相互接合。柱子对接的接合面，若只是凹凸相嵌，抗拉拔力弱。为了强化抗拉拔力，再打入插榫或楔子将两构件紧结固定（照片2-1-49）。

木质固定插榫

为确保构件位置及构件相互紧结固定，防止构件错位，在两构件的接合面上开孔并插入硬木材。

插榫

用来防止榫接构件受到拉拔发生脱落而插入的零件。通常使用栎木、青刚栎、日本栗树等木质坚硬的树种（照片2-1-49）。

斜打钉

以大约60°的倾斜角度，将钉子敲打入接合部位（图2-1-57）。

木材端部打钉

两个构件连接时，将其中一个构件的端部用打钉的方式固定到另一个构件之上（图2-1-57）。

平打钉

框架构件之间，侧面接合时钉子的固定方式（图2-1-57）。

直接打钉

从正上方敲击钉子，将搁栅固定在木板上的安装方式，若用于装修工程算是较简易的施工方式。

交错排列

接合处相互不对齐、相互错位的排列配置方式（照片2-1-50）。

出挑

超出外墙的屋顶或阳台的部位（照片2-1-51）。在壁面框架工法中，表示上面楼层超出下面楼层的部位，亦即二楼的承重墙线超出一楼承重墙线的部位，出挑的范围以91 cm以内为准。

建筑退缩

将建筑从道路向基地内退后配置。在壁面框架工法中，也代表二楼外墙向内退缩设置。

照片2-1-45 对接凹槽加工

照片2-1-46 木地槛的打样图板

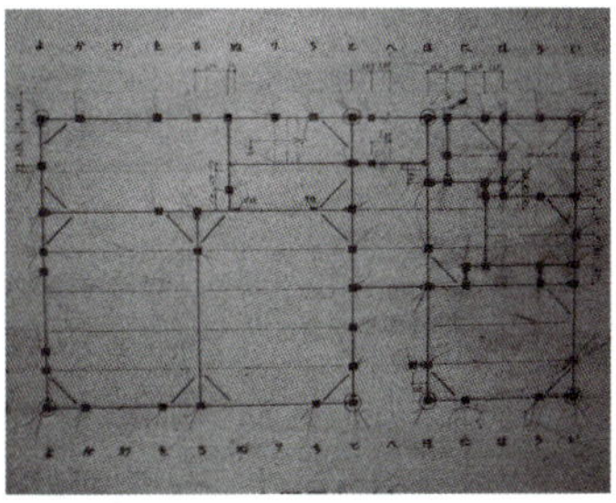

图2-1-54 桁行方向与梁间方向

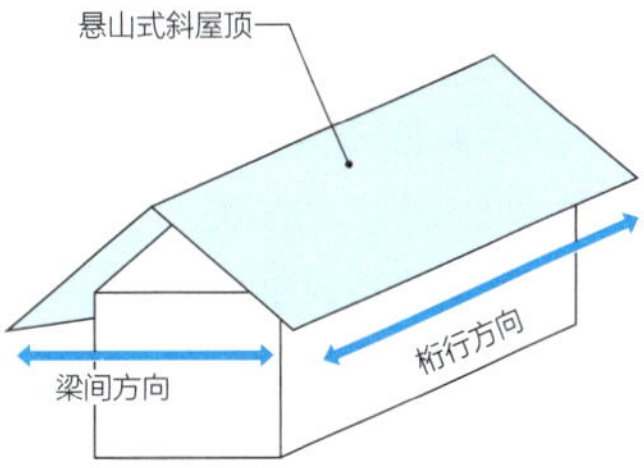

图2-1-55 结构垂直的误差容许值

名称	图	误差容许值的控制	误差容许值的极限
建筑倾倒		$e \leq \frac{H}{4000}$ +7 mm 且$e \leq$30 mm	$e \leq \frac{H}{2500}$ +10 mm 且$e \leq$50 mm
柱倾倒		$e \leq \frac{H}{1000}$ 且$e \leq$30 mm	$e \leq \frac{H}{700}$ 且$e \leq$15 mm

图2-1-56 藏纳搭接与十字形搭接

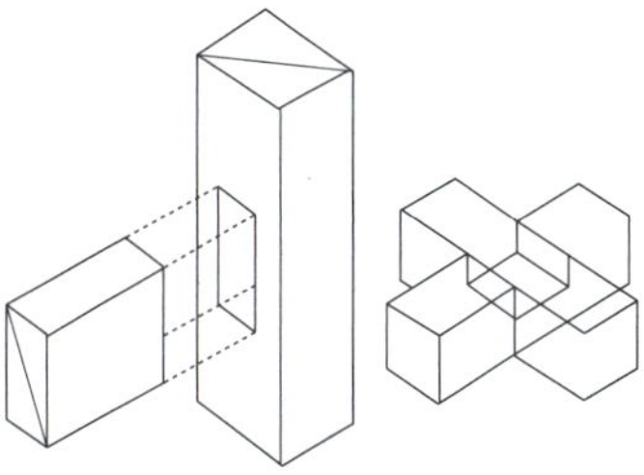

照片2-1-47 在贯通至桁材上端的柱子接榫上，将楔子敲击到无法被拔取的状态

照片2-1-48 围梁的接头置入楔片

照片2-1-49 为了让插入木地槛的柱子无法被拔取，利用插栓紧固接合部位

照片2-1-50 交错排列

照片2-1-51 出挑

图2-1-57 打钉固定

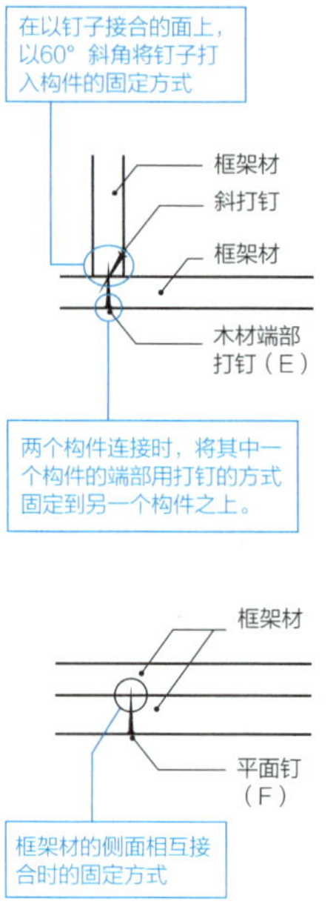

性能

N值计算

接合部位的简易计算方法。可依照此计算方式求得的数值来选取适合的五金配件。

跨距对照表

为决定木造住宅的屋架系统、楼板系统等横向构件截面尺寸而制作的对照表。依据横向构件之间的跨距，以表格方式标示相对应的截面尺寸（照片2-1-52）。

截面缺损

以榫接或搭接等方式相结合的材料上面出现凹损，或截面尺寸变小的状况，会减弱材料在承重上的性能，挑选时务必仔细地检视材料尺寸上的缺损。

工具、机具

锁螺栓扳手

用来锁紧螺栓螺母的工具，也可使用电动型机具。

金属锤

在木构架梁柱工法中，用来锤打钉子。在壁面框架工法中，锤打会造成表面凹凸与变形。

拔钉器

拔除不需要的钉子时使用的工具。

凿刀

在木材上刻出凹槽所使用的工具（照片2-1-53）。

刨刀

去除材料不平整（高度差、没有对齐）处使用的工具。大多使用电动刨刀（照片2-1-54）。通常会在外露材料上进行刨面的表面修饰处理。

锛子

木构架梁柱工法中，弯曲粗壮的梁或柱无法用刨刀削平时，用来处理完工饰面的工具。

木工机具

木工用的施工机具，例如加工工厂或施工现场使用的各式工具。

电动机具

利用电动马达启动的工具，依照切断、刨削、开孔、钉等用途有多样种类（表2-1-11）。施工现场最常使用的是手持电钻机，在木材上开孔、锁紧螺钉、螺栓等方便施工。

手持电钻机

钉螺钉、旋紧螺钉或螺栓、开孔等使用的电动机具（照片2-1-55）。钉入时对螺钉施力，瞬间将螺钉旋入。因旋转力矩强，不适合使用螺纹浅或螺身小的螺钉。

空气压力钻

利用压缩空气的压力钉钉子的工具。若压力过强会造成胶合板凹陷，也会让钉子的抗拉拔力变小，要留意压力数值的设定。

照片2-1-52 曾经刊载过跨距对照表的出版物

吊装夹具

用来吊装或移动木造住宅的梁或板使用的工具（照片2-1-56）。在水平吊秤上安装两个夹具，再用起重机将水平吊秤组合向上吊起。

吊绳

吊装作业使用的绳索具（照片2-1-57、照片2-1-58）。使用环状吊绳来固定吊起物并进行吊装作业，不会对吊起物或货品造成损害。比金属制的吊装机具质轻、柔软，也可提升作业效率。如今也应用在木结构搭建工程中的木板吊装作业。

大木锤

比一般木锤尺寸大（照片2-1-59），木结构工程中，以敲打来辅助落梁或嵌板作业的工具。若敲击时没有保持缓慢速度，或进行敲击时未铺设缓冲垫材等，会对材料造成损伤，使用在外露结构时要特别留意。

简易测量棒

用来代替标尺、测定高度的棒状物，不是市售的量尺，而是在现场制作的测量棒。在施工现场，利用屋脊椽木条或其他方便取得的木材，在上面标示刻度使用。

直立标杆

附有刻度的棒状测量物，主要用来确认高差（照片2-1-60），作为简易测量棒的替代物。铝制的伸缩量尺是市面主流的产品，也称作塔尺。

越野轮胎起重机

此指四轮驱动可在崎岖路面行驶作业的起重机，多数移动式起重机都属于此型，也可称为起重机轮车。可进入狭窄的道路基地，也可以在公路上行驶，往施工现场方向移动。在木造建筑中，由于较重的结构材或板材、大型的双玻璃门、屋顶基材等的吊装作业需求增加，让这种机具的使用率增加。

手推车

主要指土木工程中使用的搬运物品的独轮车，也有两轮的。

照片2-1-53 凿刀

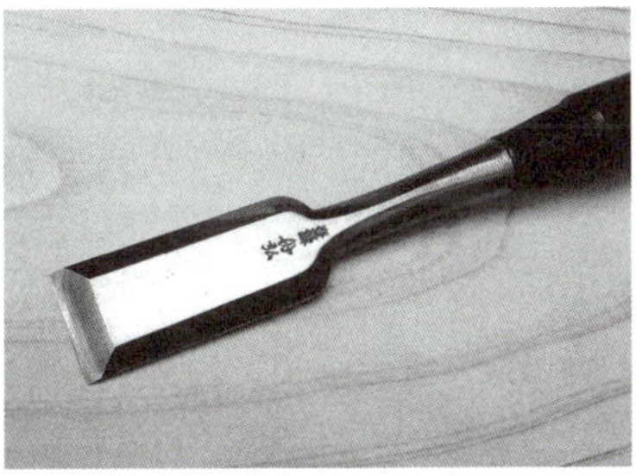

照片2-1-54 电动刨刀

照片2-1-55 手持电钻机

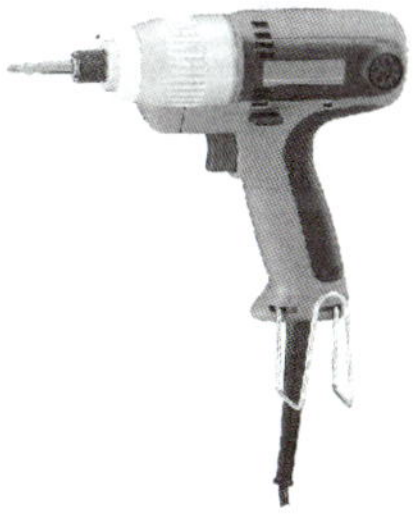

表2-1-11 主要电动机具

名称	用途
电锯机、手持电动曲线锯（Jigsaw）、倒角修边机（Router）	用来切断材料的机具，裁切材料形状或是曲线面切割
电动链锯（Chainsaw）	利用电动回转的链状锯齿来切断材料
电动刨刀、重型机床（Planer）	刨削机具。将材料不平整或过厚的部位削除并平整
电动磨砂机（Sander）	以砂磨方式将材料表面磨平滑。除了木工作业，也可用在抹灰饰面作业
电钻	钻孔、拧螺丝的工具
电动打孔机	在木材上开孔的机具，是木工作业中主要的机具之一
电动打钉机	利用压缩空气固定钉子的机具，也称作电动打钉枪
万能木工机	可用来切断板材、平整表面、刨削等的多功能装置

照片2-1-58
吊绳（吊装板材）

照片2-1-60
直立标杆

照片2-1-56 吊装夹具

照片2-1-57 吊绳

照片2-1-59
大木锤（嵌入板材）

钢筋混凝土结构工程 2.2

钢筋混凝土结构由混凝土抗压、钢筋抗拉，是由复合材料构成的结构。按结构类型分为钢筋混凝土框架结构、钢筋混凝土剪力墙结构、中空楼板结构、钢骨钢筋混凝土结构（SRC）等。现在木结构或钢结构也常用钢筋混凝土基础（图2-2-1、图2-2-2）。

混凝土

混凝土

将水、水泥、骨料等必要材料混合搅拌后，由水泥与水的化学反应产生硬化作用而形成的一种复合材料，依照使用材料或制作方式区分种类（图2-2-3）。

水泥

以石灰石和黏土为主要原料，烧制成的水硬性材料，为无机质粉末（烧成的物料亦称为熟料，在熟料中加入石膏并粉碎成细粉状的物料称作水泥）。有波兰特第Ⅰ型水泥、混合型水泥、特种水泥等种类。

波特兰第Ⅰ型水泥（硅酸盐水泥）

一般讲到水泥，指的是波特兰第Ⅰ型水泥。主要使用在建筑工程上的有普通型波特兰第Ⅰ型水泥、早强型波特兰第Ⅰ型水泥，或是中热、低热型波特兰第Ⅰ型水泥等。

混合型水泥

在波兰特第Ⅰ型水泥中混入各种混合材料后制成的水泥。包括高炉矿渣粉碎粒化后混入的高炉水泥（表2-2-1），含二氧化硅成分石粉混入的二氧化硅水泥，混入粉煤灰（燃烧后排出的细灰）的粉煤灰水泥（表2-2-1）。目前混合型水泥中高炉水泥的使用量较多，因高炉水泥中的混合材料粒子细微，所需水量、水泥量较少，加工性好。因为混合型水泥干燥收缩作用较小，适合用在清水混凝土。以混合量最少开始排序，依序为A、B、C三种种类。

硅石水泥

混合了含硅石成分的石灰水泥。根据硅石含有量按从多到少的顺序将其分为A、B、C三类。尤其耐腐蚀性强，即使用于工厂的排水系统也没有问题，但其完全发挥强度需要的时间较长。

特种水泥

混合了JIS（Japan Industrial Standards，日本工业标准）中没有规定的物质的水泥。特种水泥种类繁多，如修缮机场跑道时需要能够快速硬化的特种水泥，反之还有延迟硬化速度的水泥、耐火性或耐腐蚀性强的水泥等。

环保水泥

为了解决废弃物问题而开发出来的水泥，以垃圾焚烧后的灰和下水道污泥为主要原料。

水化反应

指水泥对水发生反应、生成不溶性水合物而凝结硬化的化学反应。该反应生成的热称为水化热。水泥凝固后随着时间的变化会逐渐变硬，气温越高硬化的速度越快。

图2-2-1 钢筋混凝土梁柱框架结构

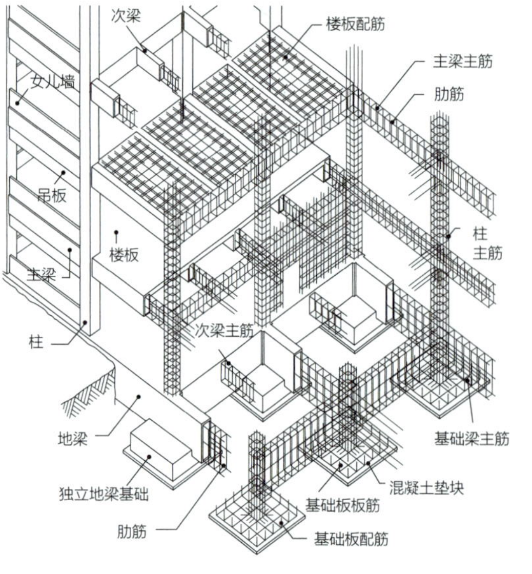

图2-2-2 钢筋混凝土剪力墙结构

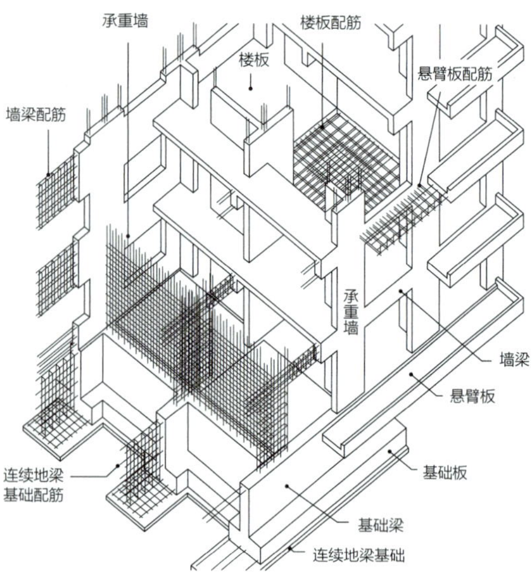

图2-2-3 水泥配比

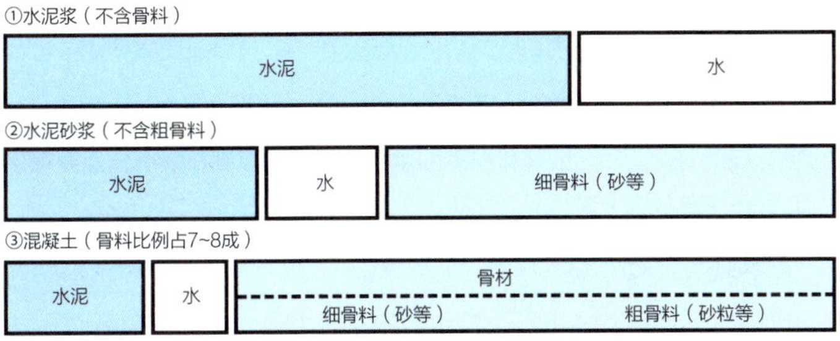

黏稠度

新拌混凝土、新拌砂浆、生水泥等对抗变形或流动的能力。黏稠度主要根据含水量的大小而变化。

含气量

也称空气吸入法。指搅拌时混凝土混入的气泡量。混凝土中混入空气后泥浆的体积就会增大，增强其可加工性。

骨料

为制作混凝土或水泥砂浆所混入的砂、砂粒、碎石的总称。因为占混凝土体积的七成左右，对于混凝土的性质有很大的影响。

按照材料种类分天然骨料、人工骨料、人工轻量骨料、再生骨料。粒状的砂粒属于天然骨料，具有角度的碎石则属于人工骨料。以粒径尺寸分为细骨料（砂）、粗骨料（砂粒、碎石），骨料对混凝土的耐久性影响很大。

以下为防止裂缝产生的对策：

①无论细骨料或粗骨料，都进行筛分试验来确认骨料的粒径尺寸；

②设定细骨料粒径的既定范围；

③粒径判定实绩率百分比大的骨料；

④使用会抑制碱骨料反应发生的骨料等。

另外，因为河砂质、河砂粒的品质确保工作困难，所以陆砂粒、山砂粒、山砂、海砂、碎石、碎砂的使用比例增多。这些材料中含有盐分，必须进行氯化物含量试验来确保其在容许值以内。若使用在钢筋混凝土结构中，依照使用的部位，有粗骨料最大粒径的规定（表2-2-2、图2-2-4）。

表2-2-1 各种水泥的特性与主要用途

种类		特性	用途
波特兰第I型水泥	普通波兰特第I型水泥	普通水泥	一般混凝土工程
	早强波兰特第I型水泥	a.强度产生时间点比普通水泥早 b.强度在低温下也可有效发挥	临时紧急工程、冬季工程、混凝土制品
	超早强波兰特第I型水泥	a.强度产生时间点比早强水泥早 b.强度在低温下也可有效发挥	临时紧急工程、冬季工程
	中热波兰特第I型水泥	a.水化热小 b.干燥收缩量小	大体积混凝土 防辐射混凝土
	低热波兰特第I型水泥	a.初期强度小、长期强度大 b.水化热小 c.干燥收缩量小	大体积混凝土 高流动混凝土 高强度混凝土
	耐硫酸盐波兰特第I型水泥	对于含有硫酸盐的海水、土壤、地下水等的抵抗能力大	受到硫酸盐侵蚀的混凝土
高炉水泥	A种	与普通水泥性质相同	与普通水泥工程相同
	B种	a.初期强度小、长期强度大 b.水化热小 c.对于腐蚀作用抵抗能力大	与普通水泥工程相同 大体积混凝土 受到海水、硫酸盐、热作用影响的混凝土 位于土中、地下的混凝土结构体
	C种	a.初期强度小、长期强度大 b.水化热作用较慢 c.耐海水性强	大体积混凝土 位于海水、土中、地下的混凝土结构体
飞灰水泥	A种 B种	a.施工效率高 b.长期强度大 c.干燥收缩量小 d.水化热小	与普通水泥工程相同 大体积混凝土、水中混凝土
白色波兰特第I型水泥		a.白色 b.可添加颜料上色	上色混凝土工程 混凝土制品

资料来源：《建筑工程标准规格书解说JAS S 5 钢筋混凝土工程》，日本建筑学会。

普通骨料

通过自然现象，由岩石产生的砂、砂粒，或是碎砂、高炉矿渣碎石、矿渣砂等。

轻量骨料

以提高混凝土的轻量化、隔热性为目的，制成比普通骨料密度小的骨料。

天然轻骨料

因火山或火山喷发等形成的天然石头，用作轻质混凝土的材料。

粗骨料

混凝土混合调配所需的砂粒、碎石，使用经由5 mm过筛处理后残留的85%骨料。最大粒径因地而异，大多是指20 mm或25 mm的骨料。

细骨料

混凝土混合调配所需的砂粒、碎石，使用经由5 mm筛处理后85%通过率的骨料。

水泥砂浆

在水泥中加入砂及水混合搅拌后的材料（图2-2-3）。

河砂

从河流或堤坝底部采挖的天然骨料。

山砂

在河岸斜坡或海岸斜坡上采挖的骨料，因附着大量有机物需要清洗。

陆砂

在台地、河流流过或泛滥过的地方以及三角洲砂砾层采挖的骨料，和山砂一样需要清洗。

海砂

在海岸采得的砂。因含有氯化物，必须洗净处理过后，再进行混凝土的混合调配作业。相反地，山砂、河砂不含氯化物，因此适合用来调配混凝土。

表2-2-2 各构件的粗骨材最大尺寸

使用部位	砂粒	碎石、高炉矿渣、粗骨料
柱、梁、板、墙	20、25	20
基础	20、25、40	20、25、40

单位：mm

水泥浆

将水泥与水混合搅拌而成的糊状物（图2-2-3）。

骨料含水量

骨料内部的孔隙间（孔隙）中所含水分的量，在混凝土品质管理中极其重要。在混凝土工厂，要将骨料表面水分的量变动控制在最小值且要在接近面干饱水状态下进行混合搅拌。

表干状态

正确来说是面干饱水状态，表示骨料的含水状态，表面是干燥状态，内部为孔隙充满水分呈饱和状态。骨料的含水状态由预拌混凝土的强度决定，原则上预拌混凝土的骨料是以表干状态来使用，对于骨料含水状态的管理，需要充分留意。简称表干。

普通混凝土

普通水泥、河砂（陆砂）、河砂粒（陆砂粒）混合的，水泥、水、骨料的体积比例依序为1：2：7的混凝土总称。现在河砂、河砂粒的品质难以保证，一般来说砂多使用碎砂或海砂，砂粒则使用碎石，骨料的氯离子含量试验是混凝土品质管理上的重点项目（表2-2-3）。

图2-2-4 骨材（骨材试验评分表的判读方法）

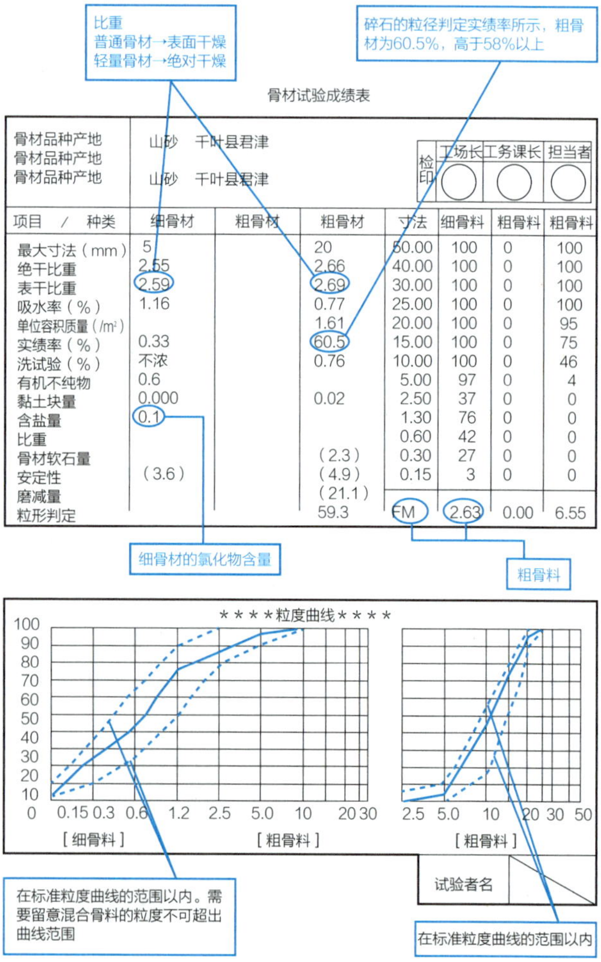

轻质混凝土

使用人工轻量骨材制成的混凝土，密度相较于普通混凝土（即2.3）较小，一般来说大多介于1.8 ~ 2.0之间。强度上与普通混凝土没有差异，但柔性增大。适合使用在烟囱，或是建筑高宽比较大的情况。

流动性混凝土

将流动剂作为混合剂，添入混凝土中搅拌，增加流动性，提高施工效率。坍落度（值）会比平常数值大3 cm左右。

高流动性混凝土

施工效率最高的自流式混凝土。优点在于灌浆时不需使用振动器，可防止工程噪声，提高施工作业效率。混凝土调配上，比普通混凝土增加了细骨料，减少了粗骨料。另外，因为添加AE减水剂，水分变少。在决定配比时，以搅拌试验的方式来决定所需各个物料的量是重要的工作。

高强混凝土

是指强度在50 ~ 60 MPa的混凝土。依高强混凝土的施工规范，是指设计标准强度超过36 MPa、在120 MPa以下的混凝土。因使用高性能AE减水剂，水与水泥的比例（水/水泥）约为20%。

新拌混凝土

刚完成搅拌，尚未凝固的混凝土。

预拌混凝土

在混凝土厂（Batcher Plant），混合搅拌后尚未凝固的混凝土。也称作Ready-mixed Concrete或是新拌混凝土。

AE混凝土

添加了AE剂（引气剂）的混凝土。混凝土工作性能佳，耐持久度高且品质优良，适合用来预防混凝土发生冬天冻结或夏天融解的情况。因其内含气泡，要达到早期强度需时较久，但因水分减少5% ~ 10%，混凝土品质得以大大提升。

表2-2-4 混凝土外加剂的种类与特征

AE剂	以表面活性作用在表面产生气泡，提高工作性能
减水剂	将混凝土调配比例中的水量减少
AE减水剂	合并AE剂与减水剂的作用，是目前最常见的做法
高性能AE减水剂	减水效能更高的AE减水剂。使用高强度混凝土时，大多使用此剂来减少水量
流动化剂	借由添加此剂，让混凝土坍落度值变大，提高工作性能

表2-2-5 混凝土掺合料的种类与性能、效果

种类	性能、效果	种类	性能、效果
飞灰	•水密性 •促进长期强度 •抑制碱骨料反应	硅粉	•高强度 •高持久度
膨胀剂	•防止龟裂 •产生化学预应力 •降低水化热	石灰石微粉末	•高流动性 •降低水化热
粒化高炉矿渣粉	•抗硫酸盐 •抗海水 •抑制碱骨料反应 •高强度化 •高流动化	高炉慢速冷却矿渣粉	•保持流动性 •抑制中和反应 •降低水化热

资料来源：《建筑工程标准规格书解说JAS S 5 钢筋混凝土工程》，日本建筑学会；《混凝土技师研修教材》，日本混凝土工学协会。

回收浆水

混凝土厂的拌合筒或搅拌车的缸内冲洗用水，将骨料分离后回收得到的混浊浆水。回收浆水虽可再利用，但需限制回收水的“固态粒子含量”（译注：单位回收浆水中固体质量的比例）。另外，若设计要求混凝土耐久性的强度达到长期耐久，则回收浆水无法使用。

表2-2-3 预制混凝土种类（参考）

混凝土种类	粗骨材的最大尺寸（mm）	坍落度及坍落流动度（cm）	强度													
			18	21	24	27	30	33	36	40	42	45	50	55	60	弯曲4.5
普通混凝土	20、25	8、10、12、15、18	○	○	○	○	○	○	○	○	○	○	-	-	-	-
	-	21	-	○	○	○	○	○	○	○	○	○	-	-	-	-
	40	5、8、10、12、15	○	○	○	○	○	-	-	-	-	-	-	-	-	-
轻质混凝土	15	8、10、12、15、18、21	○	○	○	○	○	○	○	○	-	-	-	-	-	-
流动性混凝土	20、25、40	2.5、6.5	-	-	-	-	-	-	-	-	-	-	-	-	-	○
高强混凝土	20、25	10、15、18	-	-	-	-	-	-	-	-	-	-	○	-	-	-
	-	50、60	-	-	-	-	-	-	-	-	-	-	○	○	○	-

混合材料

以改善预拌混凝土硬化之后的品质为目的，在搅拌混合状态时添加的材料。

在混合材料中，使用量较少、作为化学添加剂使用的称作外加剂（混凝土外加剂）；像飞灰等使用量较多的情况，称作掺合料。

外加剂包括减水剂、AE剂、AE减水剂、高性能AE减水剂等，根据其药剂效果，少量添加（表2-2-4）。

掺合料包括飞灰、膨胀材料、高炉矿渣粉末等，添加量以预拌混凝土量的百分比来计算（表2-2-5）。添加掺合料可以减少单位用水量，改善施工效率、水密度等，并且根据不同种类可达到加速或延缓水化成作用的效果，也可预防混凝土发生冻结现象，不过大多会增加成本。

表面活性剂

与混凝土混合，降低水的表面张力的化学外加剂。

AE剂引气剂

将各个独立的微小气泡分散输送入混凝土内，用来提升混凝土的工作性能与耐久性，又称作空气输入剂。

减水剂

分散水泥粒子，增加混凝土与水的接触面积，不仅可以提升混凝土的坍落度，并且可以在不改变强度的基础上能减少水分，因此称作减水剂。减水剂中又分为标准型、促进型、迟延型三种。

AE减水剂

具有AE剂与减水剂两者效果的外加剂，分为标准型、促进型、迟延型三种。

高性能AE减水剂

用在高流动性的混凝土，减水作用比AE减水剂更好，并且可有效保持混凝土的坍落度。近年来，这种外加剂被广泛使用。

图2-2-5　混凝土主要的不良状态及补修方法

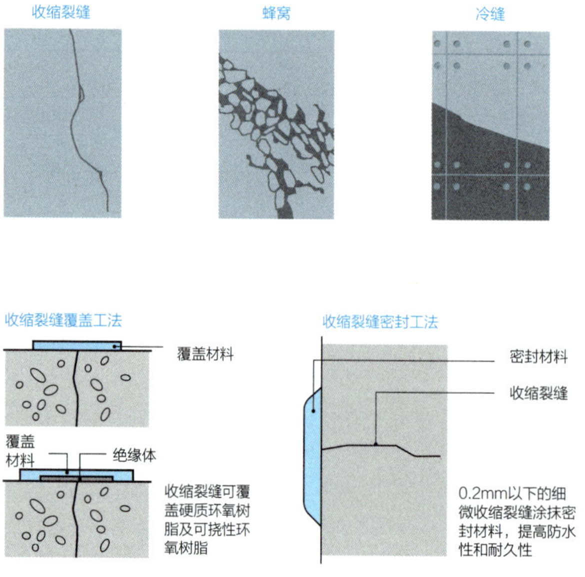

标准型减水剂

增加混凝土的柔软度，减少水分5% ~ 10%，并可减少单位水泥用量。但对于避免混凝土发生冻结、融解作用的功效比AE减水剂差。

促进型减水剂

促进型减水剂具有减水剂的功效，并能加快混凝土硬化，可防止混凝土的冻害，也能提前模板的拆模时间。但一般来说，因为水化热急速上升，硬化后的收缩率变大，可能会导致混凝土长期强度变弱。

迟延型减水剂

迟延型减水剂具有减水剂的功效，并可以延缓混凝土的硬化时间。使用时机为预拌混凝土从搬运到灌入的时间段，或是在高温夏季的施工时。使用量的差异会引来异常凝结的现象，因此要充分留意使用量方面的管理。

流动化剂

高流动性混凝土中使用的外加剂。流动化剂具有高分散性能，同时也可以大量使用，因此减水效果好。

添加后会加速混凝土发生坍落，并加大坍落度，因此大多在现场添加。需要严格管理添加量、拌合时间，以及从添加到浇灌完成的时间。

引气剂

外加剂的一种，也称气泡剂。灰浆或混凝土中混入气泡以提高其隔热性和流动性并减轻重量。

爆模

浇筑混凝土进行中或是留置期间，模板无法持续支撑混凝土的侧向压力而损坏的情况。发生原因在于维持模板间距的固定器间隔过大，支柱的间隔过大，或是混凝土浇灌时速度过快等。

收缩裂缝

混凝土干燥时收缩所产生的裂痕。特别是在混凝土上出现0.1 ~ 0.5 mm宽幅的细小裂缝，称为发丝裂缝。

蜂窝

出现在混凝土的外部，混凝土在砂粒分离状态下硬化的样貌（图2-2-5）。也称豆板、痘疤。

冷缝

先灌入的混凝土，与停顿一段时间再灌入的混凝土之间所产生的不良接缝（图2-2-5）。

浮浆

出现在混凝土表面的泥质薄膜，会阻碍二次浇筑接缝的密着性、水密性，因此要在混凝土二次浇筑之前去除。这是混凝土拌合所使用的水发生分离作用，在混凝土表面产生泌水现象所出现的水泥乳沫，容易发生在水灰比大的混凝土中。用来去除浮沫的工具有钢丝刷、磨砂工具、高压洗净机等。

白霜（Efflorescence）

在砖头或瓷砖的接缝处、混凝土表面出现的白色物质，水洗无法去除。这是水泥硬化产生的氢氧化钙与空气中的二氧化碳产生复合作用形成碳酸钙的物质，又称白华、吐露。

打石

将不要的混凝土部位用凿刀削除。若规模较大，会使用压缩空气驱动的震动凿机，规模小则使用电动凿具。用手去除称作手工凿法，如今比较少用。

整平处理

指将依附在地板、墙壁、模板等上面的水泥砂浆或水泥浆剥除的作业，可用呈棒状、前端装有铲子的专用工具锉刀来进行该作业。

凸出泥浆

从模板的接缝缝隙间流出的水泥糊发生硬化，模板拆解（脱模）之后，在混凝土表面残留的凸出泥浆。若发生在清水混凝土上，则必须去除。

碱骨料反应

混凝土中的碱性成分与骨料中所含的二氧化硅发生反应，混凝土发生裂痕、长期劣化的现象。原因在于碱骨材反应中产生的硅酸碱盐（Alkali Silicates）成分会吸收水分膨胀，让混凝土劣化。

中和作用

混凝土溶出的碱性成分或混凝土表面浸渗碳酸成分，使混凝土从强碱性转化为中性的反应。因为混凝土中的钢筋受到强碱的防锈保护，若发生中和作用会开始生锈，造成结构体的劣化。其他的问题现象，请参照表2-2-6。

砂纹

混凝土的水分容易从模板接合的外角部位的缝隙渗出，水泥浆流出，在混凝土表面出现的砂质纹路。为防止砂纹现象的产生，可使用胶布等材料将模板缝隙堵住。

表2-2-6　钢筋混凝土结构出现的问题与状况

收缩裂缝	发生在结构体上的裂缝，虽可借由降低水灰比来减少，但无法完全预防
蜂窝	混凝土浇筑时，在模板表面残留空隙、混凝土无法填补的状态。因为骨料如豆状外露，因此又称作豆板，并且蜂窝发生部位内部比外观更加脆弱，需特别留意
冷缝	因为混凝土浇筑的间距过长，先行浇筑的混凝土与后来浇筑的混凝土无法结合成一体，而相互之间产生接缝的情形。轻微的接缝不会产生太大问题，但若冷缝较严重、且该构件需要承担较大荷载时，则有可能导致混凝土整体坍塌，必须重新施工
浮浆	混凝土浇筑之后，水泥和砂在表面形成薄膜状的泥状物质。因为强度低，若残留在二次浇筑施工缝上，会影响混凝土结构的整体性
白霜（白华现象）	混凝土中的水泥硬化所产生的氢氧化钙，与空气中的二氧化碳生成碳酸钙，在混凝土表面上释出白色物质，造成表面脱落的现象
凸出泥浆	混凝土的角落处，出现针状或板状的凸出泥浆。因为会影响完工面质量，需用锉刀等工具去除
打石、打凿	在混凝土表面，若有任何误差或不完善之处，而必须进行的凿面修饰作业

浇筑

混凝土施工性能

在混凝土浇筑、捣固密实、最后加工等各个工序中，表示其施工难易度的混凝土性能，亦称作混凝土施工软度。虽然难以用单一数值体现，通常会以坍落度表示。在施工条件允许范围内，原则上需确保坍落度的数值尽可能小。不少人认为坍落度越大、工作性能便越好，这是错误的。应该在施工现场从浇筑开始到完成，随时确保良好的坍落度。

坍落度（值）

新拌混凝土的流动程度数值，经由坍落度试验所得到的数值（表2-2-7）。此试验是在坍落度圆锥筒中灌入混凝土，从上方将圆锥筒拔除后，混凝土高度下降的程度以厘米单位来表示坍落度数值，数值大的则表示属于柔软、黏稠度较低的混凝土（图2-2-6）。混凝土的水灰比决定了坍落度数值。

混凝土配比表

记载所需的混凝土规格，包括各材料的比例、单位容积混凝土中所含各材料量的表格，也称作调配表，用此配比表来统整各厂商提出的混凝土调配计划书。

细骨料比例

细骨料及粗骨料的绝对容积总量中，细骨料所占的绝对容积百分比例。对于混凝土效能评定，细骨材比例是极重要的评定项目。细骨材比例以50%以下为佳，平均约47%。

照片2-2-1 新拌混凝土检查

照片2-2-2 混凝土浇筑

照片2-2-3 混凝土浇筑前的楼板

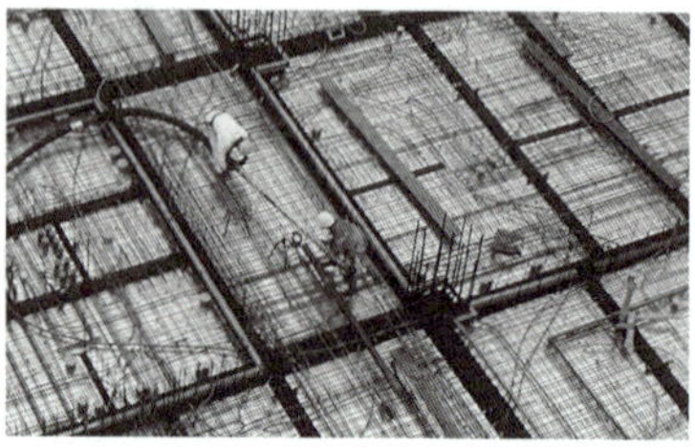

表2-2-7 预拌混凝土现场检验的误差容许值

项目	数值	误差容许值
空气含量	4.5%～5%	±1.5%
坍落度	8～18 cm	±2.5 cm
	21 cm	±1.5 cm
盐化物（氯化物）	0.30 kg/m³以下	—

表2-2-8 水灰比的最大值

水泥种类	水灰比例的最大值
波特兰第Ⅰ型水泥※	0.65
高炉水泥A类	
飞灰水泥A类	
含二氧化硅成分水泥A类	
高炉水泥B类	0.6
飞灰水泥B类	
含二氧化硅成分水泥B类	

※ 低热波特兰水泥除外。

图2-2-6 坍落度试验

① 混凝土分成三层分别置入，将搅拌棒前端深入至每一层与下一层的接触面，在每一层来回插捣25次

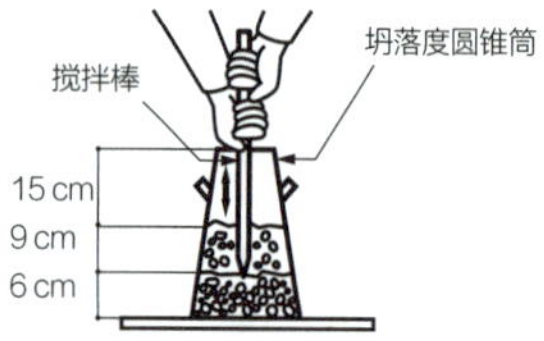

② 混凝土装填完成后，将坍落度圆锥筒向上拉起，测定混凝土下落的程度

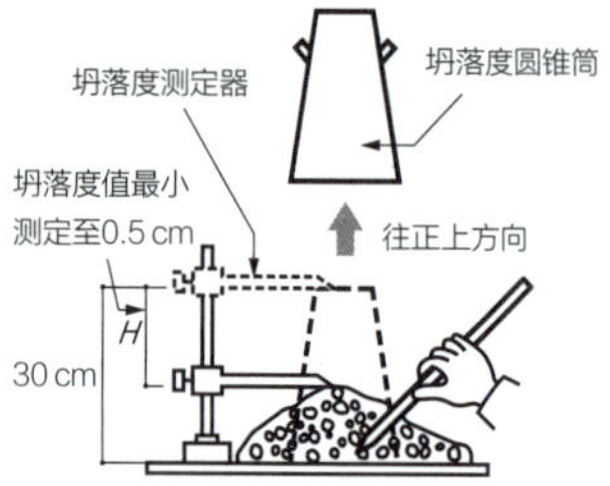

图2-2-7 混凝土浇筑步骤与施工流程

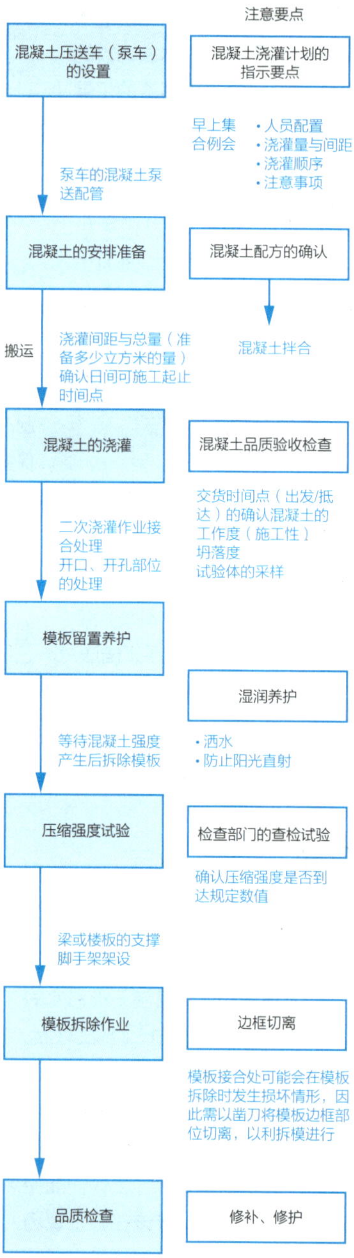

检视是否有蜂窝、冷缝、孔洞的情形，并讨论修补方法，进行必要的修补工作

含气量

混凝土中所含的空气体积比例，约为4.5%（表2-2-7）。

单位水含量

每立方米预拌混凝土中的含水量，但不包括骨料中的含水量。一般是每立方米185 kg以下。

单位水泥含量

预拌混凝土每立方米内的水泥含量，每立方米需有270 kg以上。

水灰比

新拌混凝土中的水用量与水泥用量的重量比，表示方式为水的重量/水泥重量（W/C），普通混凝土为0.4 ~ 0.7，高强混凝土为0.4 ~ 0.65（表2-2-8）。用来表示混凝土强度的指标之一，含水量多较容易混合搅拌，也较容易灌入模板，但混凝土强度降低，干燥收缩量也较大。根据坍落度来决定水灰比的数值。

灰水比

新拌混凝土所含的水泥相对于水的重量百分比，表示方式为C/W。用来表示混凝土强度的指标之一，灰水比的数值越大，混凝土强度越强，一般为1.5 ~ 2.5。

浇筑、灌浆

将混凝土灌入事先组装好的模板中（图2-2-7、照片2-2-2、照片2-2-3），若灌浆作业施工不到位，或是没有留意混凝土是否浇灌至边角部位，会发生施工不良的情况。

过度加水混凝土

当混凝土中的加水量超过了规定数值，就会变得非常柔软，从而导致混凝土的耐久性大幅下降，产生伸缩裂缝等问题。在混凝土中故意过度加水，属于违法行为。

泌浆

由于混凝土中固体材料的沉降或离析，导致砂浆上浮的分层现象。堆积于表面的上浮砂浆被称为浮浆。

混凝土投配搅拌机（Batcher Plant）

可分批投入配料的混凝土搅拌机。与连续搅拌机采取的容积计量方式不同，混凝土投配搅拌机可将混凝土的材料分别储藏、计量，并按照一次搅拌量进行混合作业和排出作业，是可以生产出特定质量混凝土的设备。几乎所有的混凝土厂都采用这种机器，另外，也有专门设置在工地周围或是可移动式的类型。

泵送混凝土

使用混凝土泵车（混凝土臂架泵车、配管车等）浇筑预拌混凝土。因软管可将混凝土送达各个方向，是目前最常见的浇灌方式。此外也有从混凝土搅拌车槽中，直接取出混凝土并浇灌至模板内的方式。软管的管径有150A（150 mm）和125A（125 mm），依照预拌混凝土的种类、骨料的最大尺寸、预拌混凝土的压送性、单位时间内的压送量等方面来选择软管管径。

混凝土泵车

安装了将新拌混凝土通过输送管道不断压送的泵体的车。在工地是最常见的输送混凝土的工具。分为压送性能高的活塞式和经济易操作的挤压式，也有配管式和举臂式。

混凝土配管车

在混凝土泵车到混凝土浇筑场所之间，以短管连接方式压送混凝土的泵车。

混凝土举臂泵车

装有伸缩机械手臂的泵车。在伸缩机械手臂可到达的范围内，不需要混凝土浇灌用的配管。

可泵性（混凝土压送效能）

以泵车施工的混凝土压送效能。为提高压送效能，依照混凝土的配比设计、现场浇灌条件等决定合适的泵车、浇筑计划的重要工作。弯曲配管多，容易造成阻塞，因此泵车的配管计划应以弯曲配管少、配管距离短为佳。

水泥砂浆预先润滑通管

泵送混凝土施工时，为了保持输送管内部的润滑度，在灌入混凝土之前，先输送水泥砂浆润滑通管。然而水泥砂浆本身强度比预拌混凝土低、坍落度大，若集中浇灌于同一个地方，容易发生强度不足的问题，因此可以分散灌至结构上属于较不重要的墙体中，或是仅先浇筑较薄的水泥砂浆层。

图2-2-8 浇筑、灌浆

混凝土的浇灌顺序

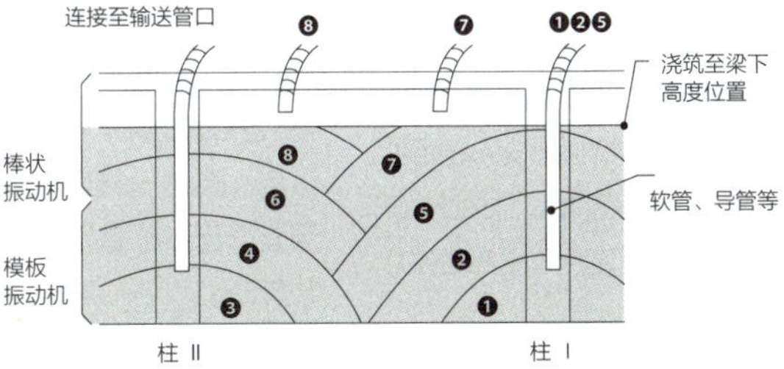

若从单侧浇灌，模板受到的侧向压力过大，容易发生混凝土爆模的情形（模板损坏或固定输送管位置脱离等），因此需如图示编号顺序分别浇灌

有楼层高度时的浇筑

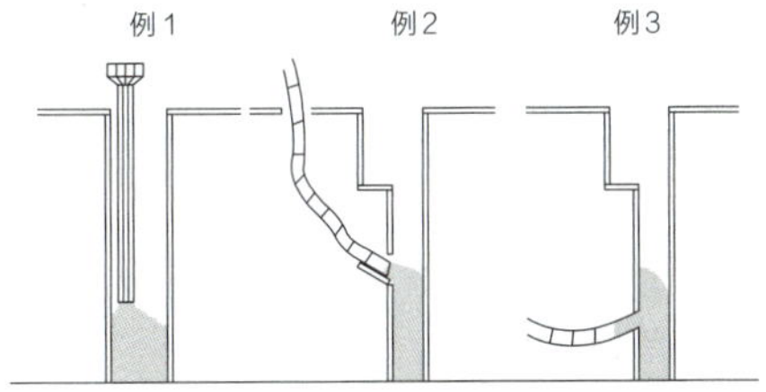

从上方楼层浇灌而下的混凝土，容易造成泌水或混凝土材料分离的现象，重复浇筑的位置也容易产生冷缝，因此若是从4 m以上的高度浇灌，应如图施工

浇筑、灌浆

使用浇筑混凝土用的特密管等，将混凝土从混凝土搅拌车中，直接浇灌至模板中的作业（图2-2-8）。浇灌过程中若下落距离过大，可能会发生混凝土中混合材料分离的现象，因此用小型的漏斗（吊型漏斗）来接收混凝土，并在漏斗下方安装细长形吊桶（约1 m长的圆筒状），引导混凝土落下。若吊桶的长度过长，混凝土混合材料也有可能会分离，可借由变换吊桶方向来减缓混凝土的流速，但可能会造成砂粒等混合材料的分离现象，原则上还是不要变换吊桶方向为宜。

平浇法

为了让混凝土高度保持一致，依序一边移动一边将混凝土浇筑至预定范围内的施工方式（图2-2-9），此为正确的混凝土浇筑方式，也称作水平浇筑。另一方面，连续浇筑同部位的集中浇筑方式，会让混凝土的侧向压力变大，不仅容易造成模板变形，也让浇筑距离变长，容易发生预拌混凝土材料分离的情形。

自由下落高度

从泵送混凝土的输送管前端或是漏斗（将预拌混凝土输送至目的地落下的引导器具），混凝土放离点至落点之间高度（图2-2-10）。

一般来说，若楼高超过3.5 m，容易发生混凝土分离现象。因此为了避免发生混凝土分离现象，应事先调整黏稠度高的混凝土配比，并在浇筑作业进行中，使用浇筑用输送管或漏斗，降低浇灌高度至1.5 ~ 2 m。在浇筑结构体断面面积较小的墙体混凝土时，需要在混凝土下落高度的中间位置，设置临时浇灌开口，进行两段式浇灌作业。

分次浇筑

在混凝土浇筑高度上分次浇筑2 ~ 3次，若一次灌满，模板可能会倾斜甚至爆模。相较于单一部位的集中浇筑，分次浇筑可防止模板整体的歪斜变形。

单侧浇筑

从建筑平面上的单侧，一边移动一边将混凝土灌入至设计高度的混凝土浇灌方式（图2-2-11）。虽然可以缩短浇灌时间，也能减少配筋的干扰现象，但可能发生模板整体发生歪斜的危险。

结构体混凝土

浇筑为结构体的混凝土，在人工控制的环境条件以及水化热的温度条件下硬化而成。

灌浆振动器（Vibrator）

混凝土浇灌时使用的振动机械器材（照片2-2-4）。对新拌混凝土施加振动，引导新拌混凝土至模板的边角部位，并去除不必要的空气，骨料得以均匀地分布，并让混凝土密实的施工机具。机具形式包括在混凝土中插入的棒状物（一般为30 ~ 50 cm），或是按压于模板上的板状物等。若长时间在同一个部位振动过久，容易导致骨料分离，因此一个部位10 ~ 20 s为宜，且不能直接在钢筋上施加震动。

捣实（Tamping）

为了防止混凝土浇筑完成后含水量急速蒸发，或是因混凝土下陷而发生的初期裂痕，在浇灌完成后的30分钟到1小时之间，在混凝土表面进行捣实作业。通常使用木铲或金属铲来进行施工。

图2-2-9 水平浇筑

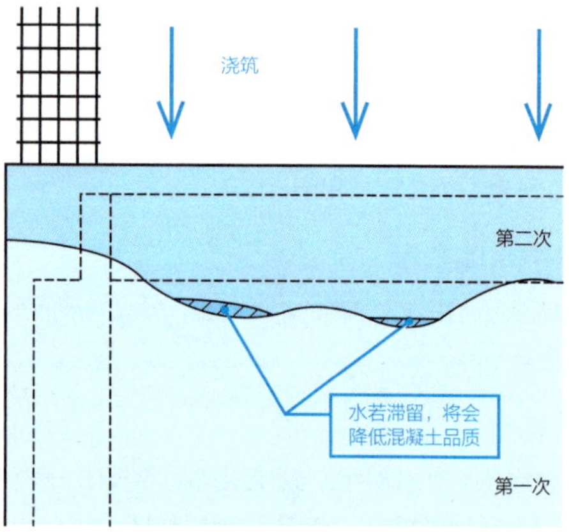

图2-2-10 自由落下高度

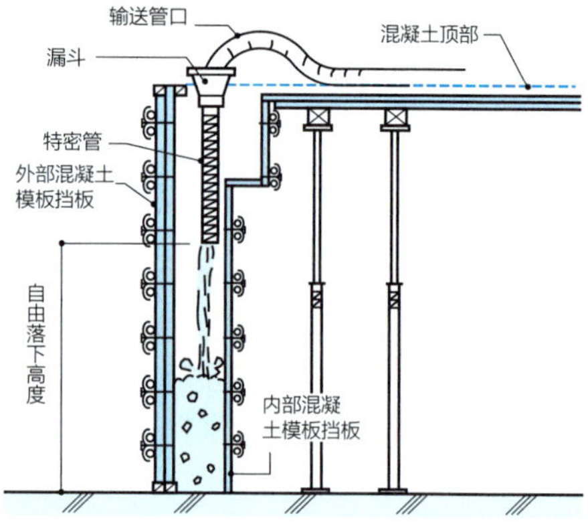

图2-2-11 单侧浇筑

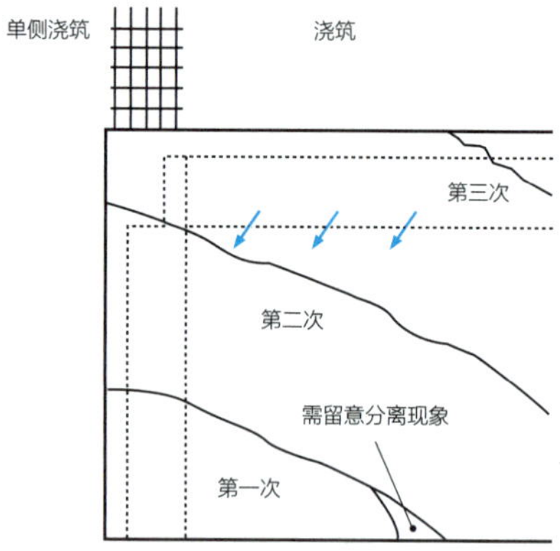

照片2-2-4 高频振动机

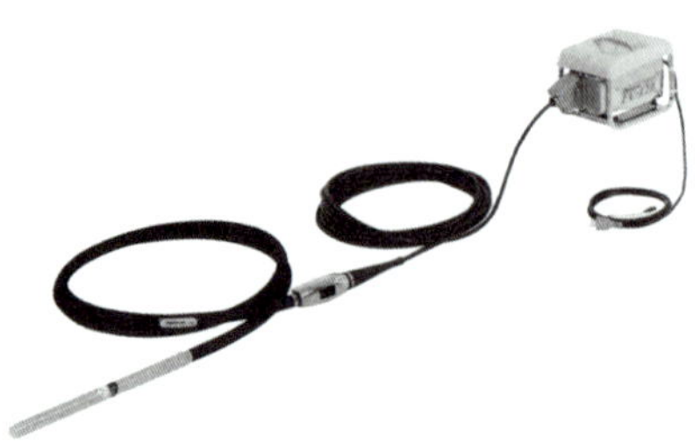

外模振动

混凝土浇筑时，为了不让混凝土残留在模板与混凝土的缝隙之间，使用木槌在已充填混凝土的模板部位敲打（照片2-2-5）。与振动器一样，是为了防止蜂窝等瑕疵发生而进行的作业。

窗框周边或是配管周围，若未进行充分敲打振动作业的话，会因出现缝隙而需要进行日后的修缮。

捣竿

混凝土浇筑时，从上方插入竹竿并搅拌的作业（照片2-2-6），工具以竹竿为佳。虽然振动器普及，现在较少使用此种方法，但依旧有许多意见认为竹竿的上下移动，可将混凝土中的空气赶出浇筑成密实的混凝土。

二次浇灌

在已浇筑的混凝土上继续浇灌混凝土的作业。需事先去除一次浇灌面上的泥浆乳沫或强度不足的混凝土。

来回浇筑

按照前、后、前的顺序来回浇筑混凝土。

混凝土顶部

混凝土浇灌完成面的高度（图2-2-10）。

混凝土沉降现象

混凝土浇灌后，因混凝土分离而发生泌水作用，在混凝土表面产生下沉现象，也称混凝土沉降现象。列举发生原因有①混凝土的水灰比、坍落度值大，②浇灌速度过快，一次全部直接浇灌至梁或楼板下，③捣实工作不充分等。

混凝土上表面附近有钢筋的话，混凝土的沉降受到钢筋的约束，易沿着钢筋发生裂缝。梁下和墙、梁上和楼板的交界线，也容易因混凝土的沉降量而发生裂缝，这些沉降裂缝，可由充分的捣实工作预防。

冬季混凝土施工

混凝土浇灌后的养护期间，如遇混凝土可能发生冻结的季节所用的施工方式。例如盖上养护布来预防冻结（照片2-2-7）。

夏季混凝土施工

在高气温的环境下，混凝土所含水分可能急速蒸发时所用的施工方式。为了防止因为水分蒸发造成坍落度变小的情形，会以洒水的方式进行养护（照片2-2-8）。

模板留置期间

混凝土浇灌后，让模板留置在原处的时间。若未达混凝土强度基准以上，则不可以拆除楼板支撑架。混凝土硬化之后，拆除模板的工作称作脱模。达到混凝土强度所需时间，在冬天较长，相反在夏天较短。

照片2-2-5 模板外部敲打振动

照片2-2-6 竹竿捣竿

照片2-2-7 养护专用临时屋顶的搭设案例

照片2-2-8 洒水养护

表2-2-9 混凝土模板的留置期间

根据基础、梁侧、柱、墙的模板留置期间，使用的水泥种类及温度所订出的龄期（日数）

温度	早强波特兰第I型水泥	普通波特兰第I型水泥 高炉水泥A类 含二氧化硅成分水泥A类 飞灰水泥A类	高炉水泥B类 含二氧化硅成分水泥B类 飞灰水泥B类
20℃以上	2	4	5
10~20℃	3	6	8

a.基础、梁侧、柱以及墙的模板留置期间，以混凝土压缩强度确认到达5 MPa以上为止。但若模板留置期间的平均气温在10℃以上，混凝土的龄期若超过上表日数，则不需进行压缩强度试验即可拆下模板。

b.楼板下、屋顶板下以及梁下方的模板，原则上是在支撑架拆除后进行拆解。

c.支撑架留置期间，无论是楼板下或是梁下，以混凝土压缩强度来确保到达设计基准强度100%以上为止。

d.支撑架拆除之后，构件上的荷载若超过结构计算书上该构件的设计荷载，则与上述的留置期间无关，需要根据结构计算的结果，确保安全之后再行拆除。

e.若要比上述c项提早将支撑架拆除，需在特定构件的支撑架拆除之后，马上对附加在该构材的荷载进行计算，求得能够支撑该荷载的强度安全值，并必须确定是否超过设计的混凝土强度。但是能够拆除模板所需达到的混凝土压缩强度，无论设计强度是多少，不得低于12 MPa。

f.悬臂梁或者是屋顶的支撑架的模板以上述c、d项目为准。

模板

模板

为了维持设计的形状或尺寸，浇灌混凝土时，在达到所需强度之前，所使用的临时支撑结构物的总称。一般来说，在留置期间之后会被拆除（图2-2-12）。

免拆模板

混凝土浇灌后，不将模板拆除，而维持不动地留在结构体上的模板，也称作背衬模板（可弃式模板）。一般会在靠近建筑周围，或是在地下进行模板施工时，因为脱模不易而弃置于结构体的施工方式。也有使用菱形网、造型模板、波状钢板等材料作为基础模板，并直接作为完成面的施工方式。因为施工精准度高，工期短，并可节省物料资源，而受到关注。材料种类有钢制、塑料制等，也有兼具饰面材料或保温材料的种类。

钢制模板

钢制模板的尺寸规格是300 mm×600 mm，因为尺寸小、单价高，所以使用受限（照片2-2-9）。但由于钢制模板可回收再利用，若在住宅的连续基础，或是在各种建筑中的相同剖面构件上重复使用，可降低成本。

照片2-2-9 住宅基础使用钢制模板

照片2-2-10 圆柱纸模

照片2-2-11 横向钢制单管（横向临时材料）

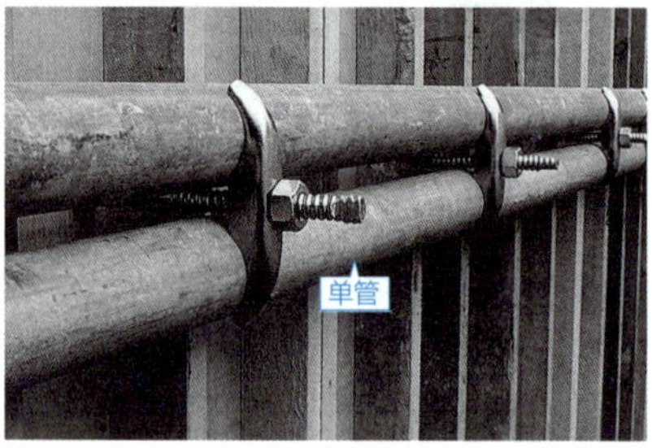

图2-2-12 模板名称

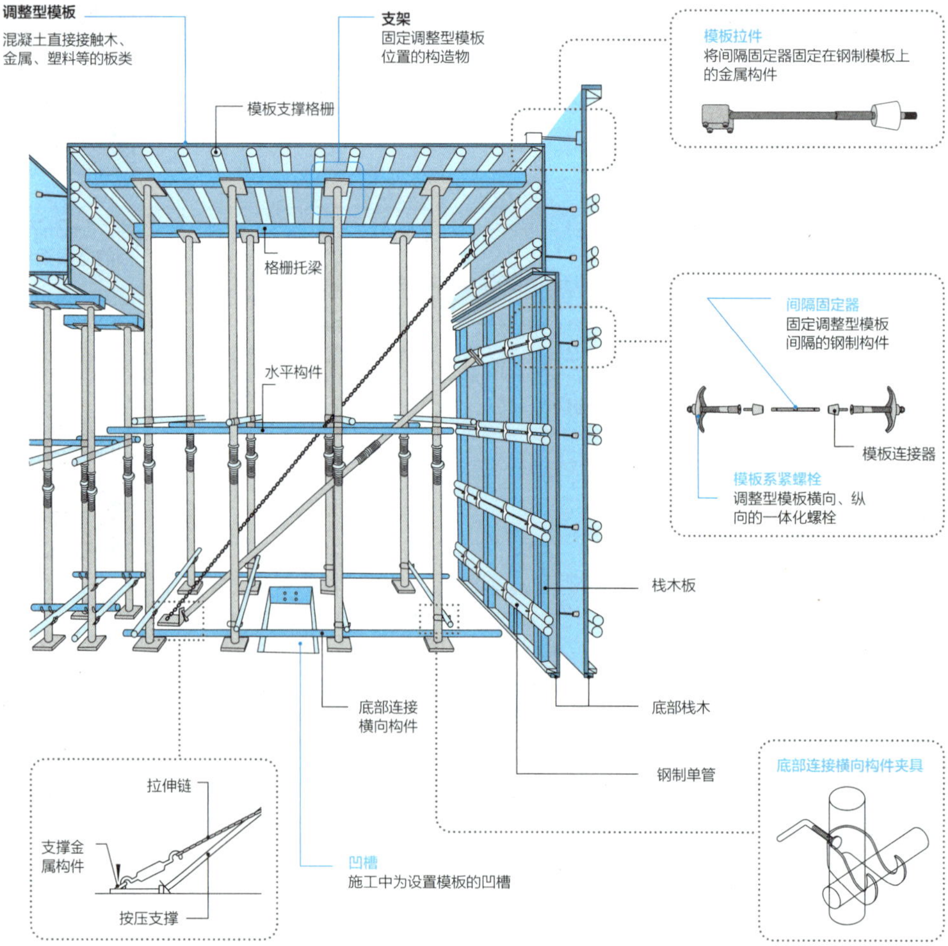

圆柱纸模

中空圆柱、圆筒状的纸制模板。利用特种纸叠积、压制而成的模板，可用于圆柱体清水混凝土施工。制成品的管径为50 ~ 1200 mm，管径大于1200 mm的特制品称作大型柱状纸模板（照片2-2-10）。

装饰模板

表面加工成凹凸纹样的模板，浇筑成型的混凝土可直接用来装饰外观。模板的材料包括钢材、特殊树脂、聚苯乙烯泡沫和三聚氰胺涂层装修饰面的胶合板。可以模拟石纹、木纹等，创造出素材的质感。

建方（模板）

根据设计图安装模板。

板条模板

使用特殊金属网代替胶合板或钢板的免拆模板，模板的材料为菱形铁丝网等。由于不需要拆除模板，可以节省劳动力，缩短工期，常用于基础梁和地基。在大规模的建筑工地，也可作为水平接合缝的挡板使用。

调整型模板

模板的构件之一，用来调整混凝土形体的板状构件，可以直接支承浇灌出的混凝土。模板材料以胶合板（夹板，混凝土夹板的简称）为最多，也有涂装处理过的夹板（在胶合板表面上做涂料、表面修饰用的饰面清水混凝土模板）等。虽然涂装的好处是让浇灌后的混凝土容易脱模，完成面也好看，但因表面涂装会吸收混凝土的碱液，所以模板回收再利用以三次为限。

由于需要较高的施工性能和可再利用性能，因此也有钢制模板或铝制模板、塑料制FRP模板、厚纸模板等种类。在进行清水混凝土施工时，会使用表面涂装处理的模板，也可使用经三聚氰胺树脂、亚克力树脂进行表面处理的模板。在梁侧面所使用的模板称作侧板。表面涂装处理的模板也可直接用其涂料产品名来代称。

混凝土模板

亦指模板用合板。在日本依照JAS规格，分成第一种（清水混凝土用）及第二种（第一种以外的）夹板，规格一般为12 mm（厚度）×900 mm×1800 mm、12 mm（厚度）×600 mm×1800 mm、12 mm（厚度）×1000 mm×2000 mm等。在表面喷涂三聚氰胺树脂或亚克力树脂的胶合板既可以防止模板与混凝土之间的化学反应，也让混凝土容易脱模，因此能够增加回收再利用的次数。

模板支撑搁栅

为了支撑楼板模板，以间距30 cm排列的构件，大多使用钢制单管。

图2-2-13 钢管的设置方式

模板角落部位的钢管与间隔器错开，不配置在同一水平高度上。若对钢管配置方式有疑虑，应事先在现场给予钢管组合方式的施工指示。

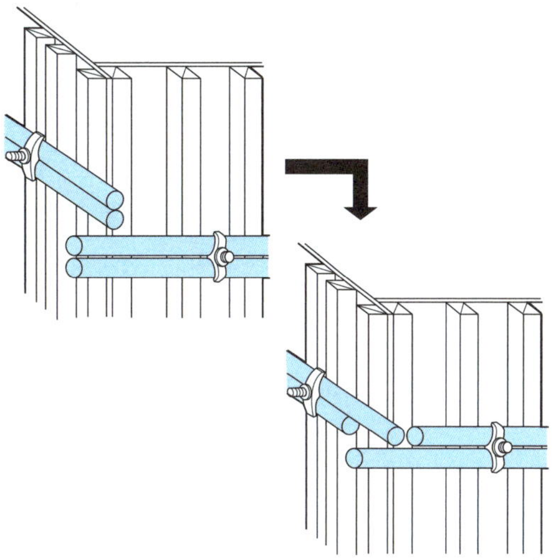

图2-2-14 楼板支承五金接头

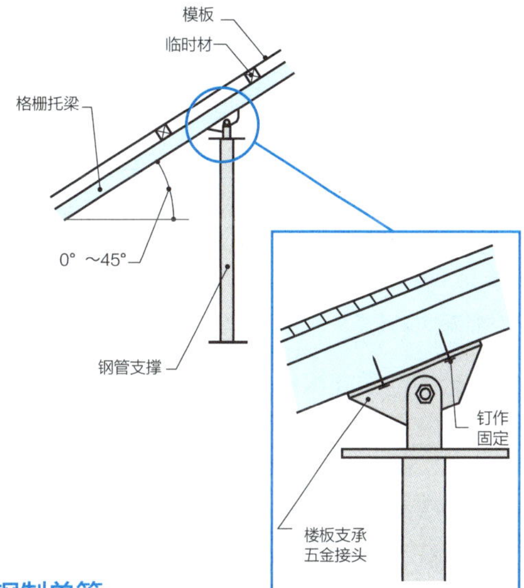

钢制单管

外管径48.6 mm、管厚度2.3 mm的钢管，长度至5 m，以每50 cm为刻度（照片2-2-11、图2-2-13）。

楼板模板的支撑搁栅托梁

用来撑托楼板模板的支撑搁栅的构件，以间隔90 cm排列设置。大多使用临时支撑用方木或是60 mm的钢制方形管，也有使用规格标准化的铝制支撑材料。

临时支撑用方木

为了固定模板的侧面，使用杉木、松木、桧木等制成的方木，边长约10 cm，又称端材。横向的称作横向方木、横挡板，纵向的称作纵向方木。

支撑构件

施工过程中用来支撑荷载的临时构件，一般使用钢管支撑。

钢制临时梁

也称作梁、背衬梁。不需要楼板模板的支撑搁栅、托梁或是支撑管等的楼板模板。使用材料较少，并有助于提高施工效率（照片2-2-12）。

钢管支撑

支承混凝土模板的钢制管支撑构件。为支撑构件中的支柱，用来支承楼板、梁等部分的模板，又称作支架。其中下方底管（管径60.5 mm）和上方插管（管径48.6 mm）的长度在7～30 cm之间，最大长度可达120 cm，也称作调整型钢管支撑。一般支撑管最长约350 cm，若需更长，可用辅助构件来连接。

若用来支撑倾斜屋顶或梁，会在直立起的支撑管上端安装楼板支承五金接头（图2-2-14）。此外，为了转换※成为楼地板模板的支撑，有时会在永久型支撑管，或是支撑构件之间保留一定的间距设置。

永久型支撑管

楼板的支撑工程过程中，可以直接把搁栅托梁、搁栅、调整型模板拆除所使用的特殊支撑钢管。

底部连接固定横向构件

使用水平材料或斜撑材料，将支撑钢管的底脚部位连接、固定，使其不会移动所使用的横向构件。

水平系件

浇筑混凝土时，为了防止模板变形或弯曲，在中间的高度，以临时支撑用方木或钢管将支撑钢管固定连接所使用的构件。水平系件每2 m一处双向设置。

脱模剂

拆除模板时为了脱模容易，而涂在调整型模板表面的制剂。清水混凝土面积小的话几乎不需使用脱模剂，一般会涂在基础、墙壁、各开口边框模板上。种类除了水溶性、油性外，钢制模板用、木制模板用的涂剂产品也很多，需要慎重选择脱模剂的品种，否则会对混凝土表面造成不良影响，例如颜色不均匀、色素沾染、调整型模板粘连，以及饰面材料的附着力降低等。

防爆泥贴布

在窗框、阳角等部位，用来阻挡水泥糊从模板缝隙中溢出所使用的贴布（照片2-2-13），使用在清水混凝土的饰面作业。

除了贴布，也有金属制的山型钢或角钢，用来预防水泥浆从临时底板板材与楼板之间的缝隙中喷出。

梁下搁栅支撑

用来支承梁下搁栅的搁栅支撑材料。

模板系紧螺栓（Form Tie）

将调整型模板以及纵向、横向的角材，固定成为模板组的螺栓（照片2-2-14），包括用来固定横向临时支撑用方木的垫圈，而且依照方木的材质与固定方式的不同，适用的螺栓种类也不同，其中以W形最为常见。

间隔固定器

用来让两个相对的调整型模板之间，保持一定的间距，使用在壁或柱、梁的侧面的金属配件（图2-2-15）。在间隔固定器和模板之间置入的圆锥状物，称作模板连接器。如两侧有金属垫圈的话，会在混凝土表面上残留痕迹。

模板连接器

在间隔固定器边端部位安装的小型塑胶制配件（照片2-2-15）。虽然也有木制模板连接器，但目前较为少用。

外模、完成面

使用在墙壁模板的内壁（或是外壁）相反侧的模板。若是以两片模板所构成的墙壁，先行组装一片模板，在完成配筋之后，再组装另一片模板。

照片2-2-12　楼板上的保温材料施工

照片2-2-13　防爆泥贴布

照片2-2-14　模板系紧螺栓

照片2-2-15　模板紧接器

照片2-2-16　角部固定器

图2-2-15　模板剖面

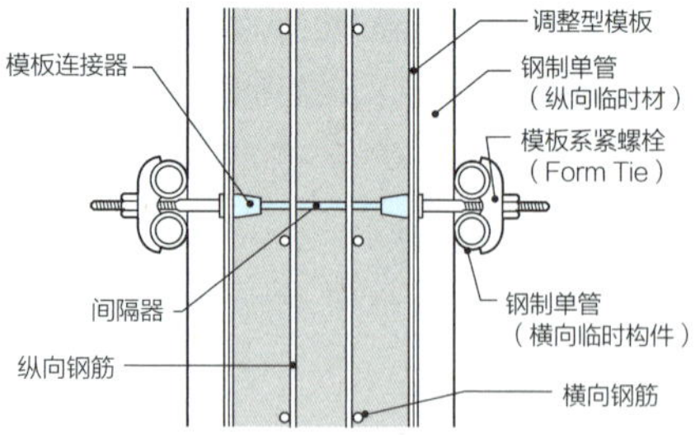

※ 模板留置期间，将短式调整型模板、模板支撑搁栅先行拆除，移至上方楼层使用。

角部固定器

建筑的角部，容易受到流动的混凝土侧向压力，因此在墙壁、柱等外角（阳角）位置，使用金属链、紧迫器或连接勾（Turnbuckle）来固定加强，也称作角部固定五金配件（照片2-2-16）。

开口边框构件

在混凝土上做出沟或凹槽，所使用的构件（图2-2-16）。在大型模板工程的调整型模板施工中，用夹板或聚乙烯泡沫等置入混凝土模板，简化模板的复杂度，也称作预留箱形框。除了用胶合板或木材在现场加工，也有排水模板、排水沟形模板等依照不同用途预制的产品。浇筑清水混凝土时，若想取得边框锐利的视觉效果，可用刨床加工开口边框。

预留矩形框

为了要在混凝土浇灌后做出矩形框当作窗户，将矩形模板安装在楼板或墙壁的调整型模板的开口部位，也会安装在配管所需的开口部位（照片2-2-17）。

拔钉

为了再利用拆解后的模板，将模板、胶合板上埋设的钉子拔除。

模板再利用

在相同的施工现场，将模板材再利用于其他地方，也就是模板转作其他用途的意思。为了要再利用，拆除模板时要小心维护。

栈木板

使用在临时工程，一般来说截面尺寸为25 mm×50 mm，长度3～4 m，也称作补助栈木。也有尺寸标准化的模板专用铝制栈木。

临时板

使用在临时工程，厚度12～15mm，宽度10 cm，也称作辅助板。

爆裂

混凝土浇筑或硬化过程中模板破裂混凝土溢出的现象。混凝土浇筑时产生的侧压或其负重使模具变形不能维持规定尺寸的现象。

预留套管

在混凝土结构体中为管线提前预留的管孔。

拆除

将模板拆除的作业。建筑工程的施工人员共通的工程用语（脚手架工：拆除脚手架；木匠：拆除隔间）。

图2-2-16 开口边框构件

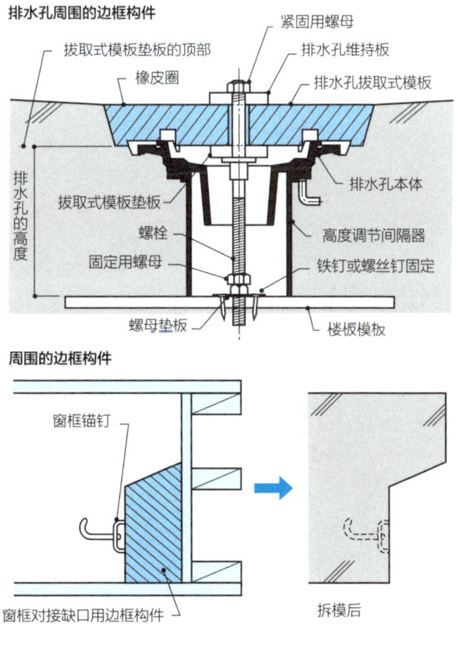

照片2-2-17 矩形开孔

品质管理

验收检查

预拌混凝土被搬运至施工现场时，确认是否与订购的混凝土相符的品质管理检验，检验项目通常包括坍落度试验、空气含量测定、氯化物测定（表2-2-10）。

指定强度

预拌混凝土（Ready-mixed Concrete）以不同称呼来区分混凝土强度。采购预拌混凝土时，以强度（MPa）搭配坍落度的数值来选定。强度超过36 MPa，且未将二次浇筑的时间间隔列入监工重点的话，容易发生冷缝或蜂窝现象。浇灌清水混凝土时，计算指定强度时需加上温度修正值，否则易造成浇灌期间混凝土强度改变，会发生各楼层之间混凝土颜色不一致的情形。其他还有设计基准强度、配比强度、基准修正强度等。

设计基准强度

结构计算时设定的混凝土抗压强度。一般常见的是15～40 MPa，小型基础使用18 MPa，大型建筑物的强度设定数值更高。

配比强度

为了达到混凝土的目标抗压强度，将混凝土品质上的变化或是混凝土养护温度等因素列入考量，并额外再提高设计基准强度数值，也称作配合比强度。

基准修正强度

预测混凝土达到设计基准强度的龄期期间的平均气温，作为混凝土强度修正数值的依据。目前规定对于龄期为28天、42天、56天、91天的混凝土，根据气温得出的修正强度值为3 MPa。

管口试料采样

为了施行预拌混凝土的品质管理，在灌入模板之前，先在泵管口进行试料采样。

混凝土试块

为了监控混凝土的抗压强度，浇灌时，在施工现场从预拌混凝土车采样做成的混凝土试料（照片2-2-18）。维护方法有标准养护、现场水中养护、现场密封养护等。

混凝土试块模

用来制作试块的铁制圆筒模（照片2-2-19）。制作试块需将混凝土填充入筒模，并用水泥浆将上端抹平。

检验锤

以无损检测的方式来测量混凝土抗压强度的工具。通过敲打混凝土，测量其回弹力度，来计算强度。由于测量精度不高，多用于初步调查等。

混凝土养护

混凝土浇筑后，为预防表面发生龟裂或冻结现象，需进行保持混凝土湿润的养护作业。

标准混凝土养护

完成混凝土试块的压缩强度试验前的养护方式之一。在水中或是与空气相对湿度100%相近的环境中，温度保持在20±2℃之间进行的混凝土养护工作。此种养护工作的预拌混凝土是用作压缩强度试验的混凝土，需确认调配管理，通常在混凝土工厂进行。

现场水中混凝土养护

混凝土试块的养护方法之一，将混凝土块置入现场准备的水槽，每日记录最高、最低水温。实际是为了混凝土的浇灌品质管理或是用来判定模板的脱模时间而进行的抗压强度试验。该养护作业由施工单位进行。

现场混凝土密封养护

以塑料袋密闭封口，不让混凝土吸湿或排出水分的试块养护方法。现场密封养护可让龄期延长至42天、56天、91天，可降低混凝土温度修正值，该养护作业也适用于高炉水泥。

混凝土龄期

已浇筑混凝土强度管理上使用的用语，表示混凝土从浇筑日开始所经历的天数。现场水中养护的情况，采用龄期为28天的4周强度，现场密封养护（用塑料袋来养护，以防止试块中的水分蒸发）的情况，则采用龄期小于91天的试块的抗压强度，若以上强度的数值大于设计基准强度，可视为合格。

照片2-2-18 混凝土试块

照片2-2-19 混凝土试块模

QUANTAB试纸

用来测定预拌混凝土中氯离子含量的试纸，大约10分钟可得到测试结果。

表2-2-10 预拌混凝土的验收检查

检查项目	检查时期、次数	检验方法	实施检验方、监督方	合格评定数值
坍落度 空气含量	压缩强度试验用试块采样时	JIS A 1101	实施：预拌混凝土工厂 监督：工程主管	规定坍落度值（cm） 容许误差（cm） 未满8 ±1.5 8以上18以下 ±2.5 超过18 ±1.5
	混凝土结构的强度检查用试块采样时	JIS A 1128	实施：工程管理方 监督：项目经理	空气含量 区分 容许误差（%） 普通混凝土 ±1.0 轻质混凝土 ±1.5
（氯离子含量）氯化物	一次/一日※1	JAS S 5 T-502（使用认证过的测定仪器）	实施：工程管理方 监督：项目经理	无防锈对策：0.30kg/m^2以下 有防锈对策：0.60kg/m^2以下
抗压强度	灌入施工区，每区每日一次，并且一次约150 m^2※2（三次/一个检查口）	JIS A 1108标准养护材龄28日	实施：预拌混凝土工厂 监督：工程主管	同时满足下列（1）（2）点： （1）一次试验结果达到规定强度85%以上 （2）3次试验平均值达到规定强度以上

※1 测定时，对同一试体分别采样三个试料，再各自测定一次，以平均值来评定。

※2 一次检验使用试体三根，从任意一台搬运车中挑选。

钢筋

钢筋

种类有光圆钢筋、变形钢筋等（图2-2-17），用铸造铣铁（生铁）的铸熔炉或是电炉将铁矿石熔解而制成的钢材。一般以附有竹节纹路的钢筋最常见。

以SD295A、SD345、SD390为主流。

种类符号

用来表示JIS中钢筋规格的符号。钢筋混凝土中“钢筋”部分使用的钢铁（钢棒）中规定了SR235、SD295A等7种。第一个英文字母表示钢筋的形状。“SR”表示表面没有凹凸的钢筋（圆钢）。“SD”表示表面带有螺纹的钢筋（螺纹钢）。接下来的三位数是抗拉强度（MPa）。“SD295A”表示抗拉强度在295 MPa以上，没有规定上限，而“SD295B”则规定了上限在390 MPa以下。

抗拉强度

对钢筋施加拉张力后不能恢复到原来形状时的强度。一般钢筋具有弹性，拉伸后会恢复到原来的形状，但超过抗拉强度后就会造成永久变形。也称抗拉作用力。

标识

在钢材制品上刻上的显示制造商、钢筋直径、钢材种类等的标识。在施工现场，检查的钢筋时通过看标识、金属标签和材质证明书都能确认该种钢筋是否符合设计要求。

钢筋单元

通过工厂的机器自动将钢筋进行切割、焊接、弯曲等一系列加工后形成的单元钢筋。常用于制造设计精度高、性能稳定的基础钢筋。也有将各部分用特殊钢丝绑扎、折叠搬运到现场后再恢复所需形状的“可折叠钢筋单元”。

钢筋弯曲机

将钢筋折弯的机器。分为手动式和电动式。

DECON钢筋

变形钢筋。为了提高钢筋与混凝土之间的附着强度，而将钢筋表面做成节状突起物。

钢筋平均直径

变形钢筋因为附有节状纹路，钢筋直径不一致，因此取平均值作为尺寸规格化的称呼名称。平均直径13 mm称为D13，平均直径19 mm称为D19。

钢筋切割机

将钢筋切断的机器，有手动式、液压式和电锯式等。

天然气切割机

将氧气和可燃性天然气混合，产生超过3000℃的火焰将钢材切断或焊接的机器。

钢筋绑扎

配筋（将钢筋如图面排列配置）后，以铁丝（软钢丝，粗度以21号钢线最常使用）将钢筋与钢筋之间绑扎紧结（照片2-2-20）。

绑扎钢丝（扎丝）

用于将钢筋绑扎系紧的退火钢丝。加热后慢慢冷却后的钢丝，有绑扎弯曲成U形的，也有用捆绑机绑扎成卷轴形的，还有用于裸露于混凝土外防锈能力强的镀金扎丝和用于环氧树脂钢筋的包胶扎丝。

配筋

根据设计图配置钢筋的种类、直径、数量以及位置。需根据“钢筋混凝土配筋标准图”检查混凝土的浇筑厚度、接口位置、接口长度和间隔尺寸后实施配筋。

柱子的配筋率

柱子纵向钢筋的横截面面积对于混凝土横截面面积的比例。一般要超过0.8%。但根据临界承载力计算确保安全的情况下可以低于这个数值。

材料出厂证明

制钢业者针对制钢厂出厂的钢筋品质，提供的钢材检查证明文件，包括购买钢材时附加的保证书，上面记载着制造编号、钢筋的编号、化学性质成分、机械性质等。住宅规模的建筑物所使用的钢材，不应只向单一制钢厂购买，也不应只参照材料出厂证明，应该在现场确认钢材上方的刻印为宜（照片2-2-21）。

图2-2-17 钢筋的表面形状

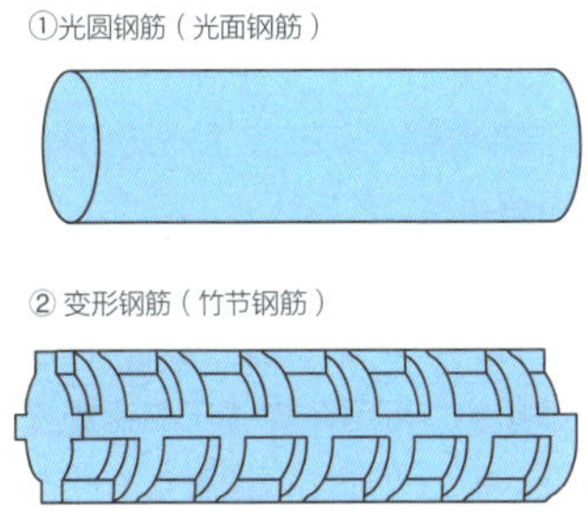

照片2-2-20 钢筋绑扎

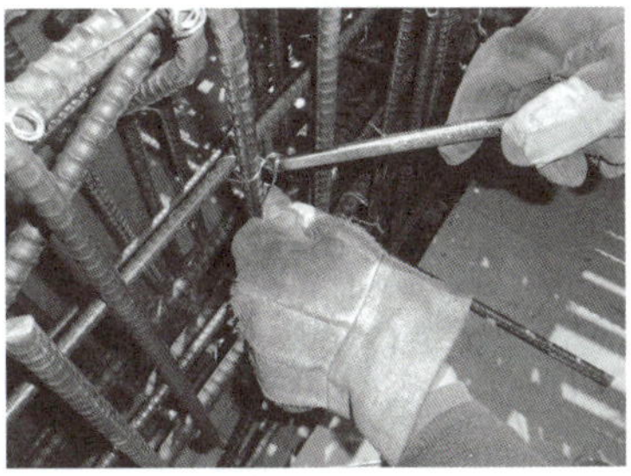

照片2-2-21 钢筋上编码刻印

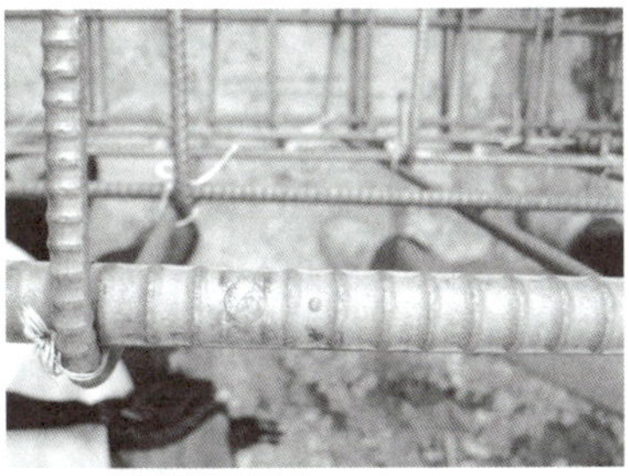

照片2-2-22 钢筋的气压焊接

钢筋间距

相邻钢筋中心之间的间隔。

连接部位

钢筋的接合部位。依施工方法不同，分成重叠搭接、气压焊接（照片2-2-22）、机械连接、焊接、电弧焊等不同的连接方式。电弧焊施工容易，钢筋的收缩量小，可用在先施工的钢筋接合作业。机械式连接依照紧结方式分成钉式连接、套管式气压焊接、套管式充填连接、套管式螺栓连接等。若是将直径较粗的钢筋重叠连接，特别是承重底座的配筋间距如果过窄，将无法确保粗钢筋之间的间距，因此应该在规划钢筋水平或上下重叠配置的时候，应该充分考虑钢筋间距。

搭接长度

钢筋连接时重合部分的长度。搭接长度根据钢筋的种类、钢筋的直径、混凝土的强度、是否有弯钩而定。D35以上的带肋钢筋原则上不能搭接。另外接口的位置应设置在钢筋受拉力小的地方。

气压焊接

将接合的两根钢筋的断面用1200～1300℃的火焰加热，同时沿着轴线方向施加作用力，端部无须达到融化状态便可接合的工法。用火焰（乙炔）加热后构成钢筋的原子变得活跃，会跨过接合部进行融合和再排列。该工法就是利用了这个原理。

机械式焊接

利用特殊钢材制成的钢管（套筒或连接器）和异型钢筋的咬合来焊接的工法。

附着力

混凝土和内部埋设的钢筋等的相互附着的力量。随着钢筋表面的形状、直径和混凝土的抗压强度的变化而变化。

现场连接钢筋

在现场进行连接作业的钢筋。

预先连接钢筋

在现场之外进行连接作业的钢筋。

固定埋设

将钢筋的边端部位埋设固定在混凝土中，不让钢筋被拔出的作业，也称作锚固埋设。若是在梁，应将规定所需的梁主筋长度埋入柱内，以确保应力的传达。

固定埋设长度

钢筋埋设固定于混凝土中时，即使施加作用力也无法拔出的固定长度。另外，在结构支点处通过搭接钢筋接合构件的情况，固定埋设长度也指埋入构件的必要长度。

英寸

带肋钢筋D25的俗称，常使用在钢筋工程中。这个名称出处是来自“1英寸≈25.4 mm”。

主筋

RC（钢筋混凝土）结构中主要用来抗拉、抗弯矩的钢筋。柱子中指纵向钢筋，梁中指横向配置的钢筋，楼板中指短边方向的钢筋。

箍筋

将柱、梁的主筋呈箍束的状态，与构件主体相互垂直、呈带状配置，多使用在柱子。近年来也有将箍筋熔接成一个单元的做法（图2-2-18），一般是以150 mm以下的间距将钢筋弯曲配置。梁内的箍筋称作助筋，间距为250 mm以下，并在梁高的四分之三长度以下。

螺旋箍筋

将钢筋加工成螺旋状的一种箍筋，大多使用在SRC（钢骨钢筋混凝土）结构上（图2-2-19）。

配箍率

柱子的横截面积中纵向受力钢筋的总横截面积与混凝土总横截面积的比。

箍筋间隔

垂直于柱子主筋的箍筋之间的间隔。

柱子的最小直径

柱子的最小尺寸。要超过主要支点间（梁的下端到下一个梁的上端间）距离的1/15以上。

弯钩

为了增加混凝土和钢筋的附着力而将钢筋的顶端弯曲形成的弯钩。弯钩皆应折向内部。

余长

将钢筋顶端弯钩起点到终点称作“弯曲部”，超过弯曲部终点是余长。确保足够的弯曲起点后的长度，可提高固定性能。

图2-2-18 柱的配筋

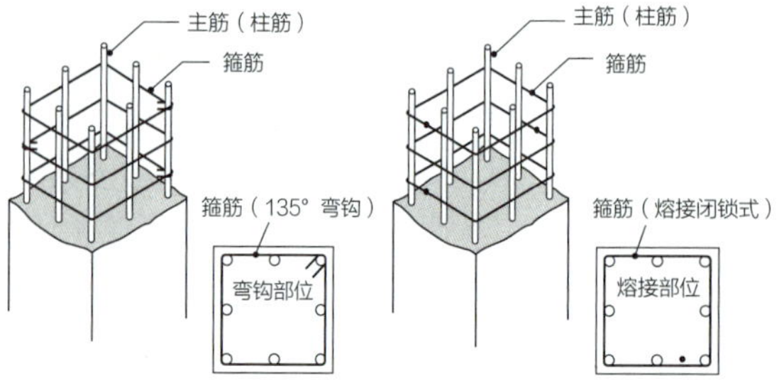

图2-2-19 螺旋箍筋的种类

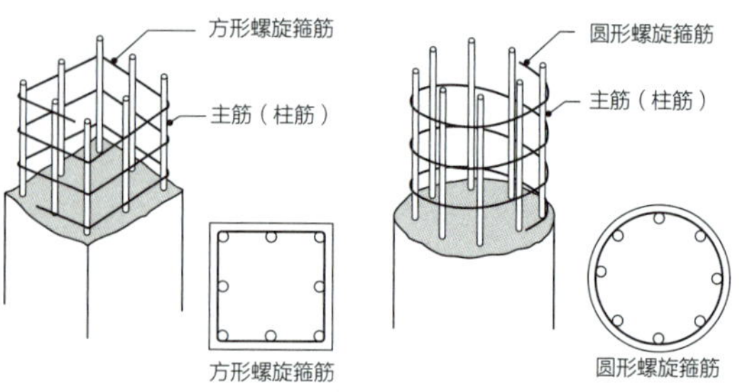

肋筋

使用在柱子的钢筋是箍筋，使用在梁的钢筋是肋筋。

腹筋

梁高600 mm以上，梁箍筋会变形成平行四边形，配筋无法顺利进行，此时，即需要配置腹筋。腹筋是与梁的上下主筋平行的小直径钢筋，可以有效地调整箍筋形状。

宽止筋

确保梁箍筋间距的配筋，或是确保楼板的上下钢筋间距的钢筋，间距一般约1 m。

加强筋

各种预埋管或开口部的角部产生的应力较强，大多由墙壁或楼板中央部位的钢筋来承受。 因此，为防止裂缝或损害发生，大多以粗直径的钢筋作为加强筋进行配筋。对于维持结构的强度，加强筋的配筋作业不可或缺。此外，也有用来防止门窗洞口四个角部位发生斜向裂缝的加强筋，或是用来承受临时工程工作物荷载的楼板用加强筋等。

钢筋分段

箍筋或肋筋的尺寸过大时，将箍筋或肋筋分成两段成L形、U形进行安装（图2-2-21）。

基筋

在基础底部成网状排列的钢筋。

构造筋

和主筋成直角交错分布的钢筋，也称副筋。起到分散应力的作用。

图2-2-20　钢筋混凝土柱梁构架式结构的配筋详图

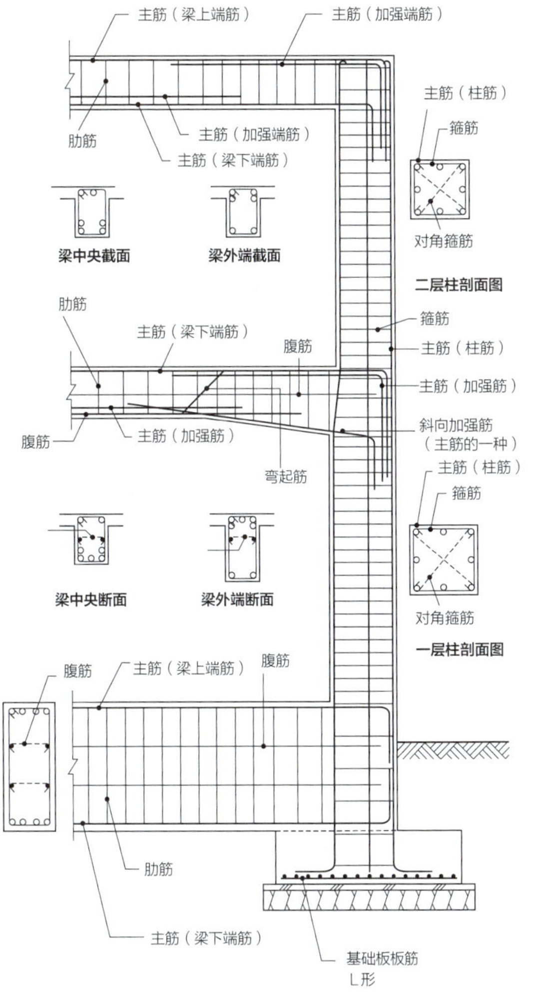

弯起钢筋

弯曲的钢筋。为了减少钢筋的量，在产生剪力的一侧加上的弯曲的钢筋。一般是在顶部的上方和中部的下方弯曲，但根据材料的作用力状态有时会相反。

辅助钢筋

在结构计算上没有必要的钢筋，为了防止主筋的变形。

约束箍筋

设置在肋筋上方，用来约束肋筋的钢筋（图2-2-22）。使用在因梁高过大，用单根肋筋配筋有困难的情况，或主筋数量过多，肋筋的尾端无法以135° 弯钩收齐的情况。

副剪力加强筋

以箍筋、肋筋作为柱梁剪力加强筋仍强度不足时，再于柱梁中配置的剪力加强筋，称作副箍筋、副肋筋。

袴筋（温度筋）

安装在独立基础的外围，用来防止裂痕的钢筋（图2-2-23），常使用直径尺寸D10、D13、D16的钢筋。因为位于各种钢筋混合的部位，钢筋尺寸的选用需要确认地梁保有足够的宽度、高度，或是与基础板板筋之间有固定埋设长度。特别是在平面上是中心偏离的情形，会与柱筋、地梁筋相互干扰，因此要充分讨论配筋的顺序。

工作筋

用来支承梁筋上端的主筋，并固定在所需位置的钢筋（图2-2-24），使用与梁筋相同尺寸，或是小一号尺寸的钢筋。需使用坚固的材料（间隔器垫块）支承工作筋，使工作筋稳固。

图2-2-21　钢筋分段（以肋筋为例）

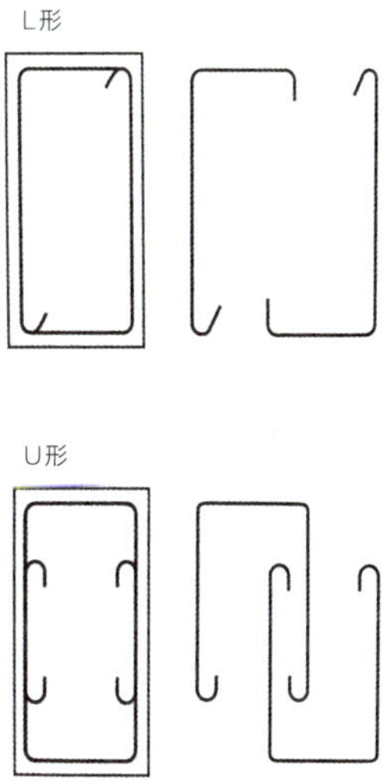

双排配筋

将梁主筋分两层来配筋（图2-2-25），或称作二层钢筋。结构梁的主筋数量多，无法以单层方式布置在梁内的话，可以用两层方式将第二层钢筋配置在内侧。钢筋数量若多，应设宽止筋。

安全考量钢筋

与结构计算无关的钢筋，考虑结构安全或整体安全而配置。例如用来支承悬臂板的上筋，使之不会下落的钢筋，梁肋筋上端与楼板筋之间的加强筋，或是确保阶梯前端钢筋位置的加强筋（升筋）等。

墙剪力加强筋

承重墙的纵向钢筋与横向钢筋。特别对于剪力墙结构而言，因为应力由墙整体承受，应留意确认钢筋连接以及钢筋保护层的状态。

墙弯曲加强筋

承重墙周围的钢筋交叉处，开口部边端的弯曲加强筋（图2-2-26）。与墙剪力加强筋一样，应留意确认钢筋接合以及钢筋保护层的状态。原则上连接处位置每层只能有一处，且搭接部位应设置在承重墙靠下的部分。

保护层设计厚度

最外侧钢筋与混凝土表面之间的距离。当原本呈碱性的混凝土因老化而发生碳化时，会导致钢筋腐蚀和膨胀，使得混凝土表面和内部出现裂缝。此外，当发生火灾时，除了会发生表面劣化外，由于钢筋内部的温度升高，钢筋的强度和屈服点也会降低。为了防止这些因老化和火灾引起的劣化，规定了最低要求的保护层厚度。规定数值因结构构件、防火涂料种类、环境条件等不同而不同。

保护层设计厚度需要考虑施工误差，降低一定的数值，被称为保护层最小厚度。

保护层最小厚度

钢筋混凝土结构构件的各个面，以及特定部位的最外侧钢筋的最小限度保护层厚度（表2-2-11）。

垫块

为了确保保护层厚度，安插在模板或预拌混凝土与钢筋之间，用来维持间隔距离的临时材料。

钢筋搭接

钢筋延长的一种方式。在材料的端部，以规定所需的长度相互重叠接续，适用于钢筋直径在16 mm以下的情况。其他连接方式还有气压焊接或机械式连接等。

甜甜圈状钢筋间隔器

用来确保柱、梁、墙钢筋的保护层厚度，在钢筋之间夹置的甜甜圈状间隔器。

图2-2-22 约束箍筋与副剪力加强筋

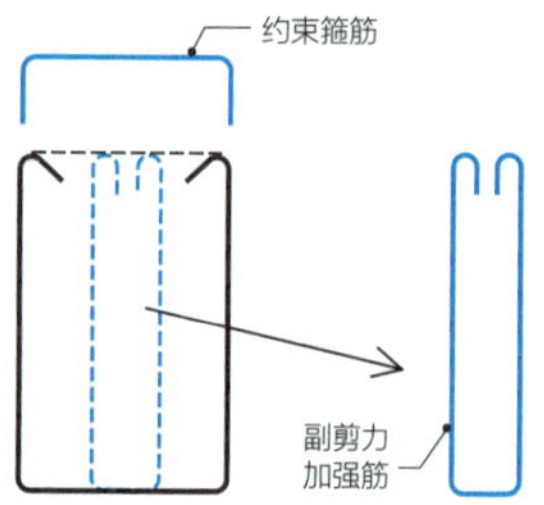

图2-2-24 工作筋

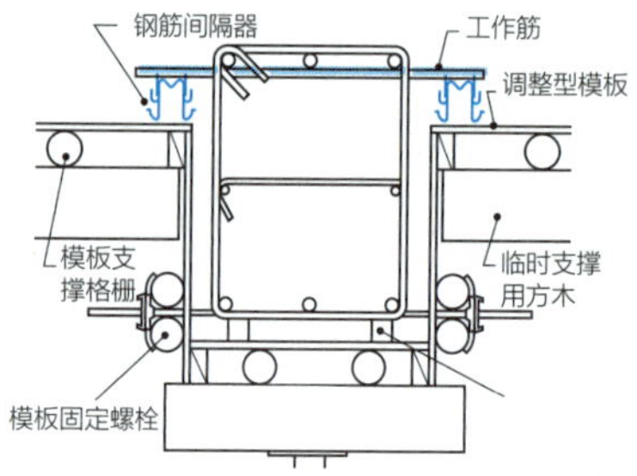

图2-2-25 双排配筋（梁的截面）

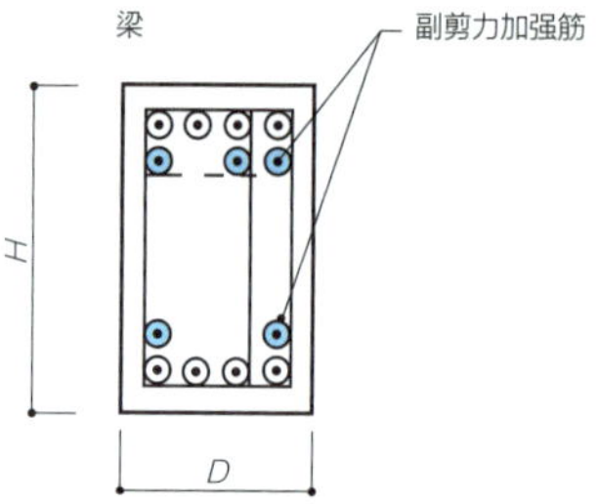

图2-2-23 裤筋（温度筋）

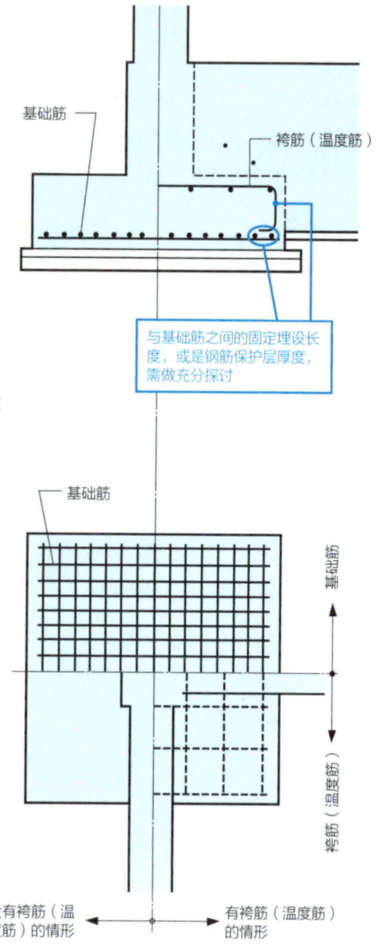

图2-2-26 墙弯距加强筋

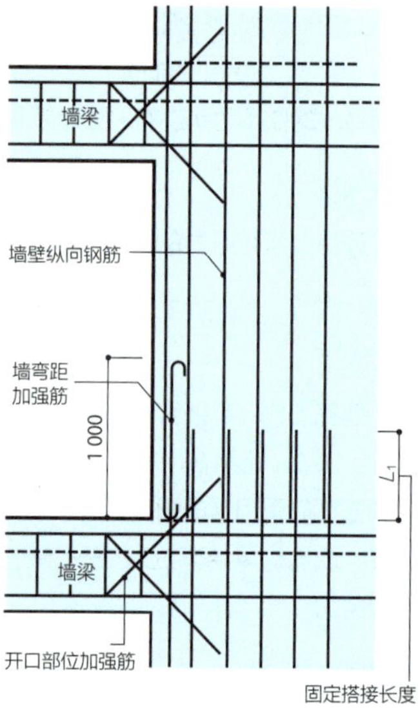

立方体钢筋间隔垫块

来确保楼板钢筋的保护层厚度，在楼板钢筋的下端设置的骰子状水泥块，属于间隔器的一种。

钢筋绑扎

用平滑钢丝绑扎钢筋，所使用的钥匙形状的工具称作绑扎钩。

钢筋修正

当发生钢筋偏离设计图、施工图上标示的位置，或锚定螺栓偏离混凝土的现象时，需在混凝土硬化后再将钢筋调整至正确位置的工作（图2-2-27），最好尽量避免这项作业，不得不进行钢筋修正时，务必事先慎重讨论。

预留筋

为了能够有效连接混凝土的接合部位，在浇筑楼板时，会预先在墙体或柱体的下方插入钢筋。

植筋

为了能够在浇筑混凝土楼板的同时，接合墙体的墙筋，而在楼板预植钢筋，或是在楼板支撑梁埋设接合固定用的五金配件。钢筋的周围若产生气泡，会减小钢筋与混凝土之间的附着力，就会需要进行钢筋修正作业，因此应尽量避免这种情形发生。

钢筋防刺帽

配筋完成之后，为了安全起见，需使用塑料盖帽包住预留筋等竖立起的钢筋顶端等尖刺危险的部位，避免造成意外事故。

化学锚栓（Chemical Anchor）

也称环氧树脂涂层地锚（Epoxy Anchor）。在已完成的混凝土上安装重物时，在混凝土结构上钻孔，用环氧树脂等化学凝固剂将地锚固定的施工方法。地锚的强度大多取决于胶粘剂以及锚孔附近混凝土受到破坏的程度。此种锚定螺栓虽然有很强的抗震动性能，但胶粘剂的防火性能很差，在选用时需特别留意。

表2-2-11 保护层设计厚度的标准值

构件			保护层设计厚度（mm）	
			有表面修饰※1	无装饰表面
没有与土接触的部分	楼板、屋顶板、非承重墙	室内	30	30
		室外	30	40
	柱、梁、承重墙	室内	40	40
		室外	40	50
	挡土墙		50	50
与土接触的部分	柱、梁、楼板、壁、连续基础的矮墙部分		—	70※2
	基础、挡土墙		—	70※2

※1 持久效果好的表面装饰。

※2 如果是轻质混凝土，应增加10 mm。

钻孔地锚

后施工型的地锚。不使用胶粘剂，而是以将铆钉钻入混凝土中等机械方式固定，也称作机械式后施工型地锚。若安装于会发生振动摇晃的地方，地锚发生松脱的可能性大，此种锚定方式并不常用。

饰面

清水混凝土饰面工程

或简称清水饰面。模板拆除后的混凝土表面上仅涂装保护层便作为完成面，模板种类或混凝土的浇筑精准度会影响完工面品质，因此施工过程较费力，大多需请专业施工人员进行饰面修补的工作。

整体粉光

楼板混凝土浇筑之后，在混凝土尚未硬化的状态时，以水泥砂浆饰面与混凝土结构一体成型的整体表面修饰工作。

图2-2-27 钢筋修正

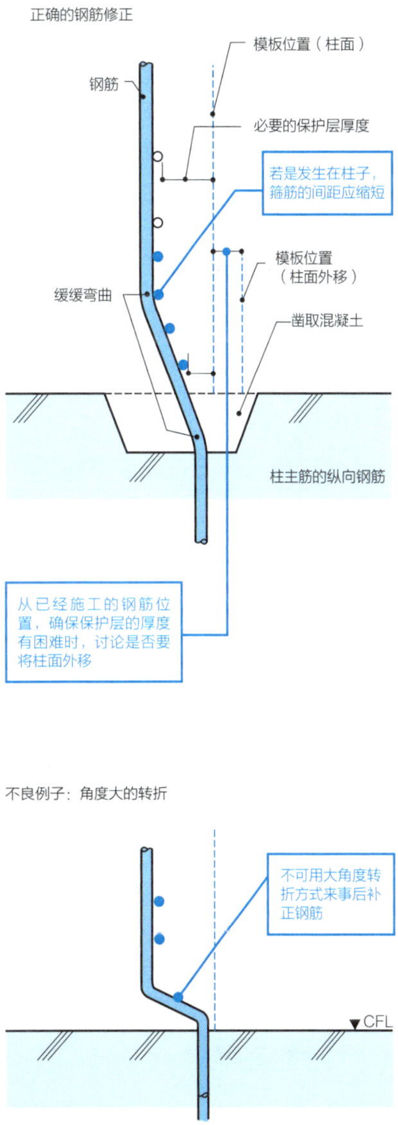

钢结构工程 2.3

所谓的钢结构工程，是在钢结构加工工厂将钢板或型钢构件组合加工，再运送至建筑施工现场，以螺栓或焊接方式接合的施工方式（图2-3-1）。此外也有钢柱梁架构式结构系统（图2-3-2）、预铸轻量钢结构系统，或是将混凝土浇筑钢柱的CFT结构系统。

部位

对接

钢结构的构件相互在材料轴心方向上接合，主要是指在长边方向的接续接合。构件间以某种角度相互接合的方式称作对接。

搭接

搭接是指两构件相互垂直组合时，结构上是可以稳固接合的部位，以及其接合方式。在钢结构工程中的搭接，是指柱与梁的接合部位。

梁柱接合（Panel Zone）

柱、梁的搭接部位（图2-3-3）。如果搭接在柱上的梁深不同，需要事先确认横隔板的安装方式。 如果柱截面在每楼层不同，也需要充分研讨、确认梁柱接合面的形状。钢构件焊接部位产生的收缩现象容易造成弯曲，因此验收钢制品时，一定要检查焊接部位横隔板的变形量是否在标准范围之内。

腹板（Web）

在H型钢中，连接上下翼缘板的钢构件。BH钢的腹板厚度需要特别留意，厚度过薄的话，焊接翼缘板和腹板时容易发生变形。

翼缘板（Flange）

在H型钢中，将腹板上下包夹的突出部位，需留意确认腹板与翼缘板是否呈直角相交。

横隔板（Diaphragm）

为了提高柱子中空部位的刚性，而在柱梁的搭接部位安装的板状加强钢构件。最常见的是连续板，因伸出柱面之外，在选择外墙基材时，应一并考虑横隔板突出柱面的长度。

图2-3-1 钢结构结构工程

开工/开挖工程

- 地界线的确认、定位放样
- 开挖
- 素混凝土铺面
- 地面墨线放样

↓

基础结构工程/钢结构加工厂制作

现场、基础结构工程
- 锚定螺栓组
- 地梁、基础配筋
- 地梁、基础模板
- 基础混凝土浇筑

工厂制作
- 制作工程图
- 加工（放样画线、切断等）
- 组装、焊接
- 以超声波检测（UT）工厂焊接
- 缺损部位
- 防锈涂装

↓

钢构件搭建工程/钢承板混凝土

- 基座水泥砂浆
- 搭建工程/确保结构垂直
- 正式锁固
- 钢承板铺设
- 剪力钉焊接
- 楼板配筋
- 配置混凝土收边板
- 钢承板混凝土浇筑

↓

装修完工工程

- 外墙面材安装工程
- 耐火工程
- 防水工程
- 机电设备工程
- 五金门窗工程

↓

竣工

照片2-3-1 结构搭建中的梁托架

图2-3-2 钢结构柱梁构架式结构的构件名称

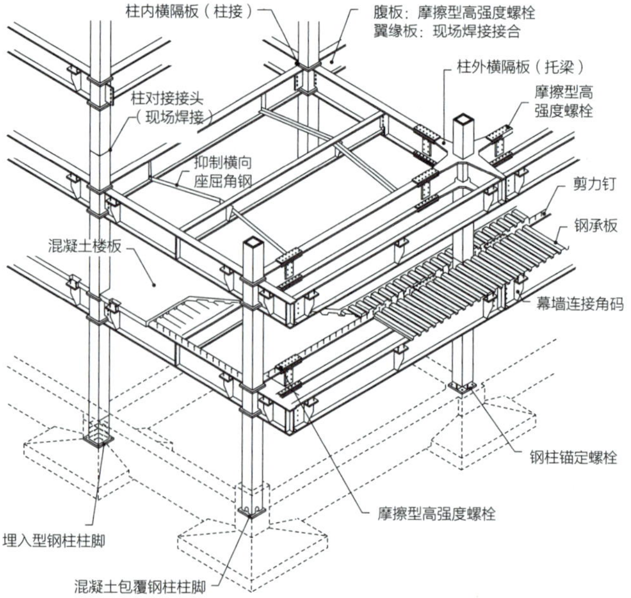

梁托架

柱梁交差搭接部位，以及从墙壁水平伸出的部位（照片2-3-1、图2-3-4）。梁托架工法是在施工现场组合搭建钢架时，将梁接续在柱上的方法之一。将一根梁分成三段，在工厂预先将梁的两端和柱焊接在一起，中间的梁则是在施工现场接合。

在工厂预制的钢柱上，以焊接方式将与梁的接合部位预先安装于柱上的方式，称作梁托架工法。需注意搬运时的尺寸限制，从柱中心到托梁边缘距离需限制在1.5 m之内。

无梁托架

不预先将梁托架安装在柱上，而直接在施工现场将柱、梁接合的工法。梁腹板使用摩擦型高强度螺栓，在工厂与柱子上的节点板焊接拧紧，梁的翼缘板与柱（横隔板）则大多以焊接连接。

无梁托架工法

与使用梁托架的柱梁接合方式相对的施工工法。在施工现场组装钢骨架的时候，将没有安装接头的柱与梁以焊接或螺栓的方式在工地现场连接。

盖板（Cover Plate）

使用在承受高应力结构的搭接接头部位，是具有加强作用的挡板（图2-3-5）。从梁腹筋的梁套管部位开始，作为截面毁损、交错、错位等问题部位的加强板材。

连接板（Splice Plate）

附加在柱、梁对接部位的钢板（照片2-3-2），又称作拼接板或英文的Splice，用连接板将构件嵌夹，再以螺栓接合方式传递应力。另外，将厚度不相同的构件接合时，若产生1 mm以上6 mm以下的间隙，应使用薄型钢板对空隙进行调整，称作补厚板。

带肋板（Rib Plate）

防止柱梁翼缘板或腹板发生局部变形所安装的加强钢板（图2-3-6），也常使用于柱脚加强，应充分注意焊接的质量。

临时支撑板（Erection Piece）

在工厂预先安装临时支撑板，用于施工现场的焊接。当现场焊接柱子的接头时，临时支撑板连接到柱子上以承受应力，直至焊接完成（图2-3-7），并在焊接完成后切除。

加强板（Stiffener）

为了防止柱或梁腹板发生局部弯曲，在腹板上安装的加强钢板（图2-3-8），体积比较小的称作小肋。

图2-3-3 钢骨结构的基本构成

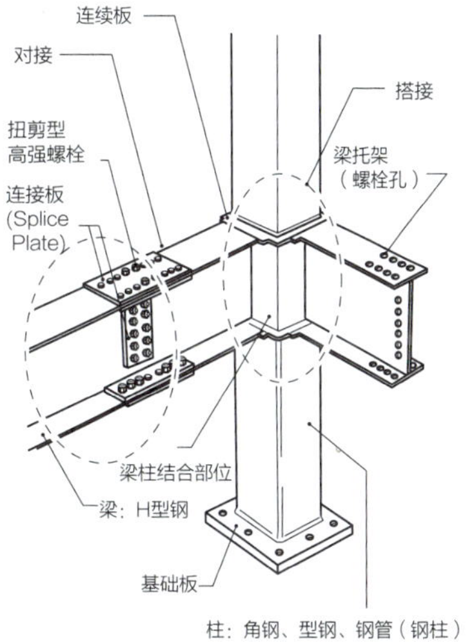

图2-3-4 梁托架工法、无梁托架工法

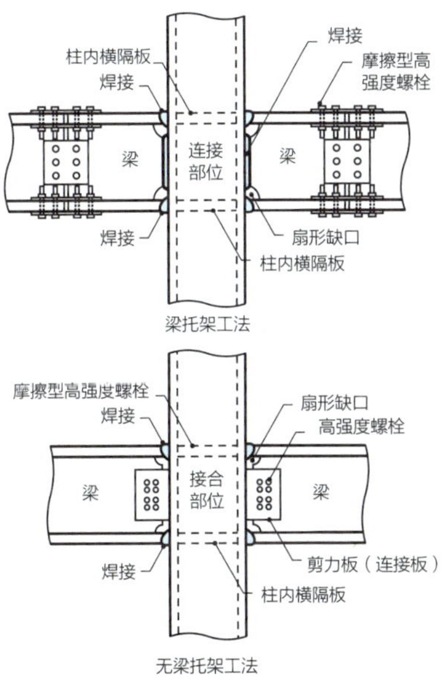

图2-3-5 盖板

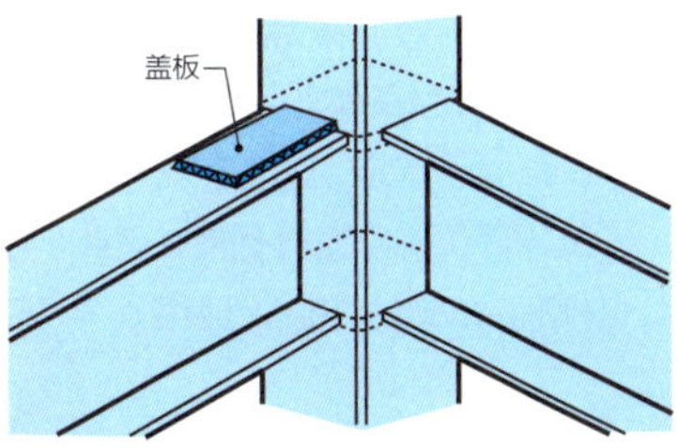

图2-3-6 带肋板

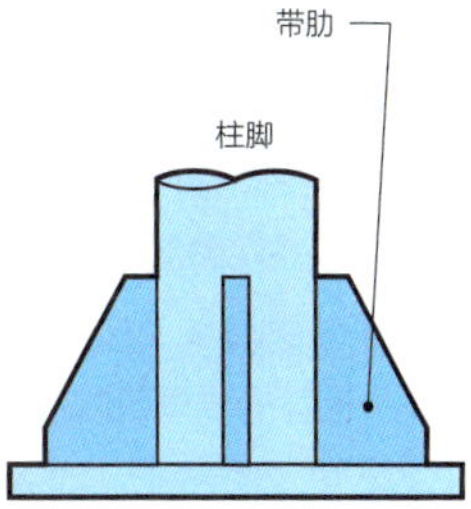

照片2-3-2 连接板

图2-3-7 临时支撑板

节点板（Gusset Plate）

柱、梁接合时，安装在大梁腹板的附加钢板（图2-3-9）。

钢材

钢材并非单纯由铁制成，而是与碳结合的合金，并依照含碳量来调整钢材硬度。常用在住宅的钢材为SS400，碳含量约0.2%，称为低碳素钢材。

型钢

型钢是指按照特定截面形状压制成型的钢材。根据截面形状，型钢可分为I型钢、H型钢、槽型钢等。厚度6 mm以上的被称为重型钢。

H型钢

截面呈H形的钢材。其截面性能存在强轴和弱轴，应充分理解其特性进行配置。主要使用在梁上，由腹板承受剪力，翼缘板承受弯矩。虽然截面上翼缘板厚度或腹板高度的尺寸多种多样，但外形尺寸基本相同。

BH型钢

将腹板与翼缘板以焊接方式组合而成的H型钢（图2-3-10）。工厂轧制的H型钢的翼缘板与腹板在厚度、宽度、材质的组合有一定限制，为了增加其自由度而开发出的钢制品。

箱型柱

角型/方型钢管，也称钢柱（图2-3-11）。由于截面没有方向性，所以轴力强，主要当作柱构件使用。焊接箱型柱（BB）、冷成型角型钢管（BCP、BCR）为主要流通的钢制品。冷成型角型钢管的边角部位，因为弯曲加工会产生塑性变形，焊接时要特别留意。另也有四面钢材皆以焊接组成的箱型柱。

I型钢

截面呈现I形的钢材。

钢管

钢制管。

碳素钢

仅调整含碳量不特别添加合金元素的钢材。含有少量的硅、锰、磷、硫成分，碳含量与各化学成分的含量可参照订立的基准值（表2-3-1）。

铸铁钢

用铁、碳合金铣铁制成的钢。无法压延加工，但可铸性佳。

不锈钢

含镍铬成分，碳含量极少，耐腐蚀性极佳的特殊钢材。

SS钢材

通常作为结构使用的压延加工钢制品。由于没有规定磷或硫黄等的成分，被认为是不适合焊接的钢材，但是日本产的SS材几乎不会因焊接而发生裂纹。钢材种类标记以SS或SM钢材表示，钢材拉力强度单位为MPa。

SS材是一般结构用钢材中使用最多的钢材。为了增加强度而增加碳成分，SS490以上的钢材焊接性能不佳，不使用在结构熔接工法上。

SM钢材

使用在焊接结构的压延加工钢材。依抗冲击性能分有A、B、C三个等级。C的韧性最佳，A最常被使用。

SN钢材

以钢结构建筑物为对象的压延加工钢材。在1994年，依JIS（日本工业标准）制定了规格。材料特性比SS钢材、SM钢材优良，因此价格较高。依韧性、挠曲强度区分A、B、C三个等级。

图2-3-8 加强板

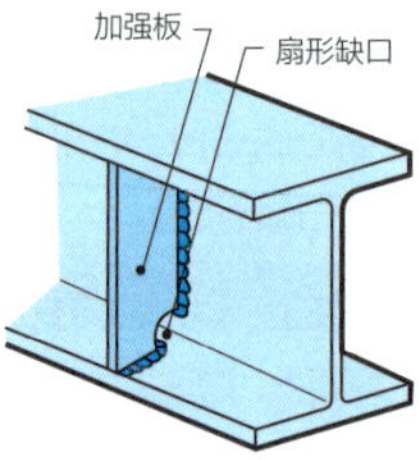

图2-3-9 节点板

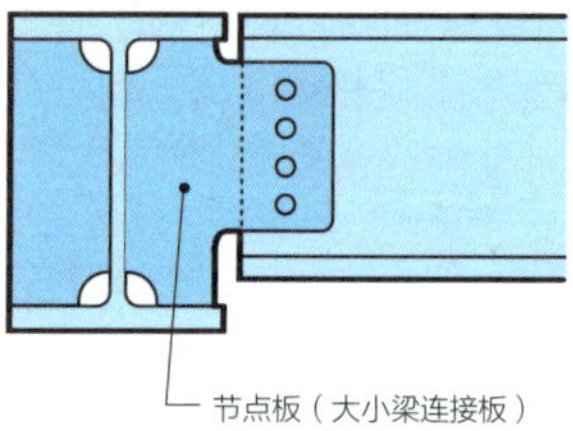

图2-3-10 RH（热轧H型钢）与BH（焊接H型钢）

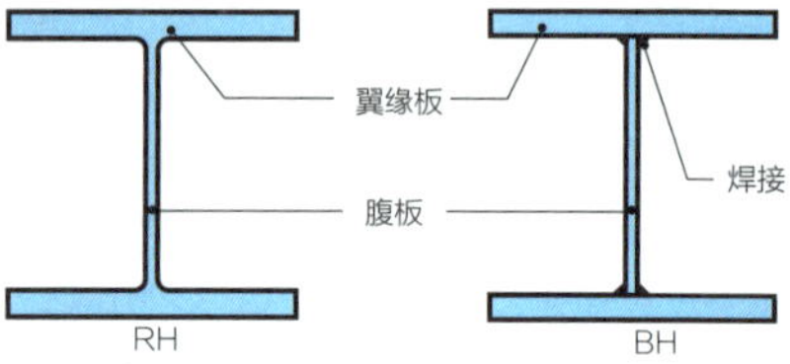

图2-3-11 箱型柱

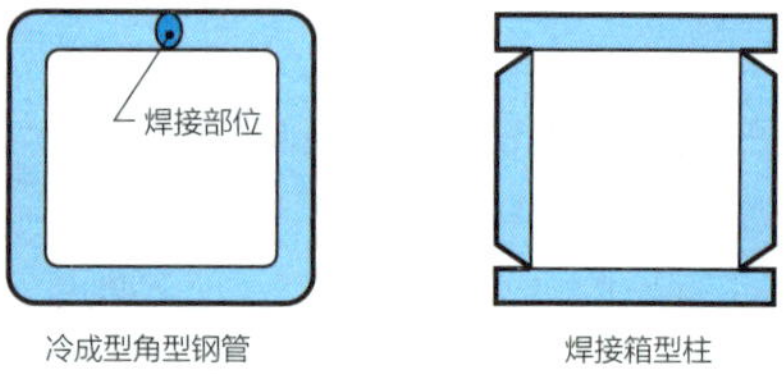

表2-3-1 影响钢材性质的化学成分

化学成分	若增加成分	
	改善性质	恶化性质
碳（C）	强度	延展性、抗冲击性、可焊接性
硅（Si）（0.5%以内）	强度、脱氧作用	延展性、抗冲击性
锰（Mn）（1.6%以内）	强度、脱氧作用	延展性、抗冲击性
磷（P）（0.07% 以上）	耐候性	可焊接性、冷加工性、抗冲击性
硫（S）	机械加工性	抗冲击性、造成裂纹的概率增加

注：由于钢材性质受到上述五个化学成分影响，因此依照钢材使用目的，在含量上有所限制。

热压延加工的型钢、平钢、钢板可用来应对焊接裂痕问题。

另外，虽然最开始由于SN钢材比SS钢材、SM钢材的性能高，造成了难以采购的问题。但由于在2008年，JIS标准进行了大幅度修订，因而现在SS钢材、SM钢材和SN钢材在性能上几乎相差无几。

STK钢材

与SS钢材类似的JIS标准规格钢制品。

STKR钢材

使用SS钢材在柱结构上的冷成型角型钢管规格。JIS标准规格钢制品。边角部位依照厚度要求不同的弯曲弧度。截面上可分为正方形与长方形，尺寸通常为边长50 mm× 50 mm以上，板厚1.6 mm以上。由于正方形截面不具方向性，因此大多作为柱梁构架式结构的柱构件使用。

BCP钢材

与SN钢材相当，规格化钢柱使用的冷成型角型钢管的规格，冲压加工成型的钢制材。符合日本建筑基准法第37条第2项规定，是受到日本国土交通省国务大臣认定的钢材，并且以公共建筑为主要使用目的的需求逐渐增加。

BCR钢材

虽然规格与BP钢材相似，但制作方法不同，强度也不相同。

TMCP钢材

以热加工制造出的高性能钢材，作为超高层的结构用钢材。

FR钢材

耐火钢材，一般钢材的耐热极限为350℃，FR钢材的保证耐热极限为600℃。虽有利于减轻耐火涂层，但价格极高。

添加了镍（Ni）、铬（Cr）、钼（Mo）成分，即使在高温时，屈服点也不会降低的高强度钢制材。可设计成耐火涂层轻量化的钢制材。

焊接箱型柱

用自动焊接机将钢板焊接成任意尺寸的箱型柱。

G钢柱

用在柱子，没有对接接头的离心铸造钢管，制造业者“Kubota”制造的商品名称。

CFT钢管

将混凝土充填其中的钢管，比一般的钢管不易变形。使用CFT钢材的混合结构称作CFT（混凝土充填钢管）结构。

LGS钢材

厚度1.6 ~ 4.0 mm的薄板，以冷压加工方式制作而成的轻量型钢。截面形状有I形、L形、Z形等，除了用在小规模的建筑物，也当作围板、屋脊横木（桁条）等，用途广泛（图2-3-12）。LGS钢材中，英文字母C形的沟状钢材（内卷边槽钢），特别是槽钢、C型钢。因为厚度较薄，需要留意局部发生屈曲或是生锈的状况。

此外，LGS钢材在工厂生产过程中要经过防锈处理，并依边角焊接情形决定是否需要以螺栓接合。

图2-3-14 角钢

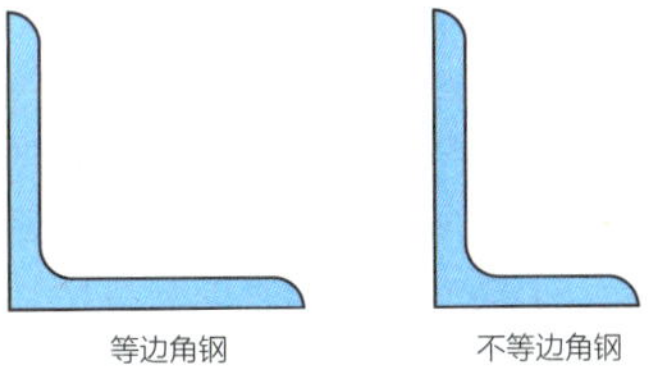

图2-3-15 压型钢板（楼板）

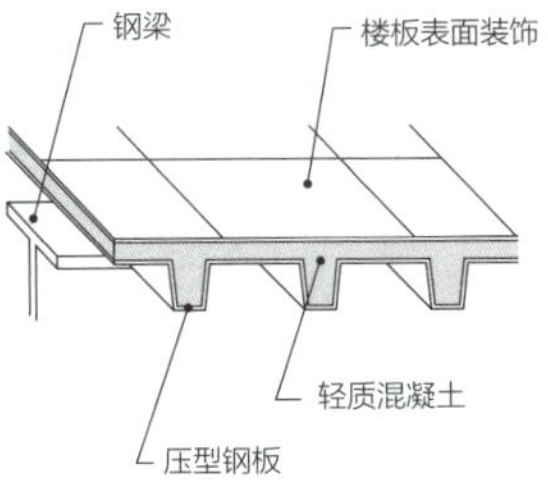

图2-3-12 LGS钢材的种类

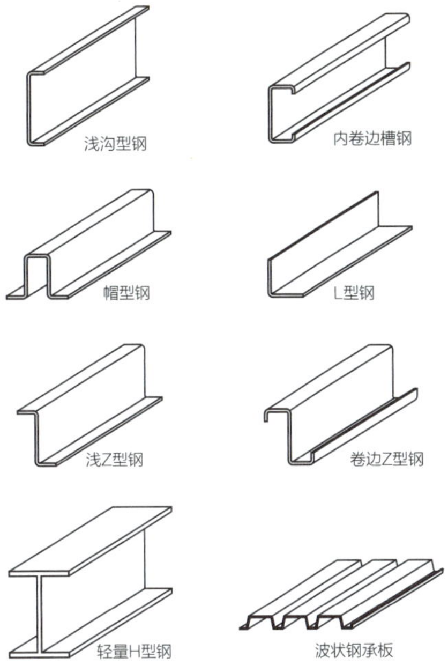

图2-3-13 槽钢

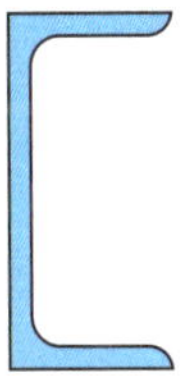

图2-3-16 压型钢板的不同截面形状

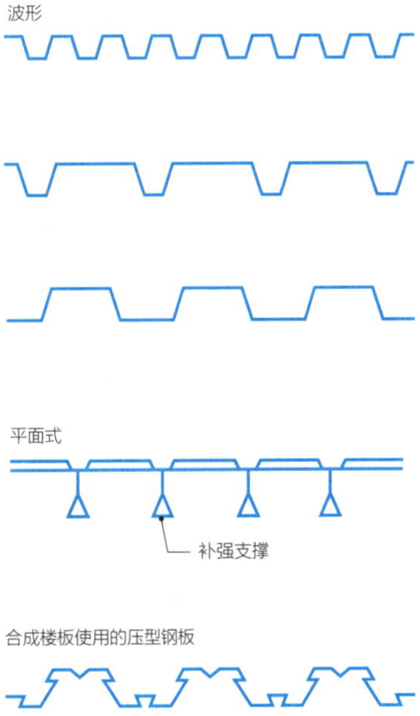

槽钢

截面呈现沟形的钢制品，或称槽型钢、C型钢（图2-3-13）。LGS钢材中的内卷边槽钢虽也可称作槽钢，但此处特别指C型钢。槽钢主要使用在小规模的建筑结构上，可用螺栓或焊接方式接合。将两个角钢相接，可使用在各种部位，可单独使用，经常运用在非结构构件的承接构件如檩条等方面。

轻型钢

钢板厚度薄，由钢缘部位卷曲来提高截面性能的钢材。可以单独使用在檩条或围板上。

结构用不锈钢

虽然不锈钢多作为装饰材质使用，但因不易生锈、低维护等特性，也当作结构钢材来使用。建筑结构用不锈钢的规格通常使用SUS304A。

扁钢（Flat Bar）

长型带状、厚度薄的钢材。宽度为25～300 mm、厚度为6～30 mm。也称作平钢。

角钢（Angle）

也称作山型钢，截面呈L形的型钢。使用在斜向支撑材、檩条或安装配件上，可以螺栓或焊接方式接合（图2-3-14）。

波状楼承板（压型钢板）

使用在混凝土楼板的模板或是楼板的波浪形钢板。钢板以各种不同形状来提高截面性能（图2-3-15、图2-3-16）。楼承板本身可以是当作结构体的合成板，也可作为模板的替代物。如安装在钢梁上，以焊接的方式连接，若安装在模板上，则是使用钉子固定于模板之上。因施工低成本及环境保护等原因，常被当作楼板模板来使用。上方是平坦的面，下方则是具有加强作用的沟槽造型，称作闭口楼承板（照片2-3-3）。

开口楼承板

不只当作模板使用，还可与混凝土成为一体，构成楼板结构材的楼承板。常使用在中小规模的钢骨结构工程中（照片2-3-4）。其被认定为耐火结构，耐火时间取决于使用条件。波状楼承板的波高部位容易发生裂痕，因此该处应加设加强钢筋。

照片2-3-3 闭口楼承板

照片2-3-4 开口楼承板

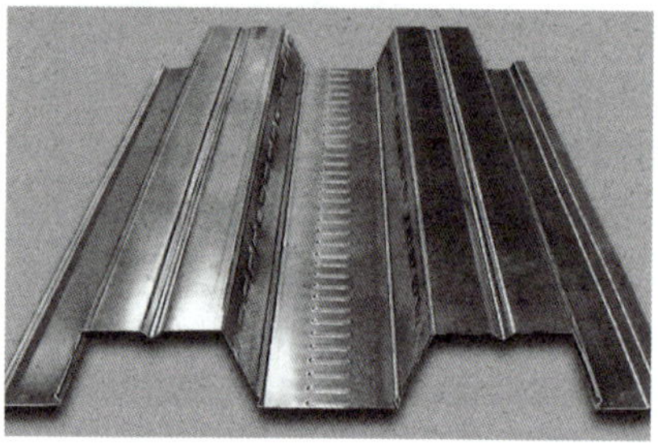

梯形钢

在钢结构中，使用在楼板模板的沟型钢板。钢板的梯状凹凸程度比波状楼承板小。

表面处理

黑皮

钢材在经过热压加工处理时，在表面产生具有光泽的黑色硬氧化皮膜，具有防锈的效果。但因为会影响高强度螺栓的摩擦度或是妨碍热浸镀锌处理，这些部位必须以研磨、喷砂处理，或是酸洗方式去除皮摸。也称作氧化皮（Mill Scale）。

红锈状态

将钢材的黑皮表面去除后，自然置放于户外，均匀呈现红锈的状态，可达到摩擦型高强度螺栓所需的摩擦系数。但是，作为锈皮剥落的浮锈不适合作为摩擦面，所以需要用钢丝刷等轻轻去除（注意不要刷到表面反光的程度）。形成红锈状态需要半个月左右。

喷砂处理

去除钢材上的锈或黑皮，根据钢材的完成饰面要求，用压缩空气喷出不同大小和种类的粉粒材料。喷出粉粒的材料种类，分别有钢粒喷砂、砂粒喷砂、铸铁细片喷砂。

防锈处理

热浸镀锌

将钢制品浸泡在融锌的镀槽中（也称作酸洗槽），于钢材表面留下一层镀锌合金层，防锈效果极佳（图2-3-17）。

热浸镀锌的锌附着量比薄钢板防锈处理的电镀锌多。镀锌槽温度约400℃，加工时会因钢材尺寸或种类等因素，导致镀锌不均或发生应力作用等产生裂痕，因此必须有应对措施。另外，镀锌槽的大小也会限制钢材的尺寸和形状。

高浓度锌粉末涂料

可在常温下操作的镀锌涂料。以刷涂或喷雾方式局部补修镀锌部位。

工作

现场标记

在施工现场制作模板或标尺，用于标示钢材表面施工所需的裁切线、孔洞位置等（照片2-3-5），现在自动标记仪器（CNC）逐渐普及。

原寸图

也称现寸图。和实物同尺寸的图。

开槽

在母材上加工出角度或面（图2-3-18）。将焊条或焊丝产生的电弧焊在接合部位的角部，使得焊材与母材充分焊接熔合，也可称作槽焊。最合适的开槽形状依焊接条件与母材厚度决定，并按照开槽标准图施工。

截面凹槽（Notch）

钢材的切割截面上出现的气孔凹坑。如使用气割的话，凹坑深度需在1 mm以内。

安全边距（Edge）

为螺栓孔中心点到钢材边缘之间的距离（图2-3-19）。安全边距若留不足，施加在螺栓上的力可能会造成钢材断裂，因此应该依据螺栓直径尺寸，设定适合的安全边距。依方向不同，分别有“长向安全边距”“短向安全边距”不同的名称。

弯曲机

在常温下，将钢材弯曲呈圆弧状的加工机具（图2-3-20）。钢管的弯曲加工机具，则称为弯管机（Pipe Bender），H型钢或L型钢的弯曲加工机具称作弯角机（Angie Bender）。因弯曲机具规格不同，会有最小弯曲半径或夹具夹咬处最短长度等不同的限制，委托专人进行弯曲加工作业时，应事先询问清楚。

反拱值（Camber）

若是长跨距的梁，预估挠曲程度，在梁上做弯曲处理（图2-3-21）。

照片2-3-5 现场标记

图2-3-18 开槽

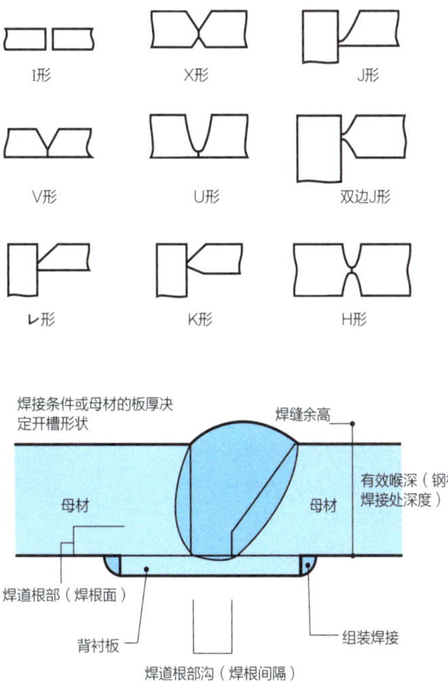

图2-3-19 安全边距

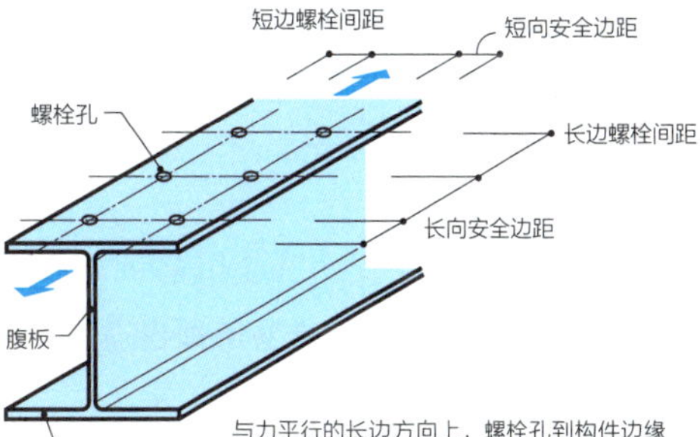

与力平行的长边方向上，螺栓孔到构件边缘的最短距离是“长向安全边距”。与力垂直的短边方向上，螺栓孔到构件边缘的最短距离是“短向安全边距”

图2-3-17 热浸镀锌的作业流程

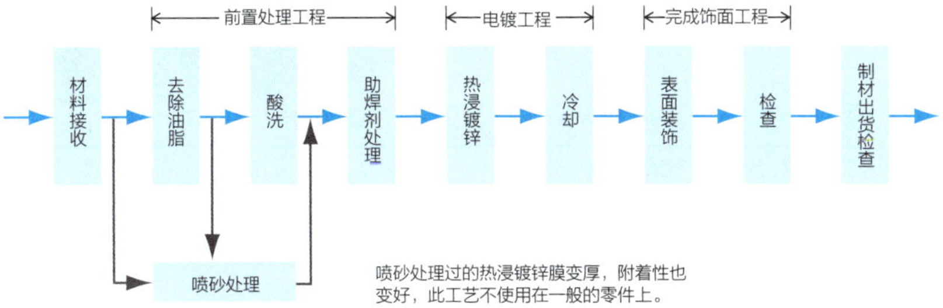

喷砂处理过的热浸镀锌膜变厚，附着性也变好，此工艺不使用在一般的零件上。

图2-3-20 弯曲加工机

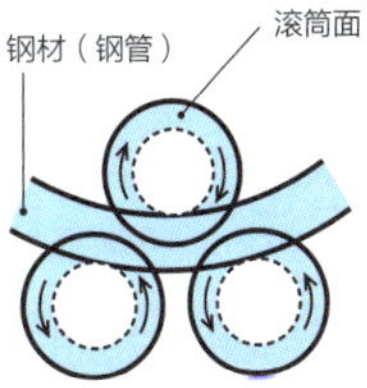

钢管滚筒的例子。常温下对钢材进行弯曲加工时使用。

图2-3-21 预拱值

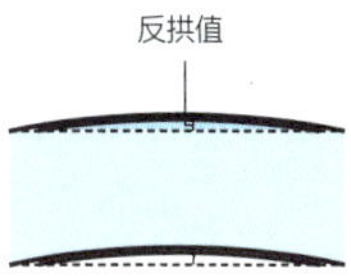

钢材加工厂

意指进行钢结构加工、钢材组装作业的工厂。根据工厂不同，也有不在自己工厂完成全部的生产作业，而是将部分钢材加工发包给专门单位制作。近年来这种做法逐渐成为趋势。日本国土交通省所认定的钢材加工厂评价，由低至高依序为J、R、M、H、S五个等级。

钢材加工厂等级

用来评定钢材加工厂等级的制度。依照工厂等级，限定可使用的钢种、钢板厚度、焊接材料，并且遵守焊接施工规定（表2-3-2）。

CAD原始尺寸

以计算机辅助设计、绘制实际加工尺寸。

切割

将乙炔的氧化焰喷在钢材上并切断钢材的方式称作气割。使用锯子切断钢材的方式称作机械切割。气割适用于厚钢材，但容易造成切截面粗糙、出现深凹口的情况（图2-3-22）。此外，还有离子切割的类型，精准度高，适用于薄钢板。

图2-3-22 钢材截面凹槽（Notch）

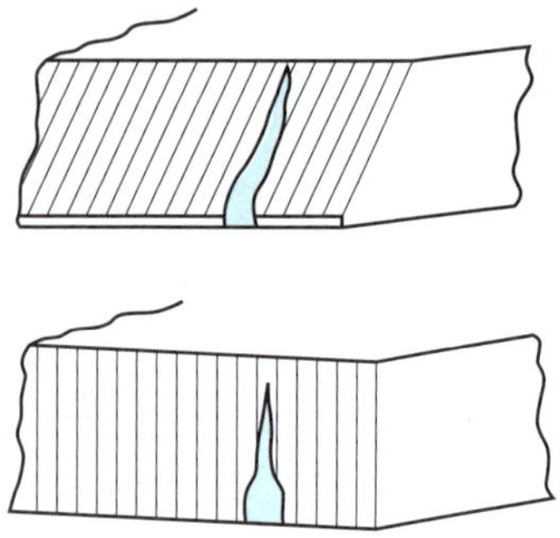

如图示中，钢材截面出现裂缝、断裂的凹坑部位。也包括焊蚀或焊接不良产生的裂痕。

表2-3-2 钢材加工厂各等级设定的适用范围

使用钢材	J级	R级	M级	H级	S级
种类	400N	最大490N	最大490N	最大520N	无限制
板厚	16 mm以下	25 mm以下	40 mm以下	60 mm以下	无限制
连接板	最大490N22 mm以下	32 mm以下	50 mm以下	70 mm以下	无限制
基础板	最大490N50 mm以下	50 mm以下	无限制	无限制	无限制

焊接

接合

用机械或是电焊的方式将钢材接合。若是机械式接合，一般是用螺栓（Bolt）铰接，也有完全使用插销（PB）的枢接方式。

焊接接合

用电焊接合的施工方式（图2-3-23）。

焊接

为金属接合方式的一种，在金属本身熔化成半熔融状态时进行接合。焊接的种类包括电弧焊、螺柱焊（Stud Weld）、电热熔渣焊接法（Electro Slag Welding、ESW）、二氧化碳气体保护电弧焊接方式等多种类（表2-3-3），用于建筑方面则为弧焊方式。焊接结构可能隐含的问题有：焊接的热造成被焊母材的材质变化、焊接变形、残留应力、焊接部位产生疲劳强度等。

机械化焊接

由机械进行焊接的方式。金属电极活性气体焊接法（MAG焊接，Metal Active Gas Welding）的再进化，将钢材接头加工或结构柱的焊接作业自动化，由机器人进行焊接。

现场焊接

施工现场的焊接作业。钢材本身的焊接，大多使用二氧化碳气体保护焊接方式。现场焊接会受到施工条件、热输入量、焊缝层间温度等的影响，而造成强度减低、韧性劣化的情况，因此需慎重决定施工顺序与焊丝种类（照片2-3-6）。

手工电弧焊

焊接过程完全为人工焊接，是具代表性的焊接方式（图2-3-24、照片2-3-7）。在电焊条周围包覆助焊剂，以手持焊炬进行焊接。虽然焊炬重量轻，操作容易，但因为需要更换电焊条，施工效率低，一般是在自动或半自动焊接无法进行的情形下才使用电弧焊。

照片2-3-6 柱的现场对焊

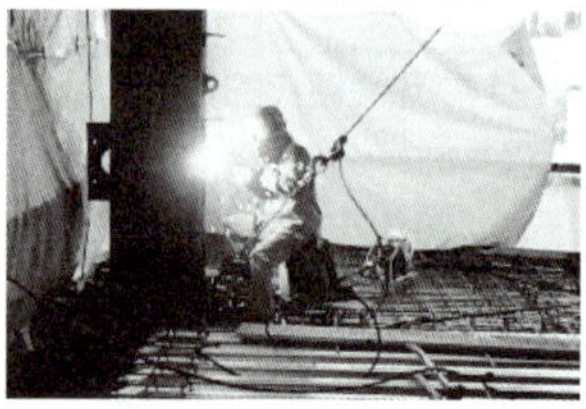

图2-3-23 柱梁焊接

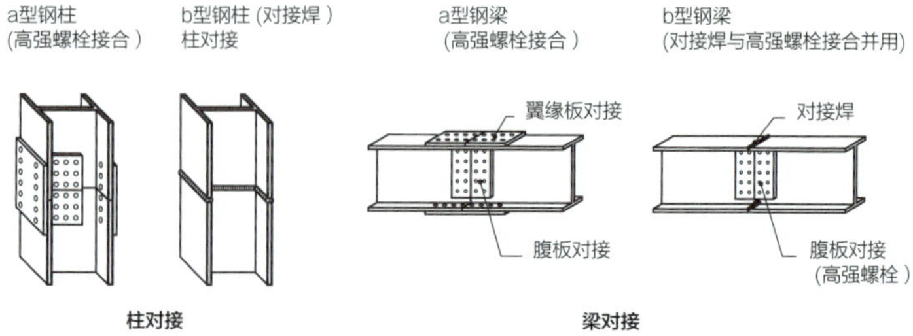

二氧化碳气体保护电弧焊

半自动焊接方式的一种。以二氧化碳为保护气体，可将焊接金属与空气隔离（图2-3-25、照片2-3-8）。半自动焊接使用焊丝作为电极的电弧焊枪，焊接作业以手动方式施工。由于不像焊接棒一样需要更换，施工效率高。此种焊接方式多使用在中小规模的钢结构建筑中。

螺柱焊（Stud Weld）

为了将钢材与混凝土紧密结合，在钢材上焊上螺栓（图2-3-26、照片2-3-9）。在螺栓与螺母之间以电焊方式，将接合部位熔融、结合。螺栓一般安装于柱脚或梁顶部。

刚接节点

将梁、柱连接的方法之一。通过焊接等牢固的连接以抵抗外力。框架结构的骨架中也使用刚接节点。

表2-3-3 焊接种类

<table>
<tr><th rowspan="2" colspan="2">名称</th><th rowspan="2" colspan="2">特征</th><th colspan="2">适用方式※</th><th rowspan="2">注意事项</th></tr>
<tr><th>机械焊接</th><th>现场焊接</th></tr>
<tr><td colspan="2">电弧焊接法（Arc Welding）</td><td colspan="2">利用母材与电极或是两电极间产生的电弧热进行的焊接方式。 制作钢结构骨架几乎都使用电弧焊接法</td><td>◎</td><td>◎</td><td>电弧热的中心为5000～6000℃的热源</td></tr>
<tr><td colspan="2">螺柱焊接法（Stud Weld）</td><td colspan="2">在螺栓前端与母材之间，产生电弧并加压接着的焊接方式。由直接电源与螺栓焊枪所构成。在日本，施工者需取得螺柱焊接协会的技术检定资格</td><td>◎</td><td>○</td><td>焊接条件因焊接姿势或焊接环境而改变，若需进行侧卧姿势的施工、钢承板（覆工板）上方的施工等，在焊接前须先进行品质确认</td></tr>
<tr><td colspan="2">保护电弧焊接法（Shielded Metal Arc Welding）</td><td colspan="2">在药皮焊条与母材之间，施以交流电压产生电弧高热，使药皮焊条中的软钢线与母材熔融、凝固形成液化熔填金属（熔池）。药皮产生的气体不仅可隔绝焊接部位避免接触空气，也因添加合金成分而获得良好的焊接特性。普遍为钛铁矿系或低氢系材质</td><td>◎</td><td>◎</td><td>需留意焊接过程中不让焊接棒吸收湿气</td></tr>
<tr><td colspan="2">二氧化碳气体保护电弧焊接法（Gas-shielded Arc Welding Method）（MAG焊接法，Metal Active-Gas Welding，活性气体保护金属极焊接法）</td><td colspan="2">最普遍的钢材焊接方式。以活性气体取代空气保护进行的气体保护电弧焊接法（MAG焊接法），使用二氧化碳或是混合气体（氩Argon占80%、二氧化碳CO_2占20%）。
此种焊接方式造价低，因可进行深度焊接而经常被使用，使用混合气体也改善了焊缝外观或韧性。为了减少混合气体在表面产生的焊渣量，大多使用机械式焊接方式</td><td>◎</td><td>◎</td><td>虽然比手工电弧焊接法的焊接效率高，但施工时需要做好防风措施</td></tr>
<tr><td colspan="2">潜弧焊接法（Submerge Arc Welding, SAW）（埋弧焊）</td><td colspan="2">将焊丝自动连续传送至散布在焊接线前方的粒状助焊剂（Flux）上，让焊丝前端与母材之间产生电弧高热进行焊接。 可将药皮焊条的芯线与药皮分开使用。此外，虽然无法从外面检查电弧状况，但焊珠外观良好。使用于长度较长BH钢制品制作或箱型柱的角部接合</td><td>◎</td><td>×</td><td></td></tr>
<tr><td rowspan="2">电热熔渣焊接法（Electro-Slag Welding, ESW）</td><td>消耗式喷嘴（CES）</td><td rowspan="2">使用在箱型柱内横隔板上的焊接方式。以钢制背衬板或水冷背衬板包围焊接接合部位，以电弧高热将助焊剂熔融生成焊渣，并利用其中的电阻热流，让焊条及母材熔融的自动焊接方式</td><td>将化学药剂涂在钢管的消耗式喷嘴</td><td>◎</td><td>△</td><td rowspan="2"></td></tr>
<tr><td>非消耗式喷嘴（SES）</td><td>水冷式构造不锈钢管或是铜管制成的非消耗式喷嘴。比CES更为主流</td><td>◎</td><td>×</td></tr>
<tr><td colspan="2">金属电极惰性气体焊接法（Metal Inert-Gas Welding, MIG）</td><td colspan="2">虽与气体遮覆电弧焊接相同，都是气体保护电弧焊接法，此焊接法使用惰性气体的氩或氦</td><td>△</td><td>×</td><td>几乎不使用于钢结构工程</td></tr>
<tr><td colspan="2">氩焊（Argon Welding）</td><td colspan="2">虽与气体遮覆电弧焊接相同，都是气体保护电弧焊接法，此焊接法使用惰性气体的氩或氦</td><td>△</td><td>×</td><td>几乎不使用于钢结构工程</td></tr>
</table>

※ ◎表示最适合，○表示适合，△表示依施工条件而定，× 表示不适合。

对接焊

将主要结构构件焊接时使用的焊接方法。将槽（坡口）放在母材之间，将焊接金属和母材的一部分熔化焊接。

满焊

围绕接触部分，对构件进行一圈焊接（图2-3-27）。构件边端或连接处在电焊时会造成应力集中，为了避免这种情形，而使用满焊的方式。

填角焊

用截面呈三角形的焊缝对两面垂直相交所形成的直角进行焊接（图2-3-28）。因为在端部会产生极大的应力（图2-3-29），因此经常承受冲击荷载的构件不适用此种焊接方式。

焊材

焊接所需的材料，包括焊棒、金属焊条、助焊剂等。

焊珠外观

焊珠即为焊接作业中，在熔解部位呈现带状鼓起的金属，可依焊道外观、形状来判别施工品质的优劣（照片2-3-10）。

电焊棒

将手工电弧焊接中使用的金属焊条与助焊剂两者一体化的电极棒。通过适度调整助焊剂，以对应各式各样的焊接条件。焊接厚板材或高强度钢时，使用药皮中产生的强度、延展度、韧性方面好的低氢焊条。

助焊剂

助焊剂是用来隔绝空气，保护焊接金属，防止乙炔、氮的入侵而使用的粒状矿物性物质，可以使电弧稳定。除了防止焊接金属的氧化，也防止焊渣覆盖焊接金属的表面从而导致急速冷却。手工电弧焊接法或是潜弧焊接（Submerged Arc Welding）所使用的药皮有所区别，需根据焊接方式选用。

对焊接合

焊接接头的形式种类多样，受到焊接方法、材质、板厚、焊接动作、结构、形状等因素影响（图2-3-30、图2-3-31）。

照片2-3-7 电焊枪与电焊条

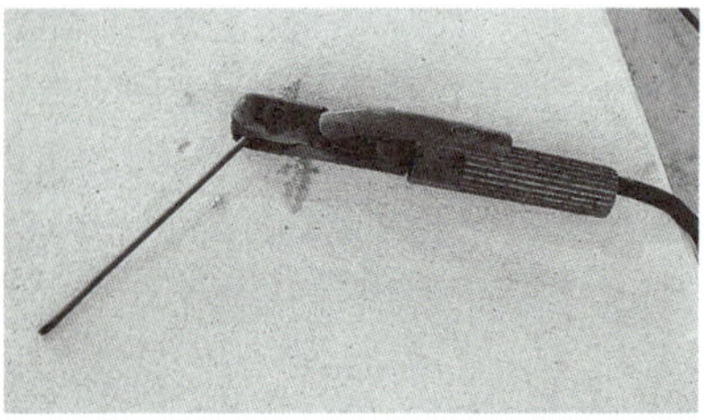

照片2-3-8 喷枪前端
（照片里是卷成线圈状的焊丝）

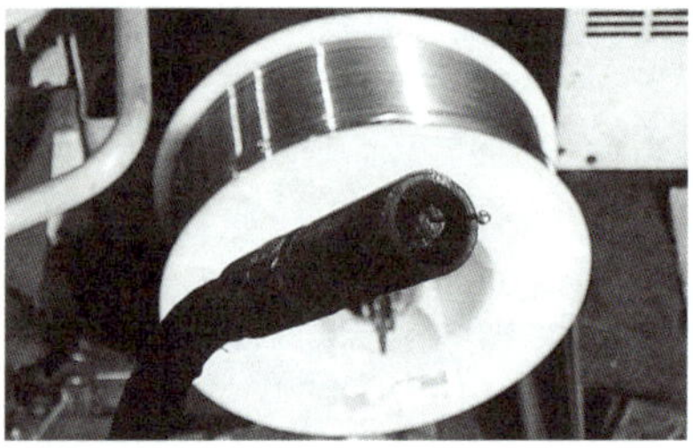

气体保护半自动电弧焊接中使用的喷枪前端。照片里是卷成线圈状的焊丝

照片2-3-9 螺柱焊接法

图2-3-24 手工电弧焊接法

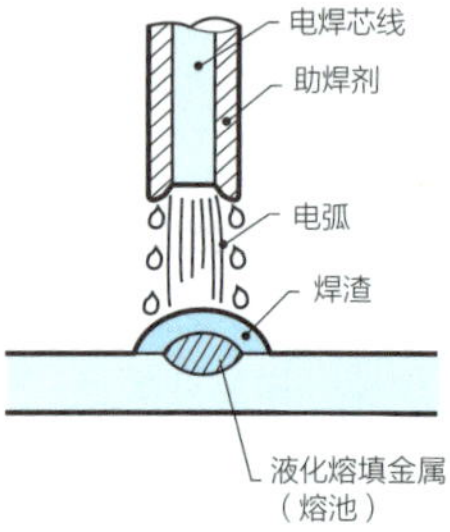

图2-3-25 二氧化碳气体保护电弧焊接

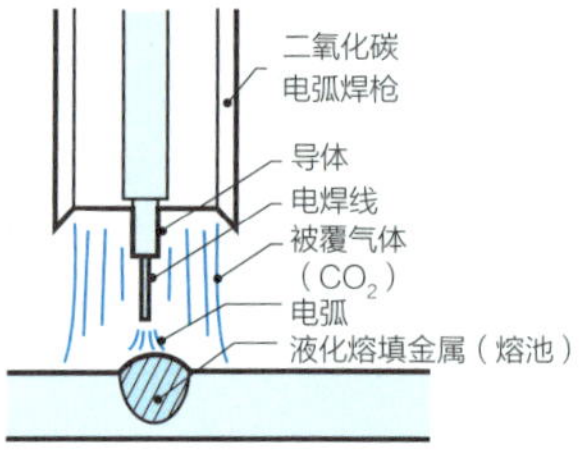

图2-3-26 | 螺柱焊接法

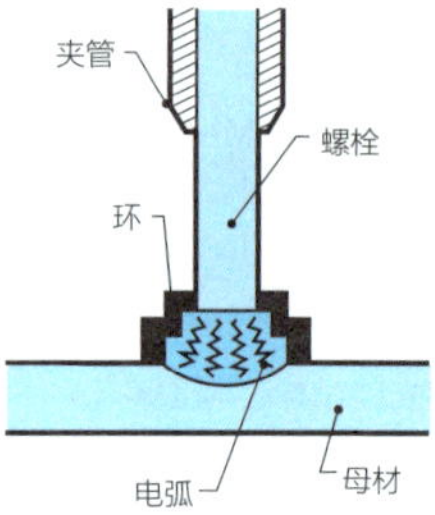

图2-3-27 满焊

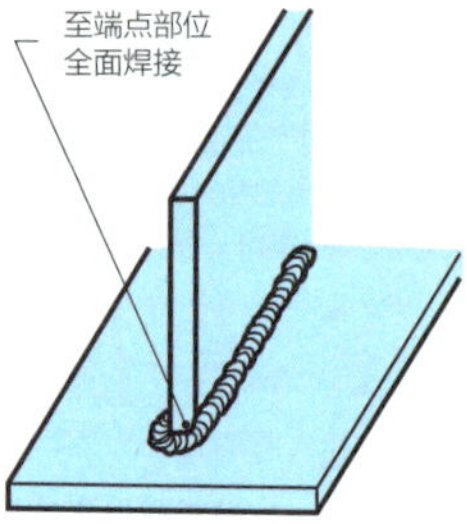

图2-3-28 填角焊

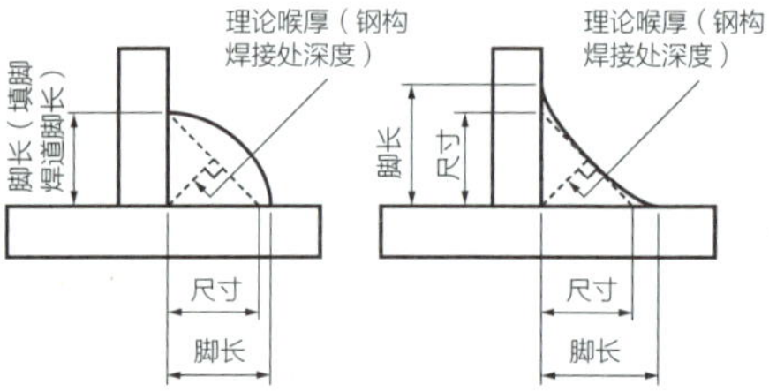

图2-3-29 角焊的应力传达

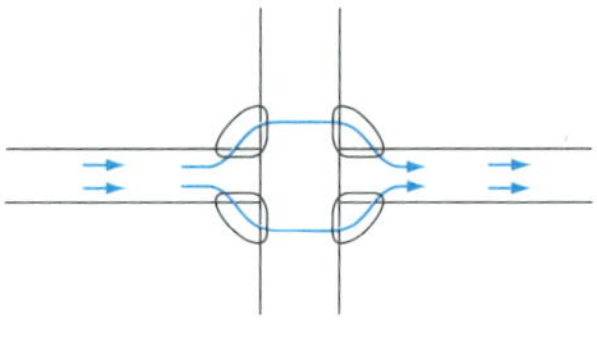

应力往返于各个焊接部位，并传导至接合的板材。角焊适用于传达与焊接线平行的作用力，不适合使用于搭接等在结构上具有重要作用的部位。

照片2-3-10 外观品质肉眼检查

预热

在焊接部位周边预先加热，并将其保持在一定的温度范围之内（图2-3-32）以防止焊接部位发生急速冷却而破裂。预热除了可以去除水分，也可将既有涂膜、油脂、污物等不纯物质去除。钢材强度越高，所含合金成分就越多，预热温度越高，越容易急速冷却而硬化，从而导致破裂。若板厚在50 mm以下的490 N 级钢材，通常不需要预先加热，但若气温在0℃以下，需加温至40℃以上。

焊道根部

焊接开槽面底部与被焊接物接合的部位。在焊接作业中，意指最初的焊接层（初层）。

焊道

按焊接先后顺序，在截面上层压的两个或多个焊道。在手工焊接或气体保护电弧焊等完全熔解焊接的方式中，可将焊道重叠进行焊接。此外，也依照焊接次数，区分一道焊或多道焊，焊道数越多，越容易发生焊接不良的状况。

道间温度

开始进行后续焊道作业之前的既有焊道温度（照片2-3-11），大多是测量距离开槽面10 mm位置的温度。焊道间温度差距越大，越会对焊接强度或韧性方面造成不良影响，因此需抑制焊道间温度值。尤其是在焊接长度较短的情况下，需要特别留意。

横摆运条

进行焊接时，将焊接棒或焊丝以波浪状移动前进的方式。移动焊接棒或焊丝的动作称作运棒。

焊孔工法

当两个方向的焊接线相互交叉时，为了避免焊接接头的重叠，需要将板挖出扇形孔洞。该部位称作焊孔。焊孔的设置可以防止破裂、焊接缺陷、材料劣化的发生（照片2-3-12）。

如今，使用无焊孔工法的案例也很常见（图2-3-33）。在日本阪神、淡路大地震之后，为了避免应力集中于焊孔底部，多数改成半径缩小的改良型焊孔工法（图2-3-34）。

无焊孔工法

柱、梁接合部位梁翼板的焊接，使用特殊的衬板代替焊孔的焊接工法。

焊缝余高

进行全熔透焊接或填角焊时，焊接金属留在母材上所形成，表面突起如山形的部位。基本上，喉厚（钢构焊接部位深度）以上的焊接截面大多会产生焊缝余高，但如果焊道面过凸容易导致应力集中，因此应尽可能限制焊缝余高（图2-3-35）。

图2-3-30 焊接接头的种类

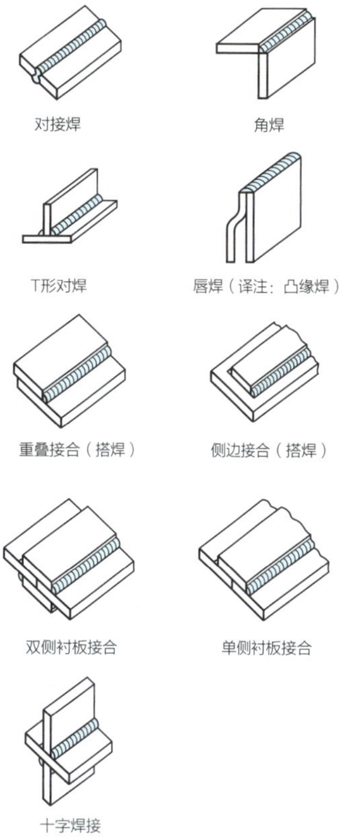

图2-3-31 全熔透焊接的焊接接头

（单位：mm）

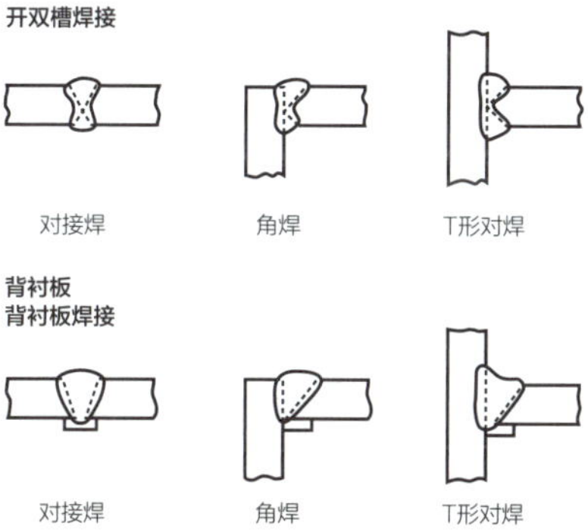

照片2-3-11 测量道间温度

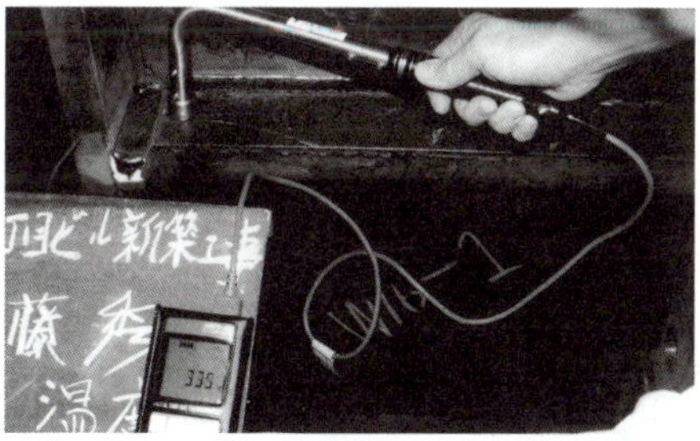

照片2-3-12 焊孔

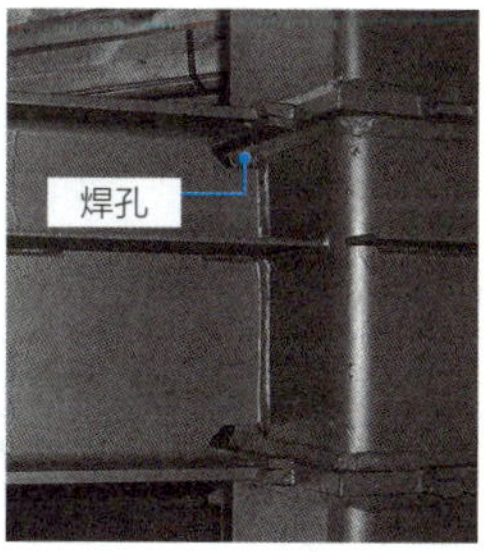

图2-3-32 预热范围与重点式预热部位

（单位：mm）

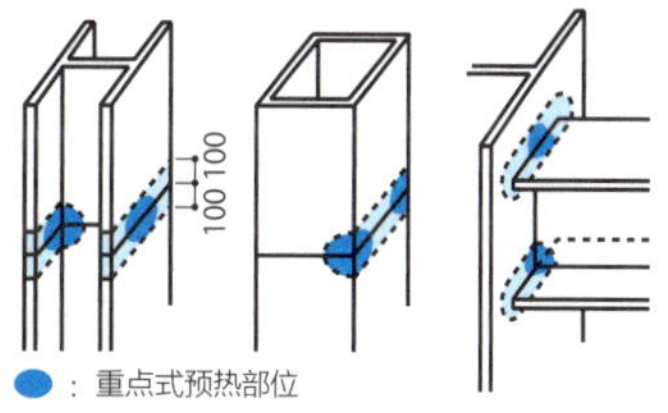

比起其他部位，角隅部位的温度较不容易上升，需在重点部位施以预热。

焊珠（Bead）

焊接后，焊接金属形成的带状突起部位。若焊接长度短（短焊缝），容易因为焊接时温度急速升高或降低而造成钢材表面的局部硬化，导致裂缝。短焊缝在进行组装焊接※的时候，比较容易出现问题。另外，如果焊珠形状过于不整齐，则在外观检查时可能视为不合格。

喉厚（钢构焊接部位深度）

全熔透焊接的母材板厚（图2-3-36、图2-3-18）。对于填角焊，是指焊接部位的最小截面厚度，厚度取决于开槽、尺寸，也称理论喉厚。此外，可以有效传达应力的焊接金属截面厚度，称作有效喉厚。

有效喉厚

焊接接头部位，有效传达应力的焊接金属截面厚度。若只说喉厚，则是指设计上的理论喉厚。

焊蚀

沿着焊接金属底部将母材熔化，在焊接方向上出现沟状的表面缺陷（图2-3-37）。焊蚀是焊接施工经常会造成的焊接缺陷。

填角焊道脚长

填角焊的截面上焊接金属与构件相接触的高度，以脚长尺寸作为使用上的区分。当出现脚长不一致的情形时，以短脚长度为准。

焊接垫板

安装在焊接部位的内侧，预防焊接金属脱落（在开槽部位的反面开孔）的钢材。在钢结构焊接的柱梁连接部位，大多使用T形焊、十字焊、角焊等方式。使用气体保护电弧焊时，若接合过于紧密，则会诱发气孔。

气孔（Blow Hole）

焊接缺陷的一种，焊接金属内部的氢、二氧化碳反应产生的空洞，直径大约几毫米的球状孔洞。直径1mm以下的称作针孔，焊接内部缺陷的50%以上都属于这种情况。若是在焊接表面上出现开口，这种焊接缺陷称为坑洞（图 2-3-38）。

引弧板（End Tab）

为了避免焊接时容易发生的焊熔不良或凹坑（Crater）等焊接缺陷，而在焊接端部安装的板材（图2-3-39）。全熔透焊接的起始端、终止端部位容易发生未焊透的问题，因此需要安装与开槽（焊材相互对接部位）面一起加工而成的引弧板辅助。钢制焊接辅助板会在焊接结束之后将其切断并且平滑修边。

如今用来代替钢制焊接辅助板的块状引弧板（陶瓷、助焊剂）逐渐成为主流。助焊剂式焊接辅助板的焊接起始端、终止端位于母材内部，焊接方式相异于钢制焊接辅助板。

对焊位移偏差

对接材料的接头部位无法对齐的状态（图2-3-40）。对焊偏差不仅容易发生应力偏心或集中的状况，微小偏差也导致喉厚变小。偏差值依判断基准来判定，若超过容许范围，则需要重新加工。

图2-3-33 无焊孔工法

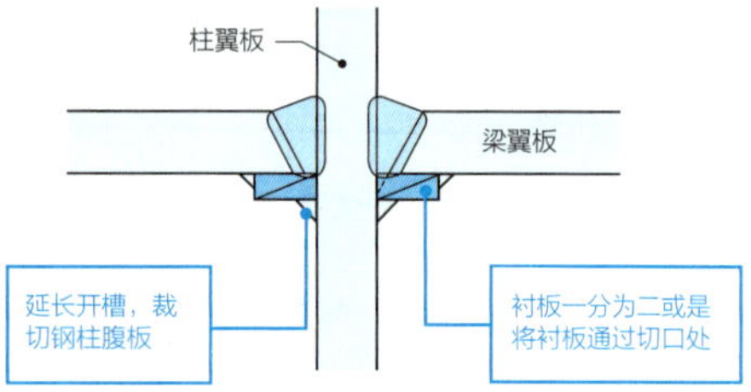

图2-3-34 焊孔工法

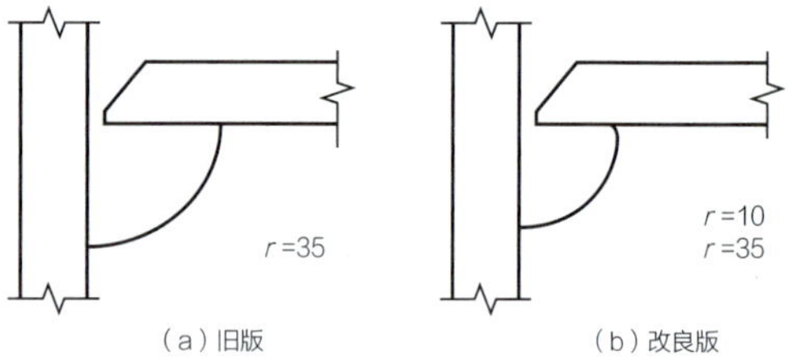

图2-3-35 焊缝余高

图2-3-36 焊接名称

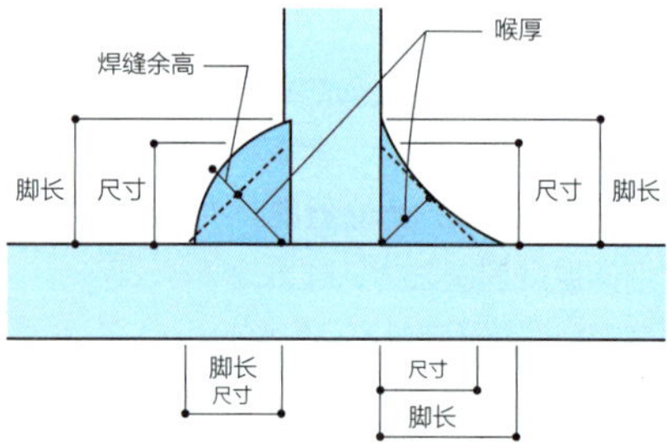

碳弧气刨

为了去除焊接的缺陷部位，而对焊接部位或母材进行削除作业（照片2-3-13）。释放电弧，将焊接金属熔化，并注入压缩气体，进行碳弧气刨。

反向应变

预测焊接发生的收缩变形量，事先在反方向进行变形量的加压、加热处理（图2-3-41）。

※:为了将裁断的钢材安装在构件上的焊接方式。

熔渣（Slag）

焊条药皮或助焊剂在焊接后包覆在焊道表面所形成的非金属物质。熔渣具有防止熔融金属急速冷却的效果。

另外，熔渣也用来保持清洁，将熔渣覆盖在焊接后的焊道表面，具有隔绝空气的作用。但进行连续焊接时，需将熔渣充分清理，否则会因为内部夹杂熔渣而降低焊缝的强度。

飞溅金属粒子

焊接作业中，从焊条或焊丝溅射出冷却凝固的焊接金属粒子，通常依附在焊道表面，或与焊接部位相近的母材上。

为了抑制金属粒子飞溅的发生，在气体保护电弧焊的喷嘴安装防止飞溅的装置，或是在与焊接部位相近的母材涂抹防止飞溅的材料。若没有清除焊道上的金属粒子而持续进行电焊的话，会造成焊接缺陷。

焊接姿势

进行焊接作业时，焊工相对焊接部位的姿势（图2-3-42）。

焊接技术人员

焊接施工相关的管理技术者，也称作焊接施工管理技术人员。焊接技术人员在日本通常由“一般社团法人日本熔接协会（JWES）”认定，认定类别分特级、一级、二级共三类。

图2-3-37 焊蚀

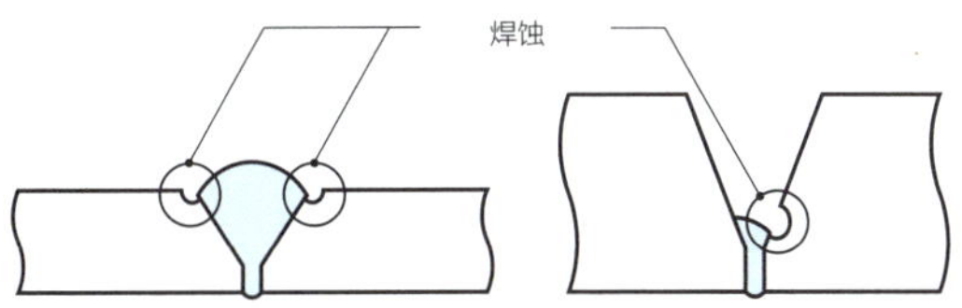

图2-3-39 引弧板

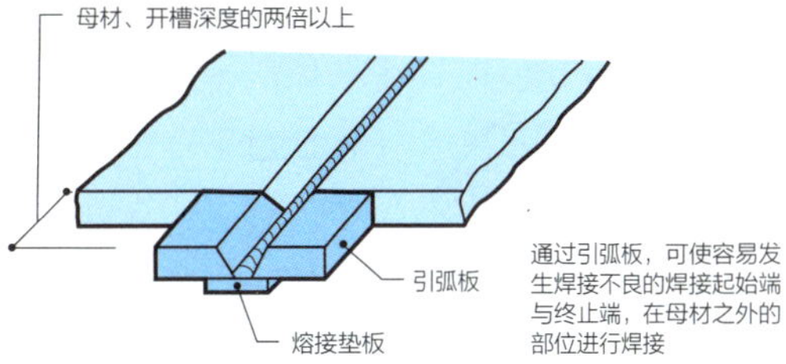

图2-3-38 主要焊接缺陷及其特征

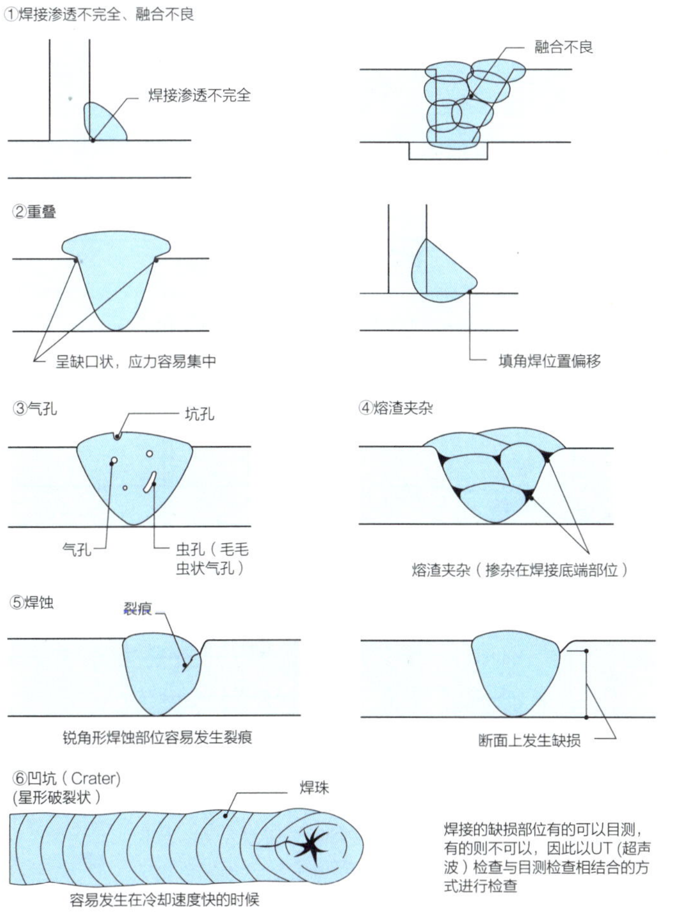

图2-3-40 对接焊组合位移偏差

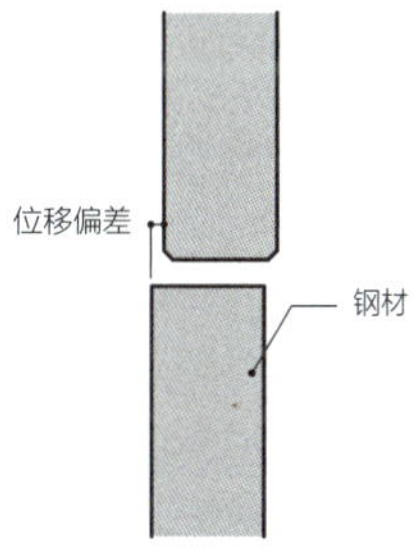

照片2-3-13 将碳弧气刨的临时焊接处去除的部位

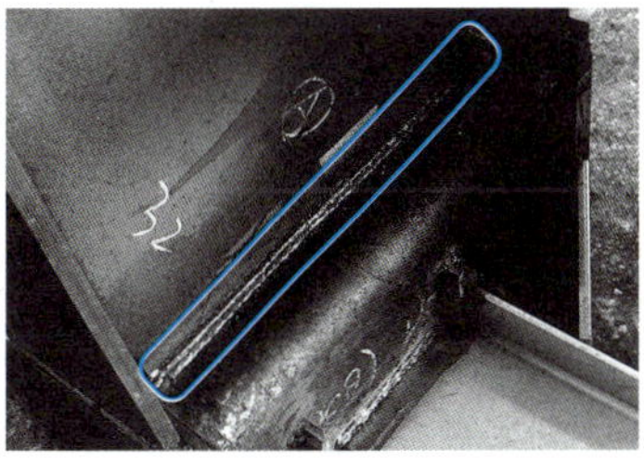

图2-3-41 反向应变效果

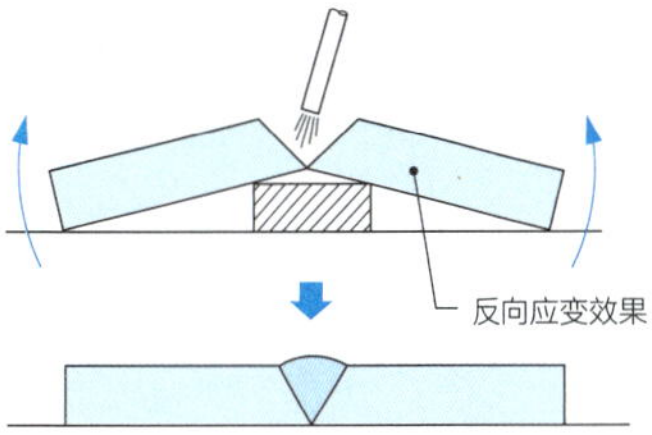

图2-3-42 焊接姿势

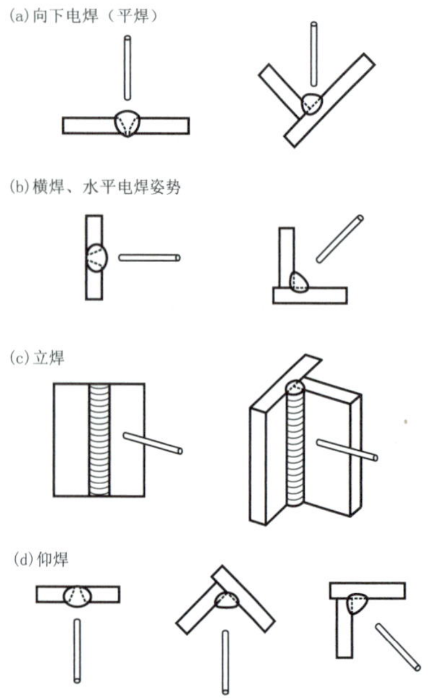

组装

锚定螺栓

将钢材的一端埋设于混凝土中所使用的螺栓，将钢柱脚部位和基础紧密结合（图2-3-43）。

基础板

安装在钢柱脚部的钢制底板。底板上有锚定螺栓使用的孔洞，也被称作地锚板。

柱脚部位

基础与柱的连接处（图2-3-44）。柱脚将上部结构的应力通过基础传达到持力层，有着重要的结构作用。此外，使用螺栓连接还是使用刚性接合，对于上部建筑的设计有很大的连接。有关柱脚的固定方式，分别有埋入式钢柱脚（将柱脚埋设于基础内）、外包式钢柱脚（柱脚部位以混凝土包覆）、外露式钢柱脚（基础板与扶板外露）等。

图2-3-43 锚定螺栓的修正方式

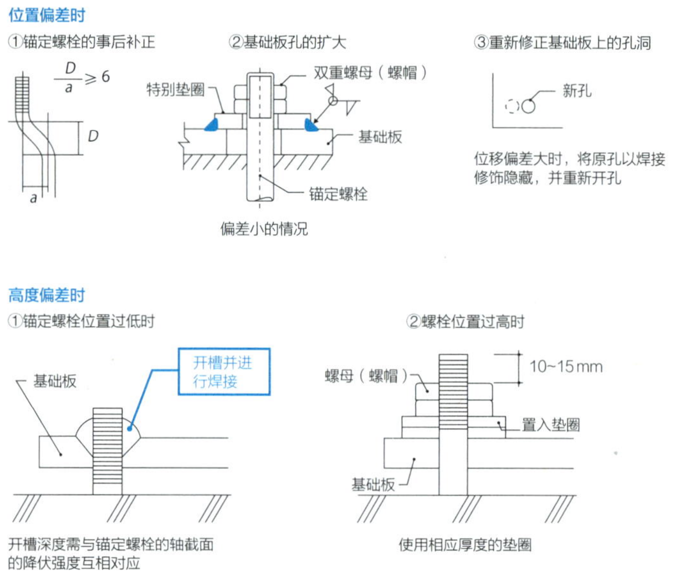

图2-3-44 钢柱脚的连接形式

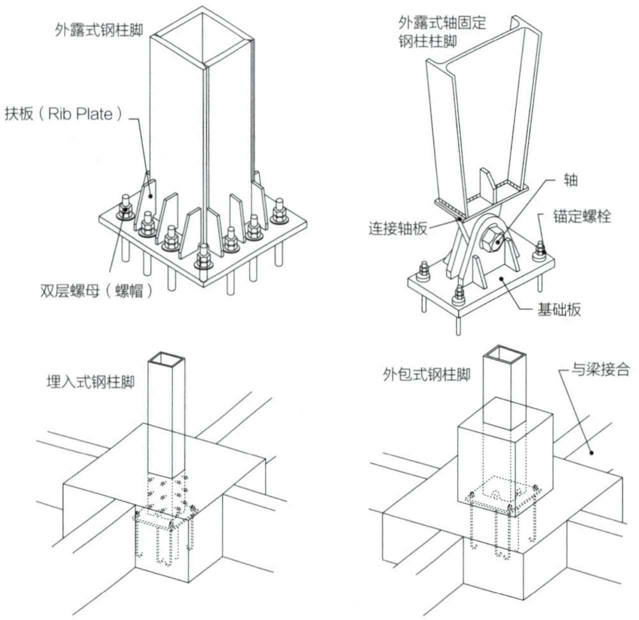

图2-3-45 埋入式钢柱脚

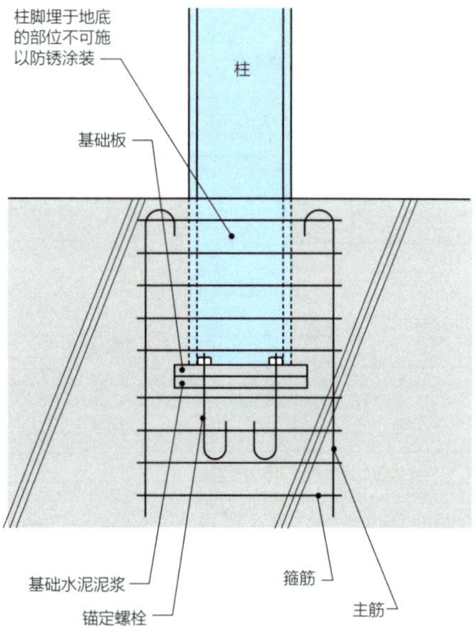

埋入式钢柱脚

柱脚完全埋设于钢筋混凝土之中进行固定（图2-3-45）。为了确保钢骨架与混凝土之间的附着力，不得在埋设于混凝土中的钢柱上施以防锈涂装，外包式钢柱脚也是如此。

外包式钢柱脚

用钢筋混凝土包覆柱脚周围来进行固定（图2-3-46）。

外露式钢柱脚

既不将柱脚埋设于钢筋混凝土中，也不以混凝土包覆，而是将柱脚直接外露的方式（图2-3-47）。柱脚的固定方式有很多种，其中以固定强度高的预制材最为普遍。

因钢骨没有埋设于混凝土中，除了有利于工期、成本，也因为柱脚细部已标准化而无需再设计。然而，对于锚定螺栓与钢筋的收边等施工作业，需进行充分的探讨。

对位模具

让锚定螺栓可以精确固定的标准模具使用时在规定位置开孔，并穿入锚定螺栓（照片2-3-14）。该模具能够确保锚定螺栓不受混凝土浇筑的影响而发生位移。

基座

为了按照规定的高度安装柱子，在柱脚基础板的下方中央部位，浇筑水泥砂浆的工作（照片2-3-15）。大多使用无收缩性的水泥砂浆。确保高程，以手铲压平使之平滑，安装柱子之后，在周围填充无收缩性的水泥砂浆。也可用支柱产品用来代替基座（图2-3-48）。基座施工需要大约三日的养护期，等待水泥砂浆产生强度，若使用替代品，则不需要预留养护时间，可缩短工期。

照片2-3-14 对位模具

照片2-3-15 基座

图2-3-46 外包式钢柱脚

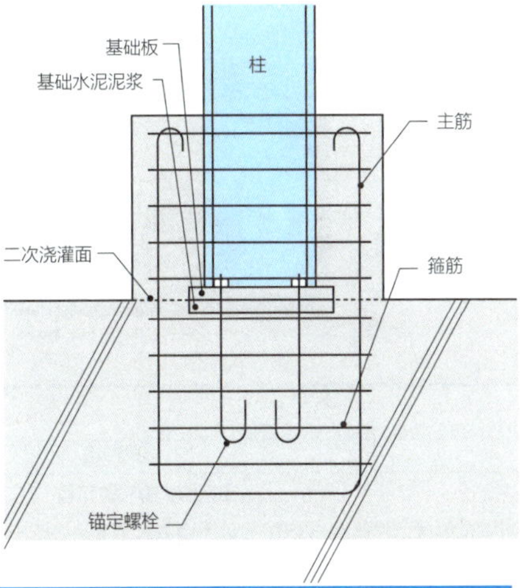

图2-3-47 外露式钢柱脚

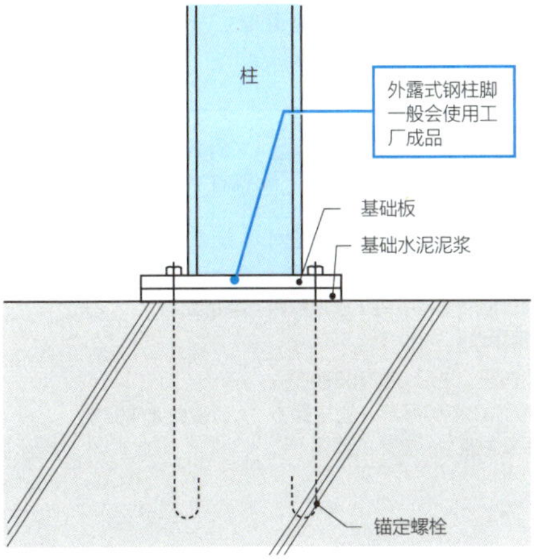

搭建

结构搭建方式，分别有堆积方式、搭建方式、分段搭建方式（纵向分割方式）等（表2-3-4、图2-3-49）。

吊装顺序

不是一根一根地将梁分别吊装，而是将数根梁的位置相互错开，一次吊装起来的方式。不仅可以缩短起重机的吊装时间，也可让施工作业更有效率。

地上组装

将工厂制作的大型钢骨切割成若干部分搬运至施工现场，在搭建之前，先在地上进行组装的施工方式。搬运至施工现场之前，需在工厂空地上做组装试验，以确认构件之间的精准度。

离地作业

卡车搬运的构件进行卸货时，将起重机吊起的构件与卡车货台分离的作业。

图2-3-48 基座替代品

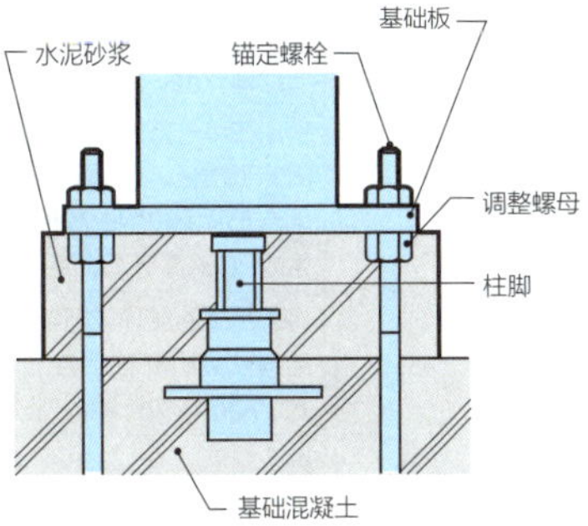

吊装

使用起重吊装机将重物提起或移动时，以正确的平衡方式悬挂钢丝绳以免失去重心的工作。也可称作吊装钢索，使用在端部设置有套环的吊装专用钢索。吊装作业需由取得安全卫生法认定资格的人员进行。

歪斜修正

修正钢柱的垂直精准度。让组装起的钢柱与地面垂直，在钢柱上拉起安装连接锁固器（Turn Buckle）的钢索，相互紧结调整垂直度，也可使用杠杆式拉力滑车（Lever Block）代替连接锁固器。此工作亦称垂直度修正或歪斜调整。

柱距调整

无法通过简单地重立柱子来纠正的跨度误差可以使用杠杆式拉力滑车、楔子、对齐调整棒、千斤顶等调整到正确的跨度。此流程若有疏忽，将会波及相邻区域。

保护绳

使用起重机将物品吊起或放下时，安装在被吊起物品的侧端，保护物品免于摇晃的辅助绳。

钢索弯折部位护件

将钢索弯折使用时，用来保护弯折部位的金属配件。

卸扣（Shackle）

扣在钢索或锁头部位的金属配件（照片2-3-16）。

强力卸扣（Mighty Shackle）

搭建高层建筑的钢柱时所使用的钢索吊具机，此为日本的工程用机械用具的名称之一。

钳

夹住钢材并吊起钢材所使用的工具。虽然装卸简单，但如果被吊起的钢材发生碰撞，很容易便会导致脱落，因此不适用于搭建作业（照片2-3-17）。

图2-3-49 一般的搭建方式

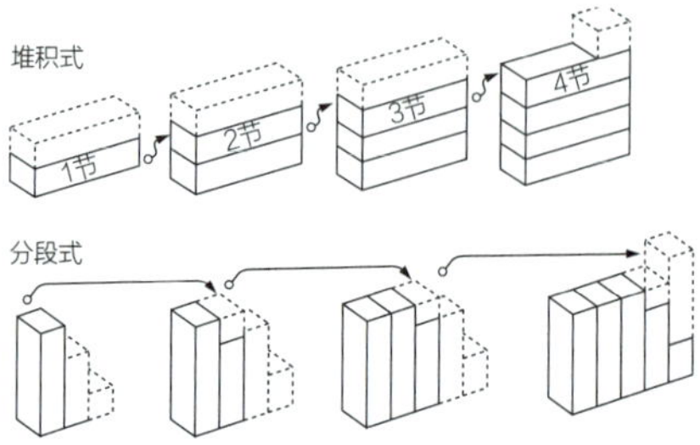

鬼头夹

将钢索与杠杆式拉力滑车两者固定的夹具。使用在钢骨搭建吊装工程中垂直度调整用的钢索上（照片2-3-18）。

柔软垫布

直接在钢骨上挂吊钢索时，为了保护钢索与钢骨所使用的柔软垫布。

照片2-3-16 卸扣

照片2-3-17 夹具

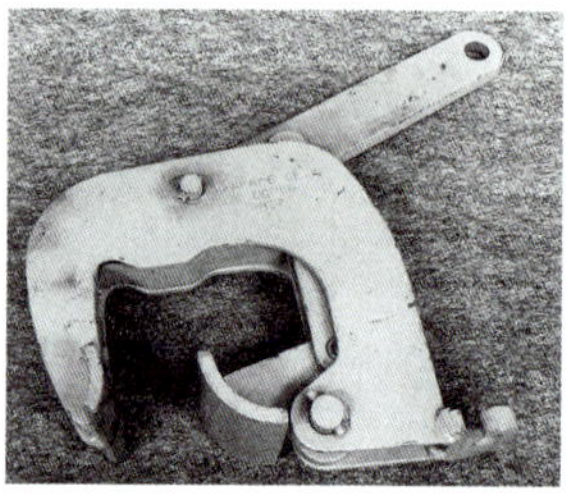

表2-3-4 搭建方式的种类

名称	特征	适用规模
水平堆积方式	根据钢架的节点，一层一层搭建的施工方式	市区的大型建筑工程
分段搭建方式	从建筑的侧面开始，以单一方向搭建钢架的方式。需充分研讨最初搭建的部位能否独自竖立	位于市区且基地狭小的中低层建筑
轴建方式	先行搭建建筑两侧的钢架，而后安装中央部位的梁或桁架。由于先行搭建的部分呈屏风状，需充分讨论是否有倾倒的可能，做好安全考量	工厂、剧院
环切方式	一般使用在工厂的钢架搭建作业，从侧边开始以单一方向搭建。与分段搭建方式相同，因为最初搭建的部位不稳定，而需以拉钢索等方式来防止倾倒。另外，若使用H型钢柱，在分段搭建部位容易发生倾倒，因此在桁行方向进行主体的斜撑工程时，需要设置钢索加强	
临时支柱方式	大跨距的梁或桁架的搭建作业中，中间设置临时柱，并在上方临时设置一部分的梁或桁架的方式。临时支柱与临时支柱的基础结构的研讨是必要的。另外，若临时支柱拆除，梁或桁架可能发生严重变形，需确实研讨结构的荷载与变形量	大跨度的梁或桁架，重的构件
横向侧拉方式	使用在单一方向连续的大跨距梁或桁架的搭建作业。从山墙侧开始组装大跨度梁或桁架（也有同时施工楼板、屋顶至饰面完工的情况），依序以单一方向横向侧拉安装梁或桁架。在梁或桁架的下方安装侧拉用的滑轮装置、滚轮、或铁氟龙等可滑动的承载配件进行横向搭建，用千斤顶将钢索或PC钢棒等在水平方向拉伸。需研讨第一个侧拉链拉钩是否具有安定性	单一方向连续的大跨度梁或桁架
吊装工法	将大跨度的屋顶或桁架在附近的地面组装（也有同时安装屋顶饰面的情况）之后，利用安装在主结构柱或临时柱上方的千斤顶，一鼓作气地将地面上组装完成的屋顶或桁架吊起来的搭建方式。需在结构计算上充分研讨吊起时，屋顶或桁架是否稳定，或是否发生应力、变形的问题	大跨度屋架或桁梁

护底垫料

将钢柱临时架设于地面时，铺设在钢柱底部的垫料，防止导致柱子下部受到损伤。

杠杆式拉力滑车

由杠杆操作的链条滑车（照片2-3-19）可以用来拉动重物、固定卡车上堆积的货物、收紧松弛的绳索。另外，在重物起吊时也经常使用。

安全母索

为了防止施工者坠落而穿戴的安全带（照片2-3-20）。

对齐调整插销

高空作业人员在钢结构搭建作业施工中使用前端逐渐变细的钢栓。若是终拧螺栓，则是使用两端变细的敲击插销。

双棘轮扳手（梅花扳手）

高空作业人员使用的工具，用来拧紧固定螺栓或螺母的大型锁螺栓扳手（Spanner）（照片2-3-21）。

单侧套筒扳手（Ratchet）

用来拧紧或松开螺母的工具（照片2-3-22）。

动力冲击扳手（Impact Wrench）

钢结构工程中用来拧紧螺栓的工具，分别有电动式、气压式、油压式等（照片2-3-23）。其中气压式也称作空气式动力冲击扳手。

扭力扳手（Torque Wrench）

以手工拧紧高强螺栓时，或是检查螺栓拧紧度时所使用的工具。通常，手动式容易控制拧紧用的力道（照片2-3-24）。

照片2-3-18 鬼头夹（钢索专用固定夹具）

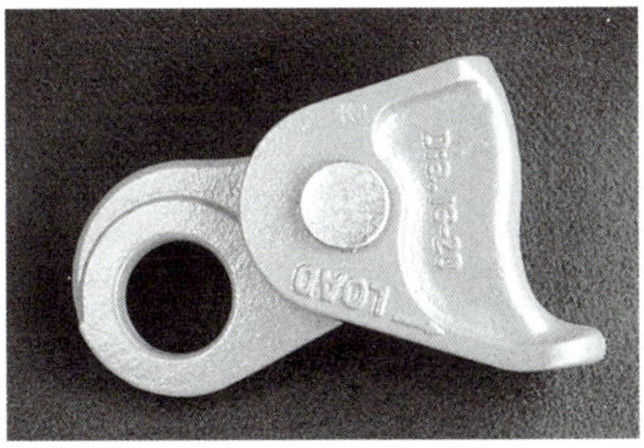

照片2-3-19 杠杆式拉力滑车

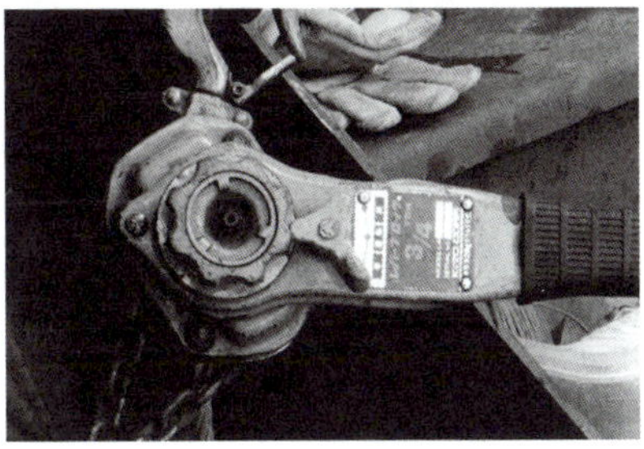

照片2-3-20 安全母索

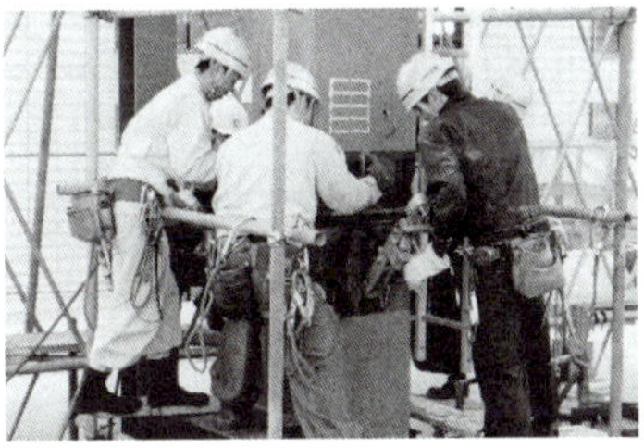

照片2-3-21 双棘轮扳手

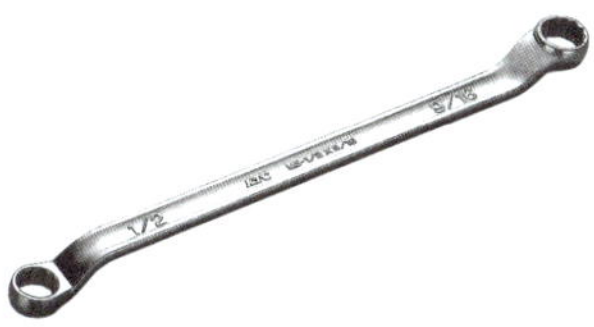

照片2-3-22 单侧套筒扳手

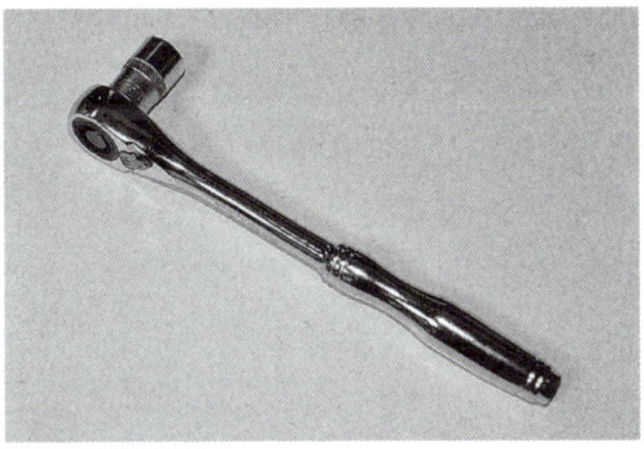

照片2-3-23 动力冲击扳手

照片2-3-24 扭力扳手

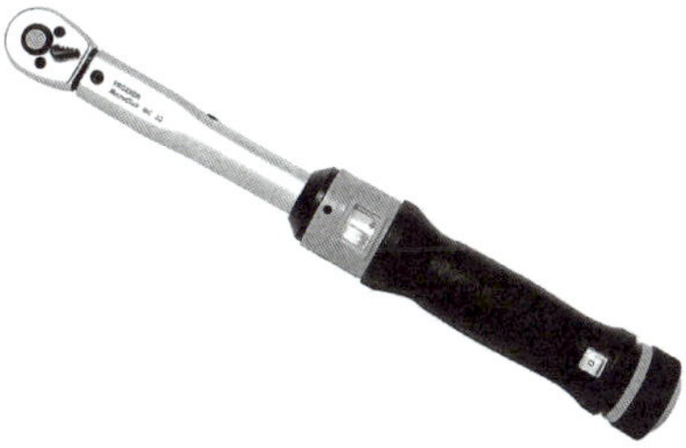

螺栓连接

摩擦连接

高强螺栓接合施工的工法之一。

金属接触工法

为了能够使得构件之间直接传递轴压力，构件的端面需平滑加工，让构件无缝隙地紧密接合。若借由焊接或螺栓来传达应力，则无需特别使用金属接触法，但该方法的好处是可节省焊接或螺栓的使用。该工法一般适用于高层钢结构建筑下部楼层的位置，由于轴力较大，即使受弯在截面上也不会产生拉力。

临时螺栓

钢结构搭建作业中，修正垂直度之后，暂时将钢结构构件相互连接使用的螺栓。再次修正垂直度之后，替换成永久螺栓。临时螺栓需使用与永久螺栓相同口径的中型螺栓，数量需占螺栓总数的三分之一以上，且为两根以上。临时螺栓不可作为永久螺栓使用（表2-3-5）。

永久螺栓

在施工现场将钢架搭建组装起来、修正垂直度后，正式将钢材相互连接时使用的螺栓，称为永久螺栓。高强螺栓的摩擦连接方式，达到规定的扭力值（Torque），不仅有前端部位断裂传导轴力的扭剪型强力螺栓（图2-3-50），也有大六角高强螺栓（图2-3-51），螺握形高强螺栓，热浸镀锌高强螺栓。也称作高拉力螺栓（High Tension Bolt）。

中型螺栓

以螺栓的剪力或拉力来承重的连接方式，只适用于轻型结构。

高强螺栓

也称作高拉力螺栓。由高拉力钢材制成，为具有高强度的螺栓，利用摩擦力或拉力来连接（图2-3-52、照片2-3-26）。种类包含大六角高强螺栓、扭剪型高强螺栓、热浸镀锌高强螺栓。使用高强螺栓时，拧紧在高强螺栓可使钢板之间产生摩擦力，借由抗滑力来传递力。螺栓本身不承担剪力。螺栓的终拧方法有扭力控制法与旋转螺母法，用来控制螺栓的拉力。若使用扭剪型高强螺栓，则需使用终拧作业的专用机具，持续拧紧螺栓至螺尾断裂为止。为了避免没有完全拧紧，施工顺序依次为：初拧→标记→终拧。

扭剪型高强螺栓

依据达到所规定的扭力值（拧紧度）的程度，螺栓前端部位（螺尾）断裂（照片2-3-25），传轴力的特殊高强螺栓，为现行主流。

初拧

使用高强螺栓连接时，拔取临时螺栓，对于所有的永久螺栓施以均等的扭力，让摩擦面之间完全紧密接着的螺栓拧紧工作。

标记

使用高拉力螺栓连接时，在第一次拧紧作业完成时，依照照片2-3-27的方式，在钢材、垫圈、螺母、螺栓上，以白色直线做标记。在初拧完成之后，观察标记位置是否位移（照片2-3-28），用来确认螺栓与螺母没有发生一起旋转等情形，检核永久螺栓拧紧作业是否完成（图2-3-53）。

表2-3-5 各种连接的临时螺栓数量

连接种类	临时螺栓的数量
高强螺栓连接	约占总螺栓数的三分之一且为2根以上，在腹板或翼板上平均配置并拧紧
混用连接 并用连接	约占总螺栓数的二分之一且为2根以上，平均配置并拴紧
焊接连接	使用在吊耳等用途的临时螺栓，全数使用高强螺栓并拴紧

图2-3-50 扭剪型高强螺栓

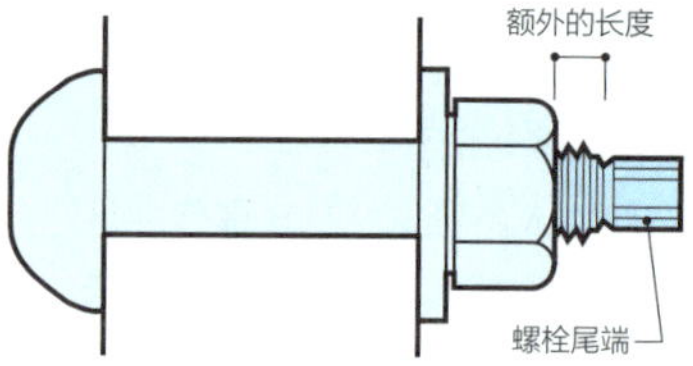

图2-3-51 大六角高强螺栓

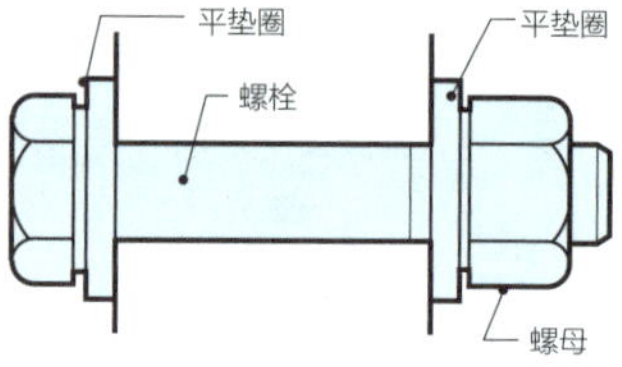

图2-3-52 高强螺栓的连接方法

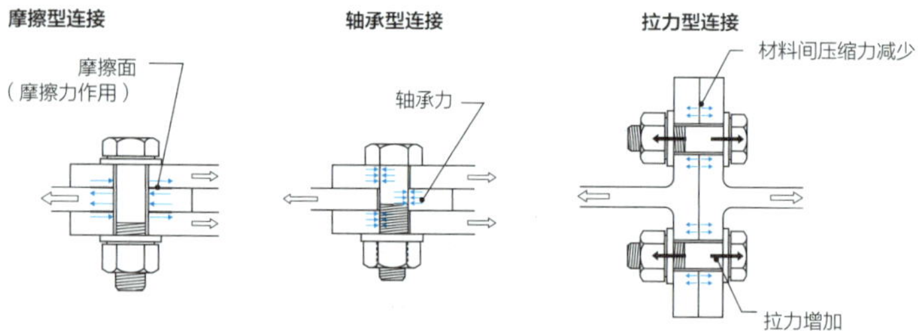

照片2-3-25 断裂的螺尾

照片2-3-26 高强螺栓

照片2-3-27 标记

照片2-3-28 标记位置偏移

图2-3-53 标记

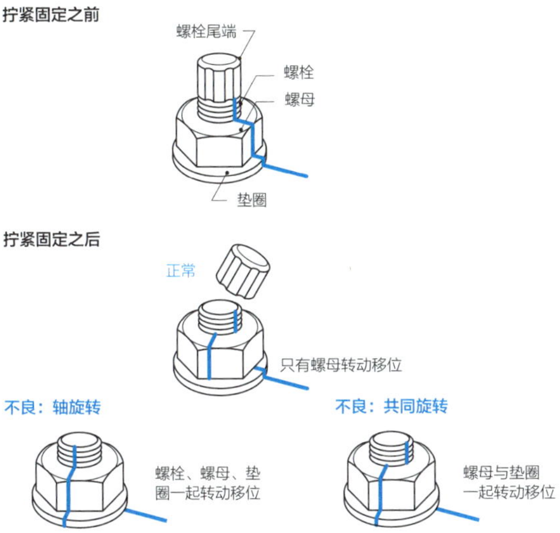

照片2-3-29 校准测试

终拧

将高强螺栓拧紧，以赋予其标准螺栓拉力的作业。

板梁（Plate Girder）

L型钢与钢板、钢板与钢板的焊接接合方式，组合成为I型钢钢梁。

螺栓尾端

设有破断凹槽的螺钉尾端（需使用扭剪型高强螺栓）（图2-3-50）。

扭力控制法

依照扭力值（拧紧度）来控管传导至螺栓的轴力。利用拉拔试验来进行螺栓的扭力值（轴力与扭力的关系数值）的测定（校准测试 Calibration Test，照片2-3-29）。第一次拧紧作业之后，以目视法观察螺栓上的标记在螺栓终拧之后的移位状态，确认螺栓是否发生旋转异常（共同旋转、垫圈旋转）。

螺母旋转法

依照螺母的旋转量来控管传导至螺栓的轴力。初拧之后，以目视法观察螺栓上的标记，确认螺栓终拧之后，螺母的旋转量在120° ±30° 的范围内。热浸镀锌高强螺栓使用此种方式。

钻孔工具（Reamer）

使用钻孔工具将连接部位的螺栓孔钻大，并修正螺栓孔洞位移偏差的工作。

性能、检查

热输入、道间温度管理

随着1998年日本建筑基准法修正，焊接性能被规范化，主要是针对气体保护电弧焊中的全熔透焊接的施工条件管理。

热输入是指在固定焊接位置的热量。主要来说，热输入影响韧度，焊缝内部温度影响强度（拉力强度、降伏点），因此对于焊接内部质量管理十分重要。

多焊道焊接的时候，在开始进行下一道焊接之前，需以测温笔确认道间温度是否控制在350℃下。

接触式温度计

借由电热感应器直接接触，用来测定表面温度的温度计。测定放射热温度的红外线温度计，无须直接接触即可测定表面温度，根据颜色变化来修正测试结果。

测温笔

钢材表面达到规定的温度时，会开始融化的蜡笔。对于道间温度等的管理，是不可或缺的工具。

组装检查

正式焊接前的临时组装状态，用来确认开槽、临时焊接状态或是尺寸精准度等的检查作业，以防止焊接或尺寸精准度上发生偏差。

制成品检查

工厂加工组装流程的最终确认工作，用来判断制成品是否合乎基准的检查作业。通常技术先进的工厂会自发地先进行自我检查。

出厂证明书（Mill Sheet）

钢材规格证明书。钢构工程使用钢材量多，因此除了作为出厂证明书之外，还作为可追溯钢材购入、裁切等过程中的详细钢材规格证明书。上面记载着钢材从购入以及整合过程中的负责人姓氏、印章、日期等详细信息。

UT（超声波）检查

超声波缺陷传感器。UT是英文Ultrasonic Testing的缩写。从探测器发出超声波信号，检测出缺陷部位并反射回传信号，用来测定焊接缺陷部位的大小、深度及位置。在钢材表面涂上超声耦合剂，以填充探头与钢材之间的空隙，可利于超声波的传播。

制作图

制造者在自有工厂制作出的所有构材的图面，内容包括主结构构件、完工材、幕墙件、套管等。

实际尺寸检查

确认工厂制作出的构件是否与制作图上的尺寸相符。制作图多以CAD绘制，因此可参考CAD数据，用来检查实际构件尺寸、实际开槽状态等。

敲击检查

用铁锤将螺栓（Stud）敲击弯曲至15°，确认焊接部位没有出现破坏、龟裂等问题的合格抽样检查。对于螺栓本身，还需要进行外观目视检查。

表2-3-6 钢结构工程中的相关检查

名称	检查时间	检查内容概要	检查项目
卷尺尺度对照	开始前	比较钢材制造厂标注尺寸与施工现场使用的钢制卷尺测量尺寸两者间是否有差异。卷尺在被施加49 N张力的情况下，需要满足每10 m的误差需在0.5 mm以下。现在因为CAD制作钢材的运用，实寸检查作业被慢慢省略	钢制卷尺的误差确认
硬度试验	钢材搬入前	依照钢材上的凹陷度来比较硬度高低的方式（主要是维氏硬度试验Vickers Hardness），以及依照钢球的反弹状况来比较硬度高低的方式（主要是邵氏硬度Shore Hardness）。使用将钢材加工于试验片上测试硬度的“硬度试验机”。如今也有直接将对象物体表面研磨后计测的携带式硬度测试器。硬度测试可以推测材料的机械性质，携带式硬度测试器是未来的趋势	钢材的硬度
切截面检查	钢材切断后	对于切断后的钢材，检查切截面的表面粗糙度以及加工精度	钢材的切截面
焊接前检查	焊接前	防止焊接缺陷或制成品质量的检查工作。以现场勘查来确认制作状况的方式为多	钢种、钢板厚度、开槽角度、焊缝根部间隔、焊缝根部面、背衬金属板的安装状态、起伏板的状态、对焊位移偏差、搭接的错位、组装焊接、表面间隙、开槽面的污浊等
开槽检查	焊接前	为了确认焊接开槽形状或精准度所作的检查。主要针对全渗透焊接。也使用在厚度极厚材料的部分渗透焊接部位	开槽形状、开槽角度（斜角）、焊道根部间隔、焊道根部面等
开孔加工检查	工厂制作时	主要确认高强螺栓连接或螺栓接合施工所需开孔的施工精准度所做的检查。也适合用来检查钢筋混凝土建筑中，钢筋孔洞或箍筋等的有无、位置、孔洞数量	孔径、孔数、孔间隔距离（Pitch）与材料端点之间的距离等
临时组装（临时组装检查）	工厂制作的中途阶段	目的在于确认构件尺寸、精准度、焊接开槽精准度、完工饰面品质等，在成为最终确认制成品之前，将部分的钢结构构件或各个区块相互临时组装检测。临时组装检查多在买方现场勘查时进行，但常被省略。有的会直接在施工现场组装测试，直接安装	工程中最主要的构件、或制作上最困难的制品
摩擦接合部检查	高强螺栓连接作业前	用来确认强力螺栓连接的摩擦接合面的状态。摩擦接合部位是借由强力螺栓的扭力，产生抗滑力而使之接合，因此摩擦面的状态极为重要，红锈为理想状态	高强螺栓连接中的摩擦接合面
制品检查	工厂制作完成时	工程发包或监理在现场勘验，对于钢骨工厂制成品质量进行的检查。文件检查是以钢骨工厂制作的文件为基础，对于全部钢骨制品进行的检查工作。实物检查有的是对事先选定的代表性制品进行检查，或是为求效率而进行的抽样检查	文件检查（误差、接合处的精准度、焊接外观等）与实物检查（确认各构件的尺寸、外观的优劣、焊接内部品质等）
尺寸检查	工厂制作完成时	钢骨制品各部位尺寸的确认工作。制成品的尺寸检查，是依照文件来确认各部位的尺寸，并检查制成品的方式来进行。具有倾斜度的制品，或是具有弯曲度的制品，则是以确认对角尺寸，并以模具来进行确认检查的工作	柱长度、柱深度、楼高、搭接长度、搭接深度、梁长度、梁深度等
外观检查（目视检查）	工厂制作时、施工现场	钢材制作过程或制品检查过程中，以目视来进行检查的方式。通常外观检查是以目视方式进行，或是依照各种目的使用不同的需求来进行检查确认的工作	外观
熔接部的内部缺陷检查	焊接后	为了检测出焊接部位内部发生的损害，一般是指超声波（UT）缺陷探测检查。此外，随着对于焊接内部缺陷的金属加工内部品质缺损受到重视，气体保护电弧焊的输入热、道间温度等的焊接条件控制越来越重要	焊接部位

注：超声波检查（UT检查）是焊接后利用超声波检测材料内部状态和焊接缺陷的无损检测方法。UT是Ultra-sonic Testing的略称，主要用于评定焊缝内部缺陷。对于全熔透焊接，需满足日本建筑学会（2008）指定的规范。超声波检查也可用于检测极厚局部熔透焊缝的熔接状况、混凝土内部破损情况等。

框架结构（Rahmen Structure）

梁、柱的基本结构。Rahmen在德语中是“框架”的意思。楼板上的荷载及风力和地震力等通过梁、柱传到地基基础。因为结构牢固，在开口处和平面上的自由度较高。钢框架和钢筋混凝土框架结构是最基本的形式。因为韧性好，高层也多常采用框架结构。众所周知勒·柯布西耶（le Corbusier）提倡的多米诺体系是其起源之一（图2-4-1）。

壁式结构

钢筋混凝土结构的一种。基本是以承重墙为主体的结构形式。为确保墙体质量，抗震的墙壁较多。框架结构中梁、柱的框架承受垂直荷载，壁式结构用墙支撑。变形能力比框架结构小，抗震性强。但是，要注意开口的限制与梁柱的隐藏。原则上地面层数不超过5层，高度不超过20 m，各层层高不超过3.5 m（图2-4-2）。

梁高

相对于梁宽的垂直方向高度。梁的高度取跨距的1/12 ~ 1/10。横截面系数Z的计算中梁宽为b、梁高h，那么$Z = 1/6 \times b \times h^2$。

主梁

和柱接合的梁。承受来自楼板的荷载。

次梁

主梁之间的梁。每格大致放两个次梁。配置在钢筋混凝土结构的墙壁的上下部。

承重墙

有效对抗地震的两侧有柱子的墙。厚度在120 mm以上且开口处周围配置12 mm以上的辅助钢筋且长度规定超过450 mm。为了降低偏心率要平衡配置。在开口处进行降低剪力的处理后也可以在抗震墙上进行开口，但开口周长比不能大于0.4。另外，为了确保上层的剪力能顺利传到地基，下层在上层相同的位置配置承重墙是基本做法。

连梁

设置在各层承重墙之间的梁。在钢筋混凝土结构或钢架结构中使用。规定宽超过20 cm，且要超过接合墙壁的厚度。平房顶部如果固定了钢筋混凝土构造的屋顶梁则可以省略。

墙梁

比承重墙还要厚的梁。剪力墙结构中使用。梁宽原则上大于45 cm。

核心筒

由楼梯和电梯井道等墙壁较多的空间组成的一个结构的核心部分。核心筒系统中代表性的类型有中央核心筒、分散式核心筒和分离式核心筒。核心筒将各层的抗震墙连接，承担由地震和强风引起的水平作用力，可将其他部分柱子的跨距增大使得设计的自由度较高。因为是将抗震要素统一设计，根据类型不同要注意偏心率不要过大。

图2-4-1 框架结构和剪力墙结构的示意图

框架结构

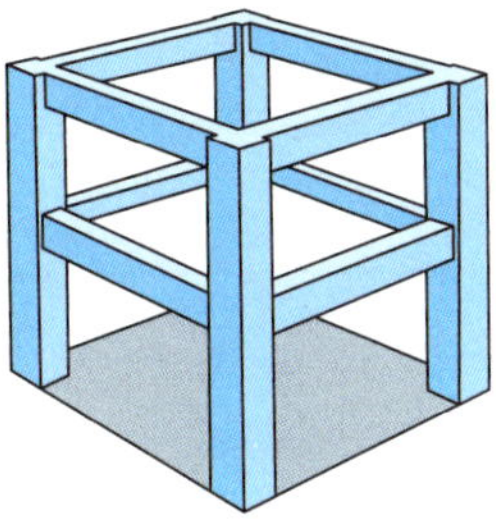

壁式结构

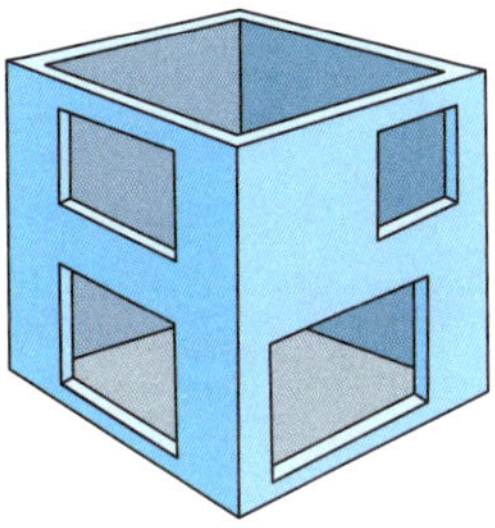

图2-4-2 与壁式结构类似的结构

壁式结构

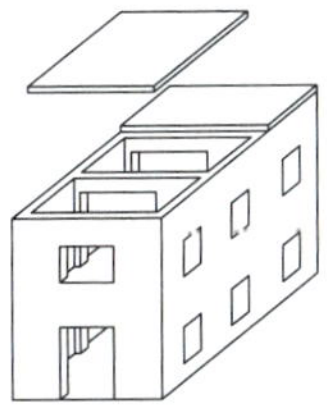

X和Y方向皆由墙壁抵抗作用力。

壁式框架结构

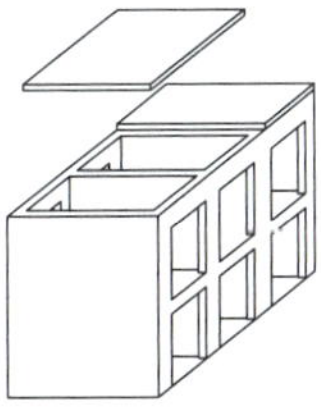

X方向是墙壁，Y方向是平柱配置梁，一个方向是框架结构的结构。

框架结构

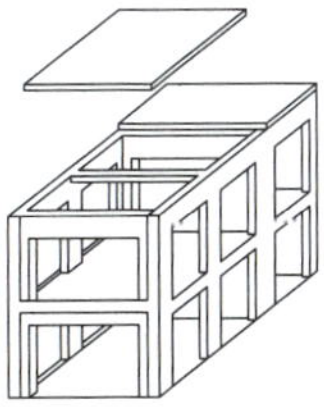

X方向是墙壁，Y方向是平柱配置平梁，两个方向都是框架结构的结构。

厚壁结构

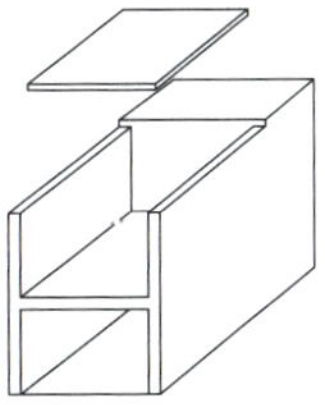

由水平部件（楼板和屋顶）和垂直部件（墙壁）构成的框架架构的结构。

壁式宽扁梁结构

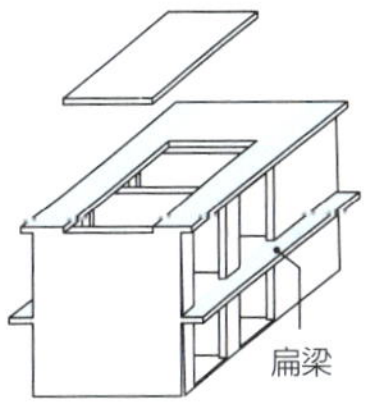

X方向是墙壁，Y方向是平柱的水平方向配置平梁，水平力由宽扁梁承担的结构。

壁式框架结构

钢筋混凝土框架和壁式结构综合构成的结构。主要用于集体住宅。在开口处少的长边方向设承重墙，在开口处的方向上配梁。壁式结构原则上建5层，而框架壁式结构可用于不超过20层的建筑。

空心砖

中空的水泥砖。形状有普通砖、普通横向配筋砖和异型砖。常组合使用。品质分A、B、C三类。B类为标准砖，A类较轻且强度低，C类较重且强度高。可根据要求的强度选择使用（图2-4-3）。

造型砖

水泥砖自身作为混凝土结构造型的砖。使用了造型砖的结构叫造型水泥砖结构。因其比空心砖强度高也常用于防止土堤崩塌的挡土墙。

混凝土围墙

混凝土制成的围栏材料。JIS规格A540、钢筋混凝土构成的围墙结构材料。钢筋混凝土制成的支柱埋在土中，中间填上水泥板做成的围墙。顶端放上横木，支柱旁建扶垛防止其倒塌。

加固水泥砖结构

配以钢筋并用砂浆填充加固的水泥砖砌成的墙。墙体外由连梁或带状地基、钢筋混凝土构成。地板及屋顶基本也是由钢筋混凝土或预制板构成。

造型水泥砖结构

模板砖的中空开口大于普通水泥砖，配上钢筋后，以模板砖作为模板，向面灌注混凝土。施工完成后，钢筋、混凝土和砖成为一体，成为抗震性能很高的墙体。

SRC结构（钢骨钢筋混凝土结构）

为了弥补钢筋混凝土结构抗剪较弱的缺点，在梁柱内置钢骨，以提高韧性，由此形成的一种钢筋混凝土结构。 通过加入钢骨架，在高层或大跨的架构中梁柱的横截面要小于单纯的钢筋混凝土结构。浇筑混凝土时，需注意防止填充不良（图2-4-4至图2-4-6）。

填充墙

建筑物中不承重的墙。例如外墙和隔墙。虽是非承重墙，但因受风荷载，需要注意窗户玻璃在内的室外装修材料和墙的接合部位产生的作用力不能超过围护墙的容许应力范围。同时还要注意架构变形可能引起的损坏。

图2-4-3 砖砌结构中使用的不同形状的水泥砖

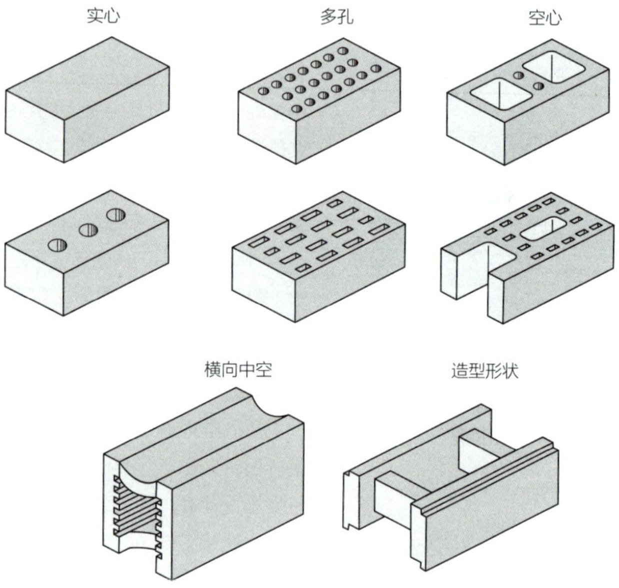

图2-4-4 加强水泥砖砌体结构的概念图

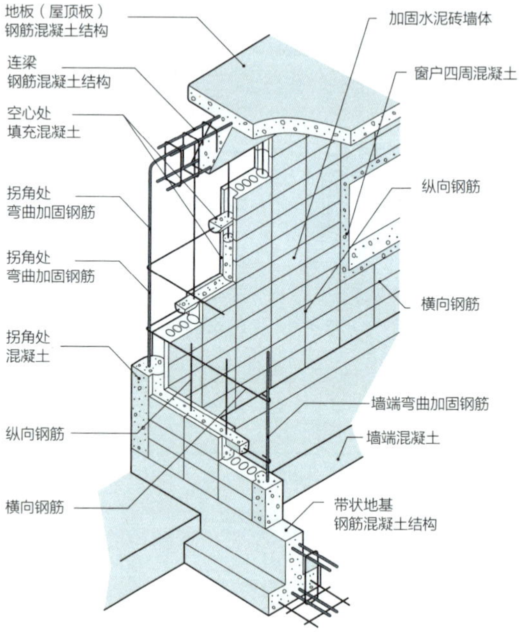

图2-4-5 通缝与错缝

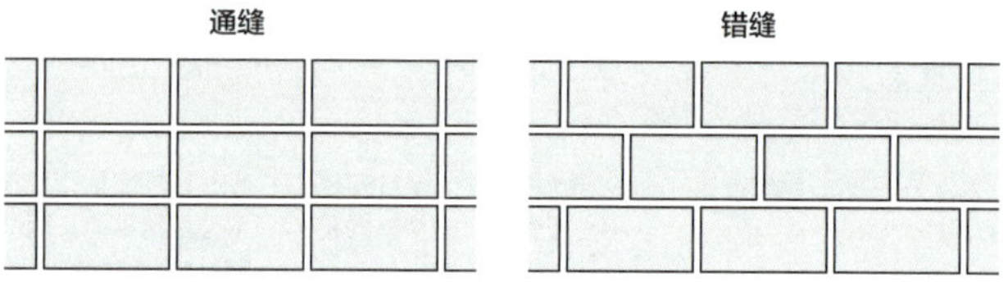

在需要钢筋穿过水泥砖的中空开口时，通常使用通缝的砌筑形式。由于纵横的接缝都在一条线上，所以称为通缝。

在不使用钢筋的砖砌结构中错缝砌能增加刚性和强度。

扶壁

用加强水泥砖结构建造的围墙高度超过1.2 m时，需要每隔3.4 m设置一个扶壁。

铝结构

结构中采用铝合金的建筑物。原则基本和钢架结构相同，根据日本国土交通省的公告来制定式样。铝材比钢材轻且不容易生锈。不过若需要和钢材同等的强度，横截面需要较大的尺寸。

膜结构

使用薄膜材料的结构。有张拉式膜结构和骨架式膜结构等类型。也有通过内部的高气压将屋顶撑起来的充气式膜结构，有像是日本东京巨蛋那样的一层膜充气式结构，还有在两层膜中间充气的双层膜结构（图2-4-7）。

张拉式膜结构

膜结构的一种。通过主柱上张拉绳索将膜材吊起的结构。日本代代木体育馆是张拉式膜结构的代表。

壳体结构

屋顶等部位采用钢筋混凝土或薄钢板制作曲面的结构。根据形状，也可称作薄壳结构或曲面板结构。曲率相同时，垂直荷载会转换成拉力和压力。曲面墙壁比较薄的地方要注意防止积雪等集中荷载。还有圆筒形壳体结构等多种结构（图2-4-8）。

图2-4-6 SRC结构示意

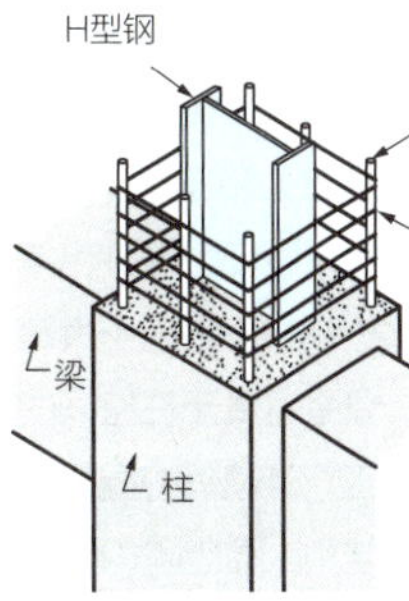

图2-4-7 膜结构的主要形式

（1）张拉式结构（悬架膜结构）

筑波万博中央站阴凉处（1985）。用拉索和膜组成的结构。向拉索施加拉力以撑起轮廓。照片:《建筑新观点》(斋藤公男著，小社刊)

（2）骨架膜结构

Umbrella－house（2008，意大利米兰，architect：KKAAlocateion）。由伞骨（骨架）和膜构成的结构。

（3）充气式膜结构

东京巨蛋是充气式膜结构 （1层膜结构）。照片：《建筑新观点》（斋藤公男著，小社刊）

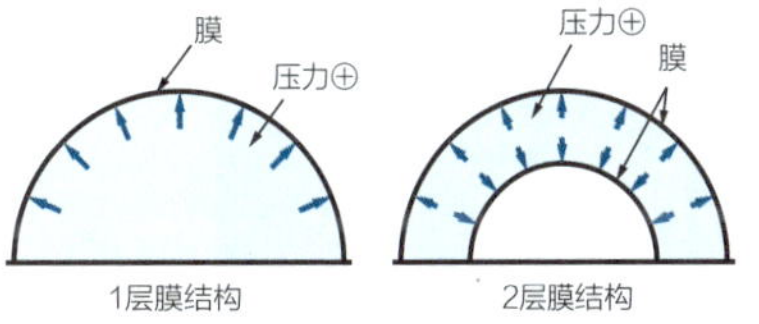

充气式膜结构中，向膜所覆盖的空间内充气，提高内部压力形成充气膜，以抵抗自重和外部作用力。分为一层膜结构和双层膜结构。双层膜结构是向两层膜之间充气形成充气膜，可形成如同钢性强的板材一般的结构，可整体抗弯。

折板结构

将板材弯曲以确保强度，由此构成的结构。能形成大跨度空间。板材结合处的连接较难，要求较高的施工技术，但如果只是单面采用板材的话，则相对比较容易。比如说只有屋顶采用折板结构的情况，即使没有柱子也能构成大空间，常常在工厂和仓库等建筑中采用。

图2-4-8 壳体结构的种类和作用力的方向

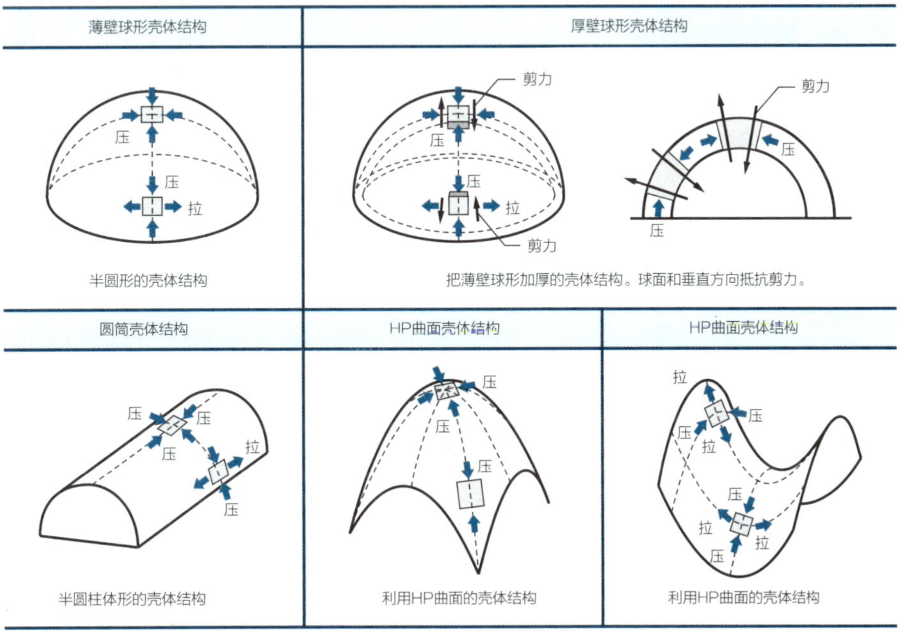

桁架结构

将线性构件通过铰接连接成的三角形构成的骨架结构。部件之间只作用拉力和压力。因为不受弯，所以较细的构件也能组成较强的结构。适用于大跨度空间，像是需要无柱空间的体育馆和工厂等建筑的屋顶常常采用此结构（图2-4-9）。

空间桁架结构

由立体桁架组合而成的结构，能实现梁柱轻量化。施工难度大于平面桁架结构。立体桁架结构的节点可自由转动，因此构件之间只生成轴向力。如今随着结构分析技术的进步以及部件的轻量化，在大跨度的屋顶和桥梁中广泛使用。

图2-4-9 桁架的分类和种类

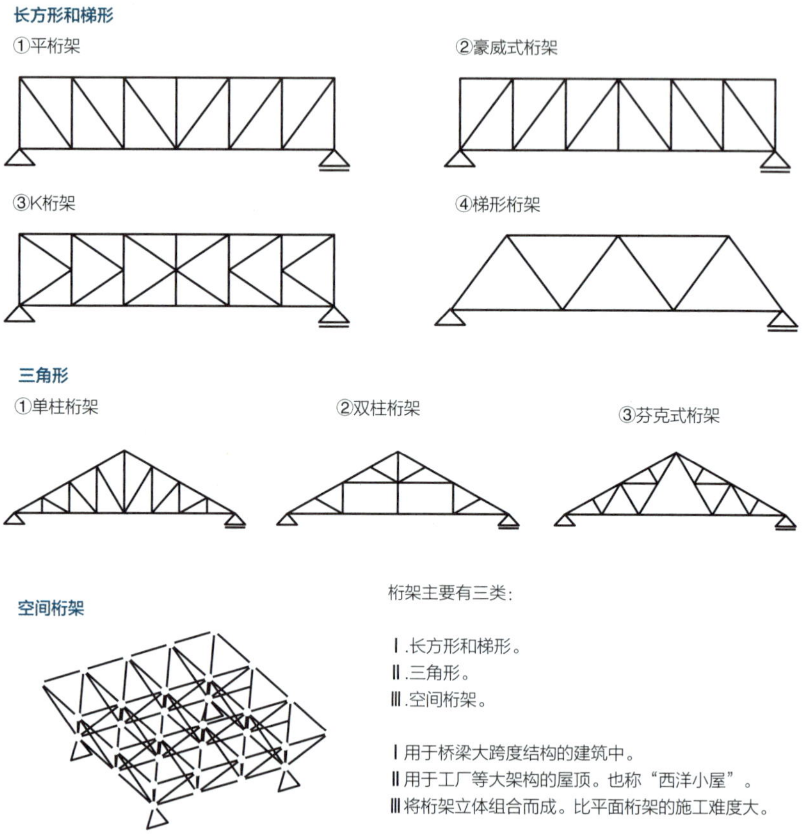

拆除、产业废弃物

主题2

废弃物处理

在日本，一般废弃物在各区域内处理，由各区域的市、镇、村负责。工业废弃物则由废弃物产出者负责处理，可跨区域处理。

工业废弃物

伴随生产活动产出的无法再利用或贩卖的垃圾、污秽物等废弃物。日本有废弃物处理及清理的相关法律。

施工废弃物

建设工程产出的废弃物，分为包括现场办公室产出废纸等一般废弃物，以及污泥或建设用木材废料等的工业废弃物。除了建筑施工现场产出的废弃物之外，建设工程产出的土石方与工业废弃物共同称作建设工程副产物。

废弃物处理法

在日本，正式名称为《废弃物处理及清扫相关法律》，规定废弃物的区分以及处理责任。此法于2000年大幅修正，明确划分废弃物产出业者的责任，以及工业废弃物处理流程监控制度的重新订立。

建设工程回收法

在日本，正式名称为《建设工程相关资材再生资源等相关法律》，于2000年5月新制定。“对规定面积规模以上的工程（以建设工程为主），应有在工程现场将特定工程材料的废弃物进行分类解体拆除、回收再利用处理的义务。”2002年5月开始全面实施。

特定建设材料

日本建设工程回收法规定回收再利用的材料有：①混凝土；②混凝土及钢材所构成的工程材料（PC板等）；③木材；④沥青混凝土。又称四项建设特定材料。

普通废弃物
普通废弃物一般指家庭产生的垃圾。工业废弃物的处理责任由施工方承担，而普通废弃物则由市、镇、村承担。

混合废弃物
混杂各式各样材料的废弃物。

工业废弃物处理流程监控清单（Manifest）
工业废弃物管理清单，记载废弃物的名称、数量、外观状况等。进行工业废弃物的清运时，一台车需提送一张工业废弃物管理清单。

工业废弃物处理流程监控系统（Manifest System）
利用工业废弃物处理流程监控清单，管理建设工程废弃物清运过程的机制，交付给清运、回收等相关业者并审查。

建筑拆除公司
拆除建筑的从业者。建筑拆除工程需有营业许可证或是拆除业者登记证。

收集搬运公司
收集、搬运废弃物的从业者。以维护生活环境、公共卫生为目的，适当将废弃物分类、保管。

中间处理公司
废弃物的中间处理从业者（对于废弃物进行分类、减量化、无害化、安定化等处理，具体来说包括焚化、碎化、堆肥化等处理）。

最终处理者
废弃物的最终处理从业者。别有隔离型废弃物处理场、安定型废弃物处理场、管理型废弃物处理场三类，依据废弃物的种类，各有不同的掩埋基准。

非法投弃
违反了废弃物处理法投弃废物的行为。罚款最高可达1亿日元。

野外焚烧
将废弃物在野外焚烧的行为。除宗教祭祀活动或农林业的活动外禁止焚烧。

零排放
将废弃物分类，并进行100%回收再利用处理。需依照项目分类处理，需要高昂的处理经费。

3R
以Reduce（抑制废弃物的产生）、Reuse（重复使用）、Recycle（重制再利用）的字首为名，表达维护环境意识概念。

热回收（Thermal Recycle）
将废弃物转化成固态或气态燃料，成为热能等资源再利用（照片2-5-1）。

材料回收（Material Recycle）
将废弃物分类、回收，对于质材或配件进行再加工，变成新的产品以便再次利用。

化学回收
对于废弃物进行化学处理，转化成化学原料以再生利用。

整地
将拆除后的土地整平的作业。地基拆除后地面下降的地方需要填土（另行采购）。

稳定化处理
让废弃物在生物、物理、化学等方面呈现稳定状态的处理作业。

无害化处理
让废弃物不危害环境，呈现无害状态的处理作业。

广域再生利用指定制度
物料制造加工业从业者，无须持有废弃物处理业的业务许可证，可利用自家公司的物料运送路径，不分区域地将自家产品回收、再制作、再利用的制度。在日本必须取得环境省的许可才能实施。

建筑物清除登记申请
建筑物拆除清除后进行登记的申请。规定拆除一个月以内申请，逾时会受到超时罚款。

建筑物拆除证明
建筑物清除登记或从市、镇、村明细上消除时需要的证明。由承包工程实施者（拆除工程实施者）开具。

受灾证明
证明受灾程度的证明。市、镇、村有义务在当地发生灾害且受灾者进行申请时根据受灾状况进行调查并开具受灾证明。在申请火灾保险金和免除废弃物处理费时需要提供。

资源有效利用促进法
基于2000年制定的循环型社会形成推进基本法，将再生资源利用促进法修改而成的法律。有义务对废弃物以“减少产生（Reduce）、再利用（Reuse）、再资源化（Recycle）”为原则进行处理。

PCB废弃物特别措施法
PCB（多氯联苯）因其优良的绝缘性而被广泛应用，但因其对人体和环境有恶劣影响，1972年被禁止生产。使用了PCB的变压器和电容器、荧光灯等要妥善保管或处理，有义务上交给自治委员会。

氯化熔融炉
不以焚化处理废弃物，以无氧状态蒸热加温到1300℃以上的高温后，进行废弃物熔融处理的设备。被视为可解决二噁英（Dioxin）的废弃物处理方式而受到关注。

中间处理场
不将工业废弃物送至最终处理场，而是在过程中进行焚烧、碎化或压缩等处理。在中间处理场将废弃物分类成再利用与送往最终处理场。工业废弃物处理流程监控系统（Manifest System）上，中间处理场的处理与最终处理场的处理都被同样认定为废弃物处理完成。依据2000年4月1日的日本废弃物处理法修正结果，中间处理场的业者兼负废弃物清单（E票）的管理义务。

照片2-5-1 热回收

最终处理场

工业废弃物最终掩埋的场所。不造成地下水、土质不良影响的处理场称为稳定型最终处理场，进行混凝土废料、金属废屑、废弃塑料的处置。铺有防水卷材的处理场称为管理型处理场，用来掩埋对于地下水、土质有所危害的焚烧灰质。

粉碎拆除

垃圾不分类直接用大型建设机械等打碎填埋的拆除方法。是过去主要的拆除方法，在2003年实施的建设回收法中被禁止。

分类解体

依照各个建设工程废弃物的种类，分别进行拆除解体的作业方式。建设工程回收法规定解体与分类应于同一场所进行。

手工解体

也可称作手工破坏。使用拔钉器，将每一个部位拆解的作业方式。虽然拆解下来的零件可再利用，但因人工费时费力，以及现在旧材料的再利用情形减少，因此较少使用，而改为与机械设备并行的解体作业方式，解体效率以及资源再使用率得以提高。

手工破坏与机械并用的分类解体

事先以手工破坏方式将室内装修材料、屋顶覆材拆解，再以机械或手工作业进行分类解体的作业。将建设废弃材料转化为可再利用的资源。

分离拆除工程

在拆除长排房屋时，只将一部分拆除的工程。

委托基准

废弃物产出业者将废弃物的处理（处分、搬运）委托他人时的依据基准。所委托的废弃物处置业者必须持有工业废弃物处理的业务许可证明。

养护

建筑物拆除后的雨水防范及混凝土浇筑后的保护等。盖上防尘用的网或薄布养护。

木屑

主要指木材粉碎后的木屑。可用于制造纸张、建材、燃料（生物发电）等。拆除的木材主要用作燃料。

砾

指混凝土废弃物。大楼等拆除后产生的大量混凝土，主要在中间处理设施等处制成再生骨料回收使用。

铲土机

带有履带和动力铲的建筑机械。也称反铲铲土机、液压铲土机、动力铲土机等。其动力铲和铲斗能够互换，因此能用于多种作业。在拆除过程中常安装剪刀形的钢架切削机或混凝土粉碎机进行作业。

混凝土粉碎机

装在铲土机的前面，利用机床的液压将混凝土粉碎的机械。

钢筋切削机

装在铲土机的前面，将钢架切断的液压装置。钢架结构拆除时常被使用。

卡车起重机（Unic车）

Unic指对搭载小型起重机的卡车的统称。有汽车驾照就能开，但需要有起重机操作的资格。起重量小型车不到1t，中型及以上的车不超过3t。上路时注意不要忘记将起重机收起。

翻斗车

运送土砂或工业废弃物的货车。容易和卡车混淆，但它的车斗能够倾斜，将所载货物卸掉，这一点和卡车不同。翻斗车种类较多，有将车斗左右倾斜卸掉货物的，也有将车斗抬起卸到高处的。

手推车

在工地用手推的独轮车或者两轮车。多用在狭小的地方将土砂或混凝土搬进或搬出。需要熟练掌握左右的平衡。有的装有刹车闸。

性能　3

保温工程 3.1

保温工程应留意以下三个要点：
①保温材料应可防止冷气流在保温层内流动，以百分之百发挥材料性能。
②应完善收边让保温工程中的气密层之间没有间隙，确保极佳的气密性。
③结构材料的保温构成应考虑时间上的长效性，能够耐潮湿耐腐蚀。
保温工程的基本用语说明如下。

表3-1-1 施工精准度与保温性能

施工状态		热贯流率[kJ/(m²·h·℃)]
	施工良好状态	1.314（100mm）
	玻璃棉尺寸过大，挤压过度的状态	1.314（84mm）
	玻璃棉尺寸过大，两端推挤的状态	2.871（46mm）
	玻璃棉尺寸过小，出现间隙的状态	2.046（67mm）

注：括号内的数值是玻璃棉换算厚度。

材料

矿棉保温材料

由矿棉构成的保温材料的总称，材料以玻璃棉或岩棉居多。该保温材料因尺寸灵活可变、裁切施工容易、价格低、不燃等特性而被广为使用。

可能产生的问题列举如下：
①由于透湿性和保水性较好，保温材料若在潮湿状态下，保温功能会大幅降低。
②因具有透气性，保温功能有所降低。
③因具有高柔软度，施工精准度上的误差让保温功能大幅降低（表3-1-1），但若可以保证施工质量则没有问题。

喷涂保温材料

以天花板保温为主，用喷涂工法施工的保温材料，如玻璃棉、岩棉、纤维素纤维。这种材料的特点为施工成果的精准度取决于施工者的专业能力。但因为与矿棉保温材料同样具有良好的吸水性，所以需要考虑同时使用防潮层、结构层换气、屋顶与天花板中间层换气等措施。

板状保温材料

板材形状的保温材料，较少用于结构的轴线之间，而多贴在结构的内侧或外侧。

种类包括挤塑聚苯乙烯泡沫板、模塑聚苯乙烯泡沫板、硬质聚氨酯发泡板、高密度玻璃棉、纤维质纤维等。一般保温效果比矿棉保温材料佳（表3-1-2）。

现场发泡保温材料

将聚氨酯系液体在现场发泡并以喷涂方式施工的保温工法。因施工容易，除了适用木结构建筑，也广泛用于钢筋混凝土建筑。发泡型保温材料具有易燃性，应严加注意并防范工程中发生火灾（照片3-1-1）。

玻璃棉

将熔点低的玻璃熔融纤维化制成的玻璃棉保温材料，对应功能开发出不同形态的玻璃棉（表3-1-3、表3-1-4），因价格低廉而被广泛使用。在高保温需求的住宅工程中，主要使用将原纤维尺寸纤细化至6%左右、空气保有率高的细纤维玻璃棉（高性能玻璃棉）。同样为每立方米16 kg的材料，细纤维玻璃棉与过去的玻璃棉相比，隔热效能高出1.3 ~ 1.5倍。纤维板状保温材料因具耐火性，可作为木结构建筑、混凝土建筑的外保温材料，但因为同时具有吸水性，需要在保温层的外侧设置防潮层、透气层等。也有附带有把手的玻璃棉材，提高了施工便利性。高保温性玻璃棉的纤维直径为4 ~ 5 μm，普通玻璃棉为7 ~ 8 μm。密度为每立方米重量（10 kg、16 kg、24 kg、32 kg、48 kg、64 kg），数值

照片3-1-1 严禁火种

以颜料喷印出的“严禁火种”标语，提醒现场人员注意。

一般来说，聚氨酯非不燃材料，施工之后不可进行焊接、气割作业。

表3-1-2 板状保温材料

	种类			密度（kg/ ^{3}）	热导率[W/(m·K)]	JIS
发泡塑料系隔热材料	发泡聚苯乙烯（珠粒）	A级	27以上	0.030以下	0.030以下	A-9511
			1号	30以下	0.032以下	
			2号	25以下	0.033以下	
			3号	20以下	0.035以下	
			4号	15以下	0.037以下	
	发泡聚乙烯板（挤出式）	B级	20以上	0.034以下	0.034以下	A-9511
			2类	20以下	0.029以下	
				20以下	0.024以下	
	硬质聚氨酯发泡板		1号	45以下	0.021以下	A-9514
			2号	35以下	0.021以下	
			3号	25以下	0.022以下	
无机纤隔热材料	住宅用玻璃棉保温材料			10	0.045以下	A-9522
				16	0.039以下	
				24	0.034以下	
	岩棉1号			71～100	0.031以下	A-9504
	岩棉2号			101～160	0.031以下	

越大，保温性能越好。产品包括玻璃棉原始素材，以及卷材制品（室内面具有防潮性，室外面或截面有防风透湿性）。

岩棉

替代具有致癌性的天然石棉，由富含硅酸的矿物（岩石）制成。主要是将安山岩熔解，像棉花糖一样地从细微的孔中吹出、急速冷却成为纤维状，再加工成棉状的保温材料。名称、用途与石棉相似，但制造方式不同，并且对人体无害。虽与玻璃棉形状相似，但密度40 kg/m³较大。若与16 kg/m³的玻璃棉相比较，岩棉保温性较好，耐火性也较高。产品的构成、施工注意事项等与玻璃棉相同（表3-1-4）。

聚酯纤维保温材料

将塑料瓶再利用，制成纤维并加工为棉状的保温材料。也称作塑料瓶保温材料。

羊毛保温材料

以羊毛为原料的保温材料。羊毛与聚酯纤维（像莲藕一样的四孔中空构造）相互编织，制成卷筒状。

纤维素纤维保温材料

由木质纤维纸浆制成的保温材料。原料为回收纸箱、报纸等材料，制作成棉花状的保温材料，保温性能与其他保温材料相同。由于是天然木质纤维，具吸湿、排湿功能，可抑制保温材料内部发生结霜的状况。纤维素纤维的保温工程，可使用喷涂工法的机具进行施工（照片3-1-2）。

表3-1-3 玻璃棉的种类

	形状	使用部位	抗透湿性	吸水性	耐热耐火性	燃烧气体	备注
原始素材	卷状	全	无	有	高	微量	填充铺设工法 防湿气密层、透气层不可或缺
	板状	墙壁楼板	无	有	高	些许	嵌入搁栅之间的铺设 防湿气密层透气层不可或缺
	球形碎片状	全	无	有	—	微量	无间隙喷涂工法
	骰子状	—	—	—	—	—	防湿气密层、透气层不可或缺
表面加工	垫子状	全	中	—	高	些许	一般附带把手，施工容易，需要透气层
	板状	楼板下方	小	—	高	些许	嵌入搁栅之间的铺设。防湿气密层不可或缺

表3-1-4 玻璃棉与岩棉

种类	玻璃棉		岩棉
形状		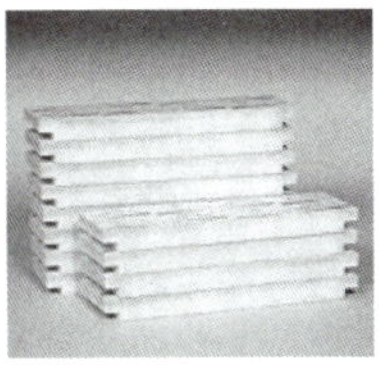	
特征	玻璃棉中，有垫子状（左）、板状（右）、粒状。因具有耐火性，板状玻璃棉使用于木结构外墙保温或钢混结构的外部保温。粒状玻璃棉则在喷涂保温时使用		岩棉也有垫子状、粒状、板状 。岩棉耐火性佳，多使用在钢结构的耐火层上

表3-1-5 主要的塑料系列保温材料

种类	模塑聚苯乙烯泡沫板（Bead Polystyrene Foam）	挤塑聚苯乙烯泡沫板（Extruded Polystyrene Foam）	硬质聚氨基甲酸乙酯发泡板（Rigid Polyurethane Foam）	发泡聚苯乙烯板（Polystyrene Foam）
形状				
特征	不具吸湿性、吸水性，经年累月几乎没有变化。不只限于板状，可加工成各种形状	板状，质轻，具有刚性，热传导率小。具有良好的耐水性、耐吸湿性，适用于外墙、外部保温	内含将气体聚集成独立气泡的集合体，让热难以传导至内部	与硬质聚氨酯发泡板相同，内含有让热难以传导至内部的微气泡，具有良好的保温性、难燃性

软质纤维板

木质纤维的主要原料来自森林采伐木材或回收再利用的木材。与纤维素纤维一样具有优良的吸湿、排湿功能。虽然保温性能较不佳，但对人体是最友善的保温材料。没有使用含甲醛胶粘剂，因此可安心使用。

真空保温材料

以氨基甲酸N3酯或是二氧化硅的细微粉末、玻璃棉等多孔材质的芯材，插入具有优良真空保持度的塑料或金属膜中，再以真空密封加工制成的保温材料。热传导率约为挤塑聚苯乙烯泡沫板的四分之一，即0.008 W/(m·K)。过去多应用在电冰箱、冷藏车，近年来也开始研发成住宅建材的保温材料。

木质纤维板状保温材料

在德国、瑞士被视为未来环保保温材料的主流。在日本虽然目前流通量较少，但也很有可能成为未来环保的主要保温材料。隔热性能介于普通玻璃棉与高性能玻璃棉之间，但其重量约为以上两种玻璃棉（16 kg/m^2）的10倍，因此热容量大，可充分发挥作为蓄热层的功效（照片3-1-3）。

木屑保温材料

利用废弃木材制成的资源再利用保温材料。不使用胶粘剂，加压之后，用聚乙烯薄膜包覆，制成厚度100 mm的保温板。保有木质特有的蓄热功效。保温性能与普通玻璃棉（10 kg/m^2）相同，但可用于内保温和外保温同时施工，顺应未来节能环保的需求。以来自日本各地的预制工厂及集成材制造工厂废弃的刨床屑、刨盘屑作为制作原料。

炭化软木

将软木以蒸气加热，其中树脂成分硬化制成的保温材料（照片3-1-4）。

模塑聚苯乙烯泡沫板

将主原料的模塑聚苯乙烯用蒸气加热，发泡成形的保温材料。依照金属模具的形状制成筒状、箱状、板状等各种形式。比起挤塑聚苯乙烯泡沫板，质地软，偏向缓冲材的性质，黏度也较强，但耐压性、耐热性、耐候性较差。与挤塑聚苯乙烯泡沫板同样为独立发泡制成，保温性、耐水性尚称优良，但仍逊于挤塑聚苯乙烯泡沫板。虽然耐压性不好，但因为具有柔软度，适合使用在木结构建筑的充填保温层。

挤塑聚苯乙烯泡沫

与模塑聚苯乙烯不同，是将聚苯乙烯与发泡剂、添加剂溶解混合，最常见的是连续挤出成发泡板状的保温材料。挤塑聚苯乙烯泡沫的板状保温材料比起模塑聚苯乙烯，发泡气泡较细，断热性、耐压性、耐候性较优，抗透湿性较好。 独立性越高，保温性能越好。因易于维持形状，适用于混凝土灌入法。材料本身的保水性弱，耐热温度为80℃。

硬质聚氨基甲酸乙酯发泡板

将主要原料聚异氰酸酯以及多元醇液体原料聚合同时成形的材料。板状制品的保温性能极佳（表3-1-5）。

聚乙烯泡沫保温材料

以聚乙烯为主要原料经挤压或热分解制成的保温材料。在独立泡沫树脂系材料中，柔软度最高。通常被用于填充空隙或设备管道的保温隔热等。

照片3-1-2 纤维素纤维保温材料

照片3-1-3 木质纤维板状保温材料

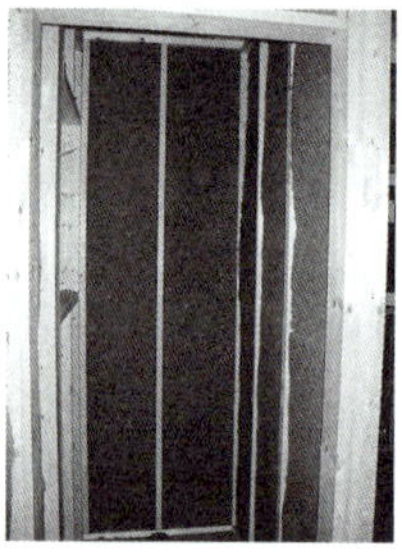

照片3-1-4 炭化软木

照片3-1-5 酚醛发泡板的气泡结构

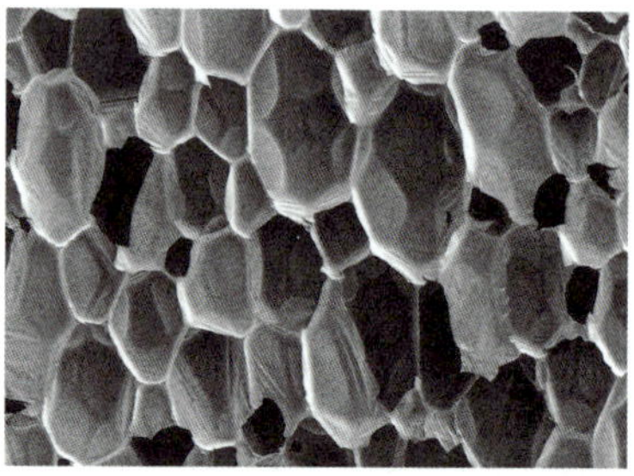

聚苯乙烯发泡剂

将主原料聚苯乙烯挤出并加热分解、发泡成形的保温材料。独立发泡树脂是柔软度最佳的保温材料，被当作空隙充填材、管材包覆材使用。

照片3-1-6 现场发泡的聚氨基甲酸乙酯

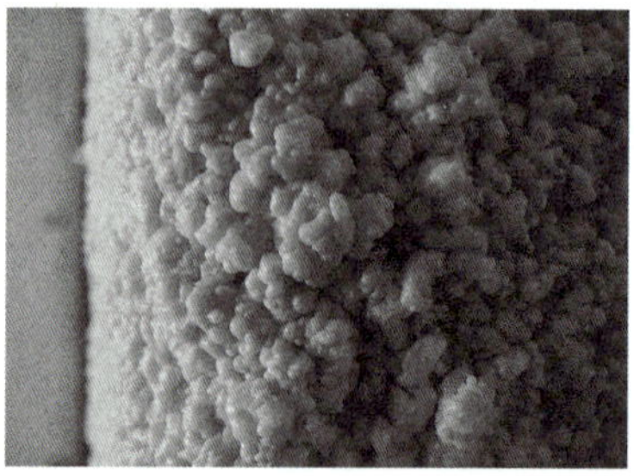

照片3-1-7 发泡玻璃

酚醛保温板

将独立发泡树脂系的酚醛（Phenol）树脂保温材料，以碳氢化合物（Hydrocarbons）进行发泡成形的保温材料，保温性能极佳，耐火性优良，历经长时间产生的变化小，但抗湿性较差。火灾时的安全性在树脂系保温材料中最高（照片3-1-5）。难燃、热传导率低。

现场发聚泡氨基甲酸乙酯

将硬质聚氨基甲酸乙酯原料在施工现场发泡的保温材料。喷涂在钢结构，钢筋混凝土构造物的室内一侧，用来充填保温缺损或缝隙部位（照片3-1-6）。

发泡玻璃

将玻璃进行发泡作用制成的保温材料。透湿性经年累月不变，作为保温材料时需确认不会受到外力破坏，否则不能使用在永久性的部位。虽然保温性能较差，但在耐压性、耐蚀性、耐蚁害等方面表现优良，对于环境造成的负担也轻。发泡玻璃属不燃材料（照片3-1-7）。

碳酸钙发泡体

将树脂作为黏合剂的碳酸钙独立发泡体。耐压性强，可弯曲，无使用部位的限制，可使用在混凝土曲面上。也可以直接铺设瓷砖，属不燃材料。

发泡塑料系列隔热材料

让塑料发泡，中间填充气体进行隔热的材料。比较厚但隔热性能好。

保温模板

在保温材料上粘贴模板，或是保温材料本身兼具模板的功能，混凝土浇筑之后无须拆模。

热阻绝连接件

使用在会发生热桥现象的金属构件之间，以热绝缘体的塑料制作成的连接构件。

防水透气膜

一般在木造住宅使用聚乙烯薄膜。过去的聚乙烯薄膜非常容易破裂，因此在施工中要特别留意不能留下损伤缺口。现在有厚度为0.2 mm的聚乙烯薄膜，或在其表面附有蒸镀铝薄膜，不易破裂。市面流通的尺寸的2.7 m宽，可提升施工效能并减少接合部位。在防湿层的接合部位，须确保材料交叠的宽度符合规定。一般安装在保温材料和室内装修基材之间（图3-1-1）。

图3-1-1 防水透气膜的接合处理

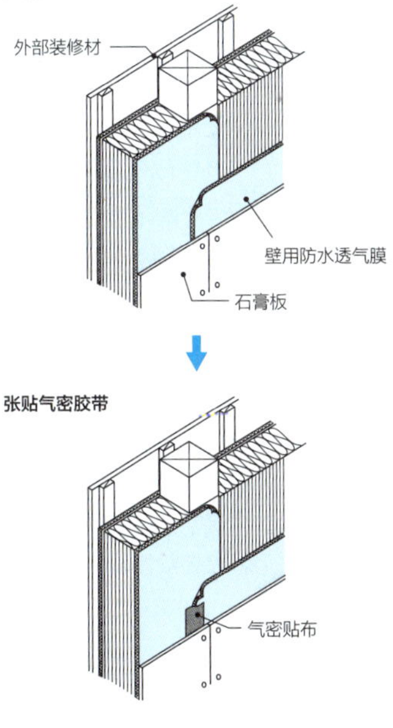

气密胶带

直接贴附在木材上的防水透气膜上，或是使用在板状保温材料的接合部位、窗框、配管、配线等不同质材与零件之间的接合处，用来确保与空气隔绝的气密胶带。包括丁基橡胶（Butyl Rubber）系列、乙烯、丙烯橡胶 EPDM（EPDM Rubber）系列、沥青系列的黏着贴布。若在低温环境下使用，则贴布的黏着度也会降低，因此在商品选择上要留意。如普通胶带一样，不适用于经年累月下来黏着力会降低的物品上（照片3-1-8、照片3-1-9）。

气密包覆垫材

含浸过沥青具有伸缩性的发泡剂。用来确保地基与基础、窗框周围10 mm以内加压的缝隙间气密性。

照片3-1-8 气密胶带

照片3-1-9 配管部位以气密胶带处理

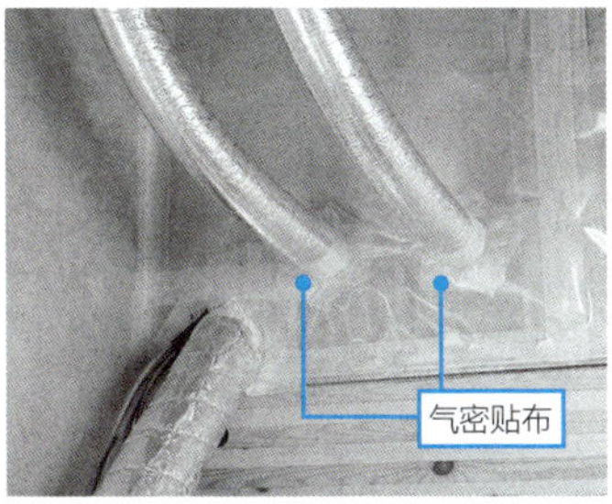

照片3-1-10 气密包覆垫层

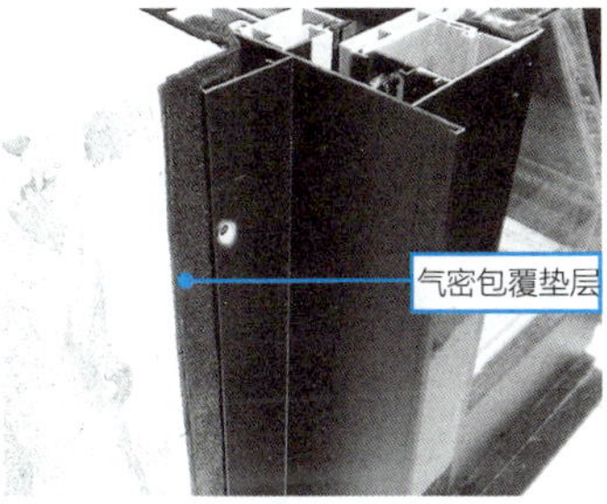

照片3-1-11 聚乙烯薄膜

木材干燥会发生收缩，因此需要使用长时间保持气密性，并具有弹性和耐久性的气密包覆垫材（照片3-1-10）。

聚乙烯薄膜

为了防水并保持气密性，在保温材料室内侧上张贴的防护膜。目前市面流通的住宅专用防水透气膜产品厚度约0.2 mm，不易劣化，并符合防水透气膜品质相关基准规定。施工现场对于接合部位的处理，不只使用气密胶带，也要保留充足的重叠宽度。如果基材是木材的话，将薄膜加压固定在胶合板上的工作很重要（照片3-1-11）。

图3-1-2 热损失

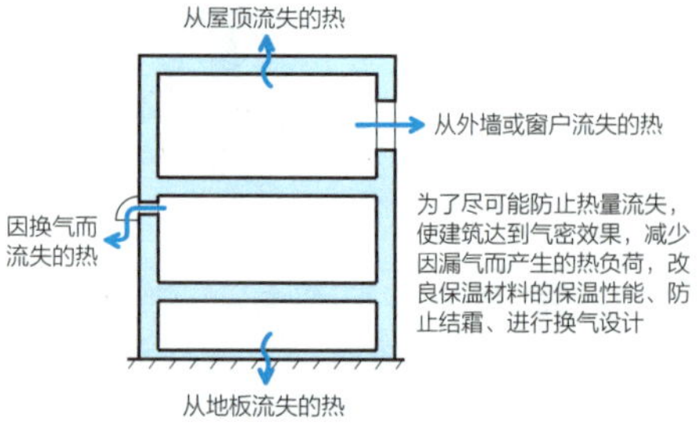

图3-1-3 保温构成

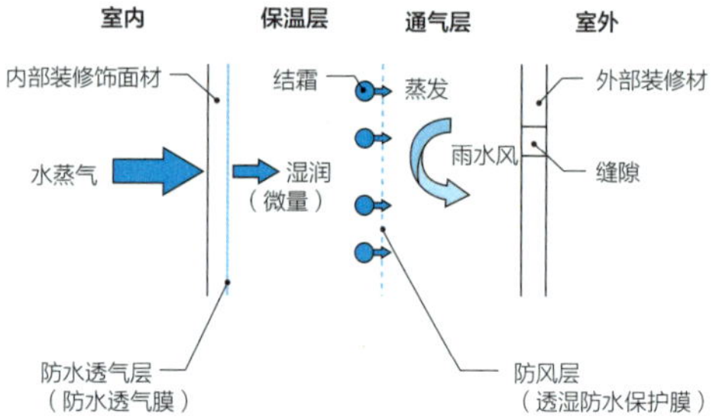

图3-1-4 保温层、气密层的基本构成

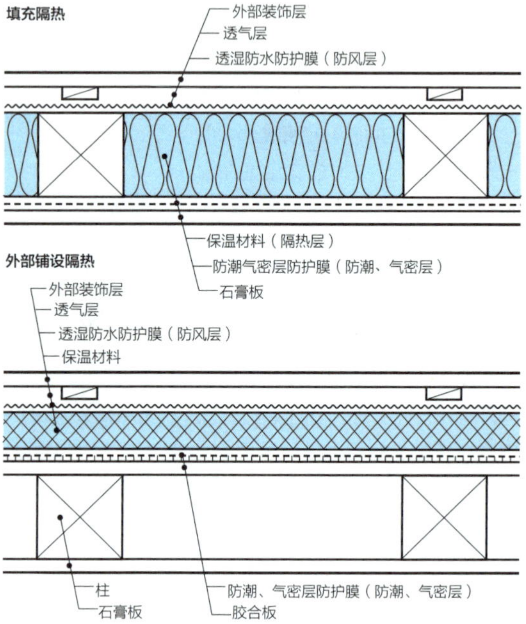

性能、部位

保温构造

为了减少建筑的热损失（图3-1-2），隔离楼板、墙壁、天花板或屋顶等空间与外部边界处的热交换的结构。保温构造必须连续，同时楼板、墙壁、天花板的气密性处理也是必要的。保温结构的基本构成由内而外依序为：内部装修饰面材→防潮和气密层→保温层→防风层→透气层→外部装修饰面材。原则上内外装修饰面材不需要具有保温和气密的功能，需与保温和气密工程分开来考虑（图3-1-3）。

防潮层

设置在没有抗湿功能的纤维保温材料室内侧，防止室内水蒸气入侵保温材料（图3-1-4）。原本一般做法将防潮层与气密层设置在相同位置，用相同材质，近年来开始普及将防潮层与气密层分开的保温做法（气密板等），防潮层则使用聚乙烯薄膜等。

气密层

使用气密材料确保建筑整体气密性的防护层（图3-1-4）。一般来说，防潮层与气密层大多使用相同的材料，由聚乙烯薄膜或胶合板构成。漏气是热损失的重要因素，对于保温工程来说，气密处理不可或缺。

图3-1-5 屋顶与天花板之间的换气层

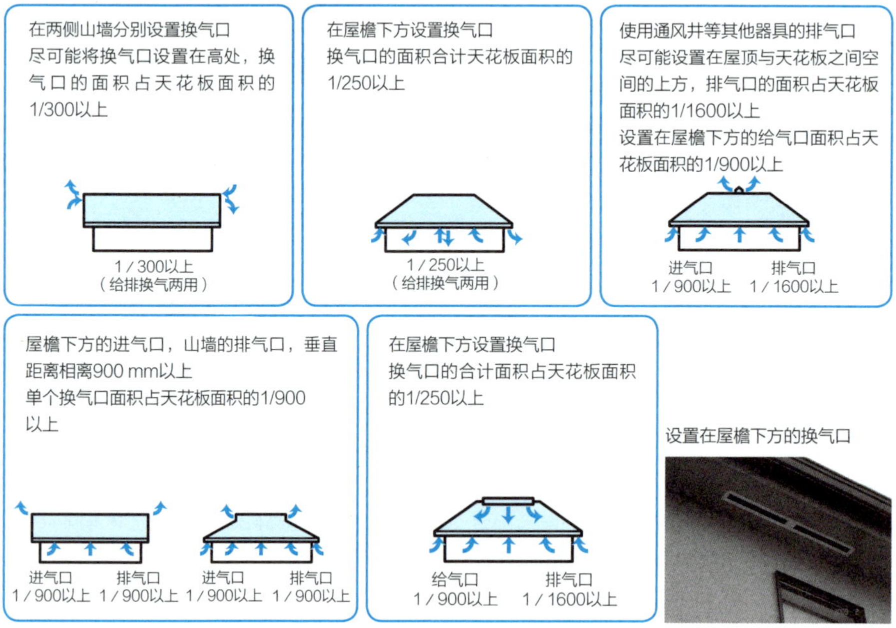

保温层

利用保温材料确保建筑整体保温性的防护层（图3-1-4）。在墙壁、屋顶、天花板、楼板、基础的各部位都设置保温隔热层，一旦出现保温缺损部位，仍会发生热损失或结露的情况，因此保温工程的施工精度非常重要。

防风层

用来让保温材料免受雨水或风影响的防护层（图3-1-4）。若是纤维系保温材料，需在通气层上增加防风层。防风层使用防水透气防护膜或护套板（Sheathing Board）、胶合板等板状防护材料。就算是使用板状防护材料，也要加铺防水透气膜。若没有防风层，来自透气层的风会灌进纤维系保温材料中，降低保温效果。若外部铺设的是塑料系保温材料，则不需防风层，但必须在保温材料的外侧铺设防风防水透湿的防护膜。仅天花板等部位因保温材料不会直接承受风压，因此可省略防风层。

透气层

为了保持保温材料或结构材料的通风干燥状态而让空气流通的保护层（图3-1-4）。包括外墙通气层、屋顶与天花板之间的透气层（图3-1-5）、楼板下方换气层（图3-1-6）等。外部保温若使用纤维系保温材料的话则必须设置透气层，用来排解室内水蒸气、外部侵入的水分，抑制材料发生腐蚀、锈蚀的情形。木结构梁柱工法中，楼板下方或室内产生的大量水蒸气会入侵墙壁，因此需要透气层来引入外部空气，排出内部水蒸气。但是在阻止空气流通的高气密工法中，侵入墙壁内的水分量少，因此透气层仅需数毫米的厚度即可。

气流遏制

不让外墙与室内隔间墙内部的热流失的工法（图3-1-7、图3-1-8）。过去的木结构梁柱结构中，外墙内部、室内隔间墙内部、楼板下方、天花板与屋顶之间的空间都是连续的，冷空气一旦侵入，室内的热即会流失。为了防止热流失，不只需设置气密层，也要让空气停止流通，因此在外墙、楼板下方、室内隔间墙与楼板下方、天花板等接合部位设置让空气停止流通的独立空间。

充填保温

将毛毡状保温材料、板状保温材料嵌入楼板搁栅或间柱（墙骨）等基材之间的保温工法。也称内嵌工法、内部保温工法（图3-1-4、图3-1-9、图3-1-11、照片3-1-12）。无论是纵向间柱（墙骨）工法或横向间柱工法，都需要事先铺设防护膜，安装在地基、围梁、檐桁，与外壁气密膜的重叠部位要超过10 mm。不能勉强塞进尺寸过大的保温材料，也不能使用尺寸不足的保温材料而产生缝隙，充填保温的施工精度很重要（表3-1-1）。气密施工困难度高，若用气密板等材料可大幅提高施工便利性。

外部包覆保温工法

适用木结构或轻质钢结构的结构体、热容量小的小型建筑，以保温、气密层包覆结构体外部的保温工法（图3-1-10、图3-1-11），也称外保温。严禁出现由保温缺陷、冷桥现象造成的结露状况发生。

在结构体上铺设发泡塑料系保温材料或高密度玻璃棉等板状保温材料，也有在结构体外侧安装木框并嵌入玻璃棉等纤维系保温材料的方式。虽然施工成本较高，但对于形态单纯的住宅来说，能容易地满足气密要求，并达到极高的保温效果。同时，考虑到火灾时需防止火势蔓延，会在结构用胶合板等的板内部或墙体内部进行防火处理。此外，虽然有仅以气密胶带将板状保温材料相接合的施工方式，但气密胶带会随时间发生剥离、质量劣化的状况，因此建议外部包覆保温工法中不要省略铺设气密防护膜。

图3-1-6 楼板下方的换气方法

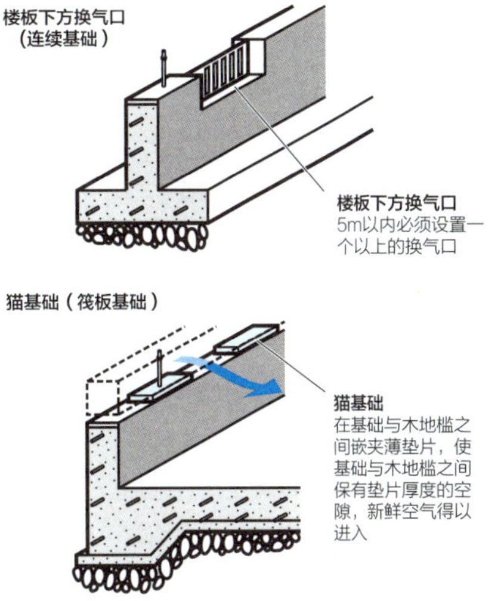

图3-1-7 气流遏制（气密防护膜）

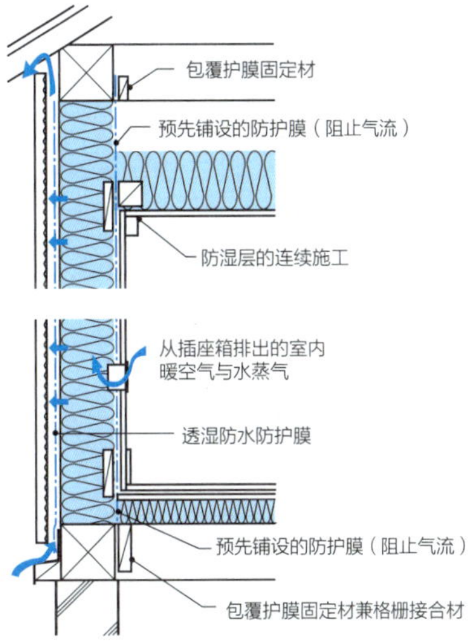

图3-1-8 气流遏制（气密板）

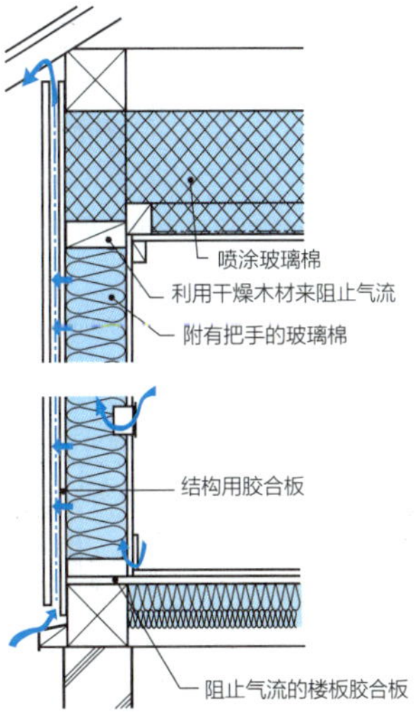

图3-1-11 内保温、外保温的优缺点

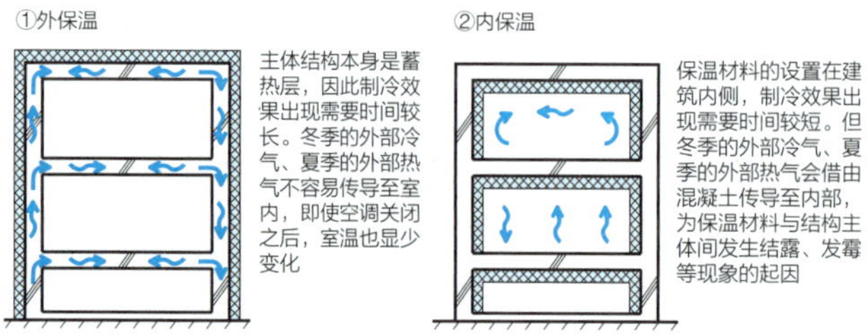

附加保温工法

在基本保温层的内侧、外侧，附加加强保温材料的工法（图3-1-12）。若使用充填保温工法并附加加强保温材料于方柱（截面变成为120 mm）或外壁承载力问题较少的范围（厚度30 mm）时，保温层的厚度会增加到150 mm。

内保温

在钢筋混凝土或混凝土空心砌块等围护结构中，在热容量大的主体结构内侧铺设保温材料的工法（图3-1-13、图3-1-14），有时也用作木结构填充保温工法。钢筋混凝土结构的内保温工法中，使用塑料系板状保温材料与聚氨酯现场发泡板两种保温材料。因为钢筋混凝土结构本身会出现冷桥现象，因此需在与外壁相接的楼板等部位进行保温加强作业。

外保温

在钢筋混凝土或混凝土空心砌块等建筑中，在热容量大的主体结构外侧铺设保温材料的工法（图3-1-13、图3-1-14）。就算偶尔有保温缺损或冷桥现象，也不至于发生结露现象。

外墙的外保温工法，若是在法定耐火建筑、自主耐火建筑的场合，需使用日本国土交通大臣认定的外侧保温工法或是“不燃保温材料与不燃外壁材料的组合”，一般使用塑料系板状保温材料、纤维系保温材料。若是使用纤维系保温材料，钢筋混凝土结构因为本身具备防湿气密防护功能，则不需增加防湿气密膜，但原则上会设置防风层或透气层，作为保温材料若发生内部结露

图3-1-13 保温加强工法的范例

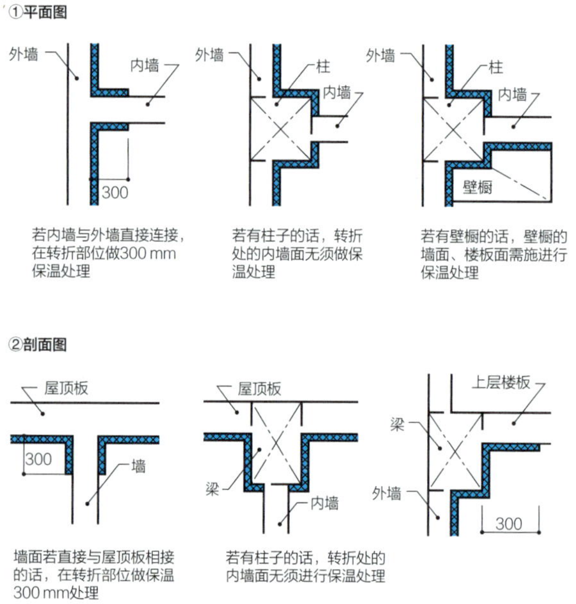

图3-1-9 充填保温

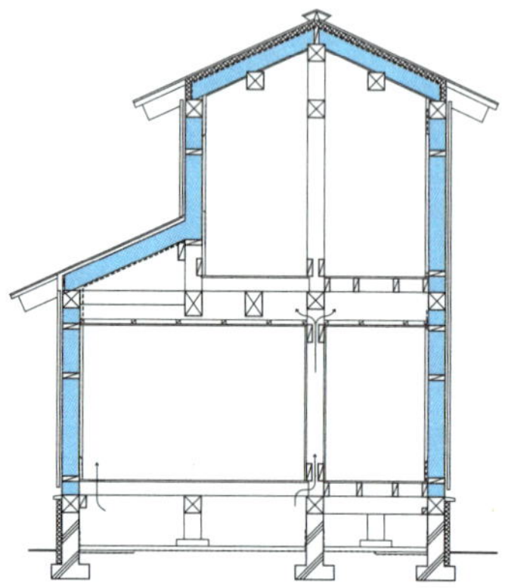

图3-1-10 外部包覆保温

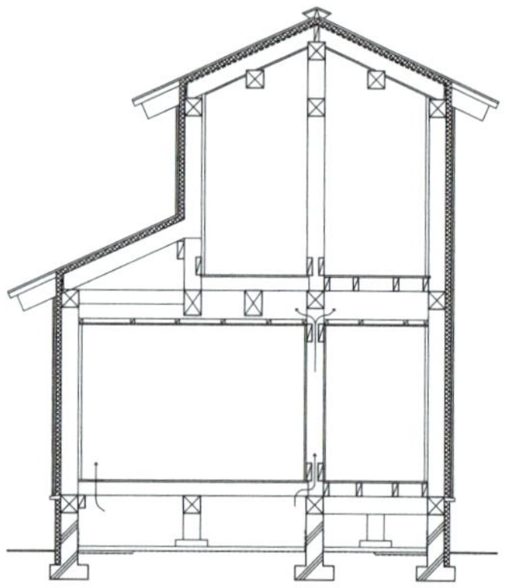

照片3-1-12 充填保温

图3-1-12 附加保温工法

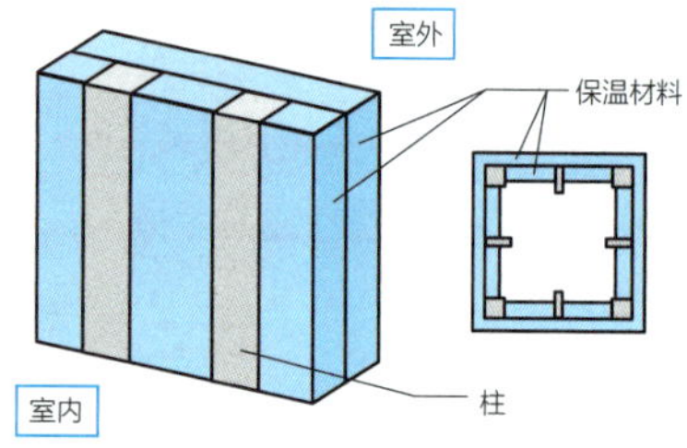

将外部包覆保温工法与填充保温工法合并施工，适合寒冷地区

图3-1-14 钢筋混凝土结构保温与保温加强

内保温工法

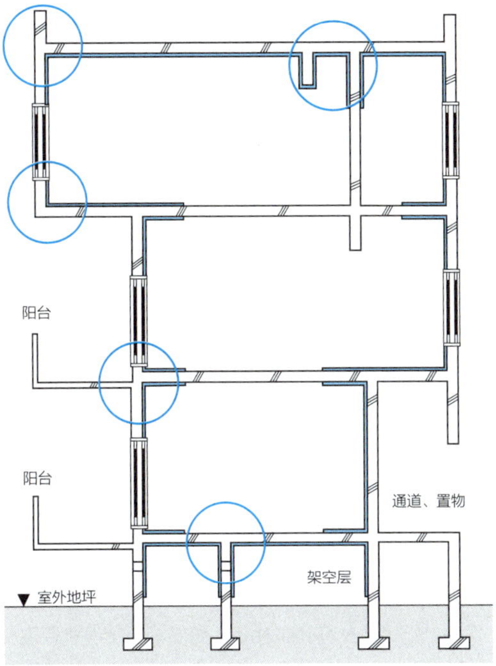

外保温工法

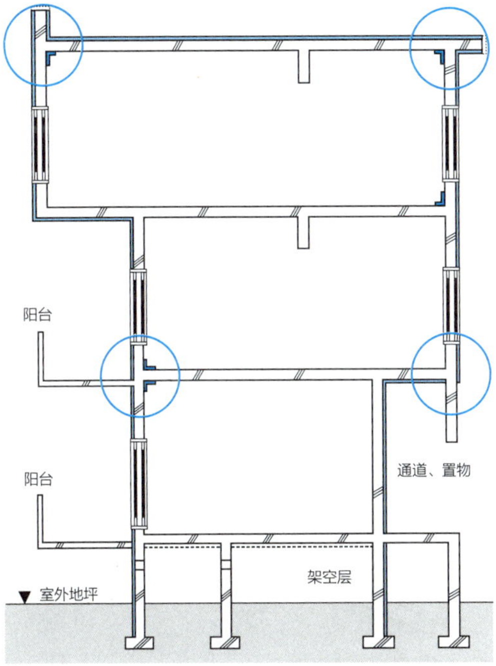

○ 的部位容易发生冷桥现象，需适当地采用保温加强工法

依地域区分，保温补强的范围（保温补强长度单位：mm）

项目	Ⅰ地域	Ⅱ地域	Ⅲ地域
内保温工法	900	600	450
外保温工法	450	300	200

保温厚度

保温材料	热导率[W/(m·K)]	厚度（mm）
玻璃棉10kg/m³相当	0.050~0.046	30
玻璃棉16kg/m³相当	0.045~0.041	30
挤塑式发泡聚乙烯材料3种相当	0.028以下	25

或漏水时的对策。假如建筑无防火上的限制条件，所使用的外装材料若没有达到法定标准，可改用聚氨酯现场发泡板。与内保温一样，在会发生冷桥现象的部位，需适当地进行加强保温。

楼板保温

在楼板搁栅之间或是地梁之间嵌入保温材料的保温做法（图3-1-15）。保温材料的重量每立方米可达数千克，因此需要稳固的保温支撑构件。此外，若是由楼板下方换气，则在楼板保温材料外侧增加防风层，使冷空气不能入侵。要注意和室需像洋式房间一样，楼板高程不一致地方的隔热层需要相连接，整体浴室的楼板下方作保温处理等。若是在2乘4工法的楼板搁栅间置入保温材料的话，使用高密度玻璃棉会有很好的效果。

基础保温

在基础外侧、内侧，或是两侧铺设保温材料的保温工法（图3-1-16）。由于楼板保温工法的保温支撑构件施工比较耗时，并存在楼板下方换气的效果不佳等问题，常以在基础外侧进行保温处理代替，使楼板下方的热可以传导至室内。原则上，基础部位的保温处理以外侧保温为主，使用具有透湿性、吸水性差的塑料系发泡保温材料。楼板下方空间的温度环境与室内空间相同，在楼板下方配置管线不仅易于维护，也无须担心各种管线冻结的情况。

但因为保温材料有可能发生白蚁侵蚀的情况，应制订对策，例如使用含防蚁药剂成分的塑料系板状保温材料，或是玻璃棉板状保温材料等。若是建筑建于地下水位高的基地，会出现地下水导致热量流失的可能性，因此应在防潮混凝土的整个底面使用塑料系保温材料。

天花板保温

天花板的保温工法（图3-1-17）天花板的保温施工，会因为龙骨或天花板倾斜不平等原因，施工空间上产生较多问题，后因发展出喷覆工法，得以有效解决。进行天花板保温处理时，可将外墙的防湿PE可热塑树脂防护膜延伸铺设至桁，并在防护膜上方打钉。需在室内隔间墙上先行铺设防止气流的保护膜（PE可热塑树脂防护膜），再于天花板面上铺设防湿膜，并将保温材料充填其上。天花板与屋顶之间的空间，因为有天花板龙骨或木板等交错其中，因此适用纤维素纤维保温材料、玻璃棉等可用喷覆工法施工的保温材料。

天花板保温要注意，因换气系统用配管或非保温区域较多，管线及没有披覆保温材料的部位会发生结露现象。此外，嵌灯等埋设于天花板内的照明器具周围部位的保温、气密处理也需要特别留意。

桁上保温

在木造住宅的桁上安置气密层、防潮层，并进行保温处理的做法（图3-1-18）。桁上保温工法保持了天花板隔热的优点，可自由增加保温层厚度，保温处理不受屋顶形状的限制，并且可省略原本需先行铺设的防护膜、停止遏制工法的施工、配线配管等所需防湿气密膜的修补工作量得以减少，可合理化施工过程。

图3-1-15 楼板保温

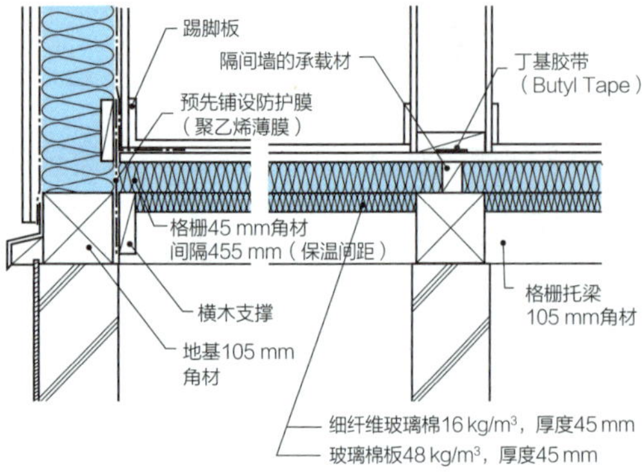

图3-1-16 基础保温

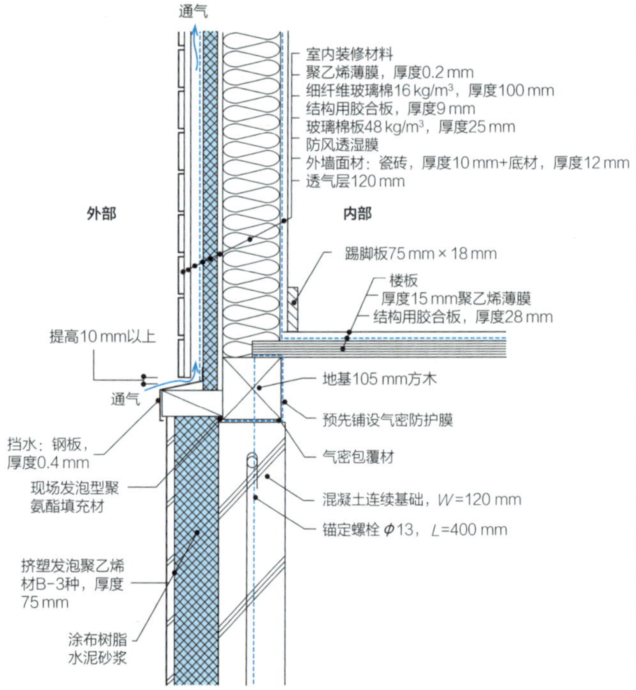

图3-1-17 天花板保温

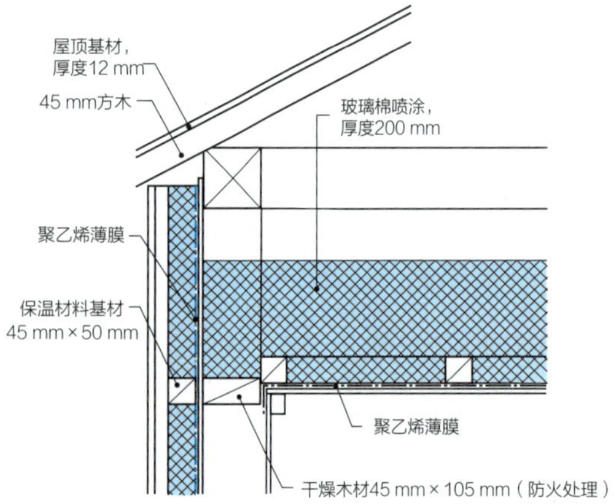

屋顶保温

屋顶保温工法分为将保温材料充填于屋脊椽木大间距中的充填式屋顶保温工法，以及在屋顶底板上铺设保温材料的外部铺设屋顶保温法（图 3-1-19）。在屋脊椽木上方或是椽木之间铺设保温材料时，一定要在保温材料外侧设置透气层及屋脊换气处理。此外，屋顶与外墙接合部位的保温层、气密层必须连续。高保温、高气密住宅屋顶的热流失率约为住宅整体的 9%，相对于面积占比而言较小。但若把保温材料厚度减少，会使屋顶、天花板侧空气受到冷却而导致气流下降，造成不舒适的温度环境。此外，作为夏季高温的对策，也希望确保保温材料有充分的厚度。屋顶以保温气密处理后有许多优点，比如可自由布置换气用配管、照明器具、机电配线等。但因计算热负荷时的气体体积会相应增加，设计的时候应将建筑整体热损失纳入考虑之中。

保温补强

钢筋混凝土结构中若是使用内保温工法，也应在容易发生结露现象的转角或楼板、隔墙等部位设置保温材料（图3-1-13）。若是使用外保温工法，经常会将和结构相连的阳台或外部楼梯的内侧做保温缺损部处理，但其实这样的做法不正确，应该在外侧进行处理。

保温改造

为了改善既有建筑的温度环境，而在建筑整体加装或重新替换保温材料、替换高性能门窗的做法。若是既有建筑的墙壁、天花板、楼板中不设有保温材料，则必须重新进行保温层、气密层的施工。若已经置入保温材料，但性能效果不佳的话，可在墙壁内部的基础或桁的部位，实施气流遏制工法、附加保温材料工法等，造价低廉，也能提高保温效果。

图3-1-18 桁上隔热

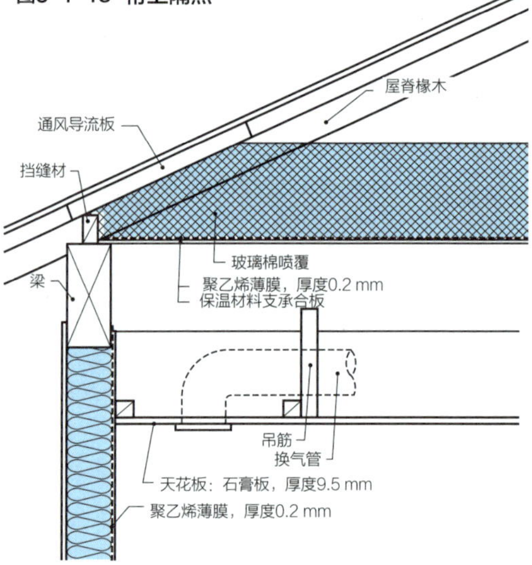

图3-1-19 屋顶保温

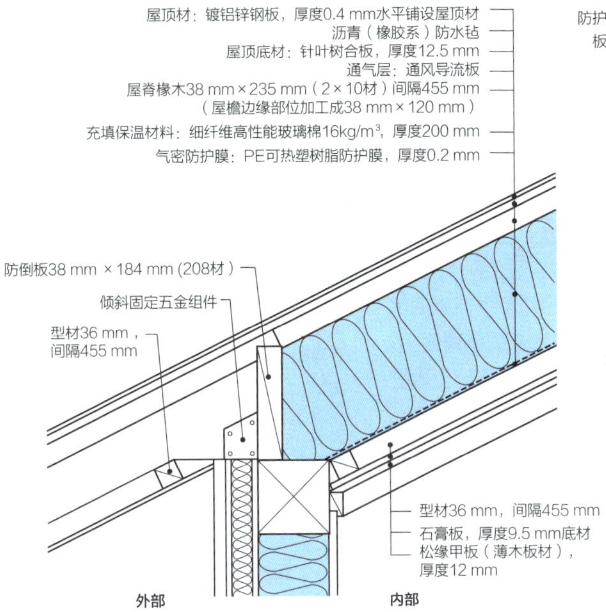

图3-1-20 板状气密保温材料

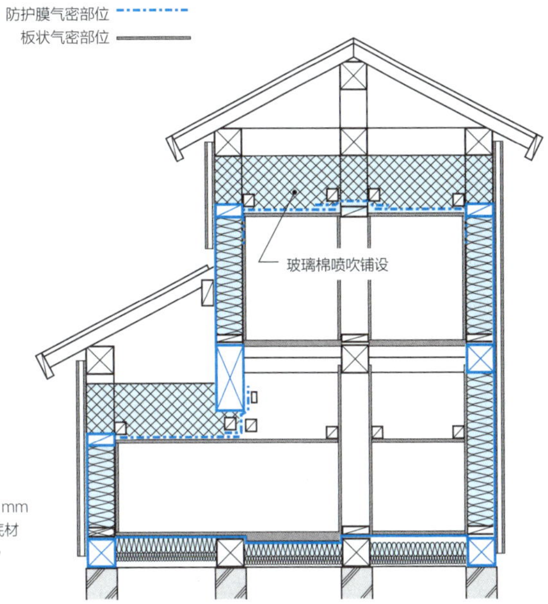

板状气密保温材料

利用胶合板来确保气密功能的工法。将外侧铺设有玻璃棉等保温材料的胶合板，作为楼板面材或外墙面材固定在横向构件或柱子上，让气密层可以连续（图3-1-20），同时也可实现气流遏制，又称作胶合板气密法。楼板部位需在胶合板接合部位贴上丁基胶带（Butyl Tape），确保气密性连续。外墙的气密处理，则是在柱、间柱（墙骨）、基础、桁等的横向构件上钉上气密板，确保气密层连续。若在此基础上，再使用气密辅助材料（厚度1 mm的气密发泡胶带或厚度0.5 mm的丁基胶带），会让气密性更为提升。

预先铺设的防护膜

为了在一楼与二楼设置连续气密层而预先安装的防护膜。

透湿防水膜

铺设在纤维系保温材料的透气层上，目的用来防止从通气孔入侵的风、雨水将保温材料弄湿，同时，也是用以将室内水气排出于外（图 3-1-21）。

铺设工法

用胶粘剂、螺栓、钉子等将板状保温材料安装固定在墙面的做法。木造建筑的外保温施工一般使用该种工法。

现浇混凝土保温一体化

又称免拆式造型保温板混凝土安装工法，将板状保温材料当作模板，借由浇灌混凝土来安装。钢筋混凝土结构的外保温施工会使用此种工法。

吹入工法

使用软管将散状保温材料或是现场发泡保温材料吹入墙壁的保温工法。也有借由缝隙流进墙壁中的工法（照片3-1-13）。

喷涂工法

将发泡保温材料或散状保温材料，喷涂在壁面的保温工法（照片 3-1-14）。

气密性测试

利用送风机让建筑内外产生温差以测定住宅建筑以及建筑部分位置的气密性能。执行测定工作的专业技术人员称作气密测试技师。气密试验根据对室内进行加压或是减压的试验，分别称作加压法、减压法。冬季若使用加压法，由于需要和外部空气进行置换，会使得室内十分寒冷，所以一般多使用减压法（照片3-1-15）。

照片3-1-13 吹入工法

照片3-1-14 喷涂工法

照片3-1-15 气密测定

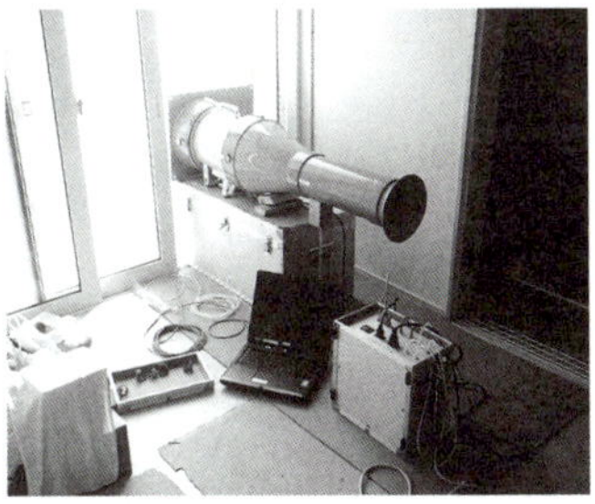

热传导

热能在物体内部传导（移动）的作用。

热对流

热能从某物质（空气）传达到相连接其他物质（墙面）的作用。

热贯流

热对流、热传导、热对流的现象。热能从墙壁一侧的空气传达到墙壁，透过墙壁的内部传导作用，传达到墙壁另一侧的空气。

热阻（*R*）

表示热能传递阻力的数值。通过物体单位面积的热量和物体两面温度差成正比，与导热系数成反比。由单一物质做成的平板，从其厚度*d*与导热系数λ求得$R=d/\lambda$。热阻单位为W/（m·K）。

导热系数（λ）

用来表示物体本身热传递容易度的常数数值，是传热计算中的基础数值。数值越小保温性能越好。单位为W/（m·K）。表示物体两侧若发生1℃温差时，厚度为1 m的材料每小时通过的热量。其倒数即为导热阻。乘上保温材料的厚度，便是热传达抵抗数值，数值越大保温性能越好。各种材料的导热系数见表3-1-6。

对流传热系数

表示热对流的容易度，与面积有关，单位为W/（m·K）。此数值的倒数为对流换热热阻，单位为W/（m·K）。

传热系数（*K*值）

表示传热的容易度，单位为W/（m^2·K）。此数值的倒数为热阻，单位为W/（m^2·K）。

热损失系数（*Q*值）

室内外温差为1℃时，将建筑每小时的传热量（建筑的热损失量）除以建筑面积所得的数值，数值越小表示建筑的保温性能越好，单位为W/(m^2·K)（图3-1-22）。

相对间隙面积

也称作*C*值。表示相对每平方米的建筑面积有多少平方厘米的缝隙面积，用来表示气密性的数值。依照日本的《新世代节能基准》规定，地区Ⅰ、Ⅱ必须在2 cm^2/m^2以下，地区Ⅲ～Ⅳ则必须在5 cm^2/m^2以下。若达到5 cm^2/m^2的话，换气量会因为风压的影响而产生很大的变化，冬季时透过间隙进入室内的冷风，会使得室内温度环境不适。因此就算是地区Ⅲ～Ⅳ，也希望相对间隙面积控制在2 cm^2/m^2以下（地域区分见表3-1-7）。

新世代节能基准

正式名称为《业主评估住宅建筑能源效益标准》。日本于1979年制定《能源使用效率法》，并在次年由当时的日本建设省（现为国土交通省编制）发布，作为住宅建筑的节能方针。在1992年变更为《新节能标准》，于1999年与2000年再次修订，现称作《新世代节能基准》。其标准范围不只局限于保温性能，亦包括气密性、遮阳与受热等（表3-1-7、图3-1-23）。

表3-1-6　材料的热数值表

材料名称	导热系数(λ) [W/(m·K)]
铜	45
土壤（黏土质）	1.5
土壤（砂质）	0.9
土壤（壤土）	1
土壤（火山灰质）	0.5
砂砾	0.62
PC混凝土	1.5
普通混凝土	1.4
轻量混凝土	0.78
混凝土砌块（重量型）	1.1
混凝土砌块（轻量型）	0.53
灰泥石膏	0.79
石膏板、板条板	0.17
玻璃	1
瓷砖	1.3
油毡	0.19
沥青类	0.11
防湿纸类	0.21
榻榻米	0.15
合成榻榻米	0.07
地毯类	0.08
木材（重量型）	0.19
木材（中量型）	0.17
木材（轻量型）	0.14
胶合板	0.19
玻璃棉（24K）	0.042
玻璃棉（32K）	0.04
岩棉保温材	0.042
岩棉喷涂材	0.051
岩棉吸声板	0.064
模塑发泡聚苯乙烯	0.047
挤塑发泡聚苯乙烯	0.037

注：摘自《空气调和卫生工学手册（第13版）》。

图3-1-22　热损失系数（*Q*值）

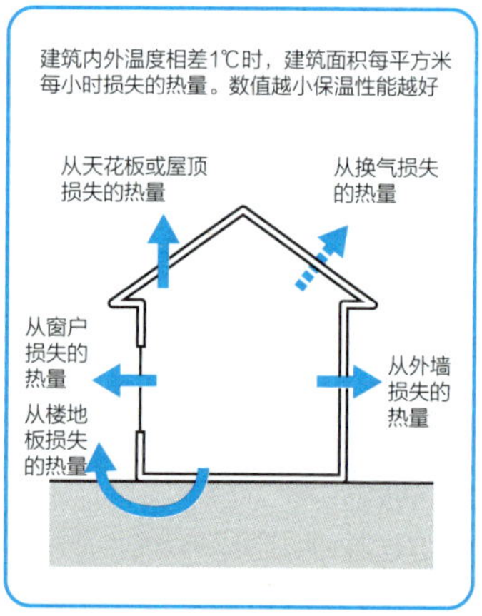

图3-1-21　透湿防水防护膜的作用

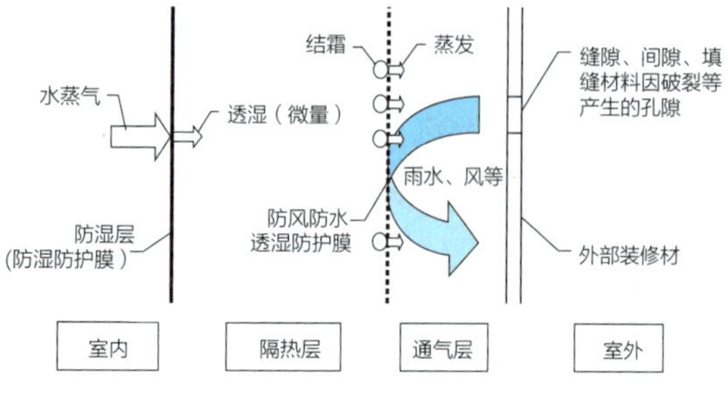

图3-1-23 日本《新世代节能基准》的概要

<table>
<tr><th rowspan="2">项目</th><th colspan="3">业主的判断标准（性能规定）</th><th colspan="2">设计、施工的方针（规格规定）</th></tr>
<tr><th>A型</th><th>B型</th><th>C型</th><th>D型</th><th>E型</th></tr>
<tr><td rowspan="2">保温性能</td><td rowspan="3">冷暖房（冷暖气机）负荷的年间</td><td colspan="2">热损失系数（Q值）的基准值</td><td rowspan="2">传热系数（K值）基准</td><td rowspan="2">保温材料的热阻（R值）基准</td></tr>
<tr><td>—</td><td>被动式太阳能补正</td></tr>
<tr><td>开口部性能</td><td colspan="2">夏季太阳得热系数（μ值）基准</td><td colspan="2">传热系数（K值）基准与夏季太阳得热系数（μ值）基准，或是门窗家具 等的规格基准</td></tr>
<tr><td>气密性能</td><td colspan="5">相对间隙面积（C值）基准，或是气密性能的规格基准</td></tr>
<tr><td>防结露性能</td><td colspan="5">保温材料的施工（保温、防结露）基准</td></tr>
<tr><td>换气性能</td><td colspan="5">换气计划基准</td></tr>
</table>

注：基准值依地域分区而定。

表3-1-7 日本《新世代节能基准》的主要地域分区

分区	地域
Ⅰ	北海道
Ⅱ	青森县、岩手县、秋田县
Ⅲ	宫城县、山形县、福岛县、栃木县、新潟县、长野县
Ⅳ	茨城县、群马县、静冈县、爱知县、冈山县、广岛县、大分县、埼玉县、千叶县、东京都、神奈川县、富山县、石川县、福井县、山梨县、三重县、滋贺县、京都府、大阪府、兵库县、奈良县、和歌山县、鸟取县、山口县、德岛县、香川县、爱媛县、高知县、福冈县、佐贺县、长崎县、岐阜县、岛根县、熊本县
Ⅴ	宫崎县、鹿儿岛县

现象

冷热负荷

在室内气候的热量中，相对于居住者的舒适度，需要除去的过多热量称为冷负荷，需要补充的不足或散失的热量称为热负荷，总称冷热负荷（空气调节负荷）。

显热

通过热传导或热辐射造成的物体温度变化的热量。以干球温度计测量。

潜热

空气的水蒸气中含有的热量，无法用干球温度测量。热量的变化取决于空气中所含水蒸气的绝对湿度。

采暖度日

也称采暖度日数。以 18℃为基准温度，室外气温相较于基准温度 18℃ 以下的温度差，合计一年的数值。采暖度日数越大表示地区越寒冷。

焓

意指含有水蒸气的空气（湿空气）的总热量。湿空气中包括空气本身所含的热量（显热），以及空气中水蒸气所含的热量（潜热），显热与潜热合计，即为湿空气的总热量。

焓湿图

以温度与绝对湿度做两轴，求取空气相对湿度与总热量（焓）的线型图表（图3-1-24、表 3-1-8），即求得室内空气的露点温度（发生结露现象时的温度）。

相对湿度

也称温度关系湿度。空气所含水蒸气量依温度而异，温度越高水蒸气量越大，空气所含水蒸气量称作“绝对湿度”。达到露点温度时水蒸气呈饱和状态，称作“湿度 100%”。

图3-1-24 焓湿图（Psychrometric Chart）

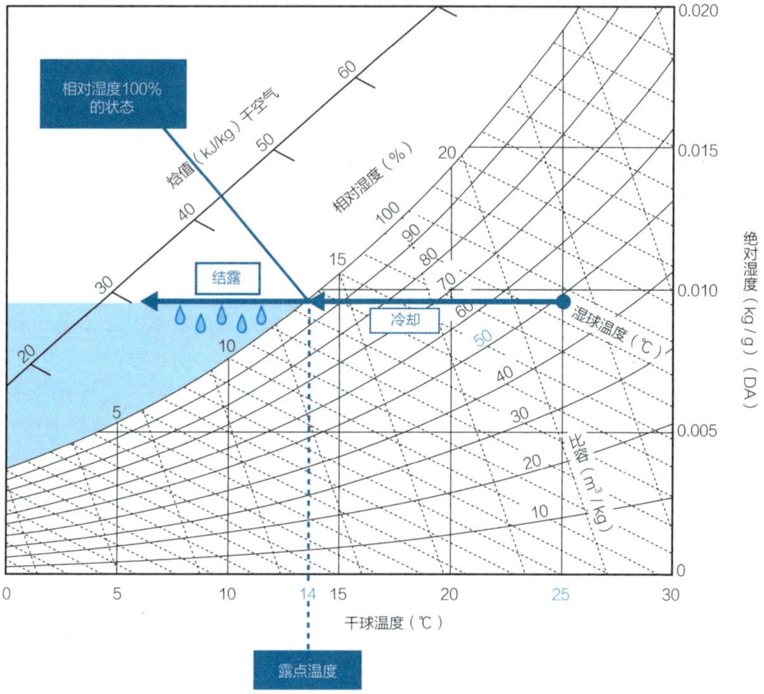

表3-1-8 温度相关术语

干球温度（℃）	通常意义的“温度”或“气温”
相对湿度（%）	以百分比例来表示空气中所含的水蒸气量（水分量），一般是指湿度
湿球温度（℃）	水自然蒸发（气化）时的温度。在普通温度计的横向处，以湿纱布卷覆的是湿球温度计
绝对湿度（g/kg）	空气中所含水量与干空气量的重量比例
焓值（kJ/kg）	表示空气饱和状态时的热量单位。放热时数值下降，受热时数值上升
比容（m³/kg）	含有1 kg干空气的潮湿空气容积。密度的倒数

露点

高温空气比低温空气含更多的气态水（水蒸气）。在固定气压下，空气中所含的气态水冷却到某程度的温度，会达到饱和状态，再冷却的话气态水的一部分会凝结成液态水（露），此时的温度称作露点温度。

露点温度

湿空气的温度下降，相对湿度到达100%（饱和水蒸气）并发生结露现象时的空气温度。

热桥与冷桥

在钢构的结构主体中，热传导性佳的构件若使用在柱子上，则该部位会成为保温的弱点，在冬天（夏天）时，该部位的室内侧温度会大幅降低（上升），因此将该部位称作冷桥（热桥）。

保温缺损

在需要保温处理的面发生施工方面的缺失，或结构上无法进行保温施工的部分。

结露

室内空气（湿空气）接触到建材的低温部位，当温度下降导致，相对湿度超过 100% 时，空气中水蒸气凝结成露并附着在该部位建材上的现象。

表面结露

窗户玻璃或墙壁的表面温度若低于所在室内空间的露点，室内空气中水蒸气凝结成水珠并附着在窗户玻璃或墙壁表面上的现象。

内部结露

室内外温度不同时，从温度高的一侧渗透进入的水蒸气到达露点温度以下，在缝隙或表面上出现些微的结露，而让墙壁或屋顶内侧潮湿的现象。墙壁结露现象被特别称作墙体内部结露。

冷对流现象

冬季时，低温的窗户玻璃使空气变冷，导致其密度变大，形成下降气流，冷气沿楼板蔓延，使人体的体感温度下降的现象。

热辐射

不借由物质，而是通过射线的传热方式，太阳以辐射热的方式让地球温暖也属于这种传热方式。举日常生活中的例子来说，如红外线电暖炉的供热方式也属于热辐射。

低温辐射

亦称冷辐射。靠近低温物体时，人体的辐射热被吸收，因为没有热反射，会导致人体的体感温度下降。

毛细现象

也称作毛细管现象。在狭小空隙中，非重力作用而发生水分等液体渗透湿润的现象。纤维系保温材料的含水状态属于此种现象。

湿阻因子

用来表示水蒸气通过的困难程度，透湿系数越小，湿阻因子越大。在使用填充保温工法时，应在墙体内侧铺设湿阻因子高的材料，在墙体外侧则铺设湿阻因子低的材料。

透湿系数

表示水蒸气的通过量，和各材料实际使用厚度相关。水蒸气量是指材料两侧水蒸气压是1 Pa时，单位面积（每1 m^2）的每小时水蒸气通过量。

防水工程的施工方式多种多样，视施工部位、状况而定（表 3-2-2、表 3-2-3）。

材料

沥青防水层

使用沥青材料作为防水层进行施工，工法包括热熔工法、喷枪烘烤工法、常温工法、复合式工法等。

硫化橡胶防水层

属于防水卷材工法中的一种，使用硫化橡胶制作而成的卷材来进行防水层的施工。

非硫化橡胶防水层

属于卷材防水工法中的一种，使用非硫化橡胶制作而成的卷材来进行防水层的施工。如今不常使用。

聚氯乙烯树脂防水层

属于防水卷材工法中的一种，使用聚氯乙烯树脂制成的卷材进行防水层的施工。

热塑性弹性体系列防水层

属于防水卷材工法中的一种，使用热塑性弹性体（TPE，主要是聚烯烃系）制成的卷材进行防水层施工。

乙烯－醋酸乙烯酯树脂防水层

属于防水卷材工法中的一种，使用乙烯醋酸N3烯酯树脂制成的卷材进行防水层的施工。

聚氨酯橡胶防水层

以涂膜防水的防水工法之一，使用聚氨酯橡胶或是超快速硬化氨基甲酸 KI 酯橡胶制作而成的涂料来进行防水层的施工。

橡化沥青防水层

属于涂膜防水的防水工法之一，使用橡化沥青涂料进行防水层的施工。也有和橡化沥青卷材接合的方式来进行施工的做法。此种防水层与基材的密着度高，就算局部受损，雨水也不容易渗入防水层与基材之间。

丙烯酸橡胶防水层

属于涂膜防水的防水工法之一，使用丙烯酸橡胶制成的涂料进行防水层的施工。该种防水层一般直接外露，适用于建筑外墙或屋顶防水。

照片3-2-1 FRP系防水层

照片3-2-2 不燃屋顶瓦片

FRP 防水层

属于涂膜防水的防水工法之一，使用聚酯树脂成分的涂料进行防水层的施工（照片3-2-1）。

聚合物水泥防水层

一般称水泥防水层，将聚合物分散体（Polymer Dispersion）与水硬性的无机粉末混合，水泥产生水化反应凝固成防护膜工法。

硅酸钙防水涂料

相同材料的水溶性成分浸透渗入混凝土内部，混凝土空隙中产生新的硅酸钙水合物，充填于混凝土空隙，达到防水的效果。有将调和好的粉末与自来水一起搅拌的做法，也有往自来水里加入混合化学剂的做法。

水泥砂浆防水

将防水材料混合搅拌于水泥砂浆中，用铲子涂抹在混凝土基材上作为饰面的工法。施工质量易受到外部气温的影响，浇灌完成的混凝土性能也会影响防水功效。

薄膜防水

将薄防水膜覆于表面的防水方法。

不锈钢防水

将大尺寸的不锈钢薄板焊接成一张板的防水方法，防水性能极佳。

薄瓦片

屋顶铺面材的一种，材料包括沥青、不燃无机质粉末及合成树脂等。一般作为屋顶饰面材料铺设在改性沥青防水卷材之上（照片3-2-2）。

角落缓冲材料

在防水层上浇筑混凝土保护层时，为防止混凝土的流动压迫翻边上的防水层导致损伤，因此在阴角部位的防水层表面需安装发泡性聚苯乙烯或发泡性聚苯乙烯型材。

嵌角板条（Cant Strip）

安装在基材的阴角部位，用来形成倒角的型材，使用在沥青系列防水层的热熔工法，大多使用硬质氨基甲酸乙酯发泡板，仅适用于防水层外露的情况。

隔离层

为了防止防水层与混凝土保护层之间相互粘结、摩擦，而在防水层上敷设聚乙烯卷材，或聚丙烯卷材（照片3-2-3）。

透气缓冲卷材

涂膜防水工法中，为了减少因防水层损伤或基材潮湿而发生防水层膨胀隆起的现象，因此在涂装防水涂料之前，应使用在沟槽或附有孔洞的聚乙烯压条加工而制成的卷材铺设在最底层。

外露式屋顶防水材料

沥青防水层的外露工法中，作为饰面材料铺设于屋顶表面的防水基材。在热熔工法中，使用砂质防水基材，或是抗拉油毛毡等。在烘烤工法、喷枪工法中，使用外露式的改性沥青防水卷材。在常温工法中，使用附有黏着面的砂质屋顶防水基材。

基材处理

在卷材防水工法中，依防水材料的种类、工法不同进行调整时用的材料，此举为了让 ALC 板粗糙表面呈现平滑。在施工现场将合成树脂乳胶混入水泥中，制成聚合物水泥浆，再混入聚合物水泥砂浆，也有预拌的做法。

硬化添加剂

在涂膜防水工法中，为了促进涂料的硬化作用，混合在防水材料中的化学添加剂。

油毛毡

沥青防水工法用的材料，是沥青防水毡、抗拉油毛毡、砂质细毛毡等所有屋顶防水基材的总称。

屋顶防水毡

沥青防水毡等纸质系列的屋顶防水打底材。使用于沥青防水的热熔工法，以回收纸作为原始材料于沥青中浸透加工而成的屋顶防水基材。

穿孔沥青卷材

由浸透了沥青的无纺布制成的屋顶防水基材，依规定尺寸在上面打洞。使用于绝缘工法的最底层。

附黏着层的沥青卷材

在浸透了沥青的无纺布制成的屋顶防水基材的内面安装橡胶沥青黏着层。若以条状安装，也可称作自粘式绝缘用油毛毡，使用在绝缘工法的最底层。

加强布

在涂膜防水等工法中，用来加强防水层所使用的材料。包括玻璃纤维、聚酯纤维、尼龙等合成纤维的织布或无纺布等。

加强材

在FRP 系列防水层，用来加强防水层的材料，例如玻璃纤维卷材等。一般是以纤细的短玻璃纤维编织出长纤维束（Strand），切割成 50 mm 左右，再以随机方向相互配置制成卷材状的材料。

照片3-2-3　屋顶用保温板与绝缘卷材

图3-2-1　阳台的翻边等立起部位的处理范例

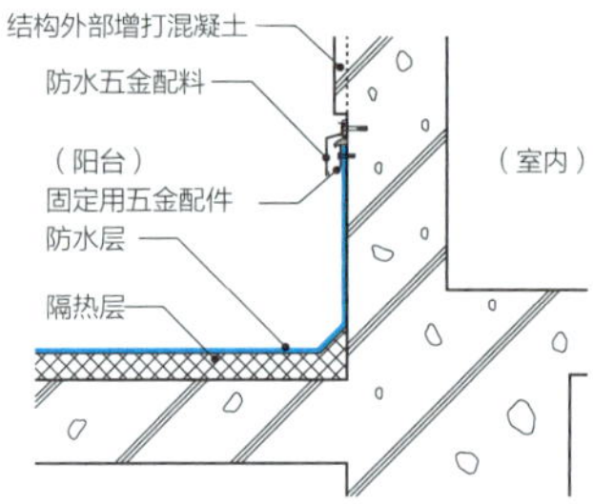

图3-2-2　女儿墙金属压顶

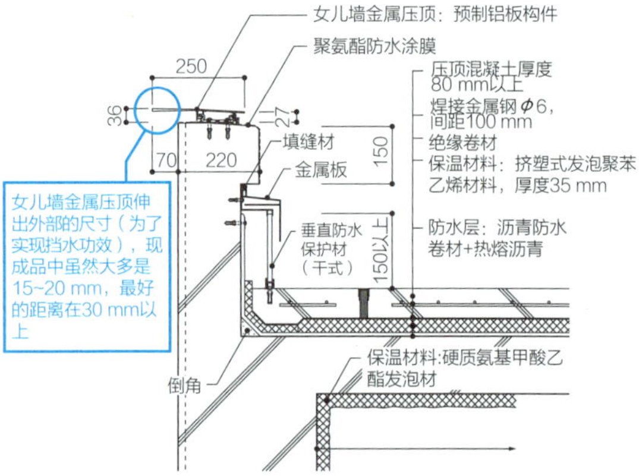

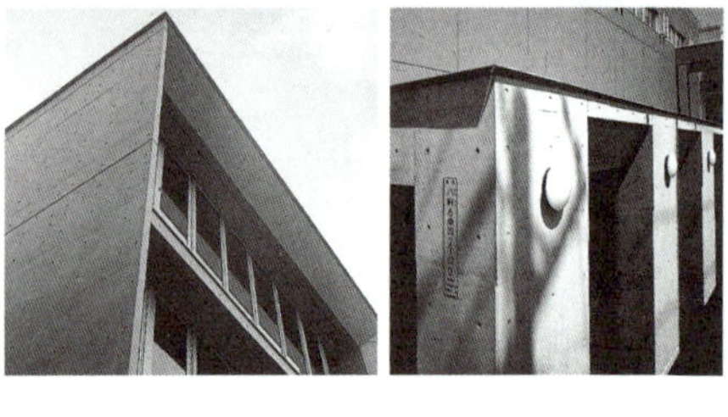

女儿墙金属压顶的使用案例，右图为停车场，左图为店铺。

金属网固定钉

用来涂上水泥砂浆的金属网固定在翻边等部位防水层上的金属钉，也称夹具。

玻璃纤维卷材

将玻璃纤维裁切成长度大约5cm的薄片，将其如雪片般洒落并以胶粘剂黏着而成的毛毡布状制品，也称玻璃纤维毛毡布（照片3-2-4）。

屋顶用保温材料

根据防水层种类以及和防水层的接合方式，保温材料分别使用发泡聚苯乙烯板、硬质异氰酸酯泡沫塑料等。

固定用金属配件

固定翻边等立起部位防水层末端部位的配件，一般为不锈钢制或铝制，形状以山型钢、角钢为主。从防水层上端以锚定螺栓固定（图3-2-1、照片 3-2-5）。

挡水金属配件

使用在翻边等立起部位防水层的末端，用来防止雨水直接淋湿或是从上方流入的挡水材料。为不锈钢制或铝制，形状多种多样（图 3-2-1、照片 3-2-6）。

金属横遮板

防止雨水直接从女儿墙顶部入侵而安装的金属配件（图 3-2-2）。

工法

热熔法

沥青防水层施工时所使用的工法。将热熔的沥青作为粘结剂，重叠两层以上的沥青油毛毡。铺设方式请参照表 3-2-1。这种工法的使用率约占全部防水工法的50%。

沥青防水热熔法

基材以热熔的沥青作为粘结剂重叠多层油毛毡，进行防水层施工的工法（照片 3-2-7、图 3-2-3）。也称作沥青防水工法。

沥青防水烘烤（喷枪）工法

称作烘烤式工法或烘烤式改性沥青防水毡工法。使用瓦斯喷枪一边烤熔，一边将一层或两层厚度3 mm以上的改性沥青防水毡层叠铺设制成防水层（照片3-2-8）。

沥青防水常温工法

基材铺设一层或两层附有黏着面的沥青防水毡，再以滚压方式使之黏着的防水层施工工法。或在常温下，将液状的沥青防水材料作为黏着剂，黏合一层至两层的沥青防水毡层制成防水层。

复合工法

施工沥青防水层时，将多层防水材料组合、层叠铺设制成防水层的施工工法。另外，在施工橡胶沥青防水层或FRP防水层时，是指将多层的不同种类的防水材料组合，层叠铺设制成防水层的工法（表3-2-4）。

合成橡胶卷材防水工法

用胶粘剂将一层的合成橡胶（加硫橡胶或非加硫橡胶）卷材铺设在基材上，再以滚轮加压方式粘结，或使用金属配件来固定的防水层施工工法。卷材相互之间使用胶粘剂及贴布状的填缝材料。

硫化橡胶卷材防水工法

用胶粘剂将一层的硫化橡胶防护卷材张贴铺设在基材上，再以滚轮加压方式使之粘结，或使用金属配件来固定防水层施工工法。卷材相互之间使用胶粘剂及贴布状的填缝材料。

非硫化橡胶卷材防水

用胶粘剂将一层的非硫化橡胶卷材铺设在基材上，再以滚轮加压方式使之粘结，或使用金属配件来固定防水层施工工法。卷材相互之间使用胶粘剂。

照片3-2-4 玻璃纤维卷材

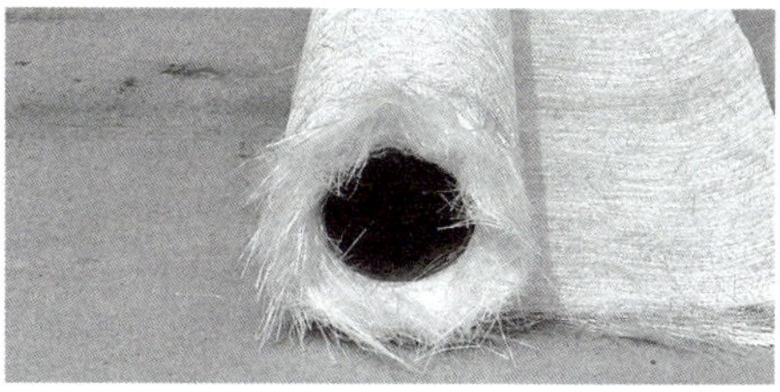

照片3-2-5 固定用金属配件

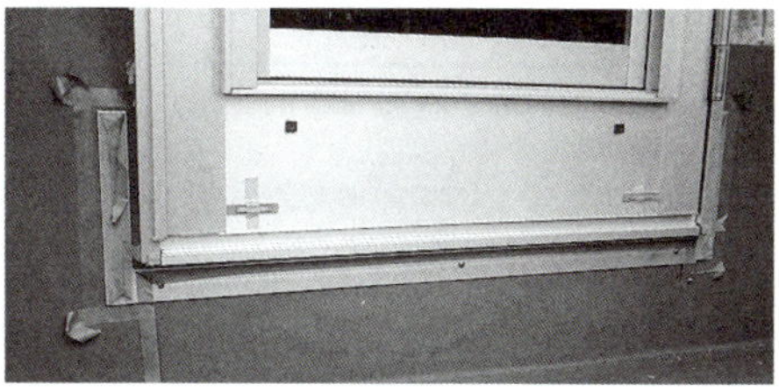

照片3-2-6 挡水金属配件

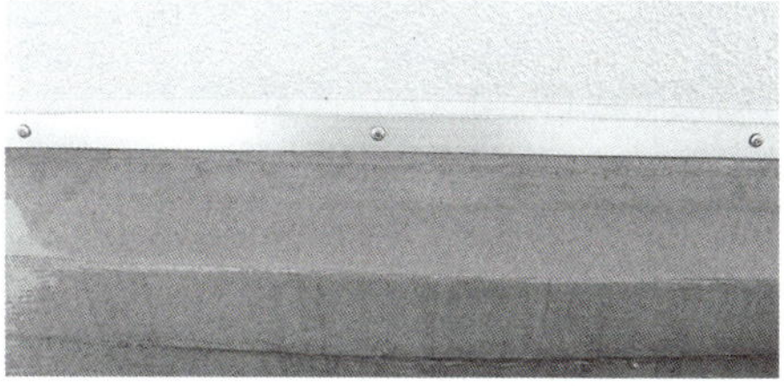

表3-2-1 屋顶防水基材铺设范式的种类

工法	部位	种类	特征
沥青防水毡防水热熔法	平坦部位	热熔浇筑铺设	全面浇筑热熔沥青，一边压覆一边推展的铺设方式
		交错基材铺设	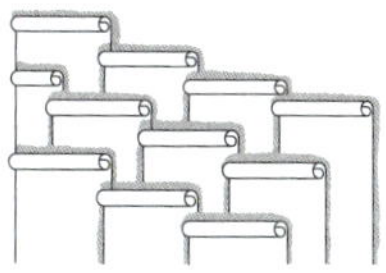 上下层的防水避免在同一个位置重叠接合
		交叉铺设	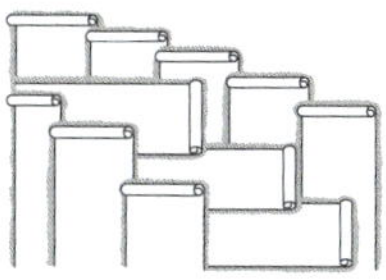 也称作十字铺设，现已不常使用
		平行铺设	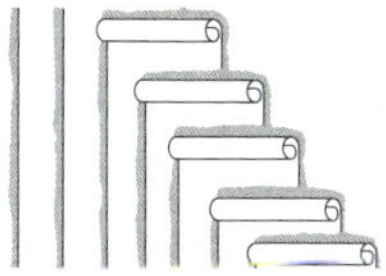 仅适用于单一种类防水基材的铺设
	热熔浇筑铺设	垂直部位卷筒展开铺设	在垂直部位，将裁切过的防水基材回卷，并在上方浇筑热熔沥青，一边压实，一边往上方展开的铺设方式
		涂膜铺设	在垂直部位，在裁切过的防水基材上涂装热熔沥青的铺设方式
		刷毛覆盖铺设	在垂直部位，在裁切过的防水底材上以毛刷刷上热熔沥青的铺设方式

照片3-2-7 沥青防水热熔法

图3-2-3 沥青防水层的构造

1. 水性底漆
2. 屋顶防水基材
3. 沥青
4. 屋顶防水中间材
5. 沥青
6. 保温板（挤塑发泡聚苯乙烯材）
7. 绝缘布

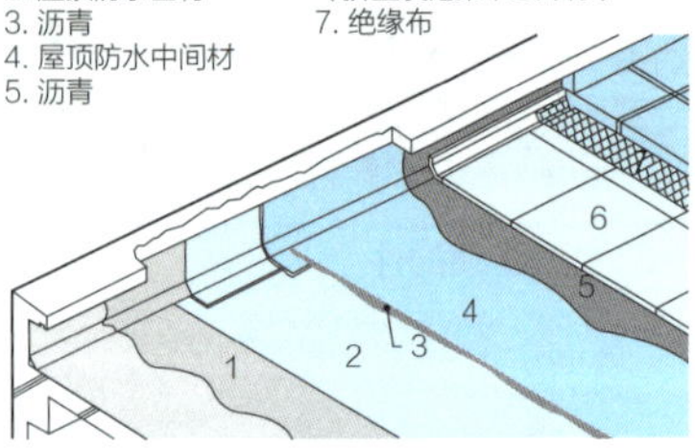

照片3-2-8 沥青防水烘烤喷枪工法

照片3-2-9 聚氯乙烯树脂卷材防水工法

表3-2-2 防水工法

序号	沥青防水热熔法	沥青防水烘烤（喷枪）工法	沥青防水常温工法
1	涂布沥青底漆	涂布沥青底漆	涂布沥青底漆
2	（确认已涂布的底漆干燥后）加强铺设	（确认已涂布的底漆干燥后）加强铺设	（确认已涂布的底漆干燥后）加强铺设
3	热熔沥青防水毡	铺设改良沥青防水毡	铺设绝缘用附黏着层（自粘式）改良沥青防水毡
4	热熔抗拉油毛毡	铺设改良沥青防水毡	铺设外露式附黏着层（自粘式）改良沥青防水毡
5	热熔沥青防水毡	铺设绝缘卷材	—
6	涂布沥青（第一次）	—	—
7	涂布沥青（第二次）	—	—
8	铺设绝缘卷材	—	—
9	—	—	—

表3-2-3 各部位适用之防水工程一览表

防水工法的类别		沥青系防水工法					
		热熔法	烘烤喷枪工法	常温工法	烘烤喷枪+热熔法	常温+热熔法	常温+烘烤喷枪工法
屋顶非步行区	防护面修饰	○	○	○	○	○	○
防水工法	外露面修饰	○	○	○	○	○	○
屋顶步行区	防护面修饰	○	○	○	○	○	○
防水工法	外露面修饰	—	—	—	—	—	—
屋顶停车场	防护面修饰	○	○	○	○	○	○
防水工法	外露面修饰	—	—	—	—	—	—
屋顶植栽区	防护面修饰	○	○	○	○	○	○
防水工法	外露面修饰	○	○	○	○	○	○
屋顶运动区	防护面修饰	△	△	△	△	△	△
防水工法	外露面修饰	—	—	—	—	—	—
倾斜屋顶	防护面修饰	—	—	—	—	—	—
防水工法	外露面修饰	—	△	△	—	—	△
一般室内	防护面修饰	○	○	○	○	○	○
防水工法	外露面修饰	—	—	—	—	—	—
水槽类	防护面修饰	—	△	△	—	—	—
防水工法	外露面修饰	—	—	—	—	—	—

※：○表示适用，△表示可能适用但需留意施工

合成树脂卷材防水工法

将单层合成树脂（聚氯乙烯树脂、乙烯醋酸乙烯酯树脂）防护卷材用胶粘剂张贴铺设在基材上，再以滚轮加压粘结或以金属配件固定的防水层施工工法。防护卷材之间使用胶粘液体或热熔胶粘剂互相胶粘。

聚氯乙烯树脂卷材防水工法

将单层聚氯乙烯树脂防护卷材用胶粘剂张贴铺设在基材上，再以滚轮加压粘结或以金属配件来固定的防水层施工工法。防护卷材之间使用溶解胶粘液体或热熔胶粘剂胶粘（照片 3-2-9）。

聚烯烃卷材防水

将单层聚烯烃防护卷材用胶粘剂张贴铺设在基材上，以滚轮加压粘结或以金属配件固定的防水层施工工法。防护卷材间使用热熔胶粘剂互相胶粘。

乙烯－醋酸乙烯酯树脂卷材防水工法

将单层乙烯醋酸乙烯酯树脂防护卷材用手铲涂抹水泥浆铺设在基材上的防水层施工工法。防护卷材之间使用水泥浆粘结。

卷材防水工法

合成橡胶防护卷材防水工法、聚氯乙烯树脂卷材防水工法、聚烯烃卷材防水工法的总称（图3-2-4）。

聚氨酯橡胶防护膜涂料防水工法

将单成分型或双成分型的防护涂膜防水材料使用加强布层叠涂抹在基材上，形成有一定厚度的防水层施工工法。

	合成橡胶卷材防水工法（胶粘）	硫化橡胶卷材防水工法（机械式固定）	聚氯乙烯树脂卷材防水工法（胶粘）	聚氯乙烯树脂卷材防水工法（机械式固定）	乙烯-醋酸乙烯酯树脂卷材防水工法	氨基甲酸乙酯橡胶防护涂膜防水工法
	涂布底漆	加强铺设	涂布胶粘剂	用金属配件将卷材固定于翻边的边缘	涂布胶粘剂	涂布胶粘剂
	（确认已涂布的底漆干燥与否）加强铺设	在平坦部位铺设加硫橡胶卷材	张贴聚氯乙烯树脂卷材	在平坦部位铺设聚氯乙烯树脂卷材，以及用金属板装固定	加强铺设	加强铺设
	（确认已涂布的底漆干燥与否）涂布胶粘剂	在翻边部位张贴加硫橡胶卷材	在阳角、阴角上黏贴一体成形的转角砖	以金属配件固定，以及衬垫的补强铺设	（确认已涂饰的底漆干燥与否）铺设衬垫	在翻边部位铺设加强布
	张贴合成橡胶卷材（加硫橡胶或非加硫橡胶卷材）	涂装饰面	—	在矮墙部位张贴衬垫	保护用聚合物水泥	在翻边部位氨基酸乙酯防护涂料防水材涂布（第一次）
	涂装饰面	—	—	在阳角、阴角上黏贴一体成形的转角砖	—	在平坦部位铺设加强布
	—	—	—	—	—	在平坦部位氨基甲酸乙酯防护涂料防水材涂布（第一次）
	—	—	—	—	—	在翻边部位氨基甲酸乙酯防护涂料防水材涂布（第二次）
	—	—	—	—	—	在平坦部位氨基甲酸乙酯防护涂料防水材涂布（第二次）
	—	—	—	—	—	涂上顶层面漆

	合成橡胶系防水工法			合成树脂系防水工法			氨基甲酸乙酯系防水工法		
	硫化橡胶衬垫胶粘工法	硫化橡胶衬垫机械式固定工法	非硫化橡胶衬垫胶粘工法	聚氯乙烯树脂衬垫胶粘工法	聚氯乙烯树脂衬垫机械式固定工法	乙烯-醋酸乙烯酯共聚物衬垫防水工法	涂布粘贴工法	涂布通气缓冲工法	吹覆工法
	—	—	—	—	—	○	—	—	—
	○	○	○	○	○	—	○	○	○
	—	—	—	—	—	○	—	—	—
	—	—	—	○	—	—	○	○	○
	—	—	—	—	—	○	—	—	—
	—	—	—	—	—	—	△	—	△
	—	—	—	—	—	○	—	—	—
	—	—	—	○	○	—	—	—	—
	—	—	—	—	—	△	△	△	△
	—	—	—	—	—	—	○	○	○
	—	—	—	—	—	—	—	—	—
	○	○	○	○	○	—	—	—	○
	—	—	—	—	—	○	—	—	—
	—	—	△	△	—	—	○	—	△
	—	—	—	—	—	○	—	—	—
	—	—	—	—	○	—	—	—	○

超快速硬化氨基甲酸乙酯pe防水工法

将双成分型的超快速硬化氨基甲酸乙酯用防水材料用专门喷涂工具喷涂布盖在基材上，形成有一定厚度的防水层施工工法。

FRP防水工法

在基材上喷涂二液型防水用聚酯树脂后用滚轮加压铺设玻璃纤维卷材，使卷材完全覆盖在防水用聚酯树脂之上，形成有一定厚度的防水层施工工法（照片 3-2-10）。

橡化沥青涂布防水工法

将单成分型或双成分型的橡化沥青防护涂料用手铲涂布在相互层叠的加强布上，形成有一定厚度的防水层施工工法。

照片3-2-10 FRP防水工程

图3-2-4 防护垫料防水层的构成范例

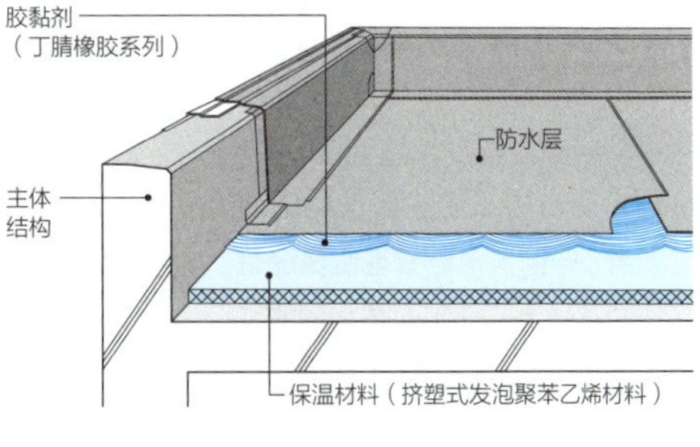

橡胶沥青缆覆防水工法

使用专门的喷涂机具将喷涂用的橡胶沥青防水材料喷涂在基材上，形成有一定厚度的防水层施工工法。

丙烯酸（亚克力）橡胶防护膜涂料防水工法

使用毛刷将丙烯酸（亚克力）橡胶防水涂料涂布在基材上，形成有一定厚度的防水层施工工法。

丙烯酸（亚克力）橡胶喷料防水工法

使用喷涂机具将丙烯酸（亚克力）橡胶防水喷料喷涂在基材上，形成有一定厚度的防水层施工工法。

防护膜涂料防水工法

聚氨酯橡胶防护膜涂料防水工法、橡胶沥青防护涂膜工法、丙烯酸橡胶涂料防水工法、FRP 防护膜涂料工法等的总称。

复合防水工法

使用两种以上的防水工法，或是使用异质防水材料施工防水层的工法。常指将两种工法与材料的特征组合使用的施工方式。

水泥砂浆防水工法

用手铲将防水剂（无机、有机或两者混合）混入水泥砂浆或水泥浆涂布在基材上的防水层施工工法。

硅酸钙防水工法

将波特兰第Ⅰ型水泥、细骨料、硅酸钙粉末等预先调配好的粉料放入水中混合或是和水泥浆拌合，用毛刷或手铲涂布在混凝土基材上形成防水层的工法。

水泥浆涂料防水工法

也称水化凝固型防水工法。将水泥浆与水硬性无机质粉料（水泥、硅砂等）两种成分拌合，用毛刷或手铲涂布在基材上形成防水层的工法。

表3-2-4　沥青防水的种类

不同胶粘方式的工法分类

热熔式工法	以热熔沥青防水毡层层积叠的施工工法
自粘式工法	具有黏着层（自粘式）沥青防水毡的铺设工法
烘烤喷枪工法	烘烤沥青防水毡的内面，使之热熔而进行的铺设工法
胶粘工法	使用沥青等胶粘剂进行的铺设工法
复合工法	将防护膜涂料等不同种类的防水材组合使用的铺设方式

依胶粘面而异的施工类别

密着工法	将屋顶材与基材全面紧密胶粘的工法
绝缘工法	将屋顶材的一部分与基材绝缘，进行粘结的施工方法

注：除了既有常见的沥青防水卷材，也有改善防水材料面的物理性或作业性（如强度）的改性沥青防水卷材。

施工

胶粘（黏着）工法

将底漆与胶粘剂或底漆、胶粘剂任一种涂料涂布在基材上，铺上合成橡胶卷材、合成树脂卷材、自粘式沥青防水毡，再以滚轮加压的铺设方式（表3-2-4）。

密着（密接）工法

将底漆涂布在基材上，再涂布液态材料，将防水层与基材紧密接合的工法，或是先涂布液态材料，再铺上加强布、油毡等屋顶基材，形成防水层的工法（表3-2-4）。

绝缘工法

将沥青防水层工法中所使用的热熔沥青，一部分一部分地倒在涂有底漆的基材上，施工成防水层的工法（表3-2-4）。这是用来防止防水层受到基材状况影响而发生破裂。近年，出现以抽真空装置防止膨胀的绝缘工法，虽可降低膨起程度，但很难完全防止。

机械式固定工法

在聚氯乙烯树脂卷材防水工法、聚烯烃卷材防水工法、合成橡胶卷材防水工法、沥青防水工法中，将卷材或油毡等屋顶防水材打底材料，以金属配件固定在基材上的防水层的施工工法（照片 3-2-11）。多用在对于基材要求较低的黏着工法或密接工法。以覆盖方式进行改造工程时有许多优点：无须对既有外露式防水层和保护混凝土进行基材处理，基材也无须干燥等。

涂布工法

施工聚氨酯橡胶或橡胶沥青、丙烯酸橡胶等的防水层时所使用的涂布防水工法。用滚筒、毛刷或手铲将涂料涂布在基材上，形成防水层。

照片3-2-11　聚氯乙烯树脂卷材防水工法（机械式固定）

喷涂工法

使用专门的喷涂机具将聚氨酯橡胶或橡胶沥青、丙烯酸橡胶等的液态防水材喷涂在基材上，形成有一定厚度的防水层的施工工法。

施工超快速硬化聚氨酯橡胶防水层时，在主材、硬化剂中加入着色剂置入喷涂机具中，材料在喷嘴前端混合后喷涂于基材上形成防水层（照片3-2-12）。

USD工法

属于完工饰面保护层的保温防水工法，是在防水层上层叠保温材料的工法。英文Up-Side-Down 的缩写，也称为保护保温防水。

STR工法

外露式或完工饰面保护层的保温防水工法，在防水层下方层叠保温材料。

抽气工法

也称作抽气筒工法。在以绝缘工法或透气缓冲工法施工完成的防水层上，安装排气孔，让防水层与基材之间的空气得以排出，用来减低混凝土楼板中含水分蒸发造成防水层膨起的情形（照片3-2-13）。

透气缓冲工法

属于防护膜涂料工法。在基材上涂布胶粘剂，再铺上带有沟槽或穿孔卷材，用来确保防水层下方透气的工法。在聚氨酯橡胶防水层与加硫橡胶防水层中，可用来减少外露式防水层膨起。此种工法需要与抽气工法一起施工。

外保温工法

在屋顶板外侧铺设保温材料的工法。为了避免混凝土膨胀，近年来外保温工法被广泛使用（照片3-2-14）。

内保温工法

在屋内侧铺设保温材料的工法。保温效果好，但因混凝土楼板的热收缩作用大，易发生龟裂。

保温外露式防水工法

在基材上铺设保温材料，再将沥青、合成橡胶、聚氯乙烯树脂等的防水层外露的工法。

湿式工法

施工中利用水进行防水施工的工法，如水泥防水工法、乙烯醋酸乙烯酯树脂防水层（Ethylene-vinylacetate Copolymer）工法。

热熔浇筑铺设

在翻边等立起部位上张贴油毡防水材时，在油毡卷筒前方，浇筑热熔沥青将油毡防水材固定于沥青上方的施工方式。

卷筒展开铺设

在平坦部位铺设油毡防水材时，在油毡卷筒上方，浇筑热熔沥青，再将油毡防水材卷筒展开的铺设方式（照片3-2-15）。

涂布铺设

也称作毛刷涂布，在沥青防水的热熔法中使用的方法。在女儿墙等垂直部位张贴油毡防水材时，浇淋热熔沥青、用毛刷涂抹的铺设方式（照片3-2-16）。

交错铺设

在沥青防水的热熔法中使用的方法。将油毡防水材层层积叠时，上下层交错铺设的方式使用较多（图3-2-5）。

交叉铺设

也称作十字纹张贴。在沥青防水的热熔式工法中使用的方法。将油毛毡防水材层层积叠时，较多将奇数层与偶数层相互垂直铺设（图3-2-6）。

平行铺设

沥青防水工法中使用的方法。将同一种油毡防水材层层积叠，若是三层，较多重叠三分之二以上的宽度；若是四层，则较多重叠四分之三以上的宽度铺设（图3-2-7）。

照片3-2-12 喷涂工法

照片3-2-13 抽气工法

照片3-2-14 外保温工法

照片3-2-15 卷筒展开铺设

照片3-2-16 涂布铺设

袋状铺设

沥青防水工法中使用的方法。仅在最下层的油毡防水材的长边两端以及短边的固定间隔处，浇筑热熔沥青进行粘结作业，而不对其他部位进行粘结作业的防水材铺设方式。完成后像口袋的形状，因此又称为口袋式铺设（图3-2-8），目的在于避免防水层因基材移动而发生损坏。

线性铺设

沥青防水工法中使用的方法。仅在最下层的油毡防水材的长边两端，浇筑热熔沥青进行粘结作业，而不对其他部位进行粘结作业的防水材铺设方式（图3-2-9）。

点状式铺设

沥青防水工法中使用的方法。仅在最下层的油毡防水材上指定的各个位置，以点状式浇筑热熔沥青进行粘结作业，而不对其他部位进行粘结作业的防水材铺设方式（图3-2-10）。

对接铺设

铺设油毡防水材或保温材料时，材料之间互不重叠，相互对接的接合方式。在油毡防水材施工时，若使用烘烤喷枪工法将改质沥青油毡相互接合的话，施工方式则是将材料相互对接，并在上方重叠铺设宽300 mm左右的油毡防水材。

加强铺设（附加防水层）

如有对防水要求较高的特殊构造节点，可进行加强铺设。在防水层的最下层或最上层的部分位置上，铺设一层加强用的油毡防水材或卷材。主要部位是阳角、阴角、阳阴角、排水、管道周边等使用较多（图 3-2-11）。

加强涂布

防护膜涂料防水工法中使用的方式。如有对防水要求较高的特殊构造节点，可对防水层局部进行加强。在各个防水层的上方或下方涂布防护膜涂料，也有安装加强材的做法。

接合部位

材料之间或防水层之间的接合部位，一般是指油毡防水材及卷材之间相互重叠的部位。也称作接合短部。

遮缝涂布

沥青防水层的热熔工法中，在网状防水打基材上涂布热熔沥青，或在加强布上涂布防水膜涂料。为了不让布边被看到而进行的涂布作业，让边缝处平滑过渡。

最终涂布

在防水工程中，防护膜涂料的最后一道涂布作业。在沥青防水工程中，则是在铺设完成的油毡防水打基材上涂布热熔沥青，或当作热熔沥青的最终涂布层。

刷水作业

沥青防水工程中，铺设砂质防水基材时，为了要清除从砂质防水基材接合部位满溢出来的热熔沥青，先用含水的毛刷平直地沿着暂时铺设的砂质防水基材边缘涂布。

烘烤时间

防护卷材防水工程中，在已涂布的胶粘溶剂发生挥发、蒸散作用前的等待时间，可用来张贴防水卷材。也指从可以开始铺设卷材直到无法铺设卷材为止的时间，称作“可施工时间”。由主要原料与硬化剂拌合而成的防水涂料开始发生硬化（无法进行涂布作业）前的时间，也称作“可施工时间”。

图3-12-5 交错铺设

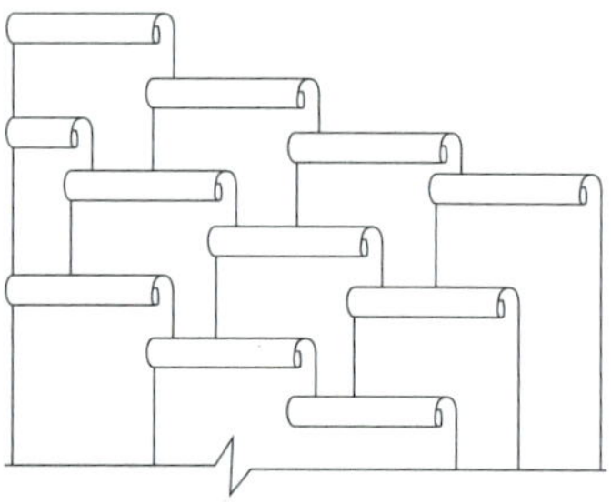

图3-2-6 交叉铺设

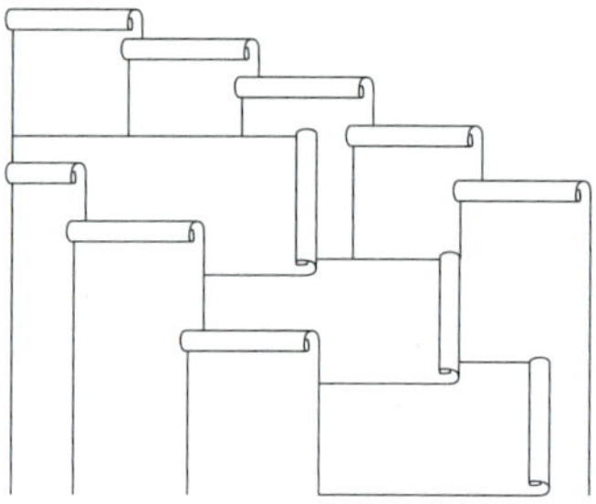

图3-2-7 平行铺设

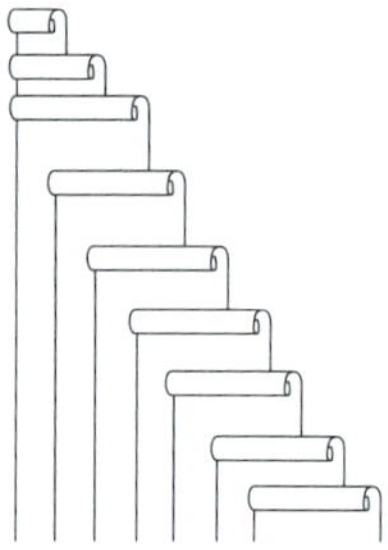

图3-2-8 袋装铺设

在防水材长边方向的两端及宽方向，以适当的间隔浇筑热熔沥青的铺设方式

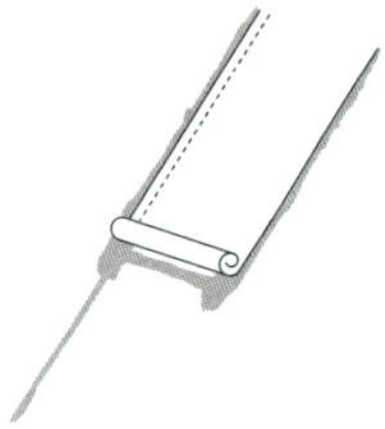

图3-2-9 线性铺设

在防水材长边方向的两端及正中央部位，像拉长线一样浇筑热熔沥青的铺设方式

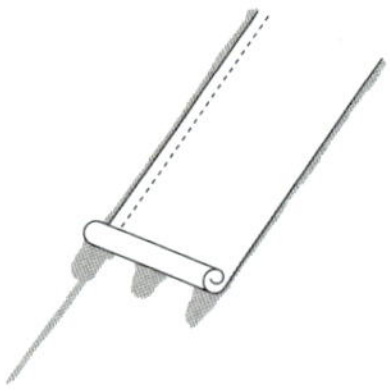

图3-2-10 点状式铺设

在基材上取等距离间距，以点状式浇筑热熔沥青的铺设方式。比起点状式铺设，现在大多采用将屋顶防水材并排设置在最底层的铺设方式

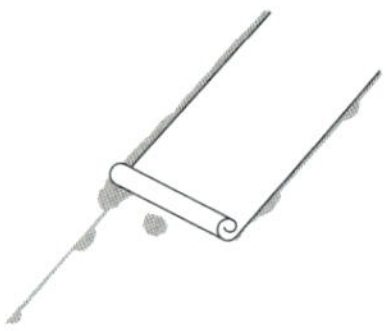

可施工时间

胶粘剂或防护膜涂料涂布完成后，可以继续进行卷材铺设或涂料重复涂布等施工项目的可施工时间。

铺设完成

指防护卷材或沥青油毡防水打基材的最终铺设完成面。以防护膜涂料构成防水层的最终涂布完成面。

防雨处理

防止雨水渗入建筑中的处理方式。

防雨遮覆

为了不受雨淋湿而张挂防护布的遮覆处理方式。

缺失部位铺设

沥青防水工程中的用语。指将沥青油毡分别铺设在平坦部位及女儿墙时，在未完成的局部再铺设沥青油毡来修饰最终完成面。“缺失部位”是指在即将完成的工程中，仍有未完成的局部部位。

交叠铺设

沥青防水工程中油毡防水基材的铺设方式。将铺设于平坦部位的油毡防水打基材，在与翻边的相接部位裁断，再将翻边部位的油毡防水打基材重叠在平坦部位的油毡防水打基材上的铺设方式。

图3-2-11 角落名称与所在位置

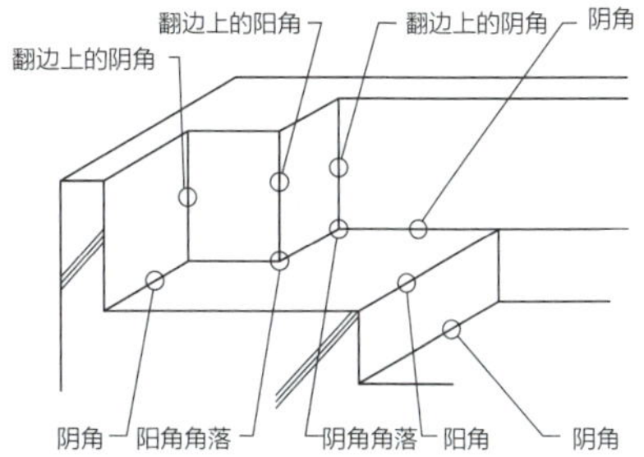

重修

防水改造工程中，将既有的保护完工饰面层及防水层全部拆除，在结构体的屋顶板上直接重新施工符合新法规基准的防水工程。此外，将既有保护完工饰面层及防水层的缺损部位补修之后，再施工符合新法规基准的防水工程的做法称作覆盖方式。

防水、打底、收边

阳角

两面相交所形成的相交棱线（凸侧）。

阴角

两面相交所形成的相交棱线的内侧（凹侧）。

斜面

倾斜的面。在沥青防水热熔工法基材的阴角部位，涂抹水泥砂浆呈现45°角的完工面。

圆弧曲面

也称作R面、滑瓶面。在沥青防水热熔工法基材的阴角部位，涂抹水泥砂浆呈现圆弧曲度的完工面。

女儿墙

设置在屋顶等地方的垂直部位。

图3-2-12 预埋截水板

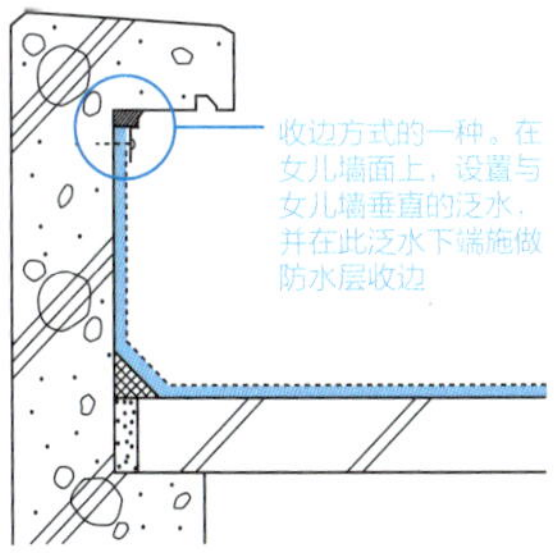

（预埋）截水板

女儿墙的防水工程施工中，在浇灌混凝土的同时，墙顶遮水板也一起嵌镶于上方的女儿墙类型（图3-2-12）。

压顶（预制安装）

女儿墙的防水工程施工完成后，在顶端安装水泥制或金属压顶的女儿墙类型（图3-2-13）。

保护层表面修饰

在防水层上设置保护层作为表面修饰处理的工法。使用混凝土、沥青混凝土、砂砾、平板垫块等材料。

压实工法

在完成的防水层上，浇灌混凝土、敷设砂砾或平板垫块等作为完工处理的工法。也称为完工保护工法。

图3-2-13 压顶

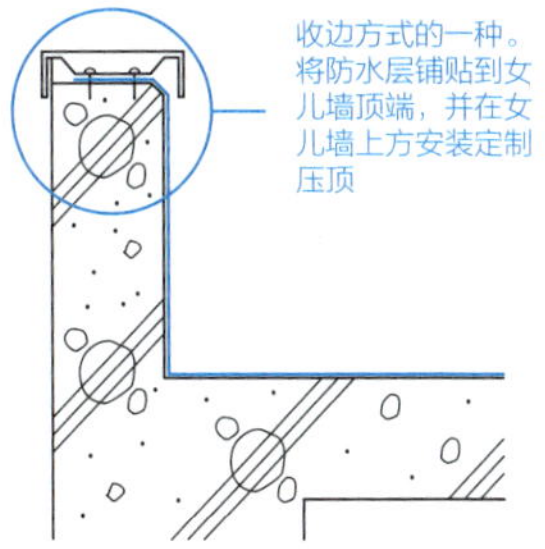

外露式工法

在防水层上直接涂装作为完工处理的工法。包括沥青防水层的砂质屋顶打基材的完工处理、氨基甲酸乙酯（Urethane）橡胶防水层或FRP防水层的顶层完工处理。也称作外露式完工处理。

红砖固定保护方式

屋顶防水层施工中，为了保护翻边面上的防水层，而在预埋截水板类型女儿墙的垂直面上，以堆积红砖的方式固定。近年来大多采用以特殊金属配件固定水泥板的干式固定工法。

垫块固定保护方式

在防水层施工完成的预埋截水板类型女儿墙的垂直面上，以垫块保护的方式。

混凝土保护方式

为了保护防水层，在防水层上浇筑混凝土的方式。

固定保护用混凝土

在防水层上浇筑的起保护作用的混凝土。

金属配件固定方式

墙体的防水层末端，使用铝制或不锈钢制的金属配件固定。

砂砾敷设固定方式

在防水层上方敷设砂砾，用来保护防水层。一般使用30 ~ 40 mm大小的砂砾。也有敷设沙砾之后再撒上树脂固定的施工方法。

照片3-2-17 伸缩缝

照片3-2-18 沥青搬运筒

平板状塑块表面修饰处理

在防水层上方直接敷设300 ~ 500 mm正方形的薄型垫块，用来保护防水层。或是在保护层水泥砂浆、保护层混凝土的浇筑施工之后，用水泥砂浆将垫块铺设于上。

伸缩缝

为了防止浇筑在防水层上的混凝土或女儿墙因热胀冷缩发生损坏，进而损伤防水层，而留设的间隙勾缝（照片3-2-17）。

边界勾缝（伸缩缝）

属于伸缩缝的一种。留设出与翻边竖起的边缘相距400 ~ 600 mm的伸缩缝，宽度通常设定为20 mm左右。

干式板状表面修饰处理

在防水层施工完成的女儿墙面上，张贴铺设水泥制或金属制的板状物，作为表面修饰处理。

涂装表面修饰处理

在防水层的表面涂布专用涂料作为表面修饰。可作为硫化橡胶防水层、非硫化橡胶防水层的表面修饰处理。

水泥砂浆保护层

用来防止防水层因为防水层上方施工而受到损伤，或防止防水层因为保护层的移动而发生损伤，在防水层上涂布的水泥砂浆。

沥青混凝土铺设

在停车场等地方，为了保护防水层而在防水层上铺设沥青混凝土（沥青、碎石、砂等拌合物），作为表面修饰处理。也称作沥青混凝土表面修饰处理。

照片3-2-19 瓦斯喷枪

固定板

在聚氯乙烯树脂卷材防水层的机械式固定工法中使用。张贴聚乙烯发泡剂等作为缓冲材的木板，作为在卷材之间涂布胶粘剂后，加压在卷材上胶粘卷材的工具。

瓦斯喷枪

沥青防水工法中，用来烘烤热熔沥青防水层表面，在喷枪烘烤工法中，用来烘烤热熔防水基材所使用的喷枪工具，以丙烷作为燃料（照片3-2-19）。

工具

沥青搬运筒

用来搬运热熔沥青的筒状容器（照片3-2-18）。也有将搬运筒切半使用的，日本主要是在关西地区使用此种方式，其他地方一般大多使柄勺。

毛刷

底漆、胶粘剂、涂料、热熔沥青的涂布作业或防水膜涂料的涂布作业所使用的工具。热熔沥青的涂布毛刷使用植物纤维。

橡胶刮刀

沥青防水工法中，用来施工热熔沥青最终涂布的工具。使用输送带用的橡胶，并在两侧用木板以钉子固定，是由施工者视现场所需而使用的工具。

大型毛刷

沥青防水工法中，用来施工热熔沥青最终涂布的工具。将宽1 m的毛刷安装上长手柄的大型毛刷。

橡胶手铲

防护膜涂料防水工法中使用的工具，也可用在防护膜涂料的涂布作业上。

缺陷

防水层损坏

防水层受到打底、保护层的移动或其他原因的影响，发生损坏的状态。

防水层损伤

防水层受到各种原因的影响，而发生损伤的状态。

膨胀隆起

受到基层的湿气或空气内含的水汽影响，而发生膨胀的情形（图3-2-14）。

褶皱

因防水层热胀冷缩，或是保护混凝土的缺损等，使防水材发生褶皱的状态。

漏水

也指漏雨。水借由各种缺损部位入侵建筑。水槽、浴室、厨房等也可能成为漏水的原因（图3-2-15）。

分层

在沥青防水层的情况，以热熔沥青铺设的油毡防水打基材等的层叠之间发生剥离、浮起的状态。

剥落脱离

防水层受到各种原因的影响，而发生从基层剥落、脱离的状态。

水枕

外露式防水层受到各种缺陷的影响，而发生水分滞留在防水层下方的状态。因形似水枕,而以此命名。

开口缝隙

在防水层的端部、油毡防水打基材的相互接合部位，发生剥落、脱离、浮起，而产生开口、缝隙的状态。

膨胀浸润

卷材防水层或防护膜涂料防水层等，因为溶剂的浸渗而发生体积变大膨胀的状态。

劣化现象

经年累月之后，天然材料受到使用年限的影响，质量性能劣化的状态。

臭氧劣化现象

外露式防水层受到臭氧侵袭，品质性能发生劣化的状态。

鸟害

防水层受到鸟禽类的啄伤，或是因为鸟禽类的粪便而造成防水层质量劣化的情形。其他，如随着鸟禽类粪便掉落在防水层上，粪便内的草木种子发芽，导致防水层受到植物根系入侵而发生损伤。

针孔状破损

防水层或防水使用的材料上，出现如同被针孔刺穿的状态。

边端浮起

油毡防水基层或防水卷材的边端发生剥落、脱离、浮起的状态。

移位

铺设在翻边上防水层，受到各种原因的影响，发生从基层剥落、脱垂、移位的状态。

溢水

在翻边的防水层的端部，发生水分滞留、漏水现象的状态。

根须穿刺

防水层因上方草木生长，防水层受到生长窜根影响而发生穿孔破损的情形。

浮起

防水层受到各种原因的影响，发生从基层剥落、脱离、浮起的状态（照片3-2-20）。

水分滞留

基层的倾斜度不足，而发生外露式防水层上雨水滞留的状态。

白灰现象

防水层发生劣化，表面附着类似白粉笔灰的状态（照片3-2-21）。

图3-2-14 防水保护层翻边发生隆起的情形

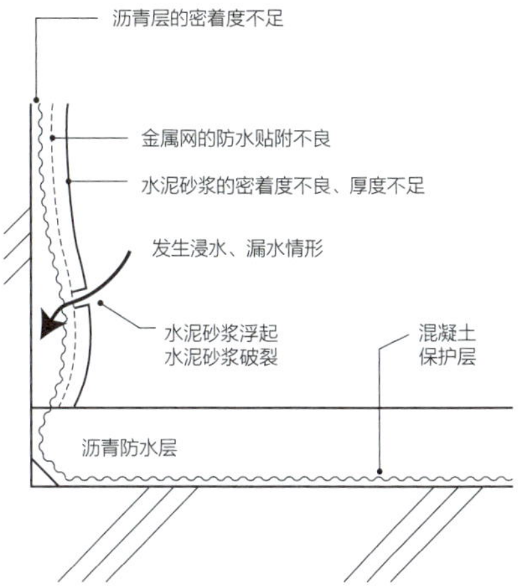

图3-2-15 阳台漏水状况

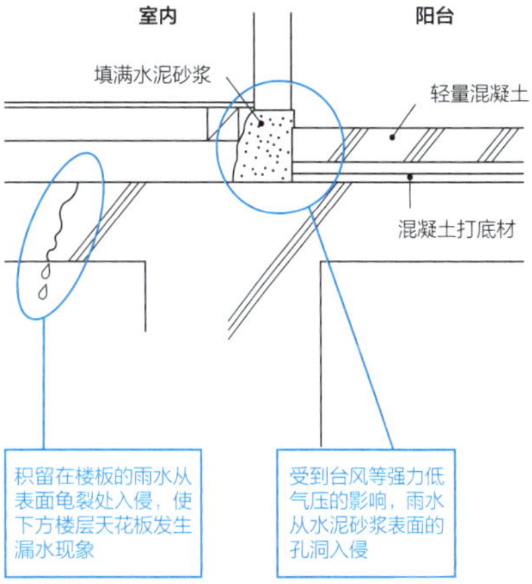

照片3-2-20 浮起

照片3-2-21 白灰现象

密封材料 3.3

填缝材料的分类及种类如图3-3-1、表3-3-1，施工方式见表3-3-2。

材料

密封材料（Sealing）

为了达到水密、气密的效果，填充于接合处或缝隙间的材料。种类包括使用垫圈的已定型填充材，以及如膏状的不定型填充材，通常是指后者。

油性填充材（Caulking）

原本是指木造船身的接合缝隙之间，以天然或是合成的干燥油、树脂或焦油等充填其中，以达到防水的作用。建筑用语上，过去是接合填充的意思，现在则仅代表填充材的其中一种油性填充材料。施工时使用的工具油性填充枪也因此命名。

图3-3-1 填缝材料的分类

- 密封材料
  - → 双组分填缝剂※1
    - → 混合产生硬化反应
      - → 硅胶康系列
      - → 改性硅胶康系列
      - → 多硫化物系列
      - → 丙烯酸氨基甲酸乙酯
      - → 聚氨酯系列
  - → 单组分填缝剂
    - → 湿气产生硬化
      - → 硅胶康系列
      - → 改性硅胶康系列
      - → 多硫化物系列
      - → 聚氨酯系列
    - → 酸素硬化
      - → 硅胶康系列
    - → 干燥硬化
      - → 乳化型
        - → 丙烯酸树脂系列
        - → SBR合成橡胶乳液系列
      - → 溶剂型
        - → 橡胶垫系列
    - → 非硬化
      - → 硅胶康系列香脂（Mastic）※2
      - → 油性压胶填缝材

※1 另外使用着色剂。 ※2 硅胶康系乳香脂（Mastic）也有制成三组分的填缝剂。

表3-3-1 密封材料的分类

种类	特征	应用例
硅酮胶系列	以硅酮（聚二甲基硅氧烷）为主要成分的密封材料。有单成分填缝剂及双成分填缝剂。可使用于玻璃或钢板。通常无法在其上涂布面漆，若想在其上涂布面漆，则需在硅酮密封胶系列填缝材上增加一道防止增塑剂迁移的涂漆作业	幕墙、板材外墙、玻璃、金属门窗、压顶横遮板、屋顶、屋顶天台、用水部位
硅酮合成橡胶垫材	以硅酮（聚二甲基硅氧烷）为主要组分的密封材料。有单组分填缝剂及三组分填缝剂。因其为不使用底漆而有各种物质黏着的特殊填缝材料，市场上使用的案例较少	
改性硅酮胶系列	改性硅酮系列（含有机聚硅氧烷的有机聚合物）为主要成分的填缝材料，有单组分填缝剂及双组分填缝剂	幕墙、板材外墙、金属门窗、压顶横遮板、混凝土墙、屋顶、屋顶天台、用水部位
多硫化物系列	多硫化物（主链与氨基甲酸二酯结合，末端为SH聚合物）为主要成分，有单组分填缝剂及双组分填缝剂	幕墙、板材外墙、金属门窗、压顶横遮板、混凝土墙、屋顶、屋顶天台
改性多硫化物系列	改性多硫化物为主要成分，是单组分填缝剂	板材外墙、混凝土墙、屋顶、屋顶天台
丙烯酸氨基甲酸乙酯系	丙烯酸氨基甲酸乙酯（Acrylic Urethane）为主要成分的双组分填缝剂	板材外墙、金属门窗、压顶横遮板
聚氨酯系列	聚氨酯为主要成分的填缝材料，有单组分填缝剂及双组分填缝剂	板材外墙、混凝土墙、屋顶、屋顶天台
丙烯酸树脂系列	丙烯酸树脂为主要成分的单组分乳化型填缝材料。若硬化则不溶于水。通常体积收缩20%～30%	板材外墙、金属门窗、压顶横遮板
SBR合成橡胶乳液系列	丁苯橡胶（SBR）为主要成分的单组分乳胶式填缝材料。若硬化则不溶于水。通常体积收缩20%～30%。市场上使用的案例不少	—
橡胶垫系列	橡胶垫为主要成分的单组分填缝剂。即使硬化也可以溶解于溶剂。通常体积收缩20%～30%	屋顶、屋顶天台
油性压胶填缝材	天然合成的干性油或是树脂为主要成分的单组分填缝剂。因不使用底漆，而可以黏着各种物质	混凝土墙、屋顶、屋顶天台

双组分填缝剂

也称作两液型填缝剂。施工前将含有主要成分的基剂与产生化学硬化作用的硬化剂，以及着色剂混和搅拌后使用的填缝剂（照片3-3-1）。

单组分填缝剂

也称作一液型填缝剂。无须混合，只要事先调整到施工时可使用的状态，利用空气的湿气达到硬化效果的胶粘剂。单成分填缝剂以喷枪式或软管包装。双组分填缝剂与单组分填缝剂不仅在包装容器上不同，伸缩性、黏着性和硬化特性上也有差异。

硬化剂

使用于双组分填缝剂，与基剂混合产生硬化效果。

着色剂

双组分填缝剂显色的材料。

基剂

在双组分填缝剂中，一般是指含有主要配方的剂料，又称作主剂。

一次和二次填缝剂

如图3-3-2所示，使用于外部的称作一次填缝剂，施用于内部的称作二次填缝剂。

定型填缝剂

预先制作成线状等形态，镶嵌于接合处的填缝剂。

不定型填缝剂

施工时充填于接合处，硬化后成橡胶状的膏状填缝剂。

应力缓和型填缝剂

多年后即使接缝变大也能接合的填缝剂。

耐火填缝材

在硅酮密封胶填缝剂中，受到认定成为防火构造的指定材料。

传导性填缝材

混合银粉、铜粉或碳纤维等导电性佳成分的填缝剂。

表3-3-2 填缝施工工程

工程项目	内容	瓷砖接合处的施工案例
①清洁表面	用白布蘸甲苯或正己烷擦拭清洁	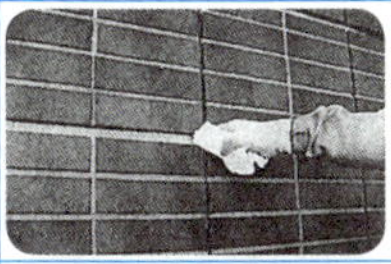
②填充密封垫料或是粘贴防水绝缘胶带	在指定的位置安装发泡聚乙烯压条（一般称作PE棒）的填充垫料，若没有可以装垫料的空间（宽度），则在接合底处贴附防水绝缘胶带	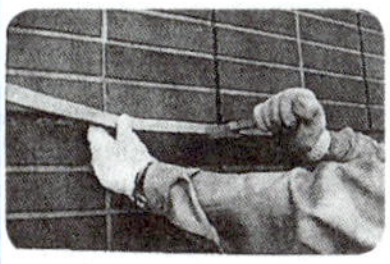
③粘贴填缝遮蔽胶带	根据接合位置贴上纸或者是胶带。此时使用的纸胶带不可以残留胶粘剂，也不会因为底漆溶剂清除而与填缝材料接触产生不良影响	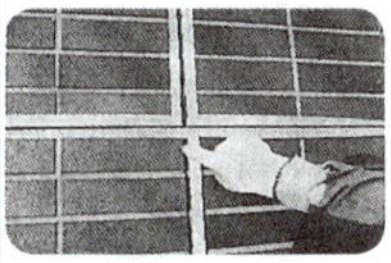
④涂布底漆涂料	使用刷毛以及与被涂布材质适合的底漆，均匀涂布	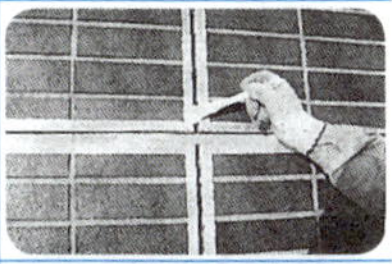
⑤填充密封材料	将硅胶安装上胶枪，胶枪嘴接触接合处，从接合处底端以压实间隙的方式充填	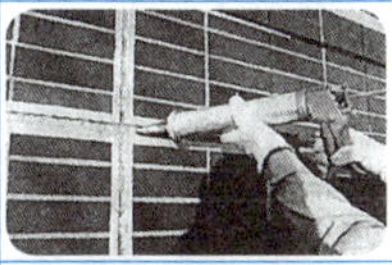
⑥加压施工的饰面	使用刮板（金属制、竹制等），向接合处的内部填缝材加压施工三到四次完成饰面	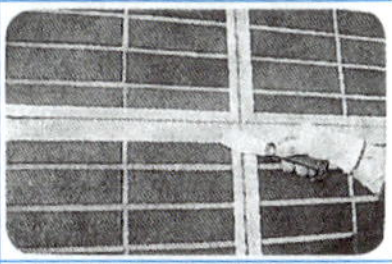
⑦清除填缝遮蔽胶带	留意不在周围留下胶痕地清除胶带	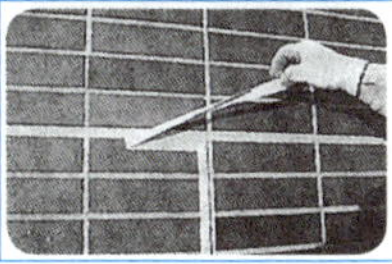

照片来源：《密封材料防水施工方法》，日本Sealing工事业协同组合联合会刊。

无增塑剂填缝材

不含邻苯二甲酸等可塑成分的填缝剂。因不添加增塑剂故不会因增塑剂迁移表面发生粘染污垢的情形。

填充垫材

勾缝施工时，填充于接合处底部的材料，也是用来设定填缝材料厚度，预防三面粘结的材料。现在大多使用的发泡聚乙烯压条（图3-3-3），对于填充工作来说，是非常重要的材料。一般种类的填充垫材，无须与填缝材料黏着，保有适度的弹性，大多使用发泡聚乙烯材质，制成正方形或圆筒棒状，附有自黏贴布等种类。特殊种类的填充垫材，包括可引出勾缝中水分的透水填充垫材或使用在玻璃接合部位的软质填充垫材等。

照片3-3-1 双组分硅酮密封胶的施工

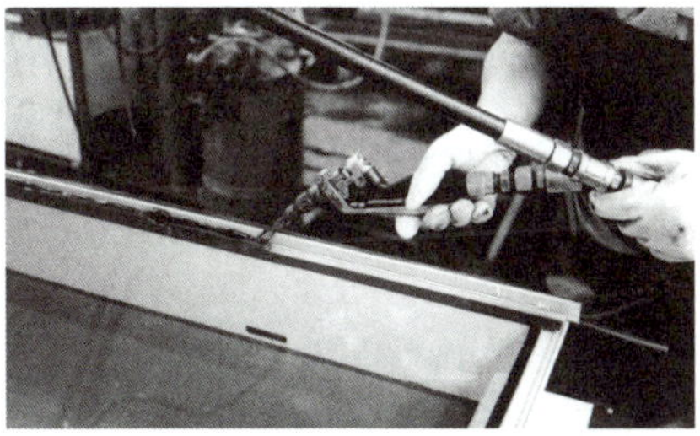

图3-3-2 一次和二次填缝剂的案例

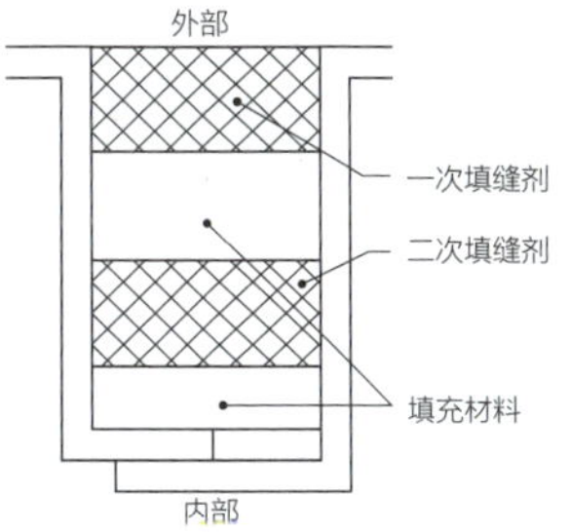

照片3-3-2 因增塑剂渗出造成石材接合处周边的污染

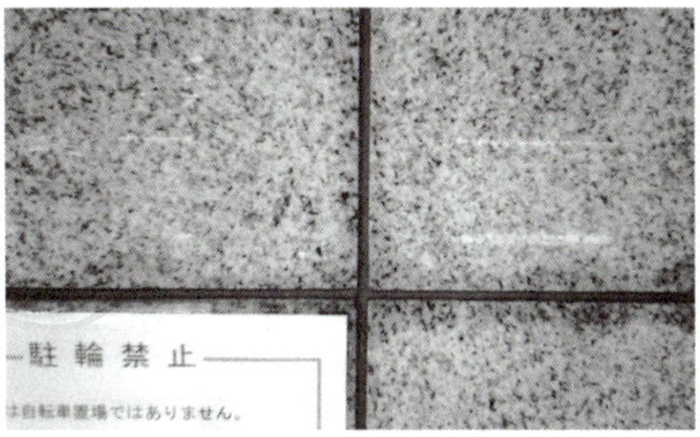

图3-3-3 开放式接合处的收尾施工

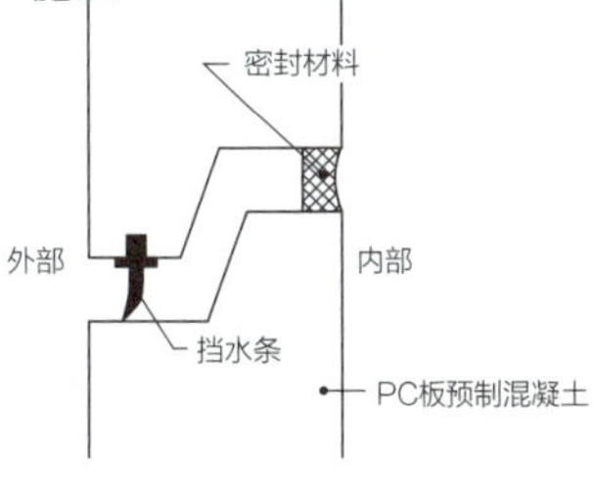

增塑剂（塑化剂）

为了让密封材料具柔软度而添加的有机成分，有利于施工，具有橡胶弹性，但会转移成使材料变色、使防护膜软化（照片3-3-2），因此需事先确认属性，选择合适的材料。

底漆、底涂

让密封剂与材料相互黏合所施加的涂剂（氨基甲酸乙酯环氧树脂、有机硅树脂、硅烷等成分）。在填充密封材料前，涂布在缝隙的侧面，强化被附着体表面，让密封材料确实发挥功效。根据不同密封材料与基层的组合，有时可采用免去底漆的涂布胶粘方式，但大致来说底漆对于密封材料的胶粘工作扮演着不可或缺的角色。

照片3-3-3　填缝枪

照片3-3-4　电动式研磨机具

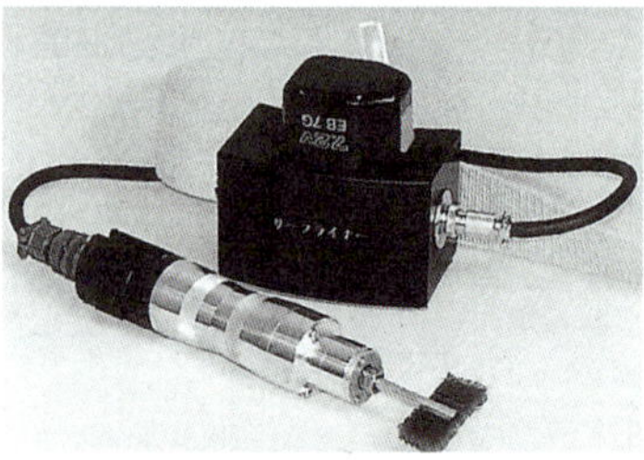

照片3-3-5　填充垫材（PE棒）的装填辅具

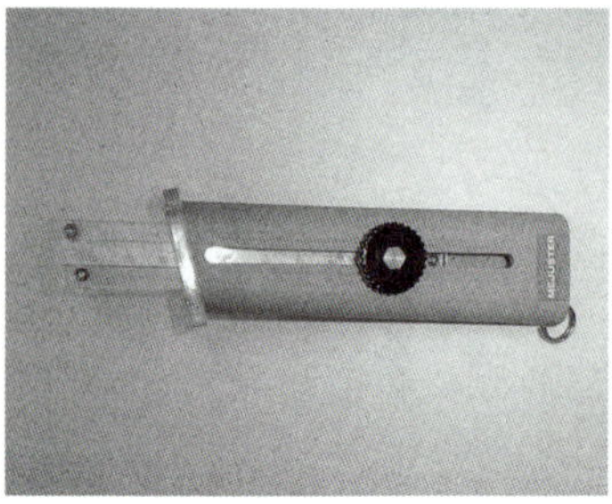

防粘结材料

呈薄型的贴布状。不能与密封材料相互黏合的材料。

专用底漆

若是涂布在有机硅成分密封材料表面，应使用可防止涂料发生缩边（Crawling）、提高面漆附着力的底漆。

着色材

将密封材料上色的材料，大多使用无机质成分。

防护底漆

抑制密封材料释出的增塑剂等成分影响完工面，防止密封材料表面附着污垢所使用的底漆。

无渗出材料

表面不易渗出的涂装用密封材料。

工具

密封枪

打密封材料时使用的金属制工具（照片3-3-3）。

饰平刮板

利用金属、竹、表面修饰用的填充垫材（PE棒）等制作的工具，施工时可配合缝隙的情况选用不同材质。

圆筒旋转式混合机

在密封材料专用的混合搅拌机具中，仅以正转或正转加逆转的方式，设定定时器一分钟旋转60次。

尼龙砂布

若是密封材料不容易黏着被附着体，使用尼龙砂布轻轻研磨被附着体的表面2~3次。为了提高施工效率，也有电动式的砂磨机具（照片3-3-4）。

填充垫材的装填辅具

一边调整缝隙深度，一边装填安装填充垫材（PE棒）的控制辅助工具（照片3-3-5）。

施工、工法

涂装前二次填缝

涂装工程前施工二次填缝材料。

涂装后二次填缝

涂装工程后施工二次填缝材料。

开放式接缝、明接缝

也称等压接缝。使外部与墙体内部压力平衡，以达到止水效果。压力差多数情况为50 Pa以内（图3-3-3）

施工缝

为了防止外壁龟裂而刻意设置的缝隙。在墙体厚度较薄的部位，以固定间距设置，用来预防龟裂，并在其中填充密封材料（图3-3-4）。

两面胶粘

在需要缝隙可动的情况下，仅在两面上涂上胶粘剂，另一面不涂。因密封材料可以移动，抗收缩性强（图3-3-5）。

三面胶粘

常被使用在施工缝或二次填缝等不会发生变动的缝隙位置（图3-3-5），在缝隙中的两侧面以及底面上用胶粘剂粘结填缝材料。相对地，在底面使用PE棒或分隔材料的绝缘用贴布，仅在两侧用胶粘剂施工密封材料的方式，称作两面胶粘。发生变动少的混凝土二次浇筑缝隙部位大多使用三面胶粘，门窗边缘的缝隙部位大多使用两面粘胶。

双重填缝工法

在深度较深的缝隙中，施工双重填缝的工法（图3-3-6），常见于容易将密封材料切断的金属板缝隙中。预制混凝土板缝隙中第一道填缝与第二道填缝所构成的二阶段式止水工法，与双重填缝工法是有所区别的。

排水管

用来排出填缝中水分的管子，是预制混凝土板缝隙的止水系统构造中重要的构件。为了防止雨水逆流，使用L形、T形或附有止逆阀的排水管。需在施工时埋设于填缝中，实际效用一定程度上取决于现场施工品质。

顶部填缝工法

在屋顶采光等部位，设置在水平面上的填缝。若为外露式填缝处理，受紫外线影响较大的部位，受到重力作用易出现浸水现象，因此应该尽量避免打设缝隙。若是在顶部盖板缝隙等特殊节点，则需以双重填缝来施工。

二次填缝

因为施工现场情况和整修情况原因，在预先进行了一定工序的填缝材上继续施工（图3-3-7）。一般来说最好与原始密封材料相同，除非情况特殊才使用不同的密封材料。

斜切填缝

二次填缝时，如图3-3-8所示，以斜切面施工。

二阶段式防水

施工两层填缝材料的防水方式（图3-3-6）。

粘结强度试验

用来确认被附着体与密封材料之间黏着度的试验（照片3-3-6），也称作黏着度试验。将两个50 mm正方形的被附着体中间做12 mm正方形的填缝处理作为试验体，进行规定的养护之后，施以拉力试验。试验结果依照填缝材破坏位置分成接着破坏（AF）、薄层凝集破坏（TCF）、凝集破坏（CF），其中，AF属于不合格，TCF及CF属于合格。

图3-3-6 双重填缝工法与二阶段式填缝工法

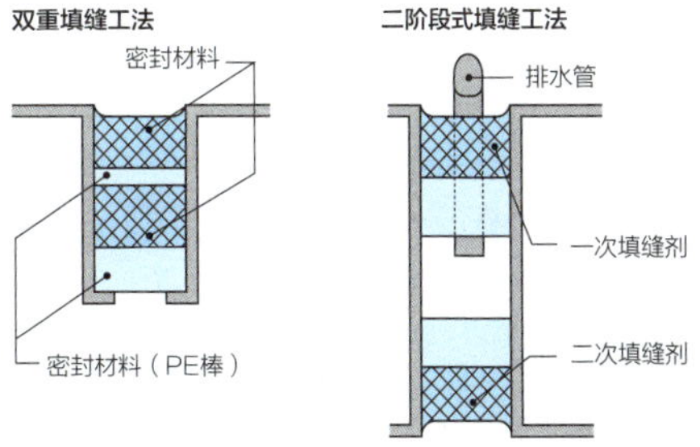

图3-3-7 涂装前与涂装后的二次填缝

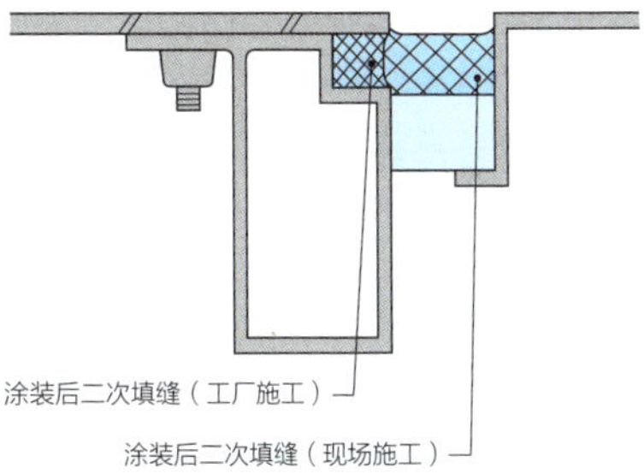

图3-3-8 斜切填缝

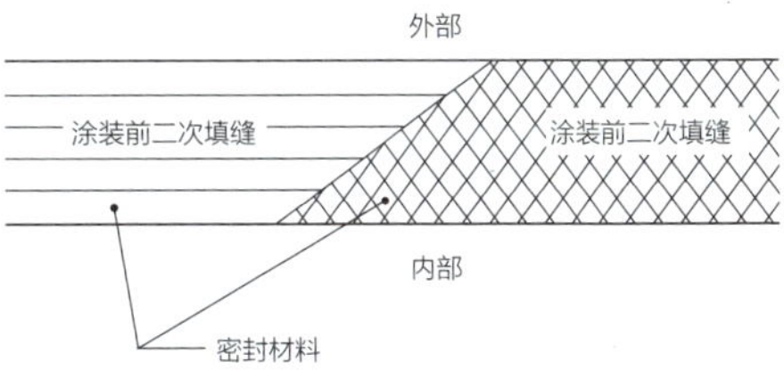

图3-3-4 施工缝的填缝方式

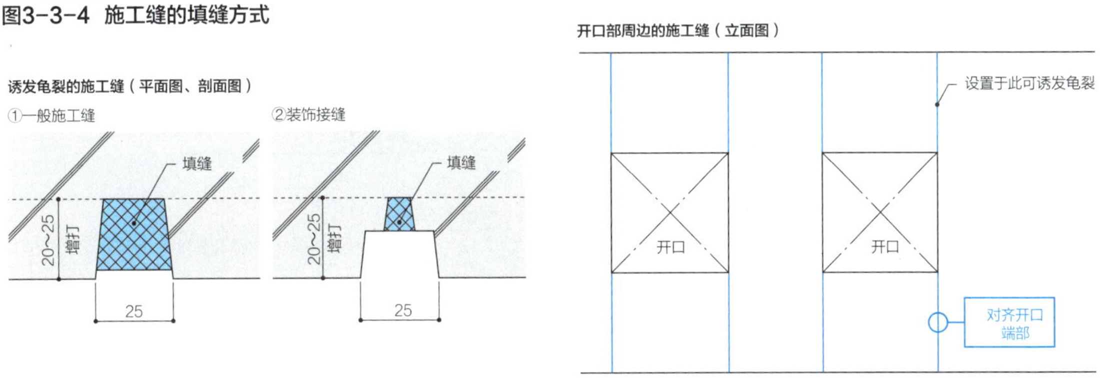

图3-3-5 两面胶粘与三面胶粘

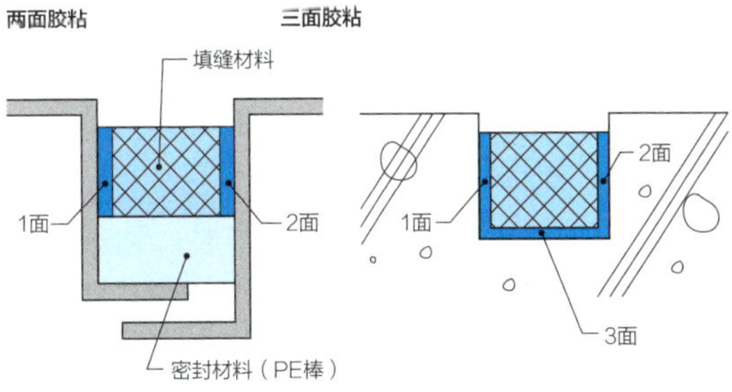

照片3-3-6 密封材料黏着度测试

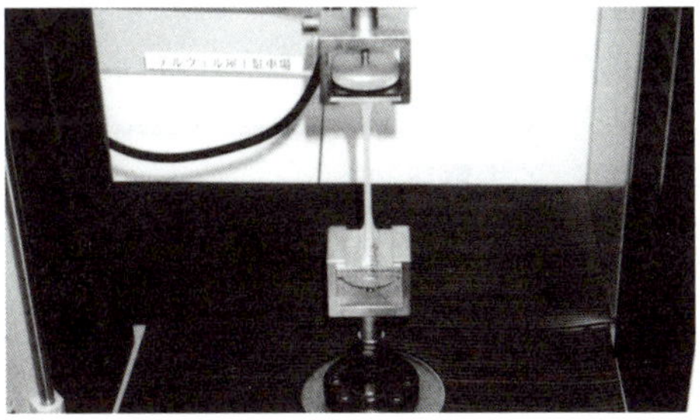

照片3-3-7 填缝遮盖胶带（石材接缝的填缝施工情形）

照片3-3-8 填缝遮盖

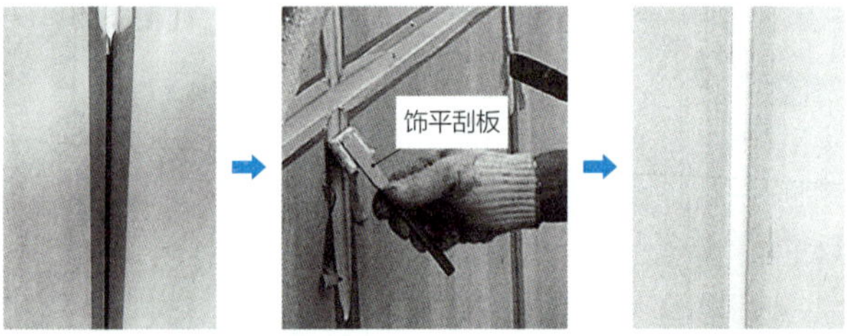

张贴填缝遮盖胶带，填充如填缝材料 → 以刮板饰平，剥除填缝遮盖胶带 → 完成

包覆、遮盖

填缝施工时，为了不弄脏填缝的周边，临时张贴纸胶带（照片3-3-7、照片3-3-8）。这项工作是填缝成果是否成功的关键，需要熟练施工手法。若用刮刀压住填缝材料，则可迅速将遮覆的纸胶带剥除。

黏性

填缝材料表面的黏度。黏性失去时间是指填缝剂发生硬化到不粘连手指状态之前的时间。单组分填缝剂由于是通过湿气从表面逐渐硬化，就算表面失去黏性，其内部亦未硬化。

线状胶粘试验（填缝拉拔试验）

用来确认现场施工进行中的填缝剂胶粘性能（图3-3-9）。将硬化的填缝材的部分切成线形，用笔标记后与填缝材呈直角地用手拉伸，通过破坏状态与拉伸率来判断胶粘强度。在日本一般要求必须符合JIS A 5758所订立的标准。

图3-3-9 线性胶粘试验 （填缝拉拔试验）

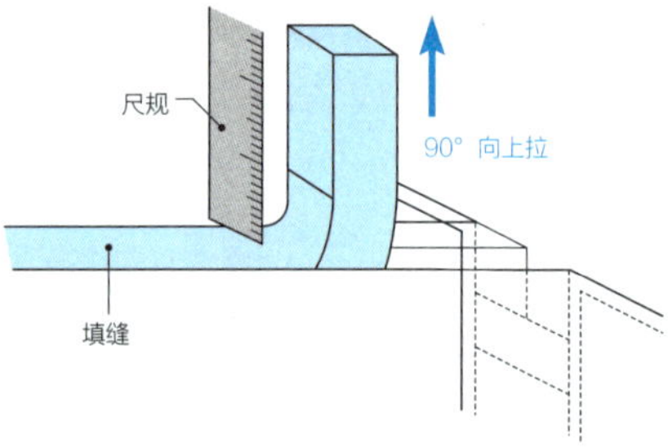

性能

移位

因受热、地震等原因，造成接缝的移位等变化。

会变动的接缝

会因受热、地震等而能够发生变动的接缝。

不会变动的接缝

不会因受热、地震等原因而发生变动，或变动量非常微小的接缝。

移位的适应性

对于因受热、地震等原因而发生移位等现象的适应性。

硬化时间

涂布底漆后，干燥所需的时间。

黏性失去时间（Tack-free Time）

达到即使用手触摸、填缝剂也不会粘连到手上的状态的时间。

有效使用时间

填缝剂性能稳定，可以有效使用的时间。

投锚效果

也称锚定效果、紧锁效果。胶粘剂借由被附着体表面空隙入侵并发生硬化，发挥有如钉子或楔子般的固定作用。

挤出程度

填缝剂以填缝枪施工时的挤出流畅度，对于现场填缝施工效率有影响。

抗拉值

抗拉应力（Tensile Stress）。原本是系数的意思，此处是指填缝料硬化后受拉时的抵抗力。一般是指受拉力50%时的抗拉应力值。填缝材受拉50%时的抗拉应力称作50%抗拉值。较软的填缝材料为低抗拉材（小于0.2 N/mm^2），较硬的填缝材料为高抗拉材（大于0.4 N/mm^2），两者中间的则属于中抗拉材。普通的缝隙使用低抗拉材即可，只有在有强度要求的SSG工法等中才使用高抗拉材。

缺陷

硬化不良

填缝材经过规定的硬化时间，却没有发生硬化的现象。

凹坑

填缝材表面的凹洞。

吐白作用

也称白华现象。填缝材表面受紫外线影响，发生劣化并呈现白色粉末状态。材料表面的光泽降低，质量容易恶化。

内部气泡

跑进填缝材内部的空气（气泡）。内部气泡发生收缩或破裂，会造成填缝材质量的恶化而形成表面凹洞。

膨胀

填缝剂表面受到内部影响发生膨胀的现象。因为膨胀，填缝材会发生剥落、脱离的情形。

凝集破坏

胶粘剂被附着体的化学分子、原子结合的状态。因为化学分子、原子相互作用产生的凝集力，让力集中处的填缝材发生破坏的情形，称凝集破坏（图3-3-10）。

风化作用

置于室外，经过一段时间所发生的劣化现象。有时也会指紫外线照射试验。照射试验可用来调查材料的耐候性能。

临界面破坏

又称胶粘面破坏，因胶粘面而发生填缝材剥落、脱离现象（图3-3-11）。

污染性

接缝的周边部位受到填缝剂影响而出现脏污的程度。

塌度

填缝剂因为自重发生坍塌的程度。

非塌状态

在垂直面上的接缝中填充填缝材后，没有发生坍塌的状态。

被附着体破坏

填缝材因接缝移位而发生变形时，被附着体表面的抗拉应力d大于填缝材的相对应，因而造成破坏被附着体的情形。也称作母材破坏（图3-3-12）。

图3-3-10 凝集破坏

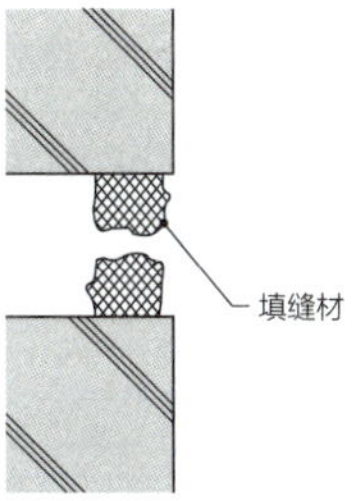

图3-3-11 临界面破坏

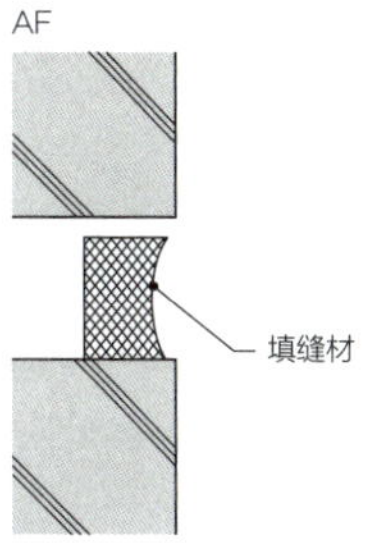

图3-3-12 接缝部位需留意施工缝部位

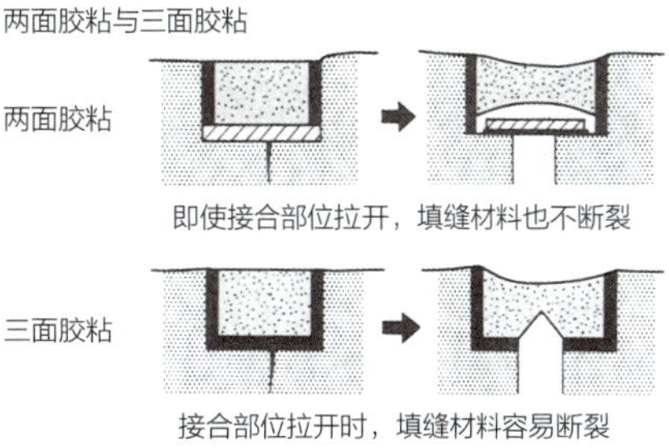

修补

架桥填缝方式

在接缝上有如搭桥一般，充分地填入填缝材。再次填充填缝时，如预期同等破坏将再度发生，可使用此种补救方式。

再充填方式

在需要补修的填缝材上，再次填充填缝剂，进行修补作业（图3-3-13、表3-3-3）。

扩大宽幅再填充方式

就算重新填充填缝材，也预计很快会再发生相同破坏程度的话，可将接缝宽幅扩大，并将填缝材重新填入。

图3-3-13 补修工法选择的流程

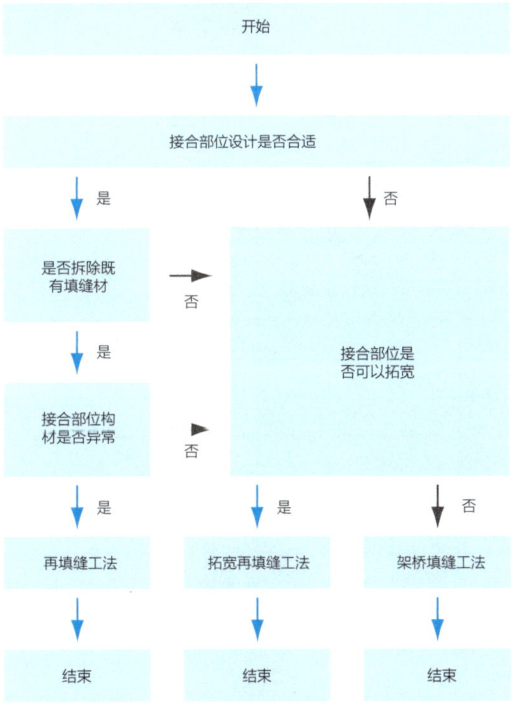

表3-3-3 再填缝的施工方法

方法	内容
不改变材料及施工方式	填缝材料经年累月发生劣化，以相同材料更新填缝材料定期补修；或因施工不良、单纯进行部分补修
只改变施工方式	底漆本身没有性能上的问题，仅因无法清除造成黏着障碍的物质，判定为黏着损害，将被附着体表面清洁完成后涂上底漆
改变底漆	对于被附着体来说，发生“底漆不适”“底漆施工不良”等底漆本质问题的状况时，改用不会发生这些问题的底漆
改变底漆及施工方式	变更使用底漆时，并非仅更换成其他的底漆，而是视安全性，兼顾上述“只改变施工方式”的做法考量来变更底漆
不同种类的密封材料	若遇到使用较老旧填缝材料的情况，变更使用当前的高性能填缝材料。由于变更填缝材料后，基材也随之变更，一起解决底漆相关问题

参考 填缝材料种类及适用部位一览表

有涂装	工法、材料、构成材料			硅酮胶系列 SR2	硅酮胶系列 SR1	改性硅酮胶系列 MS2	改性硅酮胶系列 MS1	多硫化物系列 PS2	多硫化物系列 PS1	丙烯酸树脂系列 PU2	丙烯酸树脂系列 PU1
会变动的接缝（工作缝）	各式外墙板材料	ALC板材（Slide Method）ALC板材之间接缝	有涂装※2	—	—	○	○	—	—	○	○
			无涂装	—	—	○	○	—	—	—	—
		ALC板材（Slide Method）窗框周围接缝	有涂装※2	—	—	○	○	—	—	○	○
			无涂装	—	—	○	○	—	—	—	—
		氟素树脂涂装	常干、烧付涂装接缝	○※1	—	○	—	○	—	—	—
		涂装钢板、搪瓷钢板	钢板接缝	—	—	○	○	○	○	—	—
			窗框周围接缝	—	—	○	○	○	○	—	—
		GRC、水泥挤出成形板	板间接缝	—	—	○	○	○	○	—	—
			窗框周围接缝	—	—	○	○	○	○	—	—
	独栋住宅的外壁	窑系壁板	有涂装※2	—	—	○※3	○	—	—	○	○
			无涂装	—	—	○※3	○	○	○	—	○
		金属系壁板	壁板接缝	—	—	○	○	—	○	—	—
	玻璃	玻璃周围	玻璃周围接缝	○	○	—	—	○	—	—	—
	五金门窗	窗框周围	收边板、漏水板接缝	○	—	○	○	○	—	—	—
		门窗框工厂接缝	接缝材料接合	—	—	—	—	○	—	—	—
	压顶横遮板	金属制横遮板	石材横遮板之间的接缝	○※1	—	○	—	—	—	—	—
		石材横遮板		—	—	○	—	○	—	—	—
		PCa板横遮板		—	—	○	—	○	—	—	—
不会变动的接缝（非工作缝）	混凝土壁	RC壁、窗框周围、壁式PCa	有涂装	—	—	—	○	—	—	○	○
			无涂装	—	—	○	○	○	○	—	—
		石材铺设（湿式）（GPC、石材接合）	石材接缝	—	—	—	—	○	—	—	—
			窗框周围接缝	—	—	○	○	○	○	—	—
		瓷砖铺设	瓷砖接缝	—	—	○	○	○	○	—	—
			瓷砖下主体结构接缝	—	—	—	—	—	—	○	○
			窗框周围接缝	—	—	○	○	○	○	—	—
	外墙板材	ALC板材插入工法、有涂装	ALC板材之间的接缝	—	—	—	○	—	—	○	○
			窗框周围接缝	—	—	○	○	—	—	○	○
外壁以外的接合	屋顶		防护垫防水的收边处理	—	—	—	○	—	○	—	○
			屋瓦固定（防止飓风灾害）	—	○	—	○	—	○	—	—
			金属屋顶弯折部位的接缝	—	○	—	○	—	○	—	○
	水路配管周围		浴室、浴槽（需要耐温水）	—	○	—	—	—	—	—	—
			梳理台、橱柜周围	—	○	—	—	—	—	—	—
			洗脸化妆台周围	—	○	—	—	—	—	—	—
	聚碳酸酯（Polycarbonate）板材、丙烯酸（亚克力）板			—	○※4	—	—	—	—	—	—
	排气口、贯通管线周围		有涂装	—	—	○	○	—	—	○	○
			无涂装	—	—	○	○	○	○	—	—
	阳台扶手栏杆的支柱底部、避难口盖周围		有涂装	—	—	○	○	—	—	○	○
			无涂装	—	—	○	○	○	○	—	—

考量到移位的适应性，虽然原则上以两面胶粘方式进行填缝施工，但在发生变动较少的主体结构施工缝等部位，为了防止因为断裂而导致雨水流入，三面胶粘的填缝方式会比较好

在铝门窗等五金门窗的收边与结构主体之间进行接缝时，不能使用对抗紫外线能力弱，经过3～7年发生劣化并且最终会消失不见的丙烯酸树脂系列填缝材料，应使用“多硫化物系列”及“改性硅酮胶系列”的填缝系列

在发生变动较大的部位，使用多硫化物系列填缝材料是错误的，这类材料不具备顺应变动的适应性，会产生破裂、剥离的状况

资料来源:《建筑填缝材料、填充垫材》，日本填缝材料工业会。

※1 具污染性，处理上需留意（与填缝材料制造业者共同协议）。

※2 无论是哪一种密封材料，需事先确认可涂装性 。

※3 最好是应力缓和类型。

※4 脱醇型（发挥醇类气体）。

饰面 4

屋面工程 4.1

屋顶依据材料的不同，分别有瓦片铺设、金属板铺设等种类。

形式、部位、构件

图4-1-1 屋顶的主要形式

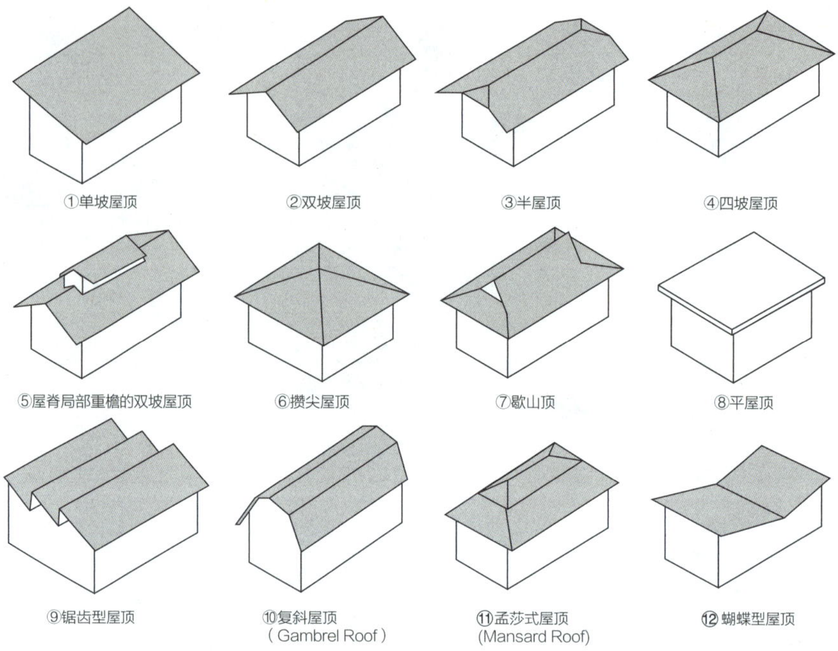

单坡屋顶

往单一方向倾斜的屋顶形状（图4-1-1①）。

双坡屋顶

如同把书翻开往下盖的屋顶形状（图4-1-1②）。

四坡屋顶

以屋脊为中心，向四方倾斜向下的屋顶形状（图4-1-1④）。

屋脊局部重檐的双坡屋顶

为了烟囱或采光，在屋顶的局部设置成小屋架组屋顶（图4-1-1⑤）。

攒尖屋顶

没有屋脊，从单一顶点开始由四方或八方往下倾斜的屋顶形状（图4-1-1⑥）。

歇山顶

将双坡屋顶的山墙侧转换成四坡形状的屋顶（图4-1-1⑦）。

平屋顶

水平或几乎无斜度的屋顶（图4-1-1⑧）。

屋脊

屋顶倾斜面与倾斜面相交接合的屋顶顶部水平部位（图4-1-2）。

垂脊

四坡或方形屋顶上，相邻的两屋顶面连续相接的部位（图4-1-2）。

谷（屋顶凹底部位）

屋顶面上借由泄水坡最低处和其他屋顶面或壁面连续相接的凹线部位（图4-1-2），会成为雨水汇流路径，需要特别留意防水处理。

图4-1-2 屋顶各部位名称

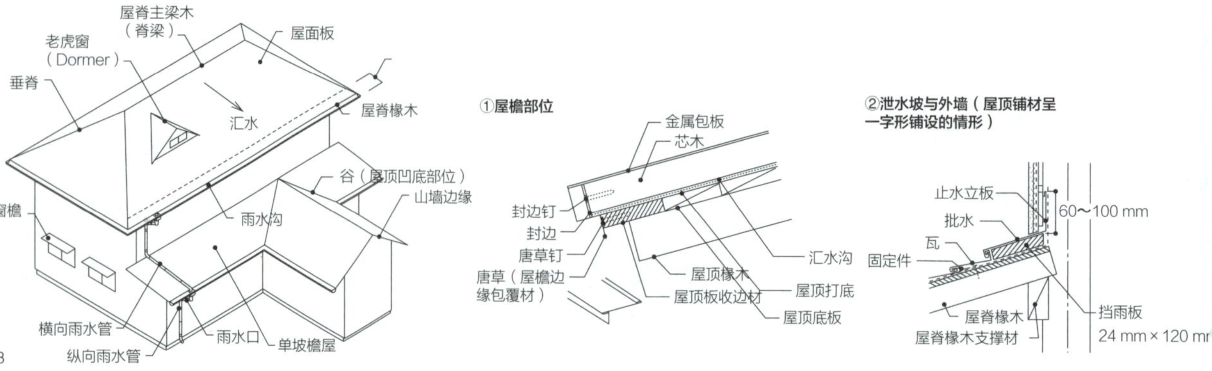

屋檐

屋顶面从外墙开始向外伸展到屋顶边端之间的部位（图4-1-2），此距离称为檐深。

屋檐边缘

由屋檐收边材料及屋顶板收边材料构成的屋檐边缘部位（图4-1-3）。

将屋檐边缘的屋脊椽木边端等部位隐藏，目的是为了表现屋檐厚度而设置的横板，使用材料包括木质材料、树脂成分材料、窑制成型材料、金属制成型材料等。

屋顶板收边材料

安装在屋檐边缘的屋脊椽木边端上方的宽幅横木（图4-1-2），目的是抑制屋脊椽木振动、作为屋顶板的收边处理。

唐草（屋顶边缘包覆材料）

包覆屋檐边缘部位（图4-1-2）。防止屋檐边缘的屋顶板被气流影响，而发生屋顶板收边材腐蚀的情形。

挡雨板

为防止雨水入侵，安装在外壁与开口部位的上框，或安装在屋顶与墙壁接合部位的板状物（图4-1-2）。

双坡屋顶端部（山墙边缘）

双坡屋顶的两端部位（图4-1-4）。

破风板

为了要隐藏屋脊椽木、屋脊横木（桁条）桁的前端（构件的前端），顺沿着屋顶安装的山型板。左右破风板（博风板、封山板）的相接之处，称作合掌。

止雪装置

设置在屋顶面上，用来防止屋顶上的雪急速滑落的构造（照片4-1-1），一般呈突起状，依屋顶材质、铺设方式、积雪量种类不同。止雪装置能保证除个别极端情况下的雪层稳固。如今即使是在下雪少的温暖地区，若是基地面积狭小、与邻地距离短的建筑屋顶上，也都会安装止雪装置。

雨水斗

安装在屋檐雨水管与纵向雨水管接合处的金属配件（图4-1-5）。

照片4-1-1 止雪装置

与屋瓦一体成形的止雪装置

安装在屋顶材料上的止雪专用金属配件

图4-1-3 屋檐边缘的构成

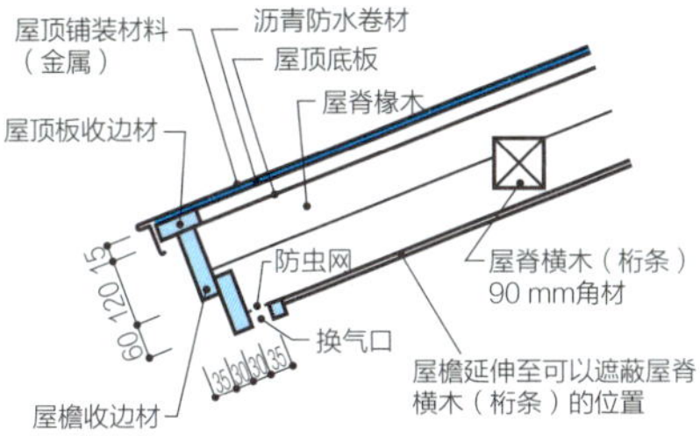

将屋檐收边材以两段式施工，可让屋檐看起来较为锐利

图4-1-4 山墙边缘的构成

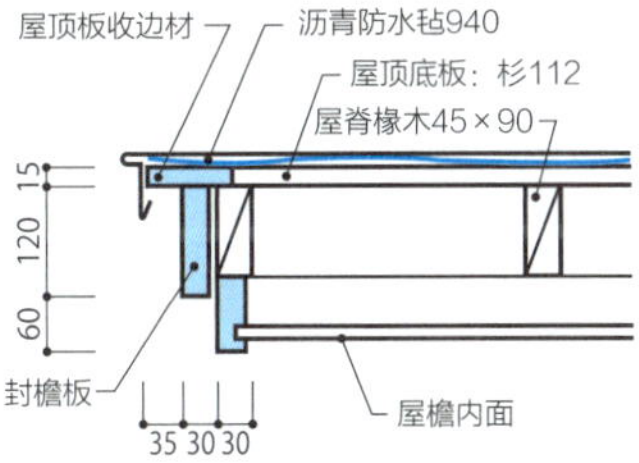

与屋檐边缘呈直角的部位（山墙边缘）上安装两段式的封檐板，视觉上较为简洁利落

图4-1-5 雨水管、雨水沟的安装

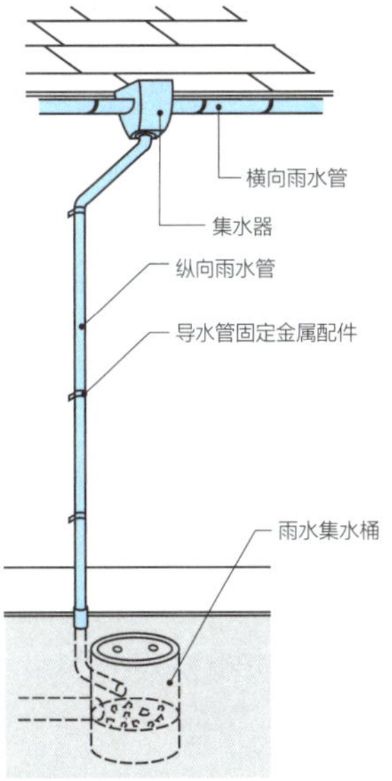

雨水借由横向雨水管导向集水器，再连接至纵向雨水管，流向地下的雨水集水桶。溢出集水桶的雨水，流向地下水

图4-1-6 檐沟的收边案例

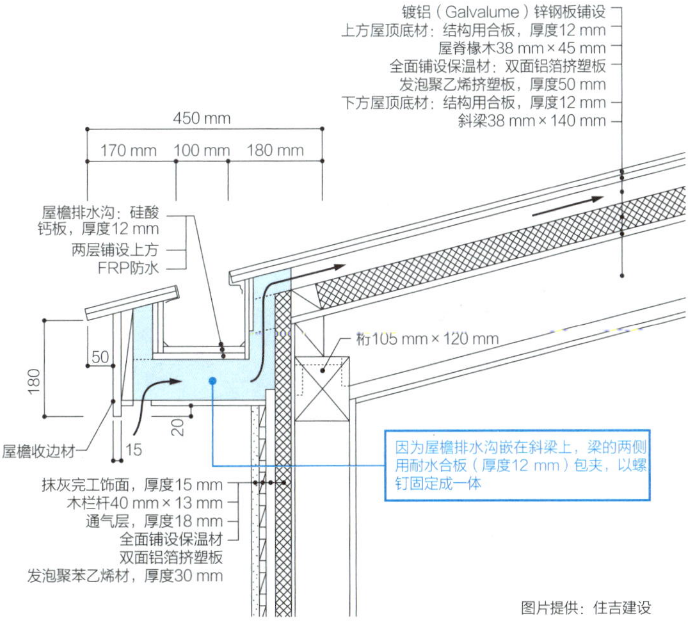

图片提供：住吉建设

雨水管

安装在屋檐边缘的称作屋檐雨水管，收集屋檐导水管的水并纵向排水的称作纵向雨水管。此外，屋顶面沟槽中的雨水管，称作天沟（图4-1-6）。

屋顶打底

屋顶打基材

为防止结露或湿气，在铺设屋面材料之前，需先在其下方铺设衬垫（图4-1-7、照片4-1-2），一般使用沥青防水卷材（SAM-940型号）或改性沥青、橡胶垫防水材料。此外，也有强化耐久性、耐热性的橡胶沥青防水层（改性沥青防水卷材），或是能将屋顶底板周边结露水气排出室外、具有透湿性能的透湿屋顶打基材。

加强铺设防水打底

铺设屋面材料之前，为了加强防水效果，在倾斜屋顶低处的谷底部位先行铺设的防水材料（照片4-1-3）。

附加防水层

铺设屋顶打基材后，以防水加强为目的，在屋顶与墙壁的接合处重复铺设防水材料（照片4-1-4）。

屋顶与墙壁的结合部位

屋顶面在泄水坡起点处，或是平行于倾斜方向的屋顶面与上层墙壁连续相接的部位，需留意并雨水渗入（图4-1-8）。

纵墙方向

也称作桁行方向、桁侧。与屋架梁、斜梁、屋脊椽木方向垂直，与外壁接合部位平行。

表4-1-1　屋面材料屋顶坡度

屋面材料	屋顶倾斜度
板瓦铺设	4 / 10～7 / 10
石板铺设	3 / 10
金属板铺设	1 / 10～1

屋顶坡度的表示方法："坡度3/10"="坡度3寸"（每尺3寸的倾斜度），坡度10寸时即为直角（此处寸、尺为日本长度单位，1尺约为30.3 cm，1寸约为3.03 cm）。

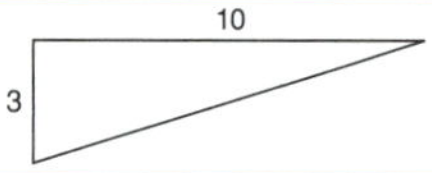

屋面基材

安装在屋顶下方的基材面（图4-1-7）。防火建筑物中，钢构造屋架组使用硬质木片水泥板作为防火屋顶基材。钢筋混凝土结构也会使用用钉子固定的珍珠岩水泥砂浆作为屋顶基材。在屋顶基材上方铺设沥青防水毡，再于其上铺设屋面材料。

沥青防水毡

为屋顶防水材料，原料为用沥青浸泡有机质纤维防水毡所制成的防水卷材。

图4-1-7　一般的屋顶打底工法

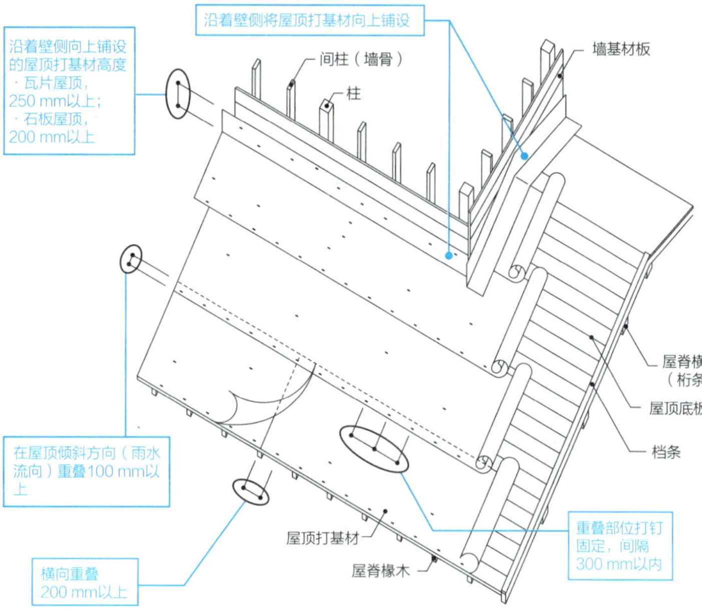

照片4-1-2　铺设沥青防水卷材

照片4-1-3　在屋顶凹底部位加强铺设防水材料

照片4-1-4　在屋顶与墙壁接合部位加强重叠铺设防水材料

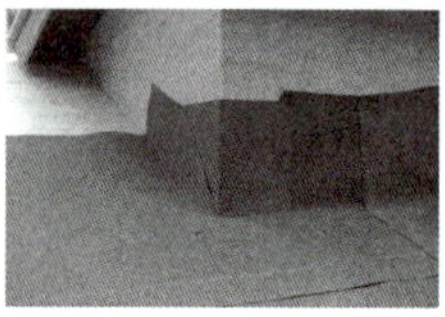

图4-1-8　施工屋顶防水材料时的注意要点

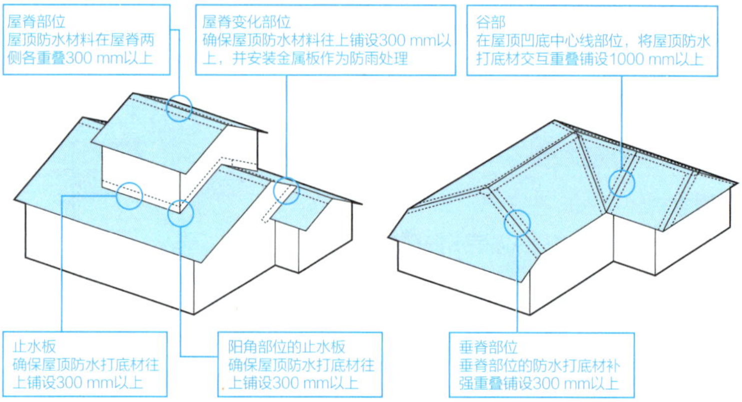

雨水流向

屋顶面上雨水流动的方向。

材料外露尺寸

将屋顶材料或是将具有排水功能的材料重叠铺设时，材料外露在屋顶面上的尺寸。用于计算屋顶材料用量。

屋顶坡度

相对于水平线的屋顶面斜度。依屋顶铺设材料的不同，屋顶倾斜度也不同（表4-1-1），在日本，一般用寸※表示坡度。

紧固作业

用钉固定屋顶铺设材料、构件等，并用紧结线、悬吊件、螺栓等将其与基材紧结固定的作业。

收边构件

屋顶工程中在屋顶全面用来收边的构件总称。瓦屋顶使用瓦片或屋顶灰浆收边，石板屋顶或金属板屋顶则用金属制构件（照片4-1-5）。

屋脊包

横截面呈人字形的金属部件，覆盖于金属或石板屋顶的屋脊、四坡屋顶和攒尖屋顶的垂脊。屋脊两侧需装上木底，再将屋脊包固定在两侧。木底是较容易被腐蚀的部位。

悬吊件

用来固定金属屋顶或机能构件的带状金属配件（图4-1-2）。也称弯折悬吊件。

弯折咬合

钣金工程中，为了接续金属板，而将端部弯折的方式。包括小弯折（一次弯折）、平弯折（压平弯折）、卷弯折（卷曲弯折）等咬合方式（图4-1-9）。

屋顶板隐藏部位

不外露的屋顶板材或构件的一部分或整体的总称。兼具舍板（屋顶板隐藏部位）与唐草（屋檐边缘包覆材）功能的构件，称作隐藏式屋檐边缘包覆材。

压顶横遮板

在屋顶工程中使用在水平屋脊梁木或垂脊上的木材。作为安装收边构件的基材，用钉子贯穿固定已铺设完成的石板或金属板。

搭接部位

将收边板等构件接合时相互交叠的部位。交叠宽度通常是50 mm以上，谷板（用于倾斜屋顶凹底部位）等构件的交叠处需要在100 mm以上，也称搭接尺寸。

照片4-1-5

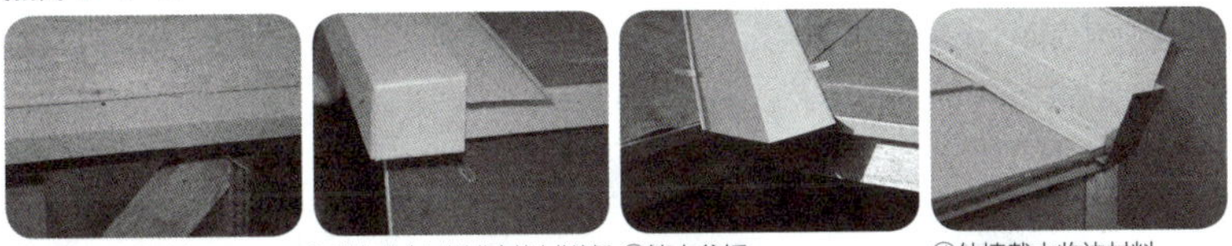

①屋檐边缘收边板　②山墙边缘（山墙边缘）挡水收边板　③挡水谷板　④外墙截水收边材料

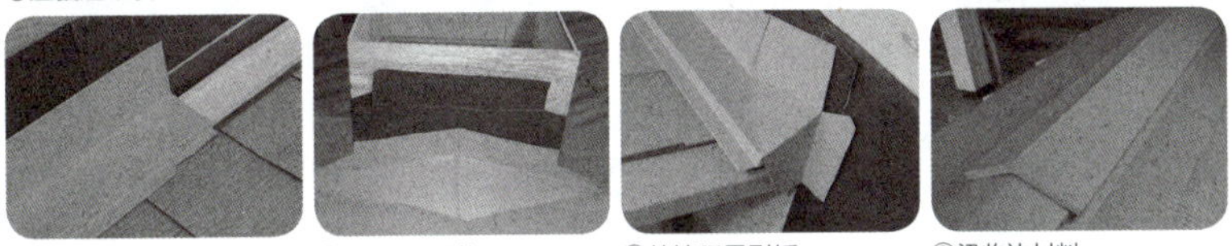

⑤挡雨板　⑥屋顶积雪引板　⑦外墙积雪引板　⑧梁收边材料

①屋檐边缘收边板
在屋顶打底作业之前施工。为不让雨水流向屋顶收边材料，安装在屋顶下方的挡水收边构件。

②山墙边缘挡水收边板
在屋面材料铺设作业前施工，安装在山墙侧边缘的挡水收边构件。可以减少从山墙部位吹进的雨水，并将渗入的雨水引至屋檐并排出。

③挡水谷板
为了让屋顶面材相互接合的低凹部位达到挡水的效果，在屋面材料铺设作业前，沿着屋顶基材面上的低凹带状部位连续铺设。也称作挡水加强谷板。

④外墙截水收边材料
箱型金属收边构件，安装在屋檐防水基材上，将流向挡雨板、屋面材料、屋顶板隐藏部位的雨水全部收集起来，从外墙排水出去。

⑤挡雨板
用来确保打在外墙上的雨水从屋顶面流走的挡雨板。安装在外墙内侧，与突出屋顶面的止水立材一体成型的金属制挡雨板。

⑥屋顶积雪引板
使用在下雪地区，安装在有烟囱或天窗的屋顶突出物的泄水波起点。可引导积雪沿着左右两边倾斜的屋顶滑落，不仅可以让屋顶免于支撑积雪重量，也让雨水难以滞留在屋顶上。

⑦外墙积雪引板
在下雪地区使用，积雪常造成外墙截水收边材料的损坏，因此安装外墙积雪引板，让落雪不经过外墙而是沿着屋檐滑落，如此一来，冰柱不易附着在外墙上，也可防止外墙因冰冻而有所损坏。

⑧梁收边材料
覆盖在屋面材料的顶部固定基材上，再打钉子贯穿固定。与从顶部通风排气的屋脊主梁收边构件一起安装。

图4-1-9　钣金弯折咬合的类型

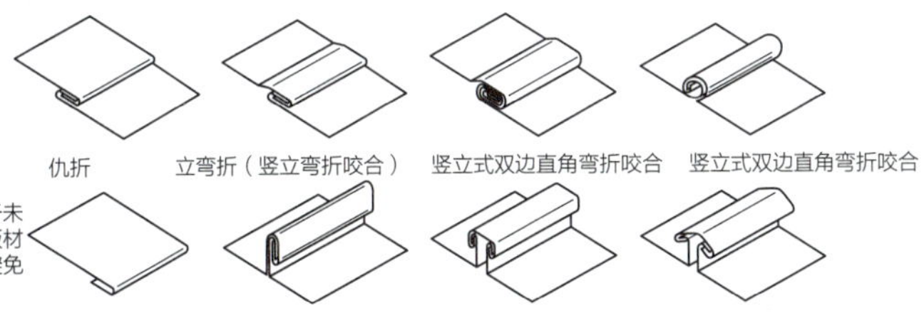

※ 在日本，尺和寸的长度单位已废除，但在建筑行业仍在使用。长度与中国的尺和寸不同，在日本，1尺约为303厘米，1寸约为3.03厘米。

瓦屋面的材料

瓦、陶瓦

以900 ~ 1200℃的高温将黏土烧成屋顶饰面材（表4-1-2）。日本生产量第一的“三州瓦（爱知县）”、高温烧制、适用于寒冷地区的低吸水率红褐色“石州瓦（岛根县）”以及以高级熏制瓦闻名的“淡路瓦（兵库县）”被称为日本三大瓦（表4-1-3）。根据使用部位不同，可以分成熨斗瓦（图4-1-10）、栈瓦（板瓦）（图4-1-11）、面户瓦（填缝瓦）、轩瓦（正立面屋顶边瓦）（图4-1-12）、平瓦、圆瓦、鬼瓦（屋瓦底）（照片4-1-6）、栋瓦（脊瓦）（图4-1-13）、隅瓦（檐口瓦）（图4-1-14）等。除了使用黏土，也有以天然石板（玄昌石）、水泥、金属为原料的瓦制品。日本自古以来传统的瓦被称为和瓦，如西班牙式瓦等在西方使用的瓦被称为西洋瓦。

和瓦（日式瓦）

自古以来在日本使用的瓦的总称。其中以“本瓦”“栈瓦（板瓦）”具代表性。

本瓦组合

由用于承接的平瓦（俗称女瓦）和盖在上面的圆瓦（俗称男瓦）组合而成，大多使用在神社或佛寺。

表4-1-2 以制造方式区分的瓦种类

名称	制法
陶瓦 琉璃瓦	最常见的和瓦（日式瓦）种类，在瓦片表面涂上釉烧制而成。颜色丰富，耐久性优，相对便宜
炭熏瓦（黑瓦）	在烧制过程的最后阶段进行炭熏，在瓦表面形成以碳为主要成分的皮膜，烧制成银灰色的瓦片。过去是以松树的枝叶进行熏制，在瓦表面产生灰色或黑色的炭熏痕迹。近年来，大多采用机械工艺加工烧制带有均匀银色光泽的瓦片。价格约比陶瓦贵两成
盐烧瓦（赤瓦）	利用盐烧制成表面具有独特赤褐色的瓦
无釉瓦	不使用釉烧制的瓦，在窑中将黏土以外的物质混拌入瓦原料中，使之自然生成变化的窑变瓦。属于较为廉价的瓦，吸水率强，不适用于寒冷地带

表4-1-3 日本瓦的产地和特征

三州瓦	以爱知县的高浜、碧南、刈谷三市为中心出产的瓦。生产量在日本居首，种类也多
石州瓦	出产自鸟根县的出云、石见地方，带有赤褐色调的瓦。原土含铁成分高，以高温烧制。抗冻性强害
淡路瓦	以兵库县的淡路岛为中心出产的瓦。炭熏瓦的生产量大
京瓦	出产自京都府的伏见或丹波地方，不会变色
越前瓦	出产自福井县、石川县，耐寒性好的瓦
美浓瓦	出产自岐阜县美浓地区的炭熏瓦
冲绳赤瓦	出产自冲绳县的烧瓦
关东瓦	琦玉县的儿玉瓦、深谷瓦、武州瓦，或是出产自群马、茨城、枥木等的瓦总称

图4-1-10 熨斗瓦（堤瓦）

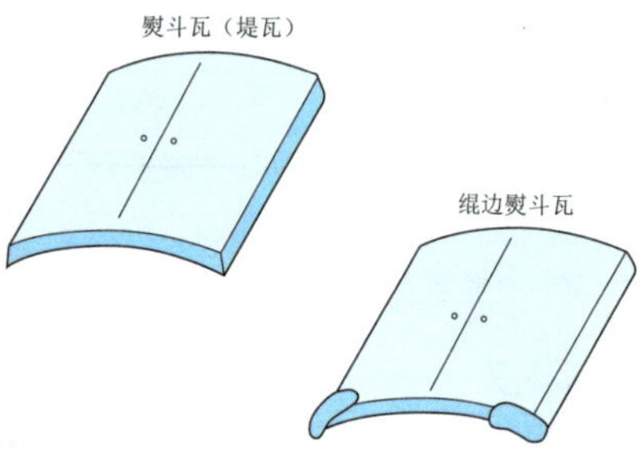

图4-1-11 板瓦

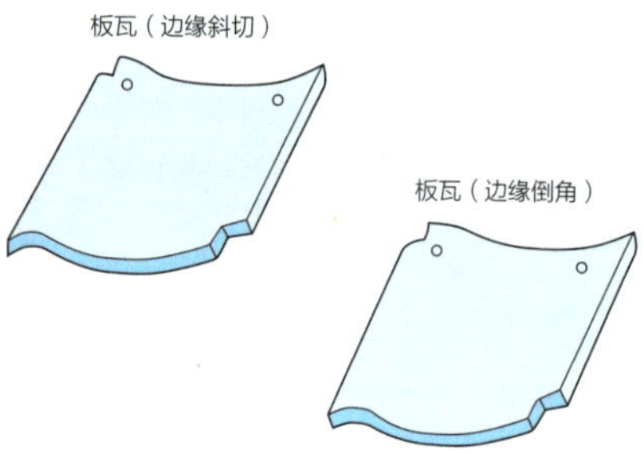

图4-1-12 边瓦

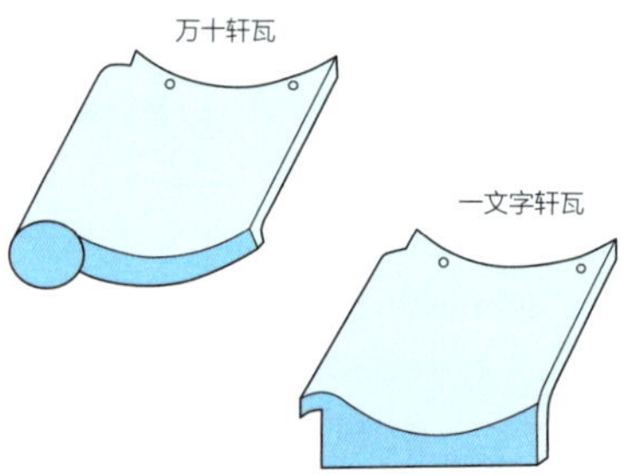

图4-1-13 脊瓦

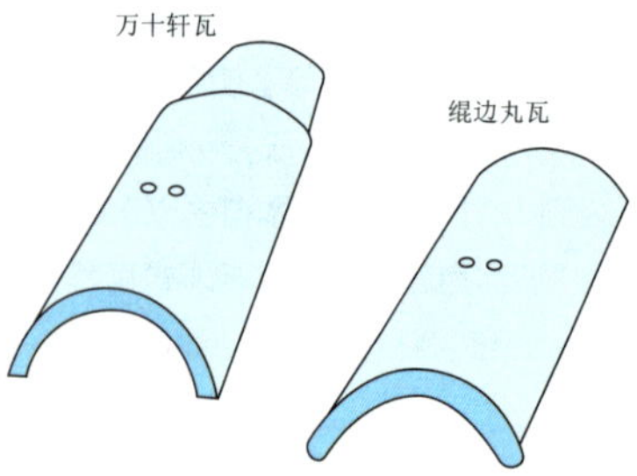

图4-1-14 隅瓦（檐口瓦）

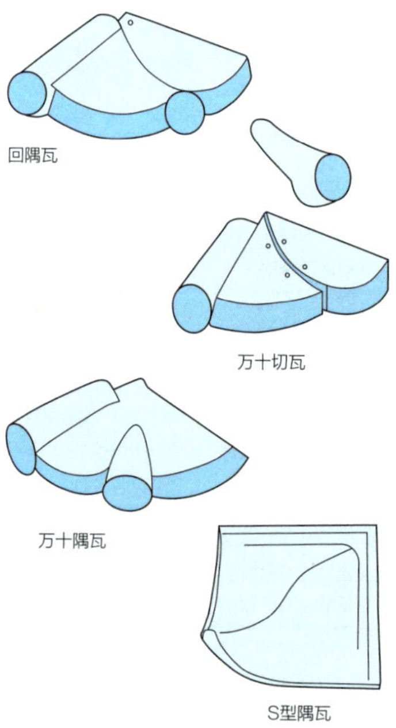

栈瓦（板瓦）、J形瓦（和瓦）

结合本瓦的圆瓦与平瓦组合，一体成型的J形瓦，是最为普遍的和瓦。在瓦的背面有用于固定在支撑横木上的突起物（图4-1-15、照片4-1-7）。

西洋瓦

包括结合上瓦与下瓦一体成型并加以改良的西班牙式瓦，以及适用于大斜度西洋屋顶的法式瓦等（图4-1-16）。

F形瓦（西洋瓦）

将法式瓦底的凸凹去除的平瓦。

S形瓦（西洋瓦）

将组成西班牙瓦的上圆瓦与下圆瓦结合，一体成形的瓦。

平板（波浪）瓦

以瓦的形状来命名，呈现出的风格与日式瓦片不同。

炭熏瓦

在瓦片烧制的最后阶段，与空气隔绝，保持高温，灌入瓦斯作为唯一的燃料，产生大量炭附着于瓦片上，烧制成银灰色的瓦片。

琉璃瓦

在瓦片表面涂釉烧制，依照配方不同制成各种颜色的瓦。

瓦尺寸标示

本瓦的尺寸以平瓦和圆瓦本身的尺寸来表示，板瓦的尺寸则以一坪（1坪约为3.3平方米）所需铺设的瓦片数来表示。JIS规格分类是将瓦的形状、尺寸标准化，一般使用53A型、64型、80型三种。53A型产地是三州、53B型是石州、淡路，各自反映出产地特色（表4-1-4）。

板瓦

使用在屋顶的平坦部位。内侧附有突起部位，用来将板瓦挂设在支撑横木上。

照片4-1-6 鬼瓦（脊瓦底端的兽面瓦）

照片来源：淡路瓦工业组。

表4-1-4 黏土瓦的规格（JIS A 5208节选）

项目		长度A (mm)	宽度B (mm)	外露尺寸 长度a (mm)	外露尺寸 宽度b (mm)	山形部位宽度D (mm)	瓦间间隙E (mm)	容许差值 (mm)	谷（屋顶凹底）的深度C (mm)	铺瓦数（概数）每3.3 m²	铺瓦数（概数）每1 m²
日式板瓦	49	315	315	245	275	—	—	±4	35以上	49	15
	53A	305	305	235	265	—	—			53	16
	53B	295	315	225	275	—	—			53	16
	56	295	295	225	255	—	—			57	17
	60	290	290	220	250	—	—			60	18
	64	280	275	210	240	—	—			65	20
S形板瓦	49	310	310	260	260	145	25		50以上	49	15

注：S形板瓦的长度A也认定为320 mm。

图4-1-15 板瓦的各部位名称

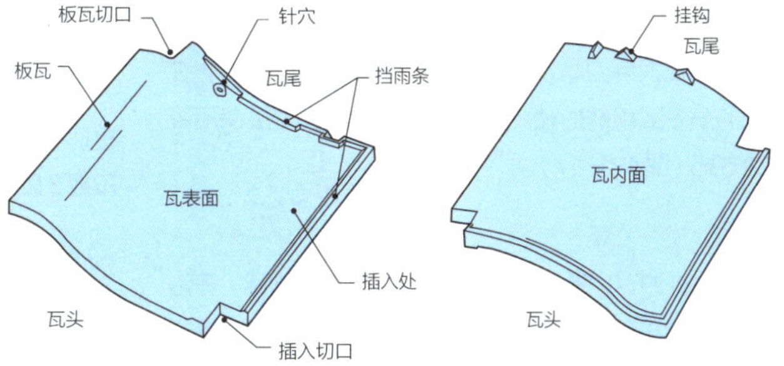

左图的山形瓦栈最为常见，与暴风常见风向逆向的地区如日本高知县，则会合并使用左右图的栈瓦

图片制作：木柱研•宫越喜彦

图4-1-16 日式屋顶与西洋瓦的收边方式

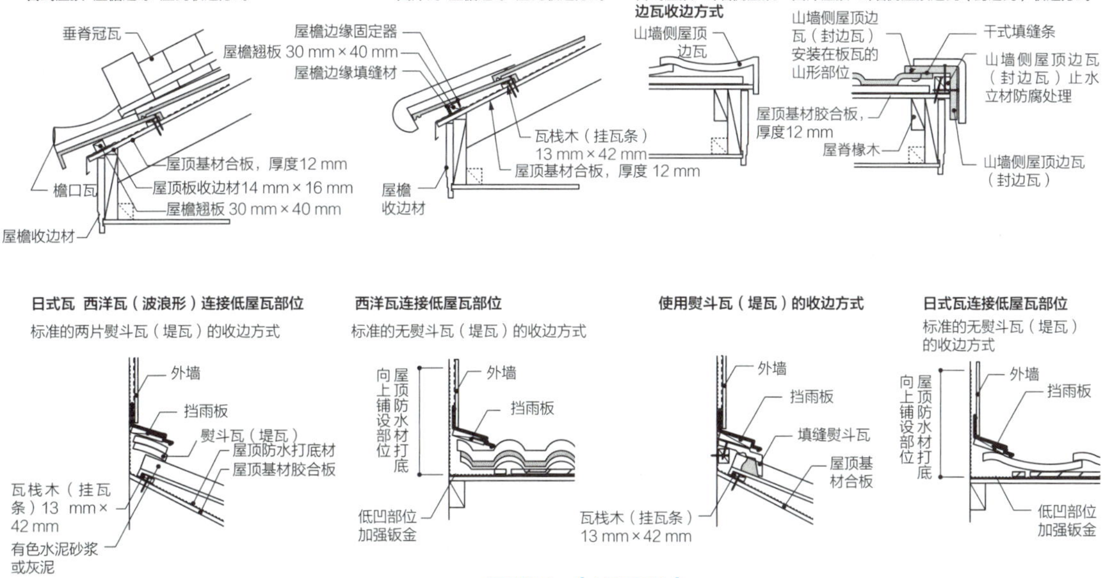

照片4-1-7 板瓦屋顶

依屋顶上使用部位的不同，区分为熨斗瓦（堤瓦）或冠瓦、鬼瓦（脊瓦底端的兽面瓦）、轩瓦（边瓦）等各种形状、名称的瓦构件。

瓦栈木（挂瓦条）

施工勾挂式栈瓦铺设屋顶时，为了让瓦的背钩勾挂在屋顶的基材上所安装的细栈木板。瓦栈木配合瓦的分配比例及倾斜度平行配置。以木材或塑料等材料制成，常见的截面尺寸是15 mm×18 mm，若屋顶倾斜度较大，则会使用截面面积大的瓦栈木。安装在木制屋顶基材上时，以45 mm以上的钉子固定。若基材为防火材料，需使用铁钉固定。若基材为ALC板，则使用专用不锈钢钉固定。为了加强瓦片内侧通风，近年来已出现瓦栈木上开孔的产品（透气瓦栈木）。

紧结金属线

将瓦片固定在基材、瓦栈木上，将瓦与瓦之间紧结固定所使用的金属线。使用直径约0.9 mm的铜线、不锈钢线，或是涂布高耐蚀性树脂的金属线等。根据使用部位所需，有时会与铁钉一起使用。

钉

铺设板瓦（栈瓦）时，需使用长度45～65 mm、直径2.4 mm左右的铜钉、不锈钢钉或黄铜钉。

屋顶土

属于瓦屋顶的屋顶基材，让瓦相互紧密铺设所使用的土。在黏土质土壤中混入少量石灰或麻刀的物质（图4-1-17）。

屋顶灰泥

是在石灰中混入麻刀与灰浆，拌混成黏稠度高的灰泥，在屋脊瓦的层叠或填缝时使。也有不加水搅拌，直接使用屋顶土的方式（图4-1-17）。

特殊瓦

意指平瓦以外的瓦，是轩瓦（屋檐瓦）、袖瓦（侧瓦）等边端部位瓦片的总称。也称作转角瓦、道具瓦。相对于特殊瓦，使用在一般部位的瓦称作“地瓦（一般瓦）”。特殊瓦的收边处理，受到施工者施工习惯的影响，不同地域也有很大的差别，施工现场的调整决定完工成果的优劣。

巴瓦（檐圆瓦）

圆瓦端部有漩涡纹的瓦。类似将勾玉摆成多个圆形后的图案，作防火的纹样图腾使用。一般指圆瓦屋顶的屋檐头使用的栋巴、挂瓦、拜巴、角巴和瓮巴等。

图4-1-17 熨斗瓦（堤瓦）的收边

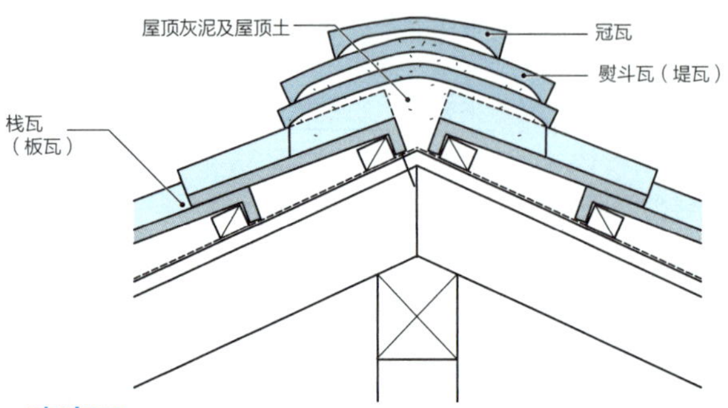

玻璃瓦

为了从瓦制屋顶采光而设置的和瓦形状相同的玻璃。椽间安装专用的衬底，底板上使用透明的聚碳酸酯膜。

止雪瓦

为防止屋顶的积雪滑下来而设有突起的瓦。突起部分和瓦的材质相同，不像止雪五金那么醒目。根据雪的量，可以铺2段或3段。

冲绳瓦

也叫琉球瓦。传统冲绳红瓦在圆瓦体系中被称为本地瓦，为了对抗台风，瓦的缝隙涂水泥浆固定。19世纪末普通住宅开始采用。

檐口瓦（鸢）

四坡屋顶或悬山顶的端部屋檐端使用的瓦称为“隅瓦（檐口瓦）”，依倾斜度而分割的称“切隅”，一体成型的称“回隅”（图4-1-14）。若屋顶斜度较缓和，“隅瓦”与相互抵触的“轩瓦（正立面屋顶边瓦）”之间会产生间隙，如此一来，必须削整位于角落边端位置的瓦座※，将“回隅”前端部位朝下方收拢。

图4-1-18 板瓦的工法

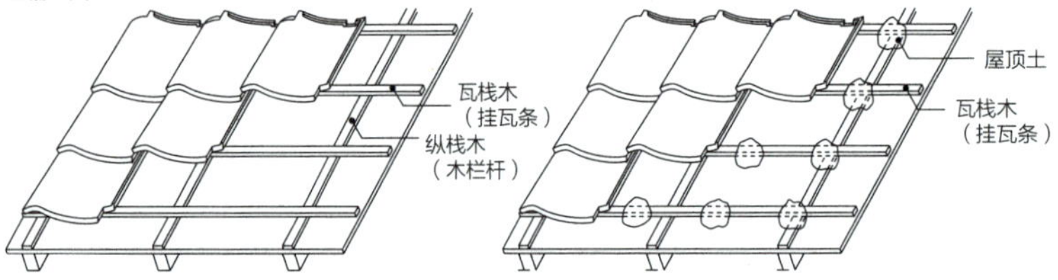

将瓦钩挂在瓦栈木（挂瓦条）上的屋顶瓦铺设方式。在重要部位用钉子或紧结线固定。可减少屋顶载重

瓦栈木（挂瓦条）的重要部位上，放置约拳头大的土量后铺设瓦片

图4-1-19 板瓦紧结法

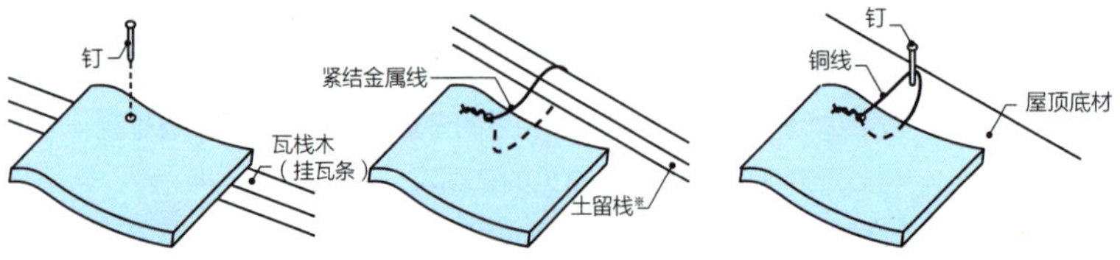

使用长度45～65mm，直径24 mm的铜、黄铜、不锈钢制钉子

使用口径约0.9 mm的铜线、不锈钢线，将瓦片固定在土留栈上

蜻蜓点水式固定钉作是将一根铜线对折后绕在钉子上，将瓦处固定在屋顶底材

※ 用于挡住瓦下覆土的木制挡板。

图4-1-20 勾挂板瓦的铺设工程

屋顶防水打底
↓
钣金工程
↓
检视瓦片，并依尺寸、弯度排列分类
↓
决定瓦片配置比例
↓
瓦栈木（挂瓦条）钉作固定
↓
瓦、屋顶土铺设
↓
安装屋檐、封边瓦的特殊材料
↓
挂瓦条铺设
↓
叠上熨斗瓦（堤瓦）
↓
完成

照片4-1-8 勾挂式板瓦铺设施工现场

※ 为了支撑轩瓦（正立面屋顶边瓦）与屋顶边缘平行安装在屋顶基材上的栈木板。

图4-1-21 勾挂式栈瓦（板瓦）的铺设工法

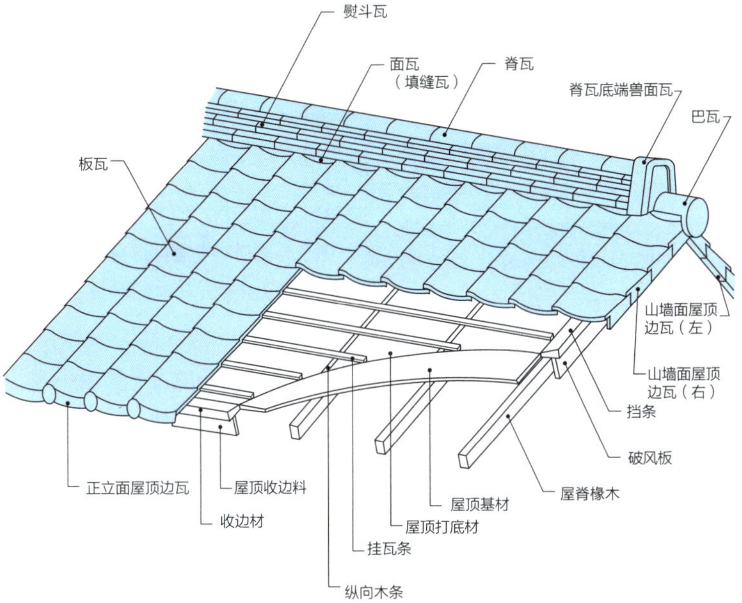

瓦屋面的工法

本瓦铺设

以平瓦、圆瓦、各式役瓦铺叠成屋顶的传统瓦片铺搭方式。

勾挂式栈瓦铺设

将瓦片以勾挂方式安装在栈木板上的工法。依照瓦片片数间距的规定，在栈木板上以钉或紧结金属线铺设瓦片的干式工法，包括空铺工法，或在瓦片下方置放土壤来铺设瓦片的屋顶土铺瓦工法等（照片4-1-8、图4-1-18至图4-1-21）。虽然屋顶土铺瓦工法曾是主流，但考虑到耗工、屋顶轻量化等问题，现在几乎停用。勾挂式栈瓦铺设施工中，用铜线或钉作的固定作业很重要。

瓦片外露长度

瓦片外露长度是指瓦片屋顶中瓦片在倾斜方向露出的部分（图4-1-22）。将瓦片全长减去尾端切口与头端切口的长度，也称为瓦片施工长度。例如JIS规格的53A型板瓦，全长305 mm，瓦片外露长度为235 mm。

瓦片宽度

瓦片的横向宽度（图4-1-22）板瓦全宽度除去相嵌部位（瓦片与瓦片之间横向重叠部位）的宽度，作为屋顶瓦片横向配置比例的基准，是瓦片配置计划需参照的尺寸。

瓦片倾斜度

屋顶倾斜不等同于瓦片本身的斜度。瓦片重叠部位的厚度等会使屋顶倾坡度变得缓和。

倾斜度倍率、垂脊长度倍率

实际换算屋顶所需的面积时，为求得倾斜方向长度或垂脊长度等尺寸使用的各种倍率。

瓦片分配

进行瓦片铺设之前将瓦片并列，一边检查尺寸误差及瓦片弯曲状态，一边按照合适的部位进行分类。

瓦片配置比例

为了铺设瓦片，参照瓦片的可施工宽度（表4-1-4），决定屋顶瓦片配置的分割比例。以屋顶基材尺寸、瓦片宽度、瓦片外露长度、瓦片尺寸为基准，决定合适的瓦片种类、数量，进行屋顶配置工作。屋顶基材发生尺寸变化是很常见的，大多由施工现场的木匠与屋顶施工者讨论之后决定如何调整修正。尽量从规划阶段提前考虑瓦片配置比例，决定出檐长度或封檐板的长度。

固定比例尺规

配瓦固定比例工具。用来决定瓦片配置比例时使用的是3～4 m的细长材料。一般是将板瓦的横幅宽度标记在固定比例尺规上。

瓦间空隙

在屋瓦与屋瓦重叠部位出现的空隙，也称开口、缝隙，对实际功能不产生影响。

雀口

正立面的屋顶边瓦重叠处存在空隙，鸟雀可从此空隙进出，为了防止这种情形，配合瓦片曲线将“面户瓦（填缝瓦）”加在瓦座上。

配瓦松散

瓦与瓦的重叠部位比标准规定少的状态，表示配瓦过于松散。

结冻

在此表示瓦片结冻发生损害。渗入瓦片的水分在冬季受冷发生冻结，体积膨胀导致瓦片表层或里面发生剥离现象。近年来市面上出现了抑制吸水率的产品。

合缝切削过多

瓦的合缝处因錾子的切削角度不佳，内侧切削过多的现象。合缝指为了保证瓦与瓦之间没有空隙和弯曲而用錾子等按照尺寸进行切削的作业。

开口笑

瓦片接合部位收边质量不佳，或瓦片与基材之间出现空隙、开口且暴露在外，从外部可以看到的状态。

石板屋面的材料

天然石板

从板岩薄切出来的薄板，在屋顶或外墙（照片4-1-9）使用。铺在楼板的称为玄昌石，现已停止使用。因此一般称为天然石板的材料是指接下来要列举的预制材料。

屋顶铺设方式有鱼鳞形、菱形、一字形、龟甲形等。板材的厚度约5 mm，形状是边长约 300 mm的正方形。

人工石板

人工石板是以水泥与特殊矿物质为主要原料，经加压制成的材料。以前使用石棉，现在已全部变更为无石棉的材料。有模仿天然石板的平形石板及波浪形石板。平形石板除了可以叫作住宅用屋顶造型石板。另外，平行石板的铺设方式可以说是用“张贴”方式来表现（图4-1-23）。屋顶石板以干压（Dry Press）法和圆网造纸机为主要制造方式。前者是在干燥状态下，将已混合完成的原料散布在输送带上，加上少许水，以滚压方式制成板材，强度高、密度高，因为不含加强纤维，在方向上产生的强度差异小；后者是将与水混合的原料进行弯曲加压制成板材，强度高，比起前者较为柔软。

平石板、波浪形石板

根据人工石板的形状可分为平石板和波浪形石板。平石板（照片4-1-10）是呈平板状的屋面材料，上下重叠部位需大于瓦片外露长度，在横向以对接方式铺设于屋面上，多用在新建房屋中。波浪形石板（照片4-1-11）是将通常在车站等场所使用的大波浪石板缩小的形状，在屋顶上以纵向横向交互重叠的方式铺设。

屋顶用钉

将屋面石板固定在基材上的钉子。钉头大而扁，通常为加工成环状的钢钉，表面镀锌。在温泉地区则使用耐腐蚀性强的不锈钢钉。

起始板

在开始铺设屋面材料的屋檐处使用的构件。由于屋面材料为层层堆叠，因此需准备仅具有重叠部分形状的起始板。

沥青瓦

将无机纤维基材于沥青中浸渍，并在表面上压上含有矿物颗粒的颜料着色。由于沥青瓦轻质且柔软，因此可以很好地适应屋顶形状，可用于弧形和多边形屋顶。

不燃沥青瓦

将玻璃纤维等涂刷无机填料，并在表面上压上含有矿物颗粒的颜料着色。性能等同于沥青瓦，但有不燃材料的认定。可以以黏合的方式施工，也可以用钉子配合黏合剂固定。

图4-1-22 瓦片外露长度、宽度

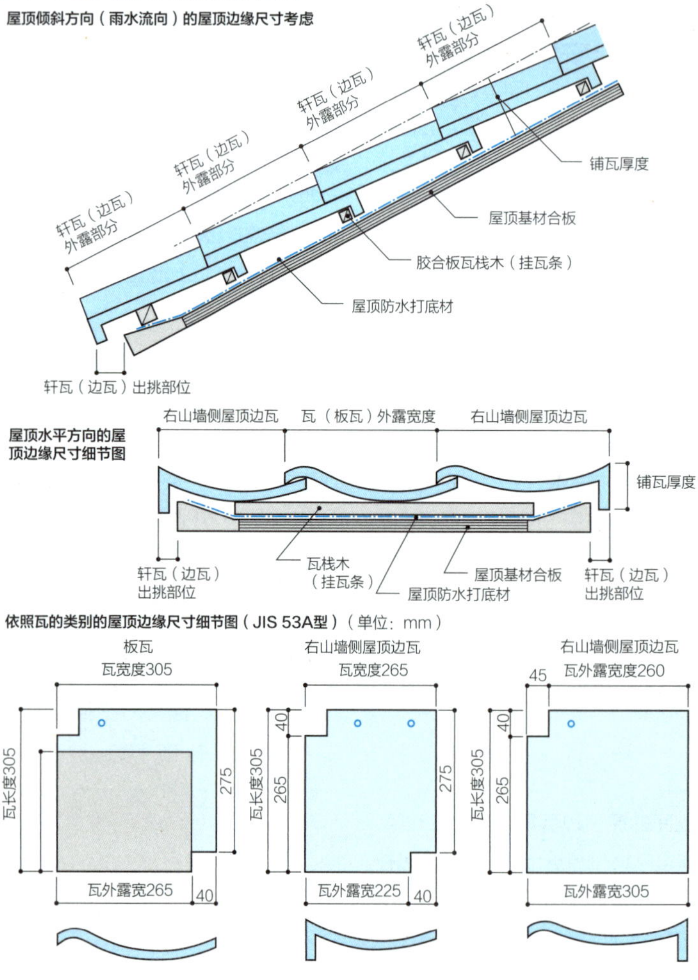

照片4-1-9 天然石板屋顶

图4-1-23 石板屋面铺设工程

选定屋顶基材
↓
安装屋檐边缘的收边板
↓
施工屋顶防水基材
↓
安装屋檐挡水板
↓
屋顶防水基材的加强重复铺设
↓
搬运石板到屋顶
↓
山墙边缘的收边、屋顶板隐藏部位的收边、谷板（屋顶凹底部位板材）的收边
↓
起始板（Starter）的施工
↓
铺设石板
↓
施工屋脊、垂脊
↓
施工屋顶与墙壁接合部位
↓
检查、完工

石板屋面的工法

一字形铺设

屋顶石板外露部位在屋顶横向方向呈一条直线的铺设方式。

任意铺设

使用面积小的窄板，在屋顶上呈现随机样貌的铺设方式。

削肩处理（倾斜度加工）

为了不让雨水顺着山墙边缘的收边板流到屋顶上，将山墙边缘屋面材料（平行石板）上端削出倾斜角度（照片4-1-13）。

切角处理

为了防止雨水渗入而在屋顶垂脊部位进行的加工处理，将顺着垂脊线铺设的石板以斜切处理。若是一字形铺设的屋顶石板，水滴因表面张力附着在屋顶石板重叠的边缘板部位，再受到风力作用，水滴沿着屋顶石板重叠部位横向移动。切角处理能让水滴在垂脊部位就流走（照片4-1-14）。

垂脊棱边处理

垂脊的收边方式之一。一字形屋顶石板铺设的垂脊，嵌插于各段石板上，与石板外露线齐平，不会在垂脊线上突起（照片4-1-15）。

抗风加强施工

因强风或屋顶高度的原因导致一般施工工法无法在屋顶施工而进行的加强工法。包括在施工时使用胶粘剂并用的方式（胶粘加强）、使用钉子或夹具并用的抗风夹具、使用不锈钢钉从屋顶石板表面贯穿至屋顶基材的螺栓固定工法。螺栓固定工法的抗风力最强，但作为防水对策需要张贴防水辅助贴布或屋顶基材防水层的加强施工。

金属屋面的材料

金属板

金属板屋顶铺面材料优点为重量轻、易加工、可使用于大型屋顶等，缺点为热传导性佳、保温性能不好等（照片4-1-12）。

用于屋顶的金属板包括镀铝锌（Galvalume）钢板、不锈钢（Stainless Steel）板、铝（Aluminum）合金板、铜板等。考虑到与耐蚀性或工法之间的相容性，有各式各样的选择方法。也有将保温材与金属板一体成型的屋顶铺面材料，虽成本稍高，但具有保温性能，也可简化施工程序（照片4-1-16、图4-1-25、图4-1-26、表4-1-5）。

金属板形状包括可长尺幅使用的线圈状金属板材或薄膜状金属板材，制成波浪形或方形的金属板材，也有已成型处理的屋顶铺面金属板材，或与隔热材一体成型的金属铺面板材。

心木（木条、芯木）

主要是指芯木结构中钉在屋顶基材上的方木。

金属盖板

覆盖在芯木上的转折修饰材，形成金属板楞条。

蜻蜓点水式固定钉

将一根铜丝一折为二，卷绑在钉子上形成的五金构件，用于紧固板瓦。

图4-1-24 平石板的案例

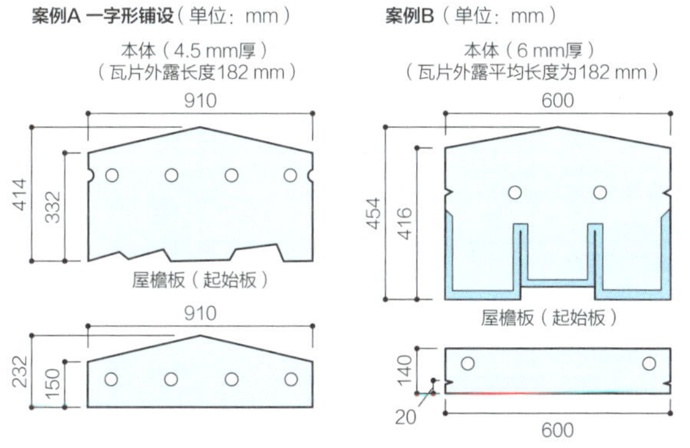

照片4-1-13 削肩处理（倾斜度加工）

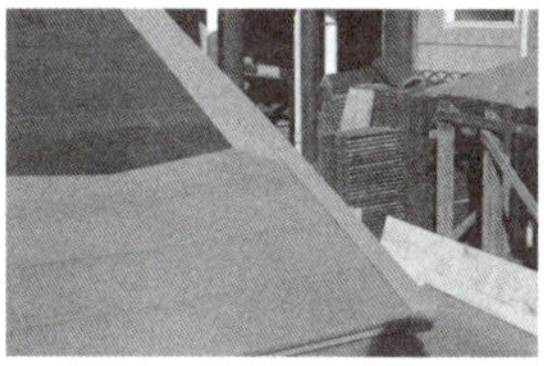

照片4-1-14 切角处理

照片4-1-10 平石板

照片4-1-11 波浪石板

照片4-1-12 起始板

照片4-1-15 垂脊棱边处理

表4-1-5 金属板屋面材料（图例：○表示可能适用，△表示可能适用但须留意施工，×表示不适用）

铺面材种类		材料特征	平面铺设			弯折铺设		
			一字形铺设	菱形铺设	龟甲铺设	立弯折铺设	立平铺设	蚁挂铺设
表面加工处理钢板	①热浸镀锌钢板（锌）	镀锌膜具有防腐蚀性。质轻、廉价、加工性好。耐久性取决于涂层加工质量	△	△	△	○	○	○
	②彩色涂层镀锌钢板（彩色钢板）	在工厂进行涂装，一般称为彩色钢板。具有与①相同的特性，耐腐蚀性更优。具有美观性。此种涂膜的耐久性较差，但可以再度涂装	△	△	△	○	○	○
	③氟树脂涂漆镀锌钢板	在工厂完成氟树脂涂装的热浸镀锌钢板。耐腐蚀性、耐气候性好。比①和②更能适应恶劣的气候环境。可再度涂装	△	△	△	○	○	○
	④热浸镀铝钢板	在空气中稳定的铝的氧化皮膜，具有耐腐蚀的特性。热反射性好，具有隔热效果	△	△	△	○	○	○
	⑤镀锌铝合金钢板（Galvalume钢板）	兼具锌的耐腐蚀性，以及铝的热反射性。廉价、性能好，不仅可在屋顶使用，也可当作外部装修材料使用，使用反响较好。具有①的3~6倍耐持久性，加工性、涂装性与①相同。也有涂上合成树脂的彩色镀锌铝钢板。也以英文“Spark”来称呼，独特光泽度可保持一年左右	△	○	○	○	○	○
	⑥聚氯乙烯（PVC树脂）金属积层板	涂膜较厚，具有优良的耐候性和耐腐蚀性。可用于污染区和沿海地区。易加工，但涂膜较软，容易破损	△	△	△	△	△	△
特殊钢板	⑦冷压不锈钢板	耐久性、耐腐蚀性、耐热性好，强度高。含碳量低，耐腐蚀性强，可加工性好，但需要慎防锈渍。一般使用的不锈钢钢种是SUS304	△	△	△	△	○	○
	⑧涂漆不锈钢板	不锈钢板在工厂涂装，预防锈渍，以提高耐持久性及美观性。涂装涂膜若发生劣化，锈渍随即产生，因此每5~7年需重新涂装	△	△	△	△	○	○
	⑨镀铜不锈钢板	兼具铜的耐腐蚀性，不锈钢的耐持久性、耐腐蚀性以及强度。镀铜膜柔软易损伤，处理时需特别留意	△	△	△	△	○	○
	⑩表面加工不锈钢板	不锈钢表面经化学处理并上色。表面因化学处理而变厚，耐腐蚀性变高。可加工性与⑦相同	△	△	△	△	△	△
铝合金板	铝板、铝合金板	纯铝的铸造性、软度得到改良的金属材料。耐热性佳，也抗酸性环境。质轻，耐腐蚀性、可加工性佳。但是承重能力比铁差	○	○	○	△	△	△
	涂漆铝钣、涂漆铝合金板	在工厂进行合成树脂烤漆作业，美感度提高的金属材料。涂漆表层虽然提高了耐久性与耐腐蚀性，但抗碱能力弱	○	○	○	△	△	△
	表面加工铝合金板	阳极氧化表层处理，耐久性及美感度提高的金属材料。可加工性差，加工后的表面需要处理。因为阳极氧化表层无法补修，因此处理上要特别留意	○	○	○	△	△	△
铜板	铜板、铜合金板	延展性、可加工性好，表面形成青绿色氧化膜，耐久性强。弹性差，挠曲弯度大，因此不适合应用于折板、波浪板。此外，如遇亚硫酸气体或硫化氢会发生腐蚀现象，因此不适用于有温泉的地区	○	○	○	○	○	○
	表面加工铜合金板	事先将铜的表面进行化学处理，人工形成青绿色，或是硫化雾面的黑色	○	○	○	○	○	○
其他	锌合金板	可加工性好，自然形成保护膜，耐久性较其他金属材料高。但在工业地区、海岸地区等地方可能发生腐蚀。另外，电解腐蚀、低温操作过程中，需要留意因低熔点而产生的防火性问题	○	○	○	○	○	○
	镀钛板	在耐持久、耐腐蚀、耐海水、强度、热反射方面性能佳的金属材料，而且轻质。适用于所有工法，缺点在于价格高，以及因强度高衍生的可加工性不良问题	△	△	△	○	○	○

※：○表示适用，△表示可能适用但需留意施工，× 表示不适用

	金属板楞条铺设			波浪板铺设		折板铺设			横向铺设			
	带芯木金属板楞条铺设	无芯木金属板楞条铺设	重叠式金属板楞条铺设	波浪板铺设	大波浪弯折咬合铺设	重叠式折板铺设	弯折咬合式折板铺设	嵌合式折板铺设	分段式铺设	横向铺设	金属板楞条铺设	焊接铺设
	○	○	○	○	○	○	○	○	△	○	○	×
	○	○	○	○	○	○	○	○	△	○	○	×
	○	○	○	○	○	○	○	○	△	○	○	×
	○	○	○	○	○	○	○	○	△	○	△	×
	○	○	○	○	○	○	○	○	△	○	○	×
	△	△	○	○	○	○	○	○	△	△	△	×
	○	○	○	○	○	○	○	○	△	○	○	○
	○	○	○	○	○	○	○	○	△	○	○	△
	○	○	○	○	○	○	○	○	△	○	○	○
	△	△	○	△	△	△	△	△	△	△	△	△
	△	△	△	△	△	△	△	△	△	○	○	×
	△	△	△	△	△	△	△	△	△	○	○	×
	△	△	○	△	△	△	△	△	△	△	○	×
	○	△	×	×	×	×	×	×	○	○	○	×
	○	△	×	×	×	×	×	×	○	○	○	×
	○	○	○	–	–	×	×	×	○	○	○	×
	○	○	○	–	–	○	○	○	○	△	○	○

照片4-1-16 金属屋面的施工

图4-1-25 金属板铺设工程

屋顶底板
↓
屋顶基材
↓
背衬板
↓
防水工程
↓
留设排水引沟
↓
安装排水引沟金属构件
↓
防水打底补强铺设
↓
屋檐边缘、妻侧（山墙侧）转角收边材
↓
金属板铺设
↓
在排水引沟上安装金属盖板
↓
与构材相抵触部位，安装收边材

钉枪

将屋顶防水基材油毛毡以门字形钉固定在屋顶基材上时所使用的工具。包括Tucker Gun、Hammer Tucker，也称为Stapler。

屋顶瓦片切割工具

屋顶石板的切割加工工具，利用上下刀刃夹断瓦片。

起钉器、除钉器

更换屋顶石板时，将屋顶钉子去除的工具。

剪刀

用来切断金属板。包括直刃剪、剪圆形的短刃剪，以及用来开圆孔的弯刃剪。

錾刀

用在铜板加工或屋瓦工程的工具。

锤

用于铜板加工，依照用途、素材的不同分为金属锤、木锤。

图4-1-26 金属板屋顶的种类与性能

带芯木金属板楞条铺设	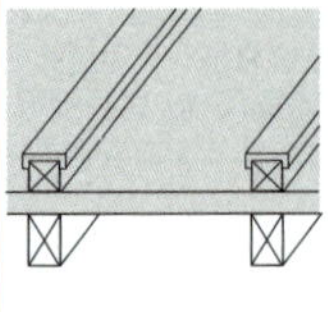	斜度	10：100以上
		倾斜尺寸	10 mm以下
		拱形屋顶的弯曲半径	30 m以上
		凹状屋顶的半径	200 m以上
		基材结构	木结构
不带芯木金属板楞条铺设 部分设置卡槽	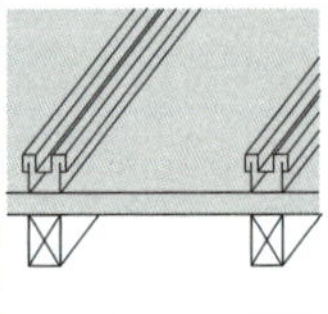	斜度	5：100以上
		倾斜尺寸	30 m以下
		拱形屋顶的弯曲半径	20 m以上
		凹状屋顶的半径	200 m以上
		基材结构	木结构、钢筋混凝土结构
不带芯木金属板楞条铺设 卡槽贯穿设置	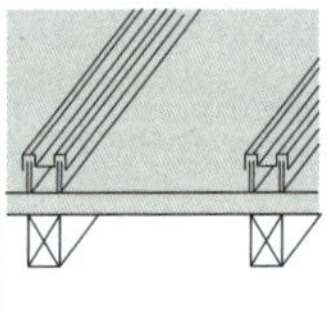	斜度	5：100以上
		倾斜尺寸	40 m以下
		拱形屋顶的弯曲半径	20 m以上
		凹状屋顶的半径	200 m以上
		基材结构	木结构、钢结构、钢筋混凝土结构
平弯折（压平弯折咬合）铺设	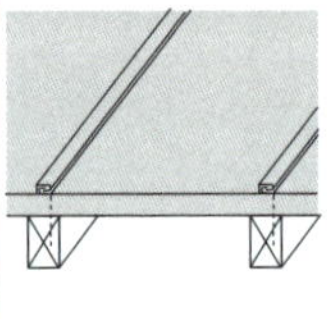	斜度	4：10（1层） 3.5/10（2层以上）
		倾斜尺寸	10 m以下
		拱形屋顶的弯曲半径	5 m以上
		凹状屋顶的半径	5 m以上
		基材结构	木结构、钢筋混凝土结构
立弯折（竖立弯折咬合）铺设	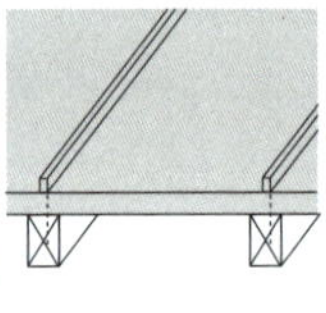	斜度	5：100以上
		倾斜尺寸	10 m以下
		拱形屋顶的弯曲半径	15 m以上
		凹状屋顶的半径	200 m以上
		基材结构	木结构、钢筋混凝土结构
一字形铺设	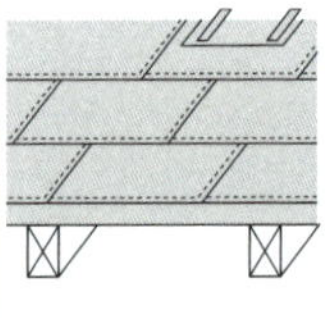	斜度	30：100以上
		倾斜尺寸	10 m以下
		拱形屋顶的弯曲半径	5 m以上
		凹状屋顶的半径	5 m以上
		基材结构	木结构、钢筋混凝土结构
菱形铺设		斜度	30：100以上
		倾斜尺寸	10 m以下
		拱形屋顶的弯曲半径	5 m以上
		凹状屋顶的半径	5 m以上
		基材结构	木结构、钢筋混凝土结构
带芯木金属板包覆楞条铺设	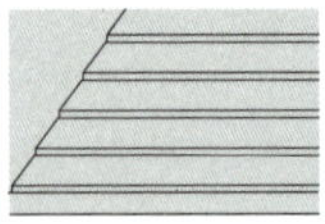	斜度	20：100以上
		倾斜尺寸	20 m以下
		拱形屋顶的弯曲半径	1 m以上
		凹状屋顶的半径	1 m以上
		基材结构	木结构、钢结构
带芯木金属板包覆楞条铺设	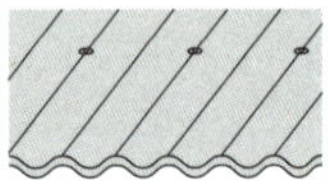	斜度	30：100以上
		倾斜尺寸	10 m以下
		拱形屋顶的弯曲半径	20 m以上
		凹状屋顶的半径	150 m以上
		基材结构	木结构、钢结构

金属屋面的工法

等分切割板材

将标准规格的金属板按比例分割。多以914 mm×1829 mm的标准板材将钢板类原材料等分8片或12片。

平面铺设

以平面方式铺设金属板的工法，在水平直线上以一字形铺设（图4-1-27、图4-1-28），包括在屋顶基材上以阶梯状交叠铺设的阶段式铺设方式（图4-1-28），将金属板裁制成菱形的菱形铺设方式，或是裁制成龟甲形的龟甲形铺设方式（图4-1-27）。将屋顶金属板相互间四边弯折，以单层弯折方式接合，以角码固定在基材上。使用的屋顶铺设材较小，适用屋顶形状种类较广泛，防雨功能较差。

弯折咬合

钣金作业中，将金属板边缘部位弯折相互咬合的接合方式。

竖立弯折咬合铺设

将长钢板的两端进行弯折加工，作为屋顶倾斜面上的沟板，以弯折咬合的方式铺设金属屋顶板（图4-1-27、图4-1-28）。也称为立平式弯折咬合铺设、蚁挂式铺设。在防雨处理上比金属板楞条差，抗风性弱，因此不适用于强风地区。

金属板楞条铺设

在屋顶倾斜面上，保持一定的间隔配置芯木，在芯木之间及芯木上方铺设长型金属板，金属板的两端弯折处理，以相互咬合的方式固定（图4-1-27）。有木结构屋顶的基材上方铺设含芯木金属板楞条（图4-1-28）及木结构或钢骨结构两者的屋顶基材上方铺设无芯木金属板楞条（图4-1-28）。两种形式相较于无芯木金属板楞条，含芯木金属板楞条的抗锈蚀性及弯折咬合部位的收边较差，不适用于大型屋顶。无芯木金属板楞条依制造厂商的不同有多种施工方式。

波浪板铺设

使用波浪造型板的铺设工法，包括波浪屋顶铺材与大波浪屋顶铺材。虽是最便宜的方法，但近年来很少使用。

折板铺设

使用以长形金属板接续成山形的造型折板，进行平面式的铺设工法，包括重叠式折板铺设法、弯折咬合式折板铺设法、相嵌式折板铺设法。大多常见于工厂、仓库的屋顶（照片4-1-17）。

常见的接合方式是螺栓锁断法，然而螺栓部位容易造成屋顶生锈或漏水，因此开发出了弯折咬合式或相嵌式的折板铺设法。也可在几乎没有斜度的平台屋顶上使用，各部位的收边情形也较好。

横向铺设

在以阶梯状铺设的屋顶基材上，将金属板弯折咬合固定的阶段式铺设法，以及在平面的屋顶基材上，仅将倾斜面上接合部位以凸起弯折处理，做出段差的横向铺设法。此法适合铜板施工，钢板施工难。

阶段式铺设法在屋顶与山墙边缘或墙壁的接合处收边施工难，需要多花功夫置入隐藏板等（照片4-1-18）。

金属瓦铺设

使用波浪造型板的铺设工法，包括将金属板压制成屋瓦形，或是将金属板一部分以滚轮加工，弯曲成立体屋瓦形，铺设工法包括阶段式铺设法、横向铺设法。毛细现象造成雨水渗入其中重叠部位或钉作部位，不利于屋顶防水处理（照片4-1-19）。

焊接铺设

将长形不锈钢（Stainless）钢板或钛（Titanium）金属板弯曲成沟状，立起的部位用电焊（缝焊）将两片金属板材相互接合。适用的材料限定为导电性好的不锈钢板、钛金属板，具有高性能的水密性、气密性。

照片4-1-17　折板铺设

照片4-1-18　横向铺设

照片4-1-19　金属瓦铺设

金属屋顶的性能、缺点

融雪冰柱漏水现象

在寒冷地区发生的漏水现象。堆积在屋顶上的雪，受到屋内的热量影响融解成水，流动至屋檐部位再度结冻，成为冰柱。若融雪水积留在冰柱上，将会沿着屋面材料或防水层逆流至外墙附近，进而渗入室内（照片4-1-20）。

垂雪卷覆屋檐现象

屋顶积雪向下垂落，前端部位卷曲，将屋檐包覆的现象。积雪的重量造成屋檐破损，卷曲包覆屋檐的积雪触击外壁，造成窗户的破损（照片4-1-21）。

图4-1-27 金属屋面的铺设方式

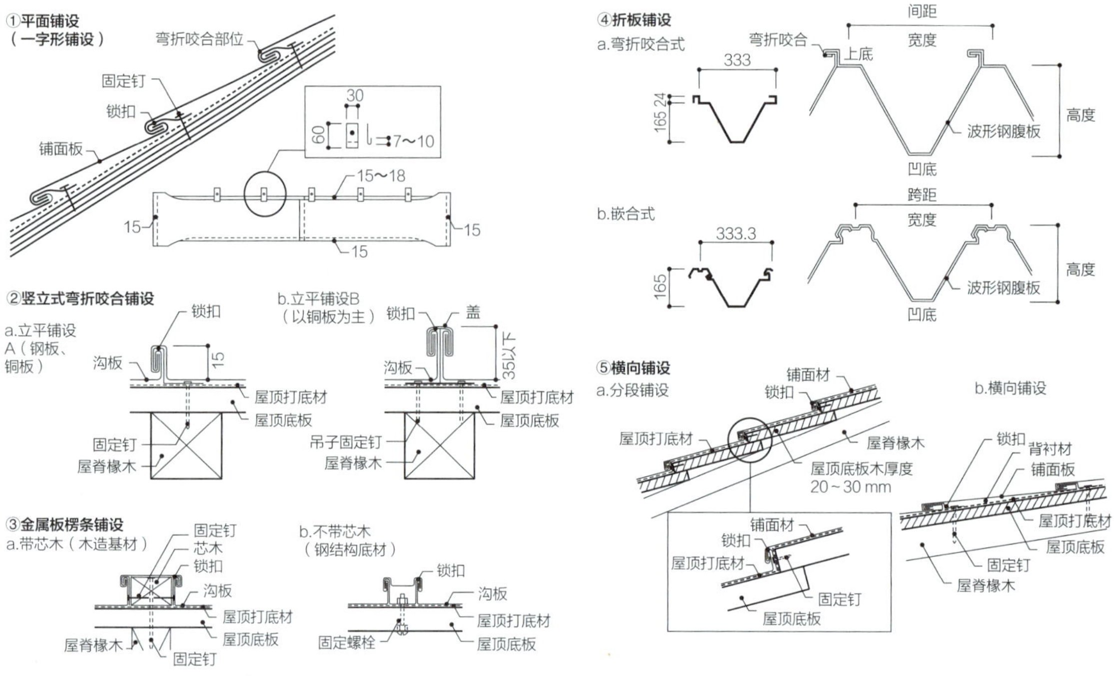

注：上图单位为mm。

图4-1-28 金属屋面的铺设方式（模型图）

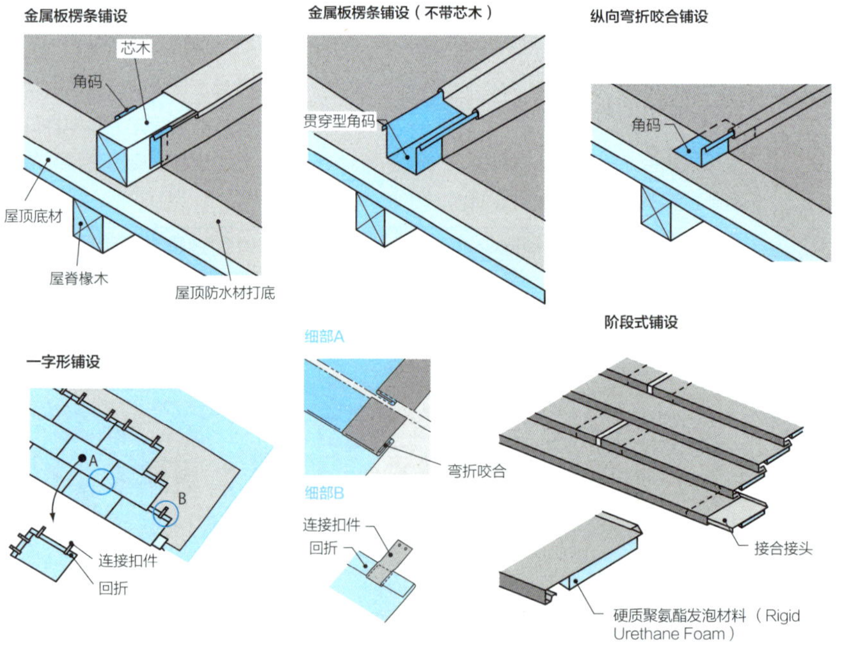

照片4-1-20 融雪冰柱漏水现象

照片4-1-21 垂雪卷覆屋檐现象

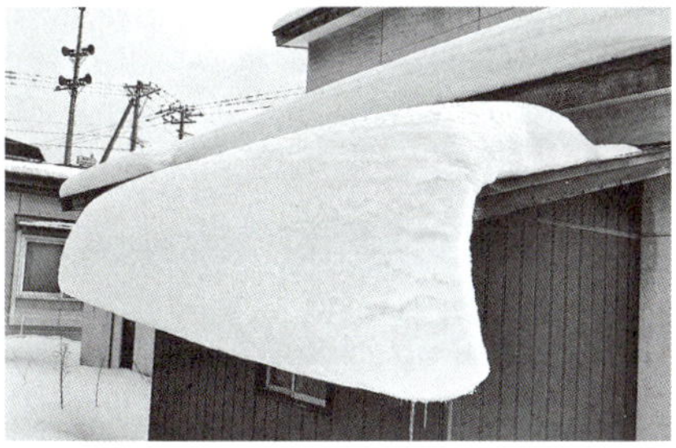

耐锈蚀性

指屋面材料的耐锈蚀性。主要在海岸地区、温泉地区、工业地区，钉子或金属转角配件特别容易锈蚀，因此使用不锈钢等耐锈蚀的金属最为理想。此外，考虑到地区酸雨问题，上述以外地区的金属屋面材料，也需要考虑锈蚀性的问题。

其他屋面的工法

茅草屋面

用茅草铺设的屋顶。茅草指芒草或茅草等用于铺设屋顶的草的统称。为防止漏雨，一般屋脊较陡。通风隔热性能良好，但防火和防强风的能力差（照片4-1-22、照片4-1-23）。

木片屋面

将厚约3 mm，宽60 ~ 90 mm的薄木片用竹钉固定，叠加铺设的屋顶。厚重且曲线较多的神社大殿使用较多，在日本的国宝和文化遗产中多见（照片4-1-24、照片4-1-25）。

柏树皮屋面

将厚1.5 mm，宽30 ~ 150 mm的柏树的树皮用竹钉固定叠加铺设的屋顶。因其易修理，所以书院或茶室用得较多，在日本的国宝和文化遗产中多见（照片4-1-26）。

照片4-1-22 茅草屋面的截面

照片4-1-23 茅草屋面

杉树皮屋面

用杉树皮铺设的屋面。一般农家或茶室风格建筑中较常见。秋天不容易生虫树皮较佳。铺设方法中有用木头压住后用竹钉或石头将其固定等工法。

木板屋面

用木板铺设的屋面。有用薄木板、中等厚度木板、厚木板和使用石头压住宅面等样式（照片4-1-27）。

竹屋面

用竹子铺设的屋面。主要用于屋檐和门上。持久性差。在竹子多产的亚洲部分地区是主要的屋顶做法（照片4-1-28）。

照片4-1-24 木片屋面的修复

照片4-1-25 木片屋面

照片4-1-26 柏树皮屋面

照片4-1-27 木板屋面的檐前

照片4-1-28 竹子屋面的修复

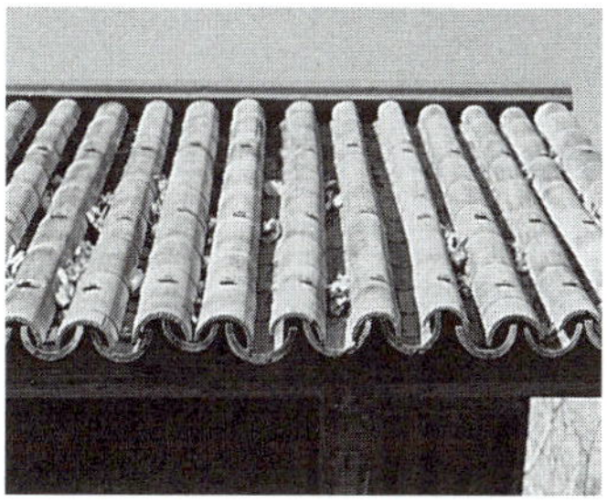

4.2 金属工程

材料

钢板

碳素钢与碳合金钢块以滚压方式加工成板状。厚度不超过3 mm的属于薄钢板，3 mm以上的属于厚钢板。

热浸镀锌钢板

表面以热浸镀锌处理过的薄钢板。也称为热浸镀锌板、镀锌板。烤漆的钢板称为彩色钢板。

马口铁（Tin Plate）

以电镀锡处理过的钢板。

镀铝锌（Galvalume）钢板

热熔55%镀铝锌合金钢板。电镀层兼具铝与锌的特性。

阿尔斯特（Alstar）钢板

铝电镀钢板。电镀层保有铝的特性。

碳化处理热浸镀锌钢板

在热浸镀锌处理过的薄钢板上，用磷酸铁和氧化锰进行化学性处理。涂膜附着越好越耐锈。

珐琅钢板

涂上含有与陶瓷釉相似成分的珐琅釉，以800 ~ 900℃的高温热融附着的金属板。

不锈钢板

钢加入铅或镍等的合金，用SUS表示。最常用来当作屋面材料等建材的是SUS304。

铝合金板

铝由于比较柔软，可加入各种元素作为合金。耐候性好。

铜板

在空气中会形成稳定的保护膜，耐候性好，长时间后转变成绿青色。易加工、延展性好，可进行精细加工。也有表面用绿青涂料处理的硫化铜板、绿青铜板。

铸铁

铁与碳组合的合金中，含碳量1.7%以上的金属材料。虽无法以滚压方式加工，但可塑性好，可以制作成复杂的形状。

锌

因其耐腐蚀性强，多用于钢板或钢材表面的金属。抗酸碱性弱。

青铜

青铜是铜和锡的合金。易加工，耐腐蚀，常用于装饰金属器具。

黄铜

在铜中加入锌的合金。

压纹钢板

将表面压出凸起纹样的钢板。

波状钢承板（Deck Plate）

因为保有挠曲刚度（Flexural Rigidity），可以加工制成各种波形的、宽度较宽的钢板。

钢板网（Expanded Metal）

在金属板上刻上交错纹，加压延展加工成的网状钢板（照片4-2-1）。包括标准型钢板网，具有止滑效果的搁栅钢板网（Grating），扁平加工处理过的钢板网，厚度极薄并且网眼极密的钢板网。

冲孔金属（Punching Metal）

在金属板上穿孔打洞的金属板材（照片4-2-2）。圆形孔、长形孔、钻石形、正方形、龟甲形、装饰造型等的孔洞，以及凸起加工处理的孔洞（Burring Hole）。

照片4-2-1 钢板网

照片4-2-2 冲孔金属

照片4-2-3 金属网

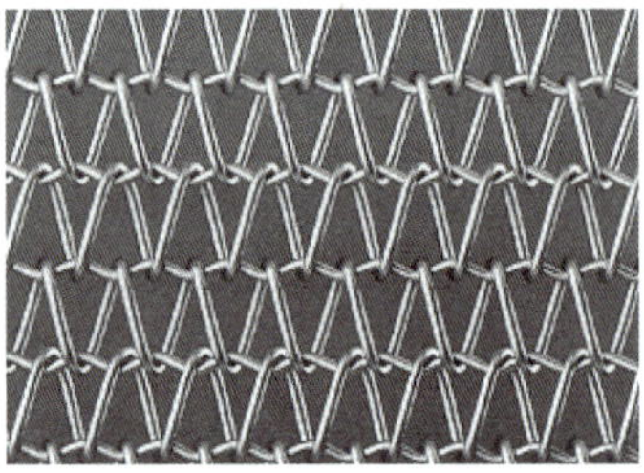

照片4-2-4 成型饰面板

照片4-2-5 蜂窝芯

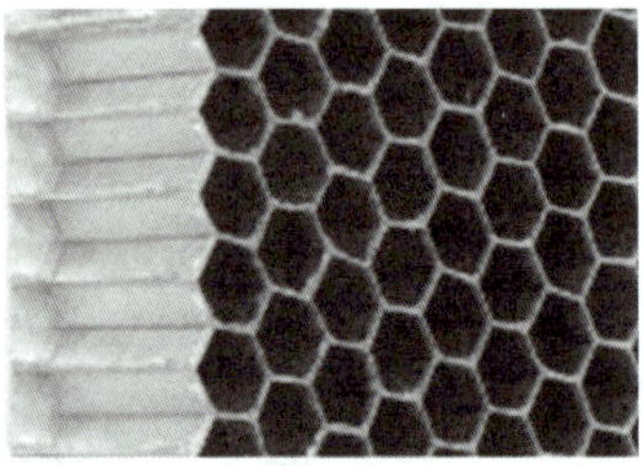

金属网

以金属制线材制成的网（照片4-2-3）。在金属线材纵横相交处以焊接接合的焊接金属网，线材相互缠绕编织形成菱形金属网，波浪状金属线材纵横相交形成的是轧花金属网，纵向横向的金属线材以平织或绫织方式编织而成的是编织金属网。

光栅、格栅钢板网

将细长板状的金属条，以格子状组合而成的钢板网。

波浪板

将金属板加工制成大波浪、小波浪、直角波浪等的断面形状。

成型饰面板

工厂制作成型的装饰板，用于隐藏紧固螺栓（照片4-2-4）。

隔热饰面板

在金属板内衬隔热材料的饰面板。

隔热板

将发泡系或纤维系的隔热材料与薄金属像夹三明治一样制成的构件。

蜂窝芯

以六角形构成的蜂巢构造金属材，也称蜂窝板，蜂窝状的芯材（照片4-2-5），质量轻，强度佳。

LGS钢材（轻钢龙骨）

厚度1.6～4 cm的轻量型钢。有沟形、山形、Z形等（表4-2-1）。多用于内部装修的基材。

槽钢

截面呈门字形的型钢。将两片组合可做H型钢用，多作为间柱或次梁等的次要构件。截面呈C形的型钢，称为C槽钢。

角钢（Angle）

L型钢。

扁铁（Flatbar）

平钢。厚度薄、长方形截面的钢材。

表4-2-1 LGS钢材的轻隔间骨架种类与尺寸（1：10）

墙的标记	WS40	WS45	WS50	WS65
断面	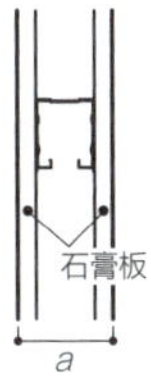	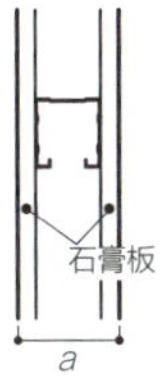		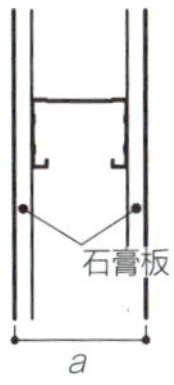
厚度（*a*）	65 mm	70 mm	75 mm	90 mm
最大高度	—	2.4 m	2.7 m	3.7 m
墙的标记	WS75	WS90	WS100	正方形MS20
剖面	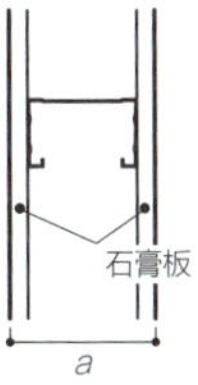	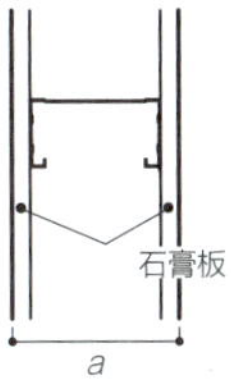	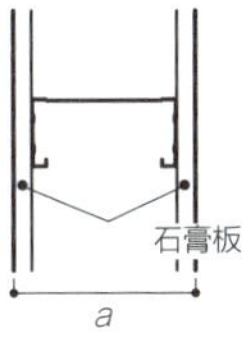	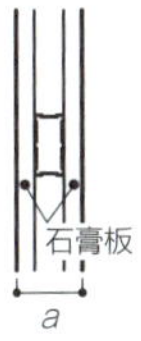
厚度（*a*）	100 mm	115 mm	125 mm	45 mm
最大高度	4.0 m	4.5 m	5.0 m	—
墙的标记	正方形MS40	正方形MS45	正方形MS50	正方形MS65
剖面	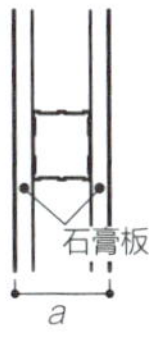	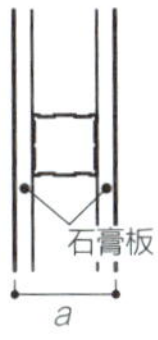		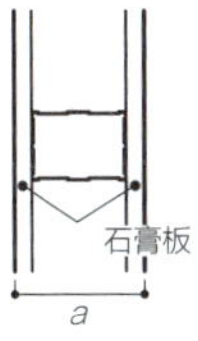
厚度（*a*）	65 mm	70 mm	75 mm	90 mm
最大高度	2.6 m	2.9 m	3.2 m	4.6 m

表4-2-2 主要的金属加工方法

名称		加工方法
加压加工		使用加压机进行的钣金加工。可以通过更换模具，使加工样式多样
旋压加工		利用加压机对金属板进行变形加工，可做出无接缝的凹形制品
挤出加工		将受热软化的金属原料置入容器中，施加压力，让金属原料从容器前端的孔洞挤出的工法。利用孔洞形状的变化可以挤出复杂截面的金属制品
拉拔加工		将棒状、管状的金属原料通过口径稍小的孔洞，拉拔而成的金属制品。拉拔加工的钢制品也称为研磨钢材
铸造		将金属加热熔解，流入模具，冷却凝固的方法。砂模具的制作较为廉价。金属模具则是主要使用镀铅合金或铝合金等，用高压压铸（Die-casting）法制作出纹理细致的铸制品
切削加工	剪断加工	包括金属切断加工（Shirring），以及转塔（Turret）冲孔（Punching）加工等
	削断加工（切断、穿孔）	按照加工机具的不同，而有各式各样的削断加工。例如铣刀（Milling Cutter）的切沟，刨床（Planer）的切断面研磨，钻孔机（Drill）的开孔等加工方式

表面处理、加工方法

主要的金属加工、完工表面修饰方法的整理说明见表4-2-2、表4-2-3。

阳极氧化处理

为了提高铝的耐锈蚀性，在表面生成阳极氧化膜的处理方式。

黑皮

钢进行热轧处理后，产生具黑色光泽的硬质氧化膜，具有防锈效果。

热浸镀锌

将钢铁浸渍在热浸镀锌中形成镀层的防锈处理（图4-2-1、表4-2-4）。

酸洗

为除去金属表面的氧化膜或锈等氧化物，将金属浸在酸性溶液中，清洗金属表面的方法。

烤漆涂装

干燥作业中以加热处理的涂装方式。具优良的密着性、耐候性。不使用溶剂而是以粉末状涂料静电式涂装的方式称为粉末喷涂。

热喷涂、喷焊（Thermal Spraying）

将热融金属高速喷涂在基材表面形成薄膜的表面处理法。

焊接（Welding）

将金属的接合部位加热、熔解或以半热熔状态的接合方式（表4-2-5）。弧焊是最广泛的焊接方式，金属材料与电极间产生电弧，以电弧热将接合部位热熔接合。

表4-2-4 热浸镀锌的检查项目及合格判定基准

项目		检查对象	合格与否判定基准
外观检查	电镀不完全	全部	不可超过直径2 mm以上
	刮伤、渣痕		不合格
	摩擦面残留物		不合格
	开槽面附着镀锌		不可出现在开槽面，或是邻接100 mm范围以内
	裂伤		不合格

注：镀锌面需光滑，不可出现电镀不完全或是其他有害缺损的情形。

表4-2-3 主要的金属完工饰面方法

名称	完工饰面加工方法
抛光加工	将附着有磨粒的柔软磨带转动，将被磨物品压在磨带表面进行的研磨加工，也称为抛光研磨
发丝纹面加工 	做出单一方向细纹路的完工饰面方法，以HL（Hair Line，发纹）为标记
无方向丝面加工	旋转研磨出不规则细微纹路的完工饰面方法
粗糙面加工（Dull Finish） 	粗糙面加工（Dull finish）回旋研磨出不规则细微纹路的完工饰面方法
浮雕面加工（Emboss）	利用加压工具，在表面做出下凹图样，呈现整体立体感的加工方法
腐蚀蚀刻加工 （磨砂表面） 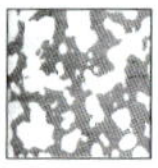（彩色表面）	以化学或电化学方式溶解去除金属的表面或形状的加工方式。此方法使用在金属加压或钣金加工时，此方法可以应用在施工困难的薄板，或加工精致图样

表4-2-5 金属材料的接合方法

接合方法		工法、材料等
焊接	电焊	电弧焊（Arc welding）
		气体保护电弧焊（Gas-shielded Arc Welding）
		自体保护电弧焊（Self-shielded Arc Welding）
		潜弧焊接法（Submerge Arc Welding）
		钨极惰性气体保护焊（Tungsten Inert Gas Welding）
		熔化极惰性气体保护焊（MIG焊）
	化学焊	铜焊（软焊、软焊）
	机械焊	摩擦搅拌焊接
		摩擦焊接
机械式接合		螺栓（Bolt）、螺栓（Vis）、铆钉（Rivet）
		弯折、栓紧
		栓紧、钥匙
		热胀接合法、冷缩接合法
接着黏着	溶剂（水）扩散型	醋酸乙烯系、丙烯酸（亚克力）乳胶系、橡化系等
	化学反应型	苯酚、氨基甲酸乙酯、环氧、丙烯酸等
	热熔解型	乙烯、醋酸乙烯系、聚酯、聚异丁烯等

图4-2-1 热浸镀锌的作业流程

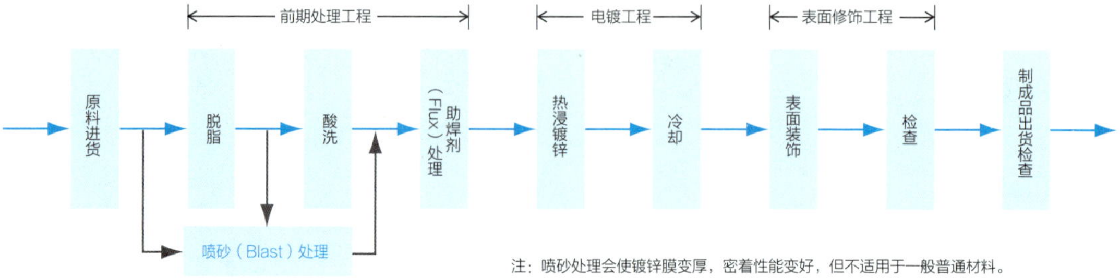

注：喷砂处理会使镀锌膜变厚，密着性能变好，但不适用于一般普通材料。

4.3 干式外装修工程

在建筑设计时，外装修工程扮演着非常重要的角色。防火性、水密性、隔热性是外装修工程所追求的三大要素。此章节将针对外装建材进行解说。

幕墙的材料

幕墙（Curtain Wall）

英文缩写为CW，是建筑物外围的板材（图4-3-1）。原本是指不支承建筑物荷载的外墙总称，包括金属幕墙（照片4-3-1）、PCa板（混凝土预制板）或金属板、玻璃外装材料等，种类广泛。狭义是指铝制门窗，也称为玻璃幕墙（照片4-3-2）。

挤出型材

简称型材。以油压装置利用油压力量将铝合金挤压通过挤出模具成型的铝门窗材料（照片4-3-3）。可制成尺寸长且截面形状复杂的构件，具有稳定的强度。挤出前的圆柱状铝合金材称为钢坯，以金属块的铝锭制成。决定截面形状的钢制模具称为挤出模具。截面上有中空的挤出型材称为镂空材，反之称为实心材。

皮膜

将铝金属浸润在铬酸药液中，使之产生细微凹凸的方法。 安定性佳，处理费用便宜，广泛应用在涂装基材上，但因药液中含有六价铬，会产生危害环境的问题。近年开始不用铬而是将基材阳极氧化处理的方法。

阳极氧化膜

一般是指阳极氧化的表面处理方法（照片4-3-4、图4-3-2）。将铝料浸入硫酸等电解液中，电解生成6 ~ 15 μm的透明氧化皮膜。防锈蚀是最主要的目的，依照先后处理上的变化，可得到各种不同的效果，在设计应用上的价值高。特别是二次电解着色，在金属盐溶液中再次电解，产生色斑、茶色、黑色的着色方式，广泛应用在门窗、幕墙上。阳极氧化膜极少单独使用，最常见的是与丙烯酸树脂（Acrylic）涂装共同组合而成的复合皮膜。

图4-3-1 玻璃幕墙的收边处理

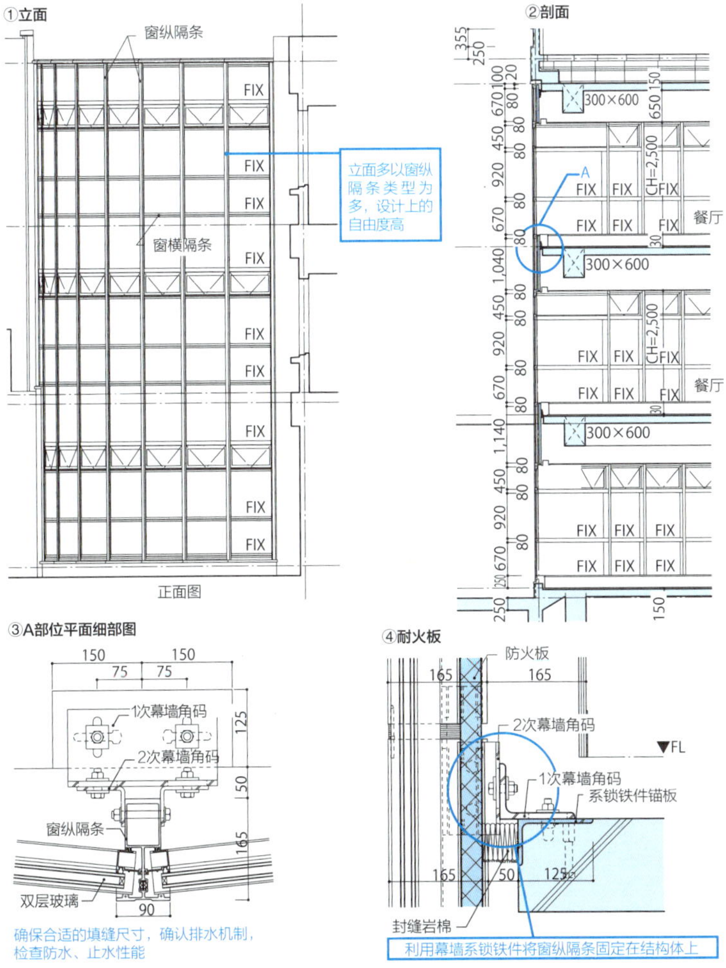

注：上图单位为mm。

照片4-3-1 金属幕墙

照片4-3-2 混凝土预制板PCa板幕墙

照片4-3-3 挤出型材

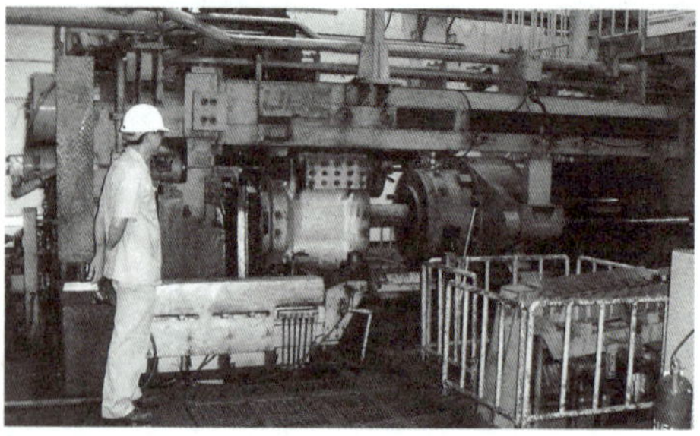

照片4-3-4 显微镜下的阳极氧化处（Alumite）剖面影像

复合皮膜

将已产生阳极氧化皮膜的铝材浸润在树脂涂料的水溶液中，施以电压来吸附涂料的涂装方式（图4-3-2）。因为阳极氧化皮膜与涂装材的双重效果，低成本地得到耐候性优良的皮膜。由于适用于日本的使用环境，因此作为阳极氧化皮膜的标准处理方式。

烤漆涂装

在工厂施工的金属涂装方式，以加热进行硬化反应的涂装方式。铝材大多使用此种涂装法，分别有氟树脂、聚氨酯树脂、丙烯酸树脂等，在价格与耐久性上也有很大的差别。将基材处理作业完成的构件吊在轨道上，利用高电压喷雾装置，进行涂装作业，再运送至烤漆炉加热，称为静电涂装。根据规格不同，涂装的次数、烤漆的次数也不相同，例如有三次涂装二次烤漆等。为得到均匀的完工面，在管理涂布量或烤漆温度等方面，需具备优良的技术。

粉体涂装（PowderCoat）

涂装方式的一种，与液状树脂系涂料不同，是使用粉末作为涂料。因不使用溶剂，环境负担小，欧洲早已使用此种方式。粉体涂装中使用的树脂种类繁多，若运用在幕墙，以高耐候性的聚酯树脂为主。若运用在室内涂装，主要用于进口金属门窗。如今常见的有氟树脂的粉体涂装方式。

填缝（Filled Joint）

也称为接缝。在外部以填缝剂充填的方式，是一般的填缝方法（图4-3-3）。混凝土预制板的接缝施工，会在室内侧以隔热圈（Gasket）作气密处理，即使水汽从填缝进入墙体，也可借由双层排水构造，将水分排出墙外。一般指不让外部空气进入内部的非等压接缝。

干接缝（Dry Joint）

不使用填缝剂，仅使用隔热圈的接缝。因有间隙，若非以明接缝方式处理，则无法施工。相对于此，一般使用从外部填入填缝剂的接缝方式，称作填缝（Filled Joint）。

图4-3-2 金属材的各种表面处理方式

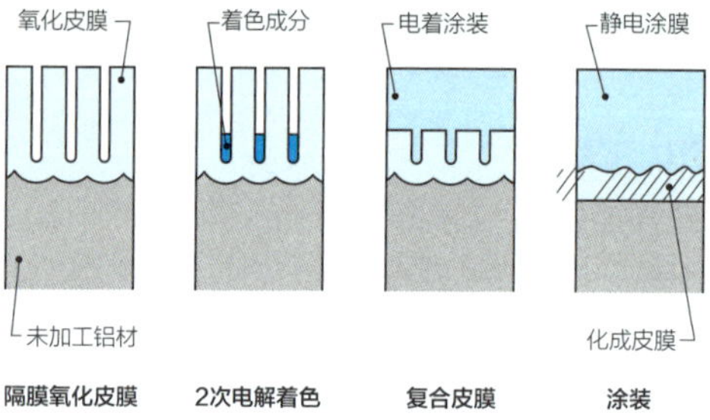

图4-3-3 填缝（以预铸板为例）

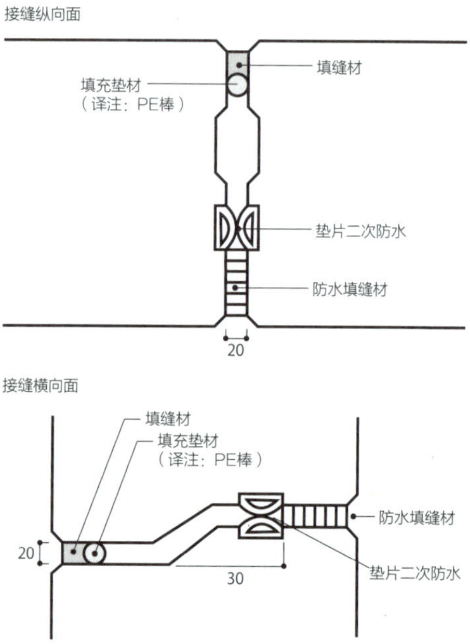

幕墙的性能、工法

规范

设计规范（Specification）。是在建筑工程中常用的用语，对于幕墙，因为需要符合各种要求事项，设计规范显得更为重要，例如在设计时规定抗风压性、水密性、抗震性等多种项目。幕墙价格根据不同设计规格而异，在估价之前，必须确认各个细节项目。

单元式幕墙

在工厂将铝材组合成铝框，再安装玻璃或板材的幕墙板单元，搬运至施工现场，以起重机等安装于外墙（图4-3-4、图4-3-5、照片4-3-5）。也称单元式CW。品质高，现场施工时间短，也不需要外部脚手架，优点多。过去因价位高很少使用，如今由于能缩短施工期、价格降低等原因，已成为高层建筑的主流工法。

可拆卸式幕墙（Knock Down Curtain Wall）

将加工处理完毕的铝框依序地搬运至施工现场，在安装部位组装的幕墙工法（图4-3-6）。在日本，无论是规格化的幕墙，还是特别订制的幕墙，都属于中小规模工程的标准安装方法。缺点是完工质量优劣与否受现场环境或施工者技术的影响。

实体尺寸性能试验

将一部分与实际尺寸相同的幕墙安装在试验台上进行测试，用来确认该规格是否具备应有的性能要求（照片 4-3-6）。可进行的试验有：施加气压以测试构件强度的抗风压试验，施加气压的同时洒水以确认是否漏水的水密性试验，震动试验台用来模拟地震时的层间变形试验。此试验除了用来开发门窗产品之外，也应用在大型建筑工程中。

图4-3-4　混凝土预制板幕墙的施工

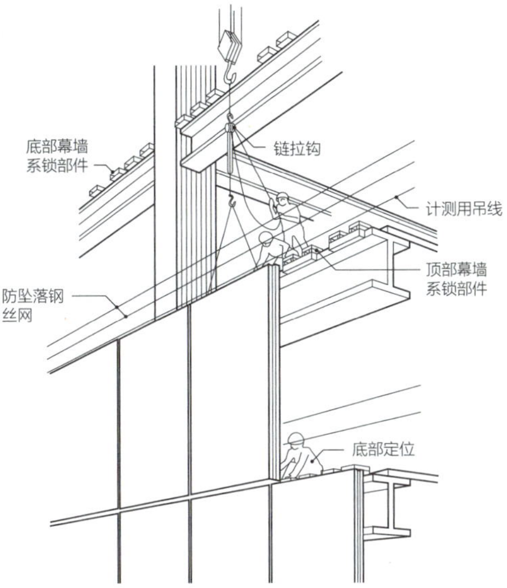

图4-3-5　单元板幕墙

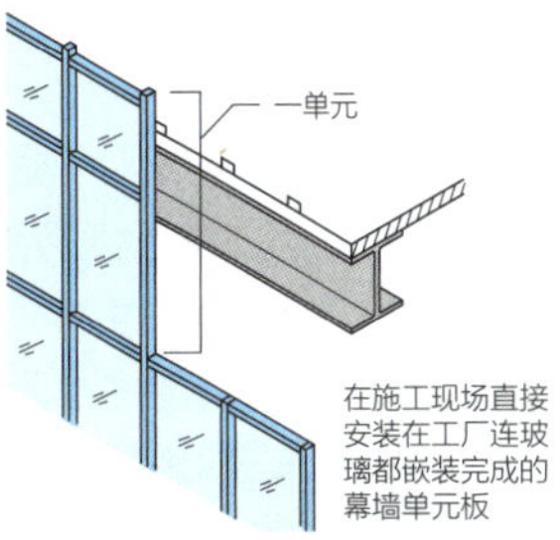

图4-3-6　可拆卸式幕墙（Knock Down Curtain Wall）

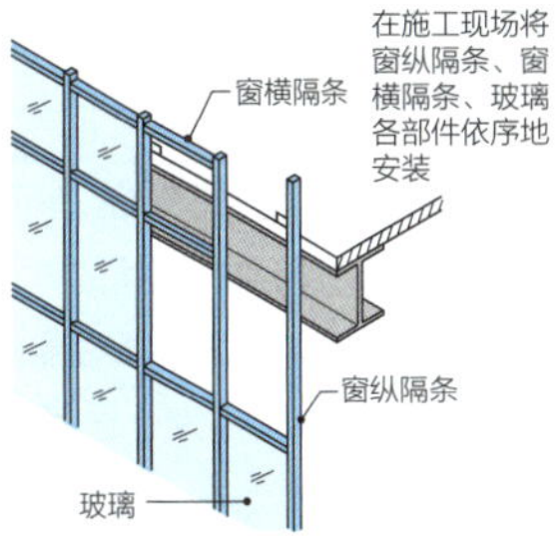

照片4-3-5　幕墙单元组装作业

照片4-3-6　实体样品试验

FEM分析

以有限元素法（Finite Element Method）进行的分析。拥有复杂形状的混凝土预制板的结构设计时所使用的计算方式。为精细分析出支承荷载的板变形量或应力，可借由这种分析方式得知最合适的板厚度与配筋（照片4-3-7）。

裂缝控制（Crack Control）

限制因荷重而产生的裂缝的宽度，应用于混凝土预制板的设计手法。

图4-3-7　预制板的明接缝案例

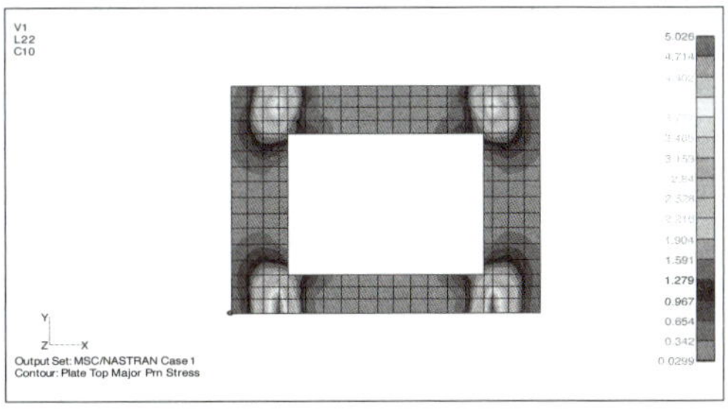

图4-3-8　预铸板的明接缝案例

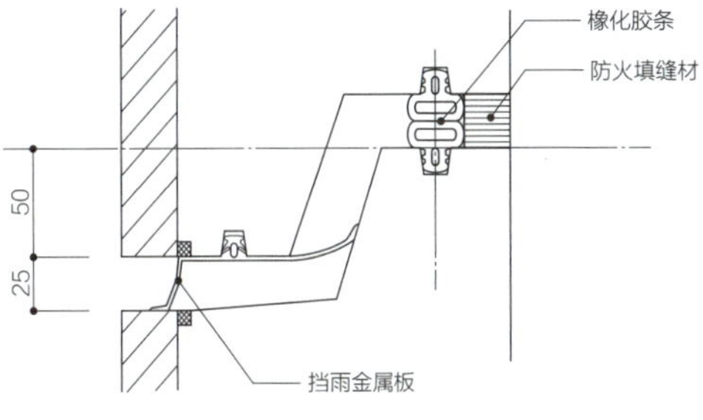

等压工法

也称开放式接缝、明接缝（Open Joint）工法。减少幕墙的内外部压力差，防止雨水浸渗入内部的方法（图4-3-8）。漏水的主因在于风压将雨水从间隙进入内部，故在接缝或框材内部设置空气导入孔，用来减轻外部风压，达到防止水入侵室内的效果（照片4-3-7）。设计上虽具有难度，但防水施工无须填缝材，且经年累月后防水性能发生劣化的状况较少。

卡锁

适用于部分的单元式幕墙，单元与单元之间相互咬合的接缝方式。此法的迷宫效应可提高止水性能，也通过将两个单元合为一体而提高强度。

锁定

建筑物受到地震、风等作用变形时，外装建材连带发生旋转。

层间位移运动

各楼层受到地震、风产生的位移。

容许变形间隙

玻璃幕墙，玻璃面与框槽内侧之间的间隙尺寸（图4-3-9）。通常是指玻璃填缝材的宽幅。因层间位移或热胀冷缩让玻璃填缝材发生变形，因此需要保留容许变形的空间。另一方面，玻璃切口与窗框沟底之间的间隔，称为容许变形边距。当层间变位造成玻璃移动时，此部位可避免玻璃与窗框碰触。两者都是在剖面设计时需考虑的重要项目。

容许变形边距

玻璃幕墙玻璃边端与窗框槽底内侧之间的间隙尺寸（图4-3-9）。若因为层间变位造成玻璃门窗框架变形，玻璃会先碰触到纵隔条，接着隆起的玻璃会与上方的横隔条相抵触，即为变形的最大限度。因此容许变形边距越大，对于层间变位的可适应性越高。地震时，为了防止门窗框与玻璃之间的碰触，保留必要的容许变形边距是必要的。

照片4-3-7　空气导入孔

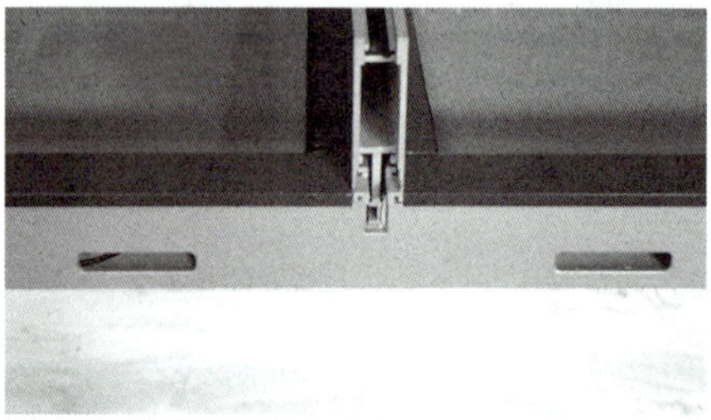

设置在单元幕墙下方的空气导入孔。

图4-3-9　边缘和表面

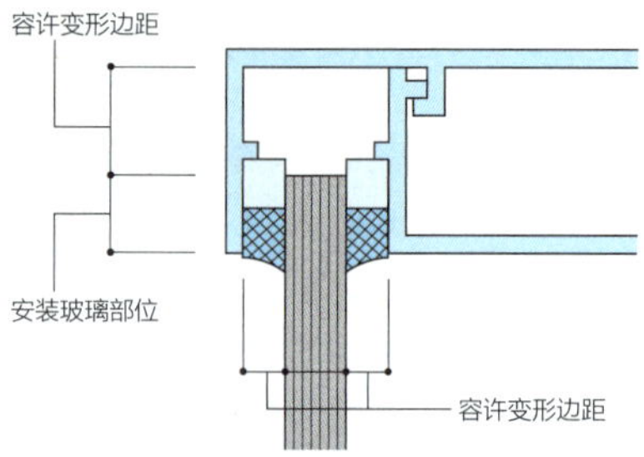

照片4-3-8　木制实体模型

照片4-3-9　固定系件托架

利用强力螺栓固定的系锁用铝挤压材

照片4-3-10　安装预铸板的系锁铁件

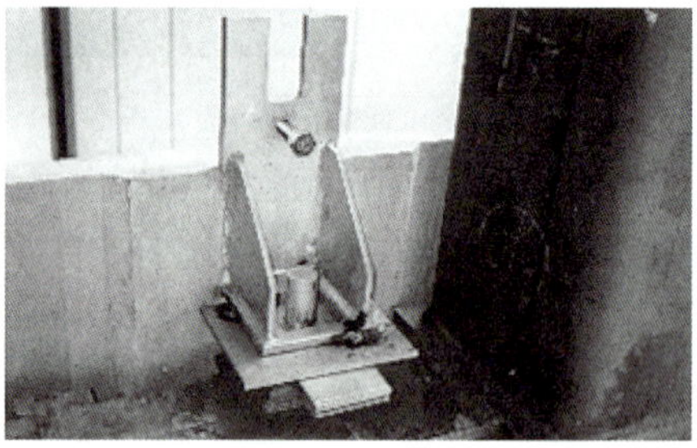

幕墙的制造、施工

展开加工图

工厂使用的构件加工图。将构件展开（分解）呈现的图。

实体模型（Mock Up）

先行制作视觉模型，用来确认色调、尺寸以及与其他工程的接合情形等（照片4-3-8）。多用木材或金属呈现实物。

防护涂层

喷上去起到防尘和防雨作用的树脂涂层材料。

固定托架

将窗框垂直交叉处连接的L形或T形的托座金属配件统称为固定托架（照片4-3-9）。托架中将幕墙安装在主体结构使用的金属配件称为幕墙安装用系锁件。幕墙安装用系锁件一般是通过焊接固定在幕墙，也有用高强螺栓摩擦接合的。和钢架工程一样，在施工现场需要对摩擦面和螺母的旋转角度等进行质量管理。

幕墙安装用系锁件

将幕墙板材或门窗框安装在主体结构 的金属配件（照片4-3-10、图4-3-10）。包括角钢型迫紧器、Z 形金属配件、环形金属配件等。

承重件

幕墙板材安装用的铁件中，用来支撑自身重量的配件。依照安装高度位置来区分，安装在板材上方部位的称为吊起式承重铁件，安装在板材下方部位的称为下托式承重铁件。

止振件

在幕墙板材安装用铁件中，用来抗衡风或地震带来的水平方向力的配件。有时也兼具承重铁件功能。

通气百叶窗

安装在设备开口或换气孔部位的连续百叶窗。确保空气流通的同时，也有遮雨效果。一般常用水平百叶扇通气窗，现在也有防水性优良的垂直百叶扇通气窗。

挡水翼板

在水平接缝上安装的挡水翼板。因为利用重力作用挡水，挡水翼板的尺寸越大挡水效果越好，混凝土预制板高约25 cm，高层建筑的挡水翼板高约60 cm。

排水（装置）

指将进入幕墙板材或铝门窗框内部的水分排出，以及用来将水分排出的装置，如孔洞或管道。

减压槽

安装在预制板纵向接缝中或是宽幅较大的接缝部位。用来降低空气流入的压力及速度，以达到进水减少的目的，但减压效果是不确定的。若仅是用来当作挡水接缝，有一定的减压作用。

填缝橡胶垫

在幕墙中，安装在接缝内，用来挡水及空气的橡胶配件。形状包括条状、圆棒状、中空（环）状等。条状填缝橡胶垫通称鳍状橡胶垫。也有氯丁橡胶、硅橡胶等其他种类，这些是具有防火功能的填缝橡胶垫（照片4-3-11）。

防火封堵材

为了确保幕墙的耐火性能，安装在PCa板等材料接缝中的无机纤维的线状材料。使用岩棉或高温加工纤维的材料制成。

门窗缓冲滑垫

为能顺应幕墙板材或门窗框的变形或移动，在接合部位嵌入的低摩擦力材料。主要在于防止构材发生噪声。 有涂覆铁氟龙等树脂系，以及黑铅的金属板材。

照片4-3-11 填缝橡胶垫

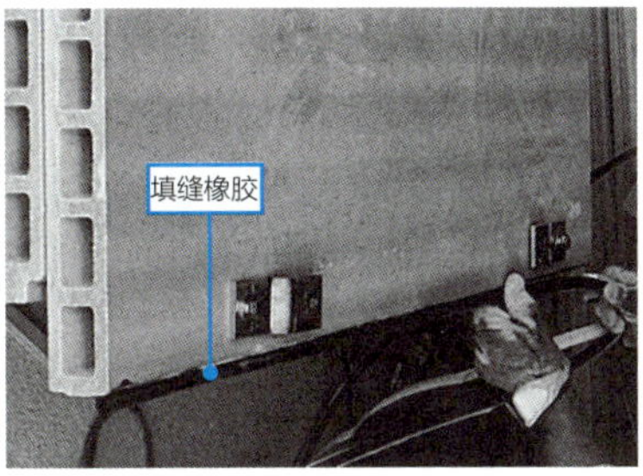

排水路线

将入侵框内或接缝内的水分或是结霜水分排出的路径。若水分在室内四处窜走，会造成漏水，因此不能有造成水逆流的斜度或障碍物存在。

热膨胀

随温度上升，在长边方向发生膨胀现象。

声响缺陷

幕墙配件因热膨胀，相互擦撞而产生的噪声。在一些阳光直射时段产生很大的声响，属于重大施工缺陷，需在重点部位嵌入缓冲滑垫以抑制声响。

框变形

因层间位移，玻璃幕墙框架变形成平行四边形，因此需预留容许错位的空间。单元式幕墙中也有像混凝土预制板一样，利用摇摆或缓冲吸收形变的设计方式（图4-3-11）。

螃蟹起重机

使用履带式（俗称毛毛虫）自行式起重机（照片4-3-12）。将货物吊起时为了不让起重机翻倒，因此增加四条长脚，以螃蟹多足来比喻。若设置于建筑物楼板，可用作幕墙的安装作业。

图4-3-10 一次、二次系锁件

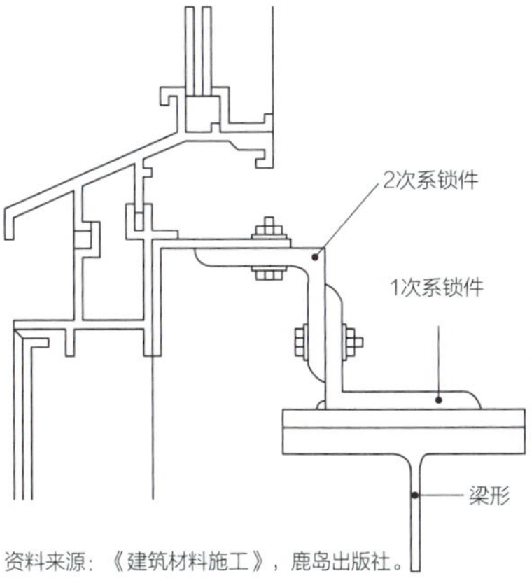

资料来源：《建筑材料施工》，鹿岛出版社。

图4-3-11 层间变位的适应性

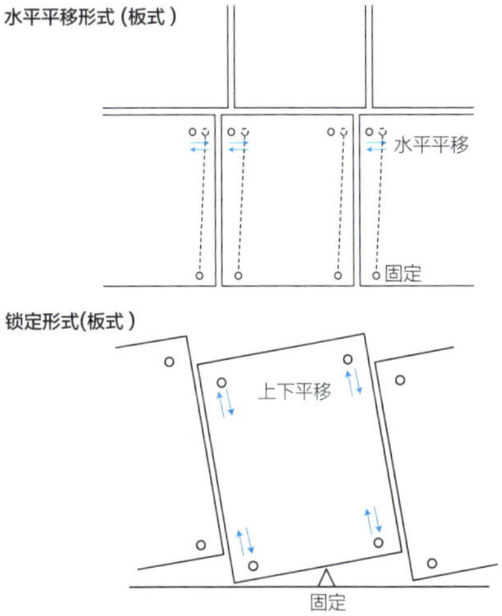

照片4-3-12 螃蟹起重机

特征是有像螃蟹一样的小型移动式起重机。

水泥类外装材料

混凝土预制板（PCa板）

预先制作，在施工现场安装的混凝土板材（Precast Concrete）。预制混凝土板几乎都是在专业工厂制造，主要用于中高层建筑物的外墙。为避免与预应力混凝土（Prestress Concrete）混淆，以PCa表示（照片4-3-13）。

超轻预制板

普通的预制混凝土板密度约 1.9 t/m^3，但改用特殊的混凝土可制成轻量化的混凝土预制板。混入轻量骨料或气泡，开发出密度为1.0 ~ 1.5 t/m^{3}的各种商品。

纤维加强混凝土

在混凝土中混入加强纤维，让强度增加的混凝土预制板。厚度可薄化处理，因此能得到轻量化的效果。种类有使用玻璃纤维的GRC、碳纤维的CFRC、维尼纶（Vinylon）纤维的VFRC、不锈钢纤维的SFRC等。

挤出成型水泥板（ECP板）

将无机纤维与水泥混合材料挤出成型并规格化的中空板材。与ALC板齐名，作为中小建筑的外墙材料使用，也有横幅较宽（900 ~ 1200 cm）的规格化制品。称为壁板（Siding）的住宅用薄型板材大多归类于此种类（照片4-3-14、图4-3-12、图4-3-13）

照片4-13 堆叠在卡车上的预制板

图4-3-12 挤出成型水泥板的收边处理

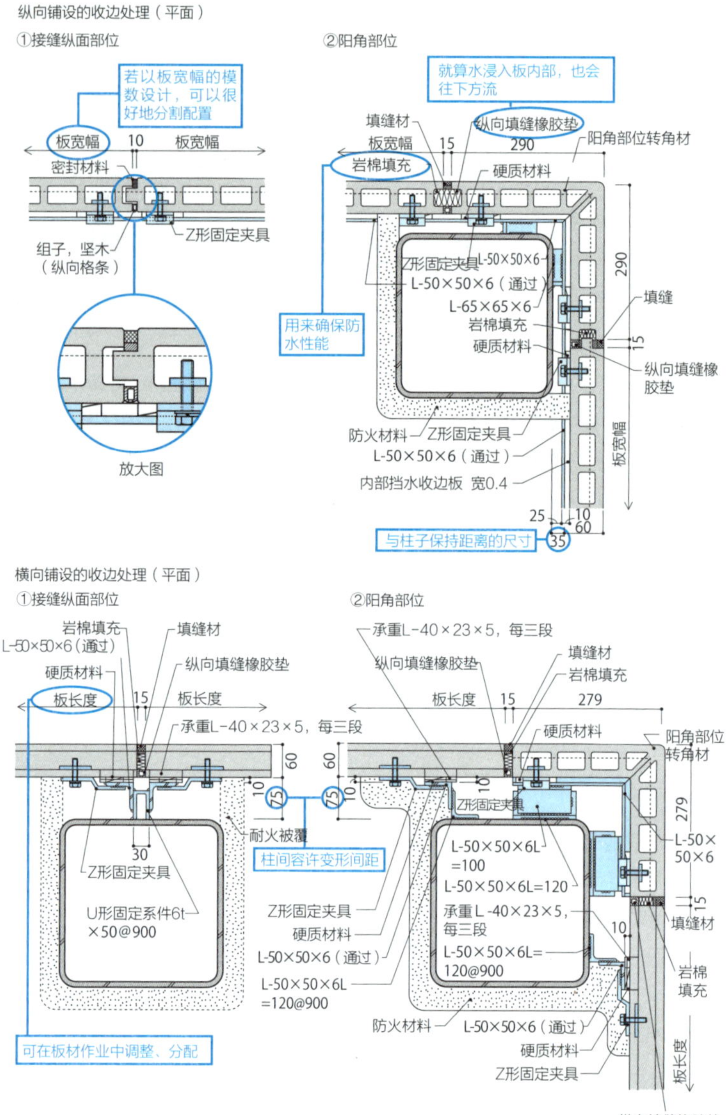

注：上图单位为mm。

图4-3-13 挤出成型水泥板的二次防水工法

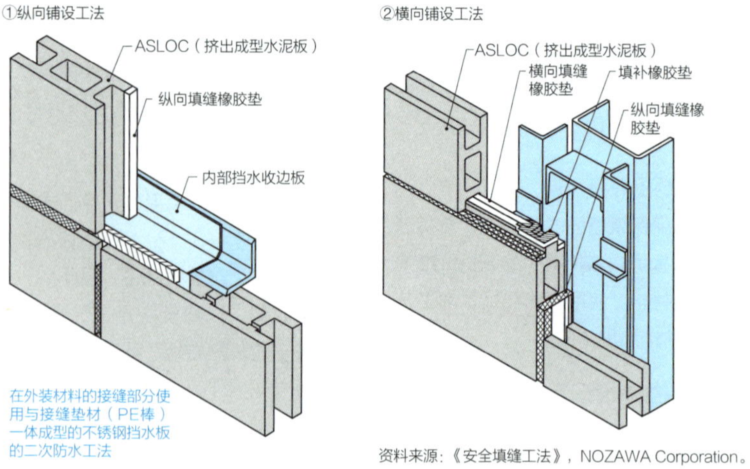

资料来源：《安全填缝工法》，NOZAWA Corporation。

中空预制板

加入预应力钢筋的中空混凝土板。是介于混凝土预制板与挤出成型水泥板的中间的种类。

半预制板

浇灌混凝土至桁架钢筋半外露的高度所制成的混凝土预制板。主要当作灌入型模板，在现场灌入剩余的混凝土进而完成墙体。相对于半预制板，普通的预制板称为全预制板。

蒸压轻质混凝土板（ALC板）

以高温高压蒸汽养护的轻量气泡混凝土制品，在性质上与普通混凝土完全不同。主要使用于住宅或者中小规模的建筑物的外墙（图4-3-14、照片4-3-15）。主要原料是硅石、水泥、生石灰，加上具有发泡性质的铝粉与稳定剂，再加入水。具有耐热、耐火的性能。ALC是Autoclaved Light-Weight Concrete的缩写。

图4-3-14 ALC板外装的收边处理

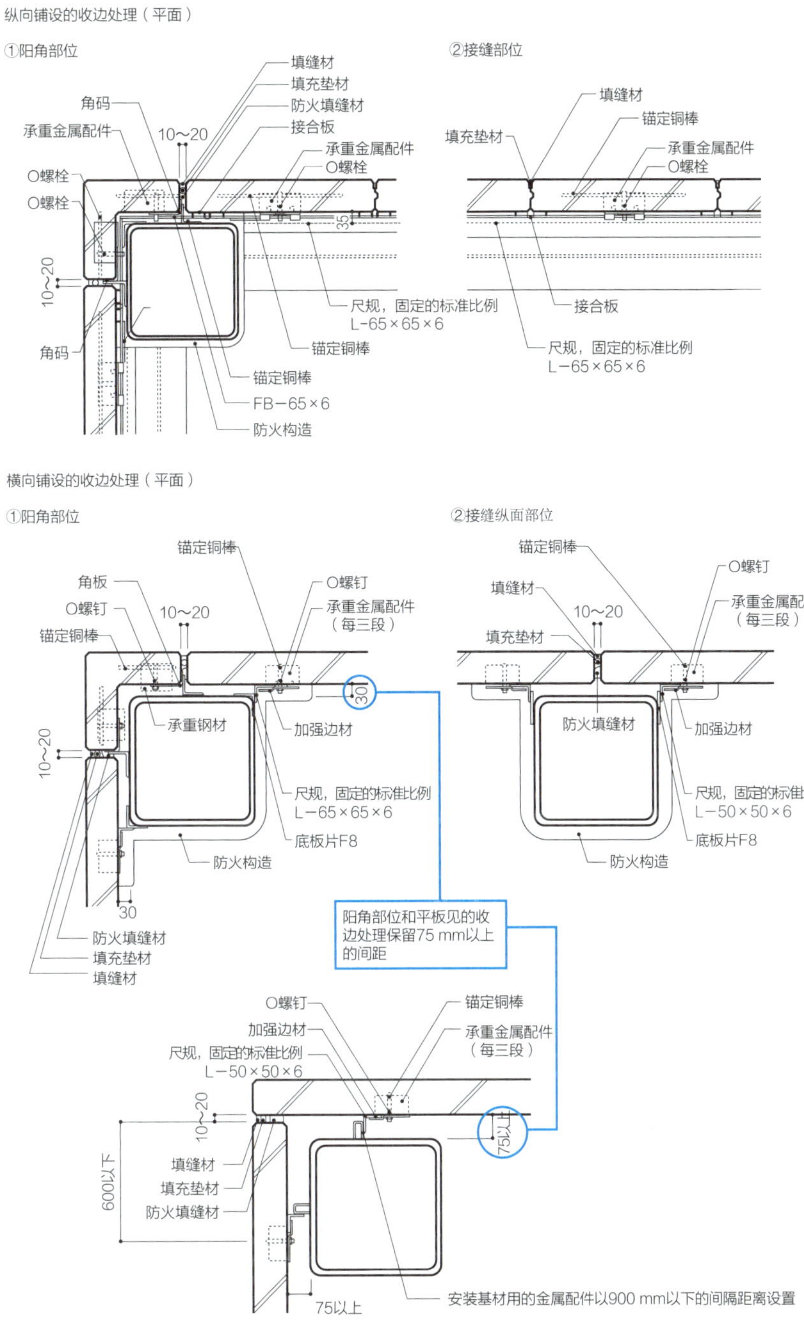

注：上图单位为mm。

照片4-3-14 ALC板外装的收边

照片4-3-15 ALC板

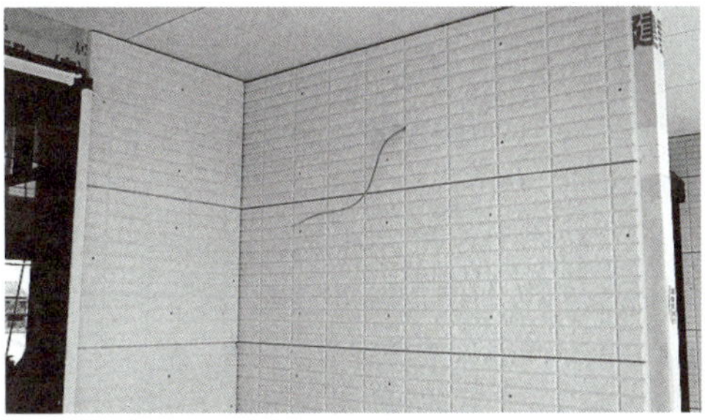

水泥类外装修材料的制造

钢模板

制造板材时所使用的坚固钢模板。若是直接浇筑混凝土，钢模板面会直接反映在完工面上，因此钢模板的平滑度很重要。为让混凝土的充填作业能顺利进行，也会对每张钢模板施以振动。

蒸压养护

为了提早脱模、提高混凝土预制板的制造效能，混凝土浇筑之后，在每一张钢模板上铺设防护布，施以蒸汽加热。通常可在隔天早晨进行脱模作业。

高压灭菌釜养护

在高温、高压的窑内进行混凝土制品的养护作业。ALC板是以180℃、10个大气压力的方式进行养护。

脱模

将达到所需强度的混凝土制品的模具解开，从钢模板移开的作业。

反转

为清扫或表面修饰处理，将水平板的表面、内部进行交替的作业。

出货前临时置放

完工板材在从工厂出货之前，临时置放的状态。这段时间也是让强度发展完全，进行干燥程序，是制造过程中的重要一环。

垂直竖立吊起

水平堆积的板材，用起重机以垂直竖立的姿态吊起。

图4-3-15 特制幕墙的分段横隔材与封边（单位：mm）

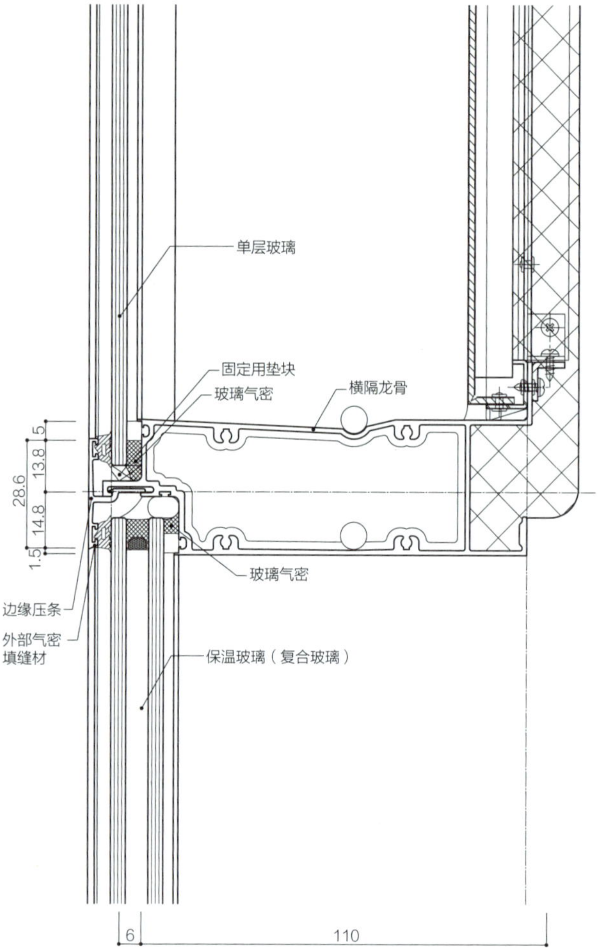

金属幕墙的材料

铝合金

铝加入少量的其他金属，强度与加工性得到改善的合金。使用在幕墙的铝合金板材，大多是JIS规格的铝合金，包括Al 100 P（纯度99%以上的铝），挤出成型材A6063S(铝、镁、硅胶的合金）。

新制成型材

新制作出的挤制用钢模，以及用新模具挤出成型的新制成型材。通常若没有数百米的成品产量，制造成本相对昂贵。相对于新制成型材，门窗业从业者用既有模具制造出的产品，称为既有成型材。

竖龙骨

幕墙的中间纵向构件。端部构件称为竖框。

横龙骨

幕墙的中间横向构材。也称为横梁（Transom）。最上方是上框，最下方是下框。为了使被竖龙骨截断的横隔条看起来是连贯的样子，在横隔条上方会另外覆盖盖板（图4-3-15）。

封边处理

为了要嵌住玻璃，去除一部分铝框的部位。

开启扇

幕墙工程中窗户的可动开关部位。即使不是用传统日式建筑的木与纸制成，也习惯沿用传统日式建筑中的“障子”一词来称呼。

镂空材

材料中间是中空形式的挤出成型材。优点是能制造出中空造型是挤出成型，也可以提高强度，有挡水功能，并加入开关装置功能等。相对于镂空材，没有中空的称为实心材。

固定玻璃用橡胶垫

将玻璃镶嵌于门窗框的沟槽内时，设置在玻璃与框之间空隙处的线状橡胶材。虽然常用硅胶填缝材来固定玻璃，但如今因硅胶填缝材会形成污垢而不受欢迎，使用填缝橡胶垫的增多。但填缝橡胶垫的胶黏度不够充分，防水性能也较差。

挡水填缝垫材

纵向框材与横向框材相互接合时，为了挡水在接触部位嵌入合成橡胶制的垫材。因本身不具胶粘能力，可借由小螺钉发挥栓紧的功效。

半固筒状螺钉孔

为了要使用小螺钉，在挤出成型材料的截面上挖出半圆柱形孔。

螺钉口袋

为了套在螺钉头上，在挤出成型材料的截面上挖出的方形槽。

结霜排水阀

一边将滞留在横龙骨或下方框的结露水气排出室外，一边防止空气逆流的控制阀。种类有橡胶或树脂等，每种粗细度都只如铅笔大小。若发生碎化或脏污阻塞，则无法发挥排水阀的功能。

防火板

为了具有防火功能，在幕墙内设置的板材。最常见的是硅酸钙板。主要是设置在能防止火灾向上层蔓延的90 cm区域内，需要在结构体内设置铁制的金属构件。根据厚度不同，具有30分钟或1小时的防火极限。

二次电解着色

将已产生阳极氧化膜的铝材再次放入金属盐溶液中，施以金属盐原始色的电解上色作业。

电着涂装

将铝构件浸润于树脂涂料的水溶液中，施以电压吸附涂料，产生涂膜的涂装方式。在阳极氧化膜上施加电着涂装，一来可作为保护层，二来可以上色。因在大型缸内处理，一般来说，颜色限定为亚克力树脂涂装的透明、白色、灰色等。

静电涂装

在涂料喷嘴与铝构件之间，施加高电压，利用静电作用将涂料附着于铝构件上的涂装方式。适用于氟素（Fluorine）树脂涂装工程或聚酯纤维（Polyester）树脂粉体涂装工程。

3C2B

用来表示氟素（Fluorine）树脂等烤漆涂装规格的记号。3C2B是指在涂与顶涂两层涂装后，加上第一次烤漆涂装，再涂上第三层（一般是透明涂膜）进行第二次烤漆涂装。

磨砂面处理

阳极氧化处理（Alumite）之前，先用腐蚀性药剂将铝材表面处理成粗糙状。

可拆卸式幕墙用填缝材料

在施工现场将可拆卸式幕墙中的横龙骨与竖龙骨接合所使用的填缝材料。

金属幕墙的缺陷

点状锈蚀

铝金属特有的斑点状锈蚀现象。虽然铝是不容易生锈的金属，但受使用条件影响会有白锈产生。

金属幕墙的制造

铝合金圆柱体

呈圆柱状的铝合金，是挤出成型材的原料，用铝锭（Ingot）铸成。用英寸标示直径来表示尺寸，常用尺寸为15～25cm（照片4-3-16）。

挤制用钢模

制造铝挤出型材时，利用油压缸（Cylinder），将受热的铝合金圆柱体（Billet）挤出时所使用的钢制模具。

钢模线痕

挤出成型材在制造过程中产生数条线状微米级别的凹凸痕迹。根据挤出成型材的截面形状或挤压速度的不同，产生钢模线痕的情形也不相同。

照片4-3-16　挤出成型材的原料—铝合金圆柱体

横纹

滚压轮在金属板留下细微皱痕。

金属板类的材料

弯曲板材

将金属板弯曲加工成便当盒状，安装在加强框或基材上的板材。

切板（Cut Panel）

将裁切过的金属板安装在补强框上的板材。主要使用厚铝板（厚度3 mm以上）。这是比弯曲板材高级的样式。

钢板隔热板材

俗称夹心板（Sandwich Panel）。将隔热材料夹心在弯曲加工过的钢板中，已有规格化的各种相关产品。宽幅600～1000 mm，厚度25～50 mm，可满足长尺寸的需求。隔热材料使用聚氨酯（Polyurethane）、异氰脲酸酯（Isocyanurateform）等。

铝铸板材

铝合金铸造出的板材。将热融铝合金流入以特殊砂制作的铸模中，而制造出的板材。

铝蜂窝板

在两片铝板中夹入蜂窝状的铝芯料，使之一体成型的板材。有树脂胶粘，或金属焊接等种类。

铝复合板

在厚度为数厘米的塑料材料两面贴上薄铝板的建材。

铝制成型饰面板

宽幅100～150 mm的铝制挤出型材料，在墙或天花板的完工饰面工程中使用。形状有凹凸状、鳍状等（照片4-3-17）。

钢制波浪板

将钢板滚压成波浪形、山形等长边尺寸的墙饰面材料，宽幅在450 ~ 750 mm的各种制成品。

珐琅钢板

在钢板表面涂布玻璃材质的釉药，以烤炉进行烤漆涂装。与树脂涂装不同，属于无机质的完工处理，抗老化也耐冲击。

磷酸盐处理镀锌钢板

将电镀锌钢板施以磷酸盐钝化处理的钢板材。

镀铝锌钢板（Galvalume Steel）

将锌43%、铝55%，以及其他的合金电镀融化而形成的钢板。具有高度防锈性能，广泛运用在外部装修工程中。

锚钉螺钉

从铝板材的内面以焊接固定的短螺钉。

金属板材的缺陷

水斑（Water Spots）

养护膜长时间铺设在涂装板上，残留下水滴状的斑点。通过养护膜的水蒸气闭锁停滞在气泡中，并渗透进入养护膜而发生变色的状况。

阳极裂纹

阳极氧化皮膜因高温或加工等原因产生的裂纹。

墙板

墙板（Siding）

表面修饰处理完毕的板状制品，干式外墙材的总称。一般在围板上以钉作固定，施工快、相对低价，是外墙材料的主流。近年来也出现了专用的固定金属配件。按照材质分水泥制品、金属、木质、塑料等种类（图4-3-16、图4-3-

照片4-3-17 铝制裙板

照片4-3-18 双系纹加工

金属板材的制造

弯曲加工机

利用弯曲用金属模具夹住金属板，在油压床进行弯曲加工的机具。

折弯成型加工（Roll Forming）

将钢板通过多段式的滚轮，可将长尺寸的钢材依照设计样式进行弯曲加工。折板或波浪板大多使用此种加工方式。

金属切断加工

利用油压剪或老虎钳将金属板切断的机具。

氩（Argon）弧焊

利用氩气防止焊接部位的酸化，进行焊接的作业方式。多使用于铝板或钢板的焊接。主要代表有使用钨（Tungsten）电极的电弧焊（TIG Welding）。

预涂（Precoat）

将加工处理前的材料，全部一起在工厂进行涂装施工。彩色钢板或彩色不锈钢板的制造方式。

金属板材的表面修饰

双系纹加工（Hairline Finish）

金属面上单向的细微纹路，是金属表面处理中的代表工法（照片4-3-18）。

无方向性系面加工

在金属表面上出现不规则的回旋研磨状的细微纹路的表面修饰工法。金属反射面相较于毛纹面比较均质沉稳。

雾面加工（Dull Finish）

以滚轮方式在金属表面进行碾压，留下细微凹凸状的表面修饰工法。无反射作用。

图4-3-16 墙板工程中的外墙构成

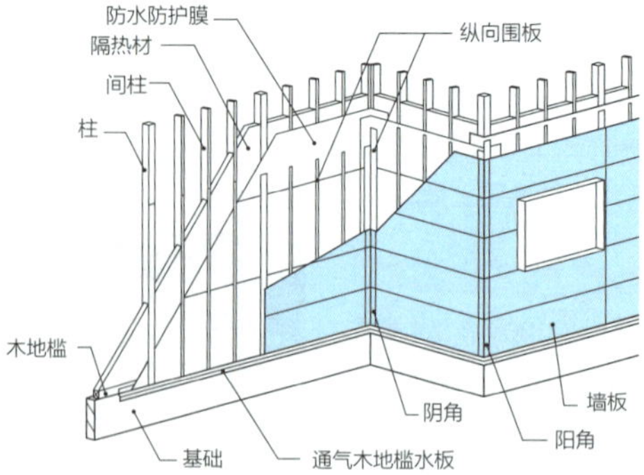

可横向围板作业，也能以专用金属配件安装

17）。

水泥类墙板

以水泥以及纤维质作为主要原料，制成板材，进行养护、硬化而成的墙板。说到墙板，最为常见的便是水泥制墙板，主要分为三类：分别是利用木纤维或木片来强化水泥等无机结合材的木质纤维加强水泥板，利用无机质、有机质纤维来强化水泥等无机结合材的纤维加强水泥板，利用无机质、有机质纤维来强化水泥以及硅酸钙板的纤维加强水泥、硅酸钙板。另外，也可分为在工厂涂装完成的产品和未涂装的产品。即使使用工厂预先涂装完成的产品，也有可能需要在经年老旧后，对其进行修补作业。

金属类墙板

以铁、铝、不锈钢、铜等金属制作而成的墙板，特征在于质量轻、易施工。特别是铝板，质量轻且不易生锈。不锈钢板与铜板具有良好的耐久性、耐候性。因为金属原料本身隔热性能不佳，故将隔热材料镶嵌其中制成的隔热墙板是主流建材（照片4-3-19）。

木材类墙板

用木材制成的外装材料。注意不能在指定的防火区域内使用。

围板

在墙壁上张贴合板等板类材料的时候，为了让合板等板类材料得以安装固定而使用的基材。分别有纵向围板与横向围板，一般安装间距 33 ~ 45 cm。在外装用途时，在墙板与主体结构之间做出通气层的称为通气围板（图4-3-18）。

填缝材料

为防止漏雨或风从缝隙进入室内，使用在墙板的接合处用来填充缝隙的材料。种类有聚氨酯（Urethane）系列、硅树脂（Silicone）系列等。

图4-3-17 墙板的铺设方式（单位：mm）

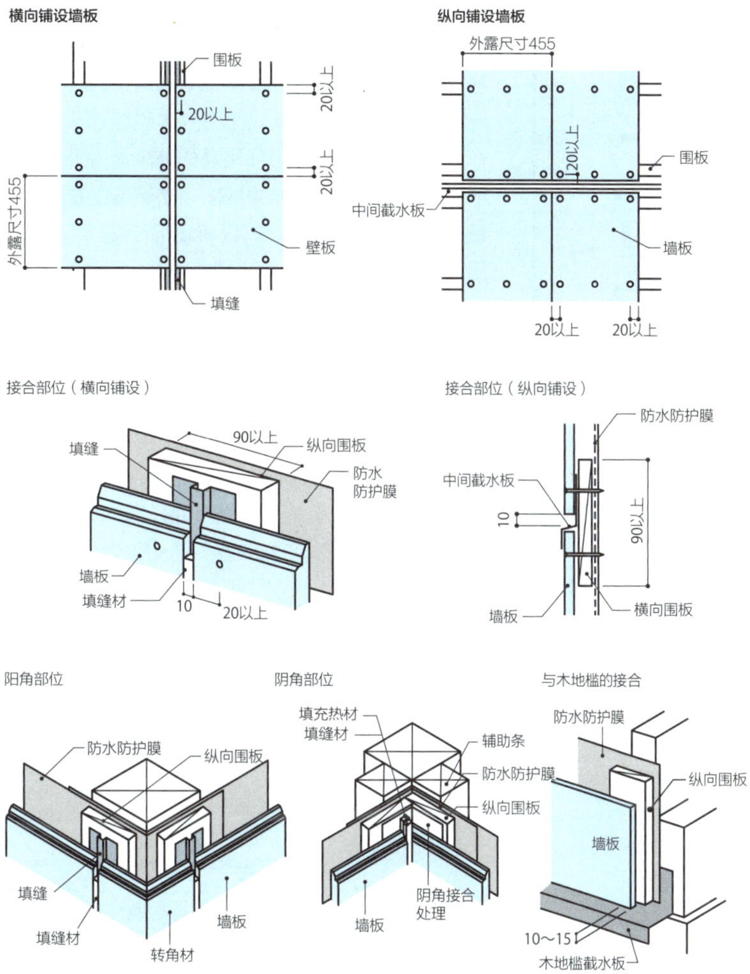

照片4-19 金属系列墙板

图4-3-18 开口部位周围的通气围板设置方式

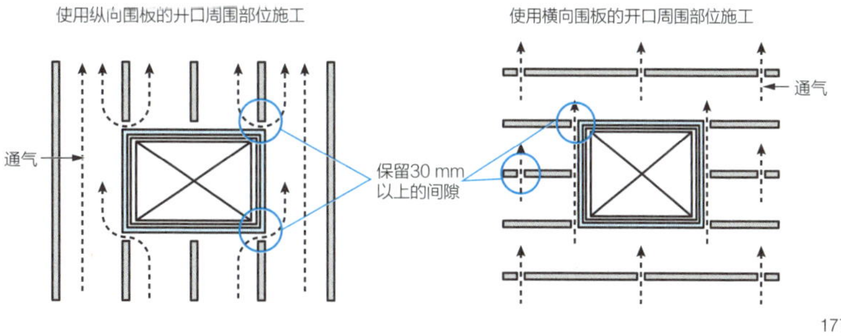

玻璃工程 4.4

材料

浮法玻璃

利用浮法工艺制成的玻璃，是现在最常见的透明玻璃。浮法玻璃的制作过程是将玻璃熔液浮在高温锡液的表面，形成平滑的玻璃面（图4-4-1）这一工艺也因此得名。浮法玻璃作为建材时可以生产厚度为2～25 mm的产品，常用厚度为6～15 mm。可以生产的最大宽幅3 m，最大长度10 m。图面上多以FL标记（图4-1）。

乳白玻璃

将浮法玻璃的一面通过喷砂加工后，再经过药物处理制成的乳白色的玻璃，也称挂毯玻璃（Tapestry Glass）。乳白玻璃和磨砂玻璃很像，但透光性更好，不易脏且不易破碎。乳白玻璃厚度一般为5～19 mm，但耐热温度较低，抗温度急剧变化的性能差。

磨砂玻璃

以硅砂或金属刷在玻璃的单面进行磨砂加工去除光泽的半透明玻璃。

压花玻璃

制造玻璃时，将玻璃通过模具滚轮在其表面留下模具的形状，所制成的玻璃。压花会阻挡视线，具有装饰效果（照片4-4-1、图4-4-1）。

安全玻璃

可对抗冲击力带来的破坏，并确保安全性的玻璃，包括钢化玻璃与夹层玻璃。钢化玻璃不易破裂，就算破裂也会呈颗粒状。胶合玻璃因中间膜的存在，破裂也不易穿透，碎片也不容易飞射。 半钢化玻璃不属于安全玻璃。

照片4-4-1　型板加工成形玻璃一例

花形花纹　随机花纹　削石状花纹

照片4-4-2　夹层玻璃

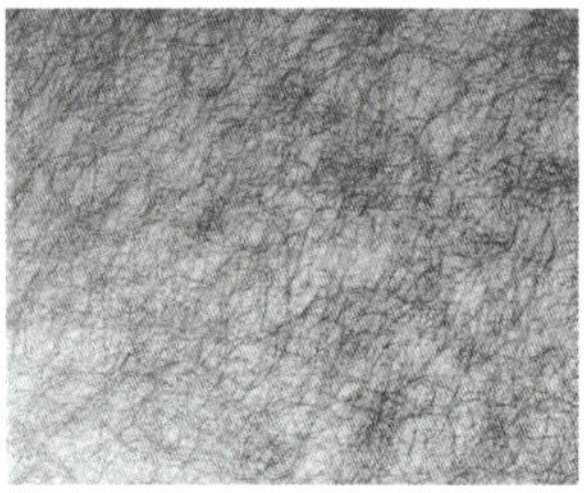

内夹和纸的玻璃

图4-4-1　玻璃种类与特征

浮法玻璃	压花玻璃	夹网玻璃	钢化玻璃
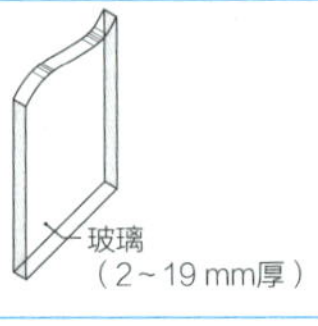		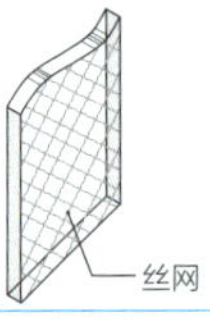	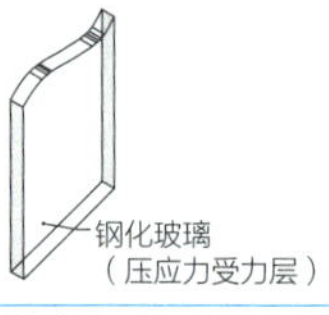
利用浮法工艺制作的玻璃，是现在最常见的透明玻璃。加工成中空玻璃、夹层玻璃之前的原形。	制造玻璃时，通过模具滚轮在玻璃的单面表面上留下模具的形状。光线扩散的同时也阻挡视线，具有装饰效果。	内含钢丝网的玻璃。具有防止玻璃飞散的功效，适用于天窗、防火设备。需要注意的是因钢丝网受热或锈蚀造成的破裂情形。	将玻璃加热提升强度至浮法玻璃的3～5倍。制成之后无法在玻璃上开孔或打磨边缘。又称强化玻璃。
胶合玻璃、合板玻璃	**中空玻璃**	**高遮蔽性热辐射反射玻璃**	**玻璃砖**
	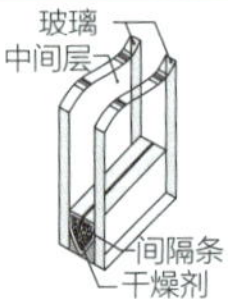	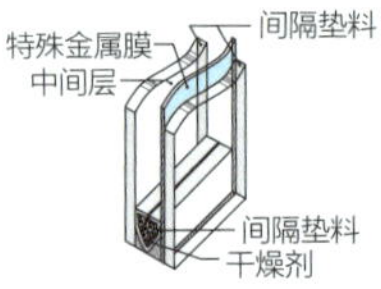	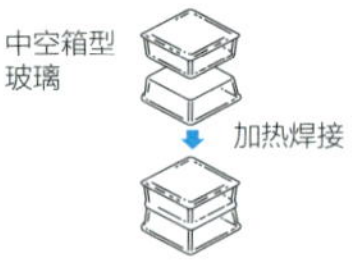
将两片或两片以上的玻璃，用强力胶粘剂加热、加压，互相黏着而成的高安全性玻璃。目的在于防止其破坏后的碎片飞溅、防盗、装饰等。	让两片玻璃之间保持密封的真空空气层，以提高隔热性的玻璃。可有效防止结露。	为现今隔热玻璃的主流。在浮式玻璃表面以金属的气相沉积作用形成薄膜。玻璃表面会因可视光线反射，能有效阻隔日照及紫外线。	内部近乎真空，隔声性好，保温性、耐火性也比较好。可作为板材，进行大面积墙面施工。

高温加热处理玻璃

为提高强度，将浮法玻璃进行高温加工处理的玻璃（图 4-4-2），包括钢化玻璃、半钢化玻璃、耐热玻璃等，根据需要的强度或相关规定分别使用。

夹层玻璃

将两片或两片以上的玻璃以强力胶粘剂加热、加压、相互黏着而成的高安全性玻璃（图4-4-1、图 4-4-2）。目的在于防止破坏后的碎片飞溅、防盗、装饰等，多在窗户、门、天窗等有安全需求的部位。此外，也有出于设计考虑，将和纸（日本的传统手工纸）夹在其中的使用方式（照片4-4-2）。普遍的制造方式是在玻璃中夹入PVB树脂或者EVA树脂等的中间膜，放入加热炉中使之熔化并粘结玻璃，也有流入丙烯类系树脂使之产生硬化作用的制造方式。

钢化玻璃

又称强化玻璃（Tempered Glass）。将玻璃加热到达软化点（650 ~ 700 ℃）后，均匀地吹气使之急速冷却，玻璃表面形成均匀压应力，成为钢化玻璃。耐冲击性及抗风压强度比一般的玻璃高出 3 ~ 5倍，钝角碎颗粒状（图 4-4-1）。

半钢化玻璃

制造方式与钢化玻璃相似，但由于冷却速度慢，强度比钢化玻璃低。

夹丝玻璃

在外墙防火门或天窗部分必须使用的内含钢丝网的玻璃。与钢化玻璃一样，都具有防止碎片飞散的效果。此种玻璃适用于防火设计要求（图4-4-1）。

钢丝玻璃

取代钢丝网，将钢丝平行配置于玻璃内的玻璃。此种玻璃遇高温破裂后碎片易剥落，所以不防火。

有色玻璃

又称吸热玻璃。为了吸收日光热辐射，在玻璃中加入微量的铁、镍（Nickel）、钴（Cobalt）等有色金属元素，制造成蓝色（Blue）、灰色（Grey）、青铜色（Bronze）、绿色（Green）等有色的玻璃。比起透明玻璃，可吸收较多的日光热辐射，也能适度地抑制红外线、可见光、紫外线的穿透。此种玻璃在全世界的产量都在逐渐减少。

热反射玻璃

又称热反玻璃。生产时在浮法玻璃表面喷涂热熔金属或金属氧化物，形成反射膜的玻璃。用在建筑物的立面工程，可如镜子般反射热与光线。因其制造方式也可称为“On-line热反玻璃”。因为反射膜质地坚硬，又称为硬膜玻璃。 若在有色热吸玻璃上附加反射膜，则为吸热热反玻璃。工程上现在几乎都使用高性能热反玻璃。

Low-E玻璃（低辐射玻璃）

在玻璃表面进行低辐射覆膜处理（主要使用银），降低辐射率的玻璃（图4-4-2），具有高隔热性、高阻热性的特点。此类玻璃在其表面镀多层薄膜，因镀膜易受到损伤，所以需要制成中空玻璃使用。Low-E玻璃的特征在于可见光的穿透性佳，且玻璃的透光性不会受到影响。

此外，可将中空玻璃的覆膜面，变成屋外侧或室内侧的方式来调整阻热、隔热的性能。为了进一步提高隔热性能，可在玻璃覆膜中纳入两层银膜，制成双银Low-E玻璃。

高遮蔽性热辐射反射玻璃

也称高性能热反玻璃或溅射法玻璃（Sputtering Glass），是目前隔热玻璃的主流。将浮法玻璃置入真空炉，以炉内的金属靶（Target）作为电极，进行高压放电，电子在玻璃表面沉积作用，形成薄膜。薄膜较为脆弱，施工或清扫时需留意。

图4-4-2 主要玻璃生产线流程

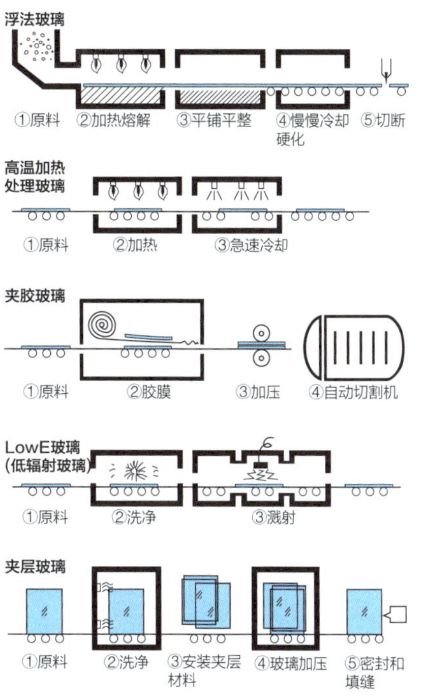

照片4-4-3 高透明玻璃

特种玻璃

有智能调光玻璃、低反射玻璃、无反射玻璃、电磁波辐射屏蔽玻璃等。

高透明玻璃

又称超白玻璃。也称低铁玻璃。普通玻璃因为原料中铁的影响，呈现绿色，若减少铁的用量，透明度可提高（照片4-4-3）。高透明度玻璃的制造方法虽与浮法玻璃类似，但因原料价格或生产效率等因素，成本较高。原来多用在展示空间等场所，如今也作为建筑物外装材料来使用。

中空玻璃

在两片玻璃之间以间隔条保持一定的间距，将周围密封，让两片玻璃之间的内部空气保持干燥，是具有高隔热性能的玻璃（图 4-4-1），也可防止结露，也称双层玻璃（Pair Glass）。为提高性能以镀膜的Low-E玻璃制作的中空玻璃称为 Low-E双层玻璃。此外，也有在玻璃与玻璃之间封入膜或在中空层灌入氩气以增强隔热性能的中空玻璃，已开发出各种各样的玻璃建材产品。

真空玻璃

在两片玻璃之间，以格子状排列0.2 mm的不锈钢球，将周围密封后内部抽成真空的特殊复合玻璃。真空玻璃类似保温瓶原理，具有高隔热性能。因没有类似中空玻璃的较厚空气层，总厚度较薄，可以嵌入既有门窗框的窄沟槽中，现在也开始运用与保温改造工程。

喷砂玻璃（Tapestry Glass）

将玻璃表面以喷砂工艺处理成粗糙面之后，以氢氟酸（Hydrofluoric Acid）进行腐蚀，形成表面平滑、不透明的玻璃。与磨砂玻璃不一样，喷砂玻璃不容易弄脏。

防火玻璃

具有开口部位防火门应有性能的玻璃，一般使用夹层玻璃，还有低胀玻璃与超强玻璃。低膨胀玻璃多指硼硅酸盐（Borosilicicacid）玻璃与石英玻璃，因热膨胀率极低，就算受热也不会破裂，所以具有防火性能。此外，防火钢化玻璃因进行过受热处理，具有比钢化玻璃高两倍的强度，可以承受火灾时产生的热应力。防火钢化玻璃本身承受应力的变形量小，价格比钢化玻璃昂贵。

隔声玻璃

为提高隔声性能，在玻璃中间使用特殊胶膜的夹层玻璃。玻璃具有所谓吻合效应（Coincidence Effect）的共振现象，即特定的声波频率会降低其隔声性能。隔声玻璃利用柔软、特殊的胶膜吸收振动，降低吻合效应，提高隔声性能，所以其隔声性能不可无限度的提高。对于隔声效果要求严格的场所，其门窗需使用双层隔声玻璃。

低反射玻璃

将光的反射率降低到 1% 的玻璃。与光反射率为8%的浮法玻璃相比，反射光少，常用于博物馆和美术馆的展区或店铺的橱窗。因双面都有特殊涂层，维护时需小心。

条纹玻璃（Blind Glass）

将浮法玻璃的双面错位，进行条形霜化后的玻璃。从正面看视线被遮挡，但斜着可以看到对面。在室外也能使用。

百叶双层玻璃

在双层玻璃之间加上百叶，通过调整百叶的角度来控制光和视线。在室内，它比条纹玻璃的隔热效果更好。因百叶被密封在玻璃之间，所以不用担心百叶折断，同时也省去了清扫的麻烦。

调光玻璃

在双层玻璃之间镶上功能性液晶膜，通过通电来进行透明和不透明的切换，从而实现调光作用的玻璃。已开发出树脂板间镶薄板的玻璃、可以贴在玻璃上的低成本膜等。调光玻璃也可以用于遮挡夕阳、用于外窗将其作为投影仪的屏幕、将作为房间的隔墙等。

烤漆玻璃

是一种极富表现力的装饰玻璃，可以通过喷涂、滚涂、丝网印刷等方式来制作。

无线电波传输玻璃

电波可以穿过，可以传播无线电波的高性能热辐射玻璃。为防止电波收信产生障碍，让建筑物外墙具有吸收电波的性能，需考虑玻璃的性能。浮法玻璃或热反玻璃可以正常地使用，但高性能热反玻璃因金属膜的影响，容易反射电波发生影响传播，所以也有特别考虑膜种类来抑制反射率的电波传输型玻璃。

表4-4-1 主要透过材料比较

材料名称	丙烯酸	聚碳酸酯	玻璃
优点	透明性最好 良好的持久性 良好的可加工性	不易破裂 不易燃	不易划破 持久性良好 不可燃
缺点	高温变形 易燃	易划破 不易加工	易破裂 难加工 重量大
透明度	93%	86%	92%
加工性	良	差	差
耐候性	强	非常强	易破损 破损处易发生危险
硬度（将聚碳酸酯设定为1）	3~4	1	10
燃烧性	可燃	难燃	不燃
密度（g/cm^3）	1.19	1.2	2.5

原始玻璃

没有像钢化玻璃等那样经过加热处理的玻璃。

装饰玻璃

压花玻璃、条纹玻璃（Blind Glass）、彩绘玻璃（Stained Glass）（照片4-4-4）、日式和纸玻璃等经过装饰处理的玻璃。

彩色玻璃（Stained Glass）

装饰玻璃的一种。传统工艺中用铅制格棂将玻璃色板组合，然后在色板上绘图制作。现在有使用水泥或树脂做格棂的工法，也有将玻璃加热使其融合的工法，也可以与双层中空玻璃或防盗玻璃组合设计。

防滑玻璃

在玻璃表面规律地将小颗粒状玻璃热熔，产生防滑效果。原本玻璃不适用于楼地板，但也有运用玻璃的透光性，将之用作楼地板的设计手法。为了防滑，也有将有深缝的喷砂玻璃作为屋外楼地板的案例（照片4-4-5、照片4-4-6）。

照片4-4-4 彩绘玻璃

照片4-4-5 防滑玻璃

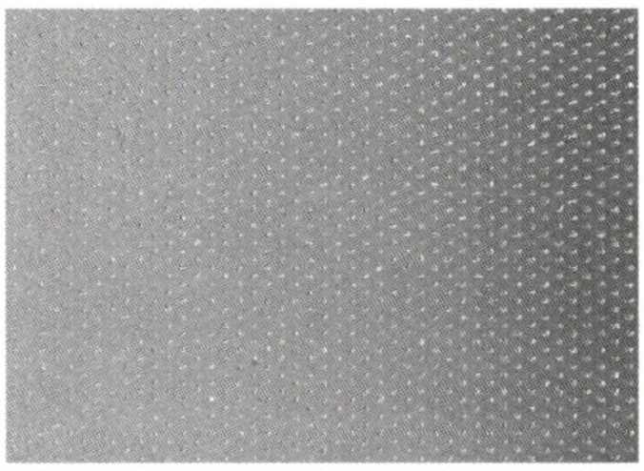

照片4-4-6 户外玻璃地板

丙烯酸（亚克力）

合成树脂的一种。比玻璃的透明度高，虽然是树脂，但表面较硬且耐候性强（表4-4-1），抗冲击性是玻璃的10～16倍，容易加工，也容易通过接合剂着色。亚克力广泛应用于大型窗户的建材、大型水槽、陈列橱、照明器具、看板、浴槽、坐便器等部位。

聚碳酸酯（PC）

透明度不如玻璃，价格高，质量较轻，易加工着色，具有阻燃性，抗冲击性是丙烯酸或聚氯乙烯树脂（PVC）的数倍。PC板材在拱廊或车棚、屋顶等地使用较多，但在室外使用时需要进行耐候处理。

中空聚碳酸酯板

用特殊技术使聚碳酸酯一体成型的中空板，比厚度相同的玻璃板轻1/10，刚性和保温性能佳，透光性也好，由于中空部分加上X形结构的螺纹，刚性会更强。

聚氯乙烯树脂（PVC）

比亚克力或聚碳酸酯（PC）等价格便宜，透明性和耐候性较差，但相对较软，易加工。聚氯乙烯建材包括聚氯乙烯板材、聚氯乙烯卷材、树脂窗框、聚氯乙烯管材等。

玻璃钢（FRP）

用玻璃纤维等提高塑料轻度的复合材料。玻璃钢质量较轻且有一定的强度，耐水性、加工性、抗腐蚀性、耐化学性强，热膨胀率较小，容易褪色。在市面流通的有平板、波浪板、隔栅等。

照片4-4-7 DPG工法

图4-4-3 DPG工法

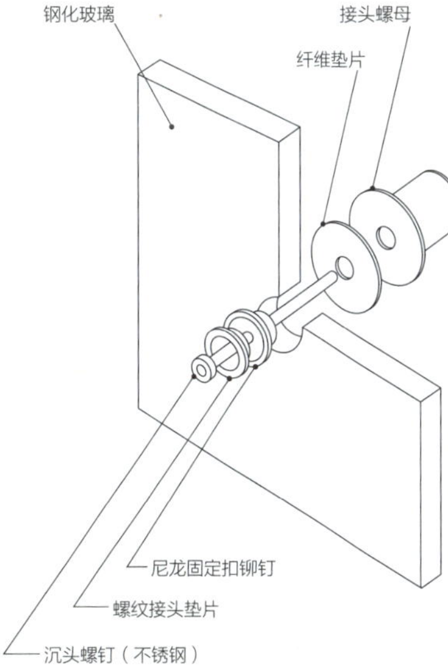

构造

无框玻璃

不使用门窗框来支撑玻璃的方式，有在玻璃的角部穿洞，用螺钉固定的DPG工法，还有在接合交叉部位安装金属接驳件包夹玻璃的MPG工法。

双层玻璃窗

装两层玻璃的玻璃窗。隔声和隔热的效果好，但开关不方便。内外窗框之间距离过大或者不密封内部进入空气的话，隔热性能就会下降。另外，如果玻璃间的空气受潮，那么有可能出现结露现象。

DPG工法

DPG是"Dot Point Glazing"的缩写。在玻璃角部开孔，利用金属配件支撑并固定在结构体上的工法。此种方式不仅无框，还可以支撑大面玻璃，适用于挑高中庭外墙或者天窗等（图4-4-3、照片4-4-7）。

MPG工法

MPG是"Metal Point Glazing"的缩写。在玻璃角部或者边缘部位，以圆盘状的金属配件支撑的工法。比起DPG工法，无须开孔，可降低成本是此工法的优点（图4-4-4）。

SSG 工法

SSG 是“Structure Silicone Glazing”的缩写。利用具有可塑性的硅酮结构密封胶作为填缝材料，将玻璃固定于门窗框上的工法。一般做法是将玻璃嵌夹在门窗框的沟槽中，再以填缝材料或垫材固定。SSG工法是即使外侧没有门窗框，也可以将玻璃固定住的工法。若填缝材出现粘结不良的情形，可导致玻璃脱落（图4-4-5）。

玻璃肋工法

使用硅酮结构密封胶将玻璃面固定在支撑玻璃肋上，使用在较大型玻璃隔墙的工法。根据玻璃肋的形状，分成单边肋、双边肋、贯通肋。属于利用硅酮结构密封胶的黏着力来抵抗风压的结构工法，是将SSG工法的变形做法。大多运用在建筑物的层高大的大厅或店铺的展示空间等位置。

U形玻璃

将玻璃板压制成U形的玻璃，也称槽形玻璃，能将两端架起连续排列。根据抗风、隔热和隔声等要求，可采用单层、双层或箱体等施工方法。

工法、施工

映像调整

热辐射反射玻璃建筑外墙的光反射的调整工作，包括选择合适的玻璃或门窗框和在玻璃嵌合时调整玻璃的角度位置（照片4-4-8）。

切断加工

切断玻璃时，需使用超硬质合金切断器，先在玻璃表面上留下切痕，再行折断的加工方式。切断面与玻璃面材垂直、没有凹陷也没有隆起的切断方式称作精确切断。夹网玻璃的切断施工也使用此种方式。为了切断钢丝网，需将玻璃放置在加工台上，进行强力切断作业。此外，进行曲线切断作业时，会使用到内含研磨材料的高压喷射水枪。

切口细部处理

将玻璃切断后的边缘加工处理（图4-4-6）。基本处理方式有将边端细磨成45°倒角面，以及仅将切口凹凸不平整部位磨平等。也有根据玻璃的使用用途，去除边缘锐角，做成倒角面，或是磨成有如日式食品“蒲锌（鱼板）”的圆弧状。

玻璃安装专用机（Glazing Machine）

一般是以人力或绞车（Winch），以吸盘吸附玻璃，进行玻璃的安装作业，或使用玻璃安装专用机具（照片4-4-9）。虽然施工省力，但因体积大，无法用在已完工的建筑中。

照片4-4-8 精细调整过的反射玻璃建筑立面

图4-4-4 MPG工法

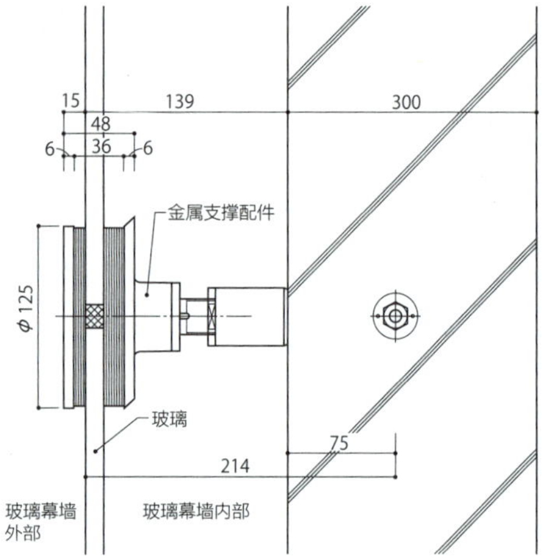

图4-4-5 SSG工法

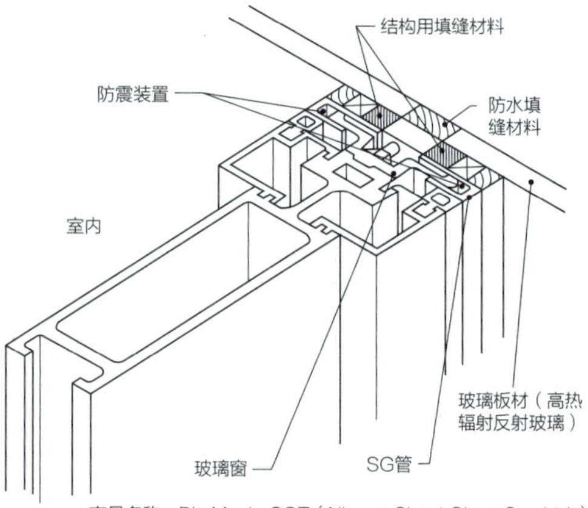

商品名称：Big Mask-SGT（Nippon Sheet Glass Co., Ltd.）

图4-4-6 玻璃切口处理方式

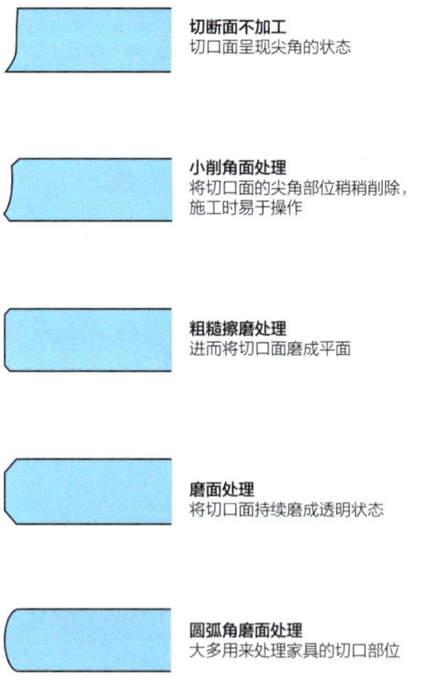

玻璃膜（Glass Film）

在玻璃表面上张贴的树脂膜。有各式各样的功能，包括养护、防止碎片飞溅、上色、调节光照、隔热、视线隔绝、装饰等。

缺陷

自爆

不因过度外力或温差等原因，玻璃本身自然发生破裂损害的情形。经热处理玻璃易发生自爆现象，部分是因为损伤发展出来的破坏，但大多是因为玻璃内部含有不纯物质发生膨胀作用所引起的。玻璃中的不纯物质Nis（硫化镍）在高温下虽然呈现α型的稳定状态，但随着温度下降，几乎全部会转为β型的不稳定状态。以α型稳定状态残留在玻璃中的Nis（硫化镍），若变成β形态，会发生体积增加的现象，进而破坏玻璃内部的应力平衡。为了防止破坏所带来的脱落情形，可以制作成夹胶玻璃，或是张贴防止碎片飞溅的护膜（照片4-4-10）。虽然各玻璃制造业者在出货前会进行热吸收测试（Heat Soak Test）（照片4-4-11），强制性地促使缺陷玻璃自爆，但也有在测试中被漏掉，成为“漏网之鱼”的玻璃产品。

热吸收测试

也称热处理测试，制成钢化玻璃后再次加热，使由于杂质混入造成强度不够的玻璃进行强制破坏的实验（照片4-4-11）。

受热破裂

因日照等加热作用，窗户玻璃内部温度产生温差变化，在玻璃周边产生拉应力使其破裂的现象。

锈裂

夹丝玻璃的钢丝网切口部位发生锈蚀，而造成玻璃破裂的现象。大多是因为受热破裂而引发。在排水不良的门窗或者水池等地方，受到氯（Chlorine）影响，容易从玻璃切口部位开始发生锈蚀。因此会在切口部位涂抹防锈涂料、防锈油，并贴上丁基橡胶垫片，作为防锈对策。

映像歪斜

映射在外装玻璃上的影像发生歪斜的现象（照片4-4-12）。原因在于高温加热处理过的玻璃易发生隆起、波浪纹、复层玻璃的凹凸变形等，歪斜程度受到制造技术的影响而有很大的差异。即使使用没有前述原因的玻璃，也会因为施工时的不合理施力而发生映射影像歪斜的现象。

白色水垢

玻璃面上产生的白色痕迹（照片4-14-3）。玻璃持续地暴露在水中，溶解于水的碱性成分与空气中的二氧化碳结合，堆积在玻璃表面形成白色垢痕。若只是下雨，不会发生此种现象，但水池或者浴室、淋浴间、喷水设备旁等会碰触到大量积水的地方就容易发生。若要防止白色水垢残留，则需定期清理。

分层（Delamination）

夹胶玻璃发生部分剥离的分层现象（照片4-4-14）。夹胶玻璃的树脂膜层若接着不良，则会出现像蕨叶般的气泡，原因包括黏着不良、制造时的玻璃清洗不充分、中间膜含水过多等。但是就算没有这些原因，仍然很难让接触外部空气的切口部位不发生细微的分层剥离状况。

照片4-4-9 玻璃安装专用机

照片4-4-10 强化玻璃自爆的裂纹

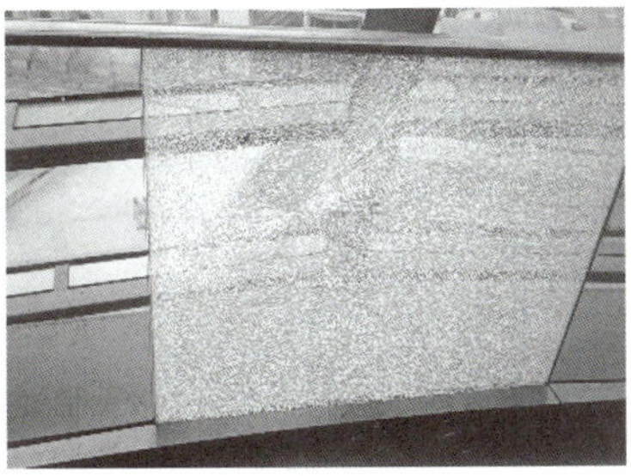

照片4-4-11 热吸收测试

照片4-4-12 镜面玻璃面的映像歪斜

照片4-4-13 白色水垢

照片4-4-14 分层剥离

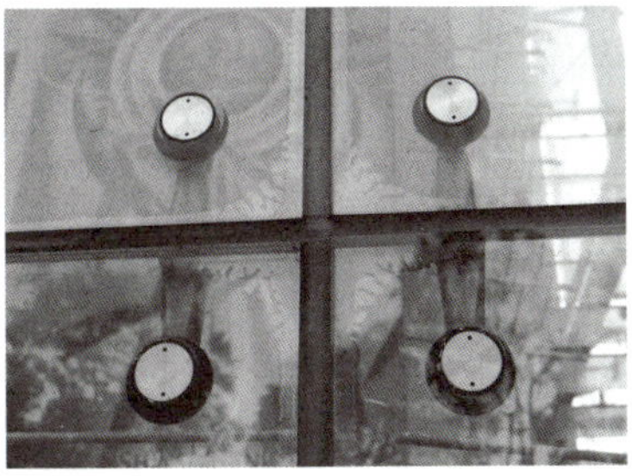

瓷砖工程 4.5

材料

瓷砖

以黏土为主要原料，加以塑形并烧制成片状、类似陶瓷质地的薄板（表4-5-1、表4-5-2、照片4-5-1）。为与形状、质感相似的其他材料区分，也称作陶瓷瓷砖。按照吸水率不同分成：未满1%的瓷砖是以1300 ℃左右烧制、硬化成质地精致细密的瓷砖；5%以下的以1200 ℃左右烧制成质地稍软的瓷砖；22%以下的瓷砖是以1100 ℃左右烧制而成，质地软，主要用于室内；也有吸水率22%以上的瓷砖。制造方法包括：将粉末状的原料以高压压制的干式制法，以及将黏土状原料利用挤出或铸造成形的湿式制法。外装瓷砖的尺寸，以砖块尺寸为基准，与砖块截面大小相同的称作“小口平”，与砖块长边尺寸相等的是基本型“二丁挂”，其1.5倍是“三丁挂”，其两倍是“四丁挂”。此外也有小尺寸的“50 角”（译注：边长为50 cm以下的正方形）、“50二丁”（译注：50角的两倍）等的马赛克瓷砖。也有内装建材的“100角”（译注：边长为100 mm以下的正方形）、圆形或不规则形状等。大于一般常见瓷砖尺寸的称作大型瓷砖，最大可制造出约600 mm×900 mm的瓷砖。

原料

制造瓷砖的原材料。将砂、石、黏土等原料磨成细粉并加以混合，制成坯土，倒入模具中烧制硬化形成瓷砖。瓷砖依原料及烧制方式不同，性质有很大的差异，特别是吸水率。日本依照吸水率的不同，分为瓷（吸水率1%以下）、釉（吸水率5%以下）、陶（吸水率22%以下）三类。

琉璃

用来涂在瓷砖表面，加温烧制出色彩、光泽的无机质材料。包括为呈现珍珠光泽添加锡、钛的光栅（raster）琉璃，或在烧制过程中自然发生变色的窑变琉璃，以及消除光泽效果的无光琉璃等。

原色瓷砖

无釉的湿式制法瓷砖。大多呈现砂或黏土等原料本身的原色。

着色瓷砖

无釉的干式制法瓷砖。在原料中混入颜料上色。

外墙瓷砖

使用在建筑物外部的高耐候性瓷砖。大多使用瓷、釉类型的瓷砖。

表4-5-1　瓷砖类别与尺寸

类别	名称	尺寸（mm）
马赛克瓷砖	八分	24.5×24.5
	50角（正方形）	45×45
	50二丁	45×95
外墙瓷砖	小口	108×60
	边砖（Border）	227×40
	二丁挂	227×60
地板瓷砖	100角（正方形）	94×94
	100角（二丁）	194×94
内装瓷砖	100角	97.5×97.5
	200角	197.5×197.5

注：红砖的短边切口面积为108 mm×60 mm，长边切口面积为227 mm×60 mm。

表4-5-2　瓷砖的烧制温度与性质

原料性质	烧制温度	原料特征	适用范围
瓷质砖	1250°C	肌理细致，厚度薄，耐用	室外、地板皆适用
釉质砖	1200°C	黑炉高温烧成，厚度薄，耐用	室外、地板皆适用
陶质砖	1000°C	肌理粗糙，有厚度，耐用	仅适用于室内装修墙壁
粗面砖	800°C	肌理最为粗糙，有厚度，质地稍脆弱	室外、地板皆适用。需留意受寒的冻害

照片4-5-1　各国瓷砖

葡萄牙的瓷砖：瓷砖画（Azulejo）。
在白色上釉的坯体上画出彩色的图案。

马来西亚的瓷砖：彩色浮雕（Relief）。
大多是华丽的图样，用在墙壁腰线部位等。

摩洛哥的瓷砖：图样瓷砖（Zellige）。
用土坯砖窑烧制而成，铺设出马赛克图样。

西班牙的瓷砖“赤土砖（Terracotta Tile）。
素烧（低温烧制）土砖质感，多使用地板上。

素烧（低温烧制）的赤陶砖（Terracotta）铺设而成的楼地板。与装饰性的壁面形成对照，常见与西班牙或葡萄牙。

大型瓷砖

比一般瓷砖尺寸大的瓷砖。尺寸介于300 mm×300 mm至600 mm×900 mm。不适用于一般的现场瓷砖铺贴方式，大多以干式工法、预埋工法作业。

小型瓷砖

瓷砖中的小尺寸（60 mm × 108 mm）的瓷砖。长边加倍的瓷砖（60 mm×227 mm），其宽度是将两块小型瓷砖加上接缝后的尺寸。

陶板

类似外墙瓷砖的的建材用陶制品。比普通瓷砖或红砖重，体积较大，厚度较大。原本是指装饰用的原始陶制品，现在生产出质地硬、尺寸精细的百叶造型，或者外装板材等多种形式。近年可在各知名高层建筑上见到此种建材的运用。

刮纹瓷砖（Scratch Tile）

有梳痕纹的复古风格湿式瓷砖。

不规则瓷砖

将瓷砖打碎，以不规则碎片铺成的瓷砖。

光栅瓷砖（Raster Tile）

在瓷砖表面披覆锡或锌的薄皮膜，呈现珍珠般的光泽的瓷砖。

仿古砖（Brick Tile）

预先固定在模板上施釉，表面不规则凹凸的、体积较大的瓷砖。

马赛克瓷砖

小型瓷砖，一般是指边长为10 ~ 50 mm的正方形瓷砖（照片4-5-2）。

光触媒

借助紫外线活化作用，能分解污染物质的瓷砖涂料。原料含有二氧化钛。瓷砖本身已是不易污染的材料，为进一步达到防止污染的抗菌效果而开发出的涂料。

图4-5-1 瓷砖背部凹槽尺寸

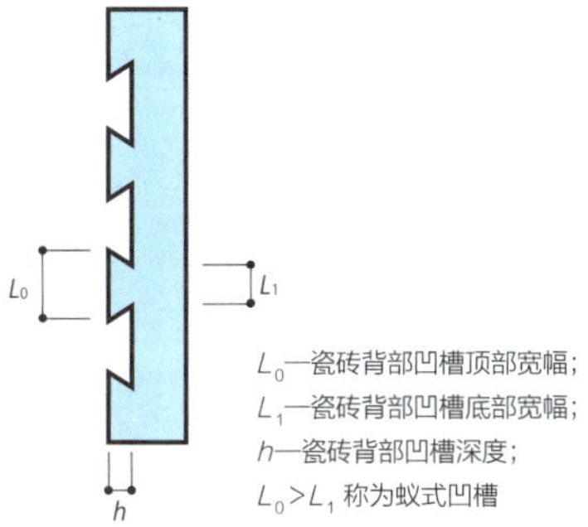

照片4-5-2 铺贴马赛克瓷砖的厨房

图4-5-2 建筑石材的分类

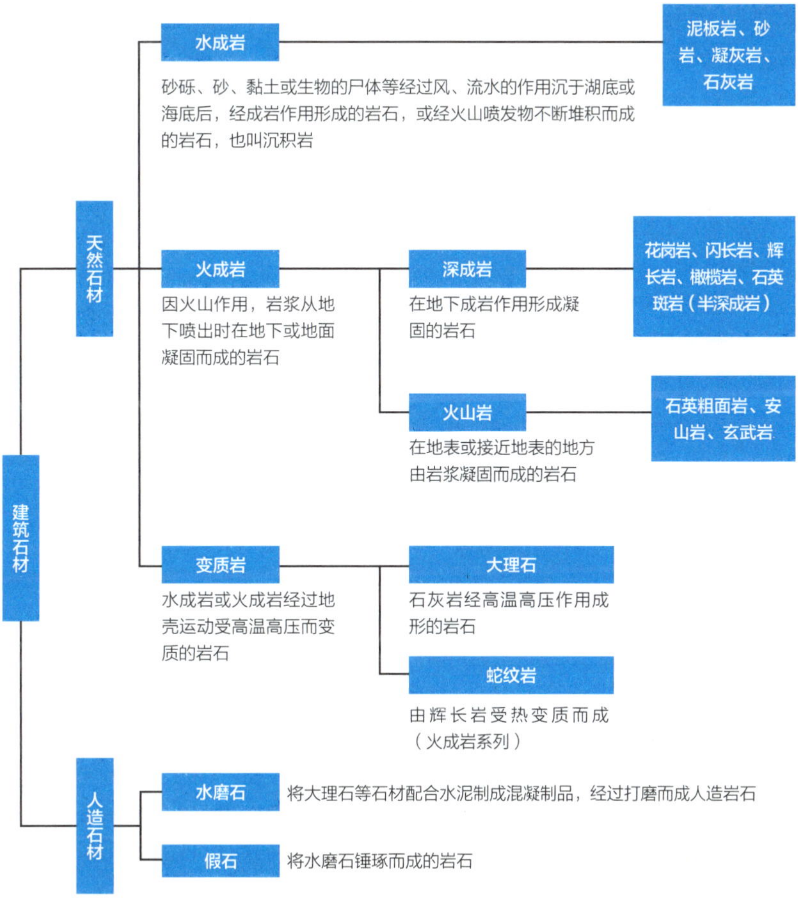

瓷砖背部凹槽

指瓷砖背面如肋骨般的凹凸形状（图4-5-1）。铺贴瓷砖时，为了让瓷砖更好的抓附在水泥砂浆上，瓷砖背面开槽的深度与形状是很重要的因素。外墙瓷砖的背部必须做凹槽。进口瓷砖中有无凹槽处理的。瓷砖凹槽高度有相关规定，小型瓷砖高度需在1.5 mm以上，马赛克瓷砖则是0.7 mm以上。

方形瓷砖

表面基本是平整的普通瓷砖。易施工，可将多个瓷砖排列成一个单元块进行销售。

异型瓷砖

方形瓷砖以外的特殊形状的瓷砖的总称。常用于拐角及开口处。

倒角瓷砖

将侧面加工成圆形的用于拐角的瓷砖。分为只加工一边的单边倒角瓷砖和相邻两侧都加工的两边倒角瓷砖。

踏步防滑瓷砖

异型瓷砖的一种。安装在楼梯踏面前段（鹰钩）处的瓷砖。有防滑的沟槽或凸起。

大理石

石灰岩再次结晶后的变质岩的一种。结构虽然不同，但一部分蛇纹岩、石灰岩也被当作大理石。市面上流通的大多产自欧洲或亚洲。可干磨也可水磨。耐酸性差（图4-5-2）。

御影岩（花岗岩）

御影岩是将火成岩的花岗岩或辉长岩等加工成石材后的统称。花岗岩的耐酸性强，坚硬不易风化，作为内外装修用的材料被广泛使用，但耐火性较差。根据颜色分为白御影、樱花御影、黑御影。有干磨、水磨或荔枝面加工等多种的表面加工手法。

铁平石

简单来说是切割成薄板状的石料，比较有名的是安山岩的諏访铁平石、佐久铁平石、印度尼西亚产的爪哇铁平石等。一般呈方形或碎石形态，用来作铺路石材或砌墙石材。

大谷石

凝灰岩的一种，产地为栃木县的旧大谷町（现宇都宫市）附近，多用于修筑石头围墙、堤坝、仓库或铺路。它的特点是有凹进去的茶色斑点。

砂岩

砂砾硬化的沉积岩的一种，主要作为不规则石材使用，抗风化性能差。砂岩自古被用于世界各地的建筑中。在日本，印度砂岩十分有名。日本国产砂岩中，谏早石和以锈色条纹为特征的多胡石最具有代表性。

泥板岩

颜色有浓绿、青灰和黑色，稍有光泽、质地细腻，易加工成薄板。屋面铺设材料中使用的石板就是泥板岩的一种。

凝灰岩

火山灰碎屑硬化成的沉积岩的一种，易风化，防火性强，其中大谷石、十和田石、伊豆青石具有代表性。保温性好且防滑，因此常用于浴室。

石灰岩（Lime Stone）

沉积岩的一种，主要成分是碳酸钙。常用作水泥的原料以及混凝土、道路的材料等。

水磨石

将大理石的碎石和颜料、白水泥混合凝固而成的、打磨平滑的人造石。除了工地现浇外，市面上也销售板状或块状的产品。也有用树脂凝固的树脂人造石。

人造石

将碎石、颜料、白水泥混合凝固而成的人造石，用于制造板材、路缘石、楼梯、车挡等，也用作景观材料。广义的人造石也包括FRP等。

缺陷

彩虹纹污损

施工后的瓷砖保护膜出现多彩的状的污损，污损类似彩虹的颜色，因此以“彩虹”来形容此类状况。在基材处理时，水泥成分和二氧化碳反应产生的硅酸表膜出现色调干扰。依基材种类，有的彩虹污损现象较为醒目，特别是光栅瓷砖（Raster Tile），即使是事先注意也可能发生污损。若要去除彩虹污损，需使用化学性质强烈的氢氟酸（Hydrofluoric Acid），同时要特别留意勿损伤瓷砖。

图4-5-3 瓷砖接缝种类

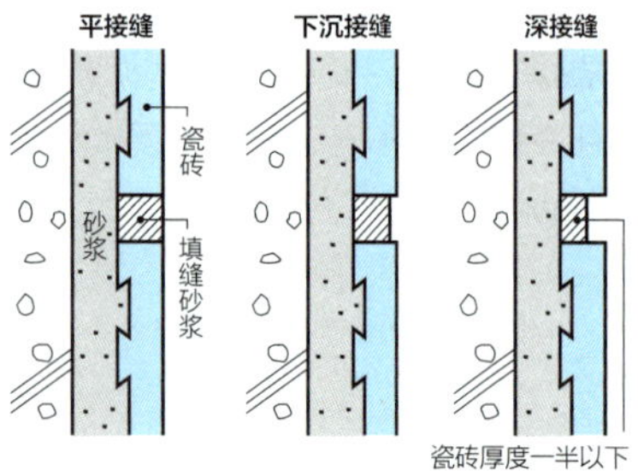

白华现象

或称风化（Efflorescence）。在水泥硬化过程中，水泥砂浆中所含的氢氧化钙溶于水，分解出钙离子，与空气中的二氧化碳结合，生成不溶性的碳酸钙（$CaCO_3$），在瓷砖表面形成白色粉末或固体状的污垢。瓷砖或石材、底部的水泥砂浆发生白华现象，会在其表面附着。瓷砖背面不让水分侵入是最基本的对策。若是轻度白华现象，以酸洗方式有可能去除。

冻害

瓷砖或石材中渗入水后结冰造成破坏的现象。瓷质地的瓷砖、素烧的赤陶以及石灰岩等吸水性强的材料容易引发冻害。寒冷地区室内的用水场所也可能发生冻害。

热破坏

在受热急剧膨胀的瓷砖上，因为外力而产生的龟裂，主要发生在浴室地板或浴槽开始使用后的2～5年之间，也叫层状破坏。通过调整粘结材料和砖缝可以减少龟裂的风险。

工法、施工

铺贴厚度

铺贴石材或瓷砖时，水泥砂浆的厚度。

原始瓷砖

瓷砖原形。

瓷砖接缝

指瓷砖之间的接缝（图4-5-3），用来防水及维持瓷砖位置，一般是用水泥砂浆填缝中。接缝与瓷砖面几乎齐平的称作平接缝，接缝比瓷砖面稍低的称作凹接缝，比此更深的则为深接缝。接缝凹槽若太深，可能会造成瓷砖剥落，故接缝深度须小于砖厚的一半。

深接缝

完工接缝深度超过瓷砖厚度一半以上的接缝。接缝具有防水的功能外，还有维持瓷砖位置的作用，然而深接缝导致瓷砖剥落的可能性较大。大多数情况下，接缝稍低于瓷砖表面即可。

伸缩缝

为了防止瓷砖的割裂和剥落所设置的接缝，可以消化由地震的摇晃、温度和湿度导致水泥砂浆以及混凝土结构体的收缩与膨胀，以及瓷砖本身的热膨胀等问题。填缝材料主要选用密封材料。

制造方法

瓷砖的成形方法。将原料生坯（Rammed Earth）连续地从金属模具中挤出成形的湿压法，以及对调和好的粉体压制成形的干压法（图4-5-4）。湿压法的瓷砖具有一定的厚度，质感较柔软，特别是无釉的湿式瓷砖，称作土砖，可看到砂或黏土等原料原色。干式瓷砖的特色在于尺寸精准以质地坚硬，其上色方式是在原料中混入

颜料。

烧结

在窑中烧制瓷砖。分为窑内具有充分氧气状态下的氧化烧制，以及相反在无氧状态下的还原烧制。还原烧制可将瓷砖烧成特殊的色调。

光催化剂（Hydrotect）

因紫外线活化作用，瓷砖表面生成二氧化钛膜，具有透水性与有机物分解作用，不易脏污。可运用在玻璃、珐琅钢板等材料上。

干挂法

使用金属固定组件或沟槽等，以机械性的方式将瓷砖固定的工法（图4-5-5 ①）。优点在于不会因为接着不良而导致瓷砖剥落，也适用于板状饰面的施工条件。虽然不会发生水泥砂浆带来的风化现象，但价格高昂。建材市场上已有将特殊瓷砖与专用金属配件设计成套的商品。

湿贴法

在工地现场用水泥砂浆粘贴固定的工法。在墙面上贴瓷砖时，有在瓷砖上涂泥浆、在墙底涂泥浆和两者都涂的方法。在墙面上贴石材时，在石头之间石头的连接处涂上泥浆。施工和保养时间较长，但设计表现的自然度较高。

图4-5-4 干压瓷砖和湿压瓷砖的原理

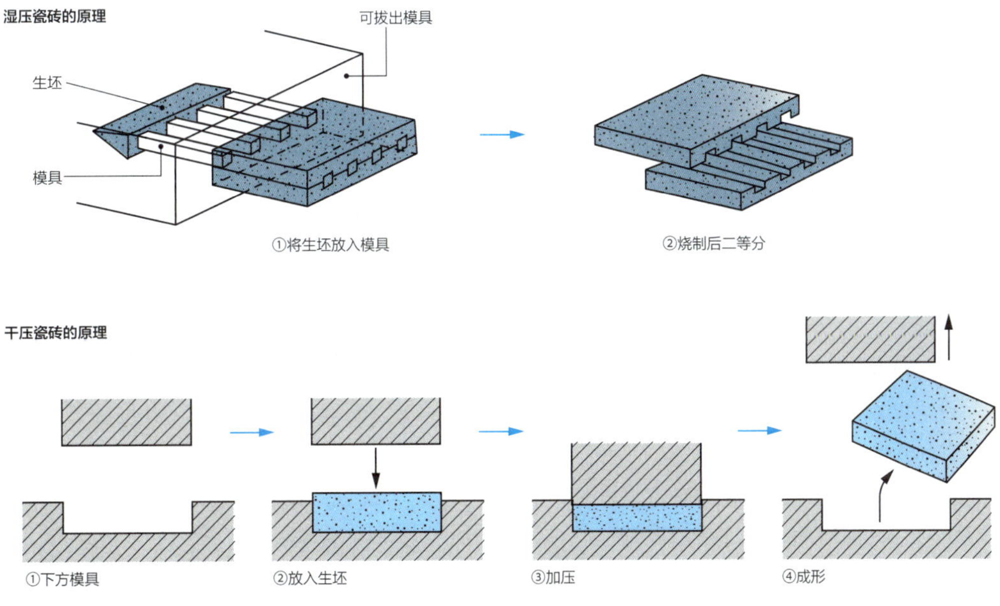

胶粘铺贴

干式工法的一种。在水泥砂浆抹灰或石膏板基层上涂抹胶粘剂，附上梳痕，以粘连状态铺贴瓷砖，施工简单、效率高。主要用于厨房等没有太多水的内部装修工程。为了适用于外部装修，具有稳定黏着度的弹性胶粘剂正进行开发或施工测试，但因价格不菲以及瑕疵责任分工不明而有所阻碍。近年来可以看到此种工法运用在浴室，使用高耐水性胶粘剂，可以用在室外有水的部位。

弹性胶粘铺贴

使用顺应度高的弹性胶粘剂（改性硅胶系列、环氧树脂等）来铺贴瓷砖。此种方式较少运用在外部装修。

压点铺贴

现场铺贴工法的一种，在基层上涂抹水泥砂浆，再将瓷砖加压固定在上面的铺贴方式（图4-5-5②）。施工效率高，为常见的瓷砖铺贴法。但会因为水泥砂浆的干燥、厚度不足、加压施力不足等导致施工缺陷。选用加压粘合的瓷砖铺贴方式时，有时会将单一瓷砖一片一片接续，或者马赛克瓷砖组一组一组接续。

改良式压点铺贴

现场铺贴工法之一，在基层面及在瓷砖背面涂布水泥砂浆的瓷砖铺贴工法（图4-5-5 ③）。施工较花费力气，但可减少前述压点铺贴工法的缺点，施工质量可靠度得以提升。因水泥砂浆厚度增加，不适用于马赛克瓷砖，适用于大于小型瓷砖（108 mm×60 mm）的瓷砖。

紧密黏着铺贴

现场铺贴工法的一种。也称作振动（Vibrato）工法。在作业瓷砖的压点铺贴时，以刀柄或木块在瓷砖上敲打固定，或是使用小型振动机（图4-5-5 ④）。振动可以改善水泥砂浆的填充质量，对于粘结力的影响力较小。主要用在外墙。

堆积铺贴

湿式工法的一种。将瓷砖铺贴用的水泥砂浆涂在瓷砖背面上，压附在带有梳痕的水泥砂浆基材上，依序往上铺设瓷砖的方式（图4-5-5 ⑤）。日本也称其为团子铺贴工法。主要用于内有水管的墙壁。

马赛克瓷砖组铺贴

将贴附在垫材上的马赛克瓷砖组，以压粘方式铺贴的工法。

底衬铺贴

现场铺贴工法的一种。在马赛克瓷砖组合的背面，在带有孔洞的底衬板涂抹水泥砂浆的瓷砖铺贴工法。使用背衬的目的在于提高水泥砂浆在瓷砖背面的附着力，并确保水泥砂浆厚度一致。

图4-5-5 主要的瓷砖工法

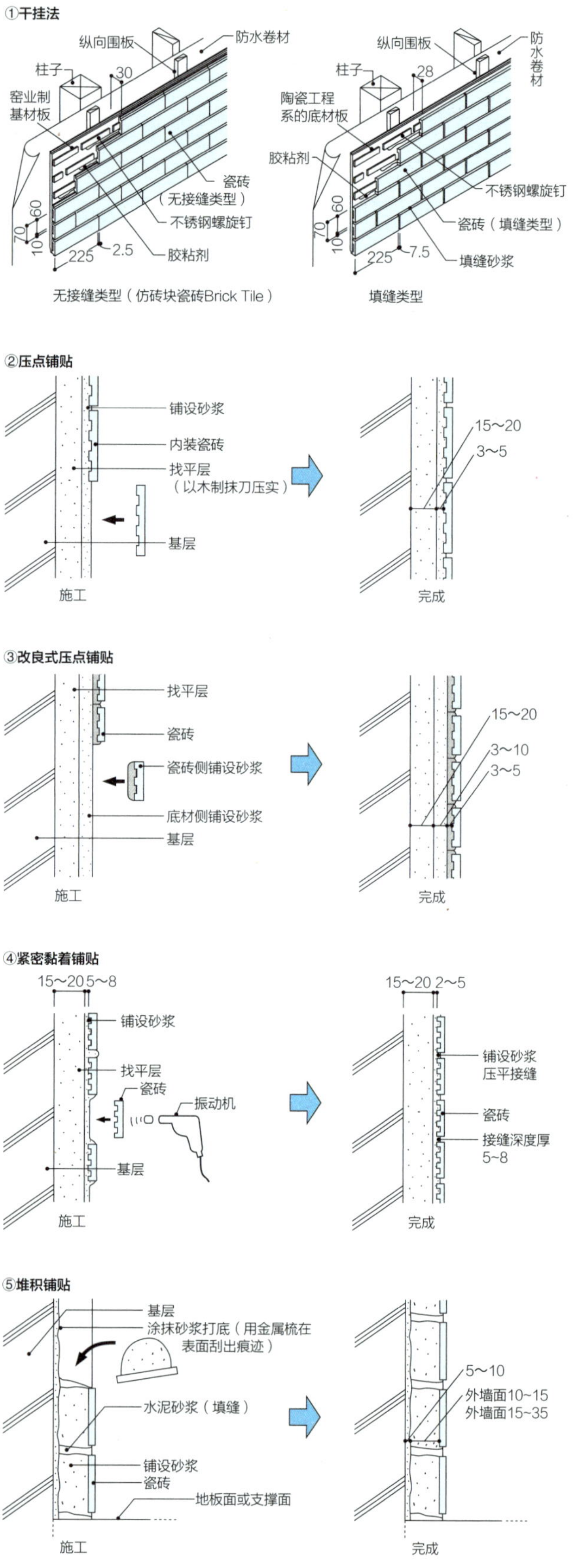

注：图中单位均为mm。

直接铺贴

不将基材水泥砂浆涂抹在混凝土面上，而是以补修的方式直接铺贴瓷砖。此工法因为省工而得以普及。

模板铺贴

为提高施工质量，依完工成果在模板上排列马赛克瓷砖，形成组合单元。一个组合单元为边长30 cm的正方形。

砂垫层

在上铺垫一层砂石后，再铺装饰材料的施工工艺，接缝处也要填砂，用于厚的瓦和透水砖等。

防脱落工法

防止瓷砖脱落的工法。新建筑贴瓷砖的外墙上有增强墙底面、黏合层和施工质量等方法。改建时，也可以和在表面用网、镶板或树脂材料覆盖，或用锚定装置固定等方法一起施工。

预先铺设工法

与现场铺贴瓷砖的方法相对应，此工法是事先在混凝土预制板上置入瓷砖，瓷砖剥落的危险性较现场铺贴工法小。 在现场浇筑混凝土工程中，先组模板再浇筑混凝土的方式也可进行瓷砖的预先铺装，但因混凝土的填充状态无法确认，结构主体质量不易管理，现在几乎不使用。

瓷砖单元组合

在基层上铺贴瓷砖及发泡填缝材，形成模块化的瓷砖单元组合。在PCa板上置入瓷砖时会用此种做法。施工质量要求：瓷砖不会移动、无爆泥混凝土接缝的表面修饰整洁等。

瓷砖排列

瓷砖的排列方式或调整配列的作业。源自砖块的堆砌排列模式，如整砖对齐排列、半砖交错排列，以及与小口瓷砖及二丁挂瓷砖的相互组合方式（图4-5-6至图4-5-8）。

MCR工法

Mortar Concrete Rivet的缩写。在瓷砖基材的混凝土面上，做出让水泥砂浆更好咬合的连续孔洞，防止瓷砖剥落脱离的效果好。

防止剥落安全网

为了防止瓷砖或水泥砂浆基材从外墙剥落而在水泥砂浆中埋设防护网，如聚丙烯纤维等制作的立体网状布、立体织布等。

图4-5-6 瓷砖铺设

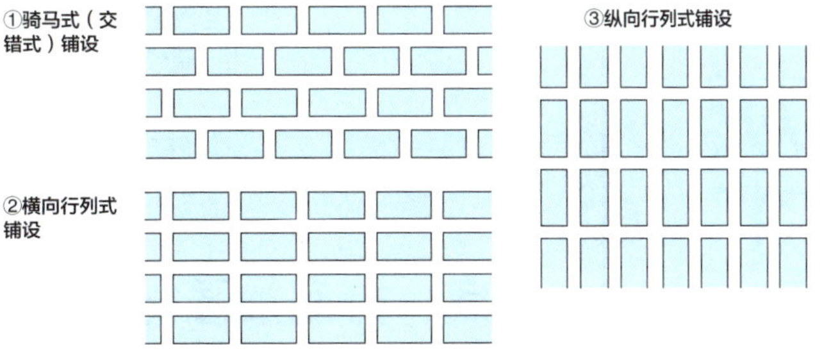

图4-5-7 瓷砖配置考虑 （单位：mm）

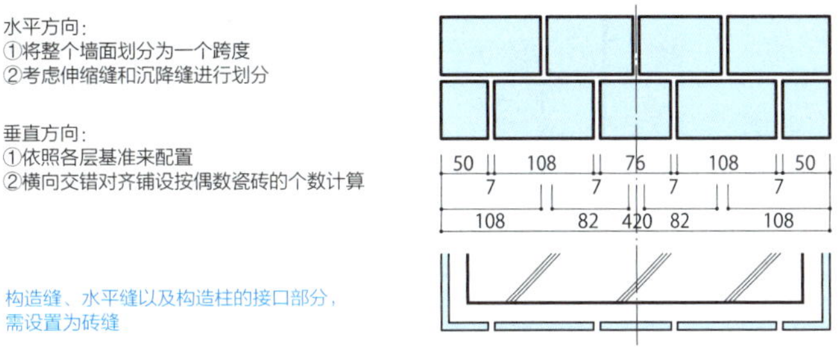

图4-5-8 一般柱子的瓷砖配置 （单位：mm）

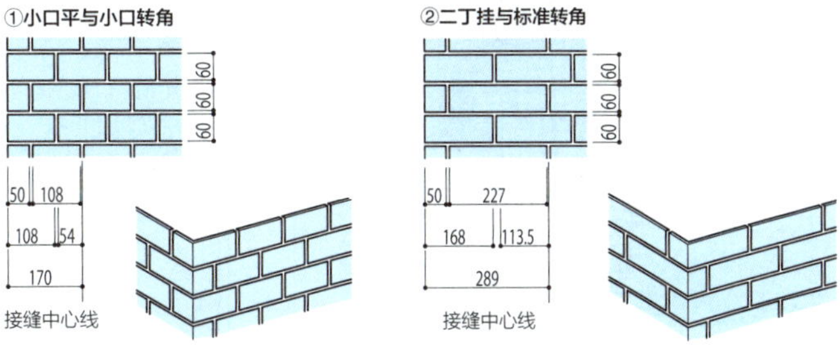

高压洗净

以超高水压将混凝土面粗糙化，让水泥砂浆的附着度提高的方式。混凝土表面粗糙化的同时，也去除了脆弱的部分。若使用清扫用的水喷枪，则效果不大。

预拌水泥砂浆

在工厂将水泥、细骨料、石灰、水溶性树脂等调配而成的瓷砖铺贴用水泥砂浆、填缝用水泥砂浆。现在不易取得质量优良的砂，因此多用预拌方式，质量稳定，施工性佳。

防滑试验

以人的使用为前提的瓷砖防滑试验。穿鞋试验的单位是CSR，光脚试验的是CSR · B。没有统一的标准，而是以防滑试验的数值和人的实际步行测试的感官试验为依据进行评估，各个厂家判断标准也不同。

拉力测试

用来测试瓷砖施工后的粘结力的破坏性试验。现场铺贴瓷砖的拉力基准是0.4 N，事先在混凝土预制板上置入的瓷砖拉力基准是0.6 N，才算合格。

空鼓检查

为检测瓷砖是否有空鼓，选用的小钢球锤在瓷砖上敲打试音的检查方式，操作简单，效果不错。现在也开发出能大范围自动侦测的机器人。

4.6 抹灰工程

抹灰工程是指使用砂浆进行修饰作业，多余的水分随时间蒸发后，墙壁的作业完成。属于湿式工法，从古代就开始使用。抹灰工法按使用材料和施工方法大致分类为土、灰浆、水泥砂浆、灰泥、石灰等，近年来自然材质较为流行，因此抹灰工程表面修饰的纹路被重新审视。

打底、打底加强材料

底层抹灰

为结合基层及后续涂层，在基层上的第一道涂层。荒壁（译者注：粗抹过的土墙）便相当于底涂层。

中层抹灰

在所有涂层中是最重要的一层。由胶结材料、麻刀（译注：拌合抹灰材料用的碎麻）、砂所构成。

面层抹灰

涂布在完工面的涂料。在有色土中拌混入骨料或麻刀制成的涂料或者灰浆。

小舞（竹板条）

构成墙面的基层，由竹或木条纵横交织而成的竹板条（图4-6-1、照片4-6-1）。在日本各个地区，小舞的编织方式或种类也各不相同（表4-6-1）。如今也出现了使用金属网的案例。

竹条

以劈刀或斧头劈成宽幅1.5 ~ 2 cm的竹条，用来制作小舞。

小舞编结法

小舞的竹条编织绑结方式，包括交错式及绑绳式。

交错编结法

适用于小舞纵向竹条的打结方式。

绑绳式编结法

适用于小舞横向竹条的打结方式。

小舞绳

用来绑结固定小舞竹条的绳，使用细稻草或棕绳制成。有时会使用塑胶绳，缺点是会滑。

间渡竹

也称栈竹。与小舞相互纵横交织成墙的骨架，多会选用粗一点的竹子（译注：间渡竹约以45 cm的纵横间距配置，并与小舞以绑绳编结固定）。

荒壁（粗壁）

涂在小舞上的第一层，由黏性土与稻草等土墙加强材料构成（图4-6-2）。

荒木田土

使用在荒壁上的土，以及黏土质的黏性土。荒木田土是日本关东地区的叫法，也可以称为荒木田。

内壁

与荒壁接触的背面。将凸出荒壁内侧的土料刮除，再涂抹软质土，有时会混入砂。

照片4-6-1　小舞的种类

表4-6-1　小舞的种类

竹制小舞	将生长在温暖地区的真竹，劈成8~10等份，编制而成
木制小舞	由9 mm×24 mm左右带有直木纹的木条配置而成。可使用在大壁（隐藏柱子的墙壁），或者抹灰涂覆厚度大的仓库的基材上
条（细竹）小舞	将竹节比真竹细的细竹，以及竹节间距长的姬竹，劈成四等份编制而成
芦苇制小舞	在竹子无法生长的寒冷地带，使用芦苇每两根重叠编制成小舞
小舞绳	利用稻草、棕榈细密地编织而成的绳，切成1 m来使用
间渡竹	设置在柱间或横板之间，用小舞绳与小舞捆绑在一起（日本茶室建筑中，设置在窗外侧，兼具加强墙壁强度与装饰功能的竹柱）
本四小舞	纵向、横向都使用真竹条的小舞竹编墙
纵向四小舞	纵向使用真竹条，横向使用细竹条
并小舞	纵向、横向都使用细竹条，事先编织成网状的竹编网，利用钉枪固定在横板上
预制竹网小舞	事先将劈成四等份的真竹条编织成格网状，利用钉枪固定在横板上
金属网制小舞	利用横板包夹金属网，在横板两侧以钉枪固定

图4-6-1　竹小舞壁（编竹夹泥墙）

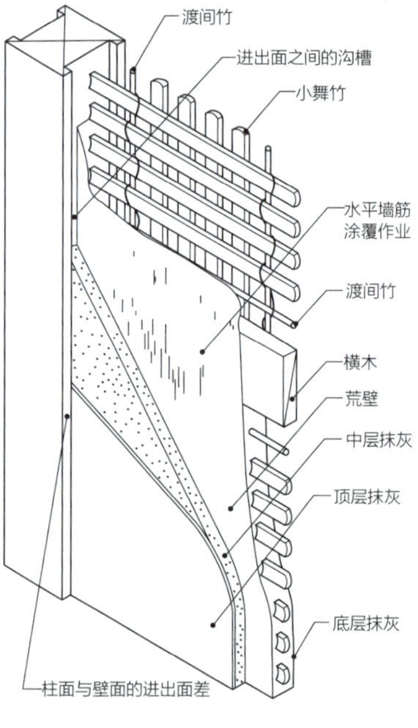

图4-6-2　小舞土壁的施工流程

裁切柱子 → 小舞编结 → 荒壁（粗壁）、内壁 → 水平墙筋涂覆，柱面与墙面的进出面差周边涂布作业 → 中层抹灰 → 面层抹灰（京土壁、大津壁、灰泥壁）

木横栅

具有视觉穿透性的窄幅雪松板（宽幅3.3 cm）板材，可当作抹灰墙面的横向打底材料。

板条板

带有孔洞的石膏板，多用作涂抹石膏的打底材料（照片4-6-2）。

石膏板（Plaster Board）

属于无机材料，近年来在石膏板打底材料上涂薄石膏做表面修饰的做法开始增多。

照片4-6-2 板条板

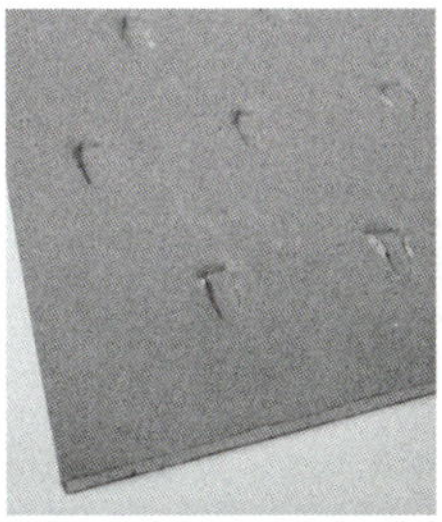

为了让抹灰材料容易附着，而留下孔洞的新型板条板

照片4-6-3 增强网

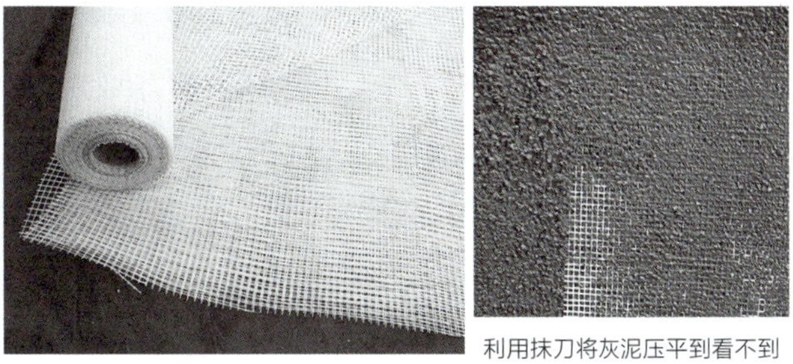

利用抹刀将灰泥压平到看不到网的状态

表4-6-2 金属网种类

金属网	适用于灰泥涂覆厚度薄的打底材料，也称作平金属网
钢索网	网眼比金属网大一倍，具有抗震作用
肋条金属网	用来包覆铜骨。网眼比金属网细小
金属网垫材	将金属网焊接在波浪钢板上的基材
金属网板材	在结构用胶合板上涂布聚合物砂浆（Polymer Mortar）成形的金属网打底板材

图4-6-3 基材为金属网及砂浆的墙壁

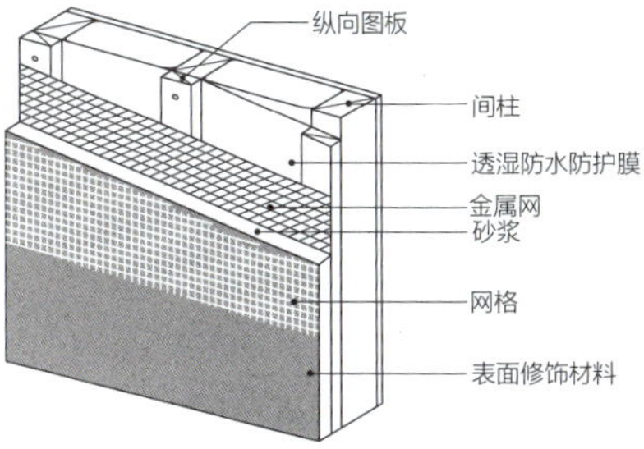

增强网

在板的接缝处，铺贴网格为3 ~ 5 mm的网防止裂缝产生，材质有棉布或玻璃纤维网（照片4-6-3）。

金属网

用来涂抹砂浆的打底材料（图4-6-3、表4-6-2）。按形状分为平金属网、杯状金属网、波浪状金属网、V形肋条金属网。金属网线直径细，若未经防锈处理，耐锈蚀性较差。以交错编结方式铺设固定金属网，需注意开口处不可有缝隙。

金属网底衬

使用打底木板条或是结构用胶合板作为铺在金属网下方的打底材料，常用在木造建筑水泥砂浆外墙中使用。打底木板条约12 mm× 75 mm以上，以20 mm的间距铺设，保有视觉通透性，每五条错位相接，以两根N50钉平敲固定。但因N50钉可能会让打底木板条破裂，因此有时会使用机械式工具。打底木板条必须选用不易腐蚀的木料，并具有相当的厚度，必须是干燥材，必须确实用钉子固定在柱、间柱、地基、梁等构件上。910 mm×2730 mm的结构用合板是纵向铺设，910 mm×1820 mm则分为纵向铺设或横向铺设。

平金属网

用于加强的金属网（照片4-6-4）。日本关西地区的金属网的网格比关东地区的大。较薄的薄平金属网，容易出现纠缠、凹折弯曲、变形等现象。

波浪金属网

波浪形状的金属网（照片4-6-5）。铺设时，无论纵向或横向，以30 mm 以上的交叠部位接合，再以钉脚长19 mm的钉针，以100 mm的间隔进行交错方式排列。

起包状金属网

以一定的间距在平金属网的部分位置做成起包状，用来确保水泥砂浆的涂布厚度以及强度上的稳定性。现多改良采用其他方式。

V形肋条金属网

单一方向拉伸的金属网上，以一定的间距设置V形肋条钢板（照片4-6-6）。在未打底的状态下也可进行饰面作业，主要作为钢骨结构防火水泥砂浆饰面的基材，或天花板、屋顶的基材。若以钢线接合会发生锈蚀，因此须用不锈钢线。水泥砂浆中若混入耐碱性纤维，不仅会加强附着力，也会提高耐久性。

照片4-6-4 平金属网

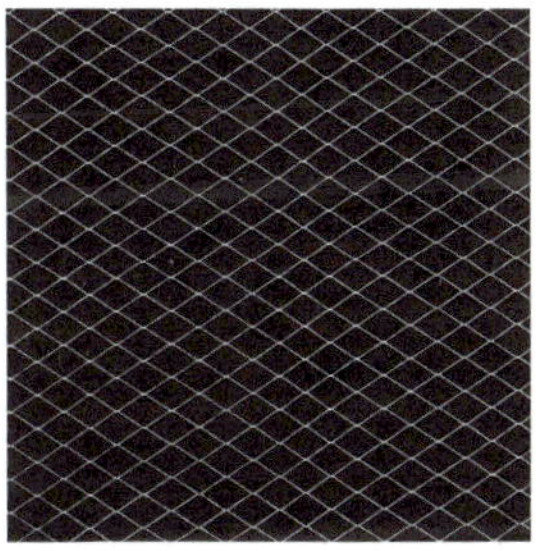

照片4-5 波浪金属网

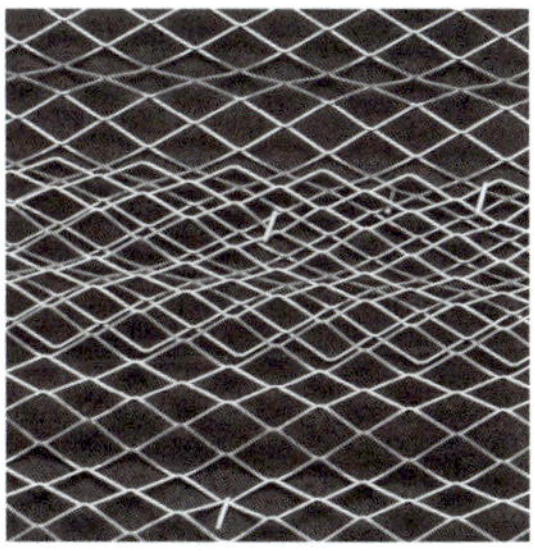

照片4-6 V形肋条金属网

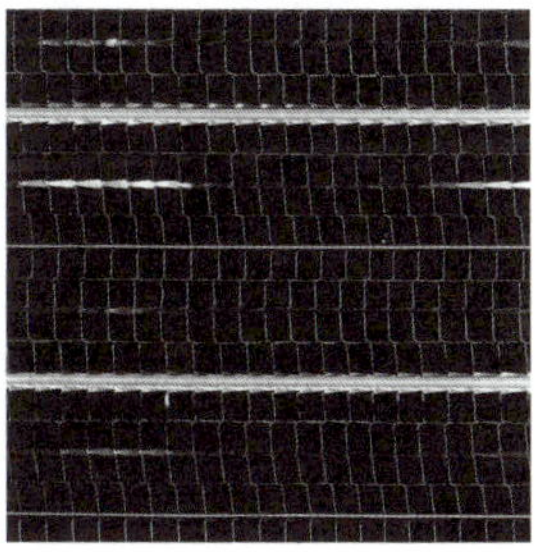

金属垫片

将锌板加工成有折角的波浪状，并在上面焊接金属板条的基层形式，用于小规模的钢结构、木结构的建筑。刚开始被作为钢结构外墙的水泥砂浆基层，在1955年被登记为实用新型专利，之后也作为钢骨结构的屋顶、楼地面、隔断墙、柱、梁的防火的基层来使用。现在因为ALC板之类的材料普及，此种形式的施工案例较为少见。

接缝带

贴在石膏板接合部位，用来防止裂缝产生的贴布（照片4-6-7）。常见的有宽40～50 mm的接缝纸带，以及宽50 mm、厚约0.2 mm的玻璃纤维胶带，又各自有自粘式及非自粘式的种类。接缝纸带用在厚涂的表面修饰材时，需充分留意不让气泡残留在其内面。玻璃纤维胶带则用在薄涂的表面修饰材上。两种贴布都需要用较薄的抹刀或刮刀，顺着切口方向在接缝带上抹平、刮平，使其紧密贴合于接合部位。

防水卷材

作为金属网的基层，铺设于金属网下方的防水材料。种类包括沥青防水有胎卷材沥青防水无胎卷材、合成高分子类防水卷材等。

射钉（Staple）

固定金属网的钉子。目前常用钉枪打设19 mm长的射钉。

金属网水泥板材

将涂上聚合物水泥砂浆的金属网板材作为结构用胶合板来使用，此为日本材料业者NODA公司的产品。因抹灰涂抹作业次数减少工期得以缩短。底层抹灰应使用水泥砂浆。

埋入型固定条

埋设于水泥砂浆内的成直角塑胶制压边条（图4-6-4）。

照片4-6-7 接缝带施工

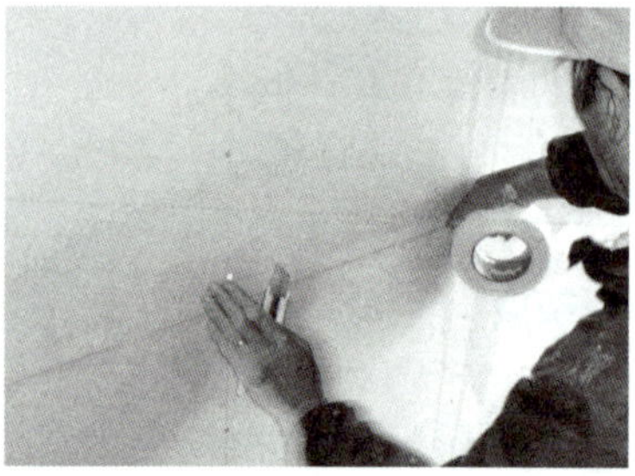

图4-6-4 埋入型固定条

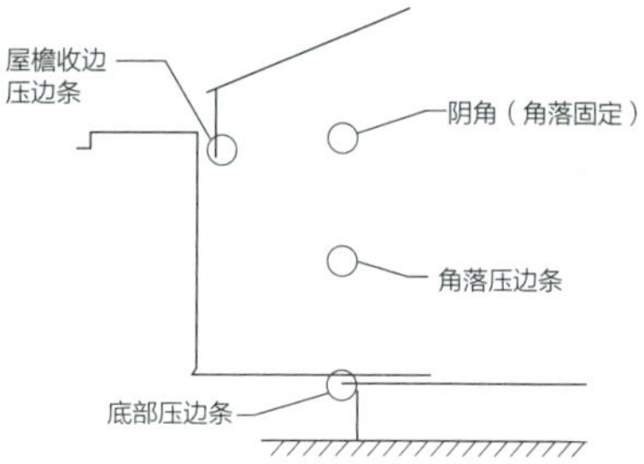

照片4-6-8 批土施工

抹灰材料

水泥填料

以水泥＋硅砂＋聚合物分散体构成的材料，是用来调整基层的材料。

批土

作为处理石膏板接合处的材料，正确说法是接缝批土（Joint Compound）（照片4-6-8）。主要成分为石膏，呈糊状或粉末状。粉末状石膏在现场加水使用，与水反应发生硬化作用。虽然可以进行厚涂作业，但涂在石膏板的端部不容易对齐，最好以薄涂方式反复作业。有时接合处理材料会凸出于薄涂的修饰材料，因此也有把表面修饰材料直接拿来处理接合部位的做法。涂抹面层时，根据吸水程度，在接合部位易发生色差，因此最好使用防水填缝材料来控制吸水量。批土是以碳酸钙为主要成分的干燥硬化型材料，具有弹性，适合用在经常承受应力的部位。

耐碱涂料

防止基层的水泥或合板中的碱性成分、焦油溶出的涂料，多以耐碱性的合成树脂乳胶或改性树脂为主要成分。碱性成分的溶出状况严重时，需要涂布三四次。

粘结石膏

主要用作石膏板的底层涂料，目的在于补强石膏板基层，以及提高完成面的质量。其种类包括混入轻骨料的预拌合品，以及现场将砂混入的现场拌合品。此外，也依照薄涂、厚涂区区分。若不使用干净的水来稀释，则会引起硬化不良。与水泥砂浆涂布作业不同，重复涂布的间隔时间较短，施工周期需小于2小时，因此需特别留意。

预拌水泥砂浆

在工厂将水泥、细骨料、外加剂、掺合料等拌合的制成品。使用时依照各制造厂规格在施工现场调配指定的水量、稠度等，进行适当的搅拌混合作业。

湿拌砂浆

在未加水的灰浆中加入少许水，作为楼板瓷砖结合层使用。混水量过多会造成瓷砖铺面的凹陷。

泥瓦工原创饰面

泥瓦工以个人经验想象完工的样子，将着色、麻刀、砂调配并涂布的饰面方式（表4-6-3）。

表4-6-3 表面修饰作业法

表面修饰材料 + **表面修饰方法** = **表面修饰成果**　例如：土佐灰泥＋研磨＝土佐灰泥研磨面

表面修饰材料	有色土的主要种类	聚乐土	灰褐色
		稻荷黄土	黄色
		大阪土	红色
		京锖土	褐色
		浅黄土	浅蓝色
	灰的主要种类	灰泥	由熟石灰+海藻类掺和料+麻刀构成
		土佐灰泥	出产于日本土佐地方的灰泥。无需添加掺和料，因此耐久性佳
		油性灰泥	在灰泥中添加植物油，用于屋顶的灰泥工程
		砂质灰泥	在灰泥中添加砂，用在底层抹灰
		土质灰泥	在灰泥中添加黏土、骨料，作为表面修饰材料使用
		生石灰乳泥	在生石灰消化成的乳状物中添加掺合料的涂料

表面修饰方法	主要工法（抹灰饰面）	“水捏”混揉	有色土、微尘、微尘砂组成的表面修饰涂土
		添加掺合料	使用上述水捏涂土时，添加掺合料
		混拌	将上述水捏涂土混拌
		预拌京壁涂土	事先将材料作干式调和
		中间层涂土细切	麻刀反复切细，做成中间层用的涂土
	表面修饰涂料的主要涂附方法	压抹表面修饰	表面修饰作业中，涂料中的水分散发时，利用金属抹刀在涂料上压抹整平的作业（适用于各种灰泥、灰泥调和硅藻土涂料、石灰奶油等）。压抹整平作业时，抹刀与涂面成直角
		研磨表面修饰	不仅是压抹整平，而用抹刀将涂面压实直到硬化为止。与压抹表面修饰的差别是，可借由表面修饰的光泽度来判断效果
		抚切表面修饰	表面修饰工法的一种。涂覆完成的面层发生硬化前，用抹刀修饰涂料表面。在面层尚未硬化时，在表面轻轻地以表面修饰用抹刀擦过。适合作为原色灰泥、土墙用硅藻土等墙面质地的表面修饰方法
		袖摆表面修饰	在面层平整的基础上，以抹刀等器具抹滑出和服袖摆的纹样
		刮除表面修饰	将粉与白龙石、寒水石等碎石、颜料混拌，涂抹之后，利用剑山或抹刀在表面刮拭的表面修饰工法

表4-6-4 色土的种类

名称	颜色	产地	用途	备注
浅葱土	淡青（蓝）色	淡路（德岛） 伊势（三重） 江州（滋贺）	混拌糊液状、水捏、添加糊料、大津研磨	加入少量灰墨调整色调
稻荷黄土	黄色	伏见（京都）	混拌糊液状、水捏、大津研磨、水平墙筋涂布作业、添加糊料	今治、丰桥等地区的黄土产量多
京锖土	茶褐色	伏见（京都） 山科（京都）	混拌糊液状、水捏、添加糊料	丰桥地区也出产京锖土
九条土	灰色 深黄色	九条（京都）	混拌糊液状、水捏、添加糊料、	也可在浓褐色聚乐土中加入灰墨作为替代品
江州白	白色	江州（滋贺）	混拌糊液状、水捏、添加糊料	山形等地区也出产白土
聚乐土	淡褐色 深褐色	大亀谷（京都） 西阵（京都）	混拌糊液状、水捏、添加糊料	淡褐色的聚乐土称作黄聚乐，浓褐色的聚乐土称作锖聚乐
红土	淡红色	内子（爱媛） 冲绳（冲绳）	混拌糊液状、水捏、添加糊料、大津研磨	混拌糊液状、水捏、添加糊料、大津研磨

古土

旧墙掉落的土。混入荒壁（粗壁）不容易出现碱水，也不易因干燥而收缩，可以提高土墙质量。

夯土

在产地先行夯实过的土，不拌水。

中间涂层土

从日本全国采集的黏性土中，加入砂、水调配的材料。调配比例取决于土质，重量是干燥土的2～3倍。用此材料作为中层抹灰的涂料时，在中央部位保持微凸状态。

涂层土

在使用前需充分揉捏并静置。有时也会混入旧土墙的材料。

灰土

用在并大津（译注：墙面保有泥瓦师傅以镘刀修饰墙面的纹路）、大津磨（译注：墙面磨成如镜面般光滑）的材料。由熟石灰、微尘、麻刀、京土（译注：京都出产的土）构成。

引土

大津磨的糊土，由着色土、纸麻刀和熟石灰构成。涂于灰土之上。

有色土

用在抹灰工程的面层，特别是指在“水捏”表面修饰工法（译注：墙面呈现整体一致的自然肌理）中使用的有色细黏土，日本全境都有生产。将有色黏土当作原料，可做出各种各样的土墙。

灰浆（灰泥）

由熟石灰+麻刀+外加剂混合而成的涂料。此外，也有不混入外加剂的土佐灰浆（虽然涂布之后立即呈现微黄色，但随着时间的推移渐渐变成白色，适用于外墙的表面修饰工程），或者添加合成树脂乳胶的涂料（图4-6-5、表4-6-5）。一般使用预拌灰浆，质量上比现场拌合的灰浆稳定。预拌灰浆的种类中，不仅有粉末状包装，也有贩售已搅拌混合的有色灰浆或奶油状灰浆。冬季时若在现场拌合有色灰浆，可能有色差，因此使用预拌灰浆较好。针对建材的化学物质挥发现象，日本灰泥协会制定了自主检定制度。

熟石灰

将石灰石以高温加热，再与水反应，经过干燥处理的材料。用在抹灰工程（照片4-6-9）。

石灰

将石灰岩加热所得到的生石灰，与水混合反应后形成的水合物。其种类包括喷以水雾而制成粉末状的熟石灰，以及奶油状的石灰乳。通常若提到石灰，是指熟石灰。石灰也简称为灰。

贝灰

利用牡蛎等贝壳类制造出的石灰。用在灰浆抹灰工程。基本上熟石灰都是以石灰石作为制造原料，但贝灰的优点在于只需少量糊料、收缩程度小等。

石灰乳

高温加热过的生石灰（氧化钙）和大量水进行反应而未干燥的产物，呈乳白色奶油状（照片4-6-10），因为具有高可塑性，不但可使用抹刀作业，也可利用毛刷任意涂抹。干燥后的表面硬度比熟石灰高。当表面呈半干燥状态时，若以抹刀持续施压表面会出现光泽。

土佐灰浆

将日本四国高知县出产的盐烧熟石灰，进行高温盐烧，混入发酵3个月以上的稻草麻刀搅拌而成的灰浆（图4-6-6）。因土佐灰浆没有添加糊料，耐水性、耐久性比一般灰浆高，因此多使用于外墙抹灰工程，又因其干燥的伸缩程度小，不易出现伸缩裂痕。完工表面修饰工法种类包括爆泥、骨料配方调整以及“半田”表面修饰工法等。涂布厚度比一般的灰浆厚，利用抹刀一边压实固定，一边进行表面修饰。

半田表面修饰

以土佐灰浆与黏性土混合而成的材料，通常用在灰浆表面修饰工程中的中层抹灰，因为可以作业出较为柔和的纹理，因此有时也用在面层的完工面。

图4-6-5 灰泥涂布作业流程图

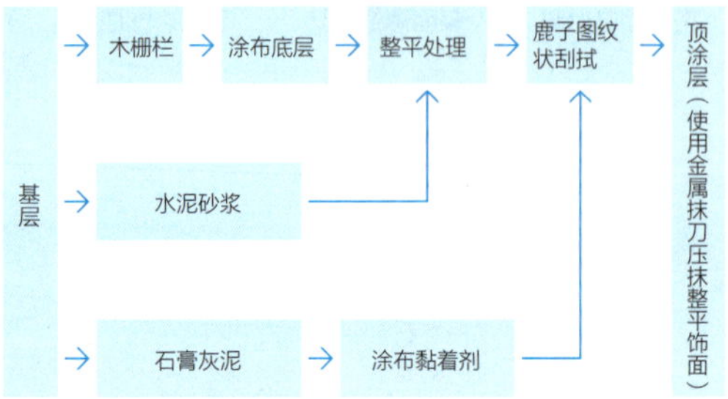

表4-6-5 灰泥的种类

油灰泥	混入油以提高防水性和耐久性的灰泥
天川灰泥	将熟石灰混拌入风化后的安山岩土中，高温烧制而成的灰泥
冲绳灰泥	使用在冲绳地区屋顶的灰泥
绞缬染灰泥	将砂质灰泥调配成浓稠柔软的糊状，用在底层，让基材上的凹孔更为明显的表面修饰方法
生灰泥	主要用在屋顶的底层
京捏灰泥	将海藻、角叉（红藻）煮成浓稠状，过筛后，加入大量的麻刀所制成的灰泥
砂灰泥	石灰砂浆
狸灰泥	在灰泥中混入黏土、砂
卵灰泥	在灰泥中倒入氧化铁或者稻荷山土溶液，拌混而成
散灰泥	加入角叉（红藻）糊材的浓稠灰泥
手调灰泥	利用抹刀在壁面进行绘图制作时使用的灰泥，糊材含量多
土佐灰泥	在颗粒大的熟石灰中，混入发酵完成的稻草碎料，不使用糊材
南镀灰泥	底层使用的灰泥，指糊料发挥效用形成较为黏稠的灰泥
鼠灰泥	鼠灰色的顶涂层用灰泥
屋顶灰泥	含有浓稠糊料，带有黏性的灰泥，将麻刀浸油，再加入水、油拌混而成的灰泥

图4-6-6 土佐灰泥的制造

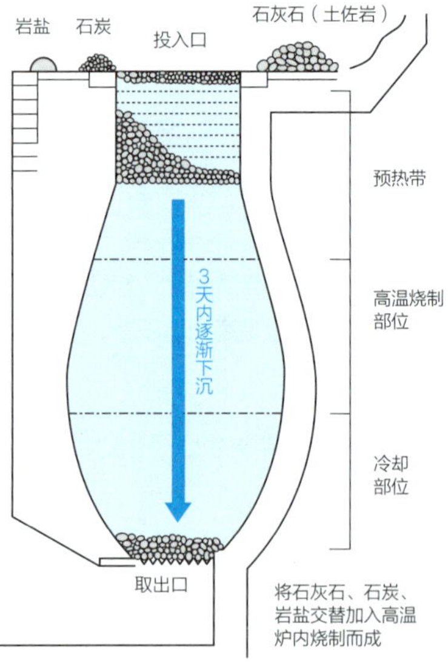

照片4-6-9 熟石灰

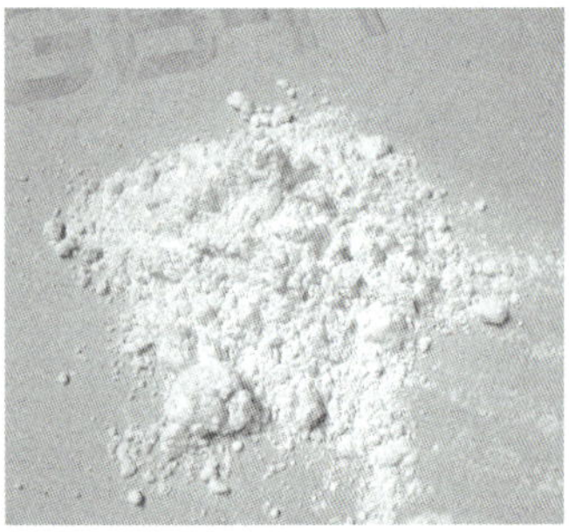

照片4-6-10 石灰乳

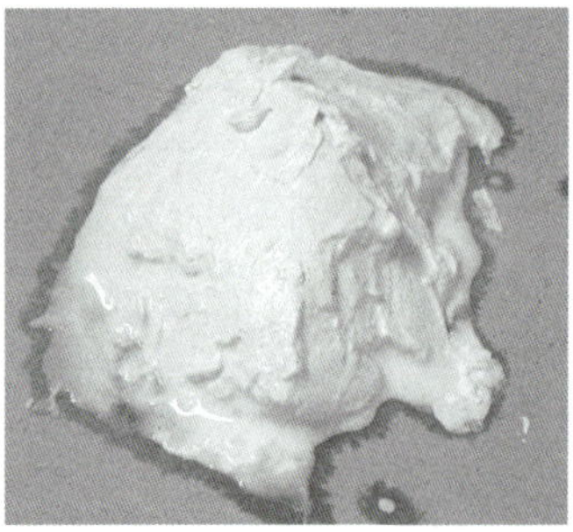

砂灰浆
在熟石灰、糊料、麻刀中加入砂的材料。

生灰浆
没有加入砂的灰浆中加入白毛麻刀（译注：白色的马尼拉麻）的材料。

自由样式灰浆
减少含有糊料的麻刀的用量，添加细微粉末或树脂的厚涂灰浆。可以任意上色是其特色之一。

有色灰浆
面层饰面灰浆的拌合过程中，将颜料（黄、绿、黑、蓝等）混入白漆灰浆。

灰泥研磨饰面
灰浆表面遇雨会被雨水冲洗，因此为了提升耐久性，在灰浆表面施加糊料，并使用抹刀磨研。完工表面呈现如镜面般光滑，属于高级的表面修饰工法。

糊料
将石灰、灰泥、水泥等加水混拌，经过长时间放置而成糊状的材料。大津磨或灰浆表面修饰工法中，将过细筛后的面层材料与水混拌，制作成糊料，再以抹刀抹压方式作业。使用时先在擦板上将结块压碎再行作业。

黑色糊材
在表面修饰材料中，加入松烟或灰墨、纸质麻刀等，上色成黑色的以此作业的墙面称作黑灰浆墙面。

砂浆
由水泥、砂、掺合料、外加剂、水构成的材料。加入水泥的砂浆，可称作水泥砂浆，一般所说的砂浆即是指水泥砂浆（表4-6-6）。水泥砂浆包括河砂砂浆以及轻量砂浆，其他还有以熟石灰、水制成的石灰砂浆等。

水泥
主要成分为石灰石、黏土，高温加热而制成的材料。

河砂砂浆
使用河砂作为砂浆混合物中的砂。

轻质砂浆
在砂中加入水泥、苯乙烯粒子、珍珠岩等的轻骨料，以及糊料、粉末状树脂、纤维等，预制砂浆成为砂浆涂布工程中使用的主要材料（图4-6-7），其质量轻，抗震性以及防火性佳。轻量预拌砂浆作为抹灰工程中的上涂层材料，依据调配方式，分别有现场调配型与预拌型的轻量砂浆。此外，依据水泥的拌合比例，分别有富调和砂浆与贫调和砂浆。

珍珠岩砂浆
珍珠岩（Perlite）与水泥、灰泥混合而成的砂浆，具有吸声性、隔热性。

富调和砂浆、贫调配砂浆
在日文中，前者是调配比例中水泥占高比例的砂浆，后者是水泥占低比例的砂浆，可防止因干燥收缩所发生的裂痕、剥离状况。

粒质砂浆
在现场与水泥混合后的砂浆中，将苯乙烯树脂发泡粒当作骨料来使用，主要用在抹灰工程中的底层。

净糊
水泥与熟石灰的调配物，在水洗石工法中会使用到。

有色砂浆
加入颜料上色或者利用白色水泥调配色调的砂浆，有预拌制品等形式。为确保完工颜色的一致性，施工要点在于抹刀抹压作业及水的比例保有一致性。也有利用灰墨来上色的作业方法。

表4-6-6 砂浆的调配比例

基材	底层抹灰 板条板 粗糙处理	中层抹灰 整平处理	面层抹灰	施工部位
	水泥：砂	水泥：砂	水泥：砂	
混凝土 PC板	— — 1：2.5 1：2.5 1：2.5	— — 1：3 — 1：3	1：5 1：2.5 1：3 1：3 1：3.5	地板铺材的基层 地板的表面修饰涂布 内墙 天花板、屋檐外墙、其他部位
混凝土 空心砖	1：3 1：3	1：3 1：3	1：3 1：3.5	内墙 外墙、其他部位
金属网 钢丝网 铁板网 金属网	1：3 1：2.5 — 1：2.5	1：3 1：3 — 1：3	1：3 1：3.5 — 1：3.5	内墙 天花板 — 外墙、其他部位
木毛水泥板 木片水泥板	1：3 1：3	1：3 1：3	1：3 1：3.5	内墙 外墙、其他部位

图4-6-7 水泥类基层的施工流程

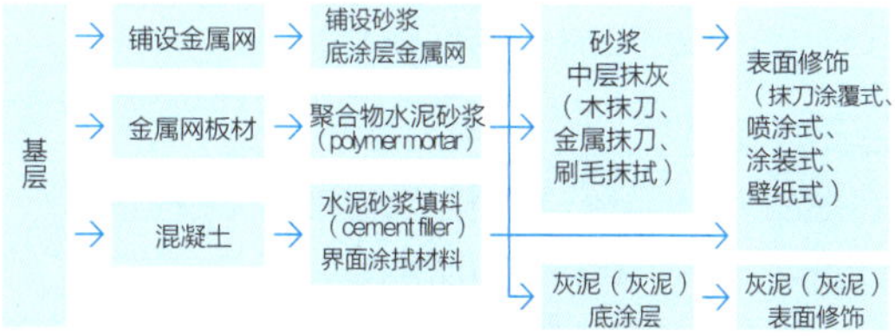

表4-6-7 石膏灰泥涂料

种类	名称
灰泥（Plaster）	板用灰泥、预制板用灰泥、薄涂用灰泥
骨料	河砂（中砂、细砂）、珍珠岩
表面修饰	预制京壁用涂料、灰泥、含硅藻土涂料、土墙用涂料

图4-6-8 石膏灰泥系基材的施工流程

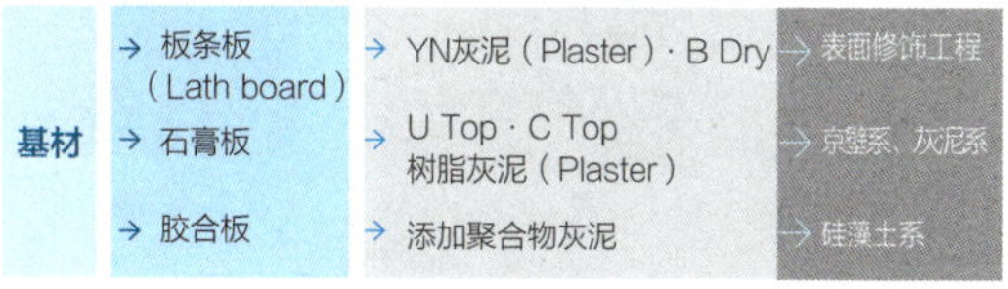

掺合料

为克服砂浆的缺点，在施工现场需要混入的辅助材料。在砂浆中，较大量使用的是掺合料，少量使用的是药剂性质的外加剂。

聚合物水泥砂浆

将水泥与EVA（聚合物砂浆）混合搅拌而成水状的材料。在砂浆涂布工程中使用。

聚合物砂浆

混入各种高分子掺合料和外加剂的砂浆。相对于水泥量，聚合物固体含量占5%以上。

调配比例

依材料种类，有的是以重量比例进行调配，有的是以体积比例进行调配。一般来说，在实际工程中砂浆是以体积比例进行调配的。

膨胀剂

赋予砂浆的初始膨胀以补偿收缩。

减缩剂

添加到砂浆中使用，通过降低表面张力来减少收缩。

耐寒剂

在天气寒冷的环境下施工时，混入砂浆中的外加剂。

防水剂

混入砂浆中以赋予其防水性的外加剂，也有涂布的类型。

灰泥（Plaster）

混入矿物质粉末，拌合而成的抹灰材料总称。包括石膏灰泥（Gypsum Plaster）、石灰灰泥、白云石灰泥等（表4-6-7）。其主要成分石膏属水溶性硫酸钙，遇水分解，故限定在室内使用（图4-6-8）。

白云石灰泥

以白云石（Dolomite）为原料，高温加热，水化熟成，遇空气中的二氧化碳产生硬化的材料。混入砂或麻刀，用于室内墙的表面修饰工程。与灰浆相似，稠度高，延展性、保水性都比熟石灰好，因此无须添加外加剂即可进行涂抹。质地粒子细，因此保水性、施工性佳，

表4-6-8 以石膏为基材的主要表面修饰涂料

种类	制品名称	制造厂名	主要原料
灰泥	灰泥	日本灰（株）（NIPPON PLASTER CO.,LTD）	盐烧石灰、角叉苔糊
	本壁	宫田石灰（株）	盐烧石灰、MC糊
	城壁	近畿壁材工业（株）	角叉苔糊、纸麻刀
	古代灰泥	近畿壁材工业（株）	石灰乳、麻刀，拌混而成
	Tana Cream	田中石灰工业（株）	石灰乳、MC糊，拌混而成
	土佐纯调拌	田中石灰工业（株）	稻草麻刀补强材料，拌混而成
京壁类	京壁	富士川建材工业（株）	有色土、木粉、MC糊
	Wara聚乐	梅彦（株）	有色土、陶瓷（Ceramic）骨料、稻草麻刀补强材料
	日本聚乐	SUNX（株）	有色土、木粉、MC糊
	JULUX	四国化成工业（株）	有色土、砂、MC糊
	京壁	四国化成工业（株）	有色土、木粉、MC糊
硅藻土	聚乐	四国化成工业（株）	硅藻土、纤维、粉末树脂
	Modern Coat	四国化成工业（株）	硅藻土、白龙石、粉末树脂
	EcoClean	SUNX（株）	硅藻土、有色土、硅砂、树脂
	Wara聚乐	梅彦（株）	硅藻土、熟石灰、水泥
	BL Powder	Samejima（株）	硅藻土、有色土、硅砂、树脂
	土纪	壁公望（株）	硅藻土、熟石灰、水泥
	KeisoLite	大阪瓦斯（株）	硅藻土、有色土、硅砂、树脂
	Keisoukun	Onewill（株）	硅藻土、石灰、白水泥
	EcoClean	日本硅藻土建材（株）	硅藻土、熟石灰、白水泥
	Siltouch-sr	Fujiwara 化学（株）	硅藻土、无机系骨料、无机系颜料
	Reve	富士川建材工业（株）	硅藻土、石灰、白水泥
藻土	I SwissLehm	池田Corporation（株）	瑞士冰河壤土
白洲壁	中雾岛壁	高千穗（株）	萨摩火山喷出物白砂、糊材
石膏	混合石膏灰泥	吉野石膏（株）	石膏粉、熟石灰

但是干燥处理历时较长，干缩量大，因此接合部位的灰泥需要混拌入麻刀。

树脂灰泥

不含石膏，加入聚合物（polymer）的黏性涂料。

板材专用灰泥

以化学石膏制造出的专用灰泥，包括α型、β型。现场与砂相互调配使用。

照片4-6-11 硅藻土

照片4-6-12 显微镜下的硅藻土

北海道产的硅藻土，多呈细微片状，有的像莲子一样带有孔洞，依产地的不同，在形状上也各有差异。

照片4-6-13 硅藻土的表面修饰

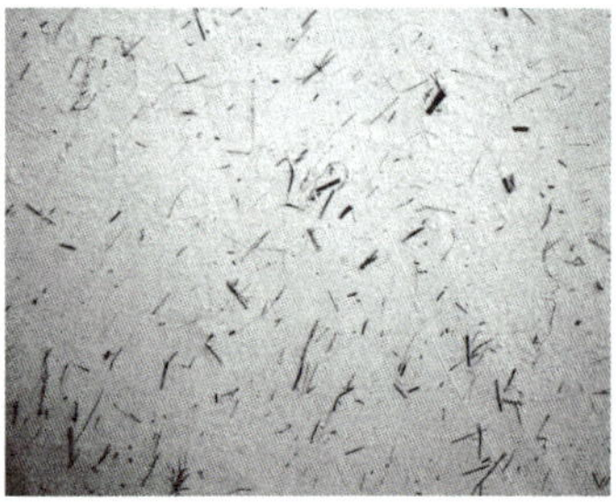

预拌水泥
事先在工厂将专用灰泥与轻骨料相互混合后再出货的产品。以前都是在现场将砂与灰泥混合后作业，但现以预拌品为主流。

添加聚合物灰泥
用来提高灰泥的强度，赋予防水性，增加接着力。聚合物（Polymer）成分用聚乙烯或醋酸乙烯酯共聚物乳胶比较好。

硅藻土
水栖浮游植物硅藻的尸骸沉积于海底或湖底而成的黏土状泥土。多孔土质，具有较好的隔热性、调湿性、吸声性。硅藻土表面修饰材料是预拌制品，加水混拌即可作业，表面修饰成果也富有变化性。在玄关处可运用敲打饰面工法（照片4-6-11至照片4-16-3、表4-6-8）。此外，根据拌合土的种类，有各种不同的预拌品，包括硅藻土、熟石灰、外加剂、细微粉末状硅藻土灰浆、微尘砂、木质纤维、糊状聚乐土硅藻土等。自身不具有凝固力，需搭配其他胶凝材料混合使用，胶凝材料使用熟石灰或水溶性树脂。硅藻土符合日本关于建筑饰面装修涂料规定（JIS A 6909）吸收、排放湿度基准值70 g/m^2，属于具有湿度调节能力的建材。冬季施工时，会发生变色，因此施工时需予以保暖处理。

骨料外露树脂涂料
修饰骨料外露的表面修饰材料。丙烯酸酯树脂与饰面用砂石混合搅拌，涂布后树脂会变透明，因此可用于各种色调的饰面。骨料使用金华砂利、大础等。

防结露涂料
使用树脂材质的抹刀进行涂布作业，施以该涂料的墙面不会结露。

聚合物改性材料
让高分子树脂分解于水中，水分蒸发后而形成保护薄膜。根据用途所需，加水稀释使用。

胶凝材料
在灰浆中一般指熟石灰。

火山灰材料
在火山灰硅酸质成分中，混入胶凝材料的材料。与硅藻土一样是多孔土质，调节湿度效果好。日本的萨摩中雾岛壁（高千穗）是将石膏作为胶凝材料混入制成。日本厂商TOHO-LEO Co.的产品Ashlight是将熟石灰作为胶凝材料，混入火山灰中制成的。根据胶凝材料不同，产生的硬化反应有很大差异，应多加留意。使用石膏，须在搅拌后2小时内作业；使用熟石灰，搅拌之后可以放置一段时间再作业。

表面修饰涂料
在石膏基层上面，作为表面修饰层所涂布的面层涂料。通常使用预拌的产品。

弹性表面修饰材料
丙烯酸酯橡胶（Acrylic Rubber）作为主要制造成分的饰面材料。使用抹刀、滚筒等工具进行涂布作业。

表面修饰

人造石饰面工法
将石砾以水泥固定，并在表面呈现石砾纹样的饰面工法，包括水洗石、水磨石等方式。石砾分为小粒径及大粒径两种。

水磨石
也称作人造石磨石子。将波兰特第I型水泥与石砾搅拌后涂布，观察硬化程度，先以磨砂机在表面进行适度研磨，表面充分硬化后再进行完工面光滑研磨。若太早研磨石砾会飞出，若太晚研磨硬化后的研磨处理会变得困难。若使用寒水石等质地较为柔软的石砾，所需硬化期为1天，若使用蛇纹石等质地较硬的石砾，所需硬化期约为2天。使用粒径大的大理石时，俗称“Terrazzo”。

荒（粗）壁表面修饰
涂布荒壁土，墙面涂抹粗灰泥的表面修饰的工法。

中层抹灰细切涂布
将中层抹灰材料中的麻刀混合搅拌后横向切细，直接当作面层的饰面工法。

水捏材料（饰面）
将中层抹灰材料中的麻刀与砂细化处理之后的材料。作业方式与前项相同。

添加外加剂（饰面）
指在水捏材料中添加少量角叉苔（海藻的一种）等的外加剂，成为具有保水性、黏着性的表面修饰材料。

混拌糊液状（饰面）
将水捏涂料混拌成糊液状态。京壁的预拌涂料即属于此种。

并大津
用在抹灰工程中的面层，以京土、熟石灰、微尘、麻刀构成的材料。

大津研磨
使用与并大津相同的面层材料，以来回抹压方式涂布，在引土（带有黏性的面层材料）中加入增稠料并研磨成平滑表面。

水洗石表面修饰
将碎石、天然石加入水泥、熟石灰调配出的材料中进行混合搅拌，涂布之后用水清洗的做法。趁着带有砾石或碎石的面层在还没有完全干燥的时候，以喷雾机喷水冲洗，让砂砾浮现在表面的表面修饰工法（照片4-6-14）。来回抹压的手法对于洗石子来说是重要的工序，需多次使用毛刷将浮出表面的杂质去除，让砾石的排列更为精致紧密。若抹压的工序做得不充分，喷洗过程中容易发生砾石剥离、流失等情况，造成表面色调不一致。需铺贴报纸并撒上水泥粉，将面层的水分完全去除。也有用可以延缓硬化的外加剂来作业的。

凹凸纹理表面修饰（Stucco）

大片凹凸图样的饰面做法，也称作水泥凹凸图样表面修饰。用喷涂或者涂布的方式，让水泥砂浆附着厚度达到5～20 mm后，利用抹刀或者滚筒在水泥砂浆表面做出大片凹凸图样的表面修饰工法。“Stucco”原本是“有如大理石的意大利涂装材料”的意思。进行抹刀压实的作业时间取决于气温、风速、日照等条件（照片4-6-15）。

三合土

日式传统建筑空间“土间”使用的表面修饰材料的总称（照片4-6-16）。三合土共有两种。将水泥（素混凝土表面修饰材料或有色砂浆表面修饰材料）与熟石灰、含黏土的山砾石、加卤水制成的材料铺设于楼地板上，以小槌敲打固实。材料调配方式依各产地而有所不同，需靠泥瓦师傅的丰富作业经验来调配。

抹刀表面修饰

利用抹刀轻抚表面的表面修饰工法。抹刀作业技巧分成四种：研磨、压抹、抚切、粗糙。

研磨表面修饰

用抹刀研磨出光泽（照片4-6-17）。

压抹表面修饰

表面修饰工法中以抹刀平滑、均匀压抹的手法（照片4-6-18）。

抚切表面修饰

以抹刀做出粗糙质感的表面修饰手法（照片4-6-19）。

褶纹表面修饰

先用抹刀抹平压实表面，再以抹刀、梳齿、毛刷刮出粗糙纹理的技巧。使用翘抹刀（译注：金属板边缘向上翘起的抹刀），在土墙面或灰浆墙面上，横向延展涂抹的同时，做出凹凸感的表面修饰工法（照片4-6-20）。使用刷毛轻抚表面，刷出粗糙纹理，称作刷毛表面修饰工法（照片4-6-21）。在砂浆表面尚未硬化的时候，利用梳齿状的板材或铁刷在表面梳出粗糙纹理，称作梳齿表面修饰工法（照片4-6-22）。也可运用在硅藻土上。

刮搔表面修饰

先用抹刀抹平压实表面，再用剑山等刮出粗糙纹理的表面修饰工法（照片4-6-23），也称蓖麻（Ricin）表面修饰工法。蓖麻是御影或大理石等天然石碎化成细粒后，混入颜料制成的墙面涂料，在墙面上涂布厚6 mm以上的蓖麻子，初凝后，使用金属制梳齿、抹刀、刷毛等刮具，将表面刮出粗糙纹理的表面修饰工法。表面纹理取决于骨料的颗粒或金属梳齿尺寸的大小，需在事前确认作业范例样本。表面作业刮痕处理是施工质量的关键，表面若硬化过头，刮痕处理难以进行；若表面过软，则无法做出均质的纹理。

照片4-6-14　水洗石

照片4-6-15　凹凸纹理表面修饰

照片4-6-16　三合土表面修饰

照片4-6-17　研磨表面修饰

照片4-6-18　压抹表面修饰

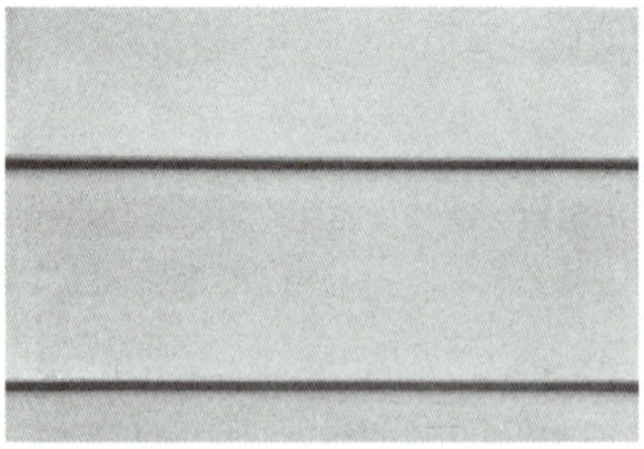

照片4-6-19　抚切表面修饰

照片4-6-20　褶纹表面修饰

照片4-6-21　刷毛表面修饰

照片4-6-22　刮梳表面修饰

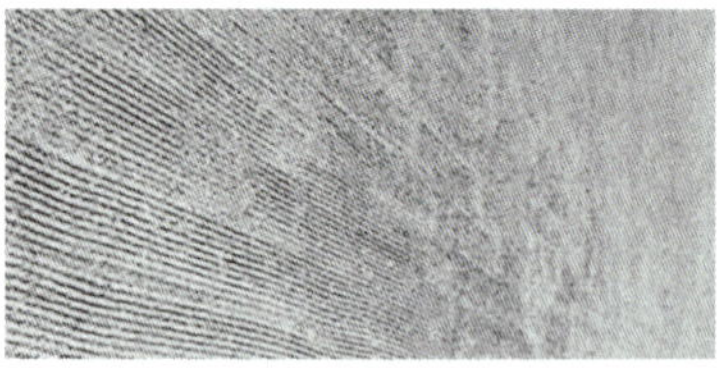

照片4-6-23　刮搔表面修饰

研磨式灰浆表面修饰工法

在灰浆表面，以研磨处理的表面修饰。

抹压式灰浆表面修饰工法

在灰浆表面，以抹刀抹平压实的方式作业的表面修饰。

保有颗粒质感的表面修饰工法

先涂上含有纸纤维麻刀的浓稠糊状灰浆，施以轻压后表面呈颗粒感的工法。若使用与水反应后的熟石灰，更能凸显此工法特色。

梨皮纹理处理

做出像梨子表面凹凸纹理般的表面修饰。使用抹刀在墙面上全面进行精细的表面修饰处理需要有相当娴熟的抹灰技术。为了让完工面水分均匀地蒸发，需要涂布具有调节湿度作用的吸水材料，或是对表面修饰材料进行擦摩处理。

刷毛饰面

修饰砂浆或混凝土的表面，使用抹刀抹压表面之后，在尚未硬化时，使用刷毛轻抚表面，制造出粗糙纹理效果的饰面工法。刷毛有两种，分别是不含水的空刷毛及含水的水刷。

锈壁

抹灰工程中的面层加入铁粉，涂布之后吸收湿气，发生红色生锈部位直接外露的墙面饰面工法。日文别名“萤壁”，即萤火虫墙壁的意思。

铠甲式饰面工法

在涂布“土佐”灰浆的墙面上，设置具有挡水作用的层层高低错落的外墙式样。施工工序繁杂，但可以做出耐久性持久的外墙。

鱼鳞式墙壁饰面工法

西洋式的灰浆涂抹饰面工法。不将灰浆压实，一边涂抹一边完成鱼鳞状的饰面，纹样表面带有光泽。

照片4-6-24　刮胡状完工饰面

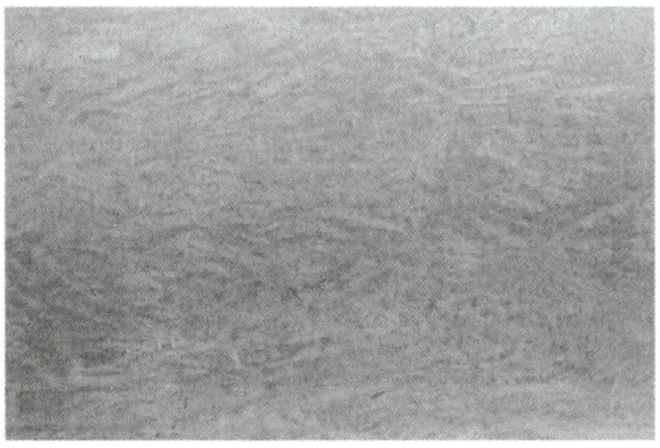

水磨石研磨饰面（Antico stucco）

熟石灰与大理石粉作为主要材料的面层，上色处理后再以抹刀或砂磨机研磨表面的水磨石传统工法。涂布厚度约2 mm，可显现大理石的纹样。

刮胡式饰面工法

水磨石研磨饰面工法之一。将混入灰浆的骨料颗粒凸出处磨除，表面呈现出如刮过胡子后的纹样（照片4-6-24）。

图4-6-9　石子

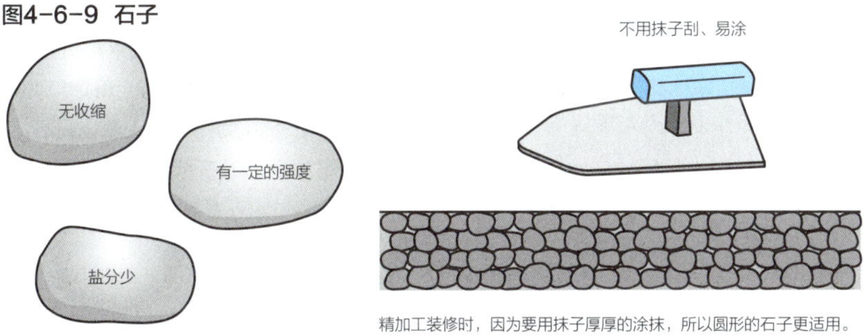

精加工装修时，因为要用抹子厚厚的涂抹，所以圆形的石子更适用。

照片4-6-25　有代表性的石子

那智石：有深黑光泽的那智黑和文雅气质的那智白

大矶砂石：浓绿色，精装必备

南部砂石：锈色中带茶色的小砂石，有高雅的色彩

桃山砂石：锈色中带有淡绿，给人柔和的感觉

石子

骨料的一种。在制造人造石和假石等饰面时，于表层水泥砂浆上固定的小砂石或碎石。根据种类和尺寸，石子的性能和外观也有所不同。水洗石表面修饰用大矶砂石、研磨用寒水石、埋入装饰用那智石（照片4-6-25）。近年来，常用锈色中带有淡绿的桃山砂石代替大矶砂石用于水洗石表面修饰（图4-6-9）。

研磨

将水泥砂浆和石子混合后涂抹，一边观察硬化的程度一边进行粗研和中研，待充分硬化后再进行装饰研磨的工法。

轻凿

①在作业完锤琢表面修饰（使用专用合金锤对石材表面进行修整，使表面凹凸不平）之后，再用特制凿子在表面上细刻刻痕。②用刷子或刷毛在面层轻凿，使整个表面形成微小突起状。

加强材料

砂

用来防止饰面出现裂痕的天然骨料。粒径越粗，越不易出现裂痕。

中砂、粗砂

混入抹灰材料的砂的种类。以砂的粒径粗细来分类。

微尘砂

粒径在1 mm以内的砂或矽砂（照片4-6-26）。

河砂

从河川采出的砂，是使用在抹灰工程中品质最优的砂。不含杂质的中等粒径河砂适用于砂浆墙面，与石膏配合用的砂要选用不含铁、不含泥的砂。

陆砂

从原本是河川所在位置取出的砂，为含有泥成分的砂。

碎砂

将砂岩、石灰石粉碎之后制成的砂，带有尖角。

海砂

从海中采集，去除盐分的砂。

过筛砂

在产地过筛后的砂。可以直接使用。

砂的粒径

依照过筛的尺寸，分为小粒径、中等粒径、粗粒径（表4-6-9）。也有用“粗粒率”（率值越大，粒径越粗）来显示砂粒径的表达方式。

珍珠岩（perlite）

以珍珠岩、黑曜石作为原料，高温加热、膨胀处理过的轻骨料。

蛭石

英文称作Vermiculite。

苯乙烯（styrene）骨料

以苯乙烯为原料制成的轻骨料。

麻刀

用来防止土墙或灰浆墙发生龟裂，在涂布材料中混入纤维质的材料总称（表4-6-10）。其种类包括可以提高灰浆保水性的补强材料“麻寸沙”（照片4-6-27），以及提高陶土黏性的补强材料“稻草麻刀”（照片4-6-28）。化学纤维制品有玻璃纤维、碳纤维、尼龙纤维（照片4-6-29）等。可根据涂层所需条件，选择合适的麻刀，使用量为土重量的2% ~ 3%。

照片4-6-26 矽砂

表4-6-9 抹灰工程使用的砂粒径

种类	过筛重量百分比（%）					
	5（mm）	2.5	1.2	0.6	0.3	0.15
粗目A	95	80	63	42	21	6
中目B	100	88	69	50	33	8
细目C	100	98	82	62	37	9

用途A：砂浆底层、土墙中层；
用途B：砂浆面层、砂质灰泥、土墙；
用途C：土墙面层、其他薄涂层。

糊料

通过将掺合料加入熟石灰，可改善其稠度和保水性，提高涂布的施工效率。特别对于灰泥来说，是不可或缺的。包括角叉糊料（以海藻为原材料、在施工现场调配的。其中，有海萝、银杏草等各种各样的种类）、粉角叉（在工厂精制的掺合料）以及甲基纤维素（化学掺合料）等。

表4-6-10 麻刀

原料	名称	用途	备注
稻草	粗麻刀	荒壁土	稻秆切成3~5 cm长，并使之干燥
	中间涂层粗麻刀	中层抹灰	将蒸过的稻草切成3 cm长
	飞出粗麻刀	切返土	严选出作为中层抹灰的麻刀，长度约1 cm
	微尘粗麻刀	土和水混合涂墙壁	质地优良的老稻草切成3 cm 以下长度，并蒸过
纸	纸粗麻刀	大津壁、灰泥壁的研磨完工饰面	将带有强韧纤维的日式和纸浸水，使用棒子敲打让纤维松散开
麻	浜粗麻刀	西洋风格灰泥、白云石灰泥的下方、中层抹灰	将麻切成长度为1.5 ~ 3 cm并松解开来的材料
	白毛麻刀	西洋风格灰泥（灰泥）、白云石（Dolomite）灰泥的下方、中层抹灰	将旧马尼拉麻蕉制品切成5 cm长的材料，虽称作白毛，但不一定是白色
	硝石麻刀	石膏灰泥的底层	用黄麻做成的材料
	油麻刀	屋顶灰泥	拌有蔬菜油的旧麻袋做成的材料
	漂白麻刀	大津壁、灰泥壁的面层	将滨麻刀、硝石麻刀漂白后得到的材料
无机质织物	玻璃纤维	砂浆等的底、中层	

高温加热处理糊料

在釜中将角叉高温烧煮后过筛的糊料。

角叉（海藻）

在过去，将角叉以高温烧制成掺合料，其中银杏草、仙台角叉等最为有名。现在还有“粉角叉”的粉末掺合料。最适合制成灰浆糊（照片4-6-30）。

MC 糊料

甲基纤维素（MethylCellulose）掺合料的英文缩写，耐碱性、耐水性佳。因为带有香甜气味，容易吸引虫类，且易发霉。

布连

为了防止进出面高差因为干燥产生收缩缝，在进出面差周边涂布的做法。一般使用麻布或者寒冷纱。

“蜻蜓”

也称作“胡须”。与布连相同，为了防止进出面差因为干燥产生收缩缝，而使用的麻制线绳。材料包括苎麻、棕榈毛、马尼拉麻等。在柱的周边以不锈钢钉固定麻线的作业，称作“打蜻蜓”。

木横栅系绳

在抹压底层涂料的灰浆的木横栅基材上交错配置的绑结麻绳。

寒冷纱

使用在木造建筑的水平墙筋涂布工法、布连工法的粗麻纤维品。

亚克力

丙烯酸（亚克力）系的聚合物，用作吸水调整材料或底漆涂料，使用在具有吸水性的混凝土、砂浆上。加水稀释比例为1:1可作为底漆涂料，加水稀释比例为1:3可作为吸水调整材料。

EVA 树脂乳胶

乙烯－醋酸乙烯酯（Ethylene-vinyl Acetate），英文缩写为 EVA，由乙烯和酸乙烯酯一起制成的树脂聚合物。以水稀释 2 ~ 4倍可用于调整材料的吸水性、增强黏着度。

吸水调整材料（Sealer）

能够延缓涂布在基材上的材料水分被基材吸收的一种材料。

胶粘剂

涂布在基层上的黏合剂。包括丙烯酸（亚克力）系、EVA 系（乙烯-醋酸乙）、SBR 系（丁苯橡胶），加水稀释使用。

照片4-6-27 麻寸沙

照片4-6-28 稻草麻刀

照片4-6-9 尼龙麻刀

照片4-6-30 角叉藻类

工具

镘（抹刀）

抹灰工程的代表性工具，可用于将抹灰材料涂布在基层上，也可用于进行抹平、压实、研磨等处理加工。从基材的涂布到饰面完工，都会使用到。其种类包括金属抹刀、塑胶抹刀、不锈钢抹刀、木制抹刀等（表4-6-11、图4-6-10）。依抹刀材料不同饰面完工的效果也不同。

表4-6-11 镘（抹刀）的分类

粗涂镘	日文也称作“幅广镘”（译注：可以一次大面积地涂抹）		
中涂层用镘	日文也称作“上浦镘”（译注：中间涂层使用的抹刀，可用来将墙面抹匀、压实、整平处理等）		
表面修饰用镘	墙壁表面修饰用镘刀（抹刀）	大津通镘	抹刀的金属片宽幅比中涂层抹刀窄、厚度薄，具有弹性。金属片背面隆起，带有厚度
		人造中首镘	精心锻铸出的抹刀，质地坚硬，无弹性
		纤维壁镘	抹刀的金属片宽幅比大津通镘宽，整体质地柔软
细工镘	表面修饰作业过程中，依照各细部需要而使用的镘刀（抹刀）	面引镘	用于阳角部位的表面修饰，在形状、尺寸上种类繁多
		切付镘	用于阴角部位的表面修饰作业
		目地镘	用于接缝部位的表面修饰施工。对应接缝的尺寸而有各式各样的抹刀形状
		缲镘	墙壁与地板、墙壁与天花板的接合部位做成弧形时所使用的抹刀
		四半镘（四分镘）	最常使用的抹刀。四半镘的名称由来是日本一尺的1/4。宽幅从窄到宽的名称依次为：四半镘、四半柳刃镘、福柳刃镘
京壁（土壁）用镘	依照各种作业方式的需要，例如混拌糊液状、添加糊料、水捏混揉，选用个别合适的镘刀（抹刀）	波消镘	抹刀金属片的厚度薄，形状纤细。前端设有凹陷处让糊材可以滞留其中
		波取镘	用来压平或挑出京壁上的纤维。非涂覆使用的抹刀
		水捏抚镘	适用于水捏的抹刀。厚度较其他抹刀厚
		富士形引镘	形状似富士山，由此得名。用于研磨表面修饰的施工
欧美用镘	欧美使用的镘刀（抹刀）是利用辅助板以及螺钉来固定金属刀片	角镘	抹刀的金属片宽广平滑，适用于高效率的表面修饰作业
		土间镘	抹刀前端呈圆弧形为其特征，不常使用
		红砖镘	包括桃形（心形）与福形（龟形）两种。尺寸从大到小区分为一、二、三、四、五共五种类别

托板

左手托着的盛有料体的板（以习惯用右手者为例）（照片4-6-31）。

过筛

过筛网。若标示“2分过筛”，表示过筛网的网孔尺寸是2分（1分约等于3 mm，2分约等于6 mm）。或是以1英寸网孔中纵横交错的网线数量作为单位表示。

运料棒

从盆中将拌揉过的料体舀起，传送到施工者的托板上的工具。

锹

将土搅拌混合的工具，小型的称作手锹。

搅拌机

搅拌料体的工具，包括电动式搅拌机、引擎式搅拌机（照片4-6-32）。

搅拌盆

承装并搅拌土的浅底盆，有钢板制、木制、塑胶制等。

手持搅拌机

搅拌砂浆或补修用砂浆的工具。适合少量的搅拌。

工程尺（尺规）

在涂墙的角或水平凸线的测量中，用于定直角或曲线的工具。材质是木质或橡胶。为了定涂面和尺规板的基准点，根据原基准墨线，事先将基准点涂成河堤形或圆形，这叫“定基准点”。

照片4-6-31 托板

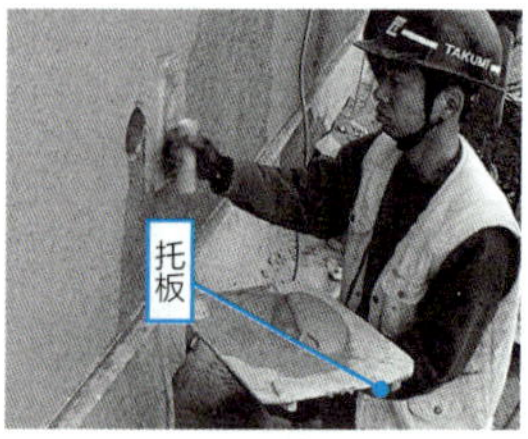

刃定木

用来决定角的直线或阳角的涂布厚度，以及修正不平整。种类包括走定木、蛇定木、塑胶制的预埋定木等。

毛刷

涂布砂浆用的毛滚筒。

剑山

用来制作表面刮痕的饰面加工的工具。与插花使用的剑山底座为同一物。

钢毛刷

用来刮硅藻土的工具。

水洗石泵

水洗石施工使用的工具。以水雾喷射的方式，将泥浆洗除，让小石子露出。

海绵

楼地板洗石子作业使用的工具，将泥浆拭除，使小石子露出。

扫帚

用来清除柱子或天花板边缘脏污处使用的工具。

粗切

将使用在小舞上的竹材切割成四等份或五等份的作业。

细切

将粗切割处理过的竹材，再以弯刀做细切割处理。

小舞用工具剪

切断小舞上细竹条的剪刀。与切断盆栽或插花植材使用的剪刀为同一物。

照片4-6-32 搅拌机搅拌荒（粗）壁用土

金属用工具剪

切断金属材料所用的剪刀。

钉枪

铺设金属网时使用的工具。包括以人力作业的手锤式、握力式工具，以及利用压缩空气的空气式工具，称作钉枪。

图4-6-10 抹刀各部位名称

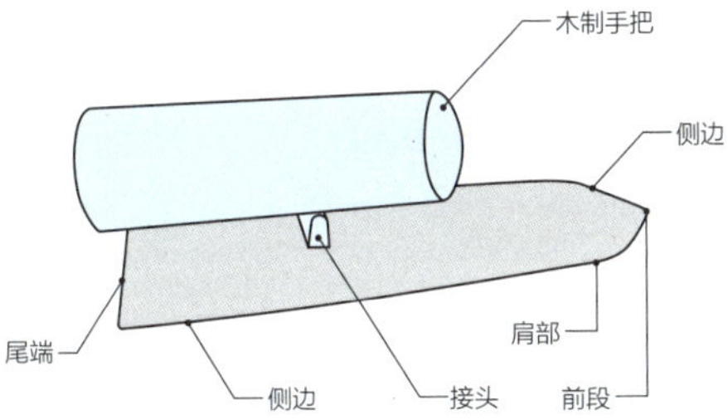

施工、工法

土墙

在有色土中加入砂或麻刀，加水搅拌混合后，涂在墙上作为表面修饰涂层，土墙为这种修饰方法的总称（表4-6-12、表4-6-13）。施工的流程如图4-6-11至图4-6-14所示。

灰浆墙

在熟石灰中加入麻刀，搅拌成糊状之后，涂出的灰浆泥墙。基层的种类包括木栅栏、土墙、混凝土、混凝土砖、ALC板、砂浆、金属网等，但基层的处理方式各有不同（表4-6-14、图4-6-15、图4-6-16）。

砂浆涂布工法

水泥砂浆的涂抹方法。表面修饰工法种类包括刷毛饰面、金属抹刀饰面、木制抹刀饰面、刮除饰面等（表4-6-15、图4-6-17）。

覆盖碎石的水泥浆涂抹

在人造石涂抹装饰时，专指将石子覆盖的水泥浆部分。“泥浆涂抹”和它同义，指只用搅拌过的水泥浆进行的涂抹。

抹刀直线移动涂抹

为了让抹刀可以沿直线拉伸，抹刀涂抹行进中先停止一次，作业者移动身体之后再行移动抹刀的作业方式。此为抹灰工程中的基本功，目的在于提高表面修饰的质量和精准度。

表4-6-12 土墙使用的材料

部位	材料
小舞	真竹、姬竹、筱竹、葭、木舞绳、钉、小舞金属网
毛坯墙（粗壁）	荒木田土、古土、稻草
中层	黏性土、麻刀、砂、棕榈、布连
面层	色土（京土）、微尘麻刀、微尘砂、熟石灰、糊

表4-6-13 土墙的表面修饰材料

表面修饰种类	材料
中层抹灰工法	中涂层土、砂质切返麻刀
水黏土	色土、微尘砂、微尘麻刀补强材
糊差	色土、微尘砂、微尘麻刀补强材
糊捏	色土、微尘砂、微尘麻刀补强材
大津灰土	色土、熟石灰、微尘麻刀补强材
大津引土	色土、熟石灰、纸麻刀补强材
预拌京壁涂料	色土、木质纤维、川砂、糊料、EVA、硅砂

表4-6-14 灰泥（灰泥）涂布材料

工程种类	材料
基材处理	粘合剂（乳胶Emulsion系）、聚合物水泥
底层、中间层	熟石灰、白毛麻刀补强材、角叉藻糊、甲基、木栅栏系绳
面层	熟石灰、浜麻刀补强材、角叉藻糊、熟石灰浆、壁土
预拌灰泥（灰浆）	土佐灰泥（灰浆）、工厂预先调配、熟石灰浆

表4-6-15 水泥砂浆（Mortar）涂布材料

种类	名称
水泥	一般波兰特第Ⅰ型水泥、混合水泥
骨料	川砂、陆砂、碎砂、珍珠岩（Perlite）、含苯乙烯（Styrene）骨料
掺合料和外加剂	火山灰（Pozzolan）、玻璃纤维、膨胀材、增塑剂、耐寒剂、防冻剂
预拌	轻量砂浆、聚合物砂浆（Polymer Mortar）
板条（Lath）	金属网、肋条金属网、金属网垫材、金属网板材
表面修饰	蓖麻油、硅藻土、树脂、人造碎石、喷布涂料

混合相容

施工前，先将土与稻草麻刀加水相互搅拌混合后暂时静置的作业流程。

静置

将与水搅拌混合后的材料，需放置7天以上的作业流程。

毛坯墙（粗壁）涂布工法

毛坯墙（粗壁）涂布工法如图4-6-13所示。如今大多使用不拌水的夯土，因此也有将与水混合相容的作业程序简化的做法（照片4-6-33）。

背涂

在毛坯墙（粗壁）的背侧（小舞纵向竹条侧）进行涂布的作业。

照片4-6-33 毛坯墙（粗壁）涂覆（施工后）

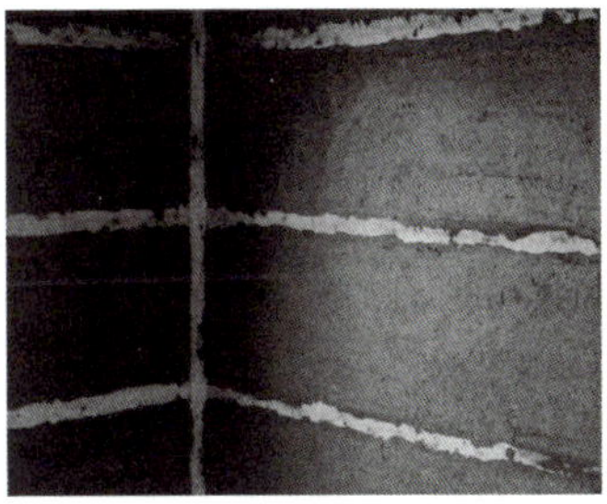

板条板粗糙处理

在板条板上薄涂砂浆等材料作为中层抹灰，并将表面做粗糙处理。

找平处理

混凝土基层或涂布作业基层的表面若凹凸不平，在凹处填涂上砂浆或其他材料进行整平处理的过程。

图4-6-11 抹灰土墙总体涂布作业流程

各种小舞
↓
涂覆毛坯墙（粗壁）
↓
内墙
↓
水平墙筋
↓
涂布进出面差周边
↓
中层抹灰
↓
面层抹灰

图4-6-12 抹灰土墙的中间涂层作业流程

毛坯墙干燥
↓
涂布水平墙筋
↓
墨线放样
↓
涂布进出面差周边
↓
涂布整平基层凹陷处的
↓
涂布整平面层抹灰

图4-6-13 毛坯墙的涂布作业流程

夯土
夯土无须与水调配 → 使用搅拌机充分拌合

干燥土
→
加水搅拌土、稻草
间歇静置 →
使用搅拌机充分拌合
追加稻草、水
涂布（横向竹条面）
干燥后 →
涂布背面
使用黏性土

图4-6-14 灰浆（墙）面层的涂布作业流程

中层涂土细切 →	中层整平处理 使用中层专用涂土 →	中层涂土细切	水捏镘（抹刀）
水捏涂土（面层） →	中层抹灰湿润面 →	水捏土涂布 使用微尘麻刀	
添加糊料 →	中层抹灰干燥 →	水捏土中添加糊料 使用角叉藻糊料	涂布（上涌镘） → 水捏镘（轻柔地进行完工饰面处理）
混拌糊液状 →	添加糊料 →	水捏土与糊液混拌搅和	
并大津 →	中干燥面 →	涂布灰土	大津壁整体的压抹完工饰面
大津研磨 →	→	以水润湿	涂布灰土 → 施压压实 → 涂布引土 → 研磨工程

基层涂布处理

面层厚度较大时，为修补基层不平整处而先行涂布的作业方式。

基面找平涂布处理

在中层作业前的涂布作业。因为厚度较大，一次涂布完成容易产生裂痕，因此分层作业，在中涂层作业前，为了将进出面段差找平的涂层。

擦拭

在完工面用手或布擦拭出光泽。

擦涂技法

在基层上擦涂的技法。

水平墙筋涂布作业

为了防止水平墙筋上出现龟裂，以寒冷纱或椰纤、叠表作为中层抹灰，涂布在水平墙筋上（照片4-6-34）。

照片4-6-34 水平墙筋涂布作业的手法

墨线放样

在抹灰工程中，用来维持柱面与墙面之间进出面差的距离，以及为了维持面的平整所需的放样作业。可作为控制抹灰涂布厚度的依据，也可作为进出面差的基准线。

进出面差

在有真壁（译注：柱子外露的墙壁）的情况，指柱面与墙面之间的距离。

进出面差外围处理

为防止柱子、天花收边板出现面差缝（依干燥程度，在柱面与抹灰饰面间出现的缝隙），在面差相接周边钉上布连、“蜻蜓”后，再压抹中层抹灰的处理。

进出面外围涂布

填涂柱子与墙壁的接续部位，使之没有缝隙的技法（照片4-6-35）。在进出部位上墨线放样后，顺着放样墨线内侧均匀地涂抹以修饰表面。另外，也有在柱子上刻出沟槽，将材料抹压入沟内的作业方式。

照片4-6-35 进出面外围涂布

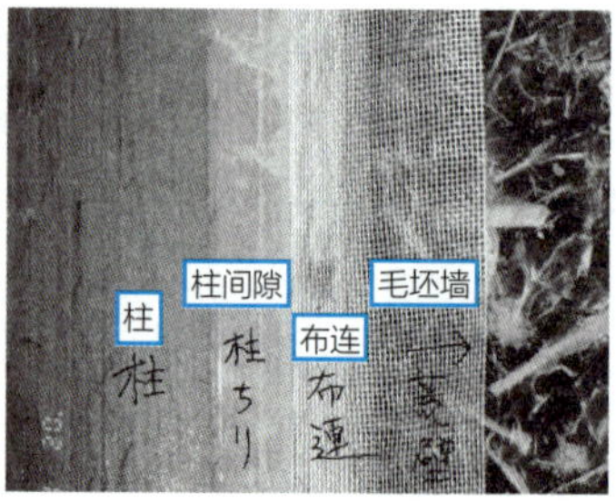

进出面之间的沟槽

在柱子或额缘（窗户或进出口的外框与墙壁之间的护条）与墙面之间设置的沟槽。

进出面干燥收缩缝

由于木材或涂料的干燥收缩造成边角部位抬起，从而导致与柱子的进出部位上出现缝隙。

进出面的凹凸缺损

在进出部位发生的不平整的缺损状况。

找平处理

用于处理不平整程度较严重的基层以及处理中层抹灰，共此两种用途。后者是为了让中层与面层相互之间容易黏着，因此用木制抹刀或泡沫塑料制抹刀将中间层找平，让面层容易涂布的工法。

抹压压实

基层吸收上方涂层水分的时候，在已涂布的料料表面上施以压力，进行抹压压实的作业。

粗糙处理

在不易附着的平滑基层面上，进行表面凹凸粗糙加工，以提高下一涂层的附着度。除了在基材面上刮出梳纹，还有用木制抹刀做出粗糙面、使用挤出式发泡聚苯乙烯材作为基材，制作的带有梳纹、扫帚刷纹的工具等各种方式。

水泥浆涂布作业

用刷毛在混凝土表面涂上水泥浆作为饰面的作业，或是为了提高黏着度，在混凝土上涂布水泥砂浆的涂布作业。

纹理加工

在基层上涂布底层后，将主要抹灰材料擦涂在底层上，再以抹刀自由地涂抹出纹理的抹灰技法。

木条拭平

为了让墙壁或地板的涂布面呈现平滑状，使用长木条在表面擦拭的作业。

鹿子状刮拭

鹿子是指一种日式图纹，以薄涂方式涂布在日式传统土墙中的中间涂层。或是指在灰浆（灰泥）涂布工程中，在木栅栏基层上涂布中层前，先将基层表面刮拭的作业。目的在于提高中间层与基层的黏着度，并调节从中间层吸收的水分。涂层厚度为2～3mm，是底漆的一种，但调配方式与底层或中层不同，需另行处理。近来逐渐被吸水调整材料（sealer）取代。

水泥糊抛光作业

将去除麻刀的面层进行抛光，使之层呈现光泽。

云母石抛光

用抹刀进行涂抹过程中，抹刀会变重，因此用云母石磨拭抹刀。

云母石粉

使用在灰浆墙或大津壁、灰泥壁的表面研磨抛光，也可当作模板的脱模剂。

紧随作业

在施工开始当天，即进行了底层、面层作业。在底层仍柔软的时候，紧接着进行了下一道涂层作业，称为紧随涂布作业。

次日涂布作业

在底层作业后的次日，再进行面层的作业。

一次作业

指从基层到完工饰面的作业一次性完成的做法。该做法容易导致剥离、龟裂的现象，是违反泥瓦作业规范的做法。合理规划工期很重要，若不得已采用该做法时则需搭配使用网状补强材料，或加入合适的混合材料进行抹灰涂布。

界面擦拭处理

为了提高接合界面的黏着度，需薄涂聚合物砂浆，或强力擦拭不平整的基层。此为材料业界的叫法，与鹿子涂拭或基层刮拭意思相同。

露馅

灰浆或灰泥的面层涂布作业，使用抹刀压抹面层时，中间层涂料渗出表面。日文以露馅来比喻。

水泥硬化

在砂浆底层作业中，加水来帮助水泥发生硬化作用。

树脂涂附

借由涂布树脂来提高接触界面的附着度，需留意基层发生干燥的情况与涂布后低温的影响。混凝土楼地板因使用预制砂浆，会有剥落的问题，因此特别是与混凝土接触的界面，涂上含树脂的水泥浆，防止发生剥离现象。

图4-6-15 灰浆（墙）涂布作业流程

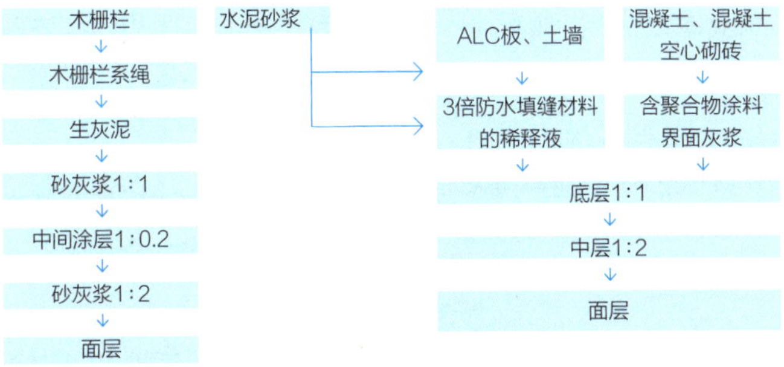

图4-6-17 抹灰土墙涂布作业流程

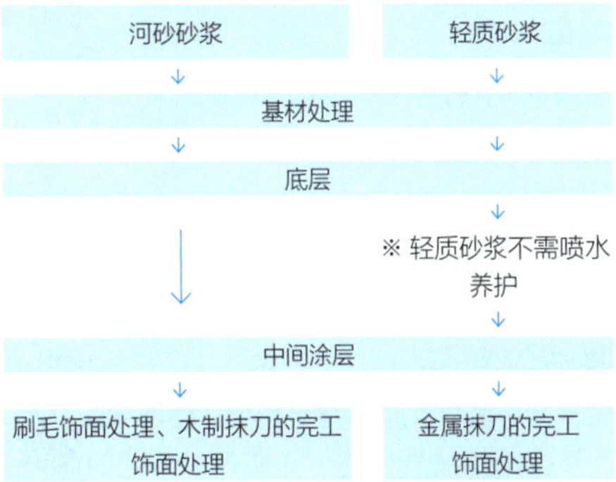

图4-6-16 灰浆（墙）面层涂布作业流程（外墙）

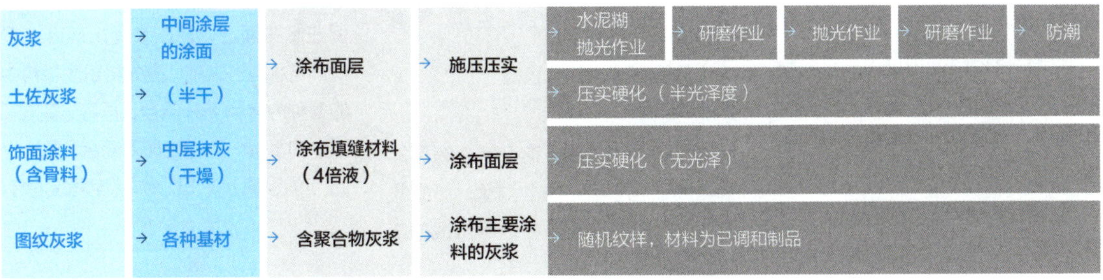

揉合
在搅拌盆中，利用锹具将灰浆、土墙涂料等拌合作业。

拌混
使用搅拌机将砂浆和石膏灰泥(Gypsumplaster)等混合的作业。

拌混间歇搁置
将拌混过的涂料间歇搁置10~20分钟之后，再次进行拌混。

养护期间
各涂层之间的间歇养护时间。

初期养护
为了防止砂浆快速硬化而发生龟裂，铺设防护布或洒水，防止砂浆涂布后出现干燥现象的作业。

黄变
表面变黄的原因是涂装时温度高或湿度高等。如果是灰泥黄变，则可能是吸收了来自厕所等地方的氨气。

早干
抹灰材料干燥比正常凝结硬化来得早的情形。而干燥现象发生得迟，无法产生强度的情形称为“Sweat Out”。

气泡
已涂布的材料中掺进空气。

面层空鼓
面层内部掺进空气，是造成剥离的原因。

表层早干
表面比内部干燥发生得早的状态。

凝结
加水后，虽然暂时具有可塑性，但不久之后开始硬固的现象。

硬化(硬度增强)
抹灰材料凝结后，硬度开始增强的状态。使用石膏材料的情况下，虽然凝结后立即开始硬化，但无法产生强度。一般来说，干燥作用会促使材料产生强度，但石膏和其他材料不同，需要区分。只有材料干燥并且产生强度的过程称为硬化。

可施工期间
加水之后可以施工的时间段。特别是石膏会快速凝结，因此需要在可施工期间之内将材料用尽。

气硬性
材料在空气中硬化并保持和发展强度。土墙、灰浆、石膏灰泥等大部分的抹灰材料都具有此种特性。

水硬性
材料在水中硬化并保持和发展强度。

水灰比
指水泥与砂的调配比例，如1:3。在日文中，砂含量比此比例低的称为富调配(浓稠)，砂含量比此比例高的称为贫调配(稀淡)。

附着
在材料仍属柔软状态时进行接着。在材料硬化之后，不易结合牢固，故使用胶粘剂。

冻结
一涂上材料即发生结冻的现象。

泌水变干
混凝土或水泥砂浆表面冒出的水分消失变干。

凝固
材料受到直射阳光或泌水过于激烈急速导致尚未硬化即发生凝固的现象。

泡水还原
将凝固的材料置入水中还原的作业。此方式违反泥瓦作业规范，特别是石膏灰泥，若以此方式作业，容易造成施工后硬化不良的状况。

水泥粉
撒在底层表面吸走表面湿气，促进泌水的作业，短时间内即可继续下一道抹灰施工。撒过多会造成变色、龟裂等问题。

水泥受潮
带湿气的水泥砂浆。这个状态有可能会造成硬化不良，作为对策，可先置放在以临时方木、胶合板等做成的临时置放台上。

附着度
在基层上涂布涂膜的附着度。用小面积的抹刀小心地加压施工，可以改善附着度。

水泥成分稀淡
涂布的涂料是贫调配(配比中水泥的比例较少)的状态。此种状态的作业，容易发生粘结不良、施工不易等问题。

残留问题项目
整体建筑工程中出现的问题。在抹灰工程中，是指受到前项工程的木工程未完成的影响，而残留小面积的墙壁影响后续的抹灰处理。此情形会影响工程费用。

水泥成分浓稠
涂布的涂料是富调配(配比中水泥的数量较多)的状态。虽然容易施工，但易发生龟裂的状况。

涂布延展性
意指抹灰材料的施工性佳，称为涂布延展性佳。为了确保良好的涂布延展性，调配材料时需留意水量、增稠剂、麻刀等比例的平衡，因泥瓦师傅的个人作业经验而有所不同。另外也用来表示一定量的涂料可涂布的面积。

浮起现象
也称剥离现象。表示完工层与基层或底层之间相互分离的状态。可利用以下处理方式得到改善。①以机械式工具扩大作业面积范围，利用刮梳或木制抹刀进行表面粗糙处理，扩大接着面积。②改善基层，包括毛刷擦拭、清扫、刚性强化、以水沾湿、涂布吸水等方式调整。③降低材料的收缩程度，使用麻刀等混合材料或聚合物水泥砂浆。

起粒现象
将水泥或颜料等的粉质材料与水混合时，两者未充分混合而残留粉末结块的状态。若以此状态直接涂布，结块会残留在涂布面上，并在表面出现麻点疙瘩。与水混合之前，应先将粉质材料中的各种内容物充分混合，再将比基准规定少的水量一点点地加入混合。混合之后，间歇搁置5~10分钟，然后再次混合。

4.7 涂装工程

本节主要从材料、涂装方法及作业流程、表面修饰等方面来解说涂装工程的相关用语。涂料的种类繁多，下文从适合的原料、形成涂膜的材料、涂料的性质、涂膜的性能及功能、干燥方式的分类等方面一一陈述。涂料的种类与特性见表4-7-1、表4-7-2。

材料

涂料的组成要素

形成连续涂膜的要素，包括颜料、涂膜的主要成膜物质（油、树脂等）以及添加剂（干燥剂、安定剂等）。

图4-7-1 涂料的组成

涂料	→ 主要成膜物质	天然树脂
		油脂
		合成树脂
		硝化棉
	→ 次要成膜物质	硬化剂
		干燥剂
		可塑剂
		分散剂
		颜料、染料
		去光剂
	→ 辅助成膜物质	溶剂
		迟缓剂

颜料

不仅让涂料带有颜色，也让涂料具有防锈、形成保护膜等功能的重要成分。根据组成方式不同分为有机颜料和无机颜料。有机颜料大多色彩鲜艳，但容易褪色，因此外部涂装工程通常使用无机颜料。

树脂

有天然树脂和合成树脂之分。天然树脂有动物性和植物性之分。合成树脂指经过化学处理的人工制造的化合物。

涂料的主要成膜物质

形成涂膜的主要成分包括油脂、天然树脂、合成树脂、硝化纤维（Nitrocellulose）等，也称为胶粘剂。

添加剂

有可塑剂、增稠剂、成膜辅助剂、防霉剂等，补充涂料的功能，也是涂膜形成的次要成分。

溶剂

用来稀释、溶解、分解材料，将涂料变成容易作业的挥发性液体。溶剂主要使用酒精（Alcohol）、酮（Ketone）、酯（Ester）等（图4-7-1），若是水性涂料则用水作为溶剂。溶剂一般是指有机溶剂，也称为稀释剂（Thinner）。溶剂有多种类型，每种涂料应有特定的稀释剂，若稀释的组合搭配有误，有可能会发生凝块或分离呈果冻状等问题。

透明涂料

构成涂料的四要素：颜料、胶粘剂、添加剂、溶剂。将其中的颜料成分去除，制成的就是透明涂料。

表4-7-1 涂料的种类

展色剂种类	溶液形态		涂料的种类
油变性	溶剂系	油性剂	油漆（Varnish）
			油性调和油漆（Paint）
			防锈油漆第一种
		油变性树脂	防锈油漆第二种
			合成树脂调和油漆（Paint）
			苯二甲酸树脂乳胶
热可塑性树脂系	水系树脂系		合成树脂乳胶漆
			带光泽合成树脂乳胶漆
			二氧化硅（silica）系油漆
	弱溶剂系溶剂系		NAD型丙烯酸（亚克力）树脂乳胶
			聚氯乙烯（Pllyvinyl Chloride）树脂乳胶
			丙烯酸（亚克力）、醋酸乙烯树脂乳胶
			氯化橡胶乳胶
热硬化性树脂系	水系树脂系		聚氨酯（polyurethane）乳胶漆
			常温干燥型氟树脂乳胶漆
			丙烯酸硅（AcrylicSilicone）树脂乳胶漆
	弱溶剂型		弱溶剂型聚氨酯（Polyurethane）乳胶
			弱溶剂型丙烯酸硅树脂乳胶
			弱溶剂型常温干燥型氟树脂乳胶
	溶剂型		双液型变性环氧树脂底漆
			双液型环氧树脂乳胶
			双液型厚膜环氧树脂乳胶漆
			聚氨酯（Polyurethane）漆（单液型、双液型）
			双液型聚氨酯（Polyurethane）乳胶
			常温干燥型氟树脂乳胶
			丙烯酸硅（Acrylic Silicone）树脂乳胶漆
	加热干燥型（烤漆涂装）		氨醇酸（Aminoalkyd）树脂（三聚氰胺Melamine）乳胶
			氟树脂乳胶

油性树脂涂料

以油作为主要成膜物质制成的涂料经改良后，利用油（干性油）的特性，发展成可快干的油性合成树脂（醇酸树脂）的涂料。以氧化聚合反应发生干燥作用。

热塑性树脂涂料

以热塑性树脂作为展色剂的涂料，包括溶剂型、弱溶剂型、乳胶型等，考虑到环境条件，实际使用时以弱溶剂型、乳胶型为主。溶剂型涂料不会产生化学作用，而是借由涂料中溶剂的挥发来进行干燥。乳胶系、NAD系涂料则是借由水或弱溶剂的蒸发来进行干燥。

热固化树脂涂料

以固性（反应硬化型）树脂作为展色剂的涂料，包括溶剂型、弱溶剂型、乳胶型等，伴随化学作用发生硬化，大多形成高性能的涂膜。

溶剂型涂料

含有脂肪系及芳香系的碳氢化合物烃（Hydrocarbon）、酒精（Alcohol）、酮（Ketone）、酯（Ester）等有机溶剂的涂料。

强溶剂系涂料

涂料使用的稀释剂大致分为强溶剂系涂料、弱溶剂系涂料、水系涂料三大类。强溶剂系涂料是使用挥发性漆稀释剂（Lacquer thinner）、氨基甲酸乙酯稀释剂（Urethane thinner）、环氧稀释剂（Epoxy thinner）等具有挥发性气味强的溶剂稀释的涂料。

弱溶剂型涂料

使用比以前的有机溶剂安全性佳、闪点（Flash point）高的有机溶剂作为稀释剂的涂料。它使用将非水弱溶剂中的合成树脂分离，进行乳化制成的树脂。过去以丙烯酸（Acrylic）系为主，现在则有氨基甲酸乙酯（Urethane）系、

表4-7-2 涂装材料特性一览表

涂装材料名称	适用原料	室外使用	耐久性、重新涂装的预估	其他特征	价格※3（日元/m²）
漆	木质	×	耐水性、耐化学性、耐磨性优良	抗紫外线能力弱。干燥过程需要高湿度的环境	20 000～30 000（刷漆4次）
腰果（Cashew）树脂涂料	木质	×	类似聚氨酯树脂涂料，耐摩良好	遇紫外线褪色。干燥时间较长	3 500 ～5 500（涂布效率50%）
油漆	木质	×	耐久性差于其他涂料，但涂膜不会产生裂痕。2年后需重新涂装	涂装作业效率低，但没有经验的人也可作业	2 000～2 500
蜡	木质	×	虽具有防水作用，但防潮性能差。半年后需重新涂装	干燥速度极快，可施工性佳	800～1 000
木材保护着色涂料	木质	○	第一次涂装2年后需重新涂装，第二次涂装后平均每5年重新涂装一次	不适合喷漆方式	1 500～1 700（涂2次）
罩漆（Lacquer）	木质	×	比聚氨酯树脂涂料稍差	干燥速度快（一般1～2小时）	1 500～2 500（涂3次）
苯二甲酸（Phthalic acid）树脂涂料	木质	△※1	耐水性、耐酸性、耐油性佳。4～5年后需重新涂装（室外）	干燥时间较长，用毛刷涂装方式的施工性佳	1 800 ～2 700（涂3次）
	金属	○			—
双液型聚氨酯（Polyurethane）树脂涂料	木质	△	耐久性佳。9～10年后需重新涂装（室外）	高级完工饰面用涂料。涂膜性能次于丙烯酸矽树脂涂料	2 500～3 000（涂3次）
	金属	○			—
	水泥				—
丙烯酸（Acrylic）树脂涂料	金属	○	耐久性较佳。6～7年后需重新涂装（室外）	干燥速度快，作业效率高	1 900～2 200（涂3次）
	水泥				—
丙烯酸硅（Acrylic Silicone）树脂涂料	金属	○	耐久性非常好。10～12年后需重新涂装（室外）	涂膜性能与氟树脂涂料相近	3 700左右（涂4次）
	水泥				—
氟树脂涂料	金属	○	耐久性非常好。12～15年后需重新涂装（室外）	是目前耐候性最优的建筑用涂装材料	4 600左右（涂4次）
	水泥				—
合成树脂调和油漆	木质	○	不适合使用在需要耐久性的部位。2～5年后需重新涂装	干燥速度慢，但施工性非常好	1 800 ～2 000（涂3次）
	金属				—
合成树脂乳胶漆	木质	△※2	不适合使用在耐久性需求高的部分。5～6年后需重新涂装（室外）	工程简单，施工性好	1 600 ～2 000（涂3次）
	水泥				—
聚氯乙烯树脂涂料	木质	○	耐久性比合成树脂调和油漆、合成树脂乳胶漆好	可使用于需要耐水性、防霉性良好的部位	1 800 ～2 100（涂3次）
	金属				—
	水泥				—

注：○表示可，△表示需符合附加条件，×表示不可。

※1 透明清漆（Vanish）不适合涂在室外的木质材料上。

※2 虽然是在户外使用的涂料类型，但实际被拿来使用在室内的情形却非常多。

※3 扣除原料清理费、养护费、脚手架费的材料施工设计价格（为日元参考价格）。

硅树脂系等高耐候性的树脂种类。稀释剂使用挥发性及气味都较弱的溶剂，主要是以与煤油相近的涂料用稀释剂来稀释。乳胶涂料由于其中不含水，因此相较之下不受限于涂装时的环境条件，与原料或基层的附着度佳。弱溶剂型涂料也称为NAD型涂料、非水分散型涂料。

水性涂料

可用水稀释的涂料。涂料基本款的合成树脂乳胶涂料即属此类。虽然其中含有挥发性有机化合物（VOC）的成分，但比溶剂型涂料的气味弱，几乎是无气味的涂料。

合成树脂乳胶涂料

属水性涂料。大多以丙烯酸树脂为基本原料，也称为AEP。适用于室内环境，现在也开发出耐清洗、具有抗菌性等各种附加功能的产品。近年来针对病屋症候群（Sick House Syndrome）开发了室内装修用水系涂料，有低挥发性有机化合物（VOC）涂料、零VOC涂料等产品上市（图4-7-2）。

双液型涂料

将个别罐装的主剂与固化剂两种液体，依照规定的比例混合，利用化学反应形成涂膜的涂料。双液型涂料因液体的计量工作耗时麻烦，混合后施工时间也有限制，比起只需稀释就能使用的单液型涂料，施工便利性较差。但涂料中的合成树脂（丙烯酸树脂、氨基甲酸乙酯硅、氟等）与溶剂（强溶剂系、弱溶剂系、水性）相同的话，双液型涂料的性能会比单液型涂料好。

珐琅（Enamel）

含有着色颜料的涂料。

渗透底漆

浸泡木材等基层的涂料。不会在表面形成薄膜。

油性涂料

俗称油漆。原本使用的OP是以植物油稀释而成的涂料，但因干燥速度慢，现在几乎不用，取而代之的是SOP（合成树脂调和漆）。铁构件的涂装大多会指定使用SOP，但因其便宜、易涂装，也被广泛使用于一般部位。SOP适合在室内装修使用，若使用在室外，则需考虑耐候性，最好是使用氨基甲酸乙酯树脂的等级以上的涂料（表4-7-2、图4-7-3）。

柿漆涂料

涂料的一种，将涩柿子的榨汁发酵过滤而成的胶状液。用于漆器的底层或者木、麻的防水或防腐（图4-7-4至图4-7-6）。

顶层膜

作为表面修饰涂料，主要功能是让室外墙面具有色彩及光泽，次要功能是具有耐候性、耐污染性。一般含有丙烯酸（Acrylic）、丙烯酸硅（Acrylic Silicone）、聚氨酯（Polyurethane）、氟（Fluorine）等成分。

清漆

将天然或合成树脂溶于溶剂中的漆。有将熟炼油或干性油溶解的油清漆和溶解到挥发性溶剂中的蒸馏清漆等。又叫透明涂料或者假漆。

上蜡

以蜡为主要原料，在表面形成涂膜的作业。因为具有防污、防水功能，主要使用在建筑的支柱框架等部位的白木饰面作业。也有水性蜡涂料。

罩漆（Clear Lacquer）

干燥速度快，具有平滑性的透明涂料，大多使用在定制家具的完成面作业上。

油性着色涂料

使用在木质部位，涂上之后不会被木材质吸干的半透明着色涂料。着色后若想进行透明的表面修饰涂装作业，也有改用水性或酒精系透明涂料的做法。

木材着色涂料

也叫WP（Wood Protect）着色剂。表面不形成膜，能渗透的木材专用涂料。既有防腐防虫的涂料，也有无此功能的涂料。

图4-7-2 乳胶涂料的制成

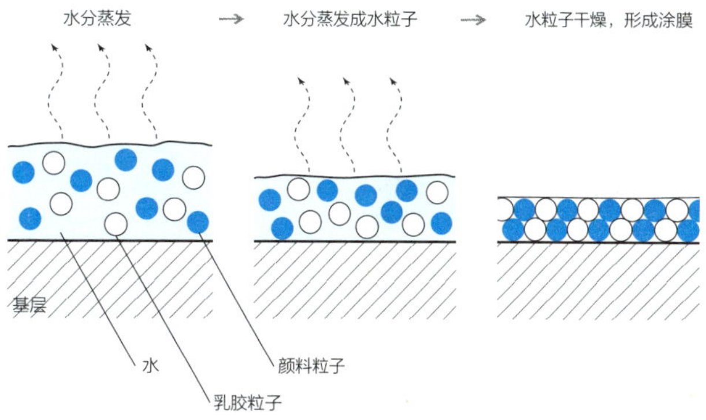

图4-7-3 主要使用在住宅外部涂装的涂料

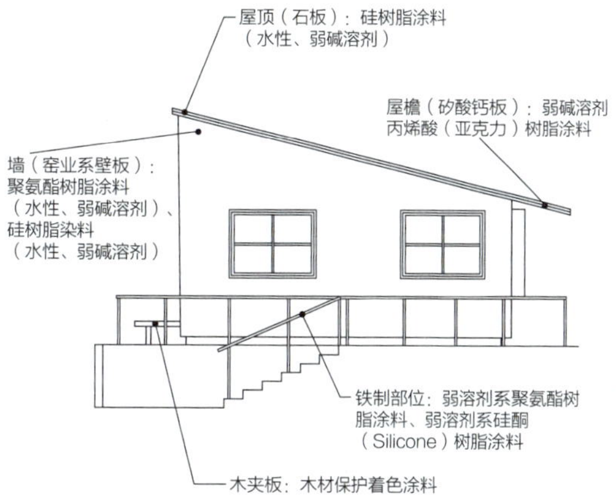

图4-7-4 柿漆的主要原料和制作方法

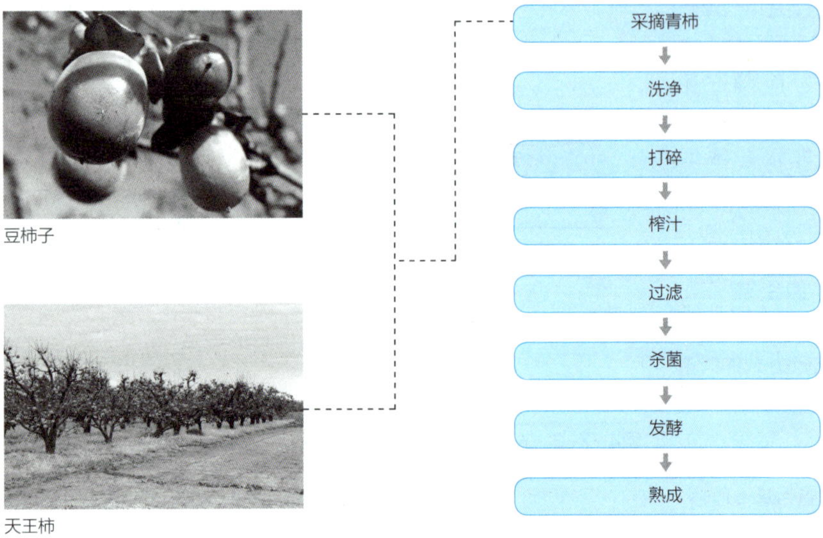

图4-7-5 柿漆的功效

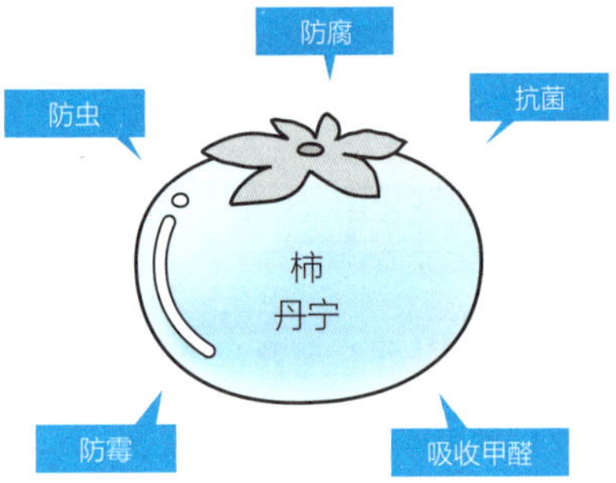

含有丹宁多酚，涩柿中含有的丹宁成分将甲醛吸收并分解，室内空气污染症候群也可使用

图4-7-6 外部装饰中使用柿漆时

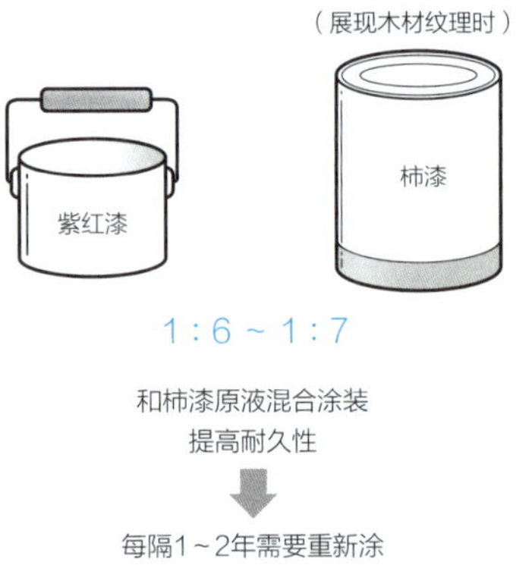

装饰性完成面涂料

借用喷涂、抹刀涂布、滚筒涂布等方式做出纹样的涂料。广义的范围包括石材样式的涂料，涂料中混入天然石材或陶瓷器的颗粒，像是铺石子路面一样，涂出具有纹样的完工面。

丙烯酸树脂涂料

主要成分是合成树脂的涂料。作为使用在内外墙面的涂料已有40年以上的历史，其特征为耐化学性、耐候性佳，耐久性中等，经济效益高。此外，因其为快干涂料，故施工效率高，但其缺点为涂料中的不挥发成分少，涂层无厚实感。乳胶涂料是常用的室内装修涂料。

聚氨酯树脂涂料

含聚氨酯的涂料。聚氨酯（Polyurethane）树脂涂料的种类有单液型与双液型：单液型用作楼地板涂料，双液型则作为高级表面修饰涂料使用在木质部位。双液型涂料的主要特征是：墙面带有光泽、涂层有厚实感，涂膜韧度强、附着性优良，耐化学性、耐水性优良，耐候性佳，干燥性良好等。

环氧树脂涂料（EP）

含有环氧树脂的涂料，具有密着性强、耐磨损性优良的特点。用来防锈，以及使用在停车场或内部通道、工厂等场所的楼地板面，可防止楼地板的混凝土受到磨损而产生粉尘。此外也具有优良的防蚀性、耐化学性，多做为抗严重侵蚀的涂料，但耐候性不佳，因此不适用于外部涂装工程。

聚氯乙烯树脂涂料（Vinyl Chloride）

耐化学性佳，大多用在加油站的涂装工程。虽然耐候性比EP好，但稀释剂的气味重，近来逐渐少被使用。

苯二甲酸（Phthalic Acid）树脂涂料

在图面上以FE标示。由于比SOP（稳定剂）干燥得更快，涂布作业较不容易进行，但完工面平滑、品质好，因此大多使用在内部装修修饰涂装。但现在稀释剂要求含低VOC成分，因此近年来室内装修逐渐不使用此种涂料，而使用与此种涂料的完成面品质相似的水性涂料。

丙烯酸硅树脂涂料

一般是指以硅为主要成分的涂料，也称硅基涂料。与树脂涂料都属于高耐候性涂料，耐持久性仅次于氟树脂涂料，性价比较高。

氟树脂涂料（氟碳）

以氟树脂为主要成膜物质的涂料，主要使用在建筑物的金属、水泥的未加工本色表面。种类包括单液型与双液型。主要特征：比起其他涂料，耐紫外线功能极佳，墙面光泽度保持良好，耐久度约15 年。其缺点为易沾污，但如今此种涂料出现了具有低污染、高耐候等特性的产品。氟树脂涂料的耐候性比硅系涂料高。

陶瓷（Ceramic）涂料

一种特种涂料。也用来表示内含二氧化矽（Silica）涂料、石材样式涂料、隔热涂料。

生漆涂料

漆树被割伤后渗出的树液，将此树液作为涂料的原料，可用来保护木质表面，形成好看的涂膜，也常使用在门窗、床间（译注：日式住宅榻榻米房间中的凹间）、柱、天花板、楼板等部位。

腰果（Cashew）树脂涂料

以腰果壳（cashew nut shell）液作为原料，利用可再生植物资源的合成树脂涂料。此涂料的涂膜带有肉感，平滑、厚实，在某些场合比漆涂料的光泽度更好。

阳离子电着涂料

将浸于水中的待涂构件当作负极，通上直流电后，带正电的涂料移向被涂物形成涂膜。

厚浆型质感涂料（Stucco）

厚涂表面修饰涂料。大致分为水泥（Cement）类与丙烯酸（亚克力）类。 现在以丙烯酸类为主流，其中用来补裂缝、具有弹性的称为弹性质感涂料。底涂层涂布之后，以8～12 mm口径的喷枪，喷涂作业两次。作为表面修饰涂料时，表面呈现粗糙纹理。1970年起曾流行超厚水泥涂布工法，或使用合成树脂乳胶制成的质感涂料，但因容易受污染，现在已不流行。

蓖麻油（Ricin）特殊涂料

薄层表面修饰涂料中具有代表性的涂料。与抗裂涂料一样，大致区分为水泥系与丙烯酸系，现以丙烯酸系为主流。丙烯酸系中用来补裂缝、具有弹性的称为弹性蓖麻特殊涂料。底涂层涂覆之后，以6～8 cm口径的喷枪，进行1～2次的喷覆作业。

仿瓷涂料

面层表面修饰涂料中具有代表性的涂料，使用厚浆型质感涂料或真石漆作为底涂层涂料，涂布之后，为了让涂层具有厚度并带有纹理，使用6～8 mm口径的喷枪，进行两次喷涂作业，并在上面进行两次的面层涂布作业，形成两层不同种类的涂层。适用仿瓷涂料的主要材料有标准瓷砖、硬度大的环氧（Epoxy）瓷砖、具有弹性的瓷砖三类。面层涂料则使用丙烯酸类、氟等涂料。

胶泥（Mastic）涂料

可厚涂层作业并具有高黏度的水泥类或丙烯酸类涂料。使用胶泥涂料专用滚筒作业，无须使用喷枪，即可在表面呈现涟漪状或柚皮状的纹理（照片4-7-1）。

防锈涂料

种类繁多，其中普通防锈涂料的价格便宜，没有特别限定使用条件，防锈能力不佳。油性的大多使用氰胺（Cyanamide）化铅防锈涂料，因含有铅目前渐渐改良为无铅无铬防锈涂料。此外，使用高级环氧树脂涂料防锈的情况也不少。铁的涂装工程的防锈尤为重要，由于普通防锈涂料的锈蚀抑制效果无法保证，建议选用高品质的防锈涂料。

无铅无铬防锈涂料

过去使用的油性防锈涂料，含有对人体有害的铅、铬。2003年JIS 规格中规定了不含铅、铬的防锈涂料，第一种是溶剂型，第二种是氢系型，亦属于符合日本绿色永续采购法规定的涂料商品。

云母氧化铁涂料

云母氧化铁（Micaceous Iron oxide）涂料，性质稳定，并可形成薄层片状的云母晶体纹理。涂覆后会层层交叠如鱼鳞状，因此具有良好的隔热性，也可发挥极佳的防锈效果。但在平滑度上表现不佳。展色剂以酚醛（Phenolic）树脂或环氧树脂为代表。

锤纹涂料

像是使用铁锤在钣金上捶打一样，呈现独特凹凸纹理的涂料。

功能性涂料

具有特别功能的涂料，种类见表4-7-3。

多彩涂样涂料

不只有单色的表面修饰涂料。不是在同一罐中将数种颜色混合，而是将颜料放在各自的罐里，在作业时以同时涂上两种以上颜色为前提。此外，以多次作业涂布的方式，将多种颜色交叠的表面修饰工法，也称多彩涂样表面修饰。

高耐候性涂料

耐候性优良的涂料的总称。近年以聚氨酯树脂涂料、丙烯酸树脂涂料、氟树脂涂料为主。需要重新涂布的参考基准时间，聚氨酯涂料8～10年，丙烯酸树脂涂料13～15年，氟树脂涂料15～20年。也有无机-有机复合型涂料（多为结合高温加工技术与高耐候性树脂的类型），各家制造厂商规格各有不同，重新涂布的参考基准时间为15～20年。

非甲苯、二甲苯涂料

挥发性有机化合物甲苯、二甲苯和乙苯的含量不到0.1%的涂料。

照片4-7-1 乳香脂涂料的表面修饰

耐沾污涂料

具有不容易受污染特性的涂料，可提高涂膜表面的亲水性，能利用雨水带走脏污（图4-7-7）。需要留意的是，虽然污垢在容易淋雨的地方可以被带走，但在不会淋到雨的地方，会与其他涂料一样容易受到污染。其种类包括氨基甲酸N3酯系、丙烯酸硅系、氟系等涂料。虽然有的厂家会标示超低污染涂料，但其实两者是相同的东西。评定低污染较困难，特别是因为建筑物的污染会受到建筑物结构或淋雨等条件影响，因此需要告知业主。

半哑光涂料

室内使用的高扩散反射涂料。通过提高扩散反射率能增加亮度。

防涂鸦涂料

可让涂鸦或文字涂漆不容易附着于表面，或是可使用专门清除剂轻易地将涂鸦擦拭干净的涂料。多以硅树脂为基本原料制成，让东西不易附着于表面。

隔热涂料

具有隔热效果的涂料，利用涂料中的中空粒子以及微孔材料，通过反射紫外线来减少被涂面温度上升的程度。使用在屋顶、外墙、道路等地方（图4-7-8）。

防火涂料

具有防火性能的涂料（图4-7-9）。当钢骨架等构件外露于室内空间时，可使用防火涂料替代岩棉（Rockwool）。火灾发生时涂膜的中间涂层一旦受热，就会膨胀、发泡数十倍，可隔热并发挥防火的性能。防火极限可达1～2小时。

防霉涂料

搭配防霉剂制成的涂料，使用在容易发霉的浴室、厨房、食品工厂等场所的天花板、墙壁等部分。另有抗菌涂料，也有防霉效能，用于医院的内部涂装工程，防止医院内部感染。

寒冷纱（粗麻织品）

在混凝土基层或各种板材进行完工饰面涂布时，为防止出现裂痕在基材上铺设如薄纱的物品，称为寒冷纱。其种类繁多，包括尼龙纤维、玻璃纤维、碳纤维等。将宽幅5 cm的寒冷纱沿着接缝处全面张贴。贴了寒冷纱就不会产生裂痕是错误的想法，只要基层移动，完工面就会产生裂痕。

表4-7-3 功能性涂料的种类与特性

功能	涂料种类	特性
光学功能	发光、荧光涂料	将荧光颜料散布在展色剂里，再加入涂料中，使用在防止灾害的警告标示、海报等部位
	夜光涂料	包括蓄光型（吸收光之后发光）与自然发光型（借由共存的放射性物质的放射线来发光）两类，应用在夜间标示、紧急状况标示等情形
环境保护	抗菌涂料	分为在抗菌剂中使用银离子的非扩散性接触型与溶出型两类，运用在医院建筑内部的墙壁、天花板，用来防止医院内部感染
其他功能	防霉、防藻类涂料	涂料中调配有防霉剂、防藻剂，具有扩散性，可依照霉菌种类选择合适的防霉剂
	防止结霜涂料	在合成树脂乳胶中加入硅藻土、蛭石、珍珠岩（Perlite）等，可形成具有防水性、隔热性的涂膜
	防止结冰、沾雪的涂料	利用涂膜自身的拨水性、防水性，来防止结冰、沾雪的涂料
	防滑涂料	将硅砂、金刚砂等混合，形成粗糙的表面与地板底涂层，用于地板
	隔声、防震涂料	形成的涂膜具有防震性、制震性等隔声功能的涂料
	防贴纸粘连涂料	涂料中散布玻璃珠并调配入光滑剂，用来防止贴纸附着，可将贴纸轻易剥除的涂料
	自净型涂料	经年累月，因雨水等原因会在涂膜上产生污垢，此种涂膜自身可让污垢随着雨水冲刷干净，是有自净功能的涂料
	抗沾污涂料	涂膜具有亲水性，在涂膜面上形成水膜，用来防止亲油性污垢附着其上，逐渐开发成超耐久涂料
	光触媒涂料	借由二氧化钛的光产生的触媒作用，让有机化合物发生氧化还原作用，可以防霉、抗菌、防止燃烧汽（柴）油之废气污染、分解甲醛等，用来避免有机化合物污染的涂料
防火隔热	防火涂料	发生火灾时不会产生有毒气体、浓烟等，可以防止延烧，形成发泡隔热层的涂料
	耐热涂料	内含可耐热的硅树脂，涂膜具有耐热性与防止热氧化侵蚀特性的钢材面用涂料
	温感变色涂料	将在特定温度下会变色的化合物作为颜料，加入涂料中，是用来测定温度的涂料
	外保温用涂料	使用聚苯乙烯等发泡树脂，具有隔热性能的涂装材料，大多作为湿式外保温工法的表面修饰涂料

剥离剂

将既有的涂膜（旧涂膜）溶解、软化并剥除的药剂。种类依照用途而有所不同。

环保涂料

广义上也将水系涂料称为环保涂料，对人体有害成分含量低于相关标准的涂料总称。不使用稀释剂，而是用天然油脂，大多是指使用天然原料的涂料，也称为自然涂料、健康涂料。因主张降低环境危害，在环保风潮中受到欢迎。此外，随着人们环保意识的提高，也渐有回归至过去做法的趋势，例如使用柿漆作为涂料（表4-7-4）。

底漆、底涂涂料

直接涂布在不加工的原色表面或基层上，具有高附着力的涂料（表4-7-5、图4-7-10）。英文译名"primer"，意指直接涂布在原始物料表面的涂料。大多是指像金属不具吸收能力的表面上涂布的底涂层所使用的涂料。底漆优劣在于提升对被涂面以及与中间涂层的附着力。使用在金属基层上的底漆，应具有防锈效果，因此几乎与防锈涂料同义。

富锌底漆（Zinc rich primer）

防锈涂料中使用锌粉末的底漆涂料。包括无机底漆及有机底漆，适用范围广的是有机底漆涂料。表面处理与涂装以一级除锈程度（译注：以喷砂或酸洗，将被涂面所附着的红锈、浮锈、黑皮等完全去除）为前提。富锌底漆属于薄膜类型，厚膜类型的称为厚涂型富锌底漆糊剂，防锈蚀能力极佳。

防变质底漆（Barrier primer）

用于隔绝基层与完工饰面材的基层处理剂。喷涂在外墙的完工饰面涂料的伸缩缝的填缝材料，含有让涂料变质的成分（可塑剂），若是涂布在填缝材料上，该成分（可塑剂）会转移到涂装表面，产生黑头斑点或黏性（出血），为了防止出现此状况而作业的底涂层涂料。最好在填缝材作业涂装前，先选用不会造成出血状况的填缝材。

洗涤底漆（Wash primer）

大多指直接涂布在镀锌面的底涂层涂料，利用化学作用处理表面，也称为酸蚀底漆（Etching primer）。若涂布厚度过大，会降低面层的附着力，涂布面层的时间受限，涂装之后2小时以上8小时以内需要施工下一道涂层。镀锌是用来防锈，但涂料的附着力差，若直接涂布面层，容易发生剥离，故涂装作业前一定要进行洗涤底漆喷涂。

表4-7-4 主要的环保涂料清单

商品名称	制造厂商名	特征
OSMOCOLOR	日本Osmo	德国最大建材、木产品制造厂商Osmo的涂料产品。含异构烷烃（无害化学物质）的溶剂
Livos	IskCorp.	德国涂料制造厂商Livos的涂料产品。含异构烷烃（Isoparaffin）的溶剂。创办人是教育艺术家史代纳（Steiner）的学生
AURO	玄玄化学工业	德国涂料制造厂商AURO的涂料制品。使用100%自然原料
Esha	Turner色彩（株）	画具制造厂商的涂料产品。以制造油性清漆（Oil Finish）、油性着色剂（Oil Stain）为主。制造原料以植物性自然成分为主。溶剂中含有异构烷烃（无害化学物质）
Aglaia	吉田制油所（株）	德国老牌涂料制造厂商BEECK的涂料制品。完全不使用石油化学物
Bremerj 自然涂料	EcoOrganic House（株）	德国涂料制造厂商Bremer的涂料制品。使用100%自然素材制成
Biofa Paint	SIGMAGIKEN（株）	此涂料产品的制造概念是减少造成人体过敏反应物质，改善施工者的工作环境
Milk Paint	CoatingMedia（株）	以牛奶的酪蛋白（Casein）为主要成分的水性涂料。美国涂料制造厂商的涂料产品
Nature Oil	AtelierBell	涂装业者（寿木涂装店）考虑“不对木头进行涂装作业”所制成的涂料。以油性清漆（Oil Finish）、油性着色剂（Oil Stain）为主
tried&Tme	Maruhon工业（株）	100%天然素材的亚麻仁油原料
Takumi	太田油脂	以纯正的苎胡麻油为基底的100%纯植物油
无漂白蜂蜡	小川耕太郎和百合子	以无漂白蜂蜡与纯苎胡麻油为涂料原料
青柿原汁发酵液体 柿漆	Tomiyama（株）	柿漆是以柿子汁为基底，再调配胭脂、亚麻仁油、蜜蜡制成的水性涂料

图4-7-7 抗沾污染料

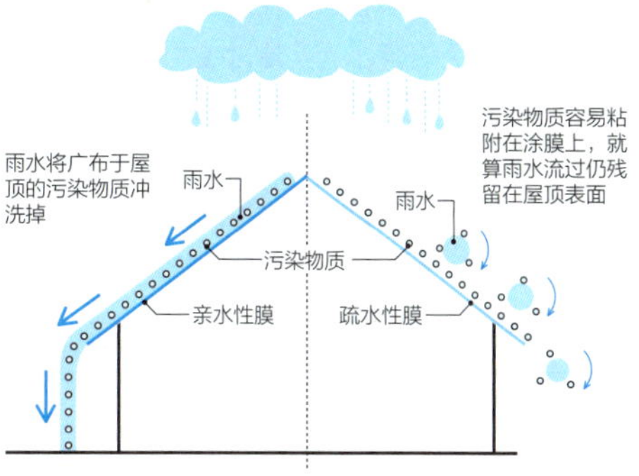

图4-7-8 隔热涂料的构成

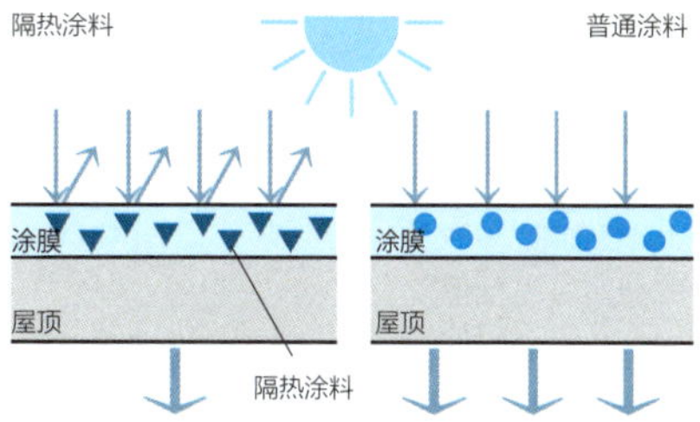

常用在屋顶材等的金属基层。内含特殊组分，具有阻止热传导至室内的效果

图4-7-9 防火涂料（防火机制）

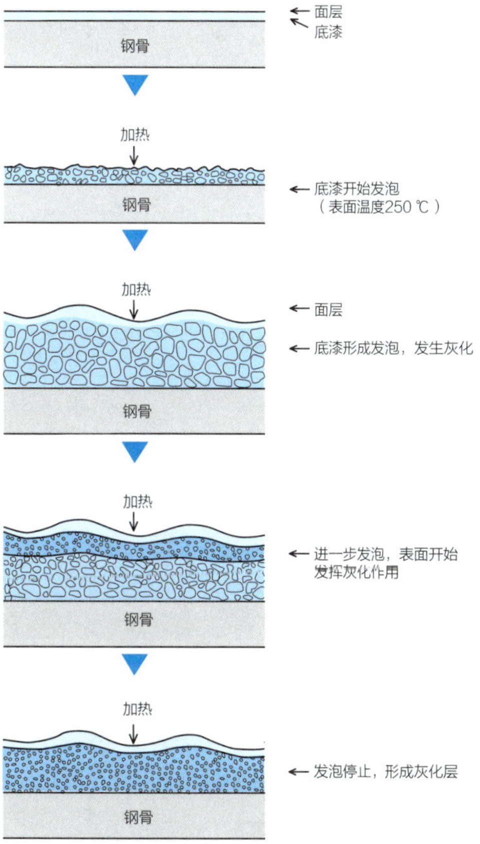

封闭底漆（Sealer）

Sealer即覆盖的意思。直接涂在未加工原物料表面或基层上的涂料，大多是指涂在像水泥类建材或木质等具有吸收能力表面上的底涂层涂料，也称为防涂料吸收调整材料（图4-7-11）。底漆的作用在于提高涂料的附着力，防止被涂物吸收涂料，抑制碱性反应等。作为基层的水泥类建材的密度各有不同，密度差异影响涂膜的干燥时间，因此防止被涂面吸收涂料的底漆作业不可或缺。

表4-7-5 底漆的标准涂布量

涂料名称与适用规格		标准涂膜厚度（Pm/次）	每次涂量（kg/m²）	涂刷周期
一般防锈油漆 JIS K 5621	−	35	0.09	48小时以上6个月以内
铅丹防锈油漆 JIS K 5622	1种	35	0.17	48小时以上6个月以内
	2种	30	0.17	24小时以上6个月以内
亚酸化铅防锈油漆 JIS K 5623	1种	35	0.10	48小时以上6个月以内
	2种	30	0.12	24小时以上6个月以内
盐基铬酸防锈油漆 JIS K 5624	1种	35	0.12	48小时以上6个月以内
	2种	30	0.10	24小时以上6个月以内
氨基氰（Cyanamide）	1种	35	0.10	48小时以上6个月以内
	2种	30	0.10	24小时以上6个月以内
无铅无铬防锈油漆 JIS K 5674		30	0.13	24小时以上6个月以内
水性防锈油漆		30	0.13	24小时以上6个月以内
蚀刻底漆（Etchingprimer）JIS K 5633		15	0.14	24小时以上6个月以内
变性环氧（Epoxy）树脂底漆（Primer）JAS S 18		40	0.14	24小时以上6个月以内
富锌底漆（Zinc Rich Primer）JIS K 5552		15	0.14	24小时以上6个月以内

图4-7-10 底漆的种类

底漆的主要种类
- → 油性防锈涂料
  - 一般防锈油漆（JIS K 5621）
  - 铅丹（四氧化三铅）防锈油漆（JIS K 5622）
  - 氰胺（cyanamide）铅防锈油漆（JIS K 5625）
  - 铅酸钙防锈油漆（JIS K 5529）
  - 无铅 无铬防锈油漆（JIS K 5674）
- → 环氧型防锈油漆
  - 结构体用防锈油漆（JIS K 5551）
  - 双性环氧树脂底漆（JAS S 18M-109）
- → 锌粉防锈涂料
  - 无机富锌底漆（JIS K 5552）
  - 有机富锌底漆（JIS K 5552）
  - 无机富锌油漆（JIS K 5553）
  - 有机富锌油漆（JIS K 5553）
- → 金属表面处理用漆
  - 蚀刻底漆（JIS K 5633第一种）
- → 水性防锈底漆
  - 水性防锈油漆（JPMS-21）

合成树脂乳胶底漆

以涂料硬化作用来防止基层吸收涂料的情形，是效果最好的底漆。虽有一定的耐碱性，但若遇到基层碱性强的情形，则无法有效发挥耐碱性功能，防止出现白华（返碱）现象的能力低。

合成树脂底漆

热可塑性合成树脂，以使用耐化学性好的聚氯乙烯树脂或丙烯酸类树脂的底漆为代表。抑制基层表面吸收涂料，耐碱性好，可搭配涂料达到防止出现白华现象的效果。

硬化反应型合成树脂底漆

以双液型环氧树脂底漆为代表，形成的涂膜具有良好的耐化学性及附着性。

渗透封闭底漆

用于提高基层表面强度的封闭底漆。像是硅酸钙板等无机材料的底涂层很脆弱，如果直接涂漆，漆膜很容易剥落，因此使用渗透封闭底漆是必不可少的。通常的渗透封闭底漆黏度低，且为透明。分为水性和溶剂型，溶剂型对基层的浸渍效果更好。

防污封闭底漆

用来抑制基层上烟渍等污渍的形成，包括水性和溶剂两类。考虑到溶剂型所造成的环境问题，建筑物内部大多限制使用，但若使用水性底漆，其防污渍效果比溶剂型差，而且需依污渍程度提前进行清除工作。有色的防污封闭底漆较常见。

二道底漆（Surfacer）

为了提高完成面的质量，在底涂层涂布之后，再次进行涂布的涂料，也称为中间涂层调整涂料。用来调整基层状况，意指第二道底涂层，也有的结合底漆（primer）和二道底漆，是直接涂布在原材料上的类型。

填缝剂（Filler）

二道底漆（Surfacer）的一种，兼具底漆及封缝效果的基材调整涂料（图4-7-12）。使用在外墙等部位。主

图4-7-1 封闭底漆

封闭底漆的主要种类
- → 水性封闭底漆
  - 合成树脂乳胶封闭底漆
  - 水性浸透封闭底漆
  - 水性防污封闭底漆
  - 水性木材封闭底漆
- → 溶剂型封闭
  - 丙烯酸树脂型封闭底漆
  - 浸透封闭底漆
  - 防污封闭底漆
  - 木材封闭底漆

要种类包括水泥类以及有机类。水泥类填料是将粉体与混合液依规定混合后使用，分为新建筑物用与重新涂布用两种。新建筑物的涂装方法限于抹刀涂布的方式。有机类填料与合成树脂涂料一样，适用于新建筑物与重新涂布的场合。其中常用的有机类填料是微弹性填料，若依规定厚度涂布，则可以修补0.3 mm以下的裂缝，也可以隐藏既有涂膜上的小裂痕；若是用来填充木质部位或横断面上的凹穴，则可使用木质专用的填缝剂。依实际情形，选用抹刀或滚筒来作业。

微弹性填料

具有调整基层功能的底涂层涂料。若是重新涂布，近年使用微弹性填料取代填缝剂渐为主要趋势。比填缝剂黏度高，作业厚度大，可填充细微裂缝。微弹性填料也可省却基层调整作业。

腻子（Putty）

用于修补基材上的孔洞、裂纹、高差等的材料。种类很多，有粉加水揉捏而成的腻子，也有预制的罐装糊状腻子，还有将两种材料混合在一起发生硬化反应形成的腻子（图 4-7-13、照片4-7-2）。全面涂布腻子来加强平滑度的做法称为整体整平，部分充填的称为部分填补，全面涂布时的第一道作业称为基层整平。腻子主要使用在室内，也有使用在室外的类型（反应合成树脂腻子）。混凝土基层或金属、木质材料的表面上，需要进行整体整平或部分填补的涂布作业，让涂装的基层表面呈现平滑状。腻子涂布作业中，在原材料或基层上，保有一定厚度整体涂布的方式，称为腻子整平；仅将凹凸部位或粗糙等有缺损的部位，以腻子填补的方式，称为腻子填平。

合成树脂乳胶腻子

是一种具有代表性的腻子，使用在建筑的室内表面修饰部分。施工性佳，但是耐水、耐碱方面的性能不算好。即使是耐水型的合成树脂乳胶腻子也无法使用于室外。

合成树脂溶液型腻子

热可塑性合成树脂中的代表，聚氯乙烯树脂，与挡水填缝垫材一样，耐水、耐碱性能佳，但施工性不佳，特别是具有一定厚度的涂布作业不易进行，研磨性也不好。

硬化反应型合成树脂腻子

以双液型环氧树脂腻子与双液型聚酯腻子为代表。

双液型环氧树脂腻子

耐化学性佳，是黏着力最好的腻子，用于未加工过的混凝土或金属面，特别是拿来当作高耐久性合成树脂珐琅（Enamel）专用的腻子来使用。因涂膜附着力过强，不适用于表面强度低的ALC板等材料的未加工面。

双液型聚酯（Polyester）腻子

涂膜具有厚度，研磨性佳，但不耐碱性，因此不适用于水泥类的未加工表面，可用于金属或木质的未加工表面。

表面修饰涂料用基层调整

在建筑表面修饰涂装工程中，用来调整基层的涂料。

水泥系基层调整涂料

第一种（C-1）水泥类基层调整材料，可以使用喷涂、抹刀或滚轮涂抹方式，形成厚度0.5 ~ 1mm的涂膜，大多用在改造工程中。第二种（C-2）是抹刀专用型，涂膜厚度1 ~ 3mm。

水泥类基层调整厚涂料

一般通称为聚合物水泥砂浆，涂膜厚度 3 ~ 10 mm。适用于第一种（CM-1）的表面修饰材料有一定的限制。第二种（CM-2）适用所有的表面修饰材料。

合成树脂乳胶系基层调整涂料

使用合成树脂乳胶作为胶粘剂，用来调整表面修饰涂层下方的基层。在 ALC 板、混凝土等基层上涂布厚度为 0.5 ~ 1 mm。

图4-7-12 填缝剂

裂缝填料的主要种类		
	水泥型填缝剂	水泥型基材调整涂料第一种（JIS A 6916 主要用来重涂）
		水泥型基材调整涂料第二种（JIS A 6916 主要用在新建筑上）
	有机型填缝剂	合成树脂乳胶系基材调整涂料（JIS A 6916）
		一般有机系填缝剂
		微弹性有机系裂填缝剂
	木质部位用填缝剂	油性填缝材料
		合成树脂型填缝材料
		水性填缝材料

图4-7-13 腻子

腻子的主要种类		
	合成树脂乳胶腻子	耐水型薄填用腻子（JIS K 5669）
		耐水型厚填用腻子（JIS K 5669）
		一般型薄填用腻子（JIS K 5669）
		一般型厚填用腻子（JIS K 5669）
	溶剂型腻子	罩漆腻子（JIS K 5535）
		油性腻子
	反应型合成树脂腻子	双液型环氧树脂腻子［JAS S 18M-202（2）］
		双液型聚氨酯腻子［JAS S 18M-202（2）］
		不饱和聚酯腻子（JAS S 18M-110）

照片4-7-2 接缝部位用腻子处理过的状态

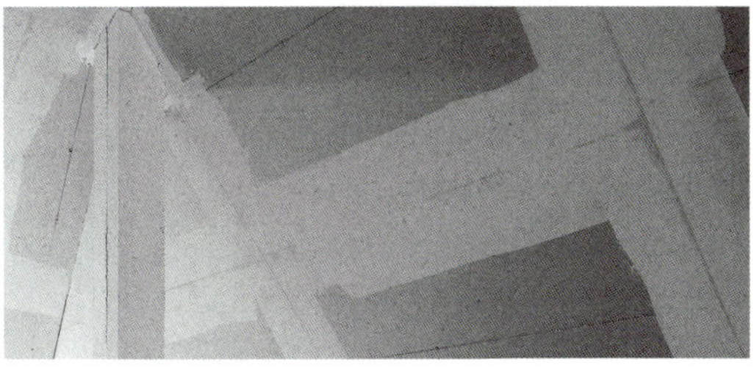

涂装方法、工程

工厂涂装

在工厂进行各类建材、门窗等的涂装作业，包括全面性的涂装作业，以及像钢材一样仅进行防锈处理的涂装。

烤漆涂装

加热使涂膜固化的涂装方式。主要在金属材料上施工，具有良好的耐热性、耐污染性、耐候性。亚克力珐琅系的涂装工程，多用于钢铝门窗，美耐（氨基醇酸）系的涂装工程，则多用于空调机器、电器器具等，也有环氧系的涂装工程。

烘烤时间

依规定将涂膜加热、干燥所需的时间。

湿碰湿工法（Wet-on-wet）

常温下尚未硬化的面，与下一道涂层同时进行加热、干燥的方式。

现场涂装

建筑施工现场进行的涂装作业。

底涂层

开始进行涂布作业之前，需视被涂面种类，选用适合的涂料。涂布底涂层的目的在于强化基层表面，抑制涂料与基层之间不兼容的状况，让涂料与基层之间相互接合。底涂层若没有适当地施工，容易发生涂膜剥落的状况，因此需要选用与未加工原材料或基层性质兼容的涂料。底涂层与中涂层之间的附着性是否良好也很重要。还要考虑防锈或防吸收等特性，选用合适的涂料。一般也称为底漆、防水填缝垫材封闭底漆。

中间涂层

为了保护基层或是让涂装面上呈现凹凸纹样所施工的涂布作业（图4-7-14）。中间涂层的施工，可使用中间涂层专用涂料或与面层相同的涂料。若是使用中间涂层专用涂料，目的在于增加涂膜所需的厚度。若是用在外部涂装施工中，中间涂层涂料则被视为主要材料，不仅用于形成涂面纹理，也能发挥防水层的效用。中层底漆需选用与面层和底涂层之间附着力都良好的涂料。

图4-7-14 中间涂层

主要的中间涂层	油性中间涂层涂料	合成树脂调和漆（JIS K 5516）
	云母状氧化铁涂料	苯酚树脂型云母状氧化铁涂料（JIS K 5554）
		环氧树脂型云母状氧化铁涂料（JIS K 5555）
	高耐候性涂料	钢结构体用聚氨酯树脂涂料（JIS K 5657）
		丙烯酸硅树脂涂料（JAS S 18M-404）
		丙烯酸硅树脂涂料（JAS S 18M-404）
	防火涂料	发泡型防火涂料
	外部装修材料	复层表面修饰涂料（JIS A 6909）
		防水型复层表面修饰涂料（JIS A 6909或JIS A 6021）

面层

涂装工程中最后一道涂布作业，目的在于增强耐候性、耐污染性，或是考虑美观，让完成面与设计相得益彰（图4-7-15）。虽然涂膜性能因底涂层+中间涂层+面层而异，但涂装作业的等级、性能大多以面层的效果来评价，名称以用于顶涂层的树脂涂料名称来称呼。

打底涂布

意指表面修饰复层涂布作业中，在主涂料重叠涂布的第一次涂部时，将涂料全面地喷涂在被涂面上。之后，再以适当的密度喷涂颗粒，形成纹理。

图4-7-15 面层

主要建筑用顶涂层涂料	自然干燥型	油性	合成树脂调和油漆	
			苯二甲酸树脂涂料	
		水性	合成树脂乳胶漆	
			带光泽合成树脂乳胶漆	
			聚氨酯树脂型乳胶漆	
			丙烯酸硅（Acrylic Silicone）树脂型乳胶漆	
			氟树脂型乳胶漆	
		溶剂型	丙烯酸树脂系非水分散型涂料	
			丙烯酸树脂珐琅（Enamel）	
			聚氯乙烯（Polyvinyl Chloride）树脂珐琅（Enamel）	
	反应硬化型	溶剂型	环氧（Epoxy）树脂涂料	
			聚氨酯（Polyurethane）树脂涂料	
			丙烯酸硅（Acrylic Silicone）树脂涂料	
			氟树脂涂料	
	建筑表面修饰用		薄涂表面修饰涂料	一般型、可挠曲型、防水型
			覆层表面修饰涂料	一般型、可挠曲型、防水型
			厚涂表面修饰涂料、可挠曲型修缮用表面修饰材	

照片4-7-3 找平调整

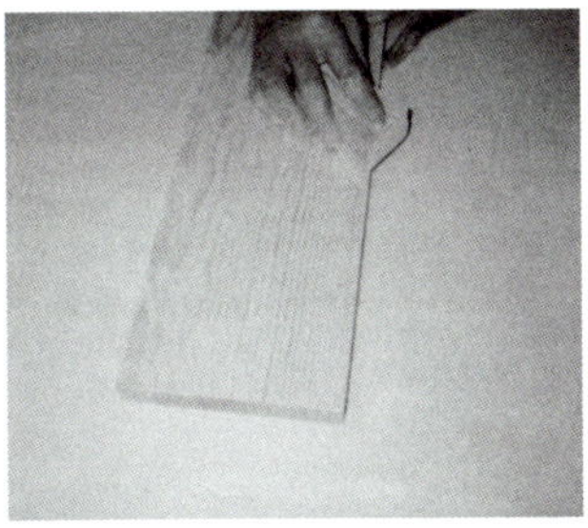

涂膜

在被涂面上将涂料薄薄地推展，经过一段时间形成不会流动的连续皮膜。

旧涂膜

重新涂装时，既有的涂膜称为旧涂层。仍保有涂膜与被涂物之间的密着度的称为活膜，反之称为死膜。一般的重新涂装作业是将死膜去除，将活膜保留。

原材料未加工表面

被涂面是金属、木、混凝土等材料未加工并直接外露的表面。在涂装工程以外的场合，则是指一般基层。

基层

进行涂布施工时，涂料形成涂膜的基层。

未加工表面找平

在涂装工程开始时，为了提高涂膜的附着力、完工涂层品质，将原材料未经加工的表面清理干净（图4-7-16、表4-7-6、照片4-7-3）。具体来说，是指为了将不平整部位去除，隐藏腻子附着部位，属于涂装工程中的附加工作。对基层也是用相同清理方式处理，称为基层调整。

基层调整

清理涂装工程中的附着物材料（被涂面或涂膜）或劣化部位的工作（图4-7-17）。

图4-7-16 基材调整工程

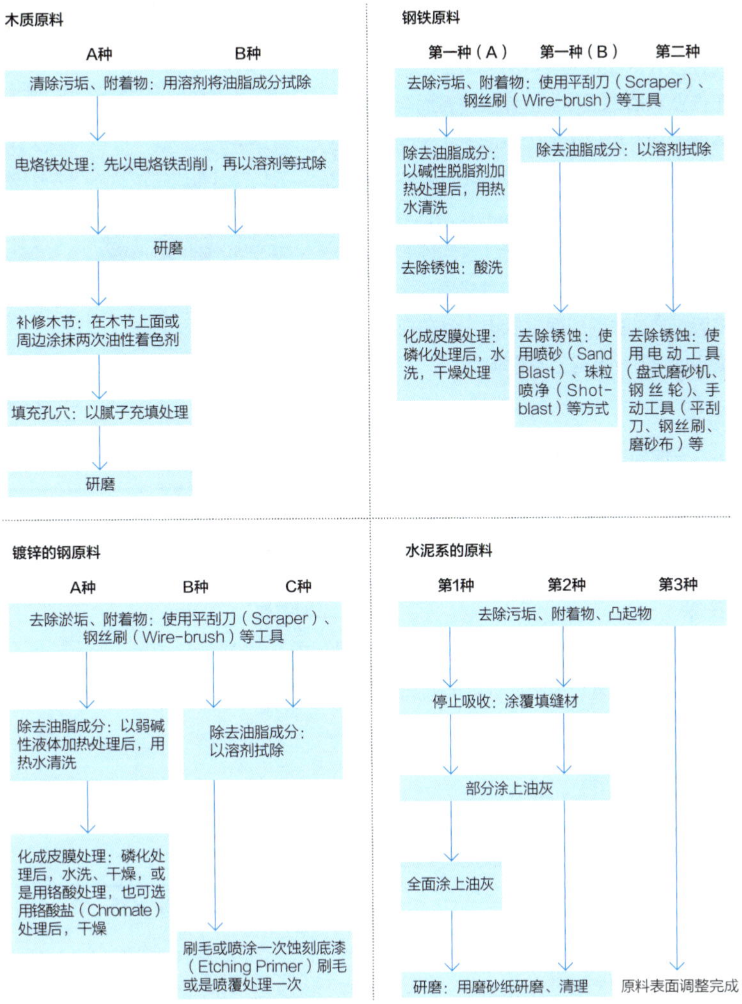

表4-7-6 整平基层表面（除去锈蚀的情况）

处理方法（除去锈蚀）	特征	缺点	解决缺点的对策
喷砂法	可以完全去除表面的黑皮、红锈、附着物	作业环境以工厂为主，施工过程中粉尘飞散激烈	若在施工现场进行喷砂，需注意不要造成周边环境的粉尘污染
管状式清洁机	依据原料形状更换合适的前端器具，以便更有效率地除锈，产生的污尘少，较容易处理	需以手工作业，效率低	可在施工中去除一部分锈蚀或整平基层，效果好
盘式磨砂机、钢丝轮	施工比较容易，效率高，可除锈，适合现场施工	无法去除凹陷处的锈、黑皮	将盘式磨砂机、铜丝轮并用的成效好
钢丝刷	对于凹凸处多的表面，可轻易地以人力清理，适合现场施工	除锈的效果不明显	适合临时应急或者小面积的表面清理
仅限使用平刮刀	可轻易地以人力将附着量大的锈或污垢刮除	适合小面积的表面清理，对有凹凸的表面效果不佳	适合临时应急或者小面积的表面清理

清理整平

多指未加工表面及基层的调整工作（表4-7-7、图4-7-18、照片4-7-4），无论哪一种方式，都是指将基层调整至适合进行涂布作业状态的工作。依作业内容而有不同的清理等级，也依未加工表面的状况而有不同的清理方式。有4个等级：以研磨砂纸或铁丝刷具等清理锈迹或污渍的是第四等级，搭配电动机具的是第三等级，这两种等级都会留下活膜。第一等级的清理成果，是将既存皮膜100%去除的理想状态，但在现场会面临各种限制而有施工上的难度。

抛光

研磨涂层面至产生光泽的抛光作业。

磨砂（Sanding）

涂层面受到研磨产生不光泽的表面的作业。

拭除

在涂料尚未干燥时，擦拭涂料，让涂料残留在木纹的凹陷处，使木质纹理的着色效果更好的操作技巧。

纹理加强涂漆

为了让完工饰面的木质纹理更为鲜明清晰，将未加工木质表面清理之后，在填洞整平施工之前，先进行涂漆的施工方式。

附着度

涂膜的附着程度。

磨粉

干燥黄土粉末。

填补

修复涂膜上的细微损伤等部位的作业。

涂料放置场

放置涂装材料的场所。

稀释比例

为了让涂料变得稀薄，而在涂料中添加稀释剂或水的比例。虽有直接以涂料浓稠状态施工的方式，但大多是将涂料稀释后使用，过于浓稠或稀薄都会对涂装效果有不好的影响。日本涂装匠师将涂料称为“neta”，黏度称为“komi”，涂料的黏度则以浓稠或稀薄来形容。

涂布量

被涂面每单位面积所需的稀释前的涂料量，不包含涂装时的耗损量。

图4-7-17　金属基层涂装作业前的基材处理

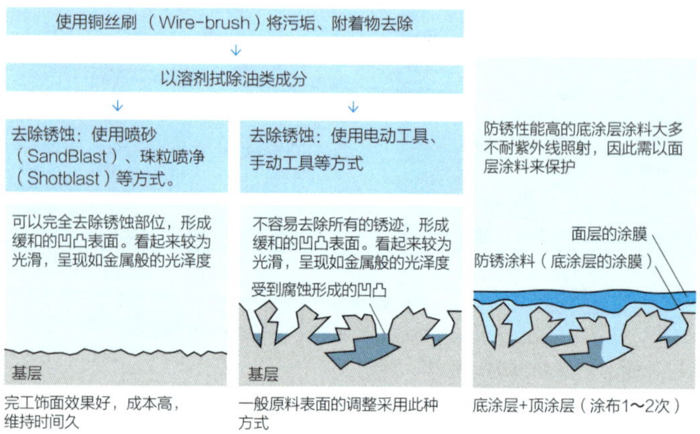

表4-7-7　清理整平（金属涂装）

种类	作业内容	作业方法
第1种	将锈蚀完全去除，恢复干净的金属表面	喷砂法
第2种	附着于金属的黑皮仍残留在金属表面，清除较脆弱的黑皮及锈蚀部分，至呈现出一点点金属光泽的程度	盘式磨砂机、钢丝轮等电动、手动工具一起使用
第3种	附着于金属的红锈仍残留在金属表面，尽可能地将红锈清除。	盘式磨砂机、钢丝轮等电动、手动工具一起使用

图4-7-18　低染涂料

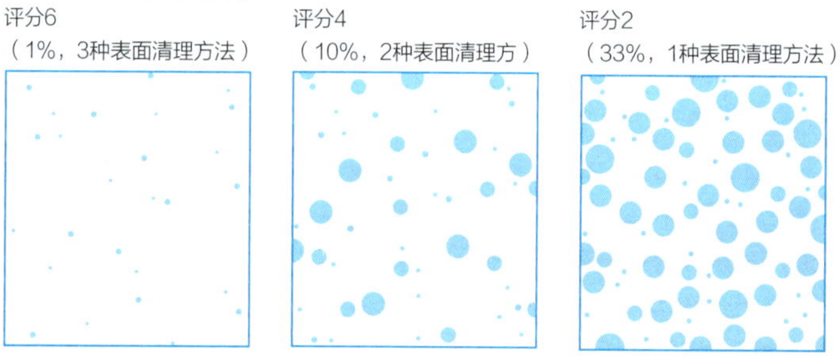

照片4-7-4　钢材部分的清理作业

所需量

被涂面的完工时每单位面积所需稀释前的涂料量，包含涂装时的耗损量。

腻子修补

对被涂面上的凹凸不平整处，涂上腻子使之平滑的作业。

腻子擦拭整平

在未加工原料表面上涂布腻子后，在腻子干燥之前，将多余的腻子拭除，修补表面上的不平整处，并调整表面纹理所进行的作业。

腻子打底

在未加工原材料表面上，维持固定厚度，全面地涂布腻子，让表面平滑的施工方式。

研磨

使用研磨专用的砂纸，在涂膜表面研磨使之平滑，是处理腻子表面的必要工作。视各项工程所需进行，但对于以腻子打底过的面必须进行该项的处理。

喷涂工法

将涂料以雾状，覆喷涂布在被涂面上的涂装方式（表4-7-8），包括无气喷枪与气动喷枪的方式。前者直接喷涂即可，需要调整喷嘴的口径、喷压，后者则因为开始喷涂施工时，集中在喷嘴的压力负荷大，而需留意是否喷出大量的涂料。无论是哪一种，用来施工喷涂作业的工具都称为喷漆枪。

毛刷涂布工法

将毛刷渗透底漆，在被涂面上均质地涂布饰面的涂装处理（表4-7-8）。最初分配的每单位面积的涂布材料量是关键。根据涂料种类或涂装对象的不同，有各种不同尺寸、材质的毛刷（图4-7-19），也有水性涂料用的毛刷。关于刷毛留下的刷痕，通常情况下是尽力让刷痕不明显，或是让刷痕一致整齐地呈现，两者都需要熟练的技术。通常是希望刷痕或接续处（无法连续由上往下刷涂时在中途接续产生的刷纹接合处）在完成面上不被人注意到。

滚轮刷筒工法

将刷筒渗透底漆，以滚轮方式进行的涂装处理。将涂料滚平后，若不迅速接续下一阶段作业，则会影响完成面效果，因此使用刷时，必须不间断地持续施工。滚轮刷筒工法比毛刷覆涂布工法施工容易，涂装速度快。视涂装目的，有各式各样的滚筒种类（照片4-7-5）。虽然多少会留下刷筒滚动的痕迹，但在完成面上看起来不明显。

表4-7-8 涂装方法的优缺点

涂装方法	优点	缺点
毛刷涂布法	1.使用道具简单； 2.就算被涂布面的形状复杂，仍可施工	1.施工效率比喷涂法低； 2.需要熟练的技巧才能涂刷出均匀的涂膜表面； 3.不适用于速干性或黏度高的涂料
喷涂法	1.施工效率比毛刷涂布法好； 2.完成饰面品质优良； 3.适用于速干性或黏度高的涂料	1.施工进行中产生的粉尘飞散量大，需要妥善维护环境卫生；不适合在施工现场施工； 2.不适合涂装面积小的结构体； 3.无法对狭窄部位施工涂装

图4-7-19 毛刷的种类

照片4-7-5 滚筒刷头与滚筒刷手柄

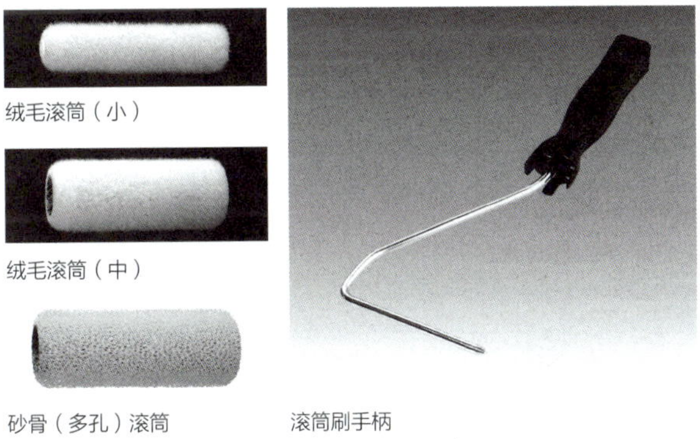

图4-7-20 仿瓷涂料喷枪

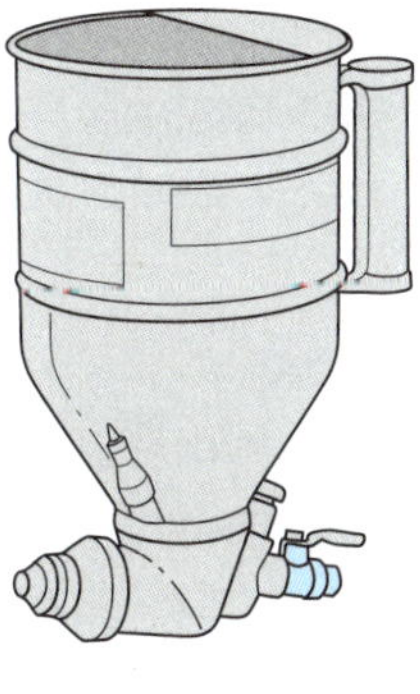

可用来施工砂浆、真石漆等高黏度涂料的涂装作业

照片4-7-6 气动喷枪

参考 金属涂装工程

调整原材料表面
扫去原材料表面附着物等
↓
整平清理
除去铁锈
↓
底涂层
直接在金属表面上涂布防锈漆或底漆
↓
基层调整
除去第一道底涂层上的污垢、附着物
↓
补修涂装
对于搬运、安装过程中发生的碰伤、剥落、锈蚀部位进行补修涂装作业
↓
底涂层
安装作业完成后，在建筑施工现场进行第二道底涂层涂装作业
↓
腻子填补
全面地在原料表面涂上腻子，修补表面
↓
研磨
使用磨砂纸，将多出来的腻子填补部位磨平
↓
中间涂层
可使用中间涂层专用涂料，或是使用与面层一样的涂料
↓
研磨
使用颗粒细的磨砂纸
↓
面层
使用毛刷或滚筒刷进行面层的涂装作业

参考水泥涂装工程

原材料表面调整
放置养护，降低原料表面碱性（pH值为10以下）、含水率（5%以下）
↓
底涂层
使用合成树脂乳胶系填缝涂料进行涂装作业
↓
腻子填补
将原料表面如巢穴般的凹洞、接合等不平整部位填补油灰成平滑状
↓
研磨
使用磨砂纸对腻子填补部位进行研磨
↓
腻子涂覆
全面地在原料表面涂上腻子，整平原料表面
↓
研磨
使用磨砂纸全面地对原料表面进行磨砂整平作业
↓
中间涂层
具有加强面层的功用
↓
面层
涂装的目的是为了让原料表面具有美观、耐水、耐摩擦、耐污染的特性

参考 木质原材料的涂装工程

调整原材料表面
去除表面附着物、树木汁液等，充分干燥
↓
填洞整平
填入油性填缝剂、抛光粉等，并将多余的油灰拭除
↓
上色
使用油性着色剂，均匀上色
↓
底涂层
涂上合成树脂漆、木用底漆（Wood Sealer）等
↓
中间涂层
使用磨砂效果好的木用第二道底漆（Sanding Sealer）
↓
研磨
使用砂量大且密集精细的磨砂纸研磨表面
↓
面层
上完工漆、透明漆等

照片4-7-7 气动喷枪喷涂施工

照片4-7-8 抹刀涂布

气动喷枪涂装

通过加压空气，使用喷嘴将涂料雾化，喷涂在被涂面上的涂装方式（照片4-7-6、照片4-7-7）。此种方式涂料耗损量大、容易飞散，如今较少使用在建筑物的涂装工程中。一般使用气动喷涂方式来进行含有金属粉的金属光泽面涂装的施工。

低压喷枪涂装

与气动喷枪的原理相同，利用低压将涂料雾化，可在喷嘴周边安装空气帘等屏蔽装置，将涂料的飞散情形减至最小限度。涂装施工速度比气动喷涂慢。

无气喷涂

利用高压将涂料从喷嘴（Nozzle tip）处喷出，喷涂在被涂物上的涂装方式。因未将涂料雾化，耗损量比气动喷枪少，可适用的涂料种类众多，黏稠度高的涂料也可以此种方式喷涂。适用于大面积的喷涂涂装工程（照片4-7-7）。

纹理喷枪涂装

与气动喷枪的原理相同，以外装建材用的高黏稠度涂料为适用对象，不将涂料雾化，而是以粒状纹理喷涂布着在被涂物上。种类包括特殊纹理喷枪、瓷砖纹理喷枪、凹凸纹理喷枪等（图4-7-20）。依照喷涂涂料的不同，喷出的形状与喷嘴大小也不相同。

抹刀涂布

使用抹刀的涂装方式，多用在补修涂装处理或抹灰的厚涂涂装工程等（照片4-7-8）。

固化时间

与双液型涂料一样，将液状涂料与硬化剂混合后会发生硬化反应。固化时间是在趁着流动状态利于涂布施工的时间限制。若超过可使用时间，会导致涂料性能降低，或完工成果不良的后果。应注意可使用时间会因气温而有所变化。

熟化期

双液型涂料混合后，依规定放置一段固定的时间，使涂料熟成，达到适合涂装的状态，这段时间即称为熟成时间。应注意熟化期会因气温而有所变化。

放置时间

涂料涂布之后，放置至干燥之前的时间，也称干燥时间。

涂布施工间隔时间

是指将相同涂料重叠涂布时，第一次涂布与第二次涂布之间应该间隔的时间。

涂层施工间隔时间

施工时同一区域涂层需重叠施工时，如第一道涂层（中间涂层）与下一道涂层（面层）重叠施工之间，可供干燥所需的间隔时间。

手触干燥程度

就算用手指碰触，也不会粘染涂料的干燥状态。

最终养护时间

全部的涂装工程完成后，一直到涂膜表面产生强度不易损伤之前的时间。记录在涂料说明书上的工程中间隔时间、工程之间间隔时间，以及手触干燥、最终养护的所需时间，是以气温20 ℃、相对湿度65%为标准，若气温低或湿度高的话，放置时间应该加长。

涂膜厚度

涂料涂布后，干燥完成时的涂膜厚度。也有测量涂料涂布后未干燥状态下涂膜厚度的做法。

填洞整平

涂覆表面若太粗糙，或是像木材、ALC板等有细微孔洞的材料，填入填补剂使表面平滑的作业。

封闭纹孔涂布

松或杉等的木材种类，木节中出现的焦油会带来涂装完工面不良的后果，因此会选用特定的底涂层用来隔离抑制这种状况如虫胶漆（Shellac Varnish）。

填涂

使用毛刷先在窗框或阴角、接缝等边缘、狭窄部位填入涂料的作业（照片4-7-9）。

清漆工艺

属于木质材料的透明涂装作业，将染料溶于着色剂，涂在木材表面，让木纹更加清晰的方式。

定色

用来防止已涂布着色剂的木材出现染色、色斑现象而进行的定色面层涂布。

补强涂装

为了加强墙面的阳角、窗框等容易出现裂痕部位的防水性，比其他墙面部位涂上更多的防水型复合饰面涂料的作业。

纹理涂布

复合饰面涂装工程施工前的打底涂膜干燥之后，为了做出凹凸纹理效果而在涂膜面上施工的涂布作业。

补修涂装

涂面上出现涂料残留或损伤等缺陷部位时，在下一道涂布作业之前于缺陷处周围进行补修的作业。补修涂装中，以使用同一批制造出来的涂料为原则。特别是调色涂料，必须使用同一批制造出来的涂料。

皮膜化学处理

金属涂装工程中使用化学药剂，让金属表面的涂膜附着性良好的处理方式。

涂装样本

在设计阶段，用来确定涂料的颜色、光泽、纹理、涂布次数等方面的参考样本。

未加工原材料表面研磨

为了让未加工原材料的表面更适合施工表面修饰涂层，使用磨砂纸将表面研磨，使之平滑的作业。

加水研磨

为了让被涂面更为平滑，采用一边加水一边研磨的施工方式。

干研磨

在被涂面上使用砂纸研磨的施工方式。

照片4-9　填涂作业

用毛刷涂装填缝

工具、道具

毛刷

从古沿用至今的一种涂装工具（表4-7-9）。

滚筒刷

将含浸有涂料的滚筒刷在被涂面上滚动，利用离心力将涂料释出涂布延展开来的涂装工具（表4-7-10）。

气动喷枪

以空气加压方式将涂料雾化喷涂在被涂面上的涂装工具。一般是以空气压力3～5 kg/cm^2来进行（图4-7-21、照片4-7-10）。

无气喷枪

以高压将涂料自喷嘴中喷出，喷涂在被涂面上的涂装工具。比起气动喷枪，无气喷枪的涂料耗损量较小，也适用于高黏度涂料的涂装施工，也适合大面积的涂装工程（图4-7-22）。

湿布

涂装工程中，擦拭涂料、清理工具时使用的布。

抹子

腻子等高黏度涂料施工时使用的工具，种类包括金属制、木制、塑料制、橡胶制等。

承接板

拌混、涂抹腻子时，可以单手承接涂料的平板。

砂纸、布

将各式研磨材料黏着在布或纸上。粗糙度以号码标示，数字越小表示越粗。

耐水砂纸

使用水进行表面研磨时使用的耐水砂纸。

钢丝绒（Steelwool）

去除金属表面的锈蚀、消去金属表面光泽使用的工具。将钢材制成丝绒状。

抛光剂（Polishing Compound）

最后在涂膜表面研磨出光泽所使用的材料，粗细度分为粗、中、细三种。

尖刮刀

将老旧涂膜剥除、刮除使用的工具。

平刮刀

用来刮除锈蚀的工具（照片4-7-11）。

铲刀

用来铲除老旧涂膜或锈蚀的工具。

撬刀

撬下锈蚀所使用的金属工具。

金属敲锤

以敲击方式使铁面涂膜剥落所使用的工具。

钢丝刷（Wire-brush）

植入钢丝的刷具，用来去除铁面涂膜上的锈蚀，或去除旧涂膜（照片4-7-12）。

涂料示范手板

涂装工程中，在棚内陈列的涂有涂料的细长型杉木板（照片4-7-13）。

照片4-7-10 气动喷涂作业

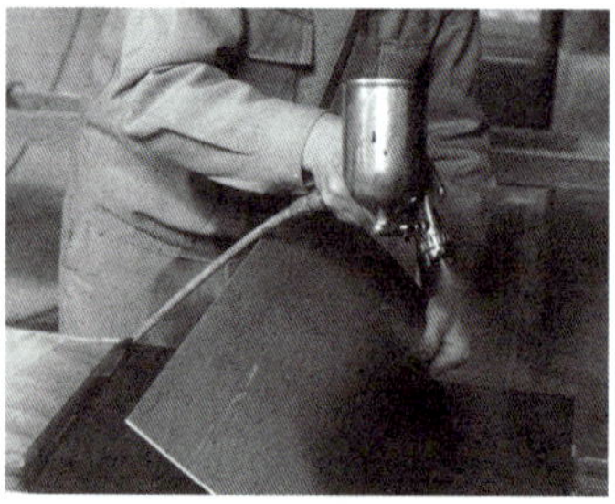

照片4-7-11 平刮刀

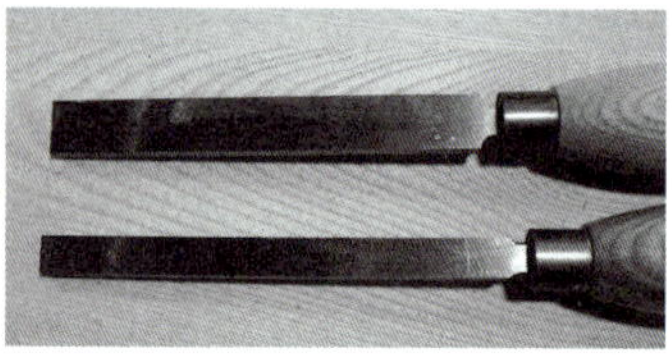

照片4-7-12 钢丝刷

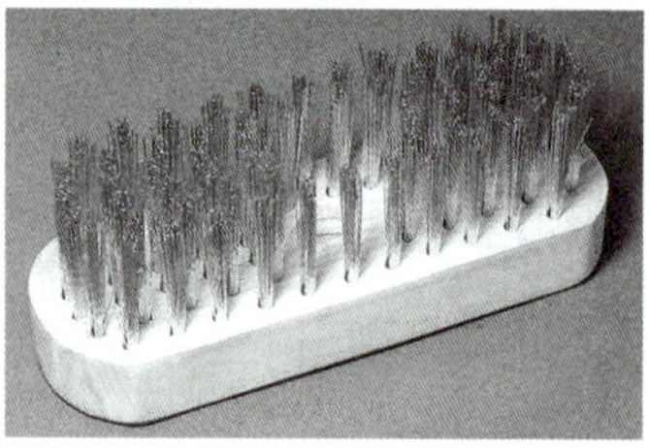

照片4-7-13 涂料示范手板

表4-7-9 毛刷的种类特性与用途

种类、名称		材质、特性	用途
万用毛刷		毛刷压力强，涂料含浸度好毛质为马毛	用于黏度高、干燥慢的涂料以及合成树脂
平毛刷	白毛平头毛刷	涂料含浸度好，毛质软，以羊毛为佳	适用于像水性涂料一样黏稠度低的涂料
	黑毛毛刷	涂料含浸度好，毛质软，以羊毛为佳	适用于油性漆、合成树脂涂料
	无痕毛刷	用来整平刷毛痕迹	用来消除毛刷涂装时出现的刷毛痕迹
弯柄毛刷	黑毛弯柄毛刷	马毛与牛毛混合的毛刷	适用于细微部位（角落、侧边、重复涂装处）的涂装作业
	白毛弯柄毛刷	混羊毛的毛刷	适用于黏稠度较低、木材着色剂等涂料
	基层涂装用毛刷	马毛与牛毛混合的毛刷	除了用来填洞整平，也用在木材涂装作业，以及当作基层涂装用毛刷，也可在弯曲、角部位填满腻子
西洋毛刷	珐琅毛刷、平毛刷（西洋用毛刷）		适用于油性珐琅（Enamel）、油性漆的较大面积的涂装作业

表4-7-10 滚筒刷的种类

种类、名称	特性	用途
绒毛式滚筒刷	羊毛合成纤维等 长毛用于粗糙面 中长毛普遍适用 短毛平滑面用	适用于所有涂料、合成树脂乳胶涂料、合成树脂涂料
设计式滚筒刷（附纹样滚筒刷）	氨基甲酸乙酯发泡材分为低发泡、高发泡	适用于高黏稠度涂料、混骨料涂料。可使用在凹凸纹样、砂质壁的表面修饰涂装作业
切头式滚筒刷	合成树脂制，分为硬型、软型	使用设计用滚筒刷或喷涂方式形成的凹凸纹样中，将凸起部位用切头式滚筒刷压平

图4-7-21 气动喷涂的种类

喷杯安装位置	喷杯安装位置	喷枪种类
喷杯式	→ 重力式 → 吸上式	→ 砂浆（Mortar）喷枪 → 瓷砖纹样（Tile）喷枪 → 表面特殊造型喷枪 → 凹凸图样（Stucco）喷枪 → 罩漆（Lacquer）喷枪 → 水性彩色纹样喷枪
压送式	→ 无气泵（Airless pump）式 → 水箱（Tank）压送式 → 蛇管（Snack）式 → 活塞（Piston）式 → 挤压（Squeeze）式	→ 手持喷枪

图4-7-22 无气喷涂的种类

无气动式	→ 挤压式，以压缩空气驱动的柱塞泵（Plunger Pump）对涂料加压进行喷涂的方式。主要适用于大型结构体的涂装作业
	→ 隔膜泵式以电力或引擎驱动的隔膜泵（Diaphragm pump）对涂料加压进行喷涂的方式。体积小，适用于一般建筑施工的现场涂装作业

表现、收边

纹理

以涂装做出的纹路。以形态、色彩为造型元素，呈现出视觉、触觉上的特点凸显材质本身的质感。

柚皮纹理

乳胶涂料专用滚筒刷有粗纹、细纹两种，柚皮纹理是以细纹滚筒刷漆出的纹理。此外，依照浓稠度，呈现的凹凸状也不相同，施工方式包括在表面修饰涂层直接使用可做出纹理的涂料，或是在做出纹理之后再行表面修饰处理（照片4-7-14）。

压平处理

厚涂型质感涂料、仿瓷涂料等做出纹理效果的涂布施工之后，在干燥之前，使用塑胶滚筒刷或金属抹刀在表面加压，将凸起部位压平的表面修饰方法，也称凸部处理。未进行压平处理的凹凸状态，称为未压平处理（照片4-7-15）。

刮梳纹

使用抹刀或喷枪将装饰性涂料涂装完成后，在干燥发生之前，使用梳具刮出梳纹的方法。除了使用梳具之外也有使用抹刀刮出任意的纹理，或是使用有凹凸表面的滚筒刷做出凹凸的纹理（照片4-7-16）。

光泽

物体表面通过对光的反射所产生的视觉现象。

光泽度

光泽的一种表现，物体表面反射光量的能力，依程度分为光面、七分光、五分光、三分光，没有光泽的物体称为哑光。带有光泽的表面修饰称为光面，完全没有光泽的表面修饰称为哑光面。此外，将基层极度平滑处理后的光面处理，称为镜面表面修饰。

珐琅光面表面修饰

已将基层隐藏，光泽度在 75 以上的表面修饰。不同的涂料调配配方或者树脂种类，在光泽度上也有所差异，因此需依照需求，善用涂膜样本，来决定表面修饰的光泽程度。

珐琅哑光表面修饰

表面光泽调整成哑光、三分光、五分光的光泽度。一般来说光泽数值在 12 以下是哑光,20 ~ 40 之间是三分光，40 ~ 60 之间是五分光。对光泽度的判定因人而异，因此应以涂膜样本确认为宜。

透明表面修饰

不含颜料的透明表面修饰处理。因为是直接将未加工原料表面或基层外露，因此应确认基层状态是否适合透明表面修饰的施工。

原木上色表面修饰

填补原木表面的所有孔洞，并涂上平滑厚膜的完成面涂装方式，也称遮缝表面修饰（封孔表面修饰）。

照片4-7-14 柚皮纹

照片4-7-15 喷涂完压平处理及喷涂完没有任何处理（仿瓷涂料喷涂为例）

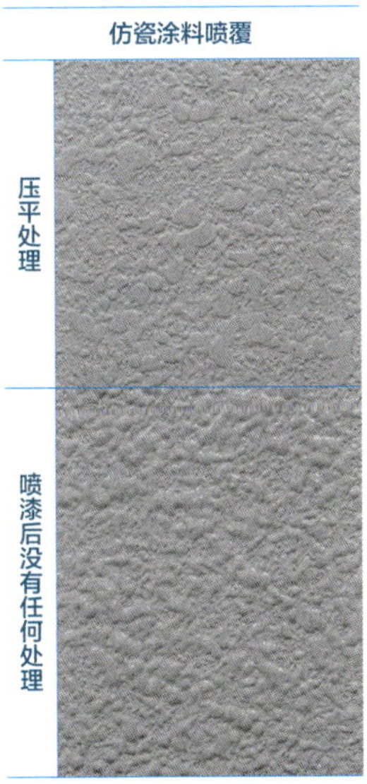

照片4-7-16 喷涂涂装的表面修饰成果

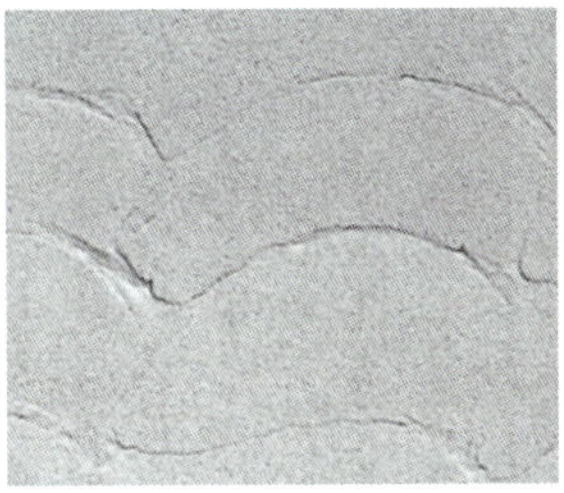

以抹刀施工的表面修饰图纹

以刮梳施工的表面修饰图纹

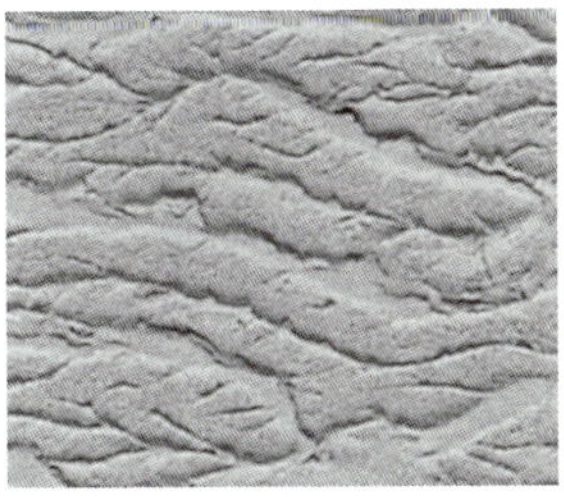

以图样滚筒刷施工的表面修饰图纹

以图样滚筒刷施工的表面修饰图纹

木纹理外露表面修饰法

保留木纹理的表面修饰方式。木表面的木节纹路没有完全地被涂料或填洞剂遮掩，直接以木纹外露的表面作为外饰面。相反地，将未加工木质表面上外露的木节或孔洞全部填补封塞，并施加平滑厚膜的表面修饰，称为遮缝表面修饰（封孔表面修饰）。

装饰漆（Decorative Painting）

起源于欧洲，需要各种涂装技巧，具有高艺术价值的表面修饰工法。模仿木质或大理石纹路的装饰性涂装，与其说是涂漆，不如说是绘画（具体种类见表4-7-11）。

金属（Metallic）光泽表面修饰

加少量遮盖性弱的着色剂到透明涂料中，再以不会浮上涂膜表面的铝粉调配于涂料中，呈现具有不同光泽度的金属光泽效果。使用气动枪进行涂装，但因为容易发生色调不均匀的情况，因此不适合直接在施工现场施工。

珠光表面修饰

使用俗称为“珍珠”的带二氧化钛的云母（Mica），取代金属光泽质感涂料中的铝粉，呈现具有珍珠温润光泽的表面修饰效果。

青铜蓝绿色调表面修饰

在茶色基材上，将青铜蓝绿色薄薄地喷涂两次，借由颜色的浓淡或喷涂粒子的粗细，呈现出不同变化的纹理。

白木原色表面修饰

北欧开发出的涂装方式。不显现涂料颜色，让白木原色呈现的表面修饰方式。

髹油修饰（Oil Finish）

丹麦开发的涂装方式。木质涂装的施工中，不让涂膜形成，一边涂布，一边用布将涂料拭除，让涂料中的油浸染进入木质材料内部的表面修饰工法。

调色

将基本色的白、黑、红、蓝、黄色相互混合，调配出指定用色的工作（表4-7-12），调色内容以色卡（颜色目录印刷品）上记载的原色种类及调配比例来确定。调色作业中，按比例大的成分依序调配，若添加过多的黑色，将不利于颜色调整，因此需要特别留意。颜色若与样本相近，可将涂料涂在涂板（涂装样本，表4-7-13、图4-7-23）上，干燥后与样本做比较，以判定颜色是否为所需颜色。判定颜色时，需在距离北向窗边（没有直射阳光）50 cm的室内明亮位置。

表4-7-11 装饰涂漆的种类

表面修饰的种类	特殊表面修饰、设计创作图样类表面修饰、大理石纹样、木纹图样
	壁画、建筑内部天花板等的艺术设计图样效果
	视觉陷阱（Trompe-loeil）、错视艺术（Trick Art）、几何图样、文字图样
施工技法的种类	上光、再次涂上半透明漆工法
	金箔画、贴铝箔工法
	版型型纸图样工法
	石纹图样工法
	木纹图样工法
	复古风表面修饰工法
	遮覆工法

表4-7-12 调色

项目	内容
现场调色	在建筑施工现场准备白色与原色涂料，视需要进行色彩调配的作业。近年来制造厂商供给产品选择增多，因此在施工现场进行调色作业减少
工厂调色	工厂依指定色彩进行的调配作业。近年来因为计算机技术进步，可以检测彩度、计量色彩调配的原色种类与添加量，调色作业变得轻松有效率。因此涂装施工者的调色技术开始下降
原始涂料	现成的涂料，或指不稀释的原涂料或涂料的试用样本。为了调色所使用的图板或色彩样本册，也称原始涂料样本

表4-7-13 涂装样本

项目	内容
表面修饰成果样本板	用来确认指定涂料的表面修饰效果展示板（涂装完成的涂膜状态）。样本板的大小约10 cm × 20 cm、20 cm × 30 cm等。有些外部涂装的样本也会实际涂在被涂物上，或是涂在宽约91 mm、长约182 mm的合板上作为样本板
颜色样本	用来确认色彩的样本板。此种样本板的尺寸较小，约5 cm × 10 cm或10 cm × 20 cm，有时到最后阶段仍会用样本板再次确认色彩
阶段流程样本	为展示涂装各阶段的流程或各阶段涂膜的颜色，并展示各阶段的涂膜样貌的样本

图4-7-23 各阶段涂装流程的样本

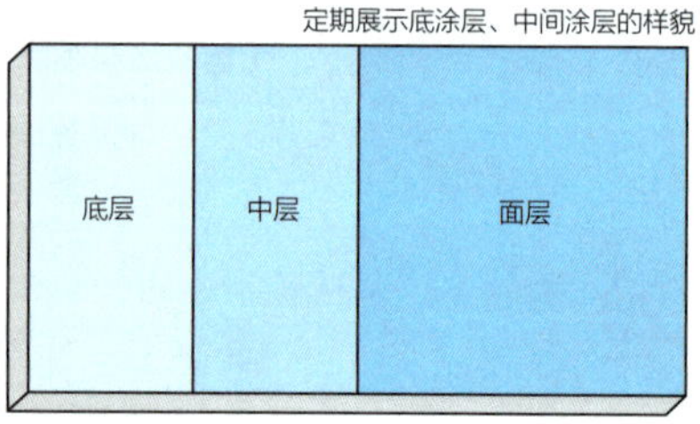

失误、缺陷

粒状

被涂面上附着粒子的状态。

粗糙

被涂面上附着的颗粒较多的状态。

柚皮

涂装面不做平滑处理，而是呈现像柚皮凹凸的状态，也称为橘皮。

滚出

基层涂膜、未加工原料的成分，在面层涂膜面上浮现的现象。

不盖底

面层的遮盖效果差，涂膜厚度不足的话，则会发生可以看到基层的状况。

涂布不均

因碱性作用或者技术水平不足造成的涂布不均或变色。

光泽不均

出现部分光泽过暗或过强的瑕疵。

褪色

涂料的变色或褪色。因酸化或紫外线照射等造成的瑕疵。

颜色不均

涂膜表面发生部分颜色不一致的现象。

色差

在涂料的干燥过程中，在涂膜上颜料凝集或浮起，发生颜色有差异、不均匀的状况。

粉化

涂膜表面受到紫外线照射发生劣化或粉末化，呈现容易沾手的状态，也称为白灰（Chalking）现象。

涂膜剥落

产生宛如树皮剥开般的涂膜浮起剥落现象。

气泡隆起

受到未加工完全的基层表面或涂膜中残留的空气，或是涂膜中溶剂等原因的影响，涂膜表面上形成小空穴或隆起的现象。出现空气泡的情形称为针孔（Pinhole），隆起的情形称为发泡（照片4-7-17）。

流挂

涂在垂直面上的涂料向下流动，影响完工饰面的成果。

凹点

在未加工原料表面涂布涂料时，涂料形成的涂膜表面向下凹陷到达基层的现象，也称为凹洞现象。

起皱

厚涂膜上方发生的干燥现象或是底涂层干燥不完全时，涂膜表面出现的皱纹。

破裂

涂膜面出现不规则的线状裂痕（照片4-7-18）。

裂痕

涂膜面出现的细微裂缝。

漏涂部位

涂布工程完成后未涂布的部位。

木纹凹陷

木材的涂装施工中，木质导管孔的填充整平涂布作业不够充分，导致涂膜上沿着木质导管出现凹陷痕迹。

隆起瑕疵

将涂料重叠涂布时，面层向下侵害底层，出现细小皱纹或裂痕的缺损现象（照片4-7-19）。

照片4-7-17 气泡隆起

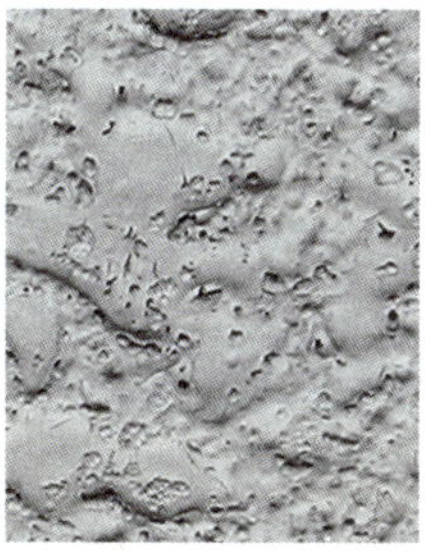

照片4-7-18 破裂

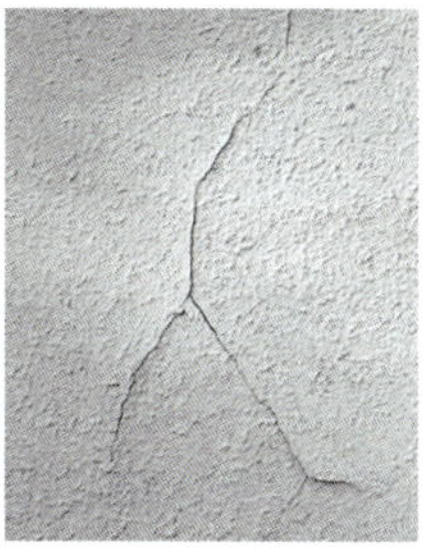

照片4-7-19 隆起

涂膜试验

十字形割划试验

用来判定涂膜附着度的试验之一（图4-7-24）。在涂膜上以刀片割划出X形，在上方贴附强力透明胶带，再沿着与胶带的垂直方向将胶带剥除，依据胶带剥除后的涂膜状态来判断涂膜附着度。这是简单的试验方法，只要是平滑的涂膜，皆可以使用此种试验方法。要注意的是，若涂膜发生劣化、表面粉末化或是表面残留附着物，会让透明胶带无法充分黏着，将无法以此试验方式判断附着强度。如属此种情形，则应充分清理涂膜表面后再进行试验。此外，用刀片割划出X形时，割痕深度需到达基层。

棋盘格子状割划试验

用来判定涂膜附着度的试验之一（图4-7-24）。试验方式与十字形割划试验类似，不一样的地方是在涂膜上割划的方式，此法是在涂膜上割划出棋盘格子形，再依据剥落的情形来判定附着力。棋盘格子的间距宽幅依基材或涂膜种类而各有不同。若是金属基材，割划出的棋盘间距宽幅为1～2 mm，水泥类基材则是5 mm左右。

黏着（Adhesion）度试验

用来判定涂膜附着度的试验之一，使用专门的测试仪器。将涂膜表面充分清理后，贴上胶粘剂材料（直径约20 mm的圆形）。干燥之后，沿着胶粘剂材料周边，利用刀片割划至基层，装上黏着度试验仪器，进行黏着度测定，用数值来表示涂膜附着度以便判断。

拉拔试验

用来判定涂膜附着度的试验之一，使用专门的测定仪器。在涂膜上贴覆的胶粘剂材料（大小约40 mm的正方形）体积较大，适用于粗糙的表面。试验步骤依次是在涂膜上贴覆胶粘剂材料后，沿着胶粘剂材料周边，利用刀片割划至基层，装上黏着度试验仪器，进行测定，用数值来表示涂膜附着度以便判断。

图4-7-24 十字形割划试验与棋盘格子状割划试验

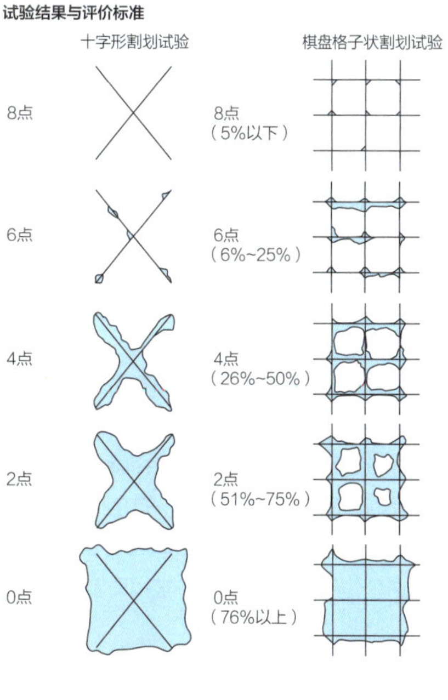

无障碍

专题4

ADL（日常生活活动）

英文“Activities of Daily Living”的缩写。指每天日常生活、作息中的基本生活动作。①以身体躯干为活动中心的周围动作（用餐、更衣、整理仪容、如厕、入浴等）；②移动动作；③其他生活动作（做家务、搭乘交通工具等）。

QOL（生活品质）

英文“Quality of Life”的缩写。指生活的质量、生存的质量。在实际生活中每个人不仅需要在物质层面、经济层面上得到丰足的生活条件，也需要在精神层面上获得满足感、安定感，使整体生活质量得以提高，达到身心调和的状态。

PT（理疗）

英文“Physical Therapy”的缩写。理疗的目的在于借由复健体操等运动疗法或电疗刺激、按摩、温热疗法等方式，让身体功能障碍或肢体障碍者恢复做基本动作的能力的方式。

OT（临床作业疗法）

英文“Occupational Therapy”的缩写。临床疗法是为了让身心障碍者获得积极的生活，不间断地在医院进行治疗训练，也提供种种作业活动方面的治疗、训练、指导以及援助。作业活动包括：日常生活中的个人活动（前述ADL）、制造生产性质的活动、表演创造性质的活动、娱乐性质的活动、认知教育性质的活动等。

MSW（医务社会工作）

英文“Medical Social Work”的缩写。医务社会工作者以技术、活动援助的方式，让受辅者与受辅家庭有效地接受保健、医疗等机关提供的社会福利援助服务。医务社会工作者从属于保健、医疗机关，向受辅者与受辅家庭介绍、协调、调度社会保障或社会福利服务等的社会资源，解决受辅者与受辅家庭在经济、家庭生活等方面的问题，并协助受辅者与受辅家庭获得自立的能力。

家庭辅导社工

拜访老年人或身心障碍者等受辅者的家庭，协助其沐浴、排泄、用餐等日常生活作息活动，帮助购物、洗衣、打扫的辅导社工。或是协助受辅者与相关机构取得联络，提供生活、身心、看护等方面咨询建议的家庭看护社工。

CW（看护人员）

英文“Care Worker”的缩写。以家庭辅导社工为主，工作内容包括家事协助、看护等。

看护辅导经理人

看护辅导专业者。为了让受看护者在日常生活中获得自立能力，借由沟通，了解受看护者的需求，联络、协调、调度受辅者所属地区的社会资源，提供到府看护服务、设备服务等社会福利的专业辅导员。以“指定居家介护支持事业者（家庭看护指定业者）”的专业者身份，为被辅导者、被援助者拟订“看护服务计划”。或是评估被辅导者、被援助者是否需要入住看护保险相关的可住院设施，为被辅导者、被援助者拟订“看护服务计划”并做必要的安排。

社会福利居住环境协调者

为老年人或身心障碍者提供在优质住居方面的咨询服务。具备医疗、社会福利、建筑等相关体系的丰富知识，与各方面的专家（建筑师、看护辅导经理人等）合作，拟订适合使用者的住宅改建计划书[其中包含各式各样的居住辅具（图 4-7-25）或看护保险等信息]，解答用户的疑问。

老人保健设施

日本于1986年成立了相关制度，建设了老人保健相关设施，在病症安定期间作为就诊、复健、日常生活的看护使用。该设施成立是为了可以促进老人在家居住，故而原则上只能入住3个月。

特别养护老人之家

简称特养。指老人看护福利设施。养老设施分为特别养护老人之家、养护老人之家、自费老人之家3种类型。因重度身心障碍老年人平时需要特殊的照料，在自家不易做到专业的看护，因此设立了特别养护老人之家。目前逐渐全部转化成个人居室的形态，将入住者分组，以每10人小规模单位，并提供尊重个人隐私的看护服务（个人居室看护），是新形态的居住福利看护设施。

图4-7-25 社会福利辅助用具

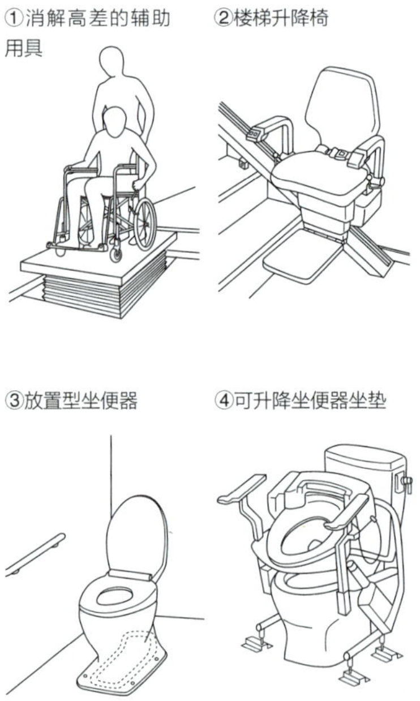

4.8 木作、室内装修工程

本节内容以干式工法室内装修工程中的楼地板、墙壁、天花板等相关材料、收边、工法为主，同时也将表面修饰板相关资料整理如表4-8-1供参考。

木作、加工

大壁

建筑的内外墙上，利用装饰用装饰板材料将柱或梁等结构构件遮蔽不外露的收边方式。常见于西洋建筑，气密性好，防寒、防噪声效果也好（图4-8-1）。

真壁

指柱子外露的墙壁，墙壁饰面材料嵌于柱间，常见于日式建筑。真壁中心部位的壁体较薄，截面面积大的斜撑不宜设置于真壁内部（图4-8-1）。

榻榻米靠墙连接材料

真壁（柱子外露的墙壁）的日式居室中，用来填充榻榻米与墙壁之间空隙的填缝材料。

踢脚线

安装在楼地板四周与墙壁相接处的构件，具有保护墙壁下端、减小缝隙的作用。于墙面的踢脚线形式称为突出式踢脚线，内缩进墙面的称为内凹式踢脚线，与墙面收在同一平面的称为嵌入式踢脚线（图 4-8-2）。踢脚线材料种类包括木材、合成树脂（硬质、软质）、石材、瓷砖、水泥砂浆等。若在墙壁、楼地板的饰面工程施工之前安装踢脚线的话，需对踢脚线做好防护，以免污损。

楼梯踢脚线

贴在阶梯与墙壁之间的宽幅塑料PVC制踢脚线。将塑料PVC制踢脚线依楼梯形状裁剪，通常一块可分做两块使用。

表4-8-1 主要的表面修饰材料种类

三聚氰胺（Melamine，美耐板）	将含浸于三聚氰胺（Melamine）树脂的纸用热压方式黏着在苯酚树脂积层板的表面的制成品总称。具有高耐磨性、高耐热性，运用在柜台或桌子的顶面，或是建筑中需使用水的室内场所。芯材、表面材都使用三聚氰胺（Melamine）的板材价格高昂，若能巧妙运用在家具的零星部位，虽然使用量少，却能得到很好的效果
聚酯（Polyester）装饰胶合板	在基材胶合板上张贴专用的纸，再在上面与苯酚（Phenol）一起浇入聚酯（Polyester）树脂，制成厚度2.7~4.0mm的装饰胶合板。具有耐水性，大多运用在需使用水的室内场所或家具上，作为表面修饰材料。可以用水擦拭，容易维护保养。现已开发出消除聚酯特有异味的商品，更适合运用在家具或室内装修上
陶瓷（Ceramic）装饰板	将水泥、石棉、二氧化硅（Silica）以高压压制成形，表面陶瓷化加工，再以无机颜料上色制成的装饰板。由于使用的基材、表面涂膜都是完全不燃的无机质材料，适用于住宅中需要用到火的场所（厨房）。耐水性、耐候性、耐污染性、耐化学性佳，不仅适用于室内，也适用于室外
厨房面板（Kitchen Panel）	将三聚氰胺（Melamine）树脂或丙烯酸（亚克力）树脂压附在无机质基材上的板制品。此种产品的开发重点在于不燃性能，通过命名可以得知，该种板材主要使用于厨房周边等，特别是煤气炉的周围。随着该产品的面世，瓷砖缝隙难以清洁的烦恼得以消除。可制作成各式纹路
亚克力板	丙烯酸（亚克力）树脂不仅像塑胶一样不锈、不腐蚀，同时也具有透明性、易于加工、耐候性等特性，作为板材的主要成分，以浇筑（Casting）和挤出（Extrusion）方式制成。亚克力板透光率为93%，超过玻璃的透光率（为90%）。另也有中空亚克力板，用来作隔间或门窗的产品
聚碳酸酯（Polycarbonate）板	密度仅为玻璃的一半，透明度和平滑度好，切断或开孔的加工容易。种类有平板、中空板、波浪板，可替代玻璃，可使用在隔间、门窗或作为屋顶材料。耐冲击性、隔热性十分好，但缺点是易受静电污损、易有损伤，只被认定为难燃材料
FRP板	FRP（Fiber Reinforced Plastics）材料是大家熟悉的防水材料，广泛应用在型材或板材、波浪板、百叶材等制品上。目标是与其他塑胶材料的透明感有所区别，制作出别具一格的质感。相关产品有旭硝子公司的Armorlite等
人工大理石	考虑到操作方便及价格，人造大理石常使用在住宅中。虽然名称是大理石，但看起来不一定是大理石，也有模仿花岗岩或是单色的产品。使用多种树脂，其中以丙烯酸（亚克力）、甲基丙烯（Methacrylic）树脂的性能最好。大多使用在台面，也可用于洗脸盆或照明器具、隔间等部位
天然实木薄板	从天然实木上切削下来的装饰单板，厚度0.25~1.0mm。使用在住宅的大多是将普通胶合板作为基础板，再贴上天然实木薄板，做成天然实木装饰板。依据表面贴附的天然实木薄板的种类以及张贴方式，可创造出丰富的纹理。因使用天然实木，需留意实际板材与样品之间的差异。天然实木薄板广泛运用在天花板、墙壁、门窗等部位。
MDF	MDF（中密度纤维板，Medium Density Fiberboard）利用木质废弃物作为原料，使之纤维化再压制而成的纤维板。一般比胶合板质地均匀，表面平滑，从外到内材料紧实，裁切后的切断面美观，可直接外露。可用在柜台、天花板、家具、门窗等部位，或用作室内装修材料

天花收边板

安装在天花板四周与墙壁相接部位的材料，用来收齐墙壁与天花板（图4-8-3、图4-8-4），兼具收边与装饰作用的棒状材料，材质包括木制与树脂。

平面收边构件

在没有高低差的面上安装横向木材来收边。此外也有在楼地板上使用黄铜棒来收边的。

阴角收边构件

主要使用在和室的壁龛（译注：和室中内凹供展示的空间）、地板、壁橱中的隔板、壁板等构材与墙壁之间相接部位，是用来收边的小断面构件。用抹布清理时，为了防止水汽及灰尘沾染接缝而设置，也广泛应用到和室空间的走廊、橱柜等。

固定用收边构件

用来修饰及固定板材的衔接部位或边端部位的缝隙，呈细长的棒状的材料。

边框收边构件（外露框）

在窗户或出入口与周边墙壁相接的部位上，在施工现场用来收齐壁材而安装的边框构件。

大壁附加柱

安装在大壁基材上的装饰柱，使用装饰板材，不具结构效力，使大壁看起来像真壁。附加柱的状态是在大壁前安装薄板，需使用充分干燥处理过的材料作为薄板。此外，附加柱的安装会改变与其他居室之间的墙壁完工位置，因此需留意收边处理。

床间（壁龛）

设置在和室中作为室内装饰的空间。现代的壁龛标准尺寸大约是宽幅1.8 m、纵深0.9 m（图4-8-5）。

图4-8-1 大壁与真壁的不同之处

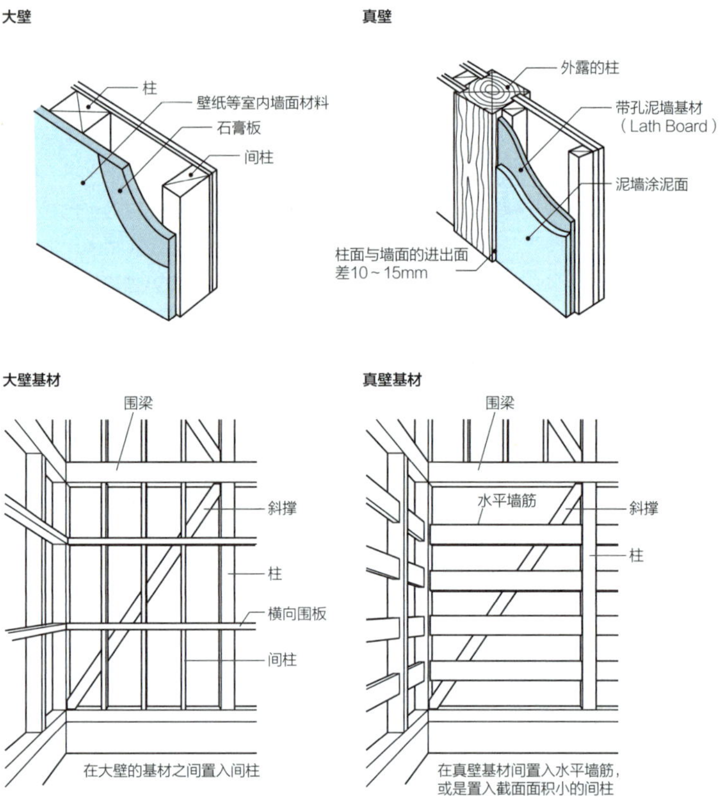

图4-8-2 踢脚线（单位：mm）

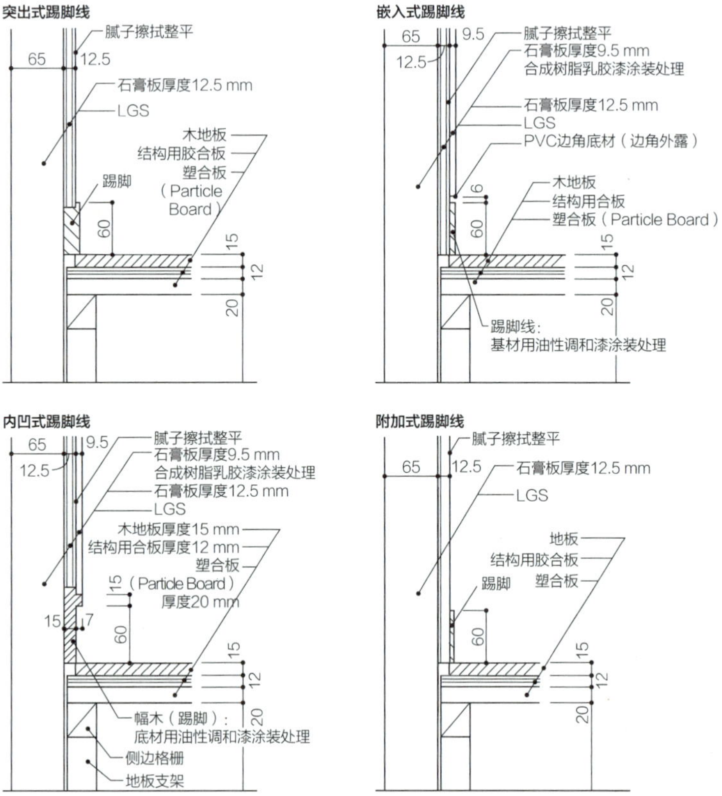

图4-8-3 室内各部位名称

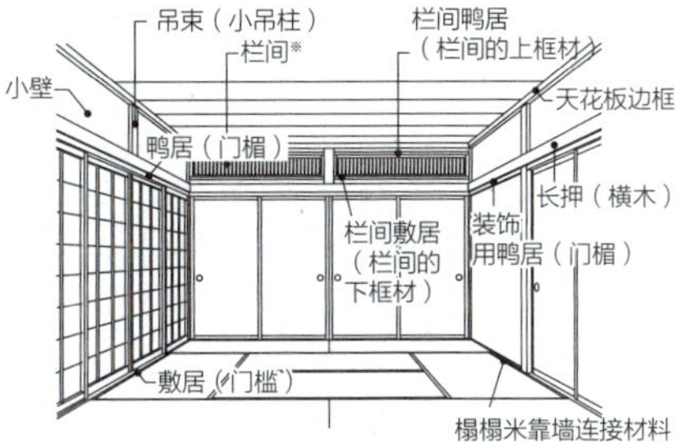

和室真壁的木作收边构件

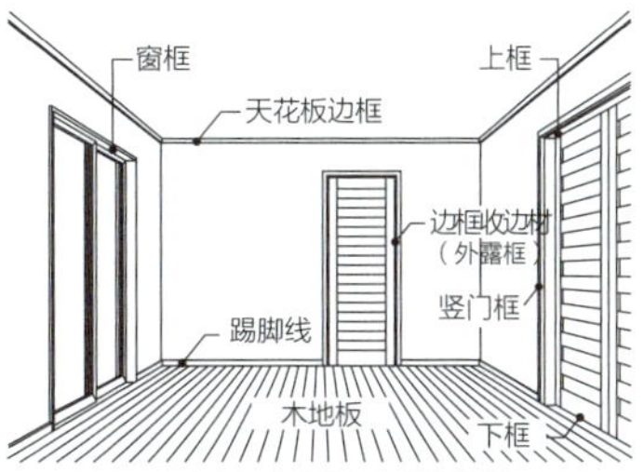

西式房间大壁的木作收边构件

床台（壁龛地板）

壁龛中的地板。壁龛的地板种类包括本床、蹴床、踏床等。

本床（壁龛床台的一种）

正统书院式的壁龛床台。它的基本结构是床台柱子用方材，设置床框（床台框），比和式榻榻米地面高，地板铺榻榻米，上面有垂壁，侧面有书院窗龛，里面有搁板。

蹴床（壁龛床台的一种）

不设床框，地板小口伸出，比榻榻米地板高出一截的壁龛床台。地板和榻榻米之间镶嵌一块凹进去的竖板。

踏床（壁龛床台的一种）

不设床框，无高差，与和式榻榻米地面齐平的壁龛床台处理方式，通常较深。

框

在壁龛或玄关高起高差部位的侧面，横向置入的装饰构件。

床框（地板框，壁龛高差装饰材料）

在和室壁龛下方，高差起台处的装饰构件。大多使用与床柱（壁龛主柱）相同的材料，涂上着色漆或让木质纹理更为明显的透明漆，或是梨皮表面修饰处理（译注：表面呈现均匀细微粒纹），或是哑光表面修饰处理等。装饰构件的形状以正方形为主，也有使用磨砂处理过的原木圆桩、模仿锈纹加工处理的桧木原木圆桩等形式。若是呈现原木纹完工面，则会使用紫檀、黑檀、黑柿、榉、栎、桑树等原木。

敷居（门槛）

日式推拉门滑动时，依附的沟槽下方的横向构件，与上方的门楣（鸭居）成对。屋檐下走廊的外部防雨窗的下门槛，有单沟、无沟或兼具基础功能的类型。大多使用松、桧、铁杉等的（径剖面直木纹材），或是樱、南洋樱上方部位的无木纹材。高级的木作工程，会在门楣的底部埋设6 mm厚的木材，称为埋木。

鸭居（门楣）

推拉门、拉窗等的门楣、上门槛（图4-8-6）。有的采用在上门槛挖设滑轨沟槽的方式。大多使用桧、杉、铁杉、云杉等（侧面的径剖面直木纹材料）。有的不挖设沟槽，也有的是在墙面上安装类似门楣的装饰构件。

装饰用鸭居（门楣）

在没有安装门楣的壁面上，以和室内法（和室建筑室内内侧尺寸）的测量方式取得门楣内侧高度，并在该高度上安装的横向构件。

吊束（小吊柱）

在装栏间※时，为了防止上门楣下垂从上面吊起的装修材料。一般与装饰材料的尺寸相同。

图4-8-4 天花板边框（单位：mm）

木质天花板边框

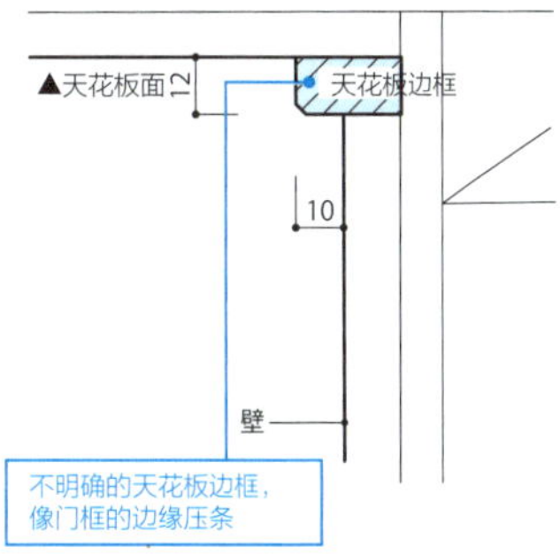

天花板边框

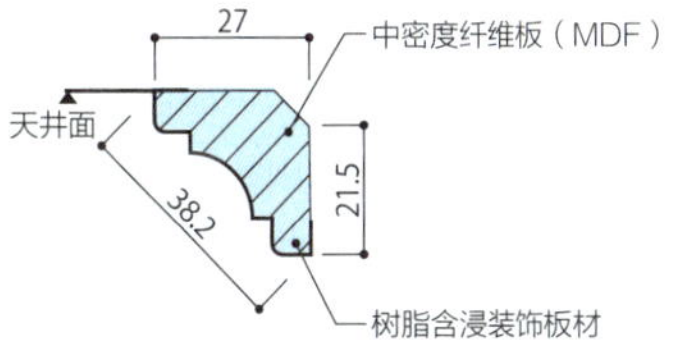

铝制天花板边框

3m/阳极氧化银（Alumite Silver）

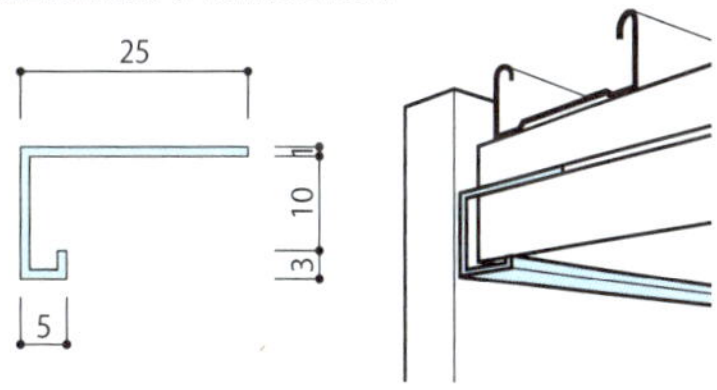

（除了铝制另有树脂制的天花板边框）

图4-8-5 床间（壁龛）周围各部位名称

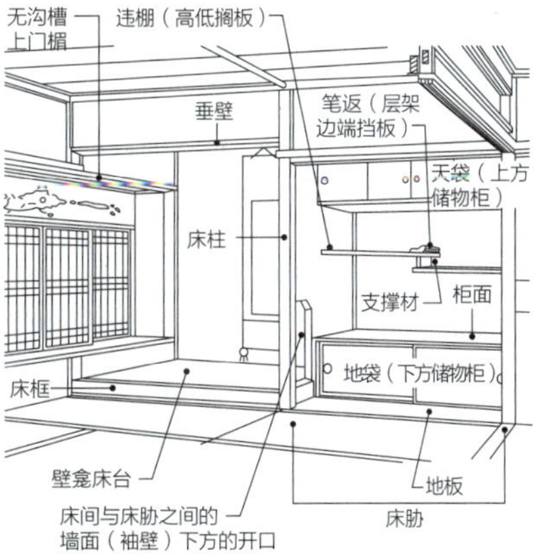

※ 日式房间内，拉窗、拉门上部与顶棚之间的格窗、楣窗，通常由纵向密集细木条，横向上、中、下各一条，以格子状相交而成，除了有采光、换气的作用，因为其多样丰富的设计，通常被认为是日式房屋的精髓所在。

长押（横木）

使用于和式建筑中门楣的装饰用横木。安装在柱子两侧，将柱子夹住的横向构件（图4-8-3）。过去通常是指梁、桁等的结构构件，现在大多是指装饰构件，也称为内法长押。依照所在位置，分别有地板长押、墙腰长押、天花板长押等种类。在日本茶室或现代和室中有时会被省略施工。长押材料深度依照室内空间尺寸有所不同，若是8张榻榻米（一张榻榻米的传统尺寸是宽90 cm，长180 cm，厚5 mm，面积1.62 m^2）大小的和室房间，长押深度为75 ~ 90 mm。

落挂（垂壁）

安装在壁龛上方垂板（倒吊墙）的下缘，与壁龛地板平行的构件（图4-8-5）。材料深度稍稍比门楣深，一般安装在从长押（横木）顶端往上约45 mm的部位，若没有长押，则安装在门楣往上约100 mm处。

床胁（壁龛旁边的空间）

设置在壁龛旁，一般是由违棚（在床胁的墙面上、设置的高低错落的置物搁板）、地袋（安装在床胁下方，推拉门式的储物柜）、天袋（安装在床胁上方的置物柜）、地板等室内空间元素构成。

地板

壁龛或床胁里铺的地板。一般用榉树木材或松木。因为比较宽，所以要防止地板弯曲或割裂。

天袋（上方储物柜）

安装在天花板下的储物柜。在床胁空间里，常和违棚（高低搁板）一起安装。也指壁橱上方的收纳空间。床胁开口为6尺（约180 cm）时常设四个柜门。

地袋（下方储物柜）

设在床胁空间的违棚（高低搁板）下方或旁边客厅下方的储物柜。储物柜的上面木板和地板一样，一般用纹理漂亮的榉木或松木。

图4-8-6 鸭居（上门楣）（单位：mm）

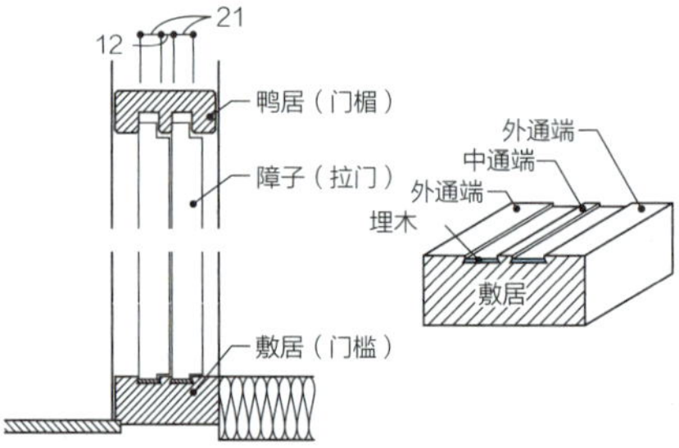

图4-8-7 门框周围的各部位名称

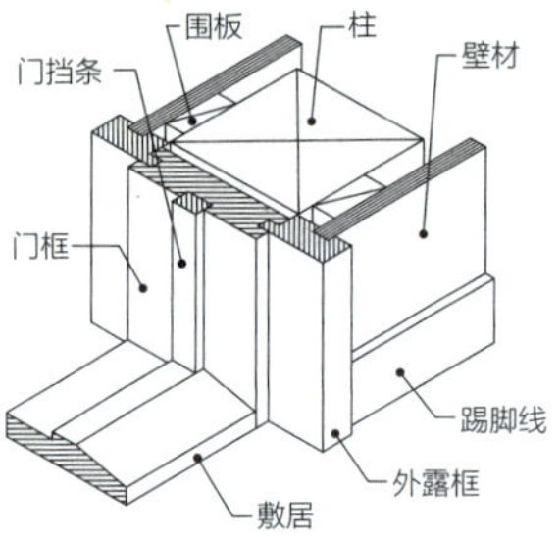

违棚（高低搁板）

两块木板左右交错设置的装饰用搁板。为了不影响采光，将离壁龛近的搁板放在高处。搁板的木材用榉木。

笔返（搁板一端的挡板）

装在两块搁板交错处高的搁板的一端的装饰。原本是为了防止放在搁板上的笔掉落而设置。

附书院（书院窗龛）

凹间的侧面凸出来的“书房”。设有拉窗作为采光窗。下面多设储物柜。原本是为了读书而设，所以会安装叫作“出文棚”的架子。也叫“出书院”。侧面不凸出，仅设书房窗的叫“平书院”。

床柱

安装在床间（壁龛）与床胁（壁龛旁边的空间）之间的装饰柱。种类多样，常见的有涂装建材、圆桩木或原木。也有金属建材。

门挡条

位于门框中央部位，门关闭时将门抵住的构件（图4-8-7）。

照片4-8-1 大手

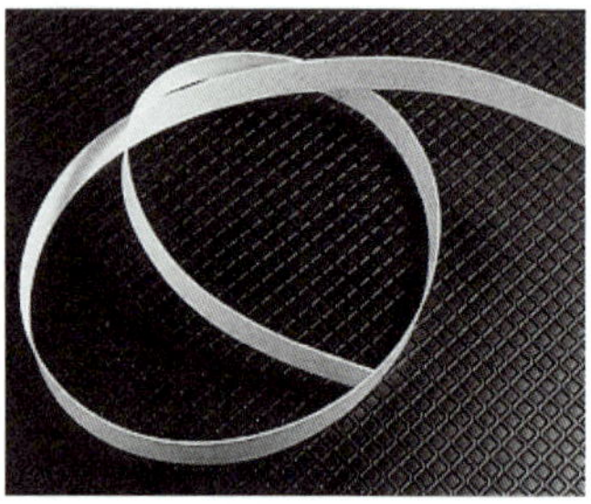

表4-8-2 住宅用天花板种类

倾斜天花板与水平天花板合并	在同一室内空间中，由倾斜天花板与水平天花板共同组构的天花板形态
不同高程水平天花板	水平天花板类型的一种。高度上比主要天花板下降一层的天花板形态
屋顶内侧装饰天花板	直接将屋顶基材外露的天花板形态。通常基材或屋架构件会使用装饰用材料
天花板兼楼地板	不铺设装饰材料在天花板上，直接在二楼地梁上装设楼板，从下方可以直接看到梁与楼板的天花板形态
竿缘（饰条）天花板	在回缘（天花收边板）上，以45 cm的间隔，配置边长为30 cm正方形断面的装饰用长木条（竿缘），并在上方铺设天花板

门槛

安装在门下方的门槛。为了行走方便，会将边角部位磨成斜面。如今考虑空间的无障碍化，大多不再安装。

收边造型构件（Molding）

安装在接缝或家具上的带状装饰用材料的总称。

大手（结合用胶带贴布）

又称横手。和室拉门或柱子在垂直方向与门框相接的部位。推开门的此部位表面，一般是用对接方式铺贴收边材。大手也用来表示局部材料在对接时使用的胶带贴布（照片4-8-1）。

蚱蜢（天花板固定配件）

安装在顶棚（饰条天花板）材料的接合重叠部位，具有固定作用的木制长方形配件。形状与蚱蜢相似，因此以此命名。

蚊钉

钉头小，以专用电动钉枪（Nailer）钉入。即使钉在楼板或墙壁上的外露式完工构件上，也看不大出来。颜色有白色、米色、咖啡色、浅茶色共四色（照片4-8-2）。

水平天花板

是最普遍的天花板形式。另有水平、倾斜各半组合的天花板以及水平高程有高差的水平天花板（表4-8-2、图4-8-8）。

饰条

在壁龛并行配置的天花板材料，与天花板垂直相交的天花板支撑构件。树种通常采用杉木、桧木等。根据不同设计，工艺采用倒角加工或两根木材一组进行配置（图4-8-9）。

照片4-8-2 蚊钉

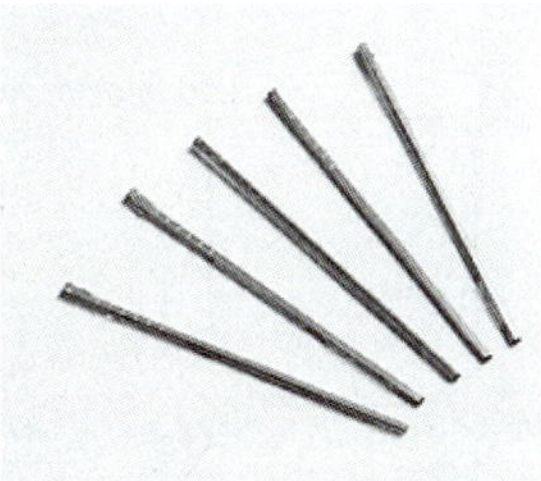

图4-8-9 倒角加工与搁栅格子

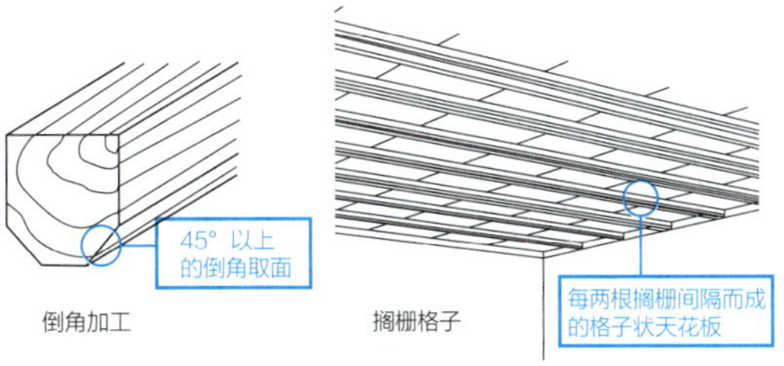

图4-8-8 主要天花板形状

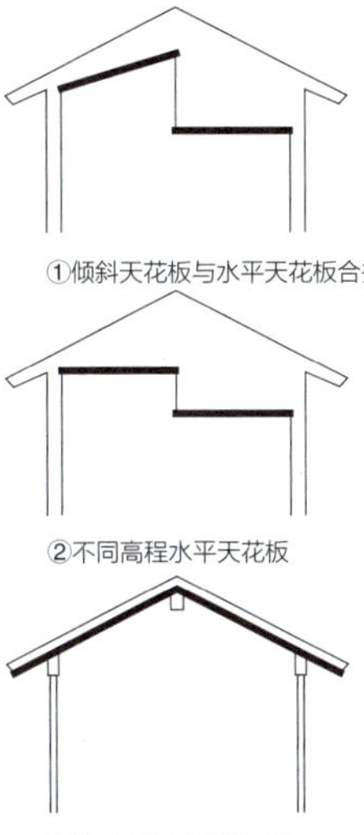

图4-8-10 推拉门收纳装置

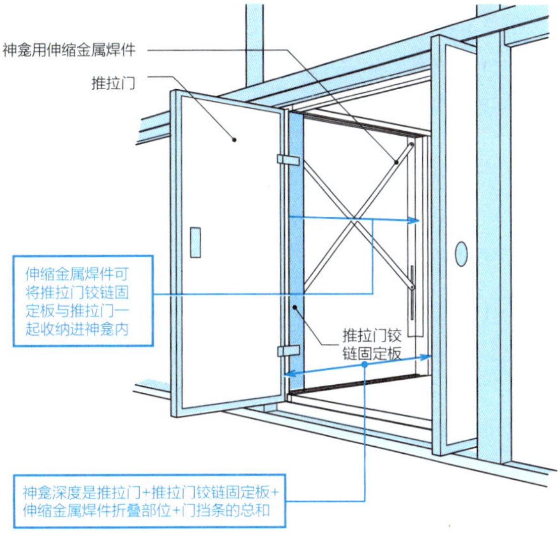

窗台（窗户下方支撑基材）

安装在窗框下方，用来支撑窗户的横向架构材料。也承受膳板（窗台板）的荷重，因此需用钉固定。

窗框

窗户四周的框。在窗和墙之间安装的材料。上框和左右的竖框合起来叫“三方框”，而下方叫“窗台”或者“膳板”。

膳板（窗台板）

与窗户的额缘（外露框）一体成形，与窗框下缘一起收纳处理的构件。

薄缘

铺在壁龛地板上的榻榻米。地板上的榻榻米垫和镶边通常选用具有装饰性的种类。

推拉门收纳装置

神龛推拉门的收纳方式，将推拉门以90° 打开，可顺导轨沿神龛侧壁内推，收纳进神龛两侧（图4-8-10）。要留意神龛深度若不到推拉门一片的宽幅再加上约12 cm，会无法将推拉门收纳其中。

推拉门铰链固定板

推拉门收纳装置中的材料，120 mm×21 mm的桧木（图4-8-10）。用来挂设神龛推拉门，此处也安装伸缩金属焊件，让神龛推拉门可以滑动。如今滑轨也开始应用在此种推拉门的收纳装置上。

固定式家具

制作作为建筑物一部分的家具。一种是木匠师傅在现场制作、安装的木作工程；另一种是在工厂制作后，在现场安装的家具工程，依预算、完工效果、施工工期等来选择。因为一定会紧贴建筑内表面，因此需特别留意与天花板、墙壁、地板之间的收边处理。若家具不与建筑一体成形，则属于摆设家具。

进出面差

两构件间的微小高差，接合收边部位的高差。一般是指和室真壁柱与壁的高差。

小面（小倒角面）

削除柱、墙壁等的边角，并修饰削角产生的倒角面，称为面取（倒角取面、削角取面），目的在于保护边角，改善触感，满足设计需求。小倒角面的宽幅，大约是用刨刀轻微地在边角刨一次的程度。将柱或梁、门窗框材等正方形截面的材料边角削成平面或其他形状，成为新的面。没有进行削角取面作业，成90° 的称为直角材料。削角后出现的倒角面，依照从正立面所看到的宽幅，有大面（大倒角面）、小面（小倒角面）、炮面（图4-8-11）。

面落（退缩相接）

在框或栈板等构件的连接处，避开构件的倒角面，将相接的另一构件退缩安装在构件倒角面内侧的方式，也称为“面内”（图4-8-12）。这样的话可以为施工误差预留弹性空间，室内装修的木作工程大多使用此种方式。此外，若接合处落在构件倒角面的中间，则称为“面中”。

面一（表面平接，平口对接）

与面落（退缩相接）不同，两个相接构件的面齐平，是无高差的构件相接方式（图4-8-12）。面一需要相当高的施工精准度，常使用在门窗施工工程中。

外露构件的正立面宽幅

从正面方向观看外露构件的正立面宽幅（图4-8-13）。

外露构件的侧面深度

正向观看外露构件的侧面深度（图4-8-13）。

刃挂（边缘纤细视觉处理）

木质材料与抹灰墙壁的收边处理，让木柱或窗框的正立面宽幅看起来比较纤细利落的工法（图4-8-14）。将木质材料表面削除，填入抹灰材料，让人从正面看到的柱或窗框外露部分像线一般纤细。此工法运用在落挂（壁龛上方垂壁的木质下缘材）或袖壁（床间与床胁之间的墙）的木质边缘材料，让木质材料的正立面宽幅变细为6 ~ 9 mm。

车沟（刻沟）

在板材或边框构材的侧面刻出沟槽，或是削除边角后做成凸出状（图4-8-15）。刻出的沟槽称为小穴。刻沟工具使用附有回旋刀盘的刨沟机。有的是在抹灰墙壁边端的木构件上刻出沟槽，有的是将板材各削除1/2的厚度，再相互粘

图4-8-11 面取（倒角取面、削角取面）的种类

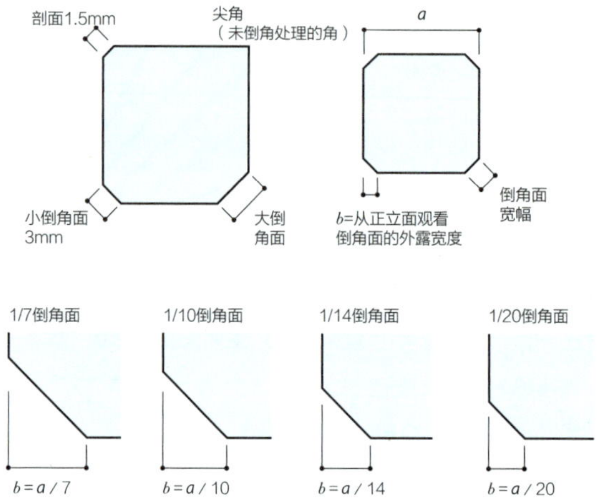

图4-8-12 面内、面中、面齐平

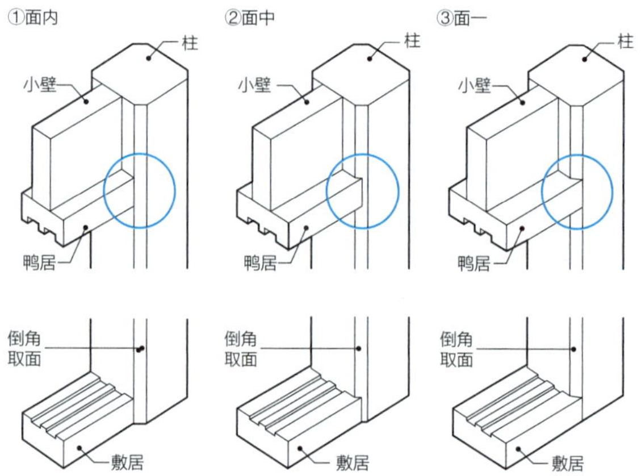

图4-8-13 外露构件的正立面宽幅与侧面深度（门窗框）

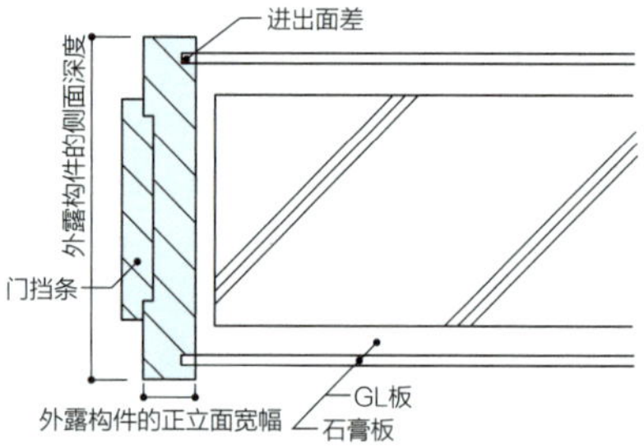

图4-8-14 刃挂

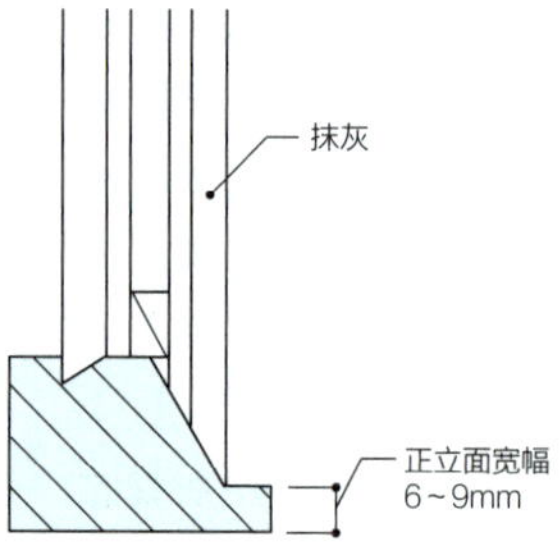

图4-8-15 车沟对接（门窗框周围）

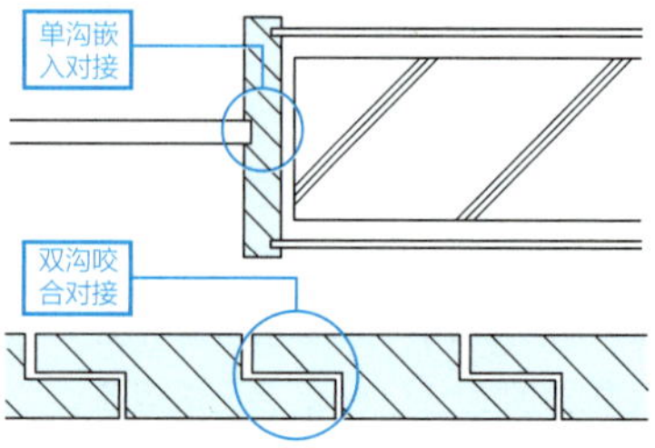

结。推开门或横拉门在关闭的状态下，为了不让门框与门之间产生空隙，则会在门框上做出与门厚度相同尺寸的沟槽。

双沟咬合对接

两片板材的侧面用刨沟机各车出板材一半厚度的沟槽，再相互咬合（图4-8-15）。

空缝对接

一般是指铺设在天花板、墙壁等的板件（木板、石板、瓷砖等）之间接合处，不以对接、平接的方式，而是留有小空隙做收边处理（照片4-8-3、图4-18-6），也称为留设空缝对接工法。在天花板与墙壁相接部位留设空隙，用来省去天花板边角处理也属于空缝对接的一种。

正立面宽幅

从正面观察时，外露构件的宽幅。

侧面深度

从正面观察时，外露构件的侧面深度（图4-8-13）。

嵌条收边处理

完工收尾的部位或者数个表面装饰施工部位之间的接合及收边处理（图4-8-17、图4-8-18）。嵌条收边若不精准，完工成果会看起来杂乱，整个空间也会失去精致感。

45° 相接

在组立门框或外露边框收边材时，将直角相接的材料各加工成45° 后相互接合，并于构件外露处做收边处理隐藏切口，达成精细的设计质感。过去是先用固定45° 的金属尺规在木材上画线后进行45° 裁切加工，现在则用可依角度进行裁切的电动铣床加工。

图4-8-16 空缝对接（天花板）

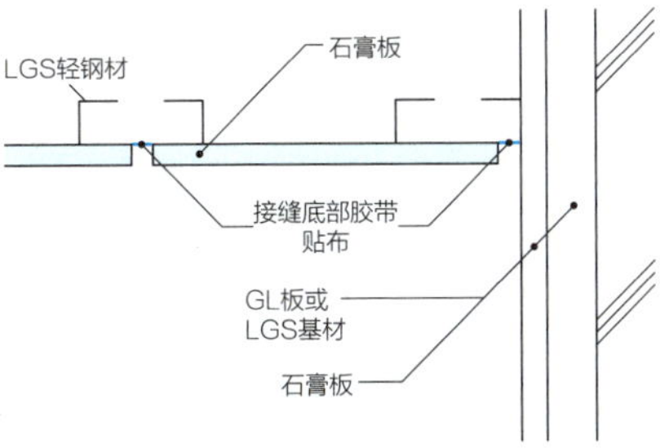

照片4-8-3 空缝对接

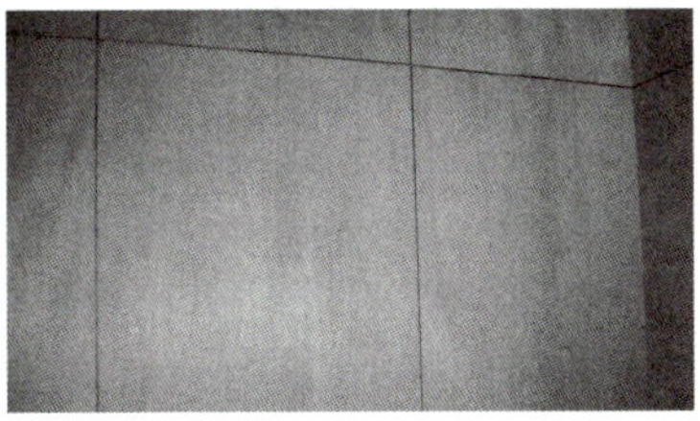

图4-8-17 嵌条（地板完成面接缝）

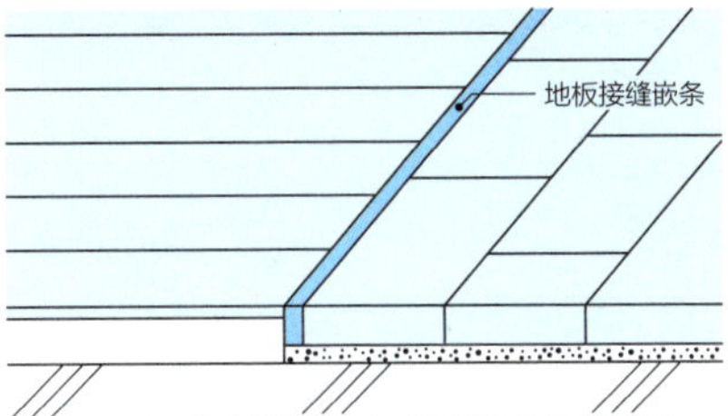

不同表面装饰材料结合时，利用嵌条使施工在尺寸、材质、设计、施工上保有误差修正弹性

图4-8-18 嵌条（梁边缘）

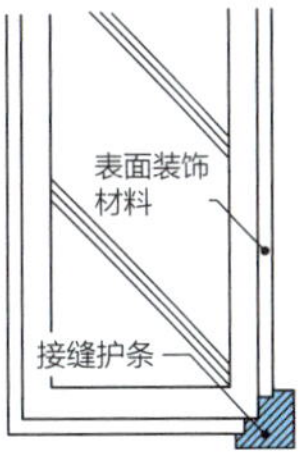

此部位的嵌条不仅具有装饰功能，也兼具阳角处理效果以及保有表面装饰施工误差的弹性修正

图4-8-19 接合的种类

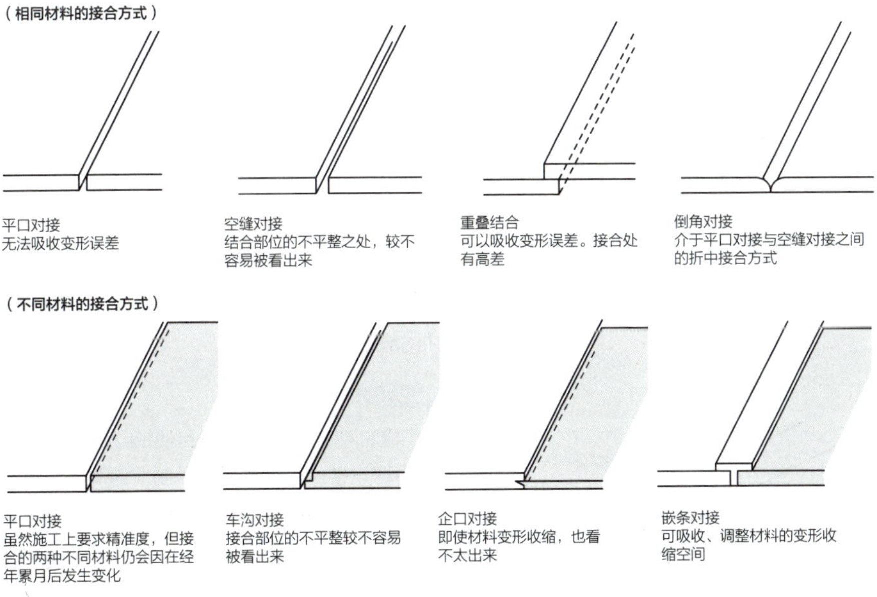

图4-8-20 企口拼接

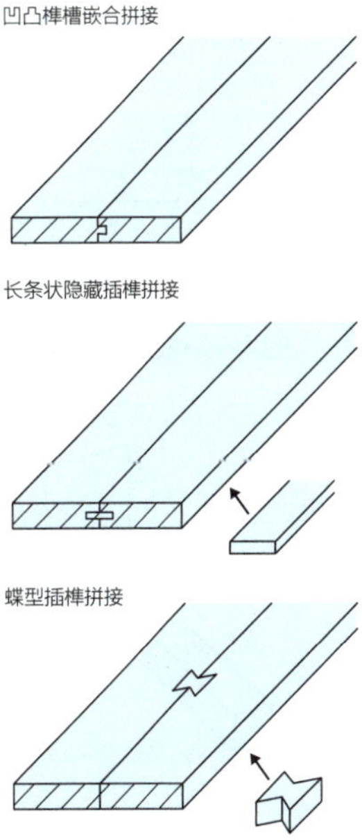

企口拼接

将多片短幅木材，顺着相同纤维方向相互粘结成长幅板材（图4-8-20）。相较于单一板材，此种做法做出的成品较不易发生板材自体隆起或扭曲的情形，可以做出面积大且均质的板材。接合的方式包括凹凸榫槽拼接、长条状隐藏插榫拼接、蝶型插榫拼接等。

蝶型插榫拼接

拼接是指为了将宽板拼在一起而进行板与板的接合。蝶型插榫是为了防止接合部分破裂或涨大而填进去材料，亦可成为设计的亮点。因为大多为蝴蝶形，也叫“蝴蝶拼接”。

凹凸榫槽嵌合

在其中一片板材的凸起处，插入另一片板材的下凹处的方式称为凹凸榫槽嵌合拼接（图4-8-20）。此种接合方式大多用于楼地面木地板。

隐藏插榫嵌合

将两片板材的侧面加工出沟槽，并在沟槽中插入棒状的加工材料，将两片板材相互嵌合的方式（图4-8-20）。插榫材料可与接合板材相同，或使用裁切成细长状的胶合板。

樋端

指敷居（和室拉门下门槛）或鸭居（和室拉门上门楣）上的沟槽的两侧凸起部位（图4-8-21）。若有两条以上的沟槽，沟的外侧部位称为外樋端，介于两沟槽中间部位称为中樋端，沟的内侧部位称为内樋端。若是使用其他方木做出沟槽，称为付樋端。若选择板目（弦剖面纹路）相同的材质，沟槽的加工作业较容易施工。

角柄（凸出于收边）

门窗框的收边处理不在角部，而是让竖框或上下横框材料凸出的收边处理（图4-8-22）。竖框凸出于上下横框的收边处理称为竖角柄，上下横框凸出于竖框的收边处理称为横角柄。须留意凸出部位的尺寸与整体的平衡感。

检钝（可拆卸嵌合）

将门窗或盖子嵌入上下沟、左右沟的方式（图4-8-23）。利用沟槽的深浅设计，上沟槽深，下沟槽浅，让门窗或盖子可以取下。

图4-8-21 樋端

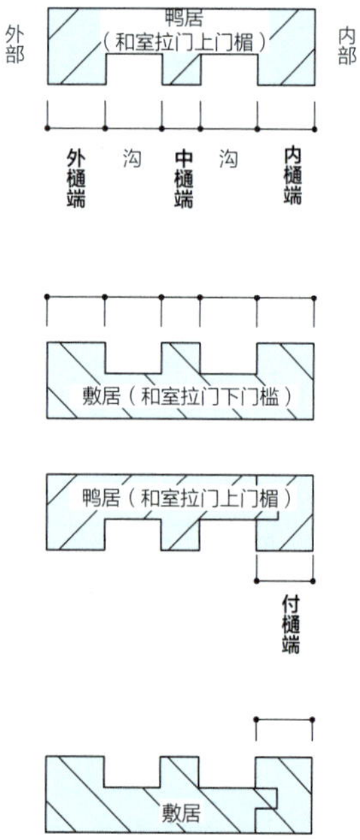

图4-8-22 角柄

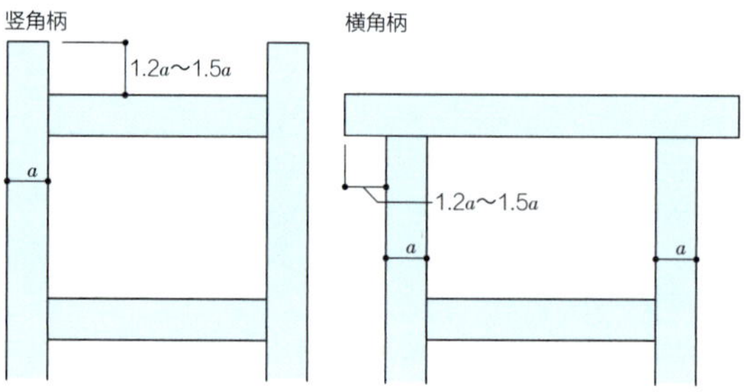

图4-8-23 可拆卸嵌合

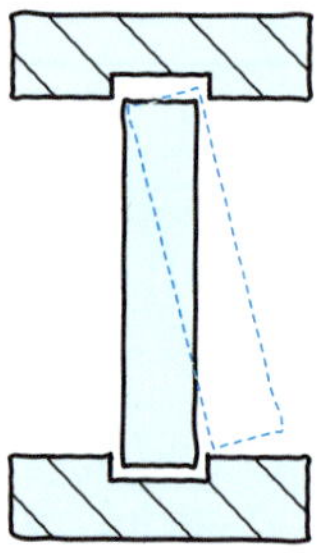

图4-8-24 沟槽内埋薄木材

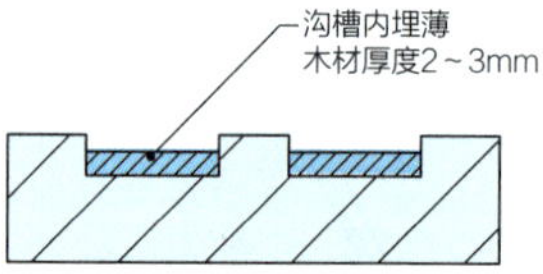

在沟槽内埋薄木材，可防止门槛上的沟槽受到磨损，并让拉门更容易滑动

图4-8-25 藏纳搭接

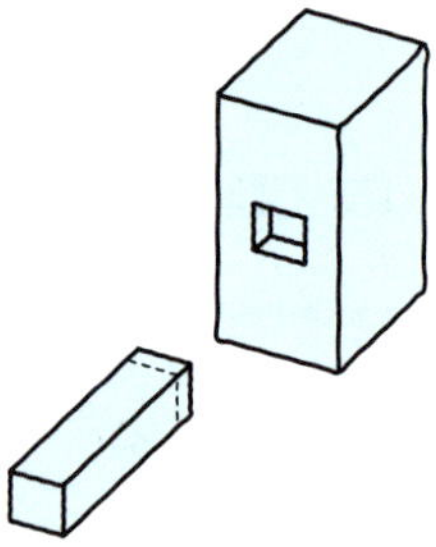

图4-8-26 胴付

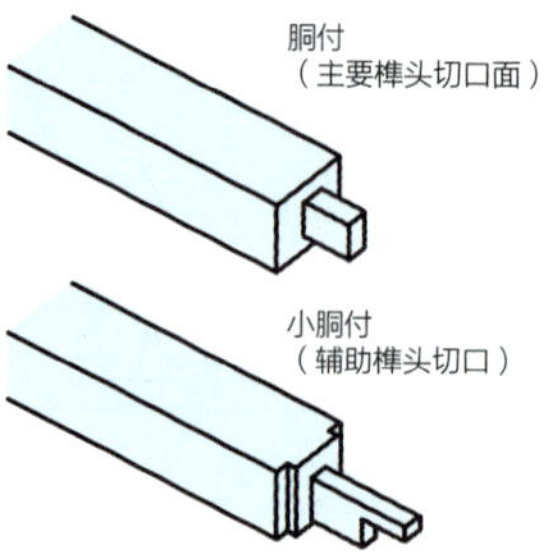

无目（无沟槽横木）

没有刻上滑沟的鸭居（门楣）和栏间的敷居（门槛、下框材）。参考室内内侧高度装设，一般出现在没有拉门的位置。此外，也用来表示上下、左右两扇窗户相接时，安装在中间部位的板材。

沟槽内埋薄木材

为了防止门槛的沟槽受到磨损，并且使拉门更容易滑动，而在沟槽中埋设樱木、橡木等坚木制成的薄木材（图4-8-24）。也有的是用合成树脂或竹来制作。在门的下方板材上设置辅助滑动的横木，以及在门槛沟槽内埋设薄木材，可让门更轻易地开合与更长久地使用。

现造（对接收边）

不嵌入插榫，而是以对接方式来做收边处理。使用在额缘（外露框材）、入口框材上。加工步骤简单，施工上不需熟练的技巧。但是若只是对接，大多会出现空隙或歪斜的状况，因此也会一并使用胶粘剂、螺钉来固定。

藏纳搭接

维持材料边缘部位的原始形状，直接插入另一材料之中的搭接方式（图4-8-25）。只有被插入的材料端部刻出凹槽。此种方式可有效防止长边方向的伸缩误差，大多使用在将柱子安装在敷居、鸭居的施工中。此外，插入端需要被精准地插至被插入材的面上，较为费时。

胴付（主要榫头切口面）

将横架以插榫方式插入柱中，横架上刻有插榫榫头的切口平面部位（图4-8-26）。若将带有榫头的材料切口平面的两侧刻除，做出高差，插入柱中时与柱表面接触的切口部位称为小胴付（辅助榫头切口）。施工小胴付的目的在于将与柱子榫接部位的截面积加大，以减低榫头的承重负担。胴付部位能否与搭接材料相互紧密接合，取决于搭接部位的施工精确度与强度。

构件的可活动空间

钉、螺钉松开，让两构件呈现不完全紧密接合的状态。有时视状况需要，也有借由零件的可活动空间来调整力的方向的做法。此外，也用来表示没有发挥应有作用的构件。

高低差收边条（Taper）

材料上做出倾斜度的部位。多用在门挡或地板护条部位。

纵向构件延长

将构件以直角相互接合时，将纵向构件延长，与横向构件接合的方式。

地板基材

混凝土模板用胶合板

原为用于浇筑混凝土的模板，是带有防水功能的胶合板，转用至地板基材的位置，大多作为打底材的最下层铺设使用。

荒床（木地板基材）

铺设在榻榻米下，作为楼地板基材。如今大多将合板当作基材铺设在榻榻米下方，但在木结构建筑中，为了使地板透气性好，防止地板因遭受下方湿气而发生腐蚀，建议使用原木制成的杉木板来铺设。

活动地板（Free Access Floor）

也称“Free Floor”或“OA Floor”。可利用地板下方空间来配置管线的双层地板系统，也可方便处理日后的检查维修或设备更新（图4-8-27、图4-8-28、照片4-8-4、照片4-8-5、图4-8-42③）。特别是低地板型的活动地板，随着办公室自动化的普及，大多用在办公空间。另外也常用可调整高度的钢制支架型活动地板，或是铺设在平滑基材上的树脂制活动地板。若安装施工做得不到位，踏步在活动地板上板材构件松动，影响使用者的感受。

自流平（Leveling）

若直接在混凝土板上开展表面修饰工程，需自行用抹灰材料来平整基层，也可使用石膏类或水泥类材料。施工过程中，将液状材料倾倒入地板面上，用刮板将其抹匀，硬化之后，完成精准度高且平滑的地板面。

地板支撑基材发泡材料

在地板基材的加强用胶合板的下方，铺设的挤塑式发泡聚苯乙烯材料（图4-8-29）。在钢筋混凝土的建筑物中，常被当作地板搁栅的替代品来铺设。施工方式是在楼地板上涂布胶粘剂，再于上方铺满发泡材料，若遇到管线穿过，则需将该部位的发泡材料除去。同时，为了防止行走时楼板发出声响，发泡板材之间应间隔约3 mm进行铺设。

无托梁搁栅

在混凝土楼板上铺设地板，不使用搁栅托梁，而是将搁栅直接铺设在混凝土楼板上。使用搁栅支撑的地板，称为搁栅地板。

木地板

铺设在地板上的木质板材，分为使用无垢材（自然实木）的单层地板和在胶合板上贴饰装饰面板的复合地板。

无垢材（自然实木）地板

指实木地板（单层地板）（图4-8-30、照片4-8-6）。如今常使用栎木、蒲樱木等树种。依树种（例如栎木等）性质，可能会发生地板拱起、爆裂、伸缩的状况，因此需特别留意地板排布、固定的施工（图4-8-31、图4-8-32）。另外，基材的加强合板的对接位置与地板对接位置应相互错开。也称为无垢（实木）板材。

加工木地板（WPC）

Wood Plastic Combination的缩写。木纤维中加入塑料硬化后的地板。保有木地板质感的同时，抗热、抗破坏性能强。

缘甲板

长度约2间（译注：间，日本测量法“尺贯法”的单位，1间约1818 mm）、宽幅80～120 mm、厚度15～18 mm的板材，在长边方向的两侧面上进行凹凸嵌合加工。除了当作走廊或房间的地板板材，也可铺设在墙壁或天花板。使用树种包括桧木、杉木、松木等。特别是指铺设在墙壁或天花板的薄木板材。

幅广板

宽幅比缘甲板宽的板材，使用在木质地板铺设之处或玄关处。以厚度18 mm以上为标准，最大到40 mm。若板材在宽幅（短边）方向没有弹性活动空间则容易发生破裂，因此应在板材背部嵌入辅助板材，使用扒钉来固定为佳。

图4-8-27 铜制活动地板

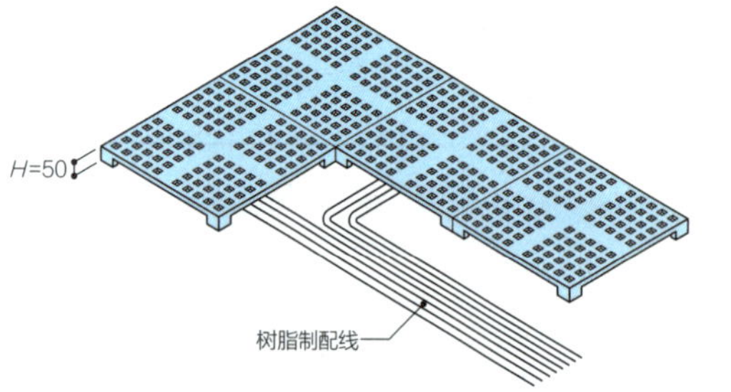

照片4-8-4 铜制活动地板

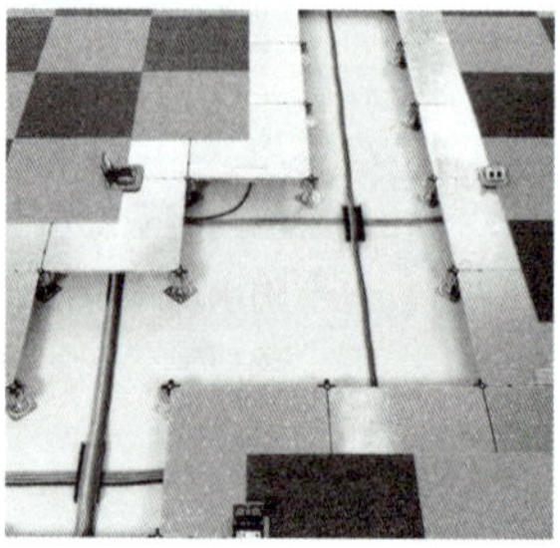

照片4-8-5 树脂制活动地板

图4-8-28 树脂（塑胶）制活动地板

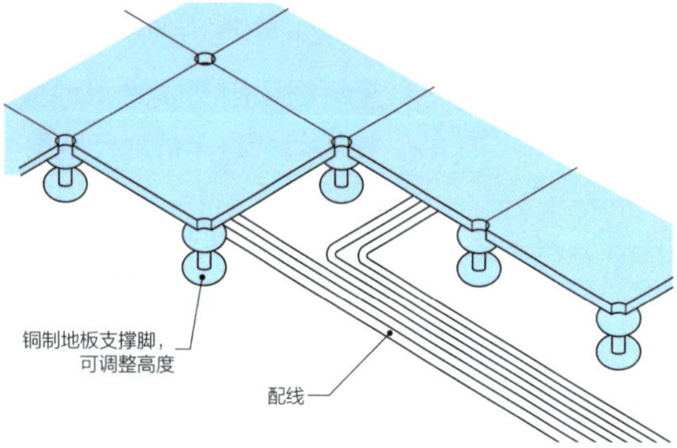

图4-8-29 地板基材支撑发泡材料

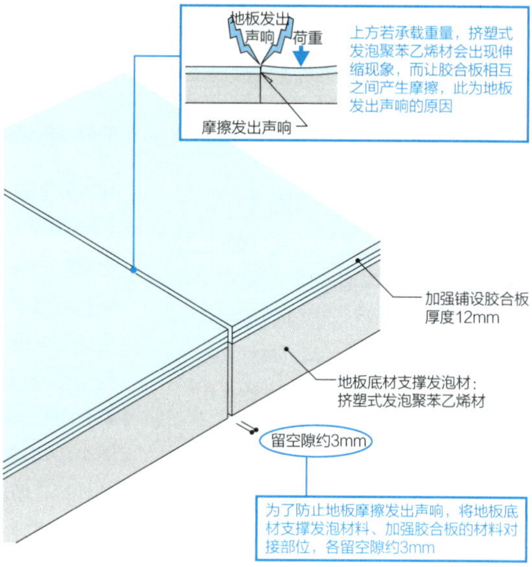

图4-8-30 各树种坚硬度

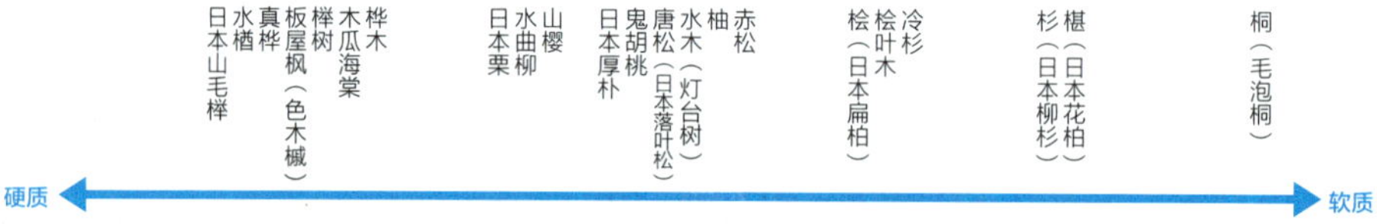

照片4-8-6 主要的木地板木材与铺设方式

实木复合地板市松（格状）铺设 小木板材垂直相交的铺设图样。

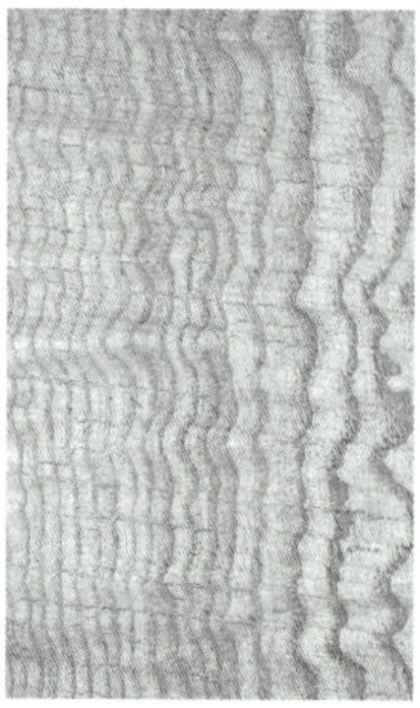

水曲柳 纹理稍微粗糙，质地硬，较少发生变形。

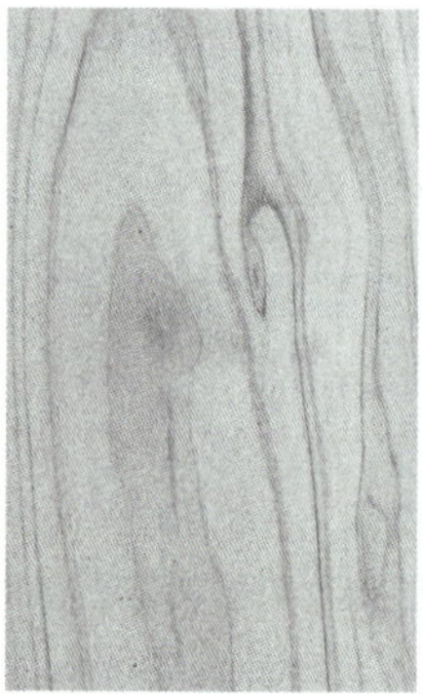

桧 完工面与杉木相似，耐久性及原木香气更佳。

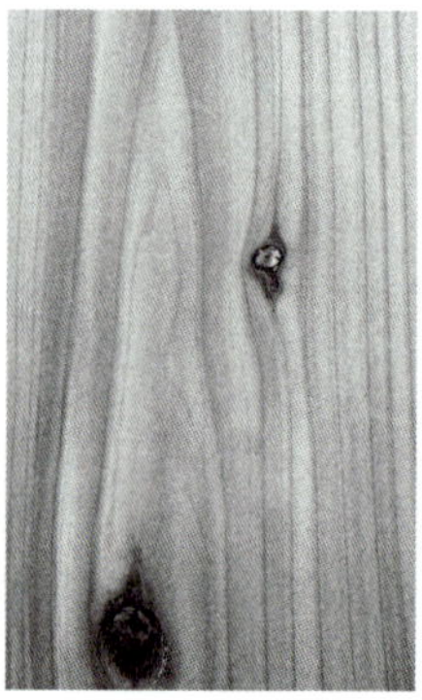

杉 质地软、重量轻。呈红色、白色，或是带有木节等，木质纹理丰富。

桐 质地软、作为木地板对人体脚部造成的冲击较小，保温性好。

图4-8-31 无垢材（自然实木）地板的收边处理（木结构基材）

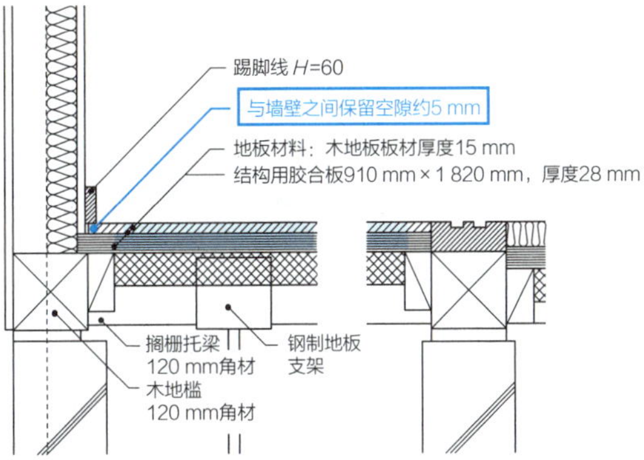

图4-8-32 无垢材（自然实木）地板的收边处理（混凝土基材）

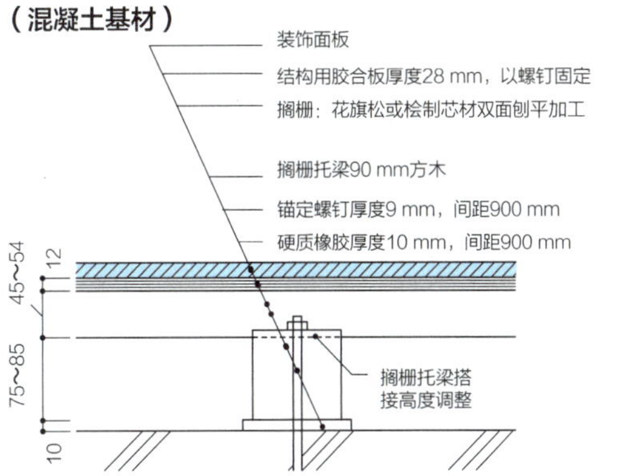

注：本图单位为mm。

单层地板

宽幅比缘甲板宽的板材，使用在表面贴附厚度不到1.2 mm的薄板材，以此种单片板材为基本材铺设出的地板。其性质及处理方式与无垢材（自然实木）地板相同。单层地板的种类包括无垢材地板、表面呈现寄木纹样（小木条组合纹样）的FJL型地板，以及长度之内均无接材的OPC型地板等（照片4-8-7）。

复层地板

表面与单层地板相同，以胶合板或集成材等作为基本材铺设出的地板，依照JAS规格分成三种类型。

复合式地板

种类最多的地板类型，在胶合板底板上贴有薄板材的地板板材（图4-8-33、表4-8-3）。种类包括三层木地板、复合式胶合板地板（彩色地板）等。表面多以栎木材为主，最普及的板材尺寸为长度1 818 mm× 宽幅303 mm× 厚度12 mm。特征是反拱、伸缩状况少，有防噪声、加热地板等附加功能的产品也很多。

图4-8-33 复合木地板

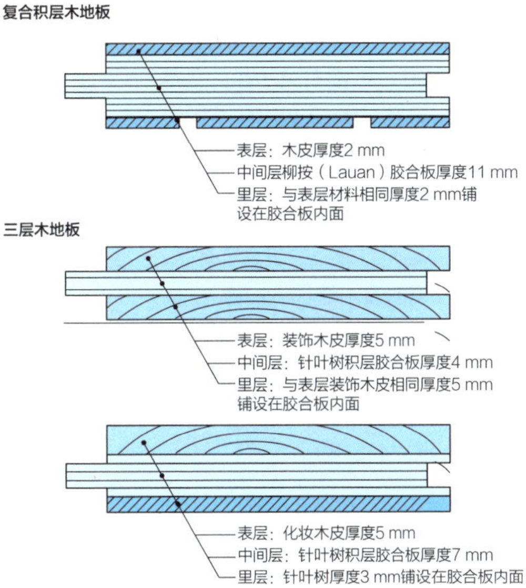

照片4-8-7 桧叶木集成厚板材

照片4-8-8 竹制地板板材

表4-8-3 木地板种类与用途

种类		用途：搁栅铺设	用途：直接铺设	定义
单层木地板	木地板板材（Board）	○	○	以单片木板（包括对接而成的木板）接续铺设成的单层木地板，可铺设在木搁栅上或者直接铺设在楼地板上
	木地板块材（Board）	—	○	将两片以上的木板（包括短边对接而成的木板）并排铺设，可作为单层木地板的基材使用，也可直接铺设在楼地板上
	木地板马赛克拼花组合（Mosaic Parquet）	—	○	将两片以上的小型木板（仅限于最长边小于22.5 cm的木块）并排，与和纸加工品等组合铺设，可作为单层木地板的基材使用，也可直接铺设在楼地板上
复合木地板	第一种复合式木地板	○	○	仅使用夹板作为木地板板材铺设成的复合式木地板，可铺设在木搁栅上或者直接铺设在楼地板上
	第二种复合式木地板	○	○	使用木板、集成材、基层材或夹心板作为木地板板材铺设成的复合式木地板，可铺设在木搁栅上或者直接铺设在楼地板上
	第三种复合式木地板	○	○	复合式第一种、第二种以外的木地板，可铺设在木搁栅上或者直接铺设在楼地板上

注：○表示可，—表示不可。

乱尺地板（板材长短不一的地板）

厚度、宽度相同，长度不一致的木板板材铺设出的地板。此种铺设方式称为乱尺铺设法。大多是使用不易取得长尺寸的树种，例如日本山毛榉等。为求整体视觉平衡感，铺设时应依板材长度分类，再进行铺设分配。

表面贴附厚面的木地板

外观似无垢材（天然实木）、表面贴附的板材厚度超过2 mm的地板。每一片板材的纹理皆不相同，现在市面上出现的与单层地板板材不易区分的产品。

宽木地板（Wide Flooring）

板材宽幅宽大的地板。基本上是接收订单再行制作，长度4 000 mm、宽幅900 mm、厚度15 mm，也称为“Flooring Panel”。主要使用在商业店铺。

竹材质地板

板材表面贴附竹材质的复合式地板。通常除了有长度1间（1 818 mm）的板材类型，也有边长为300 mm、450 mm、600 mm的正方形地板板材。竹材质地板易打滑，因此应考虑使用的位置（照片4-8-8）。

地暖地板

可使用电器式、温水式、蓄热式等各式地暖的复合式地板。然而，即使是适用于地暖的木地板材料，但仍要注意板材可能会因为地暖而发生反拱的状况。

块材地板（Block Flooring）

将薄木板板材接合成正方形或长方形块材而铺设出的地板。一般以300 mm正方形块材为主。在未加工的楼地板上，使用胶粘剂与波钉（波浪状锯齿钉）进行铺设。

格状拼花组合木地板（Parquet Floor）

通常使用正方形的地板块材。种类包括厚度约8 mm的实木块材、寄木纹样（小木条组合纹样）的马赛克拼花地板。

隔声地板

大多使用在高层集合住宅大楼，用来确保上下楼层之间隔声效果的地板。地板板材内侧贴附有隔声垫材，直接铺设在混凝土楼板上，以胶粘剂铺设。

步行用地板

可以经得起步行量较多或不脱鞋步行的强耐久性地板。在木质纤维中灌入树脂进行WPC加工，以提升耐久度的地板板材。

羽目板（稍微重叠的木板材铺贴）

贴附在墙壁、天花板等部位上的木板板材。包括纵羽目（垂直向）与横羽目（水平向）两种张贴方式。使用不易发生反拱的云杉（Spruce）、桧木等目（直木纹）部位材料。板材的接合部位使用凹凸榫槽嵌合、隐藏插榫嵌合、双沟咬合对接等方式。若是双沟咬合对接，则以装饰钉来固定。

塑胶地砖、地毯

绒毛（Pile）

这里指地毯表面的绒毛。呈现环形的毛圈的称为圈绒，将环形的毛圈切断的称为割绒。若是以相同质材、规格来比较两者，圈绒的耐久性更佳。

针距（Gauge）

用来标示簇绒地毯（Tufted Carpet）（表4-8-4）的短边方向上，刺入绒毛数量的距离。针距（Gauge）1/10，表示2.5 cm之间有10根绒毛。

针脚数（Stitch）

用来标示簇绒地毯（Tufted Carpet）（表4-8-4）的长边方向上，刺入绒毛数量的密度。针脚数10，表示2.5 cm之间刺入10根绒毛。

长纤维系（Filament）

长纤维的纺织品。

纺织系

将短纤维（Staple）相互平行并列，加捻（Twist）回转呈螺旋状的纺织品。

表4-8-4　绒毛毯、地毯的种类

簇绒地毯（Tufted Carpet）	刺绣地毯。目前市面流通的大半即为此种地毯
凹凸簇绒地毯	有图样的簇绒地毯，借由裁切毛绒长度表现出几何图样
手工编织绒毛地毯	手工编织绒毛毯。大多以地名命名，例如波斯地毯。用棉线作为经线，与丝质绒毛或羊毛线以手工打结编织而成。编结方式包括土耳其结与波斯结两种
威尔顿织花地毯（Wilton Carpet）	18世纪中期，英国的威尔顿地区开发出的机械纺织地毯，可使用的颜色数量受限为5种颜色
阿克明斯特织花地毯（Axminster Carpet）	英国的阿克明斯特地区出产并盛行于当地，因此以地名作为地毯名称。纺织方式包括线轴（Spool）式与片梭（Gripper）式两种，不管哪一种都可以多种颜色构成图样。片梭式最多12色，线轴式则可以运用20～30色
针刺地毯（Needle Punch Carpet）	没有绒毛的无纺布地毯，缺少设计多样性，价格便宜
尼龙地毯（Nylon Carpet）	适用于步行量较多的空间，选用尼龙作为原材料制作而成的地毯
绒毛（Shaggy）地毯	以3～12 cm长的绒毛做成的割绒，以装饰性为首要目的制成的地毯。触感极佳，但只能使用在步行概率较低的地方
紧捻纱（Hardtwist）地毯	将一根一根的绒毛回转成螺旋状制成的割绒地毯。触感硬，具有弹性，质地强韧
德国羊毛地毯（Saxony Carpet）	约15 mm长的割绒地毯。使用热定型螺旋状的线作为绒毛

表4-8-5 地板铺材的分类及特征

材料分类、特征		缓冲性	耐久性	设计性	耐水性	耐化学性	VOC含量	维度	价格
树脂系	PVC地板铺材	×	○	△	○	○	△	○	○
	弹性缓冲地板铺材（Cushion Floor）	○	△	×	○	○	△	○	○
自然系	油布地板（Linoleum Floor）	△	○	○	△	△	○	○	△
自然+合成系	橡胶系地板铺材	○	○	△	○	△	○	○	×

注：○表示可，△表示需符合附加条件，×表示不可。

等高圈绒（Level Loop）

绒毛呈现高度一致的毛圈状。在毛圈高度上做出参差不齐效果的称为多层次圈绒（Multi-level Loop）。以等高圈绒为主流。

脱线

绒在地毯织品的织成过程中脱离的绒毛毛屑。短纤维系纺织品容易发生脱线现象，长纤维系纺织品则不会。

短绒（Fuzz）

步行于地毯之上，绒毛仍呈现竖立的状态。地毯中若混杂了不同强度的短纤维，纤维会打结起毛球。

纤度（Denier）

长纤维系纺织品纤维粗度的标示单位。

支数（粗细度）

纺织品粗细度的标示单位。公制支数。在公定回潮率时1克重的纱线或纤维所具有的长度（单位为m）。支数越高，纺织线越细。

接合贴布（Seaming Tape）

用来固定地毯接合部位的贴布。大面积地毯铺设工程施工时，用此种贴布将地毯接合起来。

云痕现象

由于割绒地毯中的部分绒毛倒向不同方向，发生看起来颜色不均的现象。

卷材地板

宽幅1 320～1 800 mm，长度9 m以上的地板材。大多是PVC制。铺设卷材地板，接缝部位比树脂系的地板少，可用电焊方式接合，具有相当强的防水性，可使用在需要处理水或化学品的空间（表4-8-5）。浮花压制加工过的卷材地板产品也可以铺设在电梯大楼的走廊、阳台、阶梯等地方。有的卷材地板内面贴附垫材，有的则没有，一般大多使用前者，后者则使用在手术室或研究机构等特殊空间。

弹性缓冲地板（Cushion Floor）

缩写为CF。主要用于居住空间，宽幅1 320～1 800 mm的卷材地板，内含发泡系树脂层。塑料具有优良的保温、隔热、缓冲特性。区分为重步行用（不脱鞋，步行量较多）与轻步行用（脱鞋，步行量较少）两种。轻步行用因为考虑足部触感，表面经过软化处理，适合住宅等可以赤脚行走的空间，但容易受到损伤。商业设施的店铺等则使用表面强度好的重步行用地板。若考虑住宅的后续售后服务中避免发生客诉，即使是住宅，建议也使用重步行用地板为宜（表4-8-5）。

同质透心PVC卷材地板

美国阿姆斯壮地板有限公司开发出的卷材地板。内镶各种颜色的小块状材料，制成带有图纹的地板材，为非印刷图纹，耐磨损度高是其特征。

油布地板（Linoleum Floor）

使用自然素材制成的地板卷材。主要材料包括亚麻仁油、软木（Cork）、木粉、松香（Rosin）、颜料。为了提升地板的稳定性（抗变形）与施工性，也在内侧贴附黄麻（Jute）材质的平织布。过去一时之间使用率低于树脂系地砖，如今因环保而再次盛行（表4-8-5、照片4-8-9）。

照片4-8-9 油布地板

乙烯复合地板（Vinyl Composition Tile）

在PVC树脂或聚氯乙烯树脂中添加塑化剂、稳定（抗变形）材料，以碳酸钙粗粒为主要材料，使用有机或无机纤维等无公害填充材的PVC地板。价格便宜，施工性、稳定性（抗变形性）高，是最为普及的地板产品，大多被制作成卷材。

P地砖

树脂型地砖之一。正式名称是乙烯复合半硬质地板。廉价，施工容易。耐燃性好，不易沾染香烟熏迹。也耐热、水、化学品，不容易发生变形或反拱。但质硬、脆，步行感与耐磨损性较差。

M地砖

树脂型地砖之一。正式名称是乙烯复合软质地板。聚氯乙烯（PVC）含量比P地砖稍多，因此步行感与耐磨损性得到改善。其他的性能与P地板相同。还包含同质透心（历经削磨，图案也不会消失的加工处理）、浮花压制（Emboss）加工等，提供更多元的选择。价格比P地板贵。

表4-8-6 地毯使用的主要化学纤维种类

纤维种类	优点	缺点
人造丝（Rayon）	染色性好，吸湿性好，价格低廉	耐久性差，防火性能差，有虫蛀现象
亚克力（Acrylic）	保温性好，质量轻，强韧，富有弹性，具有拨水性，不易发生静电	会有起毛现象，防火性能差，易吸湿气
尼龙（Nylon）	耐磨损性好，染色性好，耐久性好，耐虫性好	耐候性稍差，阻燃性差，易产生静电
聚丙烯（Polypropylene）	密度小，质量轻，具有拨水性，不易沾污，纤维强度较其他纤维种类大	弹力差，不耐热，易吸湿气，易产生静电
聚酯纤维（Polyester）	耐磨损性好，耐久性好，防虫性好，耐热能力较其他纤维种类强	防皱性差，弹力差

均质PVC地砖（Homogeneous PVC Vinyl Tile）

树脂型地砖的一种。内部填入碳酸钙、黏土作为充填材。若没有填入充填材，则称为纯PVC地砖。内含聚乙烯树脂比例达30%以上的话，步行感较佳，耐磨损性、耐化学性也提升，但容易沾染香烟熏迹。此种地砖特色在于颜色多样化、纹样强化处理。价格比M地砖高。

浮花压制乙烯地板

在乙烯基（Vinyl）地砖表面进行机械加工压花处理，印制有图纹的地砖。

树脂水磨石地砖（Resin Terrazzo Tile）

聚酯或环氧树脂中添加充填材、软化材，再与天然大理石等地碎石粒混制成的地砖。具有水磨石（Terrazzo）设计图样的人造大理石地砖。

地毯

使用频率较高的地毯种类有两种，即织物地毯以及刺绣地毯（表4-8-6）。织物地毯包括饭店使用的威尔顿（Wilton）织花地毯，或阿克明斯特（Axminster）织花地毯。绒毛（Pile）长，具高级感，但只能以小型机械进行制造，价格高昂。刺绣地毯，也称为簇绒（Tufted）地毯，占日本国内地毯生产总数的90%以上，主要有圈绒（Looppile）（图4-8-34、照片4-8-10）和割绒（图4-8-35）两种绒毛处理方式。前者耐久性、步行性佳。后者性能方面虽然不佳，但绒毛毛端能构成细致的图样，色调极富特色。

照片4-8-10 圈绒

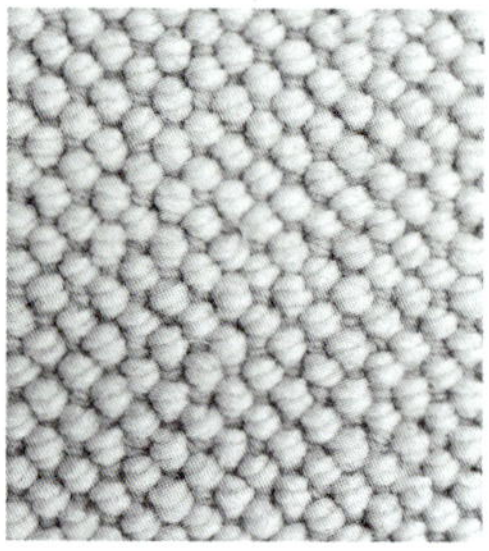

照片4-8-11 阿克明斯特织花地毯

照片4-8-12 簇绒

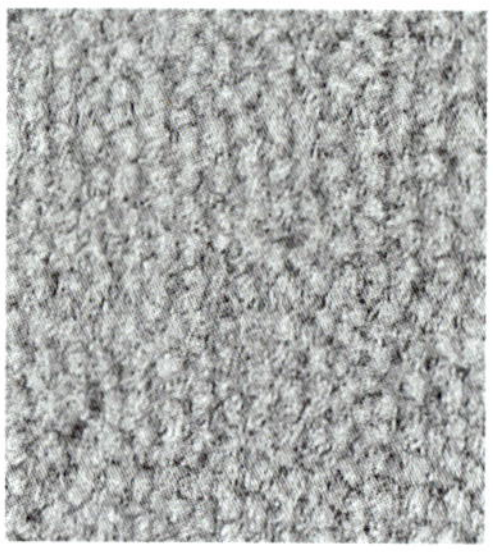

图4-8-34 簇绒、圈绒

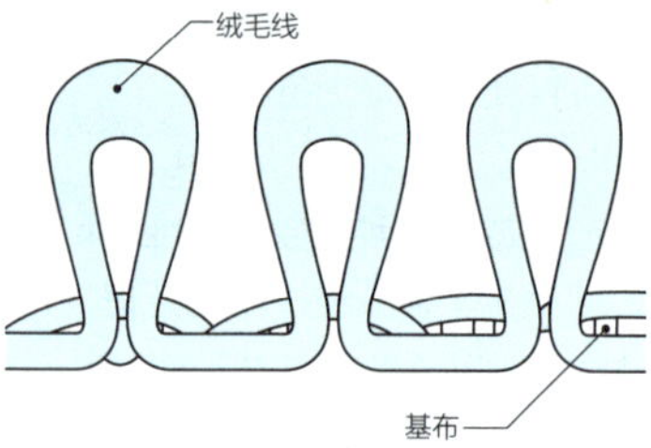

绒毛呈圈状，具有适度的硬度与平整度

图4-8-35 簇绒割绒

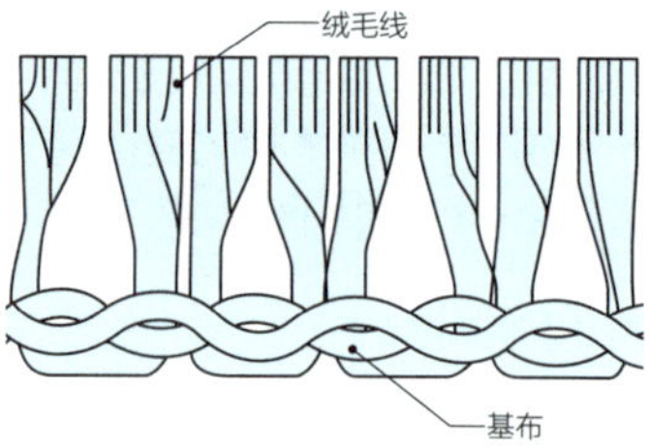

绒毛毛端截面构成细致的图样

图4-8-36 威尔顿织花地毯

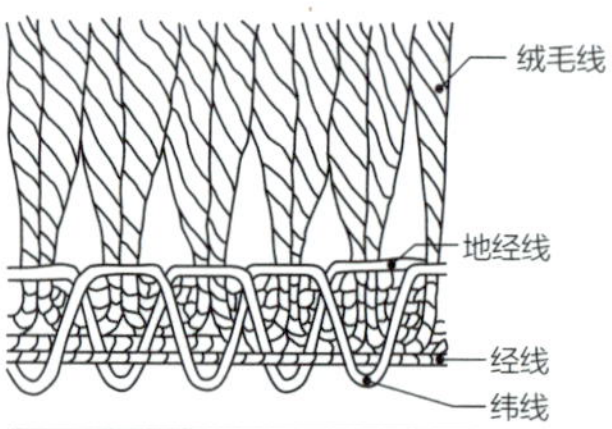

机械式织物地毯的代表。可自由调整绒毛长度，可使用5种颜色搭配出丰富的图案

图4-8-37 针刺地毯

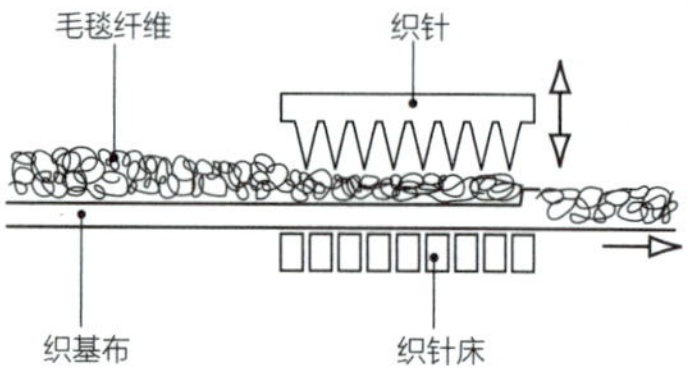

将毛毯纤维压刺在基布上。缺乏弹性，但具有耐久性，应用范围广

威尔顿织花地毯（Wilton Carpet）

具有代表性的机械处理织品地毯，可以将绒毛与基布同时合织完成。耐久性佳。绒毛材质包括羊毛、混纺线、丙烯酸（亚克力）等。绒毛长度5 ~ 15 mm（图4-8-36）。

阿克明斯特织花地毯（Axminster Carpet）

使用20 ~ 30种色线，可自由织成各种图样。绒毛材质包括羊毛、丙烯酸（亚克力）等。绒毛长度为8 ~ 11 mm（图4-8-11）。

簇绒地毯（Tufted Carpet）

在现成的基布上扎入缝纫针，同时从内面以胶乳固定、织成的地毯。绒毛材质包括聚酯纤维、尼龙纤维等。绒毛长度为4～12 mm（照片4-8-12）。

针刺地毯（Needle Punch Carpet）

用针将纤维毡（Felt）刺压在基布上制成的地毯。价廉，施工简单，使用范围广。使用绒毛材质包括聚丙烯（Polypropylene）、聚酯丙烯酸（Polyester Acrylic）等。绒毛长度为3.5～7 mm（图4-8-37）。

方块地毯

边长为50 cm的正方形地砖状地毯的总称。表面用丙烯酸尼龙纤维的簇绒，内侧使用橡胶状垫片。容易搬运、施工、铺设，如遇污损也只需更换或清理受到缺损的部分，多使用于办公室。是与活动地板（Free Access Floor）固定搭配使用的完工饰面材料。

软木地砖（Cork Tile）

以软木为主要原料的地板材。多以加热方式进行黏着铺设，对人体来说是安全的材质。有将软木削成薄片再裁切成30 cm正方形的地砖型，以及收集软木颗粒再以胶粘剂固定的薄地砖型，具有缓冲弹性、隔热性佳。软木地砖包括无涂装型及涂装加工处理型。无涂装制品虽然步行感佳，但容易沾污。相反地，涂装加工处理型不易沾污，容易打扫清理，但步行感比无涂装制品差。也有能用于浴室的软木地砖。软木的构成原料是栓皮栎树皮，栓皮栎皮厚、长寿，属常绿树，只要不让树木枯萎，可在同一株树木上周期性地剥取树皮，整体来说，全年可以生产50万吨的树皮，因此被列为环保建材而被广泛使用（照片4-8-13、照片4-8-14）。

照片4-8-13 软木地砖

照片4-8-14 软木地砖的施工示范

榻榻米

叠表（榻榻米的草编表面）

横向排列干燥处理过的蔺草，在纵向以麻线或绵线共同编织成和式榻榻米的表面，表面纹理依编织方式的不同而有多种样式。一般的榻榻米编织方式是引目编织，也常使用编织间距紧密的目积编织、纹理粗糙的其他编织方式（图4-8-38、图4-8-39）。

图4-8-38 榻榻米的各部分名称

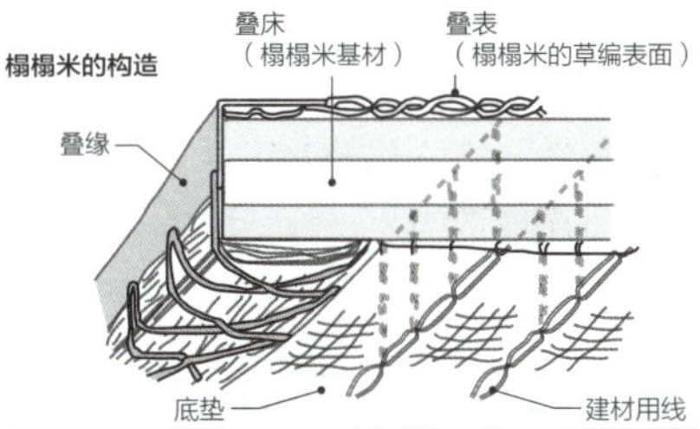

叠表（榻榻米的草编表面）是以蔺草为纬线，以线为经线来编制。作为榻榻米芯材的床（榻榻米底材），是由稻草、发泡聚苯乙烯材料、榻榻米板等材料构成

图4-8-39 叠表（榻榻米的草编表面）的编织方式

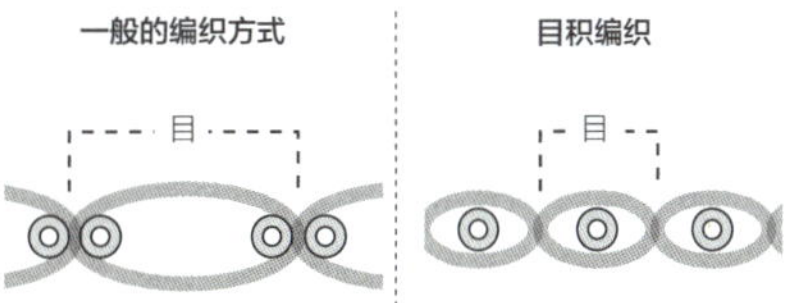

在一目（一组织缝与织缝之间）中，织入两根由棉线或麻线做成的经线。是一般常见的榻榻米编织方式

在一目（一组织缝与织缝之间）中，只织入一根由棉线或麻线做成的经线。织缝呈聚集状

叠床（榻榻米芯材）

榻榻米的芯材。种类包括：只使用稻草的稻蒿床（纯稻草榻榻米）、在稻草层之间夹入发泡聚苯乙烯材的三明治式夹层榻榻米（或化学材料榻榻米）、完全不使用稻草而将绝缘板（Insulation Board）堆叠而成的建材用化学材料榻榻米（图4-8-40）。稻蒿床（纯稻草榻榻米）的缓冲弹力非常好，但因非常重，在市面流通少。

图4-8-40 化学材料的榻榻米基材

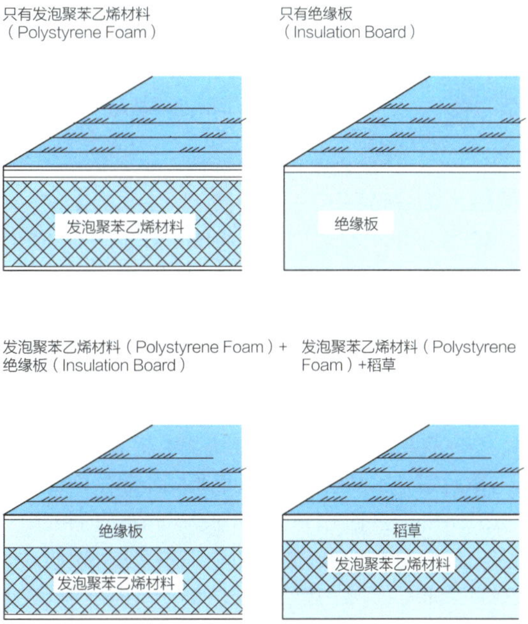

照片4-8-15　琉球叠（榻榻米）

表4-8-7　JAS规格的榻榻米尺寸

JAS规格	种类	通称	长度（mm）	宽幅（mm）	主要使用地区或类型
第一种（间）	本间	京间、关西间	1 910	955	关西、山阴、四国、九州
	六二间	佐贺间	1 880	940	佐贺、长崎等地
	六一间	安艺间	1 860	920	山阴地方的濑户内海地区
第二种（间）	三六间	中京间	1 820	910	中京地区、东北北陆的部分地区、琉球群岛
第三种（间）	五八间	关东间、江户间、田舍间、狭间	1 760	880	全日本
	五六间	团地间	1 700	850	公共住宅、民宅

琉球叠（榻榻米）

一般是指没有附加边缘材的正方形榻榻米的总称，最初名称的由来是因为使用琉球群岛出产的质地强韧的稻草，表面带有颗粒块状，纹理参差不齐，触感比起普通的榻榻米来得粗糙，此种榻榻米称为“琉球叠”（照片4-8-15）。过去常见使用于武术道场，如今也受到居家住宅的欢迎而被采用。

本叠（天然榻榻米）

使用天然原料（稻草）制成的榻榻米。具有优良的吸湿、排湿能力，质地强韧。

聚苯乙烯泡沫榻榻米

使用木材纤维与挤塑式发泡聚苯乙烯材料（Extruded Polystyrene Foam）组合制成的榻榻米。隔热性强，重量轻。

无附加边缘材的榻榻米

没有经过边缘处理的榻榻米，榻榻米表面使用比一般编织间距更紧密的“目积编织”。常见的是正方形，但也有长方形的产品。这种榻榻米因为没有经过边缘处理，相对地需要较多的榻榻米表面材料用量，因此价格比一般榻榻米昂贵。也因为没有经过边缘处理，耐久性较一般有边缘处理的榻榻米差。

放置型榻榻米

在木质地板上放置榻榻米，在室内自成一处榻榻米角落的榻榻米类型。厚度约15 mm，质地轻薄，因此也常被用作地毯。另也有底面设置防滑材料的类型。

榻榻米边缘材料

用来安装在榻榻米周边的材料，将榻榻米长边方向的边缘材料固定在榻榻米上。在过去日本会以颜色来区分各户人家。边缘材料以化学材料为主。边缘材料的宽度一般设定为27 ~ 30 mm，有时为了让室内空间在视觉上比较轻盈，也会缩小至24 mm左右。

京间

榻榻米的模数之一。使用范围以京都为中心，包括大阪、濑户内、山阴、九州岛等地。榻榻米尺寸大小因地域而不同，例如尺寸191 cm×95.5 cm左右的关西间，181.8 cm×90.9 cm左右的中京间（大津间），175.8 cm×87.9 cm左右的关东间（江户间），169.6 cm×84.8 cm左右的团地间（译注：团地是指日本的公营住宅）等（表4-8-7）。

图4-8-41　榻榻米的铺设组合模式

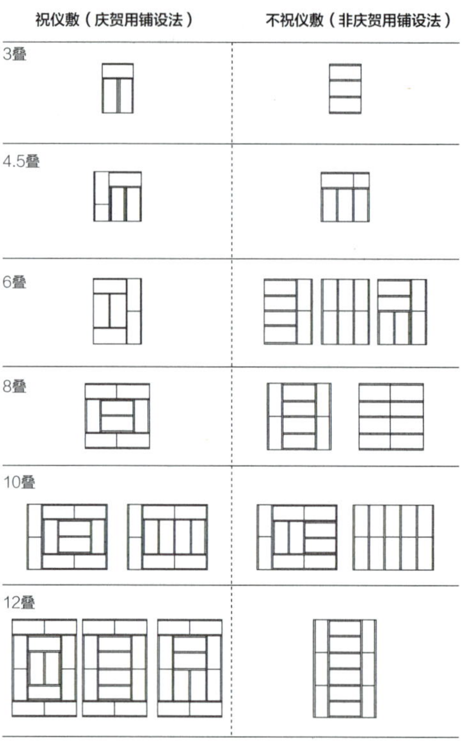

田舍间

田舍间的一间变成2 m时，也称为关东间、江户间。长度若变成192 cm（约5尺8寸），也称为五八间。

中间（中京间）

日本中部、东北、北陆的部分地区、冲绳等地使用的榻榻米标准尺寸。介于京间与田舍间的尺寸之间，长度2 m、宽度1 m，也称为相之间、中京间。

榻榻米平面配置

以榻榻米尺寸为标准，规划平面配置的计划。用榻榻米数量决定室内空间的柱内尺寸，再在其外侧配置柱子，求得柱间跨距。

榻榻米组合铺设

依照习俗，在地上将榻榻米铺满一室是惯例。铺设方式分别有婚礼等喜庆场合的祝仪敷（庆贺用铺设法），以及葬礼等吊唁场合的不祝仪敷（非庆贺用铺设法）（图4-8-41）。

地板工法、收边

直接铺设工法

不铺设基材，直接进行完工饰面处理的工法（图4-8-42①）。主要是在地毯铺设时使用的工法，也称为接着工法（胶粘工法），直接在楼地板上涂布胶粘剂，再将地毯压接在上方。

加强铺设工法

为了防止完工饰面材料发生反拱或变形，在表面材内侧，再贴附一层材料的施工方式（图4-8-42②）。若是在地板上，一般使用厚度12 mm的胶合板。若在天花板上，则使用石膏板。若在楼地板的完工饰面上，有的会用混凝土模板（胶合板）等来加强。

搁栅铺设工法

搁栅是木结构工程中放置于搁栅托梁上，架设于梁间，用来支撑地板材的方木。使用矩形截面材作为搁栅垫木，安装在一楼与搁栅托梁平行的墙边。二楼的搁栅因为深度较深，不放在梁上，而是将搁栅嵌在梁上，用来防止搁栅发生倾斜或扭曲的情况。

混凝土上直接补贴工法

在现场施工的清水混凝土楼板上直接铺贴木地板、PVC地砖等作为完工饰面的工法。因混凝土无法直接成为基材，所以需要使用自流平水泥砂浆，铺设出厚度15 ~ 20 mm的均质平面。

干式双层地板

泛指所有以搁栅托梁或搁栅等构件构成的干式地板。也称为双层地板结构。

干式浮式地板

在地板与混凝土楼板等结构体之间使用防振材料来隔声，目的是隔绝地板冲击或振动声音的地板工法。

低搁栅地板

在土间或混凝土楼板上架设木结构地板时，将搁栅嵌装在搁栅托梁的一半高度上的地板工法。此种地板不会有像双层地板下那样的空间。

图4-8-42 地板工法

①缘甲板直接铺设工法

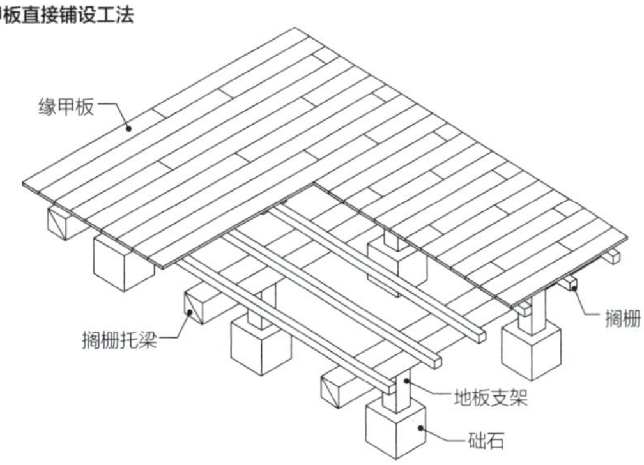

②加强基材铺设工法

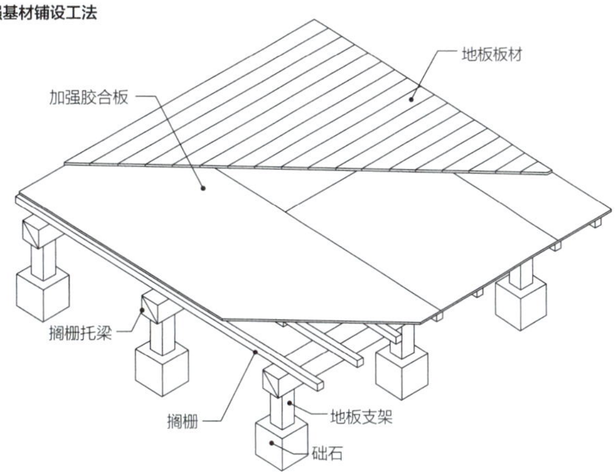

③活动地板（Free Access Floor）

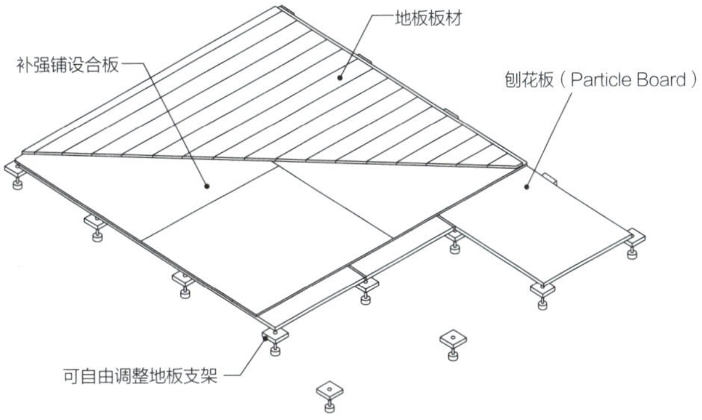

放置工法

在空间中央或是部分位置上放置地毯，为了不让地板受到损伤，因此完全不使用钉子或胶粘剂固定，而是仅仅放置的工法。若是地板较滑，需要在地毯内侧附上防滑垫材，避免地毯移动而发生危险。

地毯钉板固定工法

最常见的铺设地毯的方式。在地毯下方放置毛毡布等底垫增加地毯缓冲弹性，并在全面铺设地毯的空间周围设置木制钉板（压边条）拉撑地毯，利用钉板（压边条）上面出头的逆向钉尖来固定地毯。地毯的边缘则是塞入墙壁与钉板（压边条）的间隙中（图4-8-43、照片4-8-17）。

凹凸榫槽嵌合

最常见的木地板或木板墙上板与板的接合方式。在板的凸侧上以钉做固定，再与凹侧嵌合相接，可以防止板材上下移动错位（图4-8-44①）。

隐藏插榫嵌合

在两片皆刻有凹槽的板侧之间，插入榫条，使板材相互接合的方式。相较于凹凸榫槽嵌合方式，插榫嵌合方式让每一片板材在宽幅上可充分使用（图4-8-44②）。

双沟咬合钉作固定

板材厚度过薄，无法施工凹凸榫槽嵌合或隐藏插榫嵌合的话，沿着板材侧面车出凹沟，凹沟厚度约为板厚度的一半，再将两片带有凹沟的板材相叠对接，并在相叠部位以钉作固定（图4-8-44③）。

平口对接钉作固定

在粗糙未加工的楼地板上铺设地板基层材料时，以板材侧边的平面相互对接，并在板的侧边上以钉作固定（图4-8-44④）。

地板竖立防水工法

为了不让水从墙壁边缘渗透进来，将地板板材竖起，沿着墙面贴附的简易防水工法。

筏式图样铺设

标准化的地板板材的铺设样式之一（图4-8-45①）。

规律错位图样铺设

尺寸标准化的地板板材的铺设样式之一，让板与板接合处规律地交错出现（图4-8-45②）。

随机图样

尺寸随机的地板板材的铺设样式之一（图4-8-45③）。

人字形图样铺设

标准化地板板材在角落部位的铺设方式。一般常见的是在阴角部位以一片木地板板材做收边处理（图4-8-45⑥）。

角落板材斜接铺设

木地板板材在角落部位的铺设方式。将两片木地板板材以相同角度斜接收边。不依靠凹凸榫槽嵌合方式将两片板材接合，而是顺着板材上自然凹凸纹理进行铺设，需要相当纯熟的施工技巧。接合部位若出现缺口，会很明显（图4-8-45⑦）。

装饰钉（装饰钉）

钉子外露在完工饰面材上的固定方式。钉头形状包括金字塔形和圆形。装饰钉不得损害完工饰面材。使用装饰钉来安装固定墙墙面材时，直接从材料正上方将装饰钉打槌进入，维持墙面设计整体感。也有的装饰钉是上过色的，钉头面积小，不引人注意。

照片4-8-17 钉板固定地毯工法

图4-8-43 钉板固定地毯工法

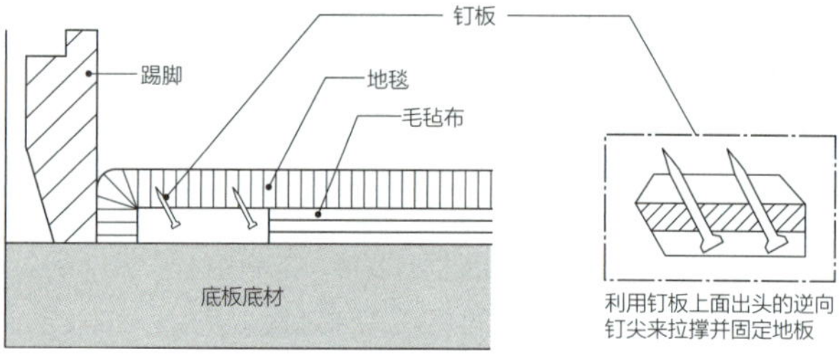

图4-8-44 地板板材的连接接缝处的接合法

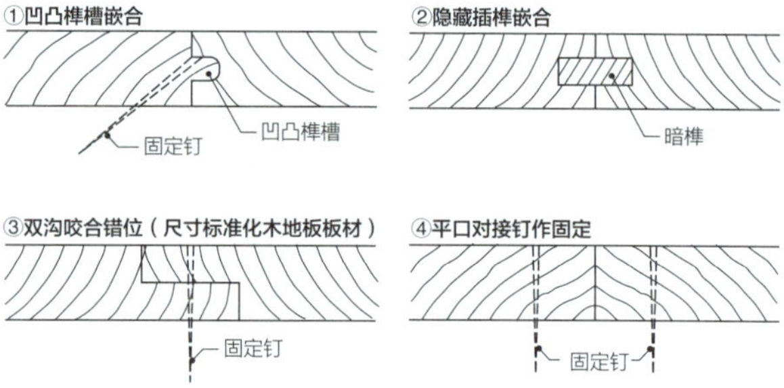

图4-8-45 木地板板材的铺设方式

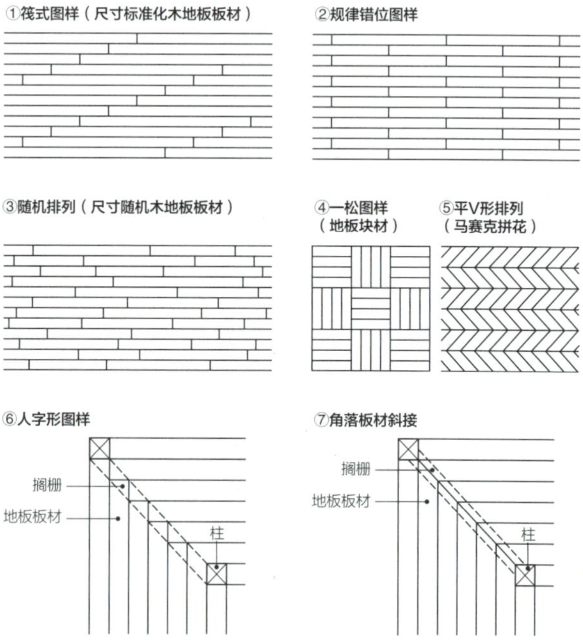

隐钉

钉在板材凹凸嵌合的凸部部位的钉子，从外部看不出来。也称为忍钉。使用在和室长押部位的钉子固定作业中。也使用在以凹凸嵌合方式接合的墙壁壁板或木地板上。一般使用折钉，但折钉不具强度，需与胶粘剂并用。用来安装和室的床间（壁龛）地板的隐钉，称为落钉。

搁栅胶粘剂

防止地板发出声响以及增强地板表面的刚性，用来将地板黏着于搁栅上面的木工用黏着剂，即所谓的木工用黏着剂（白色黏着剂）。由于其不耐湿气，不建议使用。

图4-8-46 木质基材

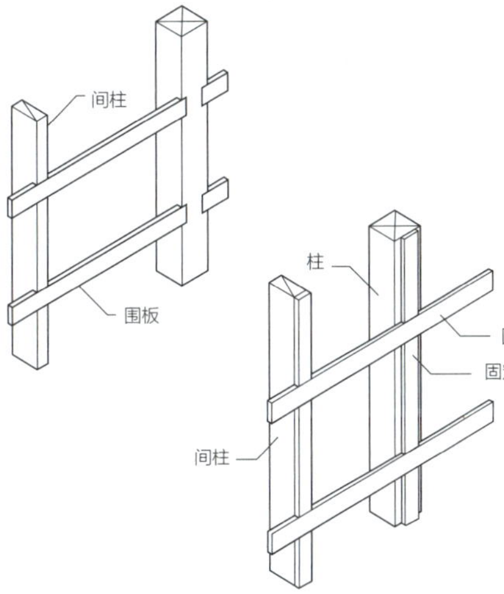

图4-8-47 轻钢基材

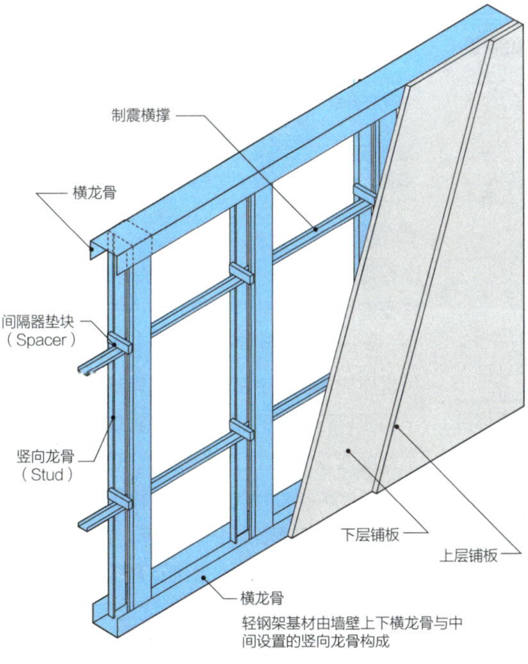

轻钢架基材由墙壁上下横龙骨与中间设置的竖向龙骨构成

墙壁、天花板工法

木质基材

固定在木制间柱上的底板板材。不仅是木结构也是钢筋混凝土或钢骨结构常使用的基材样式（图4-8-46）。

轻钢架基材

也称为轻钢基材。利用LGS（Light Gauge Steel，轻量钢铁材）制作的天花板或墙壁基材。若是使用在天花板，用吊杆从上方将C形轻钢龙骨悬吊固定；若是使用在墙壁，将竖向龙骨与横龙骨组构成骨架，再张贴石膏板等板材，形成隔断墙。轻钢构造的目的在于阻燃、节省资源与人力成本，是木结构以外的建筑常使用的建材及工法（图4-8-47）。

轻钢架基材在墙面上下安装门字形的横龙骨，在中间组立C形或口字形的竖向龙骨，在上面铺设石膏板。若是C形竖向龙骨，需使用间隔器垫块（Spacer）与止振铁件。C形竖向龙骨的厚度包括50、60、75、90、100型号，各种厚度决定了可以搭建的高度上限。

图4-8-48 主龙骨

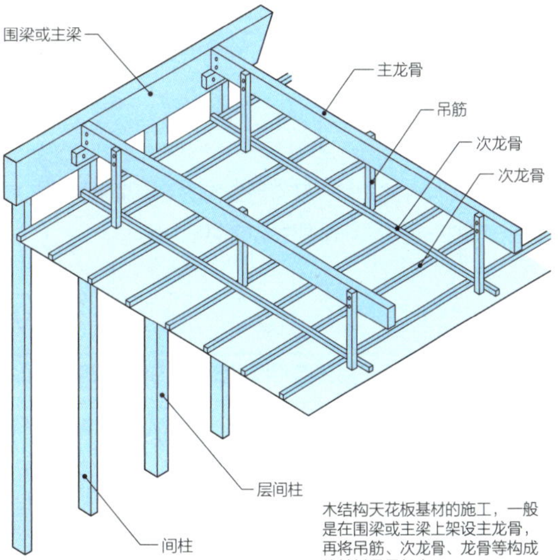

木结构天花板基材的施工，一般是在围梁或主梁上架设主龙骨，再将吊筋、次龙骨、龙骨等构成的基材悬吊起来

围梁或主梁的间隔距离与吊木支撑材料的尺寸

围梁或主梁的间隔距离	一般的木质主龙骨尺寸	重型天花板的木质主龙骨尺寸
2 m	60 mm × 90 mm	60 mm × 100 mm
3 m	60 mm × 120 mm	60 mm × 150 mm
4 m	60 mm × 150 mm	60 mm × 180 mm
5 m	75 mm × 180 mm	75 mm × 210 mm
6 m	90 mm × 210 mm	90 mm × 240 mm

胴缘（围板）

为了固定作为完工面的板材，先行间隔安装的长条状基材。种类包括木制围板，以及轻钢架。安装在水平方向的称为横胴缘（横围板），安装在垂直方向的称为纵胴缘（ 纵围板）。

竖向龙骨（Stud）

间柱。在室内装修工程中使用钢骨架及石膏板组成的墙壁，大多是指轻钢龙骨。

横龙骨（Runner）

也称为横轨（Rail）。以钢架基材构成的完工面装修工程中，为了稳固竖向龙骨（stud），安装在楼板与天花板上的水平方向材料。在室内装修工程中，则是指窗帘滑轨（Curtain Rail）等配件。

木质主龙骨

木结构天花板的构件之一，横跨在主梁或围梁上，防止上方楼层振动（图4-8-48）。一般使用北美杉。依照横跨距离，确定木质主龙骨合适的截面宽度和高度。一般跨度3m左右的是60 mm×120 mm，跨度4m左右的是60 mm×150 mm，跨度5m左右的是75 mm×180 mm。若是较重的天花板，主龙骨的材料要再大一个尺寸。

轻天（轻钢天花板骨架 ）

轻钢天花板骨架（图 4-8-49、照片 4-8-18）是由LGS（Light Gauge Steel）构成的天花板基材组件，与轻钢龙骨一样，是木结构以外建筑物中的标准做法。

吊顶

从作为支撑构件的龙骨以及作为结构的梁等悬吊的天花板。确保吊顶内部有一定的空间可提高保温性能和隔声性能。

表4-8-9 石膏板产品种类（以JIS A 6901规格为例）

名称	规格（mm）厚度	规格（mm）尺寸	防火性（日本国土交通大臣认定）	边缘形状与接缝处理的种类
3×6板	9.5	910×1 820	难燃第2027号	方形边缘 平口对接或空缝对接工法
3×8板		910×2 420		
3×9板台尺		910×2 730		
Meter板公制		1 000×2 000		
3×6板	12.5	910×1 820	难燃第1027号	锥形边缘 干式墙（接缝处理）工法
3×8板		910×2 420		
3×9板台尺		910×2 730		
Meter板公制		1 000×2 000		
4×8板		1 220×2 440		
3×6板	15	910×1 820	难燃第1027号	斜角边缘 平口对接V形接缝工法
3×8板		910×2 420		
3×9板		910×2 730		
Meter板公制		1 000×2 000		
4×8板		1 220×2 440		

照片4-8-19 安装在天花部位的硅酸钙板

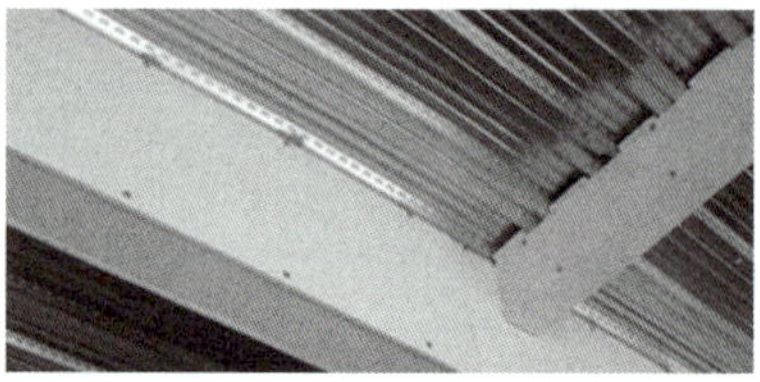

照片4-8-20 接缝填充材料

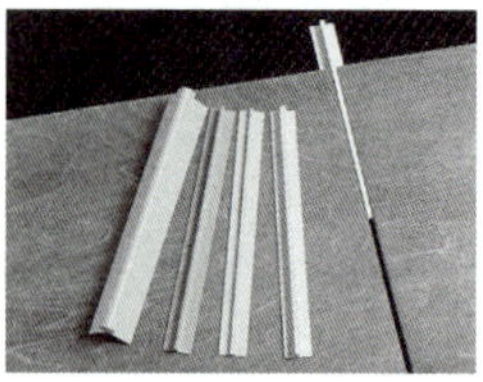

照片4-8-18 轻天（轻钢架天花板骨架）

图4-8-49 轻天（轻钢架天花板骨架）

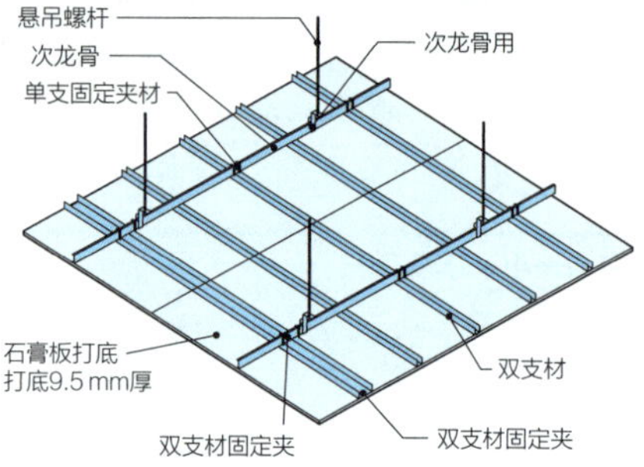

表4-8-8 石膏板的种类与特征

种类	特征
石膏板	没有二次加工过的平板
石膏灰泥板	为了涂装工程更容易施工，在石膏板上涂上灰泥（Plaster）作为涂装基材的石膏板。依照加工方式，分为石膏灰泥型压板以及石膏灰泥平板两种，现在几乎都使用石膏灰泥型压板。石膏灰泥平板，可被当作薄层石膏灰泥涂装基材
纸面石膏板	在石膏板的表面，贴覆装饰加工过的纸，或是贴附经过涂装、凹凸加工处理过的面材。可作为室内墙、天花板等的室内装修材料
表面防护（Sheathing）石膏板	板的双面以及石膏芯材都经防水加工处理，可使用在厨房、浴室洗脸台等潮湿位置
强化石膏板	为了强化防火性能，在石膏芯材中混入玻璃纤维等无机质纤维的石膏板
吸声用开孔石膏板	在石膏板上均质地开吸声孔，使用在需要有吸声、隔声功能的空间

石膏板

以石膏作为芯材，两面贴专用纸质的板材。价格便宜，防火性能及强度好，可当作室内墙基材，使用在各个部位。此外，由于石膏板具有质量重的特性，也适合作为隔声基材使用。如果需要将石膏板的墙面当作承重墙，那么需选用厚度为12 mm以上的石膏板，且需在墙内部安装15mm×90 mm的斜撑。除了一般常见的石膏板，另有表面防护石膏板、强化石膏板、带孔泥墙基材石膏板、装饰石膏板等种类（表4-8-8、表4-8-9）。石膏板的边端样式分为切直角、倾斜锥形边、削倒角面三种类别。

硅酸钙板

作为室内或室外装修基材使用，质量轻，耐火、隔热、隔声、加工等方面的性能佳（照片4-8-19）。因为受温度、湿度影响的伸缩程度小、吸水率高，若用在需要使用水的场所，需做表面防水处理。厚度6 mm的硅酸钙板常用作厕所、厨房的天花板，厚度25 mm的硅酸钙板则作为钢材的防火包覆来使用。

纤维增强水泥板（Flexible Board）

由石棉与水泥混合制成的板材。现在由于受天然矿物纤维石棉的环境议题的影响，石棉被合成纤维、纸浆（Pulp）、耐碱性玻璃纤维等材料取代。强度、弹性佳，厚度厚的纤维强化水泥板不仅可以使用在楼板、隔间上，也可以运用在高楼层立体停车场的外墙上。一般是以螺钉来固定。

四分一

安装在墙壁阴角部位的细长构件。

接缝填充收边材料

安装在板材接合部位上的细长棒状接缝材。种类包括铝制、塑料制，形状各异（照片4-8-20）。

墙壁、天花板完工饰面材

胶合板

将构成胶合板的单板在纤维纹理方向上相互垂直，以奇数片纵横重叠压制而成。若使用胶合板，需要留意黏着剂中甲醛的挥发量。

自然原木装饰合板

表面贴覆自然原木（ 桧木、杉木、榉木）薄板的胶合板。也称为突板胶合板、练付胶合板、铭木胶合板等（图4-8-50）。

照片4-8-21　椴木胶合板

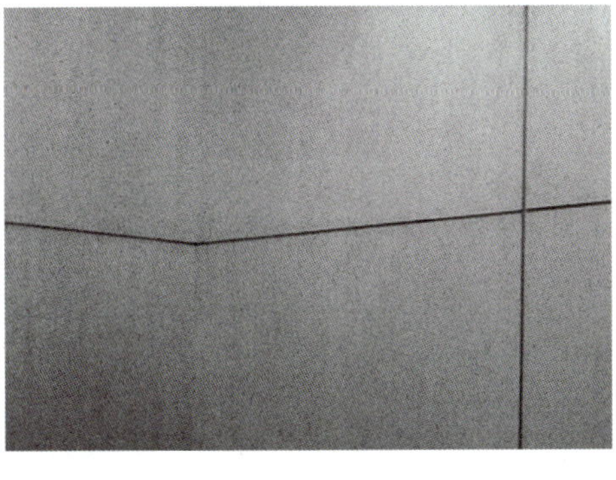

图4-8-50　胶合板种类

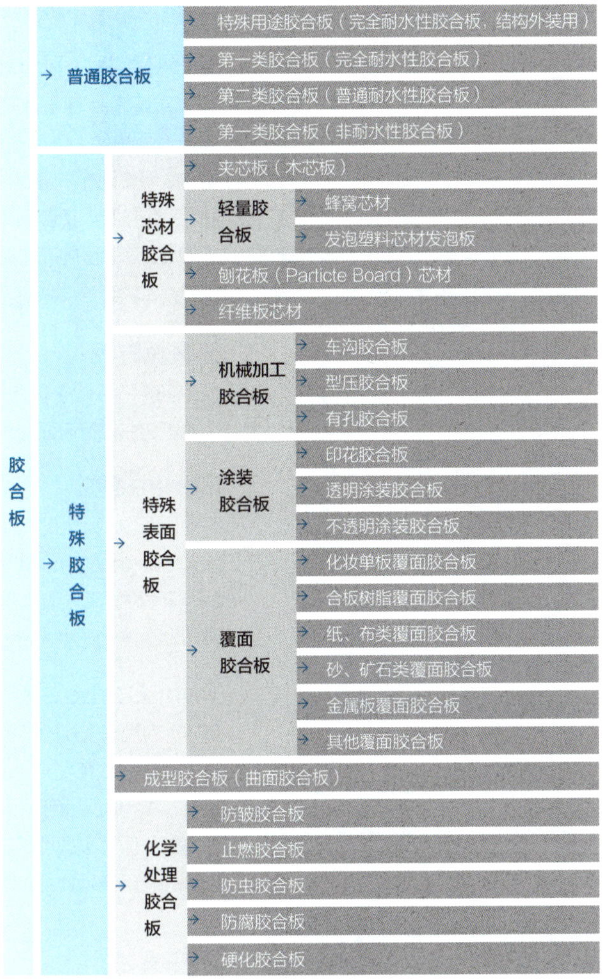

椴木胶合板

椴木覆面的普通胶合板。作为墙面、天花板或门窗的饰面材料来使用。基材除了椴木，也可使用柳桉（照片4-8-21）。

覆面用薄木片

使用轮锯台将杉木、榉木、柚木等高级树种的木材裁切出的薄板材。厚度上分为薄板（0.18 ~ 0.4 mm）、厚板（0.5 ~ 1 mm）、特厚板（1 ~ 3 mm）。依照裁切方法与取材部位，分有直木纹、横木纹等木薄片种类。

薄木覆面

将木薄片贴覆在芯材或基材板上的工作、或是指此种产品。使用的芯材种类包括木皮、胶合板、集成材等。

层压胶合板

将装饰胶合板或结构用胶合板层压而成的板材。可简单地制作成各种厚度的胶合板，以满足不同需求。胶合板堆叠后产生的木截面纹理也可巧妙应用在设计上。但此种方式会让整体重量变重，设计规划及施工处理上需特别留意。

无垢板（自然实木板）

不经过像胶合板那样黏合、集成、拼接等处理的一片实木板。因为容易出现反拱、裂痕，施工处理上需特别留意。

刨花板（Particle Board）

将切削下来的或者破碎的木材碎片，涂上合成树脂胶粘剂，加热压制成形的板材。具有良好的隔声性、隔热性，可用来制作放家电的柜子等。

中密度纤维板（MDF，Medium Density Fiberboard）

加工性良好，木截面紧密细致，表面修饰的加工面质量良好。但木截面上的木螺钉保持力差，容易发生断裂的情形（照片 4-8-22）。

硬质纤维板（Hard Board）

将高密度木片纤维以蒸煮方式解纤，加入合成树脂，再加热压制成形的板材。表面质地非常坚硬、平滑，其中一面为编织纹理，挠度高，型切加工、弯曲加工、涂装等的二次加工成果佳，可用于汽车内装、家电制品基材等。

三聚氰胺板

在苯酚（Phenol）树脂板上，使用三聚氰胺树脂进行表面处理的板材。

Corian面材

美国厂商DuPont 的商品名称，甲基丙烯酸（Methacrylic）树脂强化无机材（甲基丙烯酸类人造大理石）。常用作厨房台面等（照片 4-8-23）。

Twin Carbo面材

日本厂商旭硝子社的产品，利用特殊技术，将聚碳酸酯制成一体成形的中空板材。在相同厚度下，Twin Carbo的重量是一般聚碳酸酯板的1/5，质量轻（照片 4-8-24）。

UBoard板材

截面呈现纸箱状的板材。密度是石膏板的1/6，重量轻，抗弯曲的强度高。

唐木

原产于印度以及东南亚各国的热带木材。包括柚木、桃花心木、木瓜海棠、紫檀、黑檀等热带地区的珍贵树种，经由中国进口到日本。

宽幅（短边）拼接

板与板在宽幅方向以拼接方式接合而成的板材。或以搭接方式接合。

幕板（桌面支撑板条）

横向铺设的长板材。横跨在桌脚与桌脚之间的横板。

照片4-8-22 中密度纤维板（MDF）

照片4-8-23 美国厂商（DuPont）的制品“Corian”

照片4-8-24 日本厂商（旭硝子社）的产品“Twin Carbo”

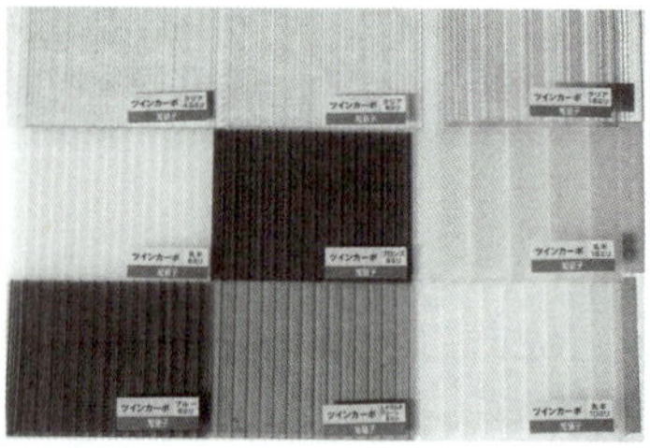

照片4-8-25 卫浴面材

表4-8-10 树脂的种类与特征

类别	种类	特征	特征数值				
			拉伸强度（kg/m²）	拉伸弹性（10^4 kg/m²）	热膨胀（10^{-5}/℃）	热变形（℃）	燃烧性
热塑性树脂	聚碳酸酯（Polycar-bonate）	抗冲击性佳；耐酸性良好；透明度高；受溶剂影响	560~670	2.5	6.6	130~140	—
热塑性树脂	硬质PVC	彩色，加工性好；透明性良好；表面易受损伤；耐酸、碱性好	350~630	2.5~4.2	5~18.5	54~74	—
热塑性树脂	丙烯酸（亚克力）	透明性良好；耐候性较好；表面硬度低；受溶剂影响	490~770	3.2	5~9	70~100	慢
热硬化树脂	聚酯（Polyester）FRP	耐热性佳；耐寒性佳；表面硬度高	420~910	2.1~4.5	5.5~10	60~200	慢
热硬化树脂	聚酯（Polyester）FRP	重量轻，强韧	1760~2 110	5.6~14.1	2~5	204	离火自熄
热硬化树脂	三聚氰胺（Melamine）	表面硬度最高；质地脆；耐化学品性佳	490~910	8.4~9.8	4.0	204	离火自熄

表面纹路加工处理
让木材纹理浮现于表面的表面修饰技巧。不仅美观，还有具有增大板材表面强度的功能。

特殊加工装饰胶合板
包括表面加工处理过的胶合板（如印有木纹理或花纹的印花胶合板）、涂装处理过的涂装胶合板，或者表面披覆氨基甲酸乙酯等合成树脂的覆面胶合板等。

机械加工胶合板
利用机械进行表面加工处理的胶合板。包括用切割工具在表面刻出沟槽的车沟板材、加热滚压出形状的型压胶合板、为了获得装饰或吸声效果，在表面钻孔的穿孔胶合板等。

三聚氰胺树脂装饰胶合板
将多张以三聚氰胺树脂熏染过的纸重叠，再进行硬化处理，贴覆在胶合板的表面板材上（表4-8-10）。也称为树脂系覆面胶合板。一般是以商品名称的Decok板来代表。

聚酯装饰胶合板
在胶合板上涂布聚酯树脂，硬化后在胶合板表面形成皮膜的胶合板。也称树脂涂布覆面胶合板。

丙烯酸（亚克力）树脂板
丙烯酸（亚克力）加工成板状的板材。一般大多是指甲基丙烯酸（Methacrylic）树脂板。高透明度，可黏着度佳，质量轻，质地坚韧，但容易损伤，对抗有机溶剂的能力弱。大多用于制作照明器具、广告牌、门、家具等。

聚碳酸酯树脂板
酯（Ester）类型的热塑型塑料板强度、透明度高，多用来替代玻璃，使用在浴室门或顶部采光（Top Light）上。或是内部呈中空，制成中空聚碳酸酯树脂板（表4-8-10）。在色彩上也有多种变化。大多简称波丽板。

FRP
玻璃纤维强化塑料（Fiber Glass Reinforced Plastic）的英文缩写。在塑胶树脂中混入玻璃纤维，变成质地特别强韧的树脂。可用于制作各种用具或是家具等（表4-8-10）。

装饰硅酸钙板
在硬质硅酸钙板上进行防紫外线的表面修饰涂装处理，适用于墙壁、天花板的表面修饰。种类包括：在板材表面涂上丙烯酸氨基甲酸乙酯树脂涂料或无机系涂料的表面修饰板材，或是表面贴覆非PVC系壁纸取得不燃认证的板材。前者适用于厨房、厕所、浴室等需要使用水的地方，以及工厂、医院、无尘室等；后者则广泛运用在入口门厅、会议室、梯厅、厕所、走廊，以及商业店铺、体育馆等地方。

卫浴用面板（Bath Panel）
使用在浴室内部表面修饰工程中的树脂制饰面板材，单片的宽幅100～300 mm，有的表面印有大理石纹样或木纹理。另也有内侧贴覆隔热垫材的卫浴用面板。工期、成本方面都优于湿式工法（照片4-8-25）。

塑料壁纸
也称为乙烯（Vinyl）壁纸。以PVC树脂作为原料制成的壁纸，是占日本壁纸总生产量90%的款式。厚度比纸壁纸厚，较不易受到基材条件的影响，具有极佳的施工性。此种壁纸约有80%的价格在每平方米1000日元（约60元人民币）以下，表面印有图纹或经过型压、发泡饰面等加工处理，种类丰富，色彩多变。近年来，丙烯酸（亚克力）系，或烯烃（Olefin）系树脂的商品被大量开发，带有自然纹理的非PVC环保材料逐渐成为主流。不仅具有防火、防霉、除臭、抗菌、防沾污等功能，还具有吸声、防结露、防静电等特殊功能（图4-8-51）。

纸质壁纸
以纸为原料制作出的表面装饰层壁纸。以纸浆或再生纸浆或楮等为原料，内侧贴附不易燃纸，再进行图样印制或浮花压制（Emboss）。大多使用PVC或亚克力做防泼水加工处理。纸壁纸因属于环保材而受到瞩目，相较于PVC壁纸，纸壁纸较容易受到基材的影响，施工性也较差，因此尚未普及（图4-8-51、表4-8-11）。

和纸壁纸
利用楮、三桠、雁皮等植物的韧皮纤维制成的和纸（日本传统纸）做为壁纸的装饰层，是纸质壁纸中的最高等级。

洋麻制壁纸
将洋麻纸浆制成的纸作为壁纸装饰层，是纸壁纸的一种。洋麻（Kenaf）是锦葵科木槿属（学名：Hibiscus）的草本植物，是生长快速的植物。

月桃制壁纸
将冲绳特产的植物月桃制成纸，作为壁纸的装饰层，是纸壁纸中的一种。月桃是姜科草本植物。

纸质壁纸布
将纸扭成螺旋状的线，编织成织品，称为纸布，将纸布作为壁纸的装饰层，是纸质壁纸中的一种。虽然乍看之下像是纺织品制成的壁纸，但因使用素材是纸类，因此归类为纸质壁纸。

无机质壁纸
将氢氧化铝、蛭石、金属等无机质材的碎片，散布在纸上，作为表面装饰层的壁纸。例如蛭石或寒水石等的无机质素材壁纸（图4-8-51）。

图4-8-51 壁纸的构成

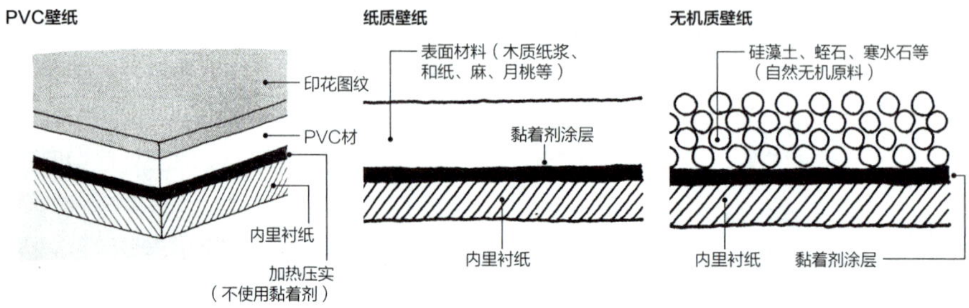

表4-8-11 以纸质壁纸作为主要原料的环保壁纸一览表

厂商（日本）	商品名称	特征
Toli公司	EcoWall环保壁纸	取得EM认证第一号。可防止污染的荣誉环保壁纸
	KenafWall麻制壁纸	取得非木材纸M认证第一号
	KenafWall麻制壁纸（双层涂漆）	可涂漆，取得非木材纸M认证
Sincol公司	NewPapiWall壁纸	以棉花为主要原料，取得非木材纸M认证
	纸壁纸	使用再生纸的纸壁纸，取得EM认证
Runon公司	TripleFresh壁纸	住江织物公司利用麻（Kenaf）制纸，开发出可抑制挥发性有机化合物（VOC）的壁纸商品Triple Fresh，取得非木材纸M认证
	TripleFresh壁纸（防泼水加工处理）	防泼水加工处理过的壁纸，取得非木材纸M认证
Sincol公司	再生壁纸	再利用玉米、桧木边端部位、杉木粉屑、稻草等多样原料。取得TFM认证，并符合RAL标准（译注：德国品质保证壁纸标准）
	竹制壁纸	使用生长快速、再生能力强的竹作为壁纸原料。取得TFM认证
	环保标志（EcoMark）壁纸	使用环保再生纸作为壁纸原料。取得EM认证
	环保标志（EcoMark）和纸	在环保再生纸中混入楮、月桃等木质纤维。取得EM认证
Tokiwa工业公司	甘蔗渣制纸	对废弃甘蔗渣的再利用。取得非木材纸M认证

注：① 表中列出的壁纸产品皆取得SV规格标志，并获得F☆☆☆☆认证标准。
② EM即Eco Mark（环保标志），非木材纸 M即非木材纸标志，TFM 即Tree Free Mark（无使用树木原料标志）。

烯烃（Olefin）壁纸

以烯烃（Olefin）树脂构成表面装饰层的壁纸。即使燃烧也不会产生氯化氢气体，因此被评定为环保建材。

油漆基材壁纸

油漆涂装基材用的壁纸。此种壁纸原料包括纸、玻璃纤维、聚酯纤维等，种类众多。

环保壁纸

也称为环保壁布（Eco Cloth）。环保系壁纸，含自然原料成分多，施工使用不含福尔马林（Formalin）的黏着剂。现在市面上贩卖的各种壁纸，利用植物纤维、硅藻土、贝壳粉、木材碎片等自然素材制成。此外，黏着剂也因环保意识的提高而不断改良，1998年4月日本工业标准（JIS）修订“壁纸及壁纸施工用淀粉系黏着剂”标准，其中甲醛（Formaldehyde）挥发量的标准值被调降。

壁布

平织、绫织等的纺织品，或织布、不织布、传统的葛布（译注：日本使用自然原料制成的布）作为内里的壁纸。质感柔软，具有吸声、调节湿度的功能。大多以人造丝（Rayon）为原料，市面也有以自然素材制成的纺织品壁纸。防火壁纸的分类，在防火性能上分为织物壁纸与化学纤维壁纸。织物壁纸使用的素材有人造丝（Rayon）、棉、麻等。化学纤维壁纸使用的素材则有丙烯酸（亚克力）纤维等。

自粘性PVC树脂贴膜

自粘性PVC树脂贴膜（Film）的通称，最初是引用日本厂商住友3M的商品名称。

淀粉胶

在日本，所有的壁纸施工都用此种黏着剂。在欧美一般是使用甲基（Methylcellulose）类的粉末糊。

岩棉吸声板

以无机质纤维岩棉作为主要原料，加上黏着剂或混合料制成板状，表面进行涂装或者层压加强（Laminate）饰面处理的板材。现在市面主流的是非石棉产品。具有优良的吸声性、隔热性、防火性，因耐湿性差，需避免使用在湿气重的地方。此外，因为质地柔软，需要进行加强铺设处理。

墙壁工法、收边

干式墙面（Dry Wall）工法

构成平滑的大壁（隐藏柱或梁等结构构件的墙壁）墙面的工法。以石膏板作为完工面，在石膏板宽幅（短边）的两端，以锥形边端处理，使用水泥或接缝贴布进行完工面收边处理。也称为Taper Joint工法（图4-52）。

GL（Gypsum Lining）工法

在结构体的混凝土面上以一定的间隔距离，涂上黏土状的黏着剂（GL Bond），将石膏板压接其上进行铺设。丸子状的黏着剂以点状分布在结构体面上，将板类铺设其上，须留意若在黏着剂干燥前张贴壁纸，接缝处会呈现密闭状态，墙壁内部容易发生结露或发霉的状况。使用此种工法应考虑到其防噪声、隔声较差的缺点（图4-8-53）。

日本SV规格

日本壁纸产品规格协会制定出的壁纸安全质量标准，于1998年将德国RAL标准与日本JIS标准合并制定而成。现在日本产壁纸的95%以上皆标示出SV规格标志。

图4-8-52 干式墙面工法

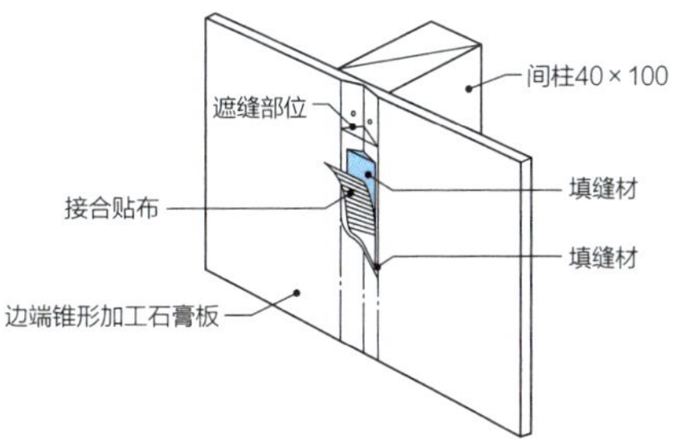

图4-8-53 GL工法

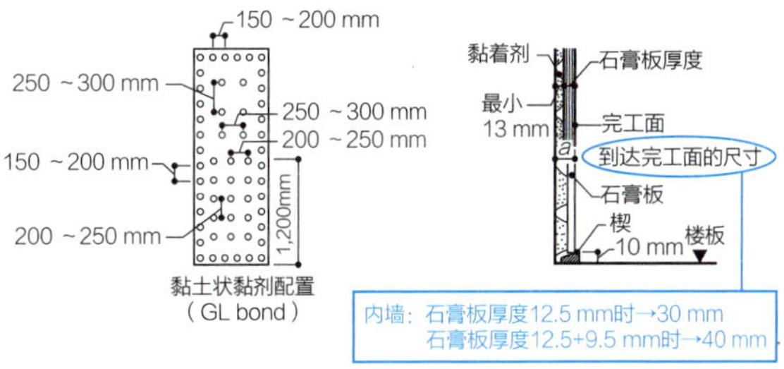

参考 收纳柜、桌、椅的各部位名称

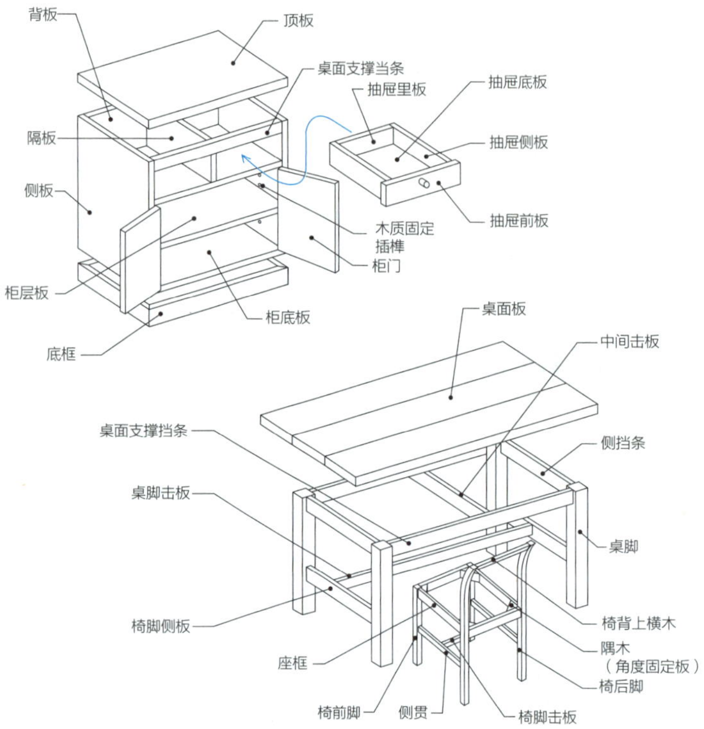

日本ISM标准

日本壁装材料协会参照德国RAL标准，于1995年制定出的安全品质标准。

德国RAL标准

德国公共机构德国商品安全标示协会（RAL）制定的安全品质质量标准。

打底铺设

壁布的铺设方式之一。先行铺贴和纸等作为打底，修整基材凹凸不平整的表面。打底材料的铺贴可只糊四周。

叠接铺设

壁纸接合部位的简单处理方式之一，在平直裁断的壁纸接合部位上，上下重叠约1 cm以下宽度，进行壁纸的叠加接合铺设（照片4-8-26）。此种铺设方式可以让和纸等壁纸边端部位重叠约1 cm的接合部位得以展现成为设计元素。

重叠裁切

铺设壁纸到顶层时，边缘部位重叠2 ~ 3 cm，在重叠接合的部位，将两层壁纸一齐裁切，将裁断处两边多余的壁纸撕除的方法。施工速度快，接合部位也不明显。若换成壁布，为了避免上方壁布的浆糊沾到下方壁布的完工面，建议在上方壁布内侧贴上贴布（照片4-8-27、照片4-8-28）。

重叠切断

壁纸接合部位的处理方式之一。将两张壁纸相互重叠1 ~ 2 cm，再压上金属尺，用刀片沿着金属尺裁切。

木板纵向墙面铺设

将木板垂直铺设在墙面上的方式。木板与木板间的接合方式包括平口对接、

照片4-8-26 叠接铺设（和纸）

照片4-8-27 重叠裁切（切除多余的壁纸）

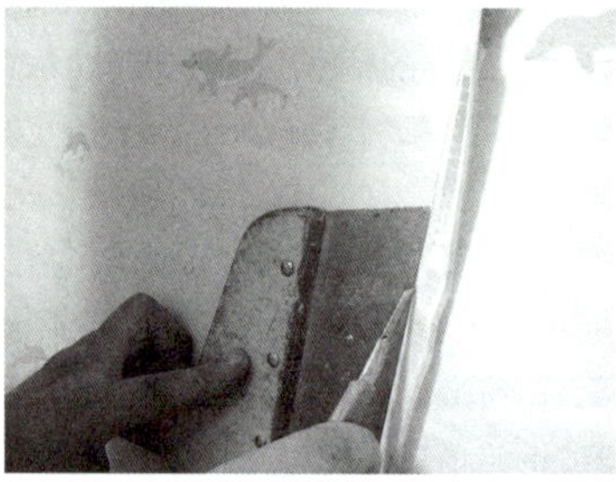

照片4-8-28 垂叠裁切（去除壁布内侧多余贴布）

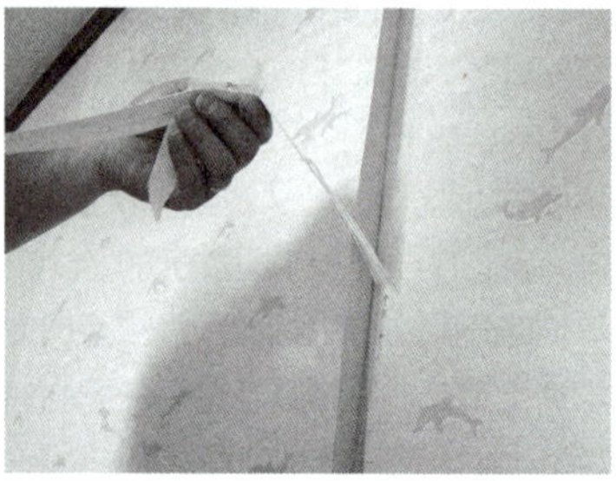

照片4-8-29 木板横向墙面铺设

双沟咬合对接、斜口对接、V形对接、凹凸榫槽嵌合、隐藏插榫嵌合、目板对接（译注：在木板对接部位，叠加木板的接合方式）、大和对接（译注：将纵向木板相互重叠的铺设方式，表面呈现规律凹凸状，有的会在相互交叠木板中包夹横向木板）等。

木板横向墙面铺设

以木板的长边方向作为横向，板与板相互重叠的铺设方式。一般称为木横板张贴，具有排水功能，因此多用于外墙（照片4-8-29）。

接缝

铺设瓷砖或胶合板时出现的接缝。接缝的宽度取决于设计、施工、材料各方面的条件。若是让接缝外露，在施工方式上会与完全不外露接缝有很大的区别，也有两相邻材料之间紧密接合，接缝宽度接近于零的方式。

预留接缝

预先在基材上分配瓷砖或胶合板的排列距离并做记号，有助于接缝收边处理。

平口对接

构件之间不留勾缝，与外露勾缝的对接方式相反。板材或壁纸铺设在墙壁、天花板上时，可使用此种方式。平口对接部位需要相当高的精准度，应依照表面修饰成果的要求，在施工上多加留意。Runafaser（Runafaser公司的产品）等产品，因为内含木质碎片，如果在施工现场进行裁切，切口部位无法达到工整。因此，大多使用在工厂裁切完成的木材，以两平切口相互对接的方式进行铺设，仅需在阴角部位将木材裁断，以保证收边工整。

天花板工法

裸露天花板

让结构本体的上层楼板或屋顶的混凝土板底面直接外露，当做天花板顶面的形式。表面修饰处理以清水混凝土、油漆涂装、喷涂涂料、张贴壁纸等为主。结构体本身的精细度影响表面修饰的成果，应以清水混凝土的精细度作为施工标准（照片4-8-30）。

单元式组合天花板

工厂制造生产的系统化天花板建材，多使用在办公室。一般由板构成天花板面，并与空调、照明、各种配线、防灾机器等设备一体规划。除了能缩短工期，因尺寸固定，只需移动板材，就可以灵活更改天花板配置。大多使用在事务所、商业大楼等空间（照片4-8-31）。

回字形吊顶

剖面上呈现凸状的天花板形式（译注：天花板的中央部位比周围高，向上凸的天花板形式），运用在需要营造空间氛围的起居室等空间（照片4-8-32）。有较特殊的天花板处理，例如设置多层高差，或是将中央向上凸的部位做成椭圆形，或是在高差部位安装间接照明等。中央向上凸处较一般天花板高，为确保设备管线不受影响，应该事先仔细检查天花板与上层楼板下方之间的空间。

图4-8-54 发光天花板

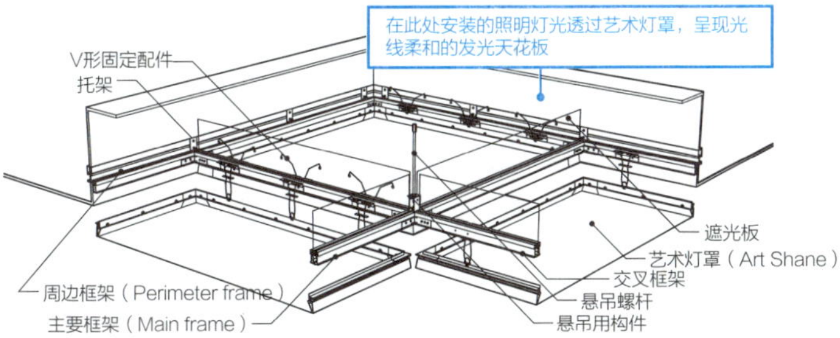

照片4-8-30 裸露天花板

照片4-8-31 单元式组合天花板

照片4-8-32 回字形吊顶（石膏板基层）

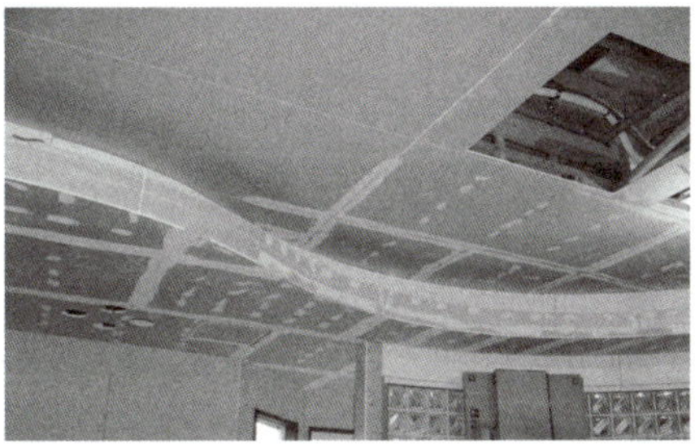

发光天花板

使用可让光线通过、扩散的材料打造天花板，内侧安装照明器具，让整体或大部分天花板面积呈现发光状态（图4-8-54、照片4-8-33）。因为基材的影子会映射在天花板上，因此需兼顾基材的特征设计。为了让光源从天花板内部扩散出来，需留意光源设置的间隔。天花板内部若有污损，会在天花板完成面上显现，因此施工后的清理工作是必要的。

照片4-8-33 透光天花板案例

楼梯

室内楼梯和室外楼梯

建在建筑物内部的楼梯叫室内楼梯，建在建筑物外部的楼梯叫室外楼梯（图 4-8-55）。

双梁楼梯

用斜梁支撑楼梯板两侧的楼梯。一般不设踢脚板。和一般的一根梁支撑的单梁楼梯不同，双梁楼梯一般有两根梁，所以在强度方面更加稳定。如果一边的梁在墙体内外观更加流畅。

单梁楼梯

由一根粗的斜梁在楼梯板中间支撑的楼梯。用鸠尾榫或螺栓等将楼梯板紧密连接并固定。梁的坚固和楼梯的轻盈感营造简约的氛围，希望空间透光、通风且视线通透的话可以选择单梁楼梯。

吊索楼梯

从天花板或梁悬吊的楼梯。吊索多使用较细的圆钢。整个楼梯如同悬浮在空中。一般楼梯在设计上强调是楼梯板的水平线条，而吊索楼梯强调的确实吊索所形成的垂直线条。

箱式楼梯

将箱子堆积而成的楼梯。楼梯板下方当作家具使用。之前常作为衣柜使用，现在也用作书架或电视柜。箱式楼梯的收纳部分比一般的衣柜深，所以常设计成两侧开门，这样空间能更有效地使用。

悬挑楼梯

楼梯板的一侧从墙壁伸出的楼梯。因为是悬挑结构，所以要采取措施防止其晃动或弯曲。钢结构不容易引起晃动和弯曲，底部固定结实的木结构也可以。悬臂的支撑材料要牢固地固定在柱子和间柱上。同时，设计时要保证包括扶手等的安全性。

图4-8-55 楼梯的形状和种类

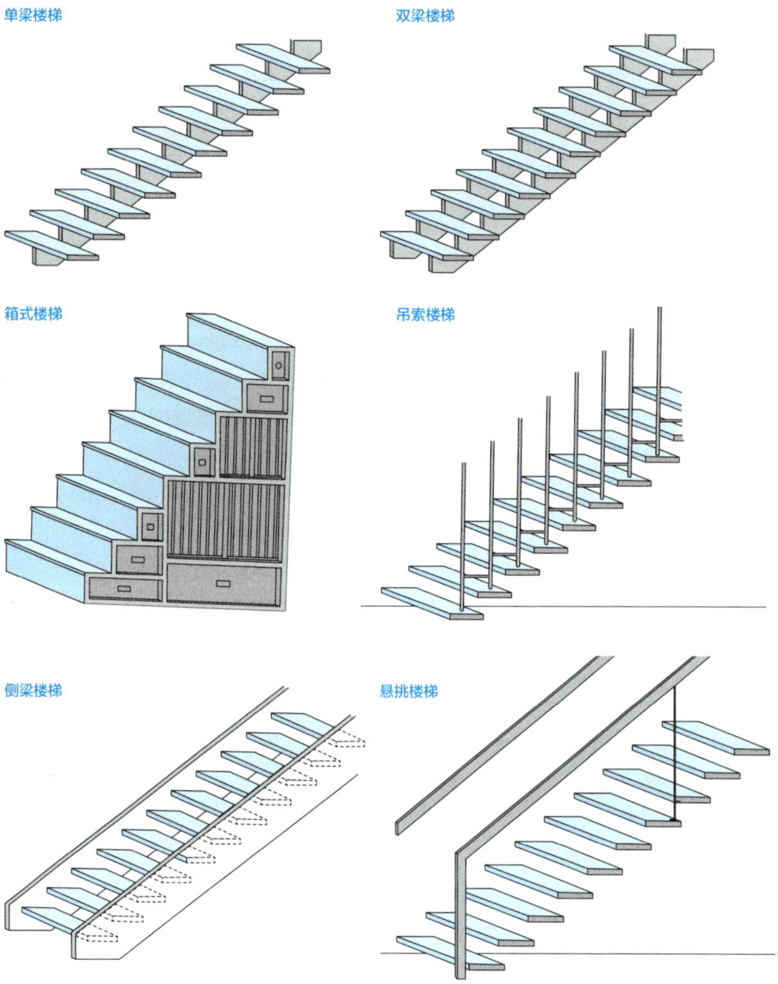

侧梁楼梯

由侧梁（将楼梯板和踢脚板从两侧夹住支撑的斜梁）支撑的楼梯。侧梁事先进行雕刻加工，然后将楼梯板插进去。施工时要兼顾楼梯板和侧梁。侧梁隐藏于墙壁内会给人更强的稳定感。没有踢脚板的侧梁楼梯也叫裸露楼梯。

双跑楼梯

在楼梯平台需要180° 改变朝向的上下楼梯。因为有楼梯平台，所以能缓解使用者对高度的恐惧，易于上下楼。楼梯平台较大，比其他楼梯需要的空间大，也称为来回楼梯或折返楼梯。

直跑楼梯

径直上下的楼梯。所需面积小且易于搬运大件货物，楼梯下方通常会形成一定高度的空间（2 m左右），常作为厕所或储物间使用。

螺旋楼梯

螺旋状上下的楼梯。所需面积较小。因为用一根中心柱支撑所有楼梯板，需考虑其稳定性，所以通常使用钢结构。因其美观，所以受很多人喜爱，但不易搬运大件货物。设计时要注意楼梯起始和终端的位置和朝向，以及头顶预留的空间。

直跑楼梯

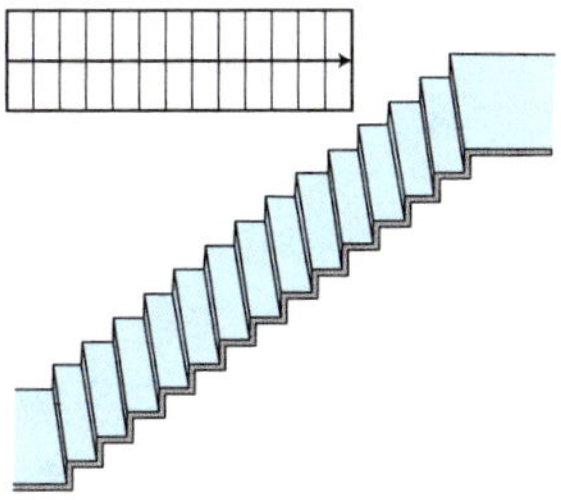

双跑楼梯

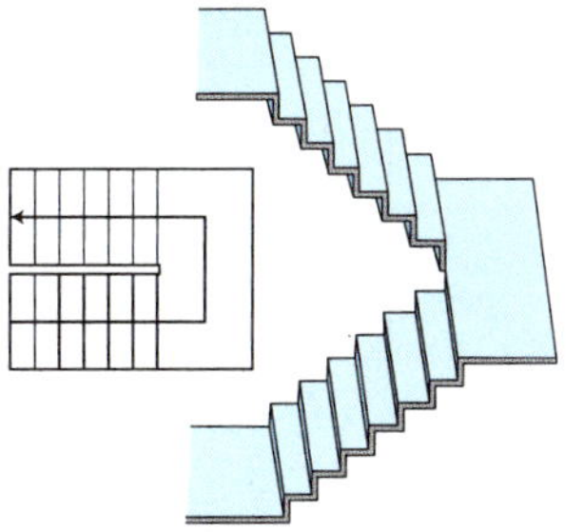

回转楼梯

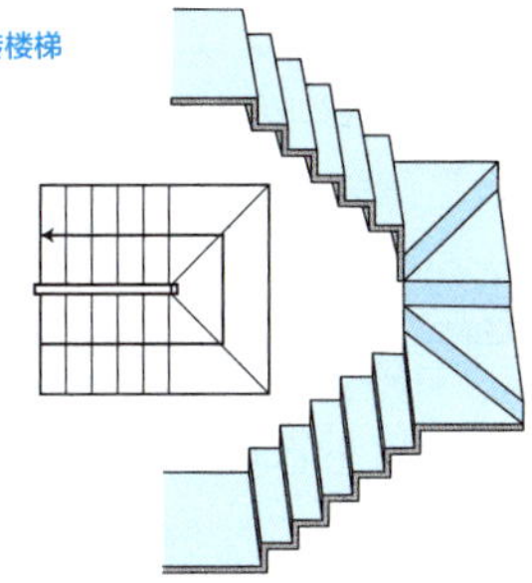

螺旋楼梯

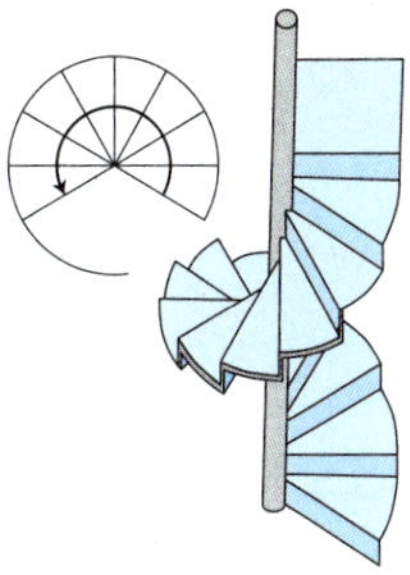

矩折楼梯

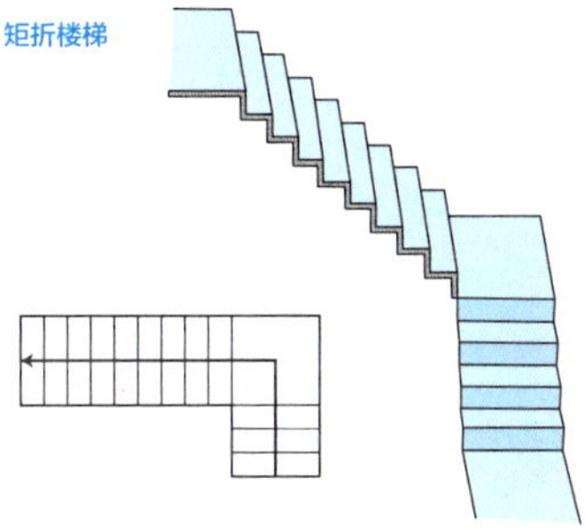

折形楼梯

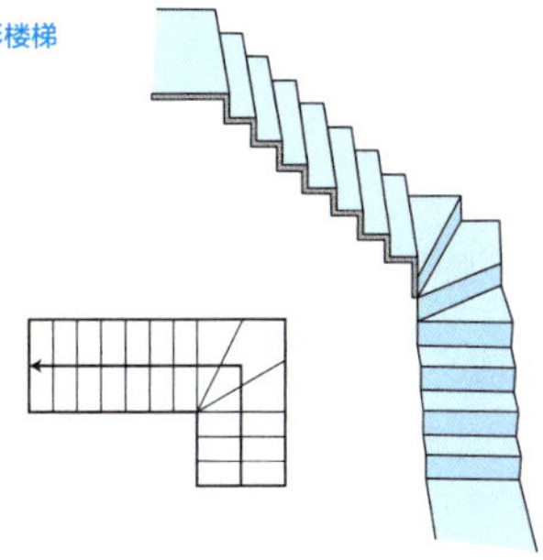

中空楼梯

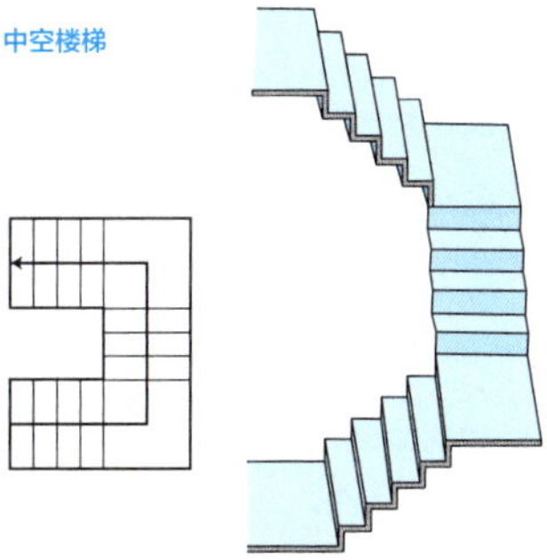

回转楼梯

将双跑楼梯的楼梯平台以30° 或45° 的角度进行分割成台阶的楼梯形式。转角部分的楼梯板的尺寸较大，为避免其弯曲、扭曲或发出响声，要选择合适的材料和厚度。回转楼梯的踏面尺寸要从踏面较窄处起300 mm的位置测量。

折形楼梯

将矩折楼梯的楼梯平台以30° 或45° 的角度进行分割成台阶的楼梯形式。在楼梯平台部位进行90° 转向的楼梯。和螺旋楼梯、回转楼梯相同，因为回转的同时上下楼，老年人或行动不便者失去平衡。

矩折楼梯

在楼梯平台进行90° 转弯的楼梯。也称L形楼梯，是介于直跑楼梯和双跑楼梯之间的楼梯。通过设置平台减轻了从直跑楼梯直接摔下来的风险，比双跑楼梯所需的空间小。

中空楼梯

将曲折楼梯的平台扩大或者将矩折楼梯折两次，中间成挑空空间的楼梯。因为中间有通高空间，所以空间较宽敞且能具有流动性。

外部结构工程 4.9

围栏和围墙

水泥砖
建围墙时使用的混凝土建材，用砌筑砂浆接合堆积，建成围墙或花坛等。墙的高度高时，需要使用钢筋或建加固墙。近年来毛坯墙很少，常在毛坯墙表面进行装饰或喷涂。

空心砖
比普通的水泥砖的表面薄，将空心部位变大以便浇筑水泥或混凝土的砖。不仅可以做出模仿现浇混凝土墙的效果，还能缩短工期降低成本，并有多种表面美化做法。

装饰砖
通过凹凸形状或者颜色等增加表现力的水泥砖或空心砖。

砖
标准尺寸是21 cm×10 cm×6 cm。用水泥作为胶结材料，用于砌筑墙壁、花坛的外缘、座椅或藤棚的柱子等。砖的颜色除了各种泥土的颜色之外，还可以制成白色或浅蓝。铺设时需注意砖有吸水性，容易存水的地方易发霉或长出苔藓，寒冷的地方要注意冻害引起破损。

网状围栏
编成菱形或格子形的围栏。材质有钢铁、铝、木材或树脂等。不通风、不透视的叫屏蔽围栏，让藤等植物缠绕的叫绿化围栏。

树篱
用树木造的围墙，用于和道路或邻居划分界限或者明确院内的分区。一般用常绿植物。

竹篱
用竹子做的围墙。

木板围墙
在路边等地方用薄板设置的围墙，大和屏就是其中一种（照片4-9-1）。因是薄板，所以耐久性差。

泥围墙
将土夯实建的围墙（照片4-9-2），为了防止因雨水导致坍塌，泥墙的上方盖上瓦或者板。

防盗铁钉
为了防止可疑人员进入而在围墙或围栏上安装的针状五金件。

门扇
在围墙上装的门。

门柱
进入院子时穿过的门旁设置的柱子。一般门柱上会安装门牌或门铃。

闸门
在停车场等处设置的门，不是前后开，而是上下开。

伸缩门
像手风琴那样伸缩打开的门。常用于停车场等大空间的出入口处。

系缆柱
原本指停船后用于系缆绳的柱子。现在也指为防止车辆进入用石头或钢铁制的柱子。

邮箱口
将信件或报纸放进邮箱的口。也叫邮件接收口。有的邮箱在门柱里，有的单独设一个箱子。

挡车柱
为了防止汽车进入而设的柱子。可以拆卸，有钢铁制的也有不锈钢制的。

雨水收集罐
和滴水槽相连，将雨水存储起来的罐子，有塑料制的，也有用红酒桶代替的。收集的雨水用于灌溉或清洁。

照片4-9-1 木板围墙（大和屏）

照片4-9-2 泥围墙（筋屏）

铺路和室外地面

木露台
用木材或木材和塑料混合而成的平台。

篦子
为了促进雨水的排出而设置的下水道盖子，多用格子状或网状，材质有钢、不锈钢或FRP等。

洗练铺设
将碎石混合后平铺在路面，过一段时间后用水冲洗露出漂亮的碎石的铺设方法。

方弹石
约9 cm长的方形小石，块用于花坛的外缘，也能用于行车道。

连锁砖（Interlocking Block）
相互嵌套的混凝土制铺设用砖，标准尺寸是20 cm×10 cm×6 cm。

绿化砖
厚6～8 cm的混凝土制成的铺设砖，空洞或缝隙之间能种植草坪等地被植物。

透水砖
能将水渗透到下面的铺设用砖。

庭院和绿化

景观石
在庭院中使用的成为重点景观的石头。

沓脱石
放置在日式建筑玄关的踏石。因为要放脱掉的鞋子，所以顶面较平、较大（图4-9-1）。

枯山水
不用水，只用石头和砂砾来表达自然或设计者思想的庭院（图4-9-2）。用砂石或砂砾来表现的水面叫砂纹。

延段
用平石铺出来的庭院的路。这里的“段”不是指高低差，而是宽敞之义。

石灯笼
为了点灯而设的装置，采用天然石，多作为日式庭院的点缀，点火的部分叫火袋，在古代里面会点上蜡烛。

飞石
踏面较平，直径约30 cm的天然石。放在庭院或路旁。

露地（茶室院子）
通往茶室的道路或茶室周围的院子。庭院较大时用简易的门将露地分为外露地和内露地。

借景
造园手法的一种，指将庭园外的山或绿地等别致的风景引入园内，也有借景高塔或寺院等建筑物的做法。

草坪
有日本草坪和西洋草坪之分。日本草坪有野草坪和高丽草坪。高丽草坪中叶子较细的是公主高丽草坪。冬天草坪干枯呈茶色，春天发芽再变绿。茎在地面，须根横向生长。西洋草坪有暖地性和寒地性之分。百慕大坪草是具有代表性的暖地性草坪，夏天绿，冬天枯。寒地性草坪中的小糠草和蓝草适合日本关东以北的地区，其特点为冬季常绿。西洋草坪一般是播种施工。

酸碱值（pH值）
日本原有庭院树木适合弱酸性土壤，而像橄榄树等地中海沿岸生长的树木适合弱碱性土壤。在土壤中混合熟石灰即变为弱碱性。

格子篱笆
让蔓生植物缠绕的格子形围栏。

格子框
植物用的格子形木板围栏。不是像格子篱笆那样专门用植物缠绕。

藤架
让蔓生植物缠绕并可以遮阳的格子棚，也叫藤棚。

灌木修剪
将常绿阔叶树修剪成动物等的形状。

中庭
来自西班牙语的Patio。

灌木
绣球花或杜鹃花等像草丛一样高度约1 m的树木，现在和矮木基本同一个意思。

地被植物
草坪或细竹等高度在0.5 m以下、匍匐地面上生长的植物的统称，也叫地衣植物。

图4-9-1 沓脱石和其他功能石

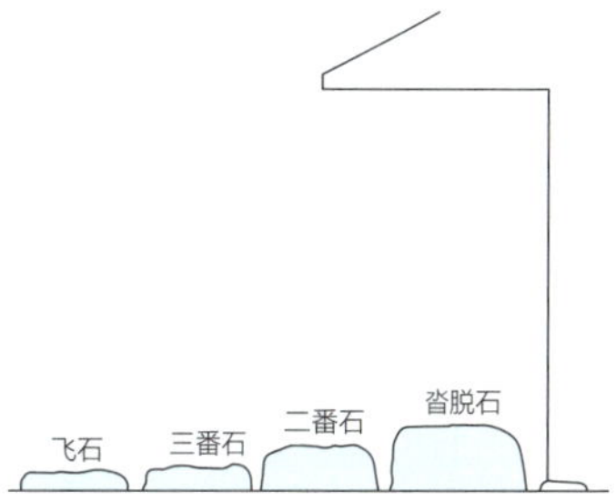

图4-9-2 枯山水

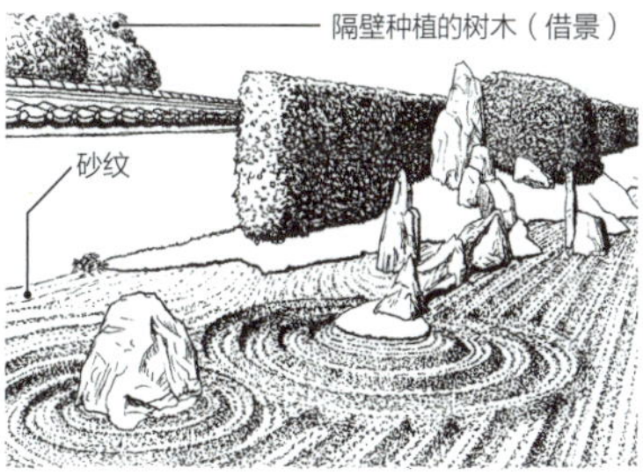

盆式庭园（Container Garden）

使用种上树木或草的盆景构成庭园。

热岛效应

城市气温比郊外气温高的现象。出现的原因是电器和汽车的热排放、高层建筑对海风的遮挡、绿地面积的减少等。

种植屋面

用草坪等绿植铺盖的屋顶。屋顶的坡度过大会使房屋上方土壤保水率收到影响。需要注意保水和排水。

屋顶绿化

有必要考虑最大承荷载量。一般厚度为10 cm的土壤每平方米重量会超过160 kg。因此，会使用重量轻20%～40%人工土壤。

墙面绿化

建筑或构筑物的墙面用植物覆盖，有三种较为常见的方式，在地面种植后植物延伸到墙壁、从屋顶垂下、在墙面放置骨架和花盆（图4-9-3）。

人工土壤

重量是天然土壤的60% ~ 80%的人造土壤。天壤土壤的荷重在每平方米160 kg以上，对于屋顶绿化负担过大。

景天科植物

能种植在很薄的土壤上的多肉性植物，不注意维护容易枯萎。近年在日本对其使用有减少的倾向。

砂藓

抗干旱，适用于屋顶绿化的苔藓，但不容易管理。

保水量

栽培用的土壤的含水量。屋顶绿化的土壤干得快，所以需要保水量高的土壤。

藤蔓植物

茎不明显，缠绕在某物体上向上生长的植物，可在墙面绿化中使用。具有代表性的蔓生植物有紫藤和爱玉子等。

自动浇水装置

在固定的时间浇水的装置。

隔离层

透水但土壤等固体无法透过的材质。

耐根穿刺防水卷材

在屋顶绿化工程中，为了防止植物的根长到建筑或构筑物内而在土壤或排水层下面设置的卷材。

图4-9-3 三类墙面绿化

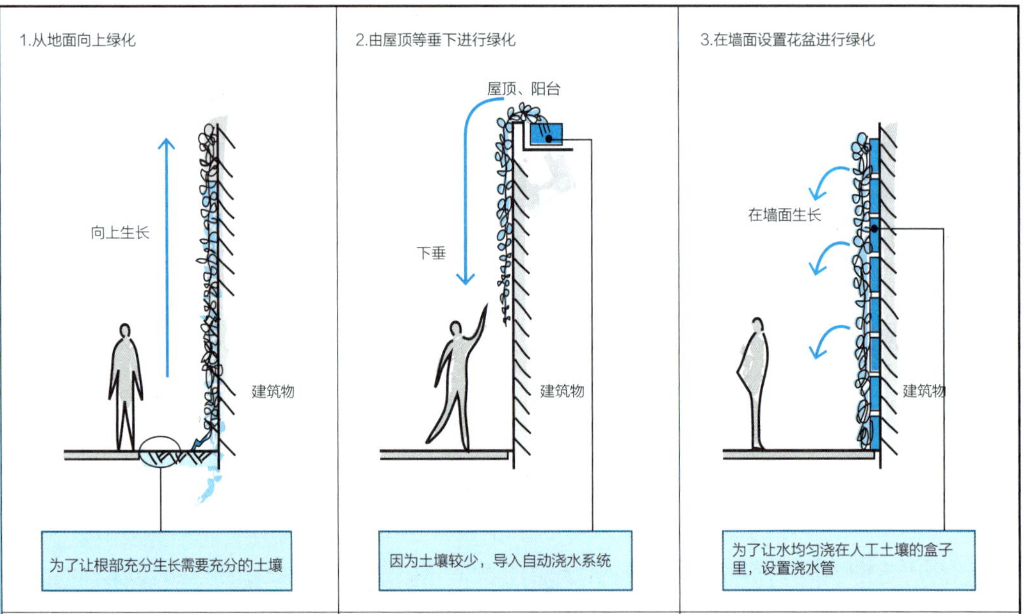

	1.从地面向上绿化	2.由屋顶等垂下进行绿化	3.在墙面设置花盆进行绿化
绿化类型	从地面沿着墙向上绿化	从屋顶或阳台上的箱子向下方绿化	从墙面设置的替代品（箱子、纤维垫）的绿化
代表树种	木通、爱玉子、卡罗莱纳茉莉、紫藤、爬山虎、常春藤类	铺地柏、常春藤类、千叶兰	爱玉子、苔藓类、景天科类、铺地柏
特征	· 为了使根部充分生长，要确保土壤的量； · 根据树的种类需要装围栏或绳索等引导装置	· 因为在箱子或纤维垫上种植，所以1株植物不能实现大面积绿化； · 需要定期浇水； · 导入自动浇水装置	· 因为在箱子或纤维垫上种植，所以1株植物不能实现大面积绿化； · 需要定期浇水； · 为了让水均匀浇在人工土壤的盒子里，设置浇水管

门窗、家具 5

内外部门窗、家具

形式、材料、收边

木纹
木材上的原木纹路。也用来表示木材质感。

横纹
出现在木材剖面上的山形或波浪形的原木纹路（图5-1-1）。

顺纹
在树心附近按与年轮垂直的方向剖木材，木材剖面上出现的纵向原木纹（图5-1-1）。

特殊木纹
木纹理中具有高装饰价值的特殊原木纹路。

木板接近树皮面
在原木剖出的木材剖面上，出现的与树干外侧树皮相似的剖面纹路。

木板接近树心面
在原木剖出的木材剖面上，出现的与树干内侧树心相似的剖面纹路。

木制家具、器具
以搭接、对接等方式将木材制成门窗、小箱、桌子、收纳柜等家具设备、器具或木工制品。

搭接接头
接合木材，在上面刻出榫头、接头、门骨架组接部位的总称。

外露构件的正向立面
构件正面可见部位、面宽。

外露构件的侧面深度
构件侧面可见部位、深度。

榫头
木材端部凸起部位。将木材接合时，其中一件挖出凹孔，另一件做出凸起以相互嵌合。有各种形式，如两根榫头或两节式榫头（图5-1-2）。

门窗面材
门窗上使用的面材。可根据面材的种类，将门窗分为木板门、玻璃门等。其中木板门又分为木栈门、舞良门、镶板门、唐门、光板门等。板材的种类或粘贴的方向都会给门窗的表现带来很大影响。光板门中常用聚乙烯胶合板、密胺树脂胶胶合板、天然木材装饰胶合板。张贴和涂装的底板，一般用椴木胶合板。面材选用时为了避免弯曲，一般选择内外相同的材料。

退缩相接（面落）
两构件接合时，其中一构件的面较另一构件的面缩进（图 5-1-3）。为横向材与纵向材的接合方式之一，有时也表示进出面差的部位。

表面平接（面揃）
也称为“面一”。没有高低差的完工收边方式（图5-1-3）。

进出面差（面散）
两构件相邻接的的面，出现微高低差的部位（图5-1-3）。

内法（构件内侧有效尺寸）
下门槛上缘至上门楣下缘间的尺寸。或是指面对面的两根柱子之间的尺寸，一般是指表面修饰完成面内侧之间的有效尺寸。

外法（构件外框实际尺寸）
门窗的实际尺寸。因为包含构件内相接部位的尺寸，所以比内法的尺寸大。

90° 接合方式
为了隐藏切口，将构材以90° 相接的接合方式（图5-1-4）。

非常规接合方式
构件与构件以十字形、T形或各种角度接合的方式，或者在尺寸不一致或无法以45° 接合时使用。

切口
易与木口混淆，构件的横切面称为“小口”，可见木材年轮的原木横切面称为“木口”。

门骨架组成
障子（纸拉门）或袄（和室隔间门）门骨架组立方式。

图5-1-1 横纹与顺纹

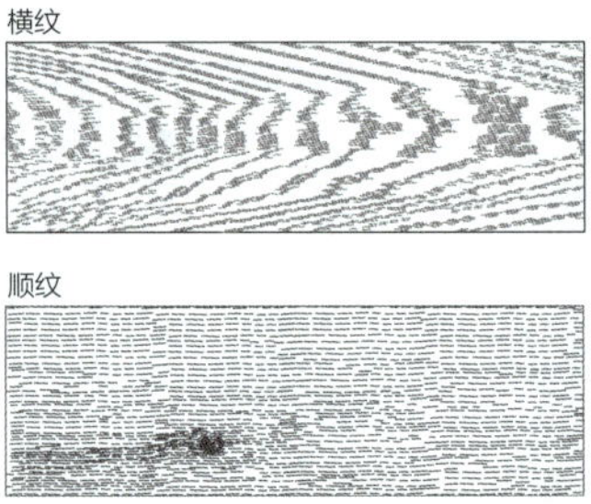

图5-1-2 两节式榫头

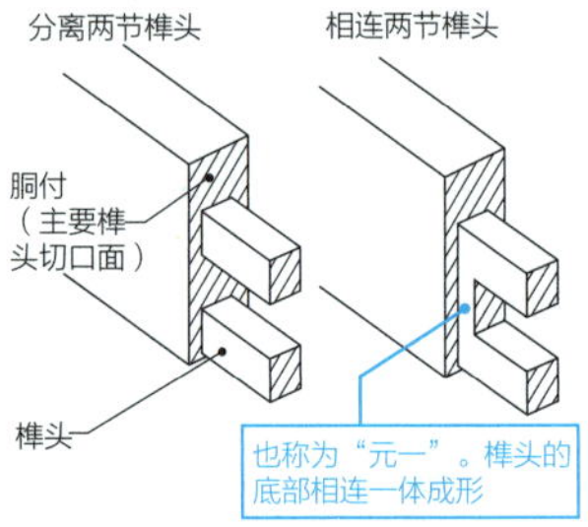

图5-1-3 面落（退缩相接）与面揃（表面平接）

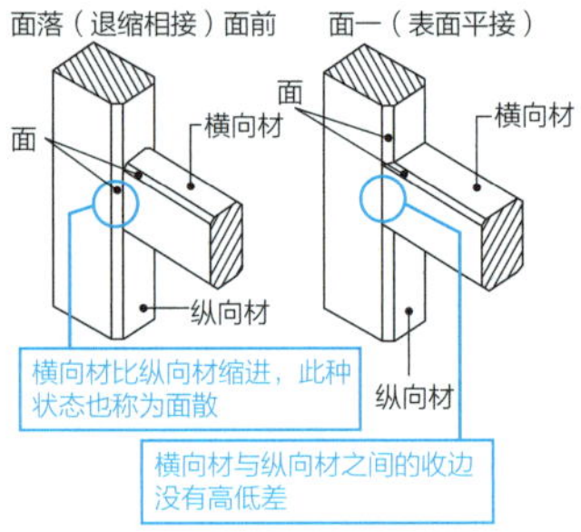

贴合状况

确认框、柱和门两侧立的板等和门贴合得是否严实。开关是否严实关系到门的灵活性和持久性。

安装

将门窗装到门框和柱子上。

木材压缩

木材与木材间的企口接合时，或木材与金属材接合时，敲打木材使之压缩，因木材压缩过可防止收缩，除了容易接合之外，也避免接合处产生空隙。

倒角处理

为保护木材边端或为了装饰效果，将边角边缘去除进行倒角加工（图5-1-5）。

对接接头

木材长边方向接合处（图5-1-6）。

指接

像双手手指相互嵌合一样，将木材的边端部位切成互补的转折锯齿状，相互嵌合黏着的接合方式（图5-1-7）。

边缘压条

为了将木制横板、玻璃、网等面材安装固定在门窗上，所使用的细长状边缘压条。此方式可以轻易地安装或卸除面材。

束割（具有边缘压条功用的垂直支架构件）

束（支架材）是短型垂直构件，为了能咬住玻璃，将支架材切除一半，加工成具有边缘压条功用的材料。门窗的“束”是指垂直构件。

镶夹式门窗工法

镶夹玻璃的门窗工法。不使用押缘（边缘压条），将门窗上框切割成表里两片，并从上框上方开始将玻璃镶夹其中的门窗工法。因无边缘压条，收边简洁，但切割成表里两片的上框易发生脱离，强度降低。注意使用此工法会使得门的上框不易安装闭门器。

木制固定插榫

接合两件木材使用的木制插榫。在木材上进行孔穴加工，借由插入孔穴的木制插榫接合两件木材。书架等可移动式层架的金属固定配件也称为插榫。

障子（和室纸拉门）

门窗建材中的和室纸拉门、窗（图5-1-8、图5-1-9）。纸拉门、窗的骨架可以部分地做出变化，如“猫间障子”，或将部分骨架向上推叠并镶夹玻璃，如用来赏雪景的“雪见障子”等。张贴在纸拉门窗上的材料有手工和纸、亚克力等各种各样的类型，需考虑光透过材料塑造出的空间氛围、耐破损度、成本等各方面后再决定。

荒组障子

和室纸拉门上的纵横格条数量少、间距大的样式。此外，也有横组障子等样式（照片5-1-1）。

障子糊纸卷材

使用半纸判（译注：日本手工和纸规格的一半，约24.24 cm×33.33 cm）宽幅的纸拉门糊纸，若以纸拉门骨架尺寸裁切，一次可贴4片纸拉门长度的纸卷材。

二三判障子纸

裁制成约606 mm×910 mm的障子纸。日本手工和纸使用的尺寸规格之一。

单张全面贴覆用障子纸

无须续接即可全面贴覆纸拉门的障子纸。以机械漉纸制作成障子纸，成品为卷材形式。

组子（纸拉门骨架）

纸拉门上纵横交错的格条。骨架的尺寸、分割比例可自由设计。纵向格条间距较小的类型称为“竖繁”，横向格条间距较小的类型称为“横繁”，纵横格条的间距加大、数量减少的类型称为“荒间”。

图5-1-4 90° 接合方式

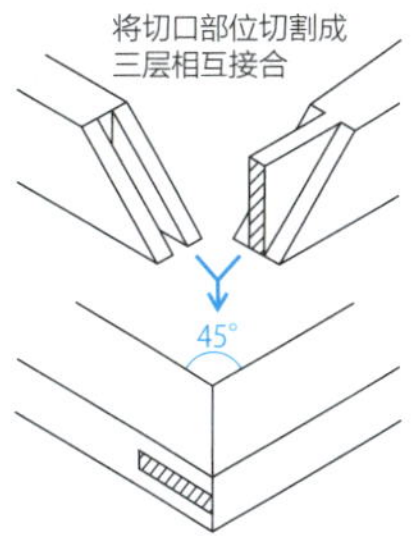

图5-1-5 倒角处理的种类

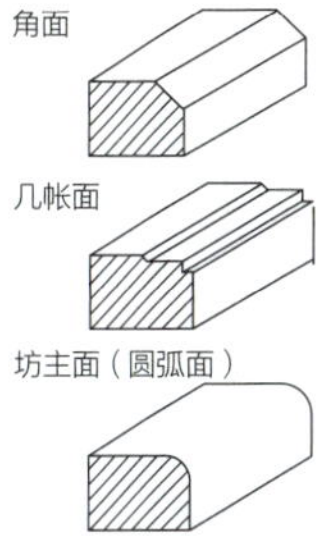

图5-1-6 主要嵌合形式

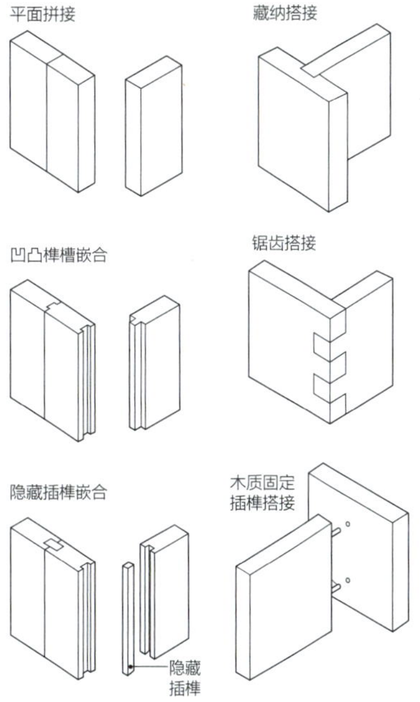

图5-1-7 指接方式

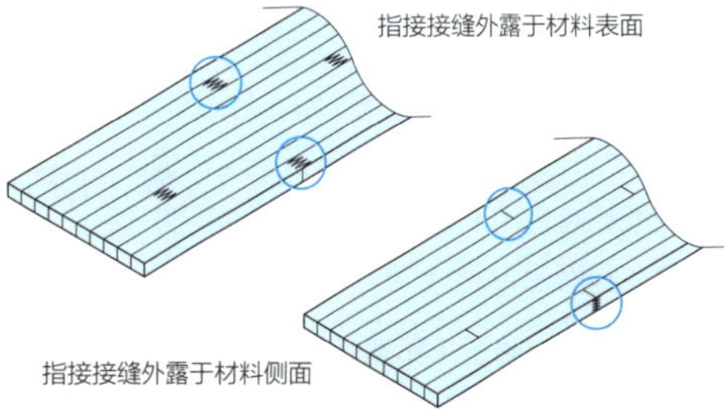

袄（和室隔间门）

在袄（和室隔间门）骨架上张贴和纸或布料，四周以缘（边缘材）包覆的门（图5-1-8、图5-1-10）。缘使用涂装过的木质材或者未加工过的木材。厚度比障子（纸拉门）或推拉门小，质量也较轻。需注意袄（和室隔间门）的下门槛及上门楣的沟槽尺寸与障子是不同的。

腰袄（采光和室隔间）

源氏袄（译注：源氏隔间门，门上嵌有采光用的纸格窗）的一种。依形状不同有各种类型。

图5-1-8 门窗的典型样式

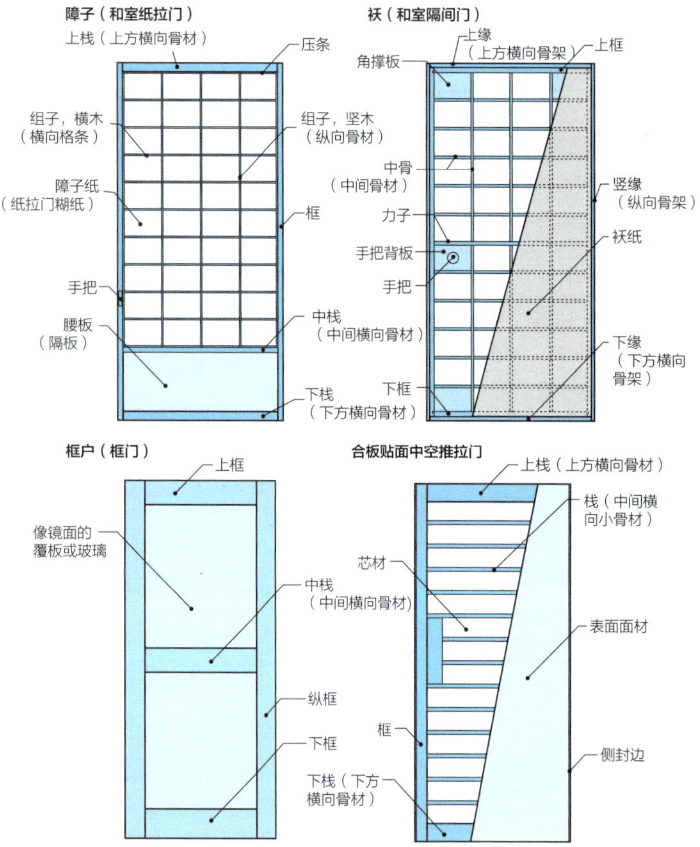

照片5-1-1 仅置入横向骨材的障子

东京目黑区的住宅　平真知子一级建筑师事务所

图5-1-10 袄（和室隔间门）的主要种类（按形状区分）

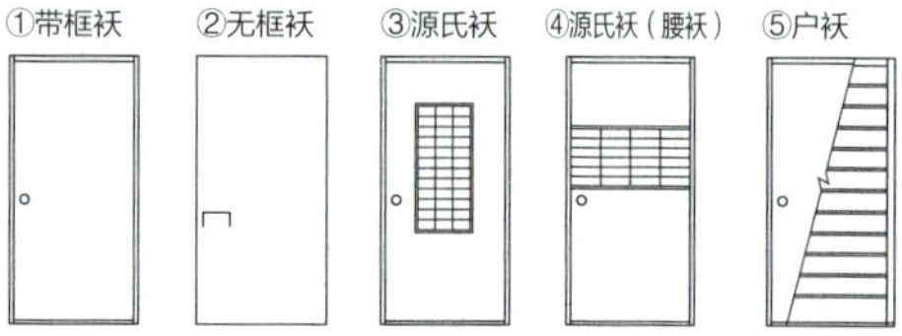

图5-1-11 光板门

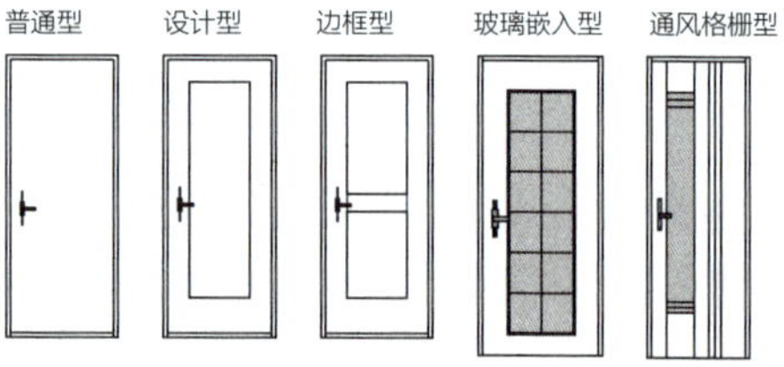

太鼓袄

周围没有缘（边缘材）包覆的和室隔间门。拉门前端与拉门底端用糊纸卷覆，拉门的上下端会在下门槛与上门楣之间滑动，因此需安装滑轨板。

户袄（胶合板两面糊纸和室拉门）

在中空推拉门的胶合板上贴上和纸，转化成的纸质感拉门。户袄（胶合板糊纸和室拉门）比本袄（和室纸拉门）重，侧面深度也较深。若要开合滑顺需安装底轮。此外，户袄的下门槛、上门楣以及上方的沟槽尺寸，都比本袄大，因此施工前须决定使用哪种形式。

间合判

属于袄纸（隔扇纸）的一种，以一尺三寸乘三尺（380 mm×950 mm）规格制作。这是手工制纸的尺寸。

间中判

以三尺乘六尺（950 mm×1 850 mm）规格制作的袄纸（隔扇纸）。日本称六尺为一间，半间即为三尺，故命名为“间中”。

四六判

以四尺乘六尺（1 240 mm×1 850 mm）规格制作的袄纸（隔扇纸）。以五尺乘七尺规格制作的称为五七判，以七尺乘九尺规格制作的称为七九判。

图5-1-9 障子（和室纸拉门）的主要种类

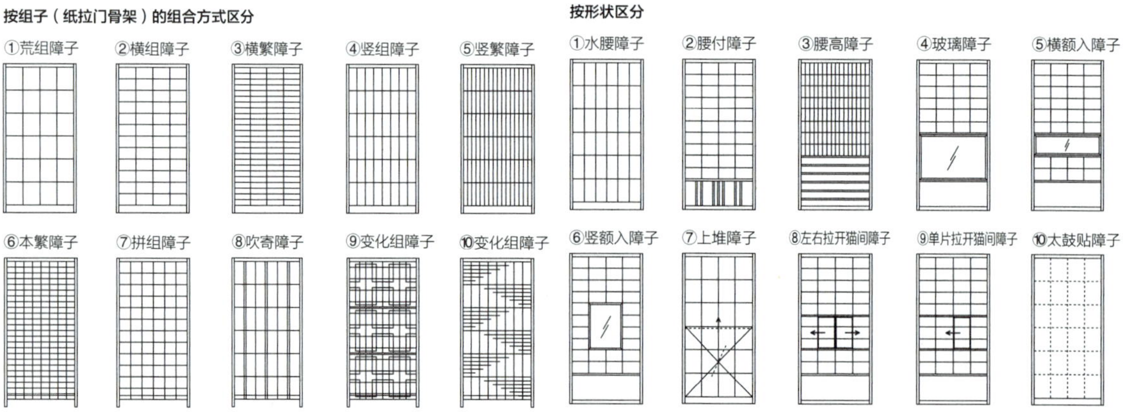

坪卷纸

坪卷纸是由机器制造、长度大约为7 200 mm的袄纸卷纸，可张贴4枚分的袄（和室隔间门）。

鸟之子纸

以剪夏罗、楮皮等为原材料制造的淡黄色袄纸（隔扇纸）。以木浆为原材料使用机器制造出来的纸张若拥有同样纹理也可称为鸟之子纸。有的纸张种类无法制作超过三六判的尺寸，当需要使用大尺寸的时候，可以通过加入中间带贴合等设计手法实现。

木板门

面材使用木材的门的统称。有木板套窗、格子窗、镶板门、舞良门等。也包括在木板垂直排列后加横向挡板的栈门和使用胶合板的光板门。

有框门

在门窗四周以搭接方式安装装饰框材（图5-1-8、图5-1-12），种类包括镜板户（如镜面的门板）、带户（中间附有横板的门）、唐户（板门）、栈唐户（格扇门）、玻璃门等。依照门所需强度及设计来决定边框的材质、尺寸。需提前确认锁键是否能安装在边框、五金构件的后退距离、预估尺寸等。

唐门

在门框内侧装上粗格子，然后镶嵌镜板的门。主要用于寺院建筑。也包括经典的西式设计，对边框和格子都进行精心的倒角处理。

镶板门

有框门的一种。在竖框内上下挡板之间镶嵌1块或2块板材的门。门框的材料使用橡木、柚木等坚固的木材。镶板使用一张优质榉树板或者将两张胶合板镶嵌于两面。

百页门

有框门的一种。为了实现遮光、通风等效果，附有百页保持相同倾斜度、间距的平行窄薄板的门。

木栈板门

内部安装木板，相当稳固的门。种类包括舞良户（译注：日本书院造建筑使用的门，在门的内部以窄间隔置入名为“舞良子”的木板条）、格子户（译注：在门的内部置入格状木板条）等。

舞良门

在框的内侧将横木（舞良子）沿着水平方向按照固定的间隔安装的门（图5-1-14）。通常横木只装一面。

格棂窗

上下各装一扇的格子窗。上方沿横轴朝天花板方向打开，用吊钩五金固定，下方安装在柱子之间。

图5-1-12 障子（和室纸拉门）、袄（和室隔间门）、框户（有边框门）的形状与各部位名称

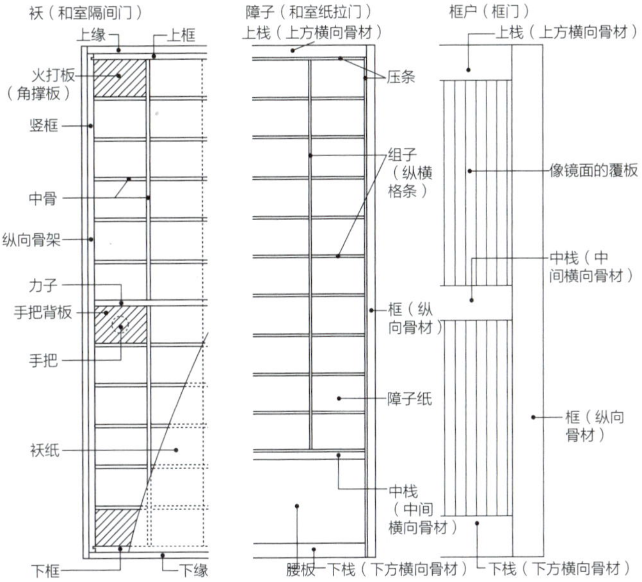

图5-1-13 拉门前倾、后侧、底端插榫

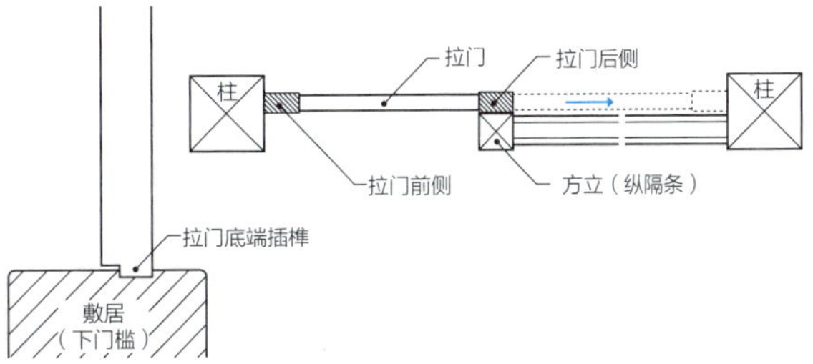

光板门

在门骨架上张贴胶合板等面材，表面修饰整平的门（图5-1-8、图5-1-11），也可嵌入玻璃等其他面材。一般是在木框或卷芯材上张贴胶合板或金属板即完成。因从门窗边端会看到面材的截面，因此会在门窗边端贴封边胶布或无垢材（自然实木）作为外露的完工面。面材收缩率依湿度不同而异，若门的表里使用不同材质面板，容易发生隆起等现象，因此门的表里两面应使用相同材质。

实心推拉门

与光板门一样，在门的表里两面张贴面材，门芯用中密度纤维板或碎料板，不中空的门芯做法。由于门的整体构成变得坚固，重量也增加，因此在选用五金配件时，需考虑其承荷载能力。

图5-1-14 舞良门各部位的名称

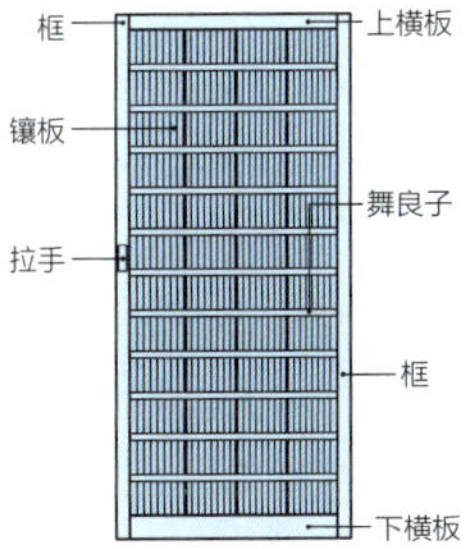

吊门

从天花板或上方框架安装的轨道上吊下来进行开关的移门或隔断。下方的门框和门槛可以省去。

平开门

通过安装在框或柱子上的纵轴铰链进行开关的门（图5-1-15）。有的只开一扇门，有的开两扇门。

错位门

在墙内或框内装两个以上的轨道或槽，两扇门各自移动和开合。因为框的厚度增加了，所以大型门或者玻璃门需要注意轨道的间距。轨道有圆形、方形、V形、平行形，对不同轨道要使用相应的滑轮。

内缩门

将门收纳进墙壁中。适用于长时间打开的场合。

折叠门

将门折起来打开的门（图5-1-15）。衣橱和隔间经常使用。

石块墙堆积状

障子纸张贴方式的一种，将纸的接缝处外露在骨架上，甚至将上下段的接缝处相互错位。

全糊张贴

在纸上全面上糊的张贴方式，防止纸因湿气伸缩，将纸稳固地张贴在门上。易受基材表面凹凸不平影响，需切实将基材整平。壁纸类基本上都是用全糊张贴。

袋状张贴

仅在纸四周上糊的张贴方式。不受基材表面不平的影响，呈现蓬松柔和的视感。这是和室隔间门的基本张贴方式。

门开启方向

门的移动方向、方式。应以方便使用者开启的方向来决定拉门移动的方向。通常右侧拉门靠近使用者前方的开启方向，为顺开；若左侧拉门靠近使用者前方的开启方向，则为逆开。

拉门前侧

将拉门闭合时，拉门与门框接触的侧边，称为拉门前侧（图5-1-13）。拉门前侧的另一侧称为拉门后侧（译注：与另一扇拉门相互交叠处）。

拉门底端插榫

拉门嵌入下门槛沟槽的部位（图5-1-13）。通常会在门窗内侧刻出沟槽，使外侧成为拉门底端插榫。若希望拉门里外一致，可在门框中间设置硬木或山型钢、角钢替代拉门底端插榫。

图5-1-15 开门的概念

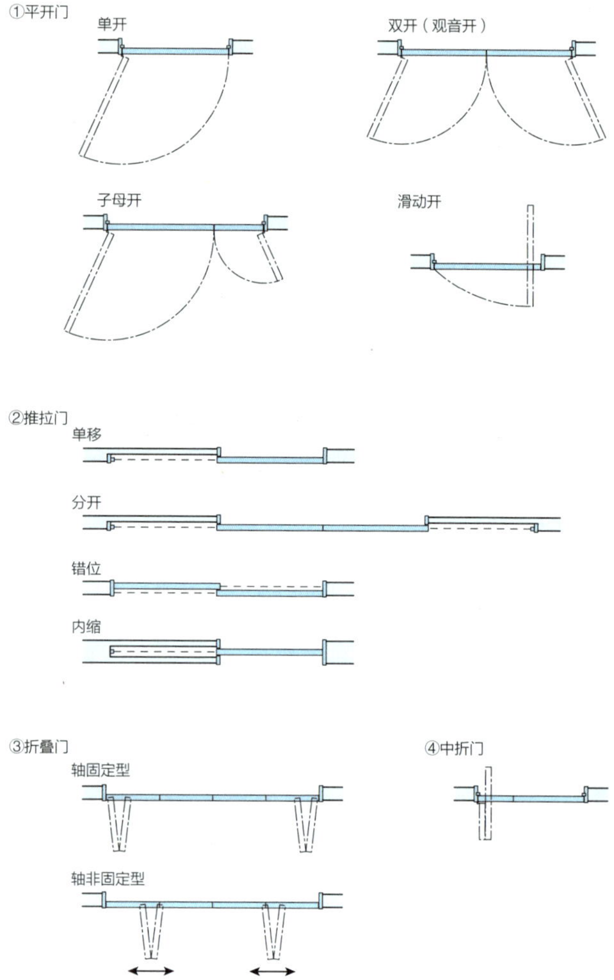

门厚

表示可安装圆筒锁（Cylinder Lock）、拇指转锁（Thumb-turn Lock）、把手（Handle）等部位的厚度。也称门的侧面深度。需考虑前述金属锁件嵌入深度以及门窗框尺寸，再决定门厚。

拉门闭合时中间交叠处

袄或者障子两扇各往左右相反方向闭合时，相互交叠的部分。

无沟横木

没有沟槽的敷居（下门槛）、鸭居（上门楣）。

挡水收边板

用来防止水进入接合处，用收边板材遮盖。也称为挡雨板。

胶合板贴面中空板材工法

是指表面平滑的板材工法。在胶合板等面材之间包夹芯材的三明治式构造。目的是为了做出质量轻、凹陷扭曲不易发生的板材。依照芯材的固定方式、材料的不同等，有各种各样的做法。

框芯构造

胶合板贴面中空板材工法的一种。在芯材的周围以板材构成边框，内部保留中空（图5-1-16），达到该工法轻量化的原始目的。与其他板材接合处，或是安装金属铰链等的部位，需夹入芯材。

实芯构造

胶合板贴面中空板材工法的一种。使用轻质木材制成的集成材作为芯材，让内部不呈现中空状态（图5-1-16），如木芯板。

卷芯材（Roll Core）

胶合板贴面中空板材工法的一种。在框芯构造的框内侧，插入纸质芯材，而制成的板材。卷芯材是指将纸质材料卷成圆筒状的制品，也有将至制作成蜂窝状的蜂窝板等。这种做法的优点是：比起框芯构造，表面不易起皱；比起实心构造，质量更轻。

单面胶合板贴面中空板材构造

胶合板贴面中空板材工法的一种。一般来说，胶合板贴面中空板材的两面贴附相同面材，但考虑制作成本，大多时候只一面贴附面材，如里板或隐藏在墙侧的部位，使用单面胶合板贴面的中空板材。

图5-1-16 框芯构造与实心构造

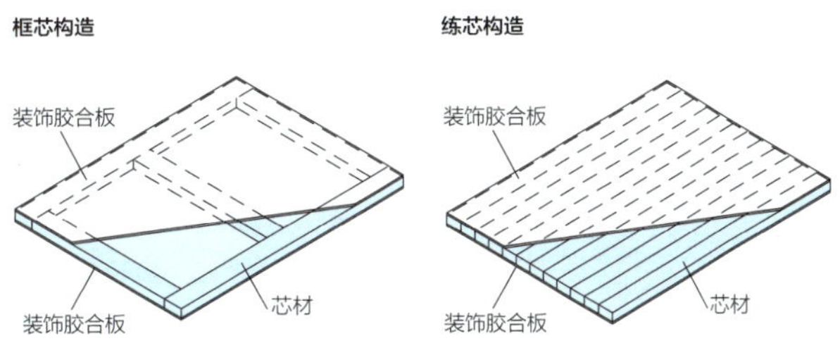

框组构造

日本的传统工法，利用实木在门窗四周组成框架组，以框架本身强度与搭接接合强度构成框架结构。框架中的垂直构件称为框，水平构件称为栈。嵌在框架集内侧的面材称为镜板，仅具有框架材结构加强的功用。主要使用在门上。

板组工法

以企口拼接方式，将窄幅实木板材接续成板组的制作方式。若是大面积大实木天花板工程，过去会使用一整片实木板，现在市面流通的多是板宽幅约150 mm的板材，因板宽幅250 ~ 300 mm的板材价格昂贵，因此利用窄板材接续成宽幅大的板材组合。

五金、门窗五金配件

合页

在门框与门上，安装像翅膀一样的金属固定配件，作为门开合的转轴（表5-1-1）。

拟宝珠合页

在中轴的端点上，附有类似宝珠的珠状物（称为拟宝珠）的合页（图5-1-17）。将拟宝珠拆下，可将中轴抽离，但在木制门窗安装工程中，较少将中轴抽离来安装。若拟宝珠的形状扁平，则称为平拟宝珠。承重能力大。

法式合页

合页的中轴部位体积小，门窗关闭时只会见到中轴管（Knuckle），整体设计看起来简洁（图5-1-18）。主要用于木制门窗，不适用于重量大的门窗上。若将门窗向上提起即拆卸。分为左开与右开。

旗形合页

合页左右两翼的形状像旗帜一样（图5-1-19）。若将门窗向上提起即可拆卸。主要用在铁门上。

柜门小合页

使用在置物柜等轻量家具的柜门上（图5-1-20）。形状与拟宝珠合页相似，但中轴与左右两翼齐平，没有凸出。也称为“平丁香”。

表5-1-1 家具用合页、铰链种类

柜门类型	合页类型	备注
开门式柜门	烟斗合页、普通合页、P形铰链、角铁合页、隐藏式合页等	现已成为趋势的柜门安装方式，是将柜门安装在橱柜外的门框上，几乎都使用烟斗合页。特别是施工便利的触碰式铰链最为普遍
上弹式柜门（Flipper Door）	普通合页、角铁合页、烟斗合页等	直接将向上开启的柜门向内平行滑动，并将柜门收纳在橱柜中的专用滑轨铰链。若使用柜门支撑气压杆（Stay）需留意二者组装方式
下拉式柜门（Drop Down Door）	下拉式合页、对折式合页等	需搭配固定五金件

图5-1-17 拟宝珠合页

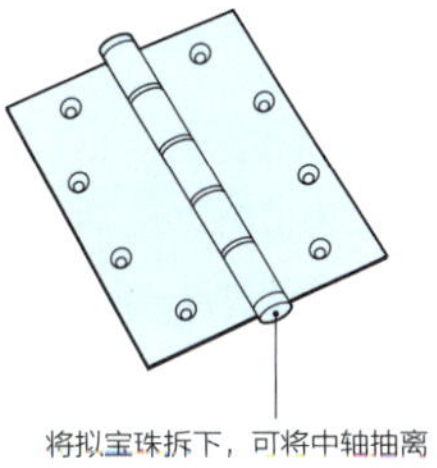

图5-1-18 法式合页

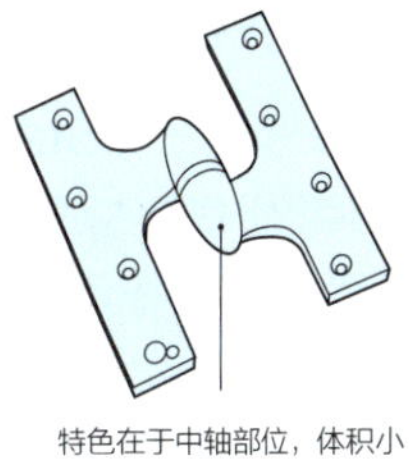

图5-1-19 旗形合页

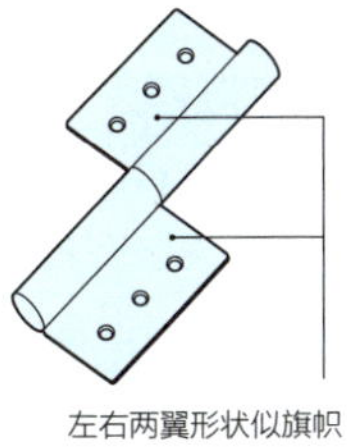

图5-1-20 柜门小合页

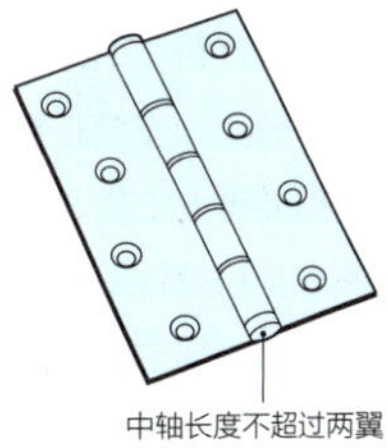

烟斗合页

收纳用家具中，将铰链隐藏时用的门支撑铰链。将门拉到门框外的开关（图5-1-21）。

隐藏式合页

平开门关闭时，隐藏在门框和门柱中的铰链（图5-1-21）。

下翻暗藏铰链

写字桌的下开门中使用的专用铰链（图5-1-21）。将门和桌面板平摊在一个平面上。

翻板铰链

将折叠餐桌等180°拉开的家具板上使用的铰链。也叫折翼铰链。

角铁铰链

家具门上用的铰链。轴夹在框和门之间的接缝中。

钢琴铰链

指节较多且有强度，能防止门弯曲。也叫长铰链。

玻璃铰链

用于玻璃门的铰链。有的是将玻璃上下夹住固定，有的是在玻璃上打孔安装。

屏风铰链

装饰画或隔断上用的折叠家具的铰链。可内外开合360°。

外盖门

在平开门或移门上安装框隐藏固定的门（图5-1-22）。推拉门用滑动铰链，移门一般背面用滑轮和滑轨。

图5-1-21 合页（铰链）的种类

名称（种类）、外观		安装位置、门的移动	名称（种类）、外观		安装位置、门的移动
❶烟斗合页		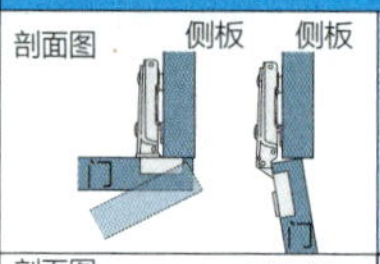	❷隐藏式合页		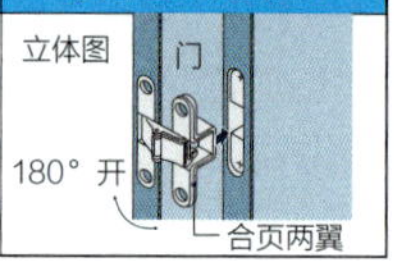
❸下翻暗藏铰链		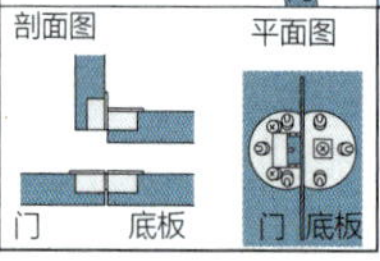			

❶开门时，门移动到门框外面，关门时从外面看不到合页。
❷因为门边转边滑动，所以关门时从外面看不到合页，门能180°开合。
❸开门时，门的内侧面和底板上面在同一个平面。

图5-1-22 外盖门和内嵌门

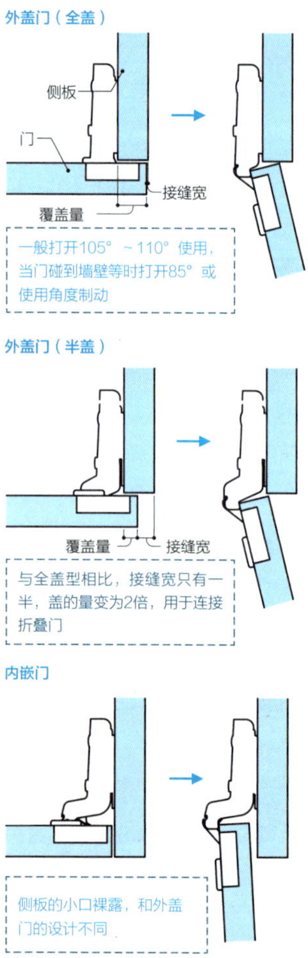

内嵌门

平开门或移门打开时门在门框内侧的门（图5-1-22）。拉门使用隐藏铰链、滑动铰链。移门沿着门的上下轨道，内侧门移动开关。

自由铰链

开门时，通过绕组发条的反作用力自动关上的铰链。适用于有一定重量的门。

铰链

使用转轴的五金配件（表5-1-1、图5-1-23）。安装在门上的旋转轴，用来支撑门重量的金属配件。

柜门支撑气压杆（Stay）

支撑门重量的五金配件（图5-1-24），缓冲门突然关闭的冲击力，包括刹停（Break）式、速度渐缓（Soft Down）式等。

门扣（Catch）

用来防止门片自行打开的五金配件（图5-1-25）。一般门扣安装在橱柜内侧，在门上安装门扣插榫。主要有磁铁类型，以及利用金属或塑料弹性的滚轮式门扣、滚珠式门扣等。需要根据门的用途来选择门扣的保持力等性能。通常防止地震时门打开而安装门扣，也有在地震时可自动上锁的耐震门扣。

门挡（零件）

为了避免打开的门或把手直接撞到墙而安装的横木或装在地板上的凸起物。

门把

开关或打开抽屉时让手指扣住的地方。

拉手

推拉门开关时，在门的边上安装的把手。

插销

两开门或推拉窗中，为了将门窗扇固定在框上而安装的可上下移动的五金。

制动臂

推拉门的上方安装的五金。使门打开时不能超过某一角度。

闭门器

推拉门用的自动关门装置。有的装在门打开的一侧，有的装在另一侧。

连接件

板式家具组装时，将顶板、侧板、底板和背板连接起来的五金。

旋转门用五金

滑动轨和滑动铰链一体的收纳推拉门专用五金。

图5-1-23 铰链门（门用）

单开、双开皆可使用的P形铰链

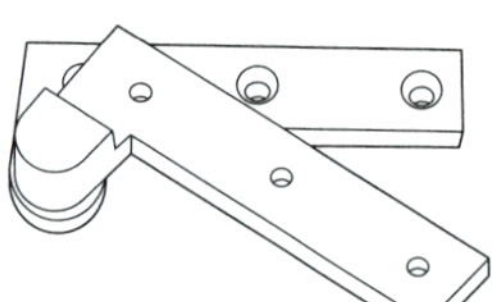

滑轨

滑轨（Slide Rail）

安装于抽屉或滑动式桌面等家具的五金配件，左右成对使用。其种类包括塑料滑轮的滑动式滑轨，或使用轴承（Bearing）伸缩杆的伸缩式滑轨。伸缩式滑轨包括两段式、三段式伸缩拉杆，三段式伸缩拉杆可将抽屉里端完全拉出。应考虑家具的功能用途，再决定滑轨尺寸、承重能力、是否附有门扣（无法自然拉出抽屉），以及是否需要安装一碰触即可简易拆卸的滑轨类型。

棒条状滑轨

常见于木结构建筑（图5-1-26）。在滑轨上方（与拉门接触的面）以钉子固定，钉孔外露部分容易发生凹折弯曲。当拉门滑动到钉孔部位时，会发出“咚”的声响。

无声滑轨（Noiseless Rail）

截面形状像火车铁轨的滑轨（图5-1-27）。滑轨下方支撑龙骨以钉子固定，因此与拉门接触的轨道面上无须钉钉子，移动时发出的杂音较少。与下门槛接触面积广，适合较重或滑动部位尺寸精准的门窗。也称静音滑门轨。价格高于棒条状滑轨。

门窗滑动轨道

完工后安装的滑轨类型，凸出楼地板面部位尺寸较小的滑轨（图5-1-28），宽幅较宽，但没有凸起的棒条状物，指V形滑轨或静音滑轨。

灌封滑轨（嵌入滑轨）

安装在混凝土完成面上，用水泥砂浆将主体全部或部分掩埋的滑轨（图5-1-29）。用于土间（日式下沉式玄关）等的进水处或外部。安装完成后不容易调整，因此安装时要确保高度平行。

V形滑轨

滑轨面切割成V形，常用材质有黄铜、铝、硬木等，埋设在下门槛或各种材质的地板中（图5-1-30、图5-1-31）。不会凸出于下门槛或地板面，适合用在无障碍空间或不想让滑轨凸显的场所。只需挖出沟槽即可简易安装，但依拉门重量需研究确定V形滑轨的底部材料位置，或需加强等。

吊门用轨道

让从吊架吊下的移动门通过滑轮在水平方向移动的轨道。有的安装在天花板，有的安装在墙上。在地面上用定位销防止其横向晃动。

图5-1-24 柜门支撑气压杆（家具用）

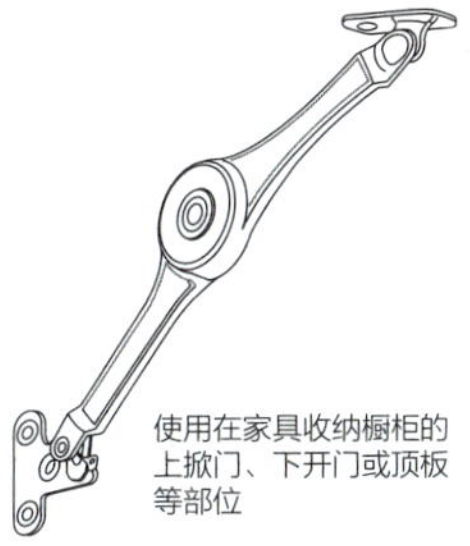

图5-1-25 门扣

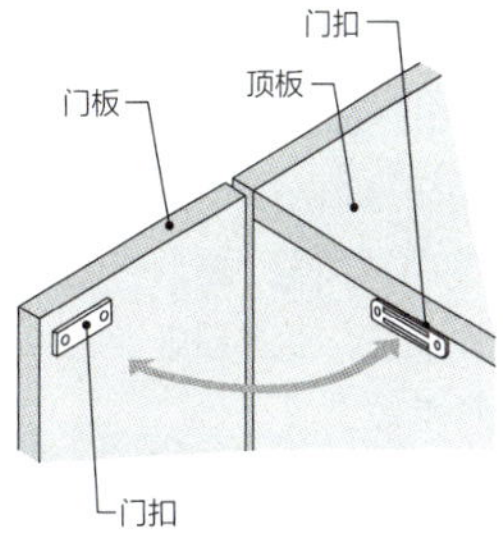

门锁

箱型门锁（Case Lock）

有门把（Knob）型与有钥匙孔的圆筒锁（Cylinder）型，可完全收纳在门板内（图5-1-32）。包括开合时临时在门扣上使用的弹簧锁扣（Latch Bolt）及上锁用的锁栓（Dead Bolt）。

空锁

仅以弹簧锁扣（Latch Bolt）将门带上后无锁栓的门锁（图5-1-33）。大多用在室内的隔间门上。

无门把锁栓

没有门把，只有锁栓的门锁类型（图5-1-34）。若附加在箱型门锁上，则变成一门双锁形式。

图5-1-26 棒条状滑轨

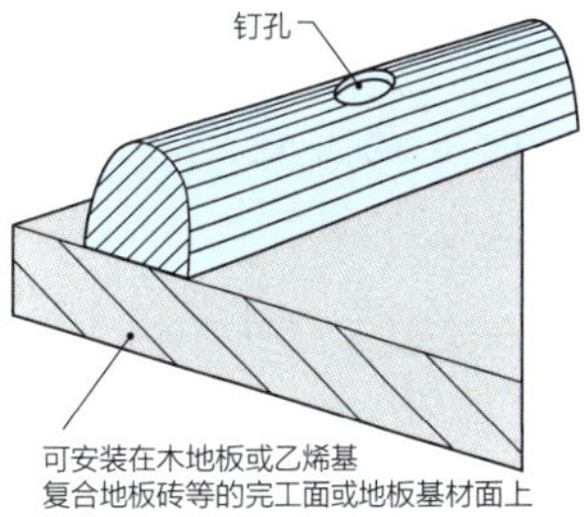

图5-1-27 无声滑轨（Noiseless Rail）

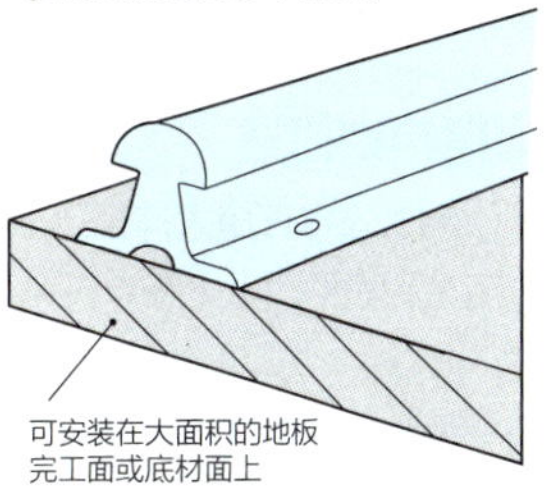

图5-1-28 门窗滑动轨道

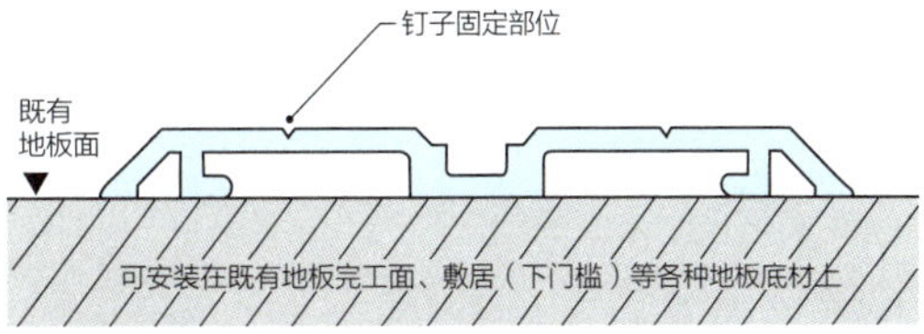

图5-1-29 嵌入滑轨

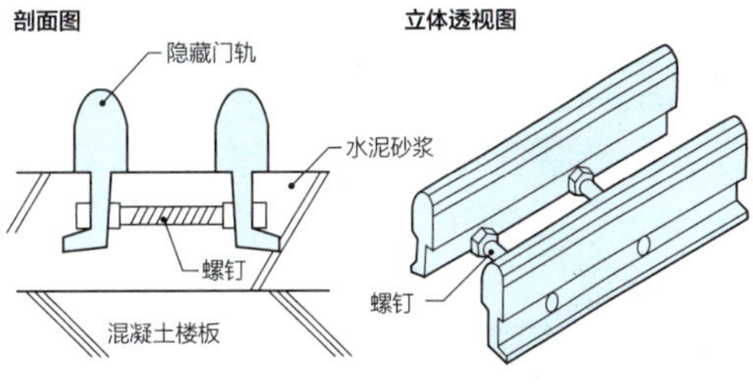

嵌入式门锁

在门侧面上凿孔将门锁嵌入其中的门锁类型，是常见的方式。

门面附加型门锁

不用在门上凿孔，直接在门面上安装的门锁类型。为完工后再安装的门锁类型（图5-1-35）。因为无须在门侧面上凿刻孔洞，所以安装作业容易施工。常使用在大楼玄关门。此种门锁的产品种类较少。

钩锁

移动门用的锁。插入钥匙或指旋器旋转时，镰刀状的别扣会被转出来，并被安装在门框或柱子的金属器件卡住而锁定。

栓锁

错位门用的锁。在合梃处装的螺栓插到另一侧锁门。

喇叭锁

若在较重的门上安装喇叭锁，会导致年长者或握力弱的人较难开门（照片5-1-2）。

横杆门把

横杆状的手把，可轻易将门开启或关闭（图5-1-36）。有的形状会钩到衣服的口袋，因此外观不仅需考虑设计层面，也需考虑功能层面。

拇指扣锁门把

在门把上方附有用大拇指压下即可开锁的锁扣，因开门易使力，可用在较重的门上（照片5-1-3）。

图5-1-30 V形滑轨（钢筋混凝土结构）

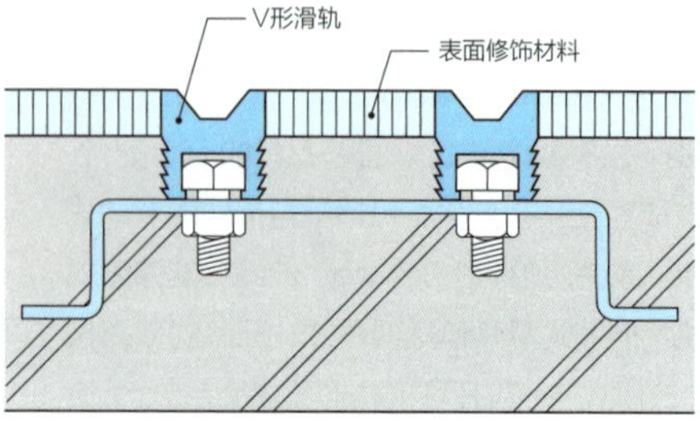

图5-1-31 V形滑轨（木结构）

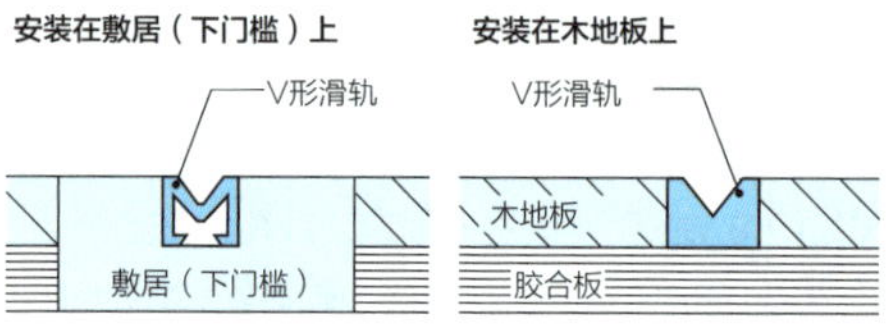

图5-1-32 箱型门锁

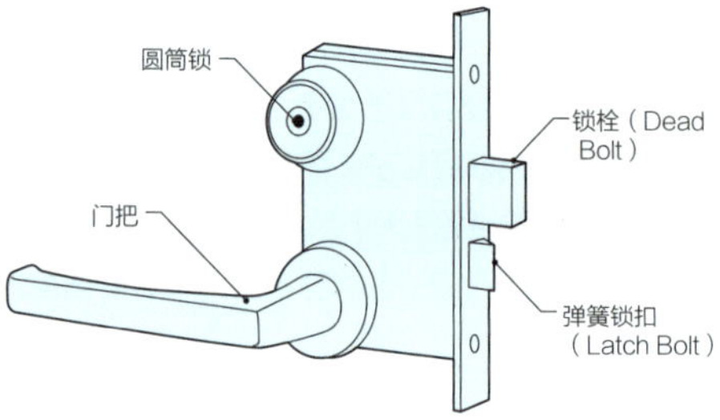

图5-1-33 空锁

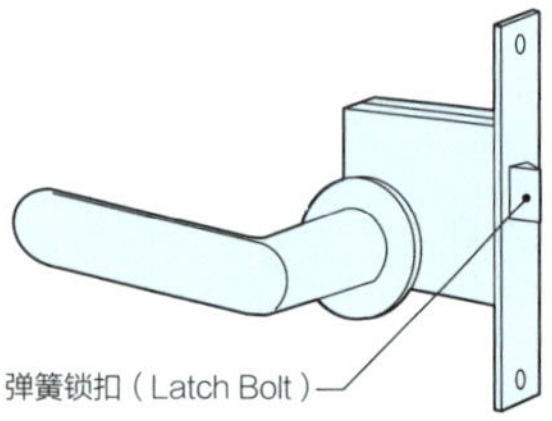

图5-1-34 无门把锁栓

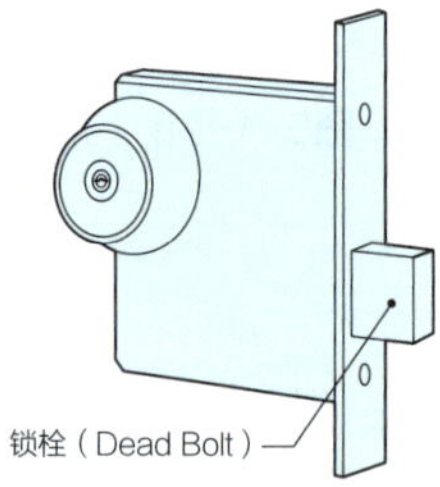

图5-1-35 门面附加型门锁

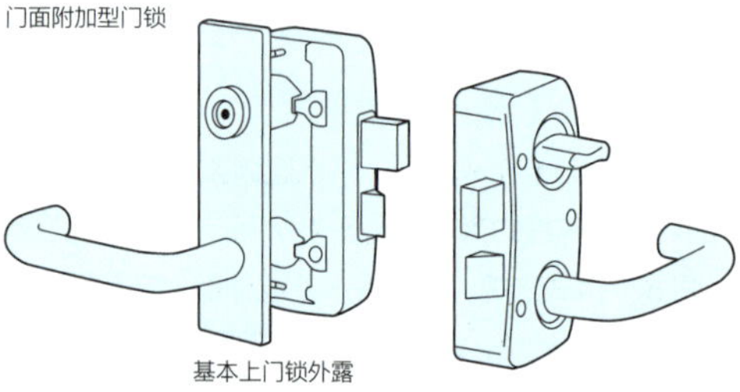

照片5-1-2 喇叭锁

照片5-1-3 拇指扣锁门把

图5-1-36 横杆门把

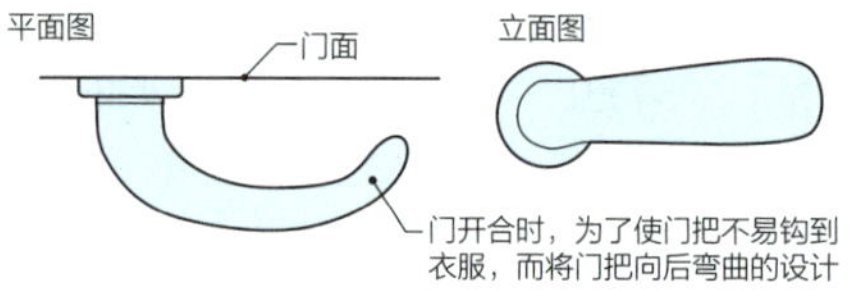

外部门窗框

外部门窗框

使用在结构开口部位的室外门窗框的总称。狭义来说是指金属制门窗框，广义上也包括木头等材料制成的外部门窗框。其中，使用在出入口的称为门。另外，木结构外部门窗框依照安装在具有厚度的墙内位置，分为外侧安装型、半外侧安装型、内侧安装型等种类（表5-1-2、表5-1-3、表5-1-4、图5-1-37至图5-1-40）。

外部铝门窗框

最常见的是铝合金挤出型材制作的外部门窗框。外部铝门窗框的密度小，质量轻，导热系数204 W/（m·K），比钢制门窗框约高4倍。目前市面上开发出经过化学喷砂处理的铝门窗框，比起过去的铝门窗框更耐磨，较不易受到损伤，由于对铝原料进行电气化学处理，表面呈低光泽度的质感。

树脂PVC外部窗框

用具有高耐候性的硬质PVC型材制成的门窗框。PVC的导热系数0.15 W/（m·K），相当低，PVC门窗框传导的热仅是铝门窗的千分之一，隔热性能佳。

木制外部门窗框

木材的导热系数是铝的1/1 500以下，隔热性能比PVC更好。现在的木制外部门窗框，可借由在五金配件或断面形状上的设计提高气密性。虽然木头本身的自然纹理、色调、触感让人感到亲近舒适，但考虑到实际使用维护，涂装作业是必要的。

复合式外部门窗框

将多种素材组合制成的门窗框。组合多为耐候性佳的铝材及隔热性佳的树脂PVC。其种类有外侧铝加上内侧PVC、铝材之间嵌夹PVC隔热。也有木制门窗框表面用铝材保护的复合式门窗框。

钢制外部门窗框

通常用于预制门，尤其是防火门。

外部不锈钢门窗框

一般使用耐腐蚀性最好的SUS304制作出的不锈钢门窗框。和钢制门窗框一样，也作为防火门来使用。

无障碍外部门窗框

消除高低差的门窗框，用来满足无障碍空间的需求。但目前对于无障碍门窗的规定是下框部位高低差20 mm以下（中国为15 mm），若是轨道式门窗框，虽然看起来是平坦的，事实上仍有约20 mm的高低差。

外侧安装

在外墙侧安装外部门窗框及收边处理（图5-1-38）。主要是柱子外露墙壁使用的外部门窗框安装方式。虽然外墙内外均不需加框，收边简洁，但门窗框重量仅以钉子承重，若要安装大型门窗框，则需考虑经年累月使用发生门窗框脱落的可能性。

半外侧安装

外墙收纳在铝制门窗框内，门窗框部分凸出于外墙墙面的安装收边处理方式（图5-1-39）。也称“半外”。外墙内侧需加框。在木结构住宅中此种安装方式成为主流。若铺设外部隔热材，或是外墙饰面材较厚，则需确认门窗框凸出于外墙墙面的尺寸是否足够。

内侧安装

外部门窗框侧面深度可收纳在外墙墙体厚度中的收边处理方式（图5-1-40）。外墙墙面上可在门窗四周加装框材，或是以抹灰填涂作为收边处理。墙内侧也需要安装木制门窗框。木结构建筑用的铝制门窗框在刚开始使用时，几乎都是内侧安装类型，近年来逐渐被半外侧安装类型取代，已较少见到内侧安装类型。内侧安装是在钢结构建筑或钢筋混凝土建筑中常见的门窗安装方式。

表5-1-2 外部门窗框的主要性能标示

①抗风压性	能抵抗的风压（单位为Pa）。日本工业标准（JIS）中，以每平方米每小时流失的空气量作为标准，区分S-1至A-7等级
②气密性	经由门窗框与门窗间隙流失的空气（间隙风）量。JIS中，以每平方米每小时流失的空气量作为标准，区分A-1至A-4等级。流失空气量单位为m^3/（h·m^2）
③水密性	为防止带有雨水的风造成的渗雨情形所能抵抗的风压。JIS中，在风雨状态下，以每平方米能抵抗渗雨现象的风压作为标准，区分W-1至W-5等级
④隔声性	用来表示能隔绝多少从室外入侵室内，或从室内流失至室外的声音。JIS中，以每个频率（音频）能阻隔的音量为标准，区分T-1至T-4等级。以公式“外部门窗的隔声性能=室外噪声等级-室内噪声量”来标示
⑤隔热性	能阻隔多少热的传导。JIS中，以热阻（R值）为标准，区分H-1至H-5等级。热阻单位为$m^2 \cdot$**k**/W
⑥防结露性	能防止结露现象的程度。与门窗框的隔热性有密切的关系
⑦防火性	火灾时的防火安全程度。在日本，建筑标准法、施行令、告示等法令中均有规定。防火建筑物、准防火建筑物，或是防火地区以及准防火地区的建筑物外墙中，在有火灾蔓延隐患的开口部位，应设置有防火设备或特殊防火设备（防火门）
⑧开合力	门窗开合时所需的力，单位为N。JIS中规定的开合力是50 N。适用于转轴式推拉门窗、滑轨式两片以上可左右交互拉动的门窗、单片单向滑窗以及拉门
⑨重复开合力	包括合页、门锁等五金配件的门整体，可经历几次开合未损坏的能力。开合合计一次，以可重复的次数作为参考标准

表5-1-3 外部门窗框的主要材质种类

铝	钢	木	不锈钢	树脂	复合
铝材质量轻 、容易加工，可利用挤出成型的制作方式，让截面形状确保气密性与水密性，主要使用在建筑外部开口部位。铝的导热系数高，几乎是钢的4倍	钢无法避免锈蚀，因此不太会用于会接触到雨水的部位。使用在建筑物外部开口部位的钢，则会出于设计考虑施工烤漆	现在的木质门窗与过去不同，可借由五金配件或截面形状的加工提高气密性。木材的导热系数低，是铝的1/1 500以下，因此隔热性佳	一般是以耐锈蚀性最优的SUS304制成。不锈钢的强度、耐久性皆比铝优，除了使用在商店、办公室等建筑物外部的出入口部位，也使用在住宅	使用高耐候性的聚氯乙烯（PVC）成型的外部门窗框。PVC的导热系数是铝的1/1000以下，因此隔热性佳	使用不同材质组合制成的外部门窗框。大多是将铝的耐候性与树脂的隔热性合并，组合制成外部门窗框。也有在木制门窗框表面以铝材包覆保护的形式

宽度（*W*）、高度（*H*）

标示门窗宽度、高度。一般建筑用门窗的是指内法尺寸（内侧有效尺寸），木结构建筑用门窗的是指外法尺寸（外侧实际尺寸）。

窗台底座

用来安装门窗的下缘框。内侧或半外侧门窗安装方式是直接将窗台台座架设在墙体上。在木结构建筑中，依照真壁或大壁的不同，窗台后座的内侧完工尺寸也会不同（上缘框的楣梁也一样）。

楣梁

安装门窗的上缘框。楣梁与窗台底座的开口尺寸，需预留出比门窗外法尺寸大的空间。

拉门（窗）

在门窗工程中，安装在开口部位门窗框内的可滑动门窗（玻璃门窗）。非和室纸拉门窗。

图5-1-37 木结构用外部门窗框种类

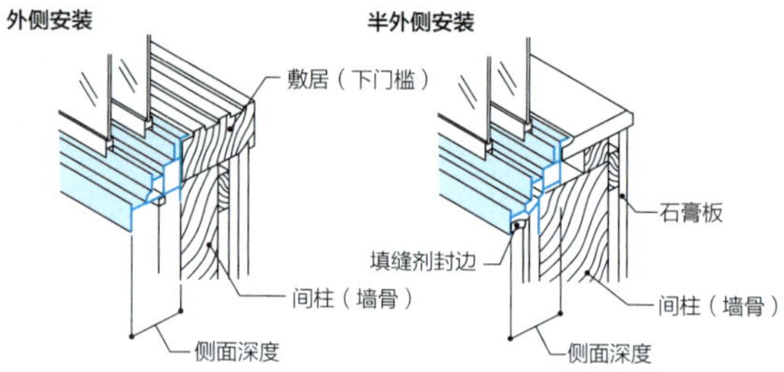

门（窗）框框材

将拉门（窗）包夹的铝或钢制框。因安装于建筑结构体上，确保水平、垂直精准度的同时，也需防止雨水浸渗入内。安装在铝制门窗框内侧的木制门窗框，在施工现场也称为门（窗）框。

图5-1-38 外侧安装

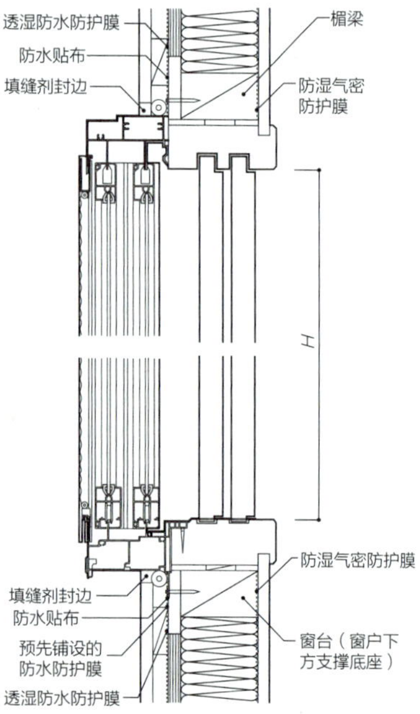

图5-1-39 半外侧安装

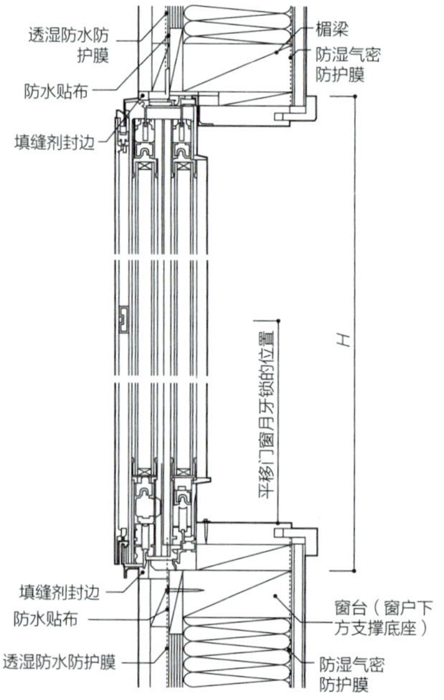

图5-1-40 内侧安装

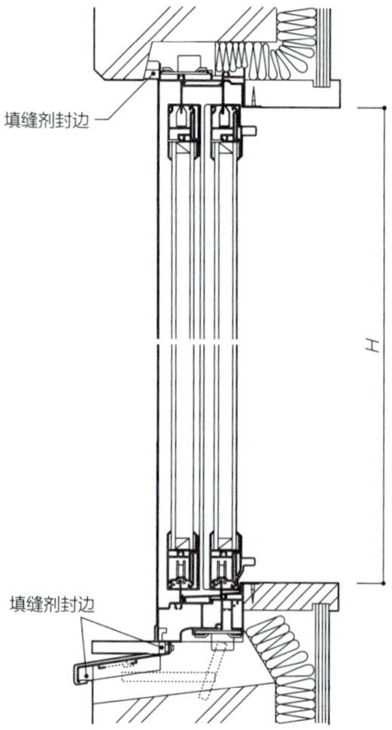

表5-1-4 外部窗框的开合样式与特征

开合样式	形状与特征		优点与注意事项
可左右交互拉动的窗框（2片、3片、4片组）	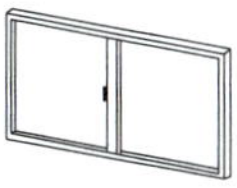	左右扇窗皆可水平滑动、开合，在日本是最常见的开合样式	窗的前后方可置物； 可以清理外侧玻璃； 若是3片组窗，需留意纱窗的设置方式； 若是4片组窗，窗扇在闭合时的位置较难设计
单片横拉窗窗框		由单片横拉窗与固定窗组成	固定窗的窗框看起来纤细且美观； 需留意固定窗的清理方式； 依照单片横拉窗的内外设置方式，区分为内拉与外拉样式
两侧双开窗窗框	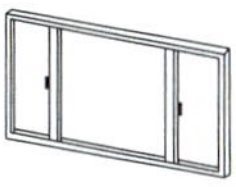	中央部位是固定窗，两侧是单片横拉窗的组合样式	可作为防火设备，使用于大型开口部位； 需确认中央固定窗的清理方式； 依照单片横拉窗的内外设置方式，区分为内拉与外拉样式
上下提拉窗窗框		上下窗扇可垂直滑动、开合，也有上方窗改用固定窗的组合样式	窗的前后方可置物； 纵长窗型； 无法完全开放
回转轴式直开窗窗框		以纵轴为回转中心，将窗扇向外侧旋转完全打开。回转轴可以水平滑动，因此窗扇的左右两侧皆可开放	高度开放性； 不适用大型开口； 外侧玻璃可以清理
回转轴式横开窗窗框	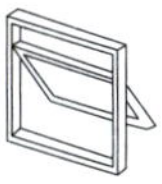	以横轴为回转中心，将窗扇向外侧旋转完全打开。回转轴可以垂直滑动，因此窗扇的上下两侧皆可开放	高度开放性； 不适用大型开口； 外侧玻璃可以清理
下悬内倒式窗框	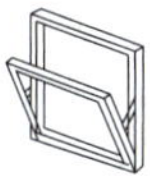	将窗扇向内侧倒下打开，大多用于排烟	排烟效果好； 若使用不透明玻璃，即使打开也让人难以窥视室内 内侧不易安装窗帘； 纱窗不易清理
下悬外倒式窗框		将窗扇向外侧倒下打开，大多用于排烟	排烟效果好； 雨水容易进入室内； 外侧玻璃不易清理
上悬外倒式窗框	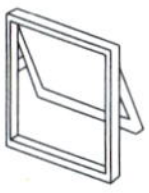	窗扇向外推出开启。借由水平空间将窗扇推出，可以达到上下左右各方向换气、通风的效果	即使打开，雨水也不易进入室内； 外侧玻璃不易清理
百叶窗窗框		转动玻璃百叶扇来开合，也有双层玻璃百叶扇的样式	即使打开，雨水也不易进入室内，适合用作通风窗； 气密性差
连动式旋转窗窗框		上下排列的多扇窗可连动旋转开合	窗扇旋开角度可以调整； 每扇窗均附有窗框，气密性比百叶窗强
固定窗窗框	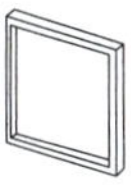	无法开合的窗，适用于采光或观景	窗框宽度纤细优美，适合采光或眺望景色； 需设想清洁玻璃的方式
中轴旋转窗窗框	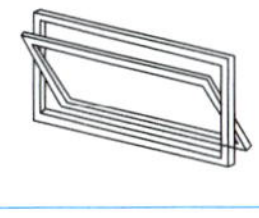	借由配置于中心的转轴，让窗扇回转开合，多使用天窗	高度开放性； 玻璃易清理

门（窗）框上框材
外部门窗框的上缘框。

门（窗）框下框材
外部门窗框的下缘框（图5-1-41）。

纵向框材
外部门窗框纵向框部位（图5-1-41）。

框
固定门窗四周的部分（图5-1-41）。

方立（纵隔条）
外部门窗框横向连接部位的纵向材。连续门窗与门窗之间的中间柱，固定式门窗的中间纵向材也称为方立。此外，门窗若在纵向连接，安装在门窗与门窗中间的横木称为“无目（横隔条）”。两者尺寸皆取决于开口的尺寸。

无目（门窗的横档）
分段窗间置入横向材（照片5-1-4）。

档水收边板
为了排水，在门窗的下框部位安装的倾斜排水板。

边框收边材、外露框
为了处理门窗框与开口部位边框、门窗框与墙壁饰面材间的收边，装在框四周的装饰材料。

推拉门窗月牙锁（Crescent）
搭扣形式的窗用闭锁。随着防盗意识的提高，也开发出附有感应器或钥匙的类型。

气密材料
附着在外部门窗框上，确保门窗气密度的定型材料。种类有PVC类或橡胶类的Pinch Block气密橡胶条，或棉类或聚丙烯（Polypropylene）类的马海毛（Mohair）。

玻璃固定条
将玻璃固定在门窗上的条状材料。依玻璃厚度有各式各样的种类。比起填缝施工，此法更简易。多层玻璃或钢丝网玻璃的安装，因需止水、排水处理，不使用玻璃固定条，而是以填缝材进行固定作业。也需考虑现场施工所需时间与人力（照片5-1-5）。

防水贴布
用来止水的黏性贴布。与气密贴布为同一物。在木结构建筑中安装门窗时使用，利用防水贴布将门窗框与外墙防水防护膜相互接合，来达到止水的效果。

照片5-1-4　无目（门窗横档）

照片5-1-5　玻璃固定条

照片5-1-6　镜板（外部挡雨窗箱面材料）

框周围填缝施工
窗框周围易让雨水入侵，除了使用气密贴布，需要在门窗与木结构建筑外墙壁板或水泥砂浆等的外墙饰面材之间，打入填缝材料。

外部防雨窗

户袋
用来收纳外部挡雨窗的箱型空间。窗框过去是将外部挡雨窗扇收纳在两层外墙之间，在内侧墙上开设小型窗孔，借此推拉外部挡雨窗扇。若是工厂预制成的外部铝门窗，大多是与门窗框一体成形的样式。

户袋覆面材料
装在户袋上的覆面材料（照片5-1-6）。也有将镜板省略的户袋形式。

图5-1-41　住宅用外部门窗柱的各部位名称

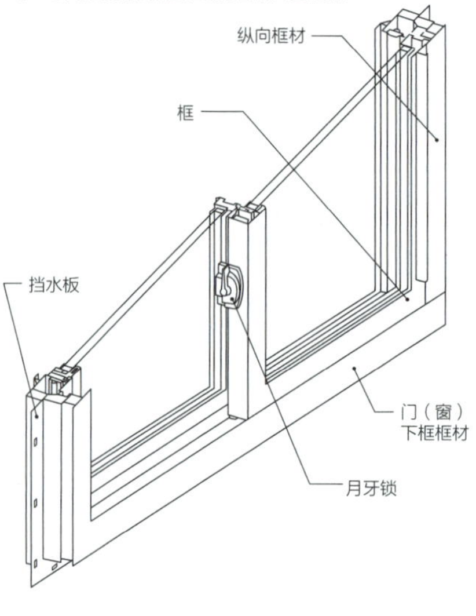

设备 6

电气工程

6.1

电气设备

电

电荷（基本粒子所有特性之一）的移动或相互作用产生的各种物理现象的总称。电能可以与很多能量相互转换。一般的电气设备大致分为与能量输送有关的强电，与通信或信息控制相关的弱电。

电压

让电荷流动的原因。单位是伏特（V）。电线越长，导体电阻越大，末端电压越低，可以通过换成粗电缆或导体来改善这种情况。

电流

单位时间内通过导体任一横截面的电。单位是安培（A）。针对在建筑物内照明或插座等各种负荷（通过电流消耗电能），使用电线构成电荷流动的路线（回路）。

电功率

电流在单位时间内做的功。单位是瓦特（W）。电功率的大小用电压*U*和电流*I*的乘积来表示。单位时间单位功率消耗的能量以W · h为单位。

直流

大小和方向一定的电流。电子设备使用较多。照明设备上可以用专用电源将电转换成直流后使用。

交流

大小和方向发生变化的电流。在电路图上用AC表示（直流是DC）。

电路

用导体将电气元件连起来的回路。在分电盘（电源）到照明和插座（负荷）之间用电线连成一个环（回路）。

电井（Electric Pipe Space）

缩写为EPS。为了将上下楼电线连接起来的空间。里面收纳电的配线、配管以及仪表盘等。在建筑图上用EPS表示。

契约供电量

用电户与电力公司签约使用的最大供电量。依电力公司供电规定的计算方式，求得最大用电量。

用电户

电力使用者。表示用电的单一地点、机构（基地），得到电力供给的契约签订者或机构。基本上单一用电户签订单一契约，单一基地拉一条供电线。用电场所指包含设有机电设备场所的单一整体基地。

受电电压

在日本，电力公司提供的电源、电压，依照契约规定，供电容量各有不同。契约供电量未满50 kW或200 kV的受电电压，是低压受电。超过500 kW或6000 kV是高压受电。2000 kW以上，依照地域或契约容量分别有22 kV、33 kV、66 kV等的受电电压，是特别高压受电。高压以上的受电电压需在用电基地内设置变电设备（译者注：中国情况不同，总容量250 kW或变压器容量160 kVA以下，可由220/380 V低压供电）。

用电限量契约（Limiter）

一般住宅最常用的用电约定方式。从10 A到60 A，设置与限定容量相符的断路器，用电量若超过用电限制器容量，微动/限位开关开始运作，断开回路。

图6-1-1 单相3线式的配电方式

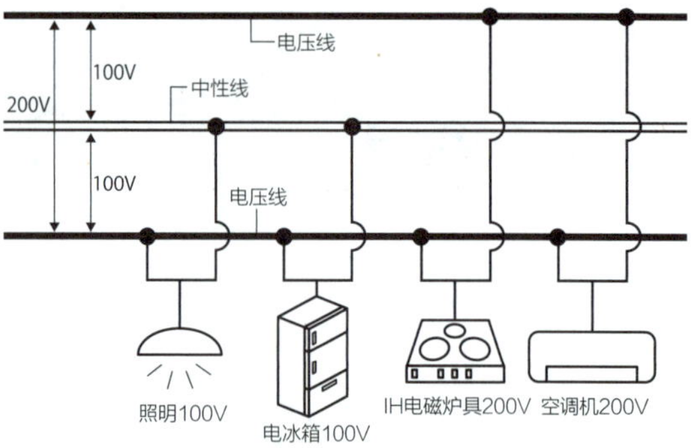

注：日本地区配电情况示意。

图6-1-2 高压配电箱

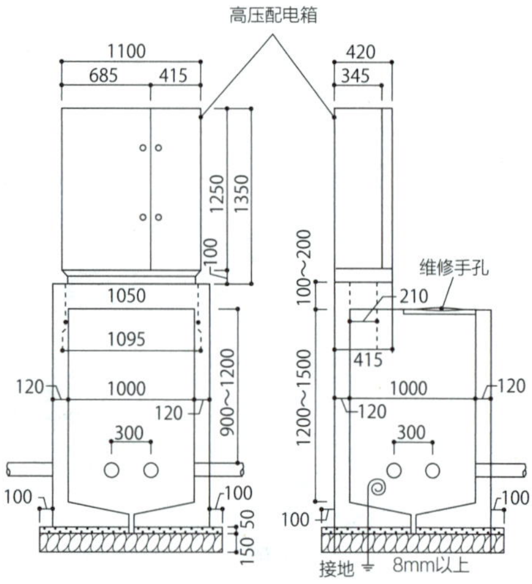

注：本图单位为mm。

峰谷电价

夜间蓄热式的电热水器等使用的用电契约方式。与用电量计费方式搭配的契约。电费比一般方式便宜。

主干断路器契约

从限量契约延伸出来的契约方式，依照主要开关容量决定供电契约内容的电力契约。

回路契约

住宅的电力回路数量与200 V器具的电力容量，依两者合计数量自动决定供电契约容量为6 ~ 49 kW。

弱电、强电

常用的称呼，弱电是指电信、计算机监控信息，强电是指能量传递相关系统。“内线规程”（译注：日本对于电器设备安全制定的民间约定）在日本对于弱电、强电的定义是：弱电电流回路使用于电话、电视等的视听回路，室内内线扩音器等的声音回路，由1次电池供给电压30 V以下的回路，超过30 V的由1次电池、2次电池、专用发电机等提供60 V以下的电力回路。

配电方式

在日本用电场所内的配电方式中，低压配电分别有单相与三相。单相电源有单相2线105 V、单相2线210 V、单相3线105 ~ 210 V，三相电源是三相3线210 V，三相4线240 ~ 415 V等。单相电源主要提供电源给照明或插座等小型机器，三相电源则是空调、卫生设备、升降机等设备的配电。

单相、三相

在日本单相指单一相位的交流电，一般用于电灯、插座等100 V电压处（译者注：中国为220 V）。三相是相位互相差120°的三等分正弦波交流电力。一般用于三相交流电源电机等的200 V电压处（译者注：中国为380 V）。

单相3线式

在日本可同时用100 V与200 V电源的配电方式。微波炉、冷气、电热器、电磁烹调炉具等用电量大的家电制品会用到200 V电压（图6-1-1）。

单相、三相3线式

配电方式的种类。在日本单相区分为2线式、3线式，2线式可使用100 V的电器用品，3线式可使用100 V与200 V的电器用品。如今常见单相3线式使用在冷气或电热水器、电磁炉具等200 V电压家电用品上。三相3线式用于动力马达等200 V电压处。

动力

动力回路的简称。一般是指供电给电动机、电热器、电力装置的三相电力回路。即供电给除了照明器具、小型机器等电器设备的电力回路。

低压供电装置

低压受电装置设在靠近电力公司电源线之处，是用电基地内若发生事故，可马上切断电源的安全装置。一般用低压用断路器。

高压配电柜

电力公司在高压电用电户的埋设责任点处设置的独立型断路器柜（图6-1-2）。

落地式变压器（Pad-mounted Transform）

即地上设置型变压器（亭置式变压器），也称集合住宅用变压器。为中小型集合住宅的变电设备，相当于电力公司在大型集合住宅设置的设备室。接地场所与配电灯相同，设置在用电户基地内便于维护检查的室外空间（图6-1-3）。

高压柜（Pillar Box）

高压电配电塔，也称配电塔。钢板制成的室外箱内藏地下配电线的高压电机器，设置在电力公司及用电户的基地界线附近，作为分界点。设置地点需在用电户基地内便于进行维护检查的室外场所（图6-1-4）。

图6-1-3 落地式变压器

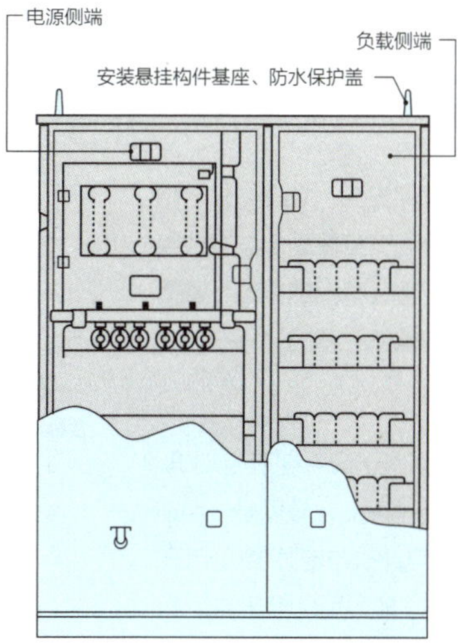

图6-1-4 高压柜

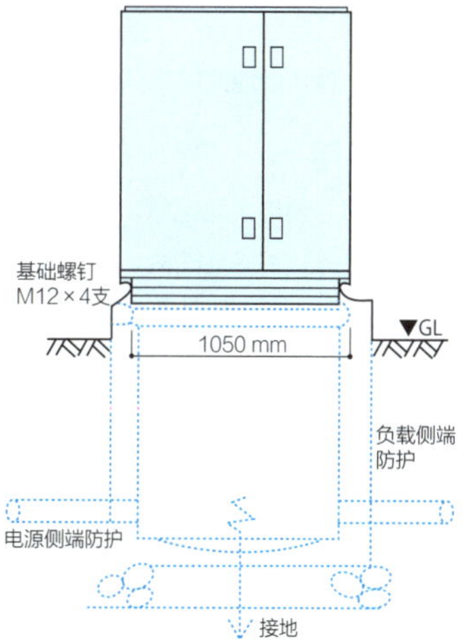

供电柱（电线杆）

从电力或电信公司拉线出来使用的柱子，多以混凝土制成（图6-1-5）。设置在用电户基地中，以断崖拉线（直接从电线杆拉线）方式接收低压电、高压电。若是接收高压电，需设置隔离开关作为责任分界点（区分电力公司与受电户的安全责任分界点）。也有将电话或有线电视的回线等拉到同根电线杆的情形。

高压配电盘

一般称高压变电设备（图6-1-6）。钢板制箱型，来整合受电的主要设备类（断路器等的开关装置、变压器等的主回路设备或仪表类）受配电盘总称，也称闭锁型配电盘。设置在建筑物内或屋顶、室外。对于高压变电设备，不仅电力相关法令，消防法、建筑标准法也有相关规定。

薄型高压配电盘

变电设备有开放型与闭锁型（一般是指高压配电盘）。薄型高压配电盘属于闭锁型配电盘变电设备，比起只从前面进行维修的标准分电盘，薄型高压配电盘的深度较浅。

简易型钢管电线杆

制造厂商命名的产品名称，住宅用的钢管电线杆（图6-1-7）。按照拉线种类决定尺寸。

图6-1-5 供电柱

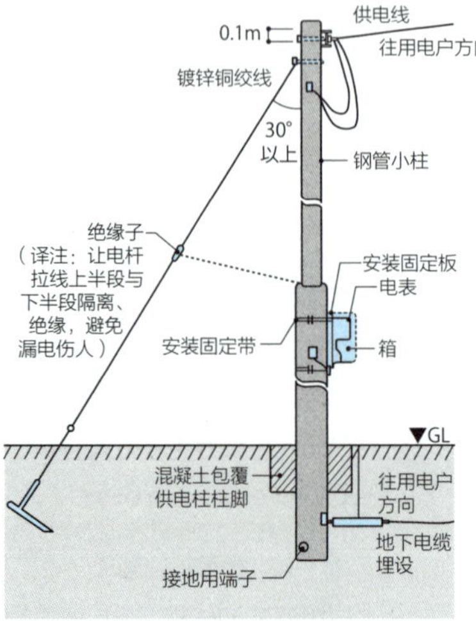

图6-1-6 高压配电盘（Cubicle）

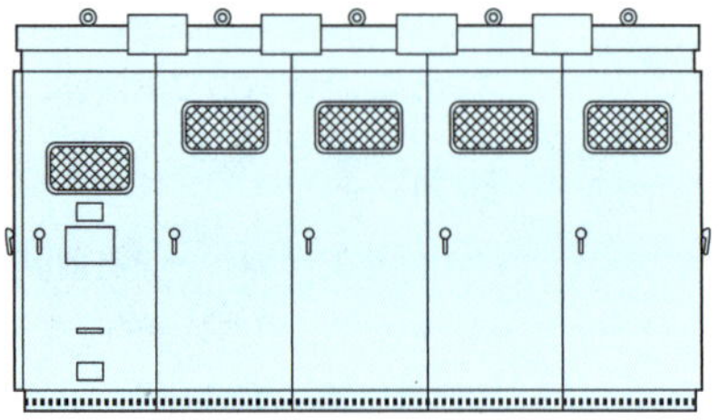

将受电用设备及配线简明地收纳于柜中。

图6-1-7 简易型钢管电线杆

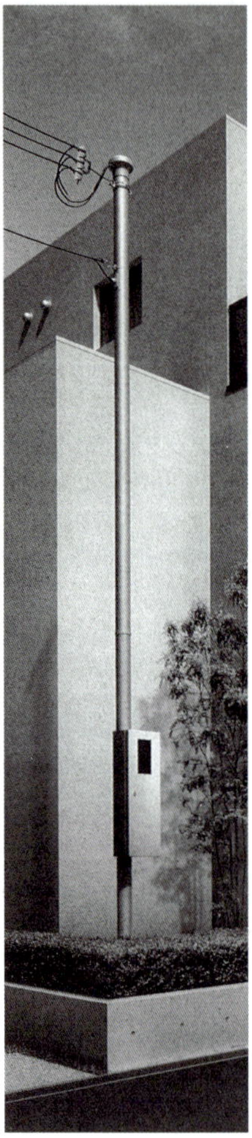

接地

也称Earth、Grand。主要有电力用与电信用。电力用的称为安全接地，目的在于确保供电安全性、防止身体触电。电信用的接地线则用来减少杂音，并确保机器运行安定性。有的做法是在最下层地板施工前，进行接地极施工。近年来，也有利用钢架或钢承板的金属作为媒介的一体化接地或结构体接地等（图6-1-8）。

接地电阻

电力回路必须与大地绝缘，另一方面，为了确保安全，会将部分电路以接地处理。若接地的话，接地电阻数值越高，安全性越低。接地电阻一般定义为接地导体与地表之间的抵抗力。高压机器的外箱、避雷器具等接地的场合，接地电阻数值规定为10Ω以下（图6-1-9）。

异步电动机（感应电动机）

使用在建筑物中的电动机，除了升降梯几乎都属于交流感应电动机。异步电动机与直流电动机不同，在直线上回转速度变化较困难，用逆变器（Inverter）则可能改善此种情形。异步电动机与电源供给电压、频率、力矩（Torque）、回转数、电流等相关。如力矩是电压的2倍，若电压低于额定电压的70%，力矩变为额定值的49%。

图6-1-8 接地

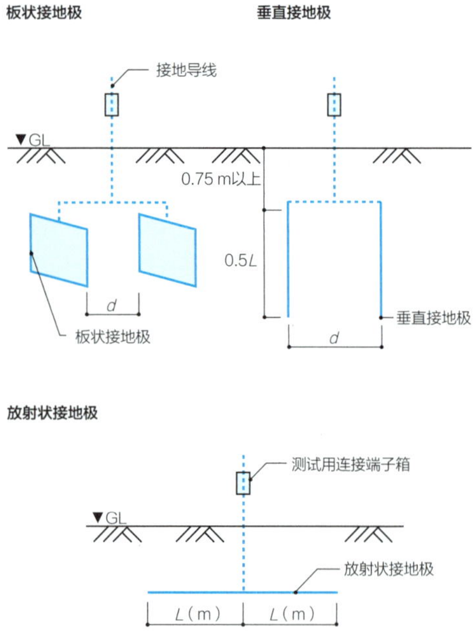

启动器

异步电动机接上电源启动时，阻抗（Impedance）力小，可传送正常运转时的5～7倍电流（启动电流）。抽水机、泵（Pump）是在数秒后，送风机（Fan）是在十多秒后开始正常运转。若启动电流可变小，过电流断路器也可变小，启动器是用来减少启动电流的机器。

星三角（Star-delta）启动

仅在电动机启动时，以三角形接线（△接线）运转，启动电力、力矩也一起抑制在全电压启动时的三分之一，随着启动电流造成的电压下降而减少，是减压启动方式中最简易的方式，但因启动、加速力矩小，一旦有负荷则无法启动，即从启动运转，因电源开放造成机电上的冲击，而有无法调整电流及力矩的情况（图6-1-10）。

图6-1-9 接地抵抗测定的接线图

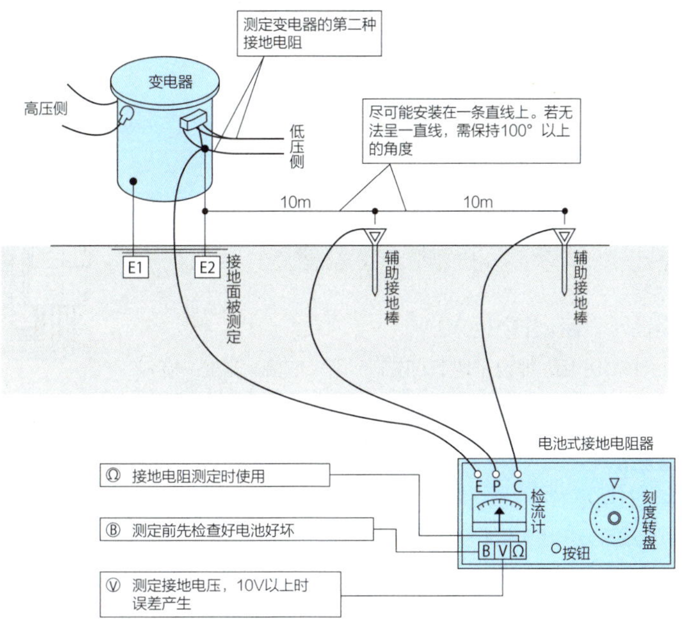

变压器

将受电电压转换成所需电压的装置。将高压电源降为低压电源，将特别高压电压降为高压电压。在日本动力设备等是三相3线200 V，电灯电源是3线100～200 V等，需依照电源种类个别设置变压器。

图6-1-10 星三角（Star-delta）启动

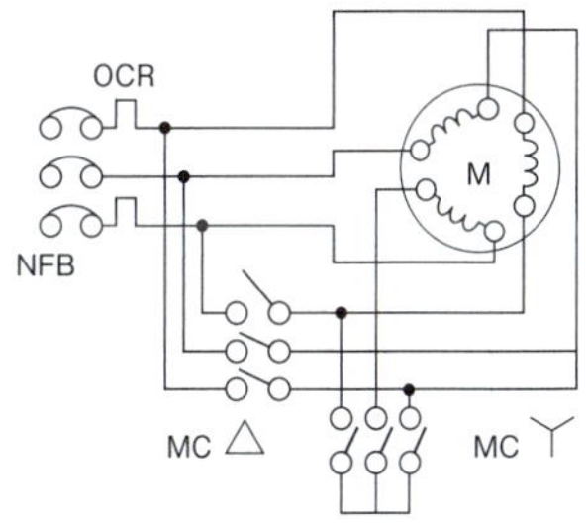

UPS

英文Uninterruptible Power Supply System的缩写，直译为不间断电源装置（图6-1-11、照片6-1-1）。由逆变器、变流器、电池等构成。若停电不会发生瞬间断电，能提供稳定的电力，保护机电房、医院等的重要设备免于受停电影响而发生事故。

照片6-1-1 UPS

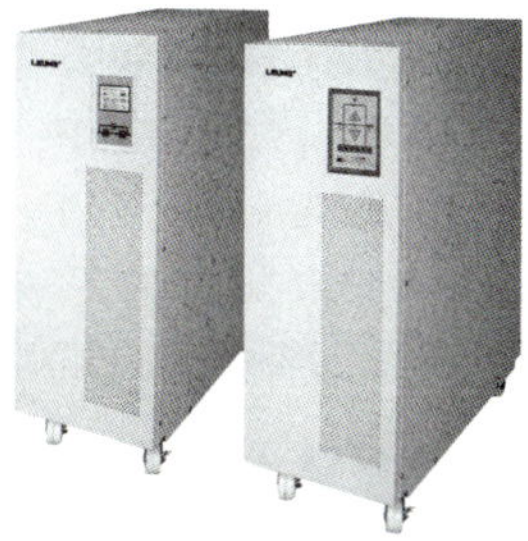

MCCB

英文Molded Case Circuit Breaker的缩写，塑壳断路器。保护电气回路在过负载（过度使用）、短路（Short）发生时，可自动断开电源。种类包括热动式（积热式）、电磁式，也称配线用遮断器、无熔丝断路器。

ELCB

英文Earth Leakage Circuit Breaker的缩写，漏电断路器。为保护电气回路或身体、住宅建筑物，在使用水或有湿气的地方安装回路。

图6-1-11 UPS（不间断电源装置）

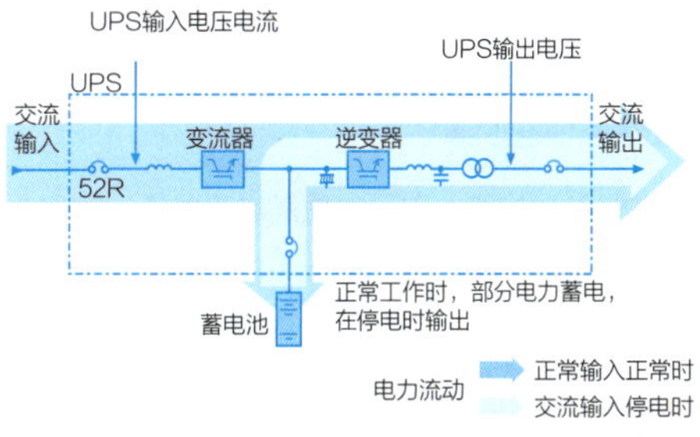

分电盘

钢质或树脂质配电箱，组合了母线、分歧回路用过电流断路器等。个别设置在从干线分出来的配线位置（译注：自主电盘干线分路负载给设备用的配电盘）。依用途分为照明用、动力用（图6-1-12、表6-1-1、照片6-1-2）。

进相电容器

经感性负载电机（电动机类）提供交流电流时，由于滞后电流的流动，会导致功率因数（用电效率）下降。为改善该种负载的功率因数，使用进相电容器的补偿量抵消负载滞后导致的无功损耗（图6-1-13）。

照片6-1-2 分电盘

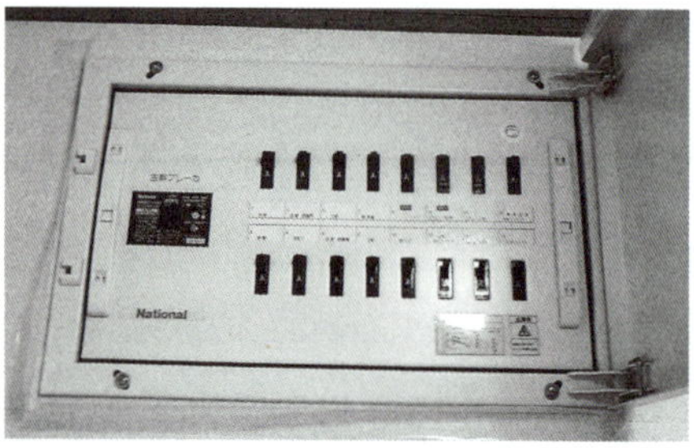

图6-1-12 分电盘

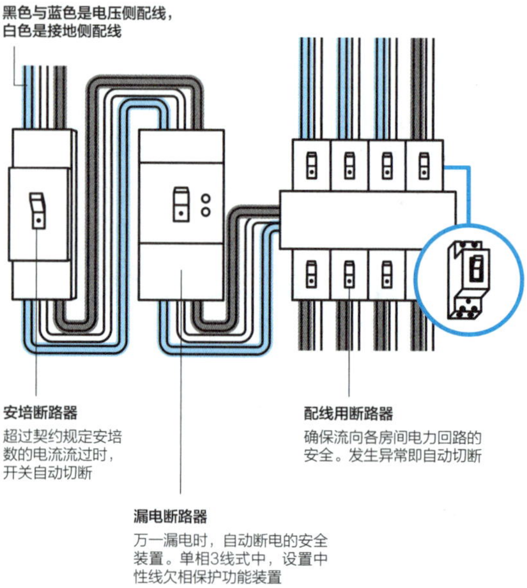

手孔（HandHole）

人孔的缩小版，埋设于地下的设施。用来连接、测试、检查、维修电线（图6-1-14）。

直流屏

供给正负极不变化直流电源的装置，作为建筑防灾使用，规划成紧急照明装置、受变电操作、监视用电源设备，设于配电室内。

电缆

传送电力的导线（图6-1-15）。电线的尺寸、材质决定流通的电流数值，称为持续载流量，容许电流大的电线断面也大。在日本，照明或插座等使用的电源配线是BV电线（600 V绝缘乙烯基塑胶护套电线）。常用单线（以室内用为主）和CV电线（600 V架桥聚乙烯绝缘乙烯树脂铠装电缆，使用绞线，使用在室内外）等（图6-1-16）。

导线管

收纳电线的管状设备（图6-1-17）。电缆线可使用在双层天花板、双层墙或外露配线上，电线则需配置于导线管内。按照规定，导线管内部不应有接续点，若需接续，则需设置在箱内或盘内。导线管有金属制（金属管）或树脂制（PF管、CD管等），应以指定工法进行施工。特别是混凝土结构体内的配管，为了不与结构构件相互抵触，应确保合适的间隔距离。

可挠性导线管（软管）

可以自由弯曲的导线管。“挠”即弯曲的意思。有合成树脂制的PF管和CD管。PF管有耐燃性，CD管没有。也有镀锌的金属管。

CD管、PF管

合成树脂制软管。在日本是最常见的电力配管。具耐燃性的称为PF管，不具耐燃性称CD管。CD管用橘色区别，不能埋设于混凝土中，也不能当作外露管线（照片6-1-3）。

表6-1-1 分电盘回路数量的参考标准

住宅面积（m²）	一般回路			专用回路	合计
	插座回路		照明回路		
	厨房	厨房以外			
50以下	2	2	1	α	5+α
50～70	2	3	2	α	7+α
70～100	2	4	2	α	8+α
100～130	2	5	3	α	10+α
130～170	2	7	4	α	13+α

图6-1-13 进相电容器

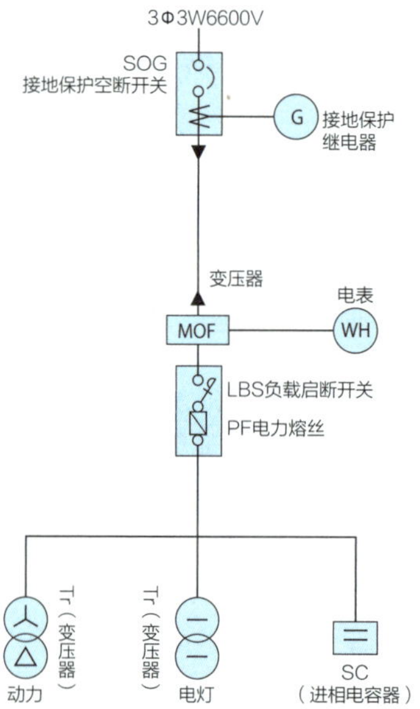

图6-1-14 手孔

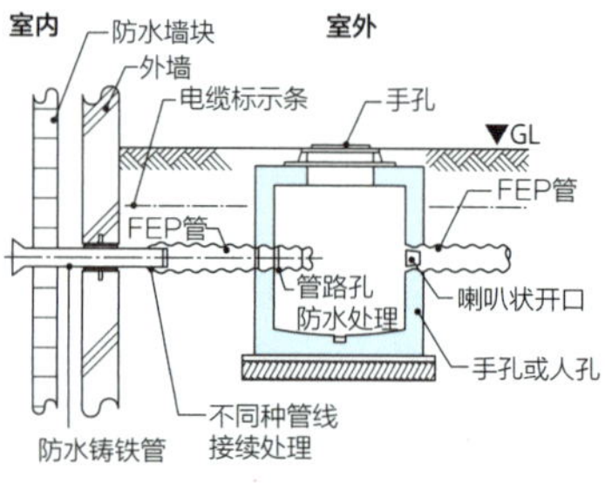

图6-1-15 电缆线

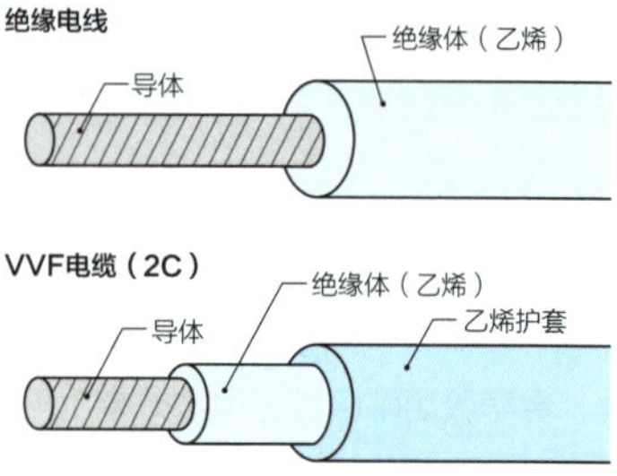

图6-1-16 电线配线种类

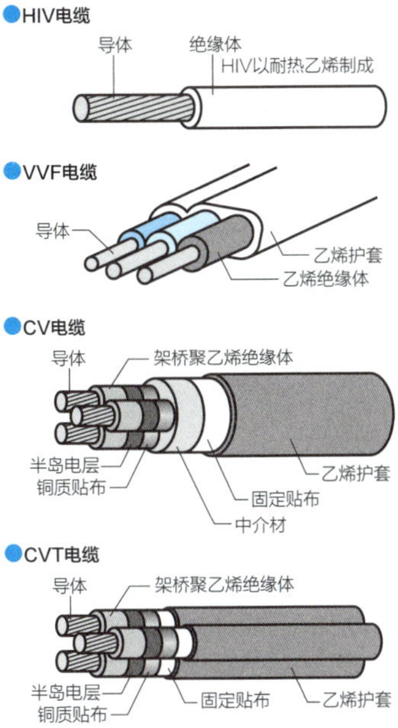

图6-1-17 导线管

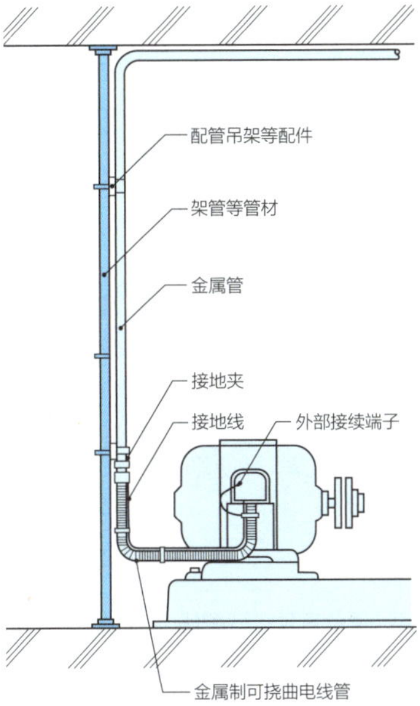

照片6-1-3 CD管

照片6-1-4 拉线箱盒

金属管

金属制导线管。大多当作外露管线来使用。

防锈涂装钢管

在金属管表面涂上环氧涂料，作为抗锈蚀处理的导线管。埋设于地下，使用在化学品或盐碱地区。

FEP管

波浪状硬质聚乙烯管，当作埋设地下电缆的保护管（图6-1-18）。

VE管

合成树脂管的一种。硬质氯化乙烯树脂制的直导线管。因其绝缘性好，所以不用担心漏电或连电，耐化学性和耐腐性也佳。但长时间暴露在阳光下或高温下容易发生开裂，所以一般用于室内。

插座盒（Outlet Box）

导线管用附属品。在机电设备的墙壁、天花板等作为导线盒或是线末端的取出口。

过线盒

导线管等的配管工程中，用来续、取出电线，安装器具的箱，设在导线管分歧、集合配管较长的位置（照片6-1-4）。

通管线

电线配管工程中来让要电线或电缆通线，事先置入的预备线。

图6-1-18 FEP管构造

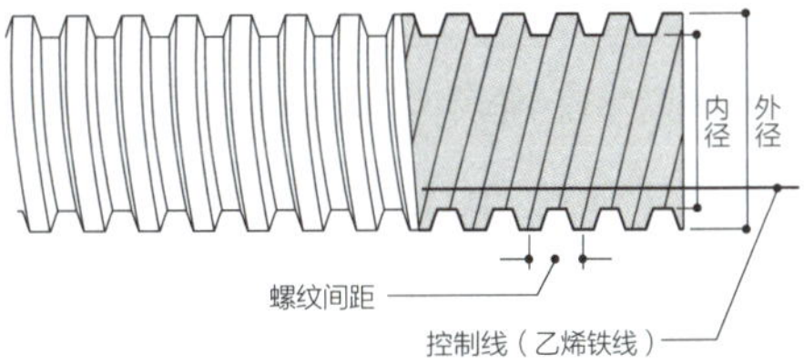

桥架

电缆工程的工法，在相同路径中设置复数电缆配线时使用（图6-1-19）。亦指支撑大量电缆配线的梯状材料。桥架上虽可直接配线，但除接地配线用的电线，其他电线的直接配线施工不受内线规定※的认可。设置在机电室，机械室等的露出部分外的天花板内侧或地板下方空间。材质有钢板、铝质、不锈钢等。

金属导管（Wiring Duct）

厚度1.2 mm以上的钢板制导管，其中收纳多条电缆（图6-1-20）。

F电缆（Flat Cable）

将聚氯乙烯绝缘尼龙护套做成扁长圆形，称为VVR。多用在天花板的内侧等隐秘部位，无须导线管，较简易经济（图6-1-21）。

※:“内线规定”是用来规范机电设备的设计、施工、维持、检查等相关技术的民间自发订立规格。

绝缘电缆（Shielded Cable）

为防止静电诱导或电磁诱导，包覆遮蔽层的电缆。

同轴电缆（Coaxial Cable）

传送电话回线、LAN、有线电视回线等广域信号的不平衡型通信电缆。在传送信号用的内部中心导体与外覆圆筒状外部导体之间裹覆绝缘体，外部导体的外侧以金属包裹，再以护筒对其整体进行包裹，形成一对往返线路（图 6-1-22）。

刚性金属导管

金属制的电线管（用于保护电线配线的导管）

地板导线管线配置

设置在办公室大楼等空间，贯通地板的电线管线配置法，即使隔间变动也可处理地板插座或电话等的拉线动作。

地板三种类型导线管配置

地板导线管配置的一种，分别设置电源、电话、通信三种类型配线。

直角弯曲金属导线管

金属管配管工程中，安装在直角别曲部位的金属弯管。金属管附属配件的一种。

干线

低压柜出线到分电盘的主干线缆。也指大型建筑中的配电盘和电房到各分电盘的电线。距离长时，电压容易下降，所以需要用较粗的电线。

母线槽（Bus Duct）

用来传送电力的钢板制或铝板制导线管，在管中用绝缘体将带状、管状或圆棒状的铝制导体固定（图6-1-23）。

图6-1-19 缆线支架

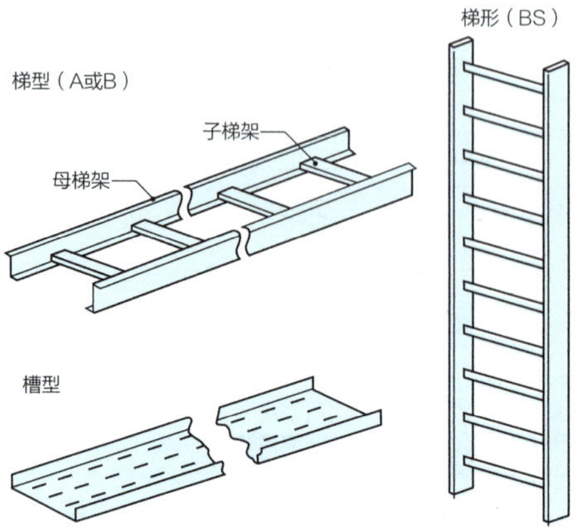

图6-1-20 金属导管

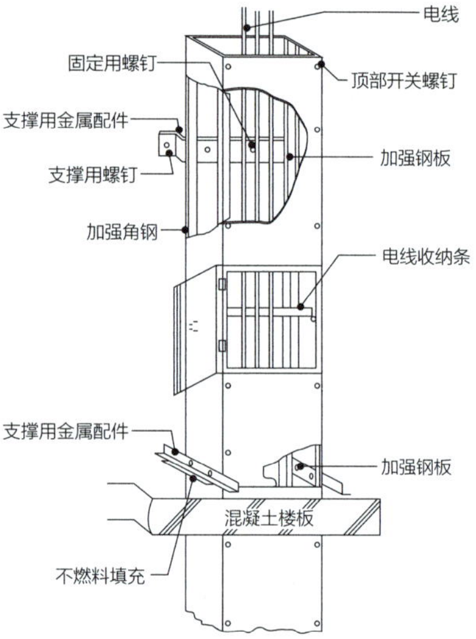

图6-1-21 F电线

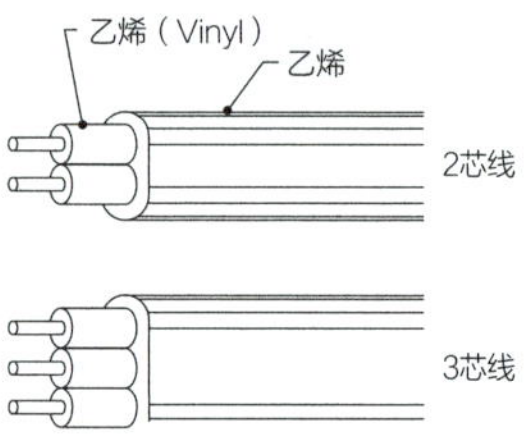

图6-1-22 同轴电缆的构造

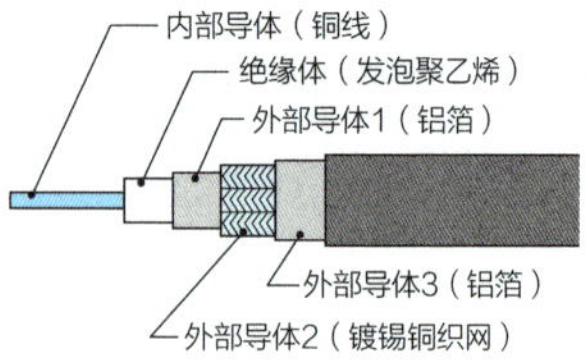

图6-1-23 母线槽

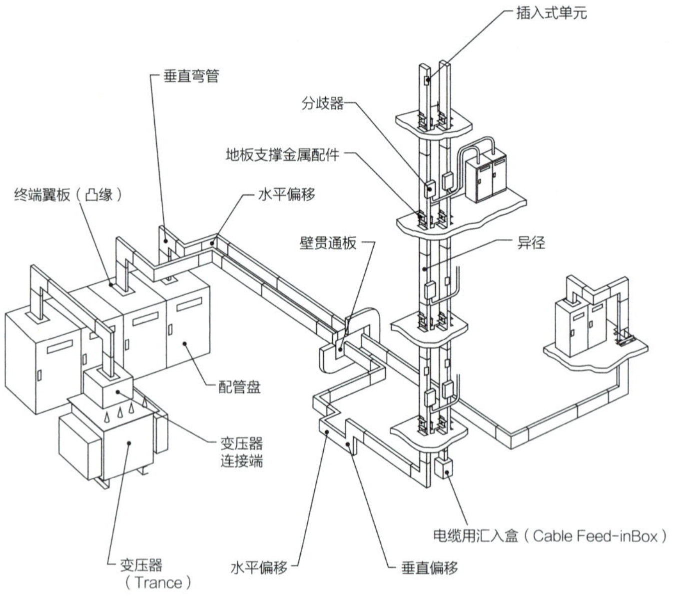

细胞式（栅格、蜂窝式）配线管钢筋混凝土钢结构

钢筋混凝土结构或钢结构建筑中，运用作为混凝土模板的波形钢承板上的沟槽空间进行配线，从下方安装特殊盖板（Cover Plate），形成配线管道的布线导管槽（架）。

衬套（Bushing）

金属管附属配件的一种，安装在管端，让在管中拉入或拉出的电线的绝缘体不受损伤，依照使用部位可选择金属制或具有绝缘特性的衬套种类。

主配电盘（MDF）

通信设备之一。也叫本配电盘。MDF是Main Distributing Frame的缩写。将从电线杆等处拉出的电话线或光缆等汇集到MDF中，在集体住宅或写字楼中，从MDF接到各层楼的中间配电盘（IDF）后再接到各个房间的接线盒，从接线盒再接到各个房间的电视、电话、LAN插座等。配电盘内事先要留出足够的空间和接线口，以备今后改装时使用。

动力控制柜

用来控制空调扇或卫生设备用泵等的运转。电源控制盘中收纳用来控制断路器（Breaker）、开关器（Switch）、保护装置或继电器等的设备。设置在装有空调或泵的机电室或泵室附近（照片6-1-5）。

电动机

使空调扇或卫生设备用泵运转的机器，依所需容量，在日本有从三相电源的200 V，到高压（6.6 kV）之间的各种类型。由动力控制柜中的控制回路管控。

电闸

用来安全切断电源的装置，安装在距离用来控制泵、空调等机器的电源控制盘较远，距离泵、空调等机器较近的地方。电闸可在紧急状况时切断电源，防止突发事故或维护工作时发生意外，确保安全。

图6-1-24 电灯分电盘

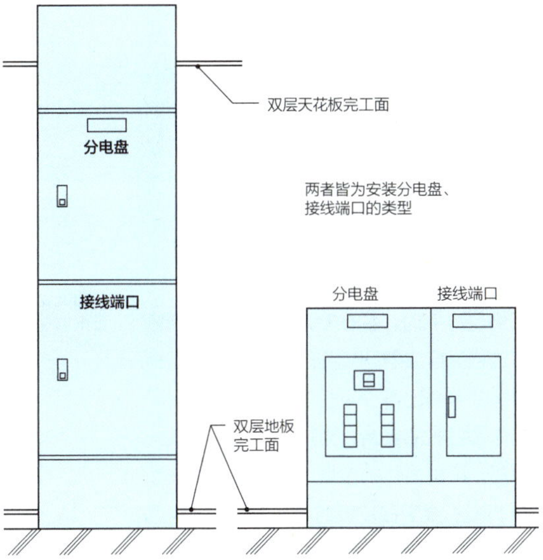

照片6-1-5 动力设备控制盘

电灯分电盘

在日本供电给照明、插座或者小型100 V或200 V机器的装备（图6-1-24）。因考虑功能，多配置在负荷的中心处，设置于各楼层的EPS（配管配线空间）内或办公室内。

避雷保护装置

用来减少雷害发生的系统，雷保护区域从0～3做出区分。雷害不仅是直接受到雷击的物理性伤害，也包括同时引发的诱导现象（电线受到雷的巨大电能诱导，产生高压电），造成电信机器等的故障损害。为了减少雷害影响，可利用避雷针或接地装置，安全地去除雷电流，也可以借由绝缘体或接地连接※等装置来隔绝空间中的诱电。

2P、3P

2极、3极型开关控制器的简称，可以2个或3个同时进行电极开关的装置。用来标示电灯开关、插座、断路器的种类。也用来标示通信用电缆的数量，P为Pair（对）的缩写，2P是2对，代表其中包括4条芯线。

插座

电灯、插座等用电装置的电线配线供电口。插座盒（Outlet Box）的简称。金属管附属配件的一种，在金属管工程中，设置在插座处的钢制盒。硬质乙烯电线管使用硬质乙烯制的插座盒。

逆变器（Inverter）

频率变换器。通常住宅等使用的电源频率是从50 Hz至60 Hz不等，先转换成直流电，利用三极体、电晶体（Transistor），以开或关的切换方式，再度将直流电变成交流电的电子组件。借由改变开或关的时间长度改变频率（快速切换时，频率幅度变小，变成高频率），或是借由改变开关的组合方式来改变电流的方向。由电脑切换开关器的开或关。

※:整合避雷针接地与电器设备接地的装置。

照明

调光装置

种类包括具有调光功能的墙面开关，或收纳多条调光回路的调光盘。单独型的调光装置，仅有调光功能。而调光盘型的调光装置，有的会根据记忆调亮度并再现，一般会自行感应时间或外在环境的照度自动调光（图6-1-25）。调光盘的体积大小从与分电盘相同到更大的尺寸都有，因此需要确认有足够空间安装。

色温

当物体的温度升高至400 ℃到500 ℃时，会在暗处发出红光。若将温度进一步提升，其发光方式和亮度会急剧增强而白炽化。提高物体的温度之后，从物体的表面会放射出各种波长的电磁波。照明设备的各种光源的光色可以看作是波长的集合，当其色度与黑体某一温度呈现出的状态几乎一致时，可用黑体的温度（绝对温度）来表示光色。单位为开尔文（K）。光的温度在较低时呈现出红色，随温度升高，则依次变为黄、白、青白（图6-1-26）。

图6-1-25 照明开关种类

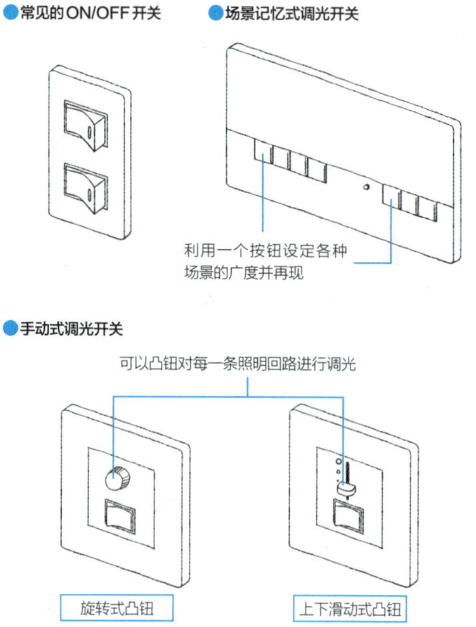

倒富士山型照明器具

荧光灯照明器具的一种，反射板形状像倒过来的日本富士山，以此命名（照片6-1-6）。

图6-1-26 色温与空间的氛围

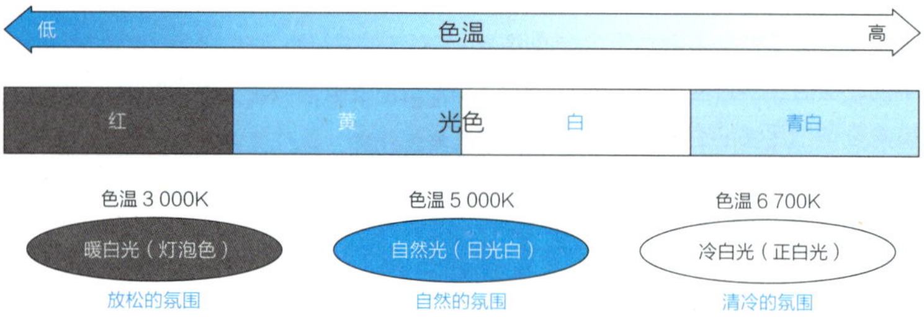

卤素灯（Halogen Lamp）

灯管内封有卤族元素（氟、氯、溴、碘、砹，五种元素），发光效率（译注：光视效能，Luminous Efficacy）与色温度比白炽电灯泡高，寿命也较长的简洁光源。

白炽灯

利用灯丝放射出的热温度，产生可视光源的灯。玻璃电灯泡内封各种不同的化学气体（氪、卤等），产生各种不同的灯泡特色表现（表6-1-2）。

图6-1-27 灯头种类

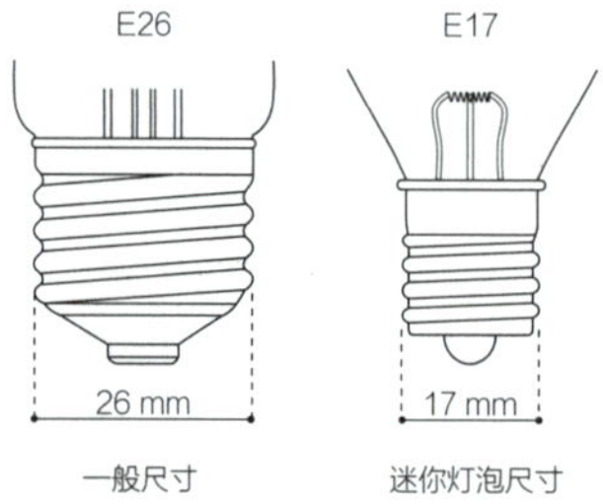

照片6-1-6 倒富士山型照明器具

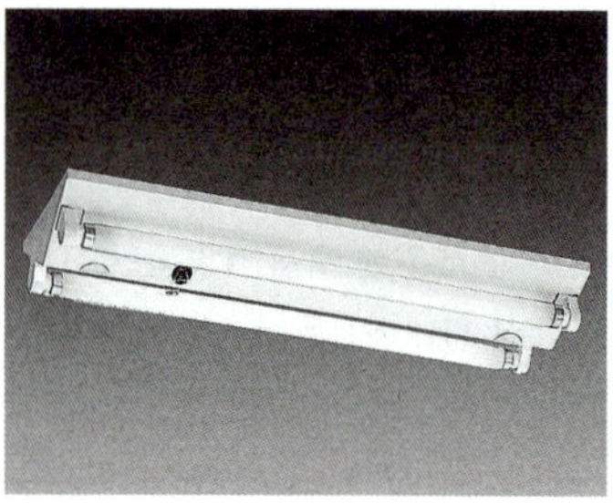

灯头

白炽灯与电源连接的灯座部分，尺寸分别有直径17 mm、26 mm等（图6-1-27）。

无电极灯

将高频率电流通线圈（Coil），以电磁诱导的方式，对灯内化学气体放电，产生光源。一般灯泡寿命大多受到电极部分或线圈部分劣化的影响，此种灯因为不会发生电极劣化，寿命是HID灯的2倍以上（约3万小时），发光效率也与HID灯相同。用于不易维修之处。

HID灯（高强度气体放电灯）

HID灯种类包括高压钠灯、金属卤化物灯（Metal Halide Lamp）、汞灯等（表6-1-2）。玻璃灯管内充填惰性气体与汞等金属，借由玻璃灯管内的电极间放电现象来发光。水银灯或高压钠灯等利用此原理。发光效率比白炽灯高，也具有节能效果，显色性*差。

近年来开始出现显色性佳的灯，运用在商业设施或大型空间中。价格昂贵，发光效率是迷你氪灯泡的2～5倍，寿命则是3～6倍以上。也称为高辉度放电灯管。

※：光源对物体颜色呈现的程度，也就是颜色的逼真程度（与在太阳光下呈现出真实色彩之间的差异）。显色性佳的光源对颜色的表现较好。

金属卤化物灯（Metal Halide Lamp）

HID灯的一种，在石英制发光管中充填水银与氩气体、金属卤化物的照明灯种。发光效率高，多用在天花板高度高的宽广空间。依充填在灯泡中金属不同，分别有各种色温种类（照片6-1-7）。

石英灯泡

在灯泡球内面以石英粒子静电涂装的灯泡。日文也称为茄子灯泡（照片6-1-8）。

LED灯

"LE"是Light-emitting的缩写。发光二极管（Diode）。让半导体发光，寿命长、耗电量低、全彩等是LED灯的特色。如今市面上大多贩卖此种照明器具。

照片6-1-7 金属卤化物灯

表6-1-2 灯具种类

-	基本特征	灯具种类		特征	主要用途
白炽灯	·类似点光源，容易控制光； ·显色性好，暖白光； ·容易开灯，可瞬间开灯，无须镇流器； ·可连续调光； ·小型、轻量、价廉； ·受周围影响小； ·较少发生光通量减少的情形，不闪烁； ·效能低、寿命短； ·发热量高； ·玻璃球温度高； ·电源电压的转换会影响灯泡的寿命、光通量	一般照明电灯泡		玻璃电灯泡，包括白色涂装扩散型，以及透明型	住宅或店铺等场所的一般照明
		球形电灯泡	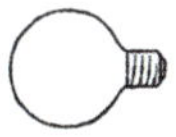	玻璃电灯泡，包括白色涂装扩散型，以及透明型	住宅、店铺、餐厅等场所
		反射型电灯泡		附有蒸镀铝反射膜，集旋光性佳，也可阻挡热辐射线	住宅、店铺、工厂、广告牌照明等
		小型卤素灯泡		以红外线反射薄膜为主。光源色优，也可阻挡热辐射线	店铺、餐厅等点光源照明或下照式筒灯
		镜面卤素灯泡	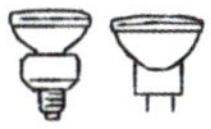	与分色镜（Dichroic Mirror）组合而成，可以提供利落的光质感。可阻挡热辐射线	店铺、餐厅等点光源照明或下照式筒灯
荧光灯	·效率高、寿命长； ·光源色种类丰富； ·低辉度、扩散光； ·可连续调光； ·玻璃管温度低； ·需要镇流器； ·会受到周围影响； ·每单位的光通量少； ·不容易控制光； ·多少有些闪烁； ·有高频率噪声	电灯泡型荧光灯	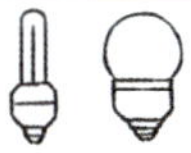	灯泡替代物。内藏镇流器，附有灯头	住宅、店铺、饭店、餐厅等下照式筒灯
		Starter型荧光灯管	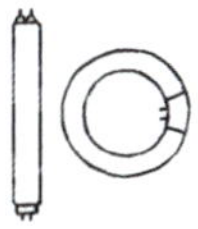	借由启动器（Starter）及镇流器来点灯	住宅、店铺、办公室、工厂等一般照明。高演色型适用于美术馆
		Rapid start型荧光灯管		无须启动器（Starter）可立即点灯	办公室、工厂、店铺等场所的一般照明
		Hf（高频率点灯专用）荧光灯管		用高频率点灯专用镇流器来点灯。效率佳	办公室、工厂、店铺等场所的一般照明
		简易式荧光灯	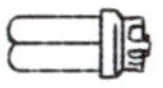	U型，双U型的简易式照明	店铺等的基础照明或下照式筒灯等
高强度气体放电灯（HID灯）	·效率高，以高压钠灯为最； ·寿命长，但其中金属卤化物灯较短； ·光通量大； ·类似点光源，容易控制光； ·较不受到周围温度影响； ·需要镇流器，初期成本高； ·玻璃管温度高； ·启动与再启动需时长	荧光水银灯	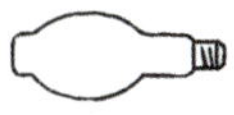	借由水银发光与荧光体，补充红色光源成分	公园、广场、商店街、道路、挑高工厂、广告牌照明等
		金属卤化物灯（Metal Halide Lamp）	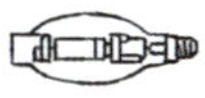	利用钪（Scandium）与钠（Natrium）的发光作用。效率佳	运动设施、商店街、挑高工厂等
		高演色型金属卤化物灯	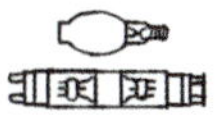	接近自然光。包括镝（Dysprosium）与锡系列	店铺的下照式筒灯、运动设施、玄关大厅等
		高压钠灯	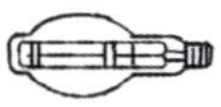	使用带有透光性能的铝发光管。呈橙白色的光	道路、高速道路、街道、运动设施、工厂等
低压钠灯	·单色光； ·效率最高	钠灯		U型发光管，钠的D线的橙黄色	隧道、高速道路等

参考资料:《照明基础讲座教材》[（社）照明学会]。

注：白炽灯的光色和集光性能很好，但是因为光效低，已逐步退出生产和销售环节。

百叶照明器具

照明器具的一部分，安装在照明器具下方，可有效地控制光，将光集中照射在必要面上的配件。用来优化视觉环境，减少刺眼强光，避免光扩散至不需要照明的地方。百叶表面以镜面处理，可提高光线质量，安装后属于外露构件，易残留指纹等污迹，因此经手处理时需特别留意（照片6-1-9）。

向下照射小聚光灯

装在天花板里的小型照明器具。近年，可以调节亮度和颜色的类型比较普遍。

聚光灯

局部照明。比较常见的是器具的口径在20 cm以下，照明角度在20° 以下。有安装在照明轨道上的插头式的，也有直接安装在天花板或墙上的法兰式的。

吸顶灯

安装在设置于天花板吊灯插座（照明用插座）上的照明器具。在天花板里面的叫衬底照明。常用于住宅照明。

壁灯

安装在墙面上的照明器具。有全方位配光式和上下配光式。也用于间接照明。浴室或室外使用时要装防雨或防潮型壁灯。

吊灯

从天花板上吊下来的照明器具。有全方位照明式和只照饭桌等的局部照明。器具选择和安装时，要注意天花板的高度、倾斜度和形状。

台灯

可以插在插座上的放置型灯。有落地台灯也有桌面台灯。为了防止其掉落造成事故，要注意配线和放置位置。

间接照明

将光源避开视线，反射到墙壁或天花板的一种照明方式。设计时要注意和光照射处的距离、反射处的反射性能以及照明的角度等。

地脚灯

主要用于室内外的过道或楼梯。分为天黑就自动开启的感光型和人接近时自动开启的感应型。可以嵌入墙壁，也可以做成和插座一体化，以确保墙面平整。

荧光灯

将紫外线照射在荧光物质上发光的灯。色温以灯泡色、日白色和日光色三种为主。形状有直管形、灯泡形和环形等，种类繁多。使用寿命根据种类而不同，一般在8 000 ~ 12 000小时，比白炽灯寿命长。近年寿命更长的、紫外线和红外线放射较少的LED灯普及较快。

光通量（光束）

表示光的量。单位是流明（lm）。白炽灯和荧光灯用功率、LED灯用光束值来表示亮度。

光强（光强度）

光源相同但光的强度在不同方向上会有不同。光强指光源到达某个方向立体角（球面）的光束的密度。简单地说，就是某个方向上的光的强度。单位是坎德拉（cd）。光强=光通量÷球面度。

眩光

照明设备中的所说的“眩光”指光源直接进入视野让人感到耀眼，或者将光照到计算机等显示器上致使看不清显示器上内容的现象。因为眩光也能带来绚丽夺目的效果，所以将让人不舒服的眩光称为“不适眩光”，加以区别。

图6-1-28 亮度的参考标准

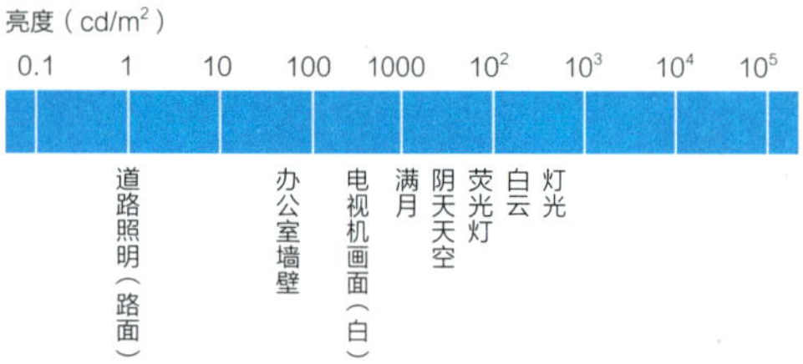

照片6-1-8 石英灯泡

照片6-1-9 百叶照明灯具

遮光角

利用配光特性防止光横向扩散的角度。一般是指安装照明器具后，不会直接看到灯的角度。用来确认不会直接看到灯的角度，减小或减少刺眼强光的范围或位置。也称为Cut-off Angle。

辉度、亮度（Luminance/Brightness）

表示被照物每单位面积在某方向上发出的光量（强度）（图6-1-28）。单位为cd/m²（坎德拉每平方米）。不同辉度的照明灯，共存于相同能见度的环境条件下，其比值（辉度比）的大小，反映眩光（刺眼）程度。因此会利用辉度、亮度数值来检验照明效果。

照度（Illumination）

光照强度指单位面积上所接受可见光的光通量，简称照度，单位勒克斯（lx）。设置照明器具时的照度称为初期照度，随着时间增加，照度会因灯的性质或灯具的沾污状态而降低。因此在规划照明时，需考虑经过一定的时间后照明器具仍可保有所需照度（图6-1-29、表6-1-3）。

2线式照明遥控系统

以24 V的信号线2线将全部开关连成网络，用脉波信号（Pulse Signal）做成的照明管控系统。

延长熄灯开关

就算关闭照明开关仍持续发光，过了一段固定时间才全部熄灯的开关。

定时开关

在设定的时间过后，自动关闭的开关。

双控、三控开关

可从两个或三个以上不同地方切换照明的开关。

厕所换气开关

打开开关即启动换气扇、照明，关上开关后灯光即刻熄灭，换气扇在一段固定时间后停止工作的开关类型。

位置标示灯开关

附有指示灯（Pilot Lamp），操作状态一目了然的开关。

弱电设备

通信回线拉线

从设施的外部拉进通信回线。电话、CATV、光纤电缆、专用通信回线等的通信电缆，主要有地下拉线与架（悬）空拉线两种方式。在断崖等地形复杂的区域，通信回线有时会与电力线一起拉在同一根电线杆上。通信回线的种类不同，拉线后需预先在电信用机电室内设置相应的电信公司设备。

弱电端子盘

接续通信配线的干线与端末配线的装置，用来收纳电线接续端子（图6-1-30）。用于电话、广播、室内对讲机（Interphone）、电子时钟等的端子接续，也有将电视机的分配、分歧器或增幅器等收纳在同一盘中的做法。在EPS中，弱电端子盘多与电灯分电盘等装置共同配置在同一个地点。

图6-1-29 照度的标准参考

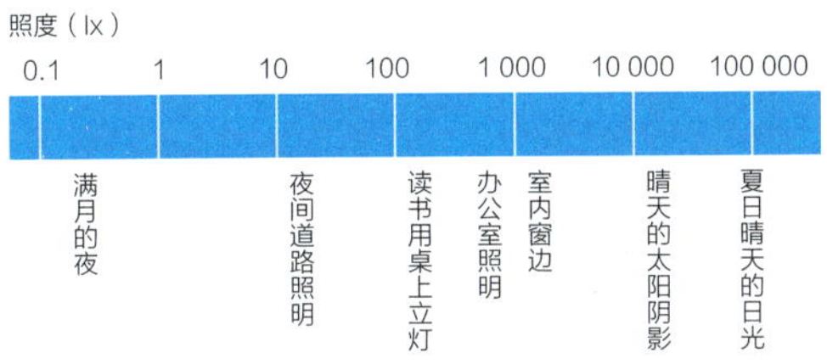

表6-1-3 必要的照度

照度（lx）	公共场所	住宿设施	美容院、理发店	餐厅
1 500 1 000	准备室的镜子、特别展示品	接待处、收银台	理发、染发、化妆区	菜品展示台
750	图书阅览室、教室	停车场、玄关、办公室、厨房、行李托运处、机舱、洗面台镜面	店内卫生间	玄关、等候处、客房、卫生间
500	宴会厅、大会议室、展示会场、集会厅、餐厅	宴会厅		
300	讲堂、婚礼现场控制室、书库、更衣室、卫生间	大厅、餐厅	店内厕所	玄关、待客室、客室、盥洗室、厕所
200		大厅、卫生间		
150	婚礼会场、大厅、沙龙、走廊、楼梯间	休息室、更衣室、客房、走廊、楼梯间、浴室	廊下、楼梯	廊下、台阶
100	—	庭院重点部分	—	—
75 50	杂物储藏室	防犯罪设施	—	—
2～30	—			

图6-1-30 弱电端子盘的组成

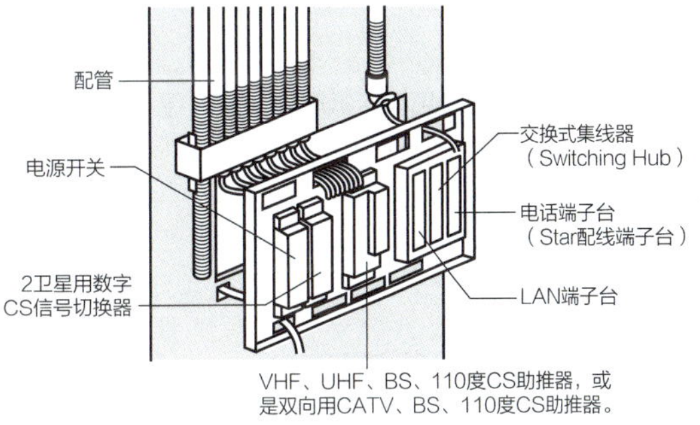

图6-1-31 通信电缆

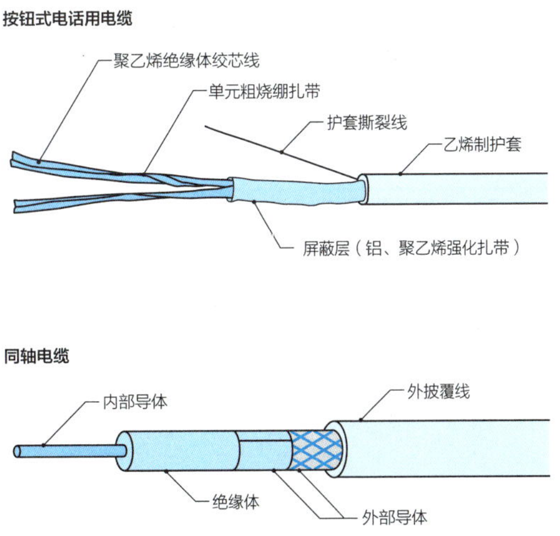

弱电用电缆

也称通信电缆，指用来传送信号的电缆（图6-1-31）。按照传送的电压、电流或频率，所需特性也各不同。主要种类是接点信号（ON/OFF）传送，电压、电流的模拟值传送、数字传送等，以铜或光纤线芯为媒介。电缆管径尺寸比电力电缆小，依照信号的种类与目的来准备电缆，在数量上需要准备更多。

HII配线

Home Information Infrastructure的缩写。将住宅信息系统配线、家庭内信息系统基础网络、卫星广播、电话通信线路与电源插座等一体化。设置在各个房间内，使用同轴电缆、双绞线（Twisted Pair Cable）、电源线，连接至电信系统用分电盘，无论哪个房间都可取得或发出信号。

FTTH

Fiber To The Home的缩写，家用光纤电缆。使用光纤电缆（将光纤以保护层包覆的电缆）连接至住户，其传输容量是传统电话回线的两千倍（图6-1-32）。

卫星发送

不利用电波塔，而用卫星来传输电波。依卫星不同，频道也各不同（日本频道BS、CS110°、BS110° 等）（图6-1-33）。

地上数字信号播放

高画质影像的视听、双向服务，或数据发送等高附加价值的广播系统，从2011年开始，原则上日本国内全面采用地上数字信号，停止了过去的模拟信号传送。

数字传送服务需使用专门的调谐器（Tuner）才可接收信息。信号频率通常在UHF频段，可以通过UHF电视天线来接收。

IPV6

互联网通信协议第6版（Internet Protocol Version6，IPV6）是新一代互联网通信协议，安全性好，广泛应用在分配地址数量多的家电网络、信息传输等方面，大大扩展了服务范围（图6-1-34）。

多媒体插座

将电源插座、电视机信号插座和网络信号插座集成在一块面板上的装置（图6-1-35）。

人脸识别进出管理系统

使用个人面部特征作为识别信息，与本人进行对比，并连接电动锁管制进出的系统。运用在防盗系统，也有利用指纹、眼球的虹膜等部位来辨识的。

图6-1-32 光纤构造

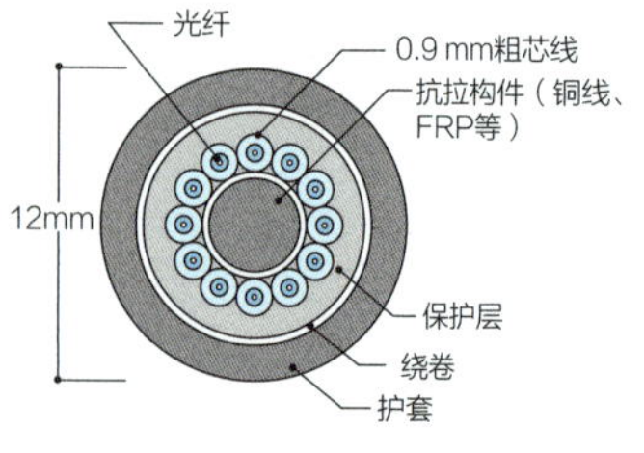

图6-1-33 卫星放送天线

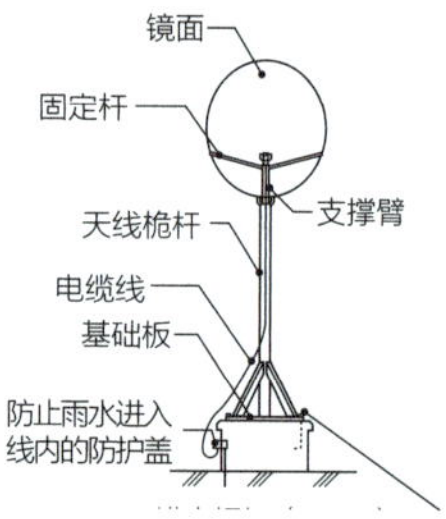

图6-1-34 32bit与128bit的比较

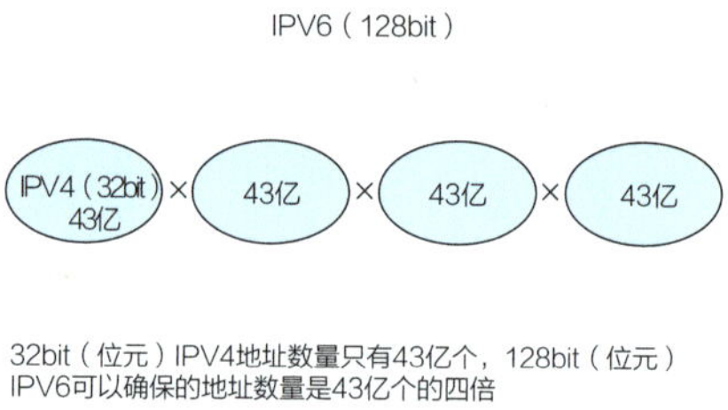

图6-1-35 多媒体插座

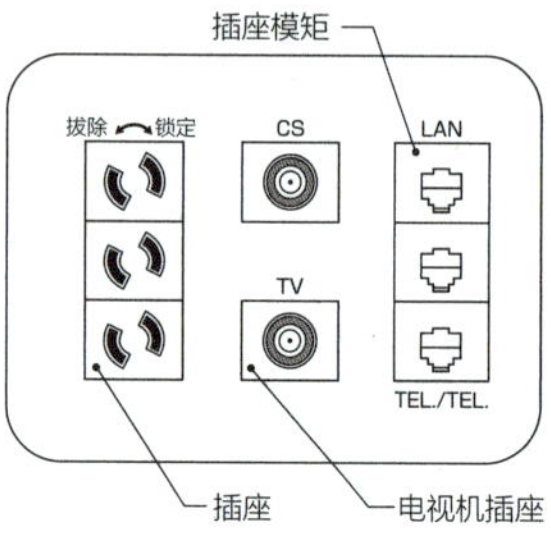

图6-1-36 自动火灾通报信息接收机

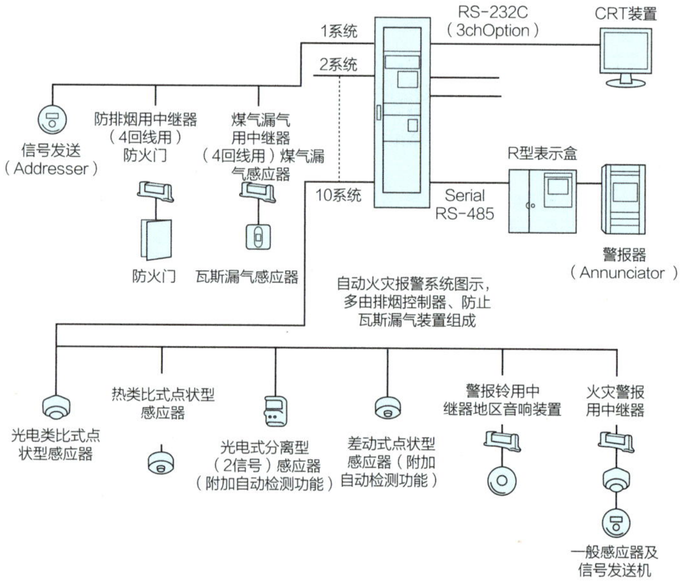

人体传感器

人体靠近则自动开灯，一段固定的时间后自行关灯的开关装置。通过红外线感应范围内的人体热量来工作。

火灾自动通报收讯总机

火灾自动通报收讯总机由警报器与防灾机器的控制操作装置构成，形式包括壁挂式或独立盘式（图6-1-36）。火灾发生时警报自动鸣响，随即联动其他防灾机器。机器须设置在专人值守的场所。火灾自动通报收讯总机的种类包括处理接点信号的R型，及数字传送信号的R型。由排烟装置与煤气漏气检测装置组合而成。

火灾警报器

由传感器与火灾自动通报收讯总机构成，以传感器来判断信号，发出信号，以火灾自动通报收讯总机接收信号，发出警报（图6-1-37）。

在日本依据2006年版消防法，住宅中也必须安装火灾警报器。感应方式分别有借由烟浓度判断的感烟探测器，以及借由热温度上升来判断的感温探测器。

图6-1-37 住宅用火宅警报器的安装位置

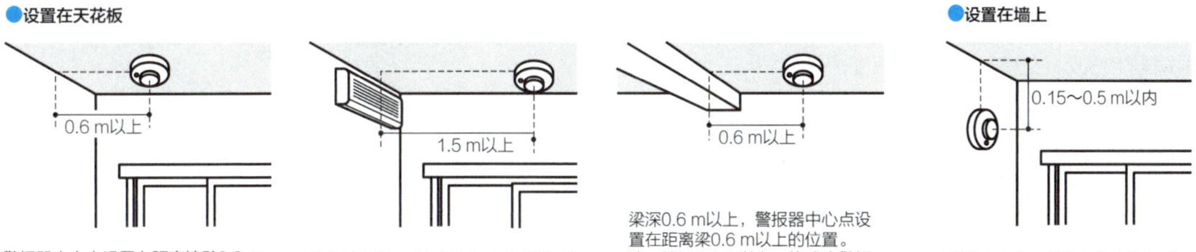

警报器中心点设置在距离墙壁0.6 m以上的位置
注：热感应警报器中心点设置在距离墙壁0.4 m以上的位置

若有冷气等的空调出风口，与警报器中心点保持1.5 m以上距离

梁深0.6 m以上，警报器中心点设置在距离梁0.6 m以上的位置。
注：梁深0.4 m以上，热感应警报器中心点设置在距离梁0.4 m以上的位置

警报器中心点设置在距离天花板0.15~0.5 m以内的位置

图6-1-38 BEMS

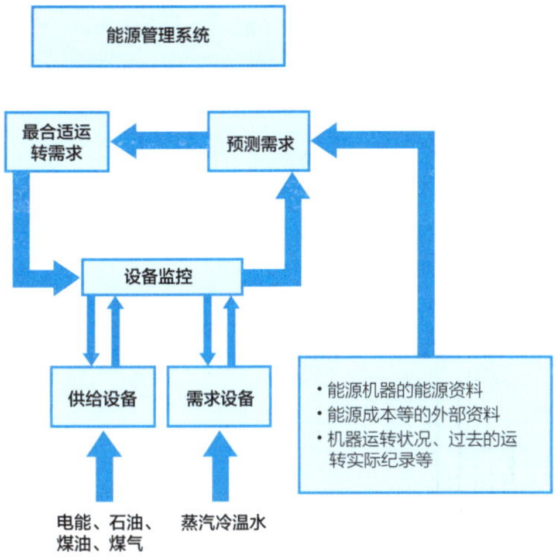

图6-1-39 汽电共生系统

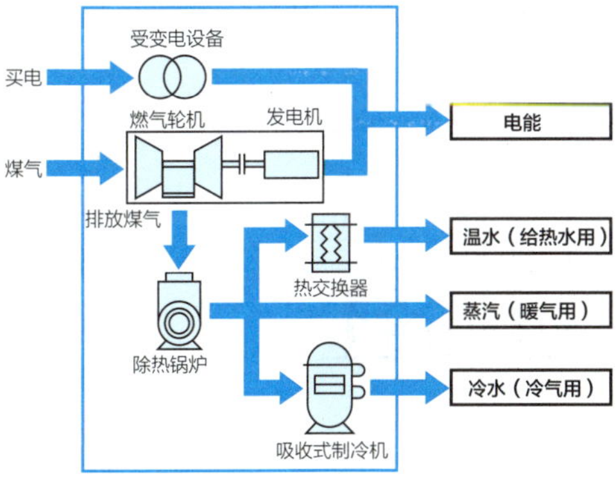

能源相关

BMS

Building Management System的缩写，将建筑物内的空调、卫生、受变电设备等的机器集中管控的系统。由监视屏幕、操作部、管控部、出入装置等构成，种类有壁挂式和像台式计算机的样式。设置于中央监控室、防灾中心或警卫室等场所。

BEMS

Building Energy Management System的缩写，旨在有效利用设施内使用的能源（电力、煤气、水等），通过辅助设备和机器达到最高效的运行和管理（图6-1-38）。用计算机读取并分析从BMS收集到的数据，以优化能源使用效率。

汽电共生系统

正式名称为“热电联产系统”（图6-1-39）。这是一种从煤气或石油等单一能源中同时获取电能和热能的装置。用煤气驱动引擎，产生电能与空调用热能的同时，将这些装置排出的热能作为冷暖风、热水器、业务用热源等使用。就热效率来说，仅有发电功能的发电机是25% ~ 35%，汽电共生系统确保了70% ~ 80%的热效率。系统包括柴油引擎、煤气引擎、燃气涡轮发动机、燃料电池等，市面也出售家用的汽电共生系统（图6-1-40）。

燃料电池

是一种利用城市煤气中所含的氢和氧进行电力化学反应，产生电能与热能（热水器用等）的发电装置（图6-1-41）。属于热电联产系统装置的一种，能源利用效率高达80%左右。现在市面已经开始出售小规模用途的燃料电池，但价格昂贵。

太阳能发电

将太阳光能源转换成电能的装置，样式包括硅（Silicon）的单晶硅、多晶硅和非晶硅（薄膜）等（图6-1-42、照片6-1-6）。发电效率通常在80～160 W/m^2。但雨天或阴天时因缺乏阳光无法发电，多会与可蓄电的电池或风力发电等组合，构成太阳能光电系统。在住宅中，白天是晴天时，可将多余的发电电力卖给电力公司，但是完全依靠太阳能发电来满足家庭所有用电需求通常是不可能的，基本上都是当作辅助电源。太阳光发电装置安装在屋顶面或屋顶上时，需选用可抗最大风速的支撑固定材料。

太阳能板

将太阳能转化为电能的发电系统的部件，也称太阳能电池模块或太阳能光板。安装时要注意日照的角度。

生物质能（Biomass）发电

将木材、食品废弃物、畜产废弃物等，木质成型燃料（Pellet）（如锯木屑等废材或林地残材、废弃纸等木质系副产物，或将废弃物粉碎、压缩、成型的固态燃料）（照片6-1-7），加工成甲醇（Methanol）、甲烷（Methane）等燃料，用来驱动引擎或涡轮（Turbine）的发电系统（图6-1-43）。发电的同时也可利用热能，提高能源利用效率。

图6-1-40 家庭用汽电共生系统的构成

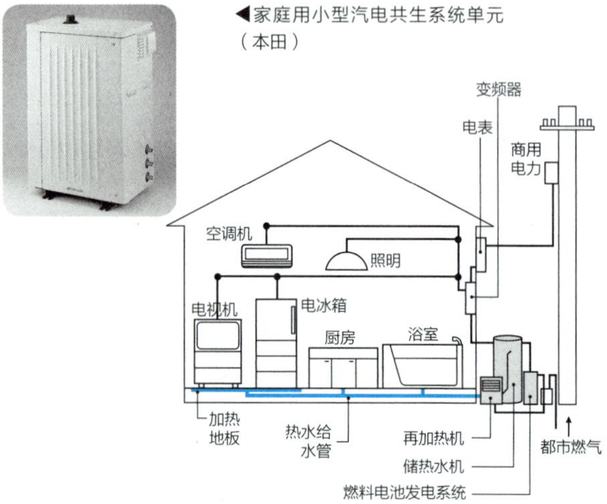

图6-1-41 燃料电池的发电原理

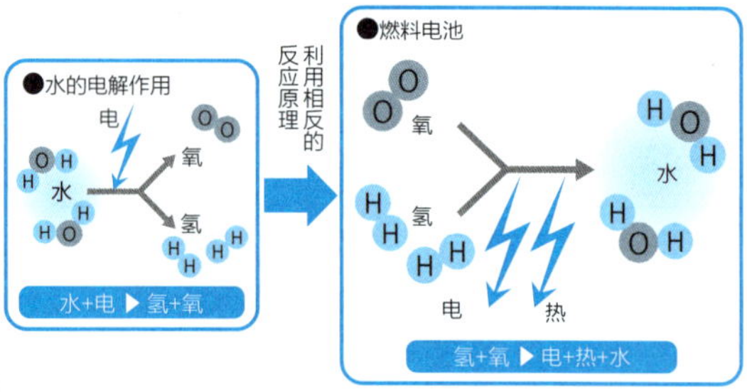

图6-1-42 住宅和太阳能机器的连接

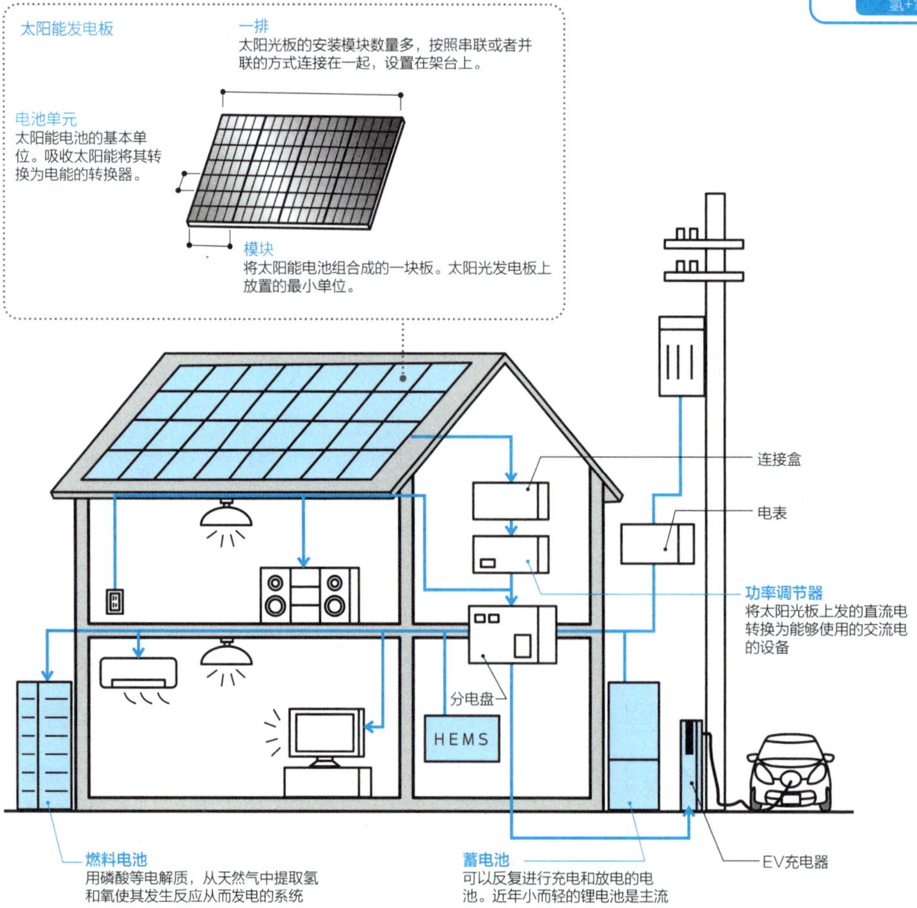

可再生能源

太阳光、风力和地热灯等，这些能源存在于自然界中且可以持续使用。在日本作为核能的替代品受到了广泛关注，但因地区或气候的影响难以稳定供给。

风力发电

利用风力转动大型风车，将风车的旋转动力传送给发电机而发电的装置。成本相对较低，安装的工期也短，但在稳定供给和噪声方面存在问题。

地热发电

从地下深处提取的蒸汽直接驱动涡轮机发电。不同于使用太阳能、风能等其他主要可再生能源发电，地热发电的特征是不受天气、季节、白天或黑夜影响，可以获取稳定的电量。

家用燃料电池（ENE FARM）

全称是“家庭用燃料电池集中供给系统”。从城市燃气或石油液化气中提取氢和氧，使其发生反应发电。发电过程中产生的热能可以用于烧水。和从发电站输送过来的电不同，因为在自家发电，所以没有输送损耗。能源的利用率，早期的系统能达到约38%，而NEN FARM系统则能达到约85%。

HEMS（家庭能源管理系统）

“Home Energy Management System”的缩写。在家庭中为了节约能源而使用的管理系统。通过用数值表示能量消耗量等“可视化”手段，提高使用者的节能意识。可以通过机器自动控制各个设备。

MEMS

与HEMS一样也是能量管理系统。M是Mansion（公寓）的首字母，还有面向大楼（Building）的BEMS，面向工厂（Factory）的FEMS，面向社区（Community）的CMES等。

LCCM

生命周期碳排量为负（Life Cycle Carbon Minus）的缩写。通过使用太阳能等可再生能源，从建筑到居住再到拆除的整个周期内住宅的二氧化碳的收支差为负数的住宅。

ZEH

Net Zero Energy House（零耗能住宅）的缩写。使用高性能设备或控制系统，使住宅内的发电量高于耗电量（或者差为零）的住宅。日本政府的补助金制度正在完善ZEH的推进。

智能住宅

利用控制能量消耗的“HEMS”和太阳能发电板等蓄电池设备，使住宅内的能源使用效率达到最优的住宅。将节能和创能结合起来是实现智能住宅的关键条件。

电磁烹调器（电磁炉）

一般称为“IH”（电磁诱导加热）烹调器。不使用明火，安全性比煤气炉高。将20 ~ 60 kHz的高频电流通过产生磁场的线圈，线圈附近产生磁力线，在锅底部分产生涡电流。

锅底本身的电阻让锅身发热。不受室内空间用火限制的独立装置。但因消耗较多电力，必须装专用的分歧回路（照片6-1-8）。

图6-1-43 生物质能发电

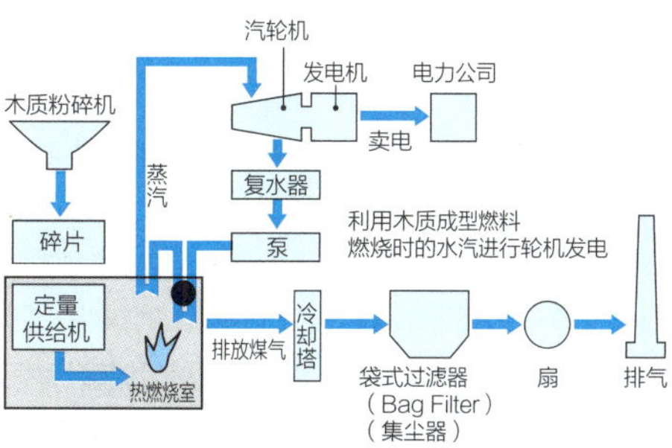

照片6-1-6 太阳能发电

照片6-1-7 木质成型燃料

照片6-1-8 电磁烹调器（电磁炉）

空调工程 6.2

空调计划

热传导

物质内温度差产生热能传递现象，主要指固体或液体的传热。将导热系数低的物体作为隔热材料，如利用导热系数低的气体做成的气凝胶纤维或气泡分散材料等。在墙体等围护结构的负荷计算中，每单位温度梯度在单位时间内通过单位面积的热量，称为导热系数（图6-2-1、图6-2-2）。

对流换热

液体与固体表面之间热能传递的现象，主要分为对流、辐射、沸腾或凝结等变化（状态变化）。在墙体等构件的负荷计算中，在单位时间内通过单位面积的热量，称为对流换热的热流密度。

热辐射

依靠物体表面对外发射可见和不可见射线（电磁波）来传递热能的现象称为热辐射。在空调系统中，包含总合热传达率来计算负荷。加热地板或加热板等即是利用热辐射效果。

图6-2-1　热贯流率与热传导率的关系

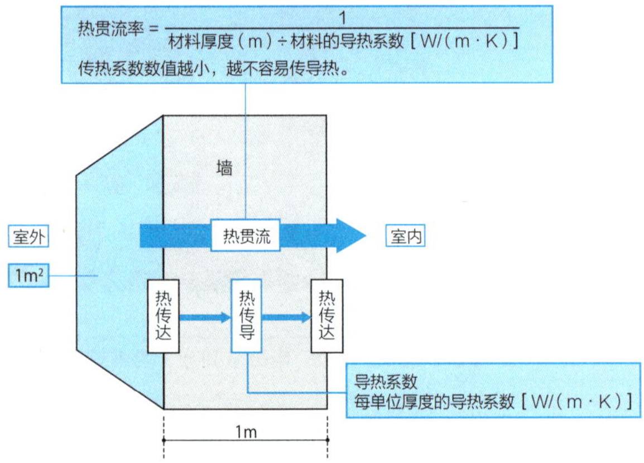

图6-2-2　不同材料的导热系数[W/（m·K）]

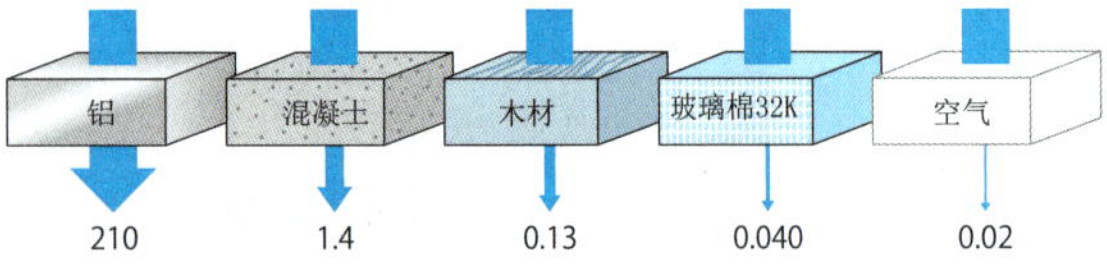

图6-2-3　自然对流与强制对流

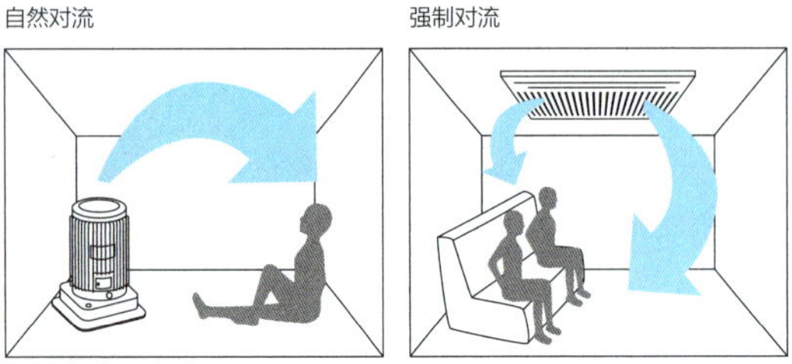

热贯流

在热传导、热对流、热辐射过程中，每单位面积、单位时间、单位温度的墙体内的移动热量。在负荷计算中，将计算对象的围护结构热贯流参数求出（如墙体），再按照各自的面积与内外温度差算出负荷量。

自然对流

不依靠外部动力，温度不均匀而引起流体内压强或密度不均匀，从而导致循环流动。空气受热变轻上升，受冷则下降，利用此种原理的暖冷风设备，有壁炉、电暖器、地板采暖等。

强制对流

由风机等外部动力推动，强制产生的空气流动，产生对流（图6-2-3）。常见的设备有冷气机或暖风扇等。

潜热

指物质在等温等压情况下，从一个相变化到另一个相时吸收或放出的热量。即物体在固、液、气三相之间以及不同的固相之间相互转变。通常人体潜热是每人发热53 W（显热是每人发热69 W）。室内若有人，空气中的水分量上升，就是一个潜热变化的例子。冰蓄冷是利用相变潜热进行冷量储存，因冰的相变潜热比水的显热更大，故蓄热槽容量小。

显热

不受物质的相态变化或是化学变化的影响，与温度升高或降低有关（图6-2-4）。用来表示干球温度变化的热量。1 kg的水温度上升1℃需要4.18 kJ的热。因室外空气温度或加热造成室内温度上升的情况，也是显热变化的例子。

蓄热

以各种形式来储存热能。蓄热的形式有显热、潜热、化学反应热，主要利用水、碎石、潜热蓄热材等作为蓄热材料。也有将地基或结构体作为蓄热材的蓄热系统。

热损失（Heat Loss）

开暖气的房间中经由墙壁或窗户流失的热。

图6-2-4　潜热与显热

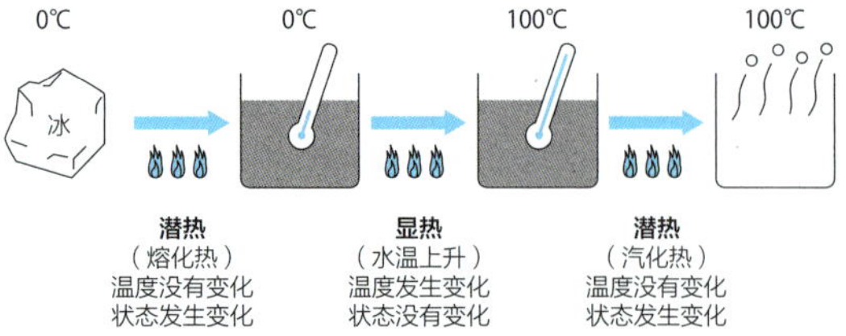

热取得、热增益（Heat Gain）

开冷气的房间内经由窗户将室外的热传入室内。

冷风负荷（能力）

为了达到冷风效果需从室内取出的热量。也就是为了冷却、除湿所需的热量。

暖风负荷（能力）

为达到暖风效果需向室内添加的热量。也就是为了加热、加湿所需的热量。

冷击现象（Cold Draft）

令人不舒服的空气流动，从冷气机出风口直接吹到人体上的冷风，或冬天经由窗户传入的冷空气，此种现象也称为“冷击风现象”，后者称为“下降气流（Down Draft）”。前者可以通过安装射热型冷暖气机来解决，后者可由增加窗户隔热性能，或在窗面上设置暖气机来解决（图6-2-5）。

热桥（Heat Bridge）

原本用隔热材料隔开的两个物体，直接接触发生热移动的现象。

室内外区

安装空调的房间中，距室外墙面或窗面4～6m的距离内，视为受到室外影响的室内范围（图6-2-6）。特别是室外窗面，因透进日照，隔热性能比墙壁低，容易影响室内。因此，需要依照各方位对室内周围环境进行分区，并配置单独的空调设备作为对策。

室内内区

在室内距离外墙一定距离的不容易受到日照和外部热量影响的区域。因为照明和人体等热负荷，冷气空调的负荷容易变大。而接近外墙的区域叫外区，见图6-2-6。

图6-2-5 冷击现象

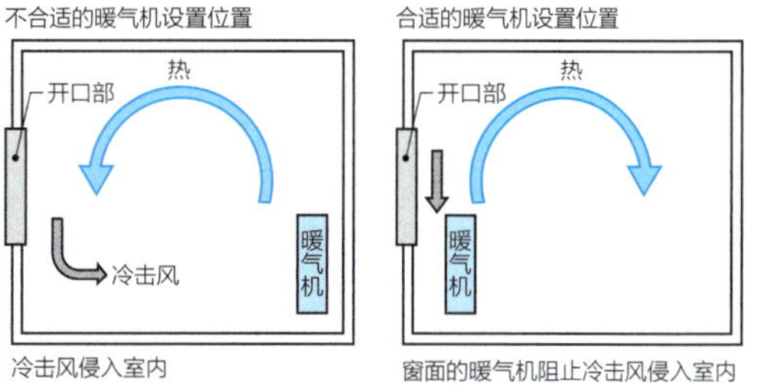

图6-2-6 室内周围环境

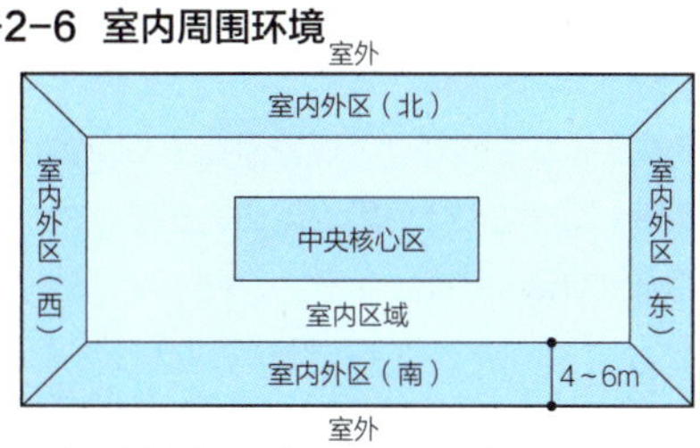

距离面向室外的墙面或窗4～6m内，视为会受到室外影响的室内周围环境

热容

物体温度每上升1℃所需的热量。加热物体时，物体的质量和体积越大，温度上升所需的时间就越长。单位是J/K（焦耳每开尔文）。

日照

日光的照射。通过控制建筑物内部的日照可以提高居住的舒适性。

日照取得率

从玻璃外面照进室内的日照热量，透过玻璃透射和吸收后的放热总和，与进入室内日照热的比率（图6-2-7）。

遮阳系数

日照遮蔽装置或特殊玻璃遮蔽性能的指标（图6-2-8）。

图6-2-7 开口部（玻璃面）不同方位日照的热通量密度

单位：W/m²

	时刻	9:00	12:00	14:00	16:00
方位	水平	654	843	722	419
	北	42	43	42	38
	东北	245	43	42	36
	东	491	43	42	36
	东南	409	93	42	36
	南	77	180	108	36
	西南	42	147	377	402
	西	42	50	400	639
	西北	42	43	152	410

夏天每平方米玻璃面积，进入室内的日照热量。在东西方向上，东面的9点，西面的16点为最大。夏天整天热能会从天窗进入室内。

注：以东京为例（7月23日测定）。

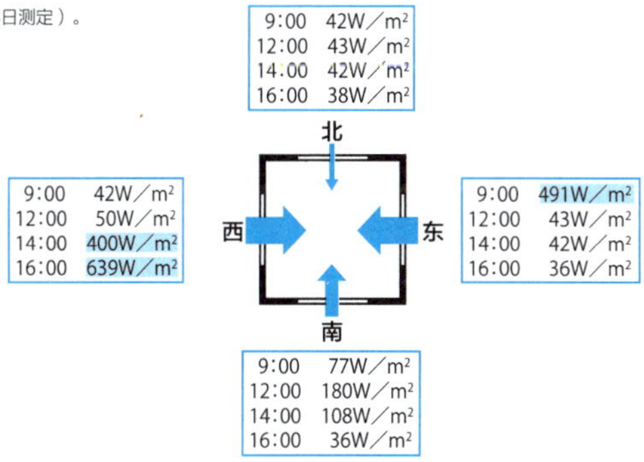

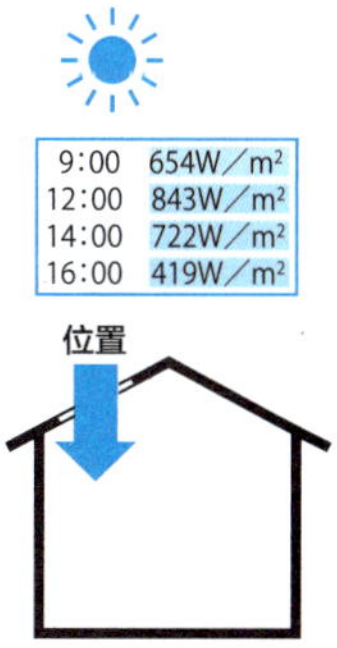

室外空气综合温度

将日照量换算成对等温度，加上室外温度的总和温度。

全年负荷计算

一年空调负荷的计算方法。考虑每天、每时刻变化的室内外温度、湿度、日照、风速、风向、房间的使用方式，及假日空调停止运转时的影响，利用计算机对大量的仿真数值进行计算。

周期规律计算法

考虑温度或热流发生周期性（通常是指一周）的变化的负荷计算方法，计算因墙体热容量造成的热流时间延迟或振幅衰减。

TAC手法

由美国采暖、制冷与空调工程师学会（ASHHAM）的技术咨询委员会提出，以固定时间的观测纪录的超越概率（Exceedance Probability）为标准，统计出设计外界环境条件。

PMV理论

预计平均热感指数（Predicted Mean Vote，PMV）。PMV是丹麦的范格尔（P.O. Fanger）教授提出的表征人体热反应（冷热感）的评价指标，用来评估居室的温热环境。影响人体对于热的舒适感知的要素有六项，有室温、平均辐射温度、相对温度、平均风速四项物理环境要素，以及室内穿衣量与工作量两项人为要素。PMC理论是用来评估这些要素综合效果的理论。在舒适度方程式中，加入六项要素，可标示出人体对于冷暖感知的“七阶段评估数值”。

压力损失

空气在风管中流动或水在水管中流动时产生的摩擦力，降低空气或水的压力（压力的损失）。换气的时候，输送的空气从机器、风管、吹出孔、吸入孔等机器构件通过时会遇到阻力，其压损依照各个构件的样式、形状有所不同。应参考合适的压损来选择机器、构件（图6-2-9）。

辐射冷暖风

非以对流方式，而是以固体面之间的热辐射形成冷风或暖风。虽然不会带来冷击风现象，但若是辐射冷风的话，表面也可能会结霜，因此全面以辐射供冷的方式进行空气调节是有一定困难的。辐射供暖的例子，如电暖风。

温暖环境

让人觉得舒适的环境。该环境受温度、湿度、衣服的种类等因素影响，伴随工作或运动的代谢的变化。夏天温度25℃、相对湿度50%～60%，冬天温度22℃、相对湿度50%～60%均是最适环境。

图6-2-8 屋檐等日照遮蔽系数

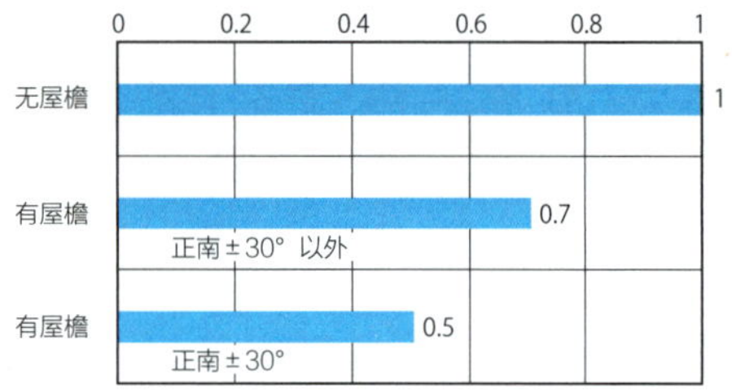

图6-2-10 空调种类选择

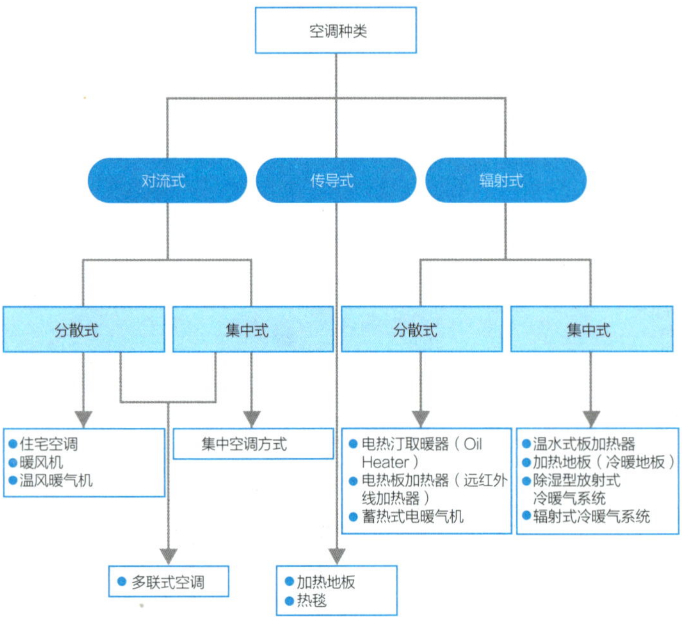

图6-2-9 风管压力损失的主要部位

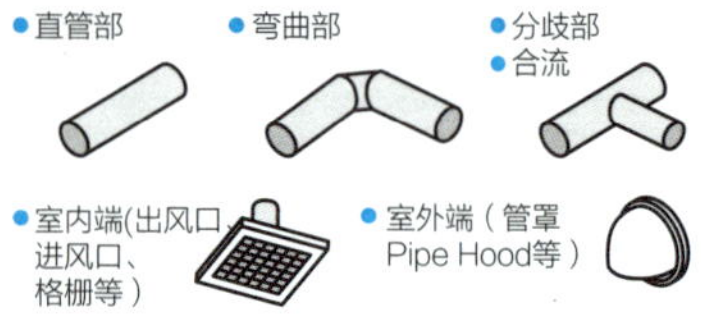

图6-2-11 中央空调

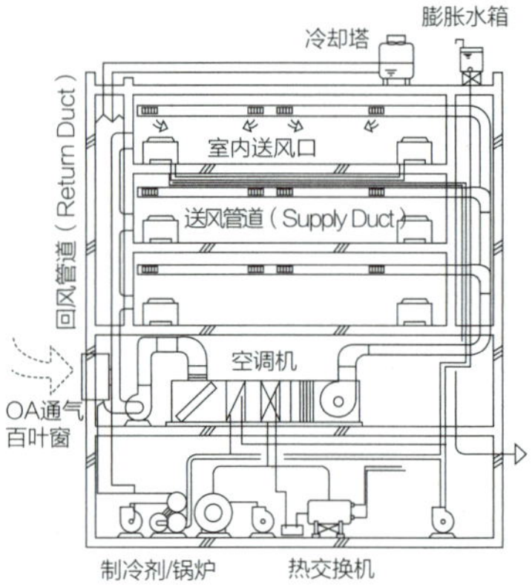

新有效温度

体感温度的一种，用“ET＊”表示。以相对湿度50%为基准，从温度、湿度、气流、辐射热、代谢量、穿衣量这六要素来综合评价。代谢量和穿衣量因人而异，因此模拟并不简单。

热电联供

将天然气、石油、液化石油气等作为燃料通过发动机或涡轮的运转进行发电，然后将发电时生成的废热用于供暖或烧水的系统的总称。效率很高，用电量高的时期或时段使用能降低峰值。也可以作为停电时的应急电源使用。ENE FARM就是集中供应的一种。

初装费

从新设备开始安装到安装结束所用费用。也叫初期费用。具体包括主机价格、安装时的人工费、搬运费和施工费等。

运行成本

继续使用设备时所需费用。不仅包括运转所需电费和燃料费，也包括保证安全和清洁所做的定期维护的费用等。

空调方式

24小时换气系统

永久持续型的换气系统。工作方式是利用风管，以一台换气机运行住宅整体的集中换气系统，或是不使用风管，附着在墙壁上的分散式换气系统。

空调分区

建筑物的空调系统应按楼层、负荷量、用途、时间、方位进行划分。分区可以仅在重要地方运行，解决加班时的空调问题，也可针对空调负荷量的大小变更温度设定，达到操作便利与节能的目的。

风幕

通过制造空气幕隔断外部空气的装置。设置在建筑物的天花板上，通过送风口送出强力的空气。用途多样，能阻隔灰尘、花粉和异味。因其防止室外空气进入室内，所以能提高冷暖空调的效率。气流的方向有自上而下的垂直流动式，也有横向吹送的横流式。有时也会用于隔离吸烟区与禁烟区。

分散式空调

不是一台空调机对应多个房间，而是在各个房间配置空调机，每个房间可以各自调节空调（图6-2-10），分体空调虽然可以弹性应对各个房间的需求，但是维护成本也会增加。

各层组合式

空调方式的一种。通过风管将不同楼层或不同方位设置的空调机产生的冷热风送到各个房间的方式。也叫风管连接式。

多联式

空调方式的一种。也叫大楼多联式（大楼多联）。

中央空调系统

将热源机器、空调机、送排风机、自动监控设备等集中在中央的方式，以一个冷热源提供住宅整体的冷暖。主要是使用锅炉或热水机提供的热水，用在加热地板或百叶电热器上。也称为全馆空调。但有时在运行费用、个别管控费用方面有劣势（图6-2-10、图6-2-11）。

全空气空调方式

只用空气进行冷热输送的空调方式。通过专用的空气处理机组输送处理后的空气。空气处理机组集中在一个地方便于维护，但维护时会影响所有的空调。适用于剧场等大空间。

半集中式供热

住宅暖风方式之一，以单一热源供给多个空间的暖风系统。主要使用锅炉（Boiler）或热水机提供的热水，用于加热地板或百叶电热器上。

单管式

将热风或冷风通过单一的导管送到各个房间的方式。为了降低各个房间二氧化碳的浓度，调节室内温度，用室外空气送风。

图6-2-12 热泵原理

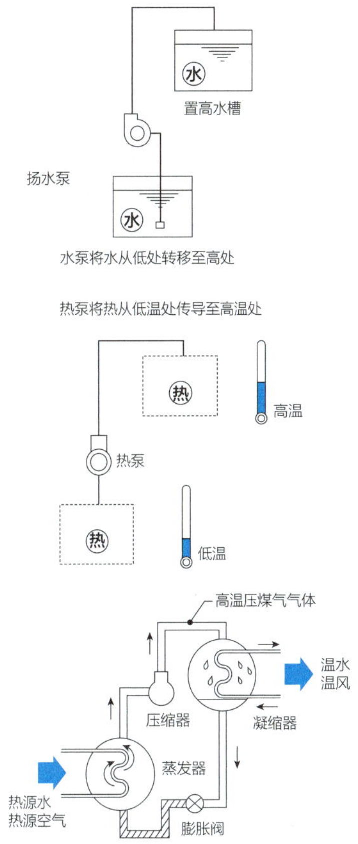

双重导管式

将热风和冷风通过不同的风管送到各个房间的方式。冷风和热风在各个房间的混合区内混合成合适的温度吹出。冷暖空调的温度在各个房间可以独立调节，即使房间布局不同也容易调节，但因能量损耗较大，近年来,使用减少。

水式

从设置的冷热源将冷水和温水送到各个房间，在房间内和空气进行热交换调节温度。能和供热水并用。它的特点是没有风管，适合楼层不高的建筑。

两管制

给各个房间供给的冷暖水管供回各一个，共计两个的空调水系统。不能同时供热供冷。加一个冷暖水的回管成为3管式时可以冷暖同时供，但冷暖水的回水混合损失比较大，所以不太普及。

四管制

热水和冷水各设供回水管一根共计4根管，将冷水和热水分开使用的方式。与其它方式相比，能进行更细致的控制，但初装费和运行成本高。

直回式

冷热水配管的配管方式之一。直接环水式。按照临近原则从水泵上接管子。距离远压力就会变小，水流量也会变少。这可以通过使用流量衡定阀来改善。配管系统较简单且比回程式成本低。

个人化空调方式

可依个人舒适度管控温度的空调设备。设备的成本高，随着维修部位的增加，维护成本也会提高。

VAV方式

可变风量方式（Variable Air Volume System）。空气处理机组机传送出的定温风量，可依室内负荷量变动而变化的空调方式。空气处理机组送风机的风量，以逆变器（Inverter）控制旋转次数，降低送风机的动力，达到节能的目的。

定风量式（CAV式）

使空调的风量保持不变，通过改变送风的温度和湿度来调节温度的全空气式的一种。适用于热负荷平均的大空间。

热泵（Heat Pump）式

从低温空气或水吸热，转移至高温处，使温度升高的机械（图6-2-12、图6-2-13）。将用蒸发器吸热的场所，与用压缩机放热的场所，以热交替循环的方式取出温水或温风。制冷机将室内热排到室外，热泵是从低温室外空气吸热，送入室内作为暖气。

冰蓄冷式（储冰式）

蓄冷方式的一种，利用冰的潜热来蓄冷（图6-2-14）。比起水蓄冷式，冰蓄冷式所需的体积较小，对建筑工程的影响较小。但比起水蓄冷式，冰蓄冷式为了制造冰，系统效率低。热源机与冰蓄冷槽的构成，有制冷机与冰蓄槽个别设置的样式，也有整体组合单元化的样式。蓄冷方式在深夜运行，若邻近住宅的话，需确认制冷机器的噪声数值与该区域的规定噪声数值，依需要采取设置防噪声墙等措施。

热回收式

回收建筑物的余热或无用的排热，运送至建筑物中热不足的地方，当作暖风或热水的热源。有的使用空气与空气之间进行热交换的全热交换器，也有的使用热泵。

热循环方式

冷气机除湿的一种。为提高除湿效果需将空气降温，但为了不让室温过度下降，再利用从室外机排出的热，再度对降温空气加热，进行室内除湿（图6-2-15）。

图6-2-13 热泵式

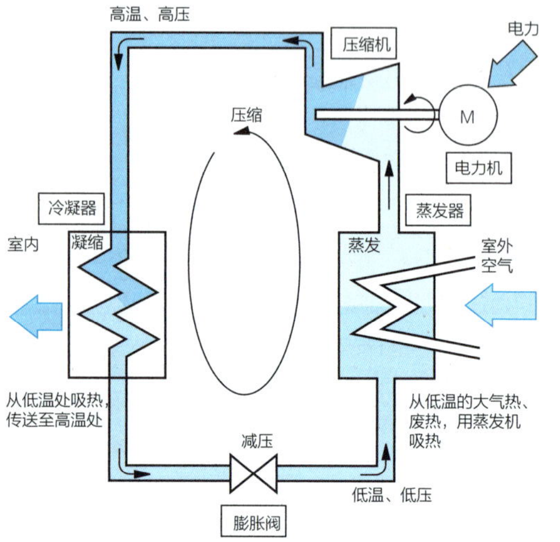

图6-2-14 冰蓄冷式（储冰式）

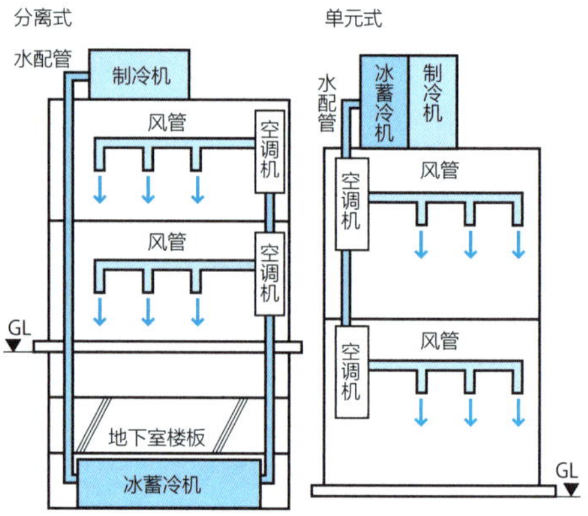

高温水暖风

对密闭容器中的水加压加热，沸点达到100℃以上得到热水，利用此原理的暖气方式。用于需大量热的地方，工厂或大学校园，作为区域型暖风。

辐射冷暖风

以辐射方式运行的冷暖风系统。辐射暖风是放射暖风，利用设置在室内加热面的热，以辐射热为主，对于从室内流失到外部的热，进行补偿作用的暖风方式，包括利用楼板、天花板、墙壁等建筑体元素作为加热面，或是使用高温辐射板、红外线加热器等。

加热地板或百叶型电热器、火炉、壁炉等，具有将物体直接加温或冷却的效果，就算离开热源的地方也有效果，能获得没有温和气流的温热感。也有将天花板面（板）降温，作为辐射冷风的例子。

远红外线暖风

以煤气或电为热能，释放远红外线的暖风方式。从相对较低的表面温度（200～400℃）的热辐射面，放射出较易让人体吸收的长波长红外线，也就是由所谓的可放射出远红外线的材料制成。

逆回水方式（Reverse Return）

冷热水配管中的一种方式。主要用于大规模建筑，用来均匀分配分支配管中的流体循环量。对于各系统的阻力变得平均，从供水或回水管的其中一方，一次逆向流动，再回到原点的配管方式。

被动式太阳能供热系统

将太阳光热有效运用在室内环境的系统，包括直接将取得的太阳光热运用，以及用墙壁或地板蓄热后有效利用热能的方式。被动式太阳能系统与建筑物方位、开口部面积与样式、外墙等的样式有极大关系，应充分考虑（图6-2-16）。

主动式太阳能供热系统

将太阳光热有效运用在室内环境的系统，利用一种动力，让太阳光热成为提供热水的热源或空调的冷源。为了换气，有的是机械式或与暖冷风并用机械设备，利用太阳光热将水加热后提供热水，或是用泵循环作为暖风等，开发各式的系统（图6-2-17）。

图6-2-15 空调功能

除湿功能

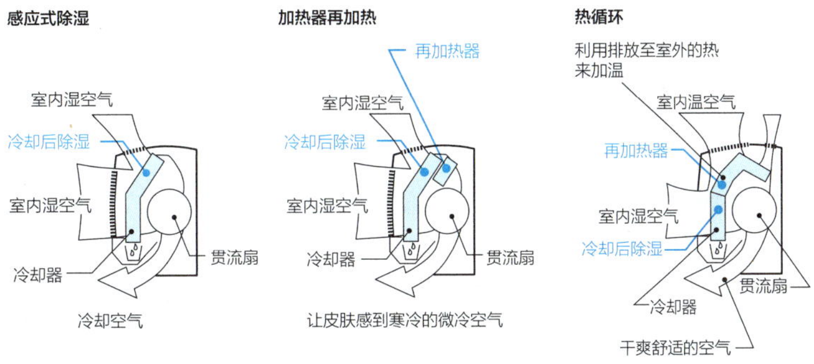

除湿方法有三种：①感应式除湿方式（将弱冷风持续进行除湿，吹出低温空气，室温下降）；②加热器再加热方式（为了除湿，将冷却空气用加热器再加热后供气）；③热循环方式（为了除湿，利用冷却空气的排热，再加热后供气），因节能而畅销的以第三种高性能为主

氧气供给功能

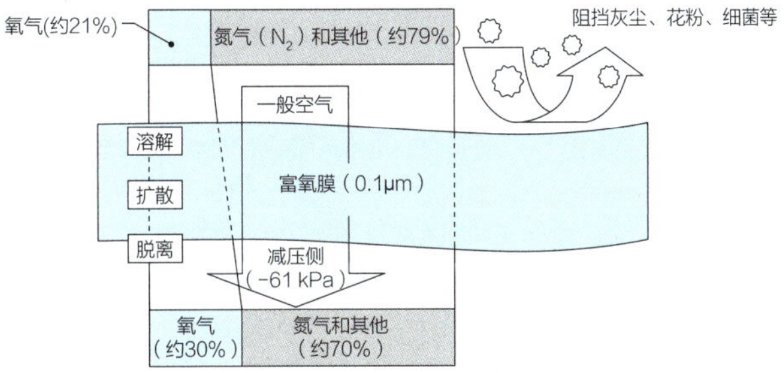

利用空气成分通过富氧膜的速度差异（氧气比氮气快），供给高浓度的氧气，维持21%的氧气浓度

空气净化功能

利用二氧化钛与紫外线，将臭气、细菌、病毒等分解的光触媒方式，利用过滤器将灰尘、花粉、香烟的烟收集的方式，利用电力的带电作用来收集灰尘的电集尘方式，或是利用臭氧吸附的方式。

加热地板功能

以一台室外机运作空调与加热地板的功能，可自动控制调整室温与舒适度的组合方式。

图6-2-16 被动式太阳能系统

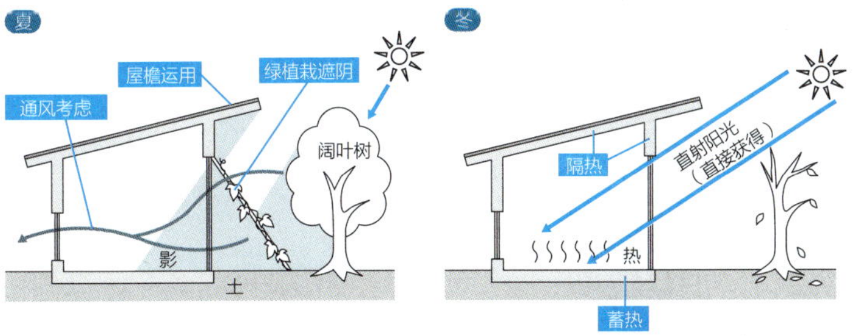

图6-2-17 主动式太阳能系统

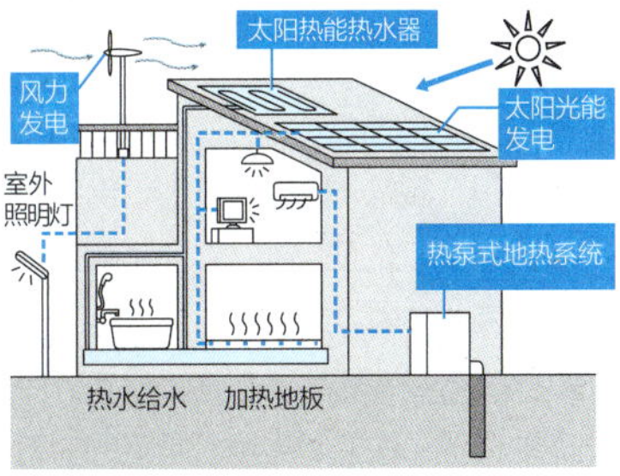

OM太阳能系统

该系统的外部空气可由OM太阳能协会贩卖的檐口吸入，再经由设置于屋顶的集热装置加热后送入室内。在冬天，白天由屋面的太阳能接收器将外部空气通过太阳能加热后提供到室内；晚上室外气温下降时，地板蓄热混凝土开始释放热量，加热室温。在夏天，白天利用所集的热空气加热日常生活用水，作为热水器的补助能源，同时也对房屋内侧进行排热，而在晚上则将凉风引入室内。该项系统由集热板、集热导管、空气调节箱、蓄热混凝土等构成（图6-2-18）。

直接获益式

将透过窗户的阳光的热量存储在蓄热材料里，到了夜间或阴天利用该热量，获得暖气效果的一种方式。

集热墙（Trombe Wall）

在玻璃窗户的内侧设置集热墙，将白天阳光直射的热量储存起来，并在夜间或阴天时加以利用，获得暖气效果的方式；也利用窗户和墙壁之间产生的对流。

空调机

空调设备

管控室内空气状态（温度、湿度、清净度）的装置（图6-2-19）。以风机、线圈、过滤器、加湿器或空气混合箱等构成。形状包括水平型、纵向型。此外，由全热交换器或换气扇组成的系统空气处理机组，送风量3 000 ~ 40 000 m^2/h，并可控制设置面积；能收纳在办公室等的走廊与墙壁柱间的简洁式空气处理机组（Compact Air Conditioning），送风量2 400 ~ 15 000 m^2/h。送风量越大，空调设备的体积越大，因此，将送风量分区处理控制在15 000 m^2/h以下的空气处理机组较易搬运。

制冷剂空调

由室内机、室外机、冷媒管构成，调整室内空气，提供冷风、暖风、除湿的机器，供家庭使用。原理是利用室外机的压缩机（Compressor）压缩后的冷媒，吸收室内（室外）的热，化为气体排至室外（室内），形成冷暖风。基本上是室外空气与室内热之间的交流。住宅用空调机常见的有壁挂式、天花

图6-2-18 OM太阳能系统

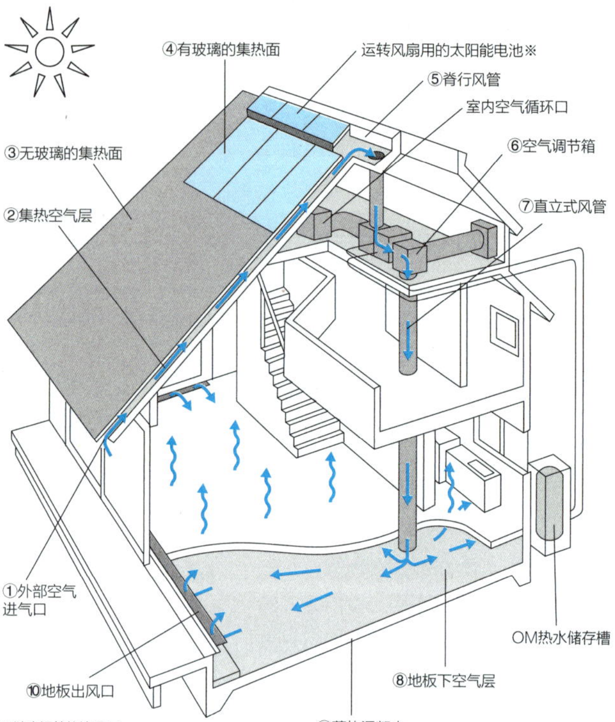

※独立运转的情况下

图6-2-19 空气处理机组

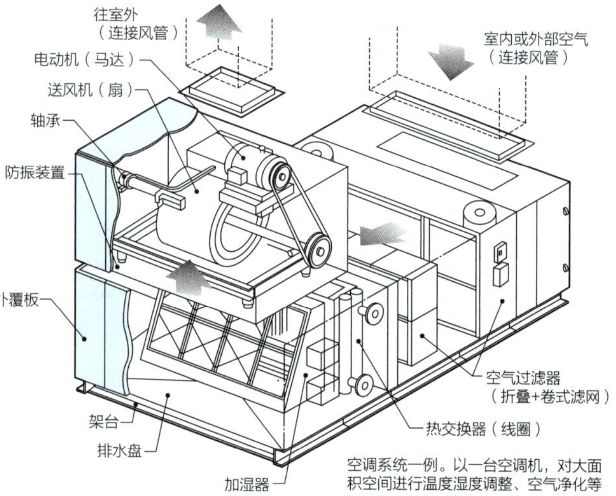

空调系统一例。以一台空调机，对大面积空间进行温度湿度调整、空气净化等

图6-2-20 空调机类型

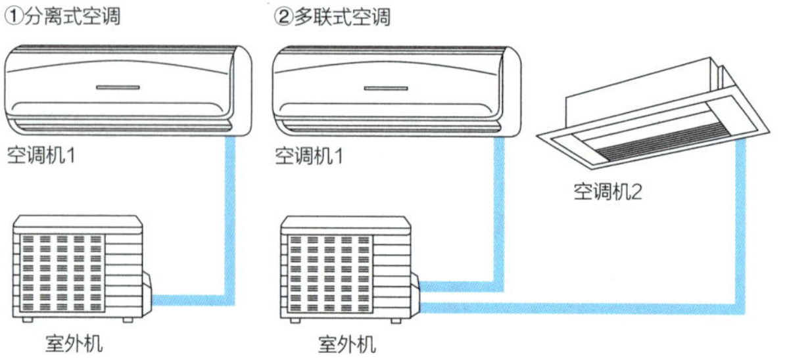

板吸顶箱形式、天花板隐藏式或地板放置式、吊式等（图 6-2-20）。

窗用空调

嵌在窗框专用框里设置的空调。无须施工，安装简单。近年无排水管型成了主流。

二氧化碳（CO_2）空调

将二氧化碳（CO_2）作为冷媒的空调。和氟利昂相比，对地球变暖的影响较小。比氟系列冷媒需要的压力更大，这是需要解决的课题。

分离式空调设备

一台室外机连接一台室内机的空调设备（图6-2-20）。

多联式空调设备

一台室外机连接多台室内机的空调设备（图6-2-20）。

天花板吸顶箱形式空调机

室内送风机（Fan Coil Unit，FCU）或套装型（Package）空调机。将各种空调功能与过滤器、进气口、排气口、控制器组合，一体成型，提高现场施工便利性的空调机器。

套装型空调设备（Package）

构成方式与家庭用空调机相同，将送风机、热交换器、压缩机、空气过滤器、控制机器等，收纳在箱中的空调机（图6-2-21）。也可以说是结合冷冻机与空调机，包括水冷式与气冷式。水冷式是冷风专用，若需要暖风功能，则与电热器组合。气冷式则具有冷暖风的功能。气冷式将室内机与室外机分离，之间以冷媒管联结。例如放置于地板的外露型、风管接续型或天花板吊挂型、天花板吸顶箱型、天花板隐藏型，办公大楼多联式空调机也属于此种类型。

GHP（燃气式热泵）

燃气式引擎驱动的热泵系统，空气热源热泵方式的EHP（电动机驱动）或煤油引擎驱动的KHP（煤油）的俗称（图6-2-22）。暖风运行时，因使用燃烧废热，暖风效率得以提高。

空气调节箱

使用中央空调方式的机型，主要构件包括空气过滤器、热交换器、加湿器、送风机、套管等。

空气调节箱系统

将全热交换器与空气调节箱组合，将自动管控装置收纳在一起，在工厂生产，是节省空间的空调机。

室内送风机（FCU风机盘管）

由冷温水线圈、送风机、过滤器、套管构成，用来接收冷水、温水的冷暖风机器（图6-2-23）。设置在房间地板或天花板，可各自以开关来管控运行。室内送风机使用的冷水、温水另外由冷冻机或锅炉等热源装置制造，再由泵与配管运送。样式包括露出型、地板放置隐蔽型、天花板吊挂露出型、送风孔以风管接续而成的天花板隐蔽型、天花板吸顶箱型。室内送风机的空调能力是一般空调机的十分之一左右。

多联机空调

使用冷媒管将一台室外机与多台室内机接续成一组系统的方式（图6-2-24）。主要使用在中小规模的建筑物中。空调可个别运转，因此可以解决加班时的空调问题，也有冷暖风同时进行的方式。室内机的样式包括天花板隐蔽型、天花板吸顶箱型、地板放置型。若室外机的容量够大，可增高多台室内机。

图6-2-21 套装型空调设备

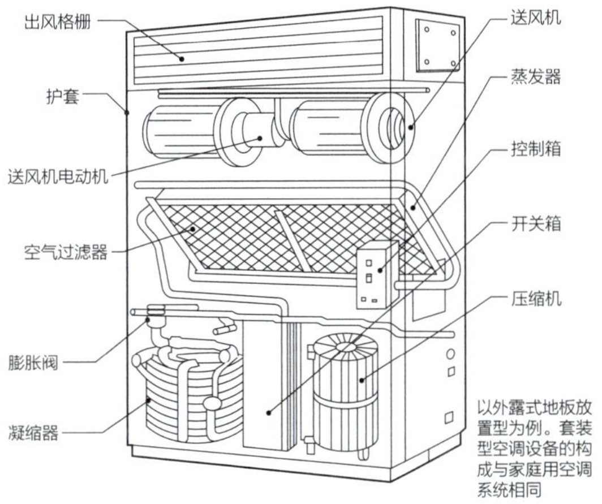

图6-2-22 GHP（燃气式热泵）

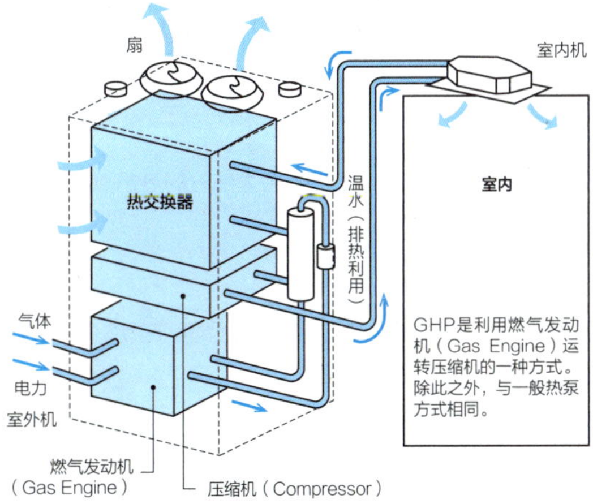

过滤器（Filter）

空调运行时，为了过滤循环空气中的尘埃，而在空调机内部安装的构件。一般使用中等效能的过滤器。用来去除厨房等地方排出的油烟中所含的油脂成分或灰尘的过滤器，称为“除油过滤器”。

热交换机

指将空调冷媒的热量传递到空气中的盘管部分。盘管周围装有大量的翅片，以提高热交换效率。通过热交换器，将室内空气冷却、加热，提供冷暖风功能。

全热交换机

使用在空调机，用来回收排热的空气对空气热交换器，在室内排风与吸取室外空气的过程中，不仅只有热量，也同时交换空气中的水分，也就是潜热。节能效果好，回转型（吸热再生型）的热回收率是80%，静止型（透过型）的热回收率是60% ~ 70%。

全热是指显热与潜热两者，相当于空气中的焓（Enthalpy）（图6-2-25、图6-2-26）。夏天将高温高湿的室外空气引入室内时，与室内的干冷空气进行温度、湿度交换，保持室内空气的温度、湿度比室外空气低。

冷凝水

室内的水蒸汽被吸到热交换机内失去热量凝结成露进而汇集成的液体。将其排到室外的管叫冷凝水管。排水管容易因为水垢或灰尘堵塞而漏水，所以要定期检查和维护。

能源无损失系统

静止型全热交换器的商品名称，利用具有透湿性的特殊纸区隔流动路径，与给水、排气相邻组合而成的全热交换器（图6-2-27）。

显热交换型换气机

换气时，从排风中回收显热再给新风的换气扇。室外空气与室内的温度差值越大，热回收效果越好。因只回收热，无法移除湿气或臭气。由于没有回收潜热，热回收效果比全热交换型差。

对流器

即对流散热器。通过对流的方式将大部分的热量散热的设备，以使用于暖气空调等。

水冷机

可制造冷热水的冷冻机。由压缩机、冷凝器、电动机和冷却机构成，也称为水冷机组。

图6-2-23 室内送风机（FCU风机盘管）

暗箱型

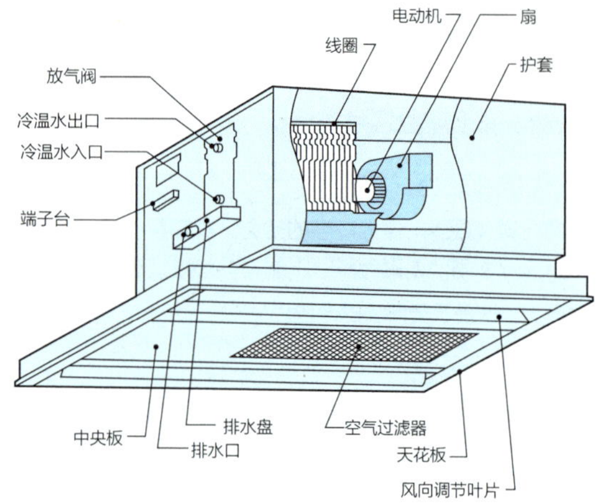

露出地板放置型

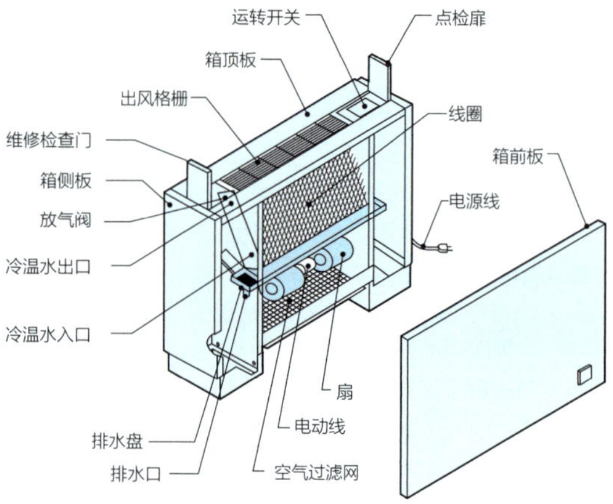

图6-2-24 多联式空调

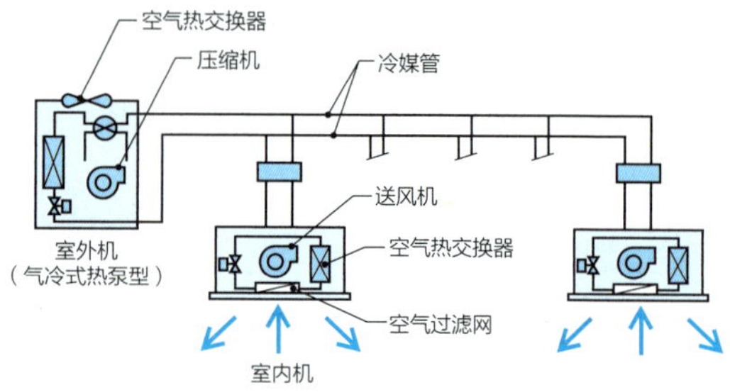

压缩机

压缩冷媒的部分。构成空调机的热泵，有效释放热的重要元素。

逆变器

压缩机回转数可根据空调负荷而改变，可控制容量的系统。种类包括电压固定，控制压缩机回转数的PWM管控系统，以及借由改变电压，控制压缩机回转数的PAM管控系统。

COP

制冷系数（Coefficient of Performance），机器输出性能相对于输入功率的比值。空调机的COP是相对于消耗电力的暖冷风效果能力比值，数值越大效能越好（图6-2-28）。

HEPA过滤网（High Efficiency Particulate Air Filter）

空气净化使用的高效能微粒子过滤网。以定格处理风量测试，可移除0.3 μm（译注：PM0.3）粒径的DOP（邻苯二甲酸二辛酯）测试微粒子，具有99.97%以上的效率。

开放式燃烧机

在室内燃烧送来和排出的气体的机器。氧气供给不足会引起不完全燃烧。最好安装在换气扇附近。

半密闭式气体燃烧机

将燃烧用的空气从室内移出，利用排气筒将燃烧释放出的气体排至室外的方式，包括以自然通风排出的自然排气方式（CF），以及使用排气扇的强制排气方式（FE）。设置半密闭式煤气燃烧机器时，若没有正确地安置排气筒以及换气口，将会导致燃烧不完全甚至一氧化碳中毒。一般强制排气方式的煤气燃烧机器是本身有排气 扇，若可以安装排气筒会更好。

FF式燃烧机器（Forced draught balanced flue type）

即强制送风排气型暖风机。以送风机排气至燃烧机器，强制性进行密闭燃烧的方式，因为燃烧不会影响到室内空气，室内空气不会受到污染，是此种方式的特性。强制对流，或是放射+强制对流，效果更好。

RF式气体燃烧机器（Roof Top Flue）

室外用气体燃烧机器是将机体设置于室外，是以室外给气排气为前提的机器的总称，大多将排气装置安装在机器的上方。因不会污染室内空气，没有安全问题，无须安装排气筒，可安装在屋檐下的闲置空间是其优点。

图6-2-25 全热交换器种类

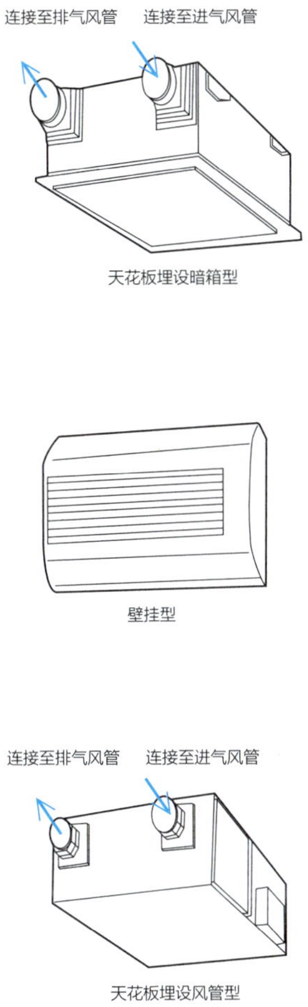

图6-2-26 全热交换器

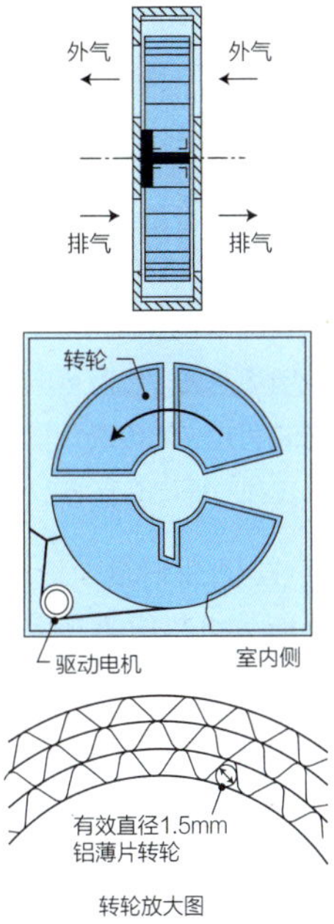

图6-2-27 静止型全热交换器

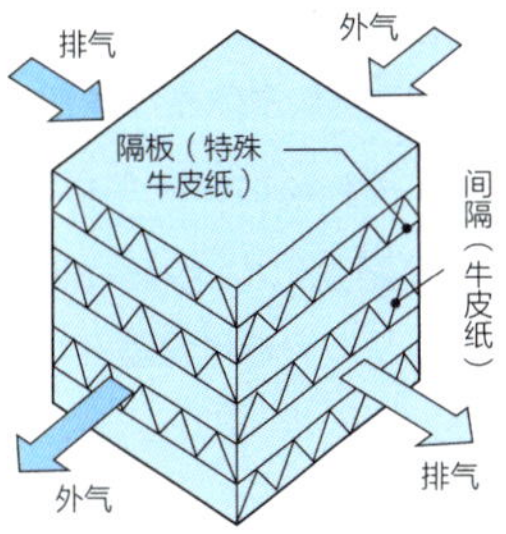

图6-2-28 COP（制冷性能系数）

COP Coefficient of Performance

- 能源消耗效率
- 一定的温度条件下，相当于消耗电力1kW的效能
- 制冷性能系数（COP）= $\frac{额定能力（kW）}{额定消耗电力（kW）}$
- 仅表示热泵效率

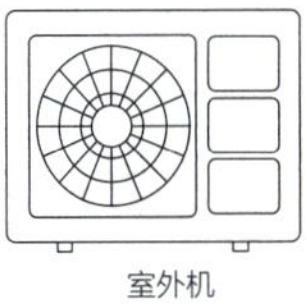

加热（暖风）地板

将地板面加热，以热辐射、接触的方式，借由热传导以及自然对流带来温热感的系统，分成温水式与电热式（图6-2-29）。

温水式加热地板

在地板内铺设配管，以供给温水的方式让地板表面温暖的加热方式，主要热源是锅炉或电热水器，也有用电热泵的机种。配管方式有过去的传统配管施工方法及单元模块化板材铺设的方法（照片6-2-1）。

电热式加热地板

在地板内铺设电热器让地板表面温暖的方式，并铺设单元模块化的板材。样式包括一般的电热器单元型，以及可自我管控温度的PTC型（图6-2-30）。

蓄热式加热地板

在地板内发热部位的周边，设置蓄热材料，在电费便宜的夜间蓄热，在白天放热，来降低电费支出，适用于温水式或电热式加热地板。蓄热材料主要使用潜热蓄热材料，也有利用结构本体或水作为蓄热材料。

此外，木结构地板的显热加热地板方式，是将多层强化（Lamin-ate）的袋状蓄热材料以及发热卷材设置在地板下搁栅之间（照片 6-2-2、图 6-2-31）。

图6-2-29　加热地板的种类

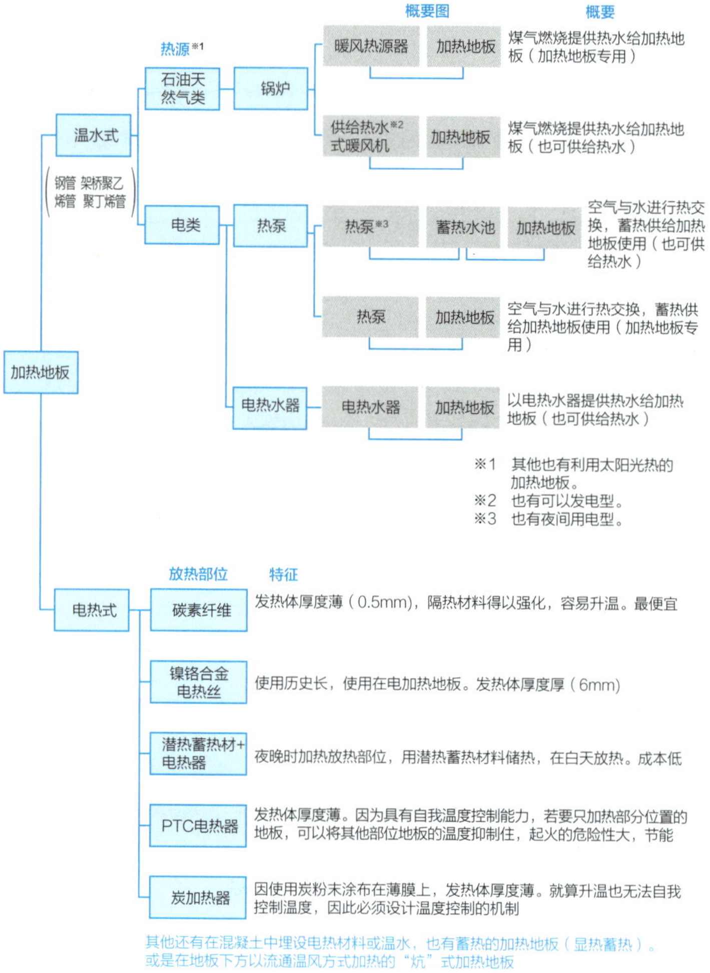

照片6-2-1　温水式加热地板

照片6-2-2、图6-2-31　以显热蓄热加热地板系统为例

地板搁栅之间设置蓄热材

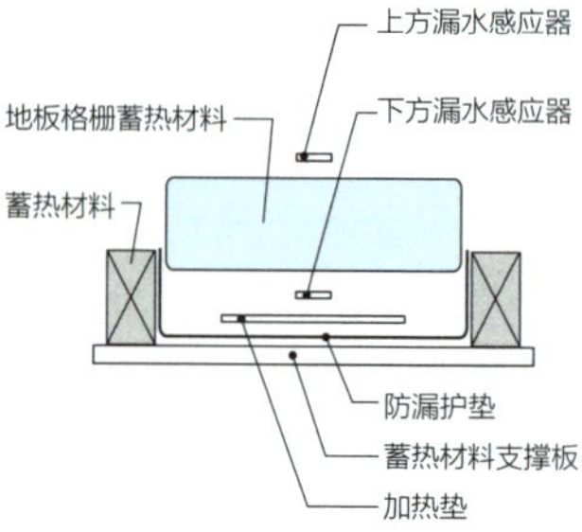

图6-2-30　电热式加热地板

●电热线式

使用电毯中电热线作为发热体。铺上内藏恒温计（Thermostat）或热熔断器温度保险丝（Thermal fuse）的板材

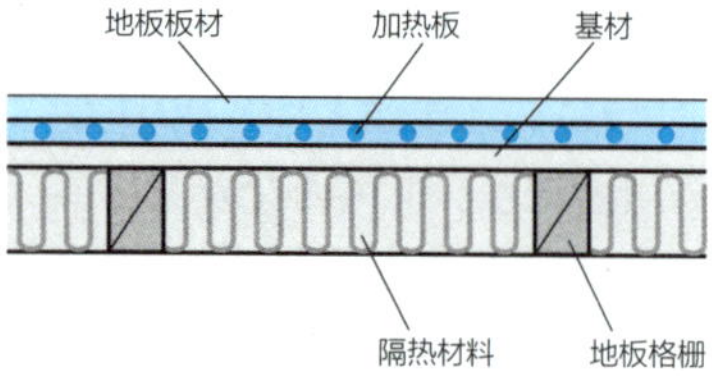

●PTC※电热器式

PTC电热器自身依据周围温度控制发热量。温度高的地方，电流较小，因此可部分抑制温度过高的情形。电热器温度上升，电阻抗值也上升。

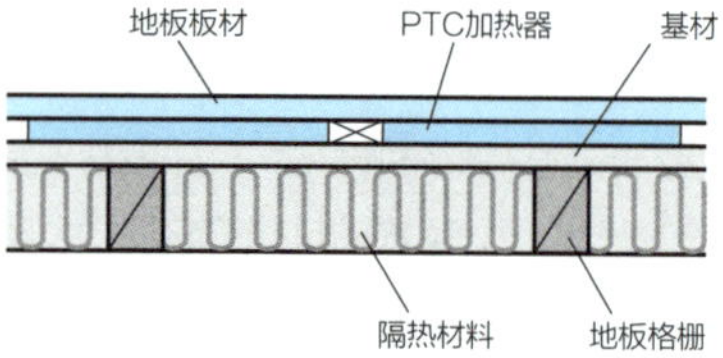

※　电热器温度上升，电阻值也上升。

架桥聚乙烯（Polyethylene）管

提供加热地板温水时使用的配管，可挠曲、施工便利。除了使用在加热地板，也广泛运用在给水或给热水配管、复数管接头工程等（照片6-2-3）。可适应自我管控温度的电热器，具有温度上升时，电阻增加，电流不易流通的特质。

PTC电热器

PTC是Positive Temperature Coefficient的缩写，以钛酸钡为主要成分的半导体陶瓷。可设定在某温度（居里温度，Curie Temperature）下，电力抵抗迅速增强。具有自我温度管控能力，不像变金属片（Bimetal）或恒温器（Thermostat）断断续续的控制方式，而是无声响、无接点地运行，使用寿命长。

温水散热器（Radiator）

配管中流入温水，借由热放射或自然对流得到温暖效果的散热器。放热部位的形状各式各样，包括壁挂型、地板放置型或考虑室内功能的毛巾吊挂型等（照片6-2-4）。

锅炉（Boiler）

燃烧煤气或柴油来制造温水或蒸汽的机器（图6-2-32）。从大规模集合住宅到独栋住宅广泛使用的暖风用热源。样式包括铸铁制分节式锅炉、贯流锅炉、电锅炉等，大型建筑使用炉筒烟管锅炉、水管锅炉，中小型建筑使用耐久年数较短但安装容易的贯流锅炉，大多使用无须运行执照的真空温水发生机或无压温水发生机。此外，为了保护锅炉需以软水处理。若锅炉设置在单独的空间，需有两个以上的对外窗，且需安装可排放燃烧气体的烟囱。

加热板（Panel Heating）

加热板中用电热器加热温水或油，产生空气自然对流、热辐射型的暖风机器（图6-2-33）。平面状的放热面，机器内流入温水，借由辐射与对流进行放热。也有为增加放热面积，在周围设置百叶的电热板样式。室内产生的气流速度慢，借由辐射热让周边的墙壁温暖，比起一般强制对流式的加热方式，温度高低差值较小，人体舒适度也较高。低温加热板的放热面积越大，热辐射暖风的效果越好。

照片6-2-3 架桥聚乙烯

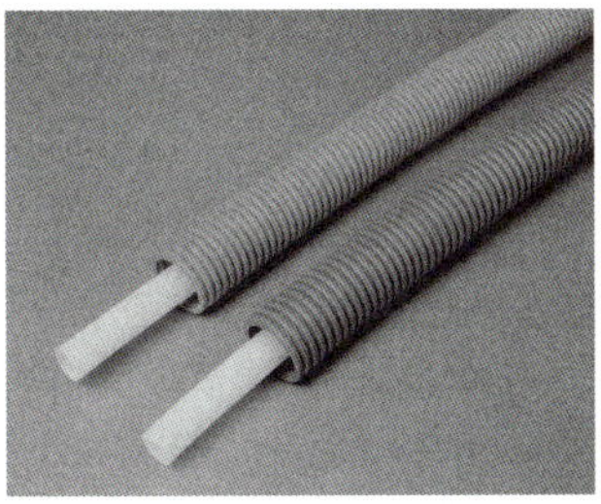

照片6-2-4 温水散热器

图6-2-32 锅炉

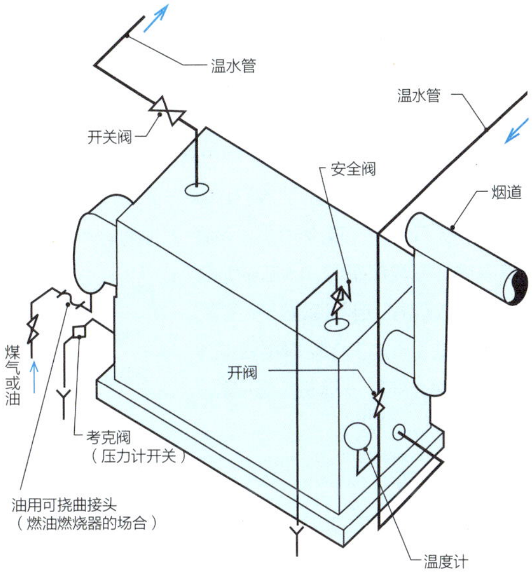

图6-2-33 加热板

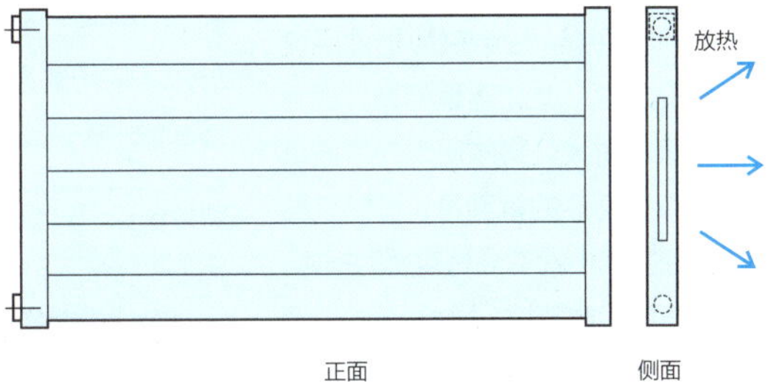

正面是平面状的放热面，内部流动温水，进行辐射放热作用

壁炉

多是从欧美进口的产品。以煤气、薪柴、电为热源，若需排放燃烧气体，需要设置烟囱。目前普及的壁炉样式是将外气导入的FF式（照片6-2-5）。

冷媒

又称“制冷剂”。在冷冻系统中作为运转媒介进行循环，从液态到气态，或是从气态到液态之间，改变状态“相”，让蒸发器吸收符合容积的潜热，用冷凝器排出，让蒸发器获取热，以冷凝器排出所使用的媒介物质。过去使用氟利昂（Freon），后因考虑到氟利昂会破坏臭氧层为了防止地球温暖化，开始使用R134a、R407c等称为“HFC”的新冷媒，或二氧化碳（CO_2）、氨（NH_3）等自然冷媒。两者的臭氧破坏系数都是零，HFC的地球温暖化系数较高，自然冷媒几乎是零。大楼多联式（一对多）空调组合的冷媒是R410a，涡轮冷冻机（制冷机）则惯用R134a。

HCFC冷媒

称为“R22”的冷媒。广泛运用在空调机中，但为了保护臭氧层，开始转换用新冷媒R410a。

氟利昂（Freon）冷媒

是冷冻机的冷媒，因会破坏地球平流层中的臭氧层，造成环境问题，成为全球等级的重大公害物质。在冷冻机中用来冷冻循环的氟利昂，虽然只要不外漏到空气中就不会有实质的损害，但还会在制造微芯片（Microchip）等的工厂作为清洗之用，或是喷雾罐的加压剂，这些物质释放到大气中才是最大的危害。

CFC冷媒

CFC是Chlorofluorocarbon（氯氟碳化合物）的缩写。含氯，并且大量使用五种对于臭氧层具有高破坏力的物质，氟利昂11、12、113、114、115。

HFC冷媒

臭氧层破坏系数为零，用来替代氟利昂的冷媒，称为“R410a”。从HCFC进化转换成HFC。

自然冷媒

具有冷媒特性的自然物质。也称为“新世代冷媒”，研究开发出氨、丙烷、二氧化碳等。

蒸发器

让冷媒液体蒸发的装置。冷媒蒸发时周围的空气失去热量变成冷气。

膨胀阀

在凝缩器中使高温高压的液体冷媒急速膨胀变成低温低压的气体的装置。

四通阀

改变空调中冷媒流向从而进行冷暖切换的装置。

冷却塔

重复利用空调内热交换形成的高温冷却水的装置。冷却方法有开放式和密封式。开放式是将冷却水的热量排到外部。密闭式是让冷却水的管道接触冷却的水使其降温。

照片6-2-5 壁炉

风管、配管

风管（Duct）

从空调机搬运冷风、温风至需要的房间，或是从某房间将臭气等空气排出时使用的设备（图6-2-34），又称“风道”，使用镀锌板、不锈钢板、PVC等材质制成。大多使用镀锌板，厨房排气风管使用不锈钢板，游泳池等有锈蚀的地方，使用PVC涂覆钢板或PVC制成的换气风管。通常是矩形或圆形，也有椭圆形（Oval Duct）或三角形的风管。空调设备风管设计的管内风速在15 m/s以下，静压在500 Pa以下的低速风管。一般以摩擦损失1 Pa/m、风速10 m/s以下来决定风管尺寸。风管截面面积急扩大或骤缩小的时候，产生很大的压力损失，因此急扩大控制在15° 以内，骤缩小控制在30° 以内为宜。此外，设置风管弯曲部位为了不发生过大的阻抗，弯曲半径在风管宽幅的1.5倍以上为宜。

玻璃棉风管（Glass Wool Duct）

使用硬质（密度500 kg/m³以上）玻璃棉制成正方形或圆形风管。外部压覆铝箔，质量轻，便于施工。空调（冷风、温风）使用钢板风管时，在风管设置后需进行风管保温工程，玻璃棉风管因具有隔热性，可省略保温工程。此外，相较于钢板制风管，玻璃棉风管强度较低，无法作为静压高的风管。风管内容许静压是1 200 Pa（照片6-2-6）。

图6-2-34 风管

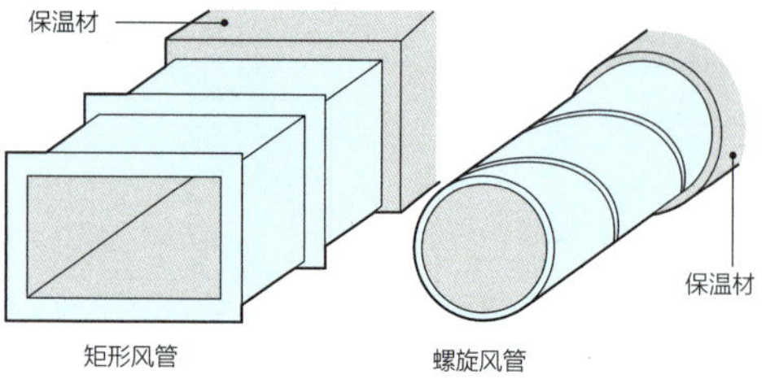

照片6-2-6 玻璃棉风管

照片6-2-7 可挠曲风管

螺旋风管（Spiral Duct）

将窄幅金属板斜卷成螺旋状，板与板之间相互咬合接续而成的工厂制圆形风管（图6-2-34），以直径25～75 mm的间距制作而成。漏气现象少，耐压，可作为高速风管来使用。

可挠曲风管（Flexible Duct）

可自由弯曲施工的风管，材质种类丰富，例如铝、铁、树脂、玻璃棉等。吸油烟机为了防火，通常使用铁制可挠曲风管，中央换气大多使用树脂制可挠曲风管。此外，也用来防止振动的传递。使用在出风箱与风管的接续部位，用来弥补出风箱与风管的施工误差（照片6-2-7）。

高速风管

管内风速超过15 m/s的风管，或是管内静压超过500 Pa的风管。由于耗费与送风机的动力有关，考虑到节省能源，此种风管仅使用于排烟风管。

风管灭火设备

厨房等区域的排气中含有油性成分，会附着在排气风管内面。为了不让排气风管内的油引发火灾，而在风管内设置灭火设备。灭火设备启动，排气风管的排风机器即停止运行。设置在吸油烟机排气罩的灭火设备，称“吸油烟机灭火设备”。

玻璃纤维布接头

设置在风机与风管的接续部位，目的在于不让风机的振动传导至风管管身，在接续部位的两凸缘之间，以玻璃纤维布连接，间隔约250 mm。为了不受风机压力发生变形，会在玻璃纤维布的内部加入钢琴线。

圆形虾身型接头

圆形风管弯曲样式的一种，圆形风管管身切成梯形后接续组合而成（图6-2-35）。

宽高比（Aspect Ratio）

矩形风管的横纵比率。数值越大，风管形状越扁平（图6-2-36）。大家常常认为就算风管的纵横尺寸改变，截面积若相同，则保有相同的性能，但风管管内风速取决于风量与风管截面积，风管若呈扁平状，通过风管内的空气阻抗系数会急速变大。风管的空气阻抗增强，使用时的运行成本也受到影响。并且长边长度变长，会出现风管板振动的噪声，因此一般风管的宽高比在5以内为宜。

静压

将风管单侧封闭，从另一侧用送风机将空气送进风管时，在风管内部产生的压力，即在空气没有流动时产生的压力。而开放风管让空气流通其中，风速产生的压力称为“动压”或“速度压”。静压+动压=全压。

图6-2-35 圆形虾身型接头

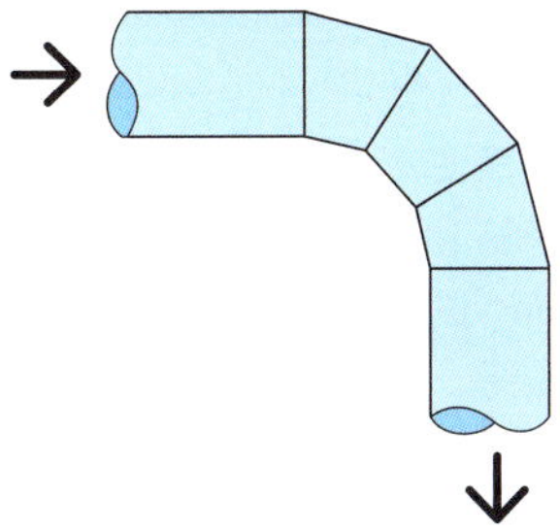

图6-2-36 宽高比

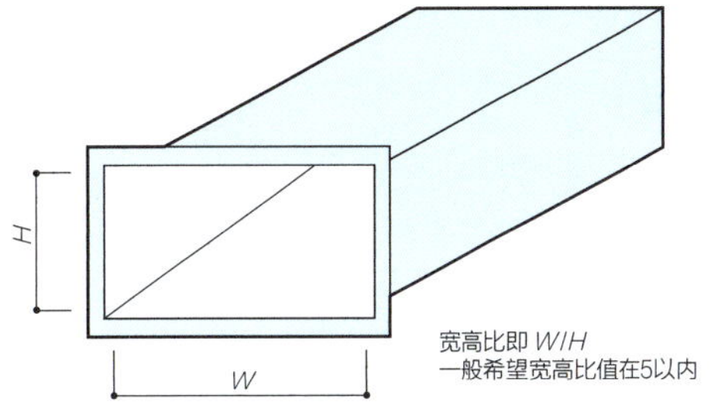

图6-2-37 风箱

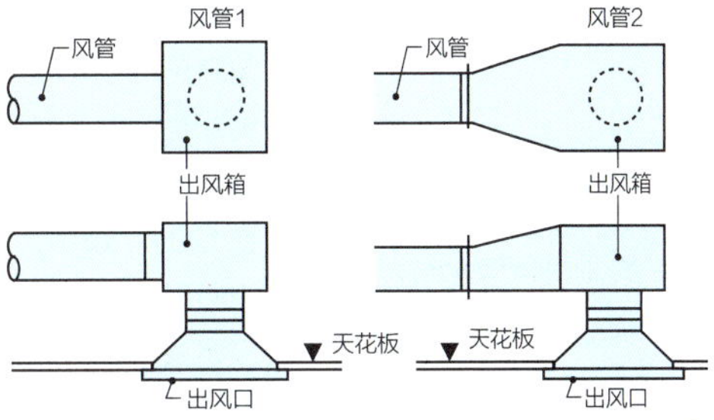

图6-2-38 排烟设备

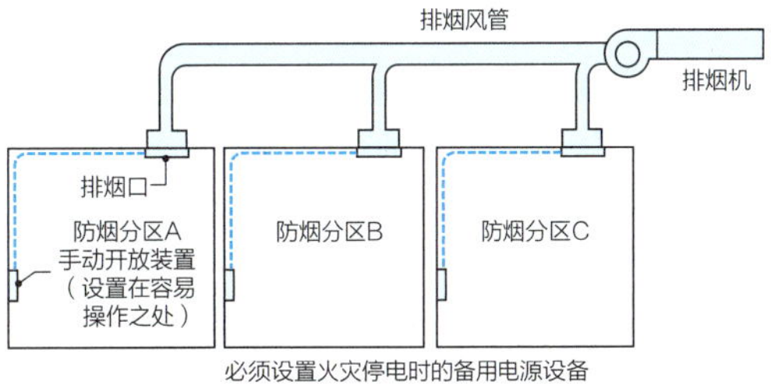

图6-2-39 自然排烟方式的有效开口

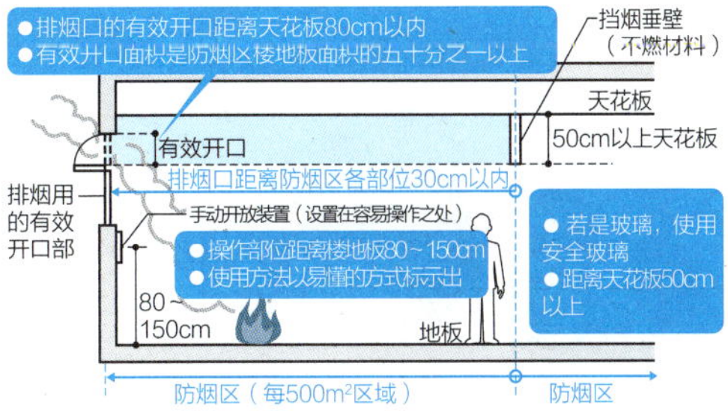

风箱

设置在风管弯曲、分支、减速等部位的箱型空间，目的是整流或消音（图6-2-37）。若是消音，里面铺设玻璃棉。风箱的大小取决于风箱上的风管大小，种类有出风口风箱、进风风箱、安装在空调上的送风箱等。

风箱方式

在天花板上安装进风口作为天花板下方的集风箱，可省略导回空调机的风管。办公大楼大多采用此种方式。

排烟设备

火灾发生时将烟排出，让人可以安全避难的设备（图6-2-38）。排烟方式种类包括机械式排烟与自然排烟（图6-2-39）。建筑结构体上若有可确保有效排烟的窗户，使用自然排烟，若无，则选择机械式排烟。机械排烟系统需设置紧急电源。机械式排烟一般使用吸引方式，也有加压送风方式。

风门（Damper）

用来调节风管内风量，隔绝火及浓烟，达到防火、防烟效果的装置，形状有翼状或板状（图6-2-40）。构成样式包括对向式、平行式、蝴蝶式等。此外，根据功能分风量调节型风门（VD）、防火型风门（FD）、防止烟扩散型风门（SD）等。风量调节型风门可调节送风机的风量，因此设置在风管的各个分支点，平衡流经分支点的风量，调节房间的风量。防火型风门（FD）的目的在于防止火灾扩大，设置在贯通防火分区的风管中。防止烟扩散型风门的目的在于防止浓烟在火灾时经由风管扩散，利用烟传感器来关闭风门。

反向翼风门

风量调节风门（VD）的一种，相邻的风叶向相反方向转动。相邻风叶向同一方向转动的叫平行翼风门。在风量调节上反向翼较佳。

滑动型风门

风叶滑动嵌入风道直行方向的风门。通风罩的颈部或风道的中部使用得较多。

蝶型风门

圆板形的风叶以阀门盒子内的棍为轴旋转的风门。即使在很小的空间内也能设置。

FD（防火风门）

Fire Damper的缩写。具有耐火性能、厚度1.6 mm以上的钢板制风门，火灾时以热熔断（Thermal Fuse）闭锁的构造形式（图6-2-41）。热熔断机制启动的温度设定，在一般空调是72℃，厨房或使用火的场所是120 ~ 160 ℃，设置在排烟风管的话是280 ℃。贯通防火区的风管设置FD，FD的维修孔旁必须安装防火风门。

FVD（防火兼风量调节风门）

Fire and Volume Damper的缩写。安装在贯通防火区风管的部位，当风管内温度上升，即自动闭锁，兼具防火与风量调节功能的风门。

图6-2-40 风门

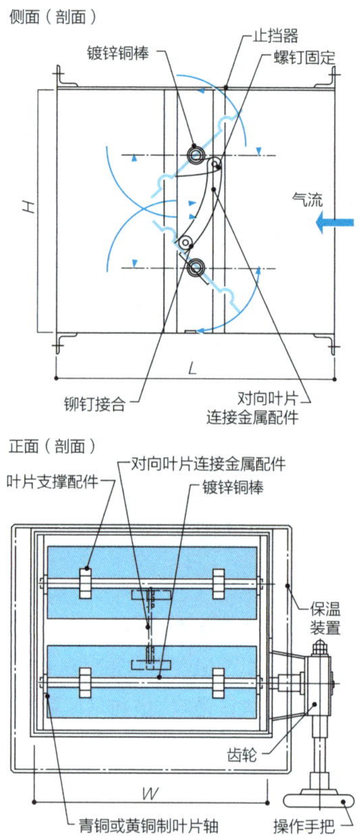

图6-2-41 FD（防火风门）

空调兼防烟防火风门

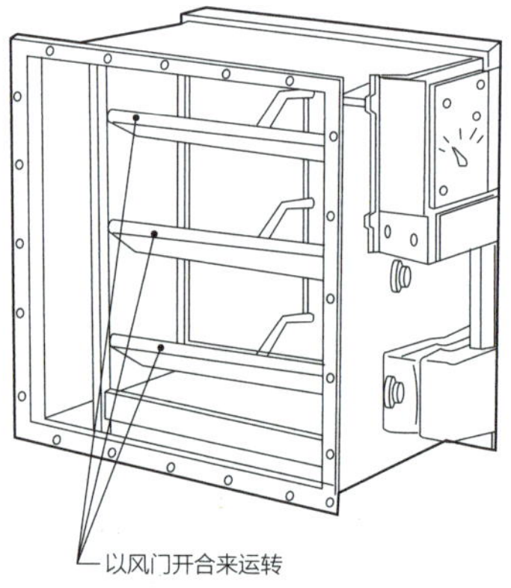

照片6-2-8 多翼式散热风扇

图6-2-42 多翼式散热风扇

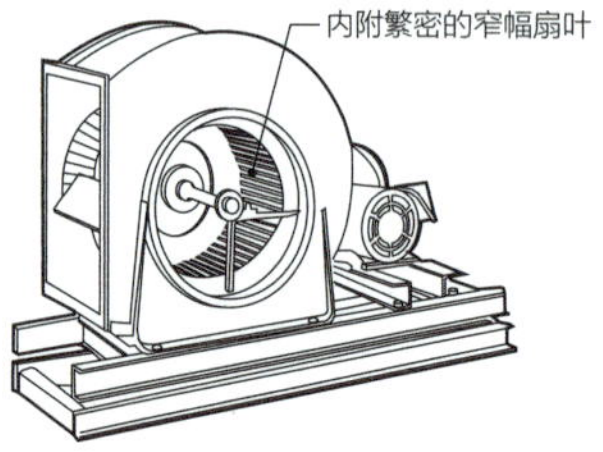

涡轮风扇

离心式的风机，和风叶的旋转方向相反。空气沿轴的方向被吸入，沿着轴流入。风量大，风叶的强度高。

横向流动风扇

横流式风机。也叫“贯流风扇（排风机）”。不能获得大的风压但能大范围排风。适合室内空调或风障。另外，风机的厚度很薄，在风机盘管或循环器上也可使用。

照片6-2-9 螺旋桨式风扇

多翼式散热风扇（Sirocco Fan）

风机的一种形式，静压高，多使用风管式的换气系统（图6-2-42、照片6-2-8）。圆筒状的扇叶（扇翼）旋转时吸入空气，在风管内流通，借由换气扇排出，从中心吸入空气再排到周围。也称“多叶风扇”。用来标示风扇尺寸的级数，是叶轮（Impeller）直径（cm）除以150得到的数值。风机的规格以其形式、风量（m^3/h）、静压（Pa）、电机功率（kW）来表示。现大多俗称“多翼风机”，也称“多翼扇”。特征是噪声小。

螺旋桨式风扇（Propeller Fan）

风机种类的一种。转动螺旋桨，进行吸气、排气的换气扇（图6-2-43、照片6-2-9）。最常见的是安装在墙壁上的换气扇，适合静压低、风量大的情形，也会用在换气扇或风机。外部受风会降低换气效能，因此不适合承受强风的高层建筑。因静压低，风管无法接续。缺点是若风量变大，扇叶噪声音量也变大。

图6-2-43 螺旋桨式风扇

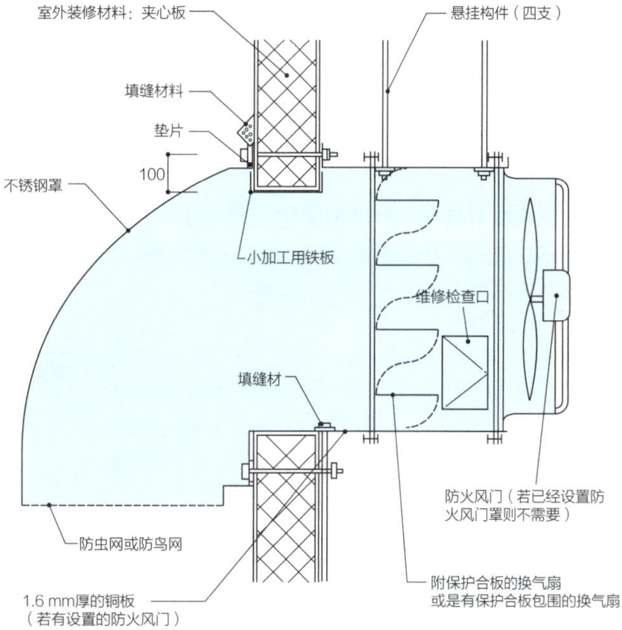

回风口

安装在天花板或墙壁，目的是将吹向室内的空气，吸回空调机，再从空调机排出的装置（照片6-2-10）。虽然回风口与出风口的配置对室内气流分布影响不大，理想上还是希望可以平均分配。回风口的口径大小，取决于面风速，风速越快，发出的噪声越大。一般送风口的容许风速约3 m/s。

出风口

设置在天花板，将空调空气均匀吹入室内的风口。出风口有扩散性佳的圆形出风口、吹出线型风的线型出风口，或是在大型空间，为了让空调空气到达远距离使用的喷嘴型出风口等。出风口大小取决于吹出风量、扩散半径、风速，以及出风口处的噪声。通常办公大楼的出风口容许出风风速，为5 ~ 6 m/s。

轴流出风口

让空调送出的空气气流分布在出风口的固定中心轴周围的装置，有喷嘴型、可转动变向喷嘴型等（图6-2-44）。

Anemo出风口

内部有数片圆锥形扇叶的天花板置顶式空气出风口，一边吹出空气流，一边将吹出的空气气流与室内空气混合（图6-2-45）。

照片6-2-10 回风口

天花板回风口（Ceiling Diffuser）

喷嘴型回风口（Nozzle Diffuser）

线型回风口（Line Diffuser）

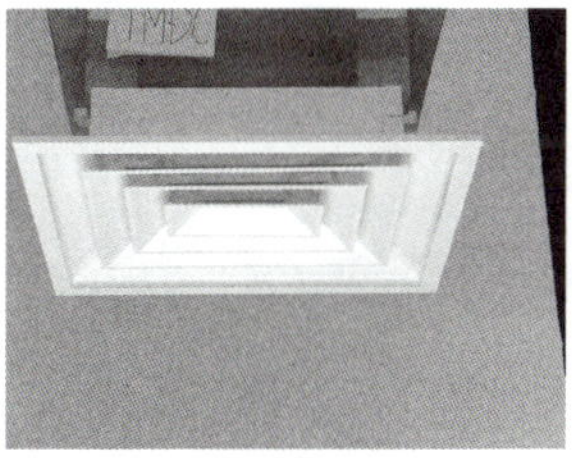

方形扩散型回风口（Multi-diffuser）

双层扇叶回风口（Universal Diffuser）

图6-2-44 轴流出风口

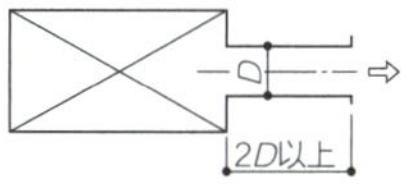

壁式喷嘴型出风口

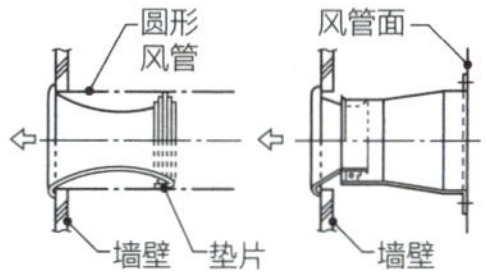

喷嘴型出风口

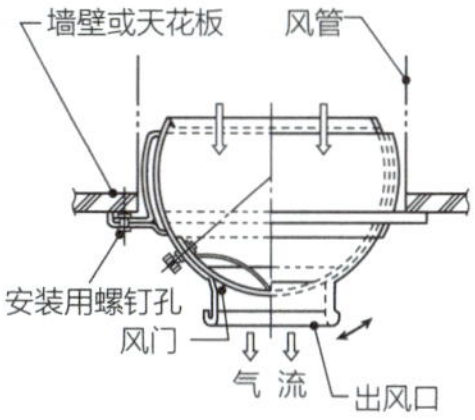

可转动变向喷嘴型

VHS（纵横双层搁栅出风口）

表面附有可调节风向的可动式扇叶，纵横交错的两层扇叶以及闭锁装置（Shutter）的出风口。一边吹出空气气流，一边将吹出的空气气流与室内空气混合。VHS是纵（Vertical）横（Horizontal）闭锁装置（Shutter）的俗称。

抗污金属制环（Anti-smudge Ring）

安装在天花板出风口外缘的金属制轮状物，让吹出的空气与天花板面保持距离，减少天花板的污损。

消音箱

内面贴附吸声材的箱型消音器，使用在风管中或风管与出风口之间。为提高消音效果，会在内部装入挡板（Baffle），或在风管的弯管内部贴消音材料，在空调机出风口风箱内贴消音材料的消音风箱（图6-2-46）。

通气管帽

安装在通气管或通气口顶端的盖子。主要设置在外墙，防雨、防噪声，防止鸟、虫等侵入。形状多样，为了防止外墙因为被水污染，将挖水板从外墙伸出的通气管帽，也有带防风帽的通气管帽。材质有不锈钢、铝和树脂等。Vent是通气口的意思。图纸上用VC（Vent Cap）表示。

罩

也称为“排气罩”。作用为在厨房进行换气或局部换气时，提高有害物质或臭气的收集效果（图6-2-47）。安装在厨房器具上方的排气罩材料，通常使用具有强度、耐热性、耐腐蚀或不燃材料的钢板。排气罩的接合部位需气密处理，并且油脂过滤装置（Grease Filter）需可轻易装卸。

外部排气罩

设置在外墙上将室内空气排至室外的排气孔的器具，材质包括铝、不锈钢、树脂等。形状多为百叶形的鱼眼罩，外部排气罩通常使用浅型，若担心会吹进雨水可考虑使用深型（照片6-2-11）。

角钢法兰（Angle Flange）工法

风管接续方式的一种，接续起的风管的角钢（Angle）之间夹入垫片（Gasket），再以螺钉拧紧固定（图6-2-48）的工法。漏气少，用在排烟风管或厨房排气风管。

角螺栓（Corner Bolt）工法

风管接续方式的一种，为提高传统角钢法兰工法的施工便利性而新开发的工法（图6-2-49）。除了厨房排气、排烟风管会有漏气问题不能使用之外，可使用在其他用途的风管接续。

图6-2-45 Anemo出风口

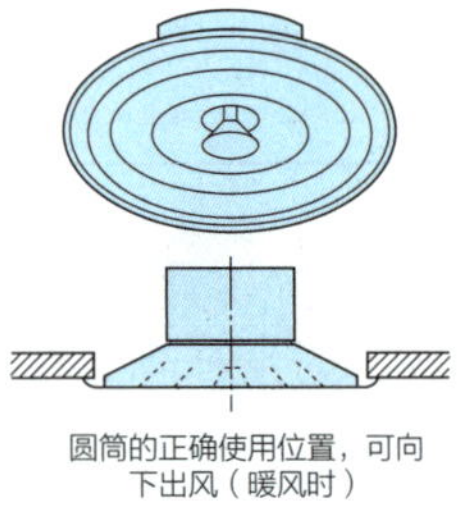

图6-2-46 消音箱

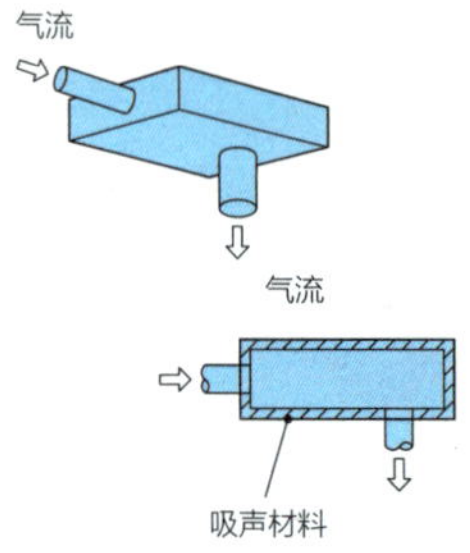

照片6-2-11 外部排气罩

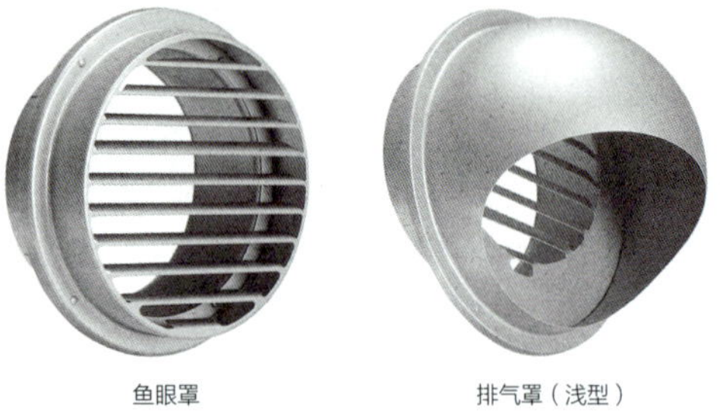

图6-2-47 罩

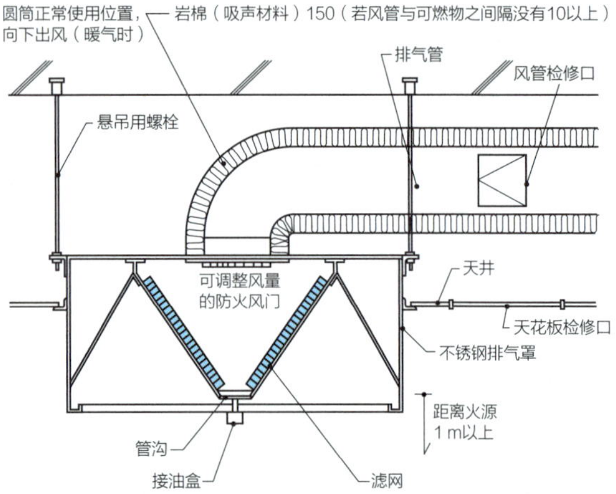

图6-2-48 角螺栓工法

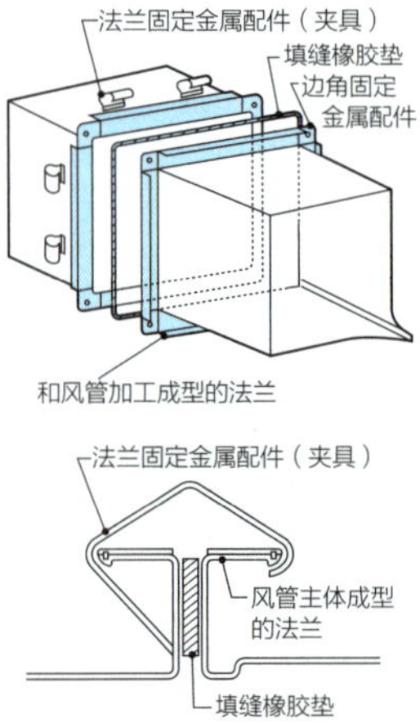

图6-2-49 角钢法兰工法

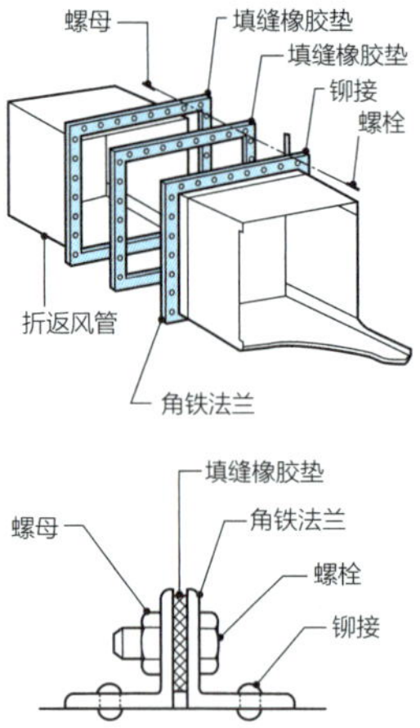

支撑间隔

由天花板支撑配管或风管时所需间隔（图6-2-50），支撑间隔时间越长，越容易引起配管、风管的变形。若是角钢法兰工法，配管长度通常在3 640 mm以上，若是角螺钉工法，配管长度在3 000 mm以内。

泵（Pump）

压送冷水、温水的机器（图6-2-51）。样式以口径（mm）、水量（L/mm）、扬程（m）来决定。小型的有立式管道泵（Line Pump），其他都采用远距离泵。通常是铸铁制造的套管，使用黄铜齿轮，也可使用不锈钢齿轮。也可用在防震基座，设置有橡胶防震或是弹簧防震。

扬程

水泵的扬程是指水泵能够扬水的高度，是泵的重要工作性能参数，表示水泵产生的压力的大小，单位是m。扬程的数值受水温和配管内阻力等的影响。

换气设备

自然换气

不使用风扇的换气方式。将室外风分类成风力换气与温度差换气两种方式。但是，自然换气会受到风压、风向或室内外温度差的影响而发生变化，无法确保室内环境质量的一致性。就节能来说，一年之中春秋两季使用自然换气方式，可以营造出舒适室内环境。相对应的是机械换气。自然换气也称作“被动式换气”。

被动式换气

不使用机械动力的换气系统。有利用温度差造成的浮力或自然风的类型，大多是与被动式太阳能供热系统组合并用（图6-2-52）。

机械式换气

使用风扇等机械的强制换气方式。比起自然换气，机械式换气较能确保换气量，但此种方式为了换气而消耗了能源。若给气与排气未达到平衡，会发生开关故障。机械式换气分三种（图6-2-53）。也称“主动式换气”。

第一种换气方式

机械送风与机械排风并用的换气方式。一般在导入外部气体时，会设置空气过滤装置（Air Filter）（图6-2-53），给气、排气分别配置风扇。比起其他机械式换气，可以自由设计室内压差，是用来确保换气量最合适的方式。热交换器的换气方式属于第一种换气方式。

第二种换气方式

机械给气与适当地搭配自然排风的换气方式。因为室内湿气会入侵结构体，不推荐此种方式使用在住宅中（图6-2-53）。室内空气由排气口送出，如此一来，确保室内正压，防止给气孔之外的空气入侵。适用于手术室等需要保持清洁的场所。

第三种换气方式

机械排风与适当地搭配自然送风孔的换气方式。仅在排气系统部位设置风扇。送风是借由排风，将空气导入室内。若送风路径不能确保，将无法发挥排气机的功能（图6-2-53）。为了不让厕所、浴室、厨房等地方的臭气、水蒸气或有害气体，外漏至周边的房间，可采用此种直接排气的换气方式。

换气次数

用来量测换气量的标准。将室内体积扣除换气量，室内空气与新鲜空气在一小时内交替的换气能力。需确保全日不休、0.5次/小时的换气运转（图6-2-54）。

图6-2-50 支撑间隔

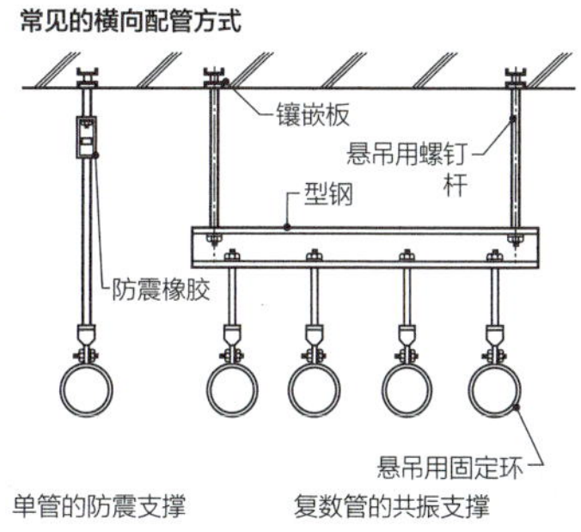

图6-2-51 泵

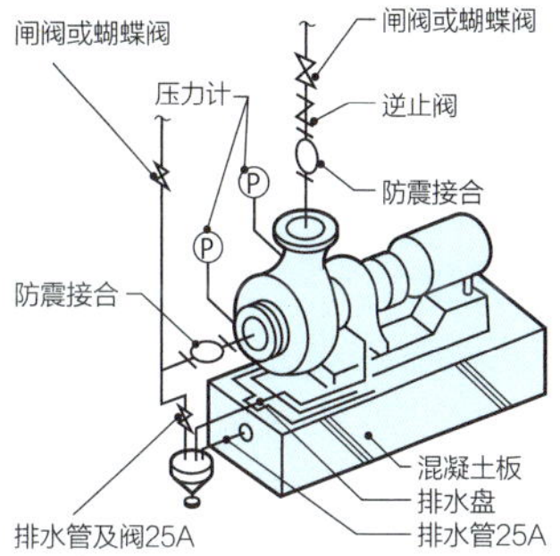

图6-2-52 被动式换气

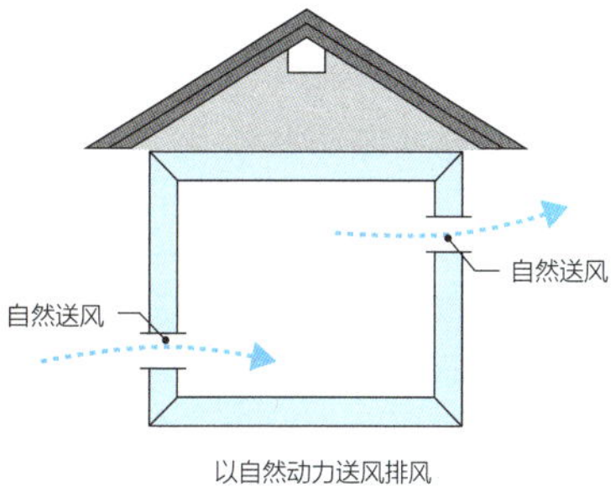

局部换气

非整间房间换气，局部区域将脏污空气或过多的湿气排出室外的换气方式。在浴室、厕所、厨房等局部位置，安装专用换气扇，进行换气。排气口上安装止逆阀（防止逆流的风门），以防止换气扇停止运转时，排气口部位发生逆流。

无风管换气

没有使用风管的换气系统，例如壁挂式换气扇。换气方式的一种。

*PQ*曲线

用来表示风机压力与风量关系的图表，供选择机器时参考。可借由设计压力与设计风量的交叉点来确认机器效能（图6-2-55）。

正压、负压

对于相对高低不同压力的空气，压力高的空气状态是正压，低的空气状态是负压。空气会从压力高的地方流向压力低的地方。

风量调整

换气量调整，若是在住宅，大多是借由调整出风口、送风口的面积，来调整风量。也有的是在机器上安装强弱缺口（Notch），在设置机器时调整风量（表6-2-1）。

进气孔

将新鲜空气送进室内的风孔。设置在外墙，作为自然换气或第三种换气的送风路径（图6-2-56）。

吸油烟机

将烹饪食物时产生的二氧化碳、水蒸气、臭气、热等排至室外的换气扇。为了有效收集油烟，设置抽油烟孔，配合烹调器具的种类（IH电磁炉、煤气炉等）、换气扇设置场所、给气方式等，有各种吸油烟机类型可以选择（图6-2-57）。

同时进排气型吸油烟机

排风、送风同时进行的换气扇，可有效防止因排气造成室内过度负压化的现象。适合高密度住宅区。

IH电磁炉用换气扇

一般的吸油烟机可有效收集使用煤气炉时产生的上升气流，有效排气，但对热源不产生热的IH电磁炉使用时的上升气流，收集效果低。因此IH电磁烹调炉专用换气扇，可在烹调具上方强制性地吸收上升气流，高效率排气。

换气扇

有提高使用煤气炉时产生的上升气流的收集效果和排气效果的功能，但针对热源不发热的IH电磁炉的上升气流的效果较差。因此，使用IH电磁炉时，在烹调器具上部需强制性地吸进气流，提高其收集效果和排气效果。

高收集型吸油烟机

增加吸风口风速，有效收集上升气流的吸油烟机。

空气循环装置

强制产生气流的装置，使用在需要局部气流的场合。体积小，有放置于地板的空气循环扇类型，还有设置在天花板的天花板风扇（照片6-2-12）。

图6-2-53 换气方式的种类

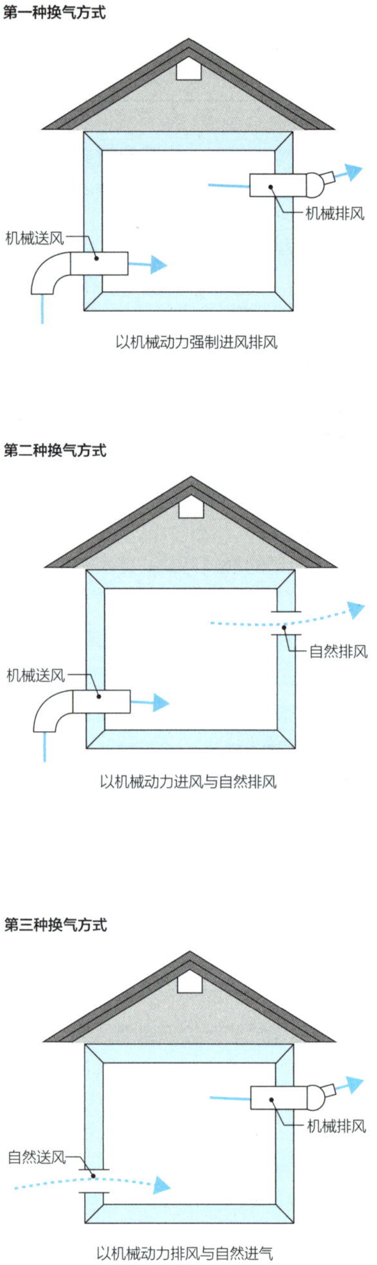

图6-2-54 换气次数代表的意义

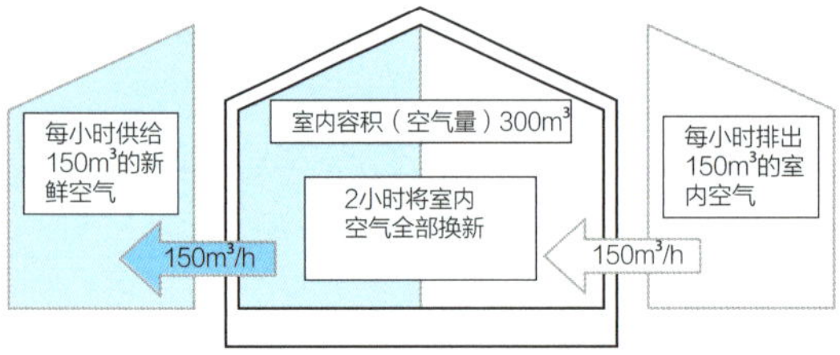

图6-2-55 *PQ*曲线

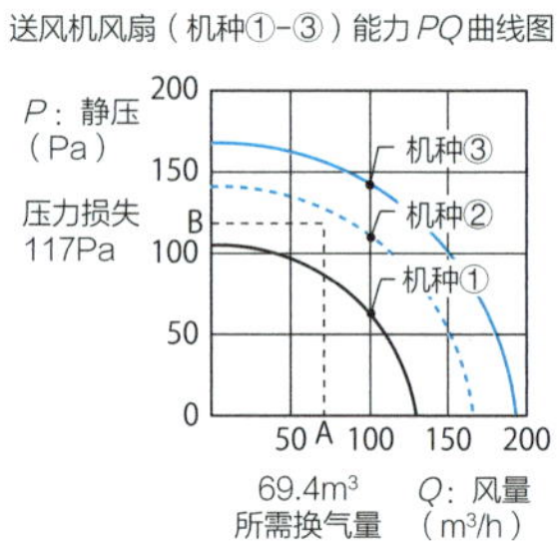

图6-2-56 进气口与排气口的位置

一般的换气方式，会尽可能地将进气口与排气口以远距离分散设置，以达到均匀换气的效果

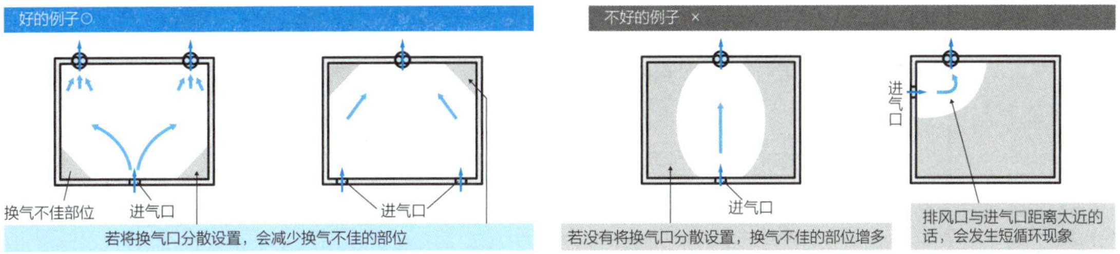

图6-2-57 吸油烟机抽风扇的换气方式

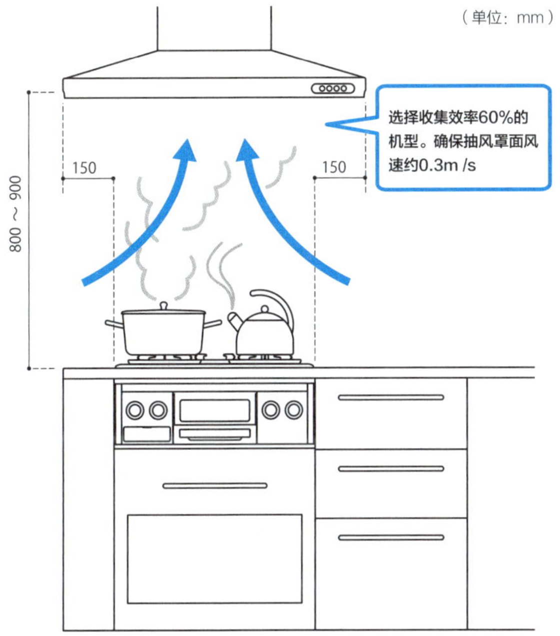

表6-2-1 卫浴场所换气需要的风量

场所	必要风量（m^3/h）	备注
浴室	120	一般浴室（1～1.5坪）为例（1坪约等于3.3 m^2）
洗脸台、更衣室	60	约浴室换气量的一半
厕所	20～30	随时保持负压

照片6-12 空气循环扇

节能

PAL

Perimeter Annual Load（全年热负荷系数）的缩写。日本建筑界普遍采用的，代表了整个建筑全年的建筑负荷。依据日本“能源使用合理化相关法（节能法）”，PAL是评估各种节能手法的指标。PAL=建筑物周边区域的全年冷热负荷（W/年）/周边区域楼板的面积之和（m^2），需比节能法规定数值乘上规模补正系数得到的数值低。

温室效应气体

太阳发出的短波长辐射能量穿透大气，被地球吸收，大多会在近红外线的波长区域间，从地球向宇宙再次辐射，但近红外线辐射能量会被大气中的二氧化碳、甲烷（Methane）、笑气（N_2O，一氧化二氮）、氟利昂（Freon）卤化碳氢化合物（Halogenated Hydrocarbons）、臭氧等气体吸收，转变成热反射至地面。因此上述气体会带来地球变暖效应。

CEC

Coefficient of Energy Consumption（能源消费系数）的缩写。与PAL相同，依据日本“能源使用合理化相关法（节能法）”，提供建筑主评估各种节能手法的一种判断标准，是空调能源（CEC/AC）、换气能源（CEC/V）、照明用能源（CEC/L）、给热水用能源（CEC/H）、电梯用能源（CEC/EV）经济性效益的指标。将全年假设负荷量除以前述各项全年能源消费量得到的数值，需比节能法规定的数值低。

给水排水、卫生工程 6.3

基本用语

饮用水
适合人体饮用的水。也称自来水（表6-3-1）。

污水
人类生活或产业活动排出的污水、雨水的总称。

中水
介于饮用水与污水之间的水，将排水处理过后，作为清洗用水。

杂排水
洗脸盆、水槽、浴缸等排出的水。

给水设备

给水装置
自来水公司配置的配水管，设置分支处，用于安装给水管、止水栓、给水栓、水表等。原则上，仅持有水道工作者认可证件的给水装置工程师可以进行新设、增设、改造给水装置的工程。

给水用具
给水装置的一部分，给水管或接合部位以外的部分。在与自来水管直接连接处，设置分水栓、自来水表、直接加压式泵组、阀门、止水栓、给水栓、煤气热水器等。

水箱
存储水管水的容器。在不能进行水管直连送水的建筑物上设置。在水箱的上方设置检查口，并确保留有能检查到水槽的上、下、左、右、前、后六个面的空间。

贮水槽自来水管道
为了暂时接收从自来水管道供给的水，在接水槽之后设置的给水设备。

简易专用自来水管道
在贮水槽自来水管道中，水槽的有效容量超过10 mm^{2}的给水设备。

供水方式
给建筑物内提供饮用水的方式。供水方式有水管直连式、直连增压式、高置水槽式、压力水槽式和水泵直送式等。

直接给水方式
自来水管道利用本身水管的压力，不经过水槽，直接提供建筑物用水的方式（图6-3-1）。

直接增压给水方式
直接给水方式的一种，从自来水配管分支出去的给水管上设置直接加压泵，对于水压不足的部分进行加压，将水送至高处的给水方式（图6-3-1）。因为无须受水槽或高位水箱的影响，卫生更佳，采用此种方式的例子越来越多。需依据相关规定，来决定是否可以采用此种给水方式。此外，若自来水管路断水时，将不能供水。

重力给水方式
利用抽水泵，将低位水箱的水抽至位于高处的给水槽（高位水箱），再以重力作用给水的给水方式。

水泵直送方式
利用水泵，直接将低位水箱的水送至需要的地方，水泵的出口压力或流量，会影响水泵的转速，改变送水量，可以通过更改水泵的数量，来改变送水量（图6-3-1）。

水锤
在充满液体并流动于其中的管道上安装阀门等装置，迅速地全部关闭或部分封闭，阀门使水停止流动或减速，阀部位压力会显著升高，此压力波的速度会传至管路的上游部位。像这种在管路内产生激烈压力变化波的情形，称为水锤现象（图6-3-2）。

水击防止器（水锤吸收器）
用来防止、缓和水锤现象所安装的缓冲器（Shock Absorber），有氮气或预充空气的，设置在给水配管系统中（图6-3-3）。

六价铬
一种有毒的化合物。铬经水中的氯处理后以六价形式存在，所以叫六价铬。标准值是0.05 mg/L以下。对健康的影响主要表现为呕吐、腹泻以及肾脏受损。

三卤甲烷（Trihalomethane）
自来水原水中的枯叶等腐殖质（Humic）所含的甲烷（Methane）与消毒用的氯发生反应，产生致癌的有机氯化合物。净水厂使用消毒用臭氧来解决。

游离残留的氯
净水厂为了消毒，将含氯物投入自来水管道中用来杀菌。杀菌完成后也会残留在水龙头的出水口。

红锈水
钢管锈来自于给水或热水的管道中。河川水源水质恶化，需要投入自来水管道中用来消毒的氯的量也增多，使铁制配管生锈，流出红锈水。就算是防锈蚀性强的树脂防锈内衬钢管，因配管接续部位的边端钢铁材质外露，也会出现红锈水。依照配管材质种类，会有青水、白水、黑水等流出的现象。

青水

供热水的铜管等溶解出的微量铜离子与浴缸内附着的洗澡水垢（身体或肥皂上的脂肪酸）发生反应生成的不溶性青色物质。也叫“铜石碱”。

白水

水管中进了空气后经过搅拌生成无数小水泡并和水混合在一起的状态。这种气泡的产生是因为水管内加压融到水里的空气，吐水后会减压，以细小水泡的形式流出。流入容器后，气泡从下方开始消失，随后变成清澈透明的水。安全性上没有任何问题。

表6–3–1 水质标准（摘自日本厚生劳动省）

1	**一般细菌**	一毫升水的检体中，细菌形成群落数在100以下
2	**大肠杆菌群**	无法检验出来
6	**铅**	每升0.01 mg以下
8	**六价铬**	每升0.05 mg以下
25	**总三卤甲烷**	每升0.1 mg以下

注：总三卤甲烷是氯仿、二溴一氯甲烷（Dibromo-chloromethane）以及三溴甲烷（Bromoform）的总体浓度。

黑水

水管水中含有微量的锰，被消毒使用的残留氯酸化后形成黑色的二氧化锰。这种二氧化锰逐渐附着在水管主管（配管）内，因为断水或水管内施工水流变急时会从管壁脱离流出。为了防止黑水的发生，锰的水质标准不超过0.05 mg／L。

图6–3–1 决定给水方式的流程

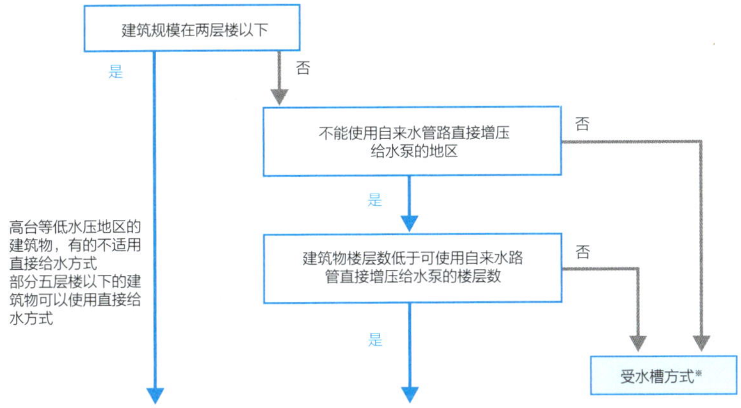

类别	①直接给水方式	②直接增压给水方式	③水泵直送方式
项目	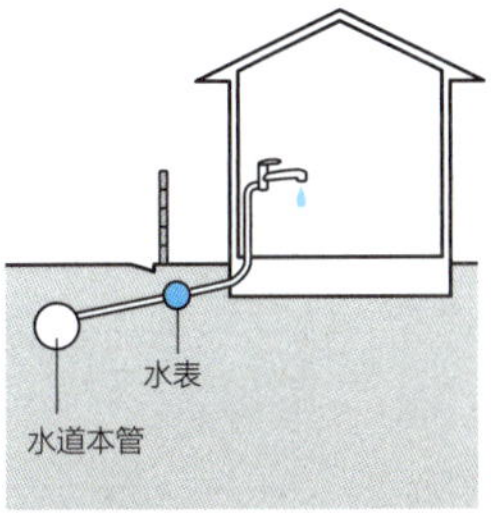	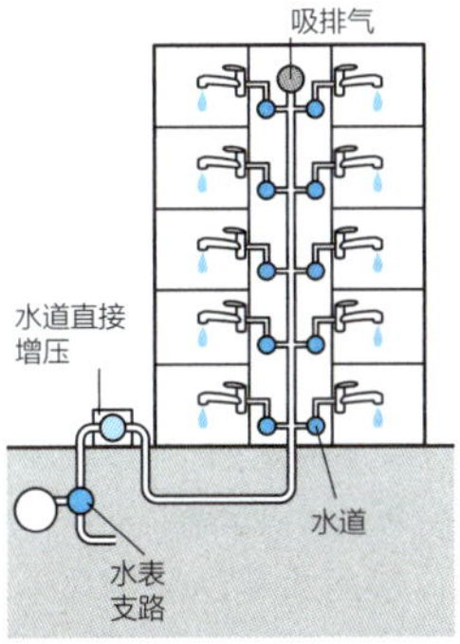	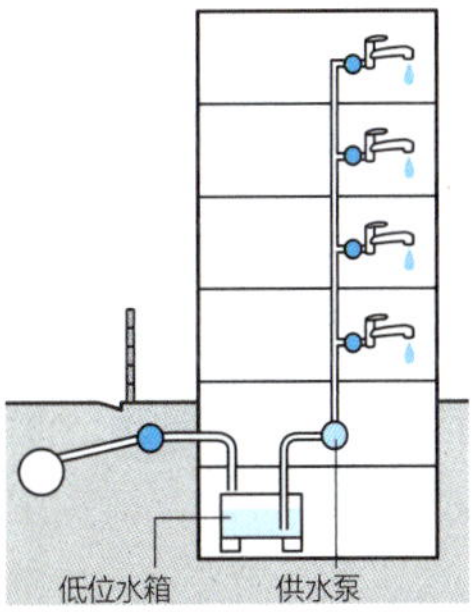
适用建筑规模	低层、小规模	中低层、中等规模	中等规模、大规模
给水机制	利用给水管主管的压力给水	拉管途中，设置增加压力的自来水管路直接增压泵，可以供给至给水管主管压力给水不及的高度	将暂时储存在受水槽的自来水，利用加压给水泵给水。泵的自动管控所需设备费用高
给水压力的变化	与给水管主管的水压联动	受到泵的自动管控，给水压力几乎保持一定	受到泵的自动管控，给水压力几乎保持一定
卫生方面	因为直接供给自来水，水质受到污染的可能性小		恐有尘埃、虫侵入受水槽，造成水质污染
断水时	无法给水		有可能供给受水槽内的储存水
停电时	可给水	仅在给水管主管的压力范围内给水	无法给水
需保留的空间	无须保留空间	需保留安装自来水管路直接增压泵的空间	需保留各受水槽与泵的设置空间，以及维修空间
注意事项	若给水管主管的水压及材质符合条件，部分可以用直接方式送达五层楼以下建筑物	大多的自来水公司，规定必须安装旁通设备管组	检查用水量，约以一日用量的一半为决定受水槽容量大小的参考标准

※ 受水槽方式：水泵直送方式之外，利用重力的给水方式。

图6-3-2 水锤现象

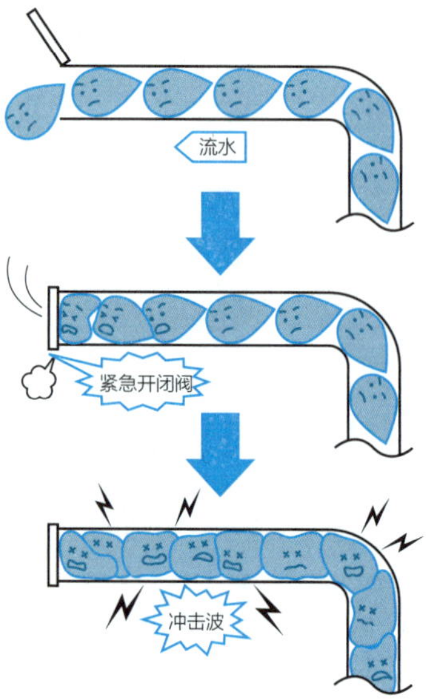

图6-3-3 水击防止器

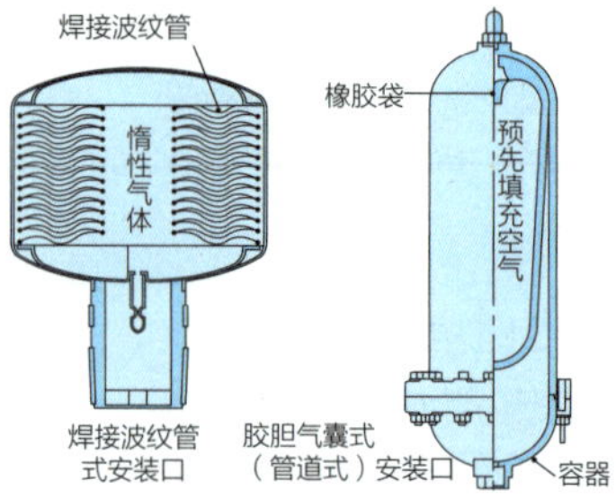

图6-3-5 吐水口空间的例子

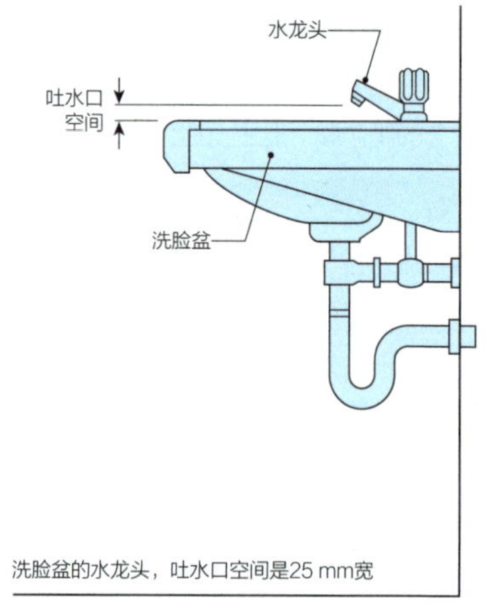

图6-3-4 错接

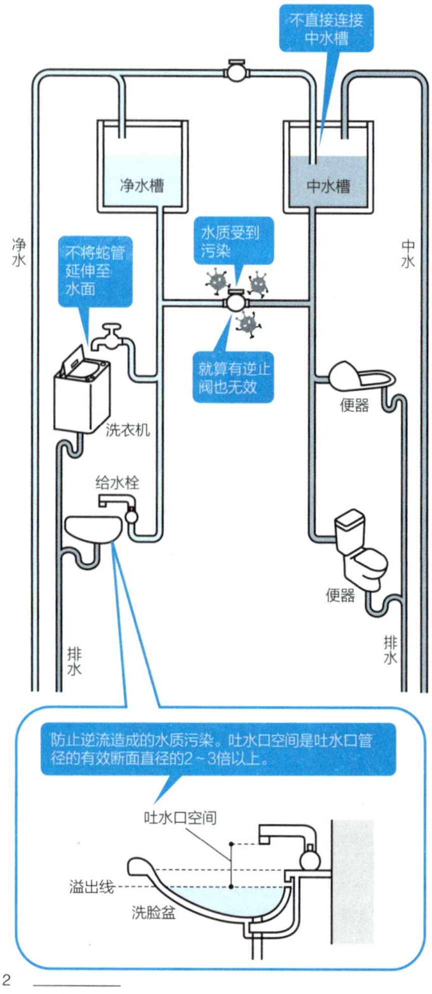

逆流对策

错接（Cross-connection）

将给水管与其他用途的配管、装置直接连续或给水与给水以外的水混合的现象。绝对要防止给水管内减压或发生真空等造成给水以外的水在给水管内逆流的情形。管内若发生逆流，可能有饮用水给水系统中混入污染物质的危险。就算装有逆止阀，若逆止阀上卡有异物，还是无法防止逆流。此为配管计划、施工的禁忌（图6-3-4）。

吐水口空间

饮用水给水管的吐水口端（水龙头等出水口位置）与上方溢缘（洗脸盆等可盛水容器的上缘）的垂直距离（图6-3-5）。与盛水容器的防满溢排水孔※高度无关。但是在饮用水槽，将溢水管的内侧底面作为溢缘。停水时饮用水给水管发生负压，吐出的水从水龙头往给水管方向逆流，发生逆虹吸作用，为防止上述情形，吐水口空间是不可或缺的。

图6-3-6 真空断路器

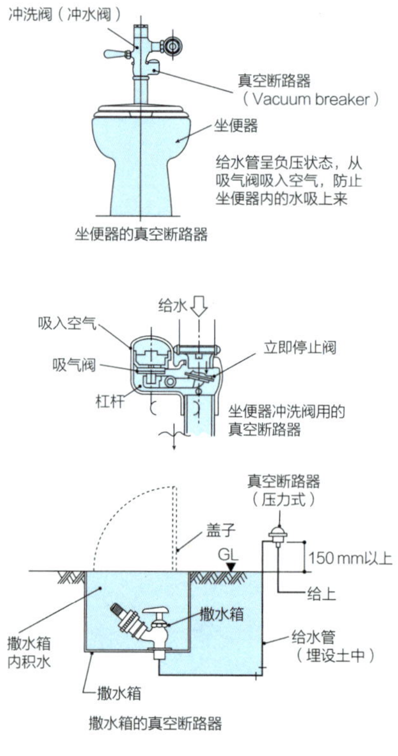

图6-3-7 逆流防止器（逆止阀）

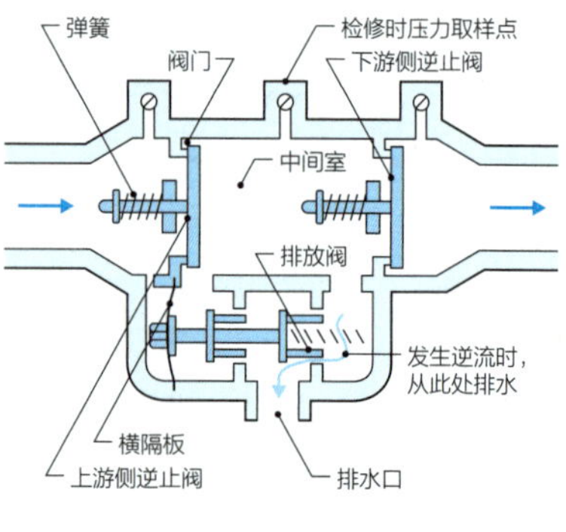

※ 让洗脸盆或浴缸的水不会满溢出来，超过固定高度就会流出的排水口。

图6-3-8 存水弯的构成与种类

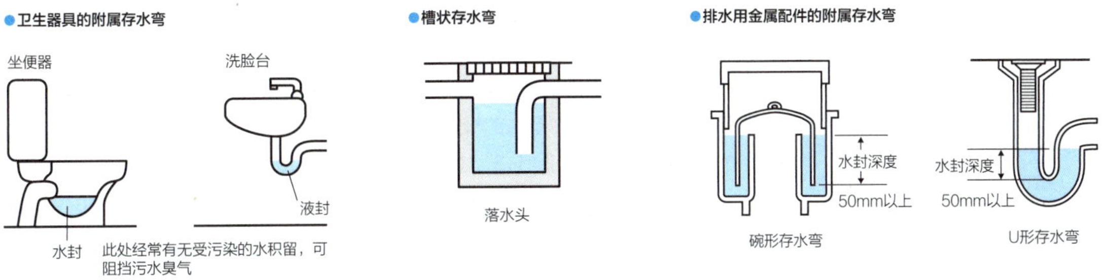

真空断路器（Vacuum Breaker）

给水管内部发生负压时，自动吸引空气的机制，安装目的是为了防止出水或使用过的水因逆虹吸作用，往净水系统方向逆流。在没有吐水口空间的情形使用。无法防止给水压力（逆压）产生的逆流。样式包括气压式与压力式（图6-3-6）。

逆流防止器（逆止阀）

用来防止逆虹吸作用或逆压产生逆流的装置，属于弹簧按压阀类型（图6-3-7）。种类包括单式逆流防止器、复式逆流防止器、减压式逆流防止器等。其中的减压式逆流防止器，在给水管中发生逆流时，逆流水从排水口排出，几乎可以完全防止逆流。一般设置在直接加压式给水系统中。

六面检修

受水槽或高置水槽与周围的前后、左右及上下六面之间，保有随时可确认卫生状态的维护检修空间（600 mm以上）。

地震对策

晃动（Sloshing）

水槽等容器内液体表面，受地震等外力发生的摇动现象。液体受到强力摇晃，水槽内产生正压或负压，若是FRP制水槽，水槽槽体会受到毁坏。为防止晃动造成的毁坏，需要缓和水槽内的正、负压发生情形，并提高水槽槽体的强度。

紧急关断阀

地震等紧急情况时，用来停止水或煤气供给的阀，若给水管发生破损，为了防止水槽内的水流出，会在水槽内安装给水用的紧急关断阀，感应到震动时，会自动断绝水的供给。

图6-3-9 存水弯各部位名称

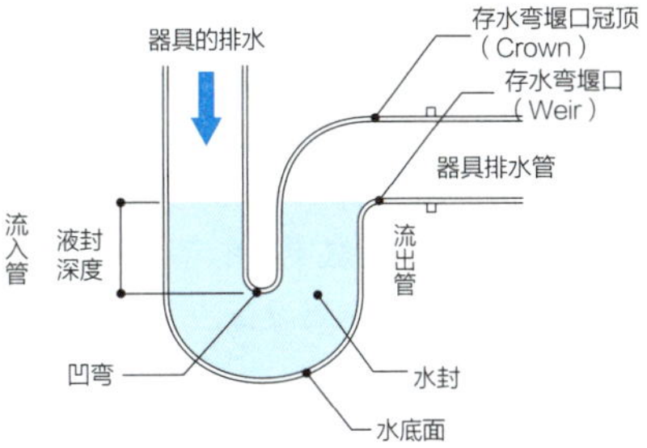

排水、通气设备

存水弯（Trap）

“Trap”有迷路或陷阱的意思，用在卫生设备的时候是指排水存水弯（图6-3-8、图6-3-9）。可以让水自由流动、排水，也可以防止排水管内的污水臭气或害虫进入室内的液封装置。内藏于接收水的容器的排水金属配件或排水系统中的装置，不让污水臭气或害虫逆流而上的水封装置的总称。

液封

滞留于排水存水弯内的水，可防止污水产生的臭气或害虫借由排水管进入室内。

破封

设置在排水器具内的存水弯中的液封通过引导虹吸作用、自我虹吸作用、蒸发、反水作用、毛管现象等流失的现象。

虹吸式存水弯

排水管呈S形或U形，具有利用排水满水状态下通过时的虹吸作用，将液封部分的垃圾吸出的自我清洗作用的装置。种类有S形排水弯、P形排水弯和U形排水弯等。

虹吸作用

利用连续管道将液体从预定位置引导到较低位置时，即使中间管道高于预定位置的高度也会向下流动的现象。虹吸作用发生的条件是管内需预先充满液体。

非虹吸式排水弯

虹吸式排水弯之外的蓄水作为液封的排水弯。它的特点是不容易破封。种类有带状包裹式排水弯和鼓形排水弯等。

双重排水弯

一个排水管系统中并联两个排水弯。卫生器具原则上每个装一个排水弯，如果在中间再装一个排水弯的话，排水弯之间夹着的排水管内容易形成闭塞，从器具排水时流入的空气跑不出，排水弯的液封和排水的流动就会受阻，因此禁止使用双重排水弯。

自发性虹吸作用

卫生设备进行排水时，设备本身发生的虹吸作用，造成设备的存水弯水封流失的现象（图6-3-10）。

反水现象

排水立管中从上层流下大量的水时，管内的气压一时间上升，此时，也会给排水块下方接触的排水横向分支管造成压力而使得液封逆流，从卫生器具中反水出来的现象。

U形存水弯（Running Trap）

U形的排水存水弯，也称为U形存水弯（U Trap）。用来防止公共下水道的污水臭气入侵住宅，在污水系统的横向排水主管末端设置的家庭用存水弯。

碗形存水弯

排水水门的一种，大多使用在立式小便器、实验用流理台、厨房流理台、地板排水器具中，由覆盖在排水口上的碗状金属配件构成。在打扫时可将其拆除以方便作业，但就失去作为存水弯的作用了。

通气管

使用重力式排水方式的排水系统，使排水流畅，保护排水水封效果，不受排水时管内气压变化的影响，或是调节水槽中水位变化时产生的气压变动，让空气流通的配管（图6-3-11）。

伸顶通气方式

生活排水管道设置伸顶通气管的通气方式。通常伸顶通气管指的是排水立管与最上层排水横支管连接处向上垂直延伸到室外，作通气用的管道。

自循环通气管

通气管不与通气系统相接，从取出位置接续向下流的排水管，用来缓和该部位管内压力的通气方式及通气管（图6-3-12）。

湿通气管

设有通气管的器具排水管，兼具存水弯通气功能。坐便器排水管不可连接至湿通气管（图6-3-13）。

通气阀

为缓和排水竖管内的气压变动，需将空气导入管中，排水竖管的延长部位的伸顶通气管不向空气中开口，而是在顶部设置阀门（图6-3-14）。伸顶通气管在负压时打开，在正压时关闭。伸顶通气管的优点是由于不向空气开口，不需要在建筑结构体上开孔。

单管式排水法

不装设通气竖管，仅借由伸顶通气管进行通气的排水方式。排水竖管内，使向下流动的水不影响横向排水管，在排水竖管的横管接续部位处大多使用可连接多支横管的特殊排水接头（图6-3-15）。

图6-3-10 虹吸作用

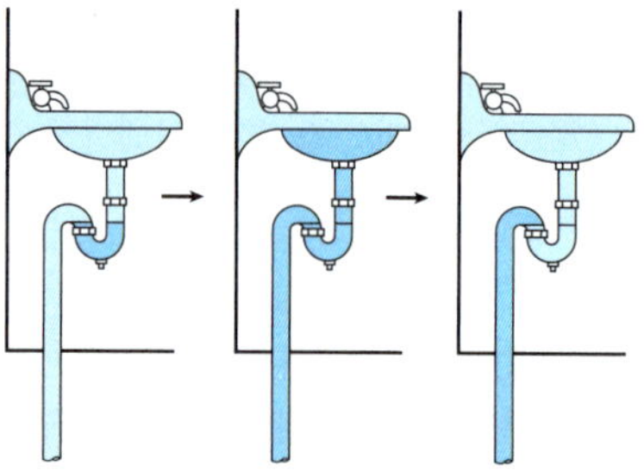

图6-3-11 通气管的安装

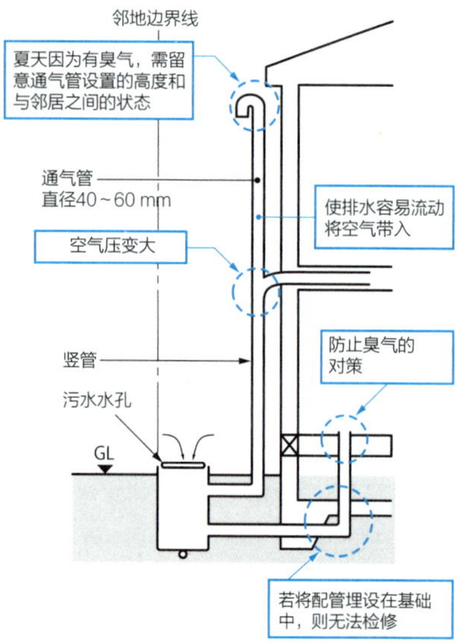

通气管若与配水管连接，空气进入，压力增高，水变得容易流动。通气管的出口高度或方向，需依照周边住宅情形加以判断检查

图6-3-12 反向通气管的例子

（单位：mm）

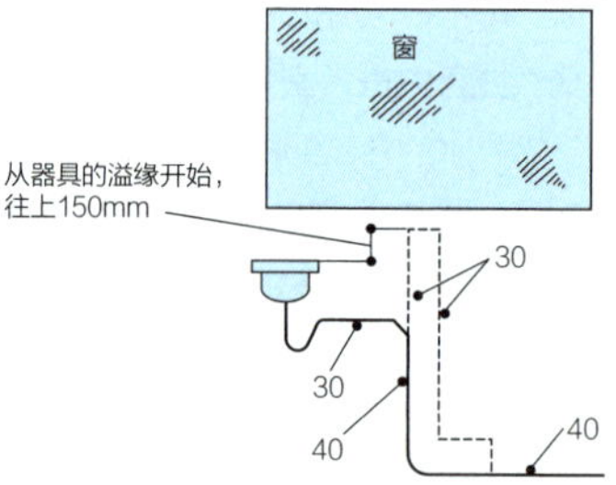

图6-3-13 湿通气管的安装方式的一例

（单位：mm）

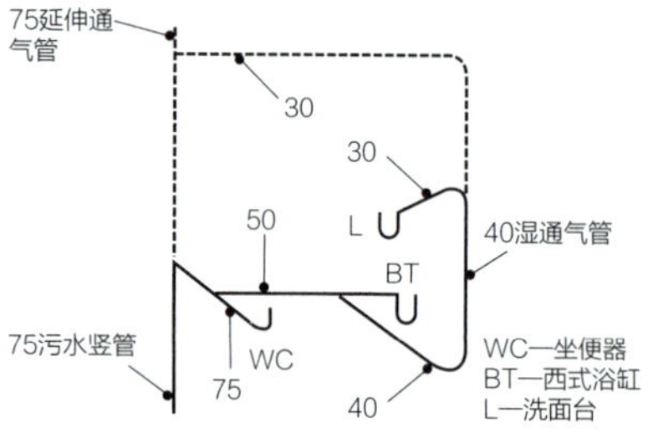

图6-3-14 通气阀

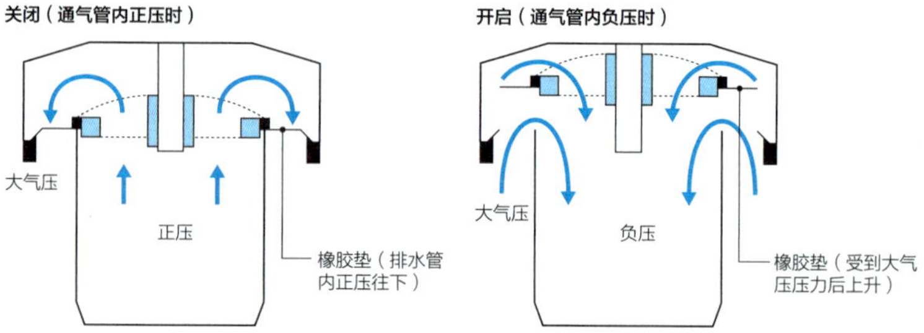

图6-3-15 单管式排水法

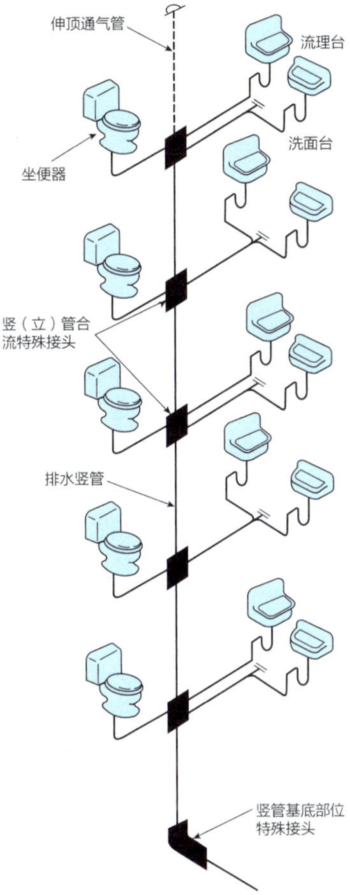

重力式排水法

不使用排水泵等动力，而是利用重力从高处向低处排水的一般方法。

合流式与分流式排水法

公共下水道与基地内排水系统中的合流式与分流式排水法，定义不同。公共下水道中，合流式或分流式排水是以污水及杂排水※中是否含有“雨水”区分，基地内排水系统中，则是依照“污水”与“杂排水”一起排水或个别排水来区分（图6-3-16）。

大楼污水集水坑处理措施

防止大楼排水槽产生恶臭的处理措施。排水槽因经过长时间排水，产生积水并发生腐败产生硫化氢物质，用排水泵排除时，会从维修孔发出恶臭，给邻居带来困扰。

隔油器（Grease Trap）

油阻集器。用来去除厨房排水所含油脂（Grease）的装置（图6-3-17）。饮食店等的营业用厨房排水含油脂量多，若附着在排水管上，会呈烂泥附着状，流水断面面积缩小，造成排水管阻塞，需用此装置将油脂在排水中分离去除。排水的水流向下时，排水的温度也随之降低，油脂凝固并附着在排水管管壁，造成排水管阻塞，因此，必须安装截油槽（Grease Trap）。但仍有很多问题需要留意，例如没有设置足够容量的截油装置，或是没有进行适当的维护管理等。

表6-3-2 生活排水的水量、水质标准

排水源		每人每天污水量（L）	每人每天污染物质量（g）
污水（厕所排水）		50	13
杂排水	厨房	30	18
	浴室	50	9
	洗面台	20	
	洗衣机	40	
	其他	10	
合计		200	40

BOD

Biochemical Oxygen Demand（生化需氧量）的缩写。水中好氧微生物对于水中有机物，进行生物化学分解时所需消耗的氧量，BOD高的排水，水中的有机污染物质多（表6-3-2）。

污水废水合并处理

排泄物净化槽中，将排泄物与杂排水（除了工厂排水、雨水、特殊排水）一起处理。

净化槽

将粪便排泄物或杂排水集中在基地一处，往下水道以外地方排放的处理设备，使用在公共下水道建设不完善的地区。近年，禁止使用仅处理粪便的单独净化槽，必须变更为合并处理净化槽。净化槽设置后需接受检查和定期清理（图6-3-18、表6-3-3）。

图6-3-16 排水法的分类

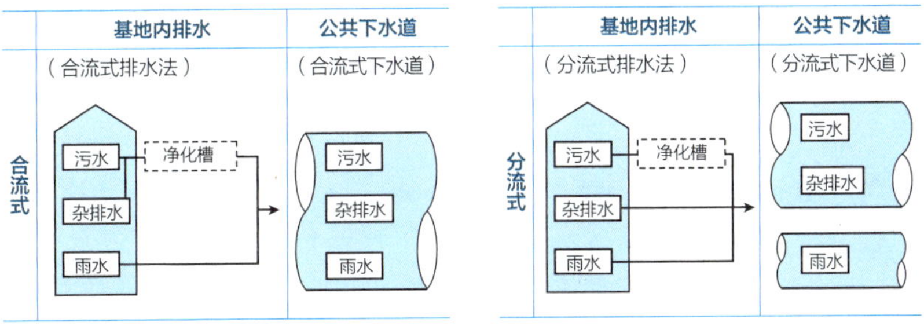

图6-3-17 截油槽

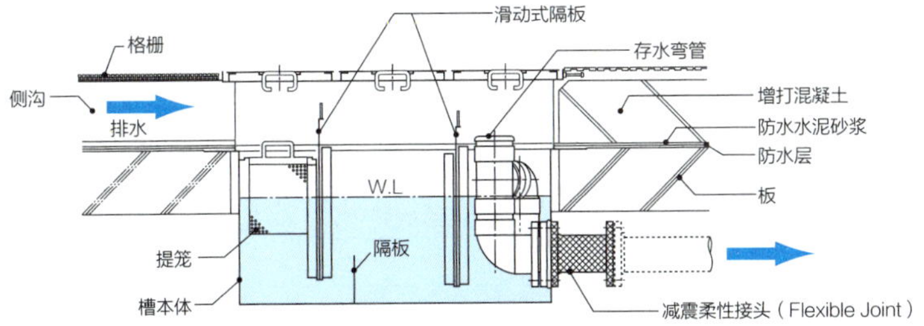

※ 生活排水、厕所与雨水以外的排水。

图6-3-18 净化槽

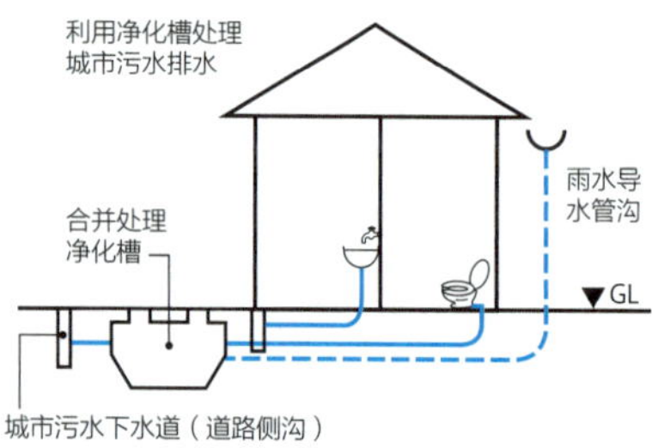

配管类

白管（镀锌）

镀锌处理过的碳素钢管的俗称（表6-3-4）。

黑管（非镀锌）

无镀锌处理过的碳素钢管的俗称，外覆氧化铁，呈现黑色。大多使用在煤气、蒸汽、油的配管。

表6-3-3 净化槽尺寸的参考标准

独栋住宅

处理对象人数（人）	尺寸（mm）		
	纵	横	深
5以下	2450	1300	1900
6、7	2450	1600	1900

共同住宅

处理对象（人）	尺寸（mm）			处理对象（人）	尺寸（mm）		
	纵	横	深		纵	横	深
8～10	2 650	1 650	1 800	26～30	4 300	2 000	2 150
11～14	3 100	1 700	2 000	31～35	4 750	2 050	2 150
15～18	3 200	2 000	2 150	36～40	5 200	2 050	2 150
19～21	3 500	2 000	2 150	41～45	5 600	2 050	2 150
22～25	3 850	2 000	2 150	46～50	6 100	2 050	2 150

树脂防锈涂装钢管

为了防止发生红锈水、不良出水或腐蚀，在管内或管外以合成树脂包覆的钢管。种类包括硬质聚氯乙烯防锈涂装钢管、聚乙烯粉体防锈涂装钢管等。树脂防锈涂装钢管切断后，钢管边端部位会露出钢，为防止该部位发生锈蚀，会在接头、阀门等部位，使用管端防锈蚀处理的钢管（图6-3-19）。

PVC防锈涂装钢管

管内侧以硬质聚氯乙烯防锈处理的钢管。防锈涂装具有“内衬”的含义，防锈涂装钢管通常是指钢管内面以较厚的涂装处理，但没有明确定义，用来代表广义的防锈涂装钢管（图6-3-20）。

卫生器具、设备

水龙头

日文称为“给水栓”“水洗”“蛇口”。安装在供给冷水、热水配管的末端，借由开关装置来开启或终止供给冷水、热水的器具总称。

污水盆

打扫用流理台。可以打扫时用桶取水，并于打扫后排放污水，清洗打扫用具时使用的大型陶瓷流理台盆。

过滤器（Strainer）

用来去除冷水、温水、蒸汽配管内的异物，在配管中或配管末端的给水栓中设置过滤器或过滤装置。

表6-3-4 配管种类与适用部位

名称	标记	给水		热水给水	给水、通气					消防
		住户内部	公用部位		污水	杂排水	雨水	通气	排水	
硬质PVC防锈涂装钢管	VLP	○	○	–	–	–	–	–	–	–
耐冲击硬质PVC管	HIVP	○	○	–	–	–	–	–	–	–
硬质PVC管	VP	○	○	–	○	○	○	○	○	–
耐热性硬质PVC防锈涂装钢管	HTLP	–	–	○	–	–	–	–	–	–
被覆钢管、铜管	CU	–	–	○	–	–	–	–	–	–
耐热性硬质PVC管	HTVP	–	–	○	–	○	–	–	–	–
树脂管（架桥聚乙烯管）	–	○	–	○	–	–	–	–	–	–
树脂管（聚丁烯管）	–	○	–	○	–	–	–	–	–	–
不锈钢管	SUS	○	○	○	–	–	–	–	–	–
排水用硬质PVC防锈涂装钢管	DVLP	–	–	–	○	○	○	○	○	–
耐火二层管（TMP管）	TMP（VP）	–	–	–	○	○	○	○	○	–
配管用碳素钢管	SGP白	–	–	–	–	–	○	○	–	○

注：○表示适用，–表示不适用。

不锈钢管

以不锈钢为材料制成的钢管总称，大多使用在热水给水管。依照钢种类，有肥粒铁型不锈钢（Ferrite）、奥氏体不锈钢（Austenite）。前者大多使用在室内，后者则因为耐锈蚀性佳，广泛运用在工业或是建筑用配管上。

图6-3-19 管端防锈蚀接头

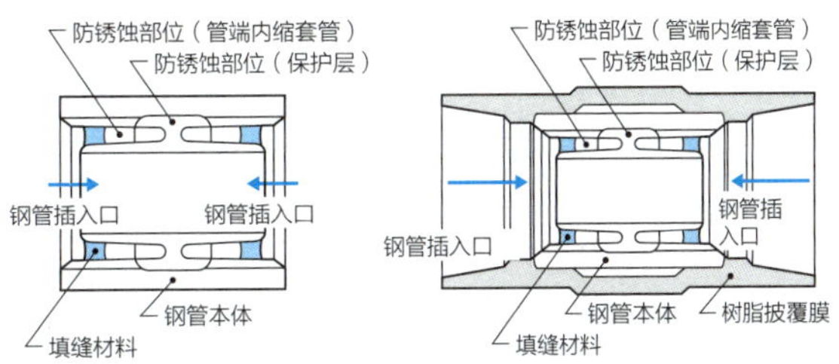

不锈钢制挠性管

用于空气、蒸汽、燃气等气体或水、油类、药品类等液体的输送，对管内反复流动、热膨胀的吸收、缓解振动、配管内部振动等有很好效果的配管。特别是将薄的不锈钢管进行波形加工而成的不锈钢制挠性管，有较好的柔性和强度，且有抗腐蚀性和抗压性。呈环形，即使受到高压也不会弯曲。

HIVP

英文High Inpact unplasticized Vinyl Chloride Pipe（抗冲击性的硬质聚氯乙烯管）的首字母缩写。在主要原料聚氯乙烯树脂中，添加其他具耐冲击性树脂制成的管，比起一般的硬质聚氯N3烯管，更能抵抗外来冲击力。

聚乙烯管、PE可热塑树脂管

聚烯烃（Polyolefin）系树脂做成的配管，使用在室外地下，重量轻，容易挠曲。种类包括输送自来水以外的水的普通型聚乙烯管（直径50 ~ 100 mm），或是输送煤气用的聚乙烯管（直径80 ~ 100 mm）等。

聚丁烯管

与PE可热塑树脂管等一样，同属聚烯烃（Polyolefin）系的树脂配管。种类包括输送自来水以外的水（温度90℃以下）的聚丁烯（Polybutene）管（直径8 ~ 100 mm），或是室内配管用的自来水用聚丁烯管（直径10 ~ 50 mm）。直径10 ~ 20 mm的自来水用聚丁烯管使用在复数管接头工程。

聚乙烯涂层钢管

钢管外涂上内涂层（胶粘剂），在其上面用挤压法涂上聚乙烯树脂的钢管。作为地下埋设的防腐蚀钢管，其防腐蚀性佳。

架桥聚乙烯管

聚乙烯管，可以用来供给热水及其他热水配管的树脂制配管。耐热性、耐化学性、耐蠕变（也称潜变※）性好的聚乙烯管。质地较为柔软，不用接头也可以进行配管，适用于公共住宅的复数管接头工程。依照接合方式，分为机械式接合用的M种类，以及电融着接合用的E种类。其中E种类是2层管，可进行电熔铸作用，外侧是无架桥聚乙烯层。配合不同用途，包括用来输送自来水以外95℃以下液体的架桥聚乙烯管（直径6 ~ 50 mm），以及自来水用架桥聚乙烯管（直径10 ~ 50 mm、E种类是25 mm以下）。特别是直径10 ~ 20 mm的自来水用架桥聚乙烯管，运用在复数管接头工程。

耐火二层管

在硬质聚氯乙烯管的外侧披覆纤维加强水泥砂浆的排水用管（照片6-3-1、图6-3-21）。

排水用回收硬质PVC管

回收使用过的硬质PVC管的接头部位或相关制品，制成排水用的硬质聚氯乙烯管（图6-3-22）。种类包括排水用回收硬质PVC管（室外埋设配管）、回收硬质PVC发泡三层管（室内配管用）、回收硬质PVC三层管（室外埋设配管用）。

图6-3-20 PVC防锈涂装钢管

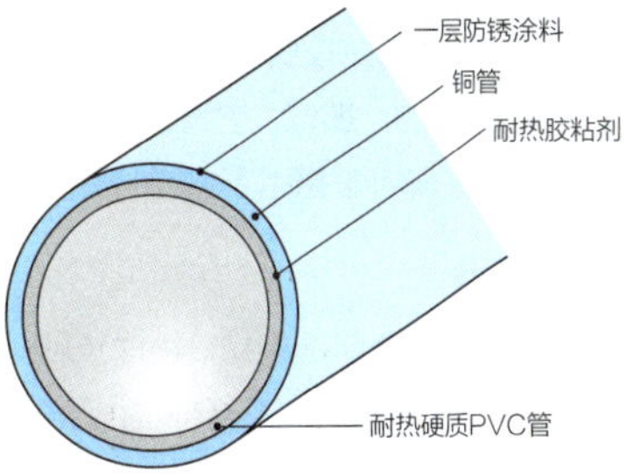

照片6-3-1 耐火二层管

图6-3-21 耐火二层管的构成

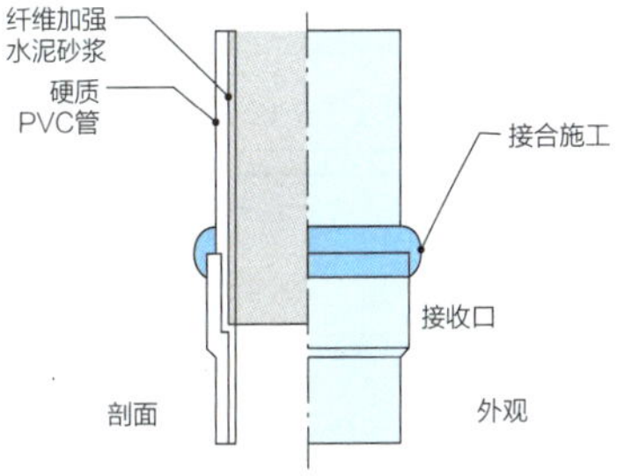

图6-3-22 排水用回收硬质PVC管

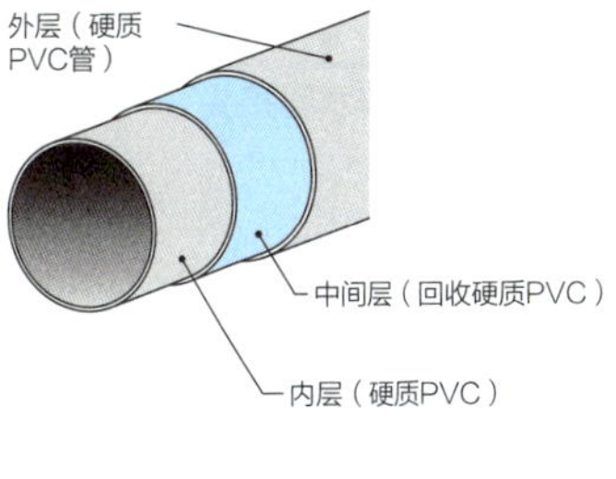

※：所谓潜变（Creep）是指材料长时间持续承受固定荷载，材料的变形量随着时间加大的作用。耐蠕变性即是指可抵抗前述作用的特性。

排水用铸铁管

排水、通气用的直管与异型管的总称。依此规格的接合方式有两种，包括将管插入接收口部位，借由橡胶垫圈，再利用螺钉与螺母将接收口与压轮拴紧的机械式接合固定方式，以及在立管用的接收口部位与插入口部位，涂覆润滑填缝剂之后，将管插入的插入式接合固定方式。

配管用碳素钢管

也称作“煤气管”，是被广泛使用的钢管。用于使用压力较低的蒸汽、水（上水道除外）、油、煤气、空气等的输送。配管内面镀锌的叫白管，不镀的叫黑管。

电阻焊管

使用卷曲成线圈状的带钢，卷成管状，再借由抗电或诱电，在接合部位加热至焊接温度进行焊接制成的钢管总称，也称抗电焊接钢管。

套管、套筒

用来保护贯穿墙壁、地板等配管开口的护套管，一般是指浇筑混凝土前预埋的纸筒、金属管、PVC管等。

吸力侧

水泵、送排风机的吸力侧，机器设备连接侧。特别是开放型的水泵，表显比大气压低，成为负压的吸力配管侧。

平移偏位

为了让配管路径平行移动，利用弯头或弯曲配件将配管平移的作业。排水立管的平移偏位，需注意角度，可能会带来管内水流与空气压力很大的影响。

喘振（Surging）

在低流量区使用泵或送风机、压缩机，发生涡流、偏流，产生振动、噪声的现象。发生在泵扬程与流量的曲线向右上方倾斜的、配管中存有气体，并且吐出阀在下游位置的时候。

气蚀（Cavitation）

又称“空蚀”“穴蚀”。液体流动至配管弯曲部位，流速增加或形成涡流，固体壁面或液体的内部静压力发生局部性低下的情况，若低于某压力极限，该部位会产生气泡，产生噪声、振动等的情形。

图6-3-23 沟槽式管用机械卡箍接合

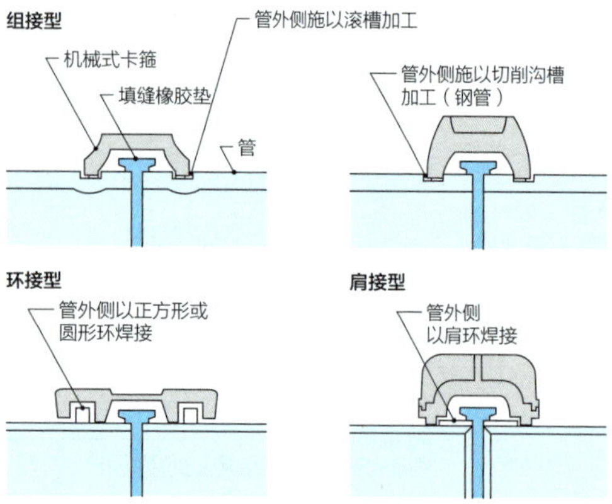

图6-3-24 排水管接头

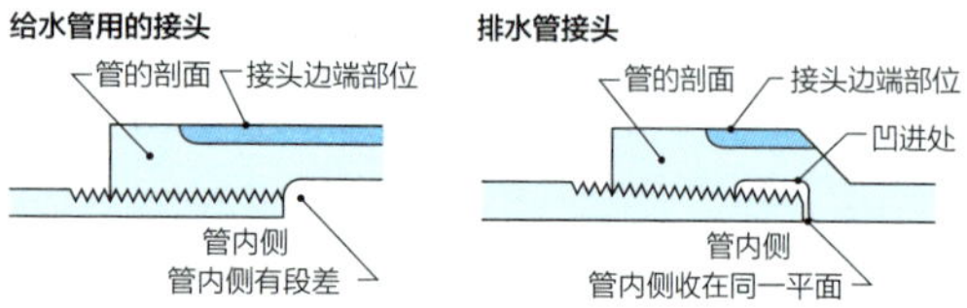

配管构件

内缩套管

聚丁烯（Polybutene）管、架桥聚乙烯（Polyethylene）管等的管端部位进行缩管时，不会损坏管身，用来置入管内的黄铜制筒状零件。

适配器

与机器接合部位的形状不相符，或不同种类的管相接续时，安装在配件或管上，使之接合的中介接续零件。

沟槽式管用机械卡箍接合

在设有沟槽的管端部位上，或是设有沟槽的接头上，包覆填缝橡胶垫，再将机械式卡箍接头各半安装在两管相互接头的管沟槽上，以螺钉、螺母拴紧固定的接合方式（图6-3-23）。

排水管接头

将钢管插入接头，钢管与接头的内面连成一面，让排水中的固态物质不容易停滞的钢管用接头（图6-3-24）。

算盘（Abacus）状轧制螺纹接头

一般配管的不锈钢管或自来水用不锈钢管使用的接头，将钢管插至接头内的停止装置部位，抓住螺帽用手旋紧保持器后，把管固定住，拴紧螺钉，管身形成轧制螺纹，让管无法从接头中拔出（图6-3-25），也可以使用在其他管类，如铜管等。铜管外径尺寸从13 mm到60 mm都有，若使用外径13～25 mm的铜管，因为与一般配管的不锈钢管外径相同，此接头也可使用于铜管，但需换成铜管用的保持器。英语“Abacus”是算盘的意思，用以表示轧制螺纹的形状。

活管接头

使用在两根配管中间，将两管连接，使两管拆卸方便的管接头组。活管接头组是由活管螺钉、活管凸缘、活管螺母三样零件组成，可外露于机器周边。因为欠缺耐压性，此类接头不能使用在天花板内侧或电梯井、通风井、管道间等隐蔽部位（图6-3-26）。

插式（Socket）接头

两端是雌螺纹（译注：隐藏在接头内侧的螺纹，也称内螺纹）或作为接收口的短筒状接头，可将配管直线型地接续起来。

旋转接头

可随着管的变化，用旋转方式将管接续的接头（图6-3-27）。意指用三个转弯接头组合而成的可挠曲部位。特别是热水给水配管、温水配管的支管出口，目的是为了不让主管热胀冷缩后影响到支管。

事先配管

一体式浴室组装时，需要将给水排水和给热水的配管拉到一体化浴室的外侧（或水箱侧）的预定位置而事先进行的施工。近年来用树脂配管的预制工法的较多，所以安装一体式浴室时，事先与屋主进行沟通是很重要的。

反向转弯接头

在通气管等的边端部位，让配管转折返回的转弯接头。

转弯接头

将管与管之间以某特定角度相互接续，或是用来接续风管的转弯接头配件。种类包括45° 转弯接头、90° 转弯接头，若没有特别标示角度，一般是指90° 转弯接头。使用在T形配管接续部位的转弯接头。

T形转弯接头

将配管以T形接续，将配管分支、合流的管接头。

封口接头

用来封闭配管接头或阀门（Valve）等机器类接续口时，使用的栓状配管接头。

章鱼形转接头

将配管弯曲成环状，利用弯曲部位的可挠曲度来调整伸缩的转接头。不易泄漏，价格便宜，但占空间，因此大多使用在工厂。弯曲率取决于管径尺寸，并以形状来调整伸缩量的称为伸缩弯曲管。

异径管

用于连接不同管径的配管或风管的配件。

螺纹量规

用来检查刻在钢管外侧螺纹是否正确的道具，用来判断螺纹前端位置是否正确。若发现不合格，需重新刻新的螺纹。

闸阀

在垂直方向上，关闭水等流体通路的闸阀（图6-3-28）。利用安装在闸阀（阀箱）的圆盘（阀体），上下移动控制流体通路的开关。流体的流动过程没有曲折，流体抵抗力少，有利于开关作业，但因阀体圆盘一经转动，产生的振动恐会损伤阀底座，不适合用来调整流量。

此外，除了逆止阀之外的闸阀，会设置在冷水给水管、热水给水管、冷温水给水管、冷却水管、油管、蒸汽管等流体（冷水、热水、蒸汽等）等配管上。若是在排水管配管中，闸阀设置在排水泵的出水侧。

图6-3-25 算盘状轧制螺纹接头

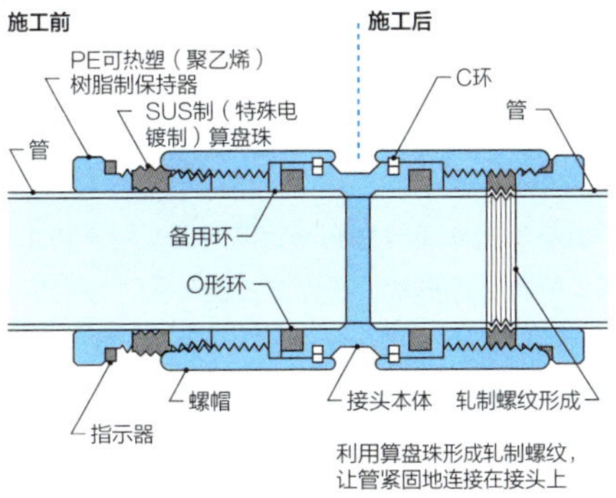

图6-3-26 活管接头

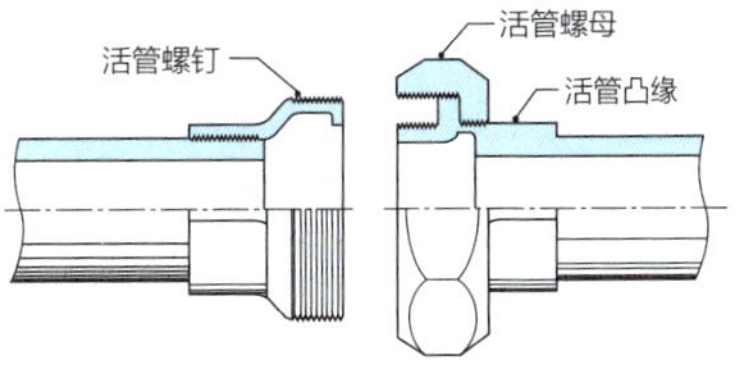

图6-3-27 旋转接头

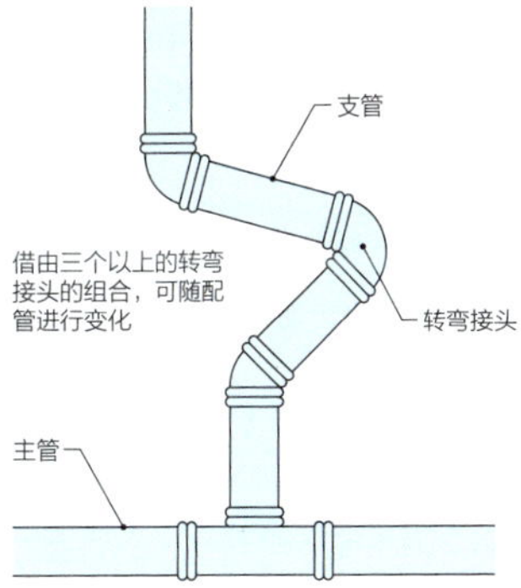

图6-3-28 闸阀

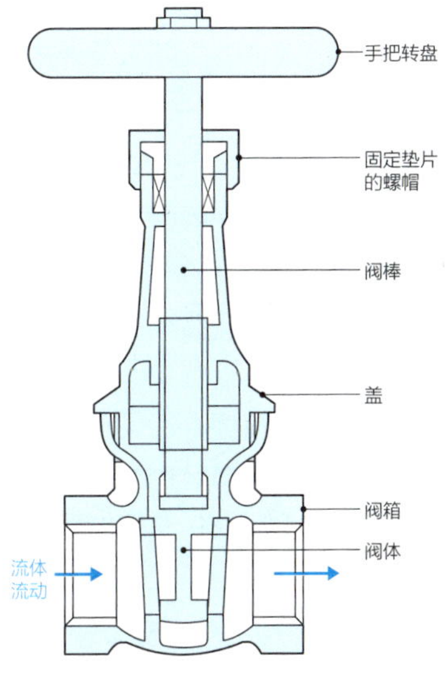

阀体在与流体流动路径垂直的方向上进行切隔止水

球形阀

阀箱呈球状的闸阀（图6-3-29）。在阀箱内部设置隔间，让流体在阀箱中呈S形流动，容易调节流量。也可进行开关动作。流阻力较逆止阀大。

逆止阀

让流体的流动随时保有一定的方向，用来防止逆流的闸阀。依照阀体形状、工作方式的不同，分旋启式逆止阀（Swing Check）（图6-3-30）、升降式逆止阀（Lift Check）等。

球塞阀

借由旋转流体经过孔中的球状物进行开关的简易闸阀（图6-3-31）。若是以把手来操作开关，可旋转把手90°，让流体停止流动或进行流动。球阀的底座因有软垫，具有极优的气密性，但不可使用于高温场合是其限制，不适合调节流量。

蝶阀

阀箱内以阀棒为中轴，圆板状阀体旋转90°形成的阀门（图6-3-32）。此构造可轻易调节流量，主要用来中止流体流动。也可用来进行开关动作。构造简洁轻量，易于施工，管的厚度较薄，因此可使用在狭窄空间的配管上。

低位水箱

冲水式坐便器中为了提供清洗用水而事先存水的水箱，底部和坐便器位置大概相同的水箱的类型。

浮球阀（定位水阀）

使用在各种水缸，用来自动给水、止水的器具中（图6-3-33）。为了让水槽的进水不超过一定的水量，利用浮球阀的浮力，进行开关的机制。

无声逆止阀

设置在泵出水侧，用来防止水锤现象的迅速闭锁型逆止阀（图6-3-34）。泵停止运作时，扬水力消失，阀借由弹簧闭合。

热膨胀耐火材

在温度200℃以上时，会瞬间膨胀5～40倍，发挥断热效果的塑胶系耐火材料。设置在贯通防火区域的配管上，借由贯通构件来防止火灾的延烧。大多在配管上使用橡胶垫。

保护保温材的金属板

室外外露配管周围卷覆着保温材，披覆在保温材上的金属板，目的在于保护保温材。材料大多使用锌板、彩色锌板、铝板、不锈钢板等。

图6-3-29 球形阀

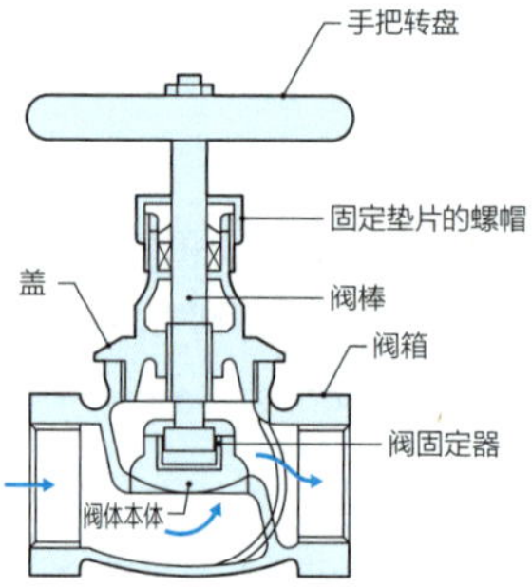

图6-3-30 横式逆止阀

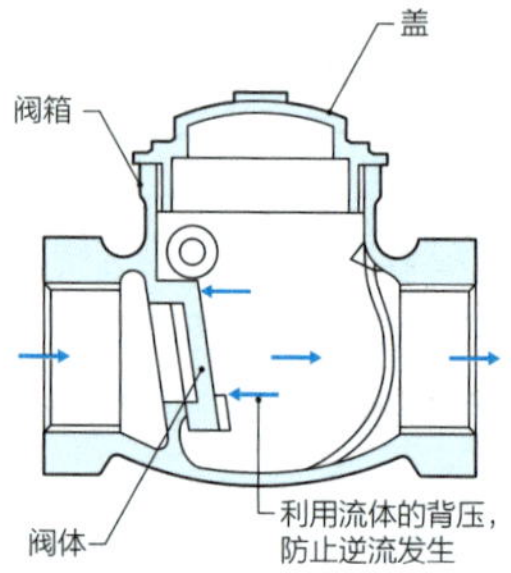

图6-3-31 球塞阀

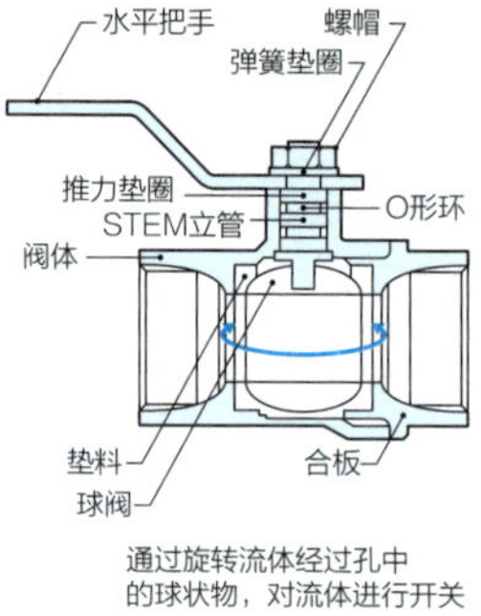

图6-3-32 蝶阀

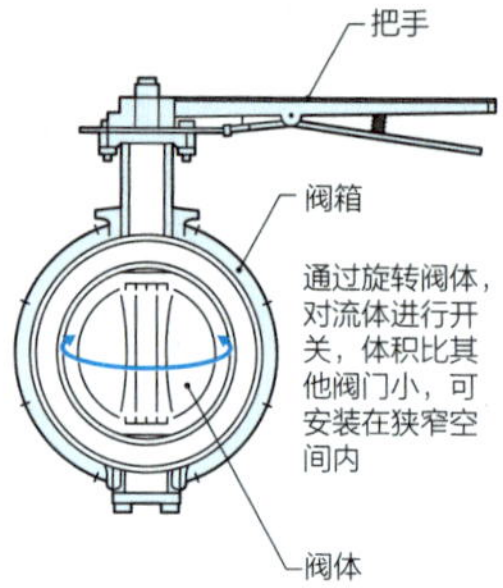

图6-3-33 浮球阀（定位水阀）

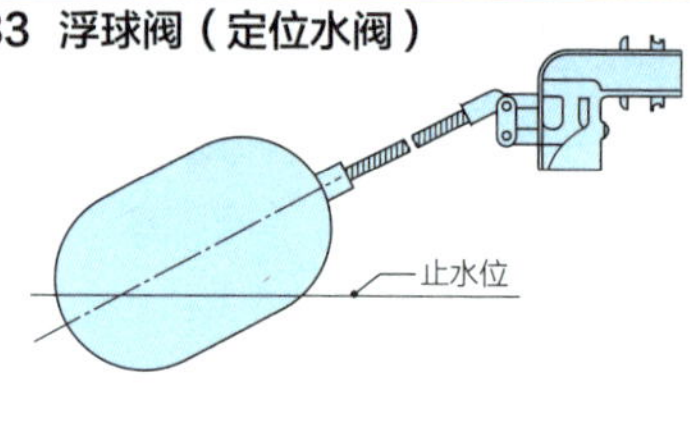

图6-3-34 无声逆止阀

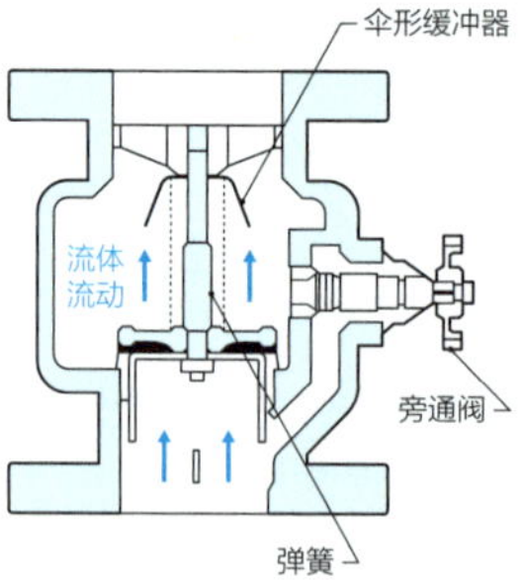

图6-3-35 自来水仪表单元组

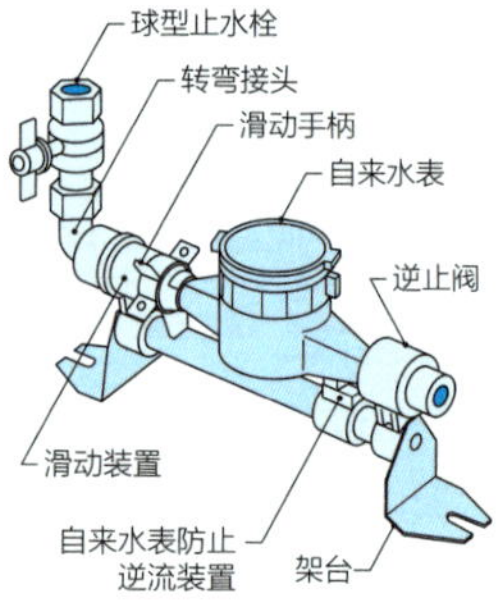

水表、水龙头种类

自来水仪表单元组

设置在集合住宅内的自来水仪表周边配件组合，与止水阀、逆止阀、减压阀一体成型（图6-3-35）。仪表周围配件施工便利，仪表或逆止阀一触即可装卸。

煤气仪表单元组

煤气表开关、压力检测用插头、与墙固定金属零件等一体成型的单元组（图6-3-36）。即支撑煤气表的单元组，可简化家庭用煤气表周边配管的施工工序。

自来水出水口插孔座

让蛇管一触即可装卸的出水口插孔装置。类型以埋壁式为主，其设置在室内外蛇管用水的场所，例如一般洒水或洗衣机等用途，具有让蛇管不易脱落的机制，万一蛇管脱落，水会自动停止。也有双手柄式冷热水混合水龙头插孔的类型。

煤气供气口插孔座

没有旋钮的煤气插孔，以专用的煤气蛇管（附加接续用配件）连接。比过去的插入式塑料管更容易接气，在煤气供气口插孔上插上煤气蛇管后，蛇管接续用配件中的压棒会滑动煤气供气圆孔开关，让煤气释放出来，煤气蛇管一经拔除，保险丝（Fuse）开始起作用，煤气供气即刻停止。

配管接合

管颈圈（凸缘）加工及法兰盘螺钉撞接头工法

钢管、不锈钢管的管端部位，用机器做出颈圈状凸缘，并于加工做出颈圈的两管之间再以法兰盘螺钉接头※接合（图6-3-37）。和焊接不同，由于不需要使用火，在防火方面上比较安全。

MIG焊接（钨极惰性气体保护焊接）

在周边释放氩（Argon）等惰性气体（Inertgas），在钨（Tungsten）电极与金属母材之间产生电弧热进行焊接（图6-3-38）。适用于建筑设备中的一般粗管径不锈钢配管的焊接施工上。

热熔对接、PE电熔焊接

PE可热塑树脂管（聚乙烯管）、架桥PE可热塑树脂管（架桥聚乙烯管）的双层管、聚丁烯管使用的接合方式。用加热器具在管端与接头之间加热，将管插入接头中的热熔接合方式，以及将管插入内侧埋设电热线的接头中，接头导电后，将接头内侧与管外侧同时发生热融并接合的电熔接合方式。

集水头

将主管一次分成多支分管，或是将多支管一次合流时使用的粗管或干管，也称为配管联管器、集管等。

集水头工法

独栋住宅、集合住宅中的冷热水给水配管中，在一

图6-3-36 煤气仪表单元组

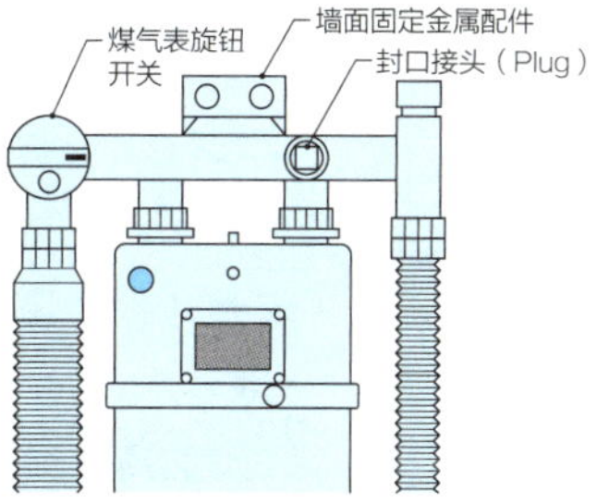

图6-3-37 管颈圈加工及法兰盘螺钉撞接头工法

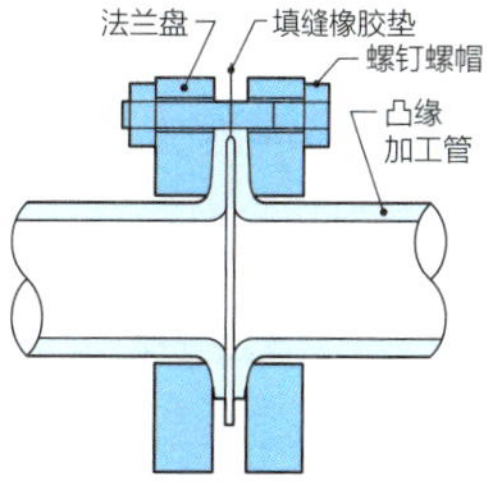

图6-3-38 MIG焊接

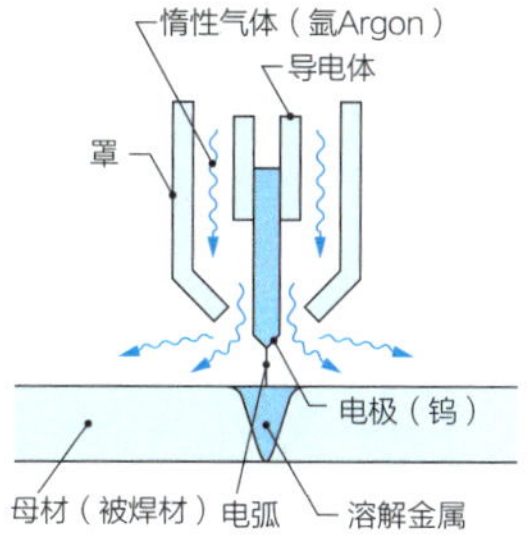

照片6-3-2 复数管接头工程

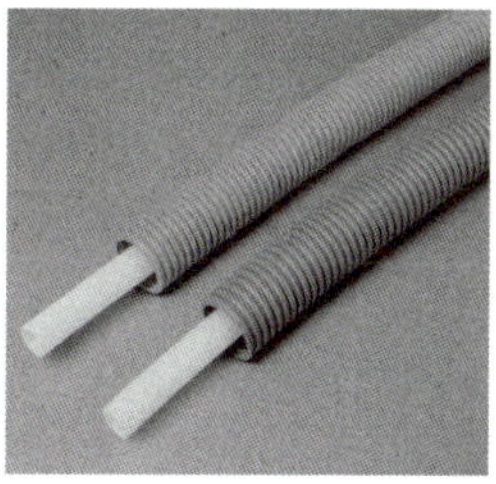

处设置集管器，再从集管器分出支管的配管工法。集管器以外的配管的更换工序简易方便。集管器以外的配管大多配置在楼地板以上，也有的配置在天花板。

多管接头工程

集管器工法的一种。在各种集管器工法中，最常用的是事先配管至各个机器设备，利用护套管连通多管接头的工法。此工法的护套管使用PE可热塑树脂管，配管使用聚丁烯管或架桥PE可热塑树脂管等具有柔软度的管（照片6-3-2）。共同住宅等用途建筑物的冷、热水的配管方式，不是在中途分支后再连至各个机器设备，而是利用集水头直接将各管连至各个机器设备（图6-3-39）。此方式也考虑到未来更换配管的便利性。

图6-3- 39 多管接头工程

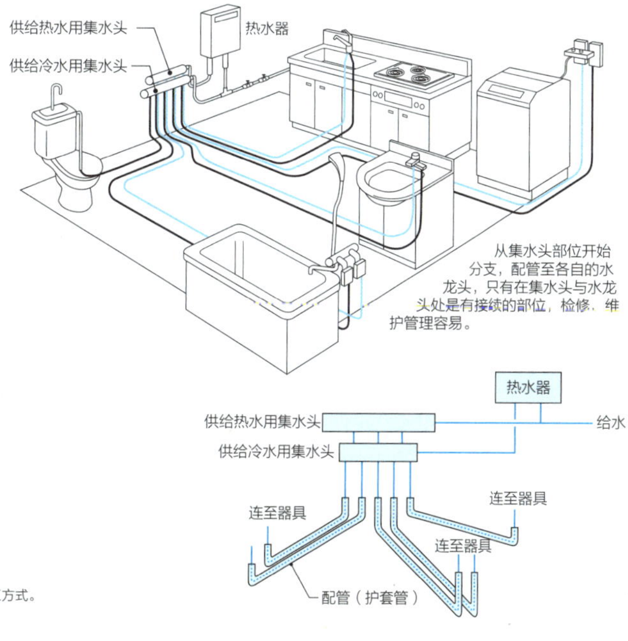

※ 插入两管管端，与管各自独立，仅用旋转、孔洞对齐的方式即可将两管接合的施工方式。

黄麻纤维布卷材

含浸过沥青的黄麻纤维布作为埋设配管的防腐蚀披覆材料，卷绕于钢管外侧。

可曲挠管接头

有金属和橡胶两种，用于配管的内部调节。金属可曲挠管，参照不锈钢制柔性管。橡胶软管使用不锈钢丝编入的编织物（穗带）包裹而成。

管扳手

配管连接时，用来维持管的位置，并将管旋进接头时使用的工具（照片6-3-3）。

印笼接合

也称插座接合，在一管的接收端中，插入另一管的插入端，以铅、纱（选用铸铁管时）或水泥砂浆（选用钢筋混凝土用的导水管时）充填，进行接合的方法。

水龙头箱

内藏水龙头转弯接头等的配件，将冷、热水给水用的聚丁烯管或架桥PE可热塑树脂管连接至水龙头的箱型盒。用在导入多管接头工法中。另有内藏自来水出水口开关转弯接头的类型。

照片6-3-3 管扳手

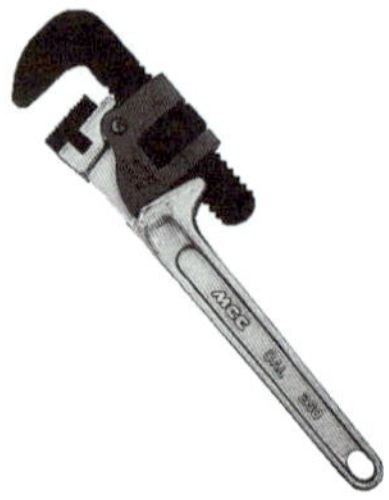

检查井

倒拱形水孔

为了不让污水中的污物或杂排水中的固态物质停滞不前，在底部设有排水沟的排水水孔（图6-3-40）。使用在污水、杂排水用途上，称又“污水水孔”。

雨水沉砂水孔

不让雨水排水管流出泥等杂质，底部设有深度150 mm以上淤泥沉淀的排水水孔（图6-3-41）。

水封井

具有水封作用的排水水孔（图6-3-42），不让污水等发出的臭气入侵室内。设置在雨水管或没有液封功能的机器设备的排水与污水管连接的部位。

塑料检查井

管径150 ~ 350 mm的硬质PVC、聚丙烯（Polypropyl Ene）、回收再利用塑胶等材料制成的树脂制排水水孔（图6-3-43），轻量，水密性佳，不易破损，因此近年逐渐取代水泥砂浆类制成的排水水孔，应用广泛。

汇流水孔

组合两支以上的排水管，合流一起的排水水孔（照片6-3-4）。

修饰水孔

为了让室外排水水孔的维修孔整齐一致，使用与周围地板完成面相同样式的材质，并加以完工饰面的修饰维修孔的排水水孔。也称为“修饰孔盖”（照片6-3-5）。

小口径水孔

轻量、体积小的树脂制排水水孔，在施工条件不好的地方或是狭窄的场所也可以轻易设置。

图6-3-40 倒拱形水孔

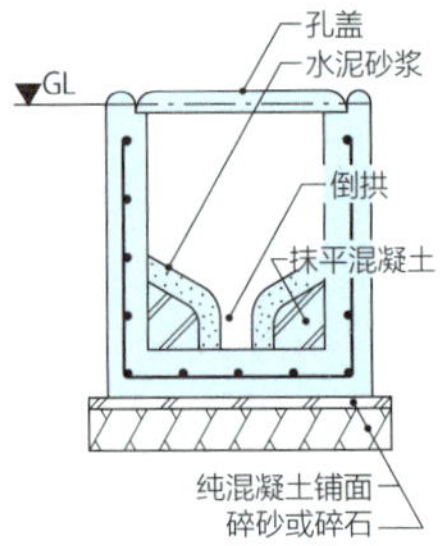

图6-3-41 雨水沉砂水孔

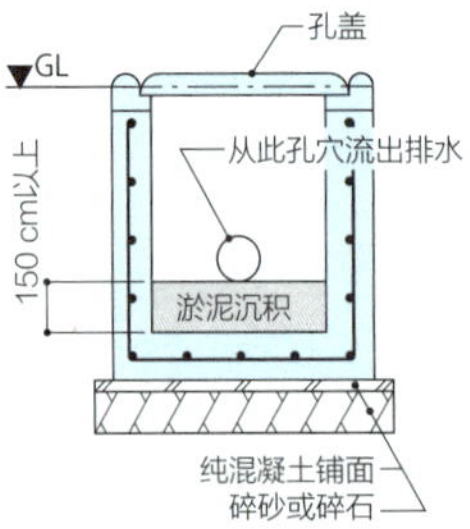

图6-3-42 水封井

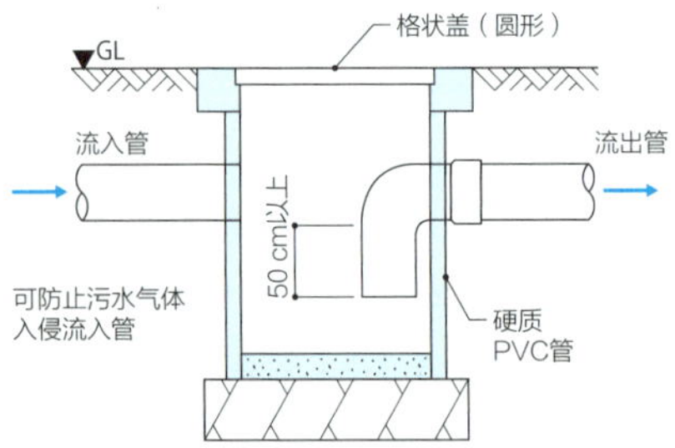

图6-3-43 塑料检查井

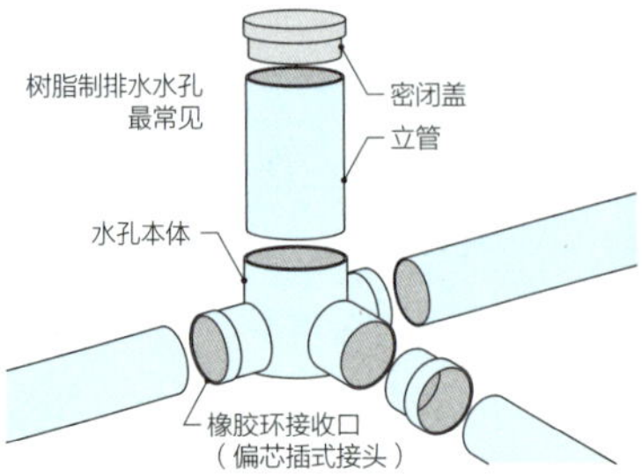

照片6-3-4 汇流水孔

照片6-3-5 修饰水孔

厨房

系统厨房

将厨房作业需要的清洗场所（水槽等）、流理台（台面等）、料理器具（煤气炉、IH烹调电炉等）、收纳等部分，有系统地组合而成的厨房。可依照各使用方式与用途，选择合适的机种，也可将烤箱、微波炉、洗烘碗机等设备并入设计。

集成厨房

将洗碗池、料理台、煤气灶、吊顶等独立的部件进行优化配置的组合式厨房。

迷你厨房

相当于整体厨房的迷你版，是将洗碗池、电磁炉、换气扇、橱柜等组合在长1.2 ~ 1.8 m之间的厨房。

定制厨房

门的颜色和材料、吊顶板的长度、台面的高度、水槽、收纳、布局都定制而成的整体厨房。

厨房布局设计

依水槽、电磁炉、料理台、洗碗机、吊顶等的形状和尺寸而定的设计，有Ⅰ型、Ⅱ型、半岛型、L型和岛型等（图6-3-44）。

煤气炉（Gas Stove）

以煤气为热源的烹调器具，以燃烧方式加热。是最常见的料理器具（图6-3-45）。

图6-3-44　厨房布局设计

Ⅰ型

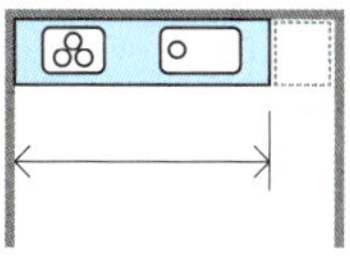

适合独立厨房的形状。死角少，空间整体能进行紧凑的设计，但如果宽度过大的话，移动的距离就会变大

Ⅱ型

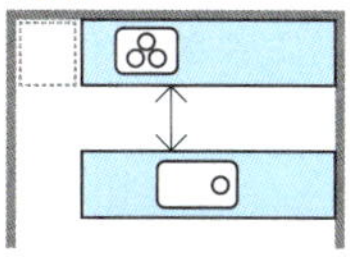

是将水槽和燃气灶分开的设计。开口小、适用于对面式厨房。过道容易脏，选材时要注意

L型

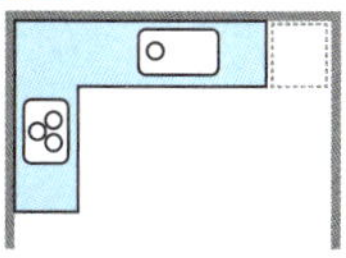

移动距离较短的形状。设计时要注意可能成为死角的角落部分的使用

半岛型

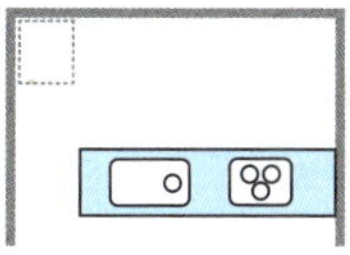

像半岛一样突出的设计。适用于开放厨房。要注意水或油溅到对面的客厅和餐厅

岛型

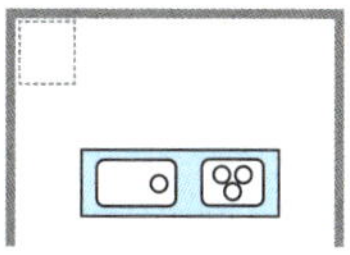

适合多人进行料理作业。要注意水或油溅到对面的客厅和餐厅

电热烹调器具

使用电加热的料理器具。加热器有线圈状或面板状等样式。

IH电磁炉（IH Cooking Heater）

也称为电磁炉，电炉顶板与锅子等料理容器之间，发生涡电流，直接加热的器具（照片6-3-6）。机器本身不发热，安全性好，热效率佳。但依照各个机种的不同，适用的锅子也各有限制，有的不适合使用砂锅或铜锅。此外，锅底必须是平面，若不能与电炉顶板直接接触则不适用。

高功率燃烧器

安装有一般煤气炉发热量两倍的燃烧器的机种。高功率大多是指超过4.65 kW的火力，其中也有在7 ~ 11 kW以上的机种。

图6-3-45　烹调器具的主要种类

● 燃气灶

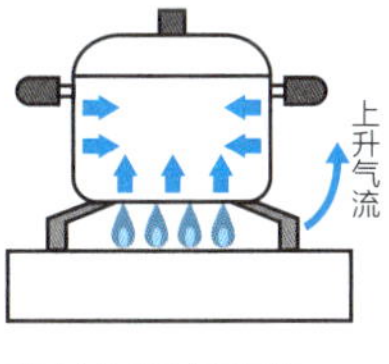

利用火的上升气流加热。与锅底接触面积大

● IH 电磁炉

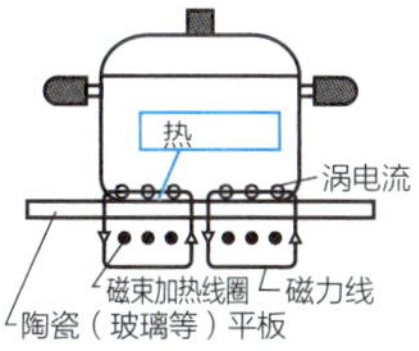

使用电流通过线圈产生的磁力线，让锅身发热。IH是英文Induction Heating（电磁感应加热）的缩写

● 电热烹调器具

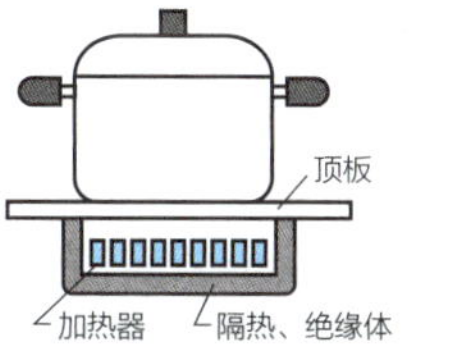

电流通过加热器，使加热器本体发红发热，利用热传导与热放射进行加热。关闭后，仍有余热可以使用

食器洗涤烘干机

以喷洒冷水或热水的方式，清除食器上脏污，俗称洗烘碗机，种类包括壁挂型与地板放置型。为了提高清洗效果，并缩短清洗时间，有的会连接热水给水设备。比水洗食器节省水。

照片6-3-6　IH电磁炉

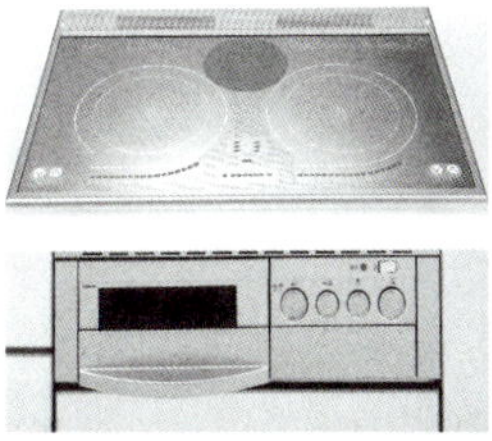

照片6-3-7　垃圾处理机

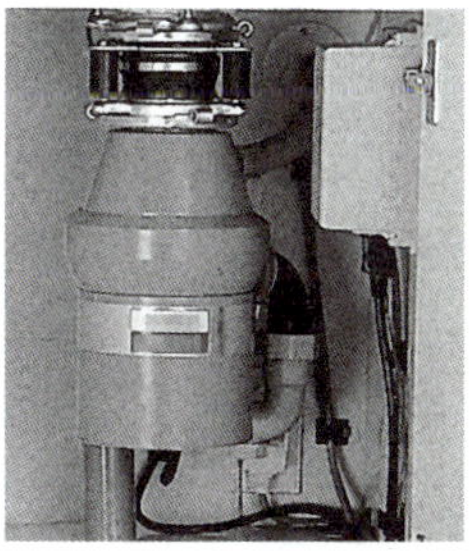

图6-3-46　垃圾处理机

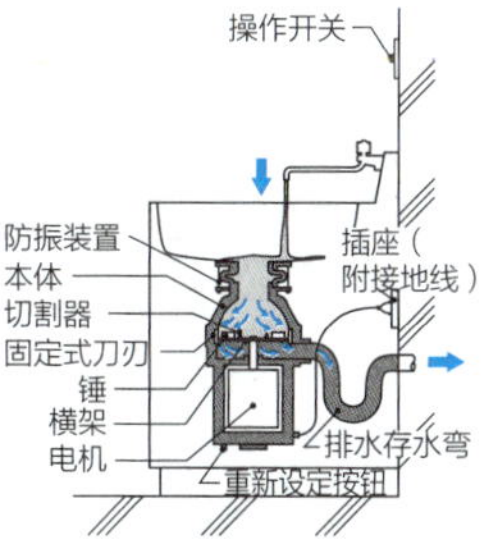

垃圾处理机（Disposer）

在厨房将厨余垃圾加入水粉碎，自排水管直接排出的处理系统，设置在排水孔的下方位置。将投入排水孔的垃圾，以刀刃粉碎，与水一起排出后，与处理槽污水一起放流。有的无法处理大骨头或纤维质多的植物等垃圾。大约是在半个世纪前，在美国发明的装置。在日本，考虑其对环境造成的负担，很久以前开始各自治体已规定禁止使用，然而近年开始开发具有将粉碎后的垃圾分离、发酵制肥，减少废水处理负担等附加功能的产品（照片6-3-7、图6-3-46）。

废水处理系统

粉碎处理过的垃圾，以专用的排水处理设备进行净化。若将粉碎处理过的垃圾，排放至公共下水道，会增加废水处理系统的负荷，因此会使用专用的排水处理装置，若将粉碎处理过的垃圾排水排放至净化槽，则需要设置垃圾处理专用的净化槽。

净水器

使用活性炭、滤膜、逆渗透膜、陶瓷等材料，将自来水中含有的残留氯、三卤甲烷（Trihaomethane）除去或减半的机器。样式最简易的有直接连接管口型，其他例如嵌入（Built-in）型、放置型等。

整水器

连接至自来水管管口，在电解槽之前，在生水中加钙化合物，再进行电解作用，可连续制造出碱性离子水的机器。

水龙头

水槽等处安装的出水用的器具。常见的是热水和常温水从一个水龙头出来的“混合水龙头”。操作方式中有热水和常温水分别安装手柄的双手柄开关，也有只用一个手柄调节水温和水量的单手柄开关。

横水栓（墙上水龙头）

水槽的橱柜后面墙上安装的水龙头。有为了便于出水口处接软管而装上连接器的墙上水龙头，也有手柄能够拆卸的共用墙上水龙头。

立水栓（立式水龙头）

立在水槽的橱柜顶板上的水龙头。在日语中住宅区院子里设置的水龙头柱也叫“立水栓”，但其发音不一样。

可转动水龙头

水龙头的上端可以转动从而改变出水方向的水龙头。

混合水龙头

通过调节热水和常温水的量来控制水量和温度且从一个出水口出水的水龙头。常见的是热水和常温水都安装阀门的“双阀门型”，也有通过一个手柄来调节水温和水量的“单手柄型”，另外还有将温度事先设定好的“恒温混合型”。

单手柄水龙头

混合水龙头的一种。出水和水温由一个手柄来控制的水龙头。手柄上下移动控制出水和停水，通过旋转来调整水量和水温。

双手柄水龙头

混合水龙头的一种。通过分别控制常温水和热水的两个手柄来调节水量和水温，使得出水温和水量都合适的混合水龙头。

带连接器的横水栓（带连接器的墙上水龙头）

横水栓的一种。为了便于出水口接软管而安装了连接器的水龙头。多用于室外水龙头。

花洒

接在淋浴管的前端、为了让水分散喷出而有无数小孔的器具。在普通的喷雾花洒上还可以添加其他功能，如调节花洒位置的方向调节功能、通过水流进行按摩的功能、除去水中水氯气的净化功能等。

鹅颈水龙头开关

指形状像鹅颈的混合水龙头（照片6-3-8）。因为出水口高度高，可以使用较高的容器盛水，例如花瓶。

温控器（Thermostat）混合水龙头

带有温度调节功能的混合水龙头，可以一边用水一边调整到需要的温度。因为温度调节器部位的压力损失大，若水源水压低，则有可能无法充分确保出水压力的强度（照片6-3-9）。

单杆混合水龙头

利用单杆上下移动的简单方式，来调整冷热水温度、水量的冷热水混合水龙头（照片6-3-10）。出水、止水的单杆上下移动时，可能会发生水压造成的水击现象，希望挑选具有避免水击现象功能的水龙头。

脚边对流扇

安装在系统厨房下方（脚边）的对流扇，用来防止料理时脚发冷的装置。种类包括温水式和电热式等。

工作台

一般指操作台的面板。特指整体厨房中将水槽和灶台等连在一起的板。考虑到强度、耐水性和抗热性以及易清扫，多用不锈钢、合成树脂装饰板、大理石、花岗岩等。也叫“柜台”。

照片6-3-8 鹅颈水龙头开关

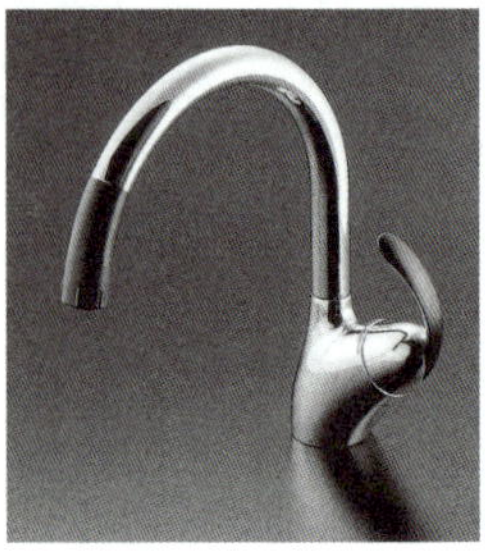

照片6-3-9 温控器混合水龙头

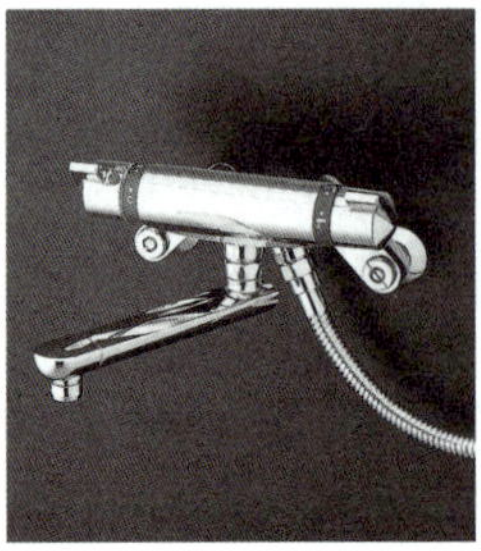

照片6-3-10 单杆混合水龙头

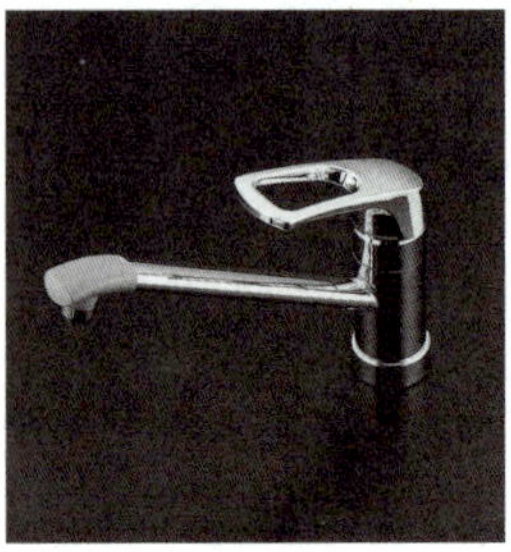

料理台

系统厨房的台面部位，材质大多使用不锈钢、人造大理石等。

橱柜

系统厨房的抽屉收纳、嵌入型机器的收纳空间、吊柜等的箱型橱柜。

厨房吊柜

在厨房天花板附近的墙面上安装的收纳柜。频繁使用的料理用具和器具类收纳在此，拿时不需弯腰。近年来出现了通过手动和电动将吊柜移动到手可以够到的范围内的老年人用吊柜（图6-3-47）。

厨房地柜

厨房水槽或灶台下的收纳柜，有推拉门式和移门式。抽屉式容易将东西收纳到最里面，浪费的空间较少，使用方便。

水槽

系统厨房中的可供清洗的部位。

厨房面板

设置在厨房周围的板材，依照料理器具种类的不同，而有需使用不燃材料等规定，也有以不易沾污、容易打扫等为卖点的商品。

填充板

遮挡整体厨房缝隙的侧板，有天花板填充板和侧面填充板。前者是天花板高的厨房，将吊柜和吸油烟机安装在适合的位置后，将天花板和吊柜之间的缝隙遮住的侧板。后者是当墙壁之间的尺寸和整体橱柜的尺寸不符时，将橱柜和墙之间的缝隙遮住的侧板。

侧面板

整体厨房的长度比墙的长度短时，在不靠墙的一侧装上的装饰板。

侧板

参照填充板。

装饰板

一般是板式制品的表面经过装饰加工的板的总称。也指整体橱柜的吊柜和地柜等经过加工的门。

橱柜踢脚板

整体厨房中和地板相连的橱柜的部分。一般用来调节橱柜的高度。如今也出现了将这一部分作为踢脚收纳的产品。

吸油烟机

设置在灶台上方的排气装置，将罩、油烟过滤器、排气扇、照明和开关都装在金属壳体内的设备。

对流加热烤箱（Convection Oven）

烤箱内装有引起热对流的风扇，能通过热气循环将食材迅速均匀地加热的烤箱。

大水槽

横宽超过900 mm的厨房水槽。一般水槽的宽度在650 ~ 850 mm之间。

内装（内嵌）

一般指建筑物或设备上装好的收纳柜、家具和器具等。例如，整体厨房的橱柜里装的洗碗干燥机、煤气炉、电磁炉等内装的器具。

图6-3-47 厨房结构示例

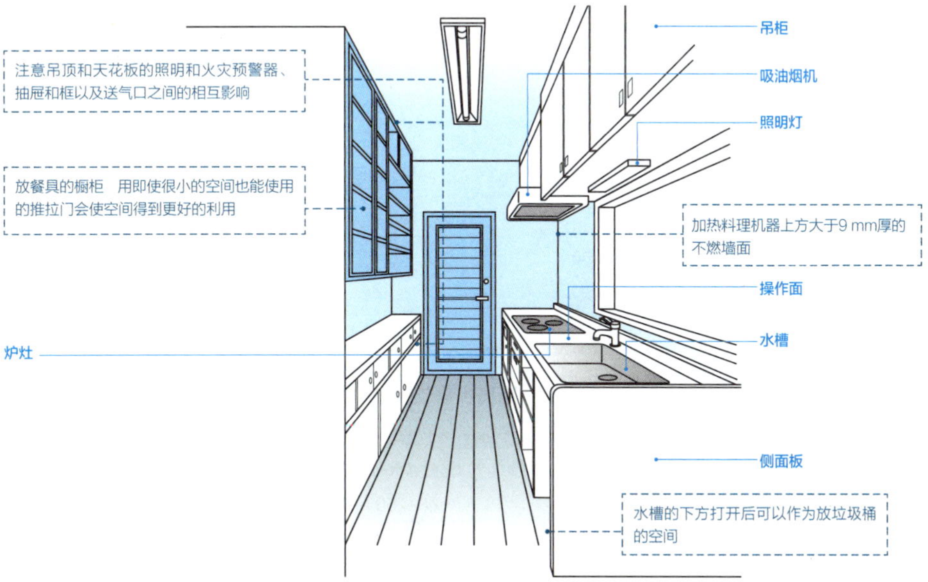

热水供给设备

中央供热式

在一处加热装置处接上配管给其他地方供给热水的热水供给方式。加热装置和水龙头之间的配管，只有送热水水管的是单管式，复管式是为了防止配管内热水温度下降而装一个让水循环的供回水管。

个别供热式

在每个使用热水的地方安装一个加热装置，个别提供热水的热水供给方式。

机械循环集中供水

配置往返两支热水给水配管，通过使用热水给水循环泵，让配管中的热水随时保持缓慢循环的状态，旋转给水水龙头开关时，立即流出热水的给水方式。可使用在旅馆、医院等地方的中央热水供给设备中，住宅方面若配置有即刻加热机器的往返配管，也可以实时供给热水。

热水器

热水给水的热源，包括煤气式、电热式。也有提供给加热地板、浴室干燥、暖风等使用的热水器机种（照片6-3-11）。利用夜间电力的热泵热水器的COP值（能源效率比值）高，节能性好。

环保热泵热水供给设备

利用热泵技术收集空气烧水的电热水器中，不使用氟而是利用二氧化碳作为冷媒的机器的总称。正式名称是“自然冷媒热泵热水供给设备”。

即热型热水器

不储存热水而是每次使用时将水加热的热水器。有燃气加热和电加热两种。电加热方式根据热水使用量电容会很大，一般家庭使用得较少。

瞬间热水器的效能号数

用来表示瞬间热水器的效能，即给水温度升温25℃时的一分钟供给热水量（表6-3-5）。例如20号热水沸腾器的给水温度从20℃升至45℃，一分钟供给20升的热水，功率大约为每小时34.88kW。

末端控制燃气快速热水器

源头控制燃气快速热水器在烧水器主体上直接伸出热水供给水龙头的开关，通过此开关来控制的燃气快速热水器。

电热水器

利用夜间电费便宜的电力，在热水槽中储存热水的设备，也有提供加热地板、浴室干燥使用的机种。需有供热水储存槽放置的空间（表6-3-6）。

潜热回收型热水器

利用一般煤气热水器的排气热（约200℃），设置二次热交换器，用在预先加热给水的热水器，效率高，也有家庭用制品（图6-3-48）。二次热交换器将排气中凝结的水蒸气，利用中和器中和之后排水。

真空管式太阳能热水器

收集太阳能的集热部位使用真空玻璃管，即使没有日照，在空气中释热少的热水器。于保温瓶中置入集热配管装置，也有将配管管径加粗，用来贮存热水的自来水直接型热水器。

城市燃气

燃气公司供给的气体燃料，天然气是主要成分。从中心燃气罐通过埋在地下的燃气管道将燃气送到各家各户。

LP燃气

也叫“液化石油气”，是以压缩后常温下容易液化的丙烷和丁烷为主要成分的气体燃料。在常温的8个气压这种较低的气压下就能液化，装在压力储气罐中容易搬运。因此在城市燃气没有普及的郊外被广泛使用。

表6-3-5 供给热水能力计算简表

浴室	水龙头、莲蓬头42℃热水给水（冬天水温5℃）、每分钟每12L								
	水龙头、莲蓬头的数量	1	2	3	4	5	6	7	8
	对应号数	18	36	54	72	90	108	126	144
	注入浴缸每30分钟供给50℃（水温5℃）的热水								
	容量	300	400	500	600	700	800	900	1000
	对应号数	18	24	30	36	42	48	50	60
厨房、洗脸台	厨房、洗面台、水龙头、40℃给水（冬天水温5℃）、每分钟每个10L								
	水龙头数量	1	2	3	4	5	6	7	8
	对应号数	14	28	42	56	70	84	98	112

照片6-3-11 热水器

图6-3-48 潜热回收型热水器的构成

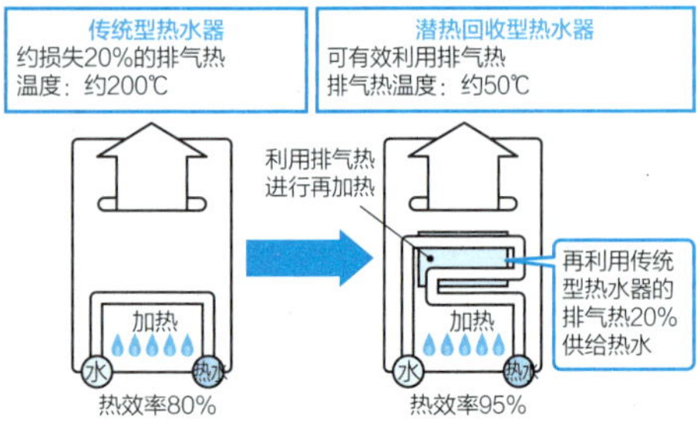

表6-3-6 电热水器贮存热水量的参考标准

家庭成员人数	热水贮存容量（L）	热水使用参考标准（冬季以42℃换算） 浴缸盛水+淋浴+洗脸台厨房（L）	合计（L）
5~7	550	1次（200）+7次（560）+洗脸台、厨房（150）	910
4~5	460	1次（200）+5次（400）+洗脸台、厨房（150）	750
3~4	370	1次（200）+4次（320）+洗脸台、厨房（150）	670
2~3	300	1次（200）+3次（240）+洗脸台、厨房（150）	590
1	200	1次（150）+2次（160）+洗脸台、厨房（40）	350
	150	1次（150）+1次（80）+洗脸台、厨房（40）	270

浴室、洗脸台

整体浴室

用UB（Unit Bath）来标示，又称“单元卫浴”。在施工现场组合工厂制造构件的浴室，具有优良的施工便利性及防水性，也有可以配合既有开口部位或配管的室内改建类型（图6-3-49）。

半整体浴室

腰部以下单元模块化的浴室。天花板或腰部以上的墙壁可自由设计，天花板无论多高都可使用，防水性与单元浴室一样优良（照片6-3-12）。

浴缸水加热器

用来加热浴缸盛水的机器，冷却时重新将剩余的热水再次加热（照片6-3-13）。一般的机种是以煤气或石油气为热源，包括设置在浴缸侧边的室内型，或是让浴室保留宽广空间的室外型。

换气式浴缸水加热器

将燃烧加热热水所需的空气，自然地从外部引进，并将燃烧产生的二氧化碳排至室外，将水加热沸腾的机器（照片6-3-14）。

气泡浴缸

从喷射口喷出气泡，具有按摩效果的浴缸，种类包括地板嵌入式、喷射浴缸等。

喷射浴缸

将空气导入浴缸内的循环水，利用喷嘴大力喷出的系统（照片6-3-15）。

自动化浴缸

具有自动进行盛水、保温、加水、升温等功能的热水给水器。按照等级不同，有全自动化、半自动化、自动化等分类。

放置型浴缸

在浴室内的地板上直接放置的浴缸。将欧式浴缸像艺术品一样摆放在让人感觉是高级酒店的个性空间。业主如果希望将浴室布置得很时尚，常用这种浴缸。

埋入式浴缸

完全埋在地面下的浴缸。能使浴室的空间看起来更大。地面和浴缸的高度差太小，淋浴的肥皂水和脏水容易流入。

半埋入式浴缸

浴缸的一半埋在地面下的浴缸，露出地面30～40 cm。比放置型更容易进出，比埋入式安全。不用担心淋浴的脏水流入，比较卫生。

和式浴缸

在日本自古就被使用的浴缸。坐在浴缸底部肩部以下都能浸到水里。也就是所谓“坐浴式”的浴缸（图6-3-50），深60 cm左右。

照片6-12 半整体浴室

照片6-3-13 浴缸水加热器

照片6-3-14 换气式浴缸水加热器

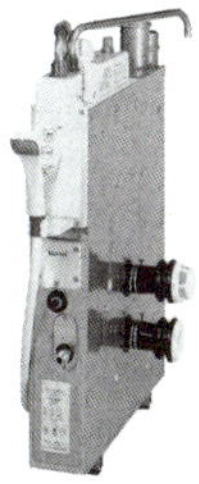

照片6-3-15 喷射浴缸

图6-3-49 普通浴室的案例

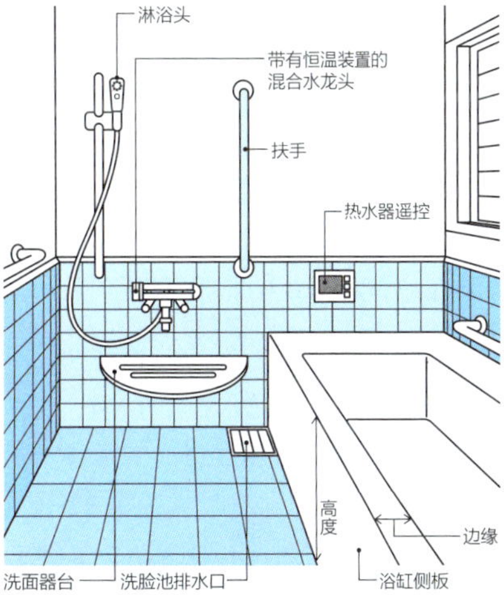

图6-3-50 浴缸的种类

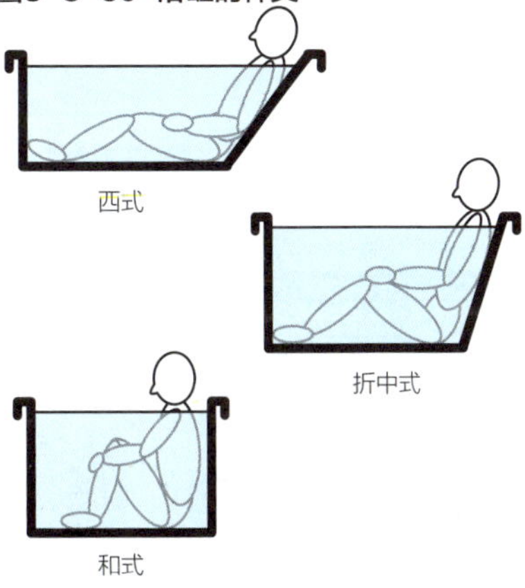

西式浴缸

欧美人使用的浴缸，比日式的浅且宽大。与其说是浴缸，更像淋浴场所，为缓解疲劳可以放满水浸泡在里面（图6-3-50）。

折中式浴缸

将浸到肩部的日式浴缸的优点和能将腿伸展的西式浴缸的优点结合的浴缸，能适度伸展身体且浸泡到肩部（图6-3-50）。

高隔热浴缸

浴缸和盖子都使用高隔热的材料保护的不容易变凉的浴缸。一体化浴室的温度为10℃、浴缸水量达到70%、盖上隔热盖4个小时后的温度降低2.5℃以下的符合标准的浴缸。

雾桑拿

雾桑拿属于湿式桑拿，能在低温环境中享受桑拿的效果。因为温度低，身体的负荷少，对肌肤、头发、嗓子没有强烈的刺激。干式桑拿的温度是70～100℃、相对湿度10%～15%，而雾桑拿的温度为40～42℃，相对湿度100%。在住宅浴室暖风干燥机中增设雾气功能后，浴室也能变成雾桑拿室。

浴室暖风干燥机

为了防止在浴室内发生热休克或改善入浴时的寒冷气温，利用电或温水产生暖风功能，也有将浴室当作洗衣间干燥室来使用的换气扇功能。另有可以24小时换气的机种。

定量止水栓

利用控制阀控制浴缸盛水流量的水栓，到达设定的水量时会自动停止出水。

淋浴单元

将工厂制造的构件在施工现场组装的浴室，具有优良的施工便利性及防水性。没有浴缸，只有淋浴设备的浴室（照片6-3-16）。

多功能淋浴器

一台淋浴机器，具洒水、按摩、气泡等出水功能，也有具有数种喷水功能的淋浴器（照片6-3-17）。

台上洗脸盆

洗脸盆的边缘在洗脸台上面的洗脸盆。从上面直接盖在柜子上，施工简单，可以装大的洗脸盆（图6-3-51）。

容器洗脸盆

看起来好像是直接放在洗脸台的洗脸盆。主要用于洗手。容器的意思就是“直接放在洗脸台的器皿”（图6-3-51）。

台下洗脸盆

在洗脸台面安装的洗脸盆。洗脸盆的球形边框没有露出柜面，易于清洗（图6-3-51）。

洗发梳妆台

设有手持莲蓬头，比一般洗脸台的水槽略大，让洗头更加方便的洗脸梳妆台（照片6-3-18）。也称洗发洗脸化妆台。

下嵌台面洗脸槽

安装在洗脸台下方部位的洗脸槽。洗脸槽的边框不突出台面，容易清理。

浴缸裙板

浴缸侧板。依照浴室与浴缸的位置关系，标示浴缸的侧面面数，分别有一面侧板式、两面侧板式、三面侧板式等。

照片6-3-16 淋浴单元

照片6-3-17 多功能淋浴器

照片6-3-18 洗发梳妆台

图6-3-51 洗脸盆的设置形状

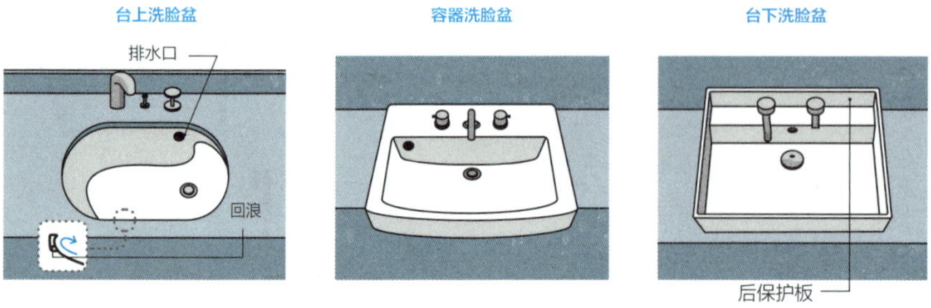

厕所及其他设备

冲落式坐便器

利用水落差产生的水流作用，对污秽物施压并冲走，构造简易且廉价的马桶。因为水积留面（积水面）狭小，使用马桶时较不容易溅水，但是冲水时的噪声比较大（图6-3-52）。

虹吸式坐便器

利用虹吸作用，将污秽物吸走的马桶。水积留面积较小，马桶的干燥面上会有沾染污物的情形（图6-3-52）。

喷射虹吸式坐便器

从排水路径上的喷射孔中喷出的水，产生强力虹吸作用，将污秽物吸走的马桶。水积留面积较广，污秽物容易沉入水中，能抑制臭气的发散，马桶的干燥面上不会沾染污物（图6-3-52）。

漩涡虹吸式坐便器

水洗式马桶的一种。马桶与水缸一体成型的单件式马桶，利用虹吸与漩涡作用，将污秽物排出（图6-3-52）。进行清洗时几乎不会混入空气，是最安静的马桶之一，水积留面积广，污秽物容易沉入水中，能抑制臭气发散，马桶的干燥面上较少沾染污物。比起其他马桶可将水箱设低，做成马桶与低水箱一体成型的单件式马桶。

新漩涡式坐便器

冲落式马桶的改良版。不利用虹吸，而是利用漩涡作用和水势将污秽物排出的马桶。比水洗式马桶的积水面广，臭气的发散或污秽物的附着较少，清洗时的声音小（图6-3-52）。

喷射式坐便器

在存水弯中，将水从小孔穴强力喷出，借此作用将积水引导排向排水管的马桶。排水路径中较少发生堵塞。排水口较高，有利于办公室等的连立式配管设置（图6-3-52）。

无水缸坐便器

没有清洗马桶用水储水缸的马桶，以水直接冲走的方式（照片6-3-19）。优点在于可以连续洗净，也不占空间，但给水压力过低的话则无法使用。因是从给水管直接给水，为防止逆流会在马桶边缘上方置入真空断路器（Vacuum Breaker）。

温水洗净马桶坐便器

用喷嘴喷出温水，用便后可洗净身体的马桶坐垫（照片6-3-20），也有按摩洗净、温风干燥等功能。

图6-3-52 坐便器的种类

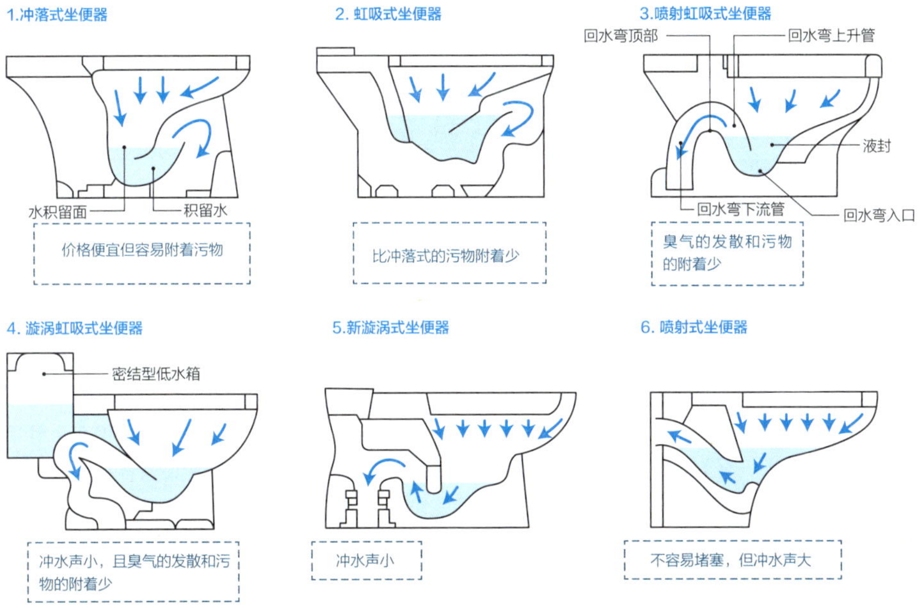

照片6-3-19 无水缸坐便器

照片6-3-20 温水洗净坐便器坐垫

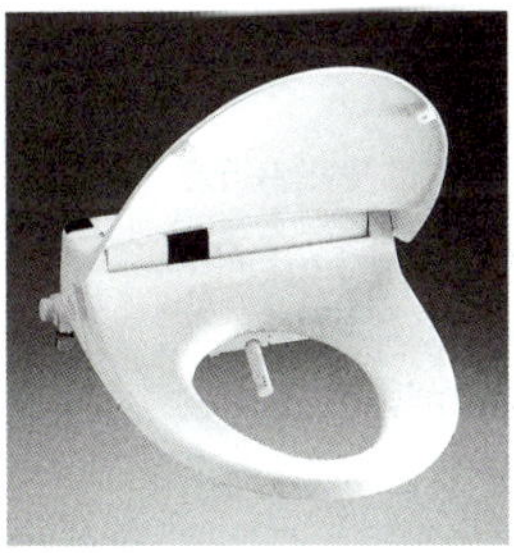

照片6-3-21 附加洗手台坐便器组

附加洗手台坐便器组

附加小型洗手槽或水栓，也与收纳空间、卫生纸卷放置架一体成型的坐便器组。体积小、不占空间，主要设置在厕所内（照片6-3-21）。

冲水阀

坐便器用洗净阀。用来洗净大便器及小便器的污秽物或污水，利用把手操作，让一定量的水流出并自动停止的装置（照片6-3-22）。

人体感应冲水阀

省水型小便器的洗净方式，利用红外线感应便器前的人体，仅在使用过后启动洗净功能的装置（照片6-3-23）。

洗衣机用出水栓

洗衣机专用出水栓，包括单水栓、混合水栓（照片6-3-24）。内藏可防止洗净时给水、止水发生水锤现象的设计，水栓的形状适合蛇管的装卸。

洒水栓

主要是指设置在室外的水栓，用来浇灌植物或洗车。与水栓箱一起设置在地下，或是设置在混凝土柱上的竖立式水栓。为防止从外部引进水质污染，多设置防止逆流的闸阀。

住宅用自动灭火装置

主要使用在厨房的初期火灾灭火装置。自动感应火灾，撒出灭火剂的灭火装置。灭火剂容器与喷出口一体成型，安装施工简单（照片6-3-25）。

照片6-3-22 冲水阀

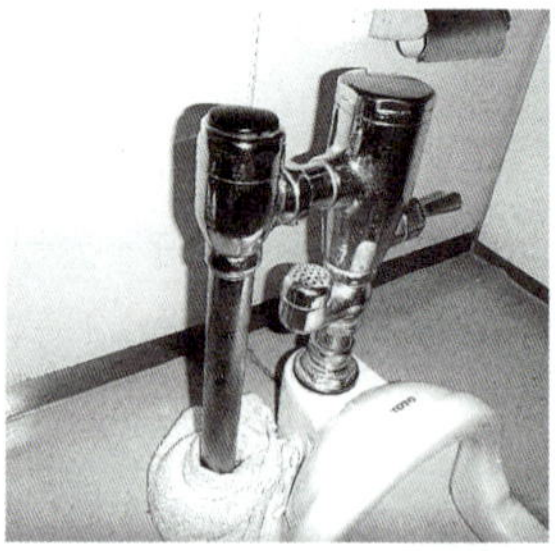

照片6-3-23 人体感应冲水阀

照片6-3-24 洗衣机用出水栓

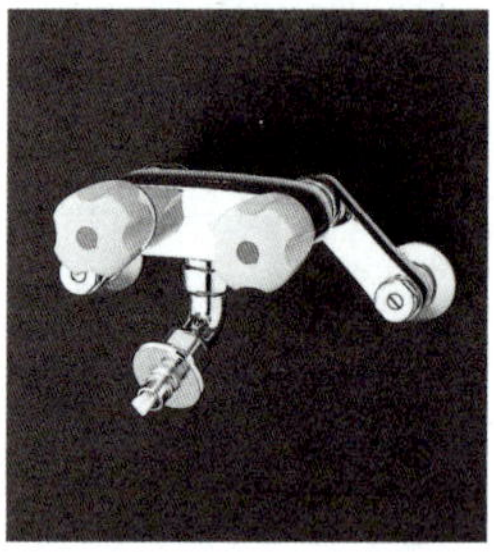

照片6-3-25 住宅用自动灭火装置

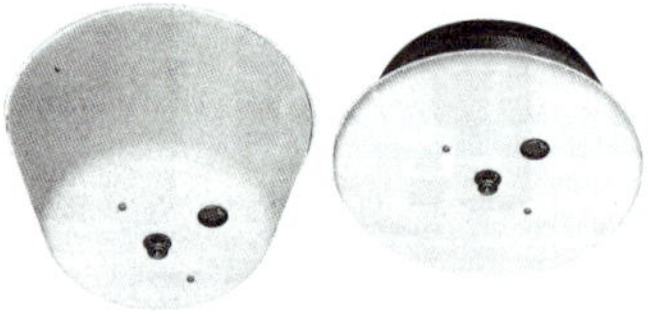

照片6-3-26 住宅用火灾通知设备

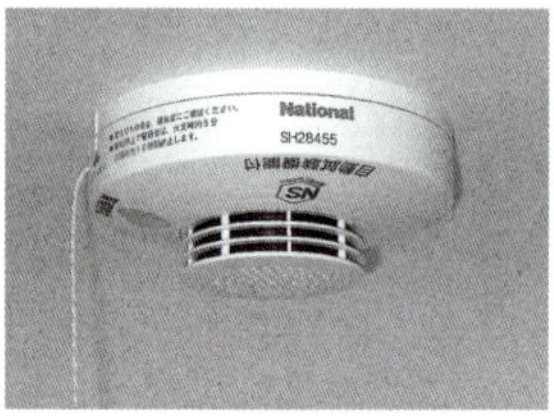

图6-3-53 住宅用洒水设备

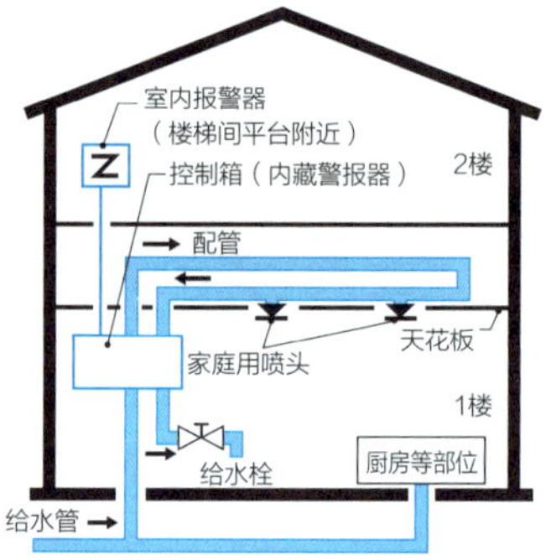

防灾设备

住宅用火灾报警器

居室天花板上设置感应器，火灾时发出警报声的装置。有仅有感应器的简易型，也有可与室内话机相通的连接型，以及具有热感应与烟感应的类型等（照片6-3-26）。

燃气泄漏预警器

将燃气泄漏事故防患于未然的安全器具，有都市燃气（译注：又称“都市管道天然气”，Liquified Natural Gas，液化天然气）用和LP燃气（译注：又称“罐装煤气”，Liquefied Petroleum Gas，液化石油气）用两种。LP燃气比空气重，燃气泄漏预警器要安装在接近地面的墙面上，而都市燃气比空气轻，燃气泄漏预警器要安装在离天花板近的墙面上。

住宅用喷淋设备

起居室等的天花板上设置喷嘴，火灾时自动洒水，并发出警报的设备（图6-3-53）。与自来水管直接连接，不需要安装泵或消防水槽。

连接送水管

大楼灭火设备之一。消防队员在进行真正的灭火行动时，为了将消防泵车的灭火用水输送到火灾发生的楼层而设置在高层建筑、地下街等地的设备。建筑物内事先准备的是配管和软管的连接器。

消防栓

灭火设备之一，有室内用和室外用两种，一般说消防栓设备多指前者。室内消防栓一般在建筑物内的消防泵室内安装专用消防栓泵、在地面下建灭火用水箱。在各层的室内消防栓箱内放上软管和喷射管，将这些管和泵连接起来灭火。

消防水泵结合器

使用在喷水式消防设备上，为了从外部支援消防车送水，与消防水带连接的送水口，有两个以上。

声环境

专题5

隔声

通过反射、吸收、穿透等作用，让声量变小。

吸声

降低声音的反射。通过吸声作用，减轻声源室发生的声音反射现象，某种程度上可降低室内的声量。并且，通过隔声，也可用来隔断往声源室外部传送的声音。吸声是通过降低反射声，来控制室内的声环境。对于室内环境是很重要的性能。

防噪声

通过吸声与隔声，降低传送至室内的声音。

dBA、dBF（声压位准差）

dBA是利用噪声计的A特性测定的数值，用来表示噪声程度。此外，利用噪声计的F特性测定的数值单位是dBF。

A特性、F特性

A特性是与人类耳朵可感知声音频率相近的特性。对低音迟钝，对中高音灵敏。F特性是平坦的频率特性。

赫兹

用来表示声音频率的单位。频率大是高音，频率小是低音。

分贝

表示声量（响度）大小的单位。声量的大小在声压值（dB）相同，频率（Hz）不同时，感受是不一样的。测量出每个频率中感知的相同声量的声压值，将其结果制成的图就叫等响曲线。频率为1 000 Hz时的声压值就是分贝的数值。

图6-3-54 隔声等级

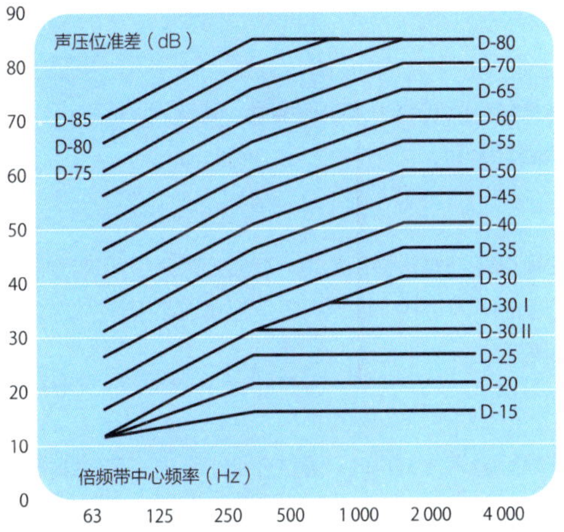

图6-3-55 地板冲击声

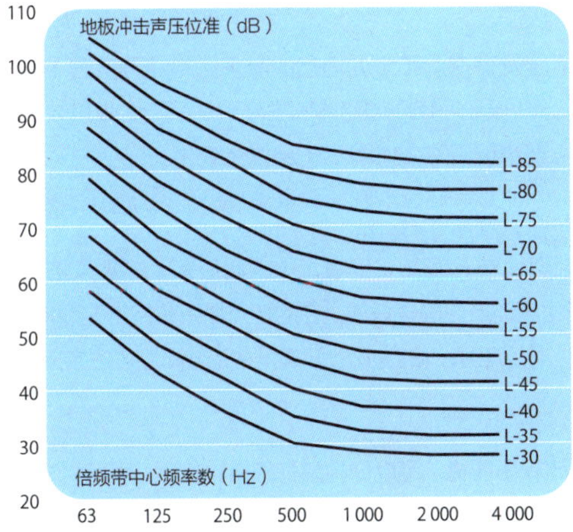

倍频带（Octave Band）

与声音频率呈两倍关系的称为“一倍频带”。若测定一般噪声的声音频率的声压位准，其声音频率的幅度与倍频带的关系是1∶1或1∶3。倍频带即代表声音频率的幅度。

隔声性能

用来测定建筑现场的声压位准。在音源侧，用喇叭将噪声制造机发出的噪声播放出来，此时的音源侧与受音侧的每1∶1倍频带的平均声压位准，用噪声计测，求得其中的差值。因为此差值是现场测定，可能会受到包括门或风管等非测定对象从旁传声的影响。

D值（隔声等级D值）

日本建筑学会规定的隔声标准曲线（D曲线）等级，是依照现场测定结果得到的性能数值。用来表示相对于每个中心声音频率125 ~ 4 000 Hz的1∶1倍频带的声压位准差值。

L值（地板冲击音L值）

地板冲击音的冲击源种类可分为两种，重量冲击源与轻量冲击源。L值是用来评估噪声影响下方楼层的标准，表示隔声等级。以冲击源装置，打击声源室地板，测出正下方楼层的每1∶1倍频带的声压位准。有关中心频率数63 ~ 4 000 Hz的每1∶1倍频带的地板冲击声程度，由隔声标准曲线（L曲线）来规定。

声音通过损失

用来表示每单位墙体的隔声性能，在实验室进行测试取得数值。

噪声计

测定噪声程度的机器。

重量地板冲击声

小孩蹦跳等造成的地板冲击声。

轻量地板冲击声

物体落下等发出的地板冲击声。

LH值

重量地板冲击音的评量标准。使用重冲击产生器来测定。

LL值

轻量地板冲击音的评量标准。使用轻冲击产生器来测定。

重冲击产生器（Tire Impact）

用来制造重量地板冲击音的装置。例如将轮胎自然落下。

轻冲击产生器（Tapping Machine）

用来制造轻量地板冲击音装置。例如将五颗钢珠连续自然落下。

颤动回声（Flutter Echo）

反射面若与墙壁平行并列，声音在平行的反射面和墙面之间重复反射。产生"噗噜噜"的特殊声音。此声响也被形容为"龙鸣"。

照片6-3-27 噪声计

参考 噪声值的参考标准

120dB	喷气式飞机的噪声
110dB	汽车的喇叭声
100dB	电车通过时护栏下方处
90dB	大声独唱、嘈杂施工现场中
80dB	电车车厢内
70dB	喧嚣街头、吵闹办公室中
60dB	安静的汽车内、一般对话
50dB	安静的办公室
40dB	图书馆或安静住宅区的白天、蟋蟀鸣声
30dB	郊外的深夜、耳语
20dB	触摸树叶的声音

质量守恒定律、巧合效果

声音通过质地细致均匀材料墙体的透过损失量，与每单元面积墙体质量与声音频率之间存在比例关系。此种关系也称为"质量守恒定律"。但有的声音频率会发生透过损失比质量显著降低的情形。当某声频的声波射入刚性材料的墙体，若墙体刚性材料的屈曲振动与入射声波的振动一致，产生共振状态，则会降低透过损失量。此为透过损失降低现象（吻合效应）。

空气（传播）声

在空气中传递的声。从立体音响机器发出的音，通过空气传递，立体音响机器的喇叭下方也会传递固体声（固体传声）。

固体（传播）声

固体中传递的声。将椅子拉出，打击钉子等振动发出的声音。或是空气声振动楼地板、墙壁、天花板，成为固体声。固体声从振动面传递到空气中，再被人听到。空气音传递至不相邻的房间时，会因为在墙壁等的隔声体中多次反射和吸收而衰减，固体声则不太可能消失。在电梯大厦中，从很远的房间发出的固体声，会听起来像是很近的房间发出的声音一样。

T值

用于评价固定门窗隔声性能的指标。分为从T1到T4的四个等级。数值越大，隔声性能越高。

NC值

评估稳定噪声（数值变化小的噪声）大小的指标。越安静，值越小。根据空间的使用目的确定适当值。

吸声板

作为墙壁和天花板的吸声装饰材料使用的板。有岩棉吸声板和玻璃棉吸声板。主要用于天花板的吸声材料。玻璃棉吸声板是在高密度的玻璃棉表面贴上装饰布的吸声板。

多孔型吸声

声波进入玻璃棉或石棉等透气性材料内，通过在细小孔内的空气摩擦阻力或材料自身的振动，将声能的一部分转化为热量而发生的现象是减音现象。多孔型吸声是利用减音现象的吸声结构。在中高音区域能发挥很好的效果。低音区可以通过增加材料的厚度和背后空气层来提高效果。

共鸣型吸声

是一种在开孔板的里层设有空洞和坚固墙壁的吸声结构。声音进入后，在孔洞内的空气发生剧烈振动，和周边物体发生摩擦从而产生吸声效果。根据孔的数量和大小，吸声所产生的频率范围会发生变化。

板振型吸声

在无透气性的板的后面设有孔洞和坚固墙壁（水泥板等）的吸声结构。声音进入后在板上发生振动产生吸声效果。它的特点是只在特定的频率上吸声，根据板的重量、刚度和孔洞的大小，吸声产生的频率会发生变化。

隔声卷材

厚1～2mm的隔声用软质卷材。可以做内装打基材料使用，也可为防止设备配管等产生噪声而使用。

隔声带
堵塞隔声材料间的接缝以及墙和天花板、墙和地面、开口处的缝隙的带状隔声板。

隔声缝填充剂
堵塞隔声材料间的接缝以及墙和天花板、墙和地面、开口处的缝隙的黏性材料。填较大缝隙时使用。

遮音效果
某个声音妨碍听清其他声音的现象。厕所的拟声装置就是利用这个现象。

完全浮室构造
别名“Box in Box构造”（房中房、室中室箱型结构）。有高度隔声需求时使用。房间中将隔声层（地板、墙壁、天花板、家具等）用防震橡胶等缓冲材料支撑起（防震支撑）。

伸缩缝（Expansion Joint）
若是完全浮室构造的房间，家具等也需以浮式构造处理，因为部分建材的表面固定侧与浮侧的相接点外露，使用弹性材料为修饰面材，可达到振动绝缘效果。

防振天花
为了将天花板材料的振动绝缘的底材。这种安装方式可以带来很好的隔声效果。一般使用防振橡胶作为振动绝缘体。

防震地板
在地板的上面进行振动绝缘的隔声地板的工法。振动绝缘体常使用玻璃棉、石棉和防振橡胶。

地震

水平震度
用来表示地震水平方向摇动的大小。日本建筑标准法中规定，抗震设计中的水平震度是0.2。水平震度（K）、建筑物的重量（W）、地震力大小（F）的关系式是$K=W/F$。

加速度
是速度变化量与发生这一变化所用时间的比值。加速度的单位是伽（Gal）。Gal常用于地震工程学中，用来描述地震加速度。

震级、震度
震级是指地震大小的等级，震度用来表述一地区受地震的影响程度。现在气象局将震度分为10级。震度是地震震动的加速度除以980Gal（IG）的数值。震度2约200 Gal，震级约5级以上。

固有周期
物体自由振动时产生摇晃的周期。以建筑物的固有周期来说，高层建筑较长，质地坚硬的建筑周期较短。地基软弱的地层越厚，卓越周期（地基的固有周期）越长，上方的建筑物摇晃越大。

共振
当外部产生地震等的振动周期与建筑物固有周期一致时，建筑物的摇动次数增加，摇动振幅变大。日本关东大地震时，木结构建筑的固有周期是0.5 s左右，以地基周期来说，东京山手地区的壤土层是0.3 s左右，下町的冲积层是0.5 ~ 0.8 s，因共振现象，下町的木结构建筑比山手的受灾状况更严重。

活断层
约200万年前至今，在地质学上称为“第四纪”，于第四纪活动的断层称为“活断层”。在日本，约有2000处活断层（译注：活断层在全球范围内广泛分布，中国也分布较多，尤其在中国西部地区，活断层规模大、活动性强，曾造成严重的地质灾害）。活断层分为：A级活断层（平均变位速度1 mm以上）、B级活断层（平均变位速度0.1 mm到1 mm）和C级活断层（平均变位速度0.01 mm到0.1 mm）

横向偏移断层
与断层走滑方向偏移的断层。地震时主要的应力属横向偏移，因而只造成断层的横向偏移。人面向断层站立时，面对的断层侧若往右偏移，称为“右偏移断层”，若往左偏移，称为“左偏移断层”。此外，断层中可能混杂了非横向偏移的正断层、逆断层，但正断层不会与逆断层相混杂。著名的横向偏移断层有美国的圣安德列斯断层，日本岐阜县的根尾谷断层则是左横向偏移断层与西南侧隆起地形相混合的断层地形。

正断层
对地基施以拉力，断层面与地表呈垂直的断层。若发生倾斜，断层上承载的部分称为上盘，断层下方部分称为下盘。断层走滑方向与力垂直，若是正断层，上盘会往下沉。

逆断层
对地盘施以拉力，下盘下沉，上盘侧沿着下盘隆起的断层。或是当时断面层的两侧发生水平短缩现象。太平洋侧的海沟沿岸几乎都是逆断层。

图6-3-56 断层的种类

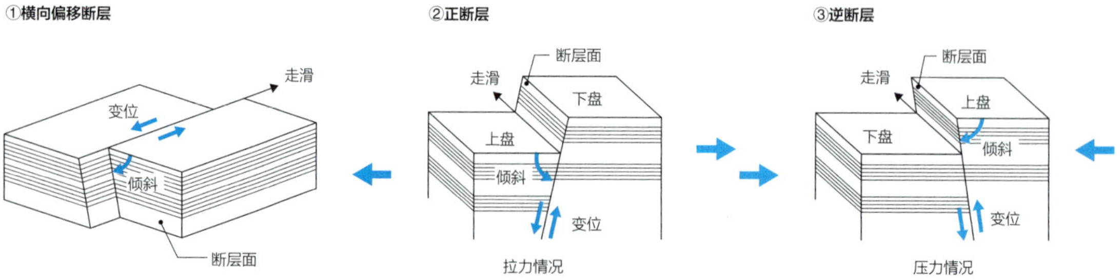

活褶曲

埋没在地下，没有露出地表的断层。当埋在地下的断层开始活动，地表会以各种方式发生变形，仅表层的地层会发生褶曲。在日本的信浓川流域，有很多活褶曲。

直下型地震

发生在日本列岛内陆的直下型地震。通常发生在地壳内15～20km深度的花岗岩等坚固岩石损坏所引起。越深处岩石越因受热变柔软，形成地震发生的原因。受到板块下沉影响的地震，是深震源的地震（深发地震），即使发生直下型地震，也不易造成灾害。

地震波

地震时传递的弹性波。地震波按传播方式分为三种类型：纵波（P波）、横波（S波）和面波（L波）。纵波和横波是岩石内部传递的实体波，面波是实体波到达岩层界面或地表时，会产生沿界面或地表传播的表面波（乐夫波Love Wave、雷利波Rayleigh wave）。

纵波（P波）

地震波的第一波。速度快（花岗岩中约为5.5 km/s，水中约为1.5 km/s），与音波性质相似，即使是在岩盘、岩浆、水中也可以传递。

横波（S波）

横波波比纵波波速度慢（花岗岩中约为3.0 km/s），无法在液体中传递。通常纵波产生突然冲击之后，横波波带来上下左右的摇晃。

面波（L波）

面波速度比实体波（P波、S波）慢。面波中的乐夫波比雷利波快，不会带来上下方向的变位，不会在水中传递，但会有水平方向的震动，特别对建筑物的地基造成损害。雷利波带来上下与水平方向的震动。因此，只记录上下方向震动的地震计，仅会留下P波、S波、雷利波记录。

警戒宣言

1978年，日本制定了《大规模地震对策特别措施法》，设立了地震警戒宣言制度。宣言发起过程中，指定了“地域防灾对策强化地域”，其他地区若观测时发现异常，将启动警戒宣言，实施信息传达、地震防灾等应对措施。在日本由气象局长官向内阁总理大臣报告地震预测信息，由内阁总理大臣发表警戒宣言。警戒宣言一经启动，开始采取居民避难、交通管制等措施。2003年5月，对于日本海地震对策进行再修正。特别是对住宅耐震紧急措施及避难场所、避难路径等周边建筑物、学校、医院、消防署、市区公所等公共设施的耐震紧急措施，提出实施办法。地震预告的体系修正为观测情报→注意情报→预告情报三阶段。

参考 地震与当时的建筑物状况※

震度	木结构住宅的状况		钢筋混凝土结构建筑物的状况	
	耐震性弱	耐震性强	耐震性弱	耐震性强
5强	墙壁等部位出现断裂、龟裂的情形	—	墙、梁、柱等构件出现断裂、龟裂的情形	—
6弱	墙壁等部位出现多处断裂、龟裂，出现大型断裂、龟裂 屋瓦掉落、建筑物倾斜	墙壁等部位出现轻微断裂、龟裂	墙、梁、柱等构件出现断裂、龟裂的情形增多	墙、梁、柱等构件出现断裂、龟裂的情形
6强	墙壁等部位出现多处大型断裂、龟裂 倾斜物、坍塌物多	墙壁等部位出现断裂、龟裂	墙、梁、柱等构件出现线型、X形断裂、龟裂 一楼或中间楼层的柱子崩倒	墙、梁、柱等构件出现断裂、龟裂的情形增多
7强	倾斜物、坍塌物更多	墙壁等部位轻微断裂、龟裂的情形增加 在极少数情况下，发生倾斜	墙、梁、柱等构件出现线型、X形断裂，龟裂情形变多 一楼或中间楼层的柱子崩倒情形变多	墙、梁、柱等构件出现断裂、龟裂的情形更多 一楼或中间楼层发生变形，在极少数情况下，发生倾斜

※ 资料引用自日本《气象厅震度关联解说表》。

防盗

建筑钥匙系统

新建住宅中使用的圆形锁头装置。建筑方使用其拥有的主钥匙后，施工期间用的钥匙就自动作废。

万能钥匙系统

管理者用所拥有的一把万用钥匙（MK），可以将所属物业的其他锁打开或锁上的系统。大规模物业中，也有将几把万能钥匙合成一把钥匙进行管理的大万能钥匙或超级万能钥匙系统。

防盗灯

传感器感应到人的接近时自动亮灯的照明装置的统称。也叫“感应灯”。不仅防盗，也很方便。作为防盗用的灯多用聚光灯等指向性较强的灯泡。最重要的就是要监控整个感知范围。

门锁链

使门只能打开一定角度的金属器具。防止强盗等突然闯入。作为在家时的一种防范措施。近年，比起锁头，用得更多的是金属棒状的防门臂（Door Guard Arm）。

图6-3-57 CP标识

门护板

使撬锁工具的插入变困难的板。装在室外一侧。也有防止从门栓偷窥门是否上锁的效果。

防范砂砾

在住宅周围铺设的碎石砂砾。踩上去会发出较大的声音。对不希望发出声音的盗贼较有效。一般在窗户下面等侵入路线上铺设。

猫眼

在门上安装的窥视镜头。从室内能看到室外，但是从外面看不到。但也有报道说通过漏出的灯光或者用特殊器具也可以确认室内是否有人。不使用时，最好用帘子等将其遮住。

偷窃行为

不用钥匙而用一个针状物就能将门打开的技术。或者是用该技术的犯罪手段。当初主要用于从业者的开锁服务。2000年前后用这种手段的犯罪频发，在日本成了一个严重的社会问题。现在，市场上销售的防偷窃圆形锁可以有效防止这种行为，同时，禁止使用特殊工具的法律也已实施，导致通过这种手段的犯罪大幅减少。

凹坑钥匙

用于筒式球形锁的钥匙的一种。钥匙上有许多凹陷的小坑，由于其排列可能很复杂，所以特别能抵抗通过撬动进行的未经授权的解锁。 在用此种手法犯罪的多发时期，这种钥匙开始在日本普及。

IC卡认证

将有IC芯片的卡靠近读卡处进行开锁的认证装置。和交通卡的技术相同。有像商品标签一样的认证方式，也有通过装在钥匙头部的芯片进行认证的认证方式。

住宅安全系统

通过感应感知盗贼侵入、火灾和煤气泄漏等室内发生的异常，通过警报告知的系统。也有通过声音和光对入侵者产生威慑的效果。有只在区域内警告的自主警备系统，也有告知警备员快速赶到现场的系统。

图6-3-58 提高防盗性的“四原则”

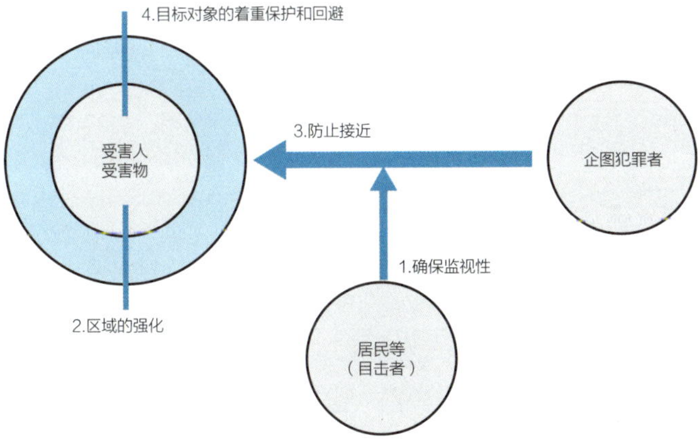

CP标识

防盗建筑部件上贴的标识。由生产和销售纱窗、锁等的相关的民间工业团体和警察局等共同运营的“防盗性能高的建筑部件的开发和普及相关的官民合作会议”认定。认定标准是侵入建筑物需要5分钟以上的时间。该标识的目的是促进这些高质量防盗部件的普及，但很多人认为这些部件“比一般使用的建筑部件高级”。

防盗环境设计

提高防盗性的设计方针。①确保监视性（容易让人看到）；②区域的强化（通过周边的装饰和美化形成势力范围等）；③防止接近（防止通过窗户入侵等）；④目标对象的着重保护（将贵重物品存放入保险柜里等）。各个物业中能使用，作为社区的整体设计也有可能使用。

特别鸣谢

本书的翻译离不开多位专业领域专家的审校和指导，正是因为有了他们，本书才能更加完善地呈现给读者。在此向他们致以最诚挚的感谢：张天昊、冀轶超、吕文强、吴赤明、刘香港。

同时，我们也感谢每一位读者的信任与支持，期待本书能为大家带来价值和启发。

王丹　胡佳林　徐丹